알기 쉬운 동역학

알기 쉬운 동역학

유주식 지음

KM 경문사

알기 쉬운 동역학

Preface 머리말

동역학은 여러 공학 분야에서 배우는 과목으로 관련된 책이 많으며 세계적으로 널리 알려진 교재들도 있다. 그런데 유명한 책들은 대부분 그 양이 너무 방대하므로 기본적인 핵심 내용을 간추려서 쉽게 설명한 책이 필요하다.

이 책은 동역학의 기초 개념과 원리를 간결하고 알기 쉽게 설명하고, 충분한 양의 예제와 연습문제를 수록하였다. 예제와 연습문제는 지나치게 복잡한 형태의 문제는 지양하고 주요 핵심 개념을 파악할 수 있는 문제들로 구성되어 있다. 예제에서는 주로 기본적인 문제를 소개하고, 연습문제에서는 고등학교 물리 수준의 문제부터 국가공무원 5급(기술) 제2차 시험에 출제된 문제까지 폭넓고 깊이 있는 문제를 다루었다. 지면 관계상 이 책에는 모든 연습문제의 정답을 수록하고, 풀이 과정은 별책(연습문제 풀이집)에 기술하였다.

아무쪼록 이 책을 통하여 동역학의 기본원리를 이해하고 동역학에 대한 자신감을 가지게 되기를 바라는 바이다. 끝으로 책의 원고를 세밀하게 검토해주신 고형종 교수님(《고급 동역학 문제연습》 공저자)과 책의 출판에 도움을 주신 도서출판 경문사 관계자 분들께 감사드린다.

2023 년 5 월

유 주 식

Contents 목차

제 1 장 서론

1.1 동역학 소개 ······ 2
1.2 기본 개념 ······ 2
1.3 힘 ······ 3
1.4 뉴턴의 운동법칙 ······ 5
1.5 차원과 단위 ······ 6
1.6 벡터 연산과 힘의 모멘트 ······ 11
1.7 질량관성모멘트 ······ 23
연습문제 1 ······ 29

제 2 장 질점의 운동학

2.1 직선운동 ······ 34
[1] 속도와 가속도 / 34
[2] 등속 직선운동 / 36
[3] 등가속도 직선운동 / 37
연습문제 2.1 ······ 46
2.2 평면곡선운동 ······ 52
[1] 위치벡터와 변위벡터 / 52
[2] 경로와 직선운동 및 곡선운동 / 52
[3] 속도 / 53
[4] 직각좌표계에서 속도 성분과 크기 / 54
[5] 가속도 / 54
[6] 직각좌표계에서 가속도 성분과 크기 / 55
연습문제 2.2 ······ 59
2.3 중력장 내의 운동 ······ 60
[1] 직선운동 / 60
[2] 포물선운동 / 62

연습문제 2.3 ··· 71

2.4 극좌표와 원운동 및 법선과 접선 좌표 ··· 79
[1] 극좌표에서 속도와 가속도 / 79
[2] 원운동 / 81
[3] 법선과 접선 좌표에서 속도와 가속도 / 82

연습문제 2.4 ··· 92

2.5 여러 질점의 운동 ··· 99
[1] 수직선상에서 두 질점의 상대운동 / 99
[2] 질점의 종속운동 / 99

연습문제 2.5 ··· 107

2.6 상대운동 ··· 113
[1] 상대위치 / 113
[2] 상대속도 / 114
[3] 상대가속도 / 114

연습문제 2.6 ··· 123

제 3 장 힘과 가속도

3.1 직선운동 ··· 130
[1] 운동 제2법칙 (뉴턴의 제2법칙) / 130
[2] 운동 제3법칙 (뉴턴의 제3법칙) / 132
[3] 미끄럼마찰(sliding friction) / 133
[4] 탄성력, 용수철(스프링) / 136
[5] 줄의 장력 / 136

연습문제 3.1 ··· 148

3.2 곡선운동 ··· 159
[1] 곡선운동 방정식 / 159
[2] 등속원운동 / 160
[3] 원뿔진자 / 168

연습문제 3.2 ··· 171

제 4 장 에너지 방법

4.1 일 ········ 184
[1] 일의 정의 / 184
[2] 변화하는 힘에 의한 일 / 185
[3] 직선운동에서 일정한 힘이 하는 일 / 185
[4] 중력이 하는 일 / 186
[5] 스프링 힘에 의한 일 / 187

연습문제 4.1 ········ 192

4.2 일과 에너지 원리 ········ 197
[1] 곡선운동과 일 / 197
[2] 일과 에너지 원리 / 198
[3] 동력과 효율 / 199

연습문제 4.2 ········ 208

4.3 에너지 보존법칙 ········ 216
[1] 중력 위치에너지 / 216
[2] 탄성 위치에너지 / 217
[3] 위치함수 / 218
[4] 에너지 보존법칙 / 219

연습문제 4.3 ········ 228

제 5 장 운동량 방법

5.1 충격량과 선운동량 ········ 240

연습문제 5.1 ········ 250

5.2 선운동량 보존과 충돌 ········ 257
[1] 선운동량 보존법칙 / 257
[2] 충돌 / 258

연습문제 5.2 ········ 273

5.3 각충격량과 각운동량 ········ 283
[1] 각운동량 / 283
[2] 모멘트와 각운동량 시간 변화율 / 285

[3] 각충격량과 각운동량 원리 / 285
[4] 각운동량 보존법칙 / 286
연습문제 5.3 ······ 292

제6장 강체의 평면운동학

6.1 병진운동과 회전운동 ······ 300
[1] 병진운동 / 300
[2] 회전운동 / 301
[3] 고정축에 대한 회전운동 / 302
연습문제 6.1 ······ 311
6.2 절대속도와 상대속도 ······ 316
연습문제 6.2 ······ 327
6.3 순간중심 ······ 333
연습문제 6.3 ······ 340
6.4 절대가속도와 상대가속도 ······ 346
연습문제 6.4 ······ 357
6.5 회전좌표계를 이용한 상대운동 해석 ······ 365
[1] 평면운동 / 365
[2] 3차원 운동 / 367
연습문제 6.5 ······ 376

제7장 강체의 평면운동역학

7.1 운동방정식과 병진운동 ······ 386
[1] 일반적인 운동방정식 / 386
[2] 강체의 평면운동방정식 / 387
[3] 대체 모멘트방정식 / 388
[4] 병진운동 방정식 / 389
연습문제 7.1 ······ 399

7.2 고정축에 대한 회전운동 ··· 405
연습문제 7.2 ··· 412
7.3 일반평면운동 ··· 420
연습문제 7.3 ··· 434

제 8 장 강체운동의 에너지와 운동량

8.1 일과 에너지 원리 ··· 444
[1] 일과 에너지 원리 / 444
[2] 강체에 작용하는 힘이 한 일 / 445
[3] 평면운동을 하는 강체의 운동에너지 / 447
[4] 강체 계 / 448
[5] 에너지 보존법칙 / 449
[6] 동력(일률) / 449
연습문제 8.1 ··· 458
8.2 충격량과 운동량 원리 ··· 468
[1] 선형충격량과 선형운동량 / 468
[2] 각충격량과 각운동량 / 469
[3] 평면운동에서 스칼라 방정식 / 471
연습문제 8.2 ··· 485

연습문제 해답

연습문제 1 ··· 496
연습문제 2.1 ··· 497
연습문제 2.2 ··· 499
연습문제 2.3 ··· 500
연습문제 2.4 ··· 503
연습문제 2.5 ··· 505
연습문제 2.6 ··· 507
연습문제 3.1 ··· 508

연습문제 3.2 ······ 512
연습문제 4.1 ······ 515
연습문제 4.2 ······ 517
연습문제 4.3 ······ 518
연습문제 5.1 ······ 520
연습문제 5.2 ······ 522
연습문제 5.3 ······ 525
연습문제 6.1 ······ 527
연습문제 6.2 ······ 529
연습문제 6.3 ······ 530
연습문제 6.4 ······ 531
연습문제 6.5 ······ 533
연습문제 7.1 ······ 535
연습문제 7.2 ······ 537
연습문제 7.3 ······ 539
연습문제 8.1 ······ 541
연습문제 8.2 ······ 544

부 록

A.1 질량관성모멘트 ······ 548
A.2 평면도형의 성질 ······ 550
A.3 입체도형 ······ 552
A.4 대수식 ······ 553
A.5 삼각함수 ······ 554
A.6 기하 ······ 557
A.7 미분공식 ······ 559
A.8 적분공식 ······ 561

단위변환 ······ 564
참고문헌 ······ 565
찾아보기 ······ 566

제1장 서론

1.1 동역학 소개
1.2 기본 개념
1.3 힘
1.4 뉴턴의 운동법칙
1.5 차원과 단위
1.6 벡터 연산과 힘의 모멘트
1.7 질량관성모멘트

1.1 동역학 소개

동역학(dynamics)은 힘이 작용하거나 작용하지 않는 상태에서 운동하는 물체를 해석하는 역학(mechanics)의 한 분야이다.

일반적으로 역학은 정지 상태에 있는 물체에서 힘의 평형을 다루는 정역학(statics)을 필두로 한다. 정역학에 대한 연구는 그리스 시대에 시작되었지만 동역학에 대한 최초의 공헌은 갈릴레오(Galileo: 1564~1642)에 의해 이루어졌다. 그는 물체의 자유낙하와 경사면에서의 운동, 그리고 진자의 운동을 분석하여 동역학의 이론적 기틀을 마련하였다. 특히 물리적 현상을 과학적 방법으로 해석했다는 점에서 높이 평가되고 있지만 당시 아리스토텔레스학파 철학자들이 주장했던 '무거운 물체는 가벼운 물체보다 빠르게 낙하한다'라는 명제를 거부하여 비판을 받기도 하였다.

가속도를 갖는 물체에 대한 실험 등 갈릴레오의 업적을 이어 받은 뉴턴(Newton: 1642~1727)은 운동의 기본법칙을 공식화하여 동역학을 확실한 기반 위에 올려놓았다. 그는 질점의 운동법칙과 만유인력의 법칙을 최초로 정확하게 체계화하였다.

기계 또는 구조물이 속도와 가속도를 가지고 운동할 때는 정역학의 원리가 아니고 동역학의 원리를 따르며, 오늘날 급속한 기술의 진보는 역학에서 특히 동역학의 원리를 한층 더 유용하게 사용하도록 하고 있다. 이러한 원리들은 자동차, 비행기, 로봇장비, 자동제어계, 로켓, 미사일, 우주선, 수송 기계, 전자 장치에서 전자 탄도학뿐만 아니라 터빈, 펌프, 엔진, 기중기, 공작기계 등과 같은 다양한 형태의 기계에 대한 해석과 설계의 기초가 된다.

동역학은 크게 다음과 같은 두 가지 분야로 구분된다. 첫째, 운동의 기하학을 다루는 운동학(kinematics)은 운동의 원인을 고려하지 않고 변위, 속도, 가속도 및 시간 사이의 관계를 조사한다. 둘째, 물체에 작용하는 힘과 물체의 질량 및 물체의 운동 간의 관계를 다루는 운동역학(kinetics)은 주어진 힘에 의해 일어나는 운동을 예측하거나 임의의 운동을 발생시키기 위해 필요한 힘을 구할 때 이용된다.

1.2 기본 개념

(1) **공간**: 좌표계 상의 어떤 위치에서 물체가 차지하는 기하학적 영역이다. 물체의 위치를 나타내기 위해서는 1 차원, 2 차원, 3 차원 문제에서는 각각 1 개, 2 개, 3 개의 좌표가 필요하다.

(2) **길이**(length): 공간에서 한 점의 위치를 기술하는데 필요하며 고려하는 물리계의 크기를 나타낸다.
(3) **시간**(time): 어떤 사건의 연속에 대한 척도이다. 정역학의 기본 법칙들은 시간과 무관하지만 동역학에서는 시간이 중요한 역할을 한다.
(4) **질량**(mass): 물질의 양을 나타내며 물체의 관성력은 질량에 비례한다. 즉, 질량은 '관성의 정량적인 척도'이다. 한편 물체의 질량은 서로 다른 물체 사이의 인력에 영향을 미친다.
(5) **힘**: 물체의 모양이나 운동 상태를 변하게 하는 원인이 되는 물리량을 힘이라 한다. 힘은 하나의 물체가 다른 물체에 가하는 작용이며, 크기와 방향을 갖는 벡터량이다.
(6) **질점**(particle): 크기가 없고 질량만 있는 물체로 정의된다. 즉 정역학과 동역학에서 어떤 물체에 힘이 작용했을 때 물체의 크기가 힘의 응답에 영향을 주지 않는 물체를 질점이라 한다. 따라서 점 질량으로 간주할 수 있으며, 가끔 질점은 물체의 미소요소로써 선택된다.
(7) **강체**(rigid body): '물체에 힘이 작용하여도 변형되지 않는 물체' 또는 '질점들 사이의 거리가 변하지 않는 질점계'로 정의된다. 실제 재료는 힘을 받으면 변형이 되지만 일반적으로 물체 내의 변형이 상대적으로 무시할 수 있을 정도로 작을 때 그 물체를 강체로 간주한다. 정역학과 동역학에서 힘을 해석할 때 강체로 가정한 물체는 재료 성실을 고려할 필요가 없다.

1.3 힘

1 스칼라와 벡터

(1) 스칼라: 거리, 면적, 부피, 시간, 밀도, 질량, 온도, 에너지, 속력 등과 같이 크기만으로 나타낼 수 있는 물리량을 스칼라(scalar)라 한다.
(2) 벡터: 힘, 모멘트, 변위, 속도, 가속도, 운동량, 자기장 등과 같이 크기와 방향을 갖는 물리량을 벡터(vector)라 한다.

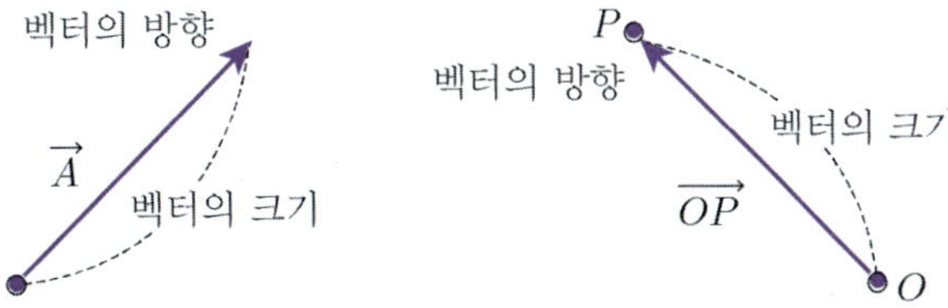

[그림 1.3.1] 벡터

설명 벡터를 그림으로 표시할 때는 [그림 1.3.1]과 같이 화살표를 사용하여 나타내며, 기호로 표시할 때는 일반적으로 $\overrightarrow{A}$, $\overrightarrow{OP}$ 등과 같이 문자 위에 방향을 의미하는 화살표를 붙여서 나타낸다. 그림에서 $\overrightarrow{OP}$는 힘이 점 O에서 P로 향하고 있음을 나타낸다. 벡터 $\overrightarrow{A}$의 크기를 나타낼 때 수학에서는 $|\overrightarrow{A}|$와 같이 절댓값으로 나타내지만 간편하게 A로 나타내기도 한다. 일반적으로 힘 $\overrightarrow{F}$의 크기를 F로 나타낸다.

2 힘(force)

물체의 모양이나 운동 상태를 변하게 하는 원인이 되는 물리량을 힘이라 한다.

설명 공을 누르면 찌그러지고 고무줄을 당기면 늘어난다. 정지해 있는 물체를 끌면 움직이게 되고, 달리고 있는 자동차의 브레이크를 밟으면 차가 정지하게 된다. 이와 같이 물체의 형상을 변화시키거나 운동 상태를 변화시키는 것을 힘이라 한다. 일상생활에 존재하는 힘에는 탄성력, 중력, 마찰력, 자기력, 전기력, 압력에 의한 힘 등 아주 많다.

3 힘의 3요소

힘의 효과는 물체에 작용하는 힘의 크기(magnitude), 방향(direction), 작용점(point of application)에 의해 결정되는데 이들을 힘의 3 요소라 한다.

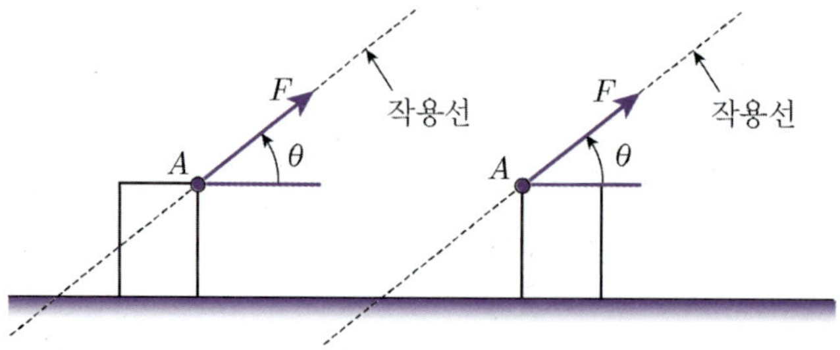

[그림 1.3.2] 힘의 3요소

설명 힘은 [그림 1.3.2]와 같이 화살표를 이용하여 나타내면 편리하다. 여기에서 물체에 작용하는 힘의 효과는 힘의 크기(F)와 방향(θ)뿐만 아니라 힘이 작용하는 점(A)의 위치에 따라서도 달라진다. 그리고 힘의 방향을 나타내는 화살표의 연장선을 작용선이라 한다.

1.4 뉴턴의 운동법칙

정역학과 동역학의 전체 내용은 뉴턴의 세 가지 운동법칙에 기초하고 있다. 뉴턴의 운동법칙은 실험적인 관찰에 의해 확립된 것이며, 물체 혹은 물질의 운동이 관련되는 여러 분야에 두루 적용되고 있다.

1 운동 제1법칙 (뉴턴의 제1법칙, 뉴턴의 운동 제1법칙)

모든 물체는 운동 상태를 변화시키려는 외부로부터의 힘이 작용하지 않으면, 등속도 운동을 하는 물체는 등속도 운동을 계속하고, 정지해 있는 물체는 계속 정지해 있다. 즉, 외부로부터 물체에 작용하는 순 힘(net force)이 0이면 물체는 현재의 운동 상태를 유지한다. 이와 같이 물체가 현재의 운동 상태를 유지하려는 성질을 관성이라 하며, 운동 제1법칙을 '관성의 법칙'이라고도 한다.

2 운동 제2법칙 (뉴턴의 제2법칙, 뉴턴의 운동 제2법칙)

외부로부터 물체에 힘이 작용하면 힘의 방향으로 가속도가 생기며, 가속도의 크기는 힘의 크기에 비례하고 물체의 질량에 반비례한다.

$$\vec{F} = m\vec{a} \qquad \cdots(1.4.1)$$

여기에서 $\vec{F}$는 물체에 작용하는 힘의 합력이고 $\vec{a}$는 가속도이다. 특히 일차원인 경우 스칼라 형태로 나타낼 때 물체에 작용하는 외력의 합을 F라 하면 운동 제2법칙은

$$F = ma \qquad \cdots(1.4.2)$$

가 된다. 여기에서 $a \propto F$, $a \propto 1/m$임을 알 수 있으며 이 식을 '가속도의 법칙' 또는 '힘과 가속도의 법칙'이라고도 한다. 따라서 중력가속도가 g인 지표면에서 질량 m인 물체에 작용하는 중력(물체의 무게 W)은 다음과 같다.

$$W = mg \ (\downarrow) \qquad \cdots(1.4.3)$$

3 운동 제3법칙 (뉴턴의 제3법칙, 뉴턴의 운동 제3법칙)

물체 A가 B에게 힘을 가하면 B는 작용선과 크기가 같고 방향이 반대인 힘을 A에게 가한다.

설명 운동 제3법칙은 물체들 사이의 힘에 관한 것이다. 배를 타고 벽을 밀면 배는 벽으로부터 반대 방향의 힘을 받아서 뒤로 밀리게 된다. 실험에 의하면 물체 A가 물체 B에 힘을 가하면 B도 A에 힘을 가한다. 이 두 힘은 크기가 같고 방향이 반대이다. 이때 한쪽 힘을 작용, 다른 쪽을 반작용이라고 하며 제3법칙을 '작용 반작용의 법칙'이라고도 한다. 작용과 반작용은 두 물체 사이에 작용하는 상호 작용력이다. 따라서 운동 제3법칙에 나타나는 한 쌍의 힘들은 다른 물체에 작용한다는 것을 유념해야 한다. 이와 같은 개념은 특히 큰 물체를 여러 물체로 분리하여 분리된 물체에 대한 자유물체도를 그릴 때 중요하다. 예를 들어 한 물체를 두 물체 A, B로 분리할 때 A가 B에 가하는 힘이 $\vec{F}$이면 크기가 같고 방향이 반대인 힘 $-\vec{F}$를 같은 작용선상에서 B가 A에 가하게 된다.

1.5 차원과 단위

물리량의 성질을 표현하기 위해 사용되는 변수를 차원(dimension)이라 한다. 단위(unit)는 인위적으로 정한 크기를 기준으로 차원을 표현하기 위해 사용되는 것을 말하며, 여러 가지로 표현될 수 있다. 예를 들어 길이의 차원은 하나이지만, 길이의 단위에는 mm, cm, m, 자, 척, inch, feet 등 여러 가지가 있다. 따라서 인위적으로 정한 크기는 기준에 따라 다를 수가 있으므로 각 나라마다 사용하는 단위가 다양하게 나타나는데 최근에는 국제적으로 공인된 SI 단위(International System of Unit)를 많이 사용하는 추세에 있다.

1 SI 단위

SI 단위는 국제표준화기구(국제 도량형 총회)에서 단위를 통일하여 국제적으로 통용되도록 채택한 단위를 말한다. SI 단위에는 7 개의 기본단위[표 1.5.1]와 2 개의 보조단위[표 1.5.2]가 있다.

[표 1.5.1] SI 기본단위

기본량(차원)	기호	명칭	기본량(차원)	기호	명칭
질량	kg	킬로그램	물질량	mol	몰
길이	m	미터	전류	A	암페어
시간	s	초	광도	cd	칸델라
온도	K	켈빈			

[표 1.5.2] SI 보조단위

기본량	기호	명칭
평면각	rad	라디안(radian)
입체각	sr	스테라디안(steradian)

† 각(평면각과 입체각)은 차원이 없는 무차원량이다.

2 절대단위계, 중력단위계

(1) 절대단위계(MLT계): 기준량으로 질량(M), 길이(L), 시간(T)을 잡고 이들을 기본으로 하여 다른 단위를 나타내는 것.

(2) 중력단위계(FLT계): 기준량으로 힘(F), 길이(L), 시간(T)을 잡고 이들을 기본으로 하여 다른 단위를 나타내는 것.

[표 1.5.3]에 기계공학에서 많이 사용되는 기본차원을 나타내었다. 특히 역학이 주가 되는 기계공학에서 나타나는 대부분의 물리량들의 차원은 질량(M), 길이(L), 시간(T)의 조합으로 표현된다. [표 1.5.4]는 SI 단위계에서 사용하는 접두사이다.

[표 1.5.3] 기본차원과 SI 단위

물리량	차원	SI 단위	물리량	차원	SI 단위
질량	M	kg	온도	Θ	K
길이	L	m	평면각		rad
시간	T	s			

[표 1.5.4] SI 단위의 접두사

곱해지는 수	명칭	기호	곱해지는 수	명칭	기호
10^{12}	tera	T	10^{-3}	milli	m
10^{9}	giga	G	10^{-6}	micro	μ
10^{6}	mega	M	10^{-9}	nano	n
10^{3}	kilo	k	10^{-12}	pico	p
10^{-2}	centi	c			

예 $2\,\text{km} = 2 \times 10^{3}\,\text{m}$, $4\,\text{MPa} = 4 \times 10^{6}\,\text{Pa}$, $8\,\text{mm} = 8 \times 10^{-3}\,\text{m}$

예제 1.5.1 속도(v)는 단위시간(t)당 이동 거리(s)를 나타내고, 가속도(a)는 단위 시간(t)당 속도(v)의 변화량이다. 가속도의 차원을 MLT계로 나타내라.

풀이 속도의 차원($[v]$)은

$$[v] = \frac{[s]}{[t]} = \frac{L}{T}$$

이므로, 가속도의 차원($[a]$)은 다음과 같다.

$$[a] = \left[\frac{dv}{dt}\right] = \frac{[v]}{[t]} = \frac{L/T}{T} = LT^{-2}$$

예제 1.5.2 힘 F의 차원을 질량 M, 길이 L, 시간 T로 나타내라.

풀이 뉴턴의 운동법칙 $F = ma$로부터 힘의 차원($[F]$)은 다음과 같다.

$$[F] = [ma] = [m][a] = M \times \frac{L}{T^2} = MLT^{-2}$$

예제 1.5.3 에너지의 차원을 MLT계로 나타내라.

풀이 에너지(E)의 차원은 일(W)의 차원과 같다.

$$[E] = [W] = [Fs] = [ma][s] = \frac{ML}{T^2} \times L = ML^2T^{-2}$$

3 역학에 관한 단위계

(1) MKS 단위계(SI 단위계): 길이 m, 질량 kg, 시간 s를 기본단위로 하는 단위계. 힘의 단위는 N(Newton), 압력은 Pa(Pascal), 일과 에너지는 J(Joule), 일률(동력)은 W(Watt)이다.

① 1N : 1kg의 물체에 $1m/s^2$의 가속도를 내게 하는 힘

$$1N = 1kg \cdot m/s^2 \quad \cdots(1.5.1)$$

② 1J : 1N의 힘을 작용하여 1m 이동했을 때 한 일

$$1J = 1N \cdot m \quad \cdots(1.5.2)$$

③ 1Pa : 1N의 힘이 $1m^2$에 수직으로 작용할 때의 압력

$$1Pa = 1N/m^2 \quad (1\,bar = 10^5\,Pa) \quad \cdots(1.5.3)$$

④ 1W: 1초에 1J의 일을 할 때의 일률

$$1W = 1J/s = 1N \cdot m/s \quad \cdots(1.5.4)$$

(2) CGS 단위계: 길이 cm, 질량 g, 시간 s를 기본단위로 하는 단위계

① 1dyne: 1g의 물체에 $1cm/s^2$의 가속도를 일으키는 힘

$$1dyne = 1g \cdot cm/s^2 \quad (1N = 10^5\,dyne) \quad \cdots(1.5.5)$$

② 1erg: 1dyne의 힘을 작용하여 1cm 이동했을 때 한 일

$$1erg = 1dyne \cdot cm \quad (1J = 10^7\,erg) \quad \cdots(1.5.6)$$

(3) 중력 단위계: 길이 m, 시간 s와 힘의 단위 kgf를 사용한다.

○ 1kgf: 질량 1kg의 물체에 작용하는 중력(1kg의 무게)

$$1kgf = 9.80665\,N \approx 9.8\,N \quad \cdots(1.5.7)$$

질량 1kg의 무게(W)는 다음과 같다.

$$W = mg = 1kg \times 9.80665m/s^2 = 9.80665\,kg \cdot m/s^2 = 9.80665\,N$$

일반적으로 중력가속도 값을 $g = 9.8\mathrm{m/s^2}$으로 하고 $1\mathrm{kgf} = 9.8\mathrm{N}$으로 하지만 조금 더 정확한 값을 구하기 위해 $g = 9.81\mathrm{m/s^2}$을 사용하기도 한다. 한편 1gf는 1g(그램)의 무게를 나타낸다.

$$1\mathrm{gf} = 1\mathrm{g} \times 980\mathrm{cm/s^2} = 980\mathrm{dyne} \qquad \cdots(1.5.8)$$

가끔 시험문제에서는 계산상 편의를 위해 $g = 10\mathrm{m/s^2}$으로 주기도 한다. 이때는 $1\mathrm{kgf} = 10\mathrm{N}$, $1\mathrm{gf} = 1000\mathrm{dyne}$이 된다.

Note 토목, 건축 분야에서는 취급하는 무게가 크므로 다음과 같이 정의되는 tonf 또는 tf를 많이 사용한다.

$$1\mathrm{tonf} = 1\mathrm{tf} = 1000\mathrm{kgf}$$

1ton=1t=1000kg이다. 무게를 나타낼 때 f를 생략하고 1000kgf를 1ton 또는 1t로 나타내기도 하지만 혼란을 일으킬 수 있으므로 피하는 게 좋다.

SI 단위계에서 길이 m, 질량 kg, 시간 s를 기본단위라 하고, 이들의 조합으로 표현되는 N(Newton), Pa(Pascal), J(Joule), W(Watt) 등을 유도단위 또는 조립단위라고 한다.

예제 1.5.4 지표면에서 질량이 400kg인 물체의 무게는 몇 kN인가? 중력가속도 $g = 9.8\mathrm{m/s^2}$이다.

풀이 질량 $m = 400\mathrm{kg}$, 중력가속도 $g = 9.8\mathrm{m/s^2}$이므로 물체의 무게는 다음과 같다.

$$\begin{aligned} W = mg &= 400\mathrm{kg} \times 9.8\mathrm{m/s^2} \\ &= 3920\mathrm{kg} \cdot \mathrm{m/s^2} \\ &= 3920\,[\mathrm{N}] \quad (\leftarrow\ 1\mathrm{kg} \cdot \mathrm{m/s^2} = 1\mathrm{N}) \\ &= 3.92\,[\mathrm{kN}] \quad (\leftarrow\ 1000\mathrm{N} = 1\mathrm{kN}) \end{aligned}$$

예제 1.5.5 $4\mathrm{MN} \times 3\mathrm{mm}$를 SI 단위 J로 나타내라.

풀이 $1\mathrm{MN} = 10^6\mathrm{N}$, $1\mathrm{mm} = 10^{-3}\mathrm{m}$이므로

$$\begin{aligned} 4\mathrm{MN} \times 3\mathrm{mm} &= (4 \times 10^6\,N) \times (3 \times 10^{-3}m) \\ &= 12 \times 10^3\mathrm{N} \cdot \mathrm{m} \\ &= 12000\mathrm{N} \cdot \mathrm{m} = 12000\,[\mathrm{J}] \end{aligned}$$

1.6 벡터 연산과 힘의 모멘트

1 벡터 표기법

벡터(vector)는 스칼라량과 달리 방향을 갖는 물리량이므로 화살표를 사용하여 $\overrightarrow{V}$, $\overrightarrow{AB}$ 등과 같이 표시하면 이 물리량이 벡터라는 것을 알기 쉽다. 이에 따라 우리나라 고등학교 교육과정에서도 이와 같은 표기법을 사용하고 있다.

그런데 동역학에서는 여러 책에서 화살표를 사용하지 않고 굵은 글씨로써 벡터를 표현하였다. 이 책에서도 2장부터는 볼드체로써 벡터를 나타내기로 한다. 예를 들어, 벡터 $\vec{i}$, $\vec{j}$, $\vec{k}$, $\overrightarrow{e_r}$, $\overrightarrow{e_\theta}$, $\overrightarrow{e_n}$, $\overrightarrow{e_t}$, $\vec{v}$, $\vec{a}$를 각각 $\mathbf{i}$, $\mathbf{j}$, $\mathbf{k}$, $\mathbf{e}_r$, $\mathbf{e}_\theta$, $\mathbf{e}_n$, $\mathbf{e}_t$, $\mathbf{v}$, $\mathbf{a}$로 표기한다.

2 벡터의 덧셈과 뺄셈

(1) 덧셈: 두 벡터 $\overrightarrow{P}$, $\overrightarrow{Q}$의 합 $\overrightarrow{P}+\overrightarrow{Q}=\overrightarrow{R}$은 [그림 1.6.1]과 같은 평행사변형법이나 삼각형법으로 정의된다.

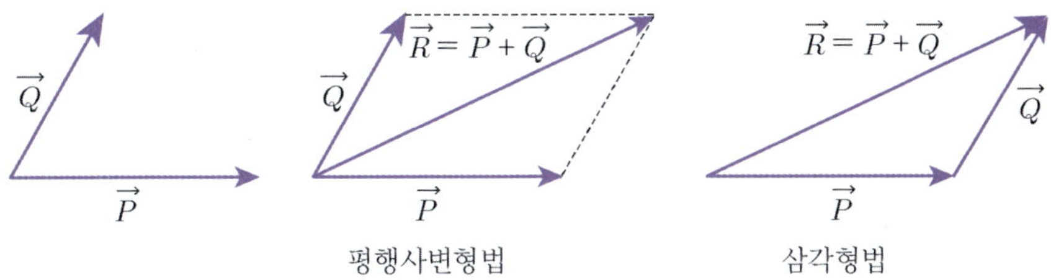

[그림 1.6.1] 벡터의 합

벡터의 덧셈에서 다음과 같이 교환법칙과 결합법칙이 모두 성립한다.

○ 교환법칙: $\overrightarrow{P}+\overrightarrow{Q}=\overrightarrow{Q}+\overrightarrow{P}$

○ 결합법칙: $\overrightarrow{P}+(\overrightarrow{Q}+\overrightarrow{R})=(\overrightarrow{P}+\overrightarrow{Q})+\overrightarrow{R}$

(2) 뺄셈: 벡터의 뺄셈은 [그림 1.6.2]와 같이 음(−)의 벡터를 더한 것으로 정의한다.

$$\overrightarrow{P}-\overrightarrow{Q}=\overrightarrow{P}+(-\overrightarrow{Q})$$

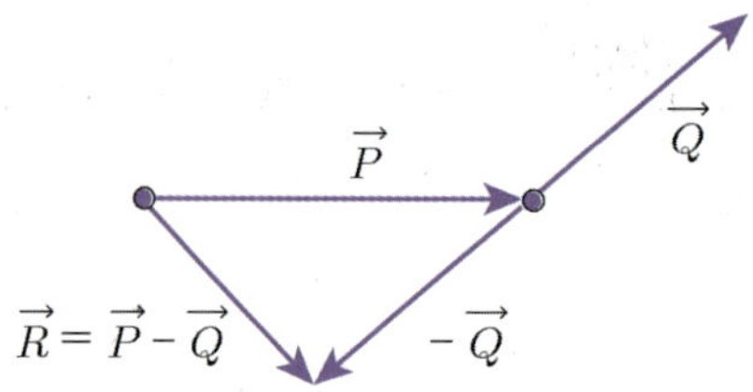

[그림 1.6.2] 벡터의 뺄셈

3 벡터의 성분과 벡터 표현법

직각좌표계에서 x, y, z 방향의 단위벡터를 각각 $\vec{i}$ $\vec{j}$, $\vec{k}$라 하면 벡터 $\vec{V}$는 다음과 같이 표현된다. 단위벡터는 크기가 1인 벡터이다.

$$\overrightarrow{V} = V_x\vec{i} + V_y\vec{j} + V_z\vec{k}$$

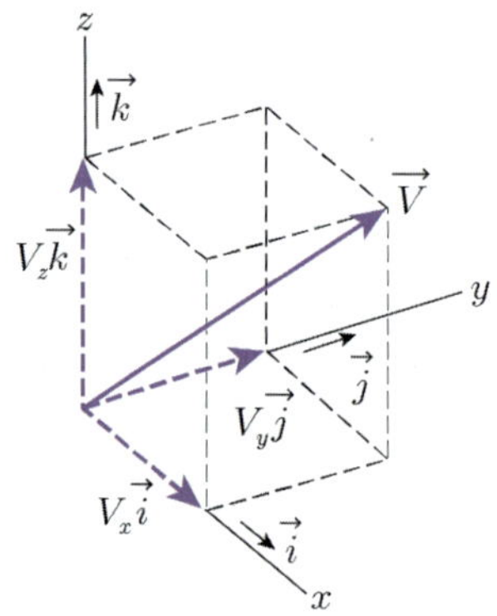

[그림 1.6.3] 벡터의 성분

[그림 1.6.3]과 같이 벡터 $\vec{V}$를 직각좌표계를 이용하여 분해한 벡터 $\overrightarrow{V_x}$, $\overrightarrow{V_y}$, $\overrightarrow{V_z}$를 각각 벡터 $\vec{V}$의 x, y, z 벡터성분이라 한다. x, y, z 방향의 단위벡터를 각각 $\vec{i}$ $\vec{j}$, $\vec{k}$라 하면 $\overrightarrow{V_x} = V_x\vec{i}$, $\overrightarrow{V_y} = V_y\vec{j}$, $\overrightarrow{V_z} = V_z\vec{k}$로 쓸 수 있으므로 V_x, V_y, V_z를 각각 벡터 $\vec{V}$의 x, y, z 스칼라성분이라 한다.

벡터를 x, y, z 벡터성분으로써 표현하면 다음과 같이 벡터의 덧셈과 뺄셈을 쉽게 할 수 있다.

$$\vec{P} + \vec{Q} = (P_x + Q_x)\vec{i} + (P_y + Q_y)\vec{j} + (P_z + Q_z)\vec{k} \quad \cdots(1.6.1)$$

$$\vec{P}-\vec{Q}=(P_x-Q_x)\vec{i}+(P_y-Q_y)\vec{j}+(P_z-Q_z)\vec{k} \quad \cdots(1.6.2)$$

이상에서 $\vec{P}=P_x\vec{i}+P_y\vec{j}+P_z\vec{k}$, $\vec{Q}=Q_x\vec{i}+Q_y\vec{j}+Q_z\vec{k}$이다.

4 좌표계와 벡터

(1) [그림 1.6.4]와 같은 2차원 xy좌표계에서 두 점 A, B의 좌표가 각각 $A(x_1, y_1)$, $B(x_2, y_2)$일 때 점 A에서 점 B로 향하는 벡터 $\overrightarrow{AB}=\vec{r}_{B/A}$는 다음과 같다.

$$\vec{r}_{B/A}=\vec{r}_B-\vec{r}_A=(x_2-x_1)\vec{i}+(y_2-y_1)\vec{j} \quad \cdots(1.6.3)$$

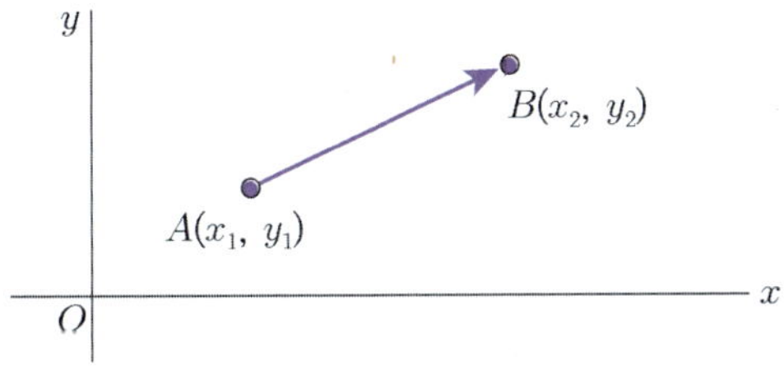

[그림 1.6.4] 좌표와 벡터

마찬가지로 3차원 공간에서 두 점의 좌표가 $A(x_1, y_1, z_1)$, $B(x_2, y_2, z_2)$이면 벡터 $\overrightarrow{AB}=\vec{r}_{B/A}$는 다음과 같이 표현된다.

$$\vec{r}_{B/A}=(x_2-x_1)\vec{i}+(y_2-y_1)\vec{j}+(z_2-z_1)\vec{k} \quad \cdots(1.6.4)$$

(2) 벡터 $\vec{V}=a\vec{i}+b\vec{j}+c\vec{k}$와 같은 방향을 갖는 단위벡터는

$$\vec{n}=\frac{\vec{V}}{|\vec{V}|}=\frac{a\vec{i}+b\vec{j}+c\vec{k}}{\sqrt{a^2+b^2+c^2}} \quad \cdots(1.6.5)$$

이고, 크기가 F인 힘 $\vec{F}$의 방향이 $\vec{V}$의 방향과 같을 때 힘 $\vec{F}$는 다음과 같이 표현된다.

$$\vec{F}=F\vec{n} \quad \cdots(1.6.6)$$

5 직각좌표계를 이용한 힘의 분해

하나의 힘 $\vec{F}$를 직각좌표계를 이용하여 분해한 두 힘 $\vec{F_x}$, $\vec{F_y}$를 힘 $\vec{F}$의 x와 y 벡터성분이라 하고, x, y축 방향의 단위벡터를 각각 $\vec{i}$, $\vec{j}$라 하면 $\vec{F_x}=F_x\vec{i}$, $\vec{F_y}=F_y\vec{j}$로 쓸 수 있으므로 F_x, F_y를 힘 $\vec{F}$의 x, y 스칼라성분이라 한다[그림 1.6.5]. 힘 $\vec{F}$가 x축과 이루는 각이 θ이면 $\vec{F}$는 다음과 같이 분해된다.

$$F_x = F\cos\theta, \quad F_y = F\sin\theta$$
$$\vec{F}= F(\cos\theta\,\vec{i} + \sin\theta\,\vec{j}\,) \quad \cdots(1.6.7)$$

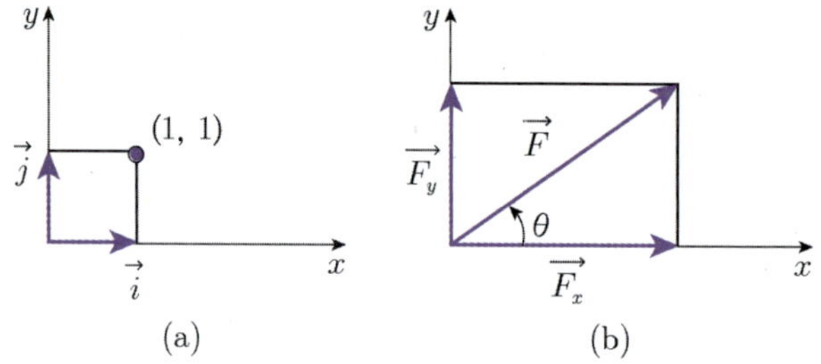

[그림 1.6.5] (a) 단위벡터 (b) 힘의 성분

설명 삼각함수의 정의에 의하여 $\vec{F}$의 스칼라성분 $F_x = F\cos\theta$, $F_y = F\sin\theta$이다. 단위벡터 $\vec{i}$, $\vec{j}$는 각각 방향이 x축, y축의 양의 방향이고 크기가 1인 벡터이므로 $\vec{F_x}=F_x\vec{i}$, $\vec{F_y}=F_y\vec{j}$로 쓸 수 있다. 따라서

$$\vec{F}=\vec{F_x}+\vec{F_y}=F(\cos\theta\,\vec{i}+\sin\theta\,\vec{j}\,)$$

이다. 스칼라성분 F_x, F_y는 $\vec{F}$의 방향에 따라 양(+), 음(−) 또는 0의 값을 갖는다. [그림 1.6.5]의 힘 벡터는 x, y 스칼라성분이 모두 양이며, F_x, F_y를 알 때 $\vec{F}$의 크기(F)와 $\vec{F}$가 x축과 이루는 각 θ는 다음과 같이 구할 수 있다.

$$F= \sqrt{F_x^2 + F_y^2}, \quad \theta = \tan^{-1}\left(\frac{F_y}{F_x}\right) \quad \cdots(1.6.8)$$

6 벡터의 내적

두 벡터의 내적(스칼라적 또는 도트적)은 다음과 같이 정의된다.

$$\vec{P} \cdot \vec{Q} = PQ\cos\theta \quad \cdots(1.6.9)$$

여기에서 P, Q는 각각 두 벡터 $\vec{P}$, $\vec{Q}$의 크기이고, θ는 두 벡터가 이루는 각을 나타낸다[그림 1.6.6]. 벡터의 내적은 벡터 $\vec{P}$의 크기에 벡터 $\vec{Q}$의 $\vec{P}$ 방향 성분 $Q\cos\theta$를 곱한 것, 또는 벡터 $\vec{Q}$의 크기에 벡터 $\vec{P}$의 $\vec{Q}$ 방향 성분 $P\cos\theta$를 곱한 것으로 볼 수 있다. 내적에서는 교환법칙이 성립한다.

$$\vec{P} \cdot \vec{Q} = \vec{Q} \cdot \vec{P} \quad \cdots(1.6.10)$$

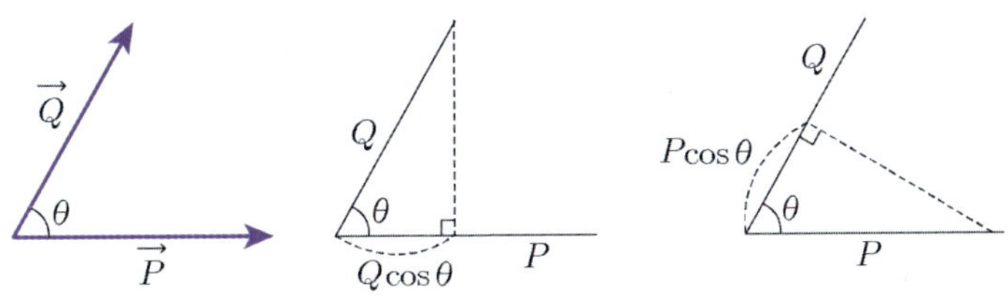

[그림 1.6.6] 벡터의 내적

내적의 정의로부터 직각좌표계에서 다음 관계식을 얻는다.

$$\vec{i} \cdot \vec{i} = 1, \quad \vec{j} \cdot \vec{j} = 1, \quad \vec{k} \cdot \vec{k} = 1 \quad \cdots(1.6.11a)$$

$$\vec{i} \cdot \vec{j} = \vec{j} \cdot \vec{i} = 0, \quad \vec{j} \cdot \vec{k} = \vec{k} \cdot \vec{j} = 0, \quad \vec{k} \cdot \vec{i} = \vec{i} \cdot \vec{k} = 0 \quad \cdots(1.6.11b)$$

$$\vec{P} \cdot \vec{Q} = \vec{Q} \cdot \vec{P} = P_x Q_x + P_y Q_y + P_z Q_z \quad \cdots(1.6.11c)$$

$$\vec{P} \cdot \vec{P} = P_x^2 + P_y^2 + P_z^2 \quad \cdots(1.6.11d)$$

이상에서 $\vec{P} = P_x\vec{i} + P_y\vec{j} + P_z\vec{k}$, $\vec{Q} = Q_x\vec{i} + Q_y\vec{j} + Q_z\vec{k}$이다.

$\vec{P} \cdot \vec{Q} = 0$일 때 두 벡터 $\vec{P}$, $\vec{Q}$가 직교한다.

7 벡터의 외적

두 벡터 $\vec{P}$, $\vec{Q}$의 외적(벡터적 또는 크로스적) $\vec{P} \times \vec{Q}$는 그 크기가

$$|\vec{P} \times \vec{Q}| = PQ\sin\theta \quad \cdots(1.6.12)$$

이고, 방향이 [그림 1.6.7]과 같이 오른손 법칙에 의해 정해지는 벡터이다.

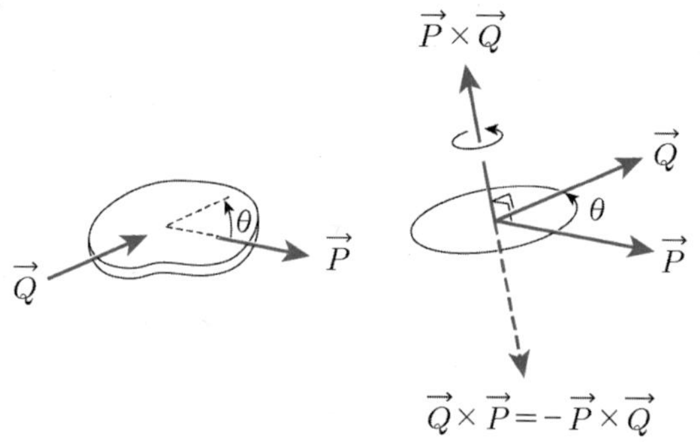

[그림 1.6.7] 벡터의 외적

오른손 좌표계를 이용하여 외적의 정의로부터 직각좌표계의 단위벡터에 대한 다음 관계식을 얻는다[그림 1.6.8].

$$\vec{i}\times\vec{i}=0,\qquad \vec{j}\times\vec{j}=0,\qquad \vec{k}\times\vec{k}=0 \qquad \cdots(1.6.13a)$$

$$\vec{i}\times\vec{j}=\vec{k},\qquad \vec{j}\times\vec{k}=\vec{i},\qquad \vec{k}\times\vec{i}=\vec{j} \qquad \cdots(1.6.13b)$$

$$\vec{j}\times\vec{i}=-\vec{k},\qquad \vec{k}\times\vec{j}=-\vec{i},\qquad \vec{i}\times\vec{k}=-\vec{j} \qquad \cdots(1.6.13c)$$

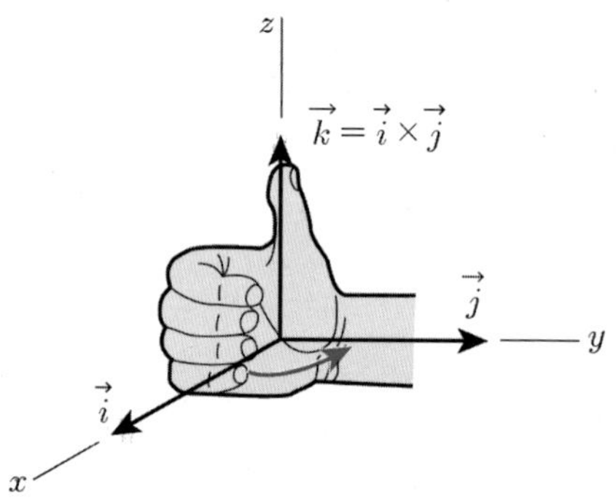

[그림 1.6.8] 오른손 좌표계

평면운동을 해석할 때 오른손 법칙에 의해 일반적으로 반시계방향(↶)의 부호를 양(+), 시계방향(↷)의 부호를 음(−)으로 정한다. 외적에서 두 벡터의 순서를 바꾸고 오른손 법칙을 사용하면

$$\vec{Q}\times\vec{P}=-\vec{P}\times\vec{Q} \qquad \cdots(1.6.14)$$

이다. 즉, 외적에서는 교환법칙이 성립하지 않는다.

단위벡터의 외적을 기억할 때는 [그림 1.6.9]를 이용하면 편리하다.

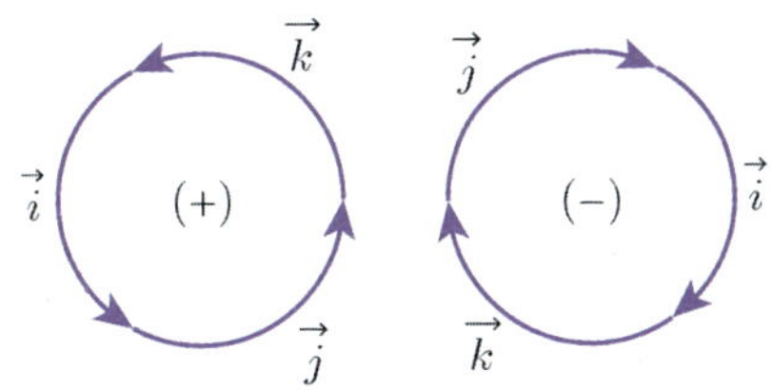

[그림 1.6.9] 단위벡터의 외적

직각좌표계에서 각 벡터를 성분으로 표현하였을 때 다음과 같이 행렬식으로써 외적을 나타낼 수 있다.

$$\begin{aligned}\overrightarrow{P}\times\overrightarrow{Q} &= \begin{vmatrix}\vec{i} & \vec{j} & \vec{k}\\ P_x & P_y & P_z\\ Q_x & Q_y & Q_z\end{vmatrix}\\ &= (P_yQ_z - P_zQ_y)\vec{i} - (P_xQ_z - P_zQ_x)\vec{j} + (P_xQ_y - P_yQ_x)\vec{k}\end{aligned} \quad \cdots(1.6.15)$$

여기에서 $\overrightarrow{P} = P_x\vec{i} + P_y\vec{j} + P_z\vec{k}$, $\overrightarrow{Q} = Q_x\vec{i} + Q_y\vec{j} + Q_z\vec{k}$이다.

설명

$$\begin{aligned}\overrightarrow{P}\times\overrightarrow{Q} &= (P_x\vec{i} + P_y\vec{j} + P_z\vec{k})\times(Q_x\vec{i} + Q_y\vec{j} + Q_z\vec{k})\\ &= P_xQ_x(\vec{i}\times\vec{i}) + P_xQ_y(\vec{i}\times\vec{j}) + P_xQ_z(\vec{i}\times\vec{k})\\ &\quad + P_yQ_x(\vec{j}\times\vec{i}) + P_yQ_y(\vec{j}\times\vec{j}) + P_yQ_z(\vec{j}\times\vec{k})\\ &\quad + P_zQ_x(\vec{k}\times\vec{i}) + P_zQ_y(\vec{k}\times\vec{j}) + P_zQ_z(\vec{k}\times\vec{k})\\ &= 0 + P_xQ_y\vec{k} - P_xQ_z\vec{j} - P_yQ_x\vec{k} + 0 + P_yQ_z\vec{i} + P_zQ_x\vec{j} - P_zQ_y\vec{i} + 0\\ &= (P_yQ_z - P_zQ_y)\vec{i} + (P_zQ_x - P_xQ_z)\vec{j} + (P_xQ_y - P_yQ_x)\vec{k}\end{aligned}$$

8 힘의 모멘트

(1) 2 차원 평면에 작용하는 힘의 모멘트

어떤 축에 대해 물체를 회전시키려는 힘의 작용을 힘의 모멘트(moment) 또는 토크(torque)라 한다[그림 1.6.10]. 회전축(O)으로부터 힘의 작용선까지 거리가 d일 때[그림 1.6.11] 힘 F의 회전축(O)에 대한 모멘트의 크기(M_O)는 다음과 같다.

$$M_O = Fd \quad \cdots(1.6.16a)$$

$$(\text{모멘트 크기}) = (\text{힘}) \times (\text{팔의 길이}) \quad \cdots(1.6.16b)$$

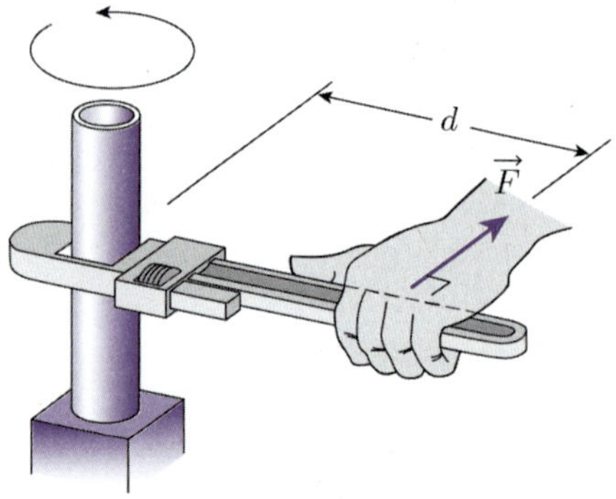

[그림 1.6.10] 스패너로써 파이프를 회전시킬 때

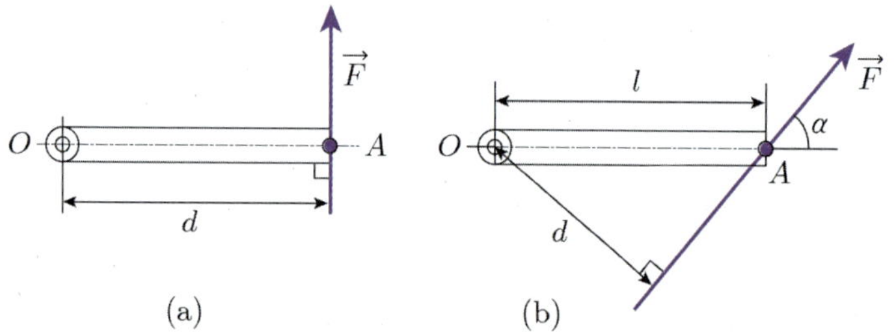

[그림 1.6.11] 힘과 팔의 길이(d)

[그림 1.6.11(b)]와 같이 힘의 작용선과 OA의 연장선이 이루는 각이 α이면 작용선까지 거리 $d = l\sin\alpha$이므로 모멘트 크기는 다음과 같다.

$$M_O = Fd = Fl\sin\alpha \quad \cdots(1.6.17)$$

2 차원 평면에서 힘의 모멘트가 작용하는 회전방향에는 [그림 1.6.12]와 같이 (a) 반시계방향 (↶)과 (b) 시계방향 (↷)이 있다. 따라서 모멘트는 작용점, 크기, 회전방향을 모두 갖는 벡터이다.

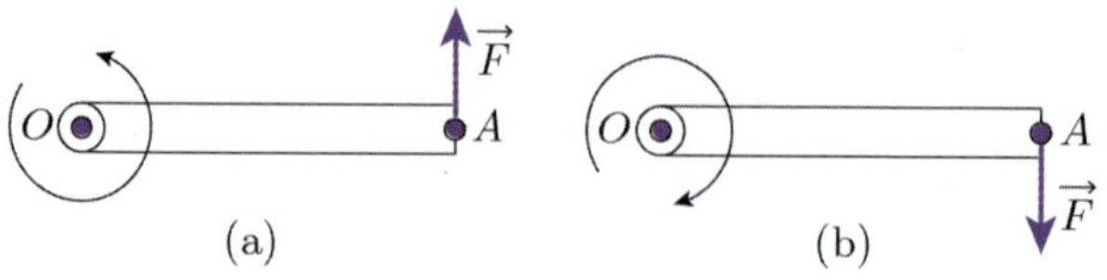

[그림 1.6.12] 모멘트의 회전방향 (a) 반시계방향(↶) (b) 시계방향(↶)

[그림 1.6.12]와 같은 모멘트의 회전방향에 대한 부호는 일반적으로 반시계방향(↶) 모멘트는 양(+), 시계방향 (↷) 모멘트는 음(−)으로 정한다. 문제에 따라서 이와 반대로 부호를 정할 수도 있지만 정해진 부호에 대한 규칙은 일관성을 유지해야 한다.

정역학과 동역학에서 많이 취급하는 2차원 문제에서는 모멘트의 크기에 대해서는 스칼라 식 $M_O = Fd = Fl\sin\alpha$를 사용하고, 회전방향은 반시계방향(↶) 또는 시계방향 (↷)으로 나타내는 것이 편리하다. 그리고 여러 힘이 관련되어 있을 때는 각각의 힘에 의한 모멘트의 회전 방향(↶, ↷)에 주의해서 양(+) 또는 음(−)의 부호를 부여하면 된다.

(2) 모멘트의 벡터 표현

[그림 1.6.13]과 같은 일반적인 3차원 공간에서 점 $A(x, y, z)$에 작용하는 힘

$$\vec{F} = F_x\vec{i} + F_y\vec{j} + F_z\vec{k}$$

의 원점(O)에 대한 모멘트는 다음과 같이 외적으로 정의된다.

$$\begin{aligned}\overrightarrow{M_O} = \vec{r}_{A/O} \times \vec{F} &= \begin{vmatrix} \vec{i} & \vec{j} & \vec{k} \\ x & y & z \\ F_x & F_y & F_z \end{vmatrix} \\ &= (yF_z - zF_y)\vec{i} + (zF_x - xF_z)\vec{j} + (xF_y - yF_x)\vec{k}\end{aligned} \quad \cdots(1.6.18)$$

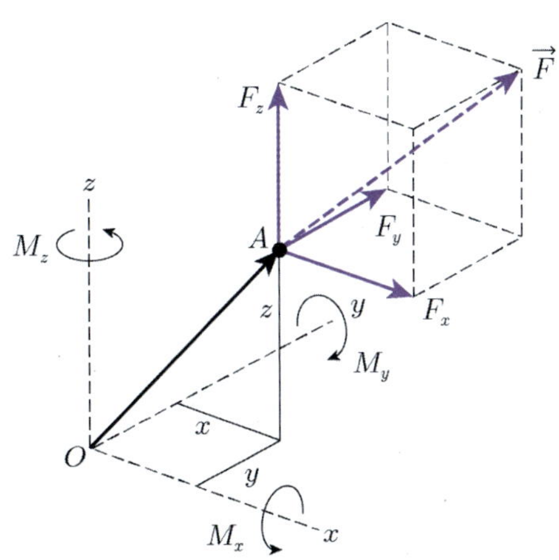

[그림 1.6.13] 3차원 공간에서 힘과 모멘트

예제 1.6.1 그림과 같은 두 벡터 $\vec{P}$, $\vec{Q}$에 대해 $\vec{P} + \vec{Q}$, $\vec{P} - \vec{Q}$, $\vec{P} \cdot \vec{Q}$, $\vec{P} \times \vec{Q}$를 구하라. P와 Q는 각각 $\vec{P}$, $\vec{Q}$의 크기를 나타낸다.

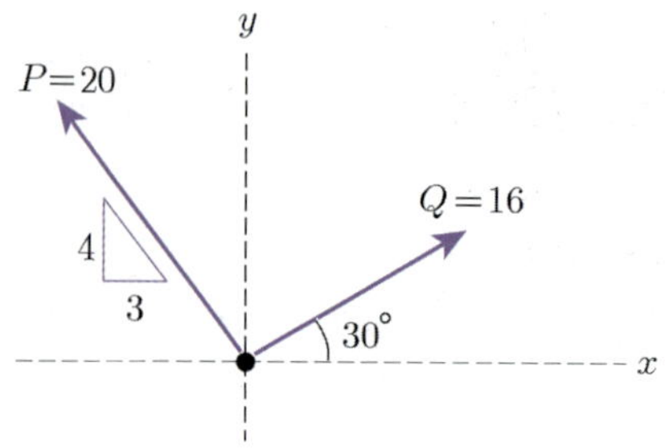

[그림 1.6.14]

풀이 두 벡터 $\overrightarrow{P}$, $\overrightarrow{Q}$를 단위벡터 $\vec{i}$, $\vec{j}$로 나타내면 다음과 같다.

$$\overrightarrow{P}=20\left(-\frac{3}{5}\vec{i}+\frac{4}{5}\vec{j}\right)=-12\vec{i}+16\vec{j}$$

$$\overrightarrow{Q}=16(\cos30°\vec{i}+\sin30°\vec{j})=8\sqrt{3}\vec{i}+8\vec{j}=13.9\vec{i}+8\vec{j}$$

(1) $\overrightarrow{P}+\overrightarrow{Q}=(-12\vec{i}+16\vec{j})+(13.9\vec{i}+8\vec{j})=1.9\vec{i}+24\vec{j}$

(2) $\overrightarrow{P}-\overrightarrow{Q}=(-12\vec{i}+16\vec{j})-(13.9\vec{i}+8\vec{j})=-25.9\vec{i}+8\vec{j}$

(3) $\overrightarrow{P}\cdot\overrightarrow{Q}=(-12\vec{i}+16\vec{j})\cdot(13.9\vec{i}+8\vec{j})=(-12)(13.9)+(16)(8)=-38.8$

(4) $\overrightarrow{P}\times\overrightarrow{Q}=(-12\vec{i}+16\vec{j})\times(13.9\vec{i}+8\vec{j})=(-12)(8)\vec{k}-(16)(13.9)\vec{k}$
$=-318.4\vec{k}$

예제 1.6.2 다음 [그림 1.6.15]의 (a)에서 선분 OA의 길이는 $r_{OA}=12[\mathrm{m}]$이다. A점의 위치벡터 $\vec{r}_{A/O}=\overrightarrow{OA}$를 단위벡터 $\vec{i}$, $\vec{j}$의 항으로 표현하고 A점의 속도 $\overrightarrow{v_A}=\omega\vec{k}\times\vec{r}_{A/O}$와 $\overrightarrow{v_A}$의 크기를 구하라. 각속도 $\omega(>0)$의 단위는 rad/s이다.

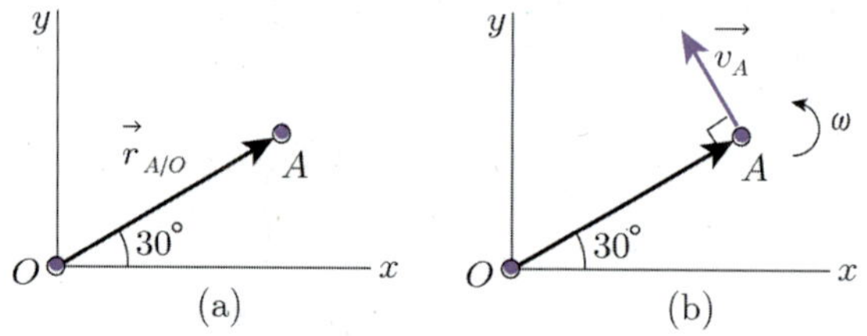

[그림 1.6.15] (a) A점 위치벡터 (b) 각속도에 의한 A점 속도 방향

풀이 벡터 $\overrightarrow{OA}$를 단위벡터 $\vec{i}$, $\vec{j}$로 나타내면

$$\overrightarrow{OA}=12(\cos30°\vec{i}+\sin30°\vec{j})=6\sqrt{3}\vec{i}+6\vec{j}[\mathrm{m}]$$

이고, A점의 속도는

$$\overrightarrow{v_A} = \omega\vec{k} \times \vec{r}_{A/O} = \omega\vec{k} \times (6\sqrt{3}\,\vec{i} + 6\vec{j}) = -6\omega\vec{i} + 6\sqrt{3}\,\omega\vec{j}\,[\text{m/s}]$$

이며, $\overrightarrow{v_A}$의 크기는 다음과 같다.

$$v_A = \sqrt{(-6\omega)^2 + (6\sqrt{3}\,\omega)^2} = 12\omega\,[\text{m/s}]$$

여기에서 $\overrightarrow{v_A}$의 크기는 OA의 길이에 각속도 ω를 곱한 것과 같다는 것을 알 수 있다. 즉, $v_A = \overline{OA}\,\omega = r_{OA}\,\omega$이다. 한편

$$\overrightarrow{v_A} = 6\omega(-\vec{i} + \sqrt{3}\,\vec{j}) = 12\omega \;\measuredangle 60°$$

이므로 A점의 속도 $\overrightarrow{v_A}$의 방향은 그림의 (b)와 같이 $\overrightarrow{OA}$에 수직이다. 이와 같은 사실은 강체의 운동을 해석할 때 많이 사용된다.

예제 1.6.3 질량 $m = 2\,[\text{kg}]$, 위치벡터 $\vec{r} = 3\vec{i}\,[\text{m}]$, 속도 $\vec{v} = 4\vec{i} + 5\vec{j}\,[\text{m/s}]$일 때 각운동량 $\overrightarrow{H} = \vec{r} \times m\vec{v}$를 구하라.

풀이
$$\begin{aligned}\overrightarrow{H} &= \vec{r} \times m\vec{v} = 3\vec{i} \times [2(4\vec{i} + 5\vec{j})] \\ &= 0 + 3(2)(5)\,\vec{k} = 30\vec{k}\,[\text{kg} \cdot \text{m}^2/\text{s}]\end{aligned}$$

> 2차원 문제에서 [예제 1.6.3]의 각운동량을 $H = 30\,[\text{kg} \cdot \text{m}^2/\text{s}]$(↶)와 같이 스칼라 식으로 나타낼 수 있다. 여기에서 (↶)는 반시계방향으로 회전한다는 것을 나타낸다. 2차원 문제를 해석할 때는 이와 같이 스칼라 식을 사용하고 회전방향은 반시계방향(↶) 또는 시계방향 (↷)으로 나타내는 것이 편리하다.

예제 1.6.4 힘 $\vec{F}$와 변위 $\vec{s}$가 다음과 같을 때 일 $W = \vec{F} \cdot \vec{s}$를 구하라.

$$\vec{F} = 2\vec{i} + 3\vec{j}\,[\text{N}], \quad \vec{s} = 4\vec{i} + 5\vec{j}\,[\text{m}]$$

풀이
$$\begin{aligned}W &= \vec{F} \cdot \vec{s} = (2\vec{i} + 3\vec{j}) \cdot (4\vec{i} + 5\vec{j}) \\ &= (2)(4) + (3)(5) = 23\,[\text{N} \cdot \text{m}] = 23\,[\text{J}]\end{aligned}$$

> $W = \vec{F} \cdot \vec{s}$로 정의되는 일은 스칼라량이다.

예제 1.6.5 다음 두 벡터의 외적 $\vec{r}\times\vec{F}$를 구하라.

$$\vec{r}=-2\vec{i}+3\vec{k},\quad \vec{F}=3\vec{i}-4\vec{j}$$

풀이 (1) 분배법칙 이용

$$\begin{aligned}\vec{r}\times\vec{F}&=(-2\vec{i}+3\vec{k})\times(3\vec{i}-4\vec{j})\\&=0+(-2)(-4)\vec{k}+(3)(3)\vec{j}+(3)(-4)(-\vec{i})\\&=12\vec{i}+9\vec{j}+8\vec{k}\end{aligned}$$

(2) 행렬식 이용

$$\begin{aligned}\vec{r}\times\vec{F}&=\begin{vmatrix}\vec{i}&\vec{j}&\vec{k}\\r_x&r_y&r_z\\F_x&F_y&F_z\end{vmatrix}=\begin{vmatrix}\vec{i}&\vec{j}&\vec{k}\\-2&0&3\\3&-4&0\end{vmatrix}\\&=[(0)(0)-(3)(-4)]\vec{i}-[(-2)(0)-(3)(3)]\vec{j}\\&\quad+[(-2)(-4)-(0)(3)]\vec{k}\\&=12\vec{i}+9\vec{j}+8\vec{k}\end{aligned}$$

예제 1.6.6 [그림 1.6.16]과 같은 두 힘이 작용할 때 점 O에 대한 두 힘의 모멘트 합을 구하라.

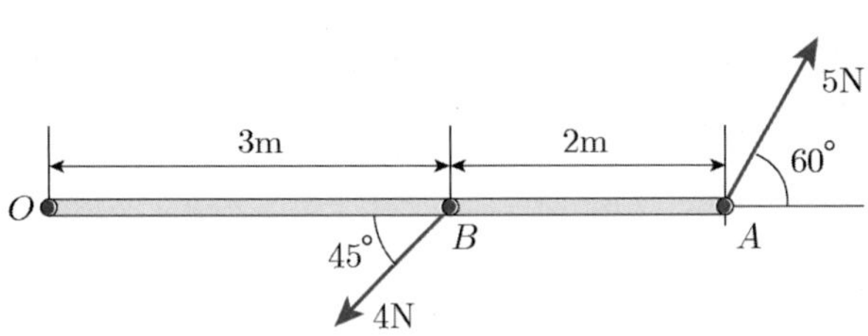

[그림 1.6.16]

풀이 반시계방향(↶) 모멘트를 양(+)으로 하고, 5N과 4N의 힘에 의한 모멘트를 각각 M_1, M_2라 하면

$$M_1=5\text{N}\times[(2+3)\sin 60^\circ\,\text{m}]=21.65\,\text{N}\cdot\text{m}$$
$$M_2=-4\text{N}\times(3\sin 45^\circ\,\text{m})=-8.49\,\text{N}\cdot\text{m}$$

$$\therefore\ M_O=M_1+M_2=21.65-8.49=13.16\,[\text{N}\cdot\text{m}]\,(\curvearrowleft)$$

이다. 여기에서 반시계방향(↶) 모멘트를 양(+)으로 잡았으므로 M_2가 음(−)의 값을 갖는다는 것은 M_2가 시계방향(↷)으로 회전하는 모멘트라는 것을 의미한다.

예제 1.6.7 점 A의 위치벡터($\vec{r}$)와 점 A에 작용하는 힘이 다음과 같을 때 원점(O)에 대한 힘 $\vec{F}$의 모멘트 크기를 구하라.

$$\vec{r} = 5\vec{i} - 3\vec{j} + 6\vec{k}\ [\mathrm{m}],\quad \vec{F} = -4\vec{i} + 7\vec{j} + 2\vec{k}\ [\mathrm{N}]$$

풀이 모멘트의 정의에 의해 원점에 대한 모멘트는

$$\begin{aligned}\overrightarrow{M_O} = \vec{r}_{A/O} \times \vec{F} &= \begin{vmatrix} \vec{i} & \vec{j} & \vec{k} \\ x & y & z \\ F_x & F_y & F_z \end{vmatrix} = \begin{vmatrix} \vec{i} & \vec{j} & \vec{k} \\ 5 & -3 & 6 \\ -4 & 7 & 2 \end{vmatrix} \\ &= [(-3)(2) - (6)(7)]\vec{i} - [(5)(2) - (6)(-4)]\vec{j} \\ &\quad + [(5)(7) - (-3)(-4)]\vec{k} \\ &= -48\vec{i} - 34\vec{j} + 23\vec{k}\ [\mathrm{N \cdot m}]\end{aligned}$$

이고, 모멘트 크기는 다음과 같다.

$$M_O = \sqrt{(-48)^2 + (-34)^2 + 23^2} = 63.2\ [\mathrm{N \cdot m}]$$

1.7 질량관성모멘트

1 질량관성모멘트

병진운동의 운동방정식을 간단하게 나타내면 $F = ma$(F: 힘, m: 질량, a: 가속도)이다. 이에 대응되는 회전운동의 운동방정식은 $M = I\alpha$(M: 모멘트, I: 질량관성모멘트, α: 각가속도)이다. 즉, 가속도에 대한 물체 저항의 척도는 질량이고, 각가속도에 대한 물체 저항의 척도는 질량관성모멘트이다. 여기에서 질량관성모멘트 I는 다음과 같이 정의된다.

기준점(O)으로부터 거리가 r인 점에서 질량을 dm이라 할 때 다음과 같이 정의되는 물리량 I를 점 O에 대한 질량관성모멘트(mass moment of inertia)라 한다.

$$I = \int r^2\, dm \quad [\text{SI 단위 : kg} \cdot \text{m}^2] \qquad \cdots (1.7.1)$$

각속도 ω로 회전하고 있는 질량관성모멘트 I인 강체의 회전운동에너지(E_k)는 다음과 같다. 여기에서 I는 강체의 질량중심에 대한 질량관성모멘트이다.

$$E_k = \frac{1}{2} I \omega^2 \qquad \cdots (1.7.2)$$

설명 어떤 물체가 질량 $m_1,\ m_2,\ \cdots$인 여러 입자들로 구성되어 있을 때 물체의 운동에너지는 입자들의 운동에너지의 합으로

$$E_k = \frac{1}{2}m_1 v_1^2 + \frac{1}{2}m_2 v_2^2 + \cdots = \sum\left(\frac{1}{2}m_i v_i^2\right)$$

이다. $m_i,\ v_i$는 각각 i 번째 입자의 질량과 속력을 나타낸다. 물체가 강체인 경우 강체의 각속력 ω는 모든 입자들에 대해 동일하므로 회전축으로부터 각 입자까지의 거리를 r_i라 하면 $v_i = r_i\omega$이다. 이때

$$E_k = \sum\left(\frac{1}{2}m_i v_i^2\right) = \frac{1}{2}\left(\sum m_i r_i^2\right)\omega^2$$

이다. 여기에서 $I = \sum m_i r_i^2$ 로 정의하면 운동에너지 $E_k = \frac{1}{2}I\omega^2$이다. 물체가 유한한 개수의 입자로 구성되어 있을 때는 $I = \sum m_i r_i^2$으로 질량관성모멘트를 구할 수 있다. 그러나 물체가 물질의 연속적인 분포로 되어 있다면 다음과 같이 무한히 작은 질량요소 dm에 대한 질량관성모멘트 $r^2 dm$을 물체 전체에 대해 적분하여 구한다.

$$I = \int r^2\,dm$$

[부록 A.1]에 몇 가지 물체들의 질량 중심(G)을 지나는 축에 대한 질량관성모멘트를 나타내었다. 병진운동의 질량(m)에 대응되는 회전운동의 물리량은 질량관성모멘트(I)이다. 따라서 회전운동을 공부할 때는 특히 막대와 원판 및 구의 질량중심(G)에 대한 다음 질량관성모멘트는 꼭 기억하도록 한다.

○ 질량 m, 길이 L인 막대: $I_G = \frac{1}{12}mL^2$ … (1.7.3)

○ 질량 m, 반지름 R인 원판: $I_G = \frac{1}{2}mR^2$ … (1.7.4)

○ 질량 m, 반지름 R인 구: $I_G = \frac{2}{5}mR^2$ … (1.7.5)

단면2차모멘트 $I' = \int r^2\,dA$ (A는 면적)을 '면적관성모멘트(area moment of inertia)'라고도 한다. 따라서 $I = \int r^2\,dm$을 질량관성모멘트라 하고 구분해야 되지만 여러 동역학 책에서 간단하게 관성모멘트라고도 한다. 동역학에서 주로 사용하는 것은 질량관성모멘트이기 때문이다. 한편 물리학에서는 $I = \int r^2\,dm$을 회전관성(rotational inertia)이라고도 한다.

2 평행축 정리

회전축(O)이 물체의 질량중심을 지나는 축(G)과 평행하고 회전축으로부터 질량중심까지 거리가 d일 때 회전축에 대한 질량관성모멘트(I_O)는 다음과 같다.

$$I_O = I_G + md^2 \qquad \cdots(1.7.6)$$

여기에서 m은 물체의 질량이고, I_G는 물체의 질량중심을 지나는 회전축에 대한 질량관성모멘트이다. 질량관성모멘트는 힘의 모멘트와 마찬가지로 기준 축에 따라 달라진다. I_O는 축 O를 기준으로 한 것을 나타낸다.

예를 들어 질량 m, 반지름 R인 속이 찬 구(sphere)의 중심(G)을 지나는 축에 대한 질량관성모멘트는 $I_G = \frac{2}{5}mR^2$이다. 그리고 중심으로부터 구 표면까지 거리가 R이므로 구 표면에 접하는 축(O)에 대한 질량관성모멘트(I_O)는 다음과 같다.

$$I_O = I_G + md^2 = \frac{2}{5}mR^2 + mR^2 = \frac{7}{5}mR^2$$

[예제 1.7.1]과 [연습문제 1]에 적분을 하여 막대와 원판 및 구의 질량관성모멘트를 구하는 문제를 나타내었다. 그런데 동역학을 공부할 때 이와 같이 질량관성모멘트를 구하는 적분을 할 줄 몰라도 큰 문제없다. 식 (1.7.3)~(1.7.5)와 평행축 정리를 사용할 줄 알면 된다. 기본적으로 동역학 문제에서 주로 다루는 물체는 막대와 원판 및 구이다.

3 회전반경

질량관성모멘트가 I인 축에 대한 질량 m의 회전반경(radius of gyration, 자이로 반경) k는 다음과 같이 정의된다. k는 길이의 차원을 가지고 SI 단위는 m이다.

$$k = \sqrt{\frac{I}{m}}, \quad I = mk^2 \qquad \cdots(1.7.7)$$

예제 1.7.1 질량 M, 길이 L인 가느다란 막대의 한 끝을 지나고 막대에 수직인 축에 대한 막대의 질량관성모멘트(I_y)를 구하라.

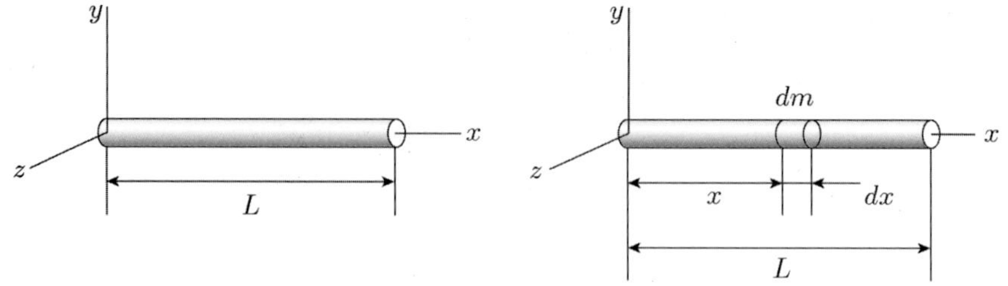

[그림 1.7.1] 막대의 질량관성모멘트

풀이 두께를 무시할 수 있는 가느다란 막대의 단위 길이당 질량은 M/L이다. [그림 1.7.1]과 같이 길이 dx의 미소질량 요소 dm을 선정하면

$$dm = \frac{M}{L}dx$$

$$\therefore \quad I_y = \int x^2 dm = \int_0^L x^2 \cdot \frac{M}{L}dx = \frac{M}{L}\int_0^L x^2 dx$$

$$= \frac{M}{L}\left[\frac{1}{3}x^3\right]_0^L = \frac{1}{3}ML^2$$

[예제 1.7.1]에서 막대의 질량중심(G)은 $x = d = \frac{L}{2}$에 있으므로 막대의 질량중심에 대한 질량관성모멘트(I_G)는 다음과 같다.

$$I_y = I_G + Md^2$$

$$\therefore \quad I_G = I_y - Md^2 = \frac{1}{3}ML^2 - M\left(\frac{L}{2}\right)^2 = \frac{1}{12}ML^2$$

Note 벡터 표기법

인쇄된 책에서는 일반적인 글씨체와 볼드체(예를 들어 F와 **F**, a와 **a**, v와 **v**, i와 **i**, …)가 분명하게 구분되므로 볼드체로 표기한 벡터를 쉽게 알 수 있다. 그런데 노트나 칠판에 쓸 때와 같이 손으로 적을 때는 책에 쓰여 있는 것과 같이 분명하게 구분되지 않을 수 있다. 따라서 이때는 화살표를 사용하여 $\overrightarrow{OA}$, $\vec{F}$, $\vec{a}$, $\vec{v}$, … 등과 같이 표기하는 것이 알기 쉽다.

[쉬면서 보기] 속도와 속력, 질점과 물체, 운동량과 충격량

일반적으로 속도는 벡터이고 속도의 크기를 속력이라 한다. 따라서 엄밀하게 말하면 벡터인 속도와 스칼라량인 속력을 구분해야 한다. 그런데 수직선상에서 움직이는 물체의 속도는 스칼라량으로 표현한 식을 사용하고 부호로써 방향을 나타내는 것이 편리하다.

각속도와 각가속도도 방향을 갖는 벡터이다. 하지만 우리는 편리하게 예를 들어 각속도 $\omega = 2\,\mathrm{rad/s}$, 각가속도 $\alpha = 3\,\mathrm{rad/s^2}$와 같이 스칼라량으로 표현한다. 왠지 속도란 용어가 익숙하다. 고속도로 자동차 제한 속력 시속 100km 라는 말은 거의 안쓴다. 일반물리학에서는 '각속력'과 '각가속력'이란 용어를 사용하기도 한다. 속도와 속력을 그렇게 엄밀히 구분한다면 ω와 α를 이렇게 불러야 하지만, 동역학 책에서는 이와 같은 표현을 본 적이 없다.

한편 이 책의 2 장~5 장은 질점의 동역학을 다루므로 엄밀히 말하면 모든 설명과 문제에서 '질점'이라 해야 하지만 물리적인 면에서 알기 쉽게 '물체'라고도 하였다. 우리나라 고등학교 교육과정에서도 '물체'란 용어를 사용한다. 예를 들어 '물체의 질량이 m일 때 뉴턴의 제 2 법칙은 $F = ma$'라 한다. 대학 과정의 어느 유명한 동역학 책에서도 물체란 용어를 많이 사용한다.

이 책에서 '속도'와 '속력', '질점'과 '물체' 등의 용어를 엄밀하게 구분하지 않고 사용한 경우도 있다. 하지만 지나치게 이와 같은 용어에 신경 쓰지 않도록 한다.

그리고 식 $\int_{t_1}^{t_2} \sum \mathrm{F}\, dt = m(\mathrm{v}_2 - \mathrm{v}_1)$을 충격량과 운동량 원리, 선형충격량과 선형운동량 원리, 선형 충격량-운동량 원리, 선운동량-충격량 정리, 충격과 운동량 법칙, 선역적과 선운동량 원리 등 여러 가지로 부르고 있다. 속도, 가속도, 힘, 모멘트, 충격량, 운동량, 각운동량, 각충격량 등은 모두 물리학에서 다루는 내용이다. 같은 내용이지만 물리학과 기계공학 분야의 용어가 다를 수 있고(예를 들어 물리에서는 모멘트를 돌림힘이라고도 한다.), 기계공학에서도 또 용어가 다를 수 있다(스프링 에너지를 동역학에서는 탄성 위치에너지라 하지만 재료역학에서는 탄성 변형에너지라 한다.).

"아니 'linear~'이니까 '선형 운동량과 선형 충격량'이라 해야지 왜 '운동량과 충격량'이라 하나?" 어디 가나 꼭 이런 사람이 있다. 회전운동인 경우에는 각운동량과 각충격량이라 하고 선운동인 경우에는 간단하게 운동량과 충격량이라 하는 것이 편하다. EBS 교재를 포함한 많은 고등학교 책에서도 '운동량과 충격량'이라고 정의한다.

"세계는 넓고 할 일은 많다." 전 대우그룹 김우중 회장님의 말씀이다. 물론 의미가 조금 다르기는 하지만. "뉴턴의 제 2 법칙: 물체의 가속도는 …, 틀렸어. 물체 질량 중심의 가속도야, 운동량과 충격량, … 고등학교 책 전부 다 틀렸어." " … 막대 1 과 2 에 작용하는 돌림힘을

… [연습문제 1 의 27 번 문제] 이거 출제 오류야.” 고등학교, 대학교, 물리학, 기계공학, … 세계는 넓다. 어느 한 과목, 책 한 권만 공부하고 이런 말을 하는 사람이 있지 않을까.

반드시 속력, 반드시 질점, 반드시 선형 운동량, 선형 충격량, … 세상 어렵게 살지 않으면 좋지 않을까 한다.

연습문제 1

01 (토크) = (힘) × (팔의 길이)로 정의된다. 토크의 차원을 MLT계로 나타내라.

02 동력은 단위 시간당 일로 정의된다. 동력의 차원을 MLT계로 나타내라.

03 $40\,\mathrm{g/cm^3}$은 몇 $\mathrm{kg/m^3}$인가?

04 $20\,\mathrm{kgf/cm^2}$은 몇 kPa인가?

05 $m = 40\mathrm{kg}$, $a = 20\mathrm{cm/s^2}$일 때, 힘 $F = ma$를 SI 단위[N]로 나타내라.

06 수소 원자의 지름은 0.1nm이다. 몇 개의 수소 원자가 나란히 줄서면 길이 10cm의 선분이 되는가?

07 700m/s인 비행기의 속력은 몇 km/h인가?

08 다음 단위 중 어느 것이 옳은가? [중등교사 임용시험(기계)]

① $1\mathrm{N} = 1\mathrm{kg \cdot m/s}$ ② $1\mathrm{J} = 1\mathrm{N \cdot m/s}$

③ $1\mathrm{W} = 1\mathrm{J/s}$ ④ $1\mathrm{bar} = 10^6\mathrm{N/m^2}$

09 다음 단위 중 옳은 것은? [중등교사 임용시험(기계)]

① $1\mathrm{Pa} = 1\mathrm{N/m}$ ② $1\mathrm{J} = 1\mathrm{N \cdot m/s}$

③ $1\mathrm{kW} = 75\mathrm{kgf \cdot m/s}$ ④ $1\mathrm{N} = 10^5\mathrm{dyne}$

10 국제적으로 통용되는 SI 단위계(international unit system)에서 정하는 기본단위가 아닌 것은? [공무원 임용시험]

① 미터(meter) ② 킬로그램(kilogram)

③ 켈빈(Kelvin) ④ 뉴턴(Newton)

11 두 벡터 $\vec{a}$와 $\vec{b}$의 크기가 a로 같을 때, 다음 중 항상 성립하는 것은? [공무원 임용시험]

① $\vec{a} + \vec{b} = 2\vec{a}$ ② $\vec{a} - \vec{b} = 0$

③ $\vec{a} \cdot \vec{b} = a^2$ ④ $\vec{a} + \vec{b}$와 $\vec{a} - \vec{b}$는 수직이다.

12 힘 $\vec{F}$의 크기가 10N이다. (a)와 (b)의 각 경우에 대해 단위벡터 $\vec{i}$, $\vec{j}$로써 $\vec{F}$를 벡터로 표현하라.

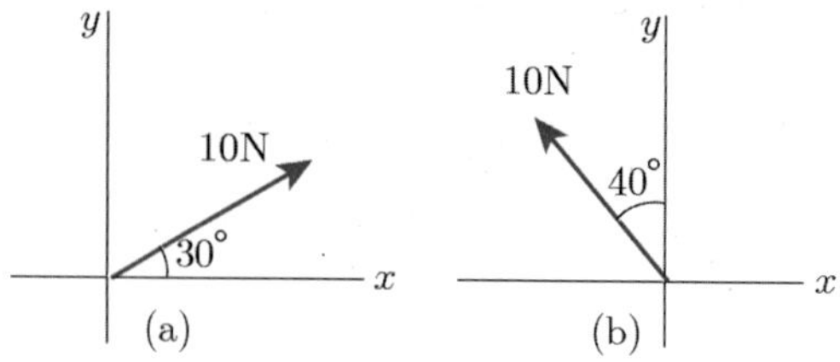

[문제 1.12]

13 크기가 20N인 힘 $\vec{F}$의 기울기와 방향이 그림과 같다. (a)와 (b)의 각 경우에 대해 단위벡터 $\vec{i}$, $\vec{j}$로써 $\vec{F}$를 벡터로 표현하라.

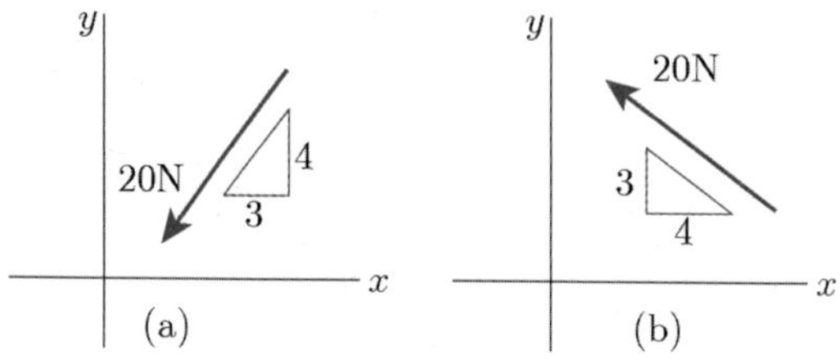

[문제 1.13]

14 다음과 같이 주어진 힘 $\vec{F}$의 방향과 x축의 양의 방향이 이루는 각을 구하라.

(1) $\vec{F} = 2\vec{i} + 3\vec{j}$ [N] (2) $\vec{F} = -12\vec{i} + 8\vec{j}$ [N]

15 다음 두 벡터의 내적 $\vec{P} \cdot \vec{Q}$와 외적 $\vec{P} \times \vec{Q}$를 구하라.

$$\vec{P} = 2\vec{i} - 5\vec{j}, \quad \vec{Q} = 4\vec{i} + 3\vec{j}$$

16 질량 $m = 2$[kg], 위치벡터 $\vec{r} = -4\vec{i}$[m], 속도 $\vec{v} = 7\vec{i} + 3\vec{j}$[m/s]일 때 각운동량 $\vec{H} = \vec{r} \times m\vec{v}$를 구하라.

17 그림과 같은 두 벡터 $\vec{P}$, $\vec{Q}$에 대해 $\vec{P} + \vec{Q}$, $\vec{P} - \vec{Q}$, $\vec{P} \cdot \vec{Q}$, $\vec{P} \times \vec{Q}$를 구하라. P와 Q는 각각 $\vec{P}$, $\vec{Q}$의 크기를 나타낸다.

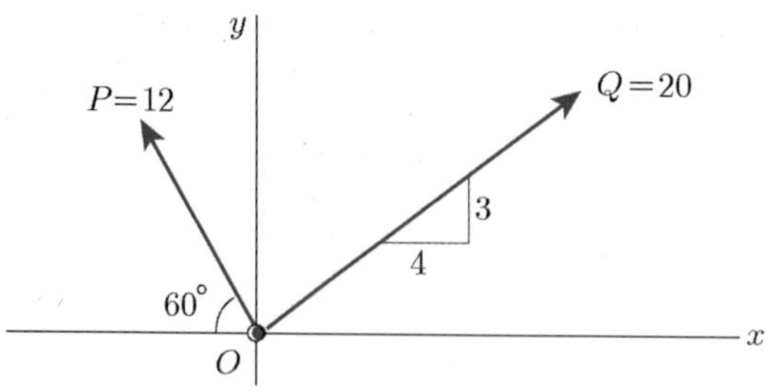

[문제 1.17]

18 그림에서 단위벡터 $\vec{i}$, $\vec{j}$로써 벡터 $\vec{r}_{B/A}=\overrightarrow{AB}$와 $\vec{r}_{C/A}=\overrightarrow{AC}$를 표현하고, A점의 속도 $\vec{v}_A=3\vec{i}-5\vec{j}$일 때 $\vec{v}_B=\vec{v}_A+2\vec{k}\times\vec{r}_{B/A}$와 $\vec{v}_C=\vec{v}_A+2\vec{k}\times\vec{r}_{C/A}$를 구하라.

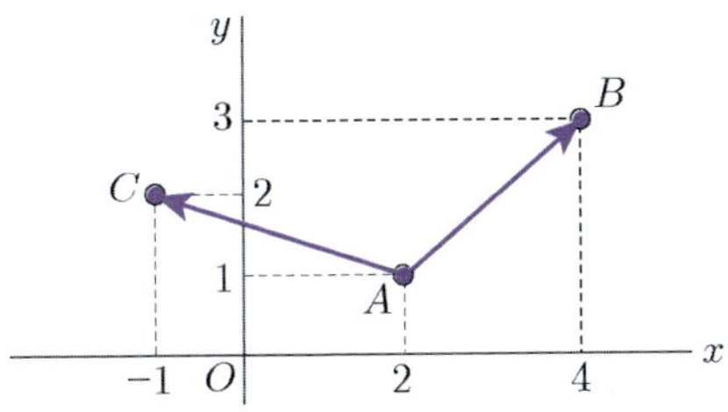

[문제 1.18]

19 두 벡터 $\overrightarrow{OA}=3\vec{i}+\vec{j}$와 $\overrightarrow{OB}=2\vec{i}+4\vec{j}$의 사잇각을 구하라.

20 다음 각 경우에 대하여 점 A에 작용하는 힘 $\vec{F}=2\vec{i}+3\vec{j}-4\vec{k}$ [N]의 원점(O)에 대한 모멘트를 구하라. $\vec{r}$은 점 A의 위치벡터이다.

(1) $\vec{r}=7\vec{j}$ [m]　　(2) $\vec{r}=-2\vec{i}+5\vec{j}+\vec{k}$ [m]　　(3) $\vec{r}=3\vec{i}-2\vec{j}+5\vec{k}$ [m]

21 세 힘에 의해 점 O에 작용하는 모멘트 합을 구하라.

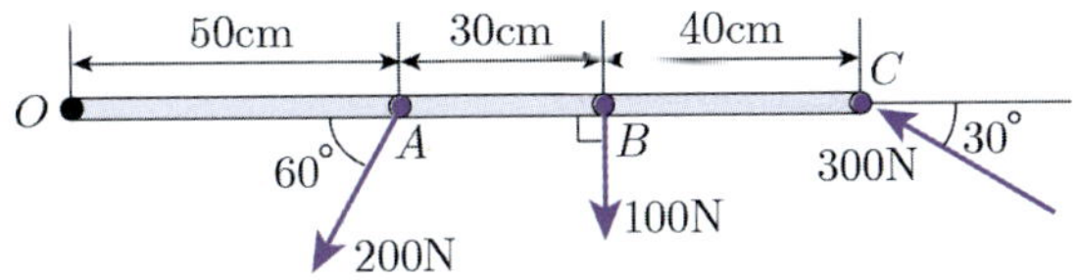

[문제 1.21]

22 힘 $F=80\text{N}$의 점 O에 대한 모멘트를 구하라.

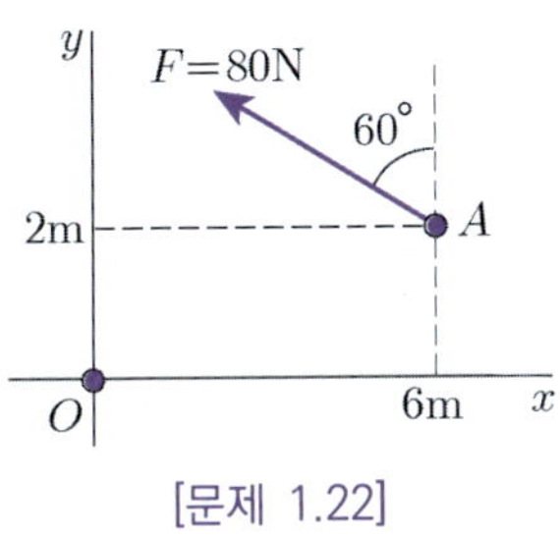

[문제 1.22]

23 질량 m, 길이 L인 가늘고 균일한 막대의 중심(G)을 지나는 축에 대한 질량관성모멘트는 $I_G=\dfrac{1}{12}mL^2$이다. 평행축 정리를 사용하여 이 막대의 한 끝을 지나고 막대에 수직인 축에 대한 막대의 질량관성모멘트를 구하라.

24 반지름 R, 두께 t, 밀도 ρ인 원판의 질량 $M=\pi R^2 t\rho$이다. 원판 중심으로부터 반지름 r

인 위치에 미소 질량요소 $dm = \rho(2\pi rt)dr$을 잡고 적분하여 원판 중심축에 대한 원판의 질량관성모멘트(I)와 회전반경(k)을 구하라.

25 밀도 ρ, 반지름 r인 구의 질량 $m = \rho V = \rho\left(\frac{4\pi}{3}r^3\right)$이다. 위 문제(24 번) 결과를 이용하여 그림과 같이 반지름 y, 두께 dx인 원판 모양의 미소요소를 잡고, 질량 m, 반지름 r인 구의 중심을 지나는 축에 대한 질량관성모멘트($I = I_{xx}$)와 회전반경(k)을 구하라. 그림에서 미소요소의 부피 $dV = (\pi y^2)dx$, 밀도가 ρ인 미소요소의 질량 $dm = \rho dV$이며, 피타고라스 정리에 의해 $x^2 + y^2 = r^2$이다.

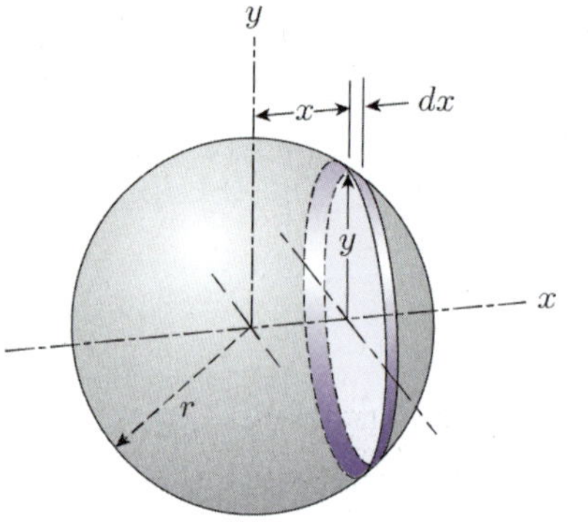

[문제 1.25]

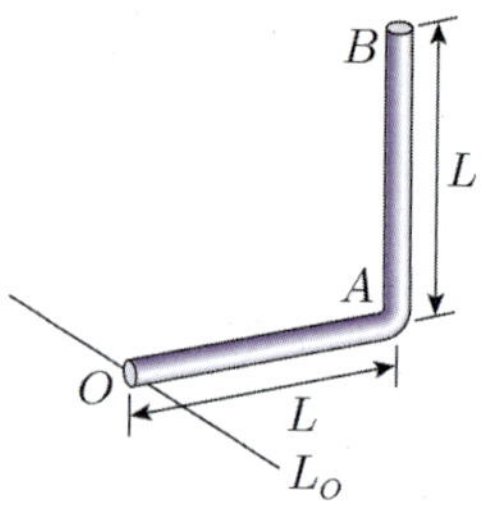

[문제 1.26]

26 질량 m, 길이 L인 두 개의 가늘고 균일한 막대를 용접하여 두 막대가 직각을 이루는 L 자형 물체 OAB를 만들었다. 평행축 정리를 사용하여 막대의 한 끝점 O를 지나는 축 L_O에 대한 물체 OAB의 질량관성모멘트를 구하라. 그림에서 OA와 AB는 수직이고, 축 L_O는 OA에 수직이다.

27 밀도가 균일하며 길고 가는 두 개의 동일한 막대가 그림과 같이 각각 막대의 중심과 끝을 지나는 고정축에 대해 회전운동을 하고 있다. 두 막대의 회전 각가속도가 같을 때, 각각의 고정축을 기준으로 막대 1과 2에 작용하는 돌림힘을 각각 T_1, T_2라 하면 T_1/T_2의 값은?
† 돌림힘은 모멘트. [공무원 임용시험]

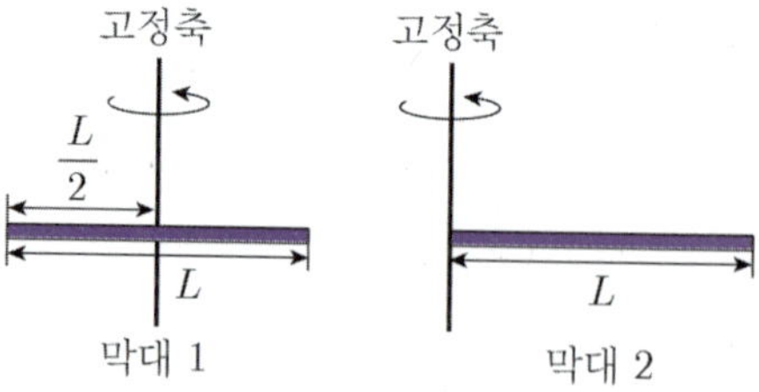

[문제 1.27]

① $\frac{1}{2}$ ② $\frac{1}{3}$ ③ $\frac{1}{4}$ ④ $\frac{1}{5}$

제2장 질점의 운동학

2.1 직선운동
2.2 평면곡선운동
2.3 중력장 내의 운동
2.4 극좌표와 원운동 및 법선과 접선 좌표
2.5 여러 질점의 운동
2.6 상대운동

2.1 직선운동

1 속도와 가속도

질점이 직선을 따라 운동하는 것을 직선운동이라 한다. [그림 2.1.1]과 같이 수직선 위를 움직이는 점 P의 시간 t에서의 위치가 $s(t)$이고 시간이 t에서 $t+\Delta t$까지 변할 때 점 P에서 점 Q까지 이동하였을 경우 스칼라량으로 표현된 속도와 가속도의 정의는 다음과 같다.

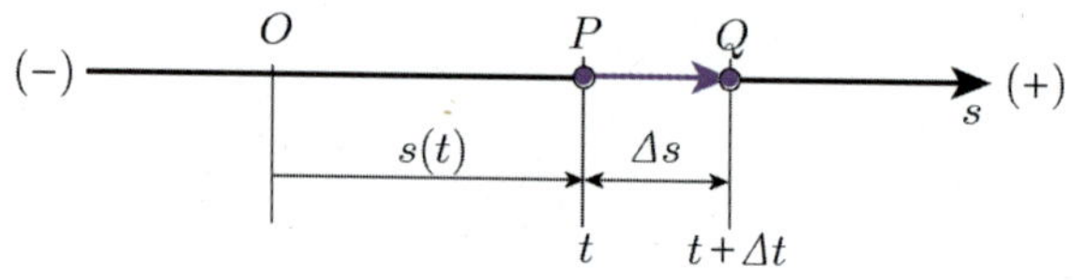

[그림 2.1.1]

(1) 시간 t에서 $t+\Delta t$까지의 점 P의 평균속도

$$v_{avg}=\frac{\Delta s}{\Delta t} \quad \cdots (2.1.1)$$

(2) 시간 t에서의 점 P의 순간속도 또는 속도 $v(t)$는

$$v(t)=\lim_{\Delta t\to 0}\frac{\Delta s}{\Delta t}=\frac{ds}{dt} \quad \cdots (2.1.2)$$

이고, 속도의 크기 $|v(t)|$를 속력이라 한다. 점 P는 $v(t)>0$일 때 양의 방향으로, $v(t)<0$일 때 음의 방향으로 움직인다.

(3) 시간 t에서 $t+\Delta t$ 까지의 점 P의 속도의 평균변화율(평균가속도, a_{avg})은

$$a_{avg}=\frac{\Delta v}{\Delta t}=\frac{v(t+\Delta t)-v(t)}{\Delta t} \quad \cdots (2.1.3)$$

이고, $\Delta t\to 0$일 때의 평균변화율의 극한값을 시간 t에서의 점 P의 가속도 $a(t)$라 한다. 가속도 $a(t)$는

$$a(t)=\lim_{\Delta t\to 0}\frac{\Delta v}{\Delta t}=\frac{dv}{dt}=\frac{d^2s}{dt^2} \quad \cdots (2.1.4)$$

이고, 여기에서 v가 s의 함수인 경우

$$a(t) = \frac{dv}{dt} = \frac{dv}{ds}\frac{ds}{dt} = v\frac{dv}{ds} \qquad \cdots(2.1.5)$$

로 쓸 수 있다. 가속도의 부호는 속도 변화 방향을 나타내며 운동 방향과 관계없이 속도가 증가하면 양(+)이고, 감소하면 음(−)이다.

직선운동에서 속도와 가속도를 벡터로 표현하면 다음과 같다.

(a) 위치벡터: $\mathbf{r} = s\mathbf{i}$ (b) 변위: $\Delta\mathbf{r} = \Delta s\mathbf{i}$

(c) 속도: $\mathbf{v} = \dot{\mathbf{r}} = \dot{s}\mathbf{i}$ (d) 가속도: $\mathbf{a} = \dot{\mathbf{v}} = \dot{v}\mathbf{i} = \ddot{s}\mathbf{i}$

직선운동에서는 속도와 가속도의 부호로써 방향을 나타낼 수 있으므로 스칼라량으로 표현된 식을 사용하는 것이 편리하다.

예제 2.1.1 직선 도로를 $4\mathrm{m/s}$의 속도로 달리는 자동차의 속도가 7초 후에 $25\mathrm{m/s}$가 되었다. 자동차의 평균 가속도의 크기는 몇 $\mathrm{m/s^2}$인가?

풀이 초기속도 $v_1 = 4\mathrm{m/s}$, 시간 간격 $\Delta t = 7\mathrm{s}$, 나중속도 $v_2 = 25\mathrm{m/s}$이므로 평균 가속도(a_{avg})는

$$a_{avg} = \frac{v_2 - v_1}{\Delta t} = \frac{(25-4)\mathrm{m/s}}{7\mathrm{s}} = 3\,[\mathrm{m/s^2}]$$

이다. 여기에서 차의 속도가 증가하였으므로 가속도는 양의 값을 가진다.

예제 2.1.2 수직선 위에서 움직이는 점 P의 t초 후의 위치가 $x(t) = t^3 - 3t\,[\mathrm{m}]$일 때 $t=2$초에서 점 P의 속도와 가속도를 구하라.

풀이 직선운동에서 속도와 가속도의 정의에 의해 시간 t에서의 속도 $v(t)$와 가속도 $a(t)$는 다음과 같다.

$$v(t) = \frac{dx}{dt} = 3t^2 - 3 \qquad \cdots ①$$

$$a(t) = \frac{dv}{dt} = 6t \qquad \cdots ②$$

식 ①, ②에 $t=2$를 대입하면 다음과 같이 $t=2$일 때의 속도 $v(2)$와 가속도 $a(2)$가 구해진다.

$$v(2) = 3 \times 2^2 - 3 = 9\,[\mathrm{m/s}]$$
$$a(2) = 6 \times 2 = 12\,[\mathrm{m/s^2}]$$

예제 2.1.3 직선 위에서 움직이는 어떤 물체의 시간 t초에서의 가속도가 $a = -6t + 10\,[\mathrm{m/s^2}]$일 때 $t = 0$에서 $t = 2$초 사이의 변위를 구하라. $t = 0$에서 물체의 속도는 $4\,\mathrm{m/s}$이다.

풀이 가속도의 정의 $a = \dfrac{dv}{dt}$에서 $dv = adt$이고, $t = 0$일 때 $v_0 = 4\,\mathrm{m/s}$이다. 따라서 $t = 0$에서 t초까지 $dv = adt$를 적분하면

$$\int_{v_0}^{v} dv = \int_0^t a\,dt = \int_0^t (-6t + 10)dt = -3t^2 + 10t\,[\mathrm{m/s}]$$

$$v - v_0 = -3t^2 + 10t\,[\mathrm{m/s}]$$

$$\therefore\ v = -3t^2 + 10t + v_0 = -3t^2 + 10t + 4\ \ [\mathrm{m/s}]$$

이다. 속도의 정의 $v = \dfrac{ds}{dt}$에서 $ds = vdt$이므로 $t = 0,\ 2$일 때 물체의 위치를 각각 $s_0,\ s_1$으로 하고 적분하면 변위($s_1 - s_0$)는 다음과 같다.

$$\int_{s_0}^{s_1} ds = \int_0^2 (-3t^2 + 10t + 4)dt = \left[-t^3 + 5t^2 + 4t\right]_0^2$$
$$= -2^3 + 5 \times 2^2 + 4 \times 2 = 20\,[\mathrm{m}]$$

$$\therefore\ \text{변위}\ (s_1 - s_0) = 20\ [\mathrm{m}]$$

여기에서 $\displaystyle\int_{s_0}^{s_1} ds = s_1 - s_0$이다.

> $a = \dfrac{dv}{dt}$에서 $v = \displaystyle\int a\,dt = \int (-6t + 10)dt = -3t^2 + 10t + C\ \ [\mathrm{m/s}]$이다. 여기에서 $t = 0$일 때 $v_0 = 4\,\mathrm{m/s}$이므로 적분상수 $C = 4$이다.

2 등속 직선운동

속력과 운동 방향이 일정한 운동을 등속운동이라 한다. 속도 v인 질점이 t시간 동안에 이동한 거리를 s라 하면

$$v = \frac{s}{t}, \quad s = vt, \quad t = \frac{s}{v} \qquad \cdots(2.1.6)$$

이고, 가속도 $a = 0$이다.[1)]

예제 2.1.4 등산을 하는데 올라갈 때는 시속 2km로 걷고, 내려올 때는 올라갈 때 보다 3km 더 먼 거리를 시속 4km로 걸어왔다. 총 소요 시간이 6시간이면 올라간 거리는 몇 km인가?

풀이 올라간 거리를 x[km]로 놓으면, 내려온 거리는 $x+3$[km]이다. 거리 s [km]를 시속 v [km]로 걸어갈 때 걸리는 시간은

$$t = \frac{s}{v} \text{ [시간]}$$

이므로 시속 2km로 걸어간 시간은 $\frac{x}{2}$시간이고, 시속 4km로 걸어간 시간은 $\frac{x+3}{4}$시간이다. 여기에서 총 소요 시간은 6시간이므로

$$\frac{x}{2} + \frac{x+3}{4} = 6$$
$$2x + (x+3) = 24$$
$$3x = 21$$
$$\therefore \ x = \frac{21}{3} = 7 \text{ [km]}$$

즉, 올라간 거리는 7km이다.

3 등가속도 직선운동

직선상에서 운동하는 물체의 속도가 일정한 비율로 변할 때 물체의 가속도는 일정하며, 이러한 운동을 등가속도 직선운동이라 한다.

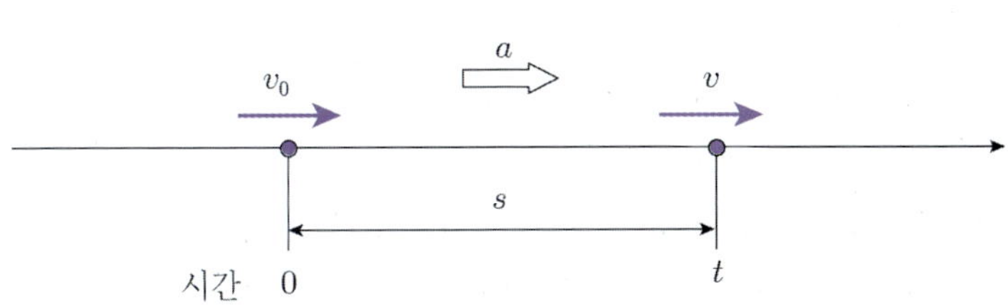

[그림 2.1.2]

1) 이 식들은 물체의 운동에서 가장 기본적인 식들이다.

[그림 2.1.2]와 같이 직선상에서 일정한 가속도 $a\,[\mathrm{m/s^2}]$로 운동할 때, 시간 $t=0$에서의 초기속도 $v_0\,[\mathrm{m/s}]$, t에서의 속도 $v\,[\mathrm{m/s}]$, t초 동안 이동 거리 $s[\mathrm{m}]$ 사이에는 다음 관계식이 성립한다.2)

$$v = v_0 + at \quad \cdots(2.1.7)$$

$$s = \frac{1}{2}at^2 + v_0 t \quad \cdots(2.1.8)$$

$$v^2 - v_0^2 = 2as \quad \cdots(2.1.9)$$

설명 (1) 속도와 가속도의 관계: 가속도의 정의 $a = \dfrac{dv}{dt}$에서 적분하면

$$dv = a\,dt$$

$$v = \int a\,dt = at + C \quad (C\text{는 상수})$$

이고, 초기조건 $t=0$일 때 $v=v_0$를 대입하면 $C=v_0$이므로

$$v = at + v_0$$

이다.

(2) 이동 거리와 가속도의 관계: 속도의 정의 $v = \dfrac{ds}{dt}$에서 적분하면

$$s = \int v dt = \int (v_0 + at)dt = v_0 t + \frac{1}{2}at^2 + C \quad (C\text{는 상수})$$

이고, 초기조건 $t=0$일 때 $s=0$을 대입하면 $C=0$이므로

$$s = v_0 t + \frac{1}{2}at^2$$

이다.

(3) 이동 거리와 속도의 관계: 가속도의 식 $a = v\dfrac{dv}{ds}$에서 $ads = vdv$이고 이 식을 적분하면

$$\int_0^s ads = \int_{v_0}^{v} vdv$$

---

2) 이 세 식을 잘 알아두도록 한다. 직선운동에서 가장 기본적인 식들이다.

$$as = \frac{1}{2}(v^2 - v_0^2)$$

이므로 $v^2 - v_0^2 = 2as$의 관계식이 성립한다.

한편 [그림 2.1.3]과 같이 시간 $t_0 = 0$에서의 초기속도 v_0[m/s], 초기위치 s_0[m], t에서의 속도 v[m/s], 위치를 s[m]라 하면 이동 거리 $\Delta s = s - s_0$이므로 위치와 속도, 가속도의 관계는 다음과 같다.

(a) $v = v_0 + at$ (b) $s = \frac{1}{2}at^2 + v_0 t + s_0$ (c) $v^2 - v_0^2 = 2a(s - s_0)$

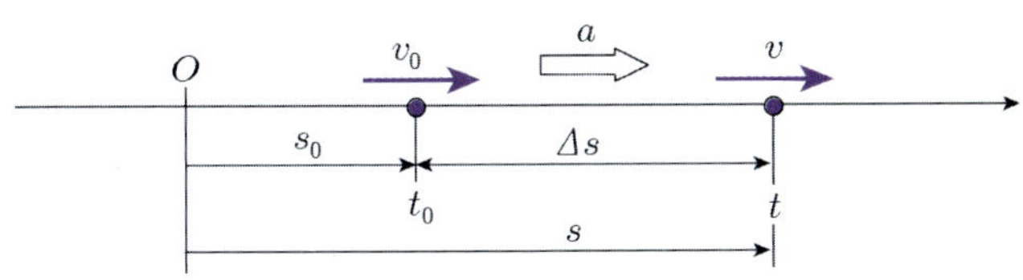

[그림 2.1.3]

예제 2.1.5 정지해 있던 물체가 2m/s^2의 가속도로 직선운동을 하였을 때 1분 후의 물체의 속도는 몇 m/s인가?

풀이 초기속도 $v_0 = 0$, 가속도 $a = 2\text{m/s}^2$(등가속도)이므로 $t = 1\text{min}$ 후의 속도(v)는 다음과 같다.

$$v = v_0 + at = 0 + 2\frac{\text{m}}{\text{s}^2} \times 1\text{min}$$

$$= 2\frac{\text{m}}{\text{s}^2} \times 60\text{s} = 120\ [\text{m/s}]$$

예제 2.1.6 등가속도 운동을 하는 물체가 50m 이동하는 동안 물체의 속도가 5m/s에서 20m/s로 증가하였다. 물체의 가속도(a)는 몇 m/s^2인가?

풀이 초기속도 $v_0 = 5\text{m/s}$, 나중속도 $v = 20\text{m/s}$, 이동 거리 $s = 50\text{m}$이다.

$$v^2 - v_0^2 = 2as$$

$$\therefore\ a = \frac{v^2 - v_0^2}{2s} = \frac{20^2 - 5^2}{2 \times 50} = 3.75[\text{m/s}^2]$$

예제 2.1.7 $72\,\text{km/h}$로 달리고 있는 자동차에 브레이크를 걸었을 때 차의 속력이 일정하게 감소하여 차가 $50\,\text{m}$ 미끄러진 후에 정지하였다. 이때 차의 가속도(a)와 정지할 때까지 걸린 시간(t)을 구하라.

풀이 처음 속도 $v_0 = 72\text{km/h} = \dfrac{72 \times 1000\text{m}}{3600\text{s}} = 20\text{m/s}$이고 정지했을 때의 최종속도 $v_1 = 0$이며, 이동 거리 $s = 50\text{m}$다.

먼저 $v^2 - v_0^2 = 2as$에서 가속도(a)를 구한다.

$$v_1^2 - v_0^2 = 2as$$

$$0 - 20^2 = 2a \times 50$$

$$\therefore \ a = -\frac{20^2}{2 \times 50} = -4\,[\text{m/s}^2]$$

다음에 속도 관계식 $v = v_0 + at$에서 차가 정지할 때까지 걸린 시간(t)을 구한다.

$$v_1 = v_0 + at$$

$$0 = v_0 + at$$

$$\therefore \ t = -\frac{v_0}{a} = -\frac{20}{(-4)} = 5\,[\text{s}]$$

즉, 차의 가속도는 -4m/s^2, 정지할 때까지 걸린 시간은 5초이다.

예제 2.1.8 $t = 0$에서 출발하여 직선운동을 하는 물체의 속도와 시간의 관계가 [그림 2.1.4]와 같은 직선으로 나타날 때 다음을 구하라.

(1) 물체의 가속도

(2) 6초 후의 물체의 변위

(3) 6초 동안에 물체가 이동한 거리

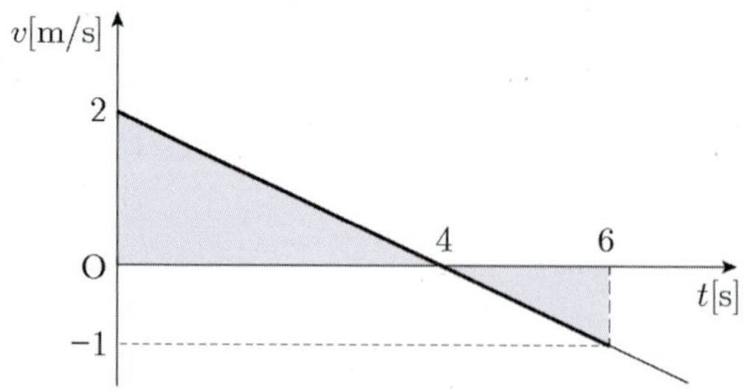

[그림 2.1.4]

풀이 (1) 직선운동에서 $a = \dfrac{dv}{dt}$ 이므로 $v-t$ 그래프에서 가속도는 직선의 기울기가 된다.

$$\therefore\ a = -\frac{2}{4} = -\frac{1}{2}\ [\mathrm{m/s^2}]\text{인 등가속도 운동이다.}$$

(2) 그래프에서 $v(t) = -\dfrac{1}{2}t + 2\ [\mathrm{m/s}]$이다. $t=0$, 6일 때 물체의 위치를 각각 x_0, x_1으로 하고 $dx = vdt$를 적분하면 다음과 같이 6초 후의 물체의 변위 $(x_1 - x_0)$가 구해진다.

$$dx = vdt = \left(-\frac{1}{2}t + 2\right)dt$$

$$\int_{x_0}^{x_1} dx = \int_0^6 \left(-\frac{1}{2}t + 2\right)dt$$

$$\therefore\ x_1 - x_0 = \int_0^6 \left(-\frac{1}{2}t + 2\right)dt = \left[-\frac{1}{4}t^2 + 2t\right]_0^6 = 3\ [\mathrm{m}]$$

(3) 이동 거리 $x = \displaystyle\int_{t_1}^{t_2} |v|\,dt$으로 $v-t$ 그래프에서 이동 거리는 넓이가 된다.

$$\therefore\ \text{이동거리 } x = \left(\frac{1}{2}\times 4\times 2\right) + \left(\frac{1}{2}\times 2\times 1\right) = 5\ [\mathrm{m}]$$

직선운동에서 오른쪽 방향을 양(+)으로 잡으면 속도가 양인 $0 < t < 4$에서는 오른쪽으로 4m 이동하고, 속도가 음인 $4 < t < 6$에서는 왼쪽으로 1m 이동한다. 따라서 총 이동 거리(x)는 $4\mathrm{m} + 1\mathrm{m} = 5\mathrm{m}$이고, 변위$(x_1 - x_0)$는 $4\mathrm{m} - 1\mathrm{m} = 3\mathrm{m}$이다.

예제 2.1.9 수평방향으로 운동하는 플런저의 운동이 기름의 저항을 받아서 감속된다. 가속도 $a = -kv$이고, $t=0$에서 플런저가 $x=0$인 위치(O)에 있을 때 속도가 v_0이다. 이때 속도 v와 위치 x를 시간 t의 함수로 나타내라. 그리고 v를 x의 함수로 나타내라.

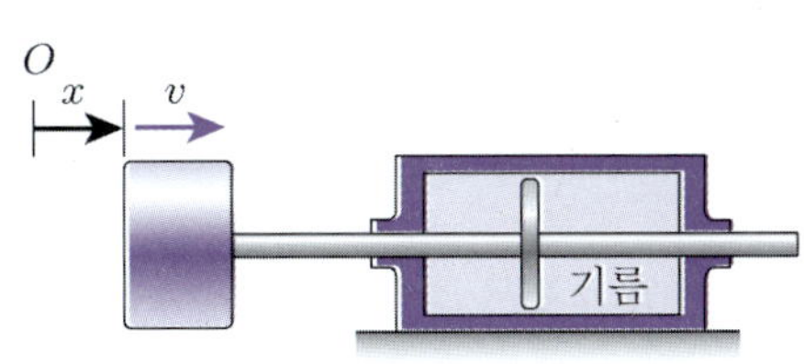

[그림 2.1.5] 플런저 운동

풀이 가속도의 정의에 의해

$$a=\frac{dv}{dt}=-kv$$

이고, 이 식의 변수를 분리하고 적분하면

$$\int_{v_0}^{v}\frac{dv}{v}=-k\int_{0}^{t}dt$$

$$\ln\left(\frac{v}{v_0}\right)=-kt$$

$$\therefore\ \ v=v_0e^{-kt} \qquad \cdots ①$$

이다. 그리고 속도의 정의에 의해

$$v=\frac{dx}{dt}=v_0e^{-kt}$$

이고, 이 식을 적분하면

$$\int_{0}^{x}dx=\int_{0}^{t}v_0e^{-kt}dt$$

$$\therefore\ \ x=\frac{v_0}{k}(1-e^{-kt}) \qquad \cdots ②$$

가 된다. 한편 가속도(a)와 속도(v)의 위치(x)에 대한 미분(dv/dx)과의 관계식으로부터

$$a=v\frac{dv}{dx}=-kv$$

$$\therefore\ \ \frac{dv}{dx}=-k$$

이므로 이 식을 적분하면 다음과 같이 속도 v와 위치 x의 관계식이 얻어진다.

$$\int_{v_0}^{v}dv=-k\int_{0}^{x}dx$$

$$\therefore\ \ v=-kx+v_0 \qquad \cdots ③$$

예제 2.1.10 [그림 2.1.6]과 같이 수직선상에서 움직이는 질점의 위치 s에서 가속도 $a=12\sqrt{s}$ $[m/s^2]$이다. 여기에서 s는 원점으로부터 질점까지 거리이고 단위는 m이다. 시간 t가 2초[s]일 때 질점은 원점으로부터 오른쪽(→)으로 16m 거리에 있고 속도는 32m/s (→), 가속도는 $48m/s^2$(→)이다. $t=3$초[s]에서 질점의 속도와 가속도를 구하라.

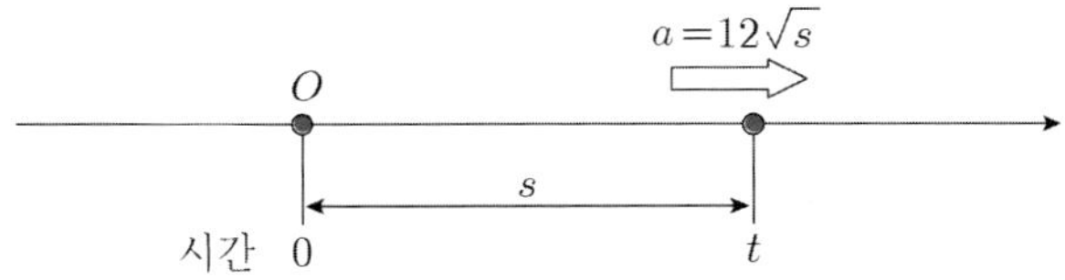

[그림 2.1.6] 수직선상에서 움직이는 질점

풀이 가속도 a가 위치 s의 함수일 때는 다음 관계식을 사용하는 것이 편리하다.

$$a = v\frac{dv}{ds} \qquad \cdots ①$$

식 ①로부터

$$vdv = ads = 12\sqrt{s}\,ds$$

이고, 이 식을 적분하면

$$\int vdv = \int 12\sqrt{s}\,ds$$

$$\frac{1}{2}v^2 = 8s^{3/2} + C_1 \qquad \cdots ②$$

이다. 식 ②에 주어진 조건 $s = +16\text{m}$에서 $v = +32\text{m/s}$를 대입하면

$$\frac{1}{2}(32)^2 = 8(16)^{3/2} + C_1$$

$$\therefore \; C_1 = 0$$

이므로

$$\frac{1}{2}v^2 = 8s^{3/2}$$

$$\therefore \; v = 4s^{3/4} \qquad \cdots ③$$

가 얻어진다. 식 ③으로부터

$$v = \frac{ds}{dt} = 4s^{3/4} \qquad \cdots ④$$

이고, 이 식의 변수를 분리하여 적분하면

$$4dt = \frac{ds}{s^{3/4}}$$

$$\int 4dt = \int s^{-3/4}ds$$

$$4t = 4s^{1/4} + C_2 \qquad \cdots ⑤$$

이다. 식 ⑤에 주어진 조건 $t=2$s에서 $s=16$m를 대입하면

$$4(2)=4(16)^{1/4}+C_2$$
$$\therefore\ C_2=0$$

가 된다. 따라서 식 ⑤는

$$t=s^{1/4}$$
$$\therefore\ s=t^4 \qquad \cdots ⑥$$

이고, 시간 t에서 속도와 가속도는 다음과 같다.

$$v=\frac{ds}{dt}=4t^3 \qquad \cdots ⑦$$

$$a=\frac{dv}{dt}=12t^2 \qquad \cdots ⑧$$

식 ⑦, ⑧로부터 $t=3$초[s]에서 질점의 속도와 가속도는 다음과 같다.

$$v=4(3)^3=108[\mathrm{m/s}](\rightarrow)$$
$$a=12(3)^2=108[\mathrm{m/s^2}](\rightarrow)$$

직선 위를 움직이는 점 P의 시간 t일 때 속도 $v(t)$와 시간 $t=a$일 때 위치 x_0가 주어졌을 때, 다음과 같이 속도 $v(t)$를 적분하여 구할 수 있다.

(1) 시간 t일 때의 점 P의 위치(x): $x=x_0+\int_a^t v(t)dt$

(2) 시간 $t=a$에서 $t=b$까지 점 P의 위치 변화량(Δx): $\Delta x=\int_a^b v(t)dt$

(3) 시간 $t=a$에서 $t=b$까지 점 P가 움직인 거리(s): $s=\int_a^b |v(t)|dt$

[요약] 직선운동에서 위치 s, 속도 v, 가속도 a의 스칼라 식	
$v=\frac{ds}{dt}$	$s=\int vdt$
$a=\frac{dv}{dt}$	$v=\int adt$
$a=v\frac{dv}{ds}$	$\int ads=\int vdv$

$t=t_0$에서 위치와 속도가 각각 s_0와 v_0일 때
$s(t)=\int_{t_0}^{t} v\,dt+s_0$
$v(t)=\int_{t_0}^{t} a\,dt+v_0$

$a=v\dfrac{dv}{ds}$ 또는 $a=v\dfrac{dv}{dx}$는 가속도(a)가 위치(s 또는 x)의 함수이거나 v의 함수일 때 아주 유용한 식이다.

연습문제 2.1

01 직선운동을 하는 질점의 시간 t초에서의 위치가 $s = t^3 + 3t^2 + t$[m]일 때 $t = 2$초에서 속도와 가속도의 크기를 구하라.

02 정지 상태($s_0 = 0,\ v_0 = 0$)에서 출발하여 0.4m/s^2의 일정가속도로 달리는 자동차의 10초 후의 위치(s)와 속도(v)를 구하라.

03 수직선 위에서 점 P가 $v = 4 - 2t$[m/s]의 속도로 운동하고 있다. $t = 0$에서 $t = 3$초까지의 점 P의 이동 거리를 구하라. Hint: 속도의 방향을 살펴본다.

04 시간 t[초]에서의 질점의 가속도가 $a(t) = kt[\text{m/s}^2]$로 직선운동을 하고 있다. 다음을 구하라. Hint: $dv = adt,\ ds = vdt$.

(1) $t = 0$초에서의 속도가 2m/s이고, $t = 1$초에서의 속도가 6m/s일 때 $t = 2$초에서의 속도

(2) $t = 0$초에서 질점의 위치 $s = 0$일 때 $t = 3$초에서의 위치

05 달리는 차에서 브레이크를 밟았을 때 t초 후의 속도가 $v(t) = 10 - 2t$[m/s]이다. 브레이크를 밟은 후 정지할 때까지 걸린 시간과 이동 거리를 구하라.

06 수직선 위에서 속도 $v(t) = 6t - 3t^2$[m/s](t의 단위는 초)로 운동하는 물체가 있다. 다음을 구하라. Hint: $ds = vdt$, 속도의 방향을 살펴본다.

(1) $t = 0$초에서 물체의 위치 $s = 0$일 때 $t = 3$초에서의 위치

(2) $t = 0$초에서 $t = 3$초까지 물체가 이동한 거리

07 자동차가 정지 상태에서 출발하여 일정한 가속도로 500m의 거리를 10초에 주파하였다. 자동차의 가속도와 500m 거리를 주파하는 순간의 속도를 구하라.

08 시속 72km로 달리고 있는 차의 브레이크를 밟아서 2초 후에 정지시켰다. 브레이크를 밟은 후의 차의 일정한 가속도와 이동 거리를 구하라. Hint: $v^2 - v_0^2 = 2as$.

09 그래프는 직선운동을 하는 물체의 속도(v)와 시간(t)의 관계를 나타낸 것이다. 다음을 구하라. Hint: $v-t$그래프에서 이동 거리는 면적과 같다.

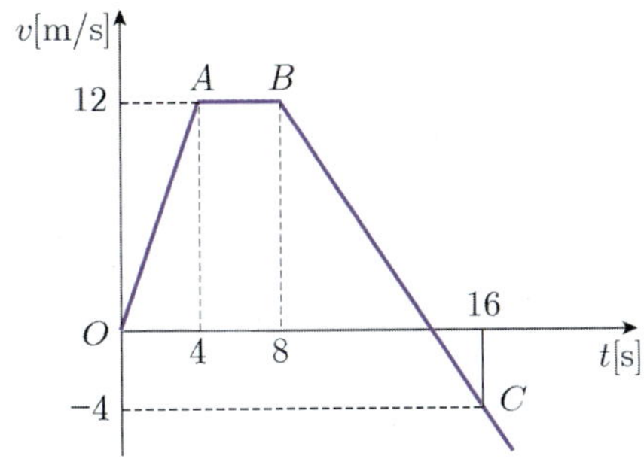

[문제 2.1.9]

(1) 0초에서 4초까지의 가속도
(2) 0초에서 8초까지의 평균 가속도
(3) 0초에서 8초까지의 평균 속도
(4) 0초에서 16초까지의 변위
(5) 0초에서 16초까지의 이동 거리

10 두 식 $v = v_0 + at$, $s = v_0 t + \frac{1}{2}at^2$으로부터 식 $v^2 - v_0^2 = 2as$를 유도하라.

11 집에서 시청까지 갈 때는 시속 6km, 시청에서 집으로 돌아올 때는 시속 4km로 걸었더니 총 1시간이 걸렸다. 집에서 시청까지의 거리를 구하라.

12 시속 8km의 속력으로 뛰어가다가 시속 4km의 속력으로 걸어서 2시간 30분 만에 16km의 순환 도로를 한 바퀴 돌았다. 뛰어간 거리와 걸어간 거리는 각각 몇 km인가?
Hint: 뛰어간 거리를 x[km], 걸어간 거리를 y[km]라고 한다.

13 길이가 2km인 활주로의 한쪽 끝에 착륙한 비행기가 $2.5\,\text{m/s}^2$로 일정하게 감속하여 다른 쪽 끝에 정지하려 한다. 착륙 직전 비행기의 속력은? [공무원 임용시험]

① 40m/s　② 60m/s　③ 80m/s　④ 100m/s

14 다음은 처음 속도가 5m/s인 어떤 물체의 운동 상태에 대한 시간(t)과 가속도(a)의 관계를 나타낸 그래프이다. $t = 0$에서 출발하여 4초 동안 이동한 거리는? [공무원 임용시험]

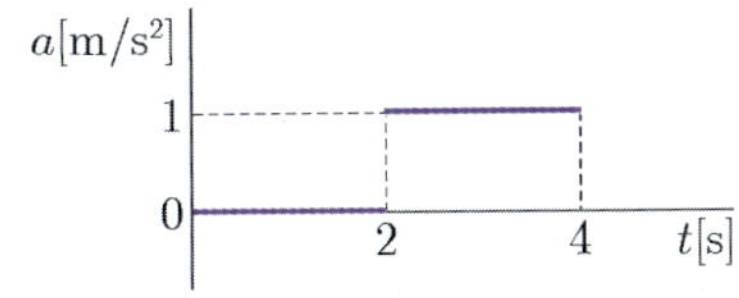

[문제 2.1.14]

① 12m　② 16m　③ 18m　④ 22m

15 속력 v로 수평 도로를 달리는 자동차에서 급브레이크를 밟았더니 거리 d만큼 미끄러진 후 정지하였다. 이 자동차가 $2v$의 속력으로 같은 도로를 달릴 때 급브레이크를 밟으면 d의 몇 배 거리를 미끄러지다가 정지하겠는가? 단, 공기 저항은 무시한다. [공무원 임용시험]

① $\frac{1}{4}$　　② $\frac{1}{2}$　　③ 2　　④ 4

16 x축을 따라 움직이는 입자의 위치가 시간에 따라 $x(t)=7+9t-2t^3$으로 변한다. $t=3$일 때 입자의 속도[m/s]는? (단, 여기서 x의 단위는 미터[m]이고, t의 단위는 초[s]이다) [공무원 임용시험]

① 음의 x방향으로 3　　② 양의 x방향으로 20
③ 음의 x방향으로 20　　④ 음의 x방향으로 45

17 x축 위에서 움직이는 물체가 $+x$ 방향으로 20m/s 의 속도로 등속도 운동하여 일정한 거리를 진행한 후, 곧이어 등가속도 운동하여 물체의 최종 속도가 $+x$ 방향으로 4m/s 가 되었다. 등속도 운동으로 진행한 거리와 등가속도 운동으로 진행한 거리가 같다면, 전체 운동 시간 동안 이 물체의 평균 속력[m/s]은? [공무원 임용시험]

① $8\sqrt{2}$　　② 12　　③ $10\sqrt{2}$　　④ 15

18 달리는 자동차에서 브레이크를 밟아서 $4\,\mathrm{m/s^2}$의 일정한 비율로 감속하였더니 자동차가 50 m를 이동한 후 정지하였다. 브레이크를 밟기 직전 자동차의 속력과 자동차가 멈추는 데 걸리는 시간을 구하라.

19 A점에서 2m/s 의 속력으로 출발한 상자가 3m 길이의 경사로를 $0.3g$(g는 중력가속도)의 일정한 가속도로 내려간다. 그리고 상자는 B점을 지난 후 일정하게 감속되어 C점에서 정지했을 때 다음을 구하라. Hint: $v^2-v_0^2=2as$.

(1) BC 구간에서의 일정한 가속도[$\mathrm{m/s^2}$]
(2) A점에서 C점까지 가는 데 걸린 시간[s]

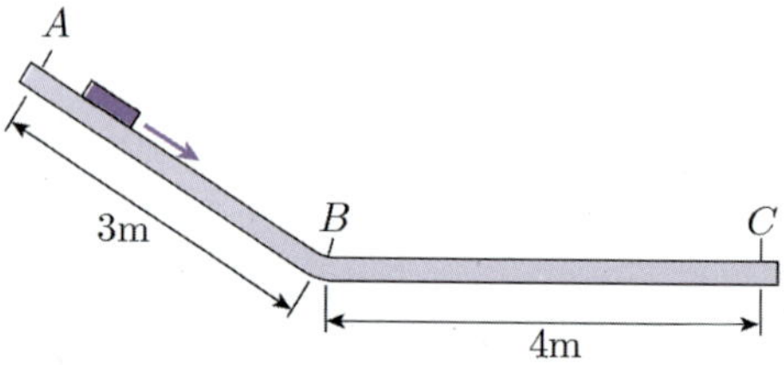

[문제 2.1.19]

20 정지 상태의 질점이 $x=-2\mathrm{m}$에서 출발하여 그림과 같은 속도로 x축을 따라 움직인다. 다음을 구하라. Hint: $v-t$ 그래프에서 면적은 이동 거리.

(1) $0\le t\le 0.5$[s]에서 물체가 이동한 거리
(2) $0\le t\le 1$[s]에서 물체가 이동한 거리
(3) 물체가 원점을 통과할 때 시간[s]

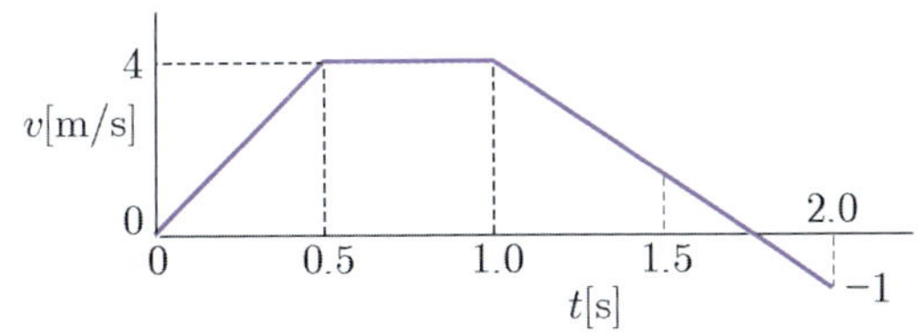

[문제 2.1.20]

21 자동차가 $v = 0.9t^2 + 0.4t$의 속도로 직선도로를 달리고 있다. $t = 10$[s]일 때 자동차의 위치와 가속도를 구하라. $t = 0$에서 $s = 0$이고, t와 v의 단위는 각각 s와 m/s이다. Hint: $ds = vdt$.

22 직선 위에서 움직이는 어떤 물체의 가속도가 $a = (6t - 1)\,\mathrm{m/s^2}$이다. $t = 0$초에서 $s_0 = 1\mathrm{m}$, $v_0 = 2\mathrm{m/s}$일 때 $t = 2$초에서 물체의 속도와 위치를 구하라. 그리고 $0 \le t \le 2$초에서 물체의 이동 거리는 얼마인가? t의 단위는 초[s]이다.

23 어떤 물체의 가속도 $a = -kx\,[\mathrm{m/s^2}]$이다. $x = 0$에서 $v = 4\mathrm{m/s}$이고 $x = 0.2\mathrm{m}$에서 $v = 0$일 때 상수 k를 구하라. x의 단위는 m이다. Hint: $a = v\dfrac{dv}{dx}$.

24 어떤 물체의 가속도가 $a = -0.4v^3\,[\mathrm{m/s^2}]$이다. $t = 0$에서 $s_0 = 0$, $v_0 = 10\mathrm{m/s}$일 때 $t = 2$[s]에서 물체의 속도와 위치를 구하라. 여기에서 v와 t의 단위는 각각 m/s와 s이다. Hint: $a = \dfrac{dv}{dt}$.

25 공기 저항을 고려할 때 어떤 자동차의 가속도가 $a = -1 - 2v^2$이다. $t = 0$에서 자동차의 초기속도가 v_0일 때 정지할 때까지 이동한 거리 L을 구하라. a, v, L의 단위는 각각 $\mathrm{m/s^2}$, m/s, m이다. Hint: $a = v\dfrac{dv}{dx}$.

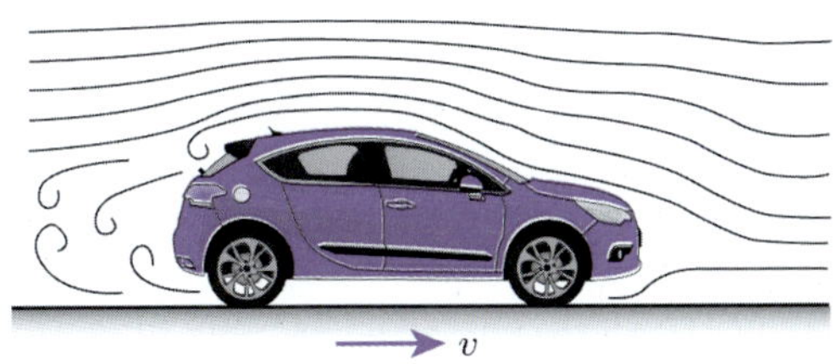

[문제 2.1.25]

26 비탈길 시작점 A에서 정지해 있던 자동차가 가속도 $a = 1 - 0.015v^2$으로 비탈길을 내려올 때 비탈길 끝점 B에서 자동차의 속력을 구하라. 속도 v와 가속도 a의 단위는 각각 m/s와 $\mathrm{m/s^2}$이고, 비탈길 길이 $L = 200\mathrm{m}$이다.

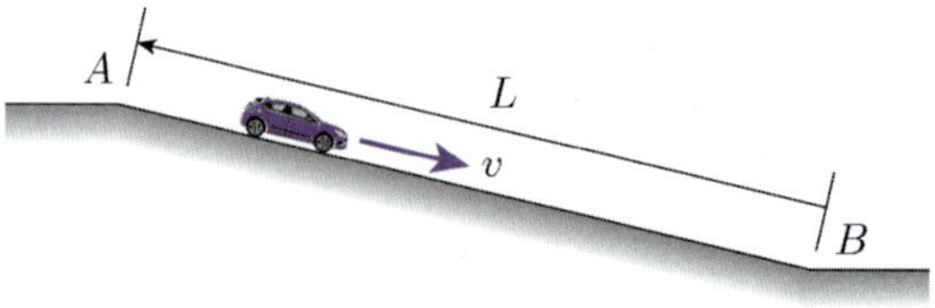

[문제 2.1.26]

27 수직선상에서 움직이는 어떤 물체의 가속도 $a = 10 - 0.2x\,[\mathrm{m/s^2}]$($x$의 단위는 m)이다. $x = 0$에서 속도 $v_0 = 5\,[\mathrm{m/s}]$일 때 $x = 10\,[\mathrm{m}]$에서 물체의 속도를 구하라.

Hint: $a = v\dfrac{dv}{dx}$.

28 수직선상에서 움직이는 어떤 물체의 속도 $v = (20 - 0.05x^2)\,[\mathrm{m/s}]$($x$의 단위는 m)이다. $x = 10\mathrm{m}$ 에서 물체의 가속도를 구하라.

29 수직선상에서 움직이는 어떤 물체의 $a-t$ 그래프는 그림과 같다. $t = 0$에서 물체의 속도 $v_0 = 0$일 때 시간 구간 $0 \le t \le 15\,[\mathrm{s}]$에서 물체가 이동한 거리를 구하라.

Hint: $v = \int a\,dt$, $v-t$ 그래프.

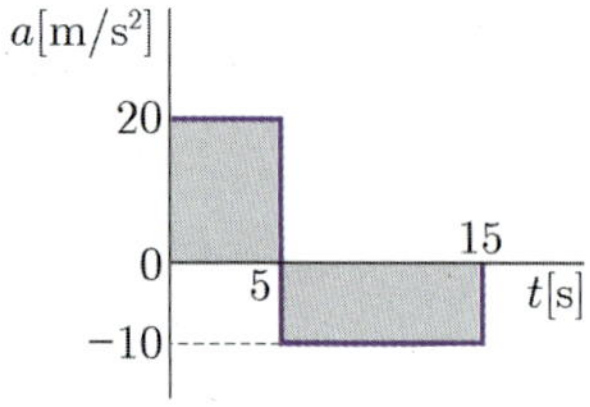

[문제 2.1.29]

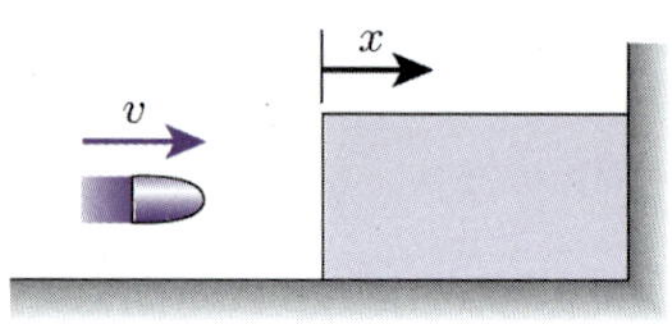

[문제 2.1.30]

30 총알이 $t = 0$, $x = 0$에서 속도 $v_0 = 300\mathrm{m/s}$로 목표물을 맞힌 후 100mm 진입하여 멈추었다. 총알의 속도가 $v = v_0 - kx$일 때 다음을 구하라. v와 x의 단위는 각각 m/s와 m이다. Hint: $a = v\dfrac{dv}{dx}$.

(1) 상수 $k\,[\mathrm{s^{-1}}]$

(2) $t = 0$에서 총알의 가속도$[\mathrm{m/s^2}]$

(3) 총알이 목표물 안에서 90mm 이동하는 데 걸린 시간[s]

31 그림과 같이 양쪽에 스프링이 부착된 카트가 가이드를 따라 마찰 없이 움직이고 있다. 카트의 가속도가 $a = -k^2 s$일 때 위치 s와 속도 v를 시간 t의 함수로 나타내라. 여기에서 카트가 그림에 표시된 중앙지점을 통과할 때 속도는 s방향($\rightarrow$)으로 v_0이고, $t = 0$에서 $s = 0$, $v = v_0$이다. Hint: $ads = vdv$.

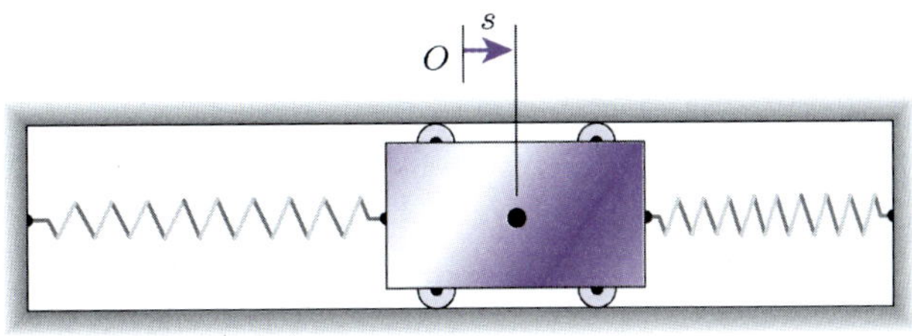

[문제 2.1.31]

2.2 평면곡선운동

평면상에서 운동하는 물체의 경로가 곡선인 운동을 평면곡선운동이라 한다. 평면곡선운동의 대표적인 예로는 중력장에서 물체의 포물선운동이 있다. 여기에서는 평면곡선운동의 일반적인 개념을 알아보고, 중력장에서 물체의 운동은 2.3 절에서 다루기로 한다.

1 위치벡터와 변위벡터

(1) 위치벡터: 어떤 점을 기준으로 하여 질점의 위치를 나타내는 벡터를 위치벡터(position vector)라 한다.

(2) 변위벡터: 운동에 따른 질점의 위치 변화를 변위(displacement)라 하고 변위를 나타내는 벡터를 변위벡터(displacement vector)라 한다.

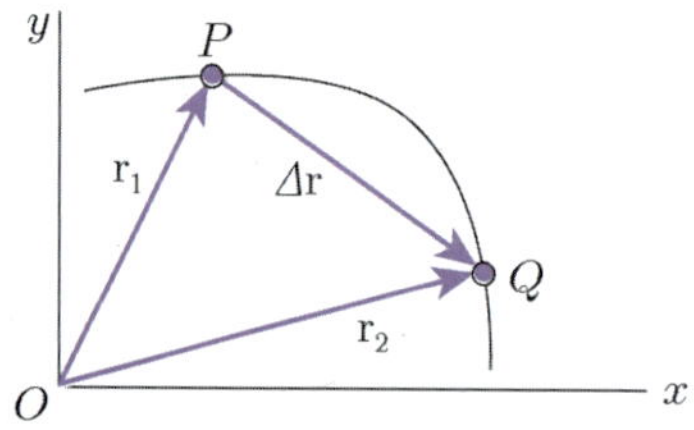

[그림 2.2.1]

설명 [그림 2.2.1]에서 원점(O)을 기준으로 할 때 점 P, Q의 위치벡터는 각각 r_1, r_2이고, 점 P가 Q로 이동할 때의 변위벡터는 $\Delta\mathrm{r}$이며, 이것은 운동에 따른 두 점의 위치벡터의 차 $\Delta\mathrm{r} = \mathrm{r}_2 - \mathrm{r}_1$을 나타낸다.

2 경로와 직선운동 및 곡선운동

[그림 2.2.2]와 같이 물체가 점 P에서 Q로 이동했을 때 물체가 지나간 자취 a, b, c, ⋯를 경로(path)라 하고, 경로가 직선인 운동을 직선운동, 곡선인 운동을 곡선운동이라 한다.

> 변위는 위치가 변한 것을 뜻하며, 경로와는 무관하고 처음 위치와 최종 위치에 따라 결정된다. [그림 2.2.2]에서 경로 a, b, c에 대한 변위는 $\overrightarrow{PQ}$로 모두 같다.

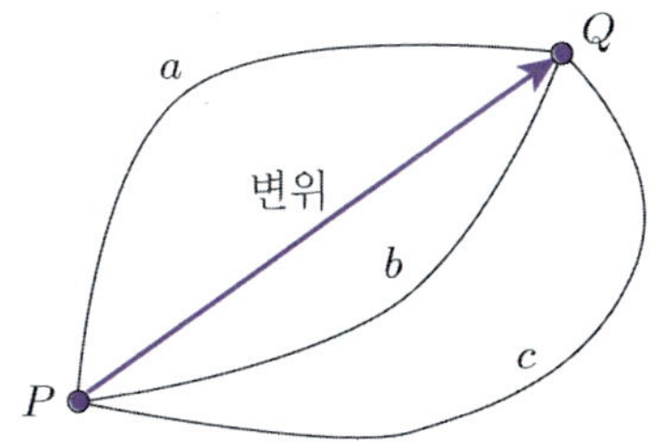

[그림 2.2.2]

3 속도

(1) 속도: 물체의 운동 방향과 빠르기를 나타내는 물리량으로 단위 시간 동안의 변위를 나타낸다.

$$(\text{속도}) = \frac{(\text{변위})}{(\text{시간})} \quad [\text{SI 단위 : m/s}] \qquad \cdots(2.2.1)$$

(2) 평균속도: 시간 t_1, t_2에서의 위치벡터가 각각 $\mathbf{r}_1$, $\mathbf{r}_2$이고[그림 2.2.3], 점 P에서 Q로 이동하는 데 걸린 시간이 $\Delta t = t_2 - t_1$이면 평균속도는 다음과 같다.

$$\mathbf{v}_{avg} = \frac{\mathbf{r}_2 - \mathbf{r}_1}{t_2 - t_1} = \frac{\Delta \mathbf{r}}{\Delta t} \qquad \cdots(2.2.2)$$

(3) 순간속도: 시간 간격 Δt가 무한히 작을 때의 평균속도로 질점의 경로상의 어느 점에서 질점의 위치벡터(r)를 시간(t)으로 미분한 것을 나타낸다.

$$\mathbf{v} = \lim_{\Delta t \to 0} \frac{\Delta \mathbf{r}}{\Delta t} = \frac{d\mathbf{r}}{dt} = \dot{\mathbf{r}} \qquad \cdots(2.2.3)$$

속력은 속도의 크기를 나타내는 스칼라이고, 속도는 벡터이다.

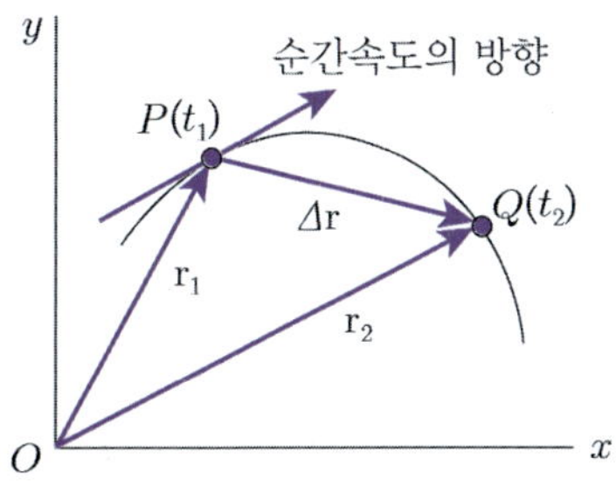

[그림 2.2.3]

설명 시간 간격 Δt를 아주 작게 하면 두 점 P, Q는 거의 일치하게 되며 변위 $\Delta \mathrm{r}$ 의 방향은 점 P에서 그은 접선방향과 같게 된다. 따라서 속도의 방향은 질점의 운동 경로상의 접선방향과 같다.

예제 2.2.1 2차원 평면에서 운동하는 어떤 물체의 시간 t_1, t_2에서의 위치벡터가 각각 $\mathrm{r}_1 = -2\mathrm{i} + 3\mathrm{j}$, $\mathrm{r}_2 = 6\mathrm{i} + 5\mathrm{j}$ 이다. $t_2 = t_1 + 2$일 때 t_1과 t_2 사이에서의 평균속도를 구하라. 시간(t)의 단위는 초[s]이고, 위치벡터(r)의 단위는 m 이다.

풀이 평균속도 $\mathrm{v}_{avg} = \dfrac{\mathrm{r}_2 - \mathrm{r}_1}{t_2 - t_1} = \dfrac{(6\mathrm{i}+5\mathrm{j}) - (-2\mathrm{i}+3\mathrm{j})}{2} = \dfrac{8\mathrm{i}+2\mathrm{j}}{2} = 4\mathrm{i} + \mathrm{j}\,[\mathrm{m/s}]$

4 직각좌표계에서 속도 성분과 크기

2 차원 평면에서 질점의 이동 경로상의 점 $P(x, y)$에서 속도를 $\mathrm{v} = v_x\mathrm{i} + v_y\mathrm{j}$ 라 하면 속도 성분과 속도의 크기($v = |\mathrm{v}|$)는 다음과 같다[그림 2.2.4]. 점 P의 위치벡터는 $\mathrm{r} = x\mathrm{i} + y\mathrm{j}$ 이고, 직각좌표계의 단위벡터 i, j 는 시간에 따라 변하지 않고 일정하다.

$$v_x = \frac{dx}{dt} = \dot{x}, \quad v_y = \frac{dy}{dt} = \dot{y} \qquad \cdots (2.2.4)$$

$$v = \sqrt{v_x^2 + v_y^2} \qquad \cdots (2.2.5)$$

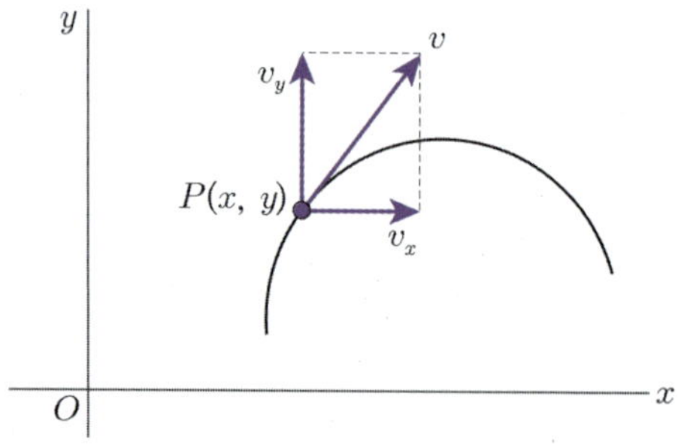

[그림 2.2.4]

5 가속도

(1) 가속도: 단위 시간 동안의 속도 변화를 가속도라 한다.

$$(\text{가속도}) = \frac{(\text{속도 변화})}{(\text{시간})} \, [\text{SI 단위 : m/s}^2] \qquad \cdots (2.2.6)$$

(2) 평균 가속도: 속도 변화를 경과 시간으로 나눈 값으로, 시간 t_1, t_2에서의 속도를 각각 v_1, v_2라 하면 t_1, t_2 사이의 평균 가속도($\mathbf{a}_{avg}$)는 다음과 같다.

$$\mathbf{a}_{avg} = \frac{\mathrm{v}_2 - \mathrm{v}_1}{t_2 - t_1} = \frac{\Delta \mathrm{v}}{\Delta t} \qquad \cdots (2.2.7)$$

(3) 순간 가속도: 시간 간격 Δt가 무한히 작을 때의 평균 가속도이다.

$$\mathbf{a} = \lim_{\Delta t \to 0} \frac{\Delta \mathrm{v}}{\Delta t} = \frac{d\mathrm{v}}{dt} = \dot{\mathrm{v}} \qquad \cdots (2.2.8)$$

임의 시간 t에서의 위치벡터를 r이라 하면 시간 t에서의 가속도($\mathbf{a}$)는 다음과 같다.

$$\mathbf{a} = \frac{d\mathrm{v}}{dt} = \frac{d^2\mathrm{r}}{dt^2} = \dot{\mathrm{v}} = \ddot{\mathrm{r}} \qquad \cdots (2.2.9)$$

설명 곡선 경로를 따라 운동하는 질점의 속도가 시간 t_1에서 v_1이고, t_2에서 v_2이면 $\Delta t = t_2 - t_1$ 동안의 속도 변화는 $\Delta \mathrm{v} = \mathrm{v}_2 - \mathrm{v}_1$이다[그림 2.2.5]. 평균 가속도는 속도의 변화를 경과 시간으로 나눈 것으로 $\mathbf{a}_{avg} = \dfrac{\Delta \mathrm{v}}{\Delta t}$이다.

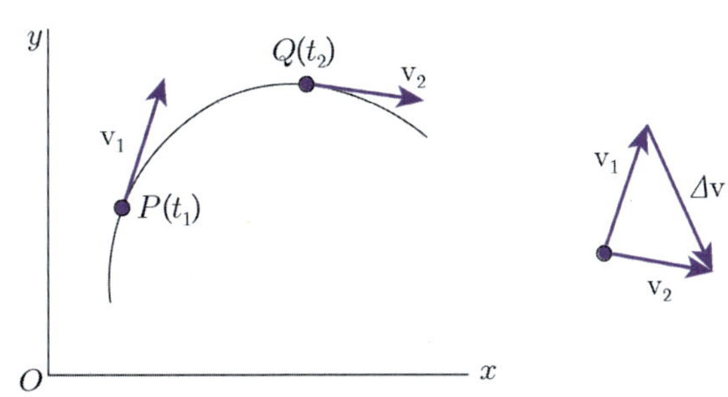

[그림 2.2.5]

6 직각좌표계에서 가속도 성분과 크기

2차원 평면에서 점 P의 위치벡터가 $\mathrm{r} = x\mathrm{i} + y\mathrm{j}$이고, 가속도가 $\mathbf{a} = a_x\mathrm{i} + a_y\mathrm{j}$라 하면 점 P의 가속도 성분과 가속도의 크기($a = |\mathbf{a}|$)는 다음과 같다.

$$a_x = \frac{dv_x}{dt} = \frac{d^2x}{dt^2} = \ddot{x},\ a_y = \frac{dv_y}{dt} = \frac{d^2y}{dt^2} = \ddot{y} \qquad \cdots(2.2.10)$$

$$a = \sqrt{a_x^2 + a_y^2} \qquad \cdots(2.2.11)$$

점 P의 위치벡터가 $\mathrm{r} = x\mathrm{i} + y\mathrm{j}$이면 점 P의 좌표는 $P(x, y)$이다.

예제 2.2.2 2차원 평면에서 운동하는 질점 P의 시간 t에서의 위치벡터가 직각좌표계상에서 $\mathrm{r} = (t^2 + 3)\mathrm{i} + (-2t^3 + t)\mathrm{j}\,[\mathrm{m}]$일 때 다음을 구하라. t의 단위는 초[s]이다.

(1) $t = 1\,[\mathrm{s}]$일 때 질점의 위치 r

(2) $t = 1\,[\mathrm{s}]$에서의 속도 v 와 속도의 크기

(3) $t = 1\,[\mathrm{s}]$에서의 가속도 a 와 가속도의 크기

풀이 (1) 주어진 식에 $t = 1$을 대입하면 질점의 위치는 다음과 같다.

$$\mathrm{r} = (1 + 3)\mathrm{i} + (-2 + 1)\mathrm{j} = 4\mathrm{i} - \mathrm{j}\,[\mathrm{m}]$$

(2) 시간 t에서 속도는

$$\mathrm{v} = \frac{d\mathrm{r}}{dt} = \frac{d}{dt}(t^2 + 3)\mathrm{i} + \frac{d}{dt}(-2t^3 + t)\mathrm{j} = 2t\mathrm{i} + (-6t^2 + 1)\mathrm{j}\,[\mathrm{m/s}]$$

이다. 이 식에 $t = 1$을 대입하면 속도는

$$\mathrm{v} = 2\mathrm{i} + (-6 + 1)\mathrm{j} = 2\mathrm{i} - 5\mathrm{j}\,[\mathrm{m/s}]$$

이고, 속도의 크기는 다음과 같다.

$$v = |\mathrm{v}| = \sqrt{v_x^2 + v_y^2} = \sqrt{2^2 + (-5)^2} = \sqrt{29}\,[\mathrm{m/s}]$$

(3) 시간 t에서 가속도는

$$\mathrm{a} = \frac{d\mathrm{v}}{dt} = \frac{d}{dt}(2t)\mathrm{i} + \frac{d}{dt}(-6t^2 + 1)\mathrm{j} = 2\mathrm{i} - 12t\mathrm{j}\,[\mathrm{m/s^2}]$$

이다. 이 식에 $t = 1$을 대입하면 가속도는

$$\mathrm{a} = 2\mathrm{i} - 12\mathrm{j}\,[\mathrm{m/s^2}]$$

이고, 가속도의 크기는 다음과 같다.

$$a = |\mathrm{a}| = \sqrt{a_x^2 + a_y^2} = \sqrt{2^2 + (-12)^2} = 2\sqrt{37}\,[\mathrm{m/s^2}]$$

예제 2.2.3 그림과 같이 xy평면에서 어떤 질점이 $y^2 = 4x$의 곡선 경로를 따라 움직이고 $x = 4t^4$으로 시간에 따라 변한다. $t = 0.5$초[s]에서 질점의 속도와 가속도의 크기를 구하라. t의 단위는 초[s]이고 x와 y의 단위는 m이다.

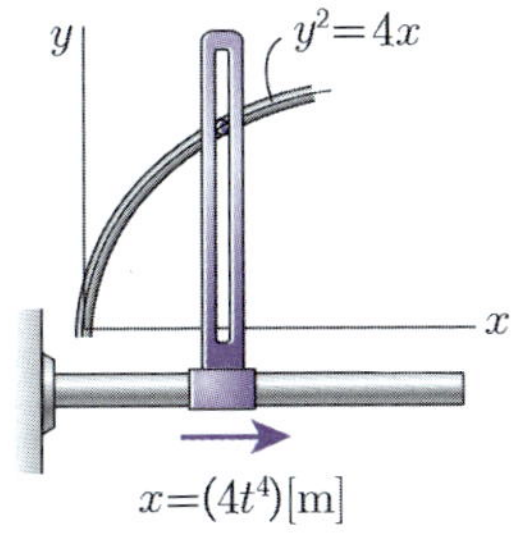

[그림 2.2.6] 곡선 경로를 따라 움직이는 질점

풀이 $x = 4t^4$, $y^2 = 4x$이므로 $y = \sqrt{4x} = \sqrt{4(4t^4)} = 4t^2$이다.

(1) $t = 0.5$[s]에서 질점의 속도 크기 v

$$v_x = \dot{x} = \frac{d}{dt}(4t^4) = 16t^3 [\text{m/s}](\rightarrow)$$

$$v_y = \dot{y} = \frac{d}{dt}(4t^2) = 8t [\text{m/s}](\uparrow)$$

$$t = 0.5[\text{s}]: \; v_x = 16(0.5)^3 = 2[\text{m/s}], \; v_y = 8(0.5) = 4[\text{m/s}]$$

$$v = \sqrt{v_x^2 + v_y^2} = \sqrt{2^2 + 4^2} = 4.47[\text{m/s}]$$

(2) $t = 0.5$[s]에서 질점의 가속도 크기

$$a_x = \dot{v}_x = \frac{d}{dt}(16t^3) = 48t^2 [\text{m/s}^2](\rightarrow)$$

$$a_y = \dot{v}_y = \frac{d}{dt}(8t) = 8[\text{m/s}^2](\uparrow)$$

$$t = 0.5[\text{s}]: \; a_x = 48(0.5)^2 = 12[\text{m/s}^2], \; a_y = 8[\text{m/s}^2]$$

$$a = \sqrt{a_x^2 + a_y^2} = \sqrt{12^2 + 8^2} = 14.4[\text{m/s}^2]$$

예제 2.2.4 운동하는 질점의 시간 t에서의 위치벡터 $\mathbf{r} = (4\sin\pi t)\mathbf{i} - (\cos 2\pi t)\mathbf{j}$ [m]일 때 다음을 구하라. t의 단위는 초[s]이다.

(1) $t = 1$[s]일 때 질점의 속도 $\mathbf{v}$ 와 가속도 $\mathbf{a}$

(2) 질점의 궤적

풀이 (1) 시간 t에서 질점의 속도는

$$\mathbf{v} = \frac{d\mathbf{r}}{dt} = \frac{d}{dt}(4\sin\pi t)\mathbf{i} + \frac{d}{dt}(-\cos 2\pi t)\mathbf{j}$$
$$= (4\pi\cos\pi t)\mathbf{i} + (2\pi\sin 2\pi t)\mathbf{j}\ [\mathrm{m/s}]$$

이고, 이 식에 $t = 1$을 대입하면

$$\mathbf{v} = (4\pi\cos\pi)\mathbf{i} + (2\pi\sin 2\pi)\mathbf{j}\ [\mathrm{m/s}] = -4\pi\mathbf{i}\ [\mathrm{m/s}]$$

이다. 시간 t에서 가속도는

$$\mathbf{a} = \frac{d\mathbf{v}}{dt} = \frac{d}{dt}(4\pi\cos\pi t)\mathbf{i} + \frac{d}{dt}(2\pi\sin 2\pi t)\mathbf{j}$$
$$= (-4\pi^2\sin\pi t)\mathbf{i} + (4\pi^2\cos 2\pi t)\mathbf{j}\ [\mathrm{m/s^2}]$$

이고, 이 식에 $t = 1$을 대입하면 가속도 $\mathbf{a}$는 다음과 같다.

$$\mathbf{a} = (-4\pi^2\sin\pi)\mathbf{i} + (4\pi^2\cos 2\pi)\mathbf{j}\ [\mathrm{m/s}] = 4\pi^2\mathbf{j}\ [\mathrm{m/s^2}]$$

(2) 질점의 궤적: 질점의 위치벡터 $\mathbf{r} = x\mathbf{i} + y\mathbf{j}$이므로

$$x = 4\sin\pi t,\ y = -\cos 2\pi t$$

이다. 따라서 $\sin\pi t = \frac{x}{4}$이고 y에서 배각공식 $\cos 2\theta = 1 - 2\sin^2\theta$를 적용하면 질점의 궤적은

$$y = -\cos 2\pi t = -(1 - 2\sin^2\pi t)$$
$$= -1 + 2\left(\frac{x}{4}\right)^2 = -1 + \frac{1}{8}x^2$$

로 표현되는 포물선이다[그림 2.2.7].

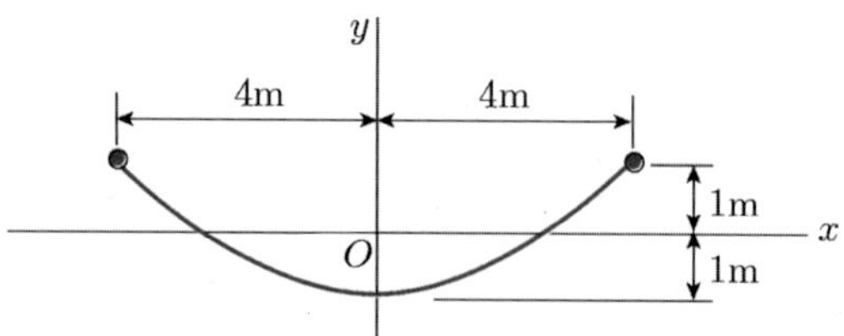

[그림 2.2.7] 질점의 궤적

연습문제 2.2

01 질점 P가 처음 위치 $\mathbf{r}_1 = 4\mathbf{i} + 3\mathbf{j}\,[\mathrm{m}]$에서 2초 후에 $\mathbf{r}_2 = 2\mathbf{i} - 7\mathbf{j}\,[\mathrm{m}]$로 이동하였다. 2초 동안의 평균속도($\mathbf{v}_{avg}$)를 구하라.

02 어떤 물체의 시간 t에서의 위치벡터가 $\mathbf{r} = (4t - t^2)\mathbf{i} + (-3t + t^2)\mathbf{j}\,[\mathrm{m}]$일 때 다음을 구하라. t의 단위는 초[s]이다.

(1) $t = 1\,[\mathrm{s}]$일 때 물체의 위치 $\mathbf{r}$

(2) $t = 1\,[\mathrm{s}]$일 때 속도 $\mathbf{v}$와 속도의 방향각(방향과 x축 사이의 각)

(3) $t = 1\,[\mathrm{s}]$일 때 가속도 $\mathbf{a}$와 가속도의 크기

03 질점의 위치가 시간(t)의 함수로 다음과 같이 주어질 때 시간 t에서의 속도($\mathbf{v}$)의 크기와 가속도($\mathbf{a}$)의 크기를 구하라. t의 단위는 초[s]이고, $\mathbf{r}$의 단위는 m이다.

$\mathbf{r} = r(\cos\omega t\,\mathbf{i} + \sin\omega t\,\mathbf{j})\ \ (r > 0,\ \omega > 0)$

04 평면 위에서 운동하는 질점 $P(x, y)$의 시간 t초[s]에서의 좌표가 $x = \cos t\,[\mathrm{m}]$, $y = 4 - \sin t\,[\mathrm{m}]$일 때 다음을 구하라.

(1) $t = 0$에서의 속도 $\mathbf{v}$와 속도의 크기

(2) $t = 0$에서의 가속도 $\mathbf{a}$와 가속도의 크기

05 어떤 물체의 속도가 처음 속도 $\mathbf{v}_1 = -4\mathbf{i} + 2\mathbf{j}\,[\mathrm{m/s}]$에서 4초 후에 $\mathbf{v}_2 = 16\mathbf{i} + 10\mathbf{j}\,[\mathrm{m/s}]$로 변하였다. 4초 동안의 평균 가속도($\mathbf{a}_{avg}$)를 구하라.

06 어떤 물체가 일정한 가속도 $\mathbf{a} = 2\mathbf{i} + 3\mathbf{j}\,[\mathrm{m/s^2}]$로 4초 동안 가속되어 속도가 $\mathbf{v}_2 = 5\mathbf{i} - 6\mathbf{j}\,[\mathrm{m/s}]$로 변하였다. 가속되기 직전의 속도($\mathbf{v}_1$)를 구하라.

07 동쪽으로 시속 108km로 달리던 차가 속도를 바꾸어 5초 후에 북쪽으로 시속 54km로 달린다. 5초 동안의 차의 평균 가속도($\mathbf{a}_{avg}$)의 크기$[\mathrm{m/s^2}]$를 구하라. Hint: 동쪽을 $(+x)$, 북쪽을 $(+y)$로 잡고 단위벡터 $\mathbf{i}$, $\mathbf{j}$로 속도를 표현한다.

08 시간 t에서 질점의 위치가 $\mathbf{r} = (4\cos 2t)\mathbf{i} + (3\sin 2t)\mathbf{j}\,[\mathrm{m}]$일 때 속도($\mathbf{v}$)와 가속도($\mathbf{a}$)를 구하고, 질점의 궤적을 도시하라. t의 단위는 초[s]이다.

2.3 중력장 내의 운동

물체에는 지구 중심 방향으로 인력이 작용하는데 이것을 중력이라 하며, 중력에 의해 생기는 가속도를 중력가속도(g)라 한다. 중력가속도의 값은 장소에 따라 다르지만 일반적으로 $g = 9.8\mathrm{m/s^2}$ 또는 $g = 9.81\mathrm{m/s^2}$으로 한다. 중력가속도의 방향은 언제나 연직 아래 방향이다.

1 직선운동

(1) 자유낙하운동[그림 2.3.1(a)]: 무거운 물체를 들고 있다가 가만히 놓을 때와 같이 정지 상태에서 중력의 영향만으로 낙하하는 물체의 운동을 자유낙하운동이라 한다. 이때의 운동은 처음 속도 $v_0 = 0$이고 가속도는 중력가속도 g인 등가속도 직선운동이다. 물체의 처음 위치를 원점으로 하고 아래 방향을 양(+)으로 잡으면 t초 후의 속도 v와 물체의 이동 거리 h의 관계식은 다음과 같다.

$$v = gt, \quad h = \frac{1}{2}gt^2, \quad v^2 = 2gh \qquad \cdots(2.3.1)$$

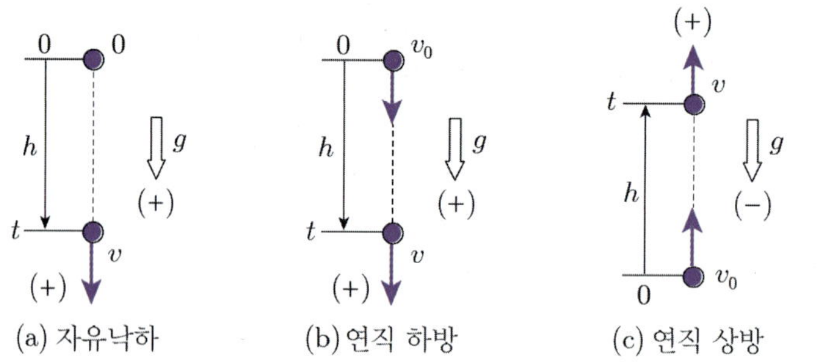

[그림 2.3.1]

(2) 연직 아래 방향으로 v_0의 속력으로 던질 때[그림 2.3.1(b)]: 아래 방향을 양(+)으로 잡으면 처음 속도와 중력가속도의 방향이 같으므로 가속도 $a = g$이다.

$$v = v_0 + gt, \quad h = v_0 t + \frac{1}{2}gt^2, \quad v^2 - v_0^2 = 2gh \qquad \cdots(2.3.2)$$

(3) 연직 위쪽으로 v_0의 속력으로 던질 때[그림 2.3.1(c)]: 위 방향을 양(+)으로 잡으면 처음 속도와 중력가속도의 방향은 반대가 되므로 가속도 $a=-g$이다. 이때는 중력이 처음 속도와 반대방향으로 작용하므로 최고 높이에 도달할 때까지는 속력이 점점 느려지는 운동을 한다.

$$v = v_0 - gt, \quad h = v_0 t - \frac{1}{2}gt^2, \quad v^2 - v_0^2 = -2gh \qquad \cdots (2.3.3)$$

식 (2.3.1)~(2.3.3)은 모두 등가속도 직선운동의 식 $v = v_0 + at$, $s = \frac{1}{2}at^2 + v_0 t$, $v^2 - v_0^2 = 2as$로부터 쉽게 유도된다. 이때 거리와 속도 및 가속도의 방향에 주의하도록 한다.

예제 2.3.1 높이 $h = 50\text{m}$인 건물의 옥상에서 어떤 물체를 자유낙하시켰을 때 물체가 땅에 떨어질 때까지 걸린 시간과 이때의 물체의 속도를 구하라.

풀이 자유낙하에서 $h = \frac{1}{2}gt^2$이므로 땅에 떨어질 때까지 걸린 시간은

$$t = \sqrt{\frac{2h}{g}} = \sqrt{\frac{2\times 50}{9.8}} = 3.19\,[\text{s}]$$

이고, 이때의 속도(v)는 다음과 같다.

$$v = gt = 9.8\times 3.19 = 31.3\,[\text{m/s}]$$

[또는, 위치에너지 mgh가 모두 운동에너지 $\frac{1}{2}mv^2$로 변환된다는 조건을 적용하면

$\frac{1}{2}mv^2 = mgh \quad \therefore \quad v = \sqrt{2gh} = \sqrt{2\times 9.8\times 50} = 31.3\,[\text{m/s}]$]

예제 2.3.2 높이 H인 건물의 옥상에서 어떤 물체를 연직 아래 방향으로 4m/s의 속도로 던졌더니 3초 후에 지면에 떨어졌다. 건물의 높이 H를 구하라.

풀이 낙하거리 $h = v_0 t + \frac{1}{2}gt^2$에서 $v_0 = 4\text{m/s}$, $t = 3\,\text{s}$이므로 건물의 높이(H)는 다음과 같다.

$$H = 4 \times 3 + \frac{1}{2} \times 9.8 \times 3^2 = 56.1\,[\mathrm{m}]$$

예제 2.3.3 어떤 물체를 $v_0 = 100\,\mathrm{m/s}$의 속력으로 연직 위 방향으로 던졌을 때 물체가 최고점에 도달할 때까지 걸린 시간과 최고점의 높이를 구하라.

풀이 최고점에서 물체의 속도 $v = 0$이므로

$$v = v_0 - gt = 0$$

$$\therefore \ t = \frac{v_0}{g} = \frac{100}{9.8} = 10.2\,[\mathrm{s}]$$

이고, 최고점의 높이를 $h_{\max}$라 하면

$$v^2 - v_0^2 = -2g\,h_{\max}$$

$$0 - v_0^2 = -2gh_{\max}$$

$$\therefore \ h_{\max} = \frac{v_0^2}{2g} = \frac{100^2}{2 \times 9.8} = 510\,[\mathrm{m}]$$

2 포물선운동

물체를 임의 각도로 경사지게 던졌을 때, 물체의 운동을 수평방향(x)과 수직 방향(y)으로 나누어 생각할 수 있다. 공기 저항을 무시하면 물체는 연직 아래 방향(+)으로 일정한 크기의 중력을 받아서 가속도 $a = g$의 등가속도 운동을 하고, 수평방향의 속도는 변하지 않고 일정하다. 이로 인하여 물체의 운동 경로는 포물선을 그리게 되는데 이와 같은 운동을 포물선운동이라 한다.

[1] 수평방향으로 던진 물체의 운동

지면으로부터 높이 H인 곳에서 수평방향으로 v_0의 속력으로 던진 물체의 운동을 고려한다[그림 2.3.2]. 물체의 운동을 수평성분(x)과 연직성분(y)으로 분해하면 수평방향으로는 등속도운동이고, 연직방향으로는 중력가속도 $a = g(\downarrow)$의 등가속도 운동이다[표 2.3.1].

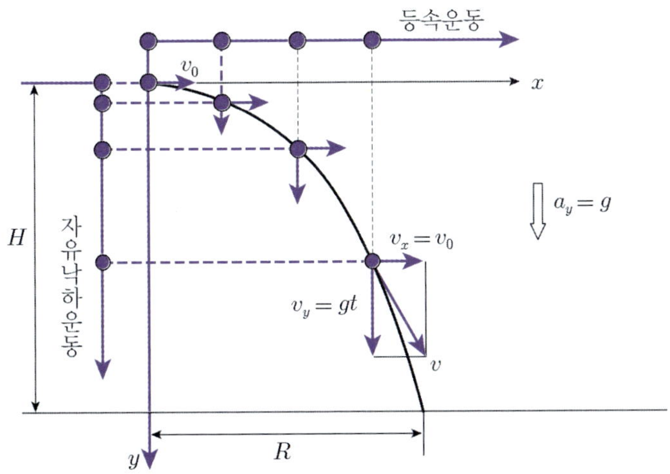

[그림 2.3.2] 수평방향으로 던진 물체의 운동

[표 2.3.1] 수평방향으로 v_0의 속력으로 던진 물체의 운동

	수평방향	연직방향
처음속도(v_0)	$v_{0x} = v_0$	$v_{0y} = 0$
가속도(a)	$a_x = 0$	$a_y = g$
t초 후의 속도(v)	$v_x = v_{0x} + a_x t = v_0$	$v_y = v_{0y} + a_y t - gt$
t초 후의 위치(x,y)	$x = v_0 t$	$y = v_{0y}t + \frac{1}{2}a_y t^2 = \frac{1}{2}gt^2$

(1) 낙하시간: 지면에 떨어질 때까지 걸린 시간은 자유낙하한 시간과 같다.

$$H = \frac{1}{2}g t_1^2 \quad \therefore \text{ 낙하시간 } \; t_1 = \sqrt{\frac{2H}{g}}$$

(2) 수평 도달 거리: 낙하시간 t_1 동안에 수평방향으로 일정속도 v_0의 등속운동을 하므로 수평 도달 거리는 다음과 같다.

$$R = v_0 t_1 = v_0\sqrt{\frac{2H}{g}}$$

(3) 지면에 떨어질 때 물체의 속력: 지면에 도달했을 때 속도의 x성분은 $v_x = v_0$이고, y성분은 $v_y = g t_1 = \sqrt{2gH}$ 이므로 속력은 다음과 같다.

$$v = \sqrt{v_x^2 + v_y^2} = \sqrt{v_0^2 + 2gH}$$

(4) 물체의 운동경로: 수평방향 변위 $x = v_0 t$와 연직방향 변위 $y = \frac{1}{2}gt^2$에서 t를 소거하여 정리하면 운동경로는 $y = \frac{g}{2v_0^2}x^2$이다.

예제 2.3.4 그림과 같이 80 m 높이에서 물체를 수평방향으로 $v_0 = 30\text{m/s}$의 속력으로 던졌을 때 물체가 바닥에 떨어질 때까지 걸린 시간과 수평방향으로 날아간 거리(R)를 구하라.

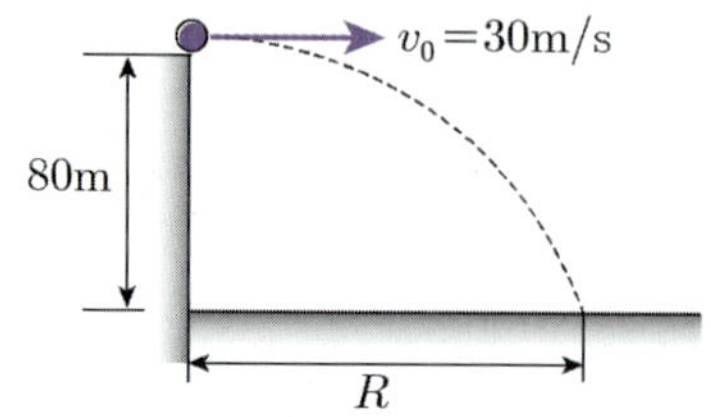

[그림 2.3.3]

풀이 연직방향으로는 자유낙하이므로 낙하거리 $y = \frac{1}{2}gt^2$에서 바닥에 떨어질 때까지 걸린 시간은 $y = 80\,\text{m}$를 대입하면

$$t = \sqrt{\frac{2y}{g}} = \sqrt{\frac{2 \times 80}{9.8}} = 4.04\ [\text{s}]$$

이고, 이때 수평방향(등속운동)으로 날아간 거리(R)는 다음과 같다.

$$R = v_0 t = 30 \times 4.04 = 121\ [\text{m}]$$

예제 2.3.5 지면 위 높이 h에서 수평방향으로 공을 던졌더니 지면에 떨어질 때까지 수평방향으로 운동한 거리가 h였다. 처음 속도 v_0를 구하라.

풀이 땅에 떨어질 때까지 걸린 시간을 t라 하면 낙하거리로부터

$$h = \frac{1}{2}gt^2 \quad \therefore\ t = \sqrt{\frac{2h}{g}}$$

이다. 이때 수평방향으로는 처음 속도 v_0의 등속운동이므로 수평방향으로 날아간 거리는 $h = v_0 t$이다. 따라서 처음 속도(v_0)는 다음과 같다.

$$v_0 = \frac{h}{t} = \frac{h}{\sqrt{2h/g}} = \sqrt{\frac{gh}{2}}$$

[2] 비스듬히 위로 던진 물체의 운동

[그림 2.3.4]와 같이 수평면과 α의 각도로 위로 던진 물체의 운동은 수평방향으로는 등속도 운동이고, 연직방향으로는 중력가속도 $a = -g(\downarrow)$의 등가속도 운동이다[표 2.3.2].

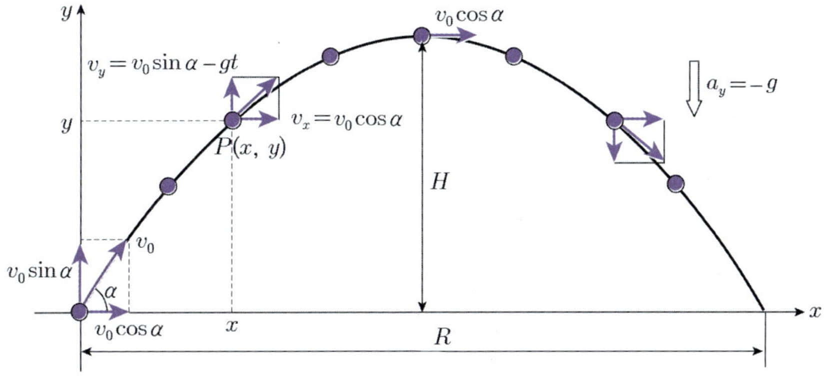

[그림 2.3.4] 비스듬히 위로 던진 물체의 운동

[표 2.3.2] 수평면과 α의 각도로 위로 던져진 물체의 운동

	수평방향	연직방향
처음속도(v_0)	$v_{0x} = v_0\cos\alpha$	$v_{0y} = v_0\sin\alpha$
가속도(a)	$a_x = 0$	$a_y = -g$
t초 후의 속도(v)	$v_x = v_{0x} + a_x t = v_0\cos\alpha$	$v_y = v_{0y} + a_y t = v_0\sin\alpha - gt$
t초 후의 위치(x,y)	$x = (v_0\cos\alpha)t$	$y = v_{0y}t + \frac{1}{2}a_y t^2$ $= (v_0\sin\alpha)t - \frac{1}{2}gt^2$

(1) 최고점: 연직방향 속도 $v_y = 0$이고 수평방향 속도만 존재한다. $v_y = 0$에서 최고점에 도달하는 시간(t_1)은

$$v_y = v_0\sin\alpha - gt_1 = 0$$

$$t_1 = \frac{v_0\sin\alpha}{g} \quad \cdots(2.3.4)$$

이고, 최고점의 높이(H)는 다음과 같다.

$$H = (v_0\sin\alpha)t_1 - \frac{1}{2}gt_1^2 = \frac{v_0^2\sin^2\alpha}{2g}$$

$$H=\frac{v_0^2\sin^2\alpha}{2g}=\frac{(v_0\sin\alpha)^2}{2g} \qquad \cdots(2.3.5)$$

(2) 수평 도달 거리: 최고점 도달 시간의 2배가 되는 시간 동안 수평방향으로 일정속도 $v_0\cos\alpha$의 등속운동을 하므로 수평 도달 거리(R)는 다음과 같다.

$$R=(v_0\cos\alpha)\times(2t_1)=v_0\cos\alpha\times\frac{2v_0\sin\alpha}{g}=\frac{v_0^2\sin2\alpha}{g}$$

$$R=\frac{v_0^2\sin2\alpha}{g} \qquad \cdots(2.3.6)$$

따라서 $2\alpha=90°$, 즉 발사각 $\alpha=45°$일 때 수평 도달 거리가 최대가 된다.

(3) 물체의 운동경로: 수평방향 위치 $x=(v_0\cos\alpha)t$에서 $t=\dfrac{x}{v_0\cos\alpha}$를 구하여 연직방향 위치 $y=(v_0\sin\alpha)t-\dfrac{1}{2}gt^2$에 대입하여 정리하면 운동경로($y$)는 다음과 같다.

$$y=x\tan\alpha-\frac{g}{2v_0^2\cos^2\alpha}x^2 \qquad \cdots(2.3.7)$$

예제 2.3.6 발사 속도가 500m/s이고 수평선과 30° 각도로 위로 발사된 포탄이 올라갈 수 있는 최고점의 높이[m]와 발사점으로부터 낙하점까지의 수평 거리[km]를 구하라. 발사점과 낙하점은 고도가 같고, 공기 저항은 없다.

풀이 식 (2.3.5)와 (2.3.6)으로부터 최고점의 높이(H)는

$$H=\frac{v_0^2\sin^2\alpha}{2g}=\frac{(500)^2\times\sin^2 30°}{2\times9.8}=3190\ [\mathrm{m}]$$

이고, 발사점으로부터 낙하점까지의 수평 거리(R)는 다음과 같다.

$$R=\frac{v_0^2\sin2\alpha}{g}=\frac{(500)^2\times\sin(2\times30°)}{9.8}=22,100\ [\mathrm{m}]=22.1\ [\mathrm{km}]$$

예제 2.3.7 600m/s로 발사하는 대포를 사용하여 중간에 있는 높이 2km 산 너머 수평 거리 25km에 있는 목표물을 타격하려 한다[그림 2.3.5]. 포탄의 최소 발사각 α를 구하여라. 포와 목표물의 고도는 같고 공기 저항은 무시한다.

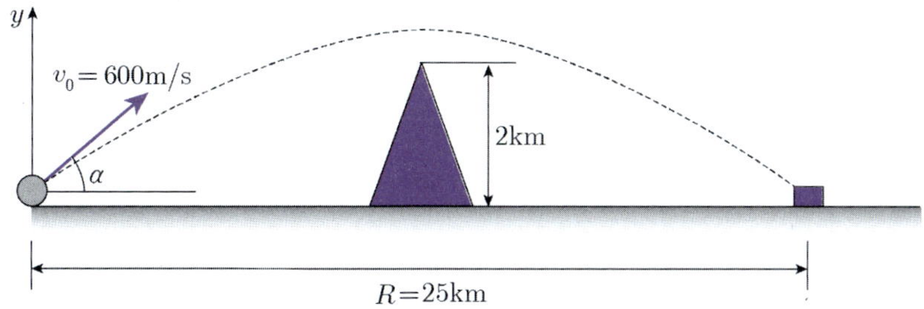

[그림 2.3.5]

풀이 발사각이 α일 때 포탄의 낙하점까지의 수평 거리

$$R = \frac{v_0^2 \sin 2\alpha}{g}$$

에서 $R = 25\text{km}$, $v_0 = 600\text{m/s}$이다. α에 대하여 풀면 발사각은

$$\sin 2\alpha = \frac{gR}{v_0^2}$$

$$2\alpha = \sin^{-1}\left(\frac{gR}{v_0^2}\right) = \sin^{-1}\left(\frac{9.8 \times 25 \times 1000}{600^2}\right) = 42.89°$$

$$\therefore \quad \alpha = 21.44°$$

이다. 발사각 $\alpha = 21.44°$일 때 포탄의 최고점의 높이는

$$H = \frac{v_0^2 \sin^2\alpha}{2g} = \frac{(600)^2 \times \sin^2 21.44°}{2 \times 9.8} = 2454\,[\text{m}] = 2.454\,[\text{km}]$$

이므로 포탄은 중간에 있는 높이 2km 산을 넘어서 목표물을 타격한다.

$\sin 2\alpha = \sin(180° - 2\alpha)$이므로 $\sin(180° - 2\alpha) = \frac{gR}{v_0^2}$로부터

$$180° - 2\alpha = \sin^{-1}\left(\frac{gR}{v_0^2}\right) = 42.89°$$

$$\therefore \quad \alpha = 68.56°$$

로 쏘아도 된다. [그림 2.3.6] 참조.

예제 2.3.8 그림의 A점에서 발사체의 속도 $v = 350\text{m/s}$일 때, 발사체가 목표지점 B에 도달할 수 있는 발사각 θ를 구하라.

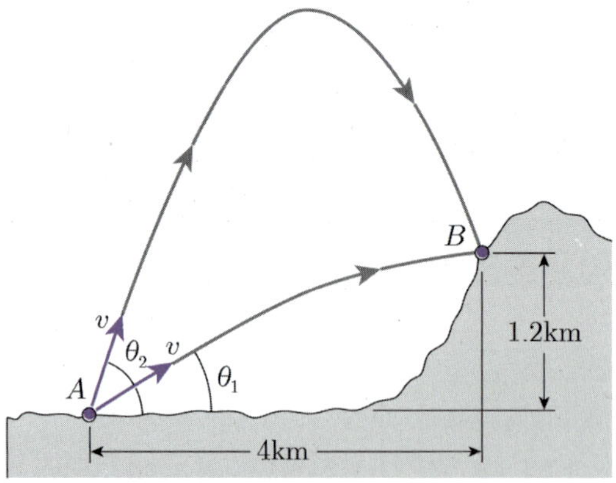

[그림 2.3.6]

풀이 A점을 xy좌표계의 원점으로 잡으면 물체의 운동경로 식 (2.3.7)로부터

$$y = x\tan\theta - \frac{gx^2}{2v^2\cos^2\theta} = x\tan\theta - \frac{gx^2}{2v^2}(1+\tan^2\theta)$$

이다. 이 식에 주어진 값 $x = 4\text{km} = 4000\text{m}$, $y = 1.2\text{km} = 1200\text{m}$, $v = 350\text{m/s}$와 중력가속도 $g = 9.8\text{m/s}^2$을 대입하여 발사각 θ를 구한다.

$$1200 = 4000\tan\theta - \frac{9.8\times(4000)^2}{2\times(350)^2}(1+\tan^2\theta)$$

$$1.875 = 6.25\tan\theta - (1+\tan^2\theta)$$

$$\tan^2\theta - 6.25\tan\theta + 2.875 = 0$$

$$\tan\theta = \frac{6.25 \pm \sqrt{(-6.25)^2 - 4\times 2.875}}{2} = 5.75,\ 0.5$$

$$\therefore\ \theta_1 = \tan^{-1}(0.5) = 26.6°,\ \theta_2 = \tan^{-1}(5.75) = 80.1°$$

예제 2.3.9 그림과 같이 A점에서 초기속도 400m/s로 수평선에 대하여 $60°$ 경사각으로 물체를 쏘아 올렸다. 지면의 수평선에 대한 경사각이 $20°$일 때 A점으로부터 물체가 지면에 떨어진 지점 B까지 거리 L을 구하여라.

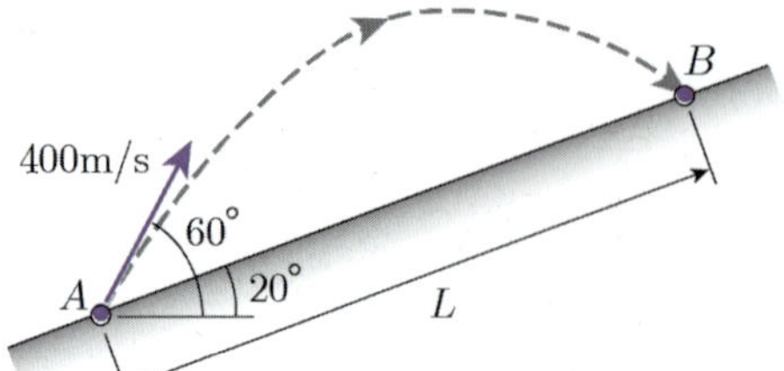

[그림 2.3.7]

풀이 물체가 떨어질 때까지 걸린 시간을 t라 하면 수평 비행거리로부터

$$x = v_{0x}t = v_0\cos 60° t$$
$$\therefore\ L\cos 20° = v_0\cos 60° t \qquad \cdots ①$$

이고, 수직 비행거리로부터

$$y = v_{0y}t - \frac{1}{2}gt^2 = v_0\sin 60° t - \frac{1}{2}gt^2$$
$$\therefore\ L\sin 20° = v_0\sin 60° t - \frac{1}{2}gt^2 \qquad \cdots ②$$

이다. ②÷①을 하면

$$\tan 20° = \tan 60° - \frac{gt}{2v_0\cos 60°}$$

$$\therefore\ t = \frac{2v_0\cos 60°}{g}\times(\tan 60° - \tan 20°)$$
$$= \frac{2\times 400\times\cos 60°}{9.8}\times(\tan 60° - \tan 20°) = 55.8[\text{s}]$$

이고, 식 ①로부터 A점으로부터 물체가 지면에 떨어진 지점 B까지 거리 L은 다음과 같다.

$$L = \frac{v_0\cos 60° t}{\cos 20°} = \frac{400\times\cos 60°\times 55.8}{\cos 20°} = 11,900[\text{m}] = 11.9[\text{km}]$$

예제 2.3.10 그림과 같이 수평인 지면 위의 점 P에서 지면과 각 $\theta = 30°$의 방향을 이루면서 $v_A = 40\,\text{m/s}$의 속력으로 물체 Ⓐ를 쏘아 올렸다. 이와 동시에 물체 Ⓑ는 수평면 위의 점 Q를 통과하며 등속직선운동을 한다. Ⓐ와 Ⓑ는 점 R에서 충돌한다. P와 Q 사이의 수평거리는 150m이고 지면으로부터 Q점이 있는 수평면까지의 높이는 15m일 때 충돌 전 Ⓑ의 속력을 구하라. 점 P, Q, R은 동일 연직면 상의 점이고, 물체의 크기와 공기 저항은 무시하며, 중력가속도는 10m/s^2이다.

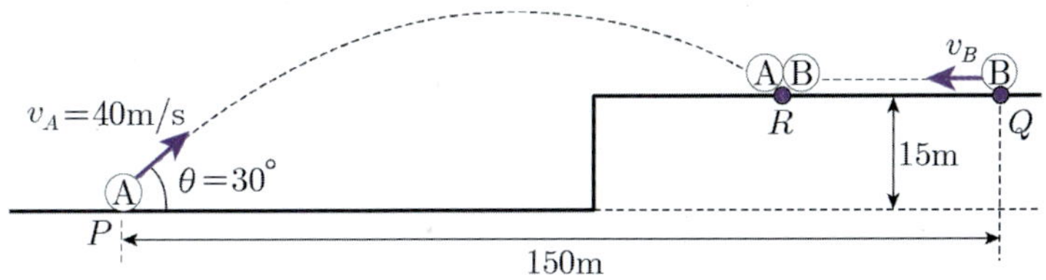

[그림 2.3.8]

풀이 물체가 충돌할 때까지 걸린 시간을 t라 할 때 이 시간 동안 두 물체가 이동한 수평 방향 거리의 합은 150m이다. 따라서 두 물체는 수평방향으로는 모두 등속운동을 하므로 다음 관계식이 성립한다.

$$(v_A \cos 30°)t + v_B t = 150$$

$$\therefore \ (40\cos 30° + v_B)t = 150 \qquad \cdots ①$$

물체 Ⓐ는 연직 방향으로 등가속도 운동을 하고 시간 t 동안 올라간 높이는 15m이므로 다음과 같은 관계식이 유도된다.

$$h = (v_A \sin 30°)t - \frac{1}{2}gt^2 = 15$$

$$(40\sin 30°)t - \frac{1}{2}\times 10 \times t^2 = 15$$

$$20t - 5t^2 = 15$$

$$\therefore \ t^2 - 4t + 3 = 0 \qquad \cdots ②$$

식 ②를 풀면 $t = 1\text{s}, 3\text{s}$이다. 여기에서 $t = 1\text{s}$는 Ⓐ가 올라갈 때 15m 높이에 있는 것을 나타낸다. 따라서 $t = 3\text{s}$을 식 ①에 대입하면 물체 Ⓑ의 속도(v_B)는 다음과 같다.

$$v_B = \frac{150}{t} - 40\cos 30° = 50 - 20\sqrt{3} = 15.4[\text{m/s}]$$

연습문제 2.3

01 건물의 옥상에서 가만히 떨어뜨린 작은 공이 4초 후에 지면에 도달한다면 건물의 높이는 얼마인가?

02 자유낙하한 물체가 400m 아래로 떨어지는 데 걸린 시간과 떨어지는 순간의 물체의 속력을 구하라.

03 자유낙하한 공이 처음 3초 동안 낙하한 거리와 그 이후 2초 동안 낙하한 거리를 구하라.

04 그래프는 연직 위로 던진 물체의 속도와 시간의 관계를 나타낸 것이다. 물체가 올라간 최고점의 높이와 그때까지 걸린 시간을 구하라. Hint: 최고점에서 속력$=0$.

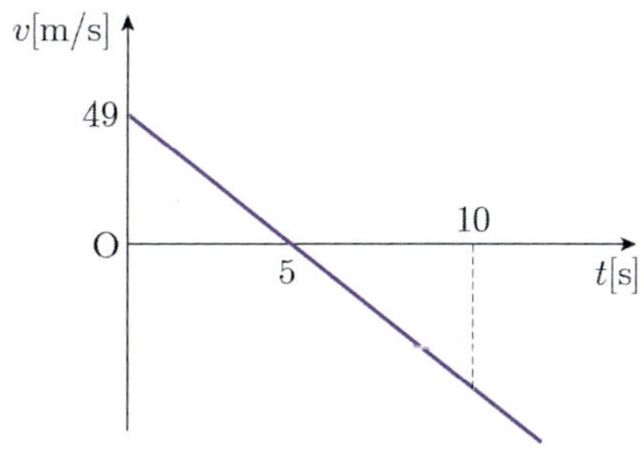

[문제 2.3.4]

05 연직 위로 던진 공의 최고점의 높이가 20m이면 공의 처음 속도는 얼마인가?

06 처음 속도 60m/s로 연직 위로 쏘아 올린 공이 도달할 수 있는 최대 높이와 그때까지 걸린 시간을 구하라.

07 높이 $h=80$m에서 공을 자유낙하시키는 것과 동시에 지면에서 다른 공을 연직 위쪽으로 쏘아 올렸다. 두 개의 공이 높이 30m에서 충돌하게 하려면 지면에서 쏘아 올린 공의 처음 속도를 얼마로 해야 하는가? Hint: $h_1+h_2=h$.

08 지면으로부터 높이 40m인 지점에서 물체를 연직 위 방향으로 20m/s의 속력으로 던졌을 때 물체가 지면에 떨어질 때까지 걸리는 시간을 구하라.

09 그림과 같이 높이 $H=200$m에서 속도 v_0로 물체 A를 연직 아래로 던지고, 이와 동시에 지면에서 물체 B를 연직 위로 속도 v_0로 던져 올렸을 때 4초 후에 두 물체가 만났다면 속도 v_0는 얼마인가?

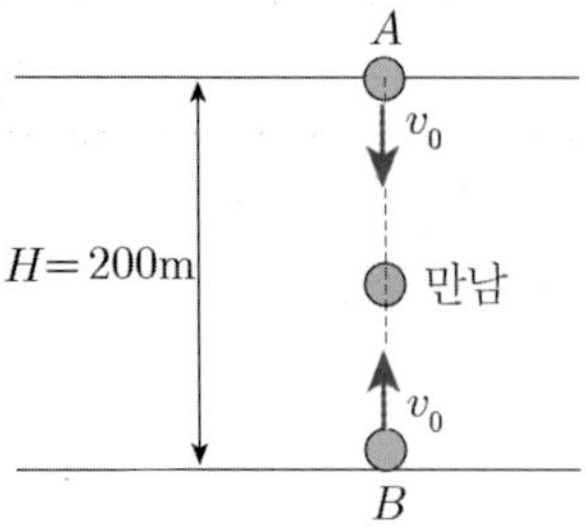

[문제 2.3.9]

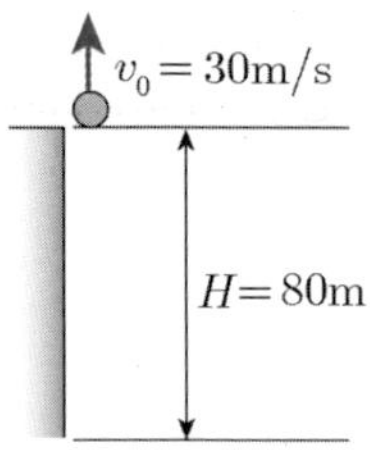

[문제 2.3.10]

10 그림과 같이 높이 $H = 80\text{m}$인 건물의 옥상에서 $v_0 = 30\text{m/s}$의 속력으로 물체를 연직 위 방향으로 쏘아 올렸을 때 다음을 구하라.

(1) 물체가 지면에 떨어지는 순간의 속력

(2) 지면에 떨어질 때까지 물체가 이동한 거리

11 그림과 같이 높이 H에서 수평방향으로 $v_0 = 40\text{m/s}$의 속력으로 물체를 던졌을 때 6초 후에 물체가 지면에 떨어졌다. 높이 H와 수평방향으로 이동한 거리 R를 구하라.

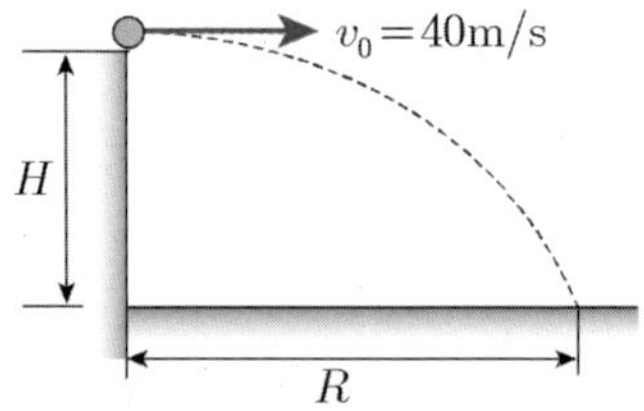

[문제 2.3.11]

12 1400m 상공에서 수평방향으로 500km/h의 속력으로 쏜 물체가 지면에 도달할 때까지 걸리는 시간[s]과 수평방향의 이동 거리[m]를 구하라.

13 1000m 상공에서 수평방향으로 30m/s로 공을 던졌을 때 4초 후의 공의 속도의 크기와 공의 운동 방향이 수평선과 이루는 각도를 구하라.

14 처음 속도 48m/s, 수평선과 $60°$의 각도로 경사지게 위로 발사한 물체가 있다. 다음을 구하라.

(1) 2초 후의 물체의 높이와 수평방향과 수직 방향의 속도 성분

(2) 6초 후의 물체의 높이와 수평방향과 수직 방향의 속도 성분

15 처음 속도 80m/s, 수평선과 $30°$의 각도로 경사지게 위로 발사한 물체가 올라갈 수 있는 최고점의 높이와 지면에 떨어질 때까지 날아가는 수평 거리를 구하라. 지면의 고도는 일정하다.

16 야구 선수가 수평면에서 위로 $20°$의 각도로 공을 쳐서 공의 비거리가 140m 이상이 되게 하려면 공의 처음 속도가 얼마 이상이 되게 해야 하는가? 비거리는 공이 날아가서 지면에 떨어진 곳까지의 변위를 말하며, 운동장은 수평으로 만들어졌다.

17 처음 속도 $v_0 = 40\text{m/s}$로 비스듬히 쏘아 올린 물체가 5초 후에 수평인 지면에 떨어졌을 때 발사각 α(속도의 방향과 지면 사이의 각도)를 구하라.

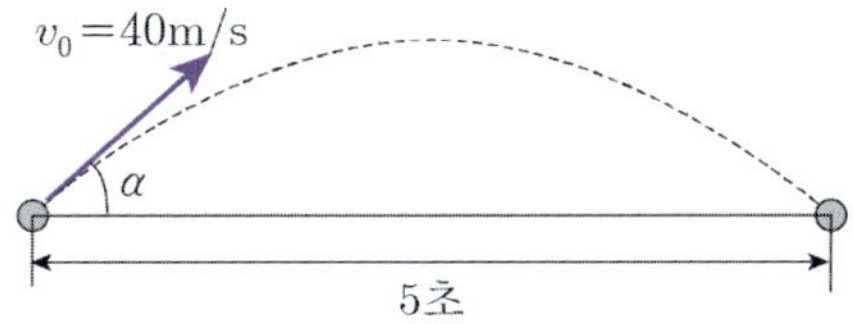

[문제 2.3.17]

18 바다 위의 군함에서 300m/s로 발사할 수 있는 포를 사용하여 포로부터 수평 거리 4km에 있는 적함을 타격하려면 포신의 각도를 어떻게 조절해야 하는가? 배는 모두 정지해 있고, 배의 높이와 공기 저항은 무시한다. Hint: 해수면은 같은 고도에 있다.

19 물체 A를 수평방향으로 v_0의 속력으로 발사하는 것과 동시에 같은 고도에 있는 물체 B를 자유낙하시킨다. B의 연직 아래에 있는 이떤 점 P에서 두 물체가 충돌할 수 있는가를 검토하라. 두 물체는 동일 평면에서 운동하고, 공기 저항은 무시한다. Hint: 중력장에서 수평방향 운동과 연직방향 운동에 대한 이해.

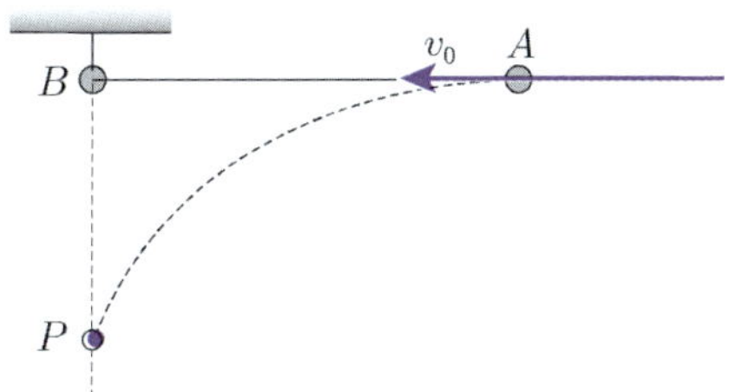

[문제 2.3.19]

20 질량이 4kg인 물체를 20m/s의 속력으로 연직 위 방향으로 던져 올렸을 때 이 물체가 올라갈 수 있는 최고 높이는 몇 m인가? 단, 공기 저항은 무시하고 중력가속도는 10m/s^2이다. [공무원 임용시험]

① 5m ② 10m ③ 15m ④ 20m

21 감나무에서 열린 감이 나무에서 떨어져 1초 후에 지면에 도달하였다. 감이 떨어진 높이와 감의 평균속도는 각각 얼마인가? 단, 공기 저항은 무시하고 중력가속도는 10m/s^2이다. [공무원 임용시험]

① 1m, 2m/s ② 1m, 5m/s ③ 5m, 5m/s ④ 5m, 10m/s

22 높이 H인 건물의 옥상에서 수평방향으로 $v_0 = 10\text{m/s}$의 속력으로 물체를 던졌더니 수평거리 $R = 40\text{m}$ 지점에서 지면에 떨어졌다. 물체가 지면에 떨어질 때까지 걸린 시간과 건물의 높이(H)를 구하라.

23 그림과 같이 물체 A가 수평면에 대하여 45° 방향으로 속력 v로 던져지는 순간에 물체 B가 건물 옥상에서 수평방향으로 10m/s의 속력으로 던져진다. 물체 A와 B가 점 P에서 충돌할 때 속력 v를 구하라. A와 B는 동일 연직면 상에서 운동하며, 공기 저항과 물체의 크기는 무시한다. Hint: 두 물체가 이동한 거리의 합.

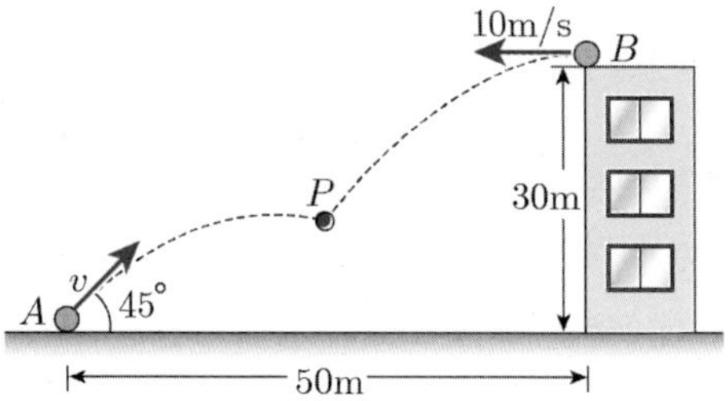

[문제 2.3.23]

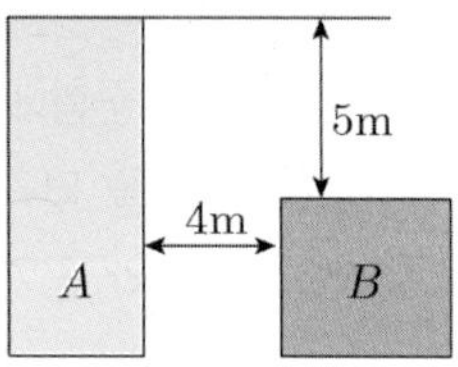

[문제 2.3.24]

24 어떤 물체를 던져 건물 A의 지붕에서 옆 건물 B의 지붕으로 보내려 한다. 그림과 같이 두 건물은 4m 떨어져 있고, 건물 A가 B보다 5m 더 높다. 수평으로 던져진 물체가 건물 B의 지붕에 도달하기 위한 최소속력[m/s]은? 단, 중력가속도는 10m/s^2이고 공기 저항은 무시한다. [공무원 임용시험]

① 3 ② 4 ③ 5 ④ 6

25 그림과 같이 공을 수평면으로부터 45° 위로 던졌더니 2초 후에 떨어졌다. 이 공이 수평으로 날아간 거리 L은 얼마인가? 단, 중력가속도는 10m/s^2이고, 공기 저항과 공의 크기는 무시한다. [공무원 임용시험]

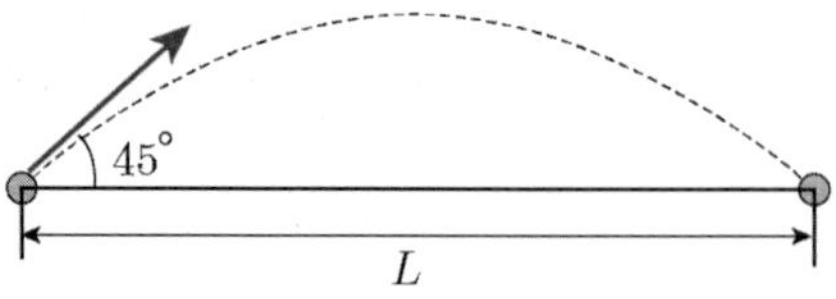

[문제 2.3.25]

① $5\sqrt{2}$ m ② 10m ③ $10\sqrt{2}$ m ④ 20m

26 골프공이 수평에서 30° 위쪽을 향하여 50m/s의 초기속도로 날아간 경우, 다음 물음에 답하시오. [중등교사 임용시험(기계·금속)]

(1) 골프공이 떨어질 때까지의 소요시간(t_1)을 계산하시오.

(2) 골프공이 떨어진 지점까지의 거리(R)를 계산하시오.

(3) 골프공이 도달한 최고 높이($y_{\max}$)를 계산하시오.

27 해수면으로부터 높이 100m에 설치되어 있는 해안포에서 발사 속도 $v_0 = 200\text{m/s}$, 수평선과 $\theta = 30°$ 각도로 포탄이 발사되었다. 공기 저항을 무시할 때 다음을 구하라.

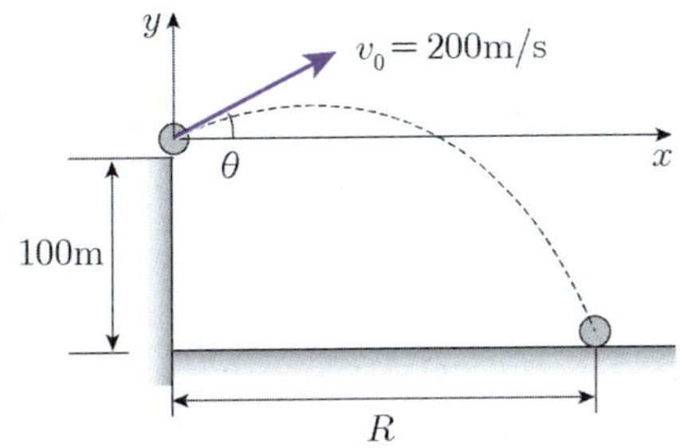

[문제 2.3.27]

(1) 포탄이 최고점에 도달할 때까지 걸리는 시간과 발사점으로부터 최고점까지 높이

(2) 포탄이 해수면에 떨어질 때까지 걸리는 시간과 발사 지점으로부터 낙하지점까지 수평 거리(R)

28 그림과 같이 수평면상의 섬 A에서 속력 v_0로 던져진 공이 점 B와 C를 지나 점 D까지 포물선운동을 하였다. 여기에서 점 B는 공이 올라갈 수 있는 최고점이고 점 D는 A와 같은 수평면상에 있다. 다음을 구하라. 단, 중력가속도는 10m/s^2이고, 공기 저항과 공의 크기는 무시한다. [공무원 임용시험]

(1) 공의 속력 v_0

(2) 점 A에서 D까지의 거리(R)

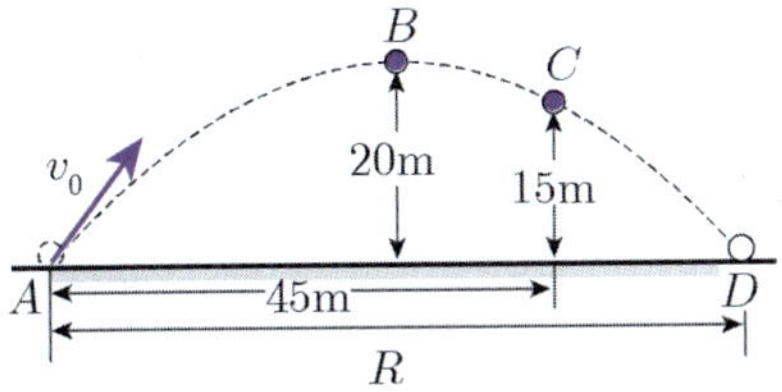

[문제 2.3.28]

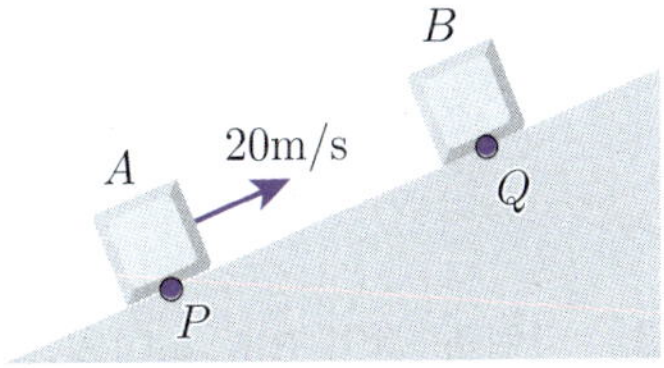

[문제 2.3.29]

29 그림은 빗면을 따라 운동하는 물체 A가 점 P를 속력 20m/s로 통과하는 순간, Q점에서 물체 B를 가만히 놓는 것을 나타낸 것이며, A가 최고점에 도달하는 순간 B와 충돌한다. B를 놓는 순간부터 A, B가 충돌할 때까지 B의 평균속력[m/s]을 구하라. (단, A, B의 크기와 모든 마찰은 무시하며, A, B는 동일 직선상에서 운동한다) [공무원 임용시험]

30 연직 위 방향으로 80m/s의 속력으로 날아가던 로켓이 지면으로부터 40m 높이에서 엔진이 고장 났다. 로켓이 도달할 수 있는 최대 높이와 지면에 떨어지기 직전 로켓의 속력을 구하라. Hint: $v^2 - v_0^2 = a\Delta s$.

31 그림에서 물체 A는 수평면과 $60°$의 각을 이루며 $10\sqrt{2}\ \text{m/s}$의 속력으로, B는 수평면과 $45°$의 각을 이루며 $10\sqrt{3}\ \text{m/s}$의 속력으로 A와 동시에 던져진다. A가 최고점에 도달했을 때 두 물체가 충돌하는 경우 던져진 순간부터 충돌할 때까지 B의 변위의 수평방향 성분을 구하여라. 단, 중력가속도는 10m/s^2이고, 공기 저항과 물체의 크기는 무시한다. [공무원 임용시험]

[문제 2.3.31]

32 중력가속도 g인 수평면 위에서 물체를 초기속도 v_0로 발사하여 수평 거리 R인 지점에 떨어지게 하려고 한다. 이 경우, 초기속도의 수평 성분(v_{0x})과 연직성분(v_{0y})의 곱 $v_{0x}v_{0y}$를 구하시오. 또, 수평 거리 R에 도달하기 위해서 물체가 가져야 할 최소의 초기속력 $v_{\min}$을 구하시오. [중등교사 임용시험(물리)]

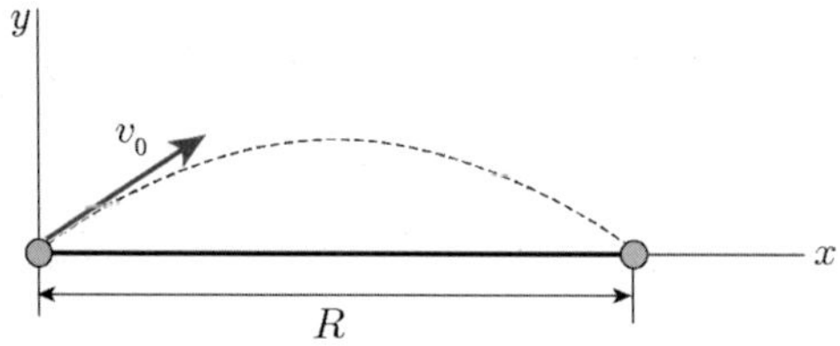

[문제 2.3.32]

33 그림과 같이 5m 높이의 터널에서 초기속도 $v_0 = 20\text{m/s}$로 물체를 쏘아 올렸다. 물체가 도달할 수 있는 최대 수평 거리와 그때의 발사각 θ를 구하라.

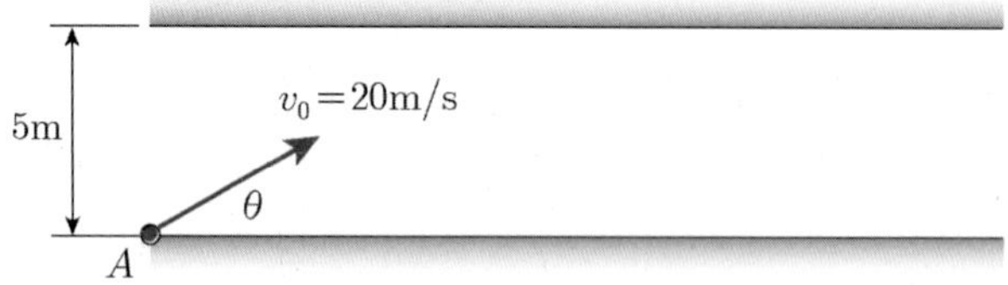

[문제 2.3.33]

34 그림과 같은 위치(A)에서 $v = 30\text{m/s}$의 속도로 날아간 공이 수평 거리 40m, 높이 5m 지점을 맞추기 위한 최소 각 θ를 구하라. 공의 크기는 무시한다.

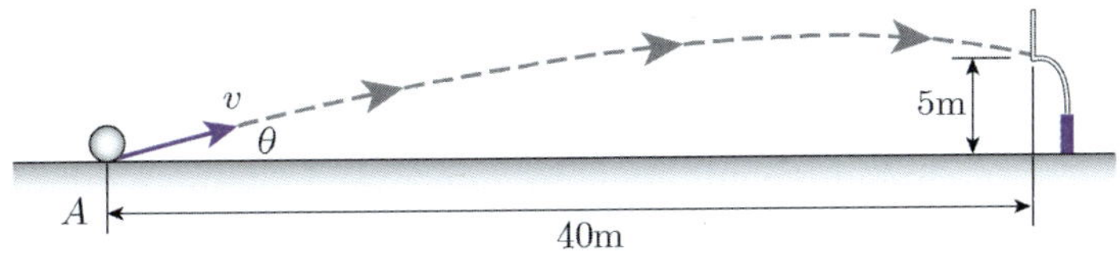

[문제 2.3.34]

35 그림과 같이 계단의 A점에 떨어진 공이 속도 v_0로 수직선에 대하여 15°의 각도로 다시 튀어 오른 후 0.2m 아래 지점 B에 떨어진다. 공이 B점에 닿기 직전 공의 속도 방향이 연직선에 대하여 10°일 때 v_0의 값[m/s]을 구하라.

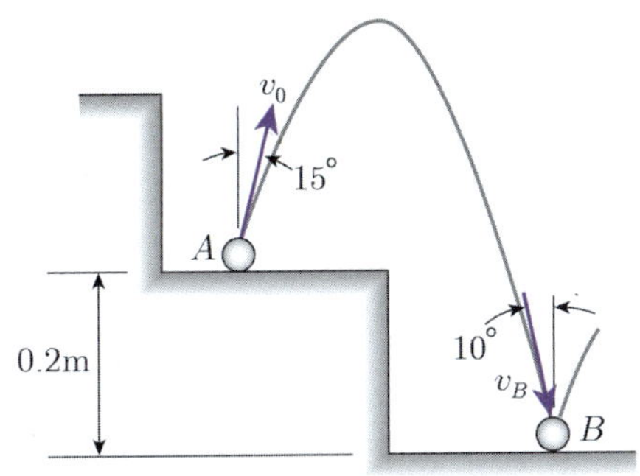

[문제 2.3.35]

36 그림과 같이 포탄이 수평면과 30°를 이루는 포신 끝점 A에서 초기속도 V_0로 발사되었다. 만일 이 포탄이 B지점에 착륙한다면, 초기속도 V_0와 B지점에 도착하는 시간 t를 구하시오. [국가공무원 5급(기술) 제2차시험]

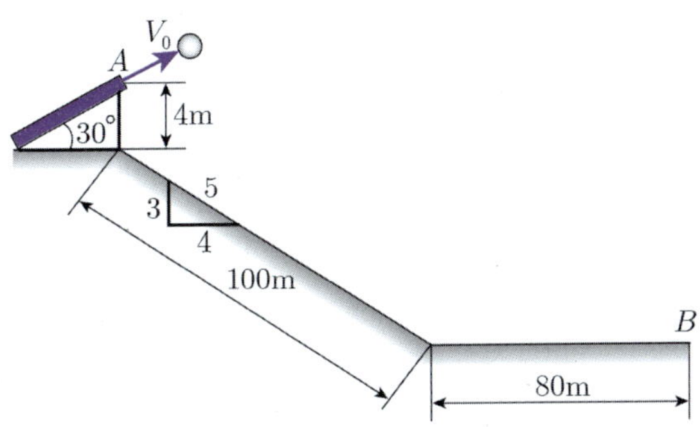

[문제 2.3.36]

> [국가공무원 5급(기술) 제2차시험]
> 참고문헌 [7]에 2002년~2021년도까지 [국가공무원 5급(기술) 제2차시험] 동역학 문제를 소개하고 풀이 과정을 기술하였다. 예전에는 5급 공무원 임용시험으로 사법고시, 행정고시, 기술고시가 있었다.

사법고시는 현재(2022년) 윤석열 대통령이 9수만에 합격했다는 그 시험으로 합격하면 5급 판사, 검사가 된다. 행정고시에 합격하면 행정 분야 5급 공무원으로 임용되고, 공학 분야에 속하는 것은 기술고시이다. 이 중 행정고시와 기술고시는 지금도 매년 실시되고 있다.

5급 공무원 임용시험은 아주 어려운 시험 중의 하나이고, 출제된 문제들도 어려운 문제들이 많다. 이 책에서는 비교적 구조가 간단한 문제를 소개한다. 좋은 문제가 많으므로 동역학을 잘 하고 자신 있다고 생각하는 사람은 [7]의 문제들을 풀어보면 동역학 실력이 한층 더 향상될 것이라고 생각된다.

2.4 극좌표와 원운동 및 법선과 접선 좌표

1 극좌표에서 속도와 가속도

[그림 2.4.1]과 같은 극좌표를 고려한다. 여기에서는 질점의 속도와 가속도를 직선 OP에 평행한 성분(반경방향 성분)과 수직인 성분(횡방향 성분)으로 분해하는 것이 편리하다.3)

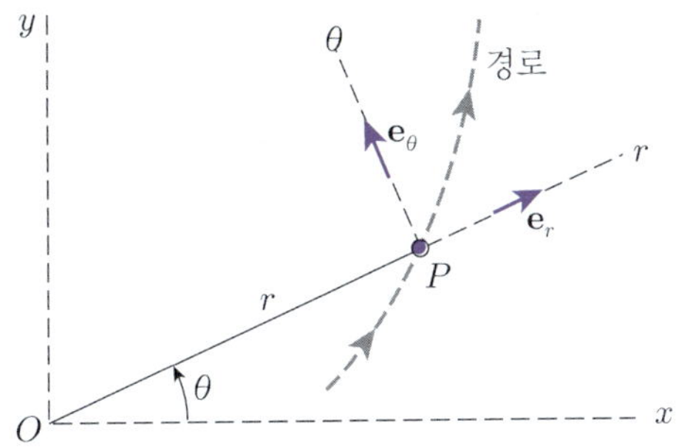

[그림 2.4.1] 극좌표계

[그림 2.4.2]의 (a)와 같이 r과 θ가 증가하는 방향의 단위벡터를 각각 $\mathbf{e}_r$과 $\mathbf{e}_\theta$라 하면 점 P의 위치벡터 $\mathbf{r}$은 다음과 같다.

$$\mathbf{r} = r\mathbf{e}_r \qquad \cdots ①$$

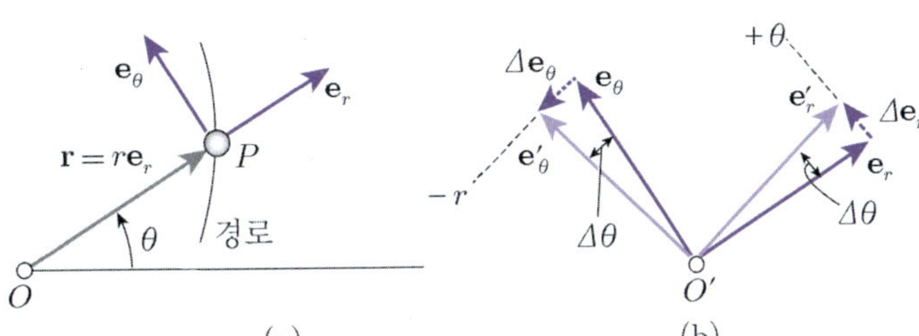

[그림 2.4.2] 단위벡터 변화

[그림 2.4.2]의 (b)에서 시간 Δt 동안 극좌표는 $\Delta\theta$만큼 회전하므로 $\mathbf{e}_r$과 $\mathbf{e}_\theta$도 같은 각도만큼 회전하여 각각 $\mathbf{e}_r{}'$과 $\mathbf{e}_\theta{}'$이 된다. 이때 벡터 $\Delta\mathbf{e}_r$은 $+\theta$ 방향이고 $\Delta\mathbf{e}_\theta$는 $-r$ 방향이 된다. 이 두 벡터 변화 크기의 극한값은 단위벡터에 각도 변화 $d\theta$를 곱한 것과 같다. 즉, $d\mathbf{e}_r$과

3) 식의 유도과정은 참고로 하고 식 (2.4.4)와 (2.4.5)를 알아두면 된다.

$d\mathbf{e}_\theta$의 크기는 각각 $|\mathbf{e}_r|d\theta = d\theta$, $|\mathbf{e}_\theta|d\theta = d\theta$이다. 따라서 $d\mathbf{e}_r = \mathbf{e}_\theta d\theta$, $d\mathbf{e}_\theta = -\mathbf{e}_r d\theta$가 된다. 이 두 식으로부터 다음 관계식이 얻어진다.

$$\frac{d\mathbf{e}_r}{d\theta} = \mathbf{e}_\theta, \quad \frac{d\mathbf{e}_\theta}{d\theta} = -\mathbf{e}_r \qquad \cdots ②$$

식 ②에 의해 $\mathbf{e}_r$과 $\mathbf{e}_\theta$의 시간에 대한 미분은

$$\frac{d\mathbf{e}_r}{dt} = \frac{d\mathbf{e}_r}{d\theta}\frac{d\theta}{dt} = \mathbf{e}_\theta\frac{d\theta}{dt}, \quad \frac{d\mathbf{e}_\theta}{dt} = \frac{d\mathbf{e}_\theta}{d\theta}\frac{d\theta}{dt} = -\mathbf{e}_r\frac{d\theta}{dt} \qquad \cdots ③$$

가 된다. 여기에서 시간에 대한 미분을 나타내기 위해 점(뉴턴의 표기법)을 사용하면 식 ③은 다음과 같이 표현된다.

$$\dot{\mathbf{e}}_r = \dot{\theta}\mathbf{e}_\theta, \quad \dot{\mathbf{e}}_\theta = -\dot{\theta}\mathbf{e}_r \qquad \cdots (2.4.1)$$

식 ①을 시간에 대해 미분하면 질점 P의 속도 $\mathbf{v}$는

$$\mathbf{v} = \frac{d\mathbf{r}}{dt} = \frac{d}{dt}(r\mathbf{e}_r) = \dot{r}\mathbf{e}_r + r\dot{\mathbf{e}}_r$$

이다. 여기에 식 (2.4.1)의 첫 번째 식 $\dot{\mathbf{e}}_r = \dot{\theta}\mathbf{e}_\theta$를 대입하면 다음 관계식을 얻는다.

$$\mathbf{v} = \dot{r}\mathbf{e}_r + r\dot{\theta}\mathbf{e}_\theta \qquad \cdots (2.4.2)$$

식 (2.4.2)를 다시 시간에 대해 미분하면 가속도는

$$\mathbf{a} = \frac{d\mathbf{v}}{dt} = \left(\ddot{r}\mathbf{e}_r + \dot{r}\dot{\mathbf{e}}_r\right) + \left(\dot{r}\dot{\theta}\mathbf{e}_\theta + r\ddot{\theta}\mathbf{e}_\theta + r\dot{\theta}\dot{\mathbf{e}}_\theta\right)$$

이고, 이 식에 식 (2.4.1)을 대입하면 다음 관계식이 얻어진다.

$$\mathbf{a} = \left(\ddot{r} - r\dot{\theta}^2\right)\mathbf{e}_r + \left(r\ddot{\theta} + 2\dot{r}\dot{\theta}\right)\mathbf{e}_\theta \qquad \cdots (2.4.3)$$

식 (2.4.2)와 (2.4.3)으로부터 반경방향과 횡방향에 대한 속도와 가속도의 스칼라 성분은 다음과 같다[그림 2.4.3].

$$v_r = \dot{r}, \quad v_\theta = r\dot{\theta} \qquad \cdots (2.4.4)$$

$$a_r = \ddot{r} - r\dot{\theta}^2, \quad a_\theta = r\ddot{\theta} + 2\dot{r}\dot{\theta} \qquad \cdots (2.4.5)$$

그리고 속도와 가속도의 크기는 다음과 같다.

$$v = \sqrt{v_r^2 + v_\theta^2}, \quad a = \sqrt{a_r^2 + a_\theta^2} \qquad \cdots(2.4.6)$$

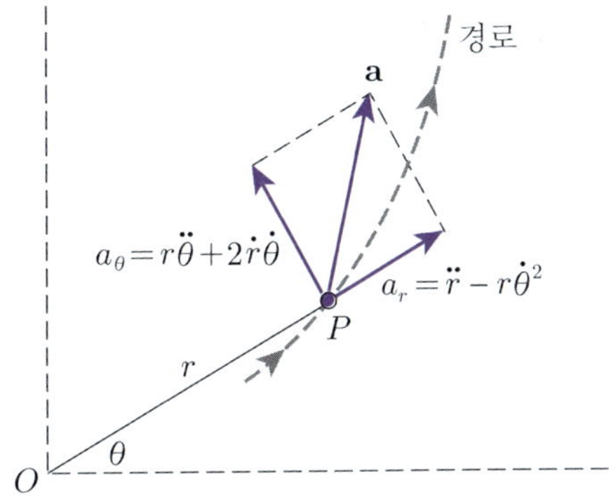

[그림 2.4.3] 반경방향과 횡방향 가속도

질점이 반지름 r이 일정한 원 위에서 움직이는 경우 $\mathbf{e}_\theta$는 원주방향(원의 접선방향) 성분이 된다. 그러나 [그림 2.4.1]과 같이 r이 변화하는 일반적인 경우에는 $\mathbf{e}_\theta$가 운동경로의 접선방향 성분이 되지 않는다.

2 원운동

반지름이 r인 원을 따라 움직이는 원운동의 경우 r이 일정하므로 $\dot{r} = \ddot{r} = 0$이다. 따라서 식 (2.4.2)~(2.4.5)로부터 원운동에서 질점의 속도와 가속도는 다음과 같다.

$$\mathbf{v} = r\dot{\theta}\mathbf{e}_\theta \qquad \cdots(2.4.7)$$

$$\mathbf{a} = -r\dot{\theta}^2\mathbf{e}_r + r\ddot{\theta}\mathbf{e}_\theta \qquad \cdots(2.4.8)$$

$$v_r = 0, \quad v_\theta = r\dot{\theta}, \quad v = v_\theta \qquad \cdots(2.4.9)$$

$$a_r = -r\dot{\theta}^2, \quad a_\theta = r\ddot{\theta}, \quad a = \sqrt{a_r^2 + a_\theta^2} \qquad \cdots(2.4.10)$$

v_r과 v_θ는 각각 반경방향과 원주방향(접선방향) 속도이고, a_r과 a_θ는 각각 반경방향과 원주방향 가속도를 나타낸다. 여기에서 각속도와 각가속도를 각각 $\omega = \dot{\theta}$, $\alpha = \ddot{\theta}$, 원주방향 속도를 $v = v_\theta$로 나타내면 다음과 같이 친숙한 관계식이 얻어진다.

$$v_r = 0,\ v_\theta = v = r\omega \quad \cdots(2.4.11)$$

$$a_r = -r\omega^2 = -\frac{v^2}{r},\ a_\theta = r\alpha \quad \cdots(2.4.12)$$

위 식에서 a_r이 음(−)의 부호를 갖는 것은 반경방향 가속도가 원의 중심을 향한다는 것을 나타낸다. 이상의 결과를 알기 쉽게 나타내면 [그림 2.4.4]와 같다.

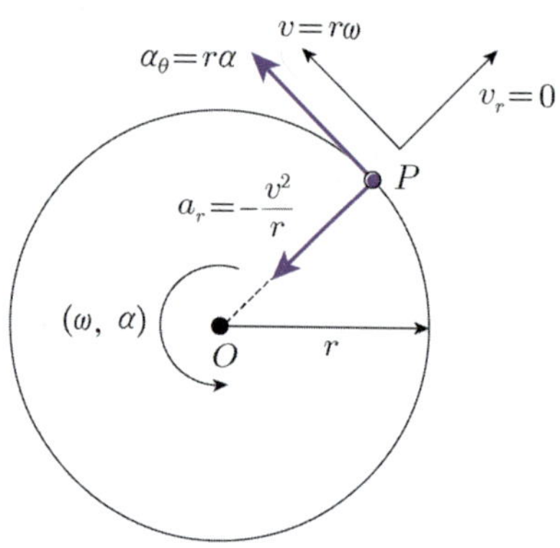

[그림 2.4.4] 원운동에서 속도와 가속도

[그림 2.4.4]는 물체가 곡률반경이 r인 지점(P)을 지날 때 P점에서 물체의 경로에 접하는 방향의 속도 크기가 v이면, P점에서 가속도의 법선 성분은 곡률 중심(O)을 향하고 그 크기는 $\frac{v^2}{r}$이 된다는 것을 보여준다. 이 사실을 알면 곡률반경을 알고 있는 곡선 위에서 운동하는 물체의 가속도를 쉽게 구할 수 있다.

> 원운동하는 물체에서 $v_r = 0$이다. 따라서 '**원운동하는 물체의 속도는 접선방향속도와 같다.**' 그러나 가속도는 접선방향과 반경방향 성분이 모두 존재할 수 있다.

3 법선과 접선 좌표에서 속도와 가속도

곡률반경이 ρ인 점에서 접선방향과 법선방향 가속도는 [그림 2.4.5]와 같다.[4)]

---

4) 아래에 있는 식의 유도과정은 참고로 하고 식 (2.4.13)과 (2.4.14)를 알아두면 된다.

$$\mathbf{a} = \frac{dv}{dt}\mathbf{e}_t + \frac{v^2}{\rho}\mathbf{e}_n \qquad \cdots(2.4.13)$$

$$a_t = \frac{dv}{dt}, \quad a_n = \frac{v^2}{\rho} \qquad \cdots(2.4.14)$$

$$a = \sqrt{a_t^2 + a_n^2} \qquad \cdots(2.4.15)$$

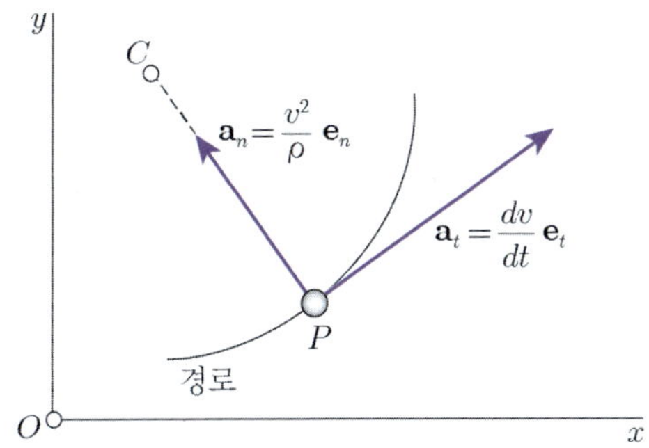

[그림 2.4.5] 접선방향과 법선방향 가속도

식 (2.4.13)은 '가속도의 접선방향 성분은 질점의 속력 변화율과 같으며', '법선방향 성분은 속력의 제곱을 P에서의 경로의 곡률반경으로 나눈 값과 같다'는 것을 보여준다. 질점의 속력이 증가하는가 또는 감소하는가에 따라 a_t는 양 또는 음이 되며, 벡터성분 $\mathbf{a}_t$는 운동방향과 같은 방향 또는 반대방향을 향한다. 반면에 $v^2/\rho > 0$이므로 벡터성분 $\mathbf{a}_n$는 [그림 2.4.5]와 같이 항상 경로의 곡률 중심(C)을 향한다.

[참고] 법선-접선 좌표계에서 가속도 성분

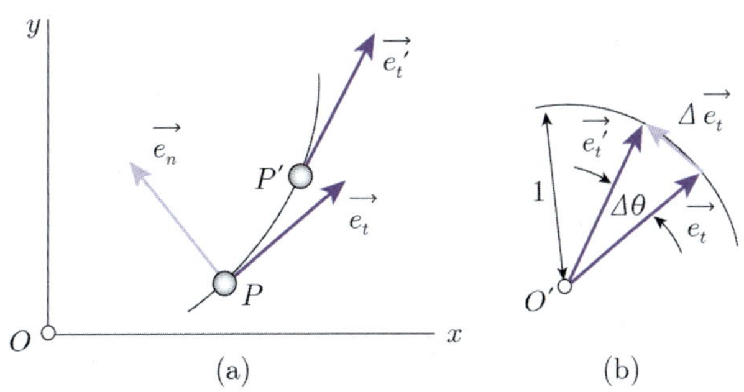

[그림 2.4.6] 법선-접선 좌표계

[그림 2.4.6]과 같이 평면에서 곡선을 따라 움직이는 질점을 고려하며, 점 P를 주어진 순간의 질점 위치로 한다. 그림의 (a)와 같이 질점의 경로에 접하고 운동 방향을 향하는 단위벡터 $\overrightarrow{e_t}$를 P에 놓는다. 그리고 $\overrightarrow{e_t'}$를 다음 순간의 질점 위치 P'에 해당하는 단위벡터라 한다. 그림의 (b)와 같이 두 벡터를 같은 원점 O'에 놓고 $\Delta\overrightarrow{e_t}=\overrightarrow{e_t'}-\overrightarrow{e_t}$로 정의한다. $\overrightarrow{e_t}$와 $\overrightarrow{e_t'}$이 이루는 각도를 $\Delta\theta$로 나타내면 $\Delta\overrightarrow{e_t}$의 크기는 $2\sin(\Delta\theta/2)$임을 알 수 있다. 그리고 벡터 $\Delta\overrightarrow{e_t}/\Delta\theta$는 $\Delta\theta$가 0에 접근함에 따라 (b)의 단위원에 접하게 된다. 즉, $\overrightarrow{e_t}$에 수직이 되며 그 크기는

$$\lim_{\Delta\theta\to 0}\frac{2\sin(\Delta\theta/2)}{\Delta\theta}=\lim_{\Delta\theta\to 0}\frac{\sin(\Delta\theta/2)}{\Delta\theta/2}=1$$

에 접근한다. 따라서 극한값으로 얻어진 벡터는 $\overrightarrow{e_t}$가 회전하는 방향인 질점의 경로에 수직인 방향의 단위벡터이다. 이 벡터를 $\overrightarrow{e_n}$으로 나타내면 다음과 같이 쓸 수 있다.

$$\overrightarrow{e_n}=\lim_{\Delta\theta\to 0}\frac{\Delta\overrightarrow{e_t}}{\Delta\theta}$$

$$\overrightarrow{e_n}=\frac{d\overrightarrow{e_t}}{d\theta} \qquad \cdots ①$$

질점의 속도 $\vec{v}$는 경로에 접하므로 다음과 같이 속도를 스칼라 v와 단위벡터 $\overrightarrow{e_t}$로 나타낼 수 있다.

$$\vec{v}=v\overrightarrow{e_t} \qquad \cdots ②$$

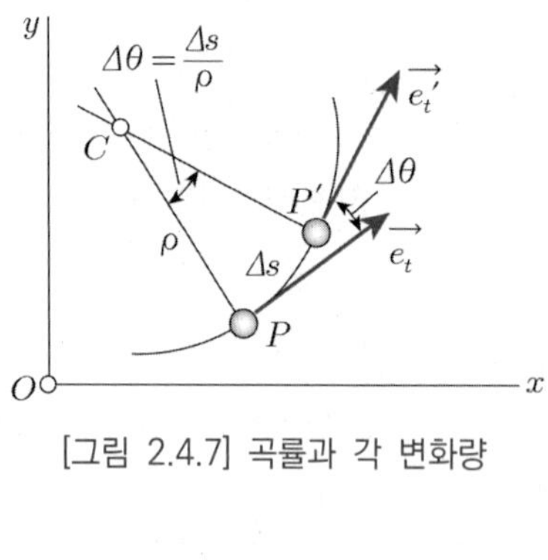

[그림 2.4.7] 곡률과 각 변화량

식 ②를 시간에 대해 미분하면

$$\vec{a}=\frac{d\vec{v}}{dt}=\frac{dv}{dt}\overrightarrow{e_t}+v\frac{d\overrightarrow{e_t}}{dt} \qquad \cdots ③$$

이고, 이 식에서

$$\frac{d\overrightarrow{e_t}}{dt} = \frac{d\overrightarrow{e_t}}{d\theta}\frac{d\theta}{ds}\frac{ds}{dt} \qquad \cdots ④$$

로 쓸 수 있다. 여기에서 $\frac{ds}{dt} = v$이고 식 ①로부터 $\frac{d\overrightarrow{e_t}}{d\theta} = \overrightarrow{e_n}$이며, ρ를 점 P에서 곡률반경이라 할 때 $\frac{d\theta}{ds} = \frac{1}{\rho}$이므로[그림 2.4.7] 식 ④는

$$\frac{d\overrightarrow{e_t}}{dt} = \frac{v}{\rho}\overrightarrow{e_n} \qquad \cdots ⑤$$

이 된다. 식 ⑤를 ③에 대입하면 다음과 같이 가속도가 얻어진다.

$$\vec{a} = \frac{dv}{dt}\overrightarrow{e_t} + \frac{v^2}{\rho}\overrightarrow{e_n} \qquad \cdots ⑥$$

따라서 가속도의 스칼라 성분은 다음과 같다.

$$a_t = \frac{dv}{dt}, \quad a_n = \frac{v^2}{\rho} \qquad \cdots ⑦$$

예제 2.4.1 [그림 2.4.8(a)]와 같이 자동차(P)가 90km/h의 속력으로 반경이 1250m인 원형 고속도로를 주행하는 중에 운전자가 브레이크를 밟았을 때, 자동차의 속력이 일정하게 감속되어 10초 후에 속력이 36km/h가 되었다. 브레이크를 밟은 직후 자동차의 가속도 크기[m/s^2]를 구하라.

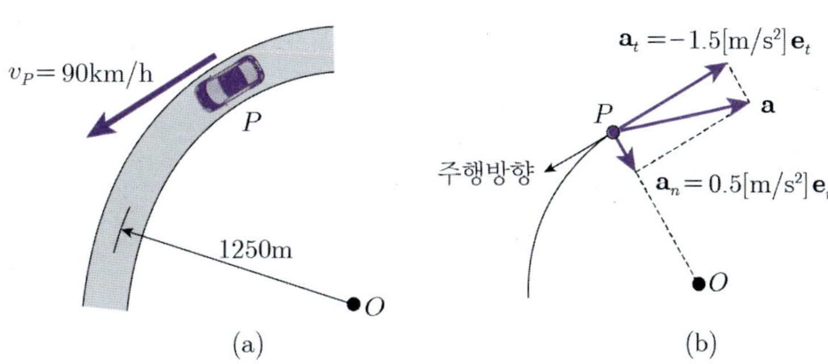

[그림 2.4.8] (a) 주행 중인 자동차 (b) 자동차의 가속도

풀이 처음 속력과 나중 속력을 [m/s]으로 나타내면 다음과 같다.

$$v_1 = 90\text{km/h} = \frac{90 \times 1000\text{m}}{3600\text{s}} = 25[\text{m/s}]$$

$$v_2 = 36\text{km/h} = \frac{36 \times 1000\text{m}}{3600\text{s}} = 10[\text{m/s}]$$

자동차는 도로를 따라 도로의 접선방향으로 주행하므로 v_1과 v_2는 접선방향 속도이고, 자동차의 속력이 일정하게 감속되므로(가속도가 일정하므로) 접선방향 가속도는

$$a_t = \frac{\Delta v}{\Delta t} = \frac{v_2 - v_1}{\Delta t} = \frac{10 - 25}{10} = -1.5[\text{m/s}^2]$$

이다. 그리고 브레이크를 밟은 직후 법선방향(반경방향) 가속도는

$$a_n = \frac{v_1^2}{r} = \frac{25^2}{1250} = 0.5[\text{m/s}^2]$$

이므로 브레이크를 밟은 직후 자동차의 가속도 크기는 다음과 같다.

$$a = \sqrt{a_n^2 + a_t^2} = \sqrt{0.5^2 + (-1.5)^2} = 1.581[\text{m/s}^2]$$

자동차의 가속도를 도시하면 [그림 2.4.8]의 (b)와 같다. 자동차가 감속되므로 가속도의 접선방향 성분은 운동방향과 반대이고, 법선방향 성분은 곡률 중심을 향한다.

예제 2.4.2 길이가 1m인 막대가 O점을 중심으로 회전하고, 막대에 부착된 슬라이더 B가 막대를 따라 미끄러진다. 시간 t[s]에서 막대의 회전각이 $\theta = 0.5t^2$[rad]이고, 슬라이더 B의 O점으로부터 거리가 $r = 1 - 0.5t^2$[m]일 때, $t = 1$[s]에서 B의 속도와 가속도를 구하라.

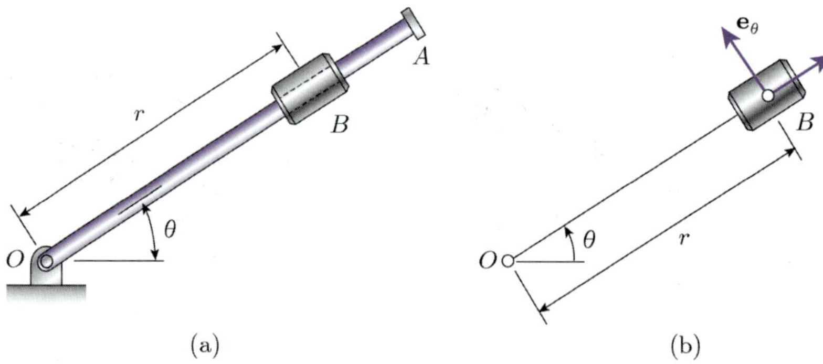

[그림 2.4.9] (a) 극좌표 (b) B에서 반경방향과 횡방향 단위벡터

풀이 시간 t[s]에서

$$r = 1 - 0.5t^2[\text{m}], \quad \dot{r} = -t[\text{m/s}], \quad \ddot{r} = -1[\text{m/s}^2]$$

$$\theta = 0.5t^2[\text{rad}], \quad \dot{\theta} = t[\text{rad/s}], \quad \ddot{\theta} = 1[\text{rad/s}^2]$$

이므로 $t=1$을 위 식에 대입하면

$$r = 0.5[\text{m}], \quad \dot{r} = -1[\text{m/s}], \quad \ddot{r} = -1[\text{m/s}^2]$$
$$\theta = 0.5[\text{rad}], \quad \dot{\theta} = 1[\text{rad/s}], \quad \ddot{\theta} = 1[\text{rad/s}^2]$$

이다. 여기에서 $\theta = 0.5[\text{rad}] = 0.5 \times \dfrac{180}{\pi} = 28.6°$이다.

(1) 슬라이더 B의 속도 $\mathbf{v} = v_r\mathbf{e}_r + v_\theta\mathbf{e}_\theta$: 식 (2.4.4)로부터

$$v_r = \dot{r} = -1[\text{m/s}]$$
$$v_\theta = r\dot{\theta} = 0.5 \times 1 = 0.5[\text{m/s}]$$

이고, 속도의 크기와 방향각은 다음과 같다[그림 2.4.10].

$$v = \sqrt{v_r^2 + v_\theta^2} = \sqrt{(-1)^2 + 0.5^2} = \frac{\sqrt{5}}{2} = 1.118[\text{m/s}]$$
$$\beta = \tan^{-1}\left(\frac{0.5}{1}\right) = 26.6°$$

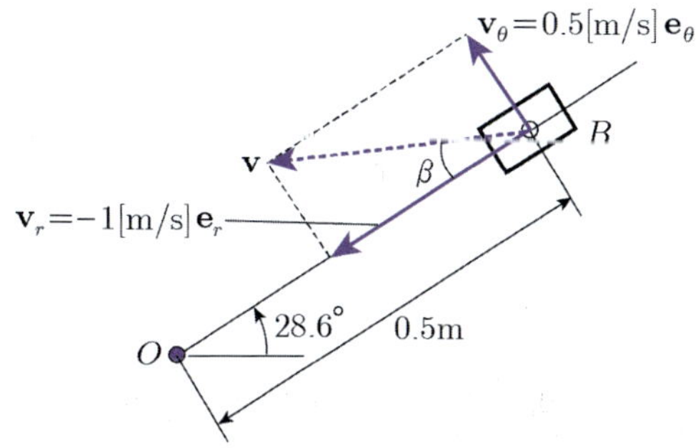

[그림 2.4.10] 슬라이더 B의 속도

(2) B의 가속도 $\mathbf{a} = a_r\mathbf{e}_r + a_\theta\mathbf{e}_\theta$: 식 (2.4.5)로부터

$$a_r = \ddot{r} - r\dot{\theta}^2 = (-1) - 0.5 \times 1^2 = -1.5[\text{m/s}^2]$$
$$a_\theta = r\ddot{\theta} + 2\dot{r}\dot{\theta} = 0.5 \times 1 + 2 \times (-1) \times 1 = -1.5[\text{m/s}^2]$$

이고, 가속도의 크기와 방향각은 다음과 같다[그림 2.4.11].

$$a = \sqrt{a_r^2 + a_\theta^2} = \sqrt{(-1.5)^2 + (-1.5)^2} = 1.5\sqrt{2} = 2.121[\text{m/s}^2]$$
$$\phi = \tan^{-1}\left(\frac{1.5}{1.5}\right) = 45°$$

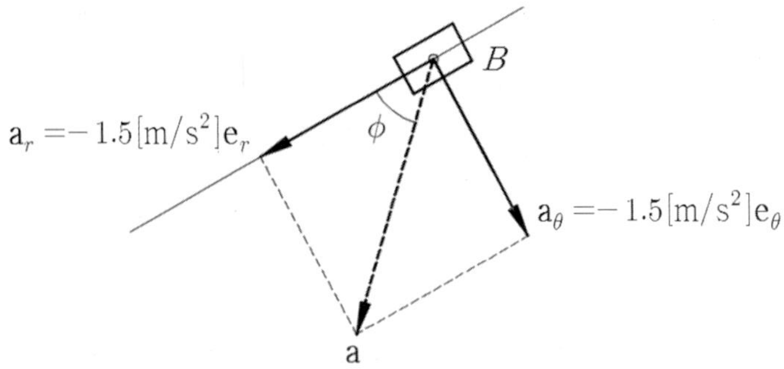

[그림 2.4.11] 슬라이더 B의 가속도

예제 2.4.3 [그림 2.4.12(a)]와 같이 일정한 고도 $H = 9\text{km}$를 유지하면서 일정한 속도로 날아가고 있는 비행기를 O점에서 레이더로 관찰하고 있다. $\theta = 60°$일 때 각 θ는 0.02rad/s로 감소한다. 이때 비행기의 속도 v와 $\ddot{r}$ 및 $\ddot{\theta}$를 구하라.

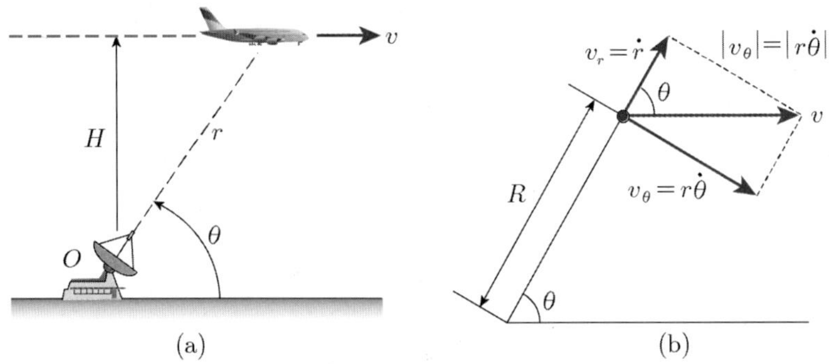

[그림 2.4.12] (a) 레이더와 비행기 (b) 비행기의 속도 성분

풀이 비행기의 속도를 반경방향 성분(v_r)과 횡방향 성분(v_θ)으로 분해하면 그림의 (b)와 같다. 여기에서 각 θ가 0.02rad/s로 감소하므로 $\dot{\theta} = -0.02\text{rad/s}$이고, 비행기의 횡방향 속도는 그림의 (b)와 같은 방향이 된다. $r = \dfrac{H}{\sin\theta}$이고, 그림 (b)로부터

$$v = \frac{|r\dot{\theta}|}{\sin\theta} = \frac{|(H/\sin\theta)\dot{\theta}|}{\sin\theta} = \frac{H|\dot{\theta}|}{\sin^2\theta} = \frac{9000 \times 0.02}{\sin^2 60°} = 240[\text{m/s}]$$

$$\dot{r} = v\cos\theta = 240\cos 60° = 120[\text{m/s}]$$

이다. 여기에서 등속운동이므로 가속도는

$$\mathbf{a} = (\ddot{r} - r\dot{\theta}^2)\mathbf{e}_r + (r\ddot{\theta} + 2\dot{r}\dot{\theta})\mathbf{e}_\theta = 0$$

이다. 따라서 $\mathbf{a}$의 r성분으로부터

$$a_r = \ddot{r} - r\dot{\theta}^2 = 0$$

$$\therefore \quad \ddot{r} = r\dot{\theta}^2 = \frac{9000}{\sin 60°} \times (-0.02)^2 = 4.157[\text{m/s}^2]$$

이고, θ성분으로부터

$$a_\theta = r\ddot{\theta} + 2\dot{r}\dot{\theta} = 0$$

$$\therefore \quad \ddot{\theta} = -\frac{2\dot{r}\dot{\theta}}{r} = -\frac{2 \times 120 \times (-0.02)\sin 60°}{9000} = 4.619 \times 10^{-4}[\text{rad/s}^2]$$

가 얻어진다. 이상으로부터 비행기의 속도 $v = 240[\text{m/s}]$, $\ddot{r} = 4.157[\text{m/s}^2]$, $\ddot{\theta} = 4.619 \times 10^{-4}[\text{rad/s}^2]$이다.

예제 2.4.4 자동차가 72km/h의 속력으로 반지름 $R = 100\text{m}$인 반원형 도로에 진입(A점)하여 일정한 비율로 속력을 증가시켜 108km/h의 속력으로 곡선도로를 빠져나간다(C점). 자동차가 B점에 있을 때 자동차의 가속도 크기를 구하라.

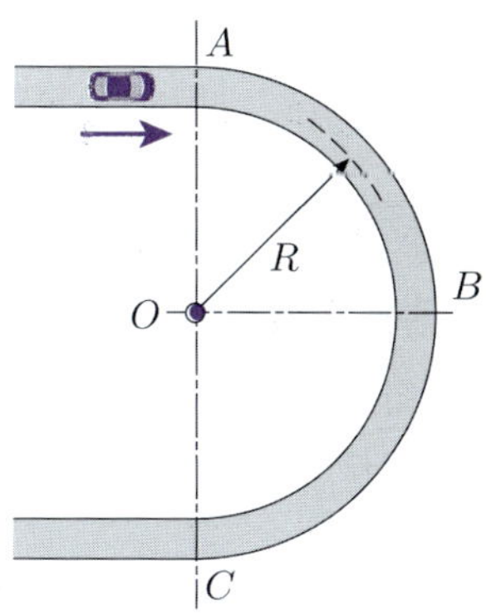

[그림 2.4.13] 반원형 도로와 자동차

풀이 A점과 C점에서 속도는 $v_A = 72\text{km/h} = 20\text{m/s}$, $v_C = 108\text{km/h} = 30\text{m/s}$이다. 먼저 자동차의 일정한 가속도 a_θ를 구한다. A점과 C점 사이에 $v^2 - v_0^2 = 2as$를 적용하면

$$v_C^2 - v_A^2 = 2a_\theta s = 2a_\theta \times \pi R$$

$$\therefore \quad a_\theta = \frac{v_C^2 - v_A^2}{2\pi R} = \frac{30^2 - 20^2}{2\pi \times 100} = 0.796[\text{m/s}^2]$$

이고, 다시 A점과 B점 사이에 $v^2 - v_0^2 = 2as$를 적용하여 B점에서 자동차 속도 v_B를 구하면

$$v_B^2 - v_A^2 = 2a_\theta s = 2a_\theta \times \frac{\pi R}{2}$$

$$\therefore \ v_B = \sqrt{v_A^2 + \pi R a_\theta} = \sqrt{20^2 + \pi \times 100 \times 0.796} = 25.5[\text{m/s}]$$

이다. 따라서 B점에서 자동차의 반경방향 가속도 성분은

$$a_{r,B} = -\frac{v_B^2}{R} = -\frac{25.5^2}{100} = -6.50[\text{m/s}^2]$$

이고, B점에서 자동차의 가속도 크기는 다음과 같다.

$$a_B = \sqrt{a_{r,B}^2 + a_\theta^2} = \sqrt{(-6.5)^2 + 0.796^2} = 6.55[\text{m/s}^2]$$

Note [예제 2.4.4]에서 $v_B = (v_A + v_C)/2$가 아니라는 것에 주의한다. 등가속도 운동일 때 시간 좌표계에서 $(t_1 + t_2)/2$에서 속도는 $(v_1 + v_2)/2$가 되지만 공간 좌표계에서는 그렇지 않다. $v^2 - v_0^2 = 2as$의 관계식을 사용하여 $v_B = \sqrt{\dfrac{v_A^2 + v_C^2}{2}}$ 이 되는 것을 확인해 보라.

예제 2.4.5 그림과 같이 권양기(윈치) O와 차량 위의 점 A를 연결하는 케이블이 2m/s의 일정 속도로 감기고 있다. 차량은 일정한 높이 $H = 3\text{m}$에서 움직이며 케이블은 변형되지 않고 윈치 반지름은 무시한다. $\theta = 60°$에서 다음을 구하라.

(1) 점 A의 속도 v와 $\dot{\theta}$ (2) 점 A의 가속도 a와 $\ddot{\theta}$

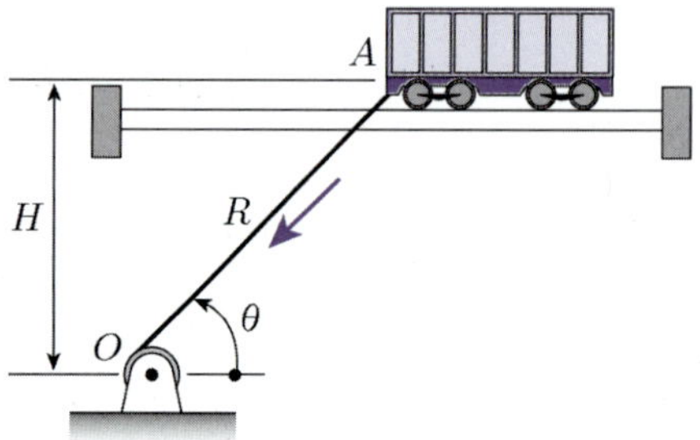

[그림 2.4.14] 권양기와 차량

풀이 주어진 조건으로부터 극좌표에서

$$v_r = \dot{r} = -2\text{m/s}, \ \ddot{r} = 0$$

이고, O점으로부터 A점까지 거리는 $R=\dfrac{H}{\sin\theta}$이다. v_r의 부호가 $(-)$이므로[그림 2.4.15(a)]와 같이 반경방향 속도의 방향은 $\overrightarrow{AO}$ 방향이다.

(1) 점 A의 속도 v와 $\dot{\theta}$: A점의 속도를 반경방향과 횡방향 성분으로 분해하면 [그림 2.4.15(a)]와 같다. 여기에서 다음과 같이 v와 $\dot{\theta}$가 구해진다.

$$v=\frac{|v_r|}{\cos\theta}=\frac{2}{\cos 60°}=4\,[\mathrm{m/s}](\leftarrow)$$

$$v_\theta=R\dot{\theta}=v\sin\theta$$

$$\therefore\ \dot{\theta}=\frac{v\sin\theta}{R}=\frac{v\sin\theta}{H/\sin\theta}=\frac{v\sin^2\theta}{H}=\frac{4\sin^2 60°}{3}=1\,[\mathrm{rad/s}](\curvearrowleft)$$

(2) 점 A의 가속도 a와 $\ddot{\theta}$: 먼저 a_r을 구하면

$$a_r=\ddot{r}-R\dot{\theta}^2=0-\frac{H}{\sin\theta}\times\dot{\theta}^2=-\frac{3}{\sin 60°}\times 1^2=-2\sqrt{3}\,[\mathrm{m/s^2}]$$

이다. 여기에서 a_r의 부호가 $(-)$라는 것은 [그림 2.4.15(b)]와 같이 반경방향 가속도가 O점으로 향한다는 것을 나타낸다. 여기에서 a와 $\ddot{\theta}$를 구한다.

$$a=\frac{|a_r|}{\cos\theta}=\frac{2\sqrt{3}}{\cos 60°}=4\sqrt{3}\,[\mathrm{m/s}](\leftarrow)$$

$$a_\theta=R\ddot{\theta}+2\dot{r}\dot{\theta}=|a_r|\tan\theta$$

$$\therefore\ \ddot{\theta}=\frac{1}{R}\left(|a_r|\tan\theta-2\dot{r}\dot{\theta}\right)=\frac{\sin\theta}{H}\left(|a_r|\tan\theta-2\dot{r}\dot{\theta}\right)$$

$$=\frac{\sin 60°}{3}\left[2\sqrt{3}\tan 60°-2\times(-2)\times 1\right]=\frac{5}{\sqrt{3}}\,[\mathrm{rad/s^2}](\curvearrowleft)$$

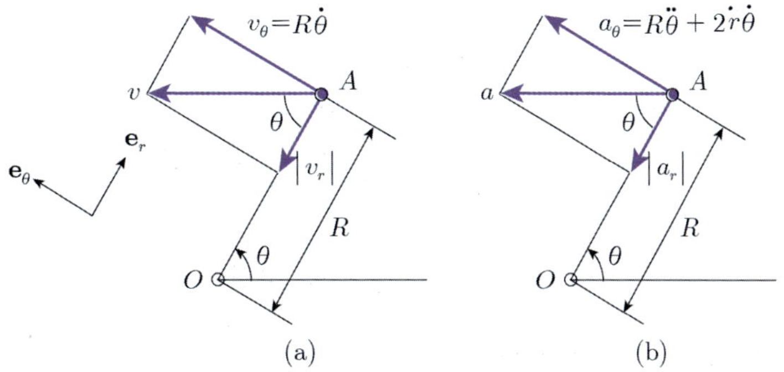

[그림 2.4.15] 속도와 가속도 성분 (a) 속도 (b) 가속도

연습문제 2.4

01 그림과 같이 홈이 있는 팔 OA가 회전운동을 하고 있다. 시간 t에서 OA의 회전각이 $\theta = 0.1t + 0.02t^2$이고, 슬라이더 B의 O점으로부터 거리가 $r = 0.2 + 0.03t^2$일 때 $t = 1$ [s]에서 B의 속도(v)와 가속도(a)의 크기를 구하라. θ, r, t의 단위는 각각 rad, m, s 이다. Hint: $\mathrm{v} = \dot{r}\mathrm{e}_r + r\dot{\theta}\mathrm{e}_\theta$, $\mathrm{a} = (\ddot{r} - r\dot{\theta}^2)\mathrm{e}_r + (r\ddot{\theta} + 2\dot{r}\dot{\theta})\mathrm{e}_\theta$.

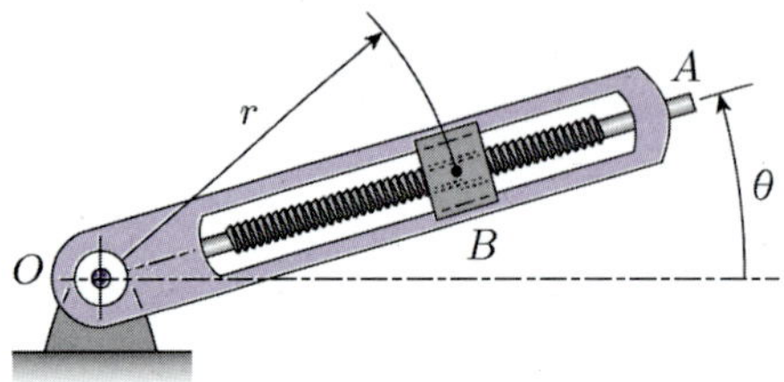

[문제 2.4.1]

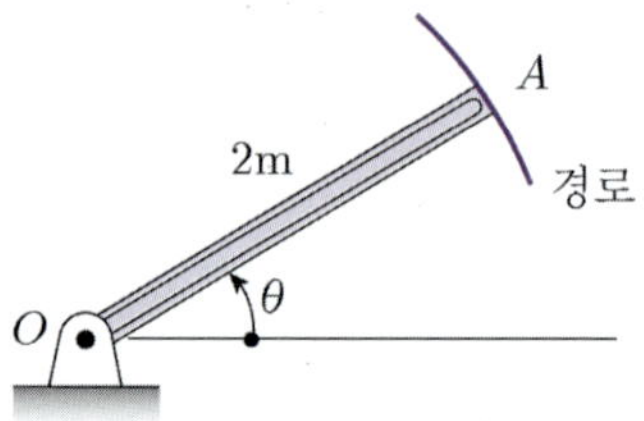

[문제 2.4.2]

자잘한 숫자 계산에 눈이 아플지 모르겠지만 동역학에서는 이런 유형의 문제도 취급하므로 이 책에서도 몇 문제 소개하였다. 집중해서 풀어보도록 한다.

02 그림과 같이 길이 2m 인 봉이 회전운동하고 있다. 회전각 $\theta(t) = 0.2t^3 - 0.4t$일 때 $t = 2$ [s]에서 봉의 끝점 A의 속도(v)와 가속도(a)의 크기를 구하라. θ와 t의 단위는 각각 rad, s 이다.

03 그림과 같이 벨트로 연결된 두 축이 회전하고 있다. 벨트 위 점 C의 속도와 가속도가 각각 6m/s, 70 m/s^{2}일 때 벨트 위 A점과 B점의 가속도 크기를 구하라. 벨트는 늘어나지 않는다. Hint: $a_n = v^2/R$.

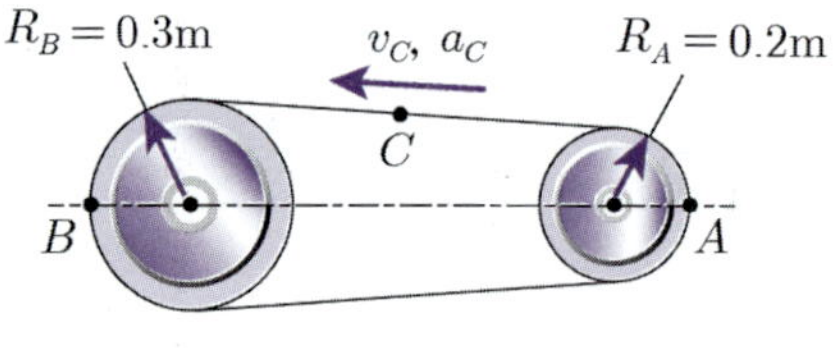

[문제 2.4.3]

04 롤러코스터 열차가 곡률반경 $\rho = 16$m 인 구간을 지날 때 법선방향 가속도 크기가 25m/s^{2}을 넘지 않게 하는 열차의 최대 속력을 구하라.

05 일정한 고도를 유지하며 비행하는 헬리콥터가 있다. 그림과 같은 위치에서 $R = 2000\mathrm{m}$, $\theta = 30°$, $\dot{\theta} = 0.02\,[\mathrm{rad/s}]$일 때 헬리콥터의 고도 H와 속력 v를 구하라. Hint: v를 v_r과 v_θ로 분해.

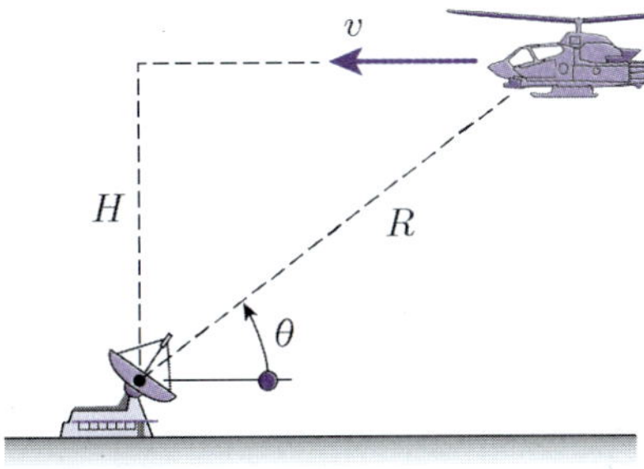

[문제 2.4.5]

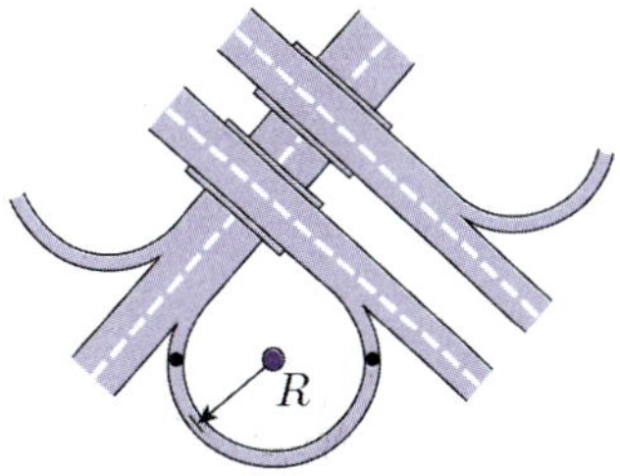

[문제 2.4.6]

06 고속도로 나들목에서 $36\mathrm{km/h}$로 주행하는 자동차의 반경방향 가속도 크기가 $0.5\mathrm{m/s^2}$을 넘지 않게 하는 최소 반경 $R_{\min}$을 구하라.

07 모노레일 열차가 반경이 $500\mathrm{m}$인 곡선 위에서 정지 상태에서 출발하여 일정한 접선방향 가속도 a_θ로 가속된다. Hint: 열차의 속력은 접선방향 속도이다.

(1) 열차의 속력이 $72\mathrm{km/h}$에 도달했을 때 열차의 가속도 크기가 $2\mathrm{m/s^2}$이 되었다. 일정한 접선방향 가속도 a_θ를 구하라.

(2) (1)에서 열차의 이동 거리를 구하라.

(3) (1)에서 열차의 이동 시간을 구하라.

08 그림과 같은 원심분리 시험기가 회전할 때 A점에서 회전축 O점 방향으로 $36\mathrm{m/s^2}$의 가속도가 발생하였다. O점으로부터 A점까지 거리 $R = 4\mathrm{m}$일 때 A점의 원주방향 속도를 구하라.

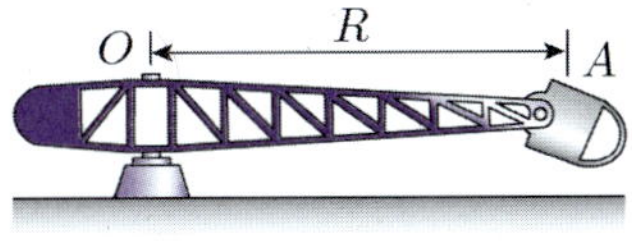

[문제 2.4.8]

09 로봇 팔이 A점을 축으로 하여 회전하고 있다. 로봇 팔에 부착된 점 B의 속력이 정지 상태에서 출발하여 $12\mathrm{mm/s^2}$로 일정하게 증가한다. A점으로부터 B점까지 거리 $R = 1.62\mathrm{m}$일 때 $t = 7.5\,[\mathrm{s}]$에서 가속도의 크기$[\mathrm{mm/s^2}]$를 구하라. Hint: 점 B의 속력은 접선방향 속도.

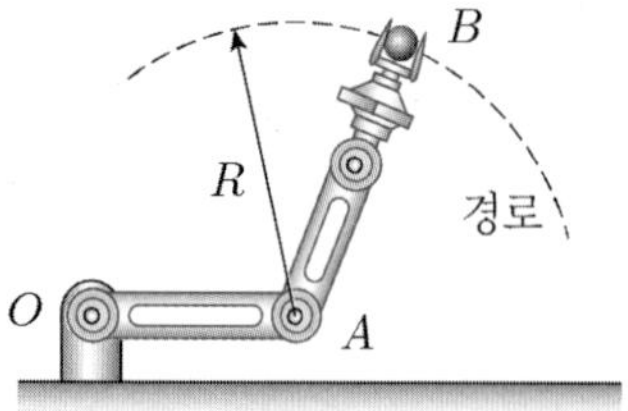

[문제 2.4.9]

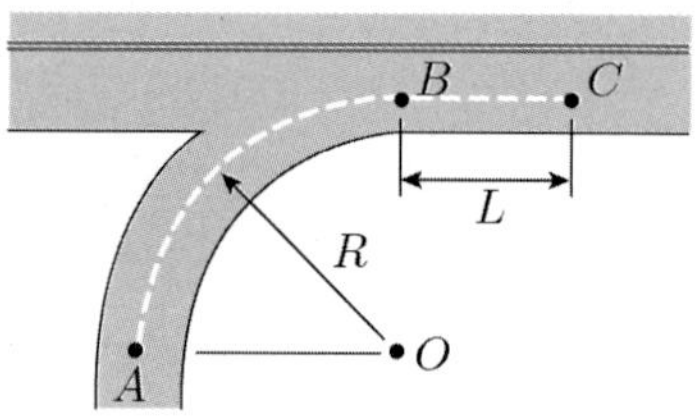

[문제 2.4.10]

10 A점에서 정지해 있던 자동차가 속력을 일정하게 증가시키면서 ABC의 경로를 따라 주행한다. 곡선 $\widehat{AB}$ 는 반지름 $R = 100\text{m}$ 인 1/4원이고, 직선 구간 $\overline{BC}$의 거리 $L = 60\text{m}$ 이다. C점에서 자동차의 속력이 72km/h 일 때 다음을 구하라. Hint: 자동차의 속력은 접선 방향 속도, $v^2 - v_0^2 = 2as$, $v = v_0 + a_\theta t$.

(1) B점에서 자동차의 속력

(2) 출발 후 시간 $t = 10$[s]에서 자동차의 가속도 크기[m/s^2]

11 자동차가 반지름 50m 의 원형 도로를 따라 3m/s 의 일정 속력으로 달리다가 경로상의 위치 $s = 0$에서부터 $a_t = (0.01s)\text{m/s}^2$의 비율로 속력을 증가시킨다. 자동차가 $s = 10\text{m}$ 이동했을 때 자동차의 속력과 가속도의 크기를 구하라. 여기에서 s는 도로의 원둘레를 따라 측정되는 거리이며, 단위는 m 이다. Hint: $a_t = v\dfrac{dv}{ds}$.

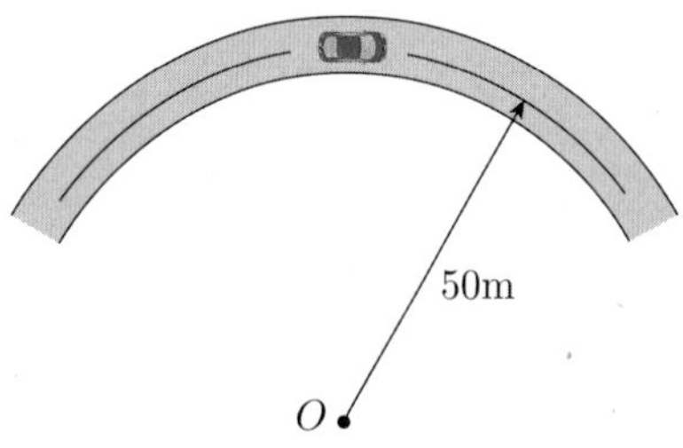

[문제 2.4.11]

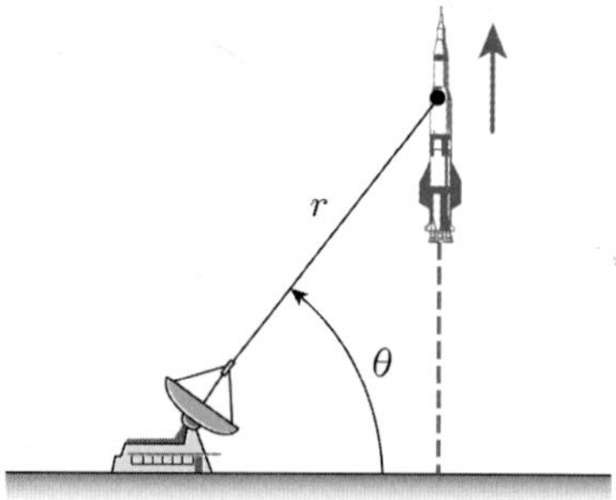

[문제 2.4.12]

12 그림과 같이 연직 상방으로 로켓을 쏘아 올렸다. $\theta = 60°$에서 $r = 8\text{km}$, $\ddot{r} = 20\text{m/s}^2$, $\dot{\theta} = 0.03\text{rad/s}$ 일 때 이 위치에서 로켓의 속도와 가속도의 크기를 구하라. Hint: $v(\uparrow)$와 $a(\uparrow)$를 r과 θ 성분으로 분해한다.

13 전기 모터 회전자가 400rpm 의 일정한 각속도로 회전하고 있다. 회전축으로부터 거리 80 mm 에 있는 질점 P에 대해 다음을 구하라.

(1) 질점 P의 속도 크기[m/s]

(2) 질점 P의 원주방향과 반경방향 가속도[m/s^2]

14 시료가 어느 크기의 법선방향 가속도를 받도록 원심 분리기를 설계하고자 한다. 회전축으로부터 시료까지 거리는 300mm 이다. 다음을 구하라.

(1) 시료가 $1000g$(g는 중력가속도)의 법선방향 가속도를 받을 때 원심 분리기의 회전속도 [rpm]

(2) 정지 상태의 원심분리기가 1분만에 (1)의 회전속도에 도달하기 위해 필요한 원심 분리기의 일정한 각가속도[$\mathrm{rad/s^2}$]

15 원심 분리기가 $t = 0$에서 정지 상태로부터 출발하여 일정한 각가속도 $\alpha = 3[\mathrm{rad/s^2}]$으로 회전한다. $t = 1$초에서 회전축으로부터 300mm 거리에 있는 시료의 가속도 크기[$\mathrm{m/s^2}$]를 구하라.

16 반지름이 10m 인 원판이 $t = 0$에서 정지 상태로부터 출발하여 원판의 중심축에 대해 회전한다. 시간 t에서 원판의 각가속도 $\alpha = 0.09 - 0.0015t[\mathrm{rad/s^2}]$($t$의 단위는 초)이다. $t = 60$초에서 회전축으로부터 $r = 8\mathrm{m}$ 에 있는 질점의 가속도 크기[$\mathrm{m/s^2}$]를 구하여라.

17 반지름 $r = 4\mathrm{m}$ 인 원운동을 하는 질점 P가 있다. 시간 t에서 질점의 위치를 나타내는 각 $\theta = 2t^2[\mathrm{rad}]$($t$의 단위는 초)일 때 다음을 구하라.

(1) $t = 1\mathrm{s}$에서 질점 P의 속도 크기[m/s]와 가속도 크기[$\mathrm{m/s^2}$]

(2) 질점 P가 $t = 0$에서 $t = 1\mathrm{s}$까지 원형 경로를 따라 움직인 거리[m]

(3) 질점 P가 $t = 0$에서 출발하려 한 바퀴 돌았을 때 질점 P의 속도 크기[m/s]와 가속도 크기[$\mathrm{m/s^2}$]

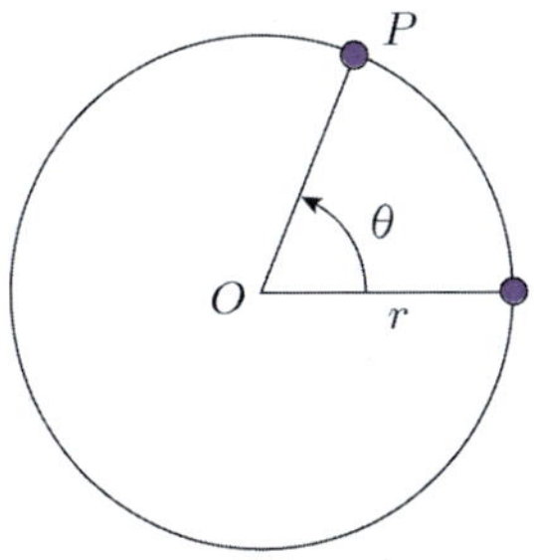

[문제 2.4.17]

18 자동차가 A점에서 정지 상태에서 출발하여 $L = 200\mathrm{m}$ 인 직선 구간을 주행한 후 반지름 $R = 50\mathrm{m}$ 인 반원형 경로를 따라 움직인다. 자동차의 접선방향 가속도는 $a_t = 0.6\mathrm{m/s^2}$로 일정하다. 자동차가 B점에 도달했을 때 자동차의 속도[m/s]의 접선방향 성분과 법선방향 성분 및 가속도[$\mathrm{m^2/s}$]의 접선방향 성분과 법선방향 성분을 구하라. Hint: $v_B^2 - v_A^2 = 2a_t s_B$.

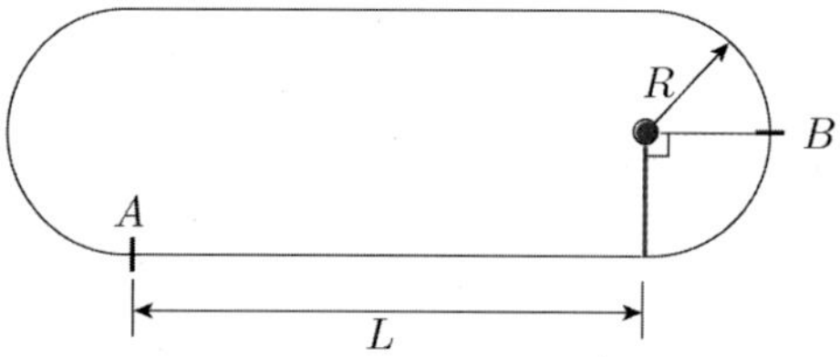

[문제 2.4.18/19]

19 위 문제(18 번)에서 자동차의 접선방향 가속도가 자동차의 위치의 함수로서 $a_t = 0.4 - 0.001s\,[\mathrm{m/s^2}]$로 주어진다고 하자. 여기에서 $s\,[\mathrm{m}]$는 A점으로부터 트랙을 따라 자동차가 이동한 거리이다. 자동차가 B점에 도달했을 때 자동차의 속도$[\mathrm{m/s}]$의 접선방향 성분과 법선방향 성분 및 가속도$[\mathrm{m^2/s}]$의 접선방향 성분과 법선방향 성분을 구하라.

Hint: $a_t = v\dfrac{dv}{ds}$.

20 오토바이가 반지름 $400\mathrm{m}$의 원형 트랙에서 $t=0$에서 정지 상태로부터 출발하고, 시간 t에서 오토바이의 원주방향 가속도는 $a_\theta = 2 + 0.2t\,[\mathrm{m/s^2}]$($t$의 단위는 초)이다. $t = 10$초에서 다음을 구하라.

(1) 오토바이가 트랙에서 주행한 거리

(2) 오토바이의 반경방향 가속도와 가속도 크기

21 극좌표계의 단위벡터 $\mathbf{e}_r$과 $\mathbf{e}_\theta$를 직각좌표계의 단위벡터 $\mathbf{i}$와 $\mathbf{j}$로 나타내고 이 관계식을 이용하여 다음 식이 성립함을 보여라.

$$\frac{d\mathbf{e}_r}{d\theta} = \mathbf{e}_\theta,\quad \frac{d\mathbf{e}_\theta}{d\theta} = -\,\mathbf{e}_r$$

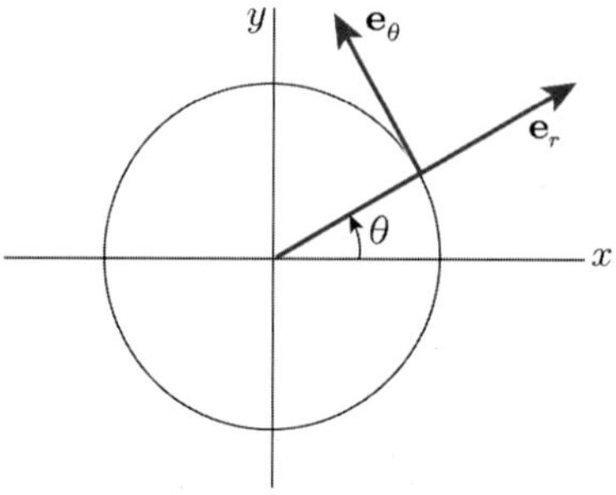

[문제 2.4.21]

22 직각좌표계의 단위벡터 $\mathbf{i}$와 $\mathbf{j}$를 극좌표계에서 각 위치 θ인 단위벡터 $\mathbf{e}_r$과 $\mathbf{e}_\theta$로 표현하라.

† [26 번 문제]에서 이 식을 사용하면 편리하다.

23 유압 실린더에 의해 점 P가 일정한 속도 $v = 2\,\mathrm{m/s}(\uparrow)$로 위로 움직인다. 홈이 있는 막대의 회전축으로부터 유압 실린더까지 거리 $L = 2\,\mathrm{m}$이다. 각 $\theta = 45°$일 때 막대의 각속도와 각가속도를 구하라. Hint: $y = L\tan\theta$.

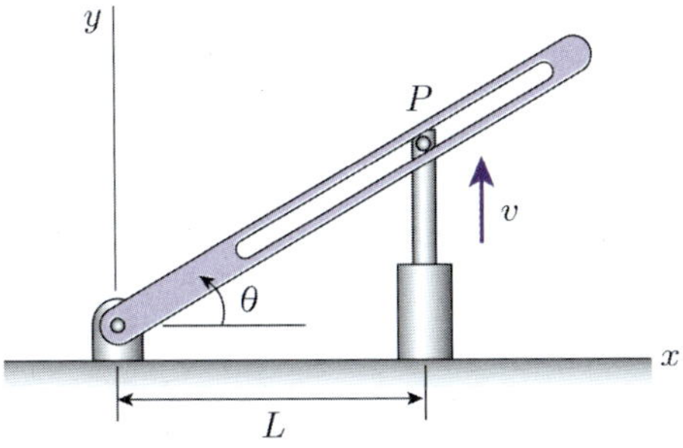

[문제 2.4.23]

24 깡통을 1m 길이의 줄에 매달아 수평면상에서 2초에 한 바퀴씩 돌린다. 깡통이 등속원운동을 한다고 할 때 깡통의 구심가속도의 크기는? (π는 원주율이다) [공무원 임용시험]

① $1\,\mathrm{m/s^2}$　② $2\pi\,\mathrm{m/s^2}$　③ $\pi^2\,\mathrm{m/s^2}$　④ $4\pi^2\,\mathrm{m/s^2}$

25 다음 그림과 같이 비행기가 고도 $h = 10\,\mathrm{km}$인 상공에서 일정한 속도 v로 직선 비행을 하고 있을 때, 비행기의 아래 O점에서 레이더가 비행기의 위치를 추적하고 있다. 레이더의 추적 빔과 지면이 이루는 각 $\theta = 60°$일 때, 각 θ는 $0.01\,\mathrm{rad/s}$ 비율로 증가하는 것으로 관측되었다. 다음 물음에 답하시오. (단, 비행경로는 레이더와 같은 수직면 상에 위치한다) [국가공무원 5급(기술) 제2차시험]

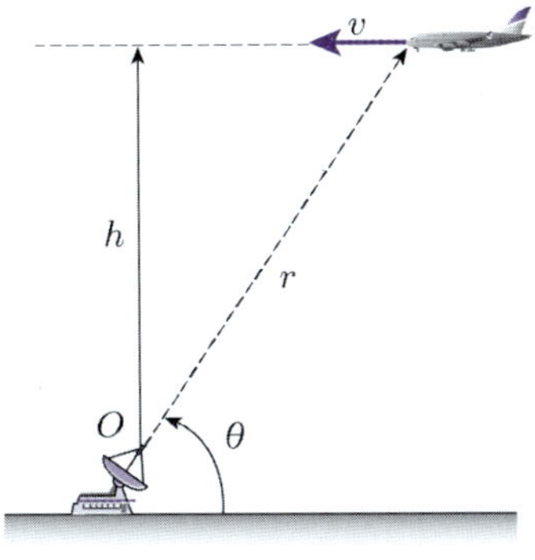

[문제 2.4.25]

(1) 이 순간에서 비행기의 속도 v의 크기를 구하시오.

(2) 레이더에서 관측한 비행기의 가속도 $\dfrac{d^2r}{dt^2}$의 값을 구하시오.

(3) 레이더의 각가속도 $\dfrac{d^2\theta}{dt^2}$를 구하시오.

26 그림의 로켓이 무동력 상태로 지면과 수직인 평면 내에서 비행하고 있다. 로켓을 추적하는 레이더도 동일 평면 내에 있다. $\theta = 30°$일 때, 레이더가 측정한 로켓의 비행 상태는 $r = 10{,}000\,\text{m}$, $\dot{r} = 100\,\text{m/s}$, $\dot{\theta} = 0.01\,\text{rad/s}$ 이다. 이 위치에서 로켓의 가속도는 수직 아래 방향으로 $9.81\,\text{m/s}^2$이다. 로켓의 현재 위치에서 다음 물음에 답하시오. [국가공무원 5급 (기술) 제2차시험]

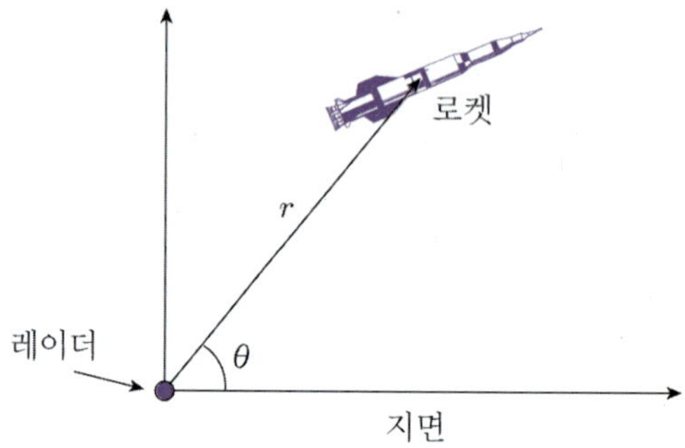

[문제 2.4.26]

(1) 로켓의 속력 v[m/s]를 구하시오.

(2) 로켓의 가속도 $\ddot{r}\,[\text{m/s}^2]$와 $\ddot{\theta}\,[\text{rad/s}^2]$를 구하시오.

(3) 로켓의 현재 위치로부터 0.15초 동안 이동한 변위의 크기[m]를 구하시오.

2.5 여러 질점의 운동

1 수직선상에서 두 질점의 상대운동

[그림 2.5.1]과 같이 수직선상에서 움직이는 두 질점 A와 B의 위치좌표가 각각 x_A와 x_B일 때 그 차이 $x_B - x_A$는 A에 대한 B의 상대위치좌표를 의미하며 이것을 $x_{B/A}$로 나타내기로 한다. 즉, $x_{B/A} = x_B - x_A$이며 B의 위치는 다음과 같이 표현된다.

$$x_B = x_A + x_{B/A} \qquad \cdots(2.5.1)$$

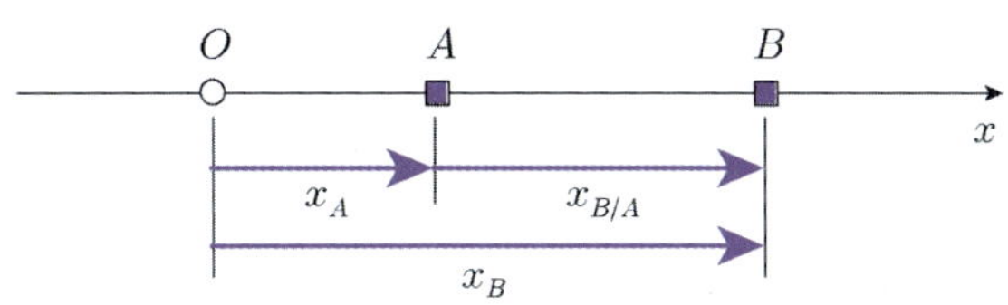

[그림 2.5.1] 수직선상에서 운동하는 두 질점 A와 B

시간에 대한 $x_{B/A}$의 변화율은 A에 대한 B의 상대속도를 의미하며 이것을 $v_{B/A}$로 나타낸다. 식 (2.5.1)을 시간에 대해 미분하면 다음과 같다.

$$v_B = v_A + v_{B/A} \qquad \cdots(2.5.2)$$

그리고 시간에 대한 $v_{B/A}$의 변화율은 A에 대한 B의 상대가속도를 의미하며 이것을 $a_{B/A}$로 나타낸다. 식 (2.5.2)를 시간에 대해 미분하면 다음 식을 얻는다.

$$a_B = a_A + a_{B/A} \qquad \cdots(2.5.3)$$

2 질점의 종속운동

여러 개의 질점으로 이루어진 질점계는 연결 부재의 구속에 의해 질점의 운동이 서로 관련을 갖는다. 이런 운동에 대해 질점의 운동이 종속되어 있다고 한다. 예를 들어 [그림 2.5.2]의 (a)에서 블록 B의 위치는 블록 A의 위치에 종속되어 있고, 역으로 블록 A의 위치는 블록 B의 위치에 종속되어 있다.

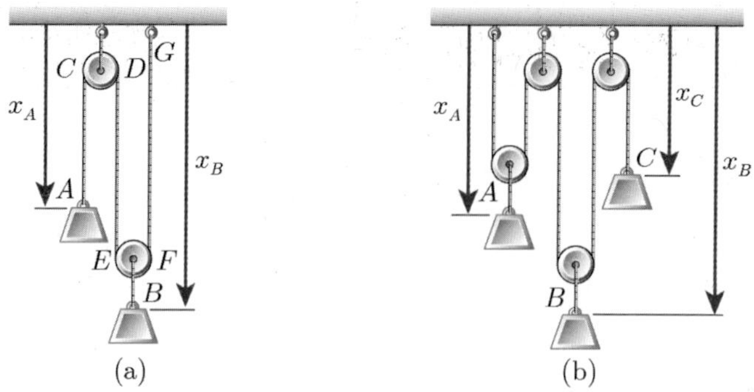

[그림 2.5.2] 종속 시스템 (a) 1자유도계 (b) 2자유도계

(1) 1자유도계

[그림 2.5.2]의 (a)에서 도르래 둘레에 걸쳐있는 CD와 EF 부분의 길이가 일정하므로

$$\overline{AC}+\overline{DE}+\overline{FG}=\text{일정}$$

이다. 여기에서 $\overline{AC}$는 x_A와 일정한 상수만큼 차이가 있고, $\overline{DE}$와 $\overline{FG}$는 x_B와 일정한 상수만큼 차이가 있으므로 다음 관계식이 얻어진다.

$$x_A+2x_B=\text{일정}$$

따라서 두 개의 좌표 x_A와 x_B 중 어느 하나만이 임의로 선택될 수 있으므로 [그림 2.5.2]의 (a)는 1자유도를 갖는다고 한다.

위 식을 시간에 대해 미분하면 질점의 속도와 가속도에 대한 다음 식을 얻는다.

$$\dot{x}_A+2\dot{x}_B=0 \quad \text{또는} \quad v_A+2v_B=0$$
$$\dot{v}_A+2\dot{v}_B=0 \quad \text{또는} \quad a_A+2a_B=0$$

(2) 2자유도계

[그림 2.5.2]의 (b)에서 도르래를 지나는 줄의 길이가 일정하므로 세 블록의 위치 좌표는 다음 관계식을 만족해야 한다.

$$2x_A+2x_B+x_C=\text{일정}$$

여기에서는 두 개의 좌표를 임의로 선택할 수 있으므로 [그림 2.5.2]의 (b)는 2자유도를 갖는다고 한다.

위 식을 시간에 대해 미분하면 질점의 속도와 가속도에 대한 다음 식을 얻는다.

$$2\dot{x}_A+2\dot{x}_B+\dot{x}_C=0 \quad \text{또는} \quad 2v_A+2v_B+v_C=0$$
$$2\dot{v}_A+2\dot{v}_B+\dot{v}_C=0 \quad \text{또는} \quad 2a_A+2a_B+a_C=0$$

예제 2.5.1 두 자동차 A와 B가 이웃 차선에서 서로 마주 보고 달리고 있다. $t=0$에서 두 자동차 사이 거리(C점과 D점 사이 거리)는 1.2km이고, A와 B의 속도는 각각 72km/h와 108km/h이다. A가 D점에 도달하는 데 걸린 시간은 50s이고, B가 C점에 도달하는 데 걸린 시간은 40s일 때 다음을 구하라. 두 자동차의 가속도는 일정하다.

(1) A와 B의 가속도[$\mathrm{m/s^2}$] (2) A와 B가 스쳐 지나갈 때 시간[s]

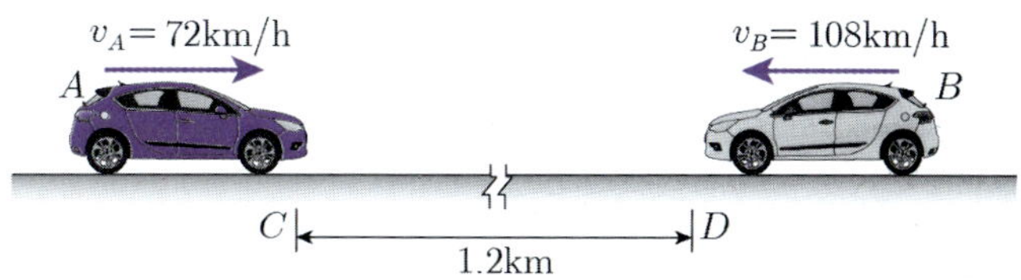

[그림 2.5.3] 이웃 차선에서 마주 보고 달리는 두 자동차

풀이 $v_A = 72\mathrm{km/h} = 20\mathrm{m/s}$, $v_B = 108\mathrm{km/h} = 30\mathrm{m/s}$, $\overline{CD} = L = 1200\mathrm{m}$

(1) 등가속도 운동에서 $s = v_0 t + \frac{1}{2}at^2$이다.

$$[A]\ L = v_A t + \frac{1}{2}a_A t^2 \ \rightarrow\ 1200 = 20\times 50 + \frac{1}{2}a_A \times 50^2$$

$$\therefore\ a_A = 0.16[\mathrm{m/s^2}]$$

$$[B]\ L = v_B t + \frac{1}{2}a_B t^2 \ \rightarrow\ 1200 = 30\times 40 + \frac{1}{2}a_B \times 40^2$$

$$\therefore\ a_B = 0[\mathrm{m/s^2}]$$

(2) 두 자동차가 스쳐 지나갈 때는 두 자동차가 이동한 거리의 합이

$$x_A + x_B = L$$

일 때이다. 따라서

$$\left(v_A t + \frac{1}{2}a_A t^2\right) + v_B t = L$$

이고, 수치를 대입하여 t를 구한다.

$$\left(20t + \frac{1}{2}\times 0.16t^2\right) + 30t = 1200$$

$$0.08t^2 + 50t - 1200 = 0$$

$$t^2 + 625t - 15000 = 0$$

$$\therefore\ t = \frac{-625 + \sqrt{625^2 + 4 \times 15000}}{2} = 23.14[\text{s}]\ (\because\ t > 0)$$

예제 2.5.2 그림에서 엘리베이터 E가 7m/s의 일정 속도로 하강(↓)하고 있을 때 다음을 구하라.

(1) 케이블 C의 속도[m/s]

(2) 평형추 W의 속도[m/s]

(3) 엘리베이터(E)에 대한 케이블 C의 상대속도[m/s]

(4) 엘리베이터(E)에 대한 평형추 W의 상대속도[m/s]

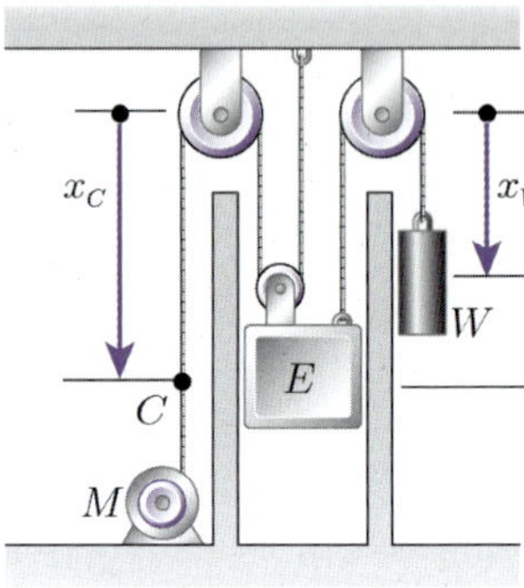

[그림 2.5.4] 엘리베이터

풀이 주어진 시스템에는 두 개의 케이블이 있고, 두 케이블의 길이가 각각 일정하다는 조건을 적용한다. 먼저 왼쪽 케이블에서

$$x_C + 2x_E = \text{일정} \qquad \cdots ①$$

이고, 오른쪽 케이블에서 다음 관계식이 성립한다.

$$x_W + x_E = \text{일정} \qquad \cdots ②$$

(1) 케이블 C의 속도: 식 ①을 시간에 대해 미분하면

$$\dot{x}_C + 2\dot{x}_E = 0$$

$$v_C = \dot{x}_C = -2\dot{x}_E = -2 \times 7 = -14[\text{m/s}]$$

(2) 평형추 W의 속도: 식 ②를 시간에 대해 미분하면

$$\dot{x}_W + \dot{x}_E = 0$$

$$v_W = \dot{x}_W = -\dot{x}_E = -7[\text{m/s}]$$

(3) 엘리베이터(E)에 대한 케이블 C의 상대속도:

$$v_{C/E} = v_C - v_E = -14 - 7 = -21[\text{m/s}]$$

(4) 엘리베이터(E)에 대한 평형추 W의 상대속도:

$$v_{W/E} = v_W - v_E = -7 - 7 = -14\,[\mathrm{m/s}]$$

이상으로부터 v_C, v_W, $v_{C/E}$, $v_{W/E}$의 크기는 각각 14m/s, 7m/s, 21m/s, 14m/s이고 방향은 모두 위 방향(↑)이다.

예제 2.5.3 그림과 같은 도르래 장치에서 원통 B가 아래쪽으로 0.6m/s의 속도로 내려갈 때 때 원통 A의 속도[m/s]를 구하라.

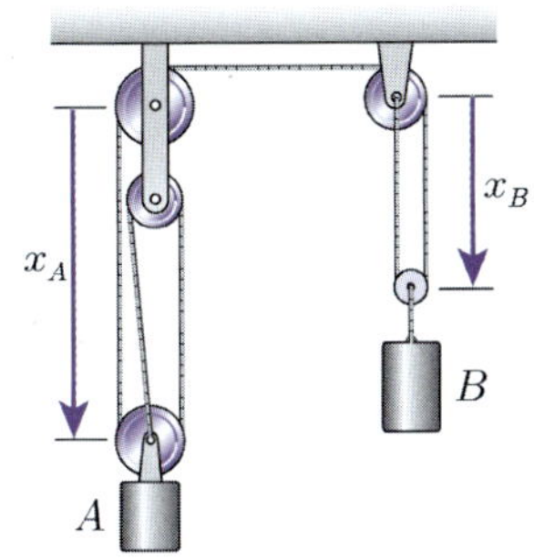

[그림 2.5.5] 도르래 장치

풀이 그림과 같이 위치가 고정된 위 도르래의 중심을 지나는 수평선을 기준선으로 하여 A와 B까지 거리를 각각 x_A와 x_B라 하면 케이블의 총 길이가 일정하므로

$$3x_A + 2x_B = \text{일정}$$

이다. 위 식을 시간에 대해 미분하면

$$3\dot{x}_A + 2\dot{x}_B = 0$$

$$\therefore\ \dot{x}_A = -\frac{2}{3}\dot{x}_B = -\frac{2}{3} \times 0.6 = -0.4\,[\mathrm{m/s}]$$

가 된다. 여기에서 $\dot{x}_A$의 부호가 (−)이므로 원통 A는 위쪽으로 0.4m/s의 속도로 올라간다.

예제 2.5.4 그림과 같이 도르래에 매달린 블록 A와 지면에 있는 블록 B가 케이블로 연결되어 있다. 블록 A가 아래로 0.2m/s의 속도로 움직일 때 블록 B의 속도[m/s]를 구하라.

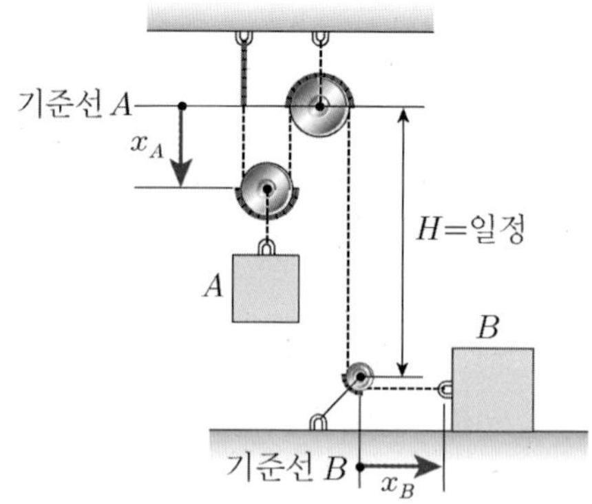

[그림 2.5.6] 도르래에 매달린 블록과 지면 위 블록

풀이 그림과 같이 블록 A와 B의 기준선을 잡으면 케이블의 총 길이가 일정하므로

$$2x_A + x_B = \text{일정}$$

이다. 위 식을 시간에 대해 미분하면

$$2\dot{x}_A + \dot{x}_B = 0$$

$$\therefore \ \dot{x}_B = -2\dot{x}_A = -2 \times 0.2 = -0.4[\text{m/s}]$$

가 된다. 여기에서 $\dot{x}_B$의 부호가 $(-)$이므로 블록 B는 왼쪽으로 0.4m/s의 속도로 움직인다.

예제 2.5.5 힘 F에 의해 블록 B는 오른쪽 방향으로 일정한 가속도 4m/s^2으로 운동한다. 블록 B의 속도가 오른쪽으로 8m/s가 되었을 때 다음을 구하라.

(1) 블록 A에 대한 B의 상대속도[m/s]와 상대가속도[m/s^2]

(2) 케이블상에 있는 C점의 절대속도[m/s]

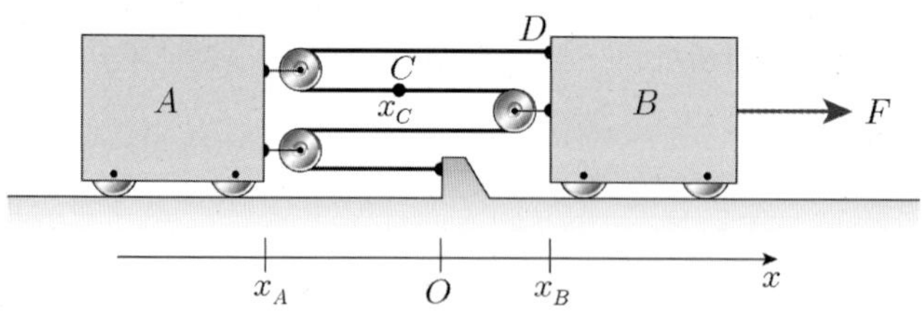

[그림 2.5.7] 가속되는 블록

풀이 그림과 같이 수직선에서 원점(O)을 바닥의 돌출 지점(고정점)으로 하는 좌표계를 잡는다. 블록 A와 B의 위치 좌표는 각각 x_A와 x_B이고 C점의 좌표는 x_C이다.

$$v_B = \dot{x}_B = 8[\text{m/s}](\rightarrow), \quad a_B = \ddot{x}_B = 4[\text{m/s}^2](\rightarrow)$$

(1) 블록 A에 대한 B의 상대속도와 상대가속도: 케이블의 길이가 일정하다는 조건으로부터

$$4(0 - x_A) + 3(x_B - 0) = \text{일정}$$
$$-4x_A + 3x_B = \text{일정}$$

$$v_A = \dot{x}_A = \frac{3}{4}\dot{x}_B = \frac{3}{4} \times 8 = 6[\text{m/s}](\rightarrow)$$

$$a_A = \ddot{x}_A = \frac{3}{4}\ddot{x}_B = \frac{3}{4} \times 4 = 3[\text{m/s}^2](\rightarrow)$$

이다. 따라서 블록 A에 대한 B의 상대속도와 상대가속도는 다음과 같다.

$$v_{B/A} = v_B - v_A = 8 - 6 = 2[\text{m/s}](\rightarrow)$$
$$a_{B/A} = a_B - a_A = 4 - 3 = 1[\text{m/s}^2](\rightarrow)$$

(2) 케이블 상에 있는 C점의 절대속도: 블록 B상의 점 D로부터 C까지 케이블 길이가 일정하다는 조건을 적용하면 C점의 절대속도는 다음과 같다.

$$(x_B - x_A) + (x_C - x_A) = \text{일정}$$
$$-2x_A + x_B + x_C = \text{일정}$$
$$v_C = \dot{x}_C = 2\dot{x}_A - \dot{x}_B = 2 \times 6 - 8 = 4[\text{m/s}](\rightarrow)$$

예제 2.5.6 그림과 같이 길이가 L인 막대로 연결된 슬라이더 A와 B가 서로 수직인 두 개의 막대 위에서 미끄럼 운동을 하고 있다. 슬라이더 B가 일정한 속도 v_0로 위 방향으로 움직일 때 슬라이더 A의 속도와 가속도를 y의 함수로 나타내라.

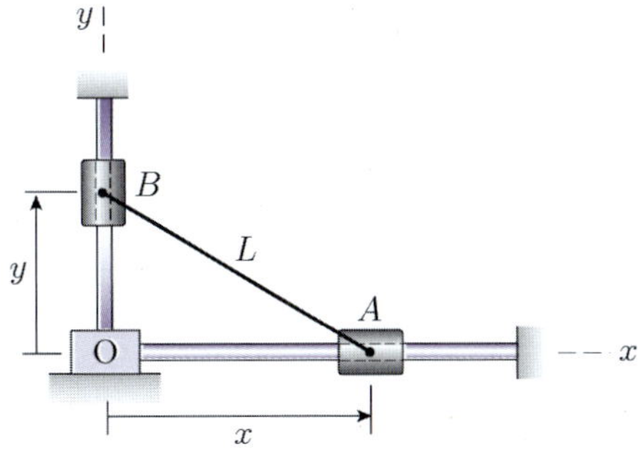

[그림 2.5.8] 연결된 슬라이더의 운동

풀이 그림과 같이 좌표계를 잡고, 원점으로부터 A와 B까지의 거리를 각각 x, y로 둔다. 주어진 조건으로부터

$$v_B = \dot{y} = v_0, \quad a_B = \ddot{y} = 0$$

이고, 기하학적 구속 조건은 다음과 같다.

$$x^2 + y^2 = L^2 \qquad \cdots ①$$

$$x = \sqrt{L^2 - y^2} \qquad \cdots ②$$

(1) 슬라이더 A의 속도(v_A): 식 ①을 시간에 대해 미분하면 v_A는 다음과 같다.

$$2x\dot{x} + 2y\dot{y} = 0$$

$$x\dot{x} + y\dot{y} = 0 \qquad \cdots ③$$

$$v_A = \dot{x} = -\frac{y}{x}\dot{y} = -\frac{y}{x}v_0 = -\frac{v_0 y}{\sqrt{L^2 - y^2}} \qquad \cdots ④$$

(2) 슬라이더 A의 가속도(a_A): 식 ③을 시간에 대해 미분하면 a_A는 다음과 같다.

$$\dot{x}^2 + x\ddot{x} + \dot{y}^2 + y\ddot{y} = 0$$

$$\dot{x}^2 + x\ddot{x} + v_0^2 + 0 = 0$$

$$a_A = \ddot{x} = -\frac{1}{x}(\dot{x}^2 + v_0^2) = -\frac{1}{x}\left[\left(-\frac{y}{x}v_0\right)^2 + v_0^2\right] = -\frac{1}{x}\left(\frac{x^2 + y^2}{x^2}\right)v_0^2$$

$$= -\frac{L^2 {v_0}^2}{x^3} = -\frac{L^2 v_0^2}{(L^2 - y^2)^{3/2}}$$

연습문제 2.5

01 자동차 A가 O점에서 출발하여 $0.8\,\mathrm{m/s^2}$의 일정한 가속도로 속도를 증가시킨다. 잠시 후에 반대 방향에서 $6\mathrm{m/s}$의 일정한 속력으로 주행하는 자동차 B와 지나친다. 자동차 A가 O점에서 출발한 후 10초 후에 자동차 B가 O점을 지날 때, 두 자동차가 서로 지나치는 시간과 위치를 구하라. Hint: 두 자동차가 서로 지나칠 때 $x_A = x_B$.

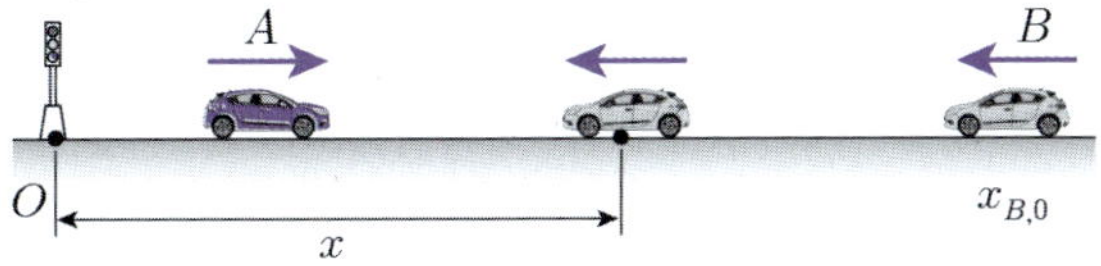

[문제 2.5.1]

02 두 자동차 A와 B가 이웃한 차선에서 주행하고 있다. $t=0$일 때 A와 B의 속도는 각각 $v_{A,0}=36\mathrm{km/h}$, $v_{B,0}=72\mathrm{km/h}$이고, 두 자동차 사이 거리 $L=60\mathrm{m}$이다. 자동차 A는 $0.5\,\mathrm{m/s^2}$의 일정한 가속도로 속도를 증가시키고, 자동차 B는 $0.3\,\mathrm{m/s^2}$의 일정한 가속도로 속도를 감소시킬 때 A가 B를 추월하는 시간과 A의 이동 거리를 구하라.

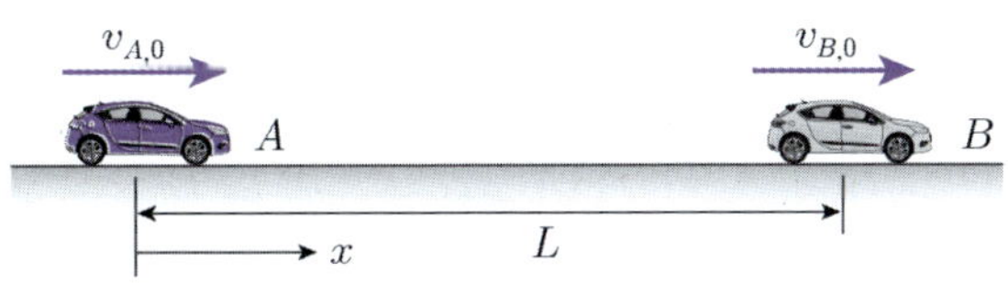

[문제 2.5.2]

03 두 경우 (a), (b)에 대해 물체 A의 속도 v_A와 B의 속도 v_B의 관계식을 구하라.

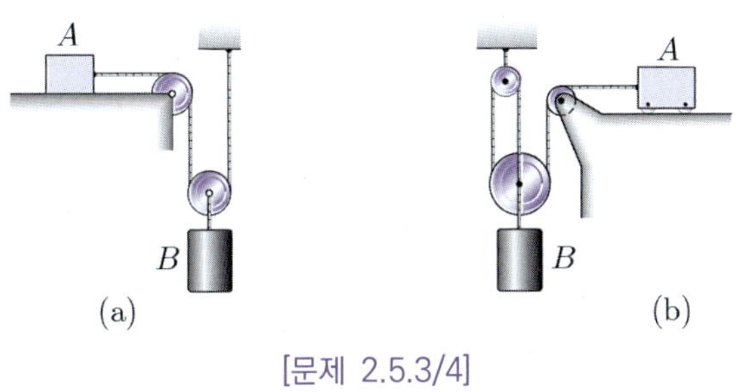

[문제 2.5.3/4]

04 위 문제(3번)에서 물체 B의 가속도가 아래 방향으로 $0.2g$일 때 $0 \le t \le 1$ 동안 물체 A가 이동한 거리를 구하라. $t=0$에서 두 물체는 모두 정지해 있고, g는 중력가속도이다.

05 (a) 세 블록의 속도(v_A, v_B, v_C)에 대한 관계식을 구하라.

(b) 두 블록의 속도(v_A, v_B)에 대한 관계식을 구하라.

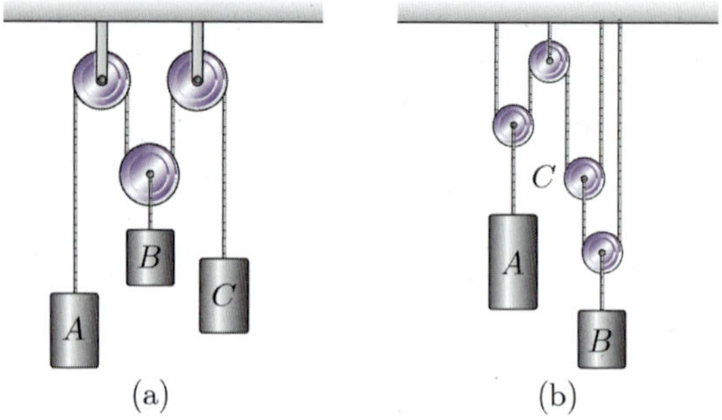

[문제 2.5.5/6]

06 (a) 위 문제(5번)의 (a)에서 B와 C가 3m/s의 속력으로 하강할 때 B에 대한 A의 상대속도($v_{A/B}$)를 구하라. Hint: $v_A = v_B + v_{A/B}$.

(b) 위 문제(5번)의 (b)에서 B가 3m/s의 속력으로 하강할 때 B에 대한 A의 상대속도($v_{A/B}$)를 구하라.

07 유압실린더 A가 봉 CD를 왼쪽으로 0.4m/s의 속도로 당길 때 슬라이더 B의 속도를 구하라. Hint: CD와 EF의 길이는 일정하다. v_D= 0.4m/s(←).

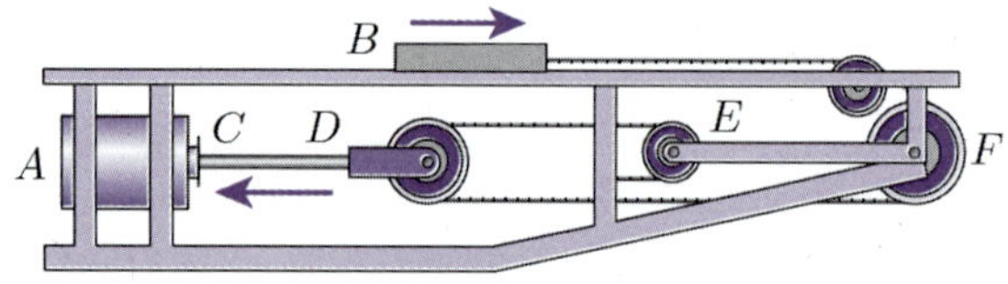

[문제 2.5.7]

08 모터 M이 $v_M = 12$cm/s의 일정한 속도로 케이블을 감고 있을 때, 블록 A의 속도[cm/s]와 A에 대한 도르래 B의 상대속도($v_{B/A}$)를 구하라. Hint: 두 개의 케이블이 있다.

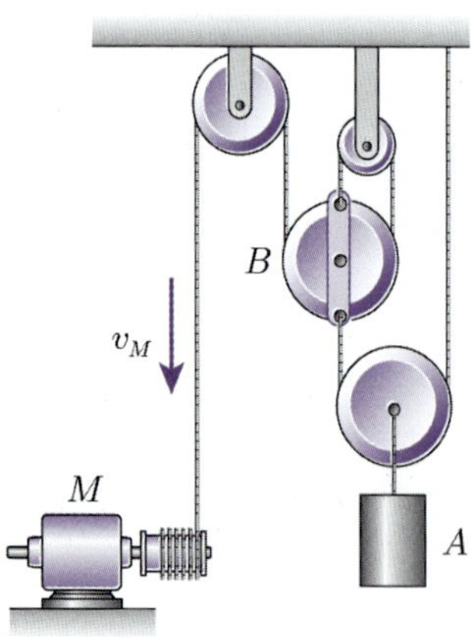

[문제 2.5.8]

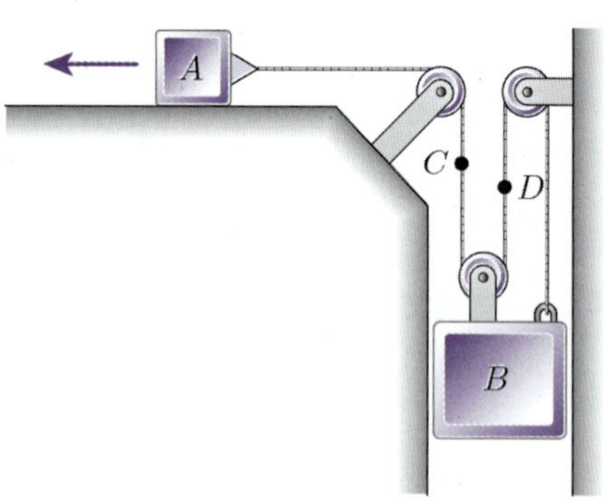

[문제 2.5.9]

09 블록 A가 9cm/s 의 일정 속도로 왼쪽으로 미끄러질 때 다음을 구하라. Hint: 도르래 위치를 거리 기준점으로 잡는다.

(1) 블록 B의 속도 (2) 케이블상의 점 D의 속도

(3) 케이블상의 점 C의 점 D에 대한 상대속도($v_{C/D}$)

10 블록 A와 칼라 B가 각각 아래 방향으로 3cm/s 와 5cm/s 의 속도로 내려갈 때 다음을 구하라. Hint: 벽에 고정된 도르래 위치를 거리의 기준점으로 잡는다.

(1) 블록 C의 속도 (2) 블록 D의 속도

(3) 블록 C에 대한 D의 상대속도($v_{D/C}$)

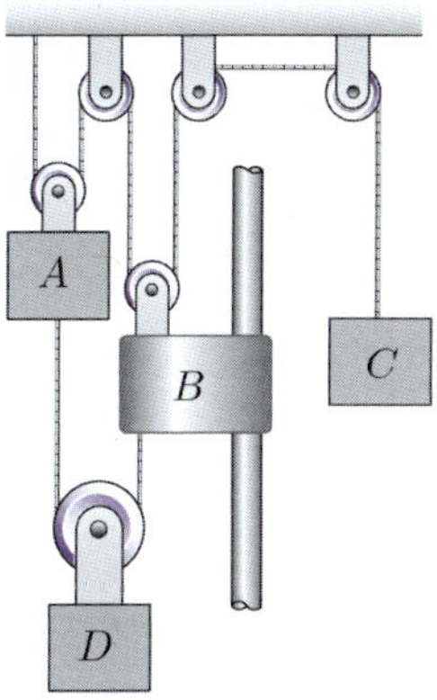

[문제 2.5.10]

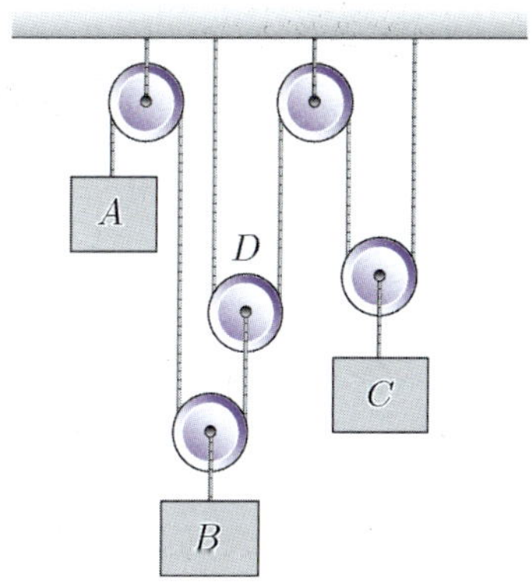

[문제 2.5.11]

11 $t = 0$에서 정지해 있는 블록 A가 일정한 가속도 $8\,\text{cm/s}^2$로 하강한다. 블록 B가 일정한 속도 4cm/s 로 올라갈 때, 블록 C의 속도가 0이 되는 시간과 그때의 블록 C의 변위를 구하라. Hint: 벽의 고정점을 거리의 기준점으로 잡는다.

12 그림에서 블록 B가 일정한 속도 6cm/s 로 오른쪽(→)으로 움직이고 있을 때 다음을 구하라.

(1) 블록 A의 속도[cm/s]

(2) 케이블의 C 부분의 속도[cm/s]

(3) 케이블의 D 부분의 속도[cm/s]

(4) 블록 A에 대한 케이블 C 부분의 상대속도[cm/s]

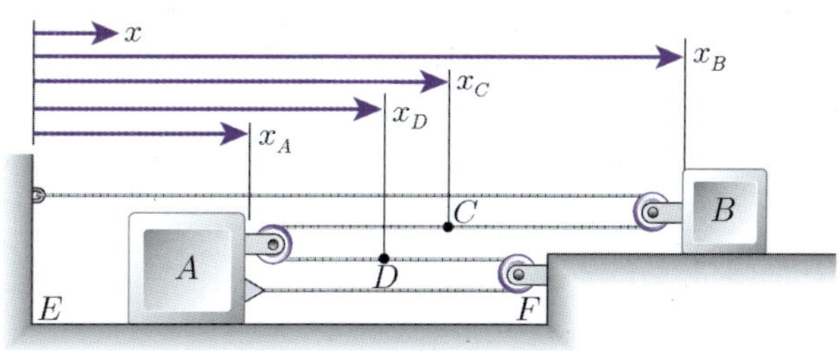

[문제 2.5.12]

13 블록 A가 2m/s의 속도로 내려갈 때 블록 B의 속도를 구하라.

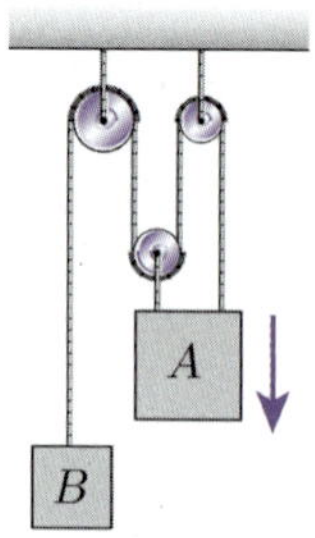

[문제 2.5.13]

14 케이블이 모터에 의해 $a_A = 0.2\text{m/s}^2(\rightarrow)$의 가속도로 당겨진다. 블록 B가 정지 상태에서 출발하여 $5\text{m/s}(\uparrow)$의 속도에 도달하기 위해 필요한 시간을 구하라.

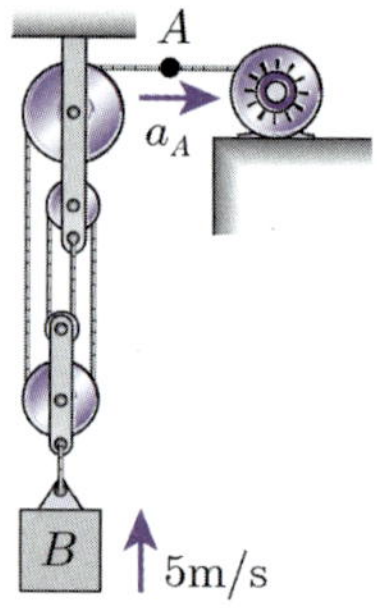

[문제 2.5.14]

15 블록 B의 속도는 아래 방향으로 0.2m/s이고 가속도는 위 방향으로 0.5m/s^2이다. 블록 A의 속도와 가속도를 구하라.

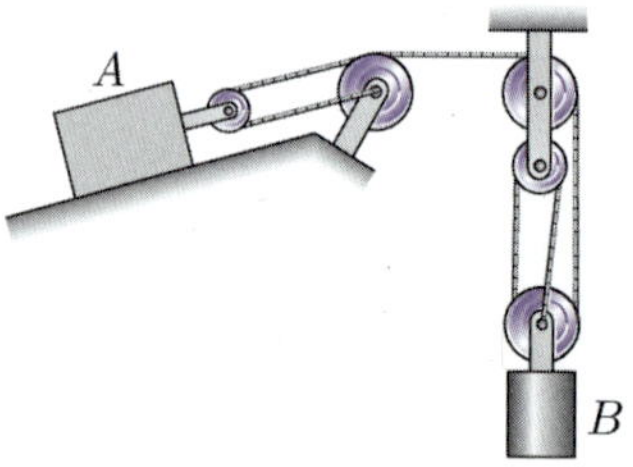

[문제 2.5.15]

16 힘 P에 의해 블록 B의 가속도는 경사면 위 방향으로 $0.6\text{m/s}^2(\nearrow)$로 일정하다. 블록 B의 속도가 경사면 위 방향으로 $0.3\text{m/s}(\nearrow)$일 때 (1) A에 대한 B의 상대속도와 상대가속도 (2) 케이블상의 C점의 절대속도를 구하라.

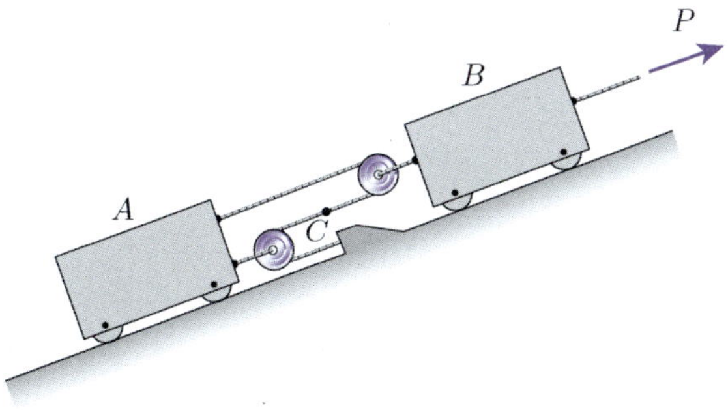

[문제 2.5.16]

17 롤러 A가 B의 위치에 있을 때 블록 C는 지면에 놓여 있고, 수직 안내면을 따라 A를 일정한 속도 $v_A = 2\text{m/s}(\downarrow)$로 내리면서 C를 들어올린다. C의 바닥이 지면으로부터 높이 $h = 1\text{m}$에 도달하는 순간 C의 속도와 가속도를 구하라. B점과 도르래는 동일 수평선상에 있고 도르래의 크기는 무시한다. Hint: (케이블의 길이+블록의 높이) $= 8[\text{m}]$.

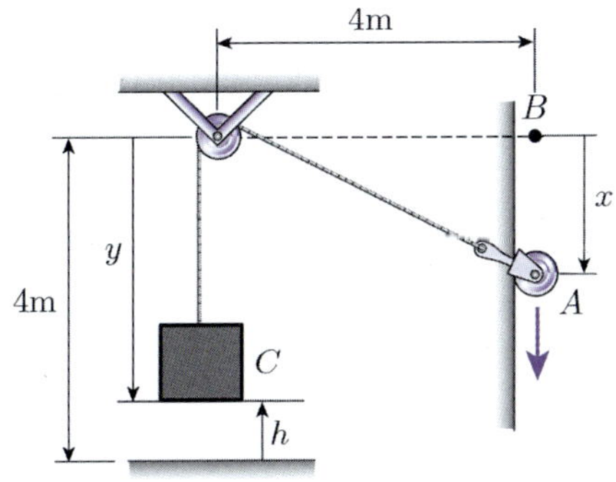

[문제 2.5.17]

18 그림과 같은 순간 블록 A의 속도와 가속도는 각각 $v_A(\downarrow)$와 $a_A(\downarrow)$이다. 이때 블록 B의 속도와 가속도를 구하여 x, h, v_A, a_A로 나타내라. Hint: 케이블 길이는 일정하다.

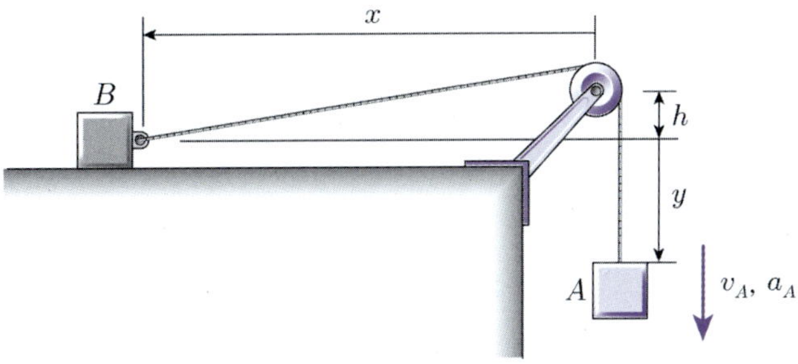

[문제 2.5.18]

19 트랙터 B가 오른쪽으로 v_B의 속도로 이동할 때 물체 A의 상승 속도를 v_B, x, H의 함수로 나타내라. 높이 H는 일정하다. Hint: 케이블 길이가 일정하다.

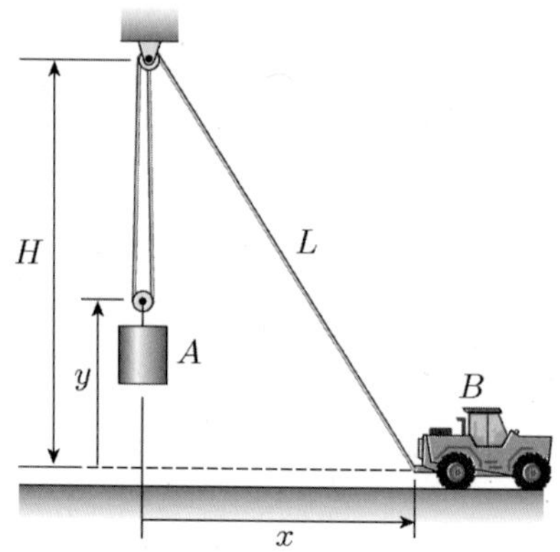

[문제 2.5.19]

20 물체 B가 오른쪽으로 v_B의 속도로 이동할 때 물체 A의 속도 크기를 v_B, x, H의 함수로 나타내라. 높이 H는 일정하고 B에서 작은 풀리의 반지름은 매우 작다. Hint: B의 풀리로부터 A까지 거리와 오른쪽 벽까지 케이블의 길이를 각각 y와 l로 한다. 케이블 길이가 일정하므로 $y+l=C$, $v_{A,y}=\dot{y}=-\dot{l}$.

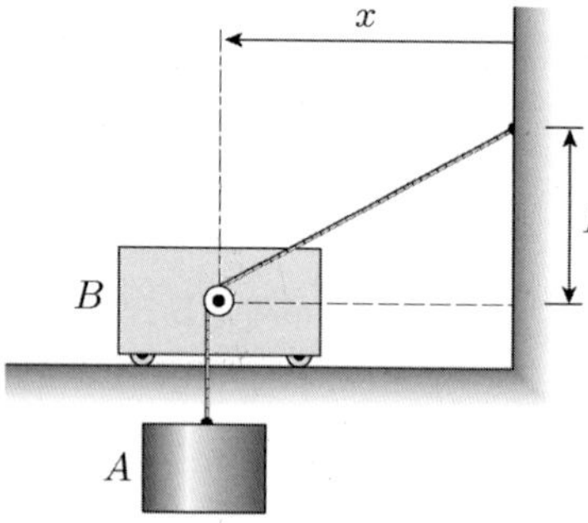

[문제 2.5.20]

2.6 상대운동

질점의 운동경로가 복잡한 경우에는 여러 개의 좌표계를 사용하는 것이 편리한 경우가 있다. 예를 들어 비행기의 프로펠러 끝에 위치한 질점의 운동은 먼저 고정된 기준좌표계로부터 비행기의 운동을 관측한 다음 비행기에 부착된 좌표계로부터 측정되는 질점의 운동을 중첩하면 질점의 운동을 편리하게 기술할 수 있다.

좌표계 중에서 어느 한 개가 지구에 설정되어 있을 때 이것을 고정된 기준좌표계라 하고 다른 좌표계는 움직이는 기준 좌표계라 한다. 이 절에서는 기준 좌표계가 병진운동을 하는 경우를 고려한다. 병진운동을 하면 좌표계는 항상 같은 방향을 유지한다.

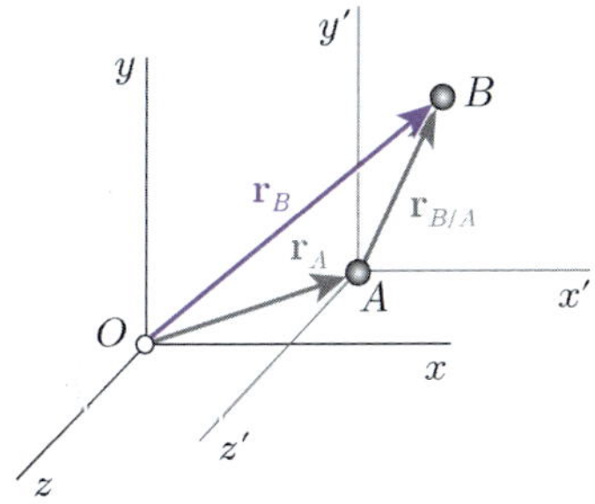

[그림 2.6.1] 고정좌표계($Oxyz$)와 움직이는 좌표계($Ax'y'z'$)

1 상대위치

[그림 2.6.1]과 같이 공간에서 움직이는 두 개의 질점 A와 B를 고려한다. 여기에서 벡터 $\mathbf{r}_A$와 $\mathbf{r}_B$는 고정된 기준좌표계($Oxyz$)에 대한 A와 B의 위치벡터를 나타낸다. 두 번째 좌표계는 x, y, z축에 평행하고 A점을 원점으로 하는 x', y', z'좌표계이다. 이 좌표계의 원점(A)은 움직이지만 좌표축의 방향은 항상 일정하게 유지된다. 즉, 좌표계 $Ax'y'z'$은 $Oxyz$에 대하여 병진운동을 한다.

[그림 2.6.1]에서 A와 B를 연결하는 벡터 $\mathbf{r}_{B/A}$는 움직이는 좌표계 $Ax'y'z'$에 대한 B의 상대위치(A에 대한 B의 상대위치)를 나타낸다. 벡터 합을 이용하면 그림으로부터 세 개의 벡터들에 대한 다음 관계식이 얻어진다.

$$\mathbf{r}_B = \mathbf{r}_A + \mathbf{r}_{B/A} \quad \cdots (2.6.1a)$$

$$\mathbf{r}_{B/A} = \mathbf{r}_B - \mathbf{r}_A \quad \cdots (2.6.1b)$$

즉, B의 위치벡터 $\mathbf{r}_B$는 A의 위치벡터 $\mathbf{r}_A$와 A에 대한 B의 상대위치벡터 $\mathbf{r}_{B/A}$의 합이고, 상대위치는 두 위치벡터의 차가 된다.

2 상대속도

식 (2.6.1)을 시간에 대해 미분하면 질점의 속도에 대한 다음 관계식이 얻어진다. 상대속도 $\mathbf{v}_{B/A}$는 A에 위치한 관측자가 보는 B의 속도를 나타낸다.

$$\mathbf{v}_B = \mathbf{v}_A + \mathbf{v}_{B/A} \quad \cdots (2.6.2a)$$

$$\mathbf{v}_{B/A} = \mathbf{v}_B - \mathbf{v}_A \quad \cdots (2.6.2b)$$

여기에서 $\mathbf{v}_B = d\mathbf{r}_B/dt$와 $\mathbf{v}_A = d\mathbf{r}_A/dt$는 고정좌표계로부터 측정되는 절대속도이고, 상대속도 $\mathbf{v}_{B/A} = d\mathbf{r}_{B/A}/dt$는 병진운동좌표계로부터 관측된다. [그림 2.6.1]에서 x', y', z'축들은 병진운동을 하기 때문에 $\mathbf{r}_{B/A}$의 성분들은 방향이 변하지 않는다. 따라서 이 벡터들의 시간에 대한 미분은 벡터의 크기만을 고려하면 된다. 이후에 공부할 회전하는 기준좌표계인 경우에는 다른 관계식이 얻어진다.

3 상대가속도

식 (2.6.2)를 시간에 대해 미분하면 질점의 가속도에 대한 다음 관계식이 얻어진다.

$$\mathbf{a}_B = \mathbf{a}_A + \mathbf{a}_{B/A} \quad \cdots (2.6.3a)$$

$$\mathbf{a}_{B/A} = \mathbf{a}_B - \mathbf{a}_A \quad \cdots (2.6.3b)$$

여기에서 $\mathbf{a}_{B/A}$는 A에 위치한 관측자가 보는 B의 가속도를 나타낸다.

고정된 좌표계에 대한 B의 운동을 B의 절대운동이라 한다. 식 (2.6.2)와 (2.6.3)은 B의 절대운동을 A의 운동과 A에 붙어서 움직이는 좌표계에 대한 B의 상대운동의 합으로 구할 수 있다는 것을 보여준다.

예제 2.6.1 자동차 A는 동쪽으로 시속 60km, 자동차 B는 남쪽으로 시속 80km로 달리고 있다. 두 자동차의 속력이 일정할 때 A에서 본 B의 상대속도의 크기[km/h]와 방향각을 구하라.

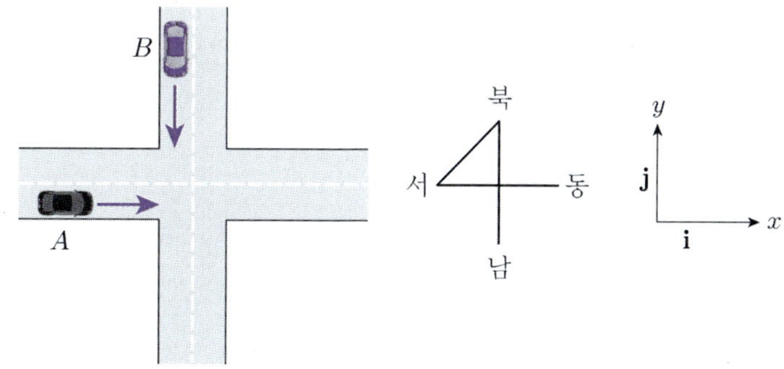

[그림 2.6.2] 방위와 좌표계

풀이 [그림 2.6.2]와 같이 동쪽을 $+x$, 북쪽을 $+y$로 좌표계를 정하면 A와 B의 속도는 각각

$$\mathbf{v}_A = 60\mathbf{i}\,[\text{km/h}],\ \mathbf{v}_B = -80\mathbf{j}\,[\text{km/h}]$$

이다. 따라서 A에서 본 B의 상대속도는

$$\mathbf{v}_{B/A} = \mathbf{v}_B - \mathbf{v}_A = -60\mathbf{i} - 80\mathbf{j}\,[\text{km/h}]$$

이므로 상대속도의 크기와 방향각은

$$|\mathbf{v}_{B/A}| = \sqrt{(-60)^2 + (-80)^2} = 100\,[\text{km/h}]$$

$$\alpha = \tan^{-1}\left(\frac{80}{60}\right) = 53.13°(\swarrow)$$

이다. 즉, A에서 보았을 때 자동차 B는 시속 100km로 서남 방향으로 53.13°의 각도로 달리고 있다.

[스칼라 해석-벡터기하학]

[예제 2.6.1]의 풀이는 단위벡터를 이용한 벡터 대수학적 방법에 해당된다. 한편 상대속도는 다음과 같이 벡터 삼각형을 도시하여 해석할 수 있다.

$$\mathbf{v}_B = \mathbf{v}_A + \mathbf{v}_{B/A}$$

$$[80\downarrow] = [60\rightarrow] + [\vec{v}_{B/A}] \quad \cdots ①$$

식 ①로부터 [그림 2.6.3]과 같은 벡터 삼각형을 어렵지 않게 도시할 수 있고, 여기에서

$$v_{B/A} = \sqrt{60^2 + 80^2} = 100\,[\text{km/h}]$$

$$\alpha = \tan^{-1}\left(\frac{80}{60}\right) = 53.13°(\swarrow)$$

를 얻을 수 있다.

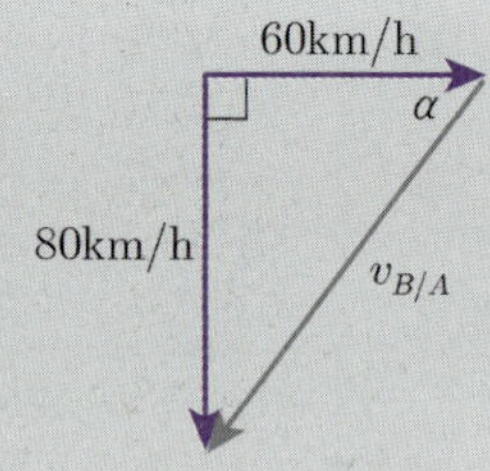

[그림 2.6.3] 상대속도 벡터 삼각형

벡터 삼각형을 이용한 해석에서는 삼각형의 세 내각의 합이 180°라는 것과 삼각형의 사인법칙과 제2코사인법칙이 사용된다. 벡터대수는 기계적으로 상대속도를 해석할 수 있게 하지만, 벡터 삼각형을 사용하면 훨씬 편리하고 쉽게 상대속도를 해석할 수 있는 경우가 많다.

예제 2.6.2 그림과 같이 70° 각을 이루는 교차로가 있다. 시속 108km로 달리는 자동차 B가 교차로를 지난 후 3초 뒤에 시속 72km로 달리는 자동차 A가 교차로를 통과하였다. 자동차의 속력이 일정할 때 다음을 구하라.

(1) 자동차 A에 대한 B의 상대속도의 크기[m/s]와 방향

(2) 3초 간격 동안 A에 대한 B의 위치변화

(3) 자동차 A가 교차로를 통과한 후 2초 뒤 두 자동차 사이의 거리[m]

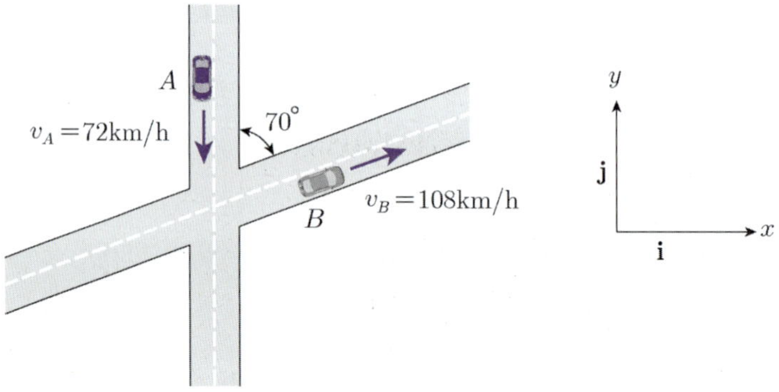

[그림 2.6.4] 교차로를 지나는 자동차

풀이 자동차의 속도 크기 $v_A = 72\text{km/h} = 20\text{m/s}$, $v_B = 108\text{km/h} = 30\text{m/s}$이고, 직각좌표계에서 자동차의 속도를 벡터로 나타내면 다음과 같다.

$$\mathbf{v}_A = -20\mathbf{j}\ [\text{m/s}]$$

$$\mathbf{v}_B = 30(\cos 20°\mathbf{i} + \sin 20°\mathbf{j}) = 28.2\mathbf{i} + 10.3\mathbf{j}\ [\text{m/s}]$$

(1) 자동차 A에 대한 B의 상대속도의 크기 $|\mathbf{v}_{B/A}|$와 방향(α)

$$\mathbf{v}_{B/A} = \mathbf{v}_B - \mathbf{v}_A = 28.2\mathbf{i} + [10.3 - (-20)]\mathbf{j} = 28.2\mathbf{i} + 30.3\mathbf{j}\,[\mathrm{m/s}]$$

$$|\mathbf{v}_{B/A}| = \sqrt{(28.2)^2 + (30.3)^2} = 41.4\,[\mathrm{m/s}]$$

$$\alpha = \tan^{-1}\left(\frac{30.3}{28.2}\right) = 47.1°(\angle)$$

(2) 3초 간격 동안 A에 대한 B의 위치변화

$$\Delta\mathbf{r}_{B/A} = \mathbf{v}_{B/A}\Delta t = 41.4 \times 3 = 124.2\,[\mathrm{m}] \angle 47.1°$$

시간 간격 Δt 동안 A에 대한 B의 위치변화의 크기는 상대속도에 Δt를 곱한 것과 같고, 방향은 상대속도의 방향과 같다.

(3) 직각좌표계의 원점(O)을 교차점으로 하고 자동차의 위치를 구한다. $\Delta t_A = 2$ [s] 동안 달린 자동차 A의 위치는

$$\mathbf{r}_A = \mathbf{v}_A\Delta t_A = (-20\mathbf{j}) \times 2 = -40\mathbf{j}\,[\mathrm{m}]$$

이고, $\Delta t_B = 3 + 2 = 5$[s] 동안 달린 자동차 B의 위치는

$$\mathbf{r}_B = \mathbf{v}_B\Delta t_B = (28.2\mathbf{i} + 10.3\mathbf{j}) \times 5 = 141\mathbf{i} + 51.5\mathbf{j}\,[\mathrm{m}]$$

이다. 따라서 상대위치는

$$\mathbf{r}_{B/A} = \mathbf{r}_B - \mathbf{r}_A = 141\mathbf{i} + [51.5 - (-40)]\mathbf{j} = 141\mathbf{i} + 91.5\mathbf{j}\,[\mathrm{m}]$$

이므로 두 자동차 사이의 거리는 다음과 같다.

$$|\mathbf{r}_{B/A}| = \sqrt{(141)^2 + (91.5)^2} = 168.1\,[\mathrm{m}]$$

예제 2.6.3 [그림 2.6.5]의 (a)와 같은 순간에 슬라이더 A가 20cm/s의 속도로 하강할 때 블록 B의 속도를 구하라. $\theta = 60°$이다.

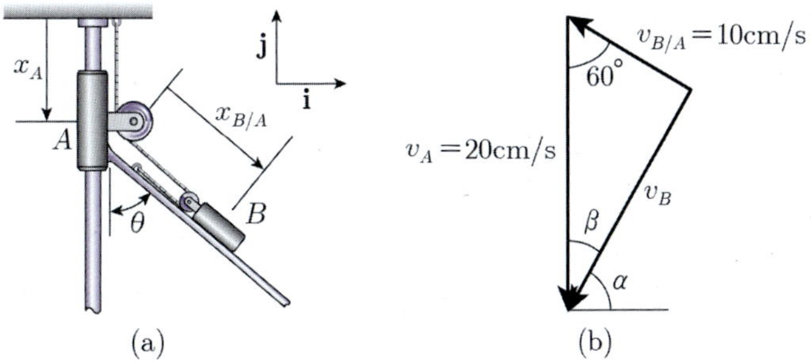

[그림 2.6.5] (a) 슬라이더 (b) A와 B의 속도 벡터 삼각형

풀이 위 천정으로부터 A까지 거리를 x_A, A로부터 B까지 거리를 $x_{B/A}$라 한다. 케이블 길이가 일정하다는 조건으로부터

$$x_A + 2x_{B/A} = \text{일정}$$

이므로 이 식을 미분하면 상대속도의 크기는

$$v_A + 2v_{B/A} = 0$$

$$\therefore \; v_{B/A} = -\frac{1}{2}v_A = -\frac{1}{2}\times 20 = -10[\text{cm/s}] = 10[\text{cm/s}](\nwarrow)$$

이다. 따라서 A의 속도와 상대속도는

$$\mathrm{v}_A = -20\mathrm{j}\,[\text{cm/s}]$$
$$\mathrm{v}_{B/A} = 10(-\cos 30°\mathrm{i} + \sin 30°\mathrm{j}) = -8.66\mathrm{i} + 5\mathrm{j}\,[\text{cm/s}]$$

이고, 블록 B의 속도는 다음과 같다.

$$\mathrm{v}_B = \mathrm{v}_A + \mathrm{v}_{B/A} = -8.66\mathrm{i} + (-20+5)\mathrm{j} = -8.66\mathrm{i} - 15\mathrm{j}\,[\text{cm/s}]$$
$$|\mathrm{v}_B| = \sqrt{(-8.66)^2 + (-15)^2} = 17.32[\text{cm/s}]$$

$$\alpha = \tan^{-1}\left(\frac{15}{8.66}\right) = 60.0°(\swarrow)$$

[벡터 삼각형]

세 벡터 v_A, v_B, $\mathrm{v}_{B/A}$를 도시하면 그림의 (b)와 같다. 여기에서 제2코사인법칙을 적용하면 B의 속도 크기는

$$v_B = \sqrt{v_A^2 + v_{B/A}^2 - 2v_A v_{B/A}\cos 60°}$$
$$= \sqrt{20^2 + 10^2 - 2\times 20\times 10\cos 60°} = 17.32[\text{cm/s}]$$

이고, 이 값으로부터 사인법칙을 적용하면

$$\frac{v_{B/A}}{\sin\beta} = \frac{v_B}{\sin 60°}$$

$$\therefore \; \beta = \sin^{-1}\left(\frac{v_{B/A}\sin 60°}{v_B}\right) = \sin^{-1}\left(\frac{10\sin 60°}{17.32}\right) = 30.0°$$

이므로 방향각 $\alpha = 90° - \beta = 90° - 30.0° = 60.0°$이다.

예제 2.6.4 그림과 같이 두 자동차가 원형 트랙 위를 일정한 속도로 주행하고 있다. 자동차 A와 B의 속력은 각각 $v_A = 15\mathrm{m/s}$와 $v_B = 10\mathrm{m/s}$이고, 곡률반경은 각각 $r_A = 150\mathrm{m}$와 $r_B = 125\mathrm{m}$일 때 A에서 측정한 B의 속도와 가속도를 구하라.

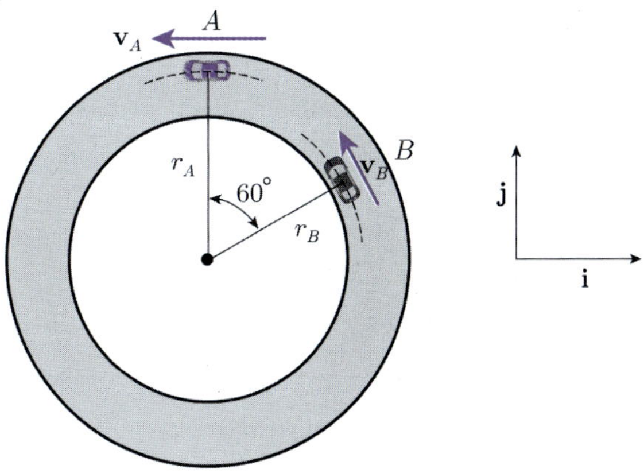

[그림 2.6.6] 원형 트랙을 주행하는 자동차

풀이 직각좌표계에서 두 자동차의 속도를 벡터로 나타내면

$$\mathbf{v}_A = -15\mathbf{i}\,[\mathrm{m/s}]$$
$$\mathbf{v}_B = 10(-\cos 60°\mathbf{i} + \sin 60°\mathbf{j}) = -5\mathbf{i} + 8.66\mathbf{j}\,[\mathrm{m/s}]$$

이고, 가속도는 다음과 같다.

$$\mathbf{a}_A = -\frac{v_A^2}{r_A}\mathbf{j} = -\frac{15^2}{150}\mathbf{j} = -1.5\mathbf{j}\,[\mathrm{m/s^2}]$$

$$\mathbf{a}_B = \frac{v_B^2}{r_B}(-\cos 30°\mathbf{i} - \sin 30°\mathbf{j}) = \frac{10^2}{125}(-\cos 30°\mathbf{i} - \sin 30°\mathbf{j})$$
$$= -0.693\mathbf{i} - 0.4\mathbf{j}\,[\mathrm{m/s^2}]$$

(1) A에서 측정한 B의 속도

$$\mathbf{v}_{B/A} = \mathbf{v}_B - \mathbf{v}_A = [-5-(-15)]\mathbf{i} + 8.66\mathbf{j} = 10\mathbf{i} + 8.66\mathbf{j}\,[\mathrm{m/s}]$$
$$|\mathbf{v}_{B/A}| = \sqrt{(10)^2 + (8.66)^2} = 13.2\,[\mathrm{m/s}]$$
$$\alpha = \tan^{-1}\left(\frac{8.66}{10}\right) = 40.9°\,(\measuredangle)$$

(2) A에서 측정한 B의 가속도

$$\mathbf{a}_{B/A} = \mathbf{a}_B - \mathbf{a}_A = -0.693\mathbf{i} + [-0.4-(-1.5)]\mathbf{j} = -0.693\mathbf{i} + 1.1\mathbf{j}\,[\mathrm{m/s^2}]$$
$$|\mathbf{a}_{B/A}| = \sqrt{(-0.693)^2 + (1.1)^2} = 1.3\,[\mathrm{m/s^2}]$$

$$\alpha = \tan^{-1}\left(\frac{1.1}{0.693}\right) = 57.8°(\measuredangle)$$

예제 2.6.5 질점 A는 오른쪽으로 4m/s(→)의 속도로 움직이고, 질점 B의 이동 방향과 A에서 본 B의 이동 방향은 그림과 같다. 이때 B의 속도 크기와 A에서 본 B의 속도 크기를 구하라. B의 속도는 일정하다.

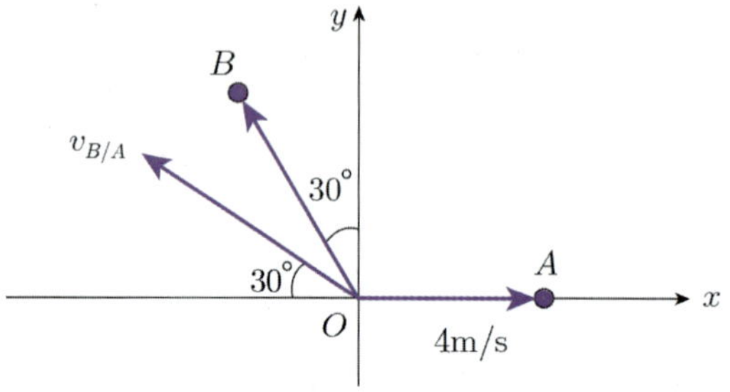

[그림 2.6.7] 질점의 이동 방향

풀이 질점 B의 속도 크기와 A에서 본 B의 속도 크기를 각각 v_B, $v_{B/A}$라 하고 세 벡터 v_A, v_B, $\mathrm{v}_{B/A}$를 단위벡터 i, j로 나타내면 다음과 같다.

$$\mathrm{v}_A = 4\mathrm{i}\,[\mathrm{m/s}]$$

$$\mathrm{v}_B = v_B(-\sin30°\mathrm{i} + \cos30°\mathrm{j}) = -\frac{v_B}{2}\mathrm{i} + \frac{\sqrt{3}\,v_B}{2}\mathrm{j}$$

$$\mathrm{v}_{B/A} = v_{B/A}(-\cos30°\mathrm{i} + \sin30°\mathrm{j}) = -\frac{\sqrt{3}\,v_{B/A}}{2}\mathrm{i} + \frac{v_{B/A}}{2}\mathrm{j}$$

위 벡터를 상대 속도식 $\mathrm{v}_B = \mathrm{v}_A + \mathrm{v}_{B/A}$에 대입하여 정리하면

$$-\frac{v_B}{2}\mathrm{i} + \frac{\sqrt{3}\,v_B}{2}\mathrm{j} = \left(4 - \frac{\sqrt{3}\,v_{B/A}}{2}\right)\mathrm{i} + \frac{v_{B/A}}{2}\mathrm{j} \qquad \cdots ①$$

이고, 이 식에서 양변의 성분을 비교하면

$$[\mathrm{i}]\ -\frac{v_B}{2} = 4 - \frac{\sqrt{3}\,v_{B/A}}{2} \qquad \cdots ②$$

$$[\mathrm{j}]\ \frac{\sqrt{3}}{2}v_B = \frac{v_{B/A}}{2} \qquad \cdots ③$$

이다. 식 ①, ②를 풀면 $v_B = 4\,[\mathrm{m/s}]$, $v_{B/A} = 4\sqrt{3}\,[\mathrm{m/s}]$이 얻어진다.

Note 벡터 삼각형을 이용하여 [예제 2.6.5]를 풀어보도록 한다. 사인법칙만 두 번 사용하면

v_B와 $v_{B/A}$를 곧바로 구할 수 있다.

예제 2.6.6 잔잔한 물에서 8m/s로 달리는 배가 물살의 속도가 2m/s인 강을 건널 때 강의 바로 맞은편에 도달하려면 뱃머리를 어느 쪽으로 향해야 하는가? 이때 강의 폭 $W = 800\text{m}$이면 강을 건너는 데 걸리는 시간[s]은 얼마인가?

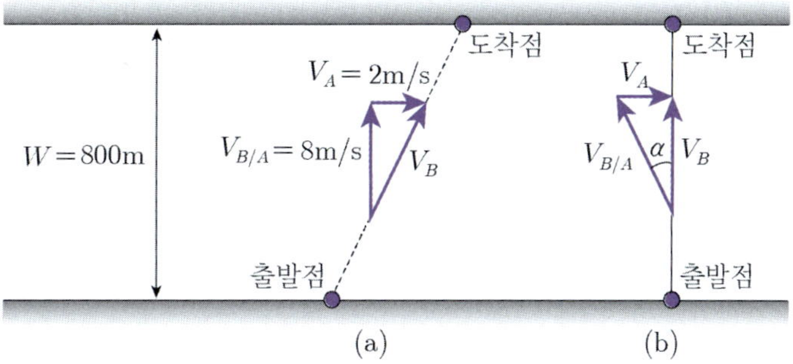

[그림 2.6.8] 물의 속도와 배의 속도

풀이 물과 배를 각각 A와 B로 나타낸다. 고정된 지면에 설치한 좌표계를 고정좌표계 (Oxy)로 하고 물(A)의 속도와 같은 속도로 이동하는 좌표계를 고려하면 배(B)의 속도는

$$\mathrm{V}_B = \mathrm{V}_A + \mathrm{V}_{B/A}$$

이다. 여기에서 $\mathrm{V}_{B/A}$는 물(A)에서 측정되는 배(B)의 속도이다.

$$V_{B/A} = 8\,[\text{m/s}],\ \ V_A = 2\,[\text{m/s}]$$

따라서 그림의 (a)와 같은 방향으로 배를 운행하면 배는 V_B의 방향으로 흘러가므로 강의 바로 맞은편에 도달하려면 (b)와 같이 뱃머리를 상류 쪽으로 향해야 한다. 여기에서 각도는

$$\sin\alpha = \frac{V_A}{V_{B/A}}$$

$$\therefore\ \ \alpha = \sin^{-1}\left(\frac{V_A}{V_{B/A}}\right) = \sin^{-1}\left(\frac{2}{8}\right) = 14.5°$$

이다. 이때 고정된 좌표계(지면)에서 측정되는 배(B)의 속력은

$$V_B = \sqrt{V_{B/A}^2 - V_A^2} = \sqrt{8^2 - 2^2} = 7.746\ [\text{m/s}]$$

이므로 강을 건너는 데 걸리는 시간은 다음과 같다.

$$t = \frac{W}{V_B} = \frac{800}{7.746} = 103.3\,[\mathrm{s}]$$

흐르는 물 위에서 달리는 배에 대한 문제에서, 물에서 배의 속도는 물(A)에 대한 배(B)의 상대속도 $\mathrm{V}_{B/A}$이다.

연습문제 2.6

01 두 대의 비행기가 동일 수평면에서 일직선으로 비행하고 있다. 이들의 직선 경로가 이루는 각이 $\theta = 60°$이고, $v_A = 500\text{km/h}$, $v_B = 700\text{km/h}$일 때 A에 대한 B의 상대속도($\mathbf{v}_{B/A}$, km/h)를 구하라.

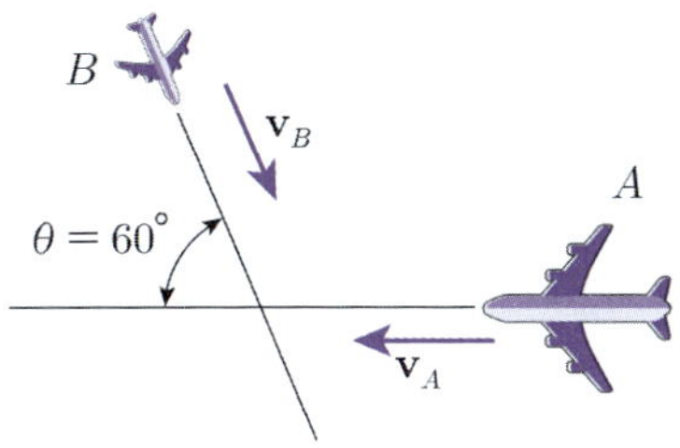

[문제 2.6.1]

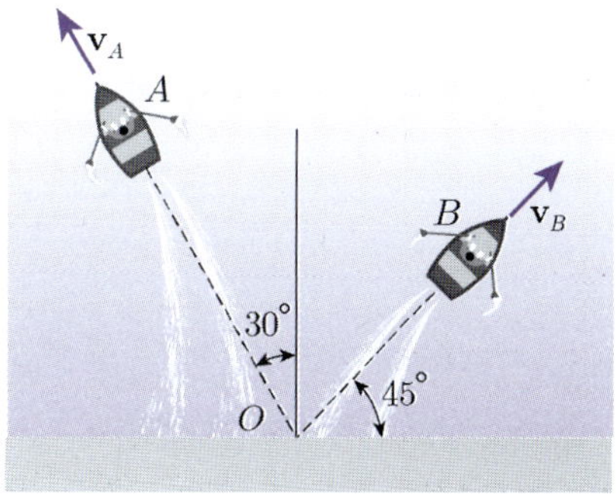

[문제 2.6.2]

02 두 대의 보트 A, B가 해인의 동일 지점에서 동시에 출발하여 그림의 방향으로 일직선으로 달리고 있다. A와 B의 속력이 각각 $v_A = 5\text{m/s}$, $v_B = 3\text{m/s}$일 때 해안을 출발한 후 두 보트 사이의 거리가 200m가 되는데 걸리는 시간을 구하라. Hint: 두 보트 사이의 거리는 $v_{B/A}t$ 또는 $v_{A/B}t$.

03 열차 A가 일정한 속력 108km/h로 직선 선로를 따라 달리고 있고, 철도 건널목 C점을 통과하려는 자동차 B의 속력은 4m/s^2으로 일정하게 감속된다. B의 속력이 72km/h일 때, 열차에 대한 자동차의 상대속도($\mathbf{v}_{B/A}$, m/s)와 상대가속도($\mathbf{a}_{B/A}$, m/s^2)를 구하라.

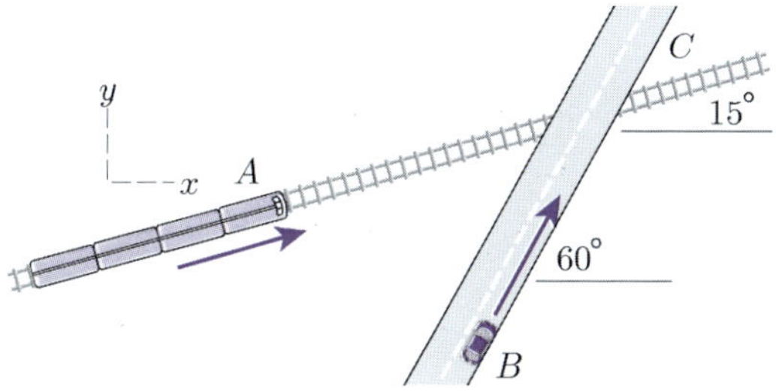

[문제 2.6.3]

04 자동차 A가 일정한 속도 72km/h로 반지름 80m의 곡선도로를 주행한다. A가 그림의 위치에 왔을 때 자동차 B는 2m/s^2의 가속도를 가지고 서쪽(←)으로 향하고 있다. 이때 B에 대한 A의 가속도($\mathbf{a}_{A/B}$, m/s^2)를 구하라. Hint: 구심 가속도.

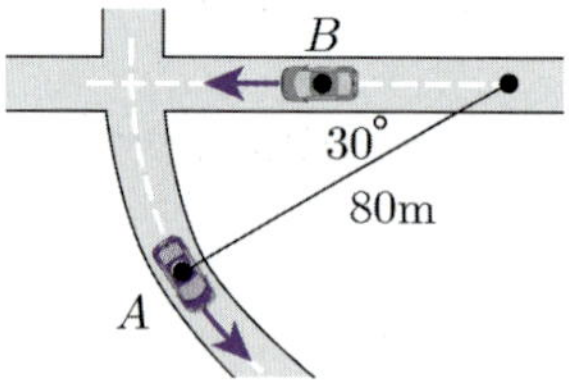

[문제 2.6.4]

05 그림과 같은 순간에 슬라이더 A의 가속도가 아래 방향(↓)으로 $30\,\mathrm{cm/s^2}$일 때 블록 B의 가속도($\mathbf{a}_B$, $\mathrm{cm/s^2}$)를 구하라. $\theta = 60°$이다. Hint: $x_A + 2x_{B/A} = C$, $a_{B/A}$(↖).

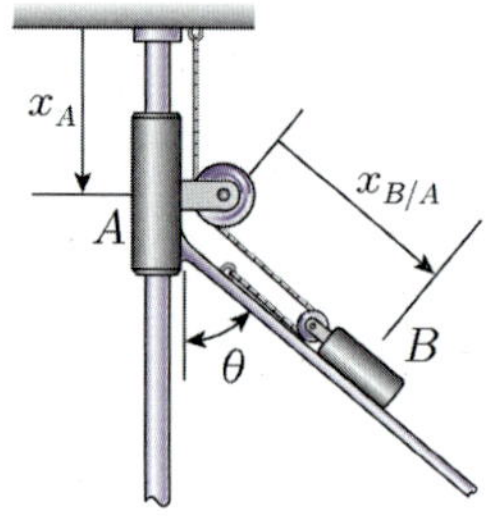

[문제 2.6.5]

06 $t = 0$에서 정지 상태에 있는 웨지 A가 $t > 0$에서 일정한 가속도 $3\mathrm{mm/s^2}$로 오른쪽(→)으로 이동할 때 웨지 B의 가속도($\mathbf{a}_B$, $\mathrm{mm/s^2}$)와 $t = 10$초에서 웨지 B의 속도($\mathbf{v}_B$, $\mathrm{mm/s}$)를 구하라. Hint: a_B ↖ 70°, $a_{B/A}$ ↖ 20°, 벡터선도를 이용하면 곧바로 a_B를 구할 수 있고, 벡터대수학을 사용하면 두 미지수 a_B와 $a_{B/A}$가 나온다.

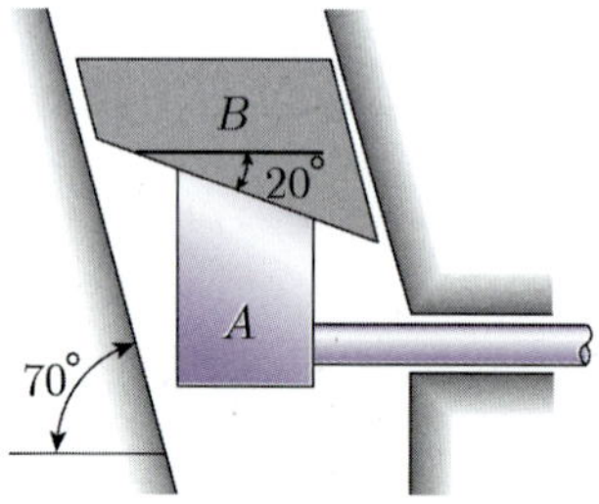

[문제 2.6.6]

07 직선도로를 주행하는 자동차 A의 가속도는 왼쪽 방향으로 $1.8\,\mathrm{m/s^2}$이고, 자동차 B는 반지름 $100\mathrm{m}$의 곡선도로를 시속 $54\mathrm{km}$의 일정 속도로 주행하고 있다. 그림의 위치에서 자동차 A의 속력이 $72\mathrm{km/h}$일 때 A에 대한 B의 속도($\mathbf{v}_{B/A}$, $\mathrm{m/s}$)와 가속도($\mathbf{a}_{B/A}$, $\mathrm{m/s^2}$)를 구하라.[5)]

5) 문제 7, 8번의 벡터 삼각형을 그릴 수 있도록 한다. 이것으로 문제를 풀어보면 이 방법이 매우 편리하다는 것을 알게 될 것이다.

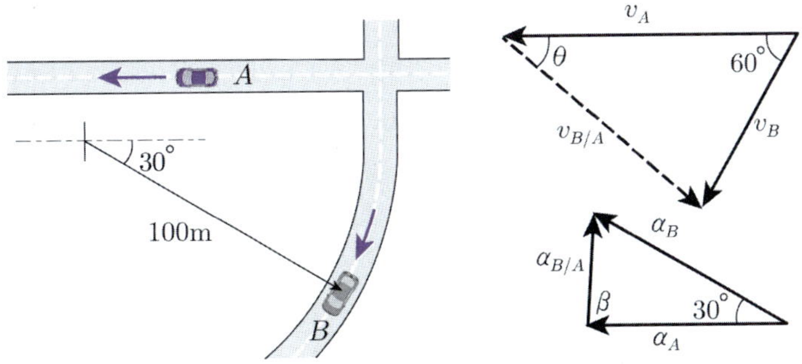

[문제 2.6.7]

08 자동차 A는 동쪽으로 80km/h 의 속력으로 주행하고, 자동차 B는 동북방향 45° 각도로 달리고 있다. A에서 보이는 B의 주행 방향이 서북방향 60°일 때 B의 실제 주행 속력 [km/h]을 구하라.

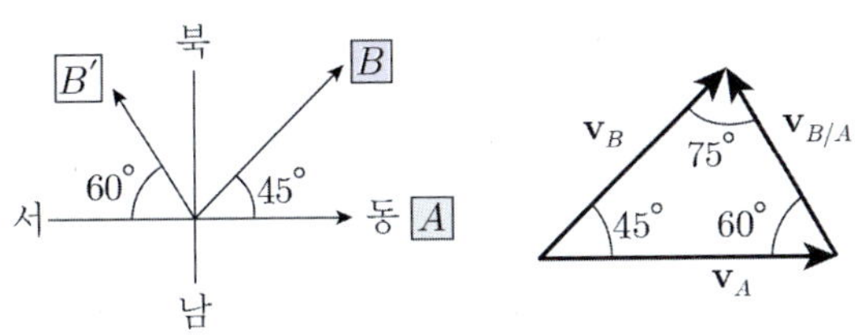

[문제 2.6.8/9]

09 위 문제(8 번)에서 동쪽과 북쪽을 각각 $+x$, $+y$축 방향으로 하여 단위벡터 $\mathbf{i}$와 $\mathbf{j}$로 속도를 표현한 후 B의 실제 주행 속력[km/h]을 구하라: 벡터대수.

10 강물이 2m/s 의 일정 속도로 흐르고 있다. 물에 대해 8m/s 의 일정한 속력으로 달리는 보트가 C 지점에서 D 지점까지 일직선으로 가려고 하면 보트의 운행 방향을 어느 쪽으로 향하게 해야 하는가? 그리고 이때 강을 건너는 데 걸리는 시간[s]은 얼마인가? Hint: 물에 대한 배의 속도의 방향각을 가정하고 벡터대수로 풀 수 있다. 벡터선도를 그려보면 사인법칙만 사용해도 쉽게 풀린다.

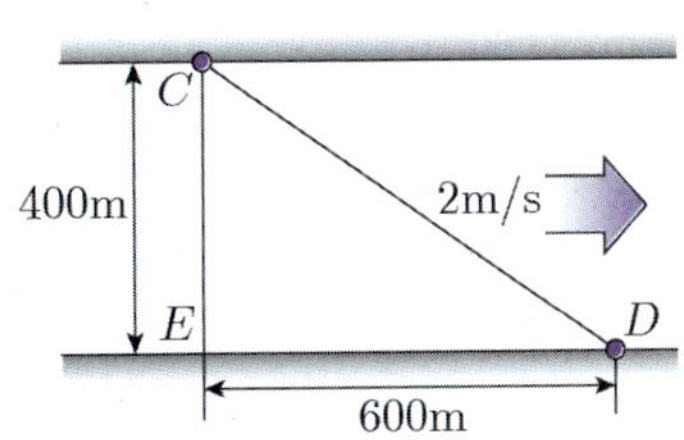

[문제 2.6.10/11]

11 강물이 2m/s 의 일정 속도로 흐르고 있다. 보트가 C 지점에서 D 지점까지 일직선으로 가기 위해 물에 대해 가져야 할 보트의 최소 속력[m/s]을 구하라. 그리고 이때 강을 건너는 데 걸리는 시간[s]은 얼마인가? Hint: 벡터선도 이용. 벡터대수로 풀려고 하면 $\mathbf{v}_{B/A} = x\mathbf{i} + y\mathbf{j}\,[\text{m/s}]$로 가정한다. 이때 물에 대한 보트의 속력이 최소일 때 $x = -8/13$, $y = -12/13$이 얻어진다.

12 (a) 자동차가 $72\text{km/h}(\leftarrow)$의 일정 속도로 주행하고 있을 때 그림과 같은 방향으로 4m/s의 일정 속도로 비가 오고 있다. 운전자에게 보이는 비의 속도[m/s]를 구하라.

Hint: $\mathbf{v}_{비/운전자} = \mathbf{v}_{비} - \mathbf{v}_{운전자}$

(b) $40\text{km/h}(\leftarrow)$의 일정 속도로 주행하고 있는 자동차의 운전자가 수평선에 대해 $30°$의 각도로 차를 향해 오는 비를 보았다. 비는 지면에 대해 수직으로 떨어지고 있다고 하면 비의 낙하 속도[km/h]는 얼마인가? 비의 속도는 일정하다.

Hint: $v_{비}(\downarrow)$, $v_{비/운전자}$ ↘ $30°$.

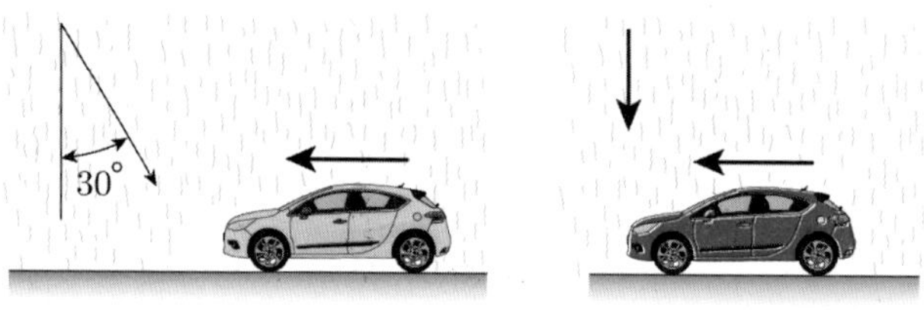

(a) (b)

[문제 2.6.12]

13 바람이 없는 공기 중에서의 속력이 800km/h인 비행기가 동쪽으로 1000km 떨어진 목적지로 출항한다. 비행기가 날아가는 경로에는 100km/h의 북풍이 불고 있다면 비행기는 어떤 방향으로 날아가야 하는가? 또, 이때 목적지까지 가는 데 걸리는 시간은 얼마인가?

14 $t = 0$에서 두 물체 A와 B가 O점에서 비스듬히 위로 동시에 발사된다. A와 B의 초기속력은 $v_0 = 10\text{m/s}$로 동일하며, x축은 수평선이고 발사각은 그림과 같다. A에 대한 B의 상대속도 크기($|\mathbf{v}_{B/A}|$)를 구하라.

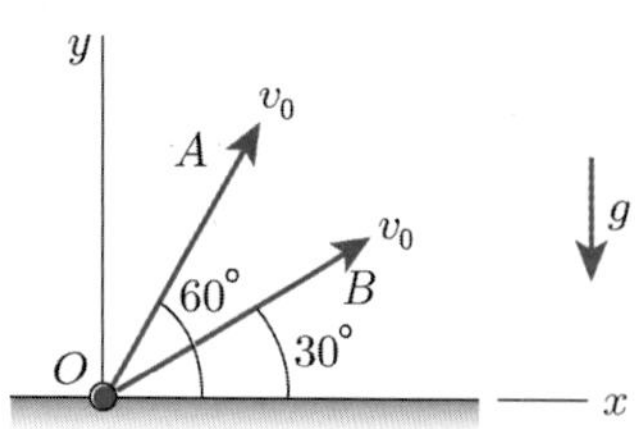

[문제 2.6.14]

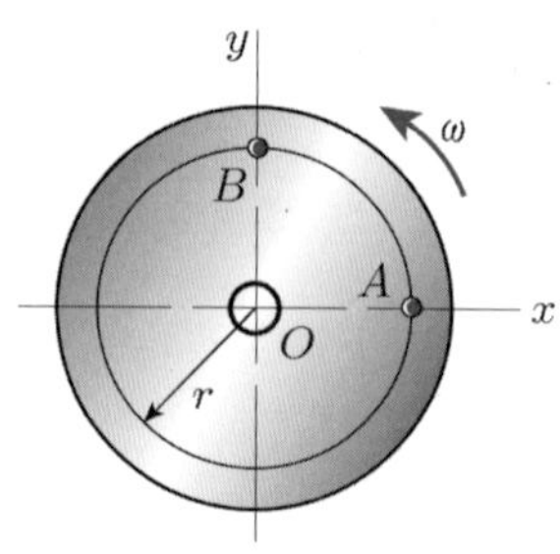

[문제 2.6.15]

15 원판의 중심 O를 축으로 하여 원판이 일정한 각속도 $\omega = 10\text{rad/s}(\curvearrowleft)$로 회전한다. 원판 위의 점 A와 B는 반지름 $r = 2\text{m}$인 동일원상에 있다. 그림과 같은 순간에 다음을 구하라.

(1) A점에 대한 B점의 상대속도 크기($|\mathrm{v}_{B/A}|$)와 방향

(2) A점에 대한 B점의 상대가속도 크기($|\mathrm{a}_{B/A}|$)와 방향

16 비행기(A)는 바람(W)에 대한 상대속도 500km/h로 북쪽에서 서쪽 방향(↖)으로 30°로 날아가고 있다. 배(B)에 대한 비행기(A)의 상대속도는 400km/h이고, 방향은 북쪽에서 서쪽 방향(↖)으로 35°이다. 배(B)가 30km/h로 동쪽(→)으로 흘러가고 있을 때 다음을 구하라. Hint: 동쪽과 북쪽을 각각 $+x$, $+y$로 하고 단위벡터로 속도를 표현한다. $\mathrm{v}_A = \mathrm{v}_B + \mathrm{v}_{A/B} = \mathrm{v}_W + \mathrm{v}_{A/W}$.

(1) 비행기의 속도 (2) 바람의 속력과 방향

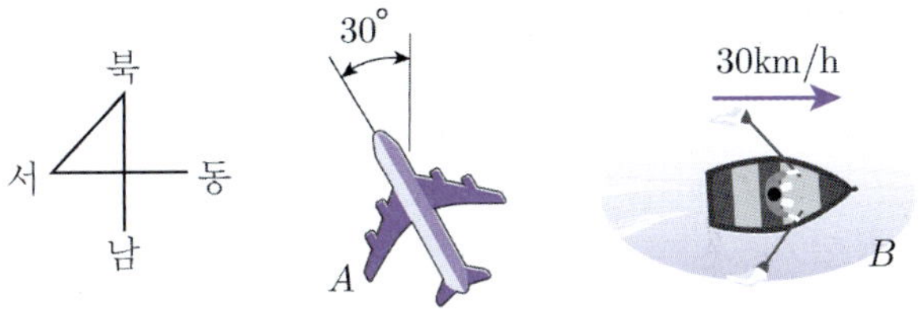

[문제 2.6.16]

17 세 개의 블록이 일정한 속도로 움직인다. C에 대한 A의 상대속도가 위쪽으로 300mm/s이고 A에 대한 B의 상대속도가 아래쪽으로 200mm/s일 때 각 블록의 속도를 구하라. Hint: $(x_B - x_D) + (x_C - x_D) =$ 일정.

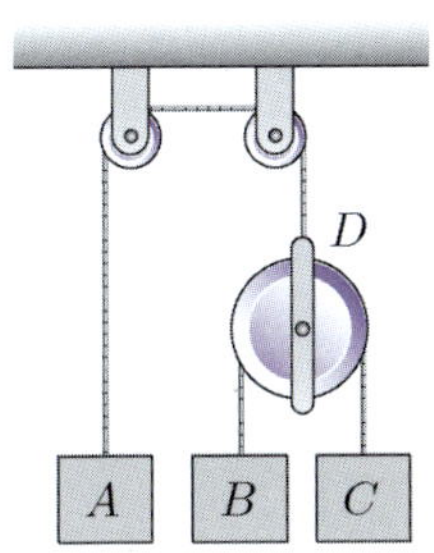

[문제 2.6.17]

18 일정한 고도로 날아가는 비행기에 장착된 측정기가 바람에 대한 비행기의 상대속도 크기가 120km/h이고 방향이 북쪽에서 동쪽으로 70° 라는 것을 나타내고 있다. 지상에 고정된 측정기에 관측된 비행기의 지면에 대한 속도 크기는 110km/h이고 방향은 북쪽에서 동쪽으로 60° 이다. 바람의 속도 크기와 방향을 구하라. Hint: 지면에 대한 비행기 속도는 절대속도.

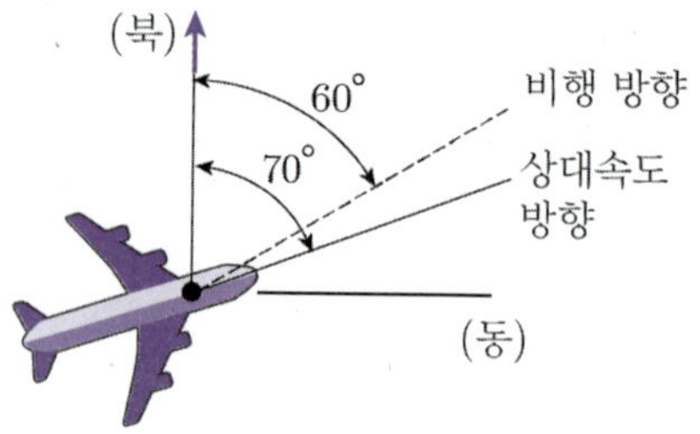

[문제 2.6.18]

19 두 대의 선박이 서로 반대편으로 등속 이동하고 있다. 선박 A는 속력 18km/h로 남쪽에서 북쪽으로 이동하고 선박 B는 속력 24km/h로 북쪽에서 남쪽으로 이동하고 있을 때, 교차한 후 상대속도의 크기[km/h]는? [공무원 임용시험]

① 18 ② 24 ③ 42 ④ 84

20 북쪽으로 2m/s로 움직이는 물체 A가 있다. 동쪽으로 3m/s로 움직이는 물체 B에서 물체 A의 운동을 측정할 때, 물체 A의 상대속도의 크기[m/s]와 방향은? [공무원 임용시험]

	상대속도의 크기[m/s]	방향
①	5	북쪽
②	5	북서쪽
③	$\sqrt{13}$	북쪽
④	$\sqrt{13}$	북서쪽

제3장 힘과 가속도

3.1 직선운동
3.2 곡선운동

3.1 직선운동

1 운동 제2법칙 (뉴턴의 제2법칙)

외부로부터 물체에 힘(F)이 작용하면 힘의 방향으로 가속도(a)가 발생하며 질량(m)이 일정할 때 가속도의 크기는 힘의 크기에 비례하고 물체의 질량에 반비례 한다.

$$\sum \mathrm{F} = m\mathrm{a} \qquad \cdots(3.1.1)$$

직각좌표계에서 가속도의 각 성분에 대해 스칼라량으로 표현된 운동 제 2 법칙은 다음과 같다.

$$\sum F_x = ma_x, \quad \sum F_y = ma_y, \quad \sum F_z = ma_z \qquad \cdots(3.1.2)$$

힘 F 의 방향과 가속도 a 의 방향은 같다[그림 3.1.1].

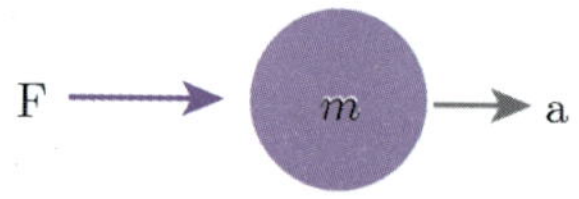

[그림 3.1.1] 힘과 가속도의 방향

설명 물체에 힘이 작용하면 운동 상태가 변할 수 있는데 운동 제2법칙은 이와 같은 힘과 운동의 변화 사이의 관계를 정량화한 것이다. 운동의 변화를 결정하는 것은 물체에 작용하는 여러 힘들의 합(순 힘, 알짜힘)이라는 것을 유념해야 한다. 일반적인 운동 제2법칙은

$$\sum \mathrm{F} = m\frac{d\mathrm{v}}{dt} = m\mathrm{a} \qquad \cdots(3.1.3)$$

이다. 즉, 물체에 힘이 작용하면 힘의 방향으로 가속도(a)가 발생하며 가속도의 크기는 힘의 크기에 비례한다. 특히 일차원인 경우 스칼라 형태로 나타낼 때 물체에 작용하는 외력의 합을 F라 하면 운동 제2법칙은

$$\bigcirc\ \text{1차원: } F = ma \qquad \cdots(3.1.4)$$

가 된다. 여기에서 $a \propto F$, $a \propto 1/m$임을 알 수 있으며 이 식을 '가속도의 법칙'이라고도 한다. 또한 뉴턴의 제2법칙에서 $\sum \mathrm{F} = 0$이면 가속도 $\mathrm{a} = 0$이 되므로 이것은

물체의 속도가 변하지 않는다는 것을 의미한다. 즉, 운동 제2법칙은 제1법칙을 포함하는 개념이라 할 수 있다.

예제 3.1.1 그림과 같이 마찰 없는 수평면에서 질량 4kg의 물체에 수평 방향으로 12N의 일정한 힘을 가하면 물체의 가속도는 몇 m/s^2인가?

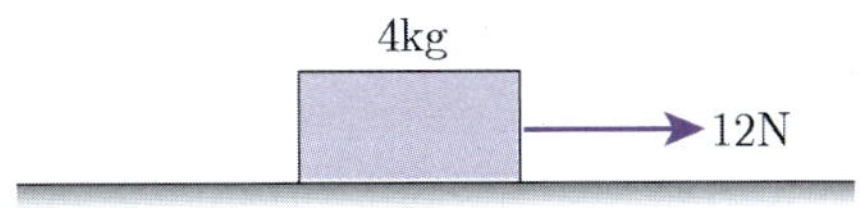

[그림 3.1.2]

풀이 운동 제2법칙 $F = ma$로부터 가속도(a)는 다음과 같다.

$$a = \frac{F}{m} = \frac{12\text{N}}{4\text{kg}} = 3\frac{\text{N}}{\text{kg}} = 3\left(\text{kg} \cdot \frac{\text{m}}{\text{s}^2}\right) \times \frac{1}{\text{kg}}$$
$$= 3\,[\text{m/s}^2]$$

예제 3.1.2 정지해 있는 질량 100kg의 물체에 일정한 힘이 작용하여 4초 후에 물체의 속도가 8m/s가 되었다. 물체가 받은 힘(F)을 구하라.

풀이 처음속도 $v_1 = 0$이고, 4초 후의 속도 $v_2 = 8\text{m/s}$이다.

$$F = ma = m\frac{v_2 - v_1}{\Delta t} = 100\text{kg} \times \frac{(8-0)\text{m/s}}{4\text{s}}$$
$$= 200\text{kg} \cdot \frac{\text{m}}{\text{s}^2} = 200\,[\text{N}]$$

예제 3.1.3 질량 $m = 40\text{kg}$의 물체가 $v_0 = 30\text{m/s}$의 속도로 직선 운동을 하고 있다. 운동방향과 반대 방향으로 120N의 일정한 힘을 물체에 가하면 몇 초 후에 물체가 정지하는가?

풀이 처음 속도 $v_0 = 30\text{m/s}$의 방향을 양(+)으로 잡으면 힘 120N의 방향은 음(−)이다. 따라서 $F = ma$에 의해 가속도는

$$a = \frac{F}{m} = \frac{-120\text{N}}{40\text{kg}} = -3\frac{\text{m}}{\text{s}^2}$$

이므로 정지($v = 0$)하는 데 걸리는 시간 t는 다음과 같다.

$$v = v_0 + at$$

$$0 = v_0 + at$$

$$\therefore \ t = -\frac{v_0}{a} = -\frac{30\mathrm{m/s}}{-3\mathrm{m/s^2}} = 10\,[\mathrm{s}]$$

2 운동 제3법칙 (뉴턴의 제3법칙)

물체 A가 B에 힘을 가하면 B는 작용선과 크기가 같고 방향이 반대인 힘을 A에 가한다.[6)]

설명 운동 제3법칙은 물체들 사이의 힘들에 관한 것이다. 배를 타고 벽을 밀면 배는 벽으로부터 반대 방향의 힘을 받아서 뒤로 밀리게 된다. 실험에 의하면 물체 A가 물체 B에 힘을 가하면 B도 A에 힘을 가한다. 이 두 힘은 크기가 같고 방향이 반대이다. 이때 한쪽 힘을 작용, 다른 쪽을 반작용이라고 하며 제3법칙을 '작용 반작용의 법칙'이라고도 한다. 작용과 반작용은 두 물체 사이에 작용하는 상호 작용력이다. 따라서 운동 제3법칙에 나타나는 한 쌍의 힘들은 다른 물체에 작용한다는 것을 유념해야 한다. 이와 같은 개념은 특히 큰 물체를 여러 물체로 분리하고 분리된 물체에 대한 자유물체도를 그릴 때 중요하다. 예를 들어 한 물체를 두 물체 A, B로 분리할 때 A가 B에 가하는 힘이 F 이면 크기가 같고 방향이 반대인 힘 $-\mathrm{F}$ 를 같은 작용선상에서 B가 A에 가하게 된다.

예 [그림 3.1.3(a)]와 같이 질량 m의 물체에 지면과 θ의 각도로 P의 힘이 일정하게 작용하고 있을 때 물체가 수평 방향으로 가속도 a의 등가속도 직선운동을 하는 경우를 해석하면 다음과 같다.

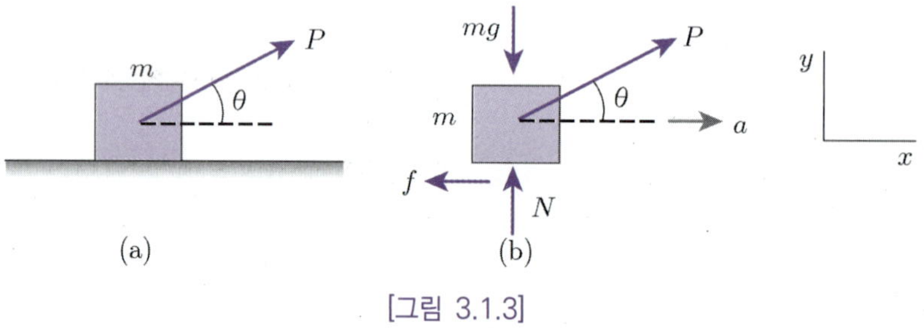

[그림 3.1.3]

먼저 운동 제3법칙(작용 반작용의 법칙)을 적용하여 물체를 지면에서 분리하여 물체에 대한 자유물체도를 그린다[그림 3.1.3(b)]. 여기에서 물체가 지면을 누르는 힘을 N이라 하면 물체는 지면으로부터 크기가 같고 방향이 반대인 힘(반력)

6) 제3법칙은 물체를 분리하여 각 물체에 대한 자유물체도를 그릴 때 반드시 적용해야 하는 법칙이므로 한 번 더 소개한다.

N을 받는다. 따라서 물체에는 힘 P, 중력(무게) mg, 마찰력 f 외에 지면으로부터의 반력 N이 작용한다.

여기에서 지면을 x축, 지면과 수직 방향을 y축으로 하여 좌표계를 잡으면 x방향 가속도 $a_x = a$이고 y방향 가속도는 $a_y = 0$이다. 이때 (b)에서 물체에 대하여 운동 제2법칙을 적용하면 다음과 같은 관계식이 얻어진다.

○ x 방향 $\sum F_x = ma_x$: $P\cos\theta - f = ma$

○ y 방향 $\sum F_y = ma_y$: $N - mg + P\sin\theta = 0$

3 미끄럼마찰(sliding friction)

(1) 마찰력: 마찰은 두 물체의 접촉면 사이에서 물체의 운동을 방해하는 현상이고 이때 발생하는 힘을 마찰력이라 한다.

(2) 정지 마찰력: 물체에 힘을 가해도 물체가 움직이지 않을 때의 마찰력(f_s)을 말하며 물체에 가해진 외력(P)의 크기와 같다.

(3) 최대 정지 마찰력: 정지 상태의 물체에 힘을 가했을 때 물체가 움직이기 시작하는 순간의 마찰력을 최대 정지 마찰력($f_{o,\max}$)이라 한다. 정지마찰계수를 μ_s, 수직반력을 N이라 하면 최대 정지 마찰력은 다음과 같다.

$$f_{s,\max} = \mu_s N \qquad \cdots(3.1.5)$$

(4) 운동 마찰력: 운동하고 있는 물체가 받는 마찰력(f_k)으로 외력에 관계없이 일정한 값을 갖는다. 운동마찰계수를 μ_k, 수직반력을 N이라 하면 운동 마찰력(f_k)은 다음과 같다.

$$f_k = \mu_k N \qquad \cdots(3.1.6)$$

(5) 마찰각과 정지마찰계수: 수평면 위에 물체를 올려놓고 경사각 ϕ를 점점 크게 하면 어느 순간에 물체가 빗면을 따라 미끄러져 내려간다. 이때의 경사각을 마찰각이라 하고, 정지마찰계수(μ_s)와 다음 관계가 성립한다.

$$\mu_s = \tan\phi \qquad \cdots(3.1.7)$$

설명 각도 ϕ의 경사면 위에 물체가 있을 때 연직 아래 방향으로 작용하는 물체의 무게($W = mg$ ↓)를 빗면 방향(↙)과 빗면에 수직인 방향(↘)으로 분해하여 자유물체도를 그리면 [그림 3.1.4]와 같다.

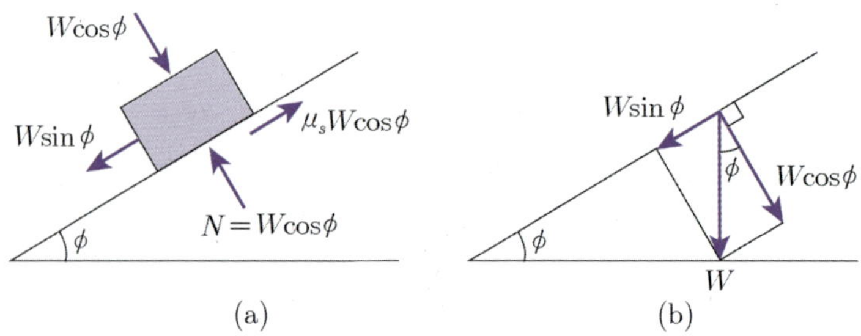

[그림 3.1.4] (a)물체에 작용하는 힘 (b) 물체 무게의 성분 분해

여기에서 빗면에 수직인 방향의 힘의 평형에 의해 수직반력 $N = W\cos\phi$이므로 최대 정지마찰력은

$$f_s = \mu_s N = \mu_s W\cos\phi$$

이고, 경사면을 따라 물체를 미끄러져 내려오게 하는 힘은 중력의 빗면 성분으로 $W\sin\phi$이다. 물체가 경사면을 미끄러져 내려가는 순간에는 이 두 힘이 같아진다. 따라서 정지마찰계수(μ_s)는 다음과 같다.

$$W\sin\phi = \mu_s W\cos\phi$$

$$\therefore \ \mu_s = \frac{\sin\phi}{\cos\phi} = \tan\phi$$

예제 3.1.4 경사각 $\theta = 30°$인 빗면 위에서 질량 m의 물체가 중력에 의해 일정한 가속도 a로 미끄러져 내려오고 있을 때 물체의 가속도를 구하라. 운동마찰계수 $\mu_k = 0.2$이다.

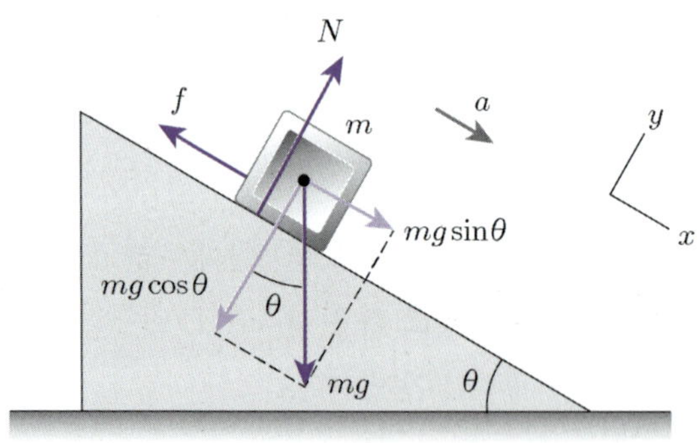

[그림 3.1.5] 물체에 작용하는 힘

풀이 연직 아래 방향(↓)으로 작용하는 중력에 의한 힘(mg)을 빗면 방향과 빗면에 수직인 방향으로 분해하면 각각 $mg\sin\theta$(↘)와 $mg\cos\theta$(↙)이다. 먼저 빗면에 수직인 방향으로 운동 제2법칙을 적용하면 수직반력은

$$(+\nearrow)\sum F = 0: \quad N - mg\cos\theta = 0$$

$$\therefore \ N = mg\cos\theta$$

이므로 미끄러질 때의 마찰력(f)은

$$f = \mu_k N = \mu_k mg\cos\theta$$

이다. 다음에 경사면 방향(↘)으로 운동 제2법칙을 적용하면 다음과 같이 물체의 가속도가 구해진다.

$$(+\searrow)\sum F = ma: \quad mg\sin\theta - \mu_k mg\cos\theta = ma$$

$$\therefore \ a = g(\sin\theta - \mu_k\cos\theta)$$
$$= 9.8(\sin 30° - 0.2\cos 30°) = 3.2\ [\text{m/s}^2]$$

예제 3.1.5 질량 $m = 50\text{kg}$의 블록이 수평면 위에 정지해 있다. [그림]의 (a)와 같이 일정한 힘 P를 가하여 블록의 가속도가 오른쪽 방향으로 3m/s^2이 되었다. 수평면과 블록 사이 운동마찰계수 $\mu_k = 0.2$일 때 힘 P를 구하라.

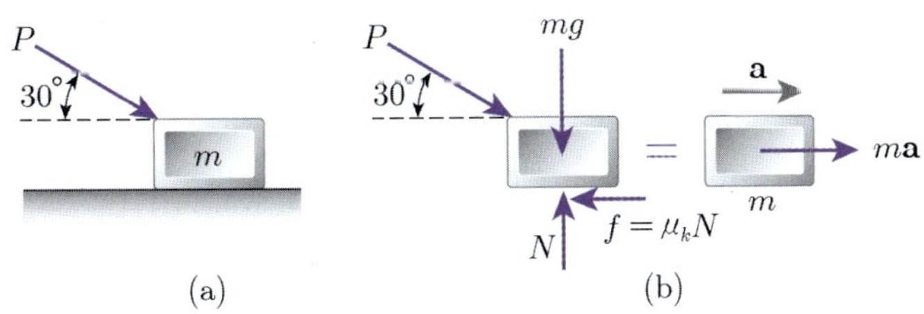

[그림 3.1.6] (a) 힘을 받는 블록 (b) 자유물체도

풀이 블록에 작용하는 힘을 도시하면 (b)와 같다. 물체가 지면으로부터 받는 수직반력은 N이고 마찰력 $f = \mu_k N$이다. 여기에서 운동 제2법칙을 적용하면

$$(+\rightarrow)\sum F_x = ma: \ P\cos 30° - \mu_k N = ma \qquad \cdots ①$$
$$(+\uparrow)\sum F_y = 0 \ : \ N - mg - P\sin 30° = 0 \qquad \cdots ②$$

이다. 식 ②에서 $N = mg + P\sin 30°$를 ①에 대입하면

$$P\cos 30° - \mu_k(mg + P\sin 30°) = ma$$
$$P(\cos 30° - \mu_k\sin 30°) = m(a + \mu_k g)$$

$$\therefore \ P = \frac{m(a+\mu_k g)}{\cos 30° - \mu_k \sin 30°} = \frac{50\times(3+0.2\times 9.8)}{\cos 30° - 0.2\times\sin 30°} = 324[\text{N}]$$

이 구해진다.

5 탄성력, 용수철(스프링)

(1) 탄성력: 힘을 가하여 물체를 변형시켰을 때 물체가 본래 상태로 되돌아가려는 힘을 탄성력이라 한다.

(2) 용수철: 용수철은 변형된 길이와 힘의 크기가 비례하는 선형 용수철과 그렇지 않은 비선형 용수철이 있다. 용수철의 길이가 늘어나면 줄어들려는 방향으로 힘이 생기고, 용수철이 압축되면 늘어나려는 방향으로 힘이 발생한다.

(3) 훅의 법칙(Hook's law, Hooke's law): x 축을 용수철의 길이 방향과 평행하게 잡고, 평형 상태의 위치를 원점($x=0$)으로 잡으면

$$F = -kx \qquad \cdots(3.1.8)$$

이다. 이 식에서 음의 부호는 변위 x와 복원력 F의 방향이 반대라는 것을 나타내고, k를 용수철상수(스프링상수) 또는 탄성계수라 한다. k의 SI 단위는 N/m이다.

6 줄의 장력

물체에 연결된 줄을 잡아당기면 줄은 물체에서 멀어지는 방향으로 물체를 잡아당긴다. 이때 줄이 팽팽한 긴장 상태에 있기 때문에 이와 같은 힘을 장력(tension)이라 한다. 줄의 장력은 물체에 작용하는 힘의 크기와 같고, 언제나 물체에서 멀어지는 방향으로 작용한다.

[그림 3.1.7(a)]에서 물체에 연결된 줄의 질량을 무시하면 줄은 물체와 손을 장력 T로 당긴다. 이때 **"물체와 손에 작용하는 장력은 크기가 같고 방향이 반대이다."** 질량이 없고 마찰력이 없는 도르래[그림 3.1.7(b), (c)]의 경우도 마찬가지이다.

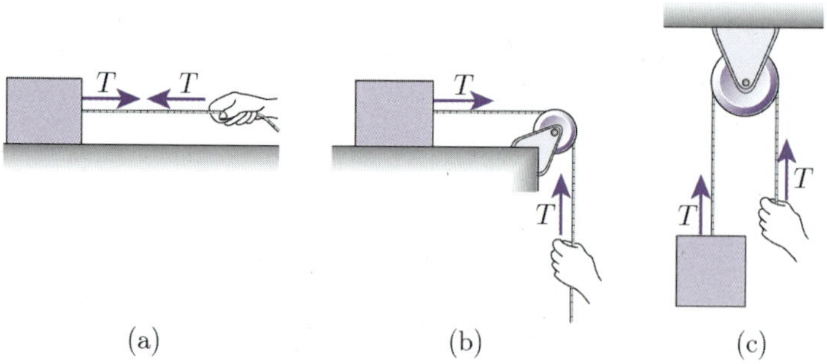

[그림 3.1.7] 줄의 장력

예제 3.1.6 케이블에 매달려 있는 $m=800\text{kg}$의 승강기가 케이블에 끌려 연직 위쪽으로 $a=1.2\,\text{m/s}^2(\uparrow)$의 일정 가속도로 올라가고 있다. 케이블의 무게를 무시할 때 케이블에 걸리는 장력을 구하라.

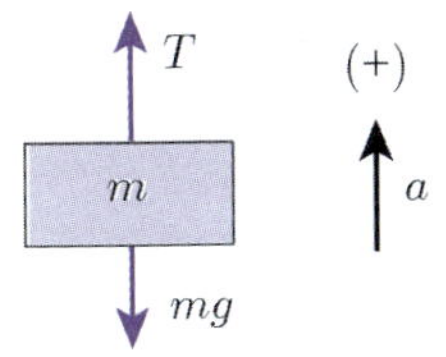

[그림 3.1.8]

풀이 승강기에 작용하는 외력은 케이블의 장력(T)과 승강기의 무게($W=mg$)이다. 승강기는 직선 운동을 하므로 가속도의 방향과 같은 방향(위쪽)을 양(+)으로 잡고 운동 제2법칙을 적용하면 장력(T)이 구해진다.

$$(+\uparrow)\sum F=ma:\quad T-mg=ma$$

$$\therefore\quad T=m(a+g)=800(1.2+9.8)=8800\ [\text{N}]$$

예제 3.1.7 질량 $m=2\text{kg}$과 $M=8\text{kg}$의 물체가 도르래(pulley)를 지나는 줄로 연결되어 일정한 가속도로 운동하고 있다. 줄의 무게와 도르래의 마찰력을 무시할 때 물체의 가속도와 줄에 걸리는 장력을 구하라.

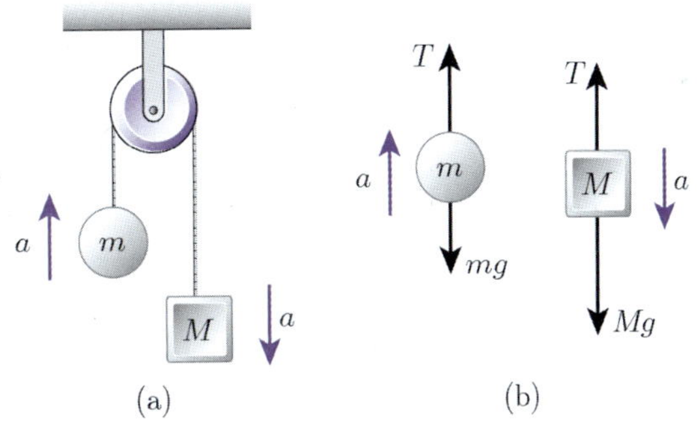

[그림 3.1.9] (a) 두 물체와 도르래 (b) 두 물체의 자유물체도

풀이 줄에 걸리는 장력을 T, 가속도를 a라 하고 각각의 물체에 대한 자유물체도를 그려 문제를 해석한다. 줄로 연결된 두 물체는 더 무거운 물체가 낙하하는 방향으로 운동한다. 질량 m의 물체는 위로 운동하므로 위 방향($\uparrow$)을 양(+)으로 잡고 그림의 (b)에서 운동 제2법칙을 적용하면

$$(+\uparrow)\sum F = ma:\ T - mg = ma \qquad \cdots ①$$

이고, 질량 M의 물체는 아래로 운동하므로 아래 방향($\downarrow$)을 양(+)으로 잡고 운동 제2법칙을 적용하면

$$(+\downarrow)\sum F = Ma:\ Mg - T = Ma \qquad \cdots ②$$

이다. ①+②에서 가속도는

$$Mg - mg = ma + Ma$$

$$\therefore\ a = \frac{M-m}{M+m}g \qquad \cdots ③$$

이고, ③을 ①에 대입하면 줄에 걸리는 장력은

$$T = \frac{2mM}{M+m}g \qquad \cdots ④$$

이다. ③, ④로부터 $m = 2\text{kg}$, $M = 8\text{kg}$일 때 가속도와 장력은 다음과 같다.

$$a = \frac{M-m}{M+m}g = \frac{(8-2)\text{kg}}{(8+2)\text{kg}} \times 9.8\,\text{m/s}^2 = 5.88\,[\text{m/s}^2]$$

$$T = \frac{2mM}{M+m}g = \frac{2\times(2\text{kg})\times(8\text{kg})}{8\text{kg}+2\text{kg}} \times 9.8\,\text{m/s}^2 = 31.4\,[\text{N}]$$

예제 3.1.8 질량 $m = 4\text{kg}$과 $M = 10\text{kg}$의 물체가 도르래에 걸린 줄로 연결되어 m의 무게에 의해 일정한 가속도로 운동하고 있다. M의 물체와 수평으로 놓인 바닥 사이의 운동마찰계수 $\mu_k = 0.2$일 때 물체의 가속도와 줄에 걸리는 장력을 구하라. 줄의 무게와 도르래의 마찰력은 무시한다.

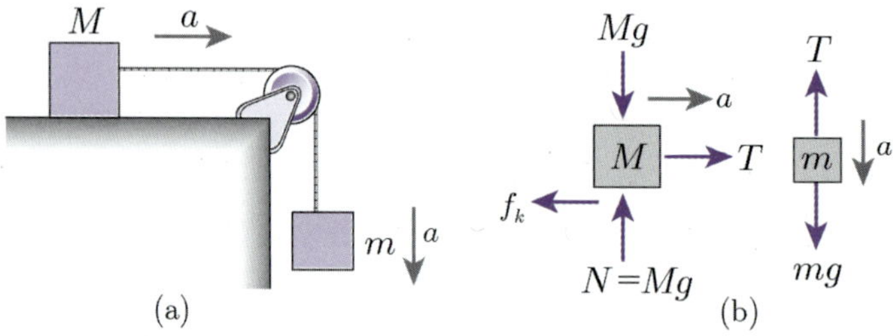

[그림 3.1.10] (a) 두 물체와 도르래 (b) 두 물체의 자유물체도

풀이 질량 M의 물체와 바닥 사이의 마찰력을 f_k, 줄에 걸리는 장력을 T, 가속도를 a라 한다. m의 물체는 아래로 운동하므로 아래 방향($\downarrow$)을 양(+)으로 잡고 그림의 (b)에서 운동 제2법칙을 적용하면

$$(+\downarrow)\sum F = ma: \; mg - T = ma \qquad \cdots ①$$

이고, M의 물체는 오른쪽으로 운동하므로 오른쪽 방향(→)을 양(+)으로 잡고 운동 제2법칙을 적용하면

$$(+\rightarrow)\sum F = Ma: \; T - f_k = Ma \qquad \cdots ②$$

이다. ①+②에서

$$mg - f_k = ma + Ma$$

$$\therefore \; a = \frac{mg - f_k}{M+m} \qquad \cdots ③$$

이다. 물체 M에서 지면에 수직한 방향의 가속도 $a_y = 0$이므로

$$(+\uparrow)\sum F = ma_y = 0: \; N - Mg = 0$$

$$\therefore \; N = Mg$$

이고, 마찰력은

$$f_k = \mu_k N = \mu_k Mg \qquad \cdots ④$$

이다. 식 ④를 ③에 내입하면 가속도는

$$a = \frac{mg - \mu_k Mg}{M+m} = \frac{(m - \mu_k M)g}{M+m} \qquad \cdots ⑤$$

이고, 식 ⑤와 ②로부터 장력은

$$T = Ma + f_k = M\frac{(m - \mu_k M)g}{M+m} + \mu_k Mg = \frac{Mmg(1+\mu_k)}{M+m} \cdots ⑥$$

이다. 식 ⑤, ⑥으로부터 $m = 4\text{kg}$, $M = 10\text{kg}$일 때 가속도와 장력은 다음과 같다.

$$a = \frac{(m - \mu_k M)g}{M+m} = \frac{(4\text{kg} - 0.2 \times 10\text{kg}) \times 9.8\text{m/s}^2}{10\text{kg} + 4\text{kg}} = 1.4\,[\text{m/s}^2]$$

$$T = \frac{Mmg(1+\mu_k)}{M+m} = \frac{(10\text{kg})(4\text{kg})(9.8\text{m/s}^2)(1+0.2)}{10\text{kg} + 4\text{kg}} = 33.6\,[\text{N}]$$

Note [예제 3.1.7], [예제 3.1.8]의 풀이와 같이 각 물체를 분리하여 자유물체도를 그리고 각 물체에 대해 운동방정식을 적용하는 것이 물체의 가속도와 줄에 걸리는 장력을 모두 구할 수 있는 표준적인 방법이라 할 수 있다. 그런데 물체의 가속도를 구할 때는 두 블록을 합한 전체 시스템($M+m$)에 대해 운동법칙을 적용하면 그 값을 곧바로 구할 수 있다.

[예제 3.1.7] 블록이 오른쪽 아래로 내려가므로 Mg는 a와 같은 방향이고 mg는 반대방향이다.

$$Mg - mg = (M + m)a$$

[예제 3.1.8] 마찰력 $f_k = \mu_k Mg$는 운동을 방해하는 힘이다.

$$mg - \mu_k Mg = (m + M)a$$

예제 3.1.9 [작용 반작용의 법칙] 그림의 (a)와 같이 마찰이 없는 수평면 위에 질량 m, M인 두 물체 A, B를 접촉시켜놓고 수평 방향으로 P의 힘으로 밀어주었다. 두 물체의 가속도와 A와 B 사이에 작용하는 힘을 구하라.

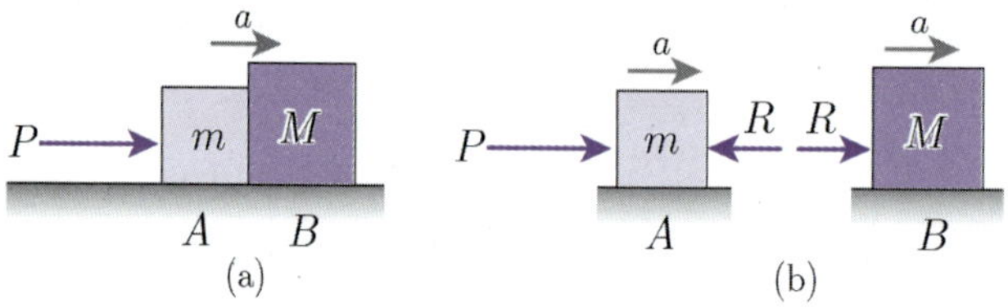

[그림 3.1.11]

풀이 두 물체 A와 B 사이에 작용하는 힘을 R로 하고 각 물체에 작용하는 수평 방향 힘을 도시하면 그림의 (b)와 같다. 여기에서 물체 A는 B를 R의 힘으로 오른쪽으로(→) 밀어주며 A와 B 사이에 작용하는 힘은 작용 반작용의 법칙에 따라 크기가 같고 방향이 반대이다.

그림 (b)에서 질량 m인 A의 물체에 운동 제2법칙을 적용하면

$$(+\rightarrow)\sum F = ma: \ P - R = ma \qquad \cdots ①$$

이고, 질량 M인 B의 물체에 운동 제2법칙을 적용하면

$$(+\rightarrow)\sum F = Ma: \ R = Ma \qquad \cdots ②$$

이다. 여기에서 ①+②를 하면 다음과 같이 가속도(a)가 구해진다.

$$P = ma + Ma$$
$$P = (m + M)a$$
$$\therefore \ a = \frac{P}{m + M} \qquad \cdots ③$$

그리고 식 ③을 ②에 대입하면 A와 B 사이에 작용하는 힘(R)은 다음과 같다.

$$R = Ma = \frac{MP}{m + M} \qquad \cdots ④$$

예제 3.1.10 그림의 (a)와 같이 마찰이 없는 수평면 위에서 질량 $m=2\text{kg}$과 $M=3\text{kg}$의 두 물체를 줄로 연결하여 수평 방향으로 $P=40\text{N}$의 힘으로 끌었다. 두 물체를 연결하는 줄에 걸리는 장력과 물체의 가속도를 구하라. 줄의 무게는 무시한다.

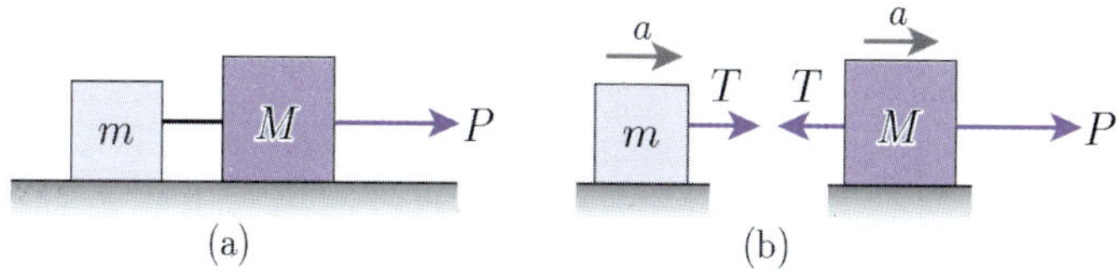

[그림 3.1.12]

풀이 줄에 걸리는 장력을 T, 가속도를 a로 놓고 (b)와 같이 각각의 물체에 작용하는 수평 방향 힘을 그려 문제를 해석한다. 줄에는 인장력이 작용하며 작용 반작용의 법칙에 따라 크기가 같고 방향이 반대인 인장력이 두 물체에 각각 작용한다.

그림 (b)에서 질량 m의 물체에 뉴턴의 제2법칙을 적용하면

$$(+\rightarrow)\sum F=ma \ : \ T=ma \qquad \cdots ①$$

이고, 질량 M의 물체에 뉴턴의 제2법칙을 적용하면

$$(+\rightarrow)\sum F=Ma \ : \ P-T=Ma \qquad \cdots ②$$

이다. ①+②를 하면

$$P=ma+Ma$$

$$\therefore \ a=\frac{P}{M+m} \qquad \cdots ③$$

이고, 식 ③을 ①에 대입하면 줄에 걸리는 장력은

$$T=\frac{mP}{M+m} \qquad \cdots ④$$

이다. 식 ③, ④로부터 $m=2\text{kg}$, $M=3\text{kg}$, $P=40\text{N}$일 때 가속도(a)와 장력(T)의 값은 다음과 같다.

$$a=\frac{P}{M+m}=\frac{40\text{N}}{(3+2)\text{kg}}=8\,[\text{m/s}^2]$$

$$T=\frac{mP}{M+m}=\frac{2\text{kg}\times 40\text{N}}{(3+2)\text{kg}}=16\,[\text{N}]$$

예제 3.1.11 그림과 같이 도르래와 줄로 연결된 두 개의 블록이 정지 상태에서 출발하여 움직이기 시작한다. 모든 마찰을 무시할 때 블록 A의 가속도와 각 줄에 걸리는 장력을 구하라. 두 물체의 질량 $m_A > m_B$이고 도르래 C의 질량은 0이며, 중력가속도는 g이다.

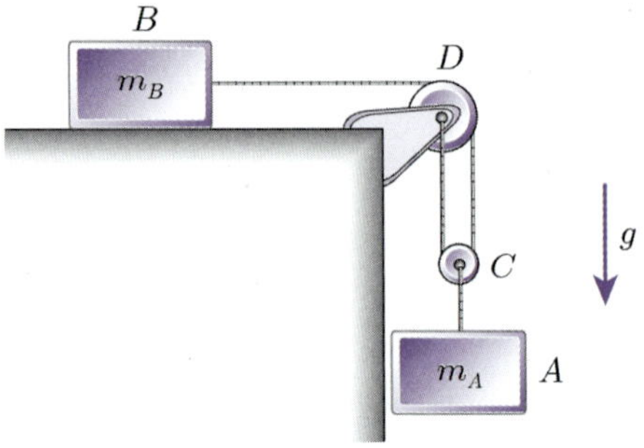

[그림 3.1.13]

풀이 먼저 운동학적 조건을 살펴보면 블록 A가 아래로 x_A만큼 내려가면 블록 B는 오른쪽으로 $2x_A$만큼 이동한다. 따라서 A의 가속도를 a라고 하면 B의 가속도는 $2a$가 된다. 이에 따라 A, B에 나타나는 힘과 가속도를 도시하면 [그림 3.1.14]와 같다. 여기에서 T_1과 T_2는 각각 줄 AC와 BD에 걸리는 장력을 나타낸다. 여기에서 각 물체에 대해 뉴턴의 제2법칙을 적용한다.

$$[A]\ (+\downarrow)\sum F = m_A a \quad : m_A g - T_1 = m_A a \quad \cdots ①$$

$$[B]\ (+\rightarrow)\sum F = m_B \times 2a \quad : T_2 = 2m_B a \quad \cdots ②$$

$$[C]\ (+\downarrow)\sum F = 0 \quad : T_1 - 2T_2 = 0 \quad \cdots ③$$

식 ①, ②에서 T_1, T_2를 식 ③에 대입하면 블록 A의 가속도는

$$(m_A g - m_A a) - 2(2m_B a) = 0$$

$$\therefore\ a = \frac{m_A g}{m_A + 4m_B}$$

이고, 식 ②와 ③으로부터 줄에 걸리는 장력은 다음과 같다.

$$T_1 = \frac{4m_A m_B g}{m_A + 4m_B},\ T_2 = \frac{2m_A m_B g}{m_A + 4m_B}$$

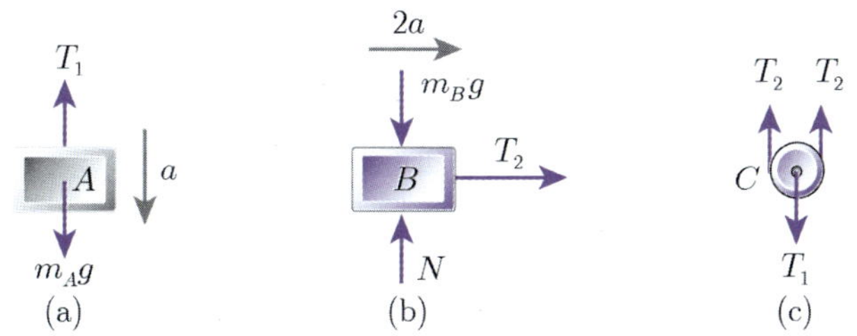

[그림 3.1.14] A, B, C의 자유물체도

예제 3.1.12 그림과 같은 경사면에서 질량 $m = 50\text{kg}$의 물체를 경사면을 따라 일정한 가속도 2m/s^2으로 끌어 올릴 때 줄에 작용하는 장력 P를 구하라. 물체와 경사면 사이 운동마찰계수 $\mu_k = 0.2$이고, 줄과 도르래의 질량은 무시한다.

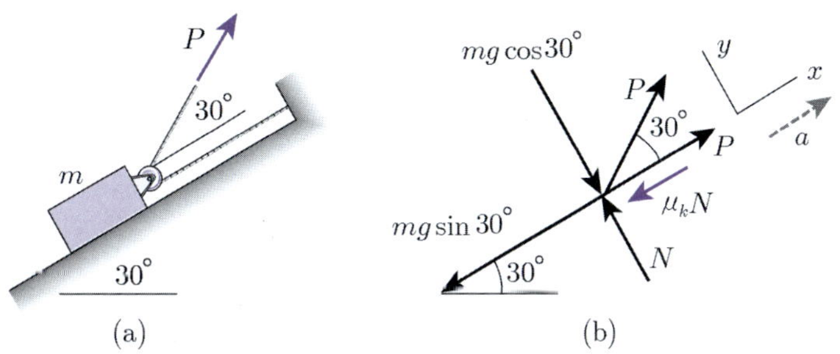

[그림 3.1.15] (a) 경사면 위 블록 (b) 블록에 작용하는 힘

풀이 경사면 방향과 경사면에 수직인 방향을 각각 x, y로 하여 좌표계를 잡고 물체에 작용하는 힘을 도시하면 (b)와 같다. 물체가 지면으로부터 받는 수직반력은 N이고 마찰력 $f = \mu_k N$이다. 여기에서 뉴턴의 제2법칙을 적용하면

$$(+\nearrow)\sum F_x = ma:\ P(1+\cos 30°) - \mu_k N - mg\sin 30° = ma \quad \cdots ①$$

$$(+\nwarrow)\sum F_y = 0 \quad :\ N - mg\cos 30° + P\sin 30° = 0 \quad \cdots ②$$

이다. 식 ②에서 $N = mg\cos 30° - P\sin 30°$를 식 ①에 대입하여 P를 구한다.

$$P(1+\cos 30°) - \mu_k(mg\cos 30° - P\sin 30°) - mg\sin 30° = ma$$

$$P(1+\cos 30° + \mu_k \sin 30°) = m(\mu_k g\cos 30° + g\sin 30° + a)$$

$$\therefore\ P = \frac{m(\mu_k g\cos 30° + g\sin 30° + a)}{1+\cos 30° + \mu_k\sin 30°}$$

$$= \frac{50(0.2\times 9.8\cos 30° + 9.8\sin 30° + 2)}{1+\cos 30° + 0.2\sin 30°} = 218.6[\text{N}]$$

예제 3.1.13 그림에서 블록 A와 추 B의 질량은 각각 50kg과 10kg이고, 수평 방향으로 일정한 힘 P를 가하고 있다. 수평인 바닥은 마찰이 없으며 추와 블록을 연결하는 막대의 무게는 무시한다. 막대가 바닥의 법선과 이루는 각 $\theta = 30°$일 때 힘 P를 구하라.

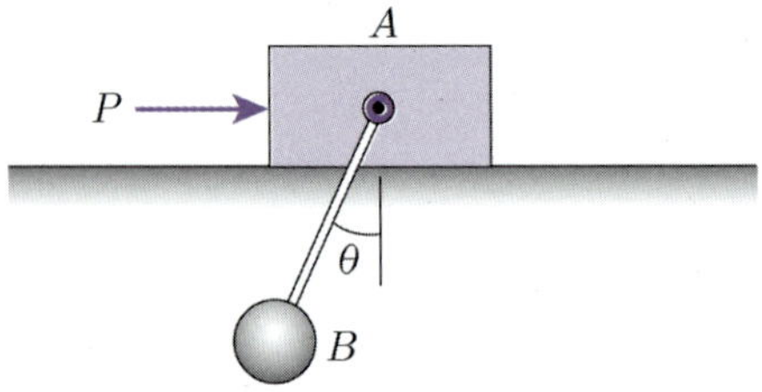

[그림 3.1.16]

풀이 블록 A에서 반력과 막대에 작용하는 인장력을 각각 N과 T로 하여 작성한 자유물체도는 [그림 3.1.17]과 같다.

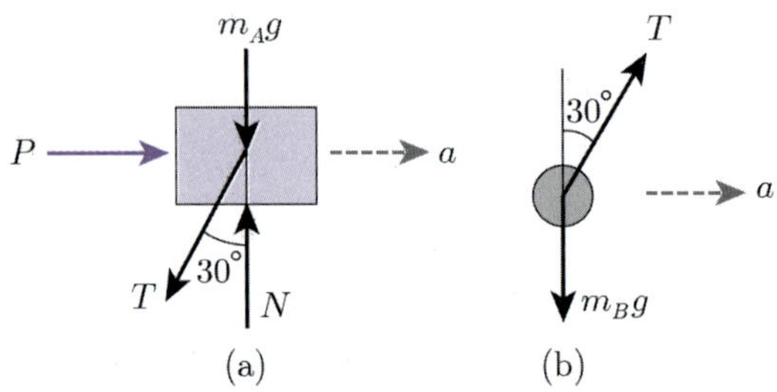

[그림 3.1.17] (a) A의 자유물체도 (b) B의 자유물체도

A에서 뉴턴의 제2법칙을 적용하면

$$\sum F_x = m_A a: \; P - T\sin 30° = m_A a$$

$$P - T\sin 30° = 50a \qquad \cdots ①$$

$$\sum F_y = 0: \; N - T\cos 30° - m_A g = 0$$

$$N - T\cos 30° - 50(9.8) = 0 \qquad \cdots ②$$

이고, B에서 뉴턴의 제2법칙을 적용하면

$$\sum F_x = m_B a: \; T\sin 30° = m_B a$$

$$T\sin 30° = 10a \qquad \cdots ③$$

$$\sum F_y = 0: \; T\cos 30° - m_B g = 0$$

$$T\cos 30° - 10(9.8) = 0 \qquad \cdots ④$$

이다. 식 ④에서 T를 구한 후 식 ③, ②, ①에서 차례대로 a, N, P가 얻어진다.

$$T = 113.2[\text{N}], \; a = 5.66[\text{m/s}^2], \; P = 339.6[\text{N}]$$

예제 3.1.14 수평면에 놓여있는 블록 A와 B의 질량은 각각 $m_A = 10\text{kg}$, $m_B = 20\text{kg}$이고, 모든 표면에서 마찰계수 $\mu_s = 0.5$, $\mu_k = 0.4$이다. 블록 B에 오른쪽으로 $P = 300\text{N}$의 힘을 가했을 때 A와 B의 가속도를 구하라. 힘을 가하기 전에 모든 블록은 정지해 있다.

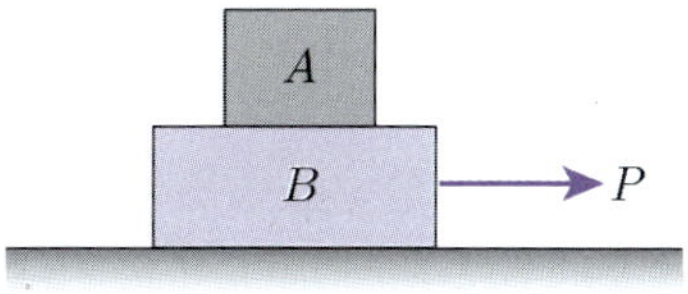

[그림 3.1.18]

풀이 블록 A와 B에 대한 자유물체도는 [그림 3.1.19]와 같다. 외력이 작용하는 블록 B의 두 표면에서 마찰력은 모두 B의 미끄러짐을 방해하는 방향으로 작용한다. 오른쪽을 x방향, 위쪽을 y방향으로 잡을 때 자유물체도로부터 A와 B에 대한 운동방정식은 다음과 같다.

$$\sum F_{x,A} = m_A a_A \ : \ f_A = m_A a_A \qquad \cdots ①$$
$$\sum F_{y,A} = 0 \ : \ N_A - m_A g = 0 \qquad \cdots ②$$
$$\sum F_{x,B} = m_B a_B \ : \ P - f_A - f_B = m_B a_B \qquad \cdots ③$$
$$\sum F_{y,A} = 0 \ : \ N_B - (m_A + m_A) g = 0 \qquad \cdots ④$$

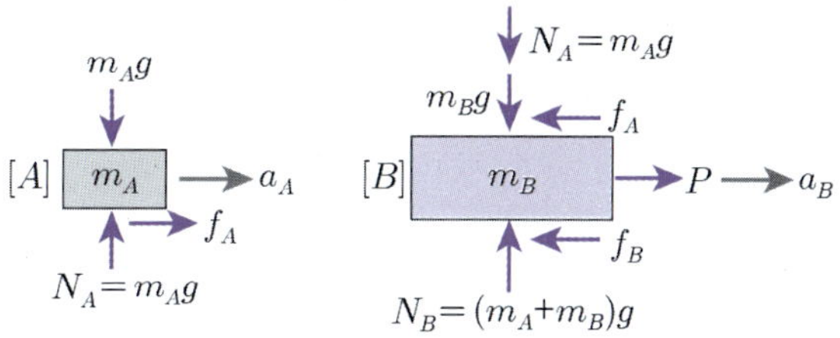

[그림 3.1.19] 블록 A와 B의 자유물체도

식 ①~④는 6개의 미지수 a_A, a_B, f_A, f_B, N_A, N_B를 포함하고 있다. 먼저 반력 N_A와 N_B는 식 ②, ④로부터 결정된다.

$$N_A = m_A g = 10(9.8) = 98[\text{N}]$$
$$N_B = (m_A + m_B) g = (10 + 20)(9.8) = 294[\text{N}]$$

이 값으로부터 B와 지면 사이에서 최대 정지마찰력은

$$f_{B,\max} = \mu_s N_B = 0.5(294) = 147[\text{N}]$$

이다. 여기에서 $P=300\text{N}$이므로 $P > f_{B,\max}$이다. 따라서 B는 지면에서 미끄러진다. 그런데 B가 미끄러지는 경우는 A와 B가 한 덩어리가 되어 동일한 가속도로 움직이는 경우와 A와 B가 서로 다른 가속도로 움직이는 경우로 나누어질 수 있다.

(1) A와 B가 동일한 가속도로 움직인다고 하면($a_A = a_B = a$): B가 지면에서 미끄러지므로

$$f_B = \mu_k N_B$$

이다. 따라서 식 ①에서 $f_A = m_A a$를 식 ③에 대입하면 가속도 a는

$$P - \mu_k N_B = (m_A + m_B)a$$
$$300 - 0.4(10+20)(9.8) = (10+20)a$$
$$\therefore\ a = 6.08[\text{m/s}^2]$$

이고, A에서 마찰력은

$$f_A = m_A a = 10(6.08) = 60.8[\text{N}]$$

이 된다. 그런데 A에서 최대 정지마찰력은

$$f_{A,\max} = \mu_s N_A = 0.5(98) = 49[\text{N}]$$

이므로 $f_A > f_{A,\max}$가 되어 A와 B가 동일한 가속도로 움직인다는 가정은 옳지 않다.

(2) A와 B가 서로 다른 가속도로 움직인다고 하면: 이때는 A와 B가 모두 미끄러지므로

$$f_A = \mu_k N_A = \mu_k m_A g$$
$$f_B = \mu_k N_B = \mu_k (m_A + m_B) g$$

이다. 이 값을 식 ①에 대입하면

$$\mu_k m_A g = m_A a_A$$
$$\therefore\ a_A = \mu_k g = 0.4(9.8) = 3.92[\text{m/s}^2]$$

이고, 식 ③에 대입하면

$$P - \mu_k (N_A + N_B) = m_B a_B$$
$$P - \mu_k (2m_A + m_B) g = m_B a_B$$
$$\therefore\ a_B = \frac{P}{m_B} - \mu_k \left(2\frac{m_A}{m_B} + 1\right) g$$

$$= \frac{300}{20} - 0.4\left(2 \times \frac{10}{20} + 1\right) \times 9.8 = 7.16[\mathrm{m/s^2}]$$

이다. A와 B가 모두 미끄러질 때는 힘 P를 받는 B의 가속도가 A의 가속도보다 커야 한다는 추가적인 조건($a_B > a_A$)을 또한 만족해야 한다. 이상에서 얻은 값은 이 조건을 만족하므로 A와 B가 서로 다른 가속도로 움직인다고 하는 가정은 옳고, A와 B의 가속도는 각각 $a_A = 3.92[\mathrm{m/s^2}]$와 $a_B = 7.16[\mathrm{m/s^2}]$이다.

Note 뉴턴의 제2법칙

동역학에서 가장 기본적인 중요한 법칙 하나를 들라고 하면 아마도 뉴턴의 제2법칙($\sum \mathrm{F} = m\mathrm{a}$)이 아닌가 한다. 뉴턴의 제2법칙은 대부분의 해석에서 기본이 된다. 이 단원을 통하여 이 법칙의 적용법을 완전히 파악하도록 한다.

연습문제 3.1

01 질량 2kg의 물체에 4000dyne의 힘을 일정하게 가하면 물체의 가속도는 몇 cm/s^2가 되는가?

02 어떤 물체에 1.4N의 힘을 가하였을 때 물체의 가속도가 $25mm/s^2$이면 그 질량은 몇 kg인가?

03 질량 $m = 2kg$의 물체가 마찰 없는 수평면 위에서 그림과 같은 힘을 받고 운동하고 있을 때 다음을 구하라.

(1) 바닥으로부터 받는 수직반력

(2) 물체의 가속도

(3) 정지 상태에서 출발하여 4초 후의 변위

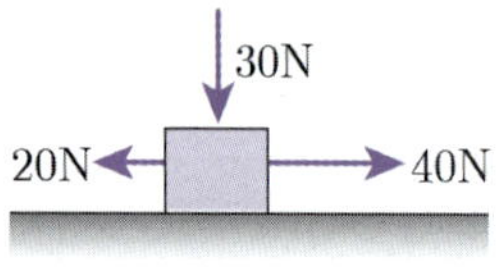

[문제 3.1.3]

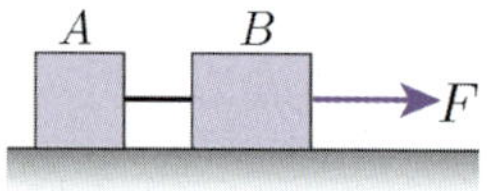

[문제 3.1.4]

04 질량이 각각 $m_A = 3kg$, $m_B = 7kg$인 두 개의 블록 A, B가 마찰이 없는 수평면 위에서 가벼운 줄로 연결되어 있다. 블록 B를 오른쪽으로 $F = 40N$의 힘으로 당길 때 블록의 가속도와 줄에 걸리는 장력을 구하라.

05 정지해 있는 1000kg의 승용차가 등가속도 직선 운동을 하여 4초 만에 72km/h로 가속되었다. 차의 가속도와 차에 작용하는 추진력을 구하라.

06 10m/s의 속도로 등속 직선 운동을 하고 있는 20kg의 물체에 일정한 힘을 작용하여 4초 후에 정지시키려면 가해야 할 힘의 크기는 몇 N인가?

07 케이블에 매달려 있는 100kg의 물체가 연직 아래쪽으로 $2.8m/s^2$의 일정 가속도로 하강하고 있다. 케이블의 무게를 무시할 때 케이블에 걸리는 장력을 구하라.

08 마찰 없는 면 위에 놓여 있는 40kg의 물체에 500N의 힘을 수평선과 30° 각도로 일정하게 가할 때 물체의 가속도를 구하라.

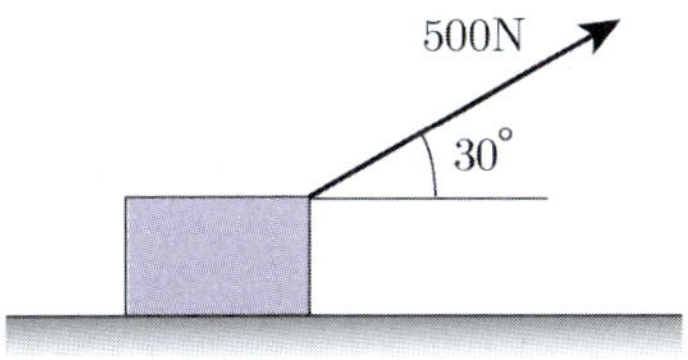

[문제 3.1.8]

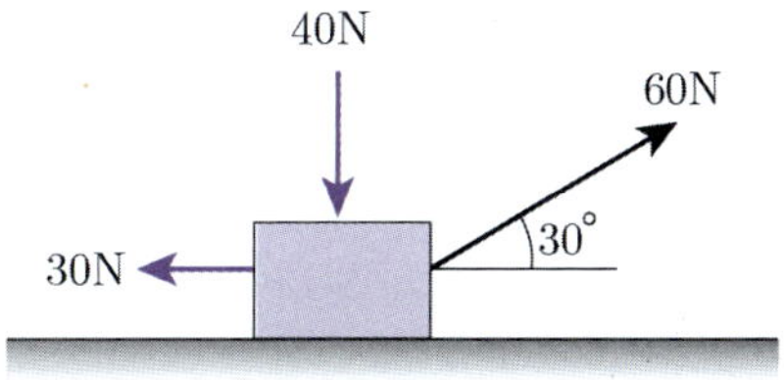

[문제 3.1.9]

09 질량 $m = 4\text{kg}$의 물체가 수평면 위에서 그림과 같은 힘을 받고 운동하고 있다. 운동마찰계수 $\mu_k = 0.2$일 때 다음을 구하라.

(1) 바닥으로부터 받는 수직반력

(2) 물체의 가속도

(3) 정지 상태에서 출발하여 2초 후의 변위

10 미끄럼마찰에서 정지마찰계수가 0.25이면 마찰각은 얼마인가?

11 어떤 물체가 경사각 10°의 빗면을 따라 일정한 속도로 미끄러져 내려오고 있을 때 운동마찰계수를 구하라.

12 경사각 $\theta = 30°$인 빗면 위에서 질량 m의 물체가 일정한 가속도 a로 미끄러져 내려오고 있을 때 물체의 가속도(a)를 구하라. 운동마찰계수 $\mu_k = 0.3$이다.

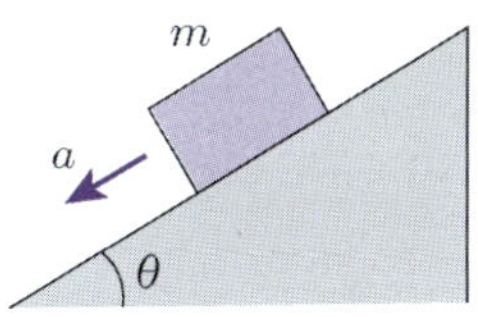

[문제 3.1.12]

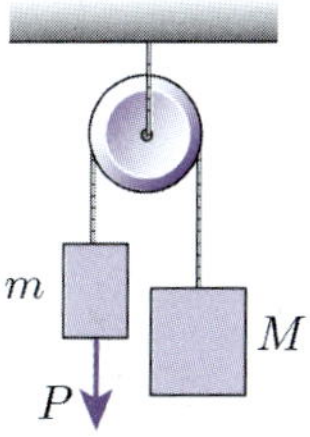

[문제 3.1.13]

13 질량 $m = 4\text{kg}$과 $M = 10\text{kg}$의 물체가 도르래를 지나는 줄로 연결되어 있다. 질량 m의 물체를 연직 아래 방향으로 $P = 30\text{N}$의 힘으로 당길 때 물체의 가속도와 줄에 걸리는 장력을 구하라. 줄의 무게와 마찰력은 무시한다.

14 질량 m과 M의 물체가 도르래에 걸린 줄로 연결되어 일정한 속도 또는 일정한 가속도로 운동하고 있다. 다음을 구하라.

(1) $m = 2\text{kg}$, $M = 3\text{kg}$이고 마찰이 없을 때 물체의 가속도와 줄에 걸리는 장력

(2) $m = 3\text{kg}$, $M = 8\text{kg}$이고, 두 물체가 일정한 속도로 운동하고 있을 때 M의 물체와 수평 바닥 사이의 운동마찰계수

(3) $m=4\text{kg}$, $M=6\text{kg}$이고, M의 물체와 바닥 사이의 운동마찰계수 $\mu_k=0.2$일 때 물체의 가속도

(4) $m=2\text{kg}$, $M=4\text{kg}$이고, 두 물체가 일정한 가속도 1.3m/s^2로 운동하고 있을 때 M의 물체와 바닥 사이의 운동마찰계수

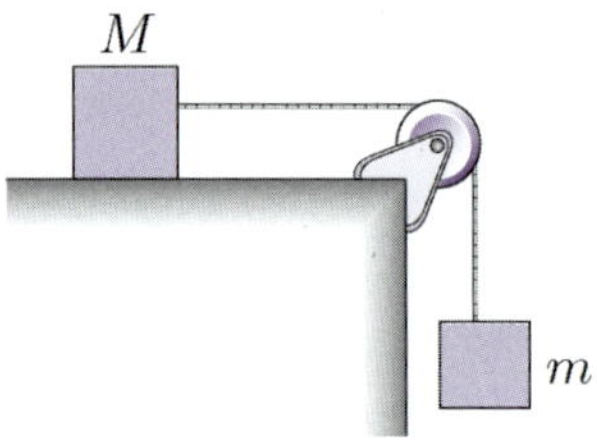

[문제 3.1.14]

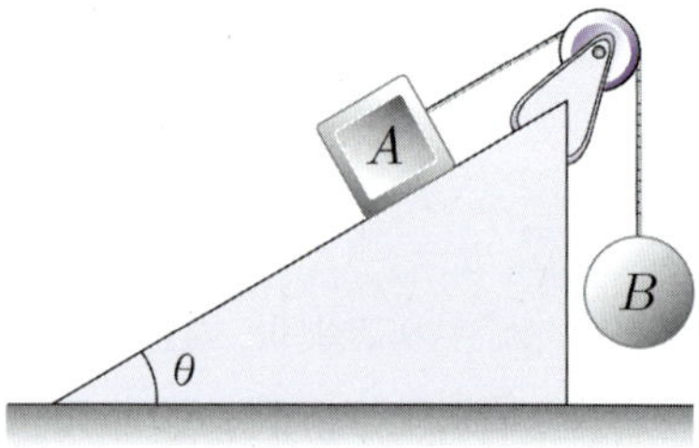

[문제 3.1.15]

15 물체 A와 B의 질량은 각각 $m_A=8\text{kg}$, $m_B=2\text{kg}$이고 마찰 없는 도르래 위로 연결되어 일정한 가속도로 운동하고 있다. A와 경사면 사이의 운동마찰계수 $\mu_k=0.2$, 경사각 $\theta=40°$일 때 A의 가속도와 줄에 걸리는 장력을 구하라.

16 그림과 같이 수평면과 $\alpha=30°$의 각도로 일정한 힘 T를 가하여 질량 $m=40\text{kg}$의 물체를 일정한 속도로 끌고 있다. 물체와 지면 사이의 운동마찰계수 $\mu_k=0.1$일 때 끄는 힘 T를 구하라.

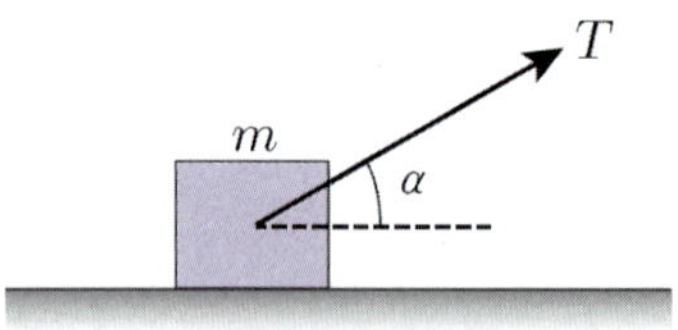

[문제 3.1.16]

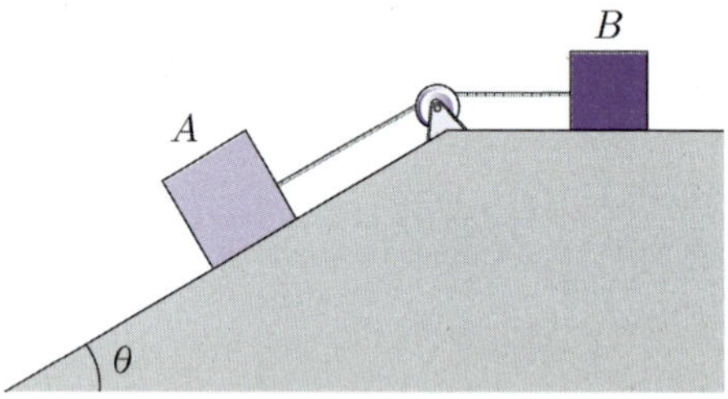

[문제 3.1.17]

17 두 개의 블록 A와 B의 질량은 각각 $m_A=4\text{kg}$, $m_B=2\text{kg}$이고 마찰 없는 도르래 위로 연결되어 일정한 가속도로 운동하고 있다. B와 수평면 사이의 운동마찰계수 $\mu_k=0.3$이고 경사면은 마찰 없는 면이다. 경사각 $\theta=30°$일 때 블록의 가속도를 구하라.

18 그림과 같이 마찰이 없는 수평면에 질량 4kg의 물체 A와 질량 6kg의 물체 B가 나란히 서 있다. 수평 방향으로 $F=20\text{N}$의 힘을 물체 A에 가하였다. 물체 A는 다시 물체 B를 밀고 있다. 물체 A가 물체 B에 가하는 수평 힘의 크기[N]는? 공기 저항은 무시한다. [공무원 임용시험]

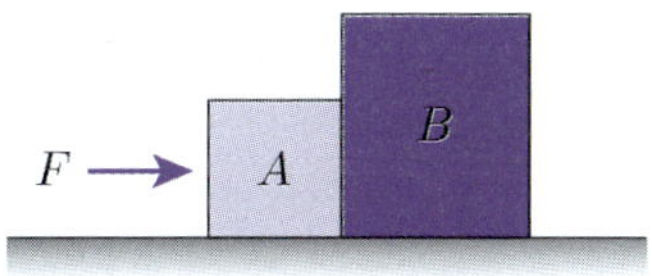

[문제 3.1.18]

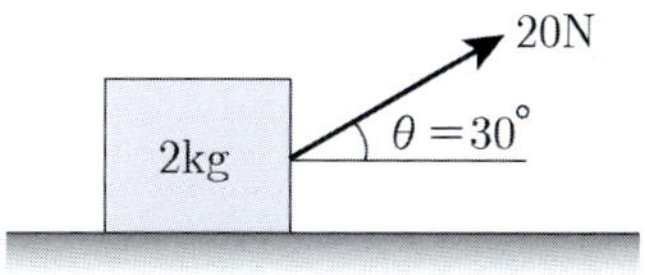

[문제 3.1.19]

19 그림과 같이 질량이 2kg인 물체에 수평면과 $\theta = 30°$로 20N의 힘이 작용하였다. 물체와 수평면 사이의 운동마찰계수가 $\mu_k = 0.2$일 때, 물체의 수평 방향 가속도의 크기[$\mathrm{m/s^2}$]는? 중력가속도는 $10\mathrm{m/s^2}$이다. [공무원 임용시험]

20 질량이 9000kg인 헬리콥터가 연직 위 방향으로 100kN의 추진력을 받는다. 이륙한 지 4초 후 헬리콥터의 속도와 상승 높이를 구하라.

21 그림과 같이 수평면에 정지해 있는 질량이 m인 물체에 수평면과 θ의 각도로 힘 T가 작용하고 있다. 물체를 움직이기 위해 필요한 최소한의 힘의 크기는 각 θ에 따라 달라진다. 이 힘을 최소로 하는 각을 물체와 바닥 사이의 정지마찰계수 μ_s로 나타내시오. 중력가속도는 g이다. [중등교사 임용시험(물리)]

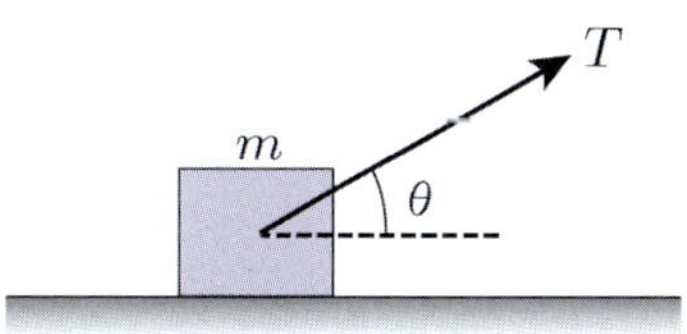

[문제 3.1.21]

22 수평면에 정지해 있는 질량 5kg의 물체가 일정한 힘 P를 받는다. 힘을 받은 후 2초 후 물체의 속도가 오른쪽으로 20m/s가 되었다. 다음 각 경우에 대해 힘 P를 구하라.

(1) 표면이 매끄러울 때 (2) 운동마찰계수 $\mu_k = 0.1$일 때

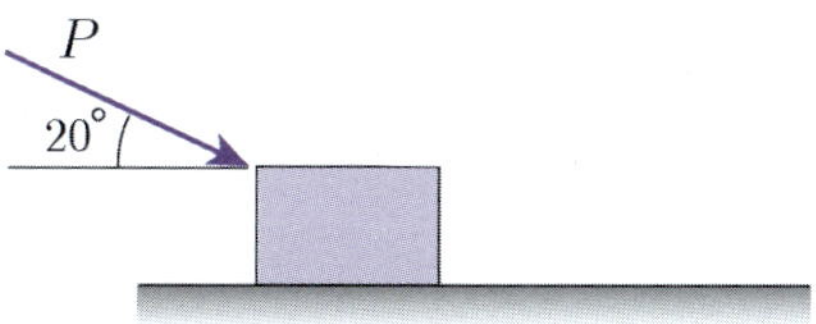

[문제 3.1.22]

23 경사면에 정지해 있는 질량 5kg의 물체가 수평 방향으로 일정한 힘 $P = 10\mathrm{N}$을 받는다. 다음 각 경우에 대해 힘을 받기 시작한 2초 후 물체의 속도를 구하라.

(1) 표면이 매끄러울 때 (2) 운동마찰계수 $\mu_k = 0.1$일 때

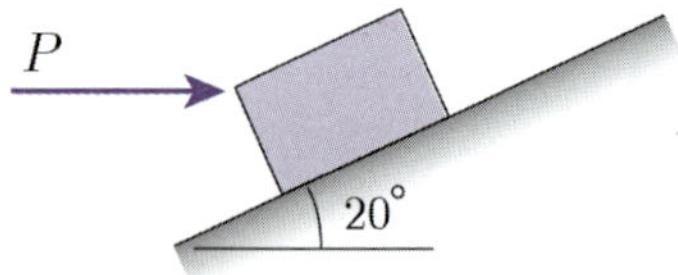

[문제 3.1.23]

24 질량이 $50\,\mathrm{kg}$ 인 물체를 $t=0$에서 마찰이 없는 경사면 위에 가만히 놓았다. 경사면이 수평선과 이루는 각이 $30°$일 때 $t=1$초에서 물체의 속도와 이동 거리를 구하라.

25 질량 $m=20\,\mathrm{kg}$ 인 블록이 수평인 바닥면을 따라 초기속도 $v_0=5\,\mathrm{m/s}$ 로 $x=0$에서 움직이고 있다. 바닥면과 블록 사이의 운동마찰계수 $\mu_k=0.4$일 때 블록이 정지할 때까지 걸리는 시간과 이 시간 동안 블록이 이동하는 거리를 구하라.

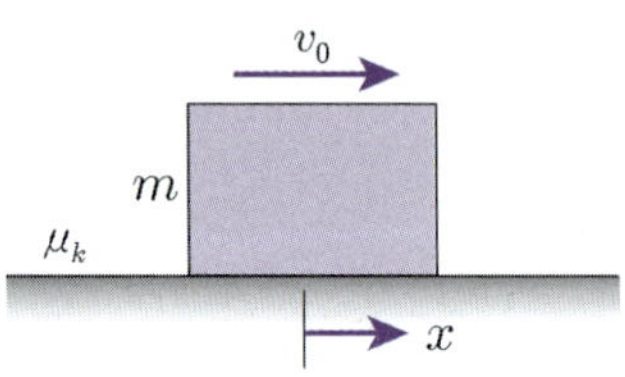

[문제 3.1.25]

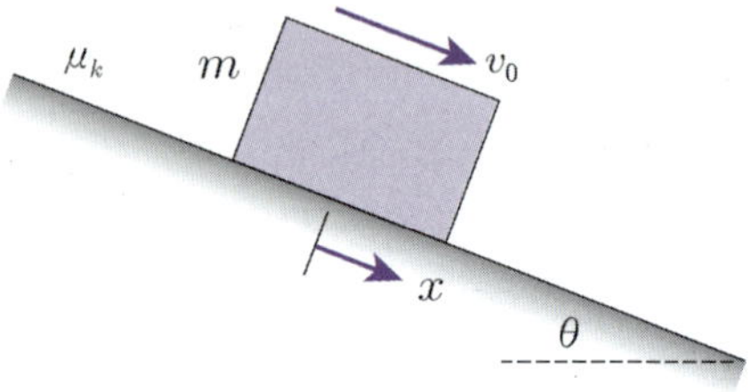

[문제 3.1.26]

26 질량 $m=20\,\mathrm{kg}$ 인 블록이 경사면을 따라 초기속도 $v_0=5\,\mathrm{m/s}$ 로 $x=0$으로부터 내려가고 있다. 바닥면과 블록 사이의 운동마찰계수 $\mu_k=0.4$일 때, 다음 각 경우에 대하여 블록이 정지할 때까지 걸리는 시간과 이 시간 동안 블록이 이동하는 거리를 구하라.

(1) $\theta=15°$ (2) $\theta=30°$

27 그림의 각 경우에 대해 블록 A의 가속도를 구하라. 중력가속도는 $10\,\mathrm{m/s^2}$이고, 도르래와 줄의 무게 및 도르래에서 마찰은 무시한다.

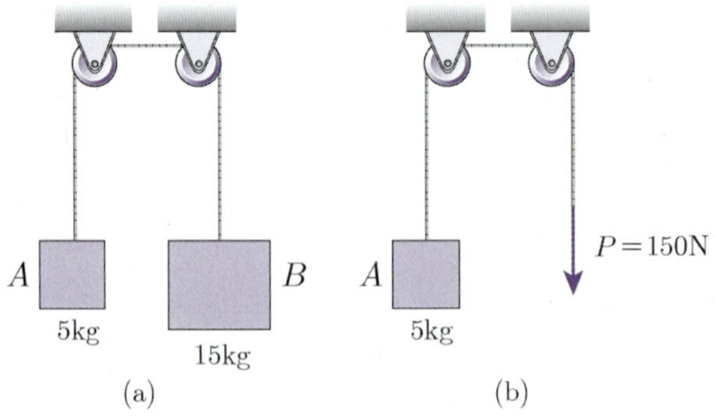

[문제 3.1.27]

28 시속 108km 로 달리는 자동차에서 브레이크를 밟아서 일정한 비율로 자동차 속도를 감소시켰다. 브레이크를 밟은 후 50m 이동 후에 자동차가 정지했을 때 자동차 바퀴에 작용하는 총 제동력[kN]을 구하라. 자동차의 질량은 1000kg 이다.

29 그림과 같이 질량이 125kg 인 블록 A가 질량이 200kg 인 물체 B를 끌어올리고 있다. B와 경사면 사이의 운동마찰계수가 0.5일 때 다음을 구하라. A와 B가 연결되기 전 모든 물체는 정지해 있고, 도르래와 줄의 무게 및 도르래에서 마찰은 무시한다.

(1) A의 가속도와 줄 AC에 걸리는 장력

(2) 초기 상태에서 A가 지면 D로부터 높이 $H=5\text{m}$에 있을 때 A가 지면에 떨어지는 순간 A의 속력

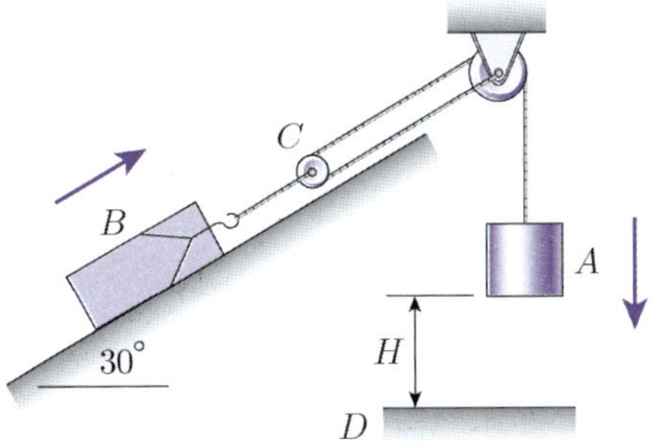

[문제 3.1.29]

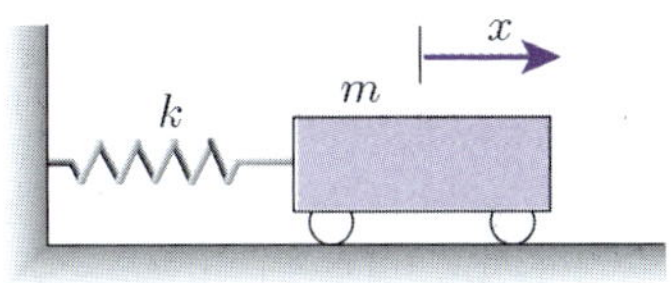

[문제 3.1.30]

30 질량 $m=10\text{kg}$ 의 물체에 선형스프링이 연결되어 있다. 그림에서 x는 스프링이 늘어나기 전 물체 질량중심으로부터 측정한 질량중심의 변위이다. 스프링상수 $k=50\text{N/m}$ 이고, $x=1\text{m}$ 위치에서 물체는 정지 상태에 있을 때 다음을 구하라. 모든 마찰은 무시한다.

Hint: $a=v\dfrac{dv}{dx}$

(1) 물체를 놓는 순간 물체의 가속도

(2) 물체가 $x=0$에 도달했을 때 물체의 속도

31 질량 $m=60\text{kg}$ 인 사람이 엘리베이터 안에 있는 스프링 저울 위에 혼자 서있다. 엘리베이터가 $t=0$에서 정지 상태로부터 상승하며, 처음 4초 동안 케이블에 작용하는 장력이 8000N 이다. 엘리베이터와 저울 및 사람의 총무게가 7000N 일 때 다음을 구하라.

Hint: 저울의 눈금은 사람의 발바닥이 엘리베이터 바닥으로부터 받는 반력이다.

(1) 엘리베이터의 가속도$[\text{m/s}^2]$

(2) 저울의 눈금[N]

(3) $t=4$초에서 엘리베이터의 상승속도[m/s]

32 정지해 있는 100kg의 블록 A를 가만히 놓았을 때 3초 후 20kg인 블록 B의 속도를 구하라. 블록 B도 초기에 정지해 있고, 도르래와 줄의 질량 및 모든 마찰은 무시한다.

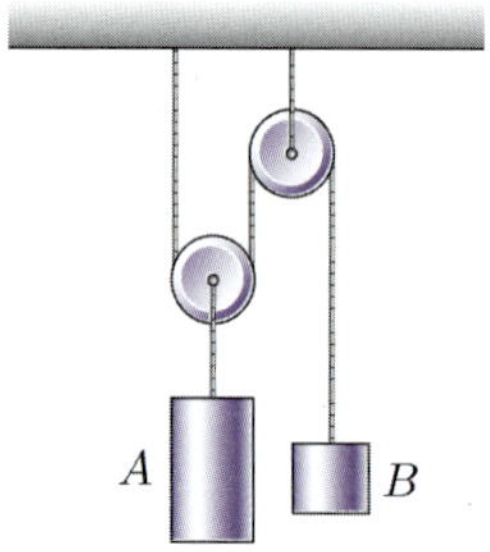

[문제 3.1.32]

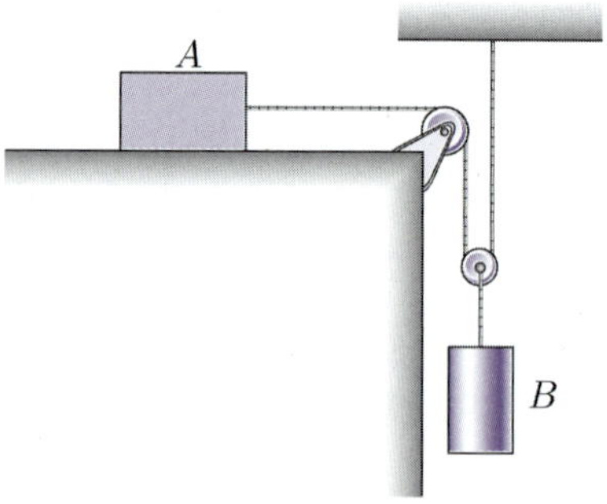

[문제 3.1.33]

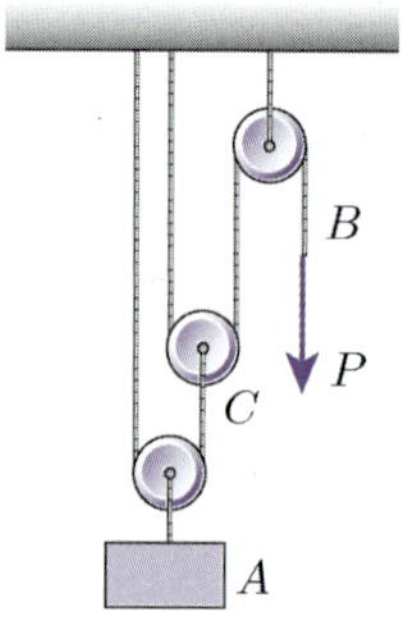

[문제 3.1.34/35]

33 $t = 0$에서 질량이 10kg인 블록 A의 속도가 오른쪽으로 2m/s이다. $t = 0$ 이후 A가 0.5m를 이동했을 때 A의 속도를 구하라. A와 바닥 사이의 운동마찰계수는 0.2이고, 블록 B의 질량은 20kg이다. 도르래와 줄의 무게는 무시한다.

34 줄 B를 $P = 70\text{N}$의 힘으로 아래로 당길 때, 정지해 있던 블록 A의 3초 후 상승 높이를 구하라. 블록 A의 질량은 20kg이고, 도르래와 줄의 무게는 무시한다.

35 앞 문제[34번]의 그림에서 블록 A가 정지 상태에서 출발하여 2m 위로 올라갔을 때 A의 속도가 3m/s가 되게 하는 일정한 힘 P를 구하라. 블록 A의 질량은 20kg이고, 도르래와 줄의 무게는 무시한다.

36 A와 B의 질량은 각각 40kg과 10kg이다. 정지해 있는 두 물체를 가만히 놓았을 때 각 물체의 가속도를 구하라. 도르래와 줄의 무게와 모든 마찰은 무시한다.

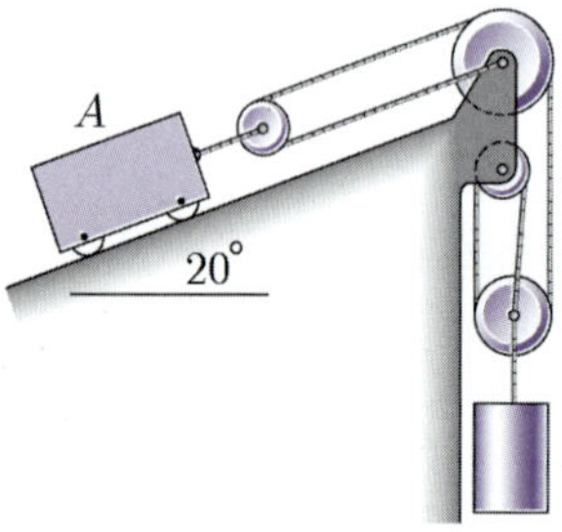

[문제 3.1.36]

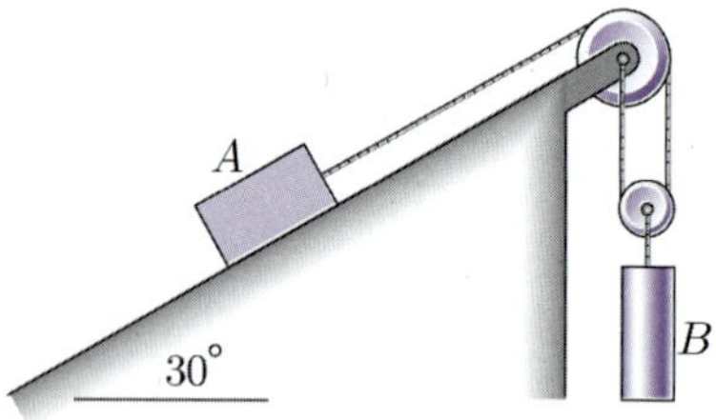

[문제 3.1.37]

37 A와 B의 질량은 각각 60kg과 20kg이다. A가 경사면에서 미끄러져 내려갈 때 각 물체의 가속도를 구하라. A와 경사면 사이의 운동마찰계수는 0.2이고, 도르래와 줄의 무게 및 도르래에서 마찰은 무시한다.

38 오른쪽으로 a의 가속도로 운동하는 상자 안에 공이 연결막대 A와 B에 의해 매달려 있다. 막대 A에 작용하는 인장력이 B에 작용하는 인장력의 2배가 되게 하는 상자의 가속도 a를 구하라. 막대의 무게는 무시한다.

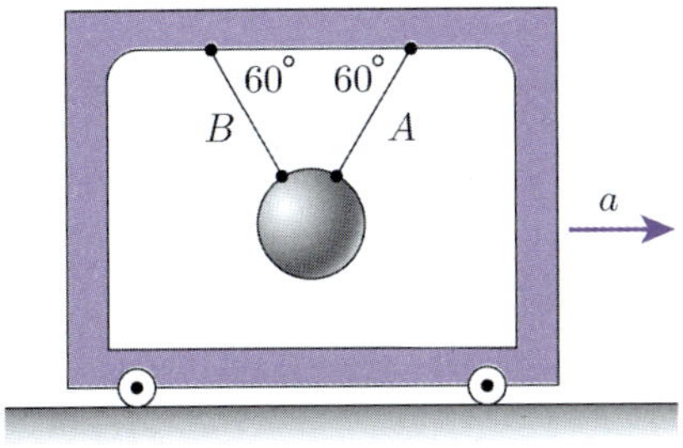

[문제 3.1.38]

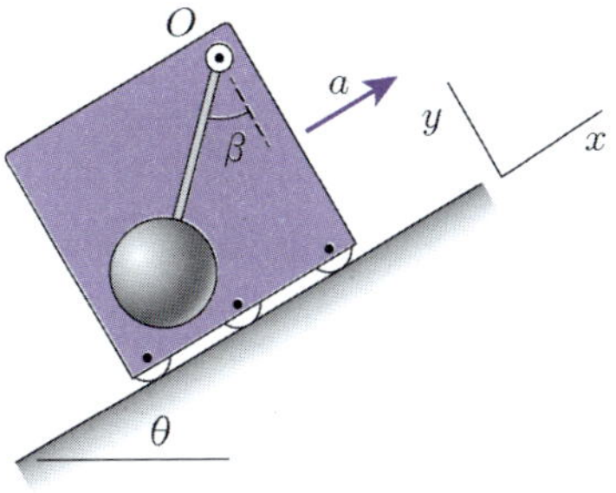

[문제 3.1.39]

39 그림의 단진자는 O점을 중심으로 하여 xy 평면에서 자유롭게 흔들린다. 카트가 일정한 가속도 a로 각 θ의 경사면을 올라갈 때 진자의 흔들림이 멈춰지는 정상상태에서 봉과 경사면의 법선이 이루는 각 β를 구하라. 봉의 질량은 무시한다.

40 그림과 같이 수평면 위에서 질량 m의 추가 자유롭게 회전할 수 있는 막대로 연결되어 질량 M의 카트와 함께 움직이고 있다. 카트가 오른쪽으로 일정한 가속도 a로 움직이고 있을 때 막대와 수평면의 법선이 이루는 각 θ를 구하라. 또, 가속도 a를 내기 위해 카트에 가해야 할 힘 P를 구하라. 막대의 무게와 모든 마찰은 무시한다.

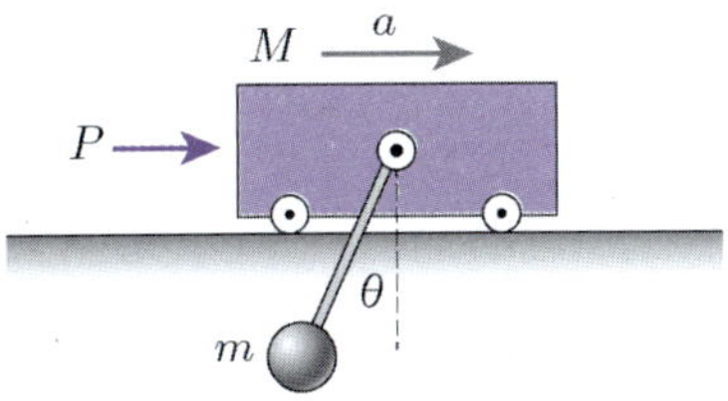

[문제 3.1.40]

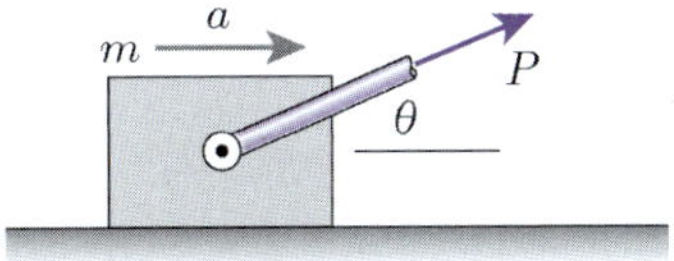

[문제 3.1.41]

41 수평면에 있는 질량 $m = 20\text{kg}$의 물체에 힘 $P = 400\text{N}$을 수평선에 대해 θ만큼 기울어진 방향으로 작용시켰다. 물체의 가속도가 수평 방향으로 10m/s^2이 되었을 때 각 θ를 구하라. 중력가속도 $g = 10\text{m/s}^2$이고, 운동마찰계수 $\mu_k = 0.5$이다.

42 수평면에 놓여있는 블록 A와 B의 질량은 각각 $m_A = 15\text{kg}$, $m_B = 30\text{kg}$이고, 모든 표면에서 마찰계수 $\mu_s = 0.5$, $\mu_k = 0.35$이다. B에 오른쪽으로 500N의 힘을 가했을 때 A와 B의 가속도를 구하라. 힘을 가하기 전에 모든 블록은 정지해 있다. Hint: 본문 예제와 같다.

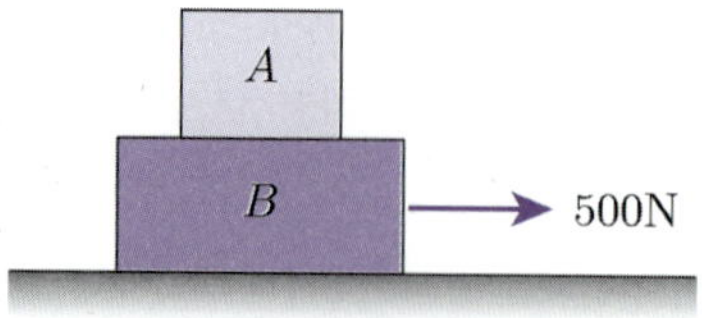

[문제 3.1.42]

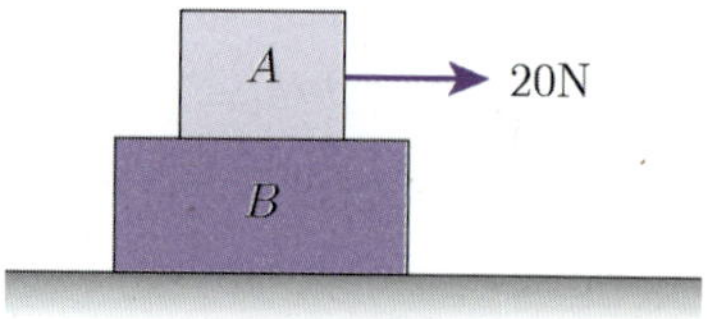

[문제 3.1.43]

43 수평면에 놓여있는 블록 A와 B의 질량은 각각 $m_A = 2\text{kg}$, $m_B = 4\text{kg}$이며, A와 B 사이의 마찰계수 $\mu_a = 0.7$이고, B와 수평면 사이의 마찰계수 $\mu_b = 0.2$이다. 블록 A에 오른쪽으로 20N의 힘을 가했을 때 A와 B의 가속도를 구하라. 힘을 가하기 전에 모든 블록은 정지해 있고, 정지마찰계수와 운동마찰계수는 마찰계수와 같다($\mu_s = \mu_k = \mu$).

Hint: $[A+B]$가 하나로 움직인다고 가정하여 가속도를 구한 후, 이 가속도 값으로 $[A]$의 자유물체도에서 마찰력 f_A를 구하여 $f_{A,\max}$와 비교해본다.

44 땅속으로 파고 들어가는 탄환의 경우 저항력은 $F_d = -c_1 - c_2 v^2$과 같이 탄환 속도 v의 함수로 주어진다(단, c_1과 c_2는 상수). 질량이 m인 탄환이 초기속도 v_0로 땅속으로 발사된 후 땅속에서 이동하는 전체 거리를 구하시오. [국가공무원 5급(기술) 제2차시험]

45 질량 30kg인 수레 A에 질량 20kg인 물체 B가 길이 2m인 줄에 의해 매달려 있다. 물체 B가 수직으로 매달려 정지 상태로부터 움직이기 시작할 때, 수레 A의 가속도와 줄의 장력을 구하시오. (단, 운동 중에 발생하는 마찰은 무시한다) [국가공무원 5급(기술) 제2차시험]

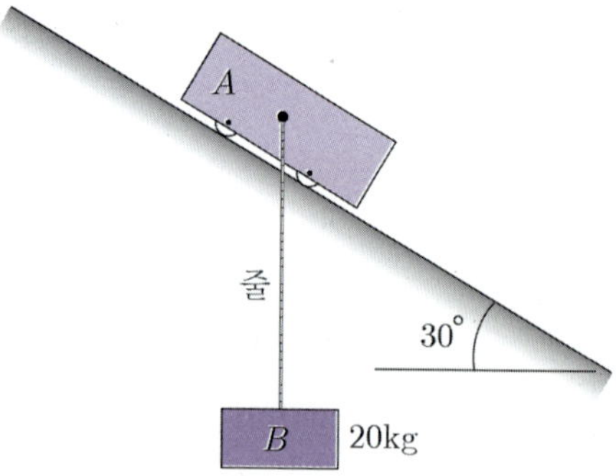

[문제 3.1.45]

46 그림과 같이 30° 경사면의 지점 A에서 10kg의 물체를 10m/s의 속도로 밀어 올렸다. 경사면을 따라 위로 이동하던 물체는 B에 도달한 후 다시 아래로 내려오게 된다. 물체가 내려오면서 원래 위치 A를 통과할 때의 속도를 구하시오. 단, 물체와 경사면 사이의 운동 마찰계수 μ_k는 0.1이고, 중력가속도는 10m/s^2이다. [국가공무원 5급(기술) 제2차시험]

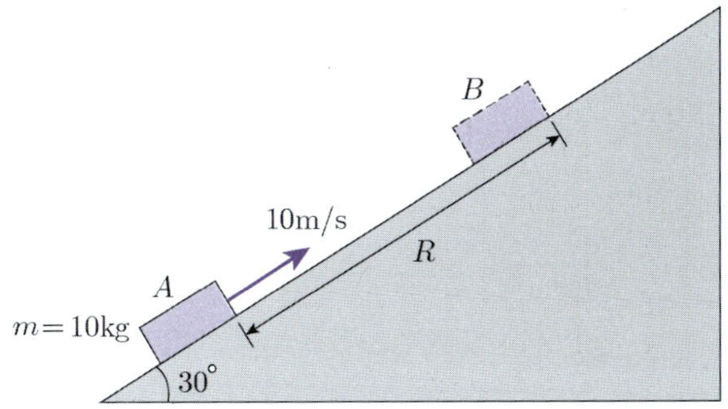

[문제 3.1.46]

47 아래 그림과 같이 물체 A와 B가 질량이 없고 길이가 변하지 않는 실로 도르래를 통해 연결되어 있다. 두 물체의 질량을 각각 m_A와 m_B라 하고 물체 A와 바닥면과의 정지 마찰계수를 μ_s, 운동마찰계수를 μ_k라 하자. 다음 물음에 답하시오. (단, 도르래의 질량과 마찰을 무시하고, 중력가속도는 g이다) [국가공무원 5급(기술) 제2차시험]

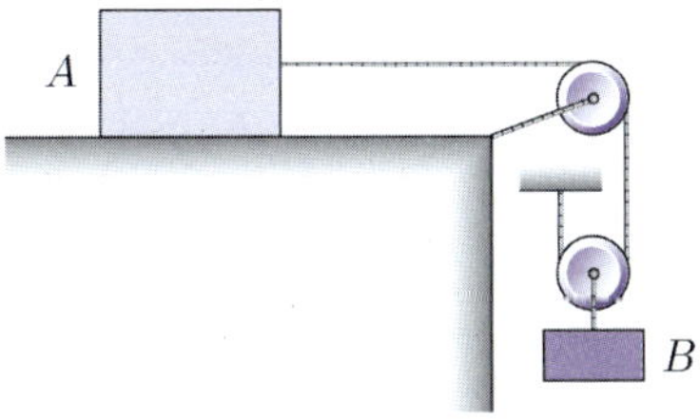

[문제 3.1.47]

(1) 두 물체가 정지 상태에서 운동을 시작하기 위한 조건을 구하시오.
(2) 운동을 시작하는 순간의 물체 A와 B에 대한 자유물체도를 그리시오.
(3) 운동을 시작하는 순간의 물체 B의 가속도를 구하시오.
(4) 물체 B가 정지 상태로부터 거리 h만큼 아래로 이동하는 데 소요되는 시간을 구하시오.

48 다음 그림과 같이 질량 20kg의 상자 A 위에 질량 10kg의 상자 B가 놓여 있다. 정지 상태에서 힘 $F = 200\text{N}$이 상자 A에 가해졌다. 모든 접촉면의 동마찰계수는 $\mu_k = 0.2$, 정마찰계수는 $\mu_s = 0.3$이고, 중력은 그림에서 수직 아래 방향으로 작용한다. 다음 물음에 답하시오. (단, 중력가속도 $g = 9.81\text{m/s}^2$이다) [국가공무원 5급(기술) 제2차시험]

[문제 3.1.48]

(1) 이때 상자 A가 바닥면에서 미끄러짐을 증명하시오.

(2) 상자 B가 상자 A 위에서 미끄러지는지 여부를 밝히시오.

(3) 상자 A와 상자 B의 가속도를 구하시오.

3.2 곡선운동

1 곡선운동 방정식

평면 위에서 곡선을 따라 질점이 이동할 때 질점의 운동방정식은 여러 가지 좌표계로써 기술될 수 있다. 여기에서는 세 가지 좌표계를 곡선운동에서 가속도를 나타내는 데 사용한다.

(1) 직각좌표계

직각좌표계에서는 단위벡터 i, j가 일정하므로 운동방정식은 다음과 같다.

$$\sum F_x = ma_x, \quad \sum F_y = ma_y \qquad \cdots(3.2.1)$$

$$a_x = \ddot{x}, \quad a_y = \ddot{y} \qquad \cdots(3.2.2)$$

(2) 법선-접선 좌표계

힘과 가속도를 질점의 운동경로에 대하여 운동하는 방향(접선성분)과 운동 경로의 안쪽 법선 방향(법선성분)으로 분해하여 운동방정식 $\sum \mathbf{F} = m\mathbf{a}$에 대입하면 다음과 같은 2개의 스칼라식이 얻어진다.

$$\sum F_t = ma_t, \quad \sum F_n = ma_n \qquad \cdots(3.2.3)$$

$$a_t = \frac{dv}{dt}, \quad a_n = \frac{v^2}{\rho} \qquad \cdots(3.2.4)$$

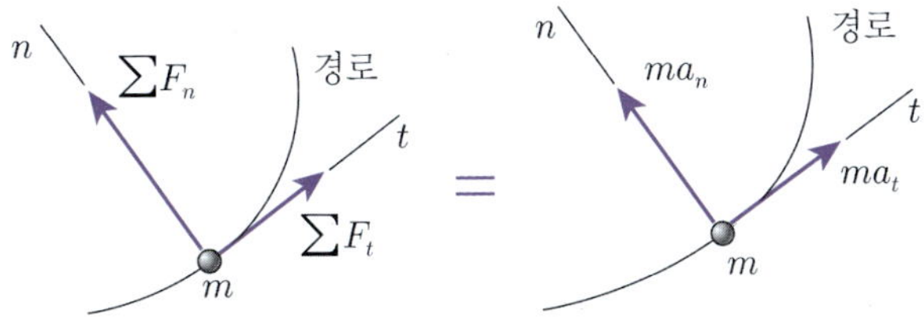

[그림 3.2.1] 법선-접선 좌표계

(3) 극좌표계

질점 P의 위치가 극좌표계에서 (r, θ)일 때 질점의 가속도와 힘을 반경방향과 횡방향 성분으로 분해하여 운동방정식 $\sum \mathrm{F} = m\mathrm{a}$에 대입하면 다음과 같은 2개의 스칼라식이 얻어진다.

$$\sum F_r = ma_r, \quad \sum F_\theta = ma_\theta \qquad \cdots(3.2.5)$$

$$a_r = \ddot{r} - r\dot{\theta}^2, \quad a_\theta = r\ddot{\theta} + 2\dot{r}\dot{\theta} \qquad \cdots(3.2.6)$$

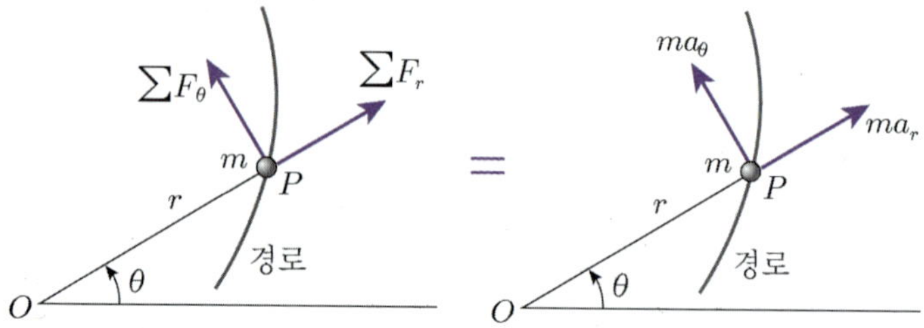

[그림 3.2.2] 극좌표계

2 등속원운동

(1) 구심 가속도와 구심력

일정한 각속도 ω로 고정점 주위를 회전하는 물체, 즉 등속원운동을 하는 물체는 속도의 방향을 바꾸기 위하여 항상 원의 중심 쪽으로 가속되어야 하는데 이러한 가속도를 구심 가속도라 한다. 구심 가속도의 크기는 일정하지만 방향은 원의 중심을 향하므로 계속 변한다. 즉, 구심 가속도의 방향은 항상 원주상의 선속도 방향에 수직이고 원의 중심을 향한다.

구심 가속도에 의해 원운동을 하는 물체에 원의 중심 방향으로 작용하는 힘을 구심력이라 한다. 구심력의 방향은 구심 가속도의 방향과 같다. 등속원운동에서 구심력은 항상 원의 중심을 향하며 크기가 일정하다. 질량 m인 물체가 반지름 r인 원둘레를 일정한 속력 v로 등속원운동을 할 때 물체에 작용하는 구심력의 크기(F_r)는 뉴턴의 제 2 법칙에 의해 다음과 같다.

$$F_r = m\,a_r = m\,r\,\omega^2 = m\frac{v^2}{r} \qquad \cdots(3.2.7)$$

(2) 원심력

원심력(F_r)은 원운동을 하는 물체에 나타나는 관성력으로 구심력과 크기가 같고 방향이 반대이다. 자동차가 커브 길을 돌 때 차 안에 탄 사람은 바깥쪽으로 향하는 힘을 느끼게 되는데 이것은 길의 곡률반경에 의해 생기는 원심력이다. 원심력의 크기 $F_r = mv^2/r$은 굽은 정도를 나타내는 반지름(r)에 반비례한다. 따라서 반지름이 작은 급커브 길을 돌 때는 원심력이 커지므로 차의 속도(v)를 줄여야 한다. 원심력이 너무 크면 자동차가 도로를 이탈하게 된다. 이와 같은 원심력에 의한 자동차의 이탈을 방해하는 힘은 자동차와 도로 사이의 마찰력이다.

예제 3.2.1 길이 2m의 단진자가 수직면 내에서 원호를 그리며 운동한다[그림 3.2.3(a)]. 그림과 같은 위치에서 줄에 걸리는 장력이 추 무게의 2배일 때 이 위치에서 추의 가속도와 속도의 크기를 구하라.

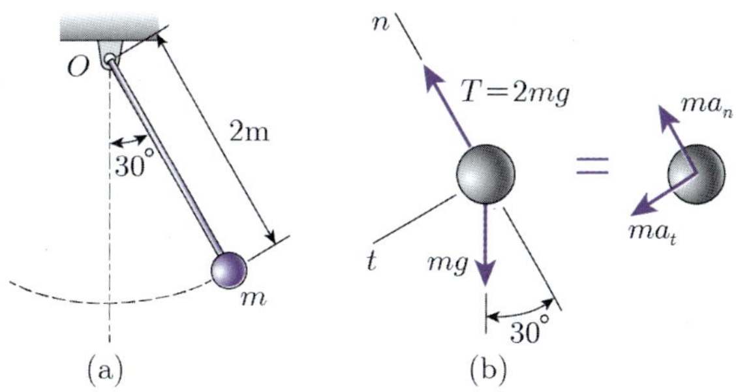

[그림 3.2.3] (a) 단진자 (b) 추의 자유물체도

풀이 추의 법선방향 가속도는 O점을 향하므로 추의 자유물체도는 (b)와 같다. 여기에서 접선과 법선방향으로 뉴턴의 제2법칙을 적용하면 추의 가속도 성분은

$$(+\swarrow)\sum F_t = ma_t:\ mg\sin 30° = ma_t$$

$$\therefore\ a_t = g\sin 30° = 9.8\sin 30° = 4.9[\mathrm{m/s^2}](\swarrow)$$

$$(+\nwarrow)\sum F_n = ma_n:\ 2mg - mg\cos 30° = ma_n$$

$$\therefore\ a_n = (2-\cos 30°)g = (2-\cos 30°)(9.8) = 11.1[\mathrm{m/s^2}](\nwarrow)$$

이고, 크기는 다음과 같다.

$$a = \sqrt{a_t^2 + a_n^2} = \sqrt{4.9^2 + 11.1^2} = 12.1[\mathrm{m/s^2}]$$

추의 속도는 법선방향 가속도로부터 구한다.

$$a_n = \frac{v^2}{\rho}$$

$$v = \sqrt{\rho a_n} = \sqrt{2\times 11.1} = 4.71[\mathrm{m/s}]$$

추의 가속도는 줄의 길이와 무관하고 속도는 줄 길이의 제곱근에 비례한다.

예제 3.2.2 경사각 $\theta = 20°$이고 곡률반경 $\rho = 100\,\mathrm{m}$인 곡선도로에서 자동차 바퀴에 측면 마찰력이 작용하지 않고 주행할 수 있는 자동차의 최대 속력[km/h]을 구하라.

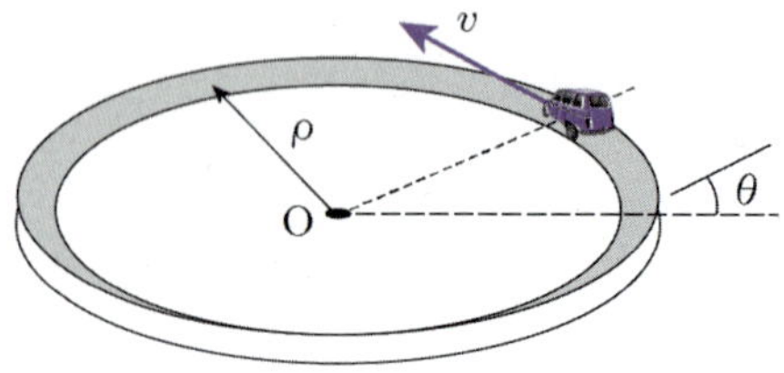

[그림 3.2.4] 곡선도로와 자동차

풀이 자동차를 하나의 질점으로 간주하면 곡률반경이 ρ인 수평면을 자동차가 v의 속력으로 달릴 때 가속도의 법선방향 성분 a_n은 곡선의 중심을 향하며 그 크기는 v^2/ρ이 된다. 그리고 자동차가 측면 마찰력을 받지 않으므로 도로가 자동차에 가하는 힘은 도로면에 수직으로 작용한다. 즉, 자동차가 도로면으로부터 받는 힘은 수직반력 N이다.

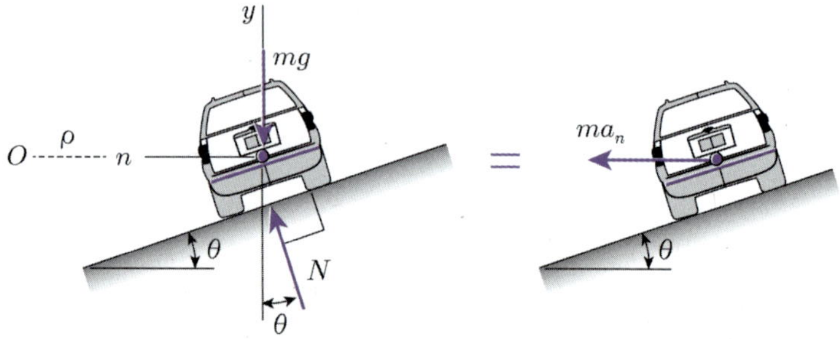

[그림 3.2.5] 자동차에 작용하는 힘

이와 같은 조건에서 자동차에 작용하는 힘을 도시하면 [그림 3.2.5]와 같다. 여기에서 뉴턴의 제2법칙을 적용하면

$$(+\uparrow)\sum F_y = 0:\ N\cos\theta - mg = 0$$

$$N = \frac{mg}{\cos\theta} \qquad \cdots ①$$

$$(+\leftarrow)\sum F_n = ma_n:\ N\sin\theta = ma_n$$

$$N\sin\theta = m\frac{v^2}{\rho} \qquad \cdots ②$$

이다. 식 ①을 ②에 대입하면 자동차의 속력이 구해진다.

$$\frac{mg}{\cos\theta} \times \sin\theta = m\frac{v^2}{\rho} \quad \rightarrow \quad \tan\theta = \frac{v^2}{\rho g}$$

$$\therefore\ v = \sqrt{\rho g \tan\theta} = \sqrt{100(9.8)\tan 20°} = 18.89\,[\mathrm{m/s}] = 68.0\,[\mathrm{km/h}]$$

[예제 3.2.2]의 결과로부터 측면 마찰력이 작용하지 않고 주행할 수 있는 도로 경사각은 $\theta = \tan^{-1}\left(\frac{v_0^2}{\rho g}\right)$라는 것을 알 수 있다.

예제 3.2.3 [그림 3.2.6(a)]와 같이 일정한 속도 v로 물체가 언덕을 넘어가고 있다. 물체가 곡률반경이 ρ인 언덕의 꼭대기(A)를 지나가는 순간 물체가 지면에 수직 방향으로 받는 힘이 0이 될 때 물체의 속도를 구하라.

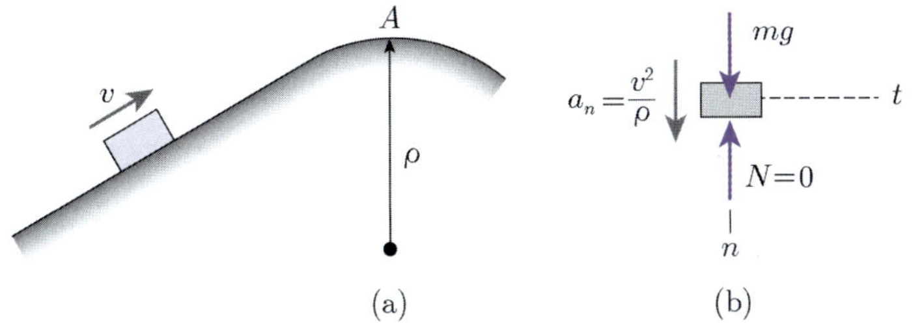

[그림 3.2.6] (a) 운동하는 물체 (b) 자유물체도

풀이 곡률반경 ρ인 점에서 접선방향 속도가 v일 때 곡률의 중심을 향하는 가속도 $a_n = \frac{v^2}{\rho}$이므로 법선 방향 운동법칙으로부터 물체의 속도는

$$(+\downarrow)\sum F_n = ma_n:\ mg - 0 = m\frac{v^2}{\rho}$$

$$\therefore\ v = \sqrt{\rho g}$$

이다. 꼭대기에서 물체의 무게 mg와 원심력 $m\frac{v^2}{\rho}$이 같을 때 물체가 받는 힘이 0이 된다.

예제 3.2.4 질량 $m = 2\text{kg}$의 공이 두 줄로 수직 막대에 연결되어 회전하고 있다. 각 줄의 길이와 줄 사이 간격 $L = 3\text{m}$이다[그림 3.2.7(a)]. 운동 중에 두 줄은 팽팽하고 위쪽 줄에 걸리는 장력 $T_1 = 50\text{N}$일 때 다음을 구하라.

(1) 아래 줄에 걸리는 장력

(2) 공에 작용하는 알짜 힘(F_{net})의 크기

(3) 공의 속력

(4) F_{net}의 방향

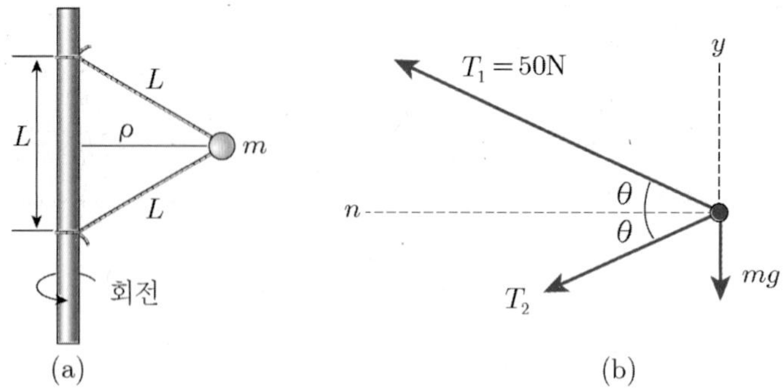

[그림 3.2.7] (a) 회전하는 공 (b) 공의 자유물체도

풀이 공에 대한 자유물체도는 (b)와 같다. 여기에서 T_2는 아래 줄에 걸리는 장력이고 (a)의 기하학적 구조로부터 각 $\theta = 30°$이다. (b)에서 뉴턴의 제2법칙을 적용하면

$$(+\uparrow)\sum F_y = 0:\ T_1\sin\theta - T_2\sin\theta - mg = 0 \qquad \cdots ①$$

$$(+\leftarrow)\sum F_n = ma_n:\ T_1\cos\theta + T_2\cos\theta = ma_n = m\frac{v^2}{\rho} \qquad \cdots ②$$

이다. 여기에서 ρ는 회전하는 공의 경로의 곡률반경이다.

(1) 아래 줄에 걸리는 장력(T_2): 식 ①로부터

$$T_2 = T_1 - \frac{mg}{\sin\theta} = 50 - \frac{2(9.8)}{\sin 30°} = 10.8[\text{N}] \qquad \cdots ③$$

(2) 공에 작용하는 알짜 힘($\mathbf{F}_{net}$)의 크기: y방향으로 알짜 힘은 0이고, n방향(법선방향)으로 알짜 힘의 크기는 다음과 같다.

$$F_{net,n} = (T_1 + T_2)\cos\theta = (50 + 10.8)\cos 30° = 52.7[\text{N}] \cdots ④$$

(3) 공의 속력(v): (a)의 기하학적 구조로부터 곡률반경 $\rho = L\cos\theta = L\cos 30°$이다. 식 ②, ④로부터

$$F_{net,n} = m\frac{v^2}{\rho} = m\frac{v^2}{L\cos 30°}$$

$$\therefore\ v = \sqrt{\frac{F_{net,n}L\cos 30°}{m}} = \sqrt{\frac{52.7(3)\cos 30°}{2}} = 8.27[\text{m/s}]$$

(4) $\mathbf{F}_{net}$의 방향: 알짜 힘의 방향은 회전 경로인 원의 중심을 향한다. 즉, (a)와 같은 위치에서 왼쪽(←)이다.

예제 3.2.5 스프링으로 연결된 질량 $m = 0.5\text{kg}$의 칼라가 수직면에 있는 원형막대를 따라 마찰 없이 미끄러진다. 스프링이 변형되지 않았을 때 길이는 15cm이고 스프링상수 $k = 200$ N/m이다. 칼라가 B점을 지나는 순간 속력이 4m/s일 때, B점에서 칼라의 접선방향 가속도와 막대가 칼라에 가하는 힘을 구하라.

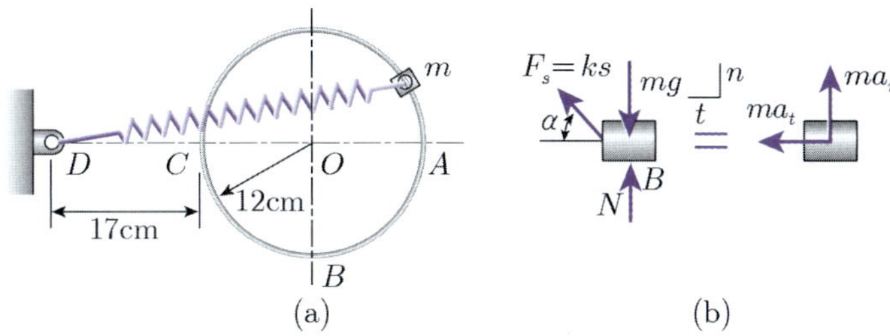

[그림 3.2.8] (a) 원형막대와 칼라 (b) 칼라의 자유물체도

풀이 칼라가 B점에 있을 때 자유물체도는 (b)와 같다. 여기에서

$$\alpha = \tan^{-1}\left(\frac{\overline{OB}}{\overline{DC} + \overline{CO}}\right) = \tan^{-1}\left(\frac{12}{17+12}\right) = 22.5°$$

$$L_{BD} = \sqrt{12^2 + (12+17)^2} = 31.4[\text{cm}]$$

이므로, 늘어난 스프링 길이는

$$s = 31.4 - 15 = 16.4[\text{cm}]$$

이다. (b)에서 뉴턴의 제2법칙을 적용하면

$$(+\leftarrow)\sum F_t = ma_t:\ ks\cos\alpha = ma_t \qquad \cdots ①$$

$$(+\uparrow)\sum F_n = ma_n:\ ks\sin\alpha + N - mg = m\frac{v^2}{R} \qquad \cdots ②$$

이다. 식 ①로부터 칼라의 접선방향 가속도(a_t)는

$$a_t = \frac{ks\cos\alpha}{m} = \frac{200(0.164)\cos 22.5°}{0.5} = 60.6[\text{m/s}^2]$$

이고, 식 ②로부터 막대가 칼라에 가하는 힘(N)은 다음과 같다.

$$N = mg + m\frac{v^2}{R} - ks\sin\alpha$$

$$= 0.5(9.8) + (0.5)\left(\frac{4^2}{0.12}\right) - 200(0.164)\sin 22.5° = 59.0[\text{N}]$$

예제 3.2.6 [그림 3.2.9(a)]와 같이 반지름 R인 매끄러운 곡면을 따라 물체가 A점에서 B점으로 미끄러져 내려간다. A점에서 물체의 속력이 0일 때 다음을 구하라.

(1) 물체가 각 θ의 위치에 있을 때 곡면과 물체 사이에 작용하는 수직 접촉력(N)

(2) 물체가 컨베이어로 옮겨질 때 미끄러짐이 발생하지 않을 반지름 r인 컨베이어 도르래의 각속도(ω)

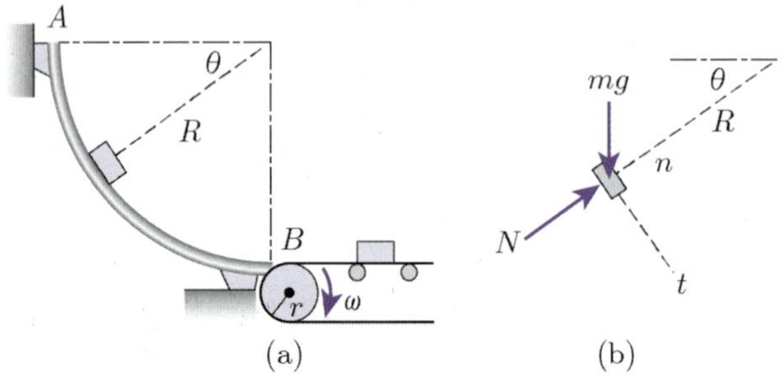

[그림 3.2.9] (a) 미끄러지는 물체의 운동 경로 (b) 자유물체도

풀이 각 θ에서 법선방향(n)과 접선방향(t)으로 표시한 물체의 자유물체도는 (b)와 같다. 여기에서 수직 접촉력 N은 가속도의 법선방향 성분 a_n에 따라 결정되며, 물체의 속도는 접선방향 가속도 a_t에 의해 점점 증가한다. 먼저 (b)에서 t방향으로 뉴턴의 제2법칙을 적용하면

$$(+\searrow)\sum F_t = ma_t \;:\; mg\cos\theta = ma_t$$

$$a_t = g\cos\theta \qquad \cdots ①$$

이다. 식 ①로부터 물체의 속도를 구한다. $a_t = v\dfrac{dv}{ds}$이고, $ds = Rd\theta$이므로

$$v\frac{dv}{ds} = g\cos\theta$$

$$vdv = g\cos\theta\, Rd\theta \qquad \cdots ②$$

이고, 식 ②를 적분하면 다음과 같이 속도가 얻어진다.

$$\int_0^v vdv = \int_0^\theta g\cos\theta\, Rd\theta$$

$$\frac{1}{2}v^2 = gR\sin\theta$$

$$\therefore\; v^2 = 2gR\sin\theta \qquad \cdots ③$$

(1) n방향 가속도 $a_n = \dfrac{v^2}{R}$이므로 (b)에서 n방향으로 뉴턴의 제2법칙을 적용하면

$$(+\nearrow)\sum F_n = ma_n \;:\; N - mg\sin\theta = ma_n = m\frac{v^2}{R} \quad \cdots④$$

이다. 식 ④에 식 ③을 대입하면 각 θ에서 수직 접촉력(N)은 다음과 같다.

$$N = mg\sin\theta + m\frac{v^2}{R} = mg\sin\theta + \frac{2mgR\sin\theta}{R} = 3mg\sin\theta \quad \cdots⑤$$

(2) 식 ③으로부터 $\theta = \pi/2$인 B점에서 물체의 속력은 $v = \sqrt{2gR}$ 이다. 여기에서 미끄러짐이 발생하지 않으려면 반지름 r인 컨베이어 도르래는 $\omega = \frac{v}{r}$의 속도로 회전해야 한다. 이때 각속도(ω)는 다음과 같다.

$$\omega = \frac{\sqrt{2gR}}{r} \quad \cdots⑥$$

예제 3.2.7 질량이 m인 물체 B가 수평면 내에서 일정한 각속도 $\dot{\theta}_0$로 회전하는 봉 OA에서 자유롭게 미끄러진다. B가 O점으로부터 r_0만큼 떨어진 거리에 놓여 움직이기 시작하며, B가 O점으로부터 거리 r에 있을 때 다음을 구하라. B의 초기속도는 0이고, 마찰은 모두 무시한다.

(1) B의 속도의 OA 방향 성분 v_r

(2) OA에 의해 B에 가해지는 수평력의 크기 F

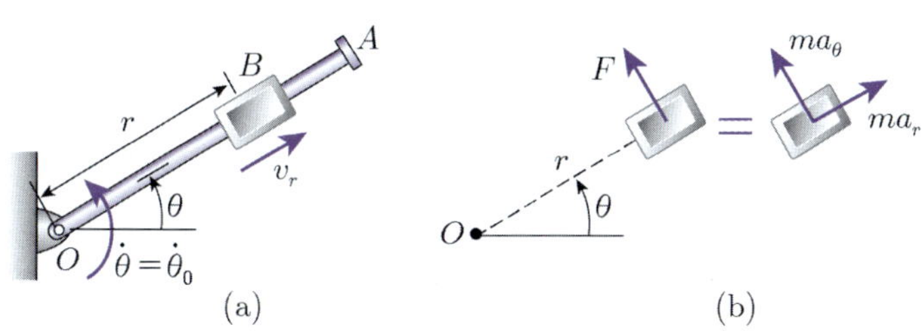

[그림 3.2.10] (a) 회전하는 봉과 물체 (b) 물체의 자유물체도

풀이 물체 B를 하나의 질점으로 간주하고, 문제를 해석하기 위해 극좌표계(r, θ)를 사용한다. B와 봉 사이에 마찰력이 없으므로 B에 작용하는 힘은 (b)와 같이 OA에 수직인 힘 F이다. 극좌표계에서 뉴턴의 제2법칙을 적용하면 다음과 같다.

$$(+\nearrow)\sum F_r = ma_r \;:\; 0 = m(\ddot{r} - r\dot{\theta}^2) \quad \cdots①$$

$$(+\nwarrow)\sum F_\theta = ma_\theta \;:\; F = m(r\ddot{\theta} + 2\dot{r}\dot{\theta}) \quad \cdots②$$

(1) 속도 성분 v_r: $v_r = \frac{dr}{dt} = \dot{r}$이므로

$$\ddot{r} = \dot{v}_r = \frac{dv_r}{dt} = \frac{dv_r}{dr}\frac{dr}{dt} = v_r\frac{dv_r}{dr} \qquad \cdots ③$$

이다. 여기에서 $\dot{\theta} = \dot{\theta}_0$(일정)이므로 식 ①에서 $\ddot{r} = r\dot{\theta}^2 = r\dot{\theta}_0^{\ 2}$이다. 이 식을 식 ③에 대입하고 변수를 분리하면

$$v_r dv_r = r\dot{\theta}_0^{\ 2} dr \qquad \cdots ④$$

이다. 식 ④를 적분하면 다음과 같이 v_r이 구해진다. $r = r_0$에서 $v_r = 0$이고 r에서 v_r이다.

$$\int_0^{v_r} v_r dv_r = \int_{r_0}^{r} r\dot{\theta}_0^{\ 2} dr$$

$$\frac{1}{2}\left(v_r^2 - 0\right) = \frac{\dot{\theta}_0^{\ 2}}{2}\left(r^2 - r_0^2\right)$$

$$\therefore\ v_r = \dot{\theta}_0\sqrt{r^2 - r_0^2} \qquad \cdots ⑤$$

(2) 수평력의 크기 F: 식 ②에 $\dot{\theta} = \dot{\theta}_0$(일정), $\ddot{\theta} = 0$, $\dot{r} = v_r$을 대입하면 F는 다음과 같다.

$$F = m(r\ddot{\theta} + 2\dot{r}\dot{\theta}) = m(0 + 2v_r\dot{\theta}_0) = 2m\dot{\theta}_0^{\ 2}\sqrt{r^2 - r_0^2}$$

[그림 3.2.10]은 마찰 없는 수평면에 놓여 있는 시스템을 위에서 내려다본 것이다.

3 원뿔진자

[그림 3.2.11]과 같이 길이 L인 실의 한쪽 끝(O)을 고정하고, 다른 쪽 끝에 질량 m의 추를 단 후, 추를 수평면상에서 반지름 R의 원운동을 시키면 실의 궤적은 수직축을 중심으로 하는 원뿔 표면을 형성한다. 이와 같은 것을 원뿔진자(원추진자, conical pendulum)라 한다.

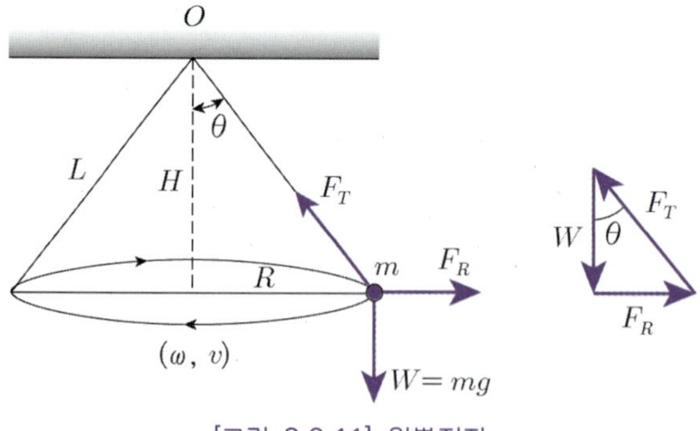

[그림 3.2.11] 원뿔진자

회전하는 추에는 실의 장력 F_T와 추 무게 $W=mg$ 및 원심력 F_R의 세 힘이 평형을 유지한다. 세 힘의 관계는 다음과 같다.

$$F_T = \sqrt{F_R^2 + W^2} \qquad \cdots (3.2.8)$$

[그림 3.2.11]에서 실의 각도 θ는 다음과 같이 표현된다.

$$\tan\theta = \frac{R}{H} = \frac{F_R}{W} \qquad \cdots (3.2.9)$$

여기에서 원심력을 원운동의 각속도(ω)와 선속도(v)로 나타내면

$$F_R = mR\omega^2 = m\frac{v^2}{R} \qquad \cdots (3.2.10)$$

이다. 식 (3.2.10)을 식 (3.2.9)에 대입하면

$$\tan\theta = \frac{F_R}{W} = \frac{mR\omega^2}{mg} = \frac{mv^2/R}{mg}$$

$$\tan\theta = \frac{R\omega^2}{g} - \frac{v^2}{Rg} \qquad \cdots (3.2.11)$$

이 구해지고, 각속도를 H로 표현하면

$$\tan\theta = \frac{R}{H} = \frac{R\omega^2}{g}$$

$$\omega = \sqrt{\frac{g}{H}} \qquad \cdots (3.2.12)$$

가 된다. 식 (3.2.12)로부터 원뿔진자의 높이(H)는 추의 무게(mg)나 실의 길이(L)와는 무관하고 각속도(ω)만에 의해 결정된다는 것을 알 수 있다. 그리고 추가 수직축의 둘레를 1회전하는데 걸리는 시간, 즉 주기(T)는 다음과 같다.

$$T = \frac{2\pi}{\omega} = 2\pi\sqrt{\frac{H}{g}} \qquad \cdots (3.2.13)$$

예제 3.2.8 [그림 3.2.11]에서 추가 40rpm의 회전속도로 회전하고 있을 때 원뿔진자의 높이 H [cm]를 구하라.

풀이 회전속도 N[rpm]일 때 각속도 $\omega = \dfrac{2\pi N}{60}$이다. 식 (3.2.12)로부터

$$H = \frac{g}{\omega^2} = \frac{g}{(2\pi N/60)^2} = \frac{(30)^2 g}{\pi^2 N^2}$$

$$= \frac{(30)^2 \times 9.8}{\pi^2 \times (40)^2}\,[\mathrm{m}] = 0.5585\,[\mathrm{m}] = 55.85\,[\mathrm{cm}]$$

예제 3.2.9 추의 질량이 0.2kg인 원뿔진자가 있다. 원뿔의 높이가 1m이고 회전 반경이 0.5m일 때 실에 걸리는 장력 F_T[N]을 구하라.

풀이 진자의 무게 $W = mg$이고 기하학적 구조와 힘의 평형 관계식

$$\tan\theta = \frac{R}{H} = \frac{F_R}{W}$$

로부터 원심력 $F_R = \dfrac{R}{H}W$이다. 이 식을 이용하면 다음과 같이 실에 걸리는 장력이 구해진다.

$$F_T = \sqrt{F_R^2 + W^2} = \sqrt{\left(\frac{R}{H}W\right)^2 + W^2} = W\sqrt{\left(\frac{R}{H}\right)^2 + 1}$$

$$= mg\sqrt{\left(\frac{R}{H}\right)^2 + 1} = 0.2 \times 9.8\sqrt{\left(\frac{0.5}{1}\right)^2 + 1}\,[\mathrm{N}]$$

$$= 2.19\,[\mathrm{N}]$$

연습문제 3.2

01 수평 회전원판에서 반지름 5m 인 위치에 정지 상태로 놓여있는 물체가 있다. 회전원판을 일정한 각속도로 7초마다 한 바퀴 돌게 했을 때 물체가 미끄러지지 않을 최소 정지마찰계수를 구하라.

02 자동차가 반지름 40m 의 수평 곡선도로를 주행하고 있다. 있는 도로와 타이어 사이의 정지마찰계수가 0.6일 때 자동차가 미끄러지지 않고 달릴 수 있는 최대 속력[km/h]을 구하라.

03 자전거의 속력이 30km/h 이고 타이어와 도로 사이의 정지마찰계수가 0.5일 때, 자전거가 수평 트랙을 미끄러지지 않고 달릴 수 있는 트랙의 최소 반지름[m]을 구하라.

04 장난감 자동차가 시속 108km 의 일정한 속력으로 반지름 10m 의 원형 궤도를 돌 때 자동차의 반경방향 가속도 크기를 중력가속도 $g(=9.8\text{m/s}^2)$로 나타내라.

05 무게 700N 의 학생이 수직 평면에서 회전하는 대회전 관람 열차에 똑바로 앉아 있다. 최고점에서 좌석이 학생에게 작용하는 수직력의 크기가 600N 일 때 최저점에서 수직력의 크기를 구하라. Hint: 최고점 조건으로부터 원심력을 구한다.

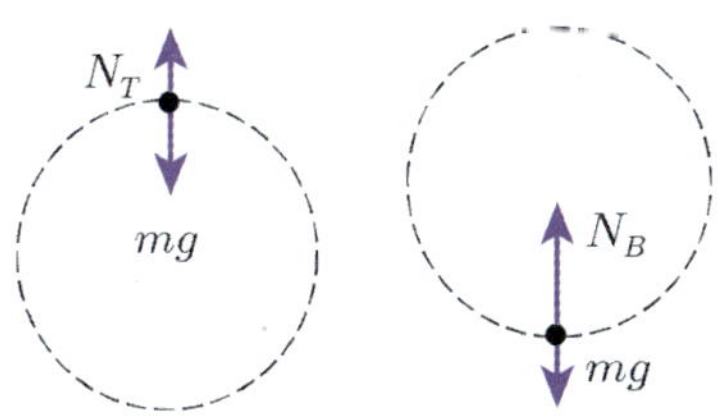

[문제 3.2.5]

06 자동차가 72km/h 의 일정한 속력으로 반지름 300m 인 수평 곡선도로를 주행할 때, 질량 60kg 인 운전자가 받는 알짜 힘의 크기를 구하라.

07 열차가 반지름 10m 인 수평 곡선 철로를 18km/h 의 속력으로 돌고 있을 때 열차의 천정에 매달려 있는 손잡이는 수직선에 대해 몇 도 기울어지는가? Hint: 손잡이에는 원심력과 중력이 작용한다.

08 질량 $m=0.9\text{kg}$ 의 블록이 수직평면에서 반지름 $r=3\text{m}$ 인 원형경로를 따라 미끄러지고 있다. A와 B지점을 통과할 때 블록의 속도는 각각 $v_A=5\text{m/s}$ 와 $v_B=4\text{m/s}$ 이다. 이 두 지점에서 블록이 곡면으로부터 받는 수직반력을 구하라. $\overline{OA}$ 는 수직이며 각 $\theta=30°$ 이다.

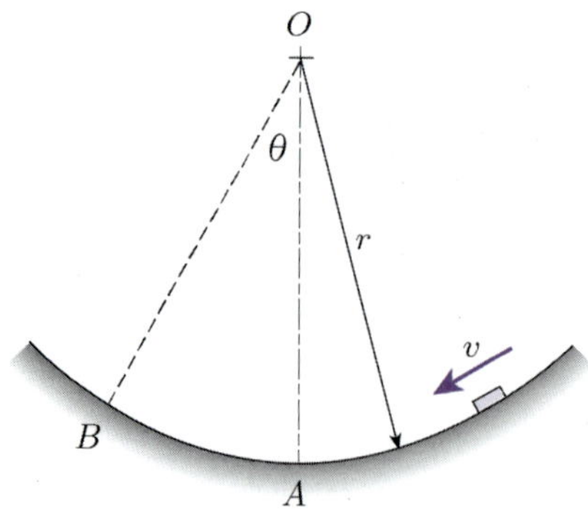

[문제 3.2.8]

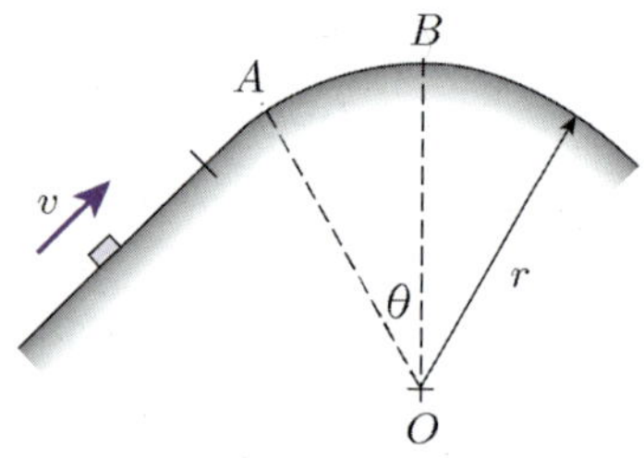

[문제 3.2.9]

09 질량 $m = 2\text{kg}$ 의 블록이 수직평면에 놓인 곡선경로의 정점 B를 지날 때 속도가 $v_B = 3$ m/s 이다. A와 B에서 곡률반경 $r = 2.5\text{m}$ 이며, $\overline{OB}$는 수직이고 각 $\theta = 30°$이다.

(1) B점에서 블록이 곡면으로부터 받는 수직반력을 구하라.

(2) 블록이 경로를 이탈하지 않고 A 지점을 통과할 수 있는 최대 속도 $v_{\max}$를 구하라.
Hint: 지면에서 떨어지면 수직반력은 0이다.

10 수직평면에 설치된 반지름 $r = 0.6\text{m}$ 인 매끄러운 사분원형 안내선을 따라 질량 $m = 0.9$ kg 인 슬라이더가 A 지점에서 위쪽으로 올라간다. $\theta = 30°$인 B 지점을 통과할 때 슬라이더의 속도가 3m/s 일 때 다음을 구하라. 모든 마찰은 무시한다.

(1) B 지점에서 안내선에 의해 슬라이더에 작용하는 힘의 크기

(2) 슬라이더의 속도가 감소하는 비율

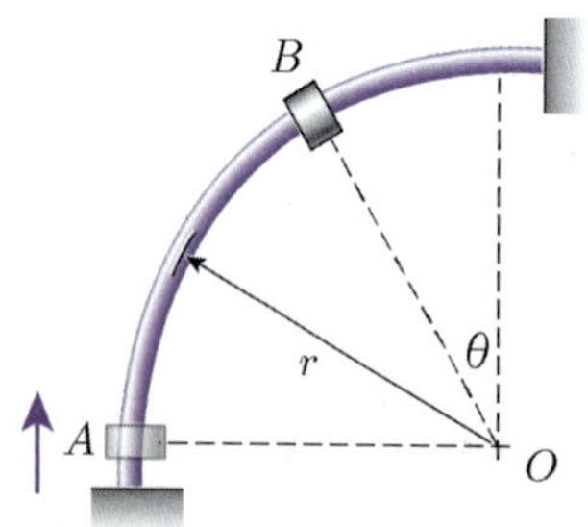

[문제 3.2.10]

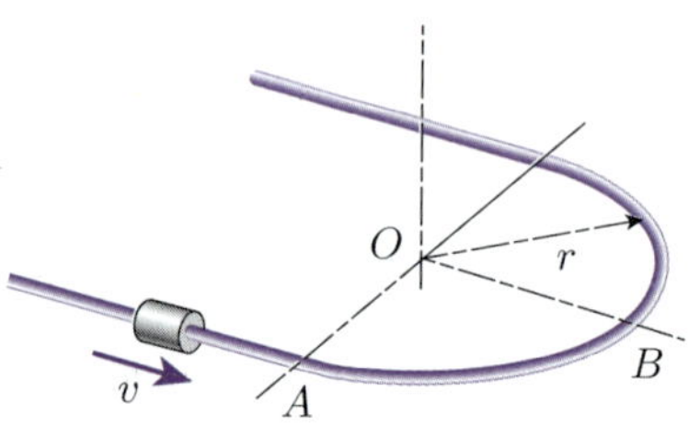

[문제 3.2.11]

11 질량 $m = 0.1\text{kg}$ 의 슬라이더가 수평면에 설치된 매끄러운 안내선을 따라 미끄러지며, A 지점을 통과할 때 슬라이더의 속도 $v = 0.9\text{m/s}$ 이다. 다음 각 경우에 안내선이 슬라이더에 가하는 알짜 힘의 크기를 구하라. 반원형 안내선의 반지름 $r = 0.2\text{m}$ 이고 모든 마찰은 무시한다. Hint: 무게.

(1) A 지점을 통과하기 직전 (2) B 지점을 통과할 때

12 수직평면에서 관이 일정한 반시계방향 각속도 $\dot{\theta} = 3\text{rad/s}(\curvearrowleft)$로 회전하고 있다. 관이 $\theta = 30°$인 지점을 지날 때 관 속에 있는 질량 $m = 0.1\text{kg}$의 물체가 관에 대하여 $v = 1.2$ m/s의 속도로 O점을 향해 미끄러져 내려간다. 이때 관 벽면이 물체에 가하는 수직반력 N의 크기를 구하라. Hint: 극좌표계 가속도.

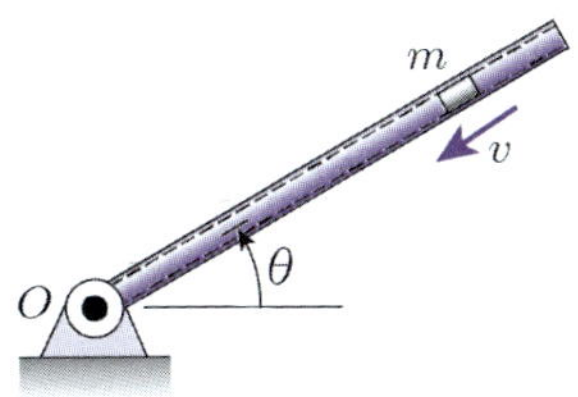

[문제 3.2.12]

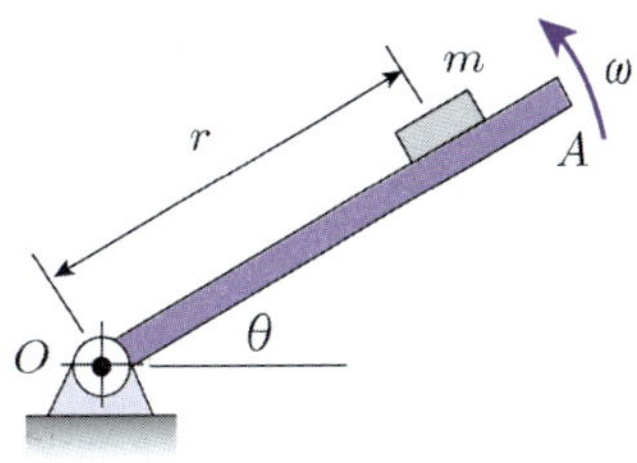

[문제 3.2.13]

13 수직평면에서 막대 OA가 일정한 각속도 $\omega = 3\text{rad/s}(\curvearrowleft)$로 회전하고 있다. $\theta = 0$인 지점에서 질량 m인 블록이 $r = 0.4\text{m}$인 위치에 놓여 있다. 막대가 회전하여 $\theta = 50°$일 때 블록이 아래로 미끄러지기 시작한다면 블록과 막대 사이의 정지마찰계수(μ_s)는 얼마인가? Hint: $\sum F_r = ma_r$, $\sum F_\theta = ma_\theta$.

14 작은 차가 수평 방향으로 v_0의 속도로 원형 경로의 꼭대기 A에 진입한다. 이때 차의 시동을 끄면 차는 무게에 의해 가속되어 아래쪽으로 내려갈수록 속도가 점점 증가하게 된다. 차가 경로의 표면에서 떨어져나가는 지점(B)의 각도(β)를 구하여 v_0, g, R로 나타내라. 차는 질점으로 간주하고 마찰은 무시한다. g는 중력가속도이다. Hint: $a_t = v\dfrac{dv}{ds}$, 표면에서 떨어질 때 $N = 0$.

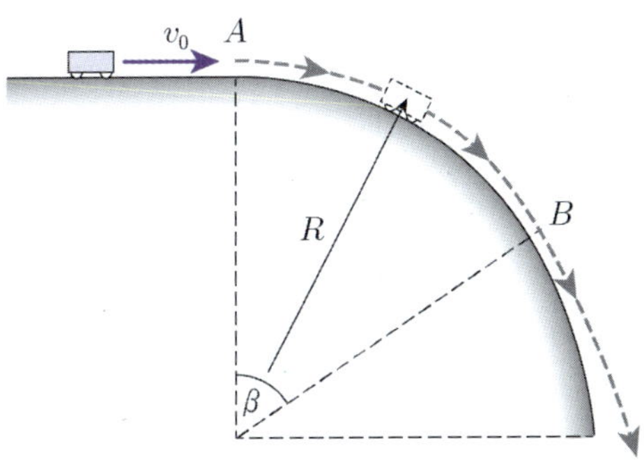

[문제 3.2.14]

15 작은 동전이 수평면에서 회전하는 원판 위에 놓여 있다. 원판은 초기에 정지해 있으며 일정한 각가속도 α로 회전하여 각속도가 점점 증가한다. 동전이 미끄러지는 순간의 (1) 각속도의 제곱 ω^2과 (2) 이때까지 원판의 회전수 N을 구하여 r, α, μ_s, g로 나타내라. r은 회

전축으로부터 동전까지 거리, μ_s는 원판과 동전 사이의 정지마찰계수, g는 중력가속도이다. Hint: 물체가 미끄러지지 않고 받을 수 있는 수평면상 힘(수평력 $F = \sqrt{F_t^2 + F_n^2}$)의 최댓값은 최대정지마찰력 $\mu_s mg$와 같다.

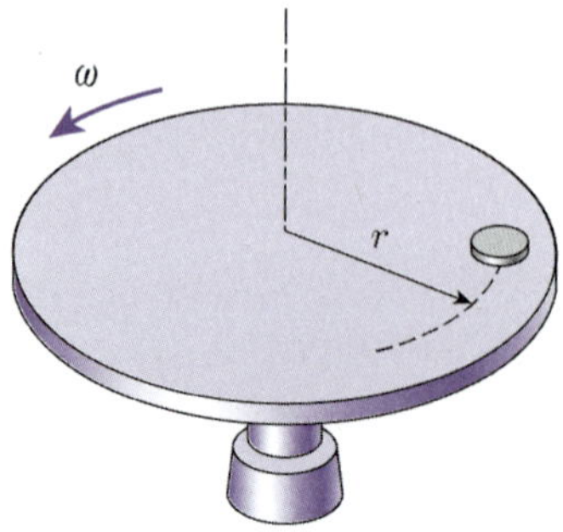

[문제 3.2.15]

16 그림과 같이 자동차가 일정한 속도로 언덕과 계곡이 있는 곡선도로를 주행한다. 언덕 꼭대기에서 자동차 운전사가 받는 수직력이 0일 때. 자동차가 계곡의 바닥을 지나가는 순간 운전사가 받는 수직력은 얼마인가? 운전사의 질량은 70kg 이고, 언덕과 계곡의 곡률반경은 같다.

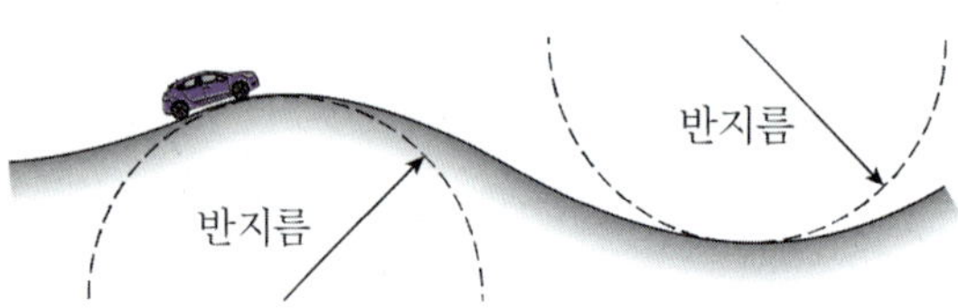

[문제 3.2.16]

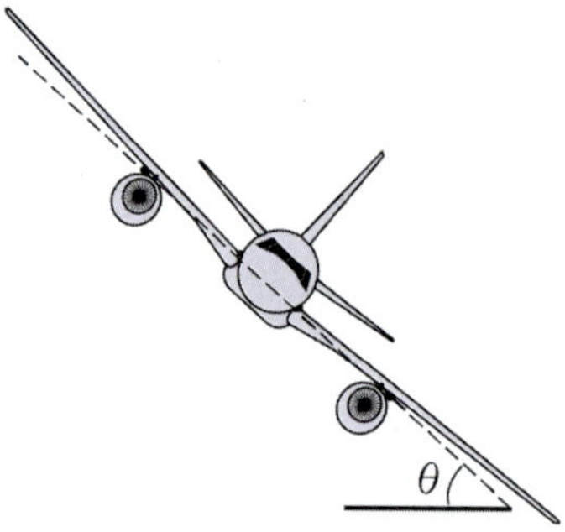

[문제 3.2.17]

17 비행기가 540km/h 의 일정한 속력으로 수평 원을 그리며 날아가고 있다. 비행기 날개가 수평면에 대해 $\theta = 40°$ 기울어져 있을 때 비행기 경로인 원의 반지름을 구하라. 공기에 의해 작용하는 공기역학적 양력(F_L)은 비행기 날개 면에 수직이다. Hint: 비행기에는 mg와 F_L이 작용한다.

18 줄의 한쪽 끝에 매달린 질량 $m = 3\text{kg}$ 인 물체는 마찰이 없는 수평 탁자 위에서 반지름 $r = 20\text{cm}$ 의 원운동을 하고, 다른 쪽 끝에는 중심의 구멍을 통해 질량 $M = 5\text{kg}$ 의 물체가 매달려 있다. 질량 M의 물체가 정지해 있을 때 원운동하는 물체의 속력을 구하라.

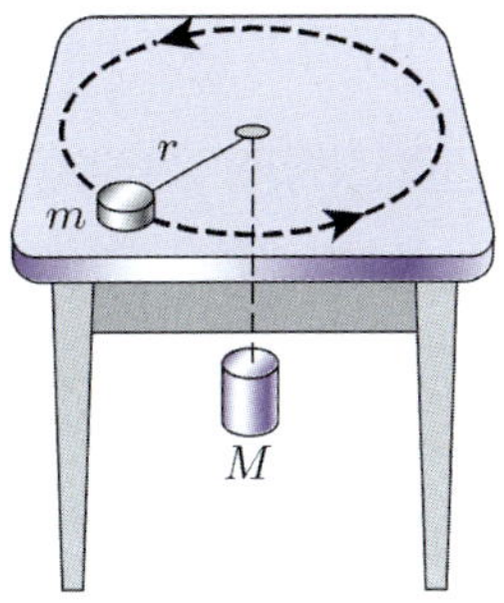

[문제 3.2.18]

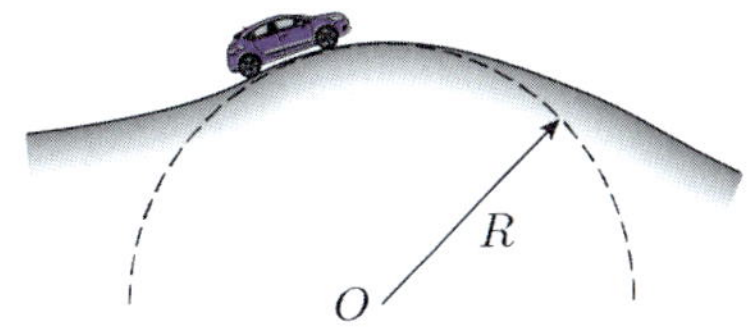

[문제 3.2.19]

19 그림과 같이 자동차가 언덕을 지나가고 있다. 언덕 꼭대기의 곡률반경 $R = 200\text{m}$ 일 때 자동차가 언덕 꼭대기에서 땅을 뜨지 않고 달릴 수 있는 최대 속력[km/h]을 구하라.

20 측면마찰력이 없을 때 자동차가 최대 속력 60km/h 로 주행할 수 있도록 경사지게 설계된 곡선도로가 있다. 곡선도로의 반지름은 200m 이다. 비 오는 날 자동차가 36km/h 로 달릴 때, 차가 미끄러지지 않고 달릴 수 있는 도로와 타이어 사이의 최소 마찰계수를 구하라. Hint: 본문 [예제]로부터 도로 경사각을 구하고, 구심가속도를 도로의 경사면 방향과 경사면에 수직 방향으로 분해한다.

21 어떤 사람이 자전거를 타고 반지름 30m 인 수평 원형 트랙을 10m/s 의 속력으로 달린다. 자전거와 사람의 총질량이 90kg 일 때 트랙이 자전거에 미치는 마찰력과 알짜 힘의 크기를 구하라.

22 두 개의 줄이 수평면에서 등속원운동을 하는 물체(C)에 묶여 있다. 물체의 질량은 5kg 이고 속도는 4m/s 일 때 두 줄에 걸리는 장력을 구하라. Hint: 장력을 수평성분과 수직 성분으로 분해한다. 물체의 가속도는 수평성분만 있다.

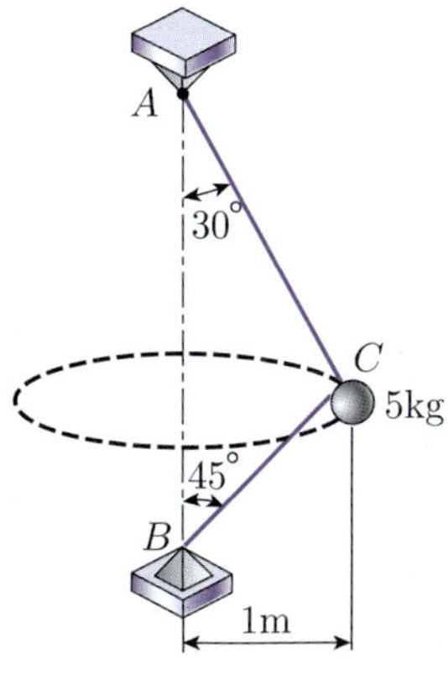

[문제 3.2.22/23]

23 위 문제(22 번)의 그림에서 줄 BC에 걸리는 장력이 0이 되게 하는 물체의 속도를 구하라.

24 길이 $L=0.6\text{m}$ 인 가벼운 실에 질량 $m=1\text{kg}$ 인 물체가 매달려 그림과 같이 수평면상에서 등속원운동을 하고 있다. 실과 수평면 사이의 경사각 $\theta=30°$일 때 이 물체의 속력[m/s]을 구하라. 실의 무게는 무시하고 중력가속도 $g=10\text{m/s}^2$이다. [공무원 임용시험]

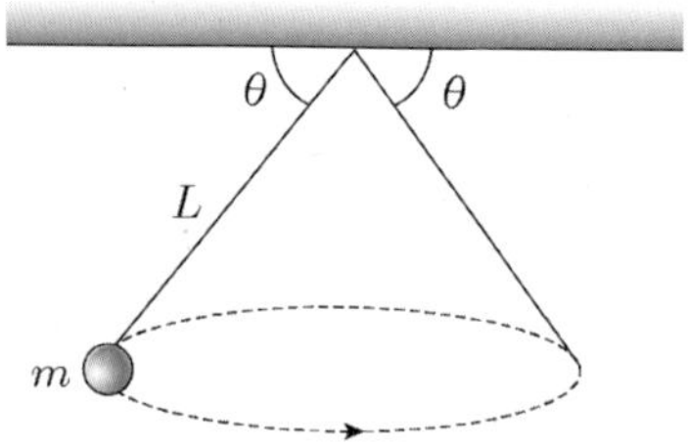

[문제 3.2.24]

25 비행기가 그림과 같은 위치에 있을 때 레이더에서 측정한 값은 다음과 같다. 이때 의자에 의해 80kg 의 비행기 조종사가 받는 힘의 수평성분과 수직 성분(x, y 성분)을 구하라.
Hint: a_r과 a_θ를 구하여 x, y 성분으로 분해한다.
$\dot{r}=120[\text{m/s}]$, $\dot{\theta}=-0.1[\text{rad/s}]$, $\ddot{r}=35[\text{m/s}^2]$, $\ddot{\theta}=0.016[\text{rad/s}^2]$

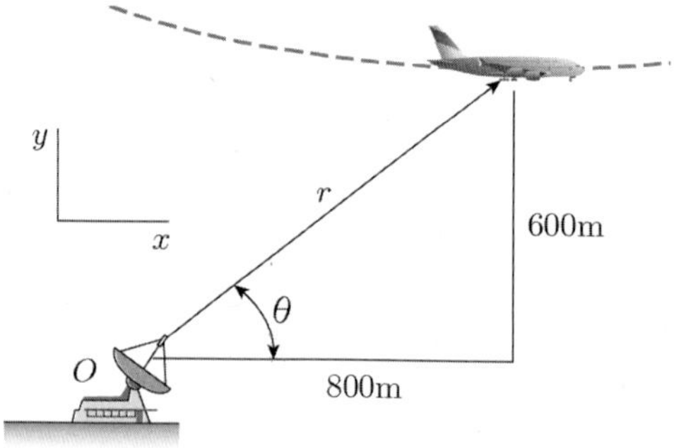

[문제 3.2.25]

26 1500kg 의 자동차가 수평면상의 곡선도로에 진입하여 A점을 108km/h 로 통과한 후 일정한 비율로 감속하여 C점을 36km/h 로 통과한다. A점과 C점의 곡률반경은 각각 400m 와 100m 이고, 중간 지점 B점은 곡률의 방향이 바뀌는 변곡점이다. 세 점에서 자동차의 타이어에 작용하는 총 수평력($F=\sqrt{F_n^2+F_t^2}$)을 각각 구하라.

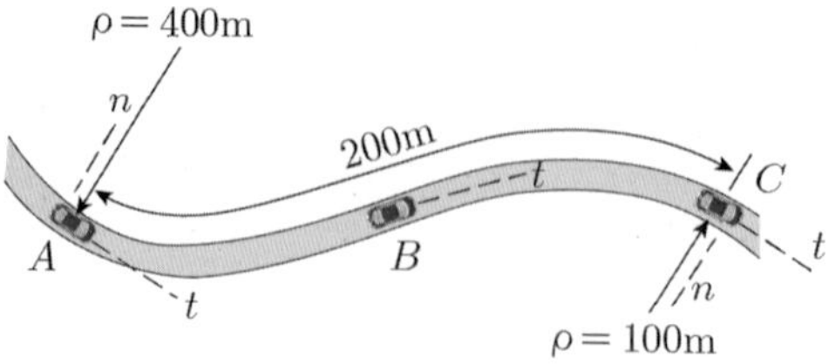

[문제 3.2.26]

27 질량 $m = 2\text{kg}$ 의 구슬이 수직축에 대해 일정한 속도로 회전하는 포물선 형태의 접시 안에서 미끄러지지 않고 접시와 같은 속도로 회전하고 있다. 마찰을 무시할 때 회전축으로부터 $R = 1\text{m}$ 에서 구슬의 속력(v)과 접시의 경사면에서 구슬에 작용하는 수직반력(N)의 크기를 구하라. Hint: $\tan\theta = \dfrac{dy}{dx}$, 가속도가 r반향이므로 N을 r과 y 성분으로 분해한다.

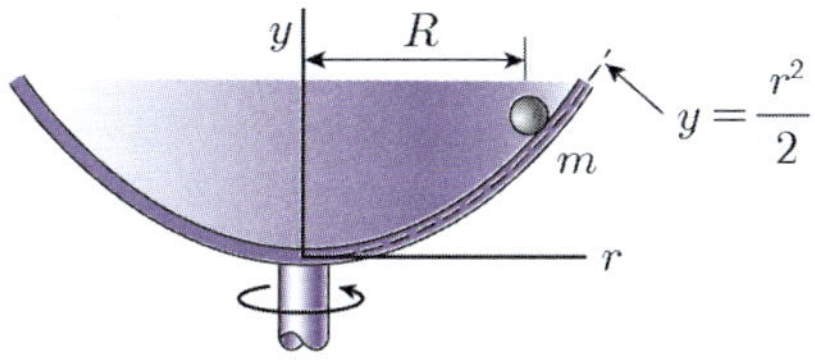

[문제 3.2.27]

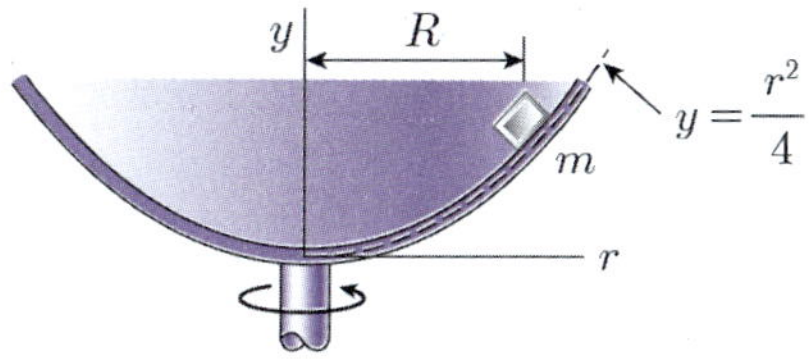

[문제 3.2.28]

28 수직축에 대해 일정한 속도로 회전하는 포물선 형태의 접시 안에서 블록이 미끄러지지 않고 접시와 같은 속도로 회전하고 있다. 접시와 블록 사이 정지마찰계수가 0.4일 때 회전축으로부터 $R = 2\text{m}$ 에서 허용되는 블록의 최대 속력(v_{max})을 구하라.

29 질량 $m = 50\text{kg}$ 의 물체가 길이 $L = 10\text{m}$ 의 케이블에 연결되어 그림과 같이 수직 평면에서 진폭 $30°$의 원호를 그리며 흔들리고 있다. 최저점(A)에서 물체의 속력이 7m/s 일 때, 최고점(B)과 최저점(A)에서 케이블에 걸리는 장력을 각각 구하라. Hint: $\sum F_n = ma_n$.

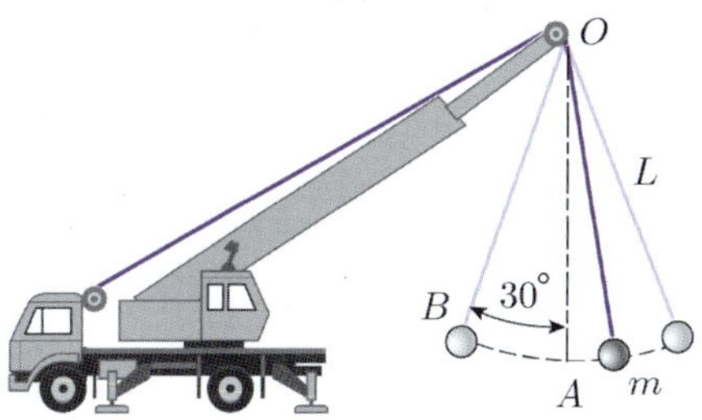

[문제 3.2.29]

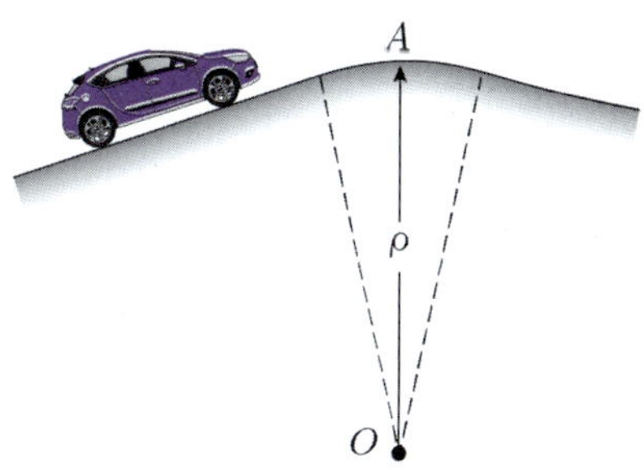

[문제 3.2.30]

30 자동차가 180km/h 로 달리다가 언덕 꼭대기 A점에서 지면으로부터 막 떨어지게 되었다.

(1) A점에서 도로의 수직 단면의 곡률반경을 구하라.

(2) 자동차가 108km/h로 A점을 지날 때 의자로부터 80kg의 운전자가 받는 수직반력을 구하라.

31 수직 평면에서 O점을 축으로 하여 일정한 속도로 회전하는 막대(OA)의 홈에 작은 블록(B)이 끼워져 있다. 블록은 A에 가장 가까운 홈의 끝에 접촉해 있고 $0 \le \theta \le 150°$에서 블록의 속력은 2m/s 이다. 블록이 $\theta = 150°$에서 O쪽으로 미끄러지기 시작할 때 블록과 홈 사이의 정지마찰계수를 구하라. O점으로부터 블록의 질량중심까지 거리 $L = 0.7\text{m}$ 이다. Hint: $n - t$좌표계 사용, B의 접선방향 가속도는 0.

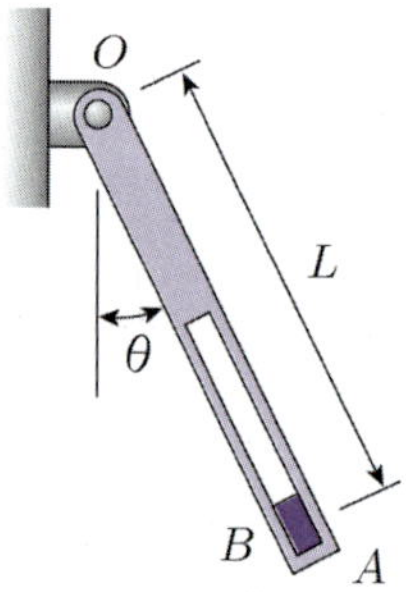

[문제 3.2.31]

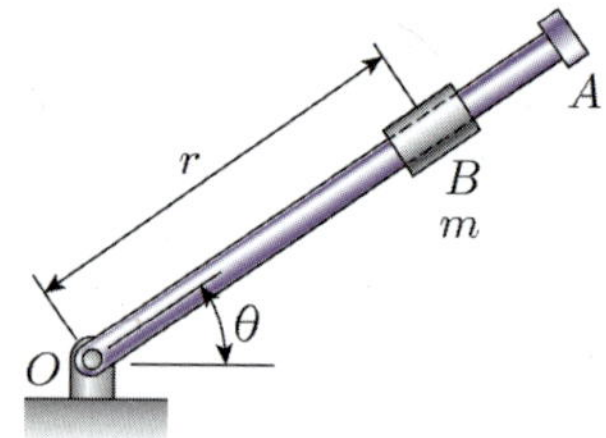

[문제 3.2.32]

32 수평면에서 막대 OA가 O점을 중심으로 회전하고 있다. 질량 $m = 500\text{g}$ 인 칼라 B의 운동은 $r = 300 + 100\cos(0.5\pi t)$, $\theta = \pi(t^2 - 3t)$로 기술된다. 여기에서 r, t, θ의 단위는 각각 mm, s, rad 이다. $t = 0$일 때와 $t = 0.5$[s]일 때 칼라가 받는 반경방향과 접선방향 힘을 각각 구하라. Hint: r, θ를 미분하여 a_r, a_θ를 구한다. $F_r = ma_r$ $F_\theta = ma_\theta$.

33 질량이 0.5kg 인 작은 상자들이 컨베이어 벨트에 의해 일정한 속도 $v = 1\text{m/s}$ 로 이송되어 아래로 떨어진다. 벨트를 구동하는 원판의 반지름 $R = 0.2\text{m}$ 이고 벨트와 상자 사이의 정지 마찰계수가 0.5일 때 다음을 구하여라.

(1) 원판의 꼭대기 점(A)을 지난 직후 벨트가 상자에 가하는 수직반력(N)

(2) 상자가 벨트에서 처음으로 미끄러지는 지점(B)까지 각도(θ)

Hint: $a_t = 0$, 미끄러질 때 $f = \mu N(\nwarrow)$.

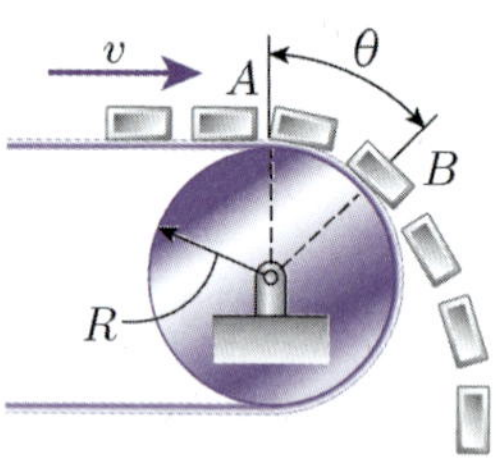

[문제 3.2.33]

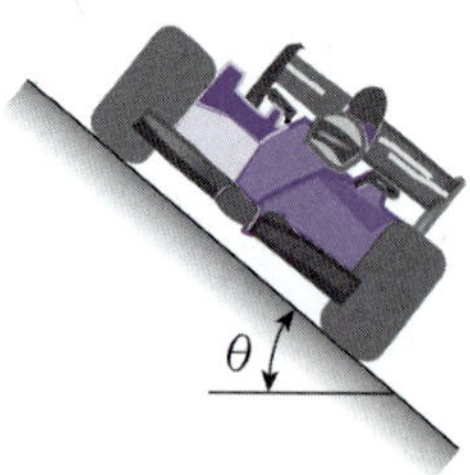

[문제 3.2.34]

34 자동차 도로 곡선 부분의 반지름이 400m 이고, 측면 마찰력이 작용하지 않고(측면 마찰력 $= 0$) 주행할 수 있는 차의 최고 속도가 180km/h 이다. 경주용 자동차가 288km/h 로 달렸을 때 차가 미끄러지기 시작하였다. 다음을 구하여라.

(1) 도로의 경사각(θ)

(2) 도로와 타이어 사이의 정지마찰계수

(3) 같은 차로 커브를 돌 때 차가 경사면 아래쪽으로 미끄러지지 않기 위해 필요한 차의 최소 속도[km/h]

차의 속도가 너무 크면 원심력에 의해 도로 경사면 위쪽으로 차가 미끄러져 나가고, 경사각 $\theta > \tan^{-1}(\mu_s)$인 경우 속도가 너무 작으면 차 무게의 접선성분에 의해 차가 경사면 아래쪽으로 미끄러져 내려오게 된다. 마찰력은 차의 미끄러짐을 방해하는 방향으로 작용한다.

35 두 줄 AB와 AC에 매달린 공이 수평면상에서 반지름 $R = 2\text{m}$의 등속원운동을 하고 있다. 두 줄에 걸리는 장력이 같을 때 공의 속력(v)을 구하라.

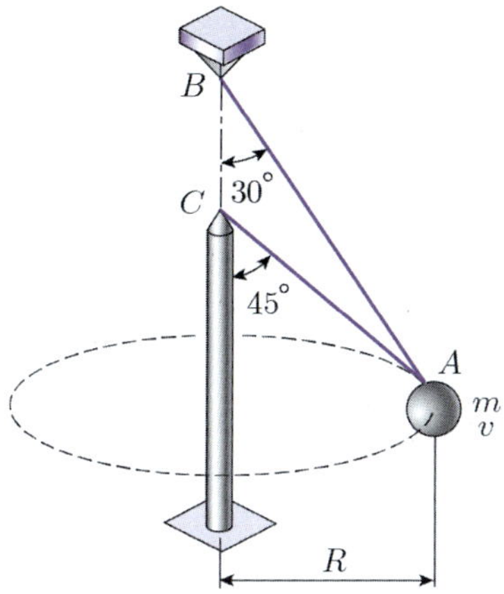

[문제 3.2.35/36]

36 위 문제(35 번)의 그림에서 공의 속력 $v = 4\text{m/s}$일 때 두 줄에 걸리는 장력을 각각 구하라. 공의 질량 $m = 5\text{kg}$이다.

37 그림과 같이 질량 0.1kg인 물체가 길이 2m인 실에 매달려 연직 평면에서 원운동을 한다. 공이 가장 높은 지점에 도달하였을 때 속력이 10m/s라면, 이 지점에서 줄에 걸리는 장력의 값[N]은? (단, 중력가속도 $g = 10\text{m/s}^2$이고, 실의 질량은 무시한다) [공무원 임용시험]

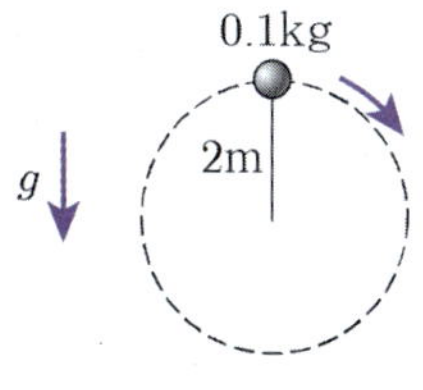

[문제 3.2.37]

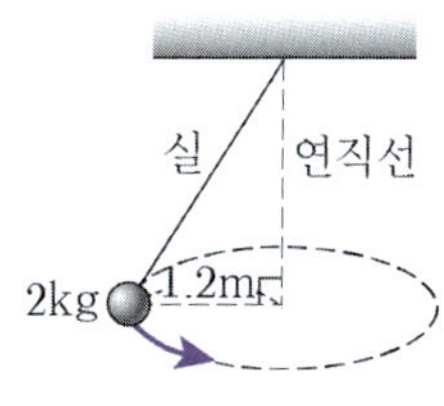

[문제 3.2.38]

38 그림과 같이 질량 2kg인 물체가 실에 매달려 반지름 1.2m인 원궤도를 따라 수평면과 나란하게 등속원운동을 한다. 물체를 당기는 실의 장력이 25N이라면 물체 속력의 크기[m/s]는? (단, 중력가속도 $g = 10\text{m/s}^2$이고, 실의 질량은 무시한다) [공무원 임용시험]

39 그림과 같이 질량 M인 물체가 실에 매달려 그림처럼 평면에서 원운동 할 때, 물체의 회전 주기는? [공무원 임용시험]

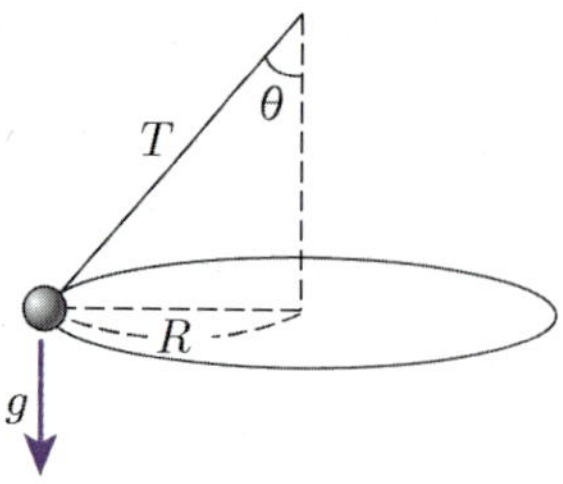

[문제 3.2.39]

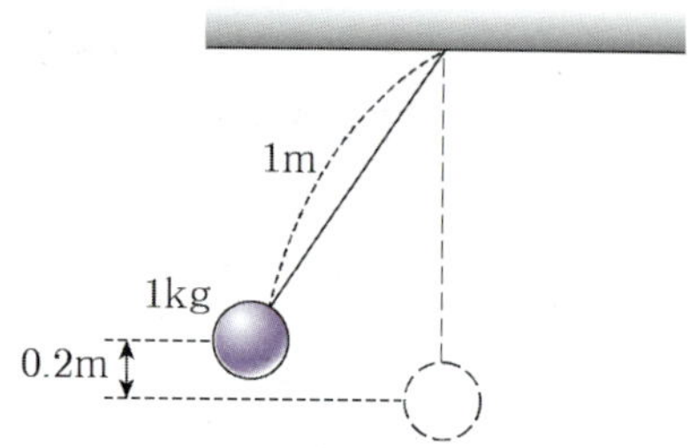

[문제 3.2.40]

40 그림과 같이 길이 1[m]인 끈에 질량 1[kg]인 물체가 매달려 있다. 이 물체를 높이 0.2[m]에서 가만히 놓았더니 단순진자와 같이 운동하였다. 진자운동 중 끈에 걸리는 최대 장력[N]은? (단, 중력가속도 $g = 10[\mathrm{m/s^2}]$이다) [공무원 임용시험]

41 반지름이 $40\sqrt{3}\,\mathrm{m}$인 원형 트랙이 수평면에 놓여 있다. 이 원형 트랙을 일정한 속력으로 달리는 자동차의 천장에 매달아 둔 진자가 연직선으로부터 $30°$의 각도를 유지하고 있다. 이 자동차의 속력[m/s]은? (단, 중력가속도는 $10\mathrm{m/s^2}$이고, 자동차의 크기와 진자의 길이에 의한 효과는 무시하며, 바퀴와 지면 사이의 마찰력과 중력 이외의 다른 힘은 없다고 가정한다) [공무원 임용시험]

42 그림과 같이 자동차가 반지름이 100m인 원형 궤적을 달린다. 자동차 타이어와 도로면 사이의 마찰력이 구심력으로 작용한다. 도로면은 경사가 없이 수평이고, 도로와 바퀴의 정지마찰계수가 0.9일 때, 미끄러지지 않고 달릴 수 있는 최대 속력의 값[m/s]은? (단, 중력가속도는 $10\mathrm{m/s^2}$이다) [공무원 임용시험]

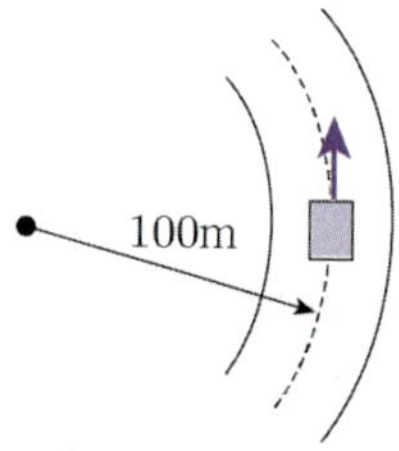

[문제 3.2.42]

① 15 ② 20 ③ 25 ④ 30

43 균일한 원판의 회전 중심에서 5cm 떨어진 위치에 작은 물체를 놓고 정지 상태에서 일정한 각속도로 원판을 회전시켰다. 물체가 막 미끄러질 때까지 원판이 5회전하였다면 원판의 각가속도[$\mathrm{rad/s^2}$]는? 단, 물체와 원판 사이의 마찰계수는 0.5이고 중력가속도는 $10\mathrm{m/s^2}$이다. [공무원 임용시험]

① $\frac{\pi}{5}$ ② $\frac{5}{\pi}$ ③ $\frac{1}{20\pi}$ ④ 20π

44 내면이 매우 매끄러운 직파이프가 수평면에서 일정한 각속도 ω로 회전하고 있다. 파이프 내면의 회전중심에 질량 m인 작은 구슬이 반경방향 초기속도 v_0를 갖고 놓여질 때, 다음 물음에 답하시오. (단, 구슬과 파이프 내면 사이의 마찰은 무시한다) [국가공무원 5 급(기술) 제 2 차시험]

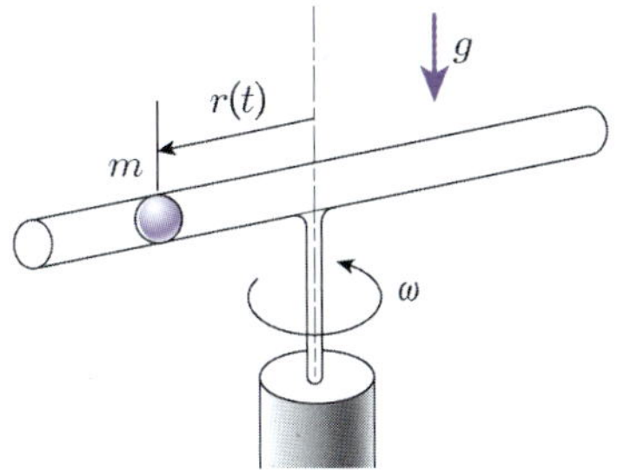

[문제 3.2.44]

(1) 구슬의 반경방향 위치 $r(t)$를 구하시오.

(2) 구슬과 파이프 내면 사이에 작용하는 반력을 구하시오.

45 많은 조그마한 상자들을 나르는 컨베이어 벨트가 일정한 속도 v로 움직이면서 아래 그림에서 보여지는 것처럼 아이들 롤러를 통과하고 있다. 상자와 벨트 사이의 최대정지마찰계수 $\mu = 0.75$라면, 상자가 벨트 위에서 미끄러지지 않을 최대 속도 v를 구하시오. (반경 200 mm 인 롤러의 상황에 주목하라) [국가공무원 5 급(기술) 제 2 차시험]

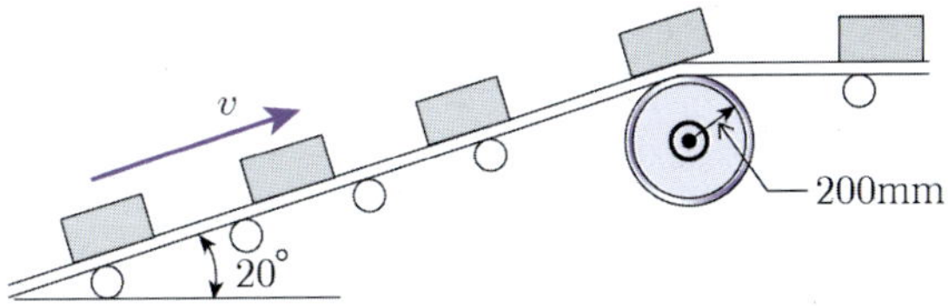

[문제 3.2.45]

46 곡률반경 200m 인 곡선도로 위를 자동차가 달리고 있다. 곡선도로의 경우 바깥쪽이 안쪽보다 높게 시공되는 것이 일반적이다. 도로가 비에 젖어 있어서 자동차 바퀴와 도로의 마찰계수를 0.2로 가정한다. 다음에 답하시오. [국가공무원 5 급(기술) 제 2 차시험]

(1) 5°의 경사각을 갖고 바깥쪽이 높은 경우, 자동차가 옆으로 미끄러지지 않고 일정한 속도로 주행할 수 있는 최고 주행속도[m/s]를 구하시오,

(2) 반대로 5°의 경사각을 갖고 안쪽이 높은 경우, 자동차가 옆으로 미끄러지지 않고 일정한 속도로 주행할 수 있는 최고 주행속도[m/s]를 구하시오,

47 그림과 같이 1,500kg 인 자동차가 일정한 비율로 감속하면서 평면상의 곡선도로에 진입하여 A 지점을 100km/h 로 통과한 후, 계속 진행하여 C 지점을 50km/h 로 통과하였다. A, C 지점에서 도로의 곡률반경 ρ_A, ρ_C는 각각 400m, 80m 이다. B 지점은 곡률 방향이 전환되는 변곡점이다. 다음 물음에 답하시오. [국가공무원 5 급(기술) 제 2 차시험(2021)]

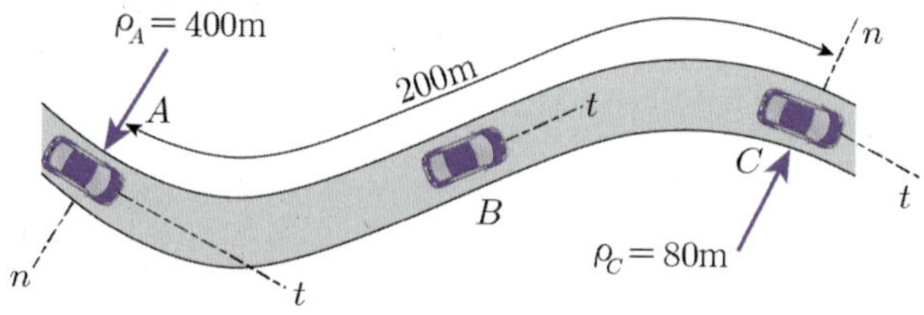

[문제 3.2.47]

(1) 자동차가 A, B와 C 지점 통과 시 해당 지점 가속도의 법선성분을 각각 구하시오.

(2) 자동차가 A, B와 C 지점 통과 시 타이어에 작용하는 평면합력의 크기를 각각 구하시오.

48 그림과 같이 질량 m_1의 블록 A와 질량 m_2의 디스크 사이에 정지마찰계수를 측정하고자 한다. 블록 A를 평평한 디스크 위에 놓고 디스크를 정지상태에서 일정한 각가속도 ($\alpha = 3\,\text{rad/s}^2$)로 회전시킨다. 다음 물음에 답하시오. [국가공무원 5 급(기술) 제 2 차시험 (2022)]

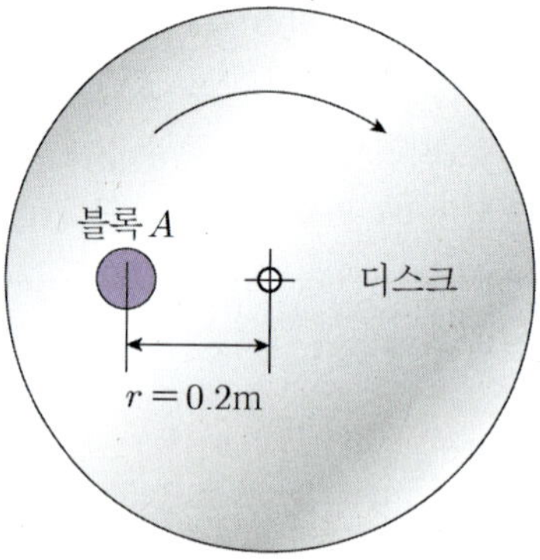

[문제 3.2.48]

(1) 시간 t에서 블록 A의 접선방향과 반경방향의 가속도를 각각 구하시오.

(2) 디스크가 회전을 시작한 지 1.2초 후에 블록 A가 디스크에서 미끄러지기 시작한다. 이때, 정지마찰계수를 구하시오.

제4장 에너지 방법

4.1 일
4.2 일과 에너지 원리
4.3 에너지 보존법칙

4.1 일

1 일의 정의

[그림 4.1.1]과 같이 위치 A로부터 다른 위치 A'으로 움직이는 질점을 고려한다. 여기에서 A와 A'의 위치벡터가 각각 $\mathbf{r}$과 $\mathbf{r}'$이면 질점의 변위는 $d\mathbf{r} = \mathbf{r}' - \mathbf{r}$이다. 이때 질점에 힘 $\mathbf{F}$가 작용할 때 변위 $d\mathbf{r}$에 따른 힘 $\mathbf{F}$가 한 일은 다음과 같이 정의된다.

$$dU = \mathbf{F} \cdot d\mathbf{r} \qquad \cdots (4.1.1)$$

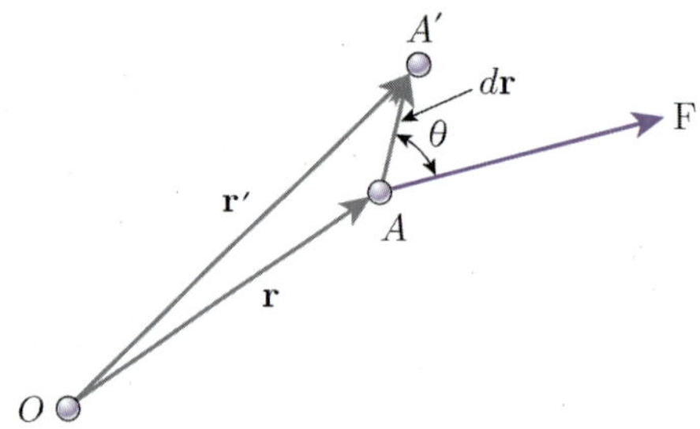

[그림 4.1.1] 힘과 변위

힘 $\mathbf{F}$와 변위 $d\mathbf{r}$의 내적으로 일 dU를 구한다. 힘과 변위의 크기를 각각 F와 ds라 하고 $\mathbf{F}$와 $d\mathbf{r}$이 이루는 각도를 θ라 하면 내적의 정의로부터 다음 식을 얻는다.

$$dU = F ds \cos\theta \qquad \cdots (4.1.2)$$

힘과 변위를 다음과 같이 직각좌표계의 성분으로 나타내면

$$\mathbf{F} = F_x \mathbf{i} + F_y \mathbf{j} + F_z \mathbf{k}$$

$$d\mathbf{r} = dx\mathbf{i} + dy\mathbf{j} + dz\mathbf{k}$$

일은 다음과 같이 표현된다.

$$dU = F_x dx + F_y dy + F_z dz \qquad \cdots (4.1.3)$$

SI 단위계에서 일의 기본단위는 줄(J, joule)이다. 1J 은 1N 의 힘이 작용선을 따라 1m 이동한 양(1J = 1N · m)으로 정의된다.

2 변화하는 힘에 의한 일

[그림 4.1.2]의 (a)와 같이 A_1으로부터 A_2까지 질점의 유한 변위에 대해 F가 하는 일은 식 (4.1.1)을 질점이 움직인 경로를 따라 적분해서 얻어진다.

$$U_{1\to 2} = \int_{A_1}^{A_2} \mathbf{F} \cdot d\mathbf{r} \qquad \cdots (4.1.4)$$

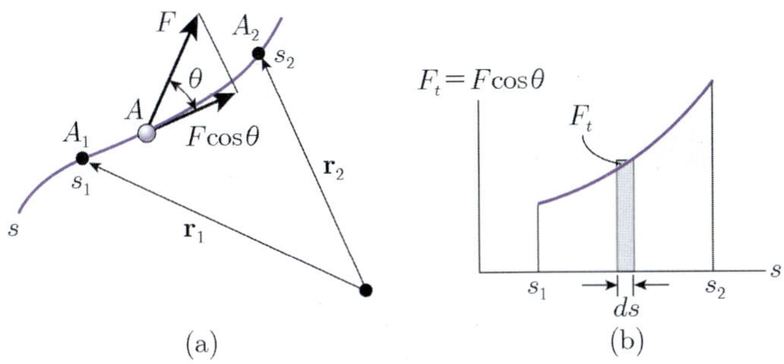

[그림 4.1.2] 경로와 일

dU에 대해 식 (4.1.2)를 이용하고, F를 위치의 함수 $F = F(s)$로 나타내면 일은 다음과 같이 표현된다.

$$U_{1\to 2} = \int_{s_1}^{s_2} (F\cos\theta)ds = \int_{s_1}^{s_2} F_t\, ds \qquad \cdots (4.1.5)$$

여기에서 적분변수 s는 질점이 경로를 따라 움직인 거리를 나타낸다. 힘의 접선방향(경로방향) 성분 $F_t = F\cos\theta$이고, 일 $U_{1\to 2}$는 F_t를 s에 대해 그린 곡선의 아래 부분 면적이 된다.

힘 F가 직각좌표계 성분으로 표현되면 식 (4.1.3)을 이용하여 일을 계산할 수 있다. 이때 적분은 질점의 경로를 따라 수행된다.

$$U_{1\to 2} = \int_{A_1}^{A_2} (F_x dx + F_y dy + F_z dz) \qquad \cdots (4.1.6)$$

3 직선운동에서 일정한 힘이 하는 일

[그림 4.1.3(a)]와 같이 직선을 따라 움직이는 질점에 크기와 방향이 일정한 힘 F가 가해지면 식 (4.1.5)에서 일은 다음과 같다.

$$U_{1\to2}=\int_{s_1}^{s_2}(F\cos\theta)ds=F\cos\theta\int_{s_1}^{s_2}ds=F\cos\theta(s_2-s_1)$$

$$U_{1\to2}=(F\cos\theta)\Delta s \qquad \cdots(4.1.7)$$

여기에서 θ는 운동방향과 힘이 이루는 각도이고, $\Delta s=s_2-s_1$은 A_1에서 A_2까지 거리이다. 힘 F에 의한 일은 힘의 접선방향 성분 $F_t=F\cos\theta$가 일정하므로 [그림 4.1.3(b)]와 같은 직사각형의 면적이 된다.

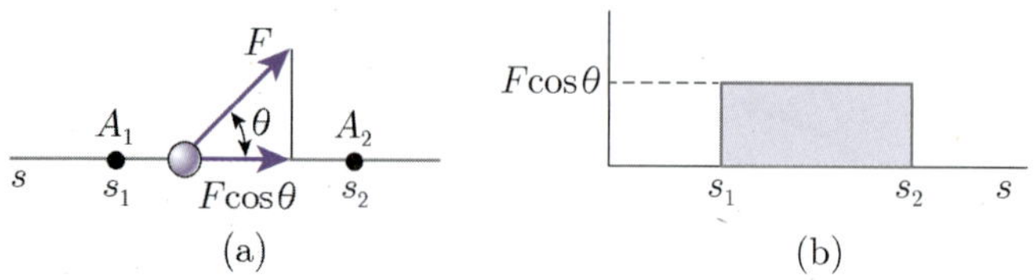

[그림 4.1.3] 일정한 힘을 받아 직선운동하는 물체와 일

4 중력이 하는 일

물체에 작용하는 중력(물체 무게) W가 하는 일은 W의 성분들을 식 (4.1.6)에 대입하여 구할 수 있다.

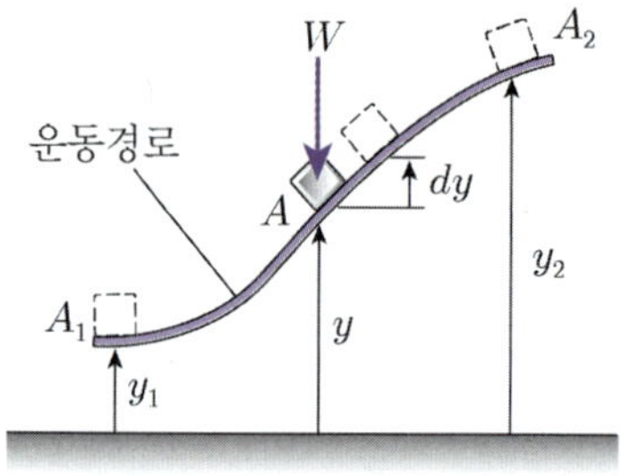

[그림 4.1.4] 중력이 하는 일

[그림 4.1.4]와 같이 y축을 위쪽으로 향하게 하면 $F_x=0$, $F_y=-W$, $F_z=0$이므로

$$U_{1\to2}=-\int_{y_1}^{y_2}Wdy=-W(y_2-y_1)$$

$$U_{1\to2}=-W(y_2-y_1)=-W\Delta y \qquad \cdots(4.1.8)$$

가 된다. 여기에서 $\Delta y = y_2 - y_1$은 A_1에서 A_2까지 수직변위이다. 따라서 질점의 무게(W)에 의한 일의 크기는 운동경로와는 무관하고 질점의 무게(W)와 수직변위(Δy)의 곱과 같다. 한편 [그림 4.1.4]에서 무게 W는 아래로 향하고 변위 Δy는 위로 향하므로 일은 음(−)의 값을 가지게 된다. 즉, 질점이 위로 움직이면 무게에 의한 일의 부호는 음(−)이 된다. 반면에 질점이 아래로 움직이면 무게에 의한 일은 양(+)의 값을 갖는다.

5 스프링 힘에 의한 일

[그림 4.1.5(a)]와 같이 고정된 점(B)에 스프링으로 부착된 물체(A)가 움직이는 경우를 고려한다. 물체가 A_0 위치에 있을 때 스프링은 변형되지 않은 상태이다. 선형탄성스프링에서 스프링에 의해 물체(A)에 작용하는 힘의 크기는 변형되지 않은 위치(A_0)로부터 측정된 스프링의 변형(x)에 비례한다.

$$F = kx \qquad \cdots (4.1.9)$$

여기에서 k는 스프링상수(스프링의 강성도, 강성계수)이며 SI 단위계에서 N/m의 단위를 갖는다.

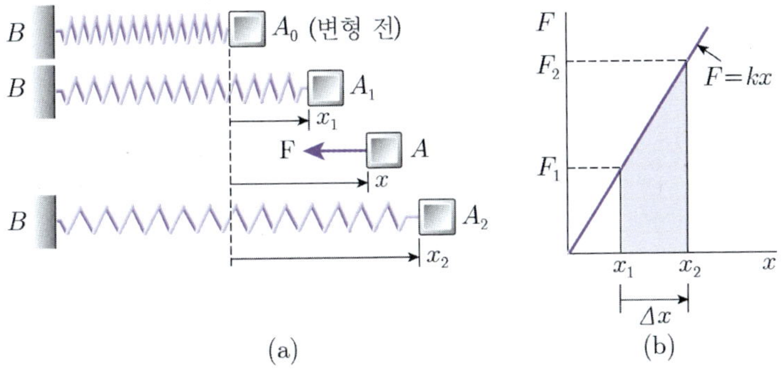

[그림 4.1.5] (a) 스프링의 변형 (b) 스프링 힘이 하는 일

물체가 $A_1(x = x_1)$에서 $A_2(x = x_2)$까지 움직이는 동안 스프링에 의해 물체에 가해지는 힘 F가 하는 일(스프링이 물체에 하는 일)은 다음과 같다.

$$dU = -Fdx = -kxdx$$

$$U_{1\to 2} = -\int_{x_1}^{x_2} kxdx = -\left(\frac{1}{2}kx_2^2 - \frac{1}{2}kx_1^2\right)$$

$$U_{1\to2} = -\left(\frac{1}{2}kx_2^2 - \frac{1}{2}kx_1^2\right) \quad \cdots(4.1.10)$$

스프링에 의해 물체에 가해지는 힘이 하는 일은 스프링이 변형되지 않은 위치로 돌아갈 때 양(+)이 된다. 질점의 변위 방향과 질점에 작용하는 힘의 방향이 같으면 양(+)의 일이고, 반대 방향이면 음(−)의 일이 될 것이다. 그리고 식 (4.1.9)는 (x, F) 좌표계에서 원점을 지나는 직선이므로 [그림 4.1.5(b)]와 같이 사다리꼴 면적을 계산하여 일을 구할 수 있다.

스프링이 늘어나면 당기는 힘이 발생하고, 압축되면 바깥으로 미는 힘이 발생한다. 즉, 스프링이 변형되었을 때 복원력 F의 방향은 변위 x의 방향과 반대이다. 이에 따라 훅의 법칙을 $F = -kx$로 쓰기도 한다.

예제 4.1.1 블록에 $\mathbf{F} = 2\mathbf{i} - 6\mathbf{j}$ [N]의 일정한 힘을 가하여 $\mathbf{d} = 4\mathbf{i}$ [m]만큼 블록을 이동시켰다. 힘이 블록에 한 일[J]을 구하라.

풀이 일정한 힘 $\mathbf{F}$를 가하여 물체의 변위 $\Delta\mathbf{r} = \mathbf{d}$가 되면 식 (4.1.4)의 적분에서 $\mathbf{F}$가 상수이므로 힘이 물체에 한 일은

$$U_{1\to2} = \mathbf{F} \cdot \mathbf{d}$$

가 된다.

$$U_{1\to2} = \mathbf{F} \cdot \mathbf{d} = (2\mathbf{i} - 6\mathbf{j}) \cdot (4\mathbf{i}) = 2 \times 4 = 8\,[\mathrm{N \cdot m}] = 8\,[\mathrm{J}]$$

예제 4.1.2 2차원 xy평면에서 질점에 $\mathbf{F} = (3x^2)\mathbf{i} + 4\mathbf{j}$ [N]의 힘을 가하여 질점을 $A_1(1\mathrm{m}, 2\mathrm{m})$으로부터 $A_2(3\mathrm{m}, 4\mathrm{m})$로 이동시켰다. 힘 $\mathbf{F}$가 한 일[J]을 구하라. x의 단위는 m이다.

풀이 힘 $\mathbf{F}$의 성분 $F_x = 3x^2$[N], $F_y = 4$[N]이다.

$$\begin{aligned} U_{1\to2} &= \int_{A_1}^{A_2} (F_x dx + F_y dy) \\ &= \int_1^3 3x^2 dx + \int_2^4 4dy = [x^3]_1^3 + [4y]_2^4 \\ &= (3^3 - 1) + 4(4 - 2) = 34\,[\mathrm{N \cdot m}] = 34\,[\mathrm{J}] \end{aligned}$$

예제 4.1.3 질량 $m=5\text{kg}$의 물체가 $\theta=30°$인 마찰 없는 경사면을 따라 $d=0.5\text{m}$ 미끄러져 올라가는 동안에 수평방향으로 $P=30\text{N}$의 힘이 물체에 작용하였다. 미끄러져 올라가는 동안에 힘 P와 물체 무게 및 물체에 작용하는 수직반력이 물체에 한 전체 순 일을 구하라.

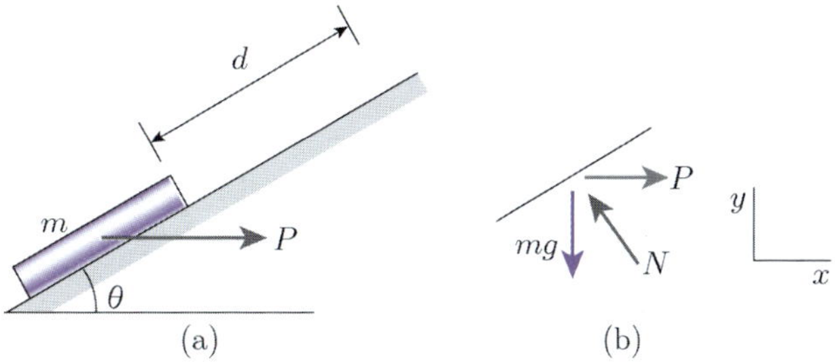

[그림 4.1.6] (a) 경사면 물체 (b) 물체에 작용하는 힘

풀이 힘 P와 물체 무게 mg 및 물체에 작용하는 수직반력 N을 도시하면 (b)와 같다. 여기에서 수직반력 N은 물체의 이동 방향에 수직이므로 N이 한 일은 0 이다. 따라서 $P(\rightarrow)$와 $mg(\downarrow)$의 합력은

$$\mathbf{F}=P\mathbf{i}-mg\mathbf{j}=30\mathbf{i}-5(9.8)\mathbf{j}=30\mathbf{i}-49\mathbf{j}\,[\text{N}]$$

이고, 이동 거리는

$$\mathbf{d}=0.5(\cos 30°\mathbf{i}+\sin 30°\mathbf{j})\,[\text{m}]$$

이므로 전체 순 일은 다음과 같다.

$$\begin{aligned}U_{1\rightarrow 2}=\mathbf{F}\cdot\mathbf{d}&=(30\mathbf{i}-49\mathbf{j})\cdot 0.5(\cos 30°\mathbf{i}+\sin 30°\mathbf{j})\\&=30(0.5)\cos 30°-49(0.5)\sin 30°\\&=0.74\,[\text{J}]\end{aligned}$$

4.2절에서 일-에너지 원리를 이용하여 물체의 속도를 구한다. 이 방법의 장점 중 하나가 [예제 4.1.3]과 같이 일을 하지 않는 힘은 고려할 필요가 없다는 것이다. 힘과 물체 무게의 이동 방향 성분으로부터 일은 다음과 같다.

$$U_{1\rightarrow 2}=(P\cos\theta-mg\sin\theta)\times d=[30\cos 30°-5(9.8)\sin 30°](0.5)=0.74[\text{J}]$$

예제 4.1.4 질량 $m=70\text{kg}$의 물체가 길이 $L=12\text{m}$의 줄 끝에 매달려 있다. 수평 방향으로 크기가 변하는 힘 F로 물체를 밀어서 $d=4\text{m}$만큼 물체를 이동시켰다. 다음을 구하라.

(1) 최종 위치에서 F의 크기 (2) 물체의 무게가 한 일

(3) 줄의 장력이 물체에 한 일

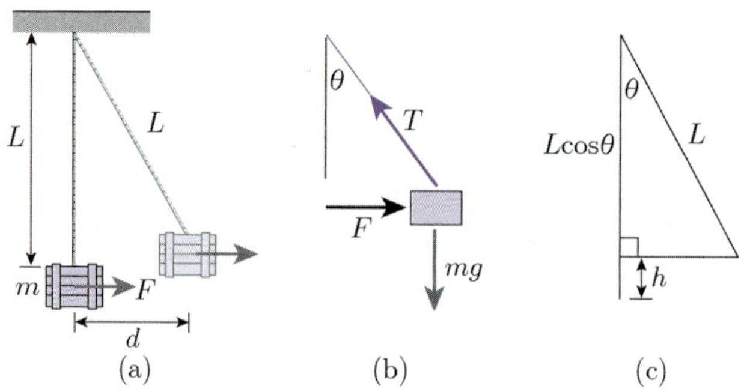

[그림 4.1.7] (a) 줄과 물체 (b) 물체에 작용하는 힘 (c) 이동 높이

풀이 최종 위치에서 수직선과 줄이 이루는 각은 다음과 같다.

$$\theta = \sin^{-1}\left(\frac{d}{L}\right) = \sin^{-1}\left(\frac{4}{12}\right) = 19.5°$$

(1) 물체에 대한 자유물체도 (b)에서

$$\sum F_y = 0: \ T\cos\theta - mg = 0$$

$$\therefore \ T = \frac{mg}{\cos\theta}$$

$$\sum F_x = 0: \ F - T\sin\theta = 0$$

$$\therefore \ F = T\sin\theta = \frac{mg}{\cos\theta} \times \sin\theta = mg\tan\theta$$
$$= 70(9.8)\tan 19.5° = 243[\mathrm{N}]$$

(2) 그림의 (c)에서 물체의 이동 높이는

$$h = L(1 - \cos\theta) = 12(1 - \cos 19.5°) = 0.688[\mathrm{m}]$$

이고, 물체의 이동 방향(↑)이 중력(↓)과 반대 방향이므로 물체의 무게가 한 일은 다음과 같다,

$$U_W = -mgh = -70(9.8)(0.688) = -472[\mathrm{J}]$$

(3) 물체는 반지름 L인 원형 경로를 따라 움직이므로 줄의 장력은 모든 곳에서 줄의 이동 경로(원주방향)에 수직인 반경방향으로 작용한다. 따라서 줄의 장력이 물체에 한 일은 0이다.

에너지 방법으로 줄에 매달린 물체의 원운동을 조사할 때 '줄의 장력이 물체에 한 일은 0'이라는 사실을 염두에 두도록 한다.

예제 4.1.5 [그림 4.1.5]와 같이 배열된 스프링과 블록이 마찰 없는 수평면 위에 놓여 있다. 여기에서 블록을 $x=+4\text{cm}$로 당겨서 그 자리에 있게 하려면 360N의 힘을 작용해야 한다. 블록을 $x=10\text{cm}$만큼 당긴 후 가만히 놓았다. 블록이 $x_1=+5\text{cm}$로부터 (1) $x=+3\text{cm}$ (2) $x=-9\text{cm}$까지 이동하는 동안 스프링이 블록에 한 일[J]을 각각 구하라.

풀이 변위 $x=4\text{cm}$일 때 스프링 힘 $F=360\text{N}$이므로 스프링상수는 다음과 같다.

$$k=\frac{F}{x}=\frac{360}{4}=90[\text{N/cm}]=9000[\text{N/m}]$$

(1) $U_{1\to 2}=\dfrac{k}{2}\left(x_1^2-x_2^2\right)=\dfrac{9000}{2}(0.05^2-0.03^2)=7.2[\text{J}]$

(2) $U_{1\to 2}=\dfrac{k}{2}\left(x_1^2-x_2^2\right)=\dfrac{9000}{2}\left[0.05^2-(-0.09)^2\right]=-25.2[\text{J}]$

연습문제 4.1

01 블록에 $\mathbf{F} = 200\mathbf{i} - 150\mathbf{j}$ [N]의 일정한 힘을 가하여 $\mathbf{d} = 15\mathbf{i} - 10\mathbf{j}$ [m]만큼 블록을 이동시켰다. 힘이 블록에 한 일[J]을 구하라. Hint: $U_{1\to2} = \mathbf{F} \cdot \mathbf{d}$.

02 매끄러운 평면에서 물체가 xy좌표계의 점 $A_1(3\text{m}, 4\text{m})$로부터 $A_2(0, 0)$로 일정한 힘을 받고 미끄러진다. 물체에 작용하는 힘의 크기는 5N 이고, 방향은 $+x$축으로부터 반시계방향으로 100°일 때 힘이 물체에 한 일을 구하라. Hint: 힘이 일정하면 식 (4.1.6)의 적분은 $U_{1\to2} = F_x\Delta x + F_y\Delta y + F_z\Delta z$.

03 수평 직선도로를 40m/s 로 달리는 자전거에 일정한 힘을 가하여 -2m/s^2로 일정하게 감속시켜 자전거를 정지시키려 한다. 다음을 구하라. 자전거와 사람의 총 질량은 80kg 이다. Hint: $\mathbf{F} = m\mathbf{a}$, $v^2 - v_0^2 = 2a\Delta x$.

(1) 자전거에 가하는 힘의 크기

(2) 힘을 받은 후 정지할 때까지 자전거가 이동한 거리

(3) 힘이 자전거에 한 일

04 헬리콥터가 70kg 의 물체를 케이블에 연결하여 15m 수직 상방으로 끌어 올린다. 물체의 가속도가 위 방향으로 $g/10$일 때 다음을 구하라. g는 중력가속도이다. Hint: 케이블 장력은 중력과 반대 방향으로 작용한다. $\sum F = ma$.

(1) 헬리콥터의 힘이 물체에 한 일

(2) 물체의 무게가 한 일

05 역도선수가 질량 100kg 의 물체를 일정한 속도로 40cm 위로 들어 올렸을 때 역도선수가 한 일은 얼마인가? 또 이 물체를 일정한 속도로 40cm 아래로 내렸을 때 역도선수가 한 일은 얼마인가? Hint: 힘의 방향과 물체의 이동 방향에 주의.

06 줄을 사용하여 정지해 있는 질량 m인 블록을 일정한 가속도 $g/4$로 아래로 내리고 있다. 블록이 d만큼 내려졌을 때 (1) 줄에 작용하는 힘이 블록에 대해 한 일과 (2) 블록의 무게가 한 일을 각각 구하라.

07 힘 $F = F_0\left(\dfrac{x}{x_0} - 1\right)$가 x축을 따라 질점에 작용하고 있다. 질점이 $x = 0$으로부터 $x = 2x_0$까지 움직이는 동안 힘이 한 일을 구하라. Hint: $U_{1\to2} = \displaystyle\int_{x_1}^{x_2} F dx$.

08 마찰 없는 수평면에서 그림과 같은 세 힘이 물체에 작용한다. 세 힘의 크기는 $F_1 = 3\text{N}$, $F_2 = 4\text{N}$, $F_3 = 10\text{N}$ 이고, 각 $\theta_2 = 50°$, $\theta_3 = 35°$ 이다. 물체가 5m 이동했을 때 세 힘이 물체에 한 순 일을 구하라. 물체는 초기에 정지해 있다. Hint: 힘을 성분으로 분해하여 합력을 구한다. 합력의 방향으로 물체가 움직인다.

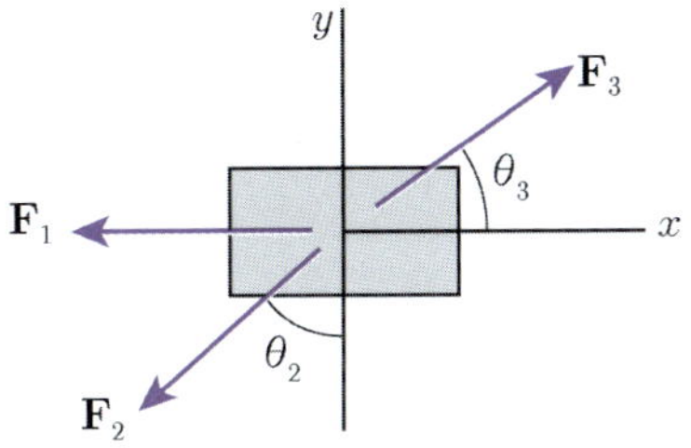

[문제 4.1.8]

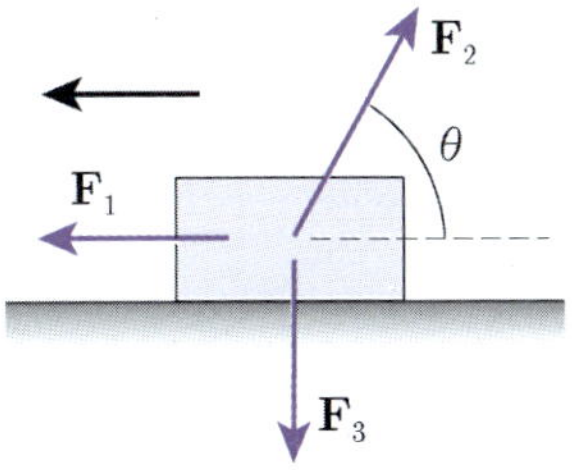

[문제 4.1.9]

09 그림은 마찰 없는 평면에서 왼쪽으로 3m 이동하는 물체에 작용하는 세 힘을 보여준다. 세 힘의 크기는 각각 $F_1 = 5\text{N}$, $F_2 = 9\text{N}$, $F_3 = 3\text{N}$ 이고, 각 $\theta = 60°$ 이다. 물체가 이동하는 동안 세 힘이 물체에 한 순 일을 구하라. Hint: $U = \mathbf{F} \cdot \mathbf{d}$.

10 작업자가 얼음덩어리를 $F = 50\text{N}$ 의 힘으로 위로 당기고 있는 동안 얼음덩어리는 $\theta = 60°$ 인 마찰 없는 경사면에서 일정한 속도로 미끄러져 내려간다. 얼음덩어리가 $d = 0.4\text{m}$ 를 미끄러져 내려갔다면 이 동안 작업자가 한 일은 얼마인가?

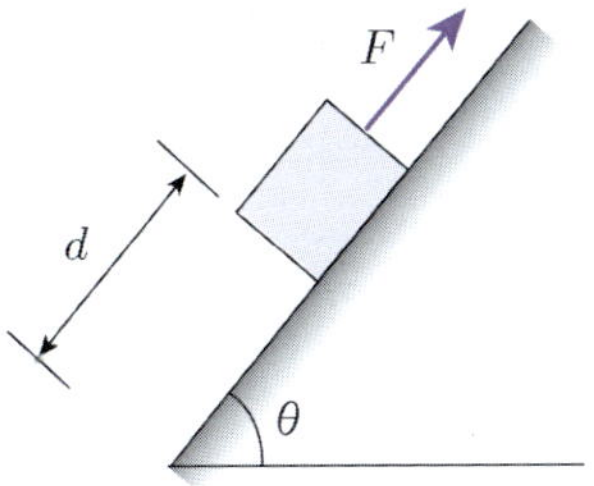

[문제 4.1.10]

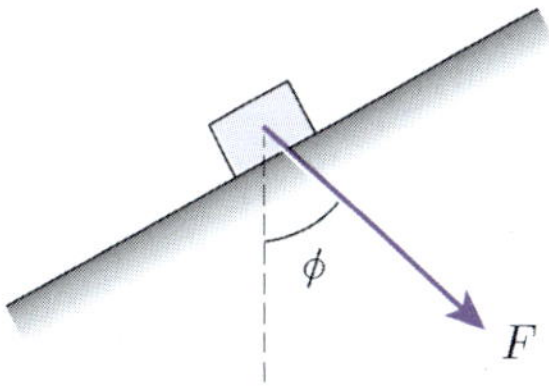

[문제 4.1.11]

11 그림에서 일정한 힘 $F = 80\text{N}$ 을 4kg 의 블록에 가하여 마찰 없는 경사면에서 일정한 속도로 블록을 위로 올린다. 블록이 수직높이 $h = 0.2\text{m}$ 만큼 올라갔을 때 힘이 블록에 한 일을 구하라. Hint: ϕ 값을 빠뜨렸다. 문제 잘못됨? 힘이 블록에 한 일과 중력이 한 일을 생각해본다.

12 본문의 [그림 4.1.5]에서 블록이 마찰 없는 수평면에 놓여 있고 스프링상수는 50N/m 이다. 스프링이 변형되지 않은 $x = 0$에서 블록은 정지해 있다. 일정한 힘 $F = 3\text{N}$ 으로 블록이 멈출 때까지 블록을 $+x$ 방향으로 당긴다. 블록이 멈추었을 때 (1) 블록의 위치(x) (2) F 가 블록에 한 일 (3) 스프링 힘이 블록에 한 일을 각각 구하라. Hint: 힘이 한 일과 스프링이 한 일의 크기가 같다.

13 그림은 스프링 힘 F_x와 변위 x의 관계를 나타낸 것이다. 그림에서 $F_s = 160\mathrm{N}$ 이다. 본문의 [그림 4.1.5]와 같이 배열된 스프링과 블록에서 블록을 $x = 12\mathrm{cm}$ 만큼 당긴 후 가만히 놓았다. 블록이 $x_1 = +8\mathrm{cm}$ 로부터 (1) $x = +5\mathrm{cm}$ (2) $x = -5\mathrm{cm}$ (3) $x = -8\mathrm{cm}$ (4) $x = -10\mathrm{cm}$ 까지 이동할 때 스프링이 블록에 한 일[J]을 각각 구하라. Hint: 그림으로부터 스프링상수를 구한다.

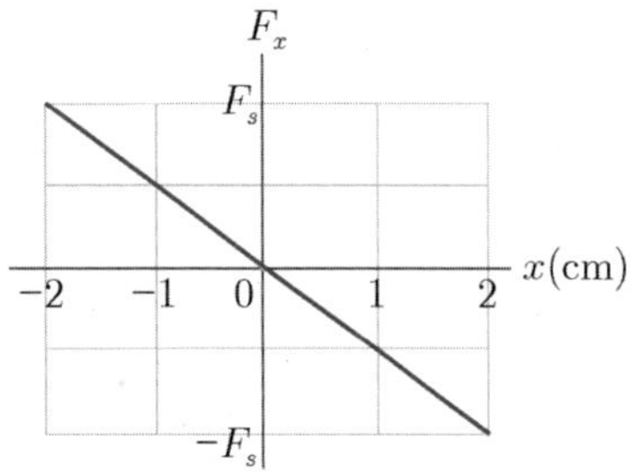

[문제 4.1.13]

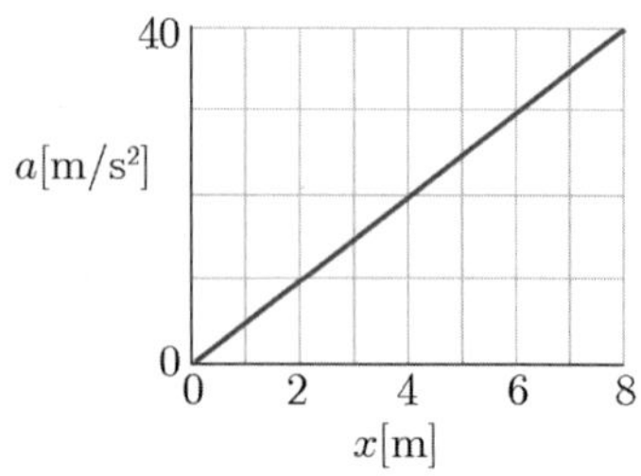

[문제 4.1.14]

14 질량 $m = 10\mathrm{kg}$ 의 블록이 x축 위에서 움직이고, 블록의 가속도 a는 그림과 같이 블록의 위치 x의 함수이다. $x = 0$에서 $x = 2\mathrm{m}$ 까지 이동하는 동안 블록에 작용하는 힘이 한 일을 구하라. Hint: $F = ma$, $U_{1\to 2} = \int_{x_1}^{x_2} F dx$.

15 마찰이 없는 수평면에서 질량 $m = 50\mathrm{kg}$ 의 상자를 끌기 위해 수평선에 대하여 $\theta = 20°$ 각도로 $F = 100\mathrm{N}$ 의 힘을 가한다. 상자가 오른쪽으로 3m 이동했을 때 (1) F가 상자에 한 일 (2) 상자의 무게가 상자에 한 일 (3) 상자에 작용하는 수직반력이 상자에 한 일을 각각 구하라. Hint: $U = \mathbf{F} \cdot \mathbf{d}$.

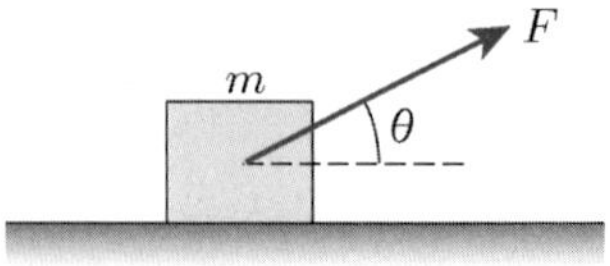

[문제 4.1.15]

16 질량 $m = 0.25\mathrm{kg}$ 의 물체가 질량 $M = 900\mathrm{kg}$ 인 엘리베이터 바닥에 놓여 있고 일정한 비율로 엘리베이터가 가속되어 상승한다. 엘리베이터가 $d = 2.4\mathrm{m}$ 만큼 올라가는 동안에 물체가 엘리베이터 바닥으로부터 받는 수직력 $F_N = 3\mathrm{N}$ 일 때 케이블에 작용하는 힘(T)이 엘리베이터에 한 일을 구하라. Hint: F_N으로부터 물체와 엘리베이터의 가속도를 구한다.

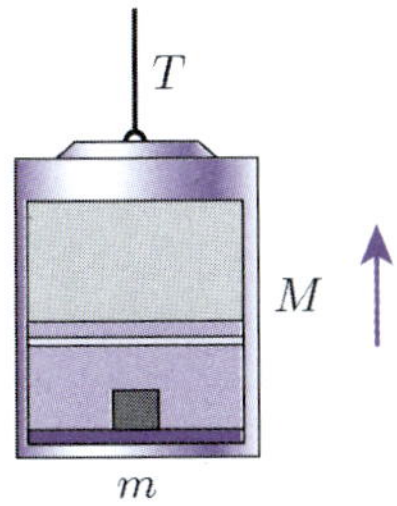

[문제 4.1.16]

17 그림과 같이 마찰 없는 수평면에서 x축을 따라 움직일 수 있는 카트를 도르래에 연결된 줄이 끌고 있다. 줄 끝의 높이 $h = 1.2\text{m}$ 이고, 카트는 $x_1 = 3\text{m}$ 로부터 $x_2 = 1\text{m}$ 까지 미끄러진다. 미끄러지는 동안 줄에 일정한 장력 $T = 20\text{N}$ 이 걸린다고 할 때 장력이 카트에 한 일을 구하라. Hint: 장력은 항상 줄의 방향으로 작용한다(힘의 작용선이 줄과 일치한다).

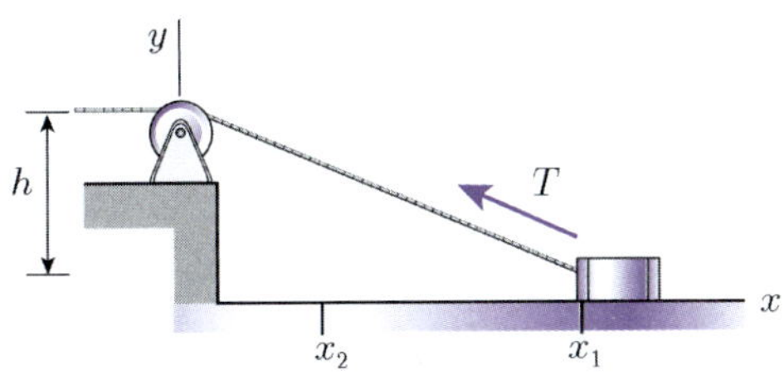

[문제 4.1.17]

18 일정한 힘 $\mathbf{F} = 2\mathbf{i} + 4\mathbf{j} + 6\mathbf{k}$ [N]을 가하여 질점을 $\mathbf{r}_1 = 3\mathbf{i} + 5\mathbf{j} + 2\mathbf{k}$ [m]로부터 $\mathbf{r}_2 = 8\mathbf{i} + 12\mathbf{j} + 7\mathbf{k}$ [m]로 이동시켰다. $\mathbf{F}$가 질점에 한 일을 구하라.

19 정지해 있는 2kg 의 물체에 수평 방향으로 일정한 힘을 작용하여 3초 후 물체의 속력이 10 m/s 가 되었을 때 힘이 물체에 한 일을 구하라. Hint: $a = \Delta v / \Delta t$

20 힘 $\mathbf{F} = 2x\mathbf{i} + 3\mathbf{j}$ [N]을 가하여 질점을 $\mathbf{r}_1 = 2\mathbf{i} + 3\mathbf{j}$ [m]로부터 $\mathbf{r}_2 = -4\mathbf{i} - 3\mathbf{j}$ [m]로 이동시켰다. $\mathbf{F}$가 질점에 한 일을 구하라. 여기에서 x의 단위는 m 이다. Hint: 성분별로 적분한다.

21 스프링상수 $k = 20\text{N/cm}$ 인 스프링의 끝에 상자가 붙어 있다. (1) 스프링이 평형 상태로부터 10mm 늘어났을 때 스프링이 상자에 한 일은 얼마인가? (2) 스프링이 추가로 10mm 늘어났을 때 스프링이 상자에 추가로 한 일은 얼마인가?

22 200g 의 블록이 평형상태에서 수직으로 서 있는 스프링에 떨어진 후에 스프링에 붙어서 스프링을 10cm 압축한 후 일시적으로 멈춘다. 스프링이 압축되는 동안에 중력 힘이 블록에 한 일과 스프링 힘이 블록에 한 일을 각각 구하라. 스프링상수는 2.5N/cm 이다.

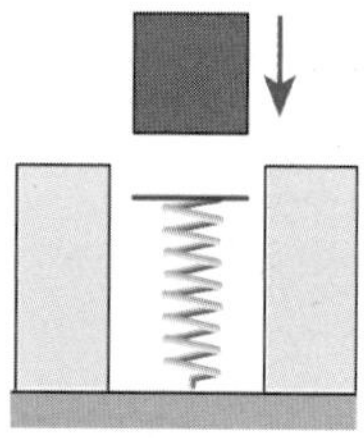

[문제 4.1.22]

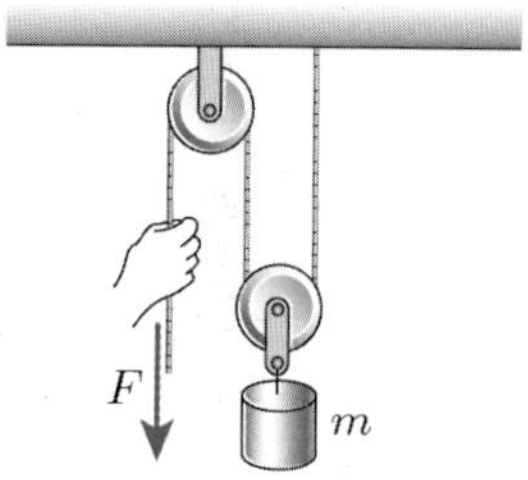

[문제 4.1.23]

23 그림과 같은 도르래에 질량 $m=20\text{kg}$의 물체가 매달려 있고 줄 끝에 힘 F를 가한다. (1) 일정한 속도로 물체를 위로 끌어당기기 위해 필요한 힘 F를 구하라. (2) 물체를 2cm 위로 끌어올리기 위해 줄 끝을 얼마만큼 아래로 내려야 하는가? (3) 물체가 올라가는 동안 F가 물체에 한 일과 중력 힘이 물체에 한 일을 구하라. 도르래와 줄의 무게 및 마찰력은 무시한다.

24 힘 $\mathbf{F}=4\mathbf{i}+P\mathbf{j}\,[\text{N}]$이 질점에 작용하여 질점을 $\mathbf{d}=3\mathbf{i}-2\mathbf{j}\,[\text{m}]$만큼 이동시켰다. 힘 $\mathbf{F}$가 질점에 한 일이 (1) 0 (2) 12J (3) −18J일 때 P를 각각 구하라. Hint: $U=\mathbf{F}\cdot\mathbf{d}$.

25 힘 $\mathbf{F}=2\mathbf{i}+9\mathbf{j}+5\mathbf{k}\,[\text{N}]$이 질점에 작용하여 질점의 위치를 $\mathbf{r}_1=3\mathbf{i}-3\mathbf{j}+6\mathbf{k}\,[\text{m}]$로부터 $\mathbf{r}_2=-4\mathbf{i}+3\mathbf{j}+5\mathbf{k}\,[\text{m}]$로 이동시켰다. $\mathbf{F}$가 질점에 한 일을 구하라.

26 x축 상에서 움직이는 물체에 $+x$ 방향으로 $F=10e^{-x/2}[\text{N}]$의 힘을 가한다. 물체가 $x=0$로부터 $x=2\text{m}$까지 이동하는 동안 $\mathbf{F}$가 물체에 한 일을 구하라. 여기에서 x의 단위는 m이다. Hint: $U_{1\to2}=\int_{x_1}^{x_2}Fdx$.

27 질량이 M인 물체가 발사되어 높이 H까지 올라갔다가 발사되기 전과 같은 높이의 지상으로 다시 돌아왔다. 이때 중력이 한 일의 크기[J]는? (단, 공기 마찰 및 지구의 자전에 의한 효과는 무시하고, 중력가속도는 g이다) [공무원 임용시험]

① $-MgH$ ② 0 ③ Mgh ④ $2MgH$

28 입자에 x축 방향으로 작용하는 힘은 $F=ax+bx^2$이다. 입자를 $x=0$에서 $x=L$까지 움직일 때 이 힘이 한 일은? (단, a, b는 상수이다) [공무원 임용시험]

① $a+2bL$ ② $aL+bL^2$ ③ aL^2+bL^3 ④ $\frac{1}{2}aL^2+\frac{1}{3}bL^3$

4.2 일과 에너지 원리

1 곡선운동과 일

[그림 4.2.1]과 같이 곡선운동을 하면서 F의 힘을 받는 질량 m인 질점을 고려한다. 먼저 뉴턴의 제 2 법칙을 힘과 가속도의 접선방향 성분으로 나타내면

$$F_t = ma_t = m\frac{dv}{dt} \quad \cdots ①$$

이다. 여기에서 v는 질점의 속력 $v = \frac{ds}{dt}$이므로 식 ①에서

$$F_t = m\frac{dv}{dt} = m\frac{dv}{ds}\frac{ds}{dt} = mv\frac{dv}{ds}$$

$$F_t ds = mvdv \quad ②$$

의 관계식을 얻는다.

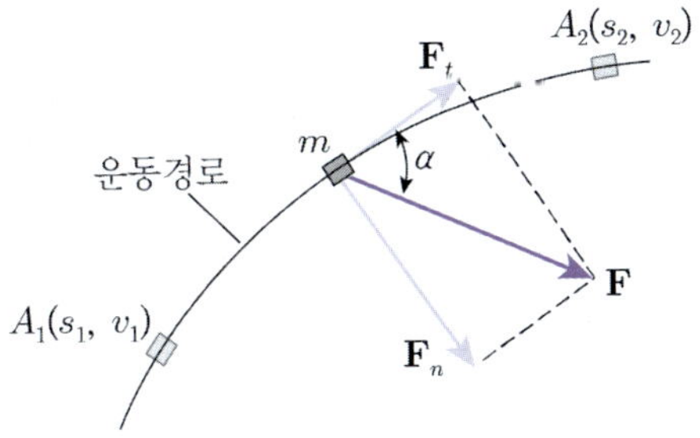

[그림 4.2.1] 운동경로와 힘의 성분

식 ②를 $A_1(s_1, v_1)$으로부터 $A_2(s_2, v_2)$까지 적분하면 F가 한 일은 다음과 같이 쓸 수 있다.

$$U_{1\to 2} = \int_{s_1}^{s_2} F_t ds = \int_{v_1}^{v_2} mvdv = \frac{1}{2}mv_2^2 - \frac{1}{2}mv_1^2$$

$$U_{1\to 2} = \int_{s_1}^{s_2} F_t ds = \frac{1}{2}mv_2^2 - \frac{1}{2}mv_1^2 \quad \cdots (4.2.1)$$

2 일과 에너지 원리

질점의 운동에너지(kinetic energy, T)는 다음과 같이 정의된다.

$$T = \frac{1}{2}mv^2 \quad \cdots(4.2.2)$$

질점이 정지 상태에서 속도 v가 될 때까지 질점에 행해진 전체 일은 운동에너지와 같다. 운동에너지는 N • m, 즉 줄[J]의 단위를 갖는 스칼라량이며, 속도의 방향과 무관하게 항상 양(+)의 값을 갖는다.

식 (4.2.2)를 사용하면 식 (4.2.1)은 다음과 같이 쓸 수 있다

$$U_{1\to 2} = T_2 - T_1 = \Delta T \quad \cdots(4.2.3)$$

이 식은 질점이 힘 F를 받으면서 A_1에서 A_2까지 움직일 때 힘 F가 하는 일은 질점의 운동에너지 변화와 같다는 것을 나타낸다. 이것을 일과 에너지 원리(일과 에너지 법칙, 일-에너지 정리, work-kinetic energy theorem)라고 하고 식 (4.2.3)을 일과 에너지 방정식이라 한다.

운동에너지는 항상 양이지만 운동에너지 변화(ΔT)는 양이나 음 또는 0이 될 수 있다. 식 (4.2.3)은 일이 운동에너지 변화를 일으킨다는 것을 알려주며, 초기 운동에너지에 행해진 일 $U_{1\to 2}$를 더한 것이 최종 운동에너지가 된다는 것을 의미한다.

$$T_1 + U_{1\to 2} = T_2 \quad \cdots(4.2.4)$$

식 (4.2.3) 또는 (4.2.4)로 기술되는 일과 에너지 방법의 주요 장점은 가속도를 계산할 필요가 없고, 일을 한 힘의 함수로써 속도 변화를 직접 유도할 수 있다는 것이다. 더욱이 일과 에너지 방정식은 일을 해서 속도 크기에 변화를 주는 힘만을 포함한다. 일과 에너지 원리는 운동방정식에 '속도, 힘, 변위'가 포함된 운동역학 문제를 푸는 데 사용된다. 이 원리를 적용하는 과정과 고려해야 할 사항들은 다음과 같다.

(1) 좌표계[(x, y) 혹은 (n, t)]를 설정하고, 질점이 움직이는 동안 질점에 작용하는 모든 힘을 고려하기 위한 자유물체도를 그린다.

(2) 일과 에너지 원리 $T_1 + U_{1\to 2} = T_2$, $\int_{s_1}^{s_2} F_t ds = \frac{1}{2}mv_2^2 - \frac{1}{2}mv_1^2$을 적용한다.

○ 질점의 운동 시작점과 끝점에서 운동에너지를 구한다.

○ 힘은 힘의 방향으로 변위가 일어날 때 일을 한다. 즉, 변위에 수직인 힘은 일을 하지 않는다는 것을 이용하면 수식이 간단해질 수 있다.

○ 일은 힘의 성분이 변위와 같은 방향이면 양(+)의 값이 되고, 반대 방향이면 음(−)의 값이 된다.

○ 일을 구하기 위해 변위 함수인 힘을 적분한다. 그림으로 나타낼 때 일은 힘-변위 곡선의 아래 부분 면적과 같다.

○ 무게에 의한 일은 무게의 크기(W)와 수직변위(h)의 곱, $U_W = \pm Wh$이다. 무게가 아래로 움직일 때 일은 양의 값이 되고, 위로 움직이면 일은 음의 값이 된다.

○ 스프링에 의한 일은 $U_S = \frac{1}{2}kx^2$이다. 여기에서 x는 스프링의 인장 또는 압축된 길이이다.

전체 일(순 일, U_{net}, $U_{(1\to2),net}$)을 구할 때는 특히 일의 부호에 주의해야 한다.

3 동력과 효율

동력(일률, power)은 일의 시간 변화율을 말한다. U만큼 일을 했을 때 동력(P)은 다음과 같이 정의된다.

$$P = \frac{dU}{dt} \qquad \cdots(4.2.5)$$

여기에서 $\frac{dU}{dt} = \frac{\mathrm{F} \cdot d\mathrm{r}}{dt}$이고, $\frac{d\mathrm{r}}{dt} = \mathrm{v}$이므로 동력은 다음과 같이 표현된다.

$$P = \mathrm{F} \cdot \mathrm{v} \qquad \cdots(4.2.6)$$

SI 단위계에서 동력은 J/s로 표현되고 이 단위를 W(와트)라 한다.

$$1\mathrm{W} = 1\mathrm{J/s} = 1\mathrm{N} \cdot \mathrm{m/s}$$

기계의 기계효율(η)은 입력 일에 대한 출력 일의 비로 정의된다.

$$\eta = \frac{(\text{출력 일})}{(\text{입력 일})} \qquad \cdots(4.2.7)$$

이 정의에 의해 일이 일정한 비율로 행해진다고 가정할 수 있는 경우, 입력 일에 대한 출력 일의 비는 입력 동력에 대한 출력 동력의 비와 같다.

$$\eta = \frac{(\text{출력 동력})}{(\text{입력 동력})} \qquad \cdots (4.2.8)$$

예제 4.2.1 $+x$축 상에서 움직이는 질량 $m = 2\text{kg}$인 물체에 작용하는 유일한 힘은 $F_x = -6x\,[\text{N}]$ (x의 단위는 m)이다. $x = 3\text{m}$에서 물체의 속도가 5m/s일 때 다음을 구하라.

(1) $x = 4\text{m}$에서 물체의 속도

(2) 속도가 7m/s가 되는 위치(x)

풀이 초기위치 $x_1 = 3\text{m}$, 초기속도 $v_1 = 8\text{m/s}$이다.

(1) $x_2 = 4\text{m}$이므로 1과 2 사이에 힘이 한 일은

$$U_{1\to2} = \int_{x_1}^{x_2} F_x dx = \int_3^4 (-6x)dx$$
$$= -3\left[x^2\right]_3^4 = -3(4^2 - 3^2) = -21\,[\text{J}]$$

이고, 일과 에너지 원리를 적용하면 다음과 같이 속도 v_2가 구해진다.

$$U_{1\to2} = \frac{1}{2}mv_2^2 - \frac{1}{2}mv_1^2$$

$$\therefore \; v_2 = \sqrt{\frac{2U_{1\to2}}{m} + v_1^2}$$
$$= \sqrt{\frac{2(-21)}{2} + 5^2} = 2\,[\text{m/s}]$$

(2) $v_2 = 7\text{m/s}$이다. $x_1 = 3\text{m}$와 x_2 사이에 힘이 한 일은

$$U_{1\to2} = \int_{x_1}^{x_2} F_x dx = \int_{x_1}^{x_2} (-6x)dx = -3\left[x^2\right]_{x_1}^{x_2} = -3(x_2^2 - x_1^2)\,[\text{J}]$$

이고, 일과 에너지 원리를 적용하면

$$U_{1\to2} = -3(x_2^2 - x_1^2) = \frac{1}{2}mv_2^2 - \frac{1}{2}mv_1^2$$

$$\therefore \; x_2 = \sqrt{-\frac{m}{6}(v_2^2 - v_1^2) + x_1^2}$$
$$= \sqrt{-\frac{2}{6}(7^2 - 5^2) + 3^2} = 1\,[\text{m}]$$

가 구해진다.

예제 4.2.2 질량 $m = 20\text{kg}$의 물체에 수평선에 대하여 $\theta = 30°$ 방향으로 $P = 100\text{N}$의 일정한 힘을 가하고 있다. $x = 0$에서 물체의 속도가 0일 때 $x = 10\text{m}$에서 물체의 속도를 구하라. 물체와 지면 사이 운동마찰계수는 0.2이다.

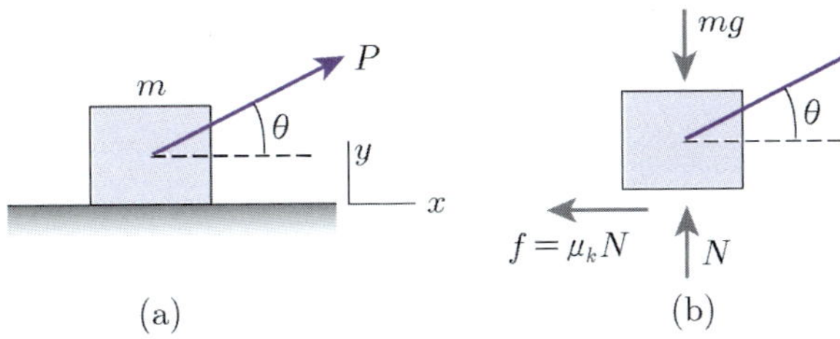

[그림 4.2.2] (a) 비스듬히 힘을 받는 물체 (b) 자유물체도

풀이 물체의 자유물체도는 (b)와 같다. 여기에서 뉴턴의 제2법칙을 적용하면

$$(+\uparrow)\sum F_y = 0: \ N + P\sin\theta - mg = 0$$

$$\therefore \ N = mg - P\sin\theta$$

이므로 마찰력은

$$f = \mu_k N = \mu_k(mg - P\sin\theta)$$
$$= 0.2(20 \times 9.8 - 100\sin 30°) = 29.2[\text{N}]$$

이다. 초기 지점과 나중 지점을 각각 1, 2로 나타내면

$$x_1 = 0, \ v_1 = 0, \ x_2 = 10\text{m}, \ v_2 = ?$$

이고, 두 지점 사이에 일과 에너지 방정식

$$T_1 + U_{1\to2} = T_2$$

를 적용하여 v_2를 구한다.

$$\frac{1}{2}mv_1^2 + \int_0^{10}(P\cos\theta - f)dx = \frac{1}{2}mv_2^2$$

$$0 + (100\cos 30° - 29.2)(10) = \frac{1}{2}(20)v_2^2$$

$$\therefore \ v_2 = \sqrt{100\cos 30° - 29.2} = 7.58[\text{m/s}]$$

예제 4.2.3 x축 위에서 움직이는 질량 $m=200\text{kg}$의 컨테이너(A)가 $x=0$에서 정지 상태로 출발하며, 유압 실린더가 위치(x: 단위는 m)의 함수로 주어지는 수평 방향 힘 $P=700-100x$[N]을 컨테이너에 가한다. 컨테이너가 위치 $x=1$[m]에 도달할 때 컨테이너의 속도[m/s]를 구하라. 컨테이너와 바닥 사이 운동마찰계수 $\mu_k=0.2$이다.

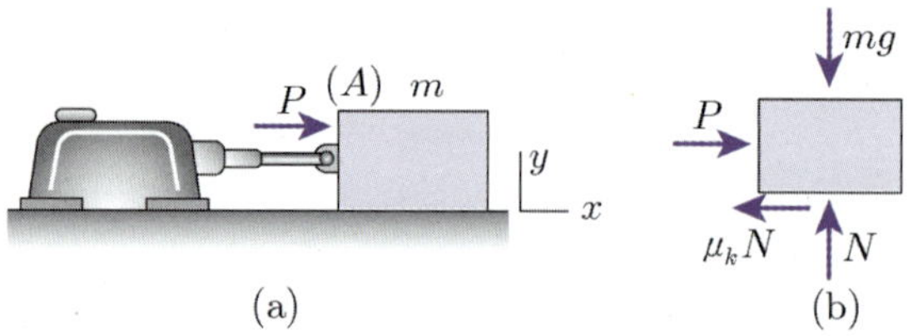

[그림 4.2.3] (a) 컨테이너 (b) 자유물체도

풀이 컨테이너의 자유물체도는 (b)와 같다. 여기에서 y방향으로 뉴턴의 제2법칙을 적용하면

$$\sum F_y=0:\ N-mg=0$$

$$\therefore\ N=mg=200(9.8)=1960[\text{N}]$$

이 된다. $x_2=1$[m]에서 컨테이너의 속도를 v_2라 하고 일과 에너지 원리를 적용한다. 초기위치와 속도는 각각 $x_1=0$, $v_1=0$이다. 식 (4.2.1)로부터

$$\int_{x_1}^{x_2} F_x dx=\frac{1}{2}mv_2^2-\frac{1}{2}mv_1^2$$

$$\int_{x_1}^{x_2}(P-\mu_k N)dx=\frac{1}{2}mv_2^2-\frac{1}{2}mv_1^2$$

$$\int_0^1[(700-100x)-0.2(1960)]\,dx=\frac{1}{2}(200)v_2^2-0$$

이고, 좌변 적분 값을 구하면

$$\int_0^1[(700-100x)-0.2(1960)]\,dx=\int_0^1(308-100x)dx$$

$$=\left[308x-50x^2\right]_0^1=258$$

이므로 $x_2=1$[m]에서 컨테이너의 속도 v_2는 다음과 같다.

$$v_2=\sqrt{\frac{2(258)}{200}}=1.61[\text{m/s}]$$

예제 4.2.4 질량 $m = 100\text{kg}$의 물체가 경사각 $\theta = 15°$인 경사면에서 미끄러져 내려간다. A점에서 물체의 속도는 4m/s이고, B점까지 거리 $L = 10\text{m}$일 때 B점에서 물체의 속도를 구하라. 경사면과 물체 사이의 운동마찰계수는 0.2이다.

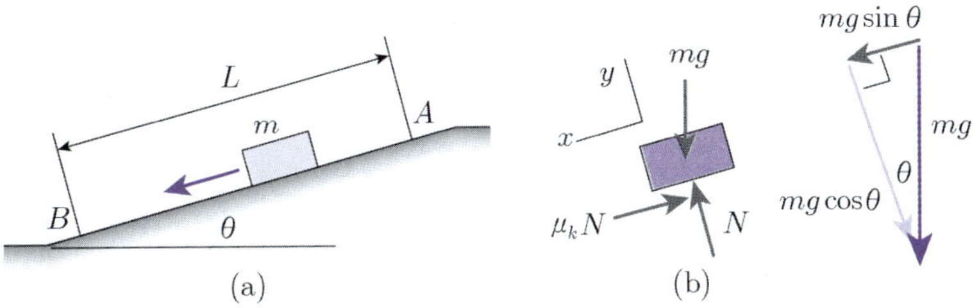

[그림 4.2.4] (a) 경사면 물체 (b) 자유물체도

풀이 물체의 자유물체도는 (b)와 같다. 여기에서 뉴턴의 제2법칙을 적용하면

$$(+\nwarrow)\sum F_y = 0:\ N - mg\cos\theta = 0$$

$$\therefore\ N = mg\cos\theta$$

이므로 마찰력은

$$f = \mu_k N = \mu_k mg\cos\theta$$

이다. A와 B점을 각각 1, 2로 나타내고 두 점 사이에 일과 에너지 원리를 적용한다. $v_1 = 4\text{m/s}$, $x_1 = 0$, $x_2 = L = 10\text{m}$이고 v_2는 미지수이다. 식 (4.2.1)로부터

$$\int_{x_1}^{x_2} F_x dx = \frac{1}{2}mv_2^2 - \frac{1}{2}mv_1^2$$

$$\int_0^L (mg\sin\theta - \mu_k mg\cos\theta)dx = \frac{1}{2}mv_2^2 - \frac{1}{2}mv_1^2$$

$$L(g\sin\theta - \mu_k g\cos\theta) = \frac{1}{2}v_2^2 - \frac{1}{2}v_1^2$$

$$\therefore\ v_2 = \sqrt{2gL(\sin\theta - \mu_k\cos\theta) + v_1^2}$$

$$= \sqrt{2(9.8)(10)(\sin 15° - 0.2\cos 15°) + 4^2} = 5.37[\text{m/s}]$$

가 구해진다. 이상에서 $\int_0^L kdx = kL$(k는 상수)이다.

예제 4.2.5 [그림]의 (a)와 같이 두 개의 블록이 늘어나지 않는 줄로 연결되어 있다. 블록의 질량은 $m_A = 200\text{kg}$, $m_B = 300\text{kg}$이다. 블록이 모두 정지 상태에서 출발하여 블록 A가 $d = 2\text{m}$ 오른쪽으로 움직였을 때 블록의 속도를 구하라. 블록 A와 수평면 사이의 운동 마찰계수 $\mu_k = 0.2$이고, 도르래에서 마찰과 줄과 도르래의 질량은 무시한다.

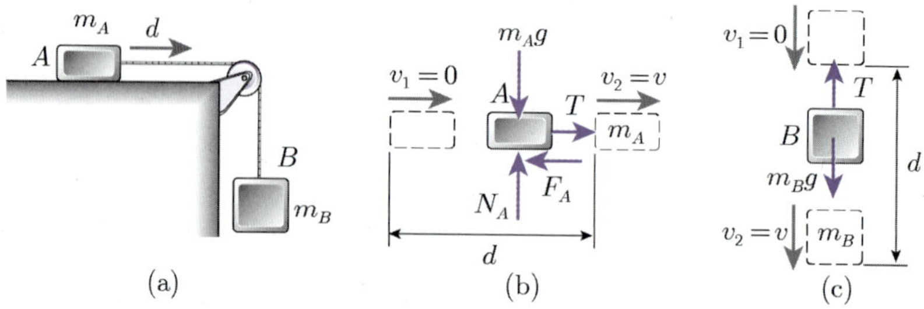

[그림 4.2.5] 블록과 자유물체도

풀이 두 블록의 이동 속도는 같다. 블록 A에 작용하는 반력과 마찰력 및 줄에 걸리는 장력을 각각 N_A, F_A, T라 하여 자유물체도를 그리면 (b)와 같다. 반력 $N_A = m_A g$이므로 마찰력은

$$F_A = \mu_k m_A g$$

이고, 블록 A에 대해 일과 에너지 방정식 $T_1 + U_{1\to 2} = T_2$를 적용한다.

$$\frac{1}{2} m_A v_1^2 + (Td - F_A d) = \frac{1}{2} m_A v_2^2$$

$$0 + Td - (\mu_k m_A g)d = \frac{1}{2} m_A v^2 \qquad \cdots ①$$

그리고 그림 (c)의 블록 B에서 일과 에너지 방정식을 적용하면

$$\frac{1}{2} m_B v_1^2 + (m_B g d - Td) = \frac{1}{2} m_B v_2^2$$

$$0 + (m_B g d - Td) = \frac{1}{2} m_B v^2 \qquad \cdots ②$$

이다. 식 ①, ②에서 미지수는 T와 v이고, ①+②를 하면 v가 구해진다.

$$(-\mu_k m_A + m_B) g d = \frac{1}{2}(m_A + m_B) v^2$$

$$v = \sqrt{\frac{2(-\mu_k m_A + m_B) g d}{m_A + m_B}}$$

$$= \sqrt{\frac{2(-0.2 \times 200 + 300)(9.8)(2)}{200 + 300}} = 4.51\,[\text{m/s}]$$

조금 더 일과 에너지 원리에 대한 개념이 잡히면 이 문제는 각각의 물체를 분리해서 고려하지 않고 시스템 전체를 고려하여 쉽게 풀 수 있다. 무게 $m_B g$에 의한 일은 이동 방향과 같은 방향이므로 양(+)이고 마찰력 $\mu_k m_A g$에 의한 일은 이동 방향과 반대이므로 음(−)이다. 따라서 다음 관계식이 곧바로 얻어진다.

$$U_{1\to2} = m_B gd - \mu_k m_A gd = T_2 = \frac{1}{2}m_A v^2 + \frac{1}{2}m_B v^2$$

예제 4.2.6 질량 $m = 100\text{kg}$의 상자가 경사각 $\theta = 40°$인 경사면에서 미끄러져 내려간다. 가만히 놓은 상자가 $L = 10\text{m}$에서 $k = 2\text{kN/m}$인 스프링에 충돌한 후 순간적으로 멈추었을 때 스프링의 변형량(x)을 구하라. 상자와 경사면 사이의 운동마찰계수 $\mu_k = 0.25$이며, 초기에 스프링은 평형 상태에 있고 상자는 정지해 있다.

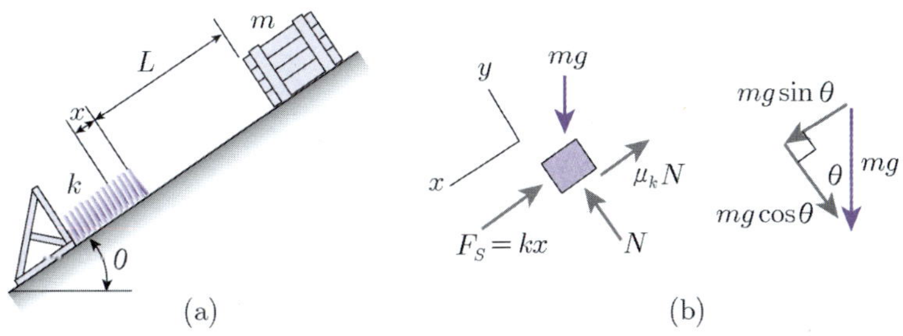

[그림 4.2.6] (a) 상자와 스프링 (b) 상자의 자유물체도

풀이 상자의 자유물체도는 (b)와 같다. 여기에서 뉴턴의 제2법칙을 적용하면

$$(+\nwarrow)\sum F_y = 0:\ N - mg\cos\theta = 0$$

$$\therefore\ N = mg\cos\theta$$

이므로 마찰력은

$$f = \mu_k N = \mu_k mg\cos\theta$$

이다. 초기 지점과 멈추는 지점을 각각 1, 2라 하고 두 지점 사이에 일과 에너지 원리를 적용한다. 압축된 스프링 길이를 x라 하면 $v_1 = 0$, $x_1 = 0$, $x_2 = L + x$, $v_2 = 0$이다. 여기에서 일은 중력과 마찰력 및 스프링 힘에 의한 일이다.

$$U_{1\to2} = \int F_x dx = \int_0^{L+x}(mg\sin\theta - \mu_k mg\cos\theta)dx + \int_0^x(-kx)dx$$

$$= mg(\sin\theta - \mu_k \cos\theta)(L+x) - \frac{k}{2}x^2$$

이다. 따라서 일과 에너지 방정식 $T_1 + U_{1\to 2} = T_2$를 적용하면 압축된 스프링의 길이(x)는 다음과 같다.

$$\frac{1}{2}mv_1^2 + mg(\sin\theta - \mu_k \cos\theta)(L+x) - \frac{k}{2}x^2 = \frac{1}{2}mv_2^2$$

$$0 + 100(9.8)(\sin 40° - 0.25 \times \cos 40°)(10+x) - \frac{2000}{2}x^2 = 0$$

$$x^2 - 0.442x - 4.42 = 0$$

$$\therefore \quad x = 0.221 + \sqrt{0.221^2 + 4.42} = 2.33\,[\text{m}]$$

예제 4.2.7 권양기(윈치)가 250kg의 물체를 1.2m/s의 일정 속도로 30° 경사면을 따라 들어 올리고 있다. 권양기 동력이 3kW일 때 물체와 경사면 사이의 운동마찰계수 μ_k를 구하라.

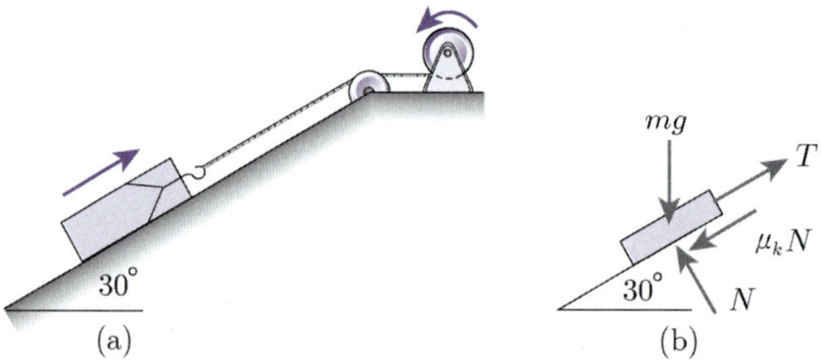

[그림 4.2.7] (a) 권양기와 경사면의 물체 (b) 물체의 자유물체도

풀이 물체의 가속도는 0이다. 물체를 끌고 있는 줄에 걸리는 장력을 T라 하면 동력 $P = Tv$이므로

$$T = \frac{P}{v} = \frac{3000}{1.2} = 2500\,[\text{N}]$$

이다. (b)에서 뉴턴의 제2법칙을 적용하면 운동마찰계수 μ_k가 구해진다.

$$(+\nwarrow)\sum F_n = 0: \; N - mg\cos\theta = 0$$

$$N = mg\cos\theta$$

$$(+\nearrow)\sum F_t = 0: \; T - \mu_k N - mg\sin\theta = 0$$

$$T - \mu_k mg\cos\theta - mg\sin\theta = 0$$

$$\therefore \quad \mu_k = \frac{T}{mg\cos\theta} - \tan\theta = \frac{2500}{250(9.8)\cos 30°} - \tan 30° = 0.601$$

Note 속도와 속력

일과 에너지 원리를 이용하는 에너지 방법은 스칼라량인 일과 운동에너지를 다룬다. 여기에서 구하는 최종 속도와 각속도는, 각각 속도와 각속도의 크기인 속력($|\vec{v}|$)과 각속력($|\vec{\omega}|$)을 의미한다. 속도와 각속도란 용어가 친숙하여 이 용어를 많이 사용하였다.

연습문제 4.2

01 질량 $m = 5\text{kg}$ 의 물체가 $\theta = 30°$ 인 마찰 없는 경사면을 따라 $d = 0.5\text{m}$ 미끄러져 올라가는 동안에 수평방향으로 $P = 30\text{N}$ 의 힘이 물체에 작용한다. 물체가 움직이기 시작할 때 물체의 속도가 0이라 하면 d만큼 미끄러져 올라갔을 때 물체의 속도[m/s]는 얼마인가? Hint: 4.1 절 [예제].

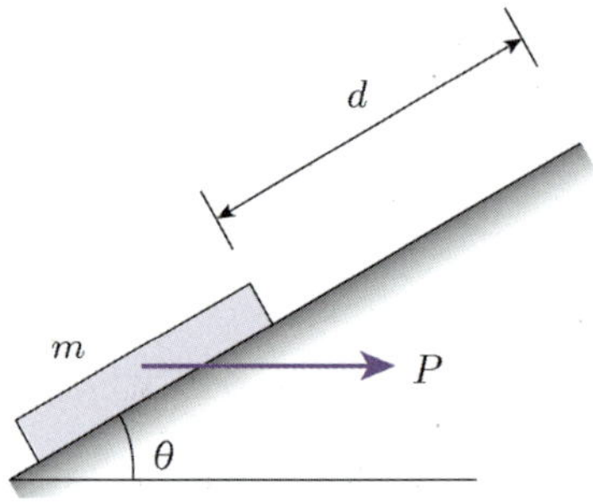

[문제 4.2.1]

02 그림과 같이 마찰 없는 수평면에서 x축을 따라 움직일 수 있는 카트를 도르래에 연결된 줄이 끌고 있다. 줄의 높이 $h = 1.2\text{m}$ 이고, 카트는 $x_1 = 3\text{m}$ 로부터 $x_2 = 1\text{m}$ 까지 미끄러진다. 이 기간 동안 줄에는 일정한 장력 $T = 20\text{N}$ 이 작용한다. 카트의 질량이 10kg 이고, x_1에서 카트의 속도가 2m/s 일 때 x_2에서 카트의 속도를 구하라. Hint: 연습문제 4.1

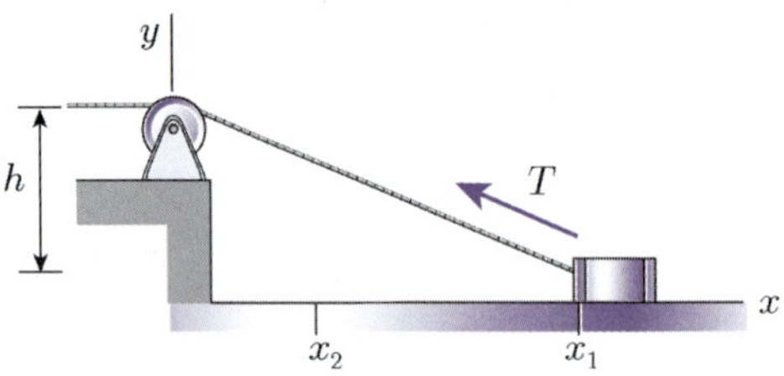

[문제 4.2.2]

03 200g 의 블록이 평형상태에서 수직으로 서 있는 스프링에 떨어진 후 스프링에 붙어서 스프링을 10cm 압축하는 순간 일시적으로 멈춘다. 블록이 스프링을 치는 순간 블록의 속도를 구하라. 스프링상수는 2.5N/cm 이다.

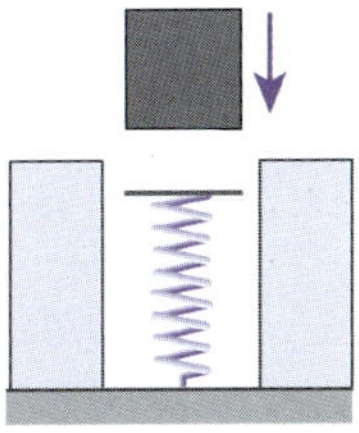

[문제 4.2.3]

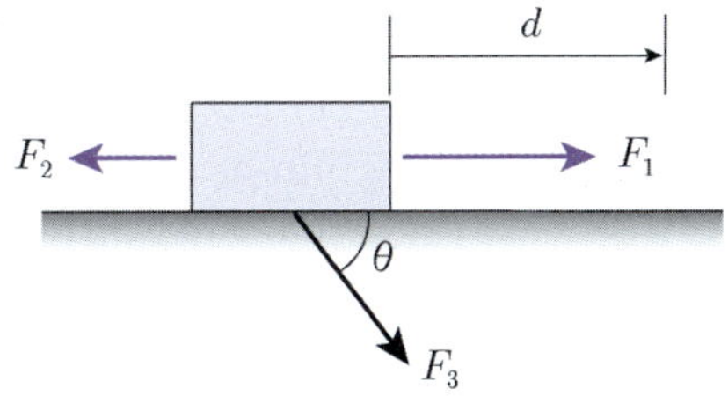

[문제 4.2.4]

04 그림과 같이 물체에 세 힘이 작용하는 동안 물체는 마찰 없는 수평면에서 $d = 20\text{cm}$ 미끄러진다. 두 힘 $F_1 = 30\text{N}$ 과 $F_2 = 10\text{N}$ 은 수평방향이고, $F_3 = 40\text{N}$ 이 이루는 각 $\theta = 60°$ 이다. 물체의 질량이 4kg 이고, 초기속도가 0일 때 d만큼 이동한 순간 물체의 속도를 구하라. (물리적 구조: 홈이 있는 수평면에 블록이 놓여있고 이 홈을 통해 블록에 연결된 줄에 장력 F_3을 가한다.)

05 수평선에 대해 $25°$ 의 각을 이루는 마찰 없는 경사면에서 경사면에 평행한 방향으로 200N 의 힘을 작용하여 질량 25kg 의 물체를 밀어 올린다. 물체가 1.5m 미끄러졌을 때 물체의 속도를 구하라. 물체의 초기속도는 0이다.

06 $t = 0$에서 힘 $\mathbf{F} = 3\mathbf{i} + 2\mathbf{j} + 3\mathbf{k}\,[\text{N}]$이 속도 4m/s 로 움직이는 질량 2kg 인 질점에 작용하기 시작한다. 질점의 초기위치로부터 변위가 $\mathbf{d} = 2\mathbf{i} + 3\mathbf{j} + 3\mathbf{k}\,[\text{m}]$가 되는 순간 질전이 속도를 구하라. Hint: $U_{1\to 2} = \mathbf{F} \cdot \mathbf{d}$.

07 $+x$축에서 움직이는 2kg 의 물체에 $F_x = -\dfrac{9}{2}x + 9\,[\text{N}]$($x$의 단위는 m)의 힘이 작용한다. 물체는 $x = 0$에서 정지 상태로 출발하여 다시 정지할 때까지 움직인다. 물체의 최대 속도와 다시 정지하는 위치를 구하라.

Hint: $U_{\max}$에서 최대 속도, $U = 0$에서 정지, $U = \int_0^x F_x dx$.

08 20kg 의 물체에 그림과 같은 방향으로 $P = 100\text{N}$ 의 일정한 힘을 가한다. $x = 5\text{m}$ 에서 물체의 속도가 8m/s 라 할 때 $x = 15\text{m}$ 에서 물체의 속도를 구하라. 물체와 지면 사이의 운동마찰계수는 0.25이다. Hint: 반력을 구할 때 P의 수직 성분을 고려한다.

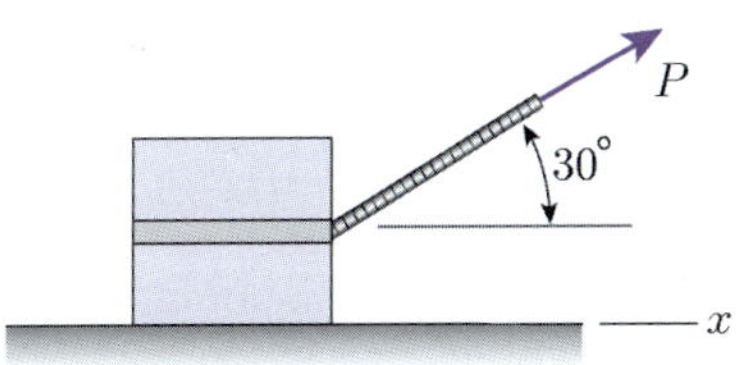

[문제 4.2.8]

[문제 4.2.9]

09 매끄러운 수평면에서 질량이 10kg 인 물체를 그림과 같은 스프링 장치로 밀어붙였을 때 스프링이 $x=0.02\text{m}$ 압축되었다. 스프링이 물체에 작용하는 힘은 $P=2x^{1/3}[\text{N}]$(x의 단위는 m)이다. 물체를 가만히 놓았을 때 물체가 스프링으로부터 멀어져 스프링이 압축되기 전 상태로 돌아갔을 때 물체의 속도를 구하라. 마찰은 무시한다. Hint: $U_S=\int_0^{x_1} P dx$.

10 매끄러운 수평면에서 3kg 의 블록이 $v=4\text{m/s}$ 로 이동하여 스프링을 압축한다. 스프링 힘 $F=ks^2$(s의 단위는 m)일 때, 스프링이 $s=0.2\text{m}$ 압축되는 순간 블록의 속도를 구하라. 상수 $k=900\text{N/m}^2$이다. Hint: 스프링 힘은 물체 이동 방향과 반대 방향으로 작용한다.

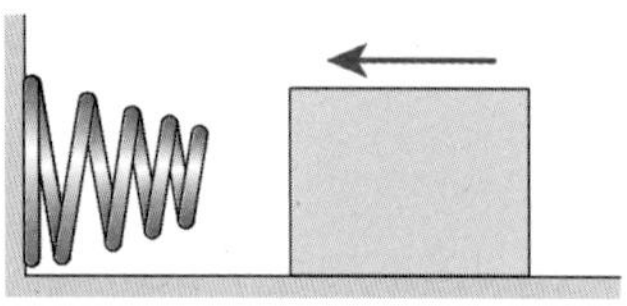

[문제 4.2.10]

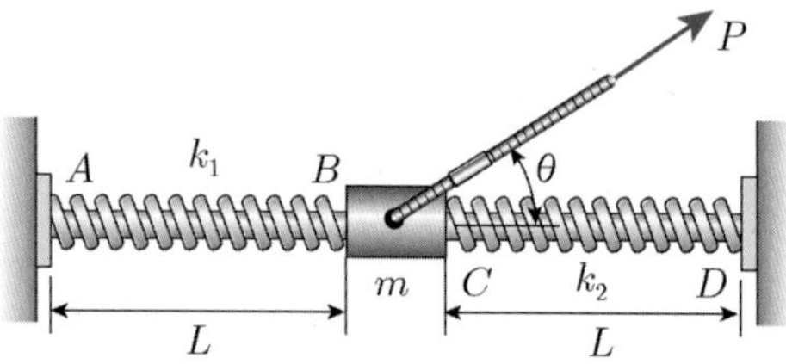

[문제 4.2.11]

11 스프링 AB와 CD의 스프링상수는 각각 $k_1=300\text{N/m}$ 와 $k_2=200\text{N/m}$ 이고, 변형되지 않은 상태의 길이 $L=500\text{mm}$ 이다. 그림과 같은 위치에서 질량 $m=2\text{kg}$ 의 매끄러운 칼라가 $\theta=30°$ 방향으로 힘 $P=100\text{N}$ 을 받고 미끄러진다. 칼라가 200mm 움직였을 때 칼라의 속도를 구하라. 미끄러지기 전 칼라는 정지해 있다.

12 질량 $m=20\text{kg}$ 의 블록에 그림과 같이 일정한 방향으로 $F=50x^2[\text{N}]$(x의 단위는 m)이 작용한다. $x=0$에서 블록이 오른쪽으로 2m/s 의 속도로 움직인다고 할 때 $x=3\text{m}$ 에서 블록의 속도를 구하라. 블록과 지면 사이의 운동마찰계수는 0.3이다. Hint: 반력을 구할 때 F의 성분도 고려한다.

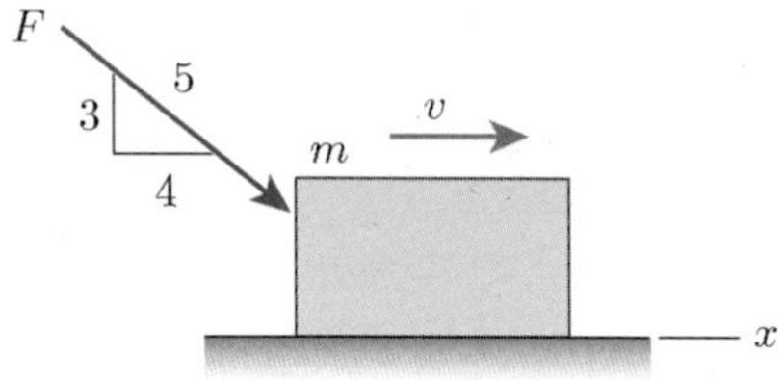

[문제 4.2.12]

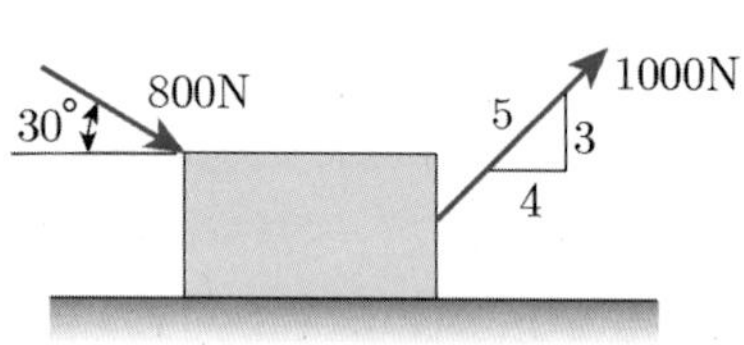

[문제 4.2.13]

13 초기에 정지해 있던 100kg 의 상자가 그림과 같은 두 힘을 받고 미끄러져 8m/s 의 속도에 도달할 때까지 이동하는 거리를 구하라. 상자와 지면 사이의 운동마찰계수는 0.2이다.

14 그림과 같은 순간에 3kg 의 박스가 매끄러운 경사면을 따라 2m/s 의 속도로 위로 올라가고 있다. 이때 일정한 힘 $P=15\mathrm{N}(\rightarrow)$을 박스에 가한다면 현재 위치로부터 경사면을 따라 1 m 위로 올라갔을 때 박스의 속도는 얼마가 되겠는가?

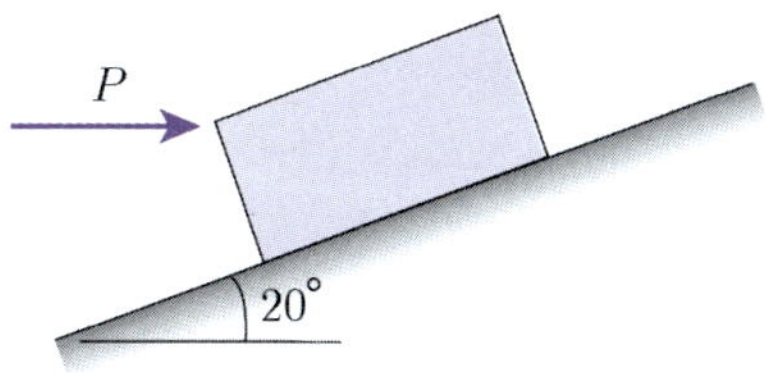

[문제 4.2.14]

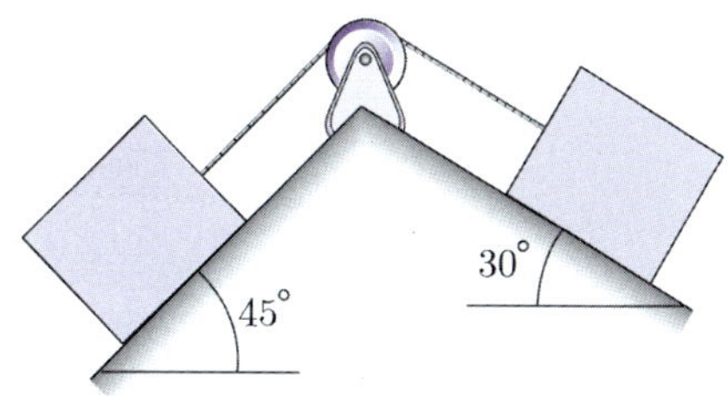

[문제 4.2.15/16]

15 그림과 같이 매끄러운 경사면과 각각의 질량이 10kg 인 상자가 있다. 초기에 정지해 있는 상자들을 가만히 놓으면 상자 무게에 의해 상자가 움직이기 시작한다. 상자가 1m 움직였을 때 상자의 속도를 구하라. Hint: 상자가 미끄러지는 방향과 중력의 방향을 고려한다.

16 위 문제(15 번)에서 상자와 경사면 사이의 운동마찰계수가 0.05일 때 상자의 속도를 구하라. Hint: 마찰력은 모두 운동 방향과 반대 방향으로 작용한다.

17 A에서 정지 상태로 출발한 50kg 의 상자가 B점을 통과할 때 속도가 4m/s 가 되었다. 케이블에 작용하는 일정한 힘 P를 구하라. 마찰과 도르래의 크기는 무시한다. Hint: 줄에 걸리는 장력은 언제나 줄 방향으로 작용한다.

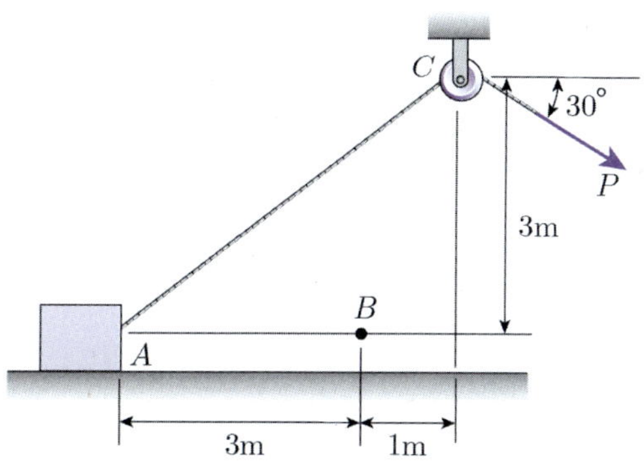

[문제 4.2.17]

18 일정한 힘 $P=900\mathrm{N}$ 이 작용하는 케이블에 80kg 의 블록이 연결되어 있고, 블록은 고정된 수평 레일을 따라 움직인다. 스프링의 초기 변위 $x_1=0.5\mathrm{m}$ 인 A점에서 정지 상태로부터 블록이 출발할 때, B점에서 블록의 속도를 구하라. 스프링상수 $k=80\mathrm{N/m}$ 이고, 마찰은 무시한다.

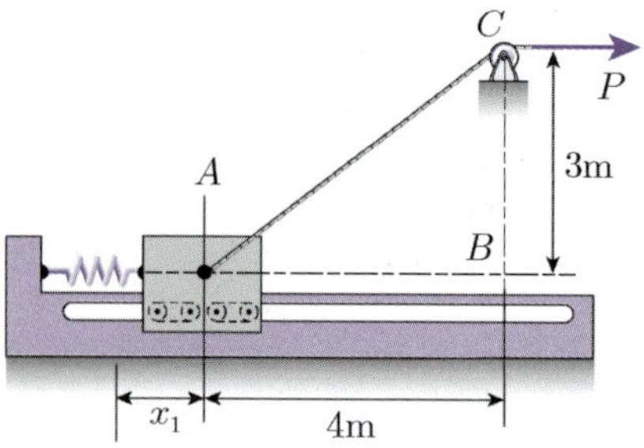

[문제 4.2.18]

19 A점에서 물체의 속도 $v = 5\text{m/s}$일 때 A점보다 $h = 1\text{m}$ 높은 위치에 있는 점 B에서 물체의 속도를 구하라. 마찰은 무시한다.

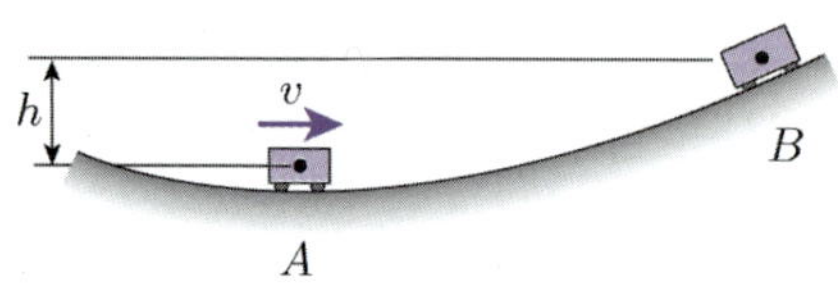

[문제 4.2.19]

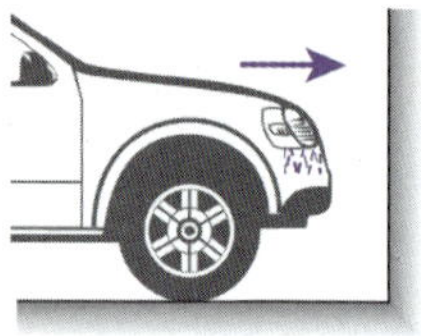

[문제 4.2.20]

20 1600kg의 자동차가 7.2km/h의 속도로 벽에 정면으로 충돌할 때 범퍼 내 스프링이 16 cm 압축된 상태에서 자동차가 정지한다. 범퍼 내 두 스프링의 강성계수(스프링상수)[kN/m]를 구하라. 충돌하기 전 스프링의 변형은 없다.

21 (a)의 경우 질량 $m = 3\text{kg}$의 공이 위치 1의 정지 상태로부터 위치 2까지 자유낙하한다. (b)의 경우 줄에 매달린 질량 m의 공이 위치 1의 정지 상태로부터 위치 2까지 회전한다. 위치 1과 2의 높이 차이 $h = 0.4\text{m}$이다.

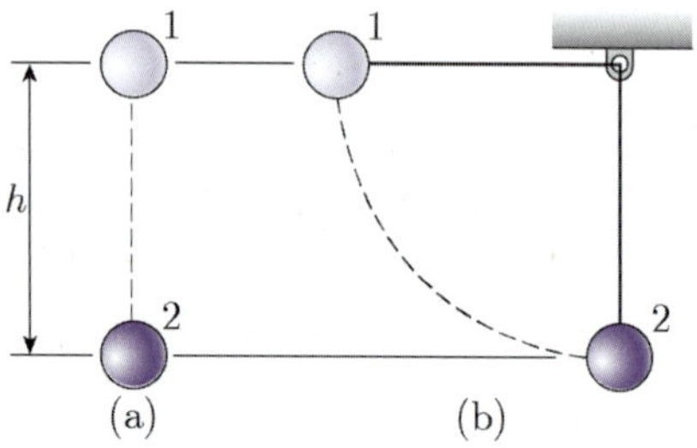

[문제 4.2.21]

(1) 각 경우에 대해 위치 2에서 공의 속력을 구하라. Hint: (b)에서 줄이 공에 가하는 장력은 모든 곳에서 공의 이동 경로에 수직방향으로 작용한다. † (a)와 (b)에서 속도의 방향은 각각 ↓와 →이므로 문제의 뜻에 맞게 '공의 속력'이라 하였다.

(2) (b)의 경우 위치 2에서 줄에 걸리는 장력을 구하라.

22 그림과 같이 막대에 수직으로 작용하는 80N 의 힘에 의해 5kg 의 공이 O점을 중심으로 수직평면에서 회전한다. $\theta = 0$(A점)에서 시스템이 정지 상태이면 $\theta = 90°$에서 공의 속도는 얼마인가? 막대 무게와 마찰은 무시한다. Hint: 80N 의 힘은 접선방향으로 작용한다.

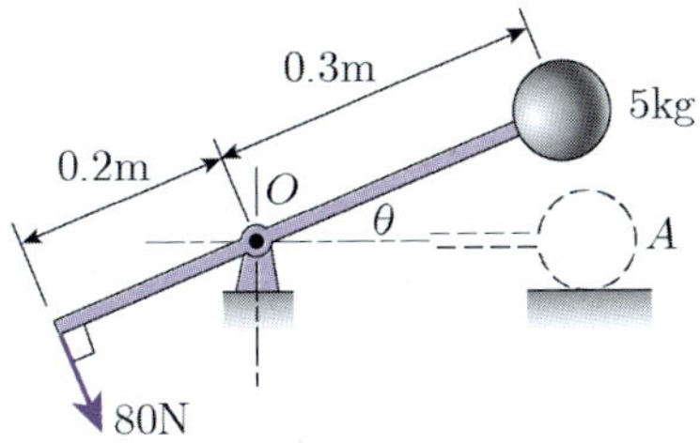

[문제 4.2.22]

23 A점에서 공을 1m/s 로 놓으면 공은 수직평면에서 원운동을 한다. 내려간 공은 B점에 고정된 막대에 걸리지만 점선의 원호를 따라 계속 움직인다. 공이 C점을 지날 때 공의 속도를 구하라.

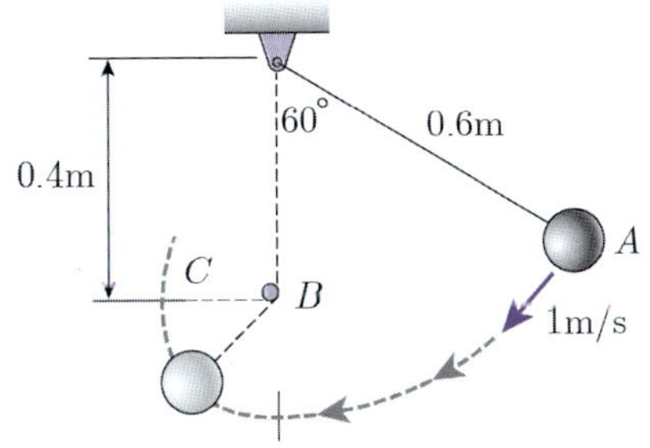

[문제 4.2.23]

24 그림에서 두 블록이 정지해 있을 때 $P = 200$N 의 힘을 수평 방향(←)으로 가한다. 힘을 가한 후 블록 A가 2m 이동했을 때 블록 B의 속도와 줄에 걸리는 장력을 구하라. A와 B의 질량은 각각 $m_A = 30$kg 과 $m_B = 20$kg 이며, 도르래의 무게와 모든 마찰은 무시한다. Hint: $x_A + 3x_B =$ 일정 .

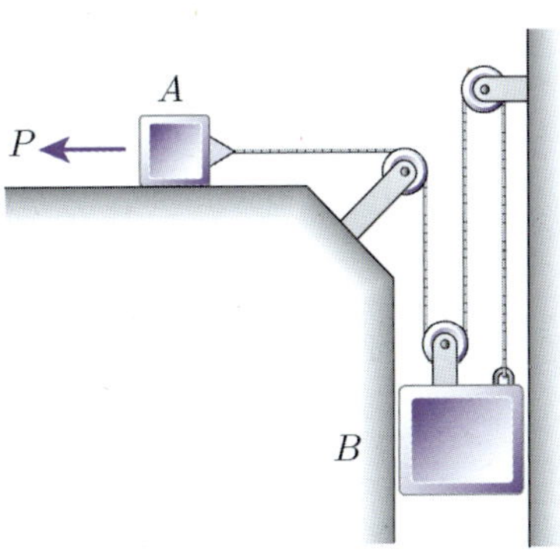

[문제 4.2.24]

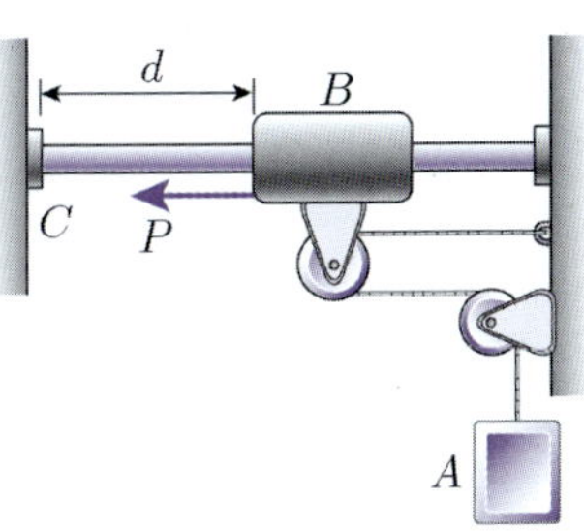

[문제 4.2.25]

문제 24번에서 블록의 속도만 구할 때는 $(A+B)$ 전체에 일과 에너지 원리를 적용하여 연립방정식을 풀지 않고 곧바로 속도를 구할 수 있다.

25 그림에 나타낸 시스템이 정지해 있을 때 칼라 B에 수평방향으로 $P=150\text{N}(\leftarrow)$의 힘을 가한다. 초기상태에서 B에서 C점까지 거리 $d=0.5\text{m}$이고, A와 B의 질량은 각각 $m_A=3\text{kg}$과 $m_B=8\text{kg}$이며, 도르래의 무게와 모든 마찰은 무시한다.

(1) 전체 움직임 동안 P가 계속 작용하여 B가 C에 부딪치는 순간 B의 속도를 구하라.

(2) C점에서 B의 속도가 0이 되려면 어떤 위치에서 P를 제거해야 하는가? Hint: P가 작용한 거리를 x로 놓는다.

26 두 개의 블록을 정지 상태에서 가만히 놓는다. (a)와 (b)에서 $m_1=20\text{kg}$인 블록이 아래로 1m 낙하했을 때 블록의 속도를 구하라. $m_2=4\text{kg}$이고 모든 마찰은 무시한다.

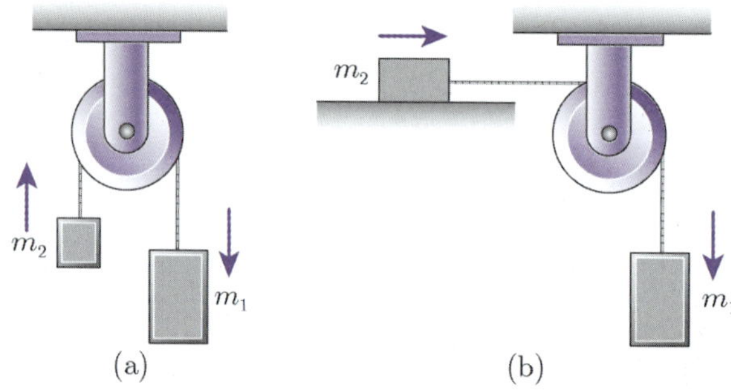

[문제 4.2.26/27]

27 위 문제(26번)의 (b)에서 m_2의 블록과 수평면 사이의 운동마찰계수가 $\mu_k=0.4$일 때 블록의 속도를 구하라.

28 그림과 같이 유도로를 따라 움직일 수 있는 두 슬라이더를 연결하는 막대(길이 0.4m)의 중간에 수평 방향으로 $30\text{N}(\leftarrow)$의 힘을 가한다. $\theta=0$에서 모두 정지 상태이고, 움직이기 시작하여 $\theta=90°$에서 A가 수평 유도로를 치는 순간 A의 속도를 구하라. 슬라이더 A와 B의 질량은 2kg으로 동일하고, 막대의 무게는 무시하며, 슬라이더에서 마찰력은 발생하지 않는다. θ는 수직선과 막대가 이루는 각이다. Hint: 유도로의 코너로부터 A와 B까지의 거리를 각각 x_A, x_B라 하면 $x_A^2+x_B^2=L^2$.

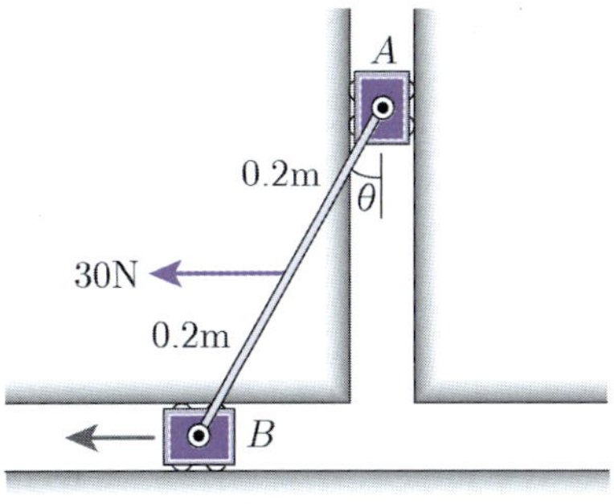

[문제 4.2.28]

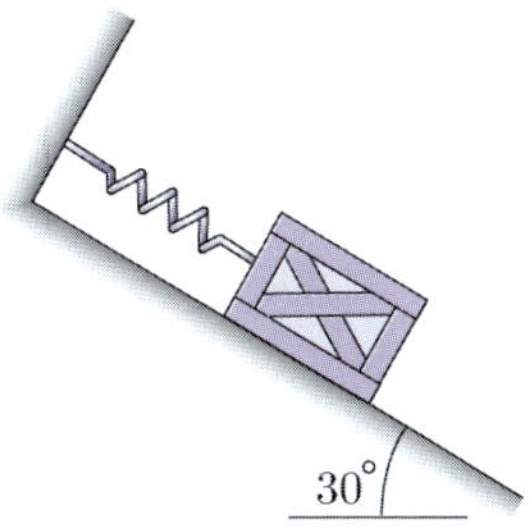

[문제 4.2.29]

29 40N 의 나무 상자를 매끄러운 경사면에 정지 상태에서 가만히 놓는다. 초기에 스프링은 변형되지 않은 상태이고 스프링상수 $k = 8\text{N/m}$ 이다. (1) 상자가 정지할 때까지 경사면을 따라 미끄러져 내려가는 거리와 (2) 상자의 최대 속도를 구하라.

30 어떤 자동차가 수평 도로에서 일정속도 108km/h 로 달리기 위해서는 구동바퀴가 도로면에 700N 의 견인력을 발생해야 한다. 자동차의 동력 전달 효율이 0.7인 경우에 요구되는 자동차 모터 동력[kW]을 구하라.

31 질량이 m인 자동차가 수평 도로에서 구동력 F를 받고 가속되어 구간 거리 L에서 속도가 v_1에서 v_2로 변한다. 자동차 엔진이 일정한 동력 P를 발생할 때 v_2를 구하여 m, P, L, v_1으로 나타내라. 자동차는 하나의 수평 방향 힘 F가 작용하는 질점으로 간주한다.

Hint: $P = Fv$, $a = v\dfrac{dv}{ds}$.

4.3 에너지 보존법칙

일과 에너지 원리는 다양한 공학 문제를 해석하는데 적용할 수 있다. 그런데 많은 공학 문제에서는 기계적 에너지의 형태가 변환되지만 전체 역학적 에너지는 일정하게 유지된다. 이것을 에너지 보존법칙이라고 한다.

에너지는 일을 할 수 있는 능력으로 정의할 수 있다. 동역학에서 주로 다루는 에너지의 형태는 운동에너지와 위치에너지이다. 운동에너지는 질점의 운동에 의해 발생하는 에너지이고, 위치에너지는 고정점 혹은 기준 평면으로부터 측정된 질점의 위치에 따라 발생하는 에너지이다. 동역학 문제에서 중요한 위치에너지는 물체 무게에 의한 중력 위치에너지와 스프링의 탄성에 의한 탄성 위치에너지이다. 위치에너지의 기호로는 V를 많이 사용한다. 에너지 보존법칙과 위치에너지의 개념을 이용하면 많은 문제를 간단하게 해석할 수 있다.

1 중력 위치에너지

[그림 4.3.1]과 같이 점 A_1으로부터 점 A_2로 곡선을 따라 움직이는 질량 m인 질점을 고려한다. 여기에서 중력에 의한 무게 $W=mg$는 일정한 값이다. 질점에 대한 중력 위치에너지(gravitational potential energy) V_g는 V_g가 0인 임의의 기준 평면으로부터 질점을 높이 h만큼 올리기 위해 한 일로 정의한다. 따라서 중력 위치에너지는 다음과 같다.

$$V_g = mgh \quad \cdots (4.3.1)$$

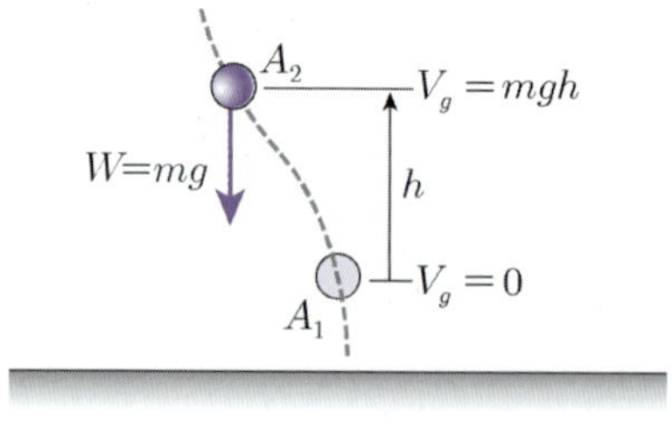

[그림 4.3.1] 중력 위치에너지

질점이 원래의 기준 위치로 되돌아오는 동안 질점이 일을 한다고 하면 그 일은 에너지로 바뀔 것이므로 위치에너지라 한다. 질점의 무게가 한 일은 실제 경로와는 무관하고 질점의 위치(높이)에 의해 결정된다. 질점이 높이 h_1으로부터 더 높은 위치 h_2로 이동하면 중력 위치에너지 변화는 다음과 같다.

$$\Delta V_g = mg(h_2 - h_1) = mg\Delta h \qquad \cdots(4.3.2)$$

질점에 대해 중력이 한일 $U_{1\to2} = -mg\Delta h$이다. 즉, 중력이 한 일은 위치에너지 변화와 값은 같고 부호가 반대이다. 중력 위치에너지 $V_g = mgh$는 기준 평면의 위치에 따라 다른 값을 가지지만 실제 문제에서는 대부분 위치에너지 변화(ΔV_g)의 형태로 나타나므로 문제를 해석하기 편리하게 기준 평면 위치를 잡으면 된다.

2 탄성 위치에너지

스프링에 변형을 일으키도록 가해진 일은 스프링에 저장되며, 이것을 탄성 위치에너지(elastic potential energy, V_e)라 한다. 이 에너지는 변형된 스프링이 원래 상태로 되돌아가면 스프링 끝에 부착된 물체에 스프링이 한 일의 형태로 복원된다.

스프링상수가 k인 선형스프링이 중립 위치로부터 변위 x만큼 인장 혹은 압축되었을 때 발생하는 탄성력 $F = kx$이다. 스프링의 탄성 위치에너지는 다음과 같이 x만큼 변형되는 동안 스프링에 한 일로 정의된다.

$$V_e = \int_0^x kx\,dx = \frac{1}{2}kx^2 \qquad \cdots(4.3.3)$$

스프링이 변형된 상태로부터 원래 상태로 돌아갈 때 스프링의 힘은 물체에 대해 항상 양의 일을 한다. 따라서 V_e는 항상 양의 값을 가진다.

스프링의 변형이 x_1에서 x_2로 변화하면 스프링의 위치에너지 변화는 다음과 같다.

$$\Delta V_e = \frac{1}{2}k(x_2^2 - x_1^2) \qquad \cdots(4.3.4)$$

여기에서 x_1과 x_2는 스프링이 변형되지 않은 위치(중립위치)로부터 변형된 길이이다. 스프링이 늘어났을 때($x_2 > x_1$) 스프링 힘 F가 물체에 한 일은 음(−)이고 위치에너지가 증가함을 알 수 있다.

한편 식 (4.3.4)는 [그림 4.3.2(a)]와 같이 스프링이 고정된 한쪽 끝에 대해 회전하는 경우에도 사용할 수 있다. 스프링의 탄성력에 의해 발생하는 일은 스프링의 처음과 마지막 변형된 길이에만 의존된다[그림 4.3.2(b)].

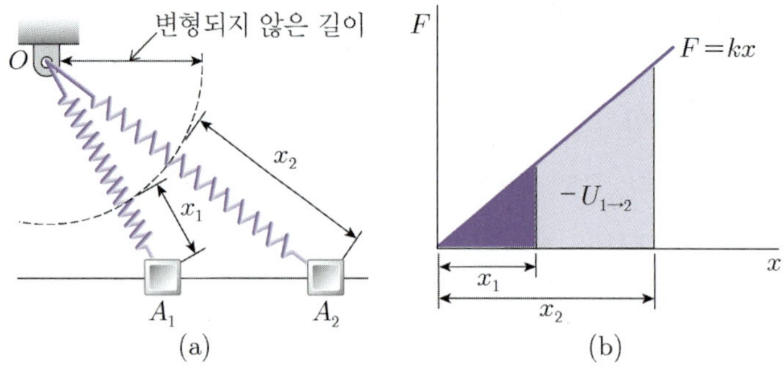

[그림 4.3.2] 탄성 위치에너지

위치에너지 개념은 중력이나 탄성력 외의 힘에서도 사용할 수 있다. 어떤 힘의 작용점이 위치 A_1으로부터 다른 위치 A_2로 움직일 때, 그 힘이 하는 일($U_{1\to2}$)이 작용점의 경로와 무관한 힘을 보존력이라 한다. 즉, 중력과 탄성력은 보존력이다.

재료역학(고체역학)에서는 탄성체의 변형에 의해 발생하는 에너지를 탄성 변형에너지(elastic strain energy)라 하고, 변형에너지는 위치에너지의 한 형태라고 설명한다. 스프링의 탄성 변형에너지는 $kx^2/2$이다.

3 위치함수

일반적으로 질점이 중력과 탄성력을 동시에 받을 때 질점의 위치에너지(V)를 위치함수(potential function)로 나타내고 대수적인 합은 다음과 같다.

$$V = V_g + V_e \quad \cdots (4.3.5)$$

V의 값은 식 (4.3.1)과 (4.3.3)과 같이 선정된 기준선에 대한 질점의 위치에 따라 결정된다. 질점이 공간상의 점 (x, y, z)에 위치하고 있다면 $V = V(x, y, z)$이다. 질점이 (x_1, y_1, z_1)의 위치에서 (x_2, y_2, z_2)로 이동하면 보존력이 한 일은 위치함수 값의 차이와 같다[식 (4.1.8), (4.1.10)].

$$U_{1\to2} = V_1 - V_2 \quad \cdots (4.3.6)$$

4 에너지 보존법칙

앞 절에서 질점의 무게와 스프링 힘이 하는 일은 위치에너지 변화로 표현될 수 있다는 것을 보았다. 질점이 보존력의 영향으로 움직일 때 일과 에너지 원리는 수정된 형태로 나타낼 수 있다. 식 (4.3.6)을 일과 에너지 방정식 $U_{1\to 2} = T_2 - T_1$ 에 대입하면 다음 관계식이 얻어진다.

$$T_1 + V_1 = T_2 + V_2 \qquad \cdots (4.3.7)$$

식 (4.3.7)은 질점이 보존력의 영향으로 움직일 때 운동에너지(T)와 위치에너지(V)의 합이 일정하다는 것을 나타내며, 에너지 보존법칙(역학적 에너지 보존법칙)이라 한다. 여기에서 $E = T + V$를 질점의 총 역학적 에너지(mechanical energy)라 한다.

식 (4.3.7)을 운동에너지 $T = mv^2/2$로 나타내면 다음과 같다.

$$\frac{1}{2}mv_1^2 + V_1 = \frac{1}{2}mv_2^2 + V_2 \qquad \cdots (4.3.8)$$

식 (4.3.8)을 이용하면 물체의 속도를 편리하게 구할 수 있다.

지금까지 중력에 의한 위치에너지(V_g)와 탄성력에 의한 위치에너지(V_e)를 고려하였다. 식 (4.3.7)을 V_g와 V_e로 표현하면 다음과 같다.

$$T_1 + V_{g1} + V_{e1} = T_2 + V_{g2} + V_{e2} \qquad \cdots (4.3.9)$$

질점의 무게와 스프링 힘은 보존력이지만 마찰력은 비보존력이다. 마찰력이 하는 일은 작용점의 경로에 의존하므로 위치에너지 변화로 나타낼 수 없다. 그리고 식 (4.3.6)으로 정의되는 일 $U_{1\to 2}$는 운동 방향에 따라 양 또는 음의 값을 가지지만 마찰력이 하는 일은 항상 음의 값을 갖는다. 따라서 기계적 시스템에서 마찰력이 발생하면 총 역학적 에너지는 일정하지 않고 감소한다. 이때는 감소한 역학적 에너지가 열에너지로 변환되며, 계의 역학적 에너지와 열에너지의 합이 일정하게 유지된다.

비보존력에 의한 일($U_{1\to 2}^{NC}$)이 있으면 에너지 보존법칙은 다음과 같이 쓸 수 있다.

$$T_1 + V_{g1} + V_{e1} + U_{1\to 2}^{NC} = T_2 + V_{g2} + V_{e2} \qquad \cdots (4.3.10)$$

$$\frac{1}{2}mv_1^2 + V_1 + U_{1\to 2}^{NC} = \frac{1}{2}mv_2^2 + V_2 \qquad \cdots (4.3.11)$$

식 (4.3.11)에서 $U_{1\to2}^{NC}$는 물체에 가해지는 모든 비보존력에 의한 일을 나타낸다. 만일 보존력이 물체에 일을 한다면 다음 두 가지 중 하나를 선택할 수 있다. 즉, 일을 계산해서 $U_{1\to2}^{NC}$에 포함시키거나 힘의 위치에너지를 V에 포함시킨다. 이 과정은 보존력과 비보존력을 모두 받고 있는 시스템에도 적용할 수 있다. 정리하면 '위치 1에서 계의 운동에너지와 위치에너지' 및 '위치 1에서 2로 움직이는 동안 계에 한 일'을 '모두 합한 총 에너지'는 '위치 2에서 운동에너지와 위치에너지의 합'과 같다.

예제 4.3.1 그림에서 길이 $L = 120\text{cm}$인 줄(OA)의 한쪽 끝(A)에는 공을 매달고 다른 쪽 끝(O)은 고정시켰다. 고정된 곳에서 수직 아래에 있는 C점에 있는 못까지 거리 $d = 75\text{cm}$이다. 그림과 같이 처음에는 수평으로 정지해 있던 공을 가만히 놓으면 공은 수직평면에서 점선의 궤적을 따라 운동한다. 다음을 구하라. 줄의 무게와 모든 마찰은 무시한다.

(1) 최저점(B)에서 공의 속력

(2) 줄이 못에 걸린 후 공이 최고점에 도달했을 때 공의 속력

(3) 공이 못 주위를 완전히 한 바퀴 돌기 위해 필요한 d의 최솟값

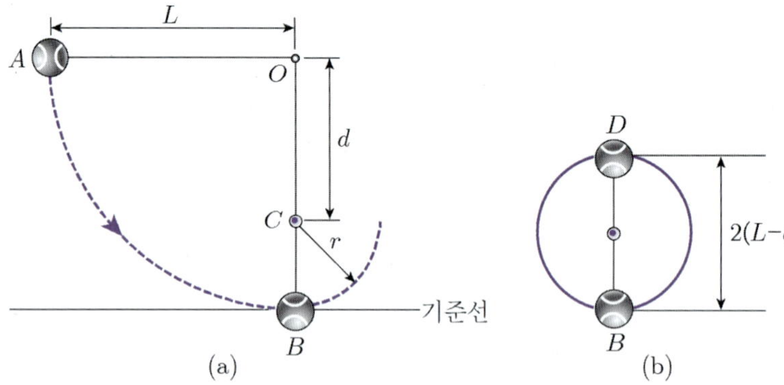

[그림 4.3.3] (a) 회전하는 공 (b) 최고점(D)

풀이 줄이 C점에 걸린 후 공은 반지름 $r = L - d$인 원형 경로를 따라 운동한다. 공의 질량을 m이라 한다.

A점에서 공의 속력 $v_A = 0$이고, B점을 지나는 수평선을 중력 위치에너지 기준선으로 잡으면 A점에서 공의 중력 위치에너지는 $V_A = mgL$이다.

(1) B점은 중력 위치에너지 기준선상에 있으므로 $V_B = 0$이다. 따라서 A점과 B점 사이에 에너지 보존법칙을 적용하면

$$\frac{1}{2}mv_A^2 + V_A = \frac{1}{2}mv_B^2 + V_B$$

$$0 + mgL = \frac{1}{2}mv_B^2 + 0$$

$$\therefore \ v_B = \sqrt{2gL} = \sqrt{2(9.8)(1.2)} = 4.85[\text{m/s}]$$

(2) 줄이 못에 걸린 후 공의 최고점 위치는 (b)와 같이 D점이고, 공의 중력 위치에너지는 $V_D = mg \times 2(L-d)$이다. A점과 D점 사이에 에너지 보존법칙을 적용하면

$$\frac{1}{2}mv_A^2 + V_A = \frac{1}{2}mv_D^2 + V_D$$

$$0 + mgL = \frac{1}{2}mv_D^2 + 2mg(L-d)$$

$$\therefore \ v_D = \sqrt{2g(2d-L)} = \sqrt{2(9.8)(1.5-1.2)} = 2.42[\text{m/s}]$$

(3) 먼저 뉴턴의 제2법칙을 적용하여 공이 최고점(D)에 있을 때 공의 속도 v를 구한다. 반지름 r인 원형 경로를 따라 v의 속도로 운동하는 물체의 가속도 $a_r = \dfrac{v^2}{r}$이고, 최고점에서 줄에 걸리는 장력 T와 무게 mg의 방향은 모두 아래 방향(↓)이다.

$$(+\downarrow)\sum F_r = ma_r: \ T + mg = m\frac{v^?}{r} = m\left(\frac{v^2}{L-d}\right) \qquad \cdots ①$$

식 ①에서 공이 가장 높은 위치(D)를 가능한 최소 속도로 지나갈 때 $T=0$이다. 이때

$$v^2 = g(L-d) \qquad \cdots ②$$

가 되고, A점과 D점 사이에 에너지 보존법칙을 적용하면

$$mgL = \frac{1}{2}mv^2 + mg \times 2(L-d)$$

$$gL = \frac{1}{2}v^2 + 2g(L-d) \qquad \cdots ③$$

이다. 식 ②를 ③에 대입하면 d의 최솟값이 구해진다.

$$gL = \frac{1}{2}g(L-d) + 2g(L-d)$$

$$2L = (L-d) + 4(L-d)$$

$$\therefore \ d = \frac{3}{5}L = \frac{3}{5}(1.2) = 0.72[\text{m}]$$

줄은 인장력만 지탱하고 압축력을 지탱할 수 없으므로 T의 최솟값은 0이다.

> 일반적인 3차원 운동에서는 하나의 수평면을 중력 위치에너지가 0인 '위치에너지 기준면'으로 설정한다. 그런데 물체가 수직평면에서 운동하는 경우에는 수직평면과 수평면이 교차하는 곳은 하나의 수평선이 되고 이것을 '위치에너지 기준선'으로 할 수 있다. 따라서 수직 평면운동에서 '기준면'과 '기준선'이란 용어에 지나치게 신경 쓰지 않도록 한다. 수직 평면에서 운동하는 물체를 고려할 때는 하나의 고정된 수평선을 위치에너지 기준선으로 설정하면 된다. 여러 동역학 책에서 기준선, 기준면, Datum(기준위치), 위치에너지가 0인 기준위치 등의 여러 용어를 사용하고 있지만 우리는 그 뜻을 알면 된다.

예제 4.3.2 수평면에서 $v=10\mathrm{m/s}$의 속도로 움직이는 질량 $m=5\mathrm{kg}$의 물체가 완충기 스프링에 충돌한 다음 $s=0.2\mathrm{m}$를 전진한 후 정지하게 하려 한다. 마찰과 완충기의 무게를 무시할 때 완충기 스프링의 스프링상수 k를 구하라.

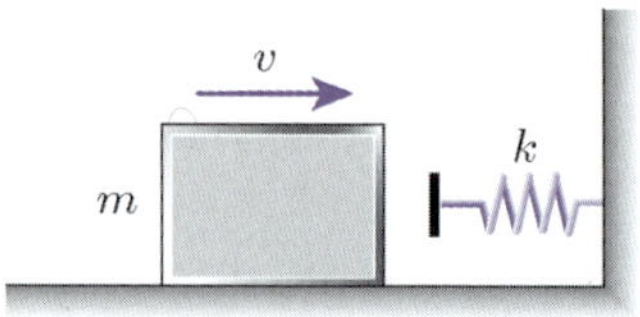

[그림 4.3.4] 완충기 스프링에 충돌하는 물체

풀이 충돌 전 상태와 충돌 후 물체가 정지하는 상태를 각각 1, 2라 하면 물체의 속도 $v_1=v$, $v_2=0$이고 스프링 변위 $x_1=0$, $x_2=s=0.2[\mathrm{m}]$이다. 상태 1, 2 사이에 에너지 보존법칙을 적용하면

$$T_1+V_{e1}=T_2+V_{e2}$$

$$\frac{1}{2}mv_1^2+\frac{1}{2}kx_1^2=\frac{1}{2}mv_2^2+\frac{1}{2}kx_2^2$$

$$\frac{1}{2}mv^2+0=0+\frac{1}{2}ks^2$$

$$\therefore\ k=\frac{mv^2}{s^2}=\frac{5(10)^2}{(0.2)^2}=12.5\times10^3[\mathrm{N/m}]=12.5[\mathrm{kN/m}]$$

이다. 여기에서는 물체의 운동에너지가 모두 스프링의 탄성 위치에너지로 변환되었다.

예제 4.3.3 질량 $m = 2\text{kg}$의 칼라가 스프링상수 $k = 400\text{N/m}$인 스프링에 부착되어 수평면에 놓인 반지름 $r = 125\text{mm}$인 원형 봉을 따라 마찰 없이 미끄러진다. 스프링의 고정점 D에서 C점까지 거리 $d = 175\text{mm}$이고, 변형이 없을 때 스프링 길이 $L_0 = 150\text{mm}$이다. A점에서 정지 상태에 있는 칼라를 살짝 밀어 움직이게 했을 때 B점에서 칼라의 속도를 구하라. 스프링 무게는 무시한다.

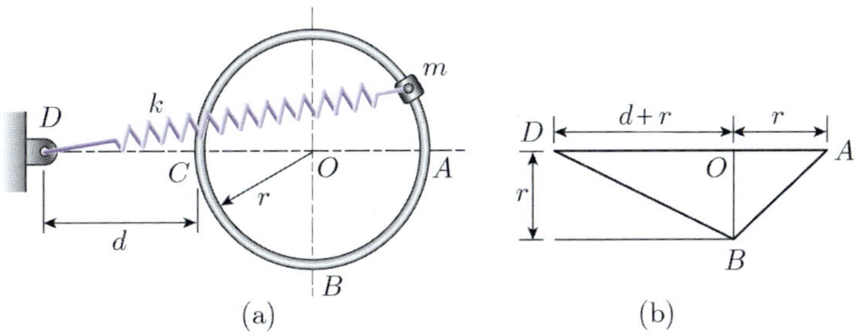

[그림 4.3.5] (a) 스프링 장치 (b) 스프링 길이: $\overline{AD}$, $\overline{BD}$

풀이 그림의 (b)로부터 A점과 B점에서 스프링 길이는

$$L_A = \overline{AD} = d + 2r = 175 + 2(125) = 425\,[\text{mm}]$$

$$L_B = \overline{BD} = \sqrt{(d+r)^2 + r^2} = \sqrt{(175+125)^2 + 125^2} = 325\,[\text{mm}]$$

이므로 A, B점에서 스프링의 변형량은

$$x_A = L_A - L_0 = 425 - 150 = 275\,[\text{mm}] = 0.275\,[\text{m}]$$

$$x_B = L_B - L_0 = 325 - 150 = 175\,[\text{mm}] = 0.175\,[\text{m}]$$

이다. A점과 B점 사이에 에너지 보존법칙을 적용한다. $v_A = 0$이다.

$$T_1 + V_{e1} = T_2 + V_{e2}$$

$$\frac{1}{2}mv_A^2 + \frac{1}{2}kx_A^2 = \frac{1}{2}mv_B^2 + \frac{1}{2}kx_B^2$$

$$0 + \frac{1}{2}kx_A^2 = \frac{1}{2}mv_B^2 + \frac{1}{2}kx_B^2$$

$$\therefore\ v_B = \sqrt{\frac{k}{m}\left(x_A^2 - x_B^2\right)} = \sqrt{\frac{400}{2}(0.275^2 - 0.175^2)} = 3\,[\text{m/s}]$$

예제 4.3.4 그림과 같이 스프링에 부착된 질량 8kg의 슬라이더가 마찰 없는 경사로를 따라 움직인다. 스프링상수는 60N/m이며, 스프링이 0.6m 늘어난 위치인 A점에서 정지 상태로부터 출발한다. 케이블에는 $P=250$N의 힘이 작용하고 있고, 도르래에서 마찰과 스프링 및 케이블 무게는 무시한다. 슬라이더가 B점을 지날 때 슬라이더의 속도를 구하라.

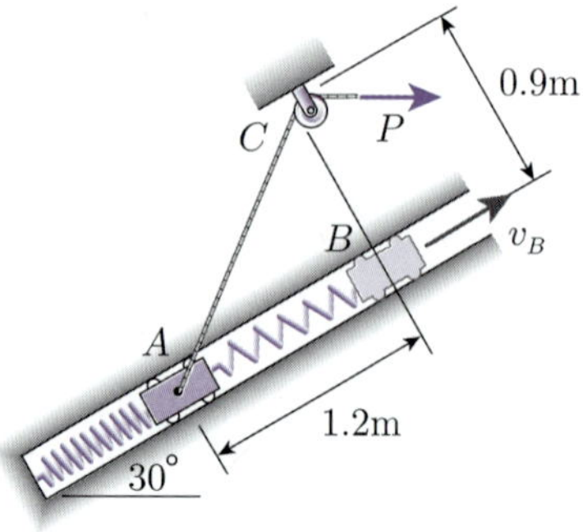

[그림 4.3.6] 슬라이더의 운동

풀이 슬라이더가 A점에서 B점까지 이동할 때 줄어든 케이블 길이는

$$d=\sqrt{(\overline{AB})^2+(\overline{BC})^2}-\overline{BC}=\sqrt{(1.2)^2+(0.9)^2}-0.9=0.6[\text{m}]$$

이므로 이 과정 동안 비보존력 P가 한 일은

$$U_{AB}=Pd=250(0.6)=150[\text{J}]$$

이다. A점을 지나는 수평면을 중력 위치에너지 기준면으로 하여 A와 B점 사이에 에너지 보존법칙을 적용한다. $v_A=0$, $V_{gA}=0$이며, 스프링 변형량은

$$x_A=0.6[\text{m}],\ x_B=0.6+1.2=1.8[\text{m}]$$

이고, 기준면으로부터 B점까지의 높이는

$$h_B=1.2\sin 30°=0.6[\text{m}]$$

이다.

$$\frac{1}{2}mv_A^2+V_{gA}+V_{eA}+U_{AB}=\frac{1}{2}mv_B^2+V_{gB}+V_{eB}$$

$$0+0+\frac{1}{2}kx_A^2+U_{AB}=\frac{1}{2}mv_B^2+mgh_B+\frac{1}{2}kx_B^2$$

$$\frac{1}{2}(60)(0.6)^2+150=\frac{1}{2}(8)v_B^2+8(9.8)(0.6)+\frac{1}{2}(60)(1.8)^2$$

$$\therefore\ v_B=2.03[\text{m/s}]$$

예제 4.3.5 질량이 m인 작은 상자가 A에서 되돌아올 수 있게 수직평면에 설치된 루프를 향해 v_0의 속도로 발사된다. 상자는 반지름이 R인 원형 경로를 따라 마찰 없이 이동하여 C점에 있는 수평면에 놓인다. 다음을 구하라.

(1) 상자가 C점에 도달하기 위해 필요한 v_0의 최솟값 $v_{0,\min}$

(2) $v_0 = v_{0,\min}$인 경우 상자가 B점을 지나는 순간 루프로부터 상자가 받는 힘

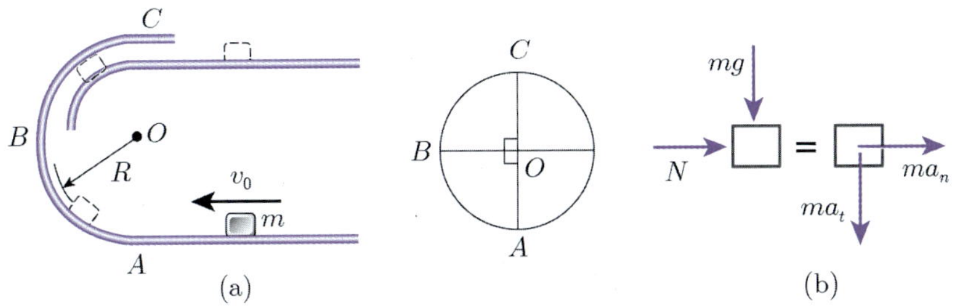

[그림 4.3.7] (a) 상자와 루프 (b) 자유물체도

풀이 중력 위치에너지 기준면을 A점을 지나는 수평면으로 잡는다.

(1) A점과 C점 사이에 에너지 보존법칙을 적용한다. A점에서 속도 $v_A = v_0$이고, 중력 위치에너지 $V_A = 0$이다. C점에서 중력 위치에너지 $V_C = 2mgR$이고, 상자가 C점에 도달하는데 필요한 v_0의 최솟값은 C점 속도 $v_C = 0$이 될 때의 값이다.

$$T_A + V_A = T_C + V_C$$

$$\frac{1}{2}mv_{0,\min}^2 + 0 = 0 + 2mgR$$

$$v_{0,\min}^2 = 4gR$$

따라서 상자가 C점에 도달하기 위해 필요한 최소 속도 $v_{0,\min} = 2\sqrt{gR}$ 이다.

(2) A점과 B점 사이에 에너지 보존법칙을 적용한다. A점에서 속도

$$v_A = v_{0,\min} = 2\sqrt{gR}$$

이고, B점에서 속도 v_B, 중력 위치에너지 $V_B = mgR$이다.

$$T_A + V_A = T_B + V_B$$

$$\frac{1}{2}m(2\sqrt{gR})^2 + 0 = \frac{1}{2}mv_B^2 + mgR$$

$$v_B^2 = 2gR \qquad \cdots ①$$

B점에서 상자의 자유물체도는 그림의 (b)와 같다. 여기에서 N은 상자가 루프로부터 받는 수직반력이고, 마찰이 없으므로 루프로부터 받는 접선방향 힘은 0이다. 따라서 N은 루프로부터 상자가 받는 힘이 된다. 여기에서 뉴턴의 제2법칙을 적용하면

$$(+\rightarrow)\sum F_n = ma_n:\ N = m\frac{v_B^2}{R} \qquad \cdots ②$$

이고, 식 ②에 식 ①을 대입하면 루프로부터 상자가 받는 힘은 다음과 같다.

$$N = m\left(\frac{2gR}{R}\right) = 2mg \qquad \cdots ③$$

예제 4.3.6 질량 m의 작은 공이 반지름 R인 실린더 꼭대기에서($\theta = 0$)에서 정지해 있다가 실린더 표면을 따라 미끄러져 내려간다. 공과 실린더 표면 사이에 마찰이 없을 때 공이 실린더 표면에서 떨어져 나가는 곳의 각 θ를 구하라. 각 θ는 실린더 중심을 지나는 수직선으로부터 측정한 값이다.

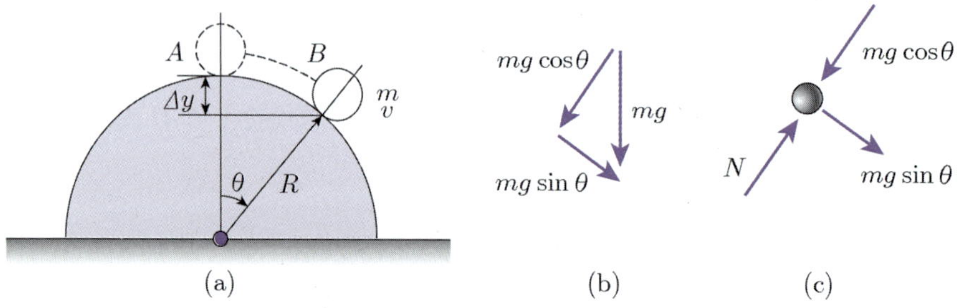

[그림 4.3.8] (a) 미끄러지는 공 (b) 무게 성분 분해 (c) 자유물체도

풀이 물체 무게 $mg(\downarrow)$를 반경방향($\swarrow$)과 원주방향($\searrow$) 성분으로 분해하면 그림의 (b)와 같다. 따라서 각 θ에서 실린더 표면으로부터 물체에 작용하는 수직반력을 N이라 하면 물체에 대한 자유물체도는 (c)와 같다. 여기에서 뉴턴의 제2법칙을 적용하면

$$(+\swarrow)\sum F_r = ma_r:\ mg\cos\theta - N = m\frac{v^2}{R} \qquad \cdots ①$$

이다. 공이 실린더 표면에서 떨어지는 위치에서 $N = 0$이므로 식 ①은

$$g\cos\theta = \frac{v^2}{R} \qquad \cdots ②$$

이 된다. 실린더 꼭대기($\theta = 0$, A점) 지점에서 운동에너지 $T_A = 0$이고, 이 점의 중력 위치에너지(V_{gA})를

$$V_{gA} = 0$$

으로 잡으면 그림의 (a)로부터 B점에서 중력 위치에너지(V_{gB})는

$$V_{gB} = -mg\Delta y = -mgR(1 - \cos\theta)$$

이 된다. 따라서 A점과 B점 사이에 에너지 보존법칙을 적용하면

$$T_A + V_{gA} = T_B + V_{gB}$$

$$0 + 0 = \frac{1}{2}mv^2 - mgR(1 - \cos\theta)$$

$$\therefore \ v^2 = 2gR(1 - \cos\theta) \qquad \cdots ③$$

의 관계식이 얻어진다. 식 ②와 ③에서 v^2을 소거하면

$$gR\cos\theta = 2gR(1 - \cos\theta)$$

$$\therefore \ \cos\theta = \frac{2}{3}$$

이다. 따라서 공이 실린더 표면에서 떨어지게 되는 곳에서

$$\theta = \cos^{-1}\left(\frac{2}{3}\right) = 48.2°$$

이다.

연습문제 4.3

01 위치 1에서 정지해 있던 상자가 마찰 없는 경사면을 따라 미끄러져 내려간다. 상자가 2의 위치에 도달했을 때 상자의 속도를 구하라. 경사면 끝 지점으로부터 1과 2의 상자 무게 중심까지 높이는 각각 5m와 2m이다.

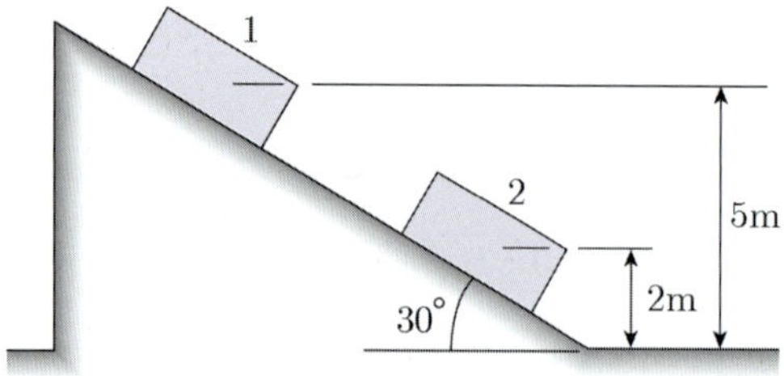

[문제 4.3.1]

02 두 개의 블록이 도르래를 지나는 줄에 의해 연결되어 있다. A와 B의 질량은 각각 1kg과 2kg이고 경사각 $\theta = 30°$이다. 줄은 팽팽하게 당겨져 있으며 정지 상태에서 블록을 가만히 놓았다. 블록 B가 25cm 아래로 내려갔을 때 블록의 속도를 구하라. 모든 마찰은 무시한다. Hint: A는 경사면 방향으로 25cm 이동한다.

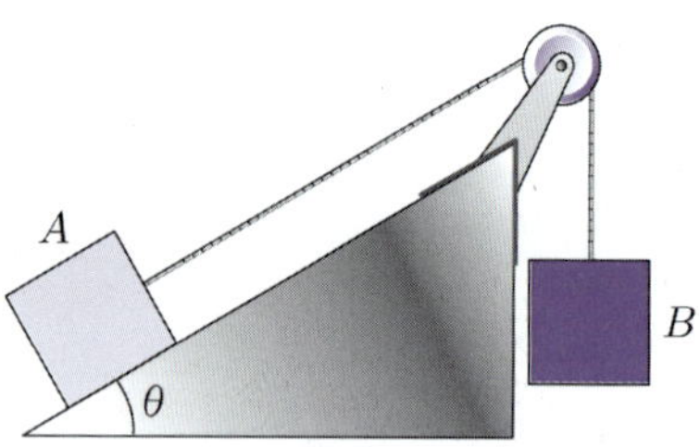

[문제 4.3.2]

03 경사면 끝으로부터 고도 $H = 20$m에 정지해 있던 질량 60kg의 스키선수가 중력에 의해 미끄러져 내려간다. 스키선수가 경사면을 떠날 때 스키선수의 속도는 수평선과 $\theta = 28°$의 각도를 이룬다. 공기저항과 경사면 마찰을 무시하는 경우 스키선수가 경사면 끝에서 올라갈 수 있는 최고 높이 h를 구하라. Hint: 최고 높이에서 속도가 0이 아니라는 것에 주의한다.

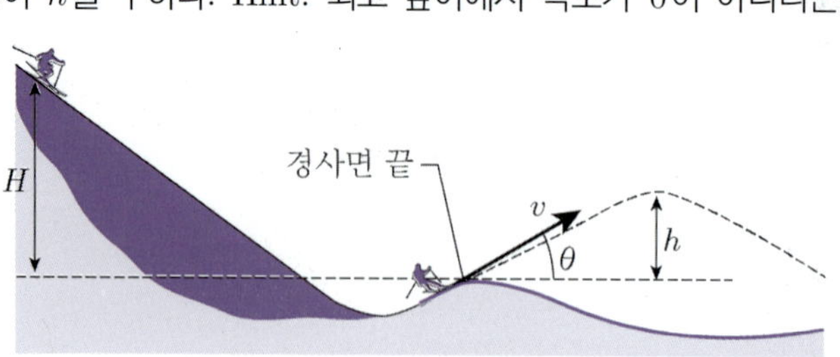

[문제 4.3.3]

04 질량 60kg의 스키선수가 반지름 $R = 20\text{m}$인 원기둥 모양의 언덕을 지나간다. 다음을 구하라. θ는 수직선 OA로부터 측정한 값이고, 공기저항과 마찰은 무시한다.

(1) $\theta = 20°$인 B점에서 스키선수의 속력이 10m/s인 경우 언덕 꼭대기(A점)에서 스키선수의 속력

(2) 스키선수가 언덕 꼭대기로 올라갈 수 있는, B점에서 스키선수의 최소 속력

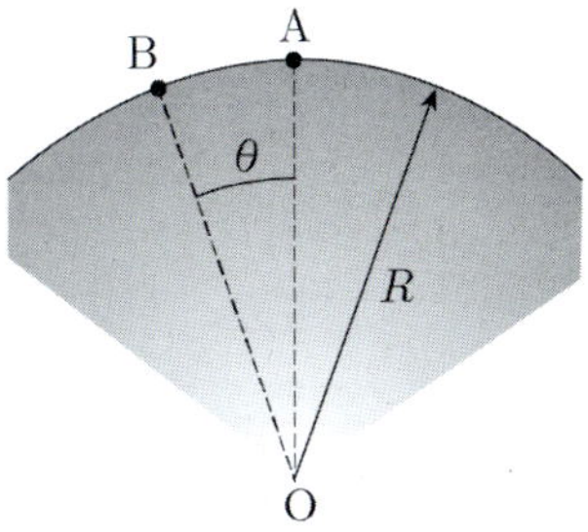

[문제 4.3.4]

05 질량 $m = 8\text{kg}$의 블록이 스프링 위에 정지 상태로 놓여 있다. 블록에 의해 스프링은 10 cm 압축된 상태이다. 블록을 눌러 30cm 더 압축한 후 손을 떼었을 때 놓은 점으로부터 올라갈 수 있는 블록의 최대 높이를 구하라. Hint: 초기 정지 상태 힘 평형.

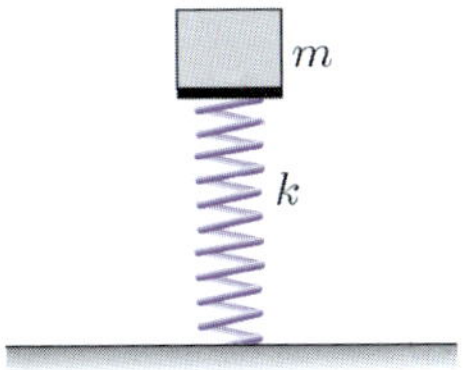

[문제 4.3.5]

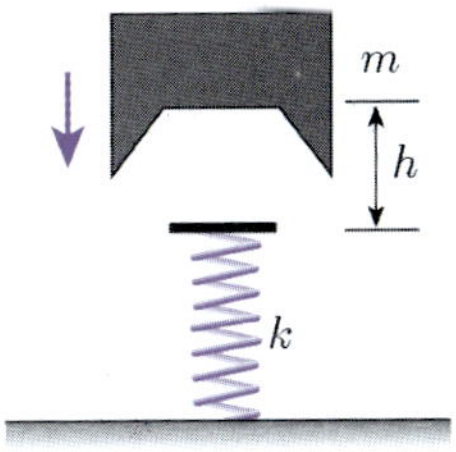

[문제 4.3.6]

06 그림과 같이 수직면에 설치된 봉에서 질량 $m = 2\text{kg}$의 물체가 스프링상수 $k = 1960\text{N/m}$인 스프링 위 $h = 40\text{cm}$에서 자유 낙하하여 스프링에 충돌한다. 스프링의 최대 압축 길이를 구하라. Hint: 스프링이 압축되는 구간에서도 중력 위치에너지를 고려한다.

07 경사각 $\theta = 30°$의 마찰 없는 경사면에 질량 $m = 12\text{kg}$의 블록을 가만히 놓았다. 블록 아래에는 270N의 힘으로 2cm 압축되는 스프링이 설치되어 있다. 미끄러져 내려간 블록은 스프링을 5.5cm 압축하고 순간적으로 멈춘다. 블록이 멈출 때까지 미끄러져 내려간 거리와 블록이 스프링에 충돌하기 직전 블록의 속력을 구하라. Hint: 블록이 멈출 때 조건으로부터 초기 블록의 높이 차이(Δh)를 구한다.

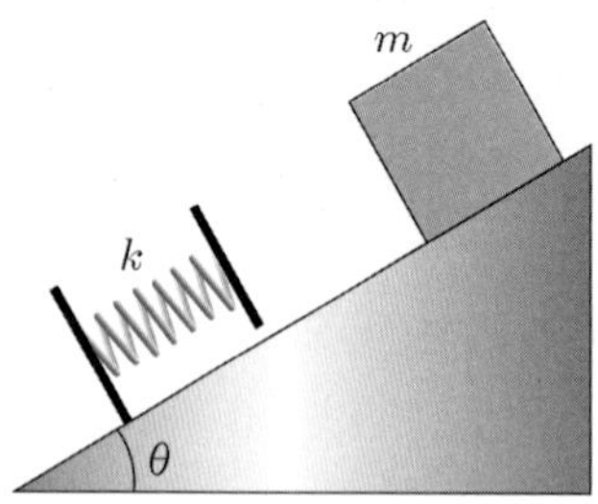

[문제 4.3.7]

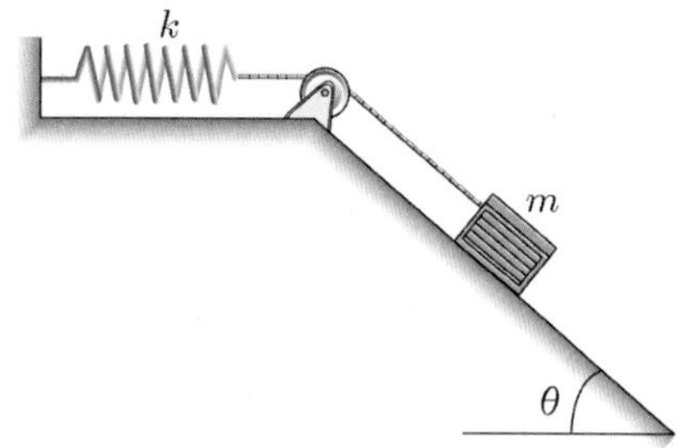

[문제 4.3.8]

08 스프링상수 $k = 120\text{N/m}$ 의 스프링과 도르래를 지나는 줄로 연결된 질량 $m = 2\text{kg}$ 의 상자가 경사각 $\theta = 40°$ 의 마찰 없는 경사면 위에 있다. 스프링이 늘어나지 않은 정지 상태에서 상자를 가만히 놓는다. 상자가 경사면을 따라 10cm 내려왔을 때 상자의 속력과 상자가 순간적으로 멈출 때까지 미끄러져 내려간 거리를 구하라. 도르래의 무게와 모든 마찰은 무시한다.

09 그림과 같이 수직면에 설치된 봉에서 질량 $m = 10\text{kg}$ 의 고리가 다음 두 지점에 도달할 수 있게 하는 A점에서 고리의 최소 속도를 구하라. 모든 마찰은 무시한다.

(1) C점 (2) D점

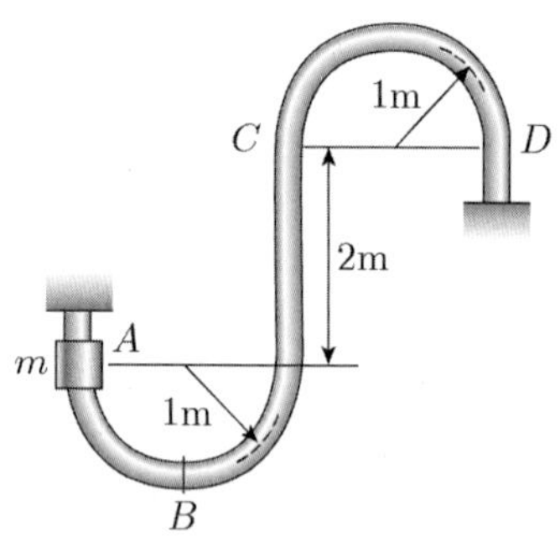

[문제 4.3.9/10]

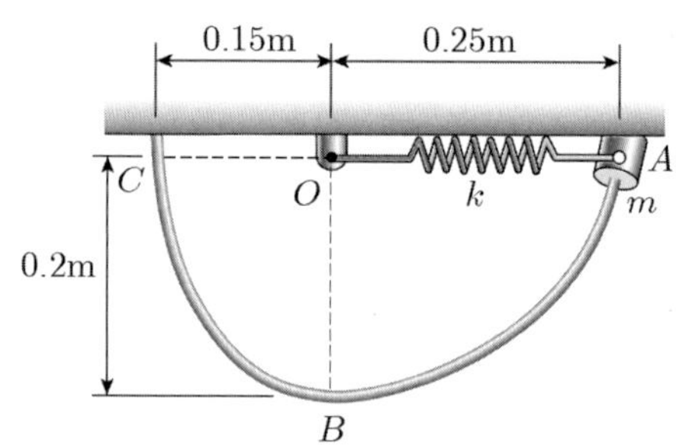

[문제 4.3.11]

10 위 문제(9 번)의 각 경우에 대해 B점에서 막대가 고리에 수직으로 가하는 힘을 구하라.

11 질량 $m = 2\text{kg}$ 의 칼라가 스프링에 연결되어 수직면에 설치된 봉 ABC를 따라 마찰 없이 미끄러진다. 칼라가 C점에 있을 때 스프링은 변형되지 않은 상태이며, 스프링상수 $k = 600\text{N/m}$ 이다. 칼라가 A점에서 정지 상태로부터 출발한다. B점과 C점에서 칼라의 속도를 각각 구하라. Hint: 중력 위치에너지 기준선을 $\overline{AC}$로 잡으면 편리하다.

12 질량 $1\mathrm{kg}$ 의 칼라가 A점에서 정지 상태에 있다가 매끄러운 경사진 봉을 따라 미끄러져 올라가 B점에 도달한다. 스프링의 강성계수는 $24\mathrm{N/m}$ 이고 변형되지 않은 스프링의 길이가 $375\mathrm{mm}$ 일 때 B점에서 칼라의 속도를 구하라.

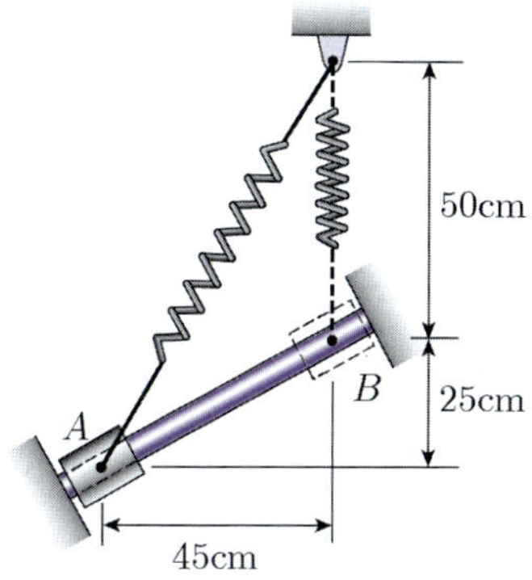

[문제 4.3.12]

13 질량 $m = 4\mathrm{kg}$ 의 슬라이더가 A점에서 정지 상태로 출발하여 수직평면에 놓인 반지름 $r = 0.6\mathrm{m}$ 의 원형 고리를 따라 미끄러져 내려간다. 슬라이더가 B점을 지나갈 때 슬라이더의 속도와 스프링의 최대 변위를 구하라. 초기에 스프링은 변형되지 않은 상태이고 스프링 상수 $k = 20\mathrm{kN/m}$ 이다.

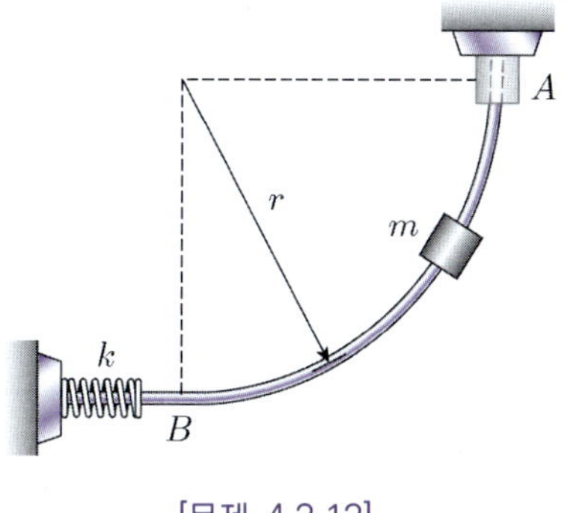

[문제 4.3.13]

14 그림과 같이 줄에 매달린 $45\mathrm{kg}$ 의 용기가 정지 상태에서 낙하하여 $2\mathrm{m}$ 아래 바닥에 도달했을 때 용기의 속도가 0이 되어야 한다. 추의 질량 m을 구하라. Hint: 용기의 중력 위치에너지 감소는 추의 중력 위치에너지 증가와 같다.

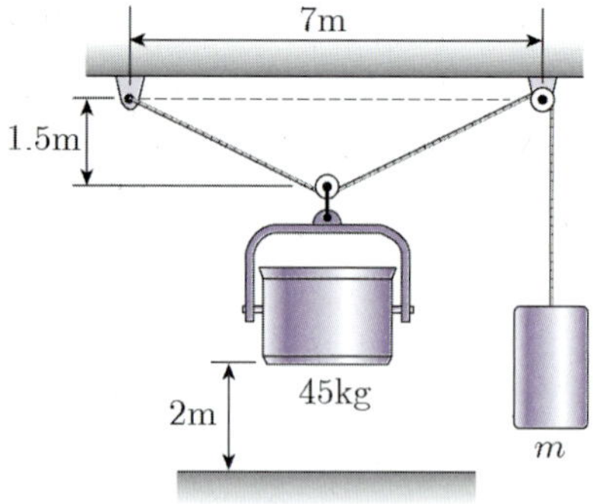

[문제 4.3.14]

15 4kg 과 2kg 의 질점을 양 끝에 부착한 막대가 수직평면에서 회전한다. 막대가 $\theta = 60°$ 위치에서 정지 상태로부터 출발하여 회전하면서 2kg 질점이 스프링에 부딪친다. 점선의 위치에서 스프링에 부딪치기 직전 2kg 질점의 속도와 스프링의 최대 압축 길이를 구하라. 스프링상수 $k = 35\text{kN/m}$ 이고 막대 무게는 무시하며, 스프링이 압축될 때 봉은 수평 상태로 있다고 가정한다. Hint: $v = r\omega$.

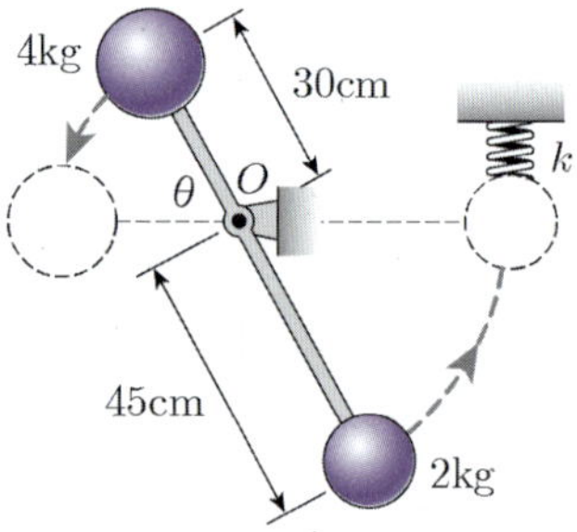

[문제 4.3.15]

16 스프링 끝에 부착된 질량 $m = 3\text{kg}$ 의 고리가 A점에서 정지 상태로부터 움직이기 시작하여 수직평면에 놓인 곡선 형태의 막대를 따라 마찰 없이 미끄러진다. 스프링의 강성계수는 350N/m 이고 중립상태에서 스프링 길이는 0.6m 이다. 고리가 B점을 지날 때 고리의 속도를 구하라. $\widehat{AB}$ 는 $1/4$원이다.

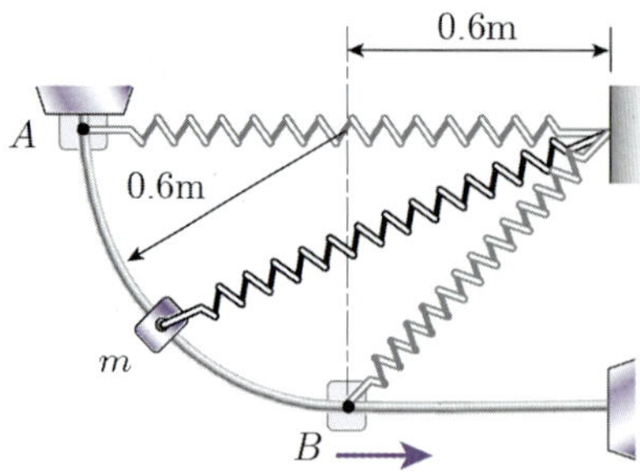

[문제 4.3.16]

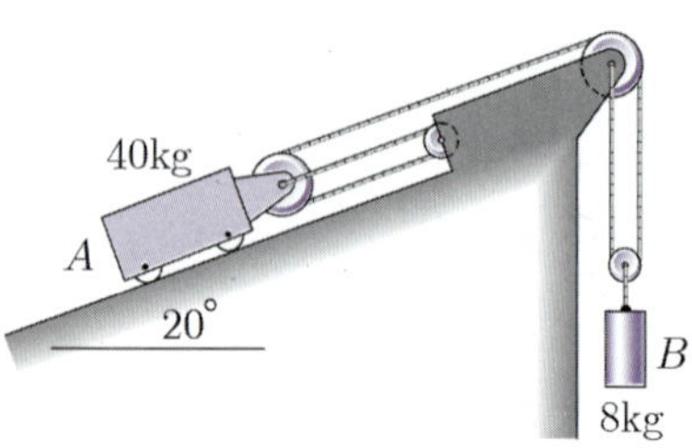

[문제 4.3.17]

17 그림과 같이 도르래에 연결된 물체가 정지 상태로부터 움직인다. B가 1m 움직였을 때 A와 B의 속도를 구하라. 도르래 무게와 모든 마찰은 무시한다. Hint: $3x_A = 2x_B$.

18 공의 질량 $m = 3\text{kg}$이고 줄의 길이 $L = 1\text{m}$이다. $\theta = 40°$인 위치 2에서 공의 속력과 줄에 걸리는 장력을 구하라. 수평 위치 1에서 공의 속력은 0이다.

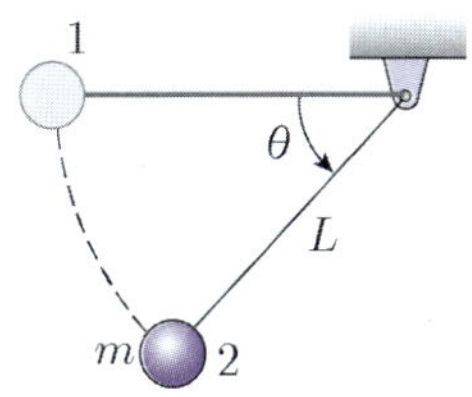

[문제 4.3.18]

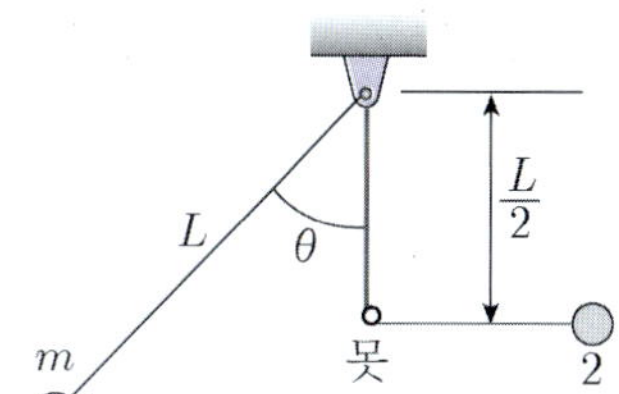

[문제 4.3.19]

19 공의 질량 $m = 3\text{kg}$이고 줄의 길이 $L = 1\text{m}$이다. 위치 1에서 공의 속력은 0이고, 공이 회전하여 줄이 수직선이 되면 고정된 못에 줄이 걸리게 된다. Hint: 중력 위치에너지 기준선을 회전축을 지나는 수평선으로 잡으면 편리하다.

(1) 공이 위치 2까지 회전하기 위해 필요한 최소 각 θ를 구하라.

(2) (1)에서 구한 최소 각 θ에서 공을 놓을 때 줄이 못에 걸리기 직전과 직후 줄에 작용하는 장력을 각각 구하라.

20 질량 $m = 1\text{kg}$의 공이 위치 1에서 정지 상태로 출발하여 반지름 $R = 0.8\text{m}$인 매끄러운 실린더 표면을 따라 미끄러져 내려간다. $\theta = 45°$인 위치 2에서 공의 속력을 구하라.

21 위 문제(20번)에서 공이 실린더 표면에서 떨어져 나가는 각 θ를 구하라. Hint: 공이 표면에서 떨어질 때 공이 표면으로부터 받는 수직 반력은 0이다.

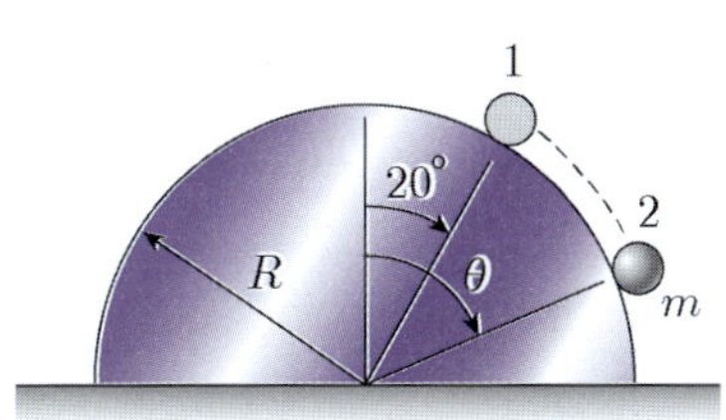

[문제 4.3.20/21]

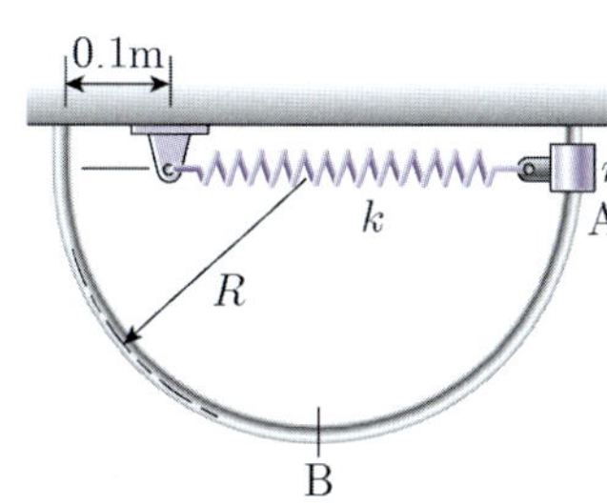

[문제 4.3.22/23]

22 질량 $m = 2\text{kg}$의 고리가 A점에서 정지 상태로부터 출발하여 수직 평면에 설치된 반지름 $R = 0.3\text{m}$인 반원형 막대를 따라 미끄러진다. 스프링상수 $k = 1500\text{N/m}$이고, 변형 전 스프링 길이는 0.2m인 경우 B점에서 고리의 속도를 구하라.

23 위 문제(22 번)에서 A점과 B점에서 고리의 속도가 $v_A = 4\text{m/s}$, $v_B = 10\text{m/s}$일 때 스프링상수 k를 구하라.

24 질량이 m인 작은 상자가 A에서 되돌아올 수 있게 수직평면에 설치된 루프를 향해 v_0의 속도로 발사된다. 상자는 반지름이 R인 원형 경로를 따라 마찰 없이 이동하여 C점에 있는 수평면에 놓인다. 다음을 구하라. Hint: 상자가 C점에 도달할 때까지 상자가 루프에 접촉하고 있어야 한다. B점을 지났을 때 원심력이 크면 상자가 루프에 붙어 있지만 작으면 떨어지게 된다.

(1) 상자가 C점에 도달하기 위해 필요한 v_0의 최솟값 $v_{0,\min}$

(2) $v_0 = v_{0,\min}$인 경우 상자가 B점을 지나는 순간 루프로부터 상자가 받는 힘

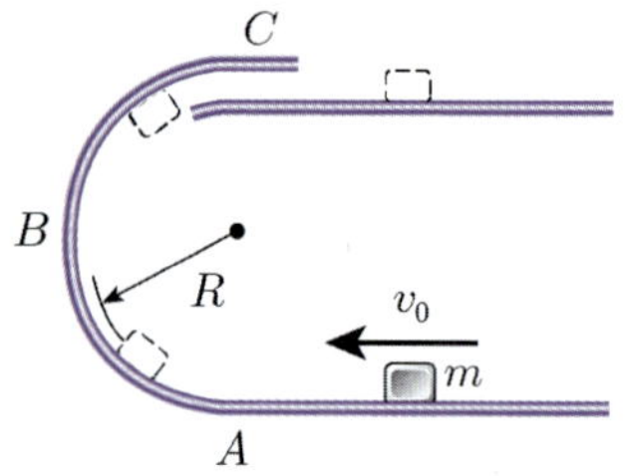

[문제 4.3.24]

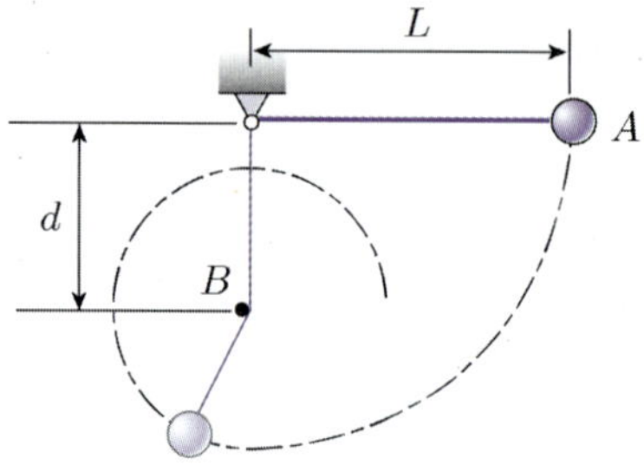

[문제 4.3.25]

25 그림과 같이 진자가 A점에서부터 회전하여 A점으로부터 연직거리 d 아래에 있는 고정된 못 B에 줄이 닿는다. 이후에 진자의 추가 못을 중심으로 원형 궤적을 만들 수 있게 하는 d의 최솟값을 구하라. A점에서 진자의 속도는 0이다. Hint: 줄에 걸리는 장력을 고려한다.

26 그림 (가)는 마찰이 없는 수평면 위에 정지 상태로 놓여 있는 질량 4kg 인 물체에 힘을 작용하여 6m 를 이동시키는 것을 나타낸 것이고, 그림 (나)는 이 물체에 작용하는 힘의 크기를 이동 거리에 따라 나타낸 것이다. 물체가 6m 를 지나는 순간에서의 속력[m/s]을 구하라. [공무원 임용시험]

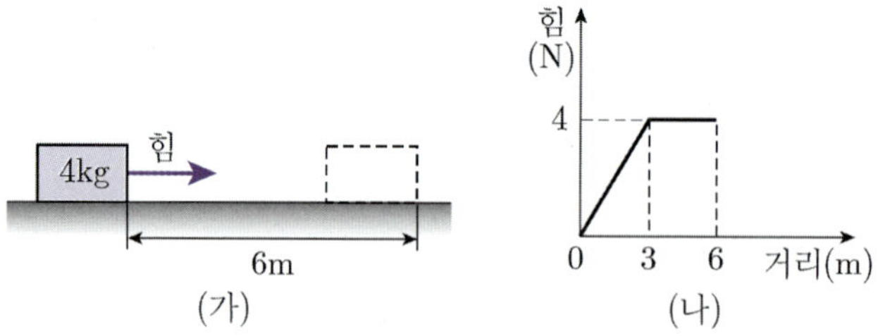

[문제 4.3.26]

27 탄성계수가 10N/m 인 용수철의 한쪽 끝을 천장에 고정하고 늘어뜨렸더니 길이가 2m 였다. 이 용수철의 다른 쪽 끝에 질량이 1kg 인 추를 매달고, 추를 연직 상방으로 들어 올려 용수철을 1m 로 압축한 후 추를 가만히 놓았다. 추가 가장 낮은 위치에 도달할 때, 천장에서 추까지의 거리[m]는? (단, 용수철의 질량, 추의 부피, 공기저항은 무시하며, 중력가속도는 10m/s^2이다) [공무원 임용시험]

① 2 ② 3 ③ 4 ④ 5

28 그림과 같이 질량이 100g 인 물체로 스프링상수(탄성계수)가 200N/m 인 스프링을 20cm 압축된 상태로 잡고 있다가 놓았다. 마찰을 무시할 경우 물체가 빗면을 올라간 최대 높이[m]는? (단, 중력가속도 $g = 10\text{m/s}^2$이다) [공무원 임용시험]

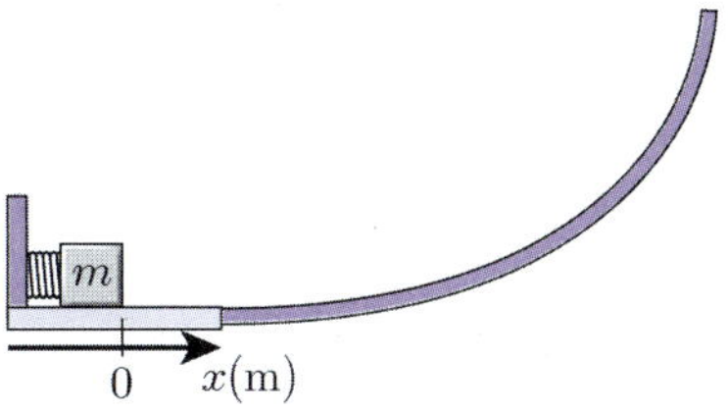

[문제 4.3.28]

① 1 ② 2 ③ 3 ④ 4

29 다음 그림과 같이 질량이 2kg 인 물체가 10m/s 의 속력으로 수평 방향으로 움직이고 있다. 이 물체가 용수철상수 50N/m 인 용수철에 부딪혔을 때 용수철이 최대로 압축되는 길이는? (단, 바닥면의 마찰과 용수철의 질량은 무시한다) [공무원 임용시험]

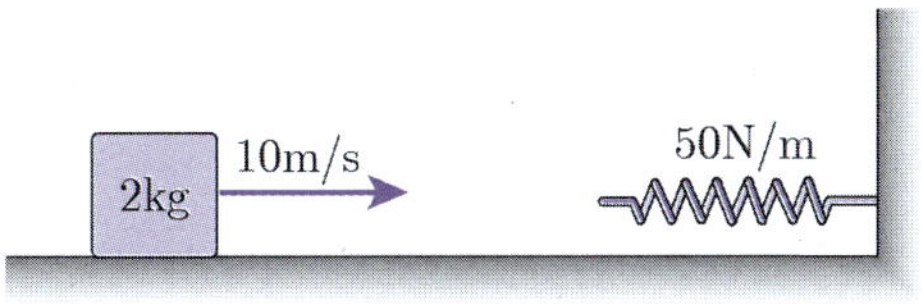

[문제 4.3.29]

① 0.5m ② 1m ③ 2m ④ 4m

30 위치 A에서 초기 속력이 0인 상태의 물체가 움직이기 시작하여 위치 B와 C를 지날 때 물체의 속력이 각각 v_B, v_C라고 하자. v_B^2/v_C^2의 값은? (단, 마찰은 무시한다) [공무원 임용시험]

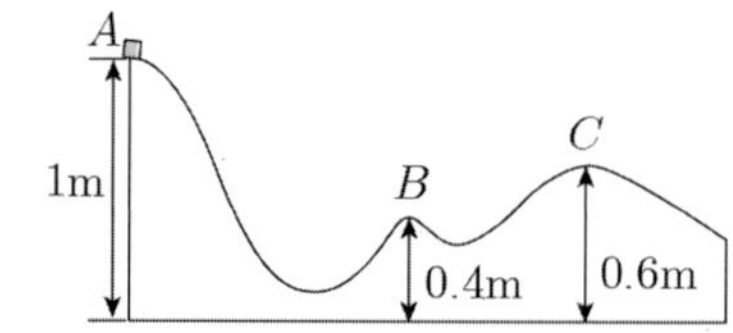

[문제 4.3.30]

① $\frac{3}{2}$ ② $\frac{9}{4}$ ③ $\frac{2}{3}$ ④ $\frac{4}{9}$

31 그림과 같이 평평한 바닥에서 초기 속력이 2m/s 인 물체가 용수철 판에 부딪친다. 용수철은 10cm 만큼 압축되었다가 제자리로 돌아오고 이 순간 물체는 용수철 판에서 튕겨 나온다. 용수철이 압축되는 구간의 바닥면은 운동마찰계수가 $\mu_k = 0.5$ 이고 다른 바닥면은 마찰이 없다. 물체가 용수철 판에서 튕겨 나오는 순간의 속력은? (단, 중력가속도 $g = 10\text{m/s}^2$ 로 한다) [공무원 임용시험]

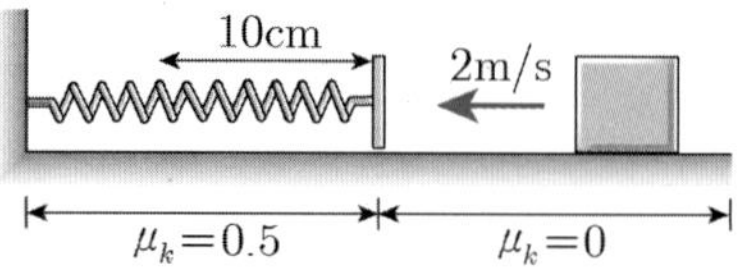

[문제 4.3.31]

① 4m/s ② 2m/s ③ $\sqrt{2}\,\text{m/s}$ ④ 1m/s

32 그림과 같이 질량 2kg 인 블록이 A 에서 수평방향 3m/s 의 속도로 출발하여 반지름 1m 인 4분원 형태의 원형 표면 위를 미끄러져 내려올 때 다음 물음에 답하시오. (단, 중력가속도는 9.81m/s^2 으로 가정하고, 모든 구간에서 마찰은 무시한다) [국가공무원 5 급(기술) 제 2 차시험]

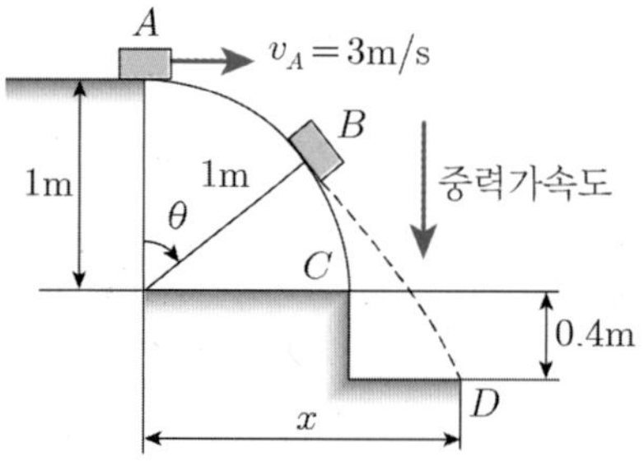

[문제 4.3.32]

(1) 미끄러지던 블록이 B 에서 표면으로부터 분리되어 떨어질 때 A 에서부터 B 까지의 각도 θ 를 구하시오.

(2) B 에서 블록의 접선방향의 속도 크기를 구하시오.

(3) 블록이 4분원 원형 구간 끝 C 로부터 0.4m 낮은 지면 위의 D 에 떨어질 때 A 로부터 D 까지의 수평거리 x 를 구하시오.

33 질량 $m(=7\text{kg})$인 물체가 초기속도 $v_0(=0.6\text{m/s})$로 그림과 같이 경사로 $(\theta=45°)$를 미끄러져 내려와 스프링상수 $k(=3{,}000\text{N/m})$인 완충기에 닿는다. 이때 물체가 완충기에 닿기 전까지 미끄러진 거리는 $L(=10\text{m})$이며, 물체와 경사면의 미끄럼 마찰계수는 μ $(=0.2)$이다. 다음 물음에 답하시오. (단, 완충기의 질량은 무시하며, 중력가속도 $g=9.81\text{m/s}^2$이다) [국가공무원 5급(기술) 제2차시험]

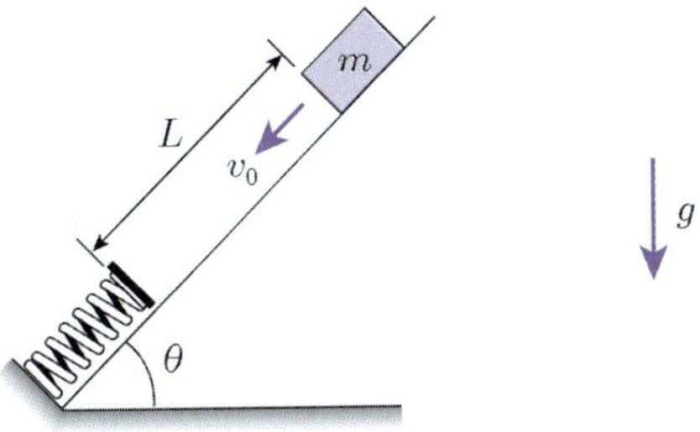

[문제 4.3.33]

(1) 물체가 완충기에 닿는 순간, 물체의 속도를 구하시오.

(2) 스프링의 최대 변형량을 구하시오.

34 그림과 같이 질량이 m인 어떤 물체가 공중으로 발사되었다. 다음 물음에 답하시오. (단, 발사각은 $0<\theta<\frac{\pi}{2}$이고, 초기속도는 $v_0>0$이다. 공기의 저항은 무시하고, 중력가속도 g는 수직 하향으로 작용한다. 물체가 발사된 기준면의 위치에너지는 0이다) [국가공무원 5급(기술) 제2차시험]

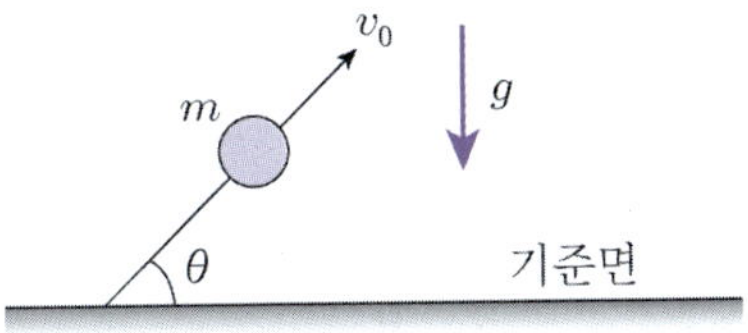

[문제 4.3.34]

(1) 발사된 물체가 도달할 수 있는 최대 높이에서 그 물체가 갖는 운동에너지 T와 위치에너지 V를 각각 m, v_0, θ의 함수로 나타내시오.

(2) 발사된 물체가 도달할 수 있는 최대 높이에서의 위치에너지 V가 운동에너지 T의 3배가 되는 발사각도 θ를 구하시오.

(3) 발사된 물체가 기준면에 도달하기 직전에 그 물체가 갖는 운동에너지 T_f를 m, v_0의 함수로 나타내시오.

제5장 운동량 방법

5.1 충격량과 선운동량
5.2 선운동량 보존과 충돌
5.3 각충격량과 각운동량

5.1 충격량과 선운동량

뉴턴의 제 2 법칙 $\mathrm{F}=m\mathrm{a}$를 질점의 '변위에 대해 적분'하여 구한 일과 에너지 원리는 역학에서 상당히 유용한 방법이다. 여기에서는 뉴턴의 제 2 법칙을 '시간에 대해 적분'하여 문제를 해석하는 방법을 알아본다. 이 방법으로써 '힘과 속도 및 시간을 포함하는 문제'를 해석할 수 있다.

질량이 m인 질점에 대한 뉴턴의 제 2 법칙은 다음과 같다.

$$\sum \mathrm{F}=m\mathrm{a}=m\frac{d\mathrm{v}}{dt}$$

이 식을 시간에 대해 적분하면 다음 관계식을 얻을 수 있다.

$$\int_{t_1}^{t_2}\sum \mathrm{F}\,dt=m(\mathrm{v}_2-\mathrm{v}_1) \qquad \cdots(5.1.1)$$

여기에서 v_1과 v_2는 각각 시간 t_1과 t_2에서 질점의 속도(물체 질량중심의 속도)이다. 식 (5.1.1)에서 좌변 항 $\int_{t_1}^{t_2}\sum \mathrm{F}\,dt$를 충격량(impulse) 또는 선형충격량(linear impulse)이라 하고 일반적으로 기호 I 또는 $\vec{J}$로 나타낸다.

$$\mathrm{I}=\int_{t_1}^{t_2}\sum \mathrm{F}\,dt$$

그리고 $m\mathrm{v}$를 선운동량(linear momentum, 선형운동량) 또는 간단하게 운동량이라 한다. 선운동량을 L로 나타내면

$$\mathrm{L}=m\mathrm{v} \qquad \cdots(5.1.2)$$

이다. I와 L의 SI 단위는 N·s, kg·m/s이다. 일반물리학에서는 운동량을 $\vec{p}=m\vec{v}$로 나타낸다.

식 (5.1.1)을 충격량과 운동량 원리(충격량-운동량 원리, 선형충격량과 선형운동량 원리, 선형 충격량-운동량 원리, 선운동량-충격량 정리, 충격과 운동량 법칙, 선역적과 선운동량 원리)라 한다.[7] 이 식은 '질점에 어떤 시간 동안 가해진 총 충격량은 질점의 선운동량의 변화량과 같다.'라는 것을 말하고 있다.

7) 여러 가지 명칭으로 부르는데 용어에 크게 신경 쓰지 않도록 한다.

한편 뉴턴의 제 2 법칙을 선운동량 L로 나타내면 다음과 같다.

$$\sum \mathrm{F} = m\frac{d\mathrm{v}}{dt} = m\dot{\mathrm{v}} = \dot{\mathrm{L}} \qquad \cdots(5.1.3)$$

식 (5.1.1)은 다음과 같이 쓸 수 있다.

$$m\mathbf{v}_1 + \int_{t_1}^{t_2} \sum \mathrm{F}\,dt = m\mathbf{v}_2 \qquad \cdots(5.1.4)$$

식 (5.1.4)는 '시간 t_1에서 질점의 초기 운동량과 시간 t_1에서 t_2 사이에 질점에 작용하는 모든 충격량의 합은 시간 t_2에서 질점의 최종 운동량과 같다.'라는 것을 말하고 있다. [그림 5.1.1]은 식 (5.1.4)를 그림으로 나타낸 것으로 충격-운동량 선도라 한다.

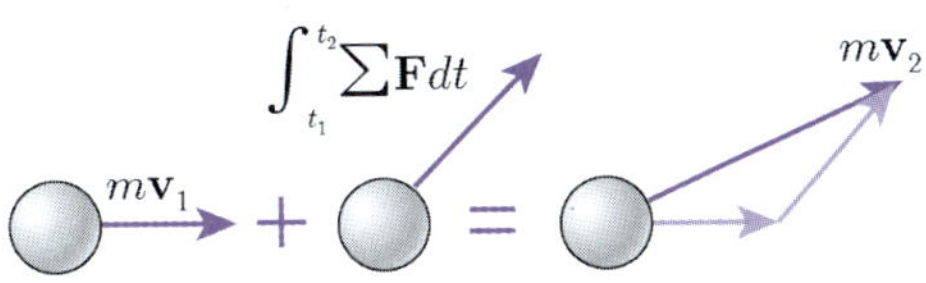

[그림 5.1.1] 충격-운동량 선도

일반적으로 충격량의 적분은 시간 구간 동안 크기와 방향의 변화를 포함하는 벡터이다. 식 (5.1.4)의 벡터들을 x, y, z 성분으로 분해하면 다음과 같이 스칼라 식으로 표현할 수 있다. 운동에너지와 일은 스칼라량인데 반해 운동량과 충격량은 벡터량이라는 것에 주의해야 한다.

$$(mv_x)_1 + \sum\int_{t_1}^{t_2} F_x dt = (mv_x)_2 \qquad \cdots(5.1.5(a))$$

$$(mv_y)_1 + \sum\int_{t_1}^{t_2} F_y dt = (mv_y)_2 \qquad \cdots(5.1.5(b))$$

$$(mv_z)_1 + \sum\int_{t_1}^{t_2} F_z dt = (mv_z)_2 \qquad \cdots(5.1.5(c))$$

시간 t_1에서 t_2까지 질점에 작용하는 합력의 시간 평균은

$$\sum \mathrm{F}_{av} = \frac{1}{t_2 - t_1}\int_{t_1}^{t_2} \sum \mathrm{F}\,dt$$

이므로 식 (5.1.1)은 다음과 같이 쓸 수 있다.

$$(t_2 - t_1)\sum \mathbf{F}_{av} = m\mathbf{v}_2 - m\mathbf{v}_1$$
$$\Delta t\sum \mathbf{F}_{av} = m\mathbf{v}_2 - m\mathbf{v}_1;\ \ \Delta t = t_2 - t_1 \qquad \cdots(5.1.6)$$

이 식으로부터 주어진 시간 동안 발생한 질점의 속도 변화를 알면 그 시간 동안 질점에 작용한 합력의 시간 평균값을 구할 수 있다.

매우 짧은 시간 동안 작용하지만 상당히 큰 선형 충격량을 가하는 힘을 충격력(impulse force)이라 한다. 이와 같은 힘의 시간에 따른 변화를 구하는 것은 불가능한 경우가 많지만 어떤 경우에는(Δt와 속도를 알 때) 식 (5.1.6)으로써 평균 충격력을 구할 수 있다.

식 (5.1.1)을 유용한 스칼라 형태로 나타낼 수 있다. 질점의 경로에 접선방향 힘들의 합은 질점의 질량과 경로상의 질점 속도의 시간 변화율의 곱과 같으므로

$$\sum F_t = ma_t = m\frac{dv}{dt}$$

이고, 이 식을 적분하면 다음 식을 얻는다.

$$\sum\int_{t_1}^{t_2} F_t\,dt = mv_2 - mv_1 \qquad \cdots(5.1.7)$$

여기에서 v_1과 v_2는 각각 시간 t_1과 t_2에서 경로상의 질점 속도이다. 어떤 시간 동안 질점의 경로에 접선방향인 합력에 의해 질점에 가해진 충격량은 질점이 경로를 따라 겪는 선운동량의 변화량과 같다.

식 (5.1.7)을 경로에 접선방향인 합력의 시간 평균값으로 나타내면 다음과 같다.

$$(t_2 - t_1)\sum F_{t,av} = mv_2 - mv_1 \qquad \cdots(5.1.8)$$

이 식은 어떤 시간 동안 물체의 경로에 접선방향인 합력의 평균과 경로를 따라 일어나는 물체의 속도 변화 사이의 관계를 나타낸다.

시간 Δt 동안 일정한 힘 F가 질점의 운동 방향으로 작용할 때 식 (5.1.8)은 다음과 같이 간단하게 표현된다.

$$F\Delta t = mv_2 - mv_1 \qquad \cdots(5.1.9)$$

예제 5.1.1 질량 $m=0.5\text{kg}$의 물체가 무게와 시간에 따라 변하는 힘 P의 작용으로 그림과 같이 xy 수직평면에서 움직인다. 물체의 선운동량은 시간 t의 함수로서 $\mathbf{L}=(2t^2+3)\mathbf{i}+(-t^3+5)\mathbf{j}\,[\text{N}\cdot\text{s}]$($t$의 단위는 초)로 주어진다. $t=2$초에서 힘 P의 크기를 구하라.

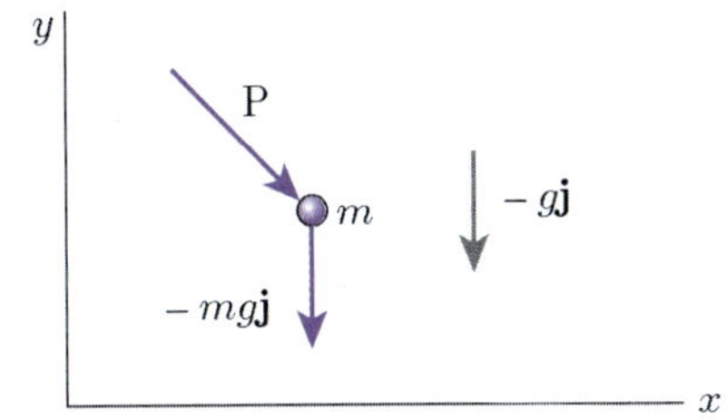

[그림 5.1.2] 물체의 무게와 힘 P

풀이 물체 무게 $\mathbf{W}=-mg\mathbf{j}$이므로 힘-운동량 방정식 (5.1.3)으로부터

$$\sum\mathbf{F}=\dot{\mathbf{L}}:\ \mathbf{P}-mg\mathbf{j}=\frac{d}{dt}\left[(2t^2+3)\mathbf{i}+(-t^3+5)\mathbf{j}\right]$$
$$=(4t)\mathbf{i}+(-3t^2)\mathbf{j}\,[\text{N}]$$
$$\therefore\ \mathbf{P}=mg\mathbf{j}+(4t)\mathbf{i}+(-3t^2)\mathbf{j}\,[\text{N}]$$

이다. $t=2$초일 때 P는

$$\mathbf{P}=0.5(9.8)\mathbf{j}+4(2)\mathbf{i}+(-3)(2^2)\mathbf{j}$$
$$=8\mathbf{i}-7.1\mathbf{j}\,[\text{N}]$$

이고, 힘 P의 크기는 $P=\sqrt{8^2+(-7.1)^2}=10.7\,[\text{N}]$이다.

예제 5.1.2 마찰 없는 매끄러운 수평면에 질량 $m=10\text{kg}$의 물체가 정지 상태로 놓여 있다. $\theta=30°$ 방향으로 $P=20\text{N}$의 힘을 10초 동안 물체에 가했을 때 물체의 최종 속도와 그 시간 동안 물체에 작용하는 수직 방향 반력을 구하라.

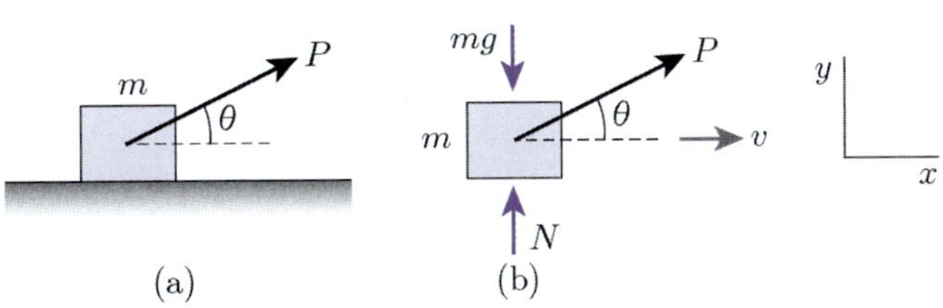

[그림 5.1.3] (a) 힘을 받는 물체 (b) 자유물체도

풀이 이 문제는 힘과 속도 및 시간이 포함되어 있으므로 충격량과 운동량 원리를 이용하여 해석할 수 있다.

그림의 자유물체도 (b)에서 x방향으로 충격량과 운동량 원리를 적용하면 물체의 최종 속도(v_2)는

$$(+\rightarrow) \quad (mv_x)_1 + \sum \int_{t_1}^{t_2} F_x dt = (mv_x)_2$$

$$0 + P\cos 30° \Delta t = mv_2$$

$$0 + 20\cos 30°(10) = 10v_2$$

$$\therefore \quad v_2 = 10\sqrt{3} = 17.3[\text{m/s}]$$

이고, y방향으로 충격량과 운동량 원리를 적용하면 물체에 작용하는 수직 방향 반력(N)은 다음과 같다.

$$(+\uparrow) \quad (mv_y)_1 + \sum \int_{t_1}^{t_2} F_y dt = (mv_y)_2$$

$$0 + (N + P\sin 30° - mg)\Delta t = 0$$

$$0 + (N + 20\sin 30° - 10 \times 9.8)(10) = 0$$

$$N + 20\sin 30° - 10 \times 9.8 = 0$$

$$\therefore \quad N = 88.0[\text{N}]$$

y방향으로는 운동이 일어나지 않으므로 평형 방정식 $\sum F_y = 0$으로써 N을 쉽게 구할 수 있지만 여기에서는 충격량과 운동량 원리 적용법을 보이기 위해 이상과 같이 N을 구하였다.

예제 5.1.3 질량 $m = 1000\text{kg}$의 헬리콥터가 $t = 0$에서 정지 상태로부터 출발한다. 다음을 구하라. t의 단위는 초이다.

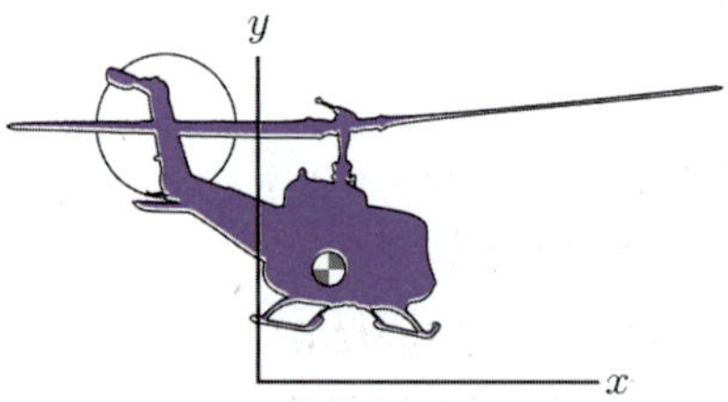

[그림 5.1.4] 헬리콥터

(1) $t = 0$에서 $t = 10\text{s}$까지 헬리콥터에 작용하는 합력이 다음과 같을 때 $t = 10\text{s}$에서 헬리콥터의 속도

$$\sum F_x = 600t\,[\mathrm{N}],\quad \sum F_y = 2300 - 360t\,[\mathrm{N}],\quad \sum F_z = 0$$

(2) $t = 20\mathrm{s}$에서 헬리콥터의 속도가 $36\mathbf{i} + 8\mathbf{j}\,[\mathrm{m/s}]$일 $t = 10\mathrm{s}$에서 $t = 20\mathrm{s}$까지 헬리콥터에 작용하는 합력의 시간 평균

풀이 충격량과 운동량 원리를 적용한다.

(1) $t_1 = 0$에서 속도 $\mathbf{v}_1 = 0$이고, $t_2 = 10\mathrm{s}$에서 헬리콥터의 속도 $\mathbf{v}_2$를 구한다. 식 (5.1.1)에서

$$\int_{t_1}^{t_2} \sum \mathbf{F}\,dt = m(\mathbf{v}_2 - \mathbf{v}_1)$$

$$\int_0^{10} [600t\mathbf{i} + (2300 - 360t)\mathbf{j}]\,dt = 1000(\mathbf{v}_2 - 0)$$

$$[300t^2\mathbf{i} + (2300t - 180t^2)\mathbf{j}]_0^{10} = 1000\mathbf{v}_2$$

$$30000\mathbf{i} + 5000\mathbf{j} = 1000\mathbf{v}_2$$

$$\therefore\ \mathbf{v}_2 = 30\mathbf{i} + 5\mathbf{j}\,[\mathrm{m/s}]$$

(2) $t_2 = 10\mathrm{s}$에서 $t_3 = 20\mathrm{s}$까지 헬리콥터에 작용하는 합력의 시간 평균($\sum \mathbf{F}_{av}$)을 구하기 위해 식 (5.1.6)을 적용한다.

$$\mathbf{v}_2 = 30\mathbf{i} + 5\mathbf{j}\,[\mathrm{m/s}],\ \mathbf{v}_3 - 36\mathbf{i} + 8\mathbf{j}\,[\mathrm{m/s}]$$

$$(t_3 - t_2)\sum \mathbf{F}_{av} = m\mathbf{v}_3 - m\mathbf{v}_2$$

$$(20 - 10)\sum \mathbf{F}_{av} = 1000(36\mathbf{i} + 8\mathbf{j}) - 1000(30\mathbf{i} + 5\mathbf{j})$$

$$\therefore\ \sum \mathbf{F}_{av} = 600\mathbf{i} + 300\mathbf{j}\,[\mathrm{N}]$$

예제 5.1.4 블록 A와 B의 무게는 각각 20N과 40N이다. 정지 상태의 블록을 가만히 놓았을 때 2초 후 두 블록의 속도를 구하라. 도르래와 케이블의 질량 및 모든 마찰은 무시한다.

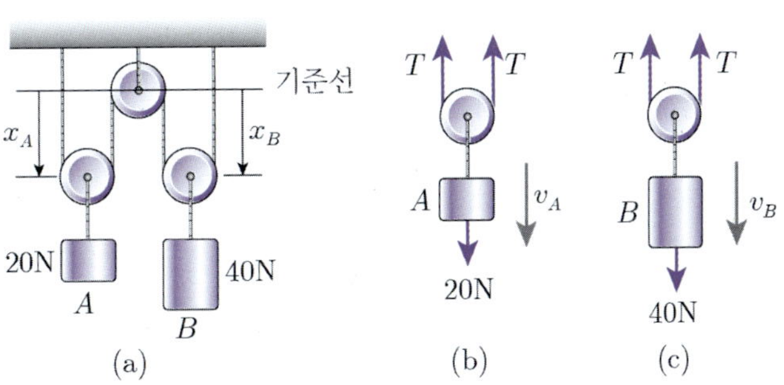

[그림 5.1.5] (a) 기준선 (b) A의 자유물체도 (c) B의 자유물체도

풀이 [그림]의 (a)와 같이 거리의 기준선을 잡으면 줄의 길이가 일정하므로

$$2x_A + 2x_B = (\text{일정})$$

이고, 이 식을 시간에 대해 미분하면

$$2v_A + 2v_B = 0$$

$$v_A + v_B = 0 \qquad \cdots ①$$

의 관계식이 얻어진다. $\dot{x}_A = v_A$, $\dot{x}_B = v_B$이다.

마찰 없는 도르래를 감고 있는 줄의 장력은 일정하므로 이 장력을 T라 하면 A와 B의 자유물체도는 [그림]의 (b), (c)와 같다. 여기에서 연직방향으로 충격량과 운동량 원리를 적용한다. $t_1 = 0$에서 A와 B의 속도는 모두 0이고, $t_2 = 2$[s]에서 A와 B의 속도는 각각 v_A와 v_B이다.

$$[A]\ (+\downarrow)\quad (m_A v_A)_1 + \sum\int_0^2 (20 - 2T)dt = (m_A v_A)_2$$

$$0 + (20 - 2T)(2) = \left(\frac{20}{9.8}\right)v_A$$

$$9.8(2 - 0.2T) = v_A \qquad \cdots ②$$

$$[B]\ (+\downarrow)\quad (m_B v_B)_1 + \sum\int_0^2 (40 - 2T)dt = (m_B v_B)_2$$

$$0 + (40 - 2T)(2) = \left(\frac{40}{9.8}\right)v_B$$

$$9.8(2 - 0.1T) = v_B \qquad \cdots ③$$

식 ②, ③을 식 ①에 대입하면

$$9.8(2 - 0.2T) + 9.8(2 - 0.1T) = 0$$

$$T = \frac{40}{3}\,[\text{N}]$$

이고, 이 값을 식 ②에 대입하면

$$v_A = 9.8(2 - 0.2T) = 9.8\left[2 - 0.2\left(\frac{40}{3}\right)\right] = -6.53\,[\text{m/s}]$$

이다. 그리고 식 ①에서

$$v_B = -v_A = 6.53\,[\text{m/s}]$$

이다. 즉, 블록 A는 위로 6.53[m/s]의 속도로 올라가고, 블록 B는 아래로 6.53[m/s]의 속도로 내려간다. 여기에서 v_A와 v_B의 양(+)의 방향은 아래 방향이고, [그림]의 (b)와 (c) 및 식 ①~③에서 일관성을 유지해야 한다.

예제 5.1.5 경사각 $\theta = 15°$인 경사면에 놓인 질량 $m = 20\mathrm{kg}$의 물체에 시간에 따라 크기가 변하는 힘 $P = 100t\,[\mathrm{N}]$이 경사면을 따라 아래 방향으로 작용한다[그림의 (a)]. t의 단위는 초이다. 힘 P가 작용하고 나서 2초 후 물체의 속도를 구하라. 물체의 초기속도는 경사면을 따라 아래 방향으로 $v_1 = 1\,[\mathrm{m/s}](\swarrow)$이고, 물체와 경사면 사이의 운동마찰계수 $\mu_k = 0.3$이다.

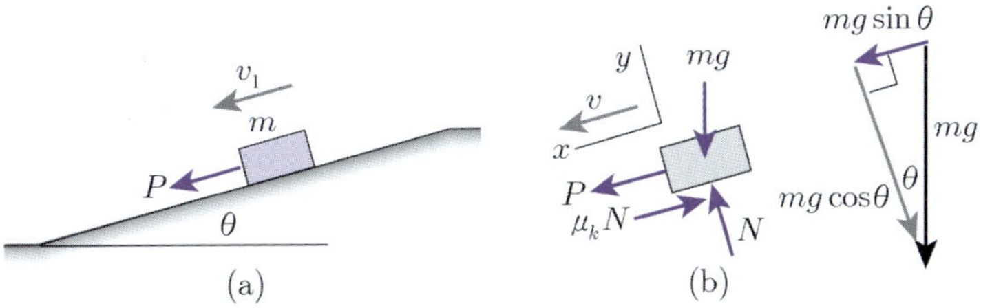

[그림 5.1.6] (a) 경사면 위 물체 (b) 자유물체도

풀이 물체의 자유물체도는 (b)와 같다. 여기에서 y방향으로 뉴턴의 제2법칙을 적용하면

$$(+\nwarrow)\ \sum F_y = 0:\ N - mg\cos\theta = 0$$

$$\therefore\ N = mg\cos\theta$$

이므로 마찰력은

$$f = \mu_k N = \mu_k mg\cos\theta$$

이다. 다음에 x방향으로 충격량과 운동량 원리를 적용하여 힘 P가 작용하고 나서 2초 후 물체의 속도(v_2)를 구한다. $t_1 = 0$에서 $v_1 = 1\,[\mathrm{m/s}]$이고, $t_2 = 2\,[\mathrm{s}]$에서 v_2는 미지수이다.

$$(+\swarrow)\quad (mv_x)_1 + \sum\int_{t_1}^{t_2} F_x dt = (mv_x)_2$$

$$mv_1 + \int_0^2 (P - \mu_k mg\cos\theta + mg\sin\theta)dt = mv_2$$

$$mv_1 + \int_0^2 (100t)dt + mg\int_0^2 (-\mu_k\cos\theta + \sin\theta)dt = mv_2$$

$$mv_1 + 200 + 2mg(-\mu_k\cos\theta + \sin\theta) = mv_2$$

$$\therefore\ v_2 = v_1 + \frac{200}{m} + 2g(-\mu_k\cos\theta + \sin\theta)$$

$$= 1 + \frac{200}{20} + 2(9.8)(-0.3\cos 15° + \sin 15°)$$

$$= 10.4\,[\mathrm{m/s}](\swarrow)$$

예제 5.1.6 질량 $m = 120\text{g}$의 야구공이 $v_1 = 25\text{m/s}$의 속도로 배트를 향해 던져졌다. 배트(B)가 공을 친 후 공은 던져진 방향에 대해 $\theta = 40°$ 방향으로 $v_2 = 35\text{m/s}$의 속도로 날아간다. 배트와 공의 접촉 시간이 0.015초일 때 충돌 시 공과 배트 사이의 평균 충격력을 구하라.

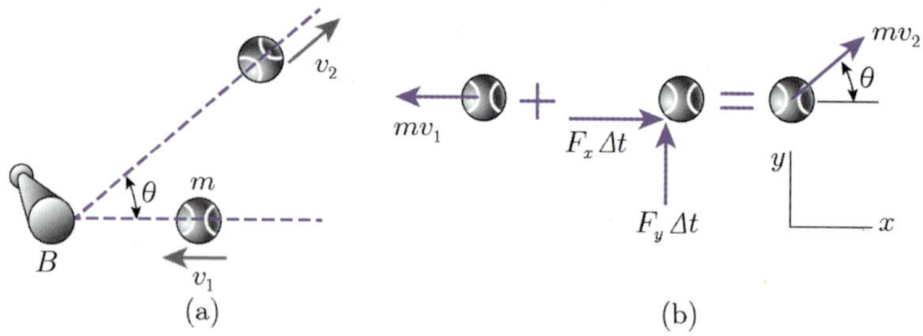

[그림 5.1.7] (a) 배트와 공 (b) 공의 충격-운동량 선도

풀이 $t_1 = 0$에서 $v_1 = 25\text{m/s}$이고, $t_2 = 0.015$초에서 $v_2 = 35\text{m/s}$이다. 공의 충격-운동량 선도는 (b)와 같다. 여기에서 x, y 방향으로 충격량과 운동량 원리를 각각 적용한다. $\Delta t = t_2 - t_1 = 0.015[\text{s}]$이다.

$$x\text{방향}(+\rightarrow) \quad -mv_1 + F_x \Delta t = mv_2 \cos\theta$$

$$F_x = \frac{m}{\Delta t}(v_1 + v_2 \cos\theta)$$

$$= \frac{0.12}{0.015}(25 + 35\cos 40°) = 414[\text{N}]$$

$$y\text{방향}(+\uparrow) \quad 0 + F_y \Delta t = mv_2 \sin\theta$$

$$F_y = \frac{m}{\Delta t}(v_2 \sin\theta)$$

$$= \frac{0.12}{0.015}(35\sin 40°) = 180[\text{N}]$$

따라서 평균 충격력의 크기와 방향각은 다음과 같다.

$$F = \sqrt{F_x^2 + F_y^2} = \sqrt{414^2 + 180^2} = 451[\text{N}]$$

$$\alpha = \tan^{-1}\left(\frac{F_y}{F_x}\right) = \tan^{-1}\left(\frac{180}{414}\right) = 23.5°$$

즉, 평균 충격력 $\text{F} = 451[\text{N}] \measuredangle 23.5°$이다.

[예제 5.1.6]에서 공의 무게에 의한 충격량 $mg\Delta t = 0.12(9.8)(0.015) = 0.0176$ [N • s]는 매우 작기 때문에 무시하였다. 실제로 이것은 예제에서 구한 충격량 $F\Delta t = 451(0.015) = 6.77$[N • s]의 0.26%에 지나지 않는다. 배트로 공을 치거

나 해머로 금속을 때리는 등 많은 경우에 충격력이 공이나 금속의 무게보다 아주 크므로 일반적으로 무게에 의한 영향을 무시한다.

연습문제 5.1

01 질량 $m_A = 5\text{kg}$과 $m_B = 10\text{kg}$인 두 블록이 $t = 0$에서 정지 상태로 놓인다. 수평면과 블록 사이의 운동마찰계수 $\mu_k = 0.4$이다. $t = 1$초에서 두 블록의 속력을 구하라.

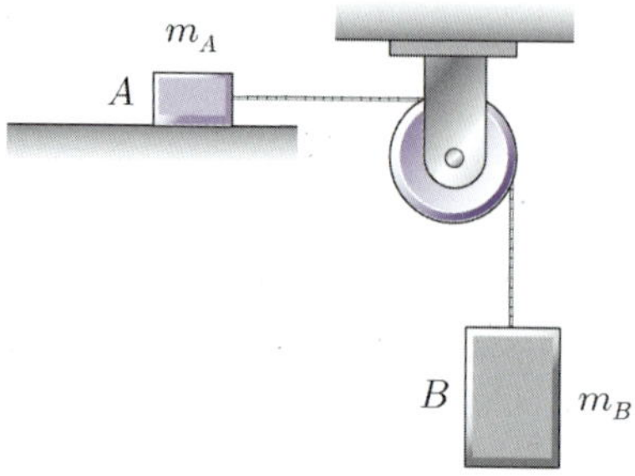

[문제 5.1.1]

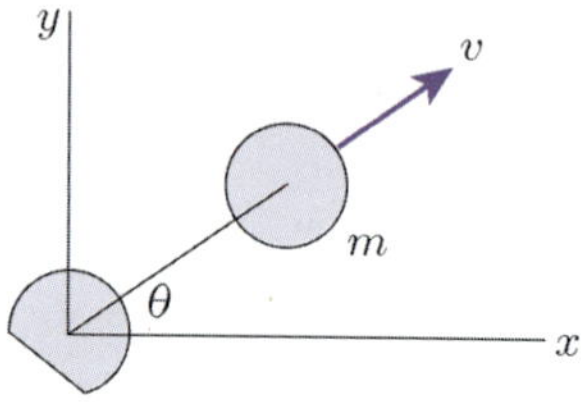

[문제 5.1.2]

02 그림과 같이 질량 $m = 60\text{g}$인 골프공이 클럽과 충돌한 후 x축으로부터 $\theta = 30°$ 방향으로 $v = 50\text{m/s}$의 속도로 날아간다. 클럽과 공의 접촉 시간이 6×10^{-4}초로 측정되었을 때 클럽이 골프공에 가한 평균 충격력의 크기를 구하라. 초기에 골프공은 정지해 있다. (그림에서 왼쪽 공은 클럽과 충돌 시 모양을 대략적으로 나타낸 것이다.)

03 오토바이가 $t = 0$에서 정지 상태로부터 출발하여 원형 트랙을 질주한다. $t = 0$에서 $t = 30$초까지 오토바이에 작용하는 힘의 접선방향 성분은 $\sum F_t = 200 - 6t\,[\text{N}]$($t$의 단위는 초)이다. 오토바이와 사람의 총 질량이 150kg일 때 다음을 구하라.

(1) $t = 30$초에서 속도의 크기[m/s]

(2) $t = 0$에서 $t = 30$초까지 합력의 접선방향 성분의 평균 크기[N]

04 지면에 정지해 있던, 질량이 9000kg인 헬리콥터가 $110\text{kN}(\uparrow)$의 추진력을 일정하게 받으면서 수직으로 상승한다. 이륙 후 5초가 지났을 때 헬리콥터의 속력[m/s]을 구하라.
Hint: 헬리콥터에 작용하는 힘은 추진력과 중력이다.

05 질량 $m = 1.5 \times 10^8\text{kg}$인 배가 정지 상태에서 출발한다. 엔진과 수력학적 저항력을 포함하여 배에 작용하는 총 힘은 $\sum F_t = 937{,}500 - 0.65t^2\,[\text{N}]$(출발 후 시간 t의 단위는 초)이다. 배가 출발한 후 16분이 되었을 때 배의 속력[m/s]을 구하라.

06 $t = 0$에서 정지해 있는 질량 $m = 10\text{kg}$의 상자에 수평 방향으로 $F = 5 + 3t^2\,[\text{N}]$(t의 단위는 초)의 힘이 작용할 때 다음을 구하라. 마찰은 무시한다.

(1) $t = 0$에서 $t = 4$초까지 상자에 가해진 충격량의 크기[N • s]

(2) $t=4$초에서 상자의 속도[m/s]

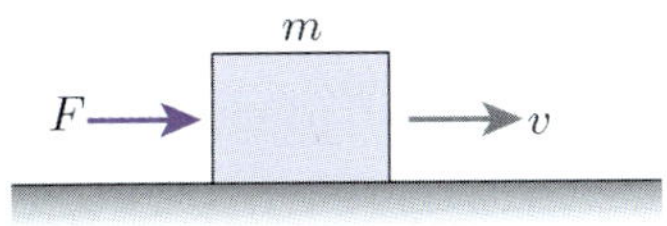

[문제 5.1.6]

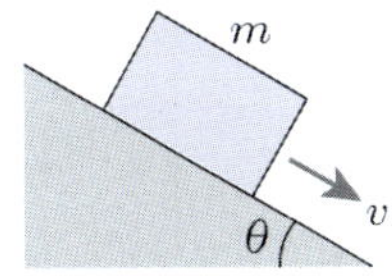

[문제 5.1.7]

07 질량 $m=10\text{kg}$의 상자가 $t=0$에서 경사면 위에 정지 상태로 놓여진다. $\theta=30°$이고, 상자와 경사면 사이의 운동마찰계수 $\mu_k=0.2$일 때 다음을 구하라.

(1) $t=0$에서 $t=2$초까지 상자에 가해진 충격량의 크기

(2) $t=2$초에서 상자의 속도

08 오토바이와 운전자의 총 질량 $m=140\text{kg}$이다. 오토바이가 정지 상태에서 출발하며, 도로가 구동 바퀴인 뒷바퀴에 가하는 수직력 $N=700\text{N}$이다. 오토바이 바퀴와 도로 사이의 운동마찰계수 $\mu_k=0.6$이다. 도로와 바퀴 사이 마찰력 외의 모든 수평 방향 힘을 무시할 때 2초 후 오토바이의 속력을 구하라.

09 오토바이가 $t=0$에서 정지 상태에서 출발하여 원형 트랙 위를 달린다. $t=0$에서 $t=10$초까지 오토바이에 작용하는 접선방향 힘은 $\sum F_t=600[\text{N}]$이다. 오토바이와 운전자의 총 질량이 200kg일 때 $t=10$초에서 오노바이의 속력을 구하라.

10 위 문제(9 번)에서 $\sum F_t=(400+3t^2)[\text{N}]$($t$의 단위는 초)일 때 $t=10$초에서 오토바이의 속력을 구하라.

11 $t=0$에서 14m/s의 속도로 운항하는 배의 모터를 끈 후 배에 작용하는 총 수력학적 저항력은 $D=830(1-0.08t)[\text{N}]$(t의 단위는 초)이다. 배의 총 질량이 420kg일 때 배의 속도가 5m/s로 감속되기 위한 시간을 구하라. Hint: 모터를 끄면 배의 진행방향 추진력이 0이고 물의 저항력은 배의 운동을 방해하는 방향으로 작용한다.

12 $t=0$에서 질량 $m=10\text{kg}$인 물체의 속도는 $\mathbf{v}=2\mathbf{i}+3\mathbf{j}-7\mathbf{k}\,[\text{m/s}]$이다. $t=0$에서 $t=4$초까지 물체에 작용하는 총 외력이 시간의 함수로서 다음과 같을 때, $t=4$초에서 물체의 속도($\mathbf{v}_2$)를 구하라. t의 단위는 초이다. Hint: 성분별로 구하여 합한다.

$$\sum \mathbf{F}=(3t^2-2t+7)\mathbf{i}+5t\mathbf{j}+(3t+2)\mathbf{k}\,[\text{N}]$$

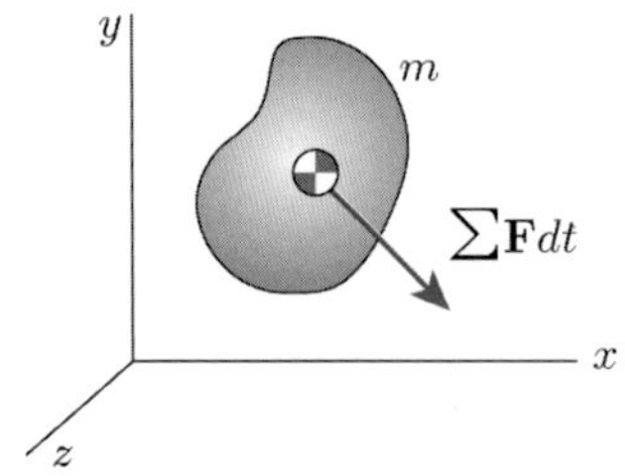

[문제 5.1.12/13]

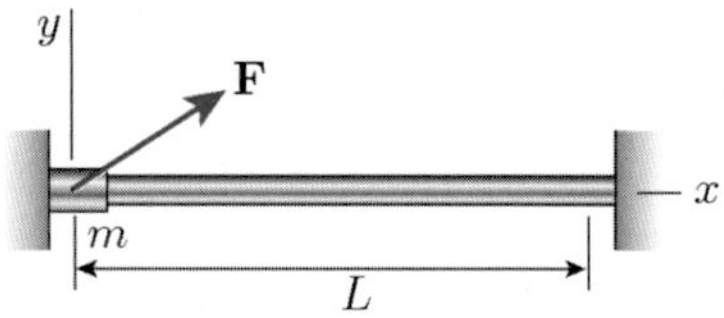

[문제 5.1.14]

13 위 문제(12 번)에서 $t=0$에서 $t=4$초까지 물체에 작용하는 합력의 시간 평균값[N]을 구하라.

14 그림과 같이 설치된 매끄러운 수평봉에 정지해 있는 질량 $m=10\text{kg}$의 칼라가 있다. $t=0$에서 다음과 같은 힘을 칼라에 작용했을 때 $t=2$초에서 칼라의 속도($\mathbf{v}_2$)를 구하라. t의 단위는 초이다. Hint: 마찰력은 0이고 칼라는 x축 위에서 움직인다.

$$\mathbf{F}=\left(\frac{3}{2}t^2\right)\mathbf{i}+(t+2)\,\mathbf{j}-\left(\frac{4}{3}t^3\right)\mathbf{k}\ [\text{N}]$$

15 매끄러운 수평면에 놓여 있는 질량 $m=10\text{kg}$의 블록이 그래프와 같은 수평방향 힘 F를 받고 정지 상태로부터 출발하여 미끄러진다. $t=6$초에서 블록의 속도를 구하라. Hint: $\int_{t_1}^{t_2} Fdt$는 $F-t$그래프에서 면적과 같다.

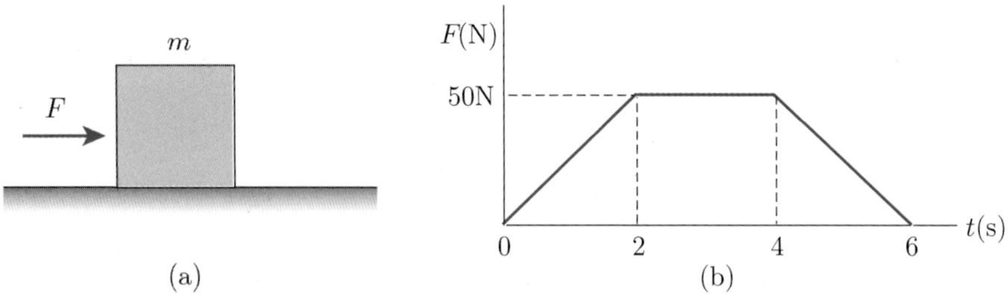

[문제 5.1.15/16]

16 위 문제(15 번)에서 블록과 수평면 사이의 마찰계수 $\mu_s=\mu_k=0.2$일 때 $t=6$초에서 블록의 속도를 구하라. Hint: $F \geq f_s$일 때 블록이 움직인다. $I=\int_{t_c}^{6}(F-f_s)dt$.

17 상자의 질량 $m=100\text{kg}$, 상자와 경사면 사이의 정지 및 운동 마찰계수 $\mu_s=0.6$, $\mu_k=0.5$이고, 경사각 $\theta=30°$이다. 정지 상태로부터 상자가 출발하며, 권양기가 $T=1200\text{N}$의 일정한 장력을 가한다. 장력을 가한 후 $t=1$초에서 상자의 속력을 구하라.

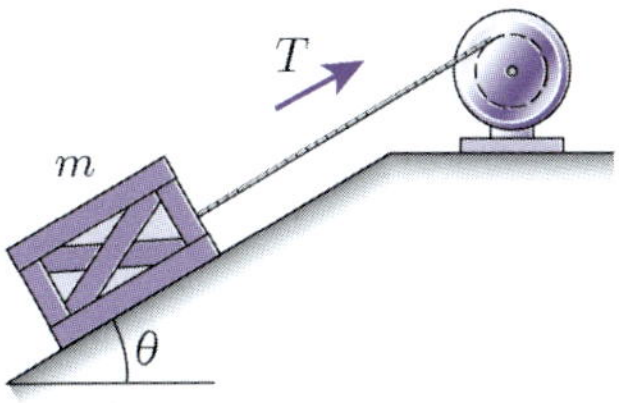

[문제 5.1.17/18]

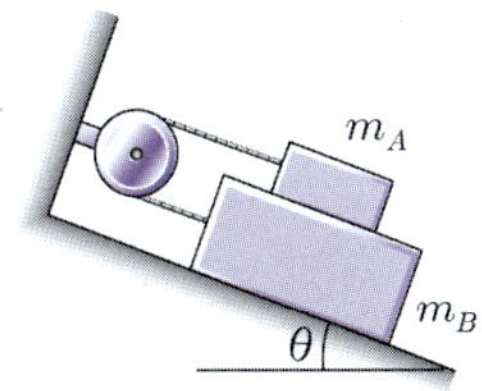

[문제 5.1.19/20]

18 위 문제(17 번)에서 권양기가 $T = 1200 + 200t$[N](t의 단위는 초)의 장력을 가할 때 $t = 1$초에서 상자의 속력을 구하라.

19 질량 $m_A = 20\text{kg}$, $m_B = 80\text{kg}$ 인 두 상자가 정지 상태에서 움직이기 시작한다. 경사면과 상자 표면은 매끄럽고 경사각 $\theta = 20°$이다. 1초 후 상자의 속력을 구하라.

20 위 문제(19 번)에서 모든 접촉면 사이의 운동마찰계수 $\mu_k = 0.1$일 때 1초 후 상자의 속력을 구하라. Hint: m_A에는 아래 표면, m_B에는 위아래 표면 모두에 마찰력 발생.

21 자동차 범퍼 성능을 시험하기 위해 수평면에서 무게 12kN 의 자동차가 벽을 향해 8km/h 의 속력으로 달린다. 자동차가 벽에 충돌한 후 0.4초 만에 1.6km/h 의 속력으로 벽으로부터 뒤로 튕겨 나올 때, 충돌 시간 동안 자동차에 작용하는 평균 수평 방향 힘[N]을 구하라.

22 1800kg 의 자동차가 100km/h 의 속력으로 수평면에 대해 5° 경사신 도로를 내려가고 있다. 브레이크를 밟았을 때 브레이크에서 발생하는 제동력은 7000N 으로 일정하다. 자동차가 정지하는 데 걸리는 시간[s]을 구하라.

23 블록 A와 B의 질량은 각각 $m_A = 3\text{kg}$, $m_B = 5\text{kg}$ 이고, $t = 0$에서 정지 상태에 있다. 두 블록을 가만히 놓은 후 $t = 6$초에서 블록 B의 속도를 구하라. 도르래와 줄의 무게 및 마찰은 무시한다. Hint: $2x_A + x_B = C$.

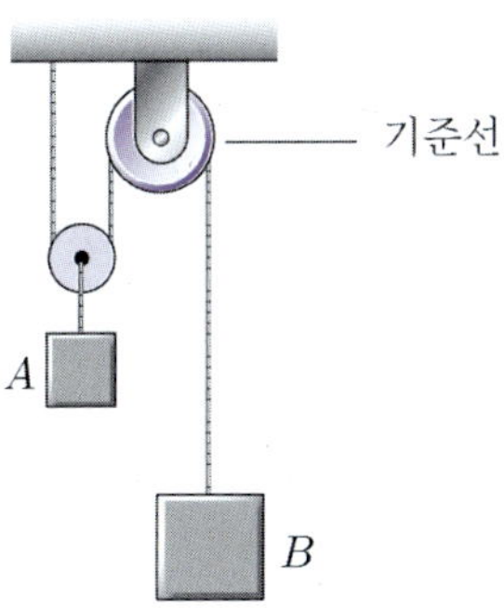

[문제 5.1.23]

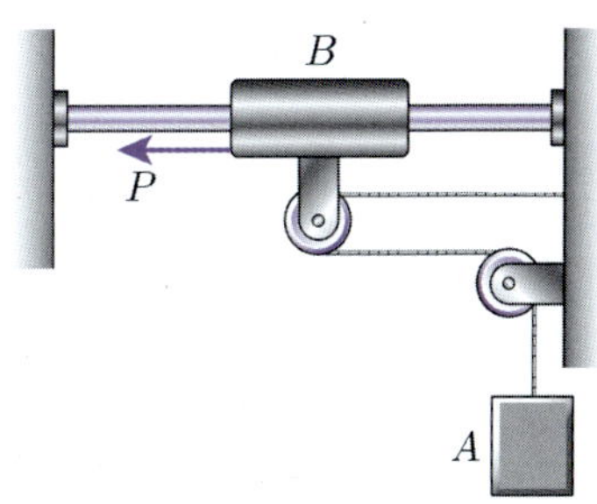

[문제 5.1.24]

24 그림과 같은 시스템이 정지해 있을 때 왼쪽으로 $P=150\text{N}$의 일정한 힘이 칼라 B에 작용한다. A와 B의 질량이 각각 $m_A=3\text{kg}$, $m_B=8\text{kg}$일 때 (1) 칼라 B의 속도가 왼쪽으로 2.5m/s가 될 때까지 걸린 시간과 (2) 이때 줄에 걸리는 장력을 구하라. 모든 마찰은 무시한다.

25 그림과 같이 경사진 도로를 50km/h로 주행하던 운전자가 10초 후에 100km/h의 속도에 도달하도록 일정한 비율로 가속한다. 이 시간(10초) 동안 자동차 타이어에 작용하는, 노면에 접선방향 힘[N]을 구하라. 자동차와 운전자의 총 질량은 1500kg이고 공기 마찰 저항은 무시한다. Hint: 타이어 마찰력과 중력 고려.

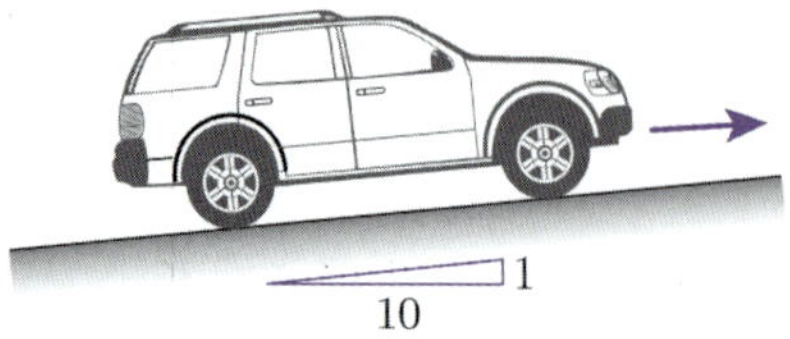

[문제 5.1.25]

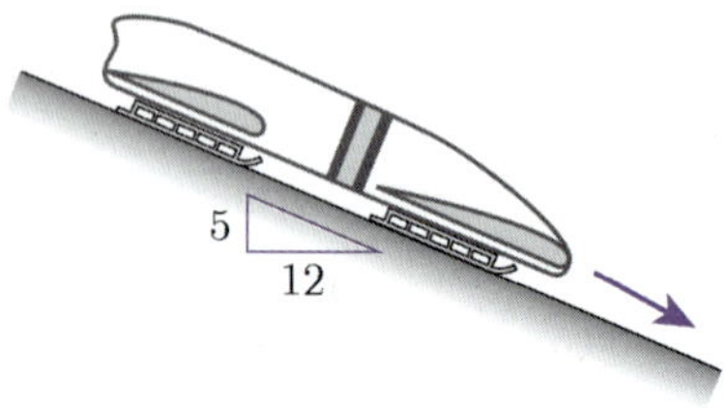

[문제 5.1.26]

26 그림과 같은 썰매의 저항력은 블레이드에 작용하는 수직반력의 2%이다. 썰매가 정지 상태로부터 출발하여 경사면 아래 방향으로 미끄러져 내려가 속력이 108km/h가 될 때까지 걸리는 시간을 구하라. Hint: 썰매 무게에 의해 가속된다.

27 수평 방향으로 $v_1=10\text{m/s}$의 속도로 날아온 공이 라켓에 충돌한 후 수평면에 대해 $15°$ 방향으로 $v_2=20\text{m/s}$로 날아간다. 공의 질량이 60g이고 공이 0.02초 동안 라켓에 접촉했을 때 라켓이 공에 가한 평균 충격력[N]의 크기를 구하라. Hint: x, y성분별로 구한다.

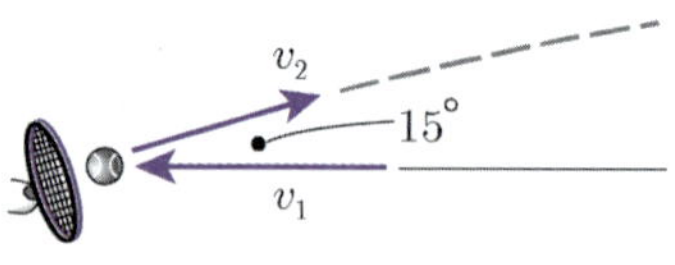

[문제 5.1.27]

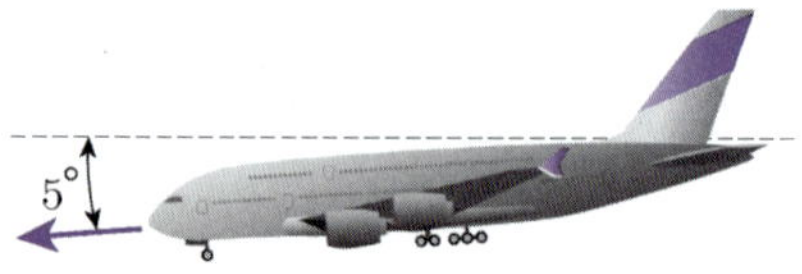

[문제 5.1.28]

28 비행기의 속력이 700km/h일 때 비행기 조종사가 모든 동력을 차단하고 수평면에 대해 $5°$ 기울어진 경로를 따라 비행한다. 비행기의 속력이 일정하게 감속되어 100초 후 비행기의 속력이 600km/h가 되었다. 이 시간(100초) 동안 공기에 의해 비행기에 작용하는 항력은 얼마인가? 비행기와 사람 및 화물의 총 질량은 $40,000\text{kg}$이다. Hint: 동력이 차단되면 비행기에 작용하는 힘은 중력과 항력.

29 그림은 0.3kg의 야구공이 배트와 충돌하기 직전과 직후 모습이다. 충돌 직전 공의 속도 $v_1 = 12\text{m/s}$이고 수평면과 각도 $\theta = 35°$를 이룬다. 충돌 직후 공의 속도 $v_2 = 10\text{m/s}$이고 위쪽(↑)으로 날아간다. 충돌 시간이 2ms일 때 공이 배트로부터 받은 충격량의 크기와 배트가 공에 작용한 평균 힘의 크기를 구하라.

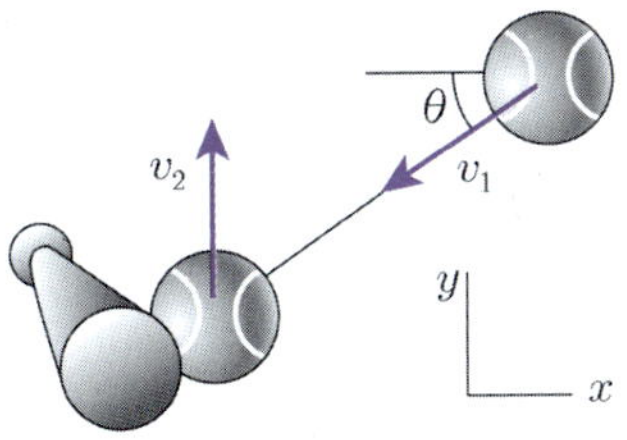

[문제 5.1.29]

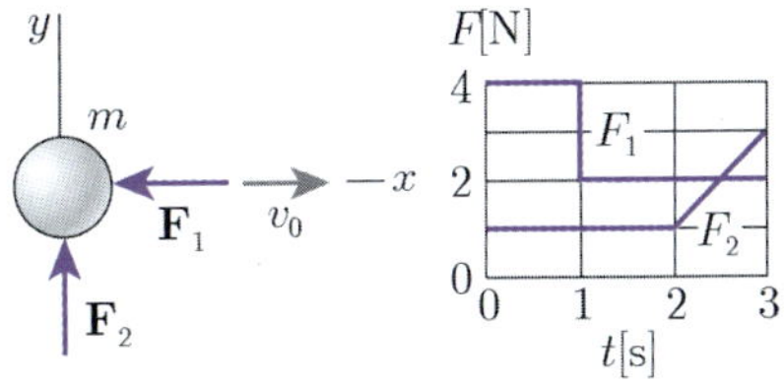

[문제 5.1.30]

30 그림에서 질량 $m = 0.5\text{kg}$인 질점의 속도가 $t = 0$일 때 $+x$방향으로 $v_0 = 8\text{m/s}$이다. $t \geq 0$에서 그림과 같은 방향으로 시간에 따라 크기가 변하는 두 힘 $\mathbf{F}_1$과 $\mathbf{F}_2$가 질점에 작용할 때 $t = 3$초에서 질점의 속도($\mathbf{v}$)를 구하라. Hint: x, y성분별로 구한다. 질점에 작용하는 힘 $\mathbf{F} = (-F_1)\mathbf{i} + (F_2)\mathbf{j}$, $\int_{t_1}^{t_2} F dt$는 그래프에서 면적과 같다.

31 질량이 2kg인 질점의 속도 $\mathbf{v} = 2t^2\mathbf{i} + 3t\mathbf{j} + 4\mathbf{k}$ [m/s](t의 단위는 초)이다. $t = 2$초에서 질점의 선운동량($\mathbf{L}$)과 질점에 작용하는 합력($\sum \mathbf{F}$)을 구하라.

32 블록 A와 B의 무게는 각각 100N과 30N이다. $t = 0$일 때 블록 B가 1m/s의 속도로 아래로 내려간다. $t = 1$초에서 블록 A의 속도를 구하라. 도르래와 케이블의 질량 및 모든 마찰은 무시한다.

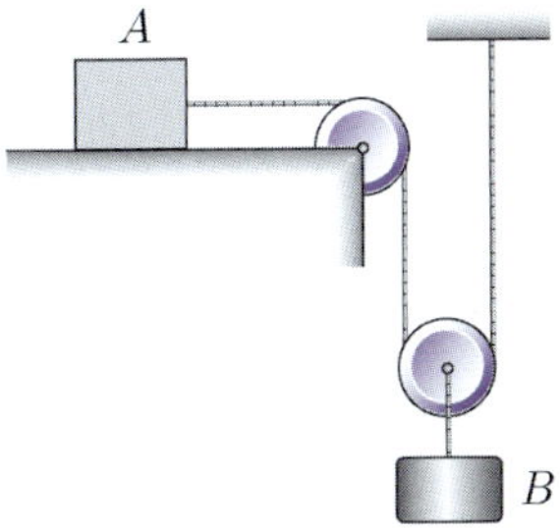

[문제 5.1.32/33]

33 위 문제(32번)에서 블록 A와 수평면 사이의 운동마찰계수가 $\mu_k = 0.2$일 때 $t = 1$초에서 블록 A의 속도를 구하라. 도르래와 케이블의 질량은 무시한다.

34 마찰이 없는 면 위에 정지해 있는 질량 3.0kg 의 물체에 수평 방향으로 충격량이 15N • s 인 충격이 가해진다. 충격 후 물체의 물리량으로 옳은 것은? [공무원 임용시험]

① 속력은 45m/s이다.
② 운동량의 크기는 15kg • m/s이다.
③ 속력은 7.5m/s이다.
④ 운동량의 크기는 5kg • m/s이다.

35 바람이 없는 날에 어떤 사람이 질량 0.1kg 인 골프공을 사용해 티샷 연습을 하고 있다. 골프공에 충격을 가하기 위해 골프채와 골프공이 접촉하는 시간은 0.01초이며, 이 시간 동안 일정한 힘이 골프공에 가해진다고 가정하자. 골프공을 250m 날아가게 하기 위해 골프공에 가해야 하는 최소한의 힘[N]은? (단, 공기 저항은 무시하며, 중력가속도는 $10m/s^2$이다) [공무원 임용시험]

① 250
② 500
③ 750
④ 1,000

5.2 선운동량 보존과 충돌

1 선운동량 보존법칙

두 개 이상의 질점에 대한 문제에서는 각각의 질점에 대해 충격과 운동량 법칙, 식 (5.1.4)를 적용한다. 여러 질점에 대한 운동량과 충격량은 벡터 합으로 다음과 같이 표현된다.

$$\sum m\mathbf{v}_1 + \int_{t_1}^{t_2} \sum \mathbf{F}\,dt = \sum m\mathbf{v}_2 \qquad \cdots(5.2.1)$$

여기에서 외력의 합이 0이면 $\int_{t_1}^{t_2} \sum \mathbf{F}\,dt = 0$이므로 식 (5.2.1)은 다음과 같이 쓸 수 있다.

$$\sum m\mathbf{v}_1 = \sum m\mathbf{v}_2 \qquad \cdots(5.2.2)$$

이 식을 선운동량 보존법칙이라 한다. 이 식은 시간 t_1과 t_2 사이에 질점계의 전체 선운동량이 일정하게 유지된다는 것을 나타낸다. 즉, 선운동량 보존법칙은 다음과 같이 기술된다.

'질점계에서 알짜 외력이 작용하지 않으면 계의 전체 선운동량은 변하지 않는다.'

특히 두 개의 질점 A와 B에 대해 선운동량 보존법칙은

$$\begin{aligned} m_A\mathbf{v}_A + m_B\mathbf{v}_B &= (\text{일정}) \\ m_A\mathbf{v}_A + m_B\mathbf{v}_B &= m_A\mathbf{v}_A' + m_B\mathbf{v}_B' \end{aligned} \qquad \cdots(5.2.3)$$

으로 쓸 수 있다. 여기에서 $\mathbf{v}_A'$과 $\mathbf{v}_B'$은 충격 발생 후 물체의 속도를 나타낸다.

선운동량 보존법칙은 질점이 서로 충돌하거나 상호작용을 할 때 이용된다. 이 법칙을 적용하기 위해서는 질점계 전체에 대한 자유물체도에서 외력에 의해 충격을 발생하는 힘을 규명하고 어느 방향으로 운동량이 보존되는가를 결정해야 한다. 운동량은 예를 들어 x방향과 같이 하나의 방향에 대해 보존될 때 다른 방향(y, z)에 대해서도 보존되는 것은 아니다. 자유물체도를 조사하여 어떤 방향에 대해 총충격량이 0 이면 그 방향에 대해 운동량은 변하지 않고 보존된다.

계의 내력에 의한 충격은 동일선상에서 크기가 같고 방향이 반대이므로 항상 상쇄된다. 그리고 매우 짧은 시간 동안 운동을 고려하는 경우에는 외력에 의한 충격량의 일부를 무시할 수도 있다. 이와 같이 무시할만한 충격량을 만드는 힘을 비충격력이라 한다. 비충격력에는 물체 무게, 상대적으로 작은 강성도를 갖는 스프링의 미소 변형에 의한 힘 또는 충격력과 같은 다른

큰 힘에 비해 아주 작은 힘 등이 있다. 예를 들어 쇠막대를 땅에 박기 위해 해머로 충격력을 가할 때, 극히 짧은 시간 동안 쇠막대의 무게는 비충격력으로 간주할 수 있다.

2 충돌

충돌은 두 물체가 짧은 시간 동안 서로 큰 힘으로 부딪치는 것을 말한다. 이때 접촉면의 공통법선을 충돌 작용선이라 하며, 충돌하는 두 물체의 질량중심이 모두 충돌 작용선상에 있는 충돌을 중심충돌이라 한다. 중심충돌에는 정면 중심충돌과 경사 중심충돌이 있다.

[그림 5.2.1]의 (a)와 같이 두 물체가 충돌 작용선을 따라 움직이는 충돌을 정면 중심충돌이라 하고, (b)와 같이 두 물체 또는 두 물체 중 하나가 충돌 작용선이 아닌 다른 선을 따라 움직이는 충돌을 경사 중심충돌이라 한다.

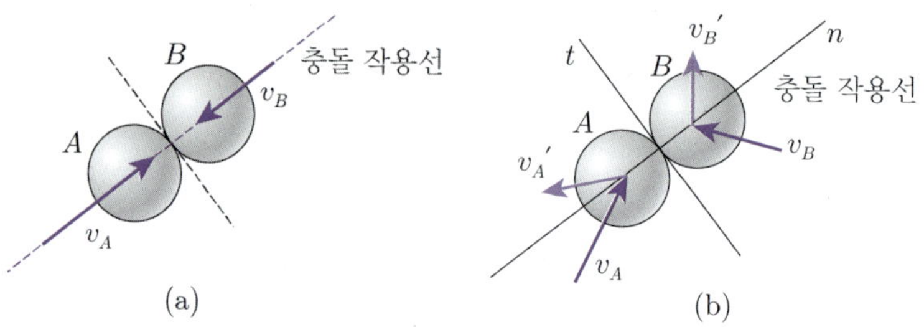

[그림 5.2.1] (a) 정면 중심충돌 (b) 경사 중심충돌

[1] 정면 중심충돌

[그림 5.2.2]와 같이 질량과 속도가 각각 m_A, m_B와 v_A, v_B인 두 질점 A와 B가 동일 직선상에서 운동하는 경우를 고려한다. 여기에서 $v_A > v_B$이면 질점 A가 B에 충돌하게 되고, 충돌은 중심선을 따라 작용하는 접촉력을 발생시킨다.

두 질점이 접촉을 시작한 후 짧은 시간 동안 두 질점 사이 접촉면이 더 이상 증가하지 않을 때까지 변형이 발생하며, 변형의 최종 단계(최대 변형)에서 그림의 (b)와 같이 두 질점은 같은 속도(u)로 움직이게 된다. 최대 변형 이후에는 질점의 재질과 충격력의 크기에 따라 원래 형태로 복원되거나 영구 변형된 상태로 남게 된다.

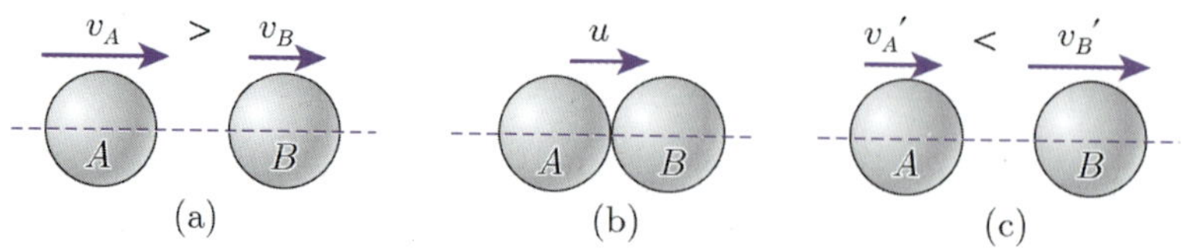

[그림 5.2.2] (a) 충돌 전 (b) 충돌 중 최대 변형 상태 (c) 충돌 후 분리

두 질점을 하나의 시스템으로 보면 계에 작용하는 외력이 없으므로 두 질점의 총 운동량이 변하지 않는다. 따라서 선운동량 보존법칙을 적용하면 다음 관계식이 성립한다.

$$m_A v_A + m_B v_B = m_A v_A{}' + m_B v_B{}' \quad \cdots (5.2.4)$$

위의 스칼라 식에서 모든 속도는 오른쪽 방향일 때 양이라 가정하고, 왼쪽으로 향하는 속도는 음의 부호를 갖는다.

주어진 질량(m_A, m_B)과 초기 조건(v_A, v_B)에 대해 선운동량방정식은 두 개의 미지수 $v_A{}'$과 $v_B{}'$을 포함하고 있으므로 이들에 대한 두 번째 관계식이 요구된다. 이를 위하여 변형이 일어나고 있는 동안 두 질점의 운동에 대해 충격과 운동량 법칙을 각각 적용해 보자.8)

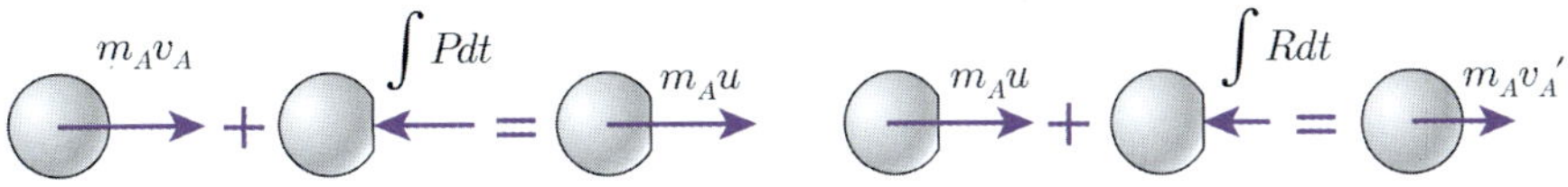

[그림 5.2.3] 질점 A에 대한 충격-운동량선도 (a) 변형과정 (b) 복원과정

먼저 질점 A에 대해 충격과 운동량 법칙을 적용한다. [그림 5.2.3]의 (a)에서 변형이 발생하는 동안 A에 작용하는 유일한 충격력은 B에 의해 발생하며 이 힘을 P라 하면

$$m_A v_A - \int Pdt = m_A u \quad \cdots ①$$

이고, (b)와 같이 변형이 끝난 후 복원이 일어날 때 B에 의해 A에 작용하는 힘을 R이라 하면 다음 관계식이 성립한다.

$$m_A u - \int Rdt = m_A v_A{}' \quad \cdots ②$$

이상에서 힘 P와 R은 각각 변형과정과 복원과정에서 접촉력의 크기를 나타낸 것이고, 일반적으로 $\int Rdt \le \int Pdt$이다. 여기에서 반발계수 e를 다음과 같이 정의한다.

$$e = \frac{(\text{복원 충격량의 크기})}{(\text{변형 충격량의 크기})} = \frac{\int Rdt}{\int Pdt} \quad \cdots ③$$

식 ①, ②의 충격량을 식 ③에 대입하면

8) 식의 유도과정은 참고로 하고 반발계수 정의 식 (5.2.5)를 알고 사용하면 된다.

$$e = \frac{u - v_A'}{v_A - u} \qquad \cdots ④$$

이 되고, 같은 방법으로 B에 대해서

$$e = \frac{v_B' - u}{u - v_B} \qquad \cdots ⑤$$

의 관계식을 얻는다. 가비의 원리 $\frac{b}{a} = \frac{d}{c} = \frac{b+d}{a+c}$를 사용하여 식 ④, ⑤로부터 u를 소거하면 반발계수(e)는 다음과 같이 표현된다.

$$e = \frac{(u - v_A') + (v_B' - u)}{(v_A - u) + (u - v_B)} = \frac{v_B' - v_A'}{v_A - v_B}$$

$$e = \frac{v_B' - v_A'}{v_A - v_B} \qquad \cdots (5.2.5)$$

$$v_B' - v_A' = e(v_A - v_B) \qquad \cdots (5.2.6)$$

여기에서 $v_B' - v_A'$은 충돌 후 두 질점의 상대속도를 나타내고, $v_A - v_B$는 충돌 전 상대속도를 나타내므로 식 (5.2.6)은 다음과 같이 기술할 수 있다.

'충돌 후 두 질점의 상대속도는 충돌 전 상대속도와 반발계수의 곱과 같다.'

식 (5.2.4)와 식 (5.2.6)으로부터 정면 중심충돌에서 충돌 후 두 질점의 속도 v_A'과 v_B'을 구할 수 있다.

반발계수는 재질에 따라 다르지만 $0 \sim 1$의 값을 갖는다. 특별한 경우에는 $e = 0$과 $e = 1$이 있다.

(1) $e = 0$(완전소성충돌): 식 (5.2.6)에서 $e = 0$이면 $v_B' = v_A'$이다. 즉, 두 질점이 동일한 속도로 움직이므로 운동량 보존식은 다음과 같이 쓸 수 있다.

$$m_A v_A + m_B v_B = (m_A + m_B)v'$$

(2) $e = 1$(완전탄성충돌): 식 (5.2.6)에서 $e = 1$이면

$$v_B' - v_A' = v_A - v_B$$

이다. 이 식은 충돌 전후 상대속도가 같다는 것을 나타낸다. 그리고 이상적인 완전탄성충돌에서는 운동량뿐만 아니라 두 질점의 총 운동에너지도 보존된다[예제 5.2.6]. 그러나 반발계수가 1이 아닌 경우에는 질점들의 총 운동에너지가 보존되지 않는다.

[2] 경사 중심충돌

[그림 5.2.4]와 같이 접촉점에서 양면에 수직인 방향을 따라 n축을 잡고 공통접선 방향으로 t축을 잡는다. 두 질점의 충돌 속도가 충돌선상에 있지 않은 경우에는 충돌 후 질점들의 속도 방향과 크기를 모르기 때문에 $\mathbf{v}_A{}'$과 $\mathbf{v}_B{}'$의 네 성분[$(v_A{}')_n$, $(v_A{}')_t$, $(v_B{}')_n$, $(v_B{}')_t$]을 구하기 위해서는 네 개의 관계식이 요구된다. 일반적으로 접촉점에서 접선방향으로 마찰이 없다고 가정한다.

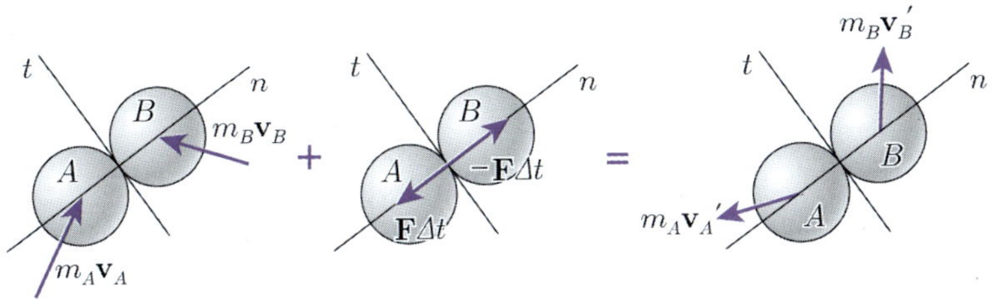

[그림 5.2.4] 경사 중심충돌에 대한 충격-운동량선도

(1) n방향에 대해 두 질점의 총 운동량이 보존된다.

$$m_A(v_A)_n + m_B(v_B)_n = m_A(v_A{}')_n + m_B(v_B{}')_n \qquad \cdots(5.2.7)$$

(2) t방향으로 충격이 없으므로 각 질점들의 운동량이 각각 보존된다. 따라서 $mv_t = mv_t{}'$이므로 각 질점 속도의 t성분은 변하지 않는다.

$$(v_A)_t = (v_A{}')_t \quad ; \quad (v_B)_t = (v_B{}')_t \qquad \cdots(5.2.8)$$

(3) 반발계수(e)는 정면 중심충돌의 경우와 같이 변형충격에 대한 복원충격의 비이다. 따라서 n방향 속도 성분에 대해 식 (5.2.6)을 적용하면 다음 관계식을 얻는다.

$$(v_B{}')_n - (v_A{}')_n = e[(v_A)_n - (v_B)_n] \qquad \cdots(5.2.9)$$

이상에서 4 개의 속도 성분에 대한 독립적인 4 개의 관계식을 얻었으므로 충돌 후 두 질점의 속도를 구할 수 있다.[9)]

---

9) 경사 중심충돌은 얼핏 보면 복잡해 보이지만 성분으로 분해하여 위 식 4개를 적용하면 된다.

예제 5.2.1 질량 $m = 50\text{g}$의 총알이 수평 방향으로 $v_0 = 700\text{m/s}(\rightarrow)$의 속도로 날아가서 마찰 없는 수평면에 정지해 있는 질량 $M = 40\text{kg}$의 물체에 박힌다. 총알이 박힌 후 물체의 속도를 구하라. 공기 저항은 무시한다.

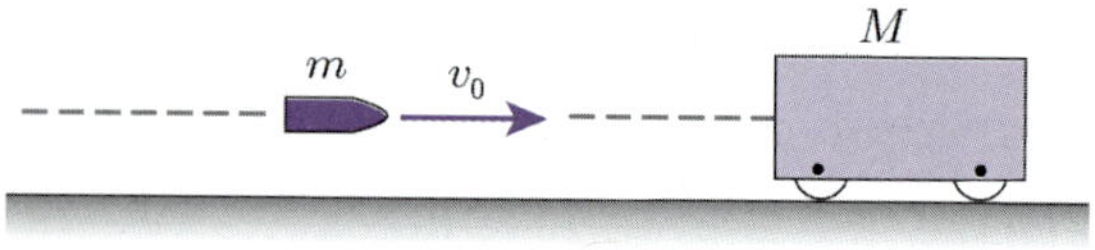

[그림 5.2.5] 총알과 물체

풀이 수평 방향으로 총알과 물체에 작용하는 외력이 없으므로 운동량이 보존되고, 총알이 물체에 박힌 후 총알과 물체의 속도가 같다. 따라서 수평 방향으로 운동량 보존법칙을 적용하면 물체의 속도(v)는 다음과 같다.

$$(+\rightarrow) \quad mv_0 + M(0) = mv + Mv$$

$$v = \frac{mv_0}{m+M} = \frac{0.05(700)}{0.05+40} = 0.874[\text{m/s}](\rightarrow)$$

예제 5.2.2 마찰 없는 수평 궤도를 따라 움직이는 총 질량 $m_A = 60,000\text{kg}$의 화물차 A와 총 질량 $m_B = 40,000\text{kg}$인 화물차 B가 있다. 화물차 B가 $v_B = 5\text{km/h}(\rightarrow)$의 속도로 접근하여 $v_A = 3\text{km/h}(\rightarrow)$로 움직이는 화물차 A와 결합할 때 다음을 구하라.

(1) 두 화물차가 결합하여 같이 움직일 때 화물차의 속도[km/h]

(2) 충돌로 인해 발생한 에너지 손실[kJ]

[그림 5.2.6] 화물차

풀이 수평방향으로 화물차에 작용하는 외력이 없다.

(1) 결합된 두 화물차의 속도를 $v(\rightarrow)$라 하고 수평방향으로 운동량 보존법칙을 적용하면

$$(+\rightarrow) \quad m_A v_A + m_B v_B = (m_A + m_B)v$$

$$v = \frac{m_A v_A + m_B v_B}{m_A + m_B} = \frac{60,000(3)+40,000(5)}{60,000+40,000} = 3.8[\text{km/h}](\rightarrow)$$

(2) 동일한 수평면에서 움직이므로 위치에너지가 일정하고 운동에너지 손실이 발생한다.

$$\Delta T = \frac{1}{2}m_A v_A^2 + \frac{1}{2}m_B v_B^2 - \frac{1}{2}(m_A + m_B)v^2$$

$$= \frac{60,000}{2}\left(\frac{3}{3.6}\right)^2 + \frac{40,000}{2}\left(\frac{5}{3.6}\right)^2 - \frac{(60,000+40,000)}{2}\left(\frac{3.8}{3.6}\right)^2 [\mathrm{J}]$$

$$= 3.70 \times 10^3 [\mathrm{J}] = 3.70 [\mathrm{kJ}]$$

예제 5.2.3 마찰 없는 매끄러운 수평면에서 속도 $\mathbf{v}_1 = -4\mathbf{i} - 7\mathbf{j}$ [m/s]로 움직이는 질량 $m_1 = 2$kg 인 물체와 속도 $\mathbf{v}_2 = 6\mathbf{i} + 3\mathbf{j}$ [m/s]로 움직이는 질량 $m_2 = 3$kg인 물체가 충돌하여 합체되었다. 충돌 후 두 물체의 속도 크기와 방향을 구하라.

풀이 x, y 방향으로 모두 물체에 작용하는 외력이 없으므로 운동량 보존법칙을 적용한다. 충돌 후 두 물체의 속도를 $\mathbf{V}$라 하면

$$m_1\mathbf{v}_1 + m_2\mathbf{v}_2 = (m_1 + m_2)\mathbf{V}$$

$$\mathbf{V} = \frac{m_1\mathbf{v}_1 + m_2\mathbf{v}_2}{m_1 + m_2} = \frac{2(-4\mathbf{i} - 7\mathbf{j}) + 3(6\mathbf{i} + 3\mathbf{j})}{2+3} = 2\mathbf{i} - \mathbf{j} [\mathrm{m/s}]$$

○ 속도 크기: $V = \sqrt{2^2 + (-1)^2} - \sqrt{5} - 2.24$ [m/s]

○ 속도 방향: $\theta = \tan^{-1}\left(\frac{1}{2}\right) = 26.6°$ ↘

○ 속도: $\mathbf{V} = 2.24$ [m/s] ↘ 26.6°

예제 5.2.4 그림과 같이 질량 $2m$인 물체가 마찰이 없는 수평면 위에 정지 상태로 놓여 있고, 탄성계수 k인 용수철이 고정된 벽에 부착되어 있다. 질량 m인 총알이 물체를 향해 발사된 후 물체에 박힌 채로 용수철과 부딪힐 때 용수철의 최대 압축 길이를 구하라. 용수철의 무게는 무시하며, 총알이 물체에 부딪히기 직전 속력은 v이다

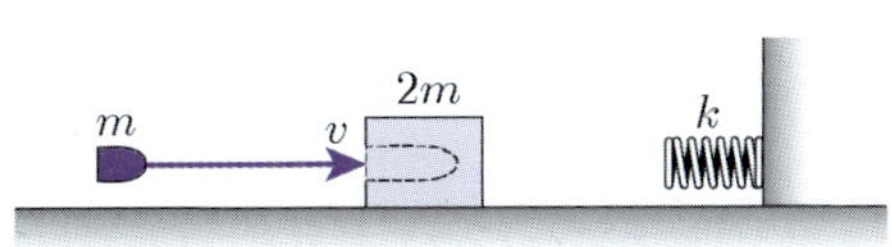

[그림 5.2.7] 총알과 물체 및 스프링

풀이 총알이 물체에 부딪힐 때 총알과 물체에 작용하는 외력이 없으므로 운동량이 보존되고, 총알이 물체에 박힌 채로 움직일 때 마찰 손실이 없으므로 에너지가 보존된

다. 먼저 운동량 보존법칙을 적용하여 총알이 물체에 충돌한 직후 총알과 물체의 속력 v_1을 구하면

$$(+\rightarrow) \qquad mv = (m+2m)v_1$$

$$v_1 = \frac{1}{3}v(\rightarrow)$$

이다. 다음에 에너지 보존법칙을 적용하여 용수철의 최대 압축 길이 $x_{\max}$를 구한다. 총알과 물체의 운동에너지가 전부 용수철의 탄성 위치에너지로 변환될 때 용수철이 최대로 압축된다.

$$\frac{1}{2}(m+2m)v_1^2 = \frac{1}{2}kx_{\max}^2$$

$$x_{\max} = \sqrt{\frac{3m}{k}v_1^2} = \sqrt{\frac{3m}{k}\left(\frac{1}{3}v\right)^2} = v\sqrt{\frac{m}{3k}}$$

예제 5.2.5 수평면에 놓인 질량 $6m$의 컨테이너(A)가 초기에 정지해 있고, 질량 m의 공(B)이 O점을 중심으로 자유롭게 회전하는 길이 L의 가벼운 막대 끝에 부착되어 있다[그림 5.2.8(a)]. 정지 상태의 막대를 (a)와 같은 수평 위치에서 가만히 놓으면 공의 무게에 의해 O점을 중심으로 막대가 회전하게 된다. 그림의 (b)와 같이 막대가 수직이 되었을 때 컨테이너(A)에 대한 공(B)의 상대속도를 구하라. 모든 마찰과 막대 무게는 무시하며, 공을 질점으로 가정한다.

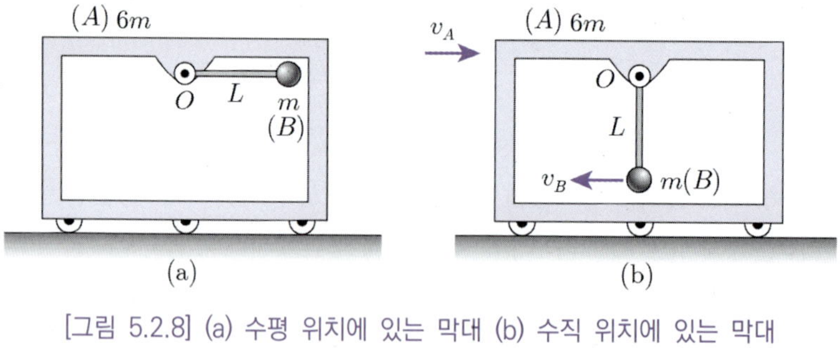

[그림 5.2.8] (a) 수평 위치에 있는 막대 (b) 수직 위치에 있는 막대

풀이 컨테이너와 공 ($A+B$)를 하나의 계로 고려하면 이 계에 작용하는 외력이 없으므로 계의 운동량이 보존되고, 모든 마찰을 무시하므로 계의 에너지가 보존된다. 그림의 (b) 위치를 지날 때 공이 왼쪽(←)으로 움직이게 된다(v_B←). 여기에서 왼쪽을 양으로 하고 운동량 보존법칙을 적용하면

$$(+\leftarrow) \qquad 0 = 6mv_A + mv_B \qquad \cdots ①$$

이고, O점을 지나는 수평선을 중력 위치에너지 기준선으로 하여 에너지 보존법칙을 적용하면

$$0 = \frac{1}{2}mv_B^2 + \frac{1}{2}(6m)v_A^2 - mgL$$

$$0 = v_B^2 + 6v_A^2 - 2gL \qquad \cdots ②$$

이다. 식 ①에서 $v_A = -\frac{1}{6}v_B$를 ②에 대입하면

$$0 = v_B^2 + 6\left(-\frac{v_B}{6}\right)^2 - 2gL$$

$$0 = v_B^2 + \frac{1}{6}v_B^2 - 2gL$$

$$v_B = \sqrt{\frac{12gL}{7}}\,(\leftarrow)$$

이다. 따라서 $v_A = -\frac{1}{6}v_B$이므로 컨테이너(A)에 대한 공(B)의 상대속도는 다음과 같다.

$$v_{B/A} = v_B - v_A = v_B - \left(-\frac{1}{6}v_B\right) = \frac{7}{6}v_B = \frac{7}{6}\sqrt{\frac{12gL}{7}} = \sqrt{\frac{7gL}{3}}\,(\leftarrow)$$

예제 5.2.6 마찰 없는 수평면에서 질량과 속도가 각각 m_A와 v_A인 질점 A와 질량과 속도가 각각 m_B와 v_B인 질점 B가 완전탄성충돌할 때 두 질점의 총 운동에너지가 보존됨을 보여라.

풀이 운동량 보존법칙으로부터

$$m_Av_A + m_Bv_B = m_Av_A' + m_Bv_B'$$

$$m_A(v_A - v_A') = m_B(v_B' - v_B) \qquad \cdots ①$$

이고, 반발계수 $e = 1$을 적용하면

$$v_B' - v_A' = v_A - v_B$$

$$v_A + v_A' = v_B' + v_B \qquad \cdots ②$$

이다. ①×②를 하면

$$m_A(v_A - v_A')(v_A + v_A') = m_B(v_B' - v_B)(v_B' + v_B)$$

$$m_A[v_A^2 - (v_A')^2] = m_B[(v_B')^2 - v_B^2]$$

$$m_Av_A^2 + m_Bv_B^2 = m_A(v_A')^2 + m_B(v_B')^2 \qquad \cdots ③$$

가 얻어진다. 식 ③의 양변에 1/2을 곱하면 다음과 같이 충돌 후 두 질점의 총 운동에너지가 보존된다.

$$\frac{1}{2}m_A v_A^2 + \frac{1}{2}m_B v_B^2 = \frac{1}{2}m_A(v_A{}')^2 + \frac{1}{2}m_B(v_B{}')^2$$

예제 5.2.7 질량 $m = 10\text{kg}$의 짐이 $\theta = 30°$ 방향으로 $v = 4\text{m/s}$의 속도로 날아와 마찰 없는 수평면에 놓인 카트에 떨어진다. 카트의 질량 $M = 30\text{kg}$이고, 카트는 정지 상태에 있다가 수평 방향으로 움직인다. 다음을 구하여라.

(1) 카트의 최종 속력[m/s]

(2) 카트에 의해 짐에 작용하는 충격량[N • s]

(3) 충격으로 인해 발생한 운동에너지 손실[J]

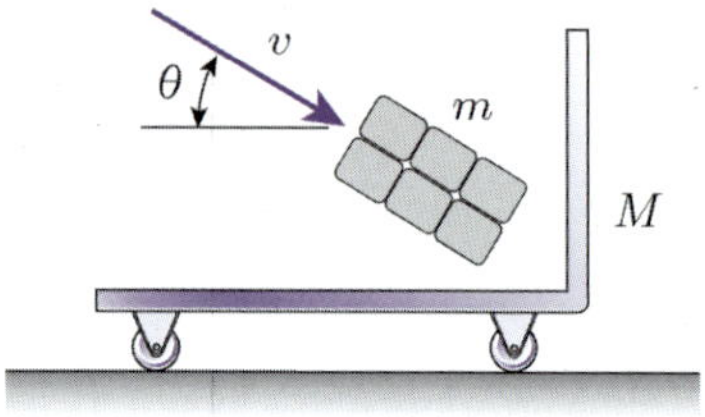

[그림 5.2.9] 짐과 카트

풀이 짐의 초기속도 $v_1 = 4\text{m/s}$이고, 카트의 초기속도는 0이다.

(1) 짐과 카트를 하나의 시스템으로 선택하고 충격-운동량 선도를 나타내면 [그림 5.2.10]과 같다. 여기에서 x방향으로 충격량과 운동량 원리를 적용하여 카트의 최종 속력 v_2를 구한다. 충돌 후 짐과 카트는 동일한 속도 v_2로 움직이며, 수평 방향으로 외력이 없으므로($F_x \Delta t = 0$) 운동량이 보존된다.

$$(+\rightarrow) \qquad m v_1 \cos 30° = (m + M)v_2$$

$$v_2 = \frac{m v_1 \cos 30°}{m + M} = \frac{10(4)\cos 30°}{10 + 30} = \frac{\sqrt{3}}{2} = 0.866\,[\text{m/s}]$$

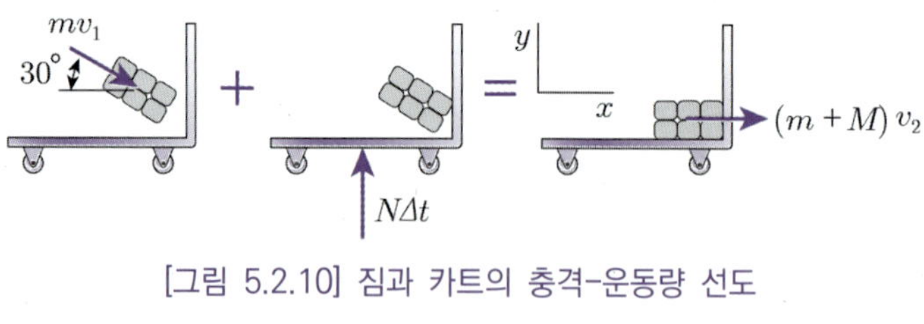

[그림 5.2.10] 짐과 카트의 충격-운동량 선도

(2) 짐에 대한 충격-운동량 선도는 [그림 5.2.11]과 같다. 여기에서 카트에 의해 짐에 작용하는 충격량 $\mathbf{F}\Delta t = (F_x \Delta t)\mathbf{i} + (F_y \Delta t)\mathbf{j}$이다. x, y 방향으로 충격량과 운동량 원리를 각각 적용하여 충격량 $\mathbf{F}\Delta t$를 구한다. 짐의 최종 속도 $v_2 = \sqrt{3}/2\,[\mathrm{m/s}]$이다.

$$(+\rightarrow) \quad m v_1 \cos 30° + F_x \Delta t = m v_2$$

$$F_x \Delta t = m(v_2 - v_1 \cos 30°)$$
$$= 10(\sqrt{3}/2 - 4\cos 30°) = -15\sqrt{3} = -26.0\,[\mathrm{N \cdot s}]$$

$$(+\uparrow) \quad -m v_1 \sin 30° + F_y \Delta t = 0$$

$$F_y \Delta t = m v_1 \sin 30°$$
$$= 10(4)\sin 30° = 20\,[\mathrm{N \cdot s}]$$

이상으로부터 충격량 $\mathbf{F}\Delta t = -15\sqrt{3}\mathbf{i} + 20\mathbf{j}\,[\mathrm{N \cdot s}] = 32.8\,[\mathrm{N \cdot s}]$ ◺ $37.6°$ 이다.

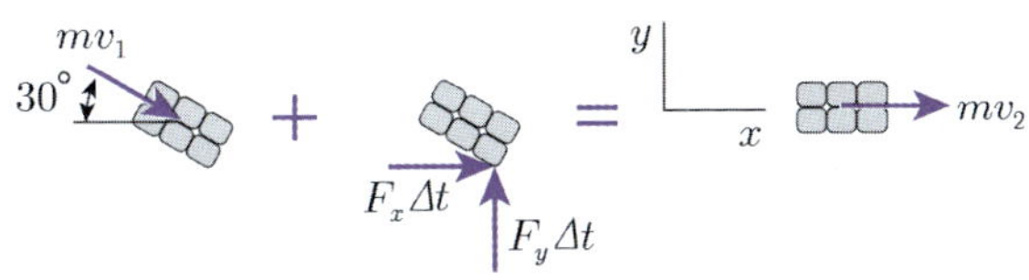

[그림 5.2.11] 짐의 충격-운농량 선도

(3) 충격으로 인해 발생한 운동에너지 손실[J]

$$\Delta T = \frac{1}{2}mv_1^2 - \frac{1}{2}(m+M)v_2^2$$
$$= \frac{1}{2}(10)(4)^2 - \frac{1}{2}(10+30)\left(\frac{\sqrt{3}}{2}\right)^2 = 65\,[\mathrm{J}]$$

이상적인 완전탄성충돌이 아니면 두 물체가 충돌했을 때 선운동량은 보존될 수 있지만 역학적 에너지는 보존되지 않는다. 이 문제에서 (짐+카트)에 대해 x방향으로는 외력이 없으므로 운동량이 보존된다. 그러나 y방향으로는 카트의 바퀴에 수직 충격이 있으므로 운동량이 보존되지 않는다.

예제 5.2.8 마찰 없는 수평면에서 질량 $m_A = 2000\mathrm{kg}$인 자동차 A가 $v_A = 0.5\mathrm{m/s}$의 속력으로 오른쪽으로 이동하여 정지해 있는 질량 $m_B = 3500\mathrm{kg}$인 자동차 B와 충돌하였다. 충돌 후 자동차 B가 오른쪽으로 $0.3\mathrm{m/s}$의 속력으로 이동한다. 두 자동차 사이의 반발계수를 구하라.

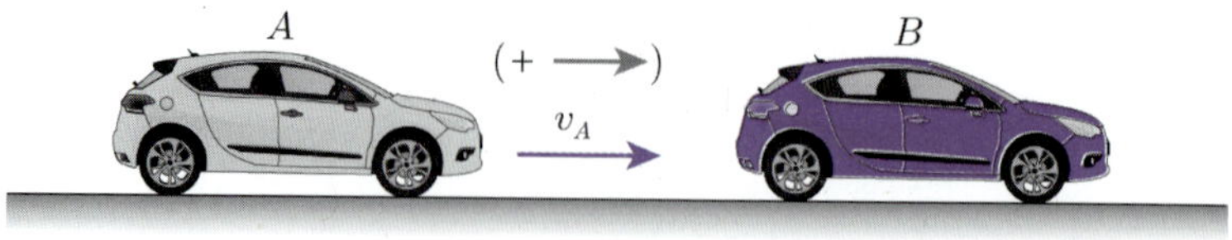

[그림 5.2.12] 자동차 충돌

풀이 운동 방향으로 외부 충격이 없으므로 선운동량이 보존된다. 자동차의 초기속도 $v_A = 0.5\text{m/s}$, $v_B = 0$, 충돌 후 속도 $v_A' = ?$, $v_B' = 0.3\text{m/s}$이다. 선운동량보존법칙을 적용하면

$$(+\rightarrow) \quad m_A v_A + m_B v_B = m_A v_A' + m_B v_B'$$
$$2000(0.5) + 0 = 2000 v_A' + 3500(0.3)$$
$$v_A' = -0.025[\text{m/s}]$$

이고, 반발계수의 정의로부터 반발계수(e)는 다음과 같다.

$$e = \frac{v_B' - v_A'}{v_A - v_B} = \frac{0.3 - (-0.025)}{0.5 - 0} = 0.65$$

$v_A' = -0.025[\text{m/s}]$는 충돌 후 자동차 A가 0.025m/s의 속력으로 왼쪽으로 튕겨 나간다는 것을 나타낸다.

예제 5.2.9 그림과 같이 마찰이 없는 수평 평판을 향해 공을 던진다. 공이 평판에 충돌하기 직전 공의 속력 $v_A = 10\text{m/s}$이고 방향각 $\theta = 60°$이다. 공과 평판 사이 반발계수 $e = 0.9$일 때 충돌 후 공의 속도를 구하라.

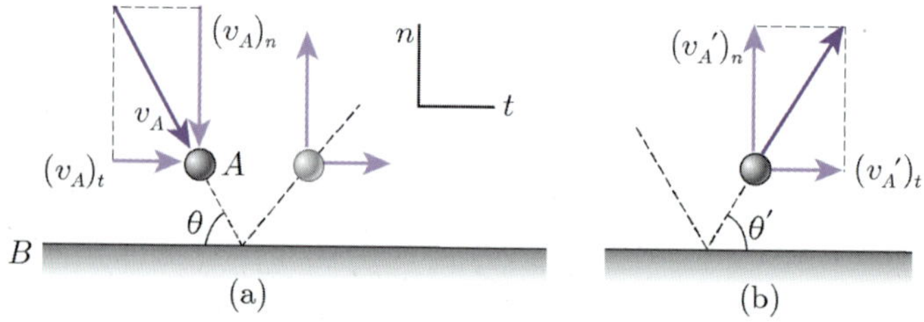

[그림 5.2.13] (a) 충돌 전 (b) 충돌 후

풀이 공과 평판을 각각 A와 B라 한다. 고정된 평판의 속도 $v_B = v_B' = 0$이다. 평판에 마찰이 없으면 접선방향 속도는 변하지 않으므로 충돌 후 공의 접선방향 속도는

$$(v_A')_t = (v_A)_t = v_A \cos\theta = 10\cos 60° = 5[\text{m/s}](\rightarrow)$$

이고, 반발계수의 정의로부터

$$(v_B')_n - (v_A')_n = e[(v_A)_n - (v_B)_n]$$
$$0 - (v_A')_n = e[(v_A)_n - 0]$$
$$(v_A')_n = -e(v_A)_n = -0.9(-10\sin 60°) = 7.79[\text{m/s}](\uparrow)$$

이다. 따라서 충돌 후 공의 속도 크기 v_A'과 방향각 θ'은 다음과 같다.

$$v_A' = \sqrt{(v_A')_t^2 + (v_A')_n^2} = \sqrt{5^2 + 7.79^2} = 9.26[\text{m/s}]$$
$$\theta' = \tan^{-1}\left[\frac{(v_A')_n}{(v_A')_t}\right] = \tan^{-1}\left(\frac{7.79}{5}\right) = 57.3°$$

충돌 후 공의 속도: $\mathbf{v}_A' = 9.26[\text{m/s}] \measuredangle 57.3°$

예제 5.2.10 마찰이 없는 두 개의 동일한 공 A와 B가 그림과 같이 충돌한다. 충돌 전 A와 B의 속력은 $v_A = 6\text{m/s}$, $v_B = 8\text{m/s}$이고, 각 $\theta_A = 30°$, $\theta_B = 60°$이다. 반발계수 $e = 0.9$일 때 충돌 후 두 공의 속도 크기와 방향을 각각 구하라.

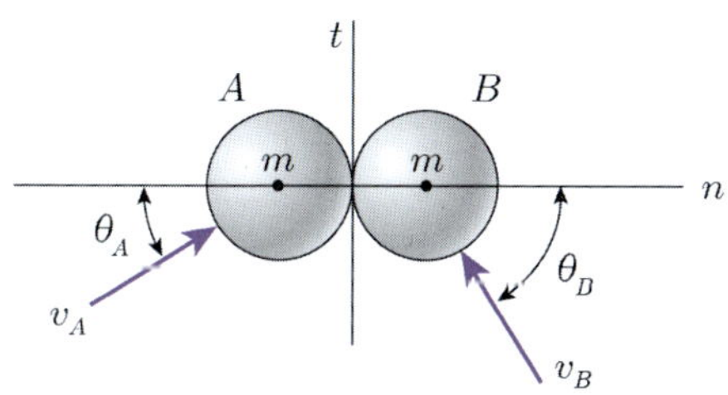

[그림 5.2.14] 동일한 두 공의 충돌

풀이 접촉면에 수직인 방향(충돌 작용선 방향)과 접선방향을 각각 n축과 t축으로 하는 좌표계를 설정하고 두 공의 충돌 전 속도 성분을 구하면 다음과 같다.

$$(v_A)_n = v_A\cos\theta_A = 6\cos 30° = 3\sqrt{3} = 5.20[\text{m/s}]$$
$$(v_A)_t = v_A\sin\theta_A = 6\sin 30° = 3[\text{m/s}]$$
$$(v_B)_n = -v_B\cos\theta_B = -8\cos 60° = -4[\text{m/s}]$$
$$(v_B)_t = v_B\sin\theta_B = 8\sin 60° = 4\sqrt{3} = 6.93[\text{m/s}]$$

○ 접선방향 속도 성분: 충돌 후 공의 접선방향 속도는 충돌 전 공의 접선방향 속도와 같다.

$$(v_A')_t = (v_A)_t = 3[\text{m/s}](\uparrow)$$
$$(v_B')_t = (v_B)_t = 6.93[\text{m/s}](\uparrow)$$

○ 접촉면에 수직인 방향 속도 성분: n방향으로 운동량 보존법칙을 적용하면

$$m_A(v_A)_n + m_B(v_B)_n = m_A(v_A{}')_n + m_B(v_B{}')_n$$
$$m(5.20) + m(-4) = m(v_A{}')_n + m(v_B{}')_n$$
$$(v_A{}')_n + (v_B{}')_n = 1.20 \qquad \cdots ①$$

이고, 반발계수로부터

$$(v_B{}')_n - (v_A{}')_n = e[(v_A)_n - (v_B)_n]$$
$$(v_B{}')_n - (v_A{}')_n = 0.9[5.20 - (-4)] = 8.28 \qquad \cdots ②$$

이다. ①+②를 하면 $(v_B{}')_n$이 구해지고 이 값을 식 ①에 대입하면 $(v_A{}')_n$이 구해진다.

$$(v_B{}')_n = \frac{1}{2}(1.20 + 8.28) = 4.74[\text{m/s}]$$
$$(v_A{}')_n = 1.20 - (v_B{}')_n = 1.20 - 4.74 = -3.54[\text{m/s}]$$
$$(v_A{}')_n = 3.54[\text{m/s}](\leftarrow)$$
$$(v_B{}')_n = 4.74[\text{m/s}](\rightarrow)$$

○ 위 결과 $(v_A{}')_t$, $(v_B{}')_t$, $(v_A{}')_n$, $(v_B{}')_n$으로부터 충돌 후 공의 속도 크기와 방향을 나타내면 다음과 같다.

$$\mathrm{v}_A{}' = 4.64[\text{m/s}] \;\nwarrow 40.3°$$
$$\mathrm{v}_B{}' = 8.40[\text{m/s}] \;\nearrow 55.6°$$

예제 5.2.11 수평면에서 [그림 5.2.15(a)]와 같이 공 A가 $v_A = 2v_0$의 속력으로 움직여서 정지해 있는 동일한 공 B와 충돌한다. 반발계수 $e = 0.6$이고 마찰이 없다고 가정할 때 충돌 직후 두 공의 속도를 각각 구하라.

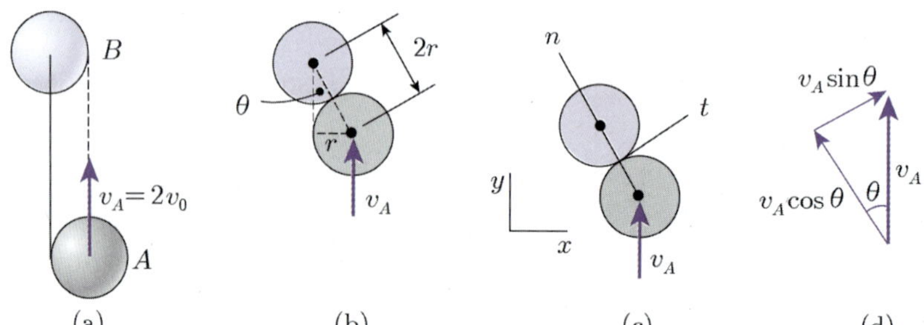

[그림 5.2.15] (a) 두 공의 충돌 (b) 충돌 각 (c) 좌표계 (d) 속도 성분

풀이 그림의 (b)에서 충돌 작용선이 이루는 각은

$$\theta = \sin^{-1}\left(\frac{r}{2r}\right) = 30°$$

이다. 그림의 (c)와 같이 접촉면에 수직인 방향과 접선방향을 각각 n축과 t축으로 하는 좌표계를 설정한다. 그림의 (d)에서 충돌 전 공 A의 속도 성분은

$$(v_A)_n = v_A\cos\theta = 2v_0\cos30° = \sqrt{3}\,v_0(\nwarrow)$$
$$(v_A)_t = v_A\sin\theta = 2v_0\sin30° = v_0(\nearrow)$$

이고, 정지해 있는 공 B의 속도 성분은 다음과 같다.

$$(v_B)_n = (v_B)_t = 0$$

○ 접선방향 속도 성분: 충돌 후 공의 접선방향 속도는 충돌 전 공의 접선방향 속도와 같다.

$$(v_A{}')_t = (v_A)_t = v_0(\nearrow)$$
$$(v_B{}')_t = (v_B)_t = 0$$

○ 접촉면에 수직인 방향 속도 성분: n방향으로 운동량 보존법칙을 적용하면

$$m_A(v_A)_n + m_B(v_B)_n = m_A(v_A{}')_n + m_B(v_B{}')_n$$
$$m(\sqrt{3}\,v_0) + 0 = m(v_A{}')_n + m(v_B{}')_n$$
$$(v_A{}')_n + (v_B{}')_n = \sqrt{3}\,v_0 \qquad \cdots ①$$

이고, 반발계수로부터

$$(v_B{}')_n - (v_A{}')_n = e[(v_A)_n - (v_B)_n]$$
$$(v_B{}')_n - (v_A{}')_n = 0.6(\sqrt{3}\,v_0 - 0) = 0.6\sqrt{3}\,v_0 \qquad \cdots ②$$

이다. ①+②를 하면 $(v_B{}')_n$이 구해지고 이 값을 식 ①에 대입하면 $(v_A{}')_n$이 구해진다.

$$(v_B{}')_n = \frac{1}{2}(\sqrt{3}\,v_0 + 0.6\sqrt{3}\,v_0) = 0.8\sqrt{3}\,v_0(\nwarrow)$$
$$(v_A{}')_n = \sqrt{3}\,v_0 - (v_B{}')_n = \sqrt{3}\,v_0 - 0.8\sqrt{3}\,v_0 = 0.2\sqrt{3}\,v_0(\nwarrow)$$

○ 위 결과로부터 충돌 후 공의 속도 크기와 방향을 나타내면 다음과 같다.

$$\mathrm{v}_A{}' = 0.4\sqrt{7}\,v_0 \;\angle\; 49.1°$$
$$\mathrm{v}_B{}' = 0.8\sqrt{3}\,v_0 \;\searrow\; 60°$$

이상에서 $\mathrm{v}_A{}'$의 크기는

$$v_A{}' = \sqrt{(v_A{}')_n^2 + (v_A{}')_t^2} = \sqrt{(0.2\sqrt{3}\,v_0)^2 + (v_0)^2} = 0.4\sqrt{7}\,v_0$$

이고, 속도의 방향이 $+x$축과 이루는 각은

$$\alpha = \theta + \tan^{-1}\left[\frac{(v_A{'})_n}{(v_A{'})_t}\right] = 30° + \tan^{-1}\left(\frac{0.2\sqrt{3}\,v_0}{v_0}\right) = 49.1°$$

이다. 그리고 $(v_B{'})_t = 0$이므로 $\mathrm{v}_B{'}$의 크기는 $(v_B{'})_n$와 같고, 방향은 n축 방향이므로 속도의 방향이 $-x$축과 이루는 각은

$$\beta = 90° - \theta = 90° - 30° = 60°$$

가 된다.

○ 이 문제에서 임의의 반발계수 e에 대해 다음 관계식이 얻어진다.

$$(v_A{'})_n = \frac{\sqrt{3}}{2}(1-e)v_0 \;\; ; \;\; (v_B{'})_n = \frac{\sqrt{3}}{2}(1+e)v_0$$

연습문제 5.2

01 수평면에서 v의 속도로 이동하는 자동차 A가 정지해 있는 자동차 B에 충돌하였다. 충돌 후 두 자동차가 한 덩어리가 되어 v'의 속도로 움직인다. A와 B의 질량은 각각 m과 km이다. 충돌 시간을 Δt라고 할 때 충돌 후 속도 v'과 충돌하는 동안 각 자동차의 평균 가속도를 v, k, Δt로 표현하라.

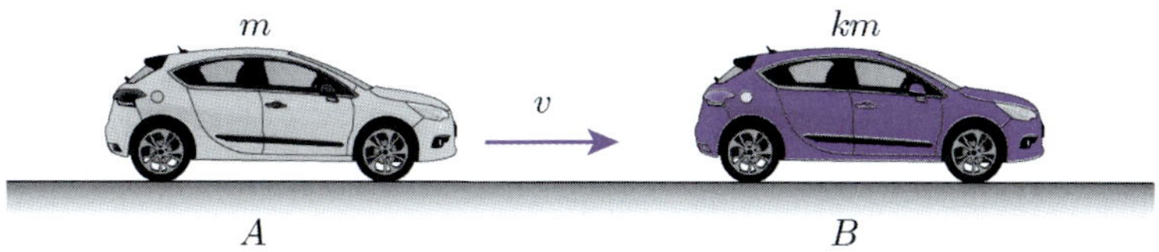

[문제 5.2.1]

02 질량 20Mg의 트럭이 42km/h의 속력으로 정지해 있는 질량 400Mg의 배에 탄 후 갑판 위에서 멈추었다. 배에 작용하는 저항력을 무시할 때 트럭이 정지한 후 배의 속력을 구하라. Hint: 배 위에서 트럭이 정지하면 트럭의 속력은 배의 속력과 같다.

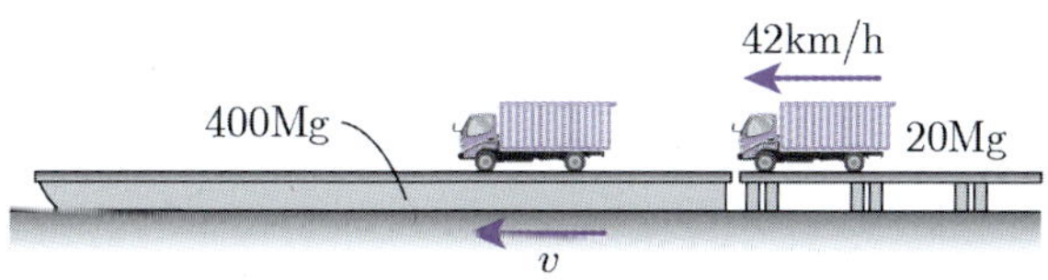

[문제 5.2.2]

03 질량 200Mg의 배가 잔잔한 물 위에 정지해 있고 배 위에는 질량 10Mg의 트럭이 정지 상태로 있다. 트럭이 배에 대하여 $v_{rel} = 21\text{km/h}(\leftarrow)$의 상대속도로 움직일 때 배의 속도를 구하라. 배에 작용하는 저항력은 무시한다. Hint: $v_B = v_A + v_{B/A}$.

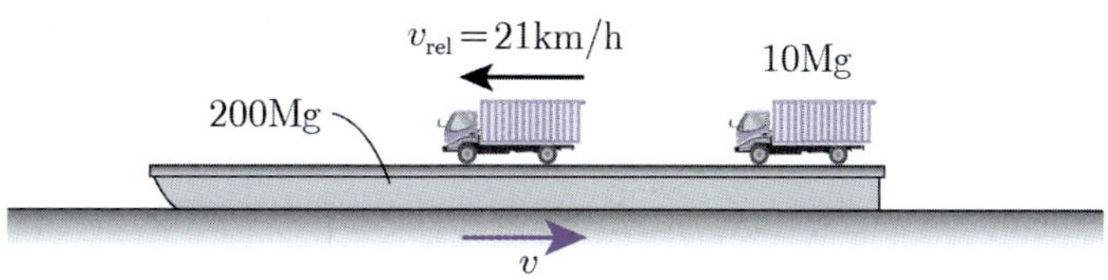

[문제 5.2.3]

04 질량 $m = 50\text{g}$의 총알이 수평 방향으로 $v = 600\text{m/s}$의 속도로 발사되어 길이 $L = 2\text{m}$의 줄에 매달린 질량 $M = 20\text{kg}$의 모래 상자에 박혔다. 최대 각 θ를 구하라. Hint: 운동량 보존법칙. 에너지 보존법칙.

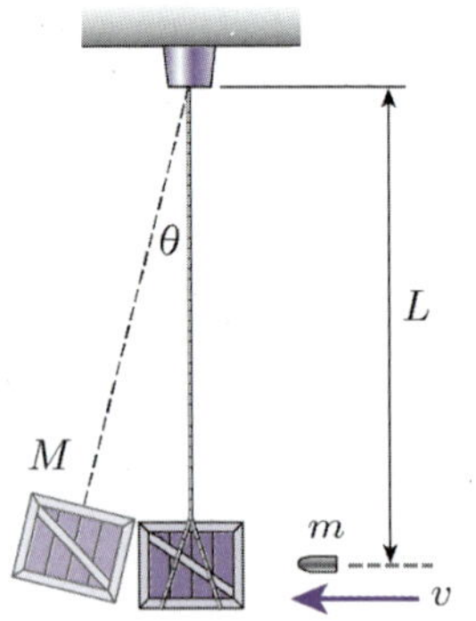

[문제 5.2.4]

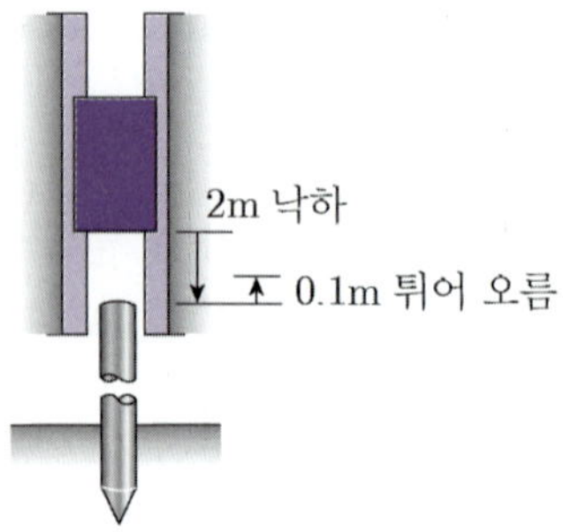

[문제 5.2.5]

05 파일을 땅에 박는 기계의 해머는 질량이 800kg 이고, 질량이 2400kg 인 파일의 꼭대기로부터 2m 높이에서 자유낙하한다. 파일에 충돌한 후 해머는 0.1m 만큼 다시 튀어 오른다. 다음을 구하라. Hint: 에너지 보존법칙, 운동량 보존법칙.

(1) 충돌 직후 파일의 속도

(2) 반발계수

(3) 충돌에 의한 에너지 손실

> 일반적으로 무게의 충격은 충돌 힘의 충격에 비해 무시할 수 있다.

06 질량 $m_1 = 1\text{kg}$ 과 $m_2 = 3\text{kg}$ 인 두 개의 실린더가 마찰 없는 봉 위에서 움직이고 있다. 속도 $v_1 = 7\text{m/s}(\rightarrow)$이고 $v_2 = 5\text{m/s}(\leftarrow)$일 때 충돌 후 두 실린더의 속도를 구하라. 반발계수 $e = 0.5$이다. Hint: 운동량 보존법칙, 반발계수.

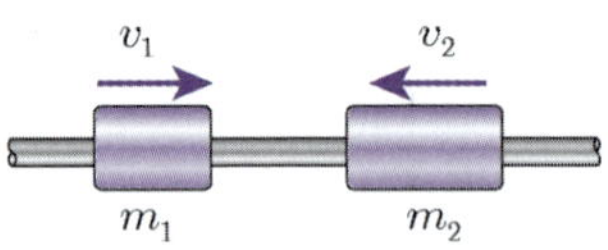

[문제 5.2.6]

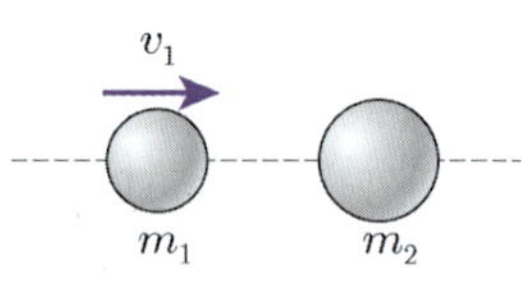

[문제 5.2.7]

07 마찰 없는 수평면에서 질량 m_1, 속도 v_1의 공이 정지해 있는 질량 m_2의 공과 충돌하였다. 반발계수가 e일 때 충돌 후 m_1의 공이 정지하기 위한 질량 비 m_1/m_2를 구하라.

08 세 개의 동일한 실린더가 수평으로 놓인 매끄러운 봉 위에서 자유롭게 움직인다. 실린더 1의 속도는 $u(\rightarrow)$이고 실린더 2와 3은 정지해 있다. 실린더 1이 2에 부딪치고 다시 2와 3이 충돌했을 때 실린더 3의 속도를 구하라. 접촉점에서 반발계수는 모두 e이다. Hint: 1과 2, 2와 3 사이에 운동량 보존법칙 적용.

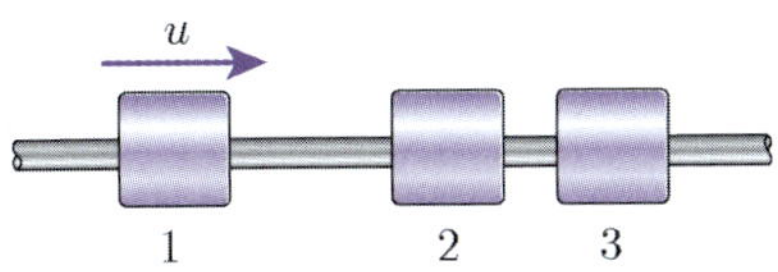

[문제 5.2.8]

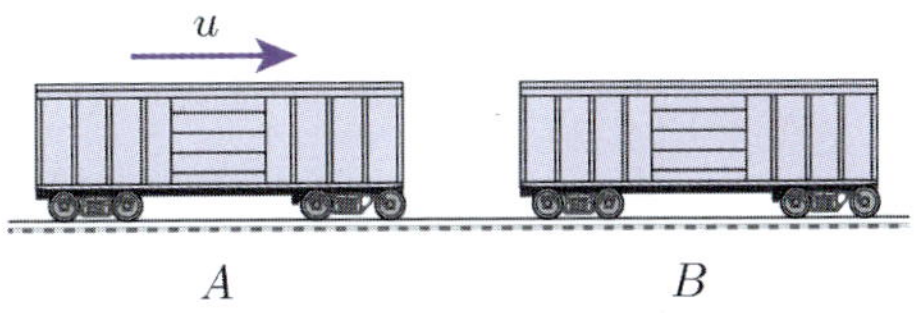

[문제 5.2.9]

09 마찰 없는 수평 레일 위에서 질량 m_A인 화물차 A가 $u(\rightarrow)$의 속도로 이동하여 정지해 있는 질량 m_B인 화물차 B에 충돌한다. 충돌 후 두 차가 한 덩어리가 되어 움직인다고 할 때 충돌 과정에서의 에너지 손실 비율을 구하라.

10 고정된 수평 강판으로부터 높이 h에서 공을 자유낙하시켰다. 공이 강판으로부터 두 번째 튀어 오른 높이가 h_2일 때 공과 강판 사이의 반발계수 e를 구하라. Hint: $v=\sqrt{2gh}$.

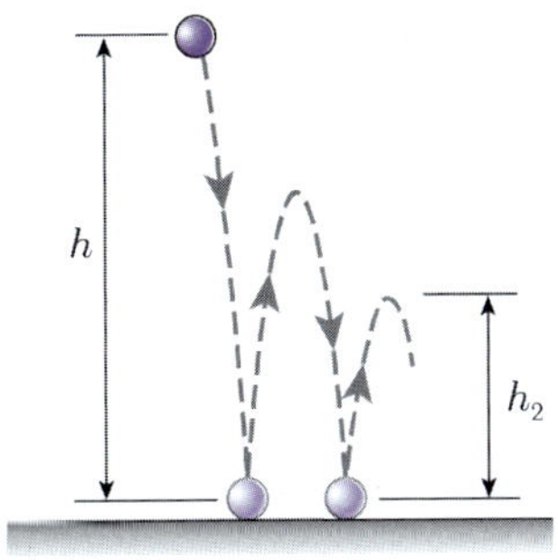

[문제 5.2.10]

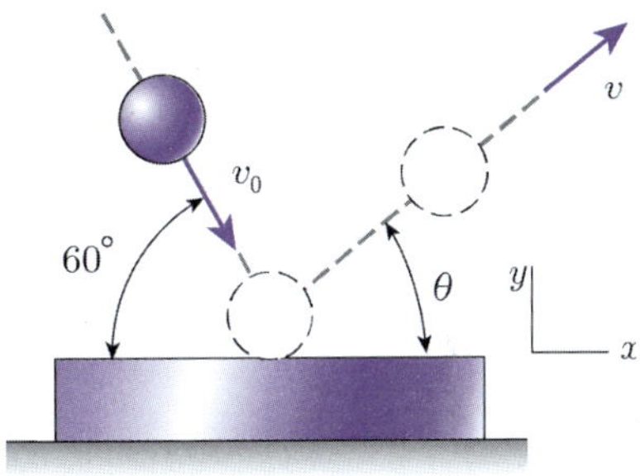

[문제 5.2.11]

11 공이 수평 방향에 대해 60° 각도 방향으로 $v_0 = 24\text{m/s}$의 속도로 수평 평판에 충돌하였다. 반발계수 $e = 0.8$일 때 판으로부터 튀어나온 공의 속도 크기 v와 방향각 θ를 구하라. Hint: 접선방향 속도는 같고 수직 방향으로는 반발계수 사용.

12 테니스공을 코트로부터 1.6m 높이에서 자유낙하 시켰더니 1.1m 높이로 튀어 올랐다. 반발계수와 충돌 과정에서 손실된 에너지 비율을 구하라. Hint: $v=\sqrt{2gh}$.

13 위 문제(12 번)에서 높이 1.6m 에서 속도 v_0로 아래로 던진 공이 다시 높이 1.6m 까지 되튀어 올랐다. 반발계수 $e = 0.8$일 때 v_0를 구하라. Hint: $v^2 - v_0^2 = 2as$.

14 그림과 같이 탁구공이 네트 위를 스치듯 넘어가게 할 때 탁구공을 수평 방향으로 치는 높이 h를 구하라. 그리고 탁구공이 두 번째 튀어 오른 높이 h_2는 얼마인가? 공과 탁구대의 반발계수 $e = 0.9$이고 공의 반지름 $r = 18.75\text{mm}$ 이다. Hint: 처음에 공의 중심이 낙하한 거리는 $h - r$, 튀어 오른 높이는 $225\text{mm} - r$이고, 두 번째 공이 튀어 오른 높이는 $h_2 - r$이다. $|v_n'| = |ev_n|$, 에너지 보존법칙.

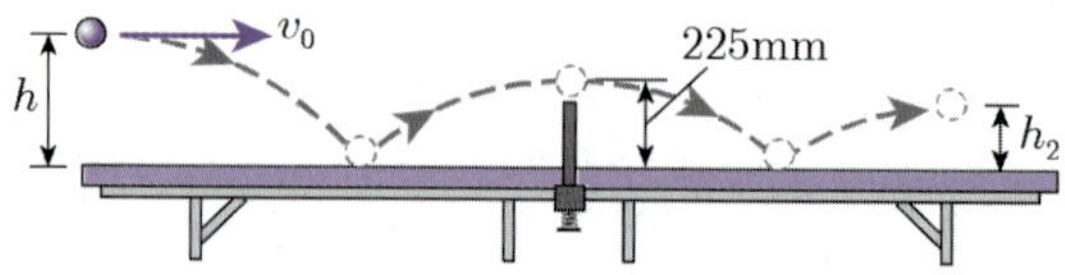

[문제 5.2.14]

15 질량이 각각 m인 n개의 공이 그림과 같이 동일 직선상에 아주 가깝게 매달려 있다. 1 번 공이 점선 위치에서 놓여 v_1의 속도로 2 번 공과 충돌하고 이후 연쇄적으로 충돌이 일어난다. 최종 n번째 공의 속도 v_n을 구하라. 공 사이의 반발계수는 모두 e이고, 1 번 공을 제외한 다른 모든 공들은 초기에 정지해 있다.

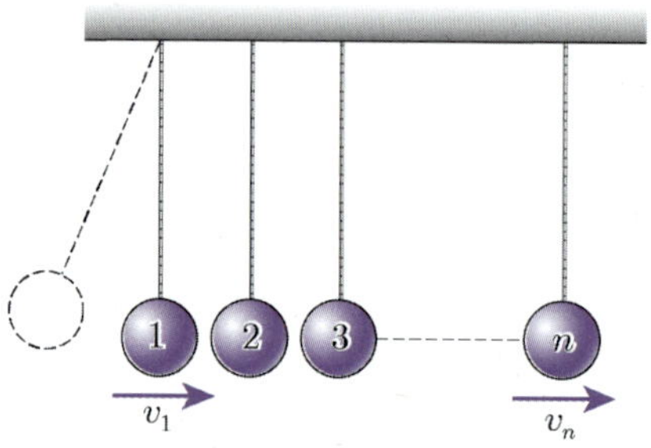

[문제 5.2.15]

16 속도가 각각 $v_A = 6\text{m/s}$와 $v_B = 10\text{m/s}$인 두 개의 동일한 공이 그림과 같이 충돌한다. 반발계수 $e = 0.75$일 때 충돌 직후 두 공의 속도($\text{v}_A{}'$, $\text{v}_B{}'$)를 구하라. Hint: 충돌 작용선은 x축.

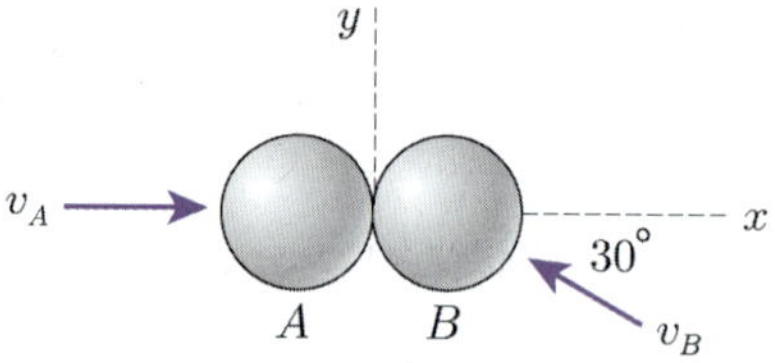

[문제 5.2.16]

17 그림과 같이 질량 $m_A = 10\text{kg}$과 $m_B = 2\text{kg}$인 두 개의 공 A와 B가 충돌한다. 충돌 직전 공 A와 B의 속도는 각각 $v_A = 3\text{m/s}$와 $v_B = 12\text{m/s}$이다. 반발계수 $e = 0.5$일 때 충돌 직후 두 공의 속도($\text{v}_A{}'$, $\text{v}_B{}'$)를 구하라. Hint: 충돌 작용선을 n축, 이에 수직인 선을 t축으로 하고 n, t방향 성분으로 분해.

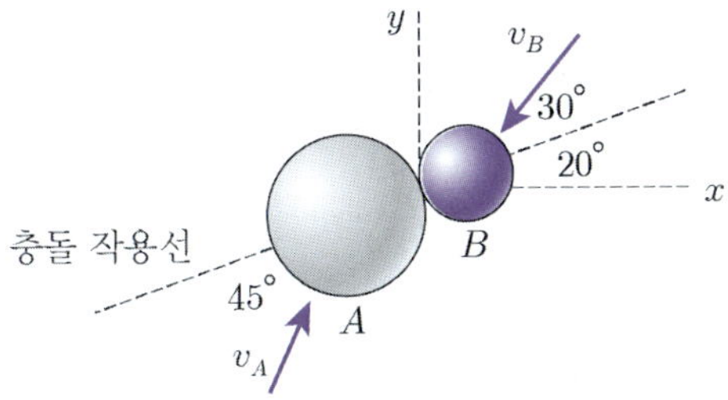

[문제 5.2.17]

18 그림과 같이 질량이 0.06kg 인 총알이 수평 방향으로 500m/s 의 속도로 날아가 질량이 4 kg 인 나무 블록에 박혔다. 충돌 직전 나무 블록은 그림과 같은 방향으로 매끄러운 수평면 위를 12m/s 의 속도로 미끄러지고 있었다. 충돌 직후 총알이 박힌 블록의 속도(v)를 구하라. Hint: 속도를 x, y성분으로 분해.

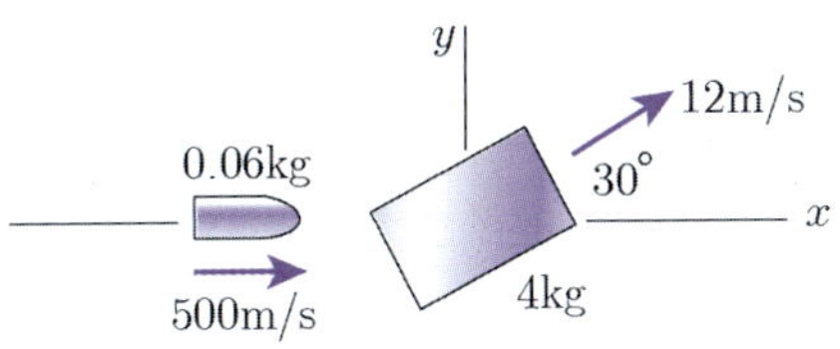

[문제 5.2.18]

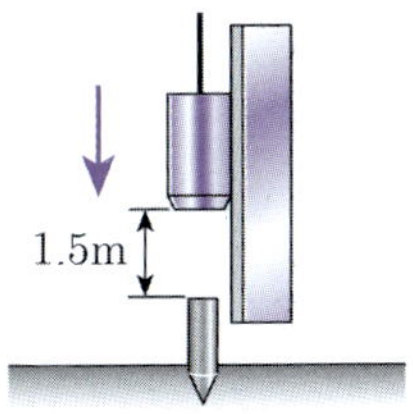

[문제 5.2.19]

19 질량 500kg 의 램이 1.5m 높이의 정지 상태에서 낙하하여 땅에 박혀 있는 200kg 의 파일 머리에 충돌한다. 충돌 후 램은 파일과 한 덩어리가 되어 움직인다. 충돌 직후 파일과 램의 속도를 구하라. Hint: $v = \sqrt{2gh}$, 운동량 보존.

20 공 A가 $v(\downarrow)$의 속도로 아래로 날아가 고정된 매끄러운 평판에 수직으로 충돌한다. 공과 평판 사이의 반발계수가 e일 때 충돌 후 공의 속도($v_A{}'$)를 구하라.

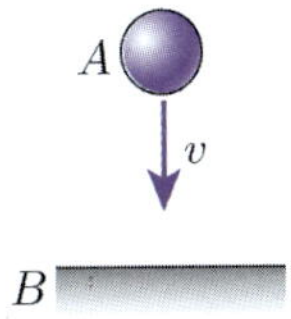

[문제 5.2.20]

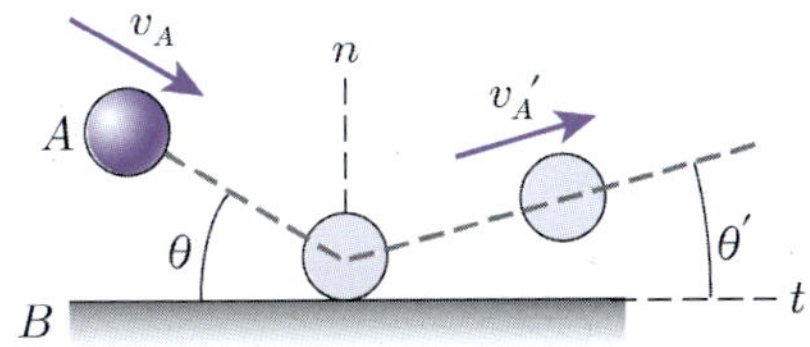

[문제 5.2.21]

21 그림과 같이 $v_A = 16\text{m/s}$ 의 속도로 공이 날아가 $\theta = 30°$ 각도로 고정된 매끄러운 평판에 충돌한다. 공과 평판 사이 반발계수 $e = 0.5$일 때 충돌 후 공의 속도 크기 $v_A{}'$과 방향각 θ'을 구하라. Hint: n과 t성분으로 분해.

22 질량 $m = 10\text{kg}$ 의 발사체가 $v_0 = 40\text{m/s}$ 의 속도로 날아가다가 $m_A = 2\text{kg}$ 과 $m_B = 8$ kg 의 두 파편으로 파열되었다. 파편들이 각각 $\theta_A = 45°$와 $\theta_B = 30°$ 방향으로 날아간다고 할 때 각 파편의 속도 크기(v_A, v_B)를 구하라.
Hint: $\mathbf{v}_A = v_A(\cos\theta_A \mathbf{i} + \sin\theta_A \mathbf{j})$.

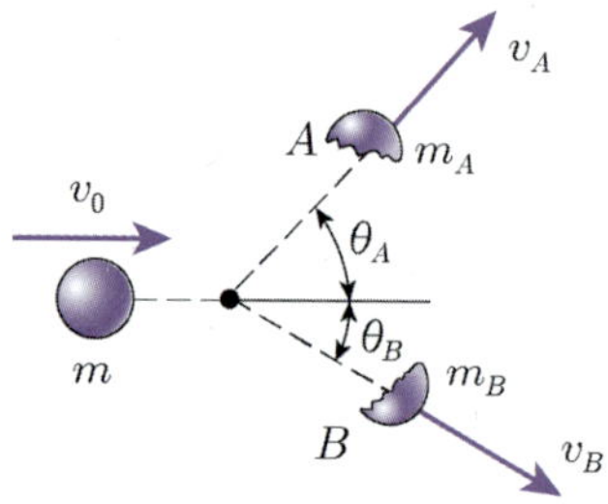

[문제 5.2.22]

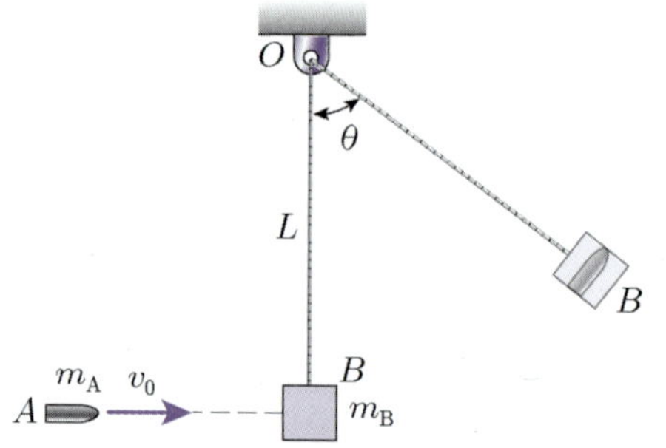

[문제 5.2.23/24]

23 그림과 같이 진자를 이용하여 총알의 속력을 측정하고자 한다. 질량 $m_A = 6\text{g}$ 인 총알 A 가 길이 $L = 2\text{m}$ 에 매달린 질량 $m_B = 1\text{kg}$ 의 나무 블록 B로 발사된다. 총알은 나무 블록에 박히고 총알과 블록은 한 덩어리가 되어 최대 각 $\theta = 60°$까지 올라간다. (1) 총알의 초기 속력 v_0 (2) 총알이 블록에 주는 충격량 (3) 충돌 직후 줄에 걸리는 장력을 각각 구하라. Hint: 운동량 보존법칙, 에너지 보존법칙, $\sum F_r = Ma_r$.

24 위 문제(23 번)에서 $m_A = 60\text{g}$, $m_B = 20\text{kg}$, $v_0 = 600\text{m/s}$, $L = 2\text{m}$ 일 때 최대 각 θ를 구하라.

25 질량 $m_A = 2.5\text{kg}$ 인 반구 A와 질량 $m_B = 1.5\text{kg}$ 인 반구 B가 하나의 줄로 연결되고 그 사이에는 스프링이 압축되어 있다. 스프링은 독립된 개체로서 반구와 접촉하지만 반구에 결합되어 있지 않으며, 압축된 스프링의 탄성 위치에너지는 120J이다. 순간적으로 줄을 끊어서 두 반구가 분리되었을 때 각 반구의 최종 속도 크기를 구하라. Hint: 운동량 보존법칙, 에너지 보존법칙.

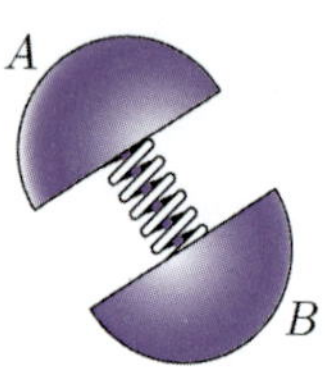

[문제 5.2.25]

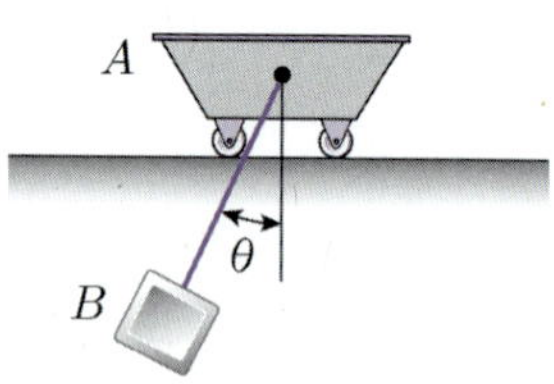

[문제 5.2.26]

26 질량 $m_B = 20\text{kg}$ 인 물체 B가 길이 $L = 2\text{m}$ 인 줄로써 수평면에서 마찰 없이 움직이는 질량 $m_A = 30\text{kg}$ 인 카트 A에 매달려 있다. 줄과 수직선이 이루는 각 $\theta = 25°$인 위치에서 정지해 있는 B를 가만히 놓으면 B가 반시계방향으로 회전한다. B가 $\theta = 0$인 위치를 지날 때 A와 B의 속도를 구하라. Hint: 운동량 보존법칙, 에너지 보존법칙.

27 블록 B가 $v_0 = 2\text{m/s}(\leftarrow)$의 속도로 이동하여 줄에 매달려 정지해 있는 공 A와 충돌한다. A와 B의 질량은 각각 $m_A = 1\text{kg}$ 과 $m_B = 2\text{kg}$ 이며, 블록과 수평면 사이의 운동마찰계수 $\mu_k = 0.2$이고 블록과 공 사이의 반발계수 $e = 0.8$일 때 다음을 구하라. Hint: 운동량 보존법칙, 반발계수, 에너지 보존법칙, 일과 에너지 원리.

(1) 공이 도달할 수 있는 최고 높이 H (2) 충돌 후 블록이 이동한 거리 L

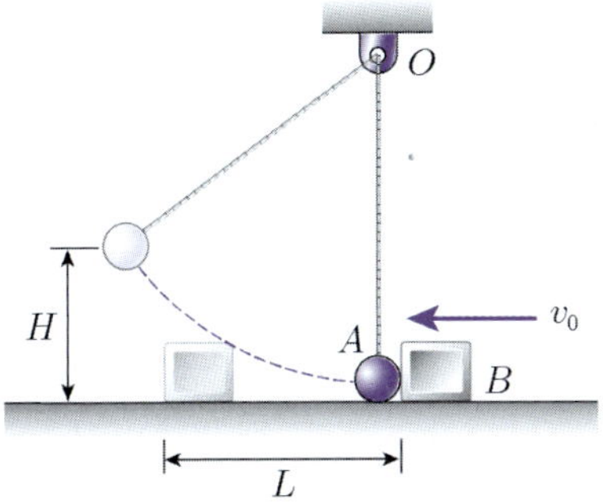

[문제 5.2.27]

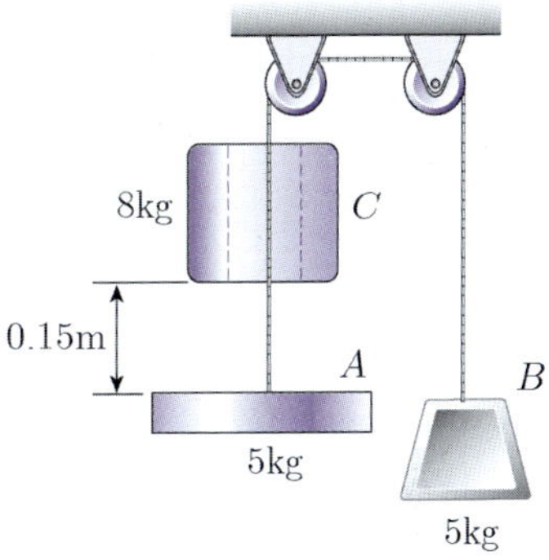

[문제 5.2.28]

28 그림과 같은 위치에서 8kg 의 실린더 C가 정지해 있는 5kg 의 판 위로 자유낙하한다. 판 A는 5kg 의 평형추 B와 연결되어 있다. A와 C 사이의 반발계수 $e = 0.8$이다. (1) 충돌 직후 A와 C의 속도와 (2) 첫 번째 충돌이 일어나는 동안 줄이 A에 가하는 충격량을 구하라. Hint: C가 A에 충돌할 때 받는 반력을 R, 줄에 걸리는 장력을 T로 하고 각 물체에 대해 충격과 운동량 법칙 적용, 반발계수. A와 B의 속도는 크기가 같고 방향이 반대.

29 고정된 수평 강판으로부터 높이 h_0에서 공을 자유낙하시켰다. 공이 강판으로부터 튀어 오른 높이가 h_1일 때 공과 강판 사이의 반발계수 e를 구하라.

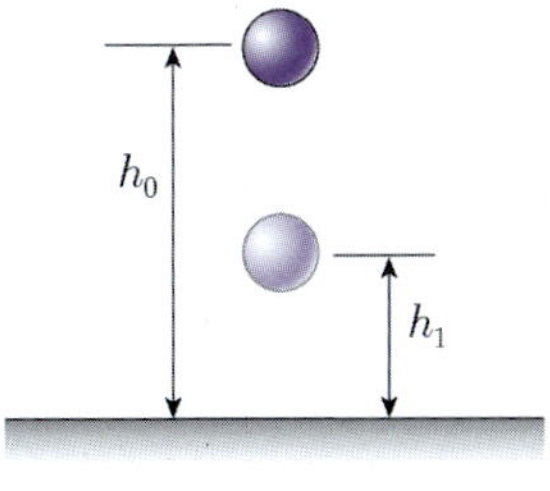

[문제 5.2.29]

30 수평면에서 그림과 같이 공 A가 $v_A = 8\text{m/s}(\uparrow)$의 속도로 움직여서 정지해 있는 동일한 공 B와 충돌한다. 반발계수 $e = 0.4$이고 마찰이 없다고 가정할 때, 충돌 직후 두 공의 속도(v_A', v_B')를 각각 구하라.

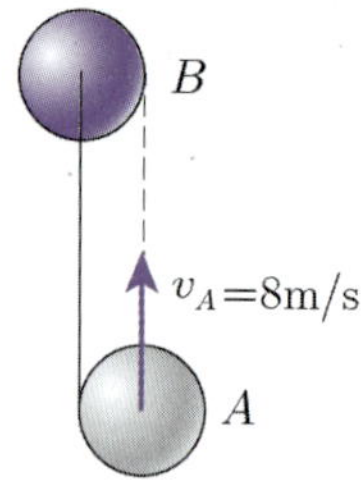

[문제 5.2.30]

31 질량이 40kg 인 궁수가 질량이 각각 10kg, 0.5kg 인 활과 화살을 가지고 마찰이 없는 수평 빙판 위에 정지해 있다. 이 궁수가 50m/s 의 속력으로 화살을 빙판과 평행하게 쏘았을 때, 활을 든 궁수가 빙판 위에서 미끄러지는 속력[m/s]은? [공무원 임용시험]

① $\frac{25}{40}$ ② $\frac{25}{40.5}$ ③ $\frac{25}{50}$ ④ $\frac{25}{50.5}$

32 마찰을 무시할 수 있는 수평 얼음판 위에 질량이 M인 썰매가 정지해 있다. 질량이 m인 사람이 속력 v로 뛰어가다가 썰매 위에 올라타서 썰매와 하나가 되어 움직인다고 하자. 사람이 올라탄 후 썰매의 속력은? [공무원 임용시험]

① $v\sqrt{\frac{m}{2(m+M)}}$ ② $v\sqrt{\frac{m}{m+M}}$ ③ $\frac{mv}{2(m+M)}$ ④ $\frac{mv}{m+M}$

33 전체 질량이 1kg 인 꽃병이 바닥에 연직방향으로 떨어져 세 조각으로 깨진 뒤 기울어짐이 없는 바닥면을 따라 미끄러진다. 질량이 0.25kg 인 첫 번째 조각은 x축을 따라 2m/s 의 속력으로 움직이고, 질량이 0.25kg 인 두 번째 조각은 2m/s 의 속력으로 y축을 따라 움직인다. 이때 세 번째 조각의 속력[m/s]은? (단, 꽃병의 초기속도는 0이고, 바닥면의 마찰은 없다) [공무원 임용시험]

① 1 ② $\sqrt{2}$ ③ $\sqrt{3}$ ④ 2

34 마찰이 없는 평면 위에서 질량이 2kg 인 물체 A가 10m/s 의 속도로 움직여 질량이 3kg 인 정지해 있는 물체 B와 충돌하였다. 완전 탄성 충돌을 하였고, 한 직선상에서 두 물체가 움직였다고 할 때, 각 물체의 충돌 후 속도[m/s]는? [공무원 임용시험]

① $v_A' = -5,\ v_B' = 10$ ② $v_A' = 1,\ v_B' = 6$

③ $v_A' = -2,\ v_B' = 8$ ④ $v_A' = 2,\ v_B' = 8$

35 그림과 같이 천장에 고정된 실에 의해 매달린 질량 $m_1 = 1\text{kg}$의 구슬이 높이 $h_1 = 1\text{m}$ 만큼 내려와 가장 낮은 지점을 지날 때 질량 $m_2 = 3\text{kg}$인 구슬과 탄성충돌 하였다. 이때 질량 m_2인 구슬이 올라갈 수 있는 최대 높이는? [공무원 임용시험]

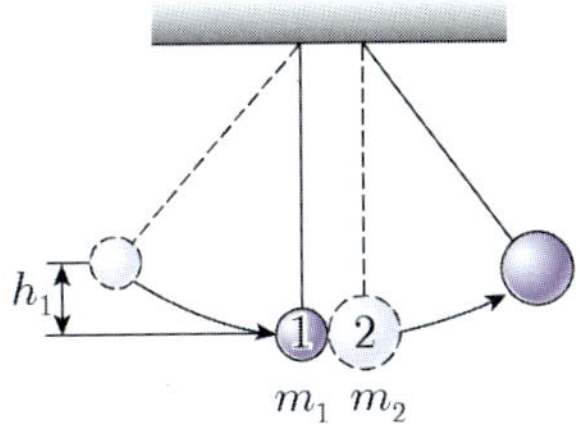

[문제 5.2.35]

① 0.10m ② 0.15m ③ 0.20m ④ 0.25m

36 그림과 같이 질량 $m = 0.5\text{kg}$인 총알이 높이 $h = 5\text{m}$인 마찰 없는 탁자 끝에 놓여 있던 질량 $M = 5\text{kg}$인 정지 상태의 나무토막으로 발사되었다. 총알이 나무토막에 박히고, 충돌 후 나무토막이 탁자로부터 거리 $d = 5\text{m}$인 곳에 떨어졌을 때, 총알의 처음 속력은? (단, 중력가속도 $g = 10\text{m/s}^2$이다) [공무원 임용시험]

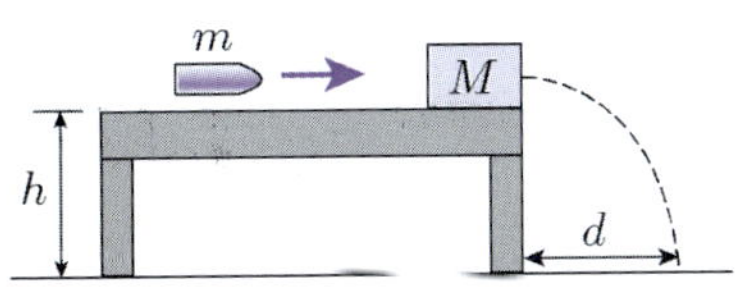

[문제 5.2.36]

① 11m/s ② 33m/s ③ 55m/s ④ 77m/s

37 그림과 같이 마찰이 없는 평면상에서 질량이 같은 두 물체가 각각 수평 방향으로 v, 수직 방향으로 v의 초기속도로 진행하다 충돌하여 하나로 뭉쳐져 계속 진행한다. 충돌 후 두 물체의 총 역학적 에너지는 충돌 전 총 역학적 에너지의 몇 배인가? [공무원 임용시험]

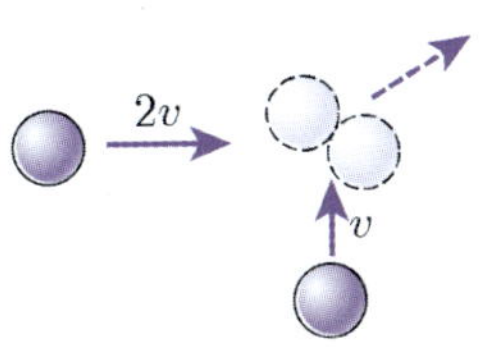

[문제 5.2.37]

① 0.1배 ② 0.5배 ③ 1배 ④ 2배

38 그림과 같이, 마찰이 없는 수평면에 탄성계수 $k = 80\text{N/m}$인 스프링과 연결되어 정지해 있던 질량 1kg의 블록에, 속력 2m/s로 미끄러져오던 질량 4kg의 블록이 충돌하여 순간적으로 붙어 함께 운동한다. 이때 스프링의 최대 압축 길이[m]는? (단, 용수철의 질량과 공기의 저항은 무시한다) [공무원 임용시험]

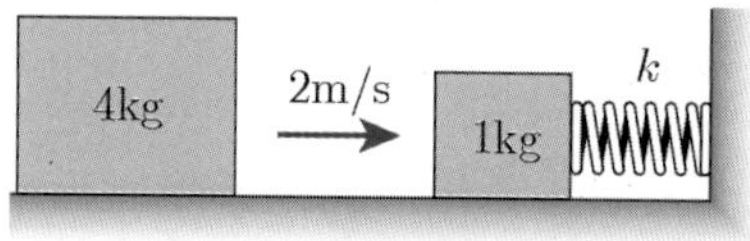

[문제 5.2.38]

① 0.1 ② 0.2 ③ 0.3 ④ 0.4

39 그림과 같이 마찰이 없는 평면 위에 질량이 M인 속이 빈 강체 상자 A가 있다. 그 내부의 천정 중앙에 길이가 L인 늘어나지 않는 줄과 질량이 $\frac{M}{5}$인 추 B가 진자를 이루고 있다. 초기에 수평 상태에 있던 진자가 내려와 수직 위치를 지날 때, 추 B의 속도(v_B)와 상자 A의 속도(v_A)를 구하시오. (단, 중력가속도는 g이다) [국가공무원 5급(기술) 제2차시험]

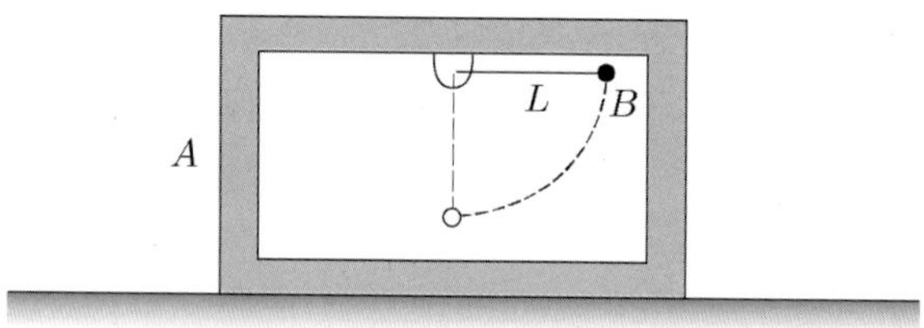

[문제 5.2.39]

40 다음 그림과 같이 질량 20kg의 블록 A와 질량 30kg의 블록 B가 마찰이 없는 평면 위에 스프링(스프링상수 $k = 90\text{N/m}$)에 의하여 연결되어 있다. 외부의 힘에 의해서 스프링이 1m 늘어난 상태에서 외부의 힘을 제거했을 때, 스프링이 원래의 길이로 돌아가는 순간의 블록 A와 블록 B의 속도를 구하시오. [국가공무원 5급(기술) 제2차시험]

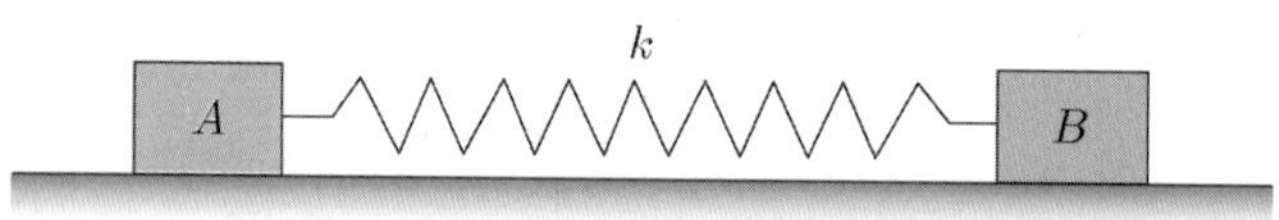

[문제 5.2.40]

5.3 각충격량과 각운동량

1 각운동량

[그림 5.3.1]은 질량이 m인 질점 P가 기준좌표계 $Oxyz$에 대해 v의 속도로 운동하는 모습을 보여준다. 앞 절에서 질점의 선운동량은 $\mathrm{L} = m\mathrm{v}$로 정의되었다. 여기에서 벡터 $m\mathrm{v}$의 원점 O점에 대한 모멘트를 O점에 대한 질점 P의 각운동량(또는 운동량의 모멘트)이라 하며 H_O로 나타낸다. 질점 P의 위치벡터를 r이라고 하면 각운동량은 다음과 같다.

$$\mathrm{H}_O = \mathrm{r} \times m\mathrm{v} = \mathrm{r} \times \mathrm{L} \qquad \cdots (5.3.1)$$

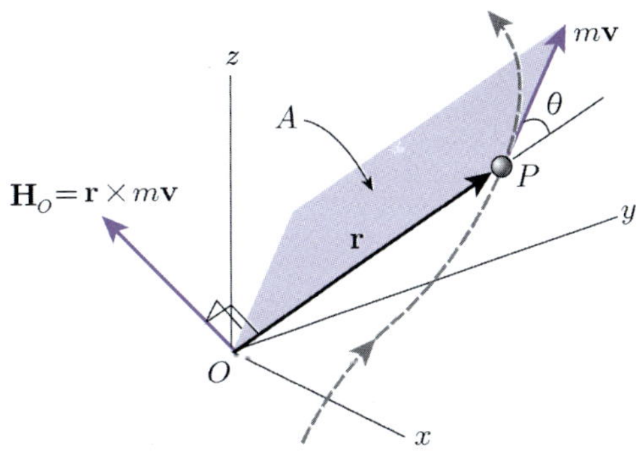

[그림 5.3.1] 질점의 각운동량

[그림 5.3.1]과 같이 각운동량 H_O는 r과 v에 의해 정의되는 평면 A에 수직인 벡터이고, H_O의 방향은 벡터에서 외적의 오른손법칙에 의해 결정된다. 각운동량의 SI 단위는 N • m • s, kg • m^2/s이다.

질점의 위치벡터 $\mathrm{r} = x\mathrm{i} + y\mathrm{j} + z\mathrm{k}$, 속도벡터 $\mathrm{v} = v_x\mathrm{i} + v_y\mathrm{j} + v_z\mathrm{k}$일 때 각운동량은 다음과 같이 표현된다.

$$\mathrm{H}_O = \mathrm{r} \times m\mathrm{v} = m\begin{vmatrix} \mathrm{i} & \mathrm{j} & \mathrm{k} \\ x & y & z \\ v_x & v_y & v_z \end{vmatrix} \qquad \cdots (5.3.2)$$

$\mathrm{H}_O = H_x\mathrm{i} + H_y\mathrm{j} + H_z\mathrm{k}$의 성분은 선운동량 $m\mathrm{v}$의 좌표축(x, y, z축)에 대한 모멘트를 나타내며, 식 (5.3.2)의 행렬식을 전개하면 다음과 같은 결과를 얻는다.

$$\begin{aligned} H_x &= m(yv_z - zv_y) \\ H_y &= m(zv_x - xv_z) \\ H_z &= m(xv_y - yv_x) \end{aligned} \quad \cdots (5.3.3)$$

질점이 xy평면 내에서 움직이면 $z = v_z = 0$이므로 성분 $H_x = H_y = 0$이 된다. 따라서 이때의 각운동량은 xy평면에 수직이고 다음과 같이 스칼라 식으로 쓸 수 있다.

$$H_O = H_z = m(xv_y - yv_x) \quad \cdots (5.3.4)$$

식 (5.3.4)의 값은 질점의 운동 방향에 따라 양 또는 음의 값이 된다.

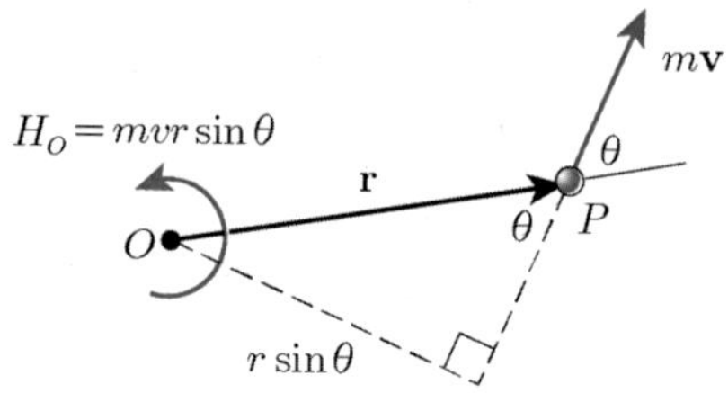

[그림 5.3.2] 각운동량 크기

각운동량을 이해하기 위해 [그림 5.3.1]의 벡터를 [그림 5.3.2]와 같이 평면 A에 나타내었다. $\mathbf{r}$과 $m\mathbf{v}$ 사이의 각을 θ라고 하면 원점 O에 대한 $m\mathbf{v}$의 모멘트 크기는 선운동량 mv와 모멘트 팔 길이 $r\sin\theta$의 곱, 즉 $mv \times r\sin\theta$이며, 이것은 O점에 대한 각운동량 $\mathbf{H}_O = \mathbf{r} \times m\mathbf{v}$의 크기와 같다. 즉 각운동량을 선운동량($mv$)의 모멘트로 이해하면 된다.

$$H_O = mv \times r\sin\theta \quad \cdots (5.3.5)$$

2차원 운동(평면운동)을 조사할 때 식 (5.3.5)와 같이 스칼라식을 사용하고 각운동량의 방향은 시계방향 (↷) 혹은 반시계방향(↶)으로 표현하는 것이 편리하다. 예를 들어 [그림 5.3.2]의 각운동량은 다음과 같이 쓸 수 있다.

$$\mathbf{H}_O = \mathbf{r} \times m\mathbf{v} = mvr\sin\theta\,(↶)$$

특히 $\theta = 90°$일 때 각운동량의 크기는 $H_O = mvr$이 된다.

2 모멘트와 각운동량 시간 변화율

[그림 5.3.1]에서 질점 P에 작용하는 모든 힘들의 합을 $\sum \mathrm{F}$로 나타내면 뉴턴의 제 2 법칙에 의해 $\sum \mathrm{F} = m\dot{\mathrm{v}}$이다. 따라서 원점 O에 대한 $\sum \mathrm{F}$의 모멘트는 다음과 같이 표현된다.

$$\sum \mathrm{M}_O = \mathrm{r} \times \sum \mathrm{F} = \mathrm{r} \times m\dot{\mathrm{v}} \quad \cdots ①$$

그리고 식 (5.3.1)을 시간에 대해 미분하면 다음과 같다.

$$\dot{\mathrm{H}}_O = (\dot{\mathrm{r}} \times m\mathrm{v}) + (\mathrm{r} \times m\dot{\mathrm{v}}) = (\mathrm{v} \times m\mathrm{v}) + (\mathrm{r} \times m\dot{\mathrm{v}}) \quad \cdots ②$$

식 ②에서 v와 $m\mathrm{v}$는 서로 평행하므로 $(\mathrm{v} \times m\mathrm{v}) = 0$이 된다. 따라서

$$\dot{\mathrm{H}}_O = \mathrm{r} \times m\dot{\mathrm{v}} \quad \cdots ③$$

이고, 식 ①과 ③으로부터 다음 관계식을 얻는다.

$$\sum \mathrm{M}_O = \dot{\mathrm{H}}_O = \frac{d\mathrm{H}_O}{dt} \quad \cdots (5.3.6)$$

뉴턴의 운동 제 2 법칙으로부터 유도된 식 (5.3.6)은 '질점에 작용하는 힘의 O점에 대한 모멘트는 O점에 대한 질점의 각운동량의 시간 변화율과 같다.'라는 것을 나타낸다. 식 (5.3.6)의 x, y, z 스칼라 성분은 다음과 같다.

$$\sum M_{O_x} = \dot{H}_{O_x}, \ \sum M_{O_y} = \dot{H}_{O_y}, \ \sum M_{O_z} = \dot{H}_{O_z} \quad \cdots (5.3.7)$$

3 각충격량과 각운동량 원리

정해진 시간($t_1 \le t \le t_2$) 동안 작용한 질점의 각운동량에 대한 모멘트의 영향을 알기 위해서는 식 (5.3.6)을 시간에 대해 적분하면 된다. 식 (5.3.6)의 양변에 dt를 곱하면 $\sum \mathrm{M}_O dt = d\mathrm{H}_O$가 되며 이 식을 적분하면 다음과 같다.

$$\int_{t_1}^{t_2} \sum \mathrm{M}_O dt = \mathrm{H}_{O2} - \mathrm{H}_{O1} = \Delta \mathrm{H}_O \quad \cdots (5.3.8)$$

위 식에서 $\mathrm{H}_{O1} = \mathrm{r}_1 \times m\mathrm{v}_1$, $\mathrm{H}_{O2} = \mathrm{r}_2 \times m\mathrm{v}_2$이고, H_{O1}과 H_{O2}는 각각 시간 t_1과 t_2에서

O점에 대한 질점의 각운동량이다. 식 (5.3.8)에서 $\int_{t_1}^{t_2} \sum \mathrm{M}_O dt$를 각충격량(각역적, angular impulse)이라 하며 이 식을 각충격량과 각운동량 원리라 한다. 식 (5.3.8)은 'O점에 대한 질점의 총 각충격량은 O점에 대한 질점의 각운동량 변화와 같다.'라는 것을 나타낸다. 식 (5.3.8)은 다음과 같이 쓸 수 있다.

$$\mathrm{H}_{O1} + \int_{t_1}^{t_2} \sum \mathrm{M}_O dt = \mathrm{H}_{O2} \qquad \cdots (5.3.9)$$

식 (5.3.9)는 '질점의 초기 각운동량과 질점에 작용하는 각충격량의 합은 질점의 최종 각운동량과 같다.'라는 것을 나타낸다. 각충격량의 단위는 각운동량의 단위와 같고 SI 단위는 N • m • s, kg • m^2/s이다.

4 각운동량 보존법칙

질점에 작용하는 모든 힘들의 원점 O에 대한 모멘트가 시간 구간 동안 0이면 식 (5.3.6)에서 원점에 대한 각운동량 H_O는 일정하게 유지된다. 이때 질점의 각운동량이 보존된다고 한다. 각운동량은 좌표계의 어느 한 축에 대해서는 보존되지만 다른 축에 대해서는 보존되지 않을 수도 있다. 질점에 대한 자유물체도로부터 그 질점에 작용하는 모든 힘들의 고정점에 대한 모멘트가 0인지 아닌지 알 수 있다.

한편 [그림 5.3.3]과 같이 질점 P에 작용하는 유일한 힘이 고정된 점 O를 향하거나 O로부터 멀어지는 방향으로 작용할 때 질점 P는 중심력으로 이동한다고 말하며, O점을 중심점이라 한다. 이 경우에는 힘 F의 작용선이 O점을 지나므로 어느 순간에서나 $\sum \mathrm{M}_O = 0$이다. 따라서 임의의 시간 t에서 'H_O = 일정'이 된다.

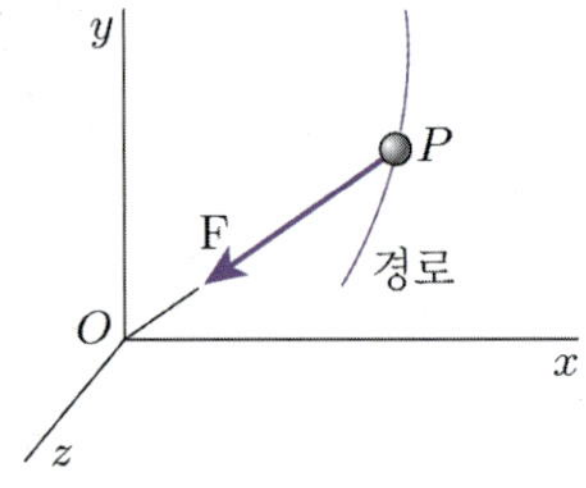

[그림 5.3.3] 중심력에 의한 운동

질점에 대한 각운동량 보존법칙은 다음과 같이 간단하게 쓸 수 있다.

$$\Delta \mathrm{H}_O = 0\ ; \quad \mathrm{H}_{O2} = \mathrm{H}_{O1} \qquad \cdots(5.3.10)$$

여기에서 H_{O1}과 H_{O2}는 각각 시간 t_1과 t_2에서 O점에 대한 질점의 각운동량이다. 그리고 여러 개의 질점으로 구성된 질점계에 대한 각운동량 보존법칙은 다음과 같이 표현된다.

$$\sum \mathrm{H}_{O2} = \sum \mathrm{H}_{O1} \qquad \cdots(5.3.11)$$

이 경우에 합($\sum$)은 계를 구성하는 모든 질점에 대한 각운동량을 포함해야 한다. 이 식은 다음을 의미한다.

'외부에서 계에 작용하는 알짜 모멘트가 0이면 계의 각운동량은 내부 변화와 무관하게 일정하다.'

Note 각운동량 표기법

시간 t_1과 t_2에서 O점에 대한 질점의 각운동량을 각각 $(\mathrm{H}_O)_1$과 $(\mathrm{H}_O)_2$로 많이 나타낸다. 이 책에서는 간단하게 H_{O1}과 H_{O2}로도 표기하였다.

예제 5.3.1 어떤 순간에 질점의 위치벡터와 선운동량이 다음과 같을 때 좌표계 원점(O)에 대한 질점의 각운동량 크기(H_O)를 구하라.

$$\mathbf{r} = 3\mathbf{i} - 2\mathbf{j} + 4\mathbf{k}\,[\mathrm{m}], \quad \mathbf{L} = 3\mathbf{i} - 4\mathbf{j} + 5\mathbf{k}\,[\mathrm{kg \cdot m/s}]$$

풀이 각운동량의 정의 식 (5.3.1)로부터 원점(O)에 대한 질점의 각운동량은

$$\begin{aligned}\mathrm{H}_O &= \mathbf{r} \times \mathbf{L} \\ &= (3\mathbf{i} - 2\mathbf{j} + 4\mathbf{k}) \times (3\mathbf{i} - 4\mathbf{j} + 5\mathbf{k}) \\ &= [(-2)(5) - (4)(-4)]\mathbf{i} + [(4)(3) - (3)(5)]\mathbf{j} + [3(-4) - (-2)(3)]\mathbf{k} \\ &= 6\mathbf{i} - 3\mathbf{j} - 6\mathbf{k}\,[\mathrm{kg \cdot m^2/s}]\end{aligned}$$

이고, 각운동량 크기(H_O)는 다음과 같다.

$$H_O = \sqrt{6^2 + (-3)^2 + (-6)^2} = 9\,[\mathrm{kg \cdot m^2/s}]$$

이상에서 식을 전개한 후 다음과 같은 단위 벡터의 외적을 사용하였다.

$$\vec{i} \times \vec{i} = 0, \ \vec{j} \times \vec{j} = 0, \ \vec{k} \times \vec{k} = 0$$
$$\vec{i} \times \vec{j} = \vec{k}, \ \vec{j} \times \vec{k} = \vec{i}, \ \vec{k} \times \vec{i} = \vec{j}$$
$$\vec{j} \times \vec{i} = -\vec{k}, \ \vec{k} \times \vec{j} = -\vec{i}, \ \vec{i} \times \vec{k} = -\vec{j}$$

예제 5.3.2 어떤 순간에 질량이 m인 질점 P가 그림과 같은 위치에서 y축 방향으로 v의 속도로 움직이고 z축 방향으로 힘 F를 받는다. O점에 대한 질점의 각운동량과 각운동량의 시간 변화율을 구하라.

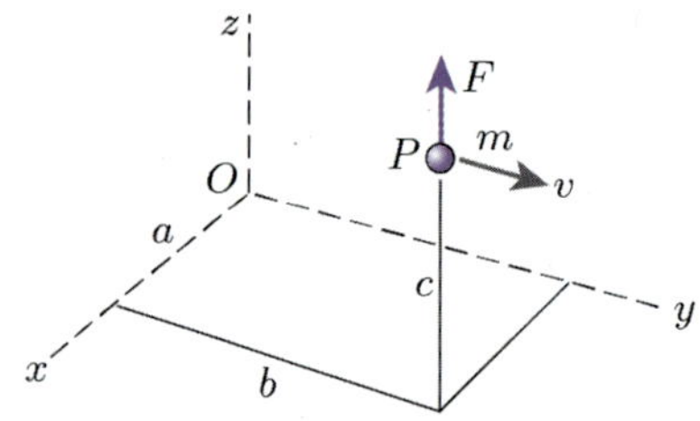

[그림 5.3.4] 질점의 위치와 힘 및 속도

풀이 질점 P의 위치벡터($\mathbf{r}$)와 속도($\mathbf{v}$) 및 질점이 받는 힘($\mathbf{F}$)은 다음과 같다.

$$\mathbf{r} = a\mathbf{i} + b\mathbf{j} + c\mathbf{k}, \quad \mathbf{v} = v\mathbf{j}, \quad \mathbf{F} = F\mathbf{k}$$

각운동량의 정의 식 (5.3.1)로부터 O점에 대한 질점의 각운동량은

$$\begin{aligned} \mathbf{H}_O &= \mathbf{r} \times m\mathbf{v} \\ &= (a\mathbf{i} + b\mathbf{j} + c\mathbf{k}) \times m(v\mathbf{j}) \\ &= mv(-c\mathbf{i} + a\mathbf{k}) \end{aligned}$$

이고, 식 (5.3.6)으로부터 각운동량의 시간 변화율은 다음과 같다.

$$\begin{aligned} \dot{\mathbf{H}}_O &= \mathbf{M}_O = \mathbf{r} \times \mathbf{F} \\ &= (a\mathbf{i} + b\mathbf{j} + c\mathbf{k}) \times (F\mathbf{k}) \\ &= F(b\mathbf{i} - a\mathbf{j}) \end{aligned}$$

예제 5.3.3 그림과 같이 한 혜성이 타원궤도를 그리며 태양 주위를 돌고 있다. 혜성으로부터 태양 중심까지 최대거리와 최소거리는 각각 $R_A = 6 \times 10^9 \mathrm{km}$와 $R_B = 8 \times 10^7 \mathrm{km}$이다. 최대거리 지점 A에서 혜성의 속도가 $v_A = 700\mathrm{m/s}$일 때 최소거리 지점 B에서 혜성의 속도를 구하라.

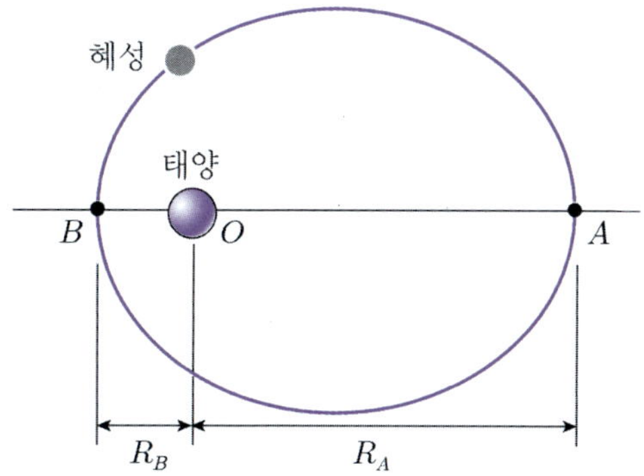

[그림 5.3.5] 타원궤도를 돌고 있는 혜성

풀이 혜성에 작용하는 힘은 태양에 의한 인력(중력)이고, 이 힘은 행성 중심(O)을 향한다. 따라서 O점에 대한 힘의 모멘트가 0이므로 혜성의 각운동량이 보존된다. 각운동량 보존법칙으로부터 지점 B에서 혜성의 속도(v_B)는 다음과 같다.

$$(H_O)_A = (H_O)_B$$

$$mv_A \times R_A = mv_B \times R_B$$

$$v_B = \left(\frac{R_A}{R_B}\right)v_A = \left(\frac{6\times 10^9}{8\times 10^7}\right)(700) = 52{,}500\,[\text{m/s}]$$

예제 5.3.4 가벼운 막대의 양 끝에 질량이 $2m$과 $3m$인 물체를 부착한 시스템은 그림과 같이 질량 m의 접착제 덩이가 v_1의 속도로 막대에 수직인 반향으로 충돌할 때까지 정지해 있다. 봉은 수평면상에서 회전할 수 있으며, 접착제는 질량 $2m$인 물체에 완전소성 충돌($e=0$)하여 접착제와 물체가 한 덩어리가 되어 O점을 중심으로 회전한다. 충돌 직후 물체의 각속도 ω_2를 구하라. 회전축(O)에서 마찰이 없고, 막대의 질량을 무시하며, 세 물체를 질점들로 간주한다.

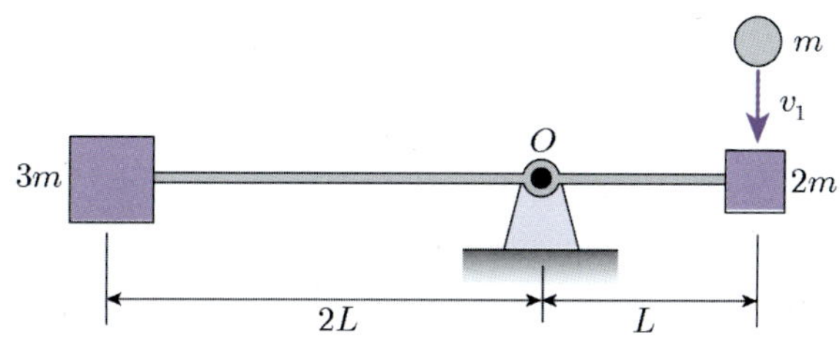

[그림 5.3.6] 막대에 부착된 물체에 충돌하는 접착제 덩이

풀이 충돌 과정에서 무게와 관련된 각충격량을 무시하면 계의 각운동량이 보존된다. 충돌 전과 후를 각각 1, 2로 나타내고 O점에 대한 각운동량 보존식을 적용한다.

$$(H_O)_1 = (H_O)_2$$

$$(+\curvearrowright) \quad mv_1(L) = (m+2m)(L\omega_2)(L) + 3m(2L\omega_2)(2L)$$

$$\therefore \quad \omega_2 = \frac{v_1}{15L}(\curvearrowright)$$

이상에서 충돌 직후 막대에 부착된 세 물체의 O점에 대한 각속도는 모두 w_2이고, O점으로부터 거리 r에서 속도 $v = r\omega_2$, $H_O = (\text{질량}) \times v \times r$이다.

> 이 문제 그림은 두 물체($2m$, $3m$)가 마찰 없는 수평면에 놓여 있는 것을 위에서 내려다 본 것이다.

예제 5.3.5 질량이 각각 m인 두 개의 공이 수평면에서 회전하는 매끄러운 막대를 따라 미끄러질 수 있다. 두 공을 초기 각속도 ω_1로 회전하는 축으로부터 R만큼 떨어진 곳에 놓았다. 공이 축으로부터 $2R$만큼 떨어진 곳으로 미끄러졌을 때 막대의 각속도 ω_2와 공의 운동에너지 손실 비($\Delta T / T_1$)를 구하라. 막대와 지지대의 질량과 모든 마찰은 무시한다.

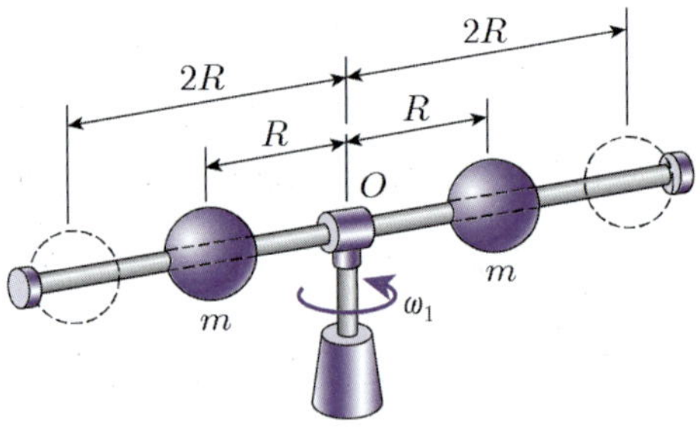

[그림 5.3.7] 회전하는 막대와 공

풀이 각속도 ω로 회전하는 축으로부터 r만큼 떨어진 위치에서 공의 접선방향 속도 $v = r\omega$이다. 회전 방향으로 작용하는 모멘트가 없으므로 회전축(O)에 대한 각운동량 보존법칙을 적용하면

$$(H_O)_1 = (H_O)_2$$

$$2 \times R(mv_1) = 2 \times (2R)(mv_2)$$

$$2R(m)(R\omega_1) = 4R(m)(2R\omega_2)$$

$$\therefore \quad \omega_2 = \frac{\omega_1}{4}$$

이다. 그리고 $r=R$에서 초기 운동에너지는

$$T_1 = 2\times\frac{1}{2}mv_1^2 = m(R\omega_1)^2$$

이고, $r=2R$에서 운동에너지는

$$T_2 = 2\times\frac{1}{2}mv_2^2 = m(2R\omega_2)^2 = m\left(2R\times\frac{\omega_1}{4}\right)^2 = \frac{m(R\omega_1)^2}{4}$$

이므로 공의 운동에너지 손실 비는 다음과 같다.

$$\frac{\Delta T}{T_1} = \frac{T_1 - T_2}{T_1} = 1 - \frac{T_2}{T_1} = 1 - \frac{1}{4} = \frac{3}{4}$$

예제 5.3.6 질량 $m=1\text{kg}$인 공이 수평으로 놓인 길이 $L=2\text{m}$의 막대 끝에 부착되어 있다. 봉의 회전축(O)에 $M=(3t^2+4t+5)[\text{N}\cdot\text{m}]$($t$의 단위는 초)의 우력모멘트가 작용할 때 $t=1$초에서 공의 속력을 구하라. $t=0$에서 공의 속력 $v=3\text{m/s}$이고, 막대 무게와 공의 크기는 무시한다.

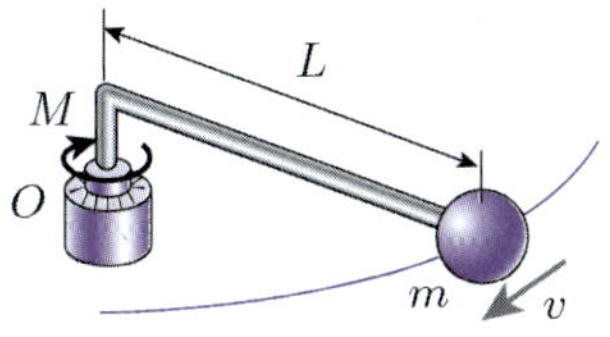

[그림 5.3.8] 우력모멘트를 받는 공

풀이 봉의 회전축(O)으로부터 공까지 거리 L이 일정하므로 공의 속도의 반경방향 성분은 0이다. 접선방향으로 회전축(O)에 대한 각충격량과 각운동량 원리를 적용한다.

$$t_1 = 0,\ v_1 = 3\text{m/s},\ t_2 = 1\text{s},\ v_2 = ?$$

$$\text{H}_{O1} + \int_{t_1}^{t_2}\text{M}_O dt = \text{H}_{O2}$$

$$mv_1L + \int_{t_1}^{t_2}Mdt = mv_2L$$

$$1(3)(2) + \int_0^1 (3t^2+4t+5)dt = 1(v_2)(2)$$

$$6 + \left[t^3+2t^2+5t\right]_0^1 = 2v_2$$

$$6 + (1+2+5) = 2v_2$$

$$v_2 = 7[\text{m/s}]$$

따라서 $t=1$초에서 공의 속력 $v=v_2=7[\text{m/s}]$이다.

연습문제 5.3

01 xy평면에서 그림과 같이 움직이는 질량 2kg 인 공의 점 O에 대한 각운동량의 크기(H_O)를 구하라.

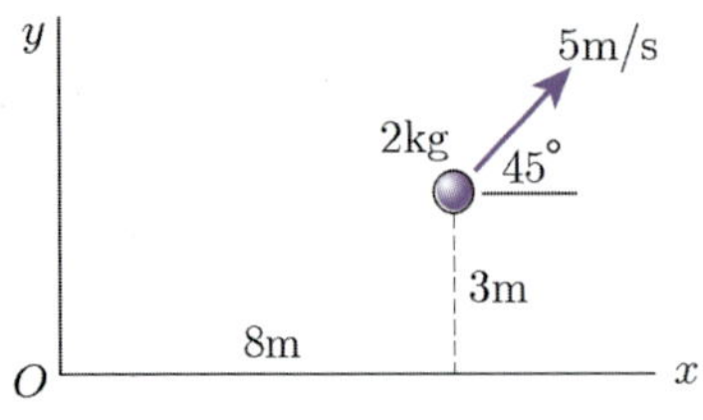

[문제 5.3.1]

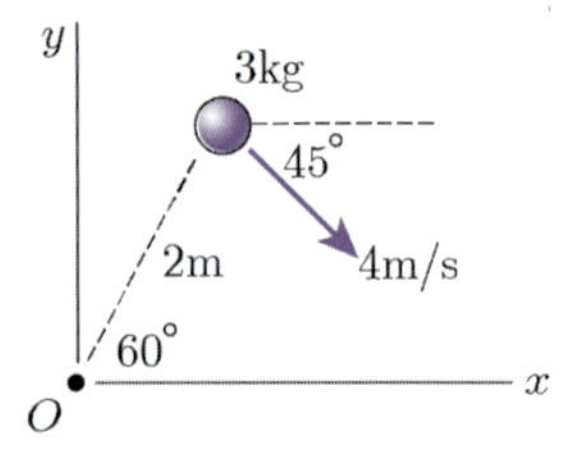

[문제 5.3.2]

02 xy평면에서 그림과 같이 움직이는 질량 3kg 인 공에 대해 (1) 선운동량($\mathbf{L}$)과 (2) O점에 대한 각운동량($\mathbf{H}_O$)을 구하라.

03 매끄러운 수평면에서 질량이 m과 $2m$인 공이 각각 $3v$와 v의 속도로 날아가 O점을 축으로 회전할 수 있는 막대의 양 끝에 박힌다. 초기에 막대가 정지해 있다고 할 때 충돌 직후 막대의 각속도를 구하라. 막대의 질량과 마찰은 무시한다. Hint: $H_{O1} = H_{O2}$.

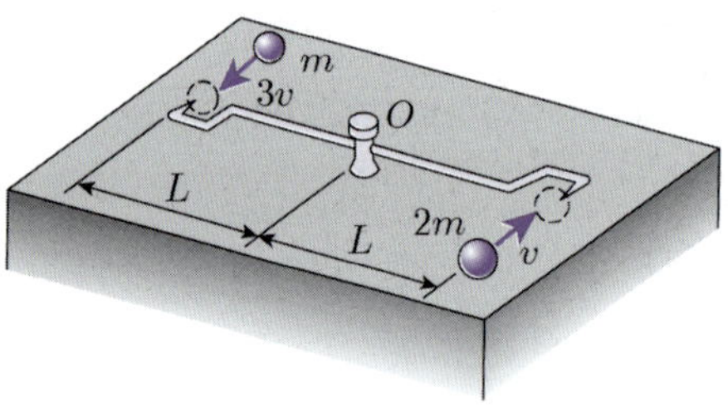

[문제 5.3.3]

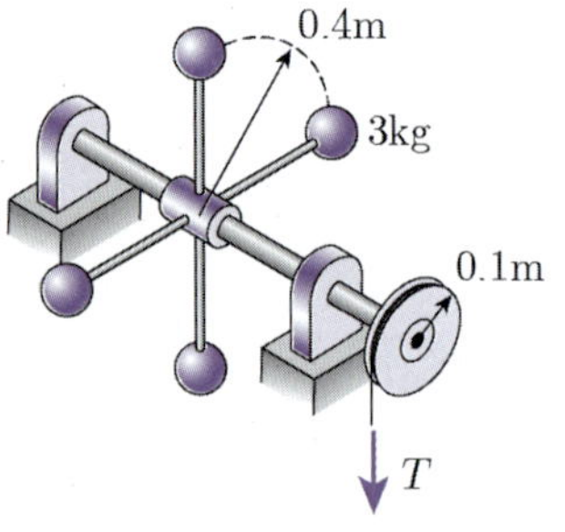

[문제 5.3.4]

04 그림에서 t초 동안 $T = 20\text{N}$ 의 장력이 작용하여 조립체가 정지 상태로부터 출발하여 각속도 200rpm 에 도달하였다. 힘이 작용한 시간 t를 구하라. 공의 질량을 제외한 모든 질량과 마찰력을 무시한다. Hint: $v = r\omega$, 각충격량과 각운동량 원리.

05 어떤 순간에 질점의 위치벡터와 선운동량이 다음과 같을 때 좌표계 원점(O)에 대한 질점의 각운동량 크기(H_O)를 구하라.

$$\mathbf{r} = 3\mathbf{i} - 2\mathbf{j} + 4\mathbf{k}\,[\text{m}], \quad \mathbf{L} = -3\mathbf{i} - 4\mathbf{j} - 5\mathbf{k}\,[\text{kg} \cdot \text{m/s}]$$

06 질량 $m = 4\text{kg}$ 인 질점의 위치 $\mathbf{r} = 3t^2\mathbf{i} - 2t\mathbf{j} - 3t\mathbf{k}\,[\text{m}]$($t$의 단위는 초)이다. $t = 1$초일 때 원점(O)에 대한 질점의 각운동량 크기(H_O)와 질점에 작용하는 힘의 모멘트 크기(M_O)를 구하라. Hint: $\mathbf{v} = \dot{\mathbf{r}}$, $\mathbf{M}_O = \dot{\mathbf{H}}_O$.

07 100g 의 질점이 수직 평면상에 고정된 반지름 0.3m 의 매끄러운 원호 형 안내 봉의 꼭대기 A쪽으로 $2\text{m/s}(\leftarrow)$의 속도로 발사된다. 질점이 이 곡선 경로의 바닥 C점을 통과할 때 B점에 대한 각운동량의 시간 변화율 $\dot{\mathbf{H}}_B$를 구하라. Hint: 에너지 보존법칙으로부터 C점의 속도를 구한다. C점 반력: $\sum F_y = ma_y$, $\dot{\mathbf{H}}_B = \mathbf{M}_B$.

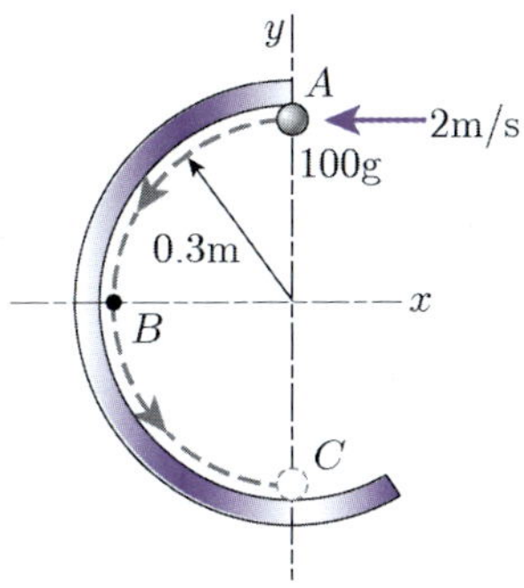

[문제 5.3.7]

08 O점을 중심으로 하는 수평축에 대해 수직 평면상에서 회전할 수 있는 봉의 양 끝에 6kg 의 공과 4kg 의 블록이 매달려 있다. A 지점에 정지해 있는 2kg 의 플러그가 블록에 수직 방향으로 낙하하여 4kg 의 블록과 완전소성 충돌($e = 0$)한다. 충돌 직전 봉이 수평으로 놓였고 봉의 각속도가 $\omega_0 = 2\text{rad/s}$ 일 때 블록과 충돌하여 결합한 후 봉의 각속도를 구하라. 봉의 질량과 마찰은 무시한다. Hint: 에너지 보존법칙, $v = r\omega$, $H_{O1} = H_{O2}$.

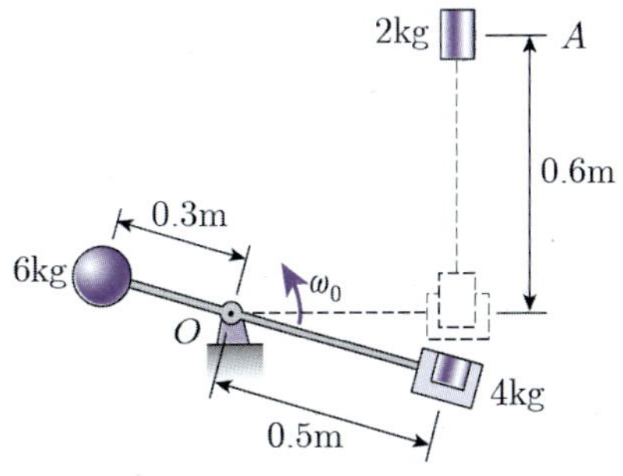

[문제 5.3.8]

09 2kg의 공이 줄이 매달려 있고 공과 줄이 수직축에 대해 4rad/s의 각속도로 매끄러운 원주면 위에서 회전하고 있다. 공의 운동은 $L=0.3\text{m}$ 위치에서 줄에 작용하는 장력 T에 의해 유지된다. 장력 T를 증가시켜 $L=0.2\text{m}$가 되었다. 이때의 각속도 ω와 T에 의해 계에 행해진 일 $U_{1\to2}$를 구하라. 원주면이 수평면과 이루는 각은 $30°$이다. Hint: 수직축에 대한 각운동량 보존, $v=r\omega$, $U_{1\to2}=\Delta T+\Delta V_g$.

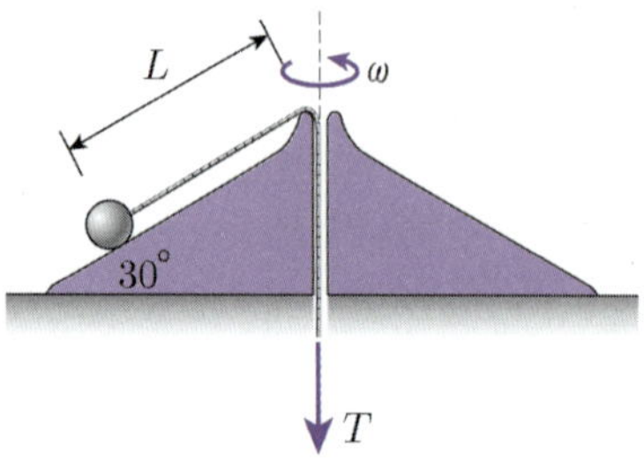

[문제 5.3.9]

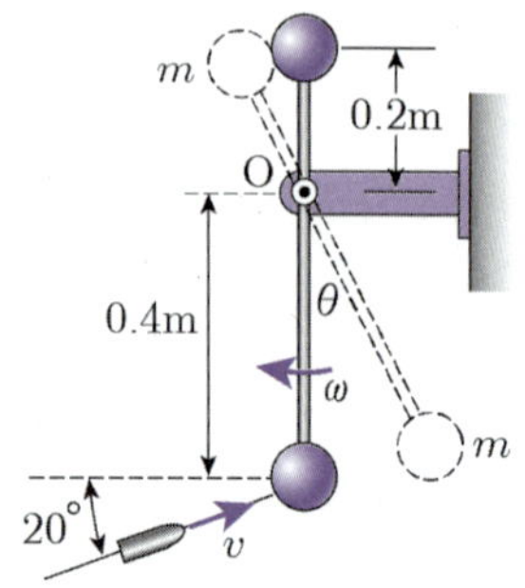

[문제 5.3.10]

10 그림과 같이 질량 $m=3.2\text{kg}$인 두 개의 공과 봉으로 구성된 진자가 수직면에 설치되었다. 진자가 시계방향으로 각속도 $\omega=6\text{rad}/$로 수직 위치를 통과하고 있을 때 50g의 총알이 $v=300\text{m/s}$의 속도로 날아와 아래에 있는 공에 박혔다. 충돌 직후 진자의 각속도 ω'과 진자의 최대 각 변위 θ를 구하라. Hint: $H_{O1}=H_{O2}$, 에너지 보존법칙.

11 질량 $m=1\text{kg}$인 두 개의 공을 부착한 장치가 $\theta=90°$에서 수직축에 대해 $\omega=4\text{rad/s}$의 속도로 회전하고 있다. 주어진 위치를 유지하는 힘 F를 증가시켜 축의 아래 고리(A)를 밀어 올려서 θ를 $60°$로 감소시켰다. 이때의 각속도와 이 과정 동안 힘 F가 한 일을 구하라. 두 공의 질량 외의 다른 모든 질량과 마찰 및 공의 크기는 무시하고, 연결점과 연결점 사이 거리 및 연결점과 공의 질량중심까지 거리는 모두 0.5m이다. 위 고리(B)는 봉에 고정되어 있다.

Hint: $H_{O1}=H_{O2}$, $U_{1\to2}=\Delta T+\Delta V_g$, 중력 위치에너지 기준선-$B$의 핀.

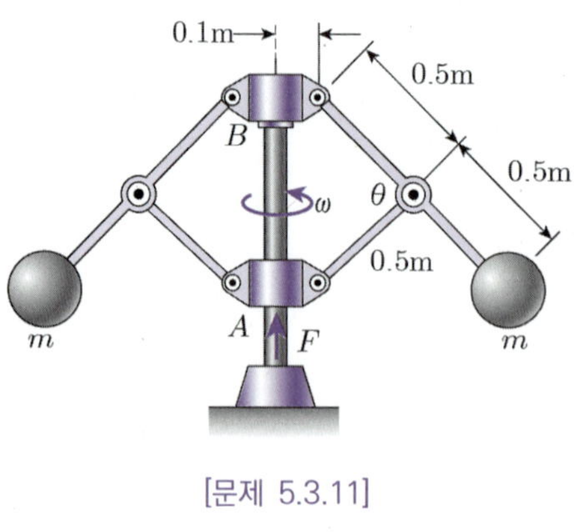

[문제 5.3.11]

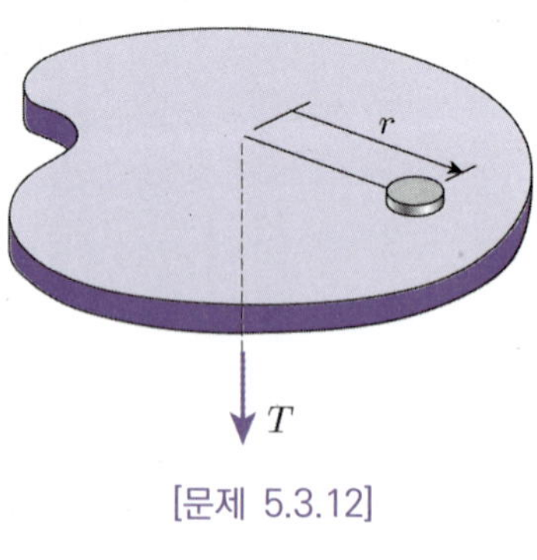

[문제 5.3.12]

12 수평으로 놓인 매끄러운 테이블 위에서 미끄러지는 1kg 의 작은 원판의 속도를 테이블 구멍을 통과한 줄로써 조절한다. (1) 원판이 2m/s 의 일정 속도로 반지름 $r=1$m 의 원형 경로를 따라 움직일 때 줄에 걸리는 장력 T를 구하라. (2) (1)에서 기술한 조건을 초기 조건으로 하여 장력을 증가시켜(줄을 잡아당겨) r을 감소시킬 때 장력 T를 r의 함수로 나타내라. Hint: 원운동 $a_r=-v^2/r$, 각운동량 보존.

13 질량 $m=3$kg 인 4 개의 공이 수평면에서 움직이는 길이 $L=2$m 의 막대 끝에 부착되어 있다. 막대의 회전축에 $M=(8t+4)$[N • m](t의 단위는 초)의 모멘트가 작용할 때 $t=2$초에서 공의 속력을 구하라. $t=0$에서 공의 속력은 0이고, 막대 무게와 공의 크기는 무시한다. Hint: 각충격량과 각운동량 원리.

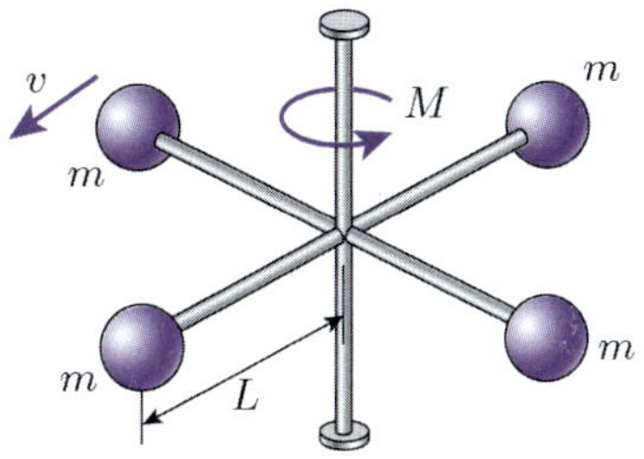

[문제 5.3.13]

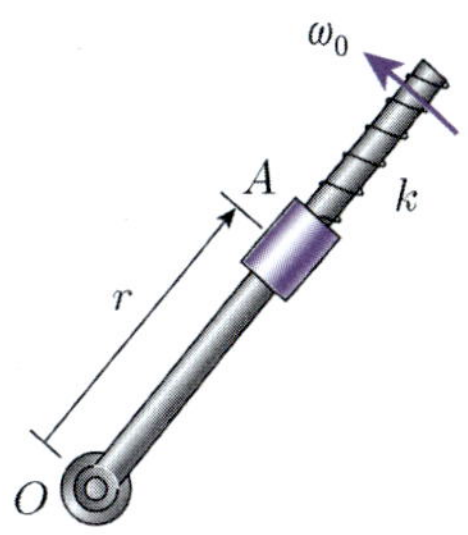

[문제 5.3.14/15]

14 매끄러운 수평면에 놓인 막대가 마찰 없는 핀으로 연결된 O점을 축으로 회전하고 있다. 질량 $m=2$kg 의 슬리브 A가 매끄러운 막대 위에서 미끄러지고 있으며 막대의 질량은 슬리브의 질량에 비해 무시할 수 있다. 스프링상수 $k=40$N/m 이고 스프링은 $r=0$에서 변형 전 상태이다. $t=0$에서 슬리브의 반경방향 위치는 $r=0.2$m 이고 막대의 각속도 $\omega_0=6$ rad/s 이다. 슬리브가 $r=0.25$m 까지 미끄러지는 순간 막대의 각속도를 구하라. (이 문제 그림은 위에서 내려다본 것임.) Hint: 스프링 힘은 반경방향으로 작용한다.

15 위 문제(14 번)에서 $t=0$에서 슬리브의 반경방향 위치와 반경방향 속도는 $r=0.2$m, $v_r=0$이며, 막대의 각속도 $\omega_0=6$rad/s 이다. 슬리브가 $r=0.25$m 까지 미끄러지는 순간 막대의 각속도와 슬리브의 반경방향 속도를 구하라. Hint: 에너지 보존법칙. 스프링 에너지 $kr^2/2$, $v_\theta=r\omega$.

16 원점이 O인 직각좌표계에서 질량 $m=2$kg 인 물체에 작용하는 총 외력이 시간의 함수로서 $\sum\mathbf{F}=2t\mathbf{i}+4\mathbf{j}$ [N](t의 단위는 초)로 주어진다. $t_1=0$에서 물체의 위치와 속도는 각각 $\mathbf{r}=0$, $\mathbf{v}=0$이다. Hint: $\sum\mathbf{F}=m\mathbf{a}$, $\int_{t_1}^{t_2}\mathbf{M}_O dt=\int_{t_1}^{t_2}\mathbf{r}\times\mathbf{F}\,dt$.

(1) 뉴턴의 제2법칙을 사용하여 물체의 속도 $\mathbf{v}$ 와 위치 $\mathbf{r}$을 t의 함수로 표현하라.

(2) $t_1 = 0$에서 $t_2 = 6$s까지 $\mathbf{r} \times \sum \mathbf{F}$를 적분하여 이 시간 동안 물체에 가해진 O점에 대한 각충격량($\int_{t_1}^{t_2} \mathbf{M}_O dt$)을 구하라.

(3) (1), (2)의 결과를 이용하여 $t_1 = 0$에서 $t_2 = 6$s까지 물체의 각운동량 변화($\Delta \mathbf{H}_O$)를 구하라.

17 매끄러운 수평면(xy 평면)에서 움직이는 두 물체 A와 B가 있다. 물체 A의 질량은 2.5 kg이고 속도는 $(-3\text{m/s})\mathbf{j}$이며, B의 질량은 4kg이고 속도는 $(4.5\text{m/s})\mathbf{i}$이다. A와 B가 점 $(-0.5\text{m}, -0.1\text{m})$에서 완전소성충돌 할 때 충돌 후 달라붙은 두 물체의 원점(O)에 대한 충돌 직후의 각운동량($\mathbf{H}_O$)을 구하라. Hint: 각운동량 보존.

18 O점으로부터 연직 위 방향으로 $d_1 = 1.5$m, 수평 방향으로 $d_2 = 2.8$m 떨어진 위치에 있는 두 개의 물체가 xy 평면에서 움직인다. 물체 P_1의 질량 $m_1 = 6.5$kg, 속도 $v_1 = 2.2$ m/s(→)이고, P_2의 질량 $m_2 = 3.1$kg, 속도 $v_2 = 3.6$m/s(↑)이다. 두 물체의 O점에 대한 알짜 각운동량의 크기와 방향을 구하라. Hint: $\mathbf{H}_O = \sum(\mathbf{r} \times m\mathbf{v})$.

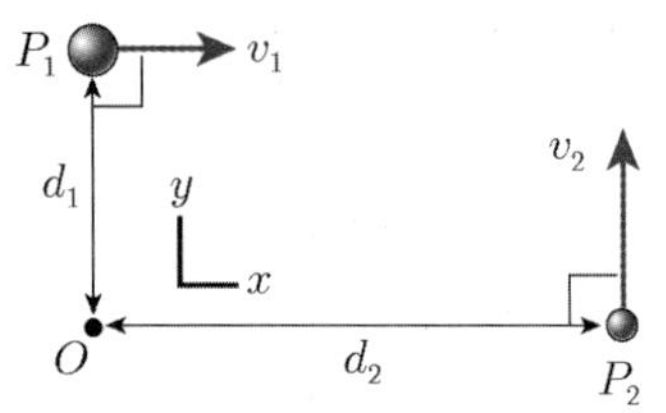

[문제 5.3.18]

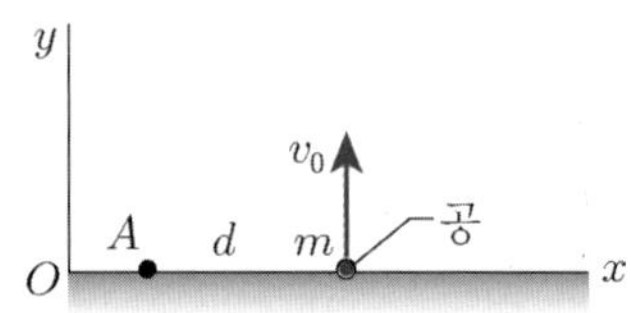

[문제 5.3.19/20]

19 질량 $m = 0.4$kg의 공이 $v_0 = 40$m/s(↑) 속도로 연직 위 방향으로 발사되었다. 다음 각 경우에 대해 발사점으로부터 왼쪽으로 $d = 2$m 떨어진 지점 A에 대한 각운동량(H_A)을 구하라. (1) 공이 최고 높이에 있을 때 (2) 최고 높이에 도달한 후 아래로 반만큼 내려왔을 때. Hint: $H_A = mvd$.

20 위 문제(19번)에서 점 A에 대하여 중력에 의해 공에 작용하는 모멘트(M_A)를 다음 각 경우에 대해 구하라. (1) 공이 최고 높이에 있을 때 (2) 최고 높이에 도달한 후 아래로 반만큼 내려왔을 때

21 질량 $m = 5$kg의 블록 A가 매끄러운 수평면에서 점 O를 중심으로 하는 반지름 $r = 1$m인 원형 경로를 따라 회전하고 있다. $t = 0$에서 블록의 속도 $v_1 = 2$m/s이다. 블록에 접선 방향으로 일정한 크기의 힘 $P = 5$N이 작용할 때 $t = 3$초가 되는 순간 블록의 속도(v_2)를 구하라. O점에서 마찰력과 막대 OA의 질량은 무시하고 블록은 질점으로 가정한다. Hint: 각충격량과 각운동량 원리.

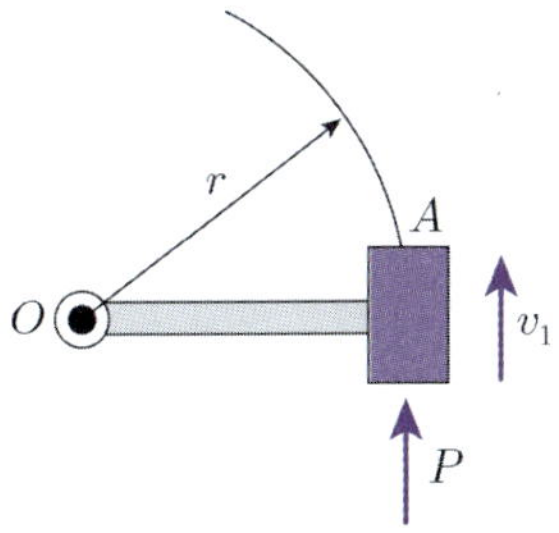

[문제 5.3.21]

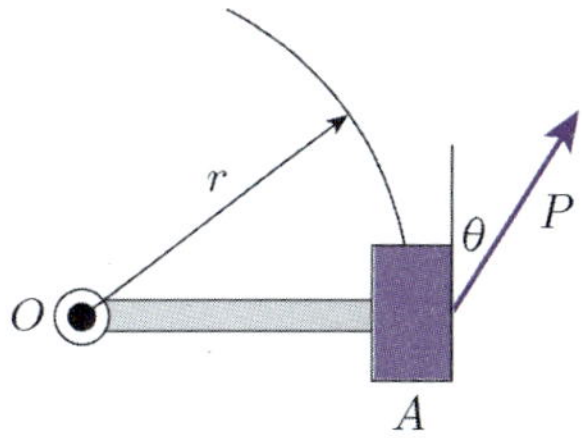

[문제 5.3.22/23]

22 질량 $m = 5\text{kg}$ 의 블록 A가 θ의 방향으로 시간에 따라 변화하는 힘 $P = 10t[\text{N}]$(t의 단위는 초)를 받으면서 매끄러운 수평면에서 점 O를 중심으로 하는 반지름 $r = 1\text{m}$ 인 원형 경로를 따라 회전하고 있다. 각 θ는 경로의 접선과 힘 P의 방향이 이루는 각이다. $t = 0$에서 블록의 속도가 0일 때 (1) $\theta = 0°$ (2) $\theta = 60°$인 경우에 대해 $t = 4$초가 되는 순간 블록의 속도(v_2)를 각각 구하라. O점에서 마찰력과 막대 OA의 질량은 무시하고 블록은 질점으로 가정한다. Hint: 접선방향 힘= $P\cos\theta$.

23 위 문제(22 번)에서 $t = 0$에서 블록의 속도 $v_1 = 2\text{m/s}$ 일 때 $\theta = 90°$인 경우에 대해 $t = 4$초가 되는 순간 블록의 속도(v_2)를 구하라. Hint: O점에 대한 힘 P의 모멘트= 0.

24 가벼운 막대의 양 끝에 질량 2kg과 4kg인 물체를 부착한 시스템이 그림과 같이 정지해 있다. 봉은 수평면상에서 회전할 수 있으며, 질량 1kg인 물체가 막대에 수직인 방향으로 $v_1 = 38\text{m/s}$ 의 속도로 질량 2kg인 물체에 완전소성 충돌하여 두 물체가 한 덩어리가 되어 O점을 중심으로 회전한다. 회전축(O)에서 마찰이 없고, 막대의 질량을 무시하며, 세 물체를 질점들로 간주하여 충돌 직후 물체의 각속도 ω_2를 구하라. (이 문제 그림은 두 물체가 마찰 없는 수평면에 놓여 있는 것을 위에서 내려다본 것이다.)

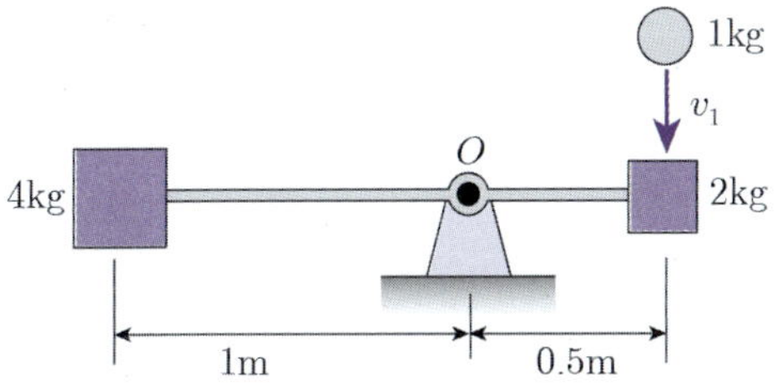

[문제 5.3.24]

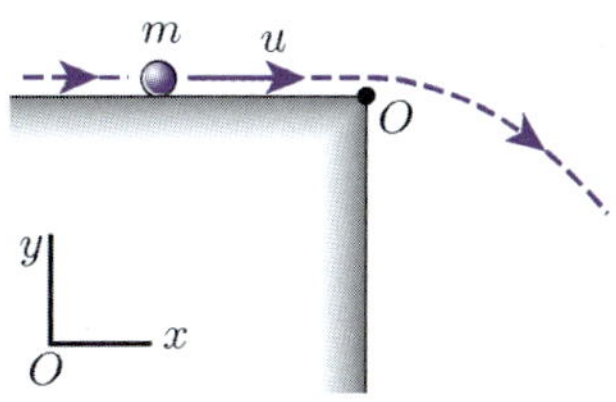

[문제 5.3.25]

25 질량이 m인 물체가 $t = 0$에서 수평 방향으로 $u(\rightarrow)$의 속도로 O점에서 발사된다. 시간 t에서 O점에 대한 물체의 각운동량 H_O를 구하라. 중력가속도는 g이고, O점은 xy좌표계의 원점이다. Hint: $v_x = u$, $v_y = -gt$.

26 줄에 연결된 질량 m의 작은 원판이 일정한 횡방향 힘 F를 받으면서 매끄러운 수평 테이블 위에서 미끄러지고 있다. 줄이 O의 테이블 구멍을 통해 일정한 속도 v_0로 원판을 당긴다. $t=0$에서 $r=r_0$이며 원판의 횡방향 속도는 0이다. 시간 t에서 원판의 속도($\mathbf{v}$)를 구하라. 작은 원판은 질점으로 간주하고 모든 마찰은 무시한다. Hint: $r=r_0-v_0t$, 횡방향으로 각충격량-각운동량 원리 적용.

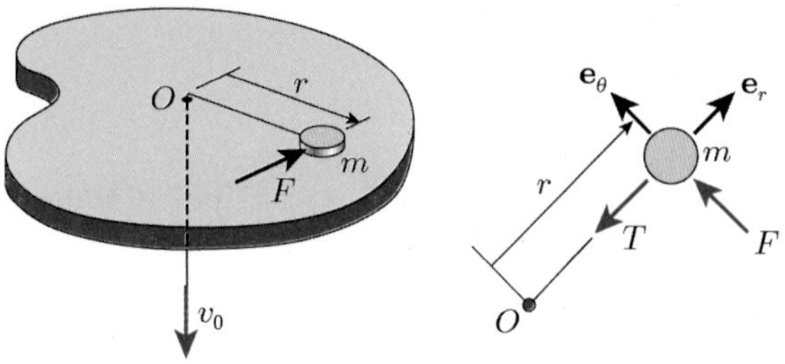

[문제 5.3.26]

27 일정한 각속도로 반지름 $R=3\text{m}$인 원의 원주를 따라 1분에 한 바퀴 회전하는 물체가 있다. 이 물체의 질량 $m=10\text{kg}$일 때, 원의 중심 O에 대한 물체의 각운동량의 크기 $[\text{kg} \cdot \text{m}^2/\text{s}]$는? (단, 물체의 부피는 무시한다) [공무원 임용시험]

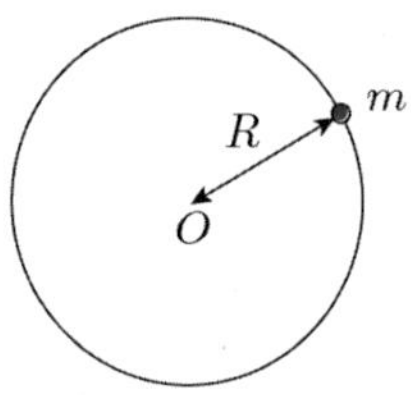

[문제 5.3.27]

① 2π　　② 3π　　③ 4π　　④ 5π

제6장 강체의 평면운동학

6.1 병진운동과 회전운동

6.2 절대속도와 상대속도

6.3 순간중심

6.4 절대가속도와 상대가속도

6.5 회전좌표계를 이용한 상대운동 해석

6.1 병진운동과 회전운동

1 병진운동

각 질점들이 주어진 평면 내에서 움직이는 운동을 평면운동이라 한다. 강체의 모든 부분이 평행 평면 내에서 움직이면 그 강체는 평면운동을 하게 된다. 평면운동 중에서 병진운동은 '**물체 내의 모든 선분이 원래 위치에 대해 항상 평행한 상태를 유지하는 운동**'으로 정의된다. 병진운동을 하면 물체 내의 어떤 성분도 회전하지 않는다.

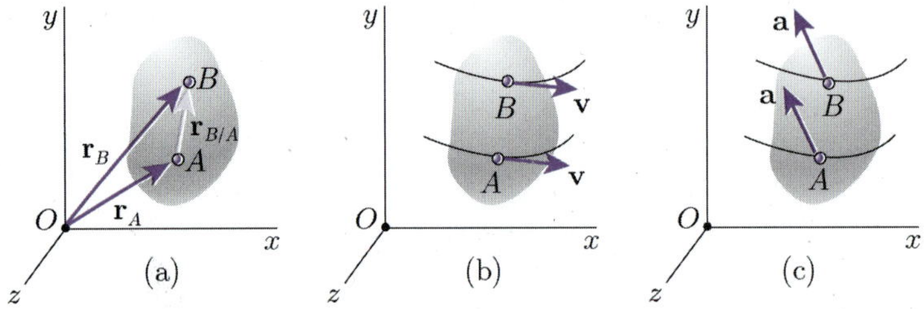

[그림 6.1.1] 병진운동을 하는 강체 (a) 위치벡터 (b) 속도 (c) 가속도

[그림 6.1.1]의 (a)와 같이 병진운동을 하는 강체에서 A와 B를 그에 속한 임의의 두 질점이라고 하자. 고정된 기준 좌표계에 대한 A와 B의 위치좌표를 각각 r_A와 r_B로 표시하고 A와 B를 연결하는 벡터를 $\mathrm{r}_{B/A}$로 표시하면 다음 관계식을 얻는다.

$$\mathrm{r}_B = \mathrm{r}_A + \mathrm{r}_{B/A}$$

A와 B의 속도를 얻기 위해 위 식을 t에 대해 미분한다. A와 B는 동일한 강체에 속해 있기 때문에 병진운동의 정의로부터 벡터 $\mathrm{r}_{B/A}$는 일정한 방향을 유지해야 하고 그 크기도 항상 일정하다. 따라서 $\mathrm{r}_{B/A}$의 시간에 대한 도함수는 0이므로 다음 식을 얻을 수 있다.

$$\mathrm{v}_B = \mathrm{v}_A$$

위 식을 한 번 더 시간에 대해 미분하면 A와 B의 가속도에 대해 다음 관계식을 얻는다.

$$\mathrm{a}_B = \mathrm{a}_A$$

이상에서 살펴본 바와 같이 '**강체가 병진운동을 할 때는 강체 내의 모든 점들이 어떤 순간에도 동일한 속도와 가속도를 갖는다.**'

2 회전운동

강체가 운동하는 동안에 강체 내의 모든 점들이 원래 위치와 평행을 유지하면서 이동하는 경우를 병진운동이라 하고, 강체 내의 질점들이 어떤 축(회전축)을 중심으로 원형 경로를 따라 움직이는 경우를 회전운동이라 한다. 회전축은 강체 내에 있거나 강체 밖에 있을 수 있으며 회전축 상에 위치한 질점의 속도와 가속도는 0이다. 병진 운동의 속도(v), 가속도(a), 힘(F)에 대응하는 회전운동의 물리량은 각속도(ω), 각가속도(α), 모멘트(M, 토크 T)이다.

강체의 회전운동은 각운동으로 표현된다. [그림 6.1.2]는 평면운동을 하면서 회전하는 강체를 나타낸다. 강체에 부착된 임의의 두 선분 1 과 2 의 각위치(angular position)를 각각 θ_1과 θ_2로 표시하였다. 강체에서 각도 β는 항상 일정하므로 $\theta_2 = \theta_1 + \beta$를 시간에 대해 미분하면 $\dot{\theta}_2 = \dot{\theta}_1$와 $\ddot{\theta}_2 = \ddot{\theta}_1$를 얻게 된다. 따라서 '**운동평면 내에 있는 강체의 모든 선분들은 동일한 각변위와 각속도 및 각가속도로 운동한다.**'

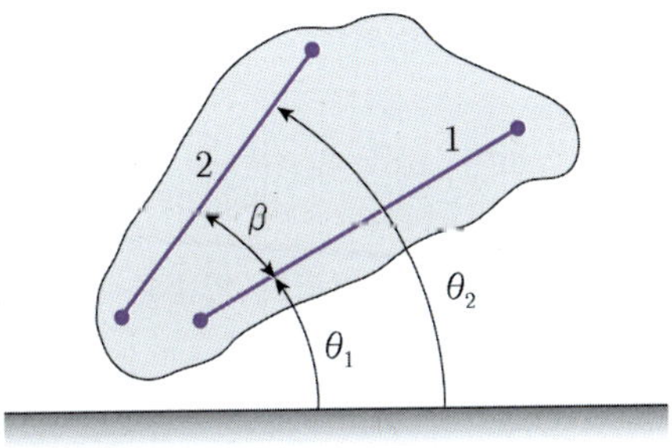

[그림 6.1.2] 회전운동을 하는 강체

평면운동을 하는 강체의 각속도 ω와 각가속도 α는 각각 운동 평면상에 있는 강체의 한 선분의 각위치 θ의 시간에 대한 1차 미분과 2차 미분으로 정의된다.

(1) 각속도: 각위치의 시간 변화율을 각속도(ω, angular velocity)라 한다.

$$\omega = \frac{d\theta}{dt} = \dot{\theta} \qquad \cdots(6.1.1)$$

(2) 각가속도: 각가속도(α, angular acceleration)는 각속도의 시간 변화율이다.

$$\alpha = \frac{d\omega}{dt} = \dot{\omega} \ ; \quad \alpha = \frac{d^2\theta}{dt^2} = \ddot{\theta} \qquad \cdots(6.1.2)$$

여기에서 $\alpha = \frac{d\omega}{dt} = \frac{d\omega}{d\theta}\frac{d\theta}{dt} = \omega\frac{d\omega}{d\theta}$ 이므로 각가속도와 각속도 및 각변위 사이에 다음 관계식을 얻을 수 있다.

$$\alpha d\theta = \omega d\omega \ ; \quad \ddot{\theta} d\theta = \dot{\theta}\, d\dot{\theta} \qquad \cdots (6.1.3)$$

식 (6.1.1)~(6.1.3)은 직선운동 관계식($v = ds/dt$, $a = dv/dt$, $ads = vdv$)과 유사하다는 것을 알 수 있다.

(3) 등각가속도운동: 강체의 각가속도가 일정할 때 식 (6.1.1)~(6.1.3)을 적분하면 다음 관계식이 얻어진다.

$$\omega = \omega_0 + \alpha t \qquad \cdots (6.1.4)$$

$$\theta = \theta_0 + \omega_0 t + \frac{1}{2}\alpha t^2 \qquad \cdots (6.1.5)$$

$$\omega^2 - \omega_0^2 = 2\alpha(\theta - \theta_0) \qquad \cdots (6.1.6)$$

여기에서 θ_0와 ω_0는 각각 초기($t = 0$) 각위치와 각속도이다

식 (6.1.4)~(6.1.6)은 단원 2.1 의 직선운동에서 속도 v, 가속도 a, 위치 s의 관계식과 유사하다. 즉, 각속도 ω는 속도 v, 각가속도 α는 가속도 a, 각위치 θ는 위치 s에 대응된다.

3 고정축에 대한 회전운동

강체가 고정축을 중심으로 회전하면 축 위에 있는 점들을 제외한 모든 점들은 고정축을 중심으로 하는 동심원을 따라 움직인다. 따라서 [그림 6.1.3]에 나타낸 것과 같이 임의의 점 A는 점 O를 수직으로 통과하는 고정축을 중심으로 회전하는 강체에서 반지름 r인 원주를 따라 움직인다. 여기에서 강체의 각속도와 각가속도를 각각 $\omega = \dot{\theta}$와 $\alpha = \ddot{\theta}$로 나타내면 식 (2.4.11)과 (2.4.12)로부터 점 A에서 속도와 가속도에 대한 다음 관계식을 얻는다.

$$v = r\omega \qquad \cdots (6.1.7)$$

$$a_n = r\omega^2 = \frac{v^2}{r} = \omega v \qquad \cdots (6.1.8)$$

$$a_t = r\alpha \qquad \cdots (6.1.9)$$

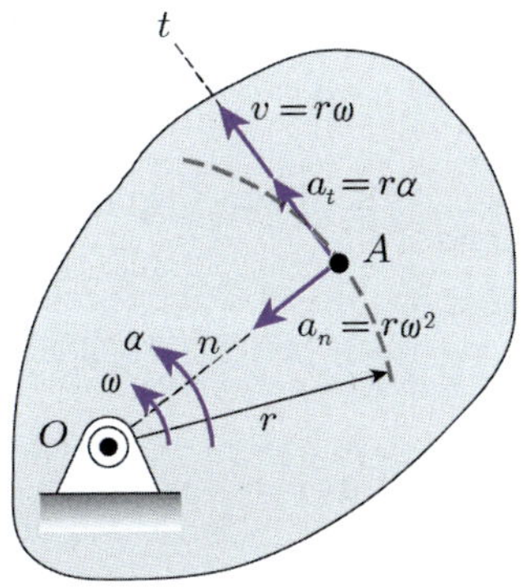

[그림 6.1.3] 강체의 속도와 가속도

위 식들은 외적을 이용하여 나타낼 수 있다. 회전하는 물체의 각속도는 [그림 6.1.4]의 (a)와 같이 회전 평면에 수직이고 오른손법칙에 따라 방향이 결정되는 벡터 ω로 나타낼 수 있다. 외적의 정의에 의해 속도 v는 다음과 같이 쓸 수 있다.

$$\mathrm{v} = \dot{\mathrm{r}} = \omega \times \mathrm{r}$$

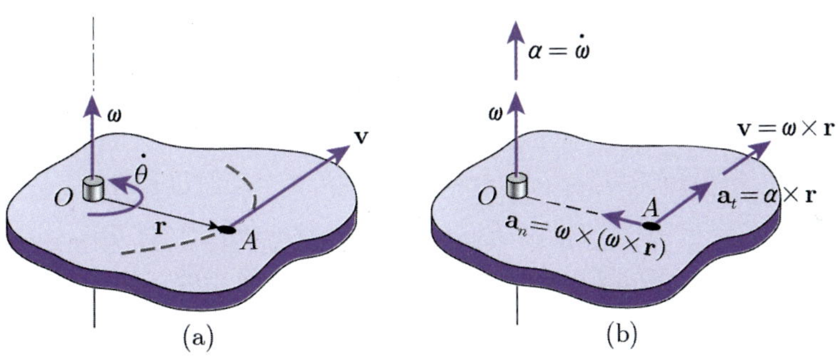

[그림 6.1.4] 강체의 속도와 가속도 벡터

점 A의 가속도는 $\mathrm{v} = \omega \times \mathrm{r}$을 시간에 대해 미분하여 다음과 같이 구한다.

$$\begin{aligned} \mathrm{a} = \dot{\mathrm{v}} &= \omega \times \dot{\mathrm{r}} + \dot{\omega} \times \mathrm{r} \\ &= \omega \times (\omega \times \mathrm{r}) + \dot{\omega} \times \mathrm{r} \\ &= \omega \times \mathrm{v} + \alpha \times \mathrm{r} \\ &= \omega \times (\omega \times \mathrm{r}) + \alpha \times \mathrm{r} \\ &= -\omega^2 \mathrm{r} + \alpha \times \mathrm{r} \end{aligned}$$

여기에서 $\alpha = \dot{\omega}$는 강체의 각가속도를 나타낸다. 따라서 식 (6.1.7)~(6.1.9)에 해당하는 벡터 식은 다음과 같다.

$$\mathbf{v} = \boldsymbol{\omega} \times \mathbf{r} \qquad \cdots (6.1.10)$$

$$\mathbf{a} = \boldsymbol{\alpha} \times \mathbf{r} - \omega^2 \mathbf{r} \qquad \cdots (6.1.11)$$

$$\mathbf{a}_n = \boldsymbol{\omega} \times (\boldsymbol{\omega} \times \mathbf{r}) = -\omega^2 \mathbf{r} \qquad \cdots (6.1.12)$$

$$\mathbf{a}_t = \boldsymbol{\alpha} \times \mathbf{r} \qquad \cdots (6.1.13)$$

[그림 6.1.4]의 (b)는 위의 벡터 식을 그림으로 나타낸 것이다. 각속도벡터 $\boldsymbol{\omega}$는 크기와 방향이 모두 변할 수 있다. 이때 각속도의 시간 미분인 각가속도 $\boldsymbol{\alpha} = \dot{\boldsymbol{\omega}}$는 $\boldsymbol{\omega}$와 같은 방향이 아니다. **$\mathbf{a}_n$의 방향은 항상 경로의 중심점 O를 향한다.**

회전축을 z축으로 잡으면 $\boldsymbol{\omega} = \omega\mathbf{k}$, $\mathbf{r} = x\mathbf{i} + y\mathbf{j}$로 쓸 수 있으므로

$$\boldsymbol{\omega} \times \mathbf{r} = \omega\mathbf{k} \times (x\mathbf{i} + y\mathbf{j}) = \omega(x\mathbf{j} - y\mathbf{i})$$

$$\mathbf{a}_n = \boldsymbol{\omega} \times (\boldsymbol{\omega} \times \mathbf{r}) = \omega\mathbf{k} \times \omega(x\mathbf{j} - y\mathbf{i}) = \omega^2(-x\mathbf{i} - y\mathbf{j}) = -\omega^2\mathbf{r}$$

가 된다. 강체의 평면운동에서 식 (6.1.10)~(6.1.13)을 알고 사용하면 된다.

예제 6.1.1 시간 $t = 0$에서 각속도 $\omega_0 = -4\,\mathrm{rad/s}$, 각위치 $\theta_0 = 0$이고, 각가속도 $\alpha = 0.2\,\mathrm{rad/s^2}$로 회전하는 물체가 있다. 여기에서 부호는 반시계방향(↶)을 양(+)으로 잡았다.

(1) 물체가 일시적으로 정지하는 시간을 구하라.

(2) 물체가 처음 위치로부터 반시계방향(↶)으로 10바퀴 회전할 때까지 걸리는 시간을 구하라.

풀이 (1) 처음에 시계방향으로 회전하는 물체($\omega_0 < 0$)가 점점 반시계방향으로 가속($\alpha > 0$)되고 있다. 물체가 정지하는 순간에 $\omega = 0$이므로 이것을 이용하면 다음과 같이 정지하는 시간(t)이 구해진다.

$$\omega = \omega_0 + \alpha t \qquad \cdots ①$$

$$\therefore\ t = \frac{\omega - \omega_0}{\alpha} = \frac{0 - (-4)}{0.2} = 20\,[\mathrm{s}]$$

(2) 각가속도가 일정할 때 시간(t)과 각 변위($\theta - \theta_0$)의 관계식은

$$\theta - \theta_0 = \omega_0 t + \frac{1}{2}\alpha t^2 \quad \cdots ②$$

이다. 여기에서 $\omega_0 = -4\,\mathrm{rad/s}$, $\alpha = 0.2\,\mathrm{rad/s^2}$이고 $n = 10$바퀴의 회전을 각도로 계산하면

$$\theta - \theta_0 = 2\pi n = 2\pi \times 10 = 20\pi$$

이다. 이 값들을 식 ②에 대입하면 다음과 같이 물체가 반시계방향으로 10바퀴 회전할 때까지 걸리는 시간(t)이 구해진다.

$$20\pi = -4t + \frac{1}{2} \times (0.2)t^2$$

$$t^2 - 40t - 200\pi = 0$$

$$\therefore \ t = 20 + \sqrt{20^2 + 200\pi} = 52.07\ [\mathrm{s}] \quad (\because\ t > 0)$$

예제 6.1.2 권양기에서 반지름이 50mm인 기어 A가 반지름이 200mm인 기어 B를 돌려 갈고리 C를 끌어 올리고 있다. 기어 A가 $t = 0$에서 정지 상태로부터 회전을 시작하고 각가속도가 시계방향으로 $\alpha_A = 0.24t[\mathrm{rad/s^2}]$($t$의 단위는 초)이다. $t - 10$초일 때 갈고리 C가 올라간 높이와 C의 속도를 구하라. 갈고리를 매달고 있는 케이블을 감고 있는 드럼의 반지름은 $r_D = 100\mathrm{mm}$이다.

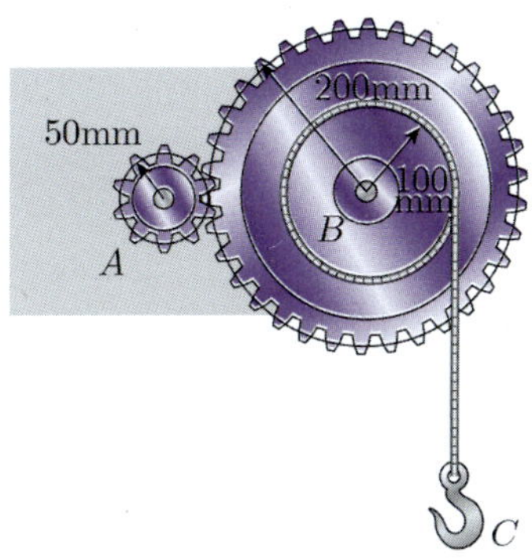

[그림 6.1.5] 권양기 기어

풀이 기어 A와 B의 접촉점에서 접선방향 가속도는

$$a_t = r_A \alpha_A = r_B \alpha_B$$

이므로 기어 B의 각가속도는

$$\alpha_B = \left(\frac{r_A}{r_B}\right)\alpha_A = \left(\frac{50}{200}\right)(0.24t) = 0.06t\,[\mathrm{rad/s^2}]$$

이다, 이 식을 시간에 대해 적분하면 B의 각속도(ω_B)는

$$\omega_B = \int_0^t \alpha_B dt = \int_0^t (0.06t)dt = 0.03t^2\,[\mathrm{rad/s}] \qquad \cdots ①$$

이고, 이 식을 한 번 더 적분하면 B가 회전한 각도(θ_B)가 구해진다.

$$\theta_B = \int_0^t \omega_B dt = \int_0^t (0.03t^2)dt = 0.01t^3\,[\mathrm{rad}] \qquad \cdots ②$$

식 ②로부터 $t = 10$초에서 $\theta_B = 0.01(10)^3 = 10\,[\mathrm{rad}]$이다. 여기에서 드럼에 감기는 케이블 길이와 갈고리 C가 올라간 높이(h_C)가 같으므로 h_C는 θ_B와 드럼 반지름 r_D의 곱과 같다.

$$h_C = r_D\theta_B = 0.1(10) = 1\,[\mathrm{m}]$$

식 ①로부터 $t = 10$초에서 $\omega_B = 0.03(10)^2 = 3\,[\mathrm{rad/s}]$이고, 드럼 테두리상의 한 점의 속도가 갈고리 C의 속도(v_C)와 같으므로 v_C는 ω_B와 드럼 반지름 r_D의 곱과 같다.

$$v_C = r_D\omega_B = 0.1(3) = 0.3\,[\mathrm{m/s}]$$

두 기어 A, B가 맞물려 회전하면 접촉점에서 속도(v)와 가속도(a)가 같으므로 다음 관계식이 성립한다.

$$v = r_A\omega_A = r_B\omega_B, \quad a = r_A\alpha_A = r_B\alpha_B$$

예제 6.1.3 시계방향으로 $\omega = 2\,[\mathrm{rad/s}]$로 회전하는 직각 막대가 $4\,[\mathrm{rad/s^2}]$의 비율로 감속되고 있을 때, 점 A의 속도와 가속도를 벡터로 표현하고, 그 크기를 구하라.

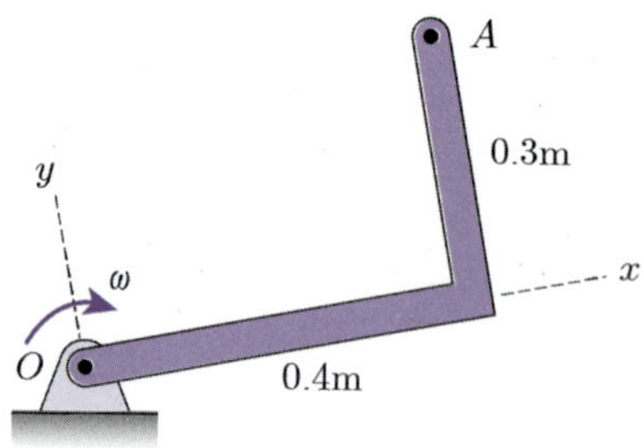

[그림 6.1.6] 회전하는 막대

풀이 그림과 같이 좌표계를 잡고 오른손법칙을 사용하면 막대의 각속도와 각가속도는

$$\omega = -2\mathbf{k}\,[\text{rad/s}],\ \ \alpha = +4\mathbf{k}\,[\text{rad/s}^2]$$

이고, 점 A의 위치벡터는

$$\mathbf{r} = 0.4\mathbf{i} + 0.3\mathbf{j}\,[\text{m}]$$

이다. 따라서 A점의 속도($\mathbf{v}$)와 가속도($\mathbf{a}$)는

$$\mathbf{v} = \omega \times \mathbf{r} = -2\mathbf{k} \times (0.4\mathbf{i} + 0.3\mathbf{j}) = 0.6\mathbf{i} - 0.8\mathbf{j}\,[\text{m/s}]$$
$$\mathbf{a}_n = \omega \times (\omega \times \mathbf{r}) = -2\mathbf{k} \times (0.6\mathbf{i} - 0.8\mathbf{j}) = -1.6\mathbf{i} - 1.2\mathbf{j}\,[\text{m/s}^2]$$
$$\mathbf{a}_t = \alpha \times \mathbf{r} = 4\mathbf{k} \times (0.4\mathbf{i} + 0.3\mathbf{j}) = -1.2\mathbf{i} + 1.6\mathbf{j}\,[\text{m/s}^2]$$
$$\mathbf{a} = \mathbf{a}_n + \mathbf{a}_t = -2.8\mathbf{i} + 0.4\mathbf{j}\,[\text{m/s}^2]$$

이고, $\mathbf{v}$와 $\mathbf{a}$의 크기는 다음과 같다.

$$v = \sqrt{(0.6)^2 + (-0.8)^2} = 1\,[\text{m/s}]$$
$$a = \sqrt{(-2.8)^2 + (0.4)^2} = 2.83\,[\text{m/s}^2]$$

$\mathbf{a}_n = -\omega^2 \mathbf{r} = -(2)^2(0.4\mathbf{i} + 0.3\mathbf{j}) = -1.6\mathbf{i} - 1.2\mathbf{j}\,[\text{m/s}^2]$로 계산해도 된다.

예제 6.1.4 기어 B가 시계방향으로 300rpm으로 회전하고 있을 때 $t = 2$초에서 기어 A에 토크를 가해 A의 각가속도가 $\alpha_A = t + 2\,[\text{rad/s}^2]$(↶)($t$의 단위는 초)로 시간에 따라 변화하게 되었다. $t = 6$초에서 B의 분당 회전수[rpm]를 구하라.

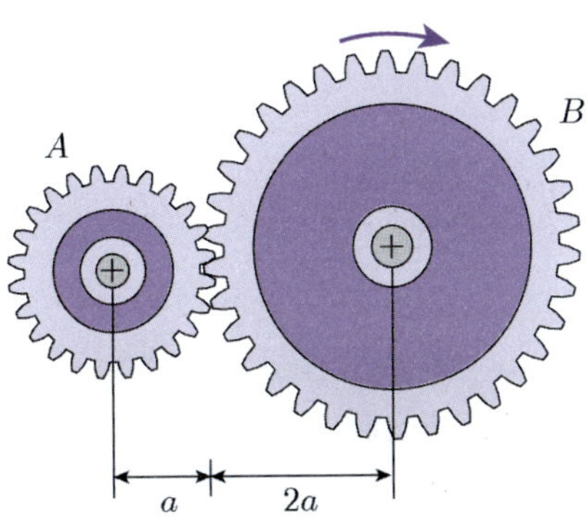

[그림 6.1.7] 맞물려 회전하는 두 기어

풀이 $t = 2$초에서 기어 A와 B의 분당 회전수는

$$N_{B1} = 300\,[\text{rpm}](\curvearrowright)$$
$$N_{A1} = \left(\frac{2a}{a}\right) N_{B1} = 2N_{B1} = 2(300) = 600\,[\text{rpm}](\curvearrowleft)$$

이다. $\alpha_A = \dfrac{d\omega_A}{dt}$ 로부터 $d\omega_A = \alpha_A dt$ 이므로 이 식을 적분하여 $t = 6$초에서 A의 각속도 ω_{A2}를 구한다.

$$\int_{\omega_{A1}}^{\omega_{A2}} d\omega_A = \int_2^6 \alpha_A dt = \int_2^6 (t+2)dt$$

$$\omega_{A2} - \omega_{A1} = \left[\frac{1}{2}t^2 + 2t\right]_2^6 = \frac{1}{2}(6^2 - 2^2) + 2(6-2) = 24\,[\text{rad/s}]$$

$$\omega_{A2} = \omega_{A1} + 24 = \frac{2\pi N_{A1}}{60} + 24 = \frac{2\pi(600)}{60} + 24 = 86.8\,[\text{rad/s}](\curvearrowleft)$$

따라서 $t = 6$초에서 A의 회전수(N_{A2})와 B의 회전수(N_{B2})는 다음과 같다.

$$N_{A2} = \frac{60\omega_{A2}}{2\pi} = \frac{60(86.8)}{2\pi} = 829\,[\text{rpm}]$$

$$N_{B2} = \left(\frac{a}{2a}\right)N_{A2} = \frac{N_{A2}}{2} = \frac{829}{2} = 415\,[\text{rpm}]$$

시계방향($\curvearrowright$)을 양(+)으로 정하였다.

예제 6.1.5 반지름이 각각 $r_A = 120\text{mm}$와 $r_B = 80\text{mm}$인 마찰차 A와 B가 서로 접촉하기 전에 시계방향($\curvearrowright$)으로 300rpm의 각속도로 회전하고 있다. 두 마찰차가 접촉하여 미끄러지면서 일정한 각가속도로 감속되어 마찰차 A가 시계방향으로 60rpm의 각속도에 도달한 후 미끄러짐을 멈춘다. 미끄러지는 시간이 4초일 때 이 시간 동안 두 마찰차의 각가속도를 구하라.

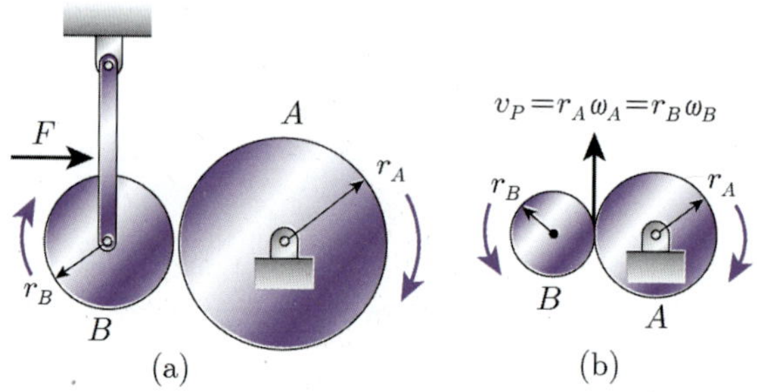

[그림 6.1.8] (a) 회전하는 마찰차 (b) 접촉점 속도

풀이 $t = 0$에서 두 마찰차의 초기 각속도는 모두 시계방향으로

$$\omega_{A0} = \omega_{B0} = \frac{2\pi(300)}{60} = 10\pi\,[\text{rad/s}](\curvearrowright)$$

이다. 여기에서 시계방향(↷)을 양(+)으로 정한다. $t=4$초에서 마찰차 A의 각속도는

$$\omega_{A1}=\frac{2\pi(60)}{60}=2\pi[\mathrm{rad/s}](\curvearrowright)$$

이고, A의 각가속도는

$$\omega_{A1}=\omega_{A0}+\alpha_A t$$

$$\alpha_A=\frac{1}{t}(\omega_{A1}-\omega_{A0})=\frac{1}{4}(2\pi-10\pi)=-2\pi[\mathrm{rad/s^2}]$$

이다. 즉, A의 각가속도는 $\boldsymbol{\alpha}_A=2\pi[\mathrm{rad/s^2}](\curvearrowleft)$이다.
$t=4$초에서 미끄러짐이 멈추었으므로 이때 그림의 (b)와 같이 접촉점에서 A와 B의 속도가 같다. 따라서 $t=4$초에서 B의 각속도는

$$r_A\omega_{A1}=r_B\omega_{B1}$$

$$\omega_{B1}=\left(\frac{r_A}{r_B}\right)\omega_{A1}=\left(\frac{120}{80}\right)(2\pi)=3\pi[\mathrm{rad/s}](\curvearrowleft)$$

이고, B의 각가속도($\boldsymbol{\alpha}_B$)는 다음과 같다.

$$\omega_{B1}=\omega_{B0}+\alpha_B t$$

$$\alpha_B=\frac{1}{t}(\omega_{B1}-\omega_{B0})=\frac{1}{4}(-3\pi-10\pi)=-3.25\pi[\mathrm{rad/s^2}]$$

$$\boldsymbol{\alpha}_B=3.25\pi[\mathrm{rad/s^2}](\curvearrowleft)$$

이상에서 각속도 $\omega=\frac{2\pi N}{60}$이다.

예제 6.1.6 [그림 6.1.9]에서 링크 AB와 BC의 길이 $L=2\mathrm{m}$이고, 점 A와 C는 동일 수평선상에 있다. 수평으로 설치된 슬라이더를 통과하는 막대는 수평선상에서 움직이며, 이 막대에 연결된 점 C는 오른쪽 방향으로 일정한 속도 $v=0.3\mathrm{m/s}(\rightarrow)$로 움직인다. 수평선과 링크 AB가 이루는 각 $\theta=30°$일 때 AB의 각속도를 구하라.

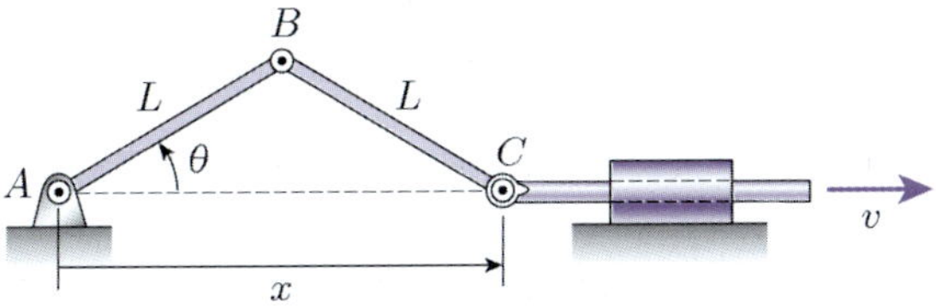

[그림 6.1.9] 링크와 슬라이더

풀이 그림과 같이 A점으로부터 C점까지 거리(→)를 x로 잡으면 C점의 속도는

$$\dot{x} = v = 0.3\,[\mathrm{m/s}](\rightarrow) \qquad \cdots ①$$

이다. 다음에 A점과 C점을 지나는 고정된 수평선을 기준선으로 하여 반시계방향(↶)으로 각 θ를 잡는다. ΔABC에서 삼각함수 정의에 의해

$$x = 2L\cos\theta \qquad \cdots ②$$

이고, 식 ②를 시간에 대해 미분하면

$$\dot{x} = -2L\dot{\theta}\sin\theta \qquad \cdots ③$$

이다. 식 ①과 ③으로부터 링크 AB의 각속도는 다음과 같다.

$$\begin{aligned}\omega_{AB} = \dot{\theta} &= -\frac{\dot{x}}{2L\sin\theta}\\ &= -\frac{0.3}{2(2)\sin 30°}\,[\mathrm{rad/s}]\\ &= -0.15\,[\mathrm{rad/s}] = 0.15\,[\mathrm{rad/s}]\ (\curvearrowright)\end{aligned}$$

각 θ는 반시계방향(↶)을 양으로 잡았으므로 음의 부호를 갖는 $\dot{\theta}$는 각속도 방향이 시계방향 (↷)이라는 것을 나타낸다.

> 절대운동 해석에서 운동을 기술하기 위해서는 처음에 정의한대로 일관된 수학적 표현을 사용해야 한다. 예를 들어 운동평면에서 움직이는 선분의 각 위치가 어떤 고정좌표축으로부터 측정한 반시계방향(↶) 각도 θ에 의해 결정된다면 각속도 $\dot{\theta}$와 각가속도 $\ddot{\theta}$의 양의 방향은 모두 반시계방향(↶)이 된다. 이와 반대로 음의 부호는 시계방향 (↷)이 된다. 한편 물체의 운동이 수직선 x축($\rightarrow +$)상에서 직선운동으로 기술된다면 $\dot{x}$와 $\ddot{x}$는 각각 물체의 속도와 가속도가 된다. 여기에서 $\dot{x}$와 $\ddot{x}$가 양의 값이면 속도와 가속도의 방향은 오른쪽(→) 방향이 되고, 음의 부호를 가지면 왼쪽 방향(←)이 된다. 절대운동 해석에서는 단원 2.1과 단원 6.1의 관계식이 사용된다.

연습문제 6.1

01 자동차 바퀴가 3000 rpm으로 회전하고 있다. 바퀴의 각속도[rad/s]와 회전축으로부터 20cm 떨어진 지점의 속력[m/s]을 구하라.

02 2000 rpm으로 회전하고 있는 바퀴가 일정한 각가속도로 감속되어 30초 후에 정지하였다. 바퀴가 정지할 때까지 굴러간 회전수[rev]를 구하라.

03 일정한 각속도 10 rad/s로 회전하고 있는 강체에서 회전축으로부터 80 cm 떨어진 지점의 반경방향 가속도[m/s^2]의 크기를 구하라.

04 지름 60cm의 바퀴가 0.4 rad/s^2으로 감속되어 감속이 시작된 후 10회전 후에 정지하였다. 바퀴 테두리의 접선 방향 가속도[m/s^2]와 초기 각속도[rad/s]를 구하라.

05 수평으로 놓인 직사각형 평판이 수직인 z축을 중심으로 $\omega = 10\text{rad/s}$의 일정한 각속도로 회전하고 있다. 꼭짓점 A의 속도 $\mathbf{v}$와 가속도 $\mathbf{a}$의 크기를 구하라.

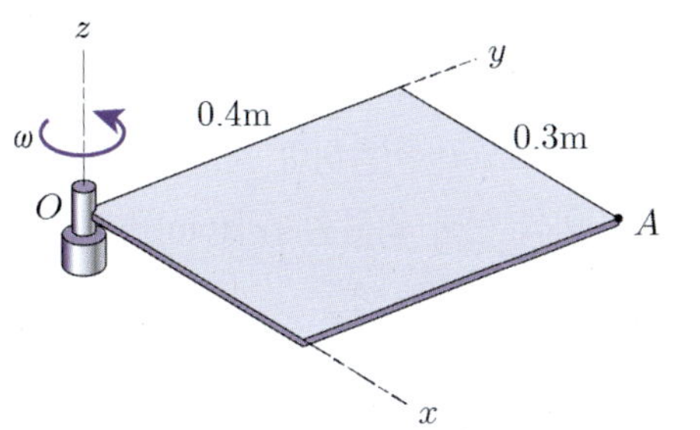

[문제 6.1.5]

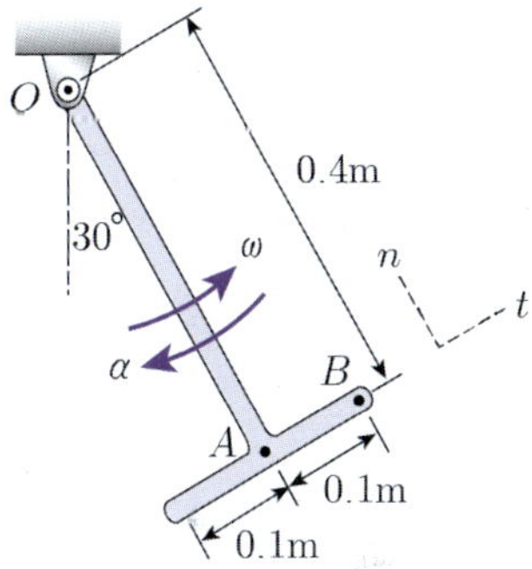

[문제 6.1.6]

06 수직평면에서 T 자형 물체가 O점을 지나는 수평축을 중심으로 회전하고 있다. 그림과 같은 위치에서 각속도 $\omega = 3[\text{rad/s}](\circlearrowleft)$이고 각가속도 $\alpha = 10[\text{rad/s}^2](\circlearrowright)$이다. 이때 점 A와 B의 속도($\mathbf{v}_A$, $\mathbf{v}_B$)와 가속도($\mathbf{a}_A$, $\mathbf{a}_B$)를 n축과 t축 성분으로 나타내라. $n-t$좌표계의 원점은 A이다. Hint: 회전축을 z축으로 하여 $\boldsymbol{\omega} = 3\mathbf{k}\,[\text{rad/s}]$, $\boldsymbol{\alpha} = -10\mathbf{k}\,[\text{rad/s}^2]$로 하면 $\mathbf{e}_t$와 $\mathbf{e}_n$을 각각 $\mathbf{i}$와 $\mathbf{j}$로 대응시켜 계산할 수 있다.

07 플라이휠에 일정한 토크를 가하여 4초 동안에 200rpm으로부터 800rpm까지 가속한다. 4초 동안 플라이휠의 회전수 N[rev]을 구하라. Hint: $\omega^2 - \omega_0^2 = 2\alpha\Delta\theta$.

08 회전 원판에서 반경선의 각위치 $\theta = 2t^3 - 3t^2 + 4$[rad](t의 단위는 초)이다. 원판의 각가속도가 42[rad/s^2]에서 66[rad/s^2]으로 증가하는 동안 원판의 각변위 $\Delta\theta$를 구하라. Hint: $\ddot{\theta}$로부터 t를 구한다.

09 반지름이 0.3m 인 플라이휠이 z축을 중심으로 가속되면서 회전하고 있다. $\theta = 90°$에서 원주 위 점 P가 y축을 지날 때 가속도 $\mathbf{a} = -1.8\mathbf{i} - 4.8\mathbf{j}$[m/s^2]이다. 이 순간 플라이휠의 각속도 ω와 각가속도 α를 구하라. Hint: $\theta = 90°$일 때 $\mathbf{a} = -a_t\mathbf{i} - a_n\mathbf{j}$.

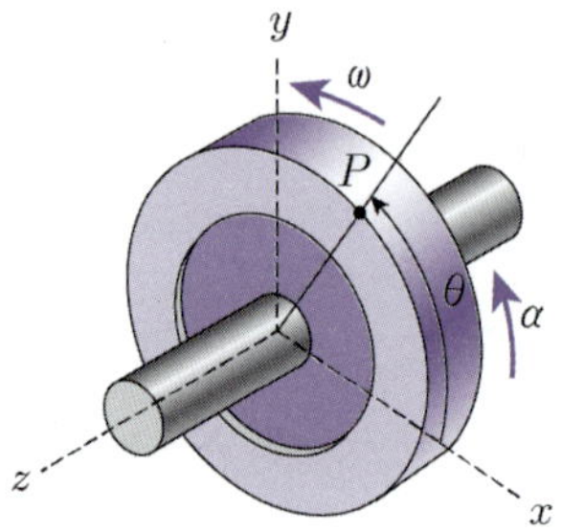

[문제 6.1.9]

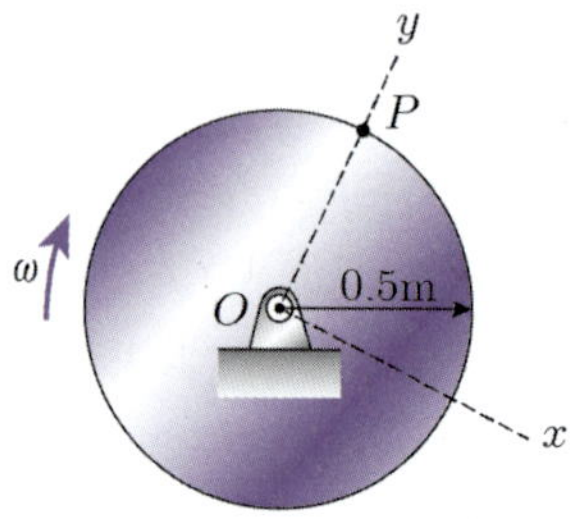

[문제 6.1.10]

10 원판이 O점을 중심으로 하여 시계방향으로 회전하고 있다. 원주 위 점 P의 가속도가 $\mathbf{a} = -3\mathbf{i} - 4\mathbf{j}$[m/s^2]이 되는 순간 원판의 각속도 $\boldsymbol{\omega}$와 각가속도 $\boldsymbol{\alpha}$를 구하라.

11 시계방향(↷)으로 200rpm 으로 회전하는 기어에 토크가 작용하여 각가속도 α가 다음과 같이 시간 t에 따라 변화한다. $t = 5$초일 때 기어의 분당 회전수 N[rpm]을 구하라. Hint: $\alpha dt = d\omega$. $\alpha = -0.2t + 2$[rad/s^2](↷)(t의 단위는 초)

12 직각 막대가 z축을 회전축으로 하여 그림과 같은 방향으로 $\alpha = 3$[rad/s^2]의 일정한 각가속도로 회전하고 있다. 막대의 각속도가 그림과 같은 방향으로 $\omega = 2$[rad/s]가 되었을 때 점 P의 속도($\mathbf{v}_P$)와 가속도($\mathbf{a}_P$)를 구하라. Hint: $\boldsymbol{\alpha} = -3\mathbf{k}$[rad/s^2], $\boldsymbol{\omega} = 2\mathbf{k}$[rad/s].

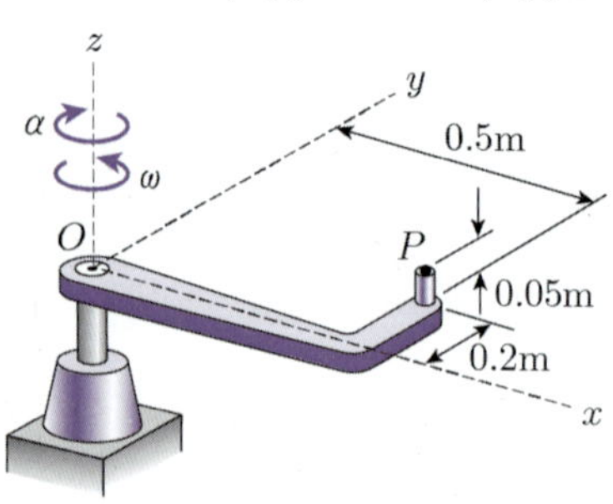

[문제 6.1.12]

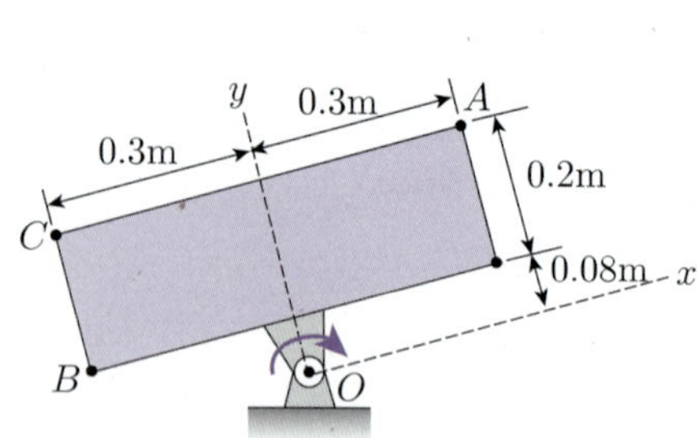

[문제 6.1.13]

13 직사각형 평판이 O를 중심으로 하여 시계방향으로 회전한다. 변 BC의 각속도가 6[rad/s]로 일정할 때 점 A의 속도($\mathbf{v}_A$)와 가속도($\mathbf{a}_A$)를 주어진 좌표계에서 벡터로 표현하라. Hint: 운동 평면 내에 있는 강체의 모든 선분들은 동일한 각속도와 각가속도로 운동한다.

14 벨트가 실린더 A와 B 사이로 오른쪽으로 당겨진다. 벨트의 속력이 2m/s로 일정하고 미끄러짐이 없을 때 (1) A와 B의 각속도(ω_A, ω_B)와 (2) 벨트와 접촉하는 아래와 위 두 점의 가속도(a_A, a_B)를 구하라. Hint: 반경방향 가속도.

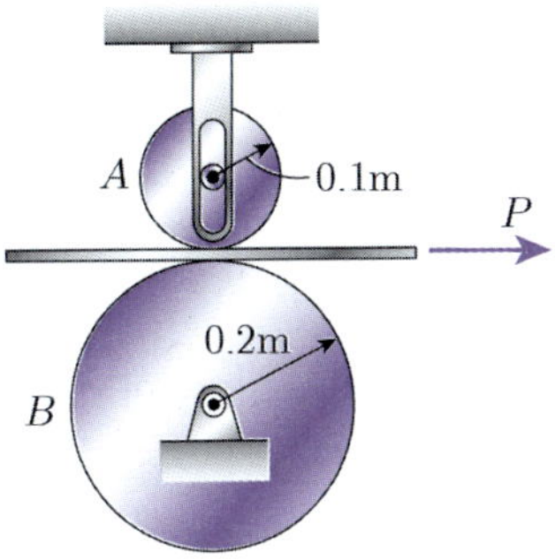

[문제 6.1.14]

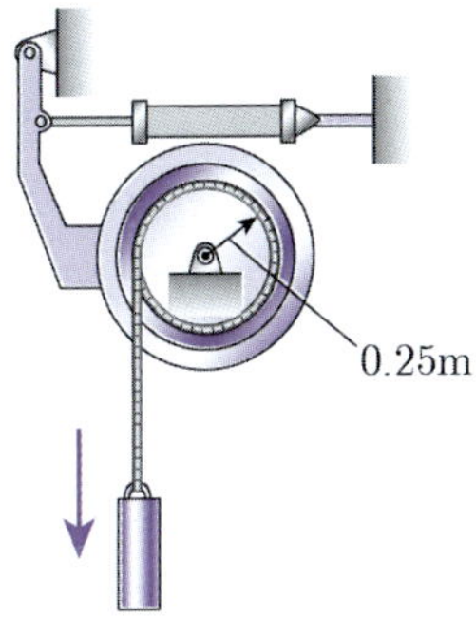

[문제 6.1.15]

15 그림의 장치는 브레이크 드럼에 의해 정지해 있다. $t=0$에서 브레이크가 부분적으로 풀린 후 실린더가 4초 동안에 8m 아래로 내려가는 것을 관찰하였다. 드럼의 운동이 등각가속도 운동일 때 (1) 드럼의 각가속도와 (2) $t=2$초에서 드럼의 각속도를 구하라.
Hint: 실린더는 등가속도 운동을 한다. $a_t = r\alpha$.

16 기어 A가 $N_A = 300$rpm의 일정한 각속도로 회전할 때 (1) 기어 B와 C의 회전수[rpm]와 (2) B와 C의 접촉점에서 가속도[m/s^2]를 구하라. Hint: 두 기어가 맞물려 회전할 때 접촉점에서 원주방향 속도($r\omega$)가 같다.

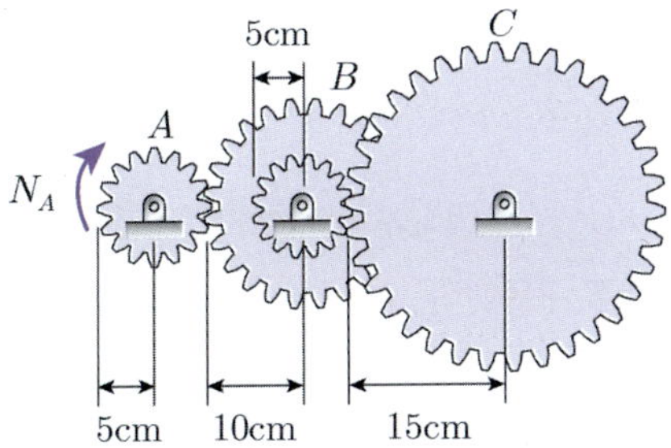

[문제 6.1.16]

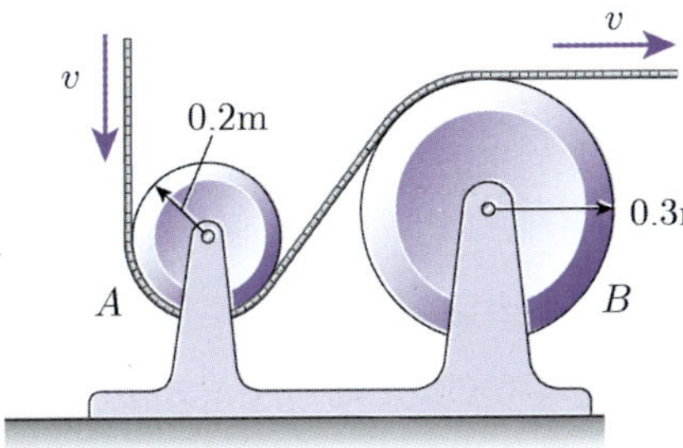

[문제 6.1.17]

17 두 개의 드럼을 감고 있는 벨트가 그림과 같이 움직인다. 처음 4초 동안 벨트의 속력이 $v_0 = 0.6\mathrm{m/s}$ 에서 $v_1 = 1.2\mathrm{m/s}$ 로 일정하게 증가한다. 벨트가 드럼에서 미끄러지지 않을 때 (1) 드럼 B의 각가속도[$\mathrm{rad/s^2}$]와 (2) 4초 동안 B의 회전수[rev]를 구하라.

18 터빈 날개가 6000rpm 으로 회전할 때 터빈 동력이 끊어졌다. 날개가 멈출 때까지 걸린 시간이 4분일 때 (1) 날개의 각가속도[$\mathrm{rad/s^2}$]와 (2) 정지할 때까지 회전한 날개의 회전수[rev]를 구하라. 날개의 운동은 등각가속도운동이라고 가정한다. Hint: $\theta = \omega_0 t + \dfrac{1}{2}\alpha t^2$.

19 고정축에 대해 회전하는 원판의 각가속도가 $\alpha = -k\theta\,[\mathrm{rad/s^2}]$($\theta$의 단위는 rad)로 주어진다. (1) $\theta = 0$일 때 각속도 $\omega = 8\mathrm{rad/s}$ 이고, $\omega = 0$일 때 $\theta = 4\mathrm{rad}$ 이 되는 상수 k의 값을 구하고 (2) $\theta = 2\mathrm{rad}$ 일 때 원판의 각속도를 구하라. Hint: $\alpha d\theta = \omega d\omega$.

20 시간 $t = 0$에서 플라이휠에 변화하는 토크를 가해 플라이휠이 20회전[rev]하는 동안 회전수가 $\beta = 1.8 - 0.06\phi\,[\mathrm{rev/s^2}]$($\phi$의 단위는 회전수[rev])로 변화한다. $t = 0$에서 플라이휠의 분당 회전수가 300rpm 일 때 20회전 후에 플라이휠의 분당 회전수[rpm]를 구하라. Hint: 단위 rev, $\mathrm{rev/s}$, $\mathrm{rev/s^2}$을 사용하는 것이 편리하다. $\omega d\omega = \alpha d\theta$를 초당 회전수 $N_S[\mathrm{rev/s}]$에 대해 쓰면 $N_S dN_S = \beta d\phi$.

21 모터가 기어 A를 각가속도 $\alpha_A = 0.2\theta + 0.8\pi\,[\mathrm{rad/s^2}]$($\theta$의 단위는 rad)로 구동한다. A의 초기 각속도가 $\omega_{A1} = 0$일 때, A가 5바퀴를 회전하는 순간 기어 B의 각속도를 구하라. 반지름 $r_A = 0.1\mathrm{m}$, $r_B = 0.3\mathrm{m}$ 이다. Hint: $\omega d\omega = \alpha d\theta$.

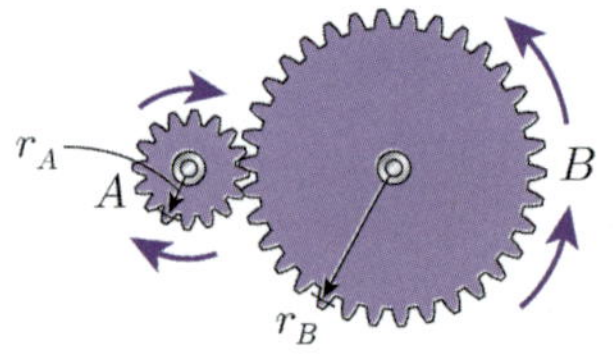

[문제 6.1.21/22]

22 위 문제(21 번)의 그림에서 $t = 0$에서 각속도 $\omega_{A1} = 10\mathrm{rad/s}$ 로 회전하는 기어 A를 모터가 각가속도 $\alpha_A = 3t^2\,[\mathrm{rad/s^2}]$($t$의 단위는 초)로 구동한다. $t = 2$초일 때 기어 B의 각속도를 구하라. Hint: $d\omega = \alpha dt$.

23 컨베이어 벨트가 반지름 $r_B = 100\mathrm{mm}$ 인 아이들 풀리(idler pulley) 위를 지나가면서 작은 기계 부품을 운반하고 있다. 그림과 같은 순간 벨트 위 A점의 속도는 왼쪽으로 200mm/s 이고 가속도는 오른쪽으로 $150\mathrm{mm/s^2}$이다. 이때 (1) 풀리의 각속도와 각가속도 및 (2) 풀리 위 B점의 가속도 크기[$\mathrm{mm/s^2}$]를 구하라. 풀리와 벨트 사이의 미끄러짐은 없다.

Hint: $a_B = \sqrt{(a_B)_n^2 + (a_B)_t^2}$.

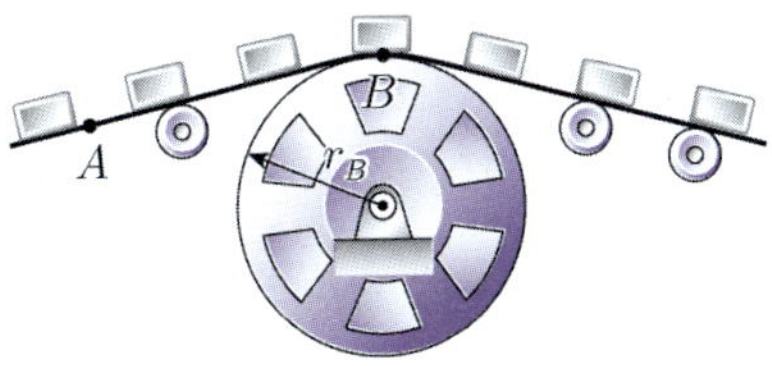

[문제 6.1.23/24]

24 위 문제(23번)의 그림과 같은 순간 풀리의 각속도가 시계방향으로 $2\,\mathrm{rad/s}$일 때 B점의 가속도 크기가 $500\,\mathrm{mm/s^2}$이 되게 하는 풀리의 각가속도($\boldsymbol{\alpha}_B$)를 구하라.

25 드럼이 일정한 각속도 ω_0(↶)로 회전하고 있을 때 가는 막대 AB의 각속도 ω를 ω_0, x, r, h로 표현하라.[10] Hint: $h = x\tan\theta$.

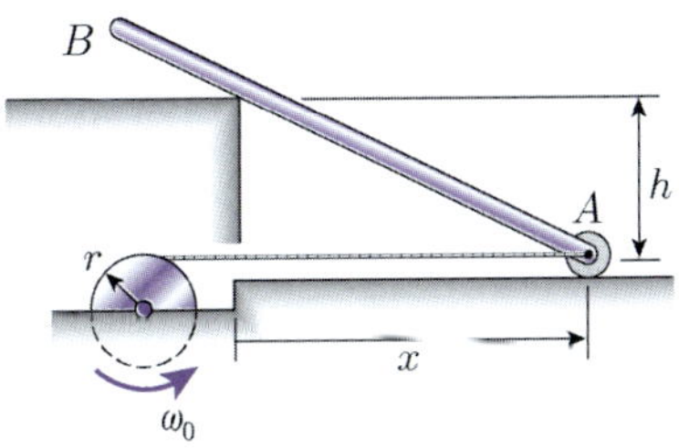

[문제 6.1.25]

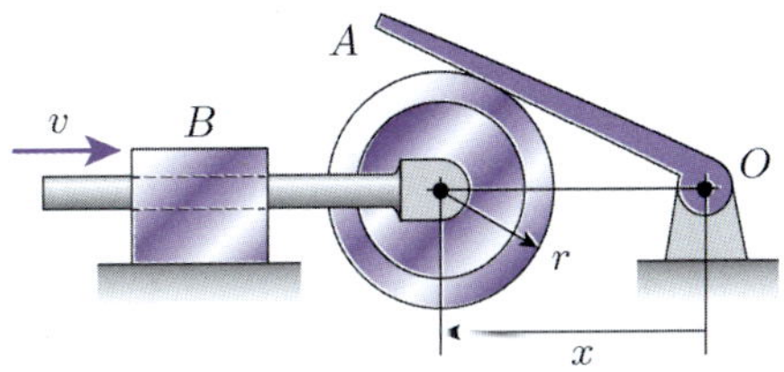

[문제 6.1.26]

26 원판의 중심이 수평방향으로 v의 속도로 움직일 때 원판의 원주에 접하고 있는 막대 OA의 각속도 ω를 v, x, r로 표현하라. Hint: $r = x\sin\theta$.

27 그림에서 점 C가 $x \approx 0$인 위치에서 정지 상태로부터 출발하여 오른쪽으로 일정한 가속도 $a(\rightarrow)$로 움직인다. 임의의 각 θ에 대하여 링크 AB의 각속도를 a, L, x로 표현하라. Hint: $v^2 - v_0^2 = 2as$.

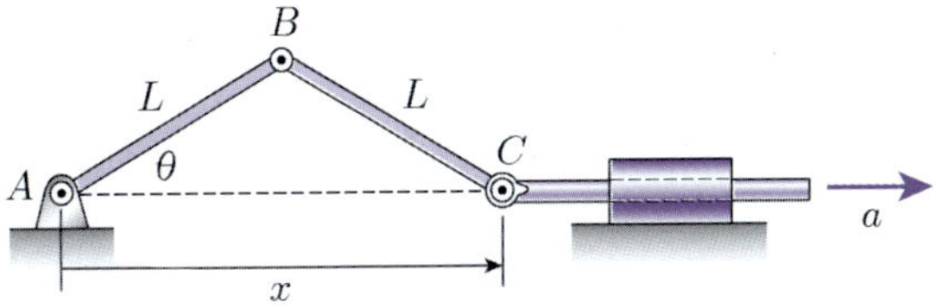

[문제 6.1.27]

10) 25~27번 문제는 수학적 표현식을 사용하여 절대운동을 해석하는 문제이다.

6.2 절대속도와 상대속도

순수한 병진운동이나 순수한 회전운동이 아닌 운동을 일반적인 평면운동이라 하며, 일반적인 평면운동은 병진운동과 회전운동의 합으로 구성된다. 예를 들어 [그림 6.2.1]과 같이 직선궤도를 따라 굴러가는 바퀴를 살펴보자. 어떤 시간 동안 주어진 두 점 A와 B는 각각 $A_1 \rightarrow A_2$, $B_1 \rightarrow B_2$로 움직일 것이다. 이와 동일한 결과가 점 A_1, B_1을 각각 A_2, B_1'으로 움직이게 하는 병진운동(여기에서 선 AB는 수직 상태를 유지한다)과 점 B를 B_2로 움직이게 하는 A에 대한 회전운동의 합으로 이루어진다.

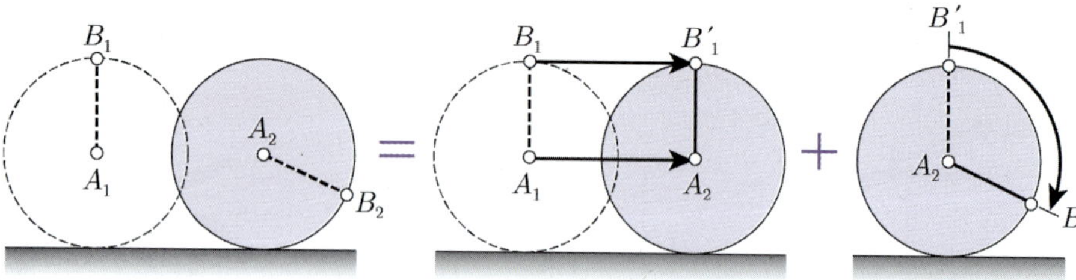

[그림 6.2.1] 구름운동을 하는 원통

[그림 6.2.1]과 같이 강체의 평면운동은 임의의 기준점 A의 병진운동과 점 A에 대한 회전운동의 합으로 대체될 수 있다. 강체 내 질점 B의 절대속도 $\mathbf{v}_B$는 다음 상대속도 공식으로 얻는다(2.6 절).

$$\mathbf{v}_B = \mathbf{v}_A + \mathbf{v}_{B/A} \qquad \cdots (6.2.1)$$

여기에서 속도 $\mathbf{v}_A$는 A와 함께 움직이는 병진운동과 관계되고, 상대속도 $\mathbf{v}_{B/A}$는 A에 대한 강체의 회전운동과 관계되는데 이것은 A를 중심으로 하는 축에 대해 측정된다.

강체의 각속도가 ω이면 식 (6.1.7)과 (6.1.10)으로부터 상대속도 $\mathbf{v}_{B/A}$에 대해 다음 관계식을 얻는다.

$$v_{B/A} = r\omega \qquad \cdots (6.2.2)$$

$$\mathbf{v}_{B/A} = \boldsymbol{\omega} \times \mathbf{r}_{B/A} \qquad \cdots (6.2.3)$$

위 식에서 r은 A로부터 B까지 거리이다. 여기에서 ω는 운동평면에 수직이며 오른손법칙에 의해 방향이 결정되는 벡터이고, '**평면운동을 하는 강체의 각속도 ω는 기준점과 무관하다**'라는 사실을 기억하도록 한다. 식 (6.2.3)을 사용하면 식 (6.2.1)은 다음과 같다.

$$\mathbf{v}_B = \mathbf{v}_A + \boldsymbol{\omega} \times \mathbf{r}_{B/A} \qquad \cdots (6.2.4)$$

일반적으로 평면운동에서 운동하는 면을 xy평면으로 하면 $\omega = \omega\mathbf{k}$로 쓸 수 있으므로 식 (6.2.4)는 다음과 같이 쓸 수 있다[그림 6.2.2].

$$\mathbf{v}_B = \mathbf{v}_A + \omega\mathbf{k} \times \mathbf{r}_{B/A} \qquad \cdots (6.2.5)$$

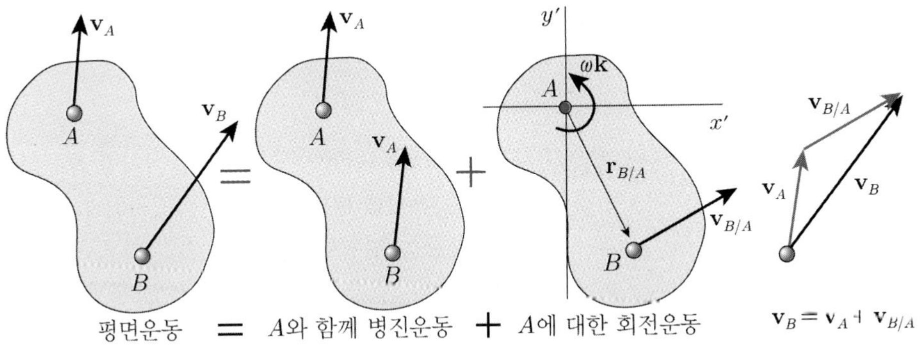

[그림 6.2.2] xy평면에서 평면운동과 상대속도 식 도시

상대속도 식 (6.2.5)는 벡터 대수학 또는 벡터 기하학(스칼라 해석)으로 풀 수 있다. 벡터 식을 사용하면 먼저 상대속도 식의 각각의 항들을 $\mathbf{i}$와 $\mathbf{j}$성분으로 나타내고 $\mathbf{i}$와 $\mathbf{j}$항의 계수에 등식을 각각 적용하여 두 개의 스칼라 식을 얻을 수 있다. 또한 문제와 관련된 물리적 관계를 밝히는 벡터 다각형을 그린 후 이 그림에서 벡터를 해석하기 편리한 방향으로 투영시켜 스칼라 성분에 대한 식을 얻을 수도 있다. 이때 투영 방향을 잘 설정하면 연립방정식을 풀지 않아도 된다.

일반적으로 기구는 여러 개의 움직이는 부품들로 구성되어 있다. 기구의 부품들이 핀으로 연결되어 있을 때 두 부품을 연결하는 점들은 동일한 절대속도를 갖는다는 사실을 이용하여 각 부품을 강체로 생각하고 해석한다. 기어에서도 맞물려 있는 이들이 동일한 절대속도를 가지므로 유사한 방법으로 해석할 수 있다. 그러나 서로 미끄러지는 부품을 포함하는 경우에는 접촉하는 부품의 상대속도를 고려해야 한다.

예제 6.2.1 그림에서 링크의 두 끝점 A와 B는 각각 수직 홈과 수평 홈을 따라 움직이며, 아래로 움직이는 A의 속도 $v_A = 2\text{m/s}$이다. $\theta = 30°$일 때 링크 AB의 각속도(ω)와 B의 속도(v_B) 및 링크의 중간점 C의 속도(v_C)를 구하라.

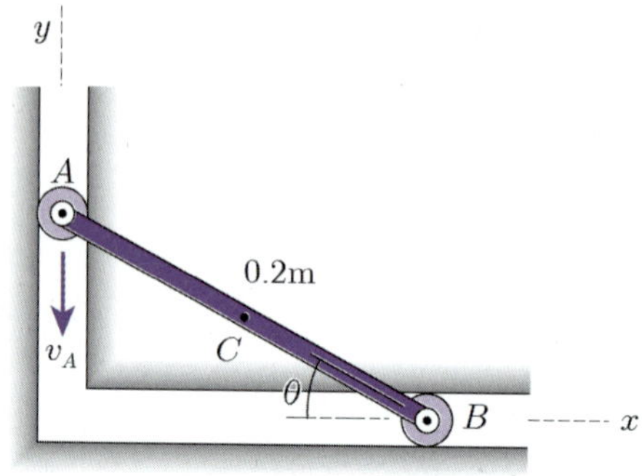

[그림 6.2.3] 링크의 운동

풀이 점 A와 B가 고정된 홈을 따라 움직이므로 A가 아래(↓)로 움직이면 B는 오른쪽(→)으로 움직이며, 이 운동은 링크를 반시계 방향(↶)으로 회전시킨다. 따라서 오른손법칙에 의해 링크의 각속도 $\boldsymbol{\omega}$는 운동 평면에 수직이고 지면 밖으로 나오는 방향이 된다. 여기에서 $\mathbf{v}_A$와 $\mathbf{v}_B$의 방향을 알고 있으므로 하나의 강체에 속한 두 점의 상대속도 식 $\mathbf{v}_B = \mathbf{v}_A + \boldsymbol{\omega} \times \mathbf{r}_{B/A}$로써 각속도 ω와 v_B를 구할 수 있다.

먼저 이상에서 살펴본 바와 같이 $\mathbf{v}_A$, $\mathbf{v}_B$, $\boldsymbol{\omega}$와 $\mathbf{r}_{B/A}$는 다음과 같이 표현된다.

$$\mathbf{v}_A = -2\mathbf{j}\,[\text{m/s}],\ \mathbf{v}_B = v_B\mathbf{i}\,[\text{m/s}],\ \boldsymbol{\omega} = \omega\mathbf{k}\,[\text{rad/s}]$$
$$\mathbf{r}_{B/A} = 0.2(\cos 30°\mathbf{i} - \sin 30°\mathbf{j}) = 0.1732\mathbf{i} - 0.1\mathbf{j}\ [\text{m}]$$

상대속도 식에 이 값들을 대입하면

$$\mathbf{v}_B = \mathbf{v}_A + \boldsymbol{\omega} \times \mathbf{r}_{B/A}$$
$$v_B\mathbf{i} = -2\mathbf{j} + \omega\mathbf{k} \times (0.1732\mathbf{i} - 0.1\mathbf{j})$$
$$v_B\mathbf{i} = (-2 + 0.1732\omega)\mathbf{j} + 0.1\omega\mathbf{i} \qquad \cdots ①$$

이다. 식 ①에서 양변의 $\mathbf{i}$와 $\mathbf{j}$성분을 비교하면

$$[\mathbf{i}]\ v_B = 0.1\omega \qquad \cdots ②$$
$$[\mathbf{j}]\ 0 = -2 + 0.1732\omega \qquad \cdots ③$$

의 관계식을 얻는다. 식 ②, ③으로부터 링크의 각속도(ω)와 B의 속도(v_B)는

$$\omega = \frac{2}{0.1732} = 11.55\,[\text{rad/s}](↶)$$
$$v_B = 0.1\omega = 0.1(11.55) = 1.155\,[\text{m/s}](\rightarrow)$$

이다. 그리고

$$\mathbf{r}_{C/A} = 0.1(\cos 30°\mathbf{i} - \sin 30°\mathbf{j}) = 0.0866\mathbf{i} - 0.05\mathbf{j}\ [\text{m}]$$

이므로 링크의 중간점 C의 속도(v_C)는 다음과 같이 구한다.

$$\begin{aligned}\mathbf{v}_C &= \mathbf{v}_A + \omega \times \mathbf{r}_{C/A} \\ &= -2\mathbf{j} + 11.55\mathbf{k} \times (0.0866\mathbf{i} - 0.05\mathbf{j}) \\ &= 0.578\mathbf{i} - \mathbf{j}\ [\text{m/s}]\end{aligned}$$

$$v_C = \sqrt{0.578^2 + 1^2} = 1.155\,[\text{m/s}]$$

[벡터 기하학-스칼라 해석]

이 문제는 속도의 방향을 알고 있으므로 다음과 같이 벡터 삼각형을 그려서 기하학적으로 값을 구할 수 있다.

$$\mathbf{v}_B = \mathbf{v}_A + \mathbf{v}_{B/A}$$

$$[v_B \rightarrow] = [v_A \downarrow] + [v_{B/A} \angle 60°]$$

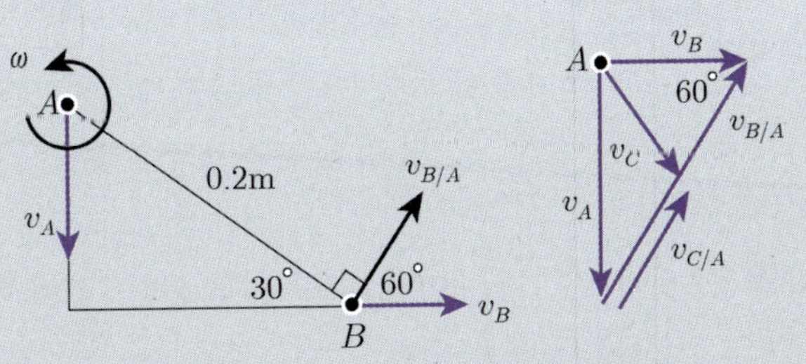

[그림 6.2.4] 상대속도 벡터 삼각형

그림의 벡터 삼각형으로부터

$$v_B = \frac{v_A}{\tan 60°} = \frac{2}{\tan 60°} = 1.155\,[\text{m/s}](\rightarrow)$$

$$v_{B/A} = \frac{v_A}{\sin 60°} = \frac{2}{\sin 60°} = 2.309\,[\text{m/s}]$$

$$v_{B/A} = \overline{AB}\,\omega$$

$$\omega = \frac{v_{B/A}}{\overline{AB}} = \frac{2.309}{0.2} = 11.55\,[\text{rad/s}](\curvearrowleft)$$

이고, $\mathbf{v}_C = \mathbf{v}_A + \mathbf{v}_{C/A}$에 대한 벡터 삼각형으로부터 v_C의 크기는 다음과 같다.

$$v_{C/A} = \overline{AC}\,\omega = \frac{1}{2}\overline{AB}\,\omega = \frac{v_{B/A}}{2}$$

$$v_C = v_{C/A} = \frac{v_{B/A}}{2} = \frac{2.309}{2} = 1.155\,[\mathrm{m/s}]$$

한 강체에 속한 두 점의 상대속도를 고려할 때 [그림 6.2.5]와 같이 두 점의 속도 방향을 아는 경우에는 **"상대속도 $\mathrm{v}_{B/A}$는 A와 B를 연결하는 선에 수직이다."**라는 사실을 이용하면 벡터 삼각형을 그려서 스칼라 식으로 문제를 해결할 수 있는 경우가 많다.

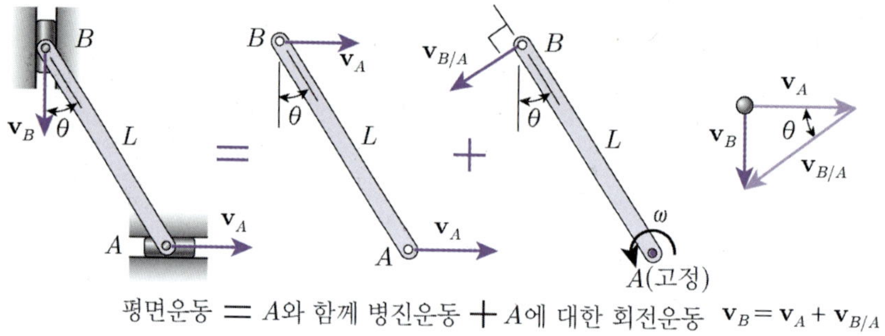

[그림 6.2.5] 평면운동과 벡터 삼각형

예를 들어 [그림 6.2.5]에서 v_A가 주어진 경우 v_B와 ω의 크기에 대해 다음 관계식을 손쉽게 얻을 수 있다.

$$v_B = v_A \tan\theta$$

$$v_{B/A} = \frac{v_A}{\cos\theta}$$

$$\omega = \frac{v_{B/A}}{L} = \frac{v_A}{L\cos\theta}$$

예제 6.2.2 반지름 $r = 0.3\mathrm{m}$인 바퀴가 수평면에서 미끄러지지 않고 굴러가고 있고, 바퀴 중심(O)의 속도 $v_O = 3\mathrm{m/s}(\rightarrow)$이다. 그림과 같이 바퀴 중심으로부터 거리 $r_B = 0.2\mathrm{m}$이고 동경 OB가 $-x$축과 이루는 각 $\theta = 30°$인 위치에 있는 점 B의 속도를 구하라.

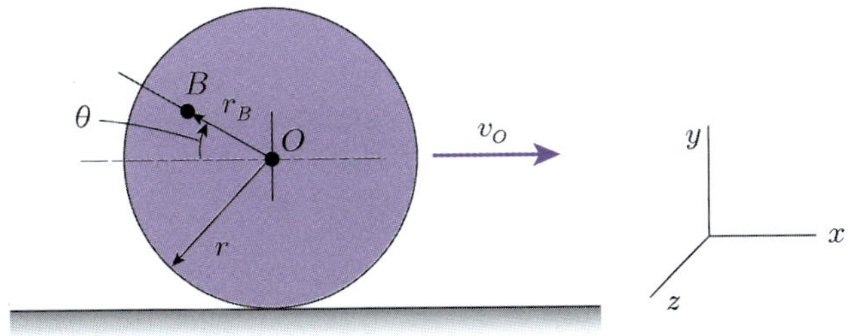

[그림 6.2.6] 구르는 바퀴의 운동

풀이 먼저 지면으로부터 r만큼 떨어진 위치에 있는 바퀴 중심의 속도 v_O로부터 바퀴의 각속도를 구한다.

$$v_O = r\omega\,(\rightarrow)$$

$$\omega = \frac{v_O}{r} = \frac{3}{0.3} = 10\,[\text{rad/s}]\,(\curvearrowright)$$

상대속도 식 $\mathbf{v}_B = \mathbf{v}_O + \boldsymbol{\omega} \times \mathbf{r}_{B/O}$를 사용하여 점 B의 속도를 구한다.

$$\mathbf{v}_O = 3\mathbf{i}\,[\text{m/s}],\ \boldsymbol{\omega} = -10\mathbf{k}\,[\text{rad/s}]$$
$$\mathbf{r}_{B/O} = 0.2(-\cos 30°\mathbf{i} + \sin 30°\mathbf{j}) = -0.1732\mathbf{i} + 0.1\mathbf{j}\,[\text{m}]$$

이고, 상대속도 식에 이 값들을 대입하면

$$\begin{aligned}\mathbf{v}_B &= \mathbf{v}_O + \boldsymbol{\omega} \times \mathbf{r}_{B/O} \\ &= 3\mathbf{i} - 10\mathbf{k} \times (-0.1732\mathbf{i} + 0.1\mathbf{j}) \\ &= 4\mathbf{i} + 1.732\mathbf{j}\,[\text{m/s}]\end{aligned}$$

$$\mathbf{v}_B = 4.36\,[\text{m/s}] \angle 23.4°$$

이다. 여기에서 오른손법칙을 따르므로 $\boldsymbol{\omega} = -10\mathbf{k}\,[\text{rad/s}]$가 된다.

예제 6.2.3 그림의 (a)와 같이 크랭크(AB)와 커넥팅 로드(BC) 및 피스톤(P)으로 구성된 장치에서 AB가 시계방향으로 일정한 크기의 각속도 2000rpm으로 회전한다. 그림과 같은 순간 커넥팅 로드 BC의 각속도와 피스톤 P의 속도를 구하라. AB와 BC의 길이는 각각 $r = 75\text{mm},\ L = 200\text{mm}$이다.

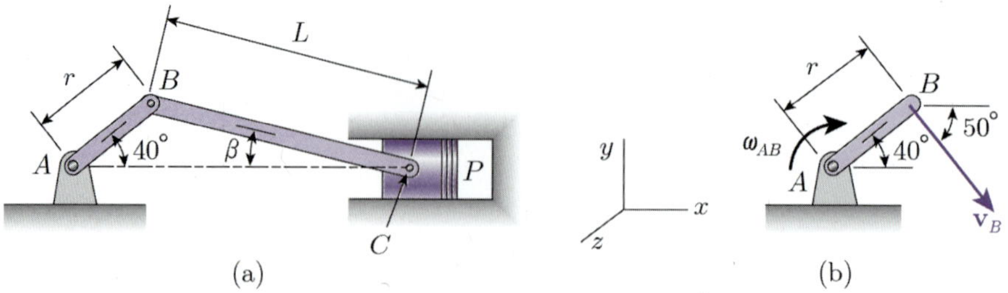

[그림 6.2.7] (a) 크랭크와 커넥팅 로드의 운동 (b) 크랭크의 회전운동

풀이 크랭크 AB의 각속도는

$$\omega_{AB}=\frac{2\pi N_{AB}}{60}=\frac{2\pi(2000)}{60}=209.4\,[\mathrm{rad/s}](\curvearrowright)$$

이고, 그림의 (b)와 같이 크랭크 AB는 A점을 축으로 원운동을 하므로 B점의 속도는

$$\begin{aligned}\mathbf{v}_B&=r\omega_{AB}(\cos 50°\mathbf{i}-\sin 50°\mathbf{j})\\&=0.075(209.4)(\cos 50°\mathbf{i}-\sin 50°\mathbf{j})=10.09\mathbf{i}-12.03\mathbf{j}\ [\mathrm{m/s}]\end{aligned}$$

이다. 삼각형의 사인법칙으로부터 $\angle ACB=\beta$를 구하면

$$\frac{L}{\sin 40°}=\frac{r}{\sin\beta}$$

$$\beta=\sin^{-1}\left(\frac{r}{L}\sin 40°\right)=\sin^{-1}\left(\frac{75}{200}\sin 40°\right)=13.95°$$

이므로

$$\begin{aligned}\mathbf{r}_{C/B}&=L(\cos\beta\mathbf{i}-\sin\beta\mathbf{j})\,[\mathrm{m}]\\&=0.2(\cos 13.95°\mathbf{i}-\sin 13.95°\mathbf{j})=0.1941\mathbf{i}-0.04822\mathbf{j}\ [\mathrm{m}]\end{aligned}$$

이다. 여기에서 피스톤 P의 속도는 C점의 속도와 같고 C점은 x축 위에서 움직이므로 $\mathbf{v}_C=v_C\mathbf{i}\,[\mathrm{m/s}]$로 쓸 수 있고, $\boldsymbol{\omega}_{BC}=\omega_{BC}\mathbf{k}$이다. 상대속도 식에 이 값들을 대입하면

$$\mathbf{v}_C=\mathbf{v}_B+\boldsymbol{\omega}_{BC}\times\mathbf{r}_{C/B}$$

$$v_C\mathbf{i}=(10.09\mathbf{i}-12.03\mathbf{j})+\omega_{BC}\mathbf{k}\times(0.1941\mathbf{i}-0.04822\mathbf{j})$$

$$v_C\mathbf{i}=(10.09+0.04822\omega_{BC})\mathbf{i}+(-12.03+0.1941\omega_{BC})\mathbf{j}\quad\cdots①$$

이다. 식 ①에서 양변의 $\mathbf{i}$와 $\mathbf{j}$ 성분을 비교하면

$$[\mathbf{i}]\ \ v_C=10.09+0.04822\omega_{BC}\quad\cdots②$$

$$[\mathbf{j}]\ \ 0=-12.03+0.1941\omega_{BC}\quad\cdots③$$

의 관계식을 얻는다. 식 ②, ③으로부터 커넥팅 로드 BC의 각속도(ω_{BC})와 피스톤 P의 속도(v_P)는 다음과 같다.

$$\omega_{BC} = \frac{12.03}{0.1941} = 61.98[\text{rad/s}](\curvearrowleft)$$
$$v_P = v_C = 10.09 + 0.04822(61.98) = 13.08[\text{m/s}](\rightarrow)$$

[벡터 기하학-스칼라 해석]

여기에서 $\mathbf{v}_C = v_C\mathbf{i}$[m/s]의 방향을 알고 있으므로 [그림 6.2.8]과 같은 벡터 삼각형을 얻을 수 있다.

$$\mathbf{v}_C = \mathbf{v}_B + \mathbf{v}_{C/B}$$
$$[v_C \rightarrow] = [v_B \searrow 50°] + [v_{C/B} \nearrow 76.05°]$$

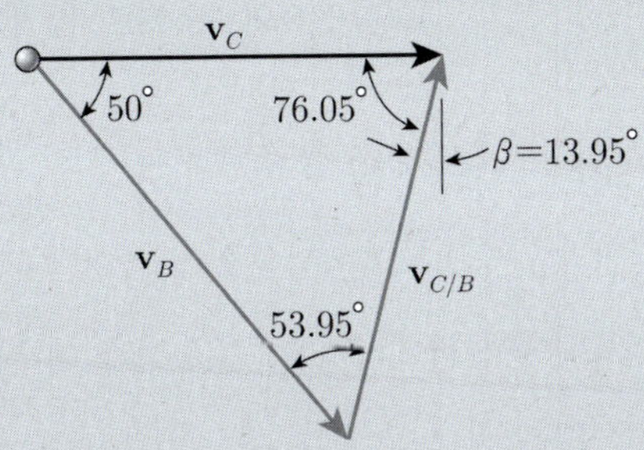

[그림 6.2.8] 상대속도 벡터 삼각형

$\mathbf{v}_B$의 크기는 $v_B = r\omega_{AB} = 0.075(209.4) = 15.71$[m/s]이다. 벡터 삼각형에서 사인법칙을 적용하면

$$\frac{v_B}{\sin 76.05°} = \frac{v_C}{\sin 53.95°} = \frac{v_{C/B}}{\sin 50°}$$
$$v_P = v_C = \left(\frac{\sin 53.95°}{\sin 76.05°}\right)(15.71) = 13.09[\text{m/s}](\rightarrow)$$
$$v_{C/B} = \left(\frac{\sin 50°}{\sin 76.05°}\right)(15.71) = 12.40[\text{m/s}] \nearrow 76.05°$$

이고, $v_{C/B} = L\omega_{BC}$이므로 ω_{BC}는 다음과 같다.

$$\omega_{BC} = \frac{v_{C/B}}{L} = \frac{12.40}{0.2} = 62.00[\text{rad/s}](\curvearrowleft)$$

예제 6.2.4 그림의 위치에서 막대 AB가 반시계 방향(↶)으로 15rad/s 각속도를 가질 때 C점의 속도와 막대 BC의 각속도를 구하라.

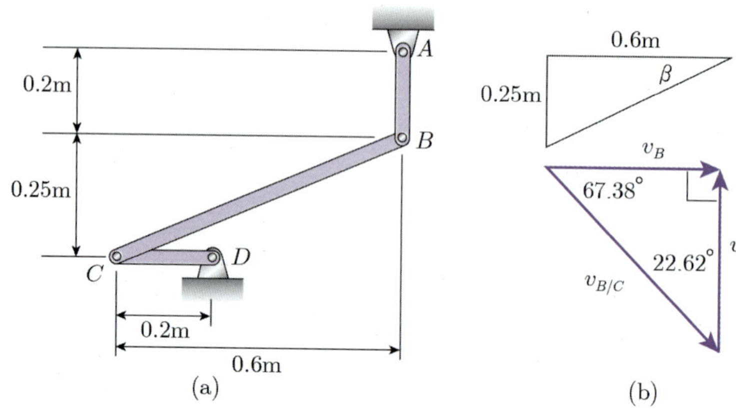

[그림 6.2.9] (a) 링크 (b) 벡터 삼각형

풀이 막대 AB의 회전으로부터 B점의 속도는

$$v_B = \overline{AB}\omega_{AB} = 0.2\omega_{AB} = 0.2(15) = 3[\text{m/s}](\rightarrow)$$

이다. 그림의 (b)에서 막대 BC가 수평선과 이루는 각은

$$\beta = \tan^{-1}\left(\frac{0.25}{0.6}\right) = 22.62°$$

이므로 상대속도 $\mathbf{v}_{B/C}$가 수평선과 이루는 각은

$$\phi = 90° - \beta = 90° - 22.62° = 67.38°$$

이고, C점은 D점을 축으로 회전하므로 C점의 속도는 $\mathbf{v}_C = v_C(\uparrow)$가 된다. 따라서 C점에 대한 B점의 상대속도 식은

$$\mathbf{v}_B = \mathbf{v}_C + \mathbf{v}_{B/C}$$

$$[v_B \rightarrow] = [v_C \uparrow] + [v_{B/C} \searrow 67.38°]$$

로 쓸 수 있고, 이에 대한 벡터 삼각형은 그림의 (b)와 같다. 여기에서

$$v_C = v_B \tan 67.38° = 3\tan 67.38° = 7.200[\text{m/s}](\uparrow)$$

$$v_{B/C} = \frac{v_B}{\cos 67.38°} = \frac{3}{\cos 67.38°} = 7.800[\text{m/s}] \searrow 67.38°$$

가 얻어지고, 상대속도 $v_{B/C}$로부터 막대 BC의 각속도는 다음과 같다.

$$\omega_{BC} = \frac{v_{B/C}}{\overline{BC}} = \frac{7.800}{\sqrt{0.6^2 + 0.25^2}} = 12.00\,[\text{rad/s}](\curvearrowright)$$

한편 막대 CD의 각속도는 다음과 같다.

$$\omega_{CD} = \frac{v_C}{\overline{CD}} = \frac{7.2}{0.2} = 36.00\,[\text{rad/s}](\curvearrowright)$$

[벡터 대수학]

다음 상대속도 식을 사용한다.

$$\mathbf{v}_B = \mathbf{v}_C + \mathbf{v}_{B/C} \qquad \cdots ①$$

주어진 조건은

$$\mathbf{v}_A = 0,\ \mathbf{v}_D = 0,\ \boldsymbol{\omega}_{AB} = 15\mathbf{k}\,[\text{rad/s}],\ \mathbf{r}_{B/A} = -0.2\mathbf{j}\,[\text{m}]$$

$$\mathbf{r}_{C/D} = -0.2\mathbf{i}\,[\text{m}],\ \mathbf{r}_{B/C} = 0.6\mathbf{i} + 0.25\mathbf{j}\,[\text{m}]$$

이고, 미지수인 막대 BC와 CD의 각속도를 다음과 같이 가정한다.

$$\boldsymbol{\omega}_{BC} = \omega_{BC}\mathbf{k},\ \boldsymbol{\omega}_{CD} = \omega_{CD}\mathbf{k}$$

막대 AB와 CD의 회전에서

$$\mathbf{v}_B = \boldsymbol{\omega}_{AB} \times \mathbf{r}_{B/A} = 15\mathbf{k} \times (-0.2\mathbf{j}) = 3\mathbf{i}\,[\text{m/s}] \qquad \cdots ②$$

$$\mathbf{v}_C = \boldsymbol{\omega}_{CD} \times \mathbf{r}_{C/D} = \omega_{CD}\mathbf{k} \times (-0.2\mathbf{i}) = -0.2\omega_{CD}\mathbf{j}\,[\text{m/s}] \qquad \cdots ③$$

이고, 막대 BC에서

$$\mathbf{v}_{B/C} = \boldsymbol{\omega}_{BC} \times \mathbf{r}_{B/C} = \omega_{BC}\mathbf{k} \times (0.6\mathbf{i} + 0.25\mathbf{j})$$

$$= -0.25\omega_{BC}\mathbf{i} + 0.6\omega_{BC}\mathbf{j} \qquad \cdots ④$$

이다. 식 ②~④를 식 ①에 대입하여 정리하면

$$3\mathbf{i} = -0.25\omega_{BC}\mathbf{i} + (-0.2\omega_{CD} + 0.6\omega_{BC})\mathbf{j} \qquad \cdots ⑤$$

이다. 식 ⑤에서 양변의 $\mathbf{i}$와 $\mathbf{j}$성분을 비교하면

$$[\mathbf{i}]\ \ 3 = -0.25\omega_{BC} \qquad \cdots ⑥$$

$$[\mathbf{j}]\ \ 0 = -0.2\omega_{CD} + 0.6\omega_{BC} \qquad \cdots ⑦$$

의 관계식을 얻는다. 식 ⑥, ⑦로부터 다음과 같이 막대 AB와 CD의 각속도가 구해진다.

$$\omega_{BC} = -12\,[\text{rad/s}] = 12\,[\text{rad/s}]\ (\curvearrowright)$$

$$\omega_{CD} = -36\,[\text{rad/s}] = 36\,[\text{rad/s}]\ (\curvearrowright)$$

예제 6.2.5 원판의 각속도는 ω이다. 다음 각 경우에 대해 링크 BC의 각속도를 구하라. (a) 원판 중심 O가 회전축인 경우 (b) 원판이 수평면에서 미끄러지지 않고 구르는 경우. 원주에서 A까지의 거리는 무시한다.

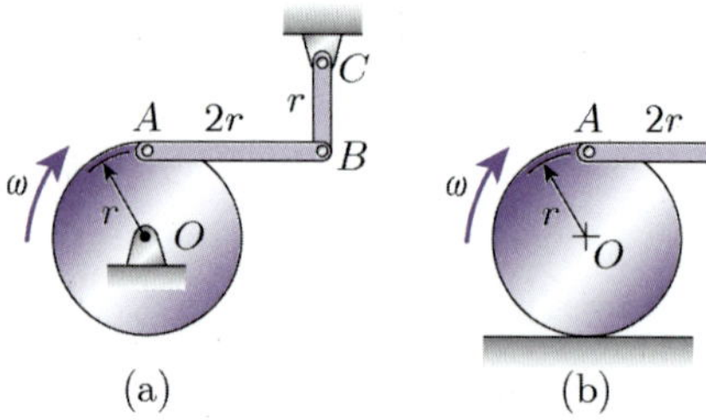

[그림 6.2.10] 원판과 링크

풀이 B점의 속도는 A점의 속도와 같다.

(a) A가 O점을 중심으로 회전하므로 $v_A = r\omega(\rightarrow)$

$$v_B = v_A = r\omega\ (\rightarrow)$$

$$\omega_{BC} = \frac{v_B}{\overline{BC}} = \frac{r\omega}{r} = \omega\ (\curvearrowleft)$$

(b) O점이 지면과의 접촉점을 순간중심으로 하여 $r\omega(\rightarrow)$의 속도로 움직인다.

$$v_A = v_O + v_{A/O} = r\omega + r\omega = 2r\omega(\rightarrow)$$

$$v_B = v_A = 2r\omega\ (\rightarrow)$$

$$\omega_{BC} = \frac{v_B}{\overline{BC}} = \frac{2r\omega}{r} = 2\omega\ (\curvearrowleft)$$

연습문제 6.2

01 물체(B)의 속도 $v_B = 0.2\mathrm{m/s}(\rightarrow)$이고, 물체 위에서 O점을 중심으로 회전하는 원판의 반지름 $r = 0.1\mathrm{m}$이다. 원판의 정점 A의 속도 v_A가 다음과 같은 경우에 대해 원판의 각속도를 각각 구하라. 화살표 $\rightarrow$와 $\leftarrow$는 각각 오른쪽과 왼쪽 방향을 나타낸다. Hint: O점 속도는 B의 속도와 같다. 방향에 주의.

(1) $v_A = 0.2\mathrm{m/s}(\leftarrow)$ (2) $v_A = 0$ (3) $v_A = 0.4\mathrm{m/s}(\rightarrow)$

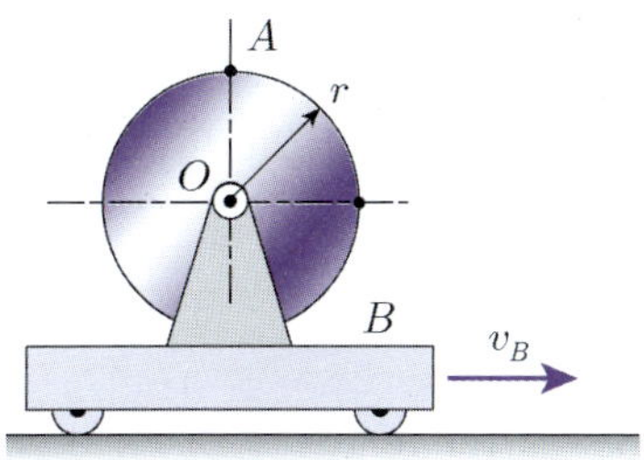

[문제 6.2.1]

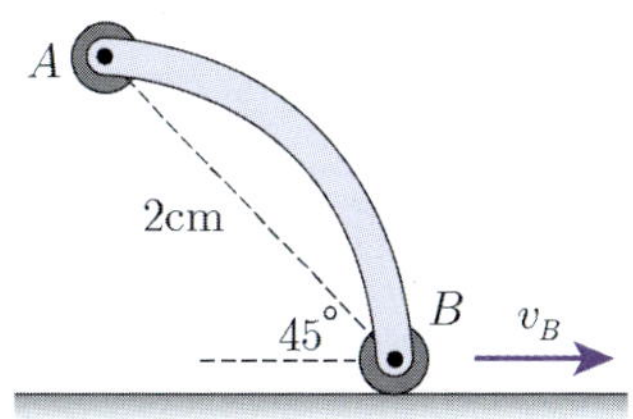

[문제 6.2.2]

02 그림과 같은 위치에서 곡선 링크의 각속도는 반시계 방향으로 $4\mathrm{rad/s}$이고 수평면에서 구르는 롤러 B의 속도는 오른쪽 방향으로 $4\mathrm{cm/s}$이다. 롤러 A의 속도 크기를 구하라. Hint: $\mathrm{v}_A = \mathrm{v}_B + \mathrm{v}_{A/B}$.

03 그림과 같은 위치에서 자동차 타이어 위 점 A의 절대속도 크기가 $12\mathrm{m/s}$일 때, 차의 속도 v_O와 타이어의 각속도 ω를 구하라. 타이어는 미끄러지지 않고 구른다.

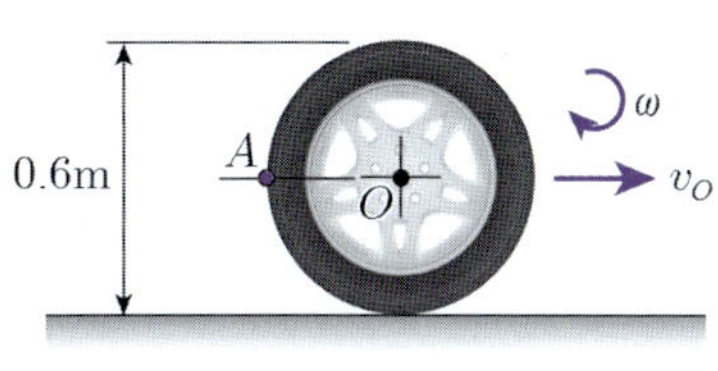

[문제 6.2.3]

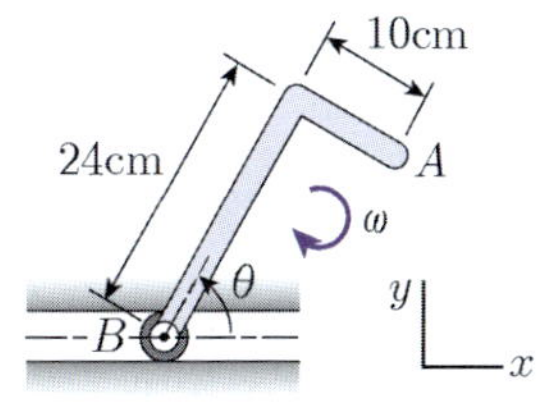

[문제 6.2.4]

04 각 $\theta = 60°$일 때 직각형 링크 AB의 각속도 $\omega = 3\mathrm{rad/s}(\curvearrowright)$이다. 이때 B점에 대한 A점의 속도($\mathrm{v}_{A/B}$)를 단위벡터 i와 j로 나타내라.

05 칼라 A와 B가 막대 ABC에 핀으로 연결되어 고정된 막대를 따라 움직인다. 그림과 같은 위치에서 A가 오른쪽으로 $1.2\mathrm{m/s}$의 속도로 움직일 때 막대 ABC의 각속도와 점 C의 속도를 구하라. Hint: $[v_B \angle 60°] = [v_A \rightarrow] + [v_{B/A} \angle 60°]$.

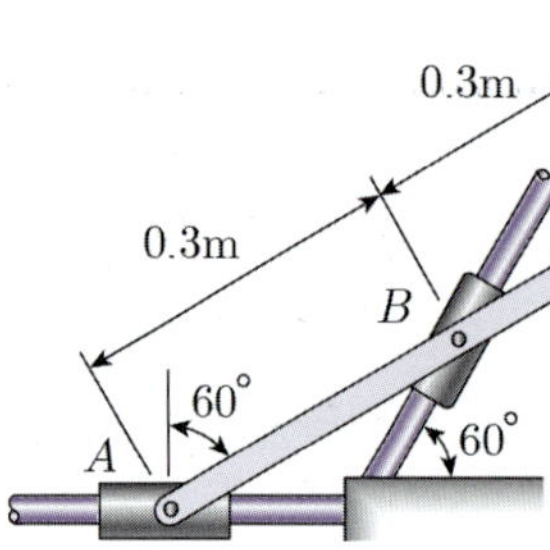

[문제 6.2.5]

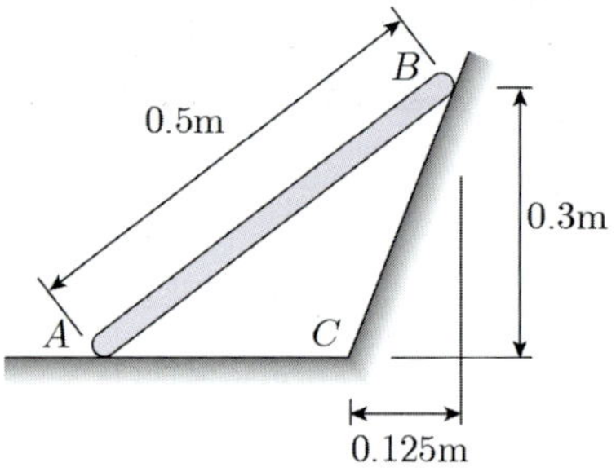

[문제 6.2.6/7]

06 막대 AB의 두 끝점 A와 B가 각각 수평면과 경사면을 따라 미끄러진다. 그림과 같은 순간에 A점이 왼쪽으로 2.8m/s 의 속도로 움직일 때 B점의 속도와 막대의 각속도를 구하라. Hint: $[v_B \swarrow \theta_1] = [v_A \leftarrow] + [v_{B/A} \searrow \theta_2]$.

07 위 문제(6 번)의 그림과 같은 위치에서 막대의 각속도가 반시계 방향으로 4rad/s 일 때 A점과 B점의 속도를 구하라.

08 그림의 피스톤-실린더 장치에서 $r = 60\text{mm}$, $L = 160\text{mm}$ 이다. 크랭크 AB가 시계방향으로 1000rpm 의 일정한 각속도로 운동할 때, (1) $\theta = 0$일 때와 (2) $\theta = 90°$일 때 피스톤(P)의 속도[m/s]와 커넥팅 로드(BC)의 각속도[rad/s]를 구하라.

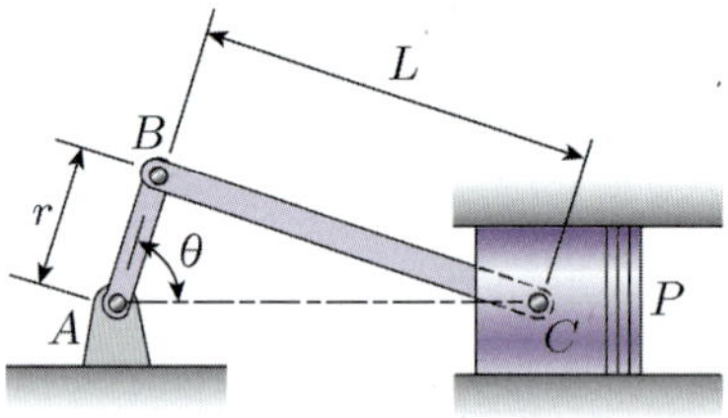

[문제 6.2.8/9]

09 위 문제(8 번)에서 $\theta = 60°$일 때 피스톤(P)의 속도[m/s]와 커넥팅 로드(BC)의 각속도[rad/s]를 구하라. Hint: $[v_C \rightarrow] = [v_B \searrow 30°] + [v_{C/B} \angle \alpha]$.

10 막대 AB의 양 끝이 그림과 같은 홈을 따라 미끄러진다. $\theta = 40°$에서 핀 A가 오른쪽 아래 방향으로 0.2m/s 의 속력으로 움직일 때 B점의 속도와 막대의 각속도를 구하라.
Hint: $[v_B \downarrow] = [v_A \searrow 15°] + [v_{B/A} \swarrow 40°]$.

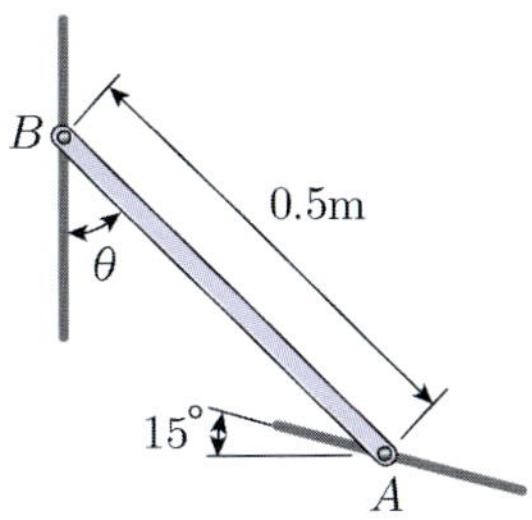

[문제 6.2.10]

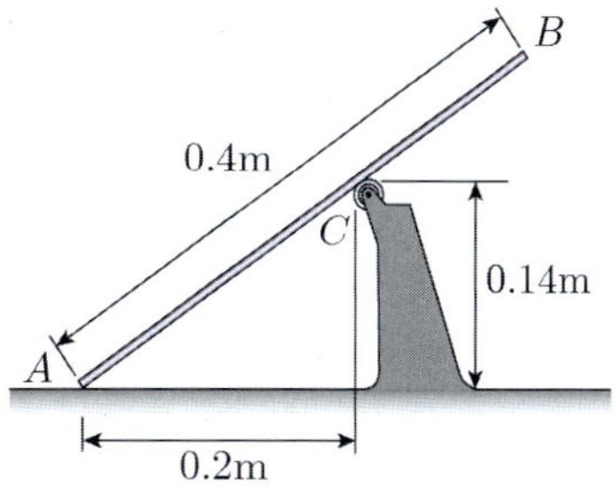

[문제 6.2.11]

11 막대 AB가 C점에서 미끄러지고 A점은 0.5m/s의 일정한 속도로 오른쪽으로 움직인다. 그림과 같은 위치에서 막대의 각속도와 B점의 속도를 구하라. Hint: v_C의 방향은 $\overrightarrow{AB}$의 방향과 같다.

12 그림과 같은 위치에서 막대 AB가 시계방향으로 4rad/s의 각속도로 회전할 때, 막대 BC와 CD의 각속도를 구하라. Hint: 막대 AB와 CD는 각각 A점과 D점을 축으로 회전한다. 여기에서 B점과 C점의 속도 방향을 구한다. $[v_B \leftarrow] = [v_C \ \nwarrow\alpha] + [v_{B/C} \downarrow]$.

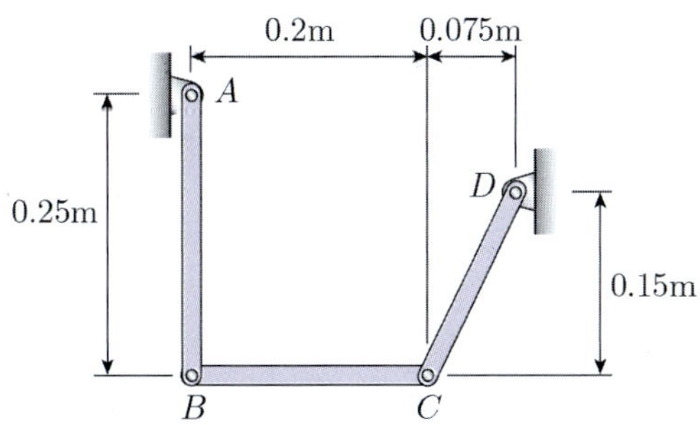

[문제 6.2.12]

13 유압실린더의 피스톤 막대의 속도 $v_A = 2\text{m/s}(\leftarrow)$이다. $\theta = \beta = 60°$일 때 링크 BC의 각속도를 구하라. Hint: $\mathrm{v}_A = \mathrm{v}_B + \mathrm{v}_{A/B}$.

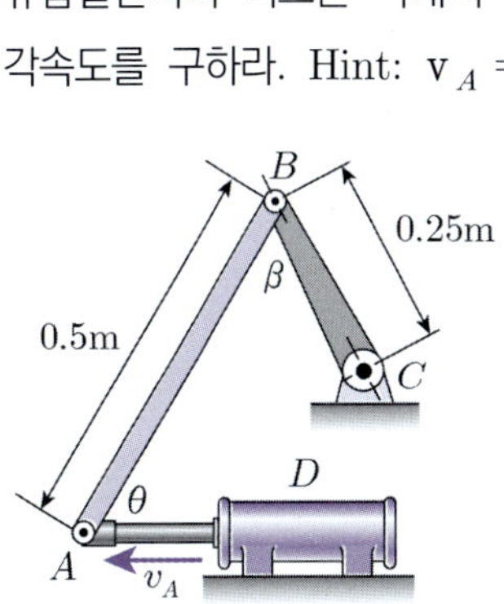

[문제 6.2.13]

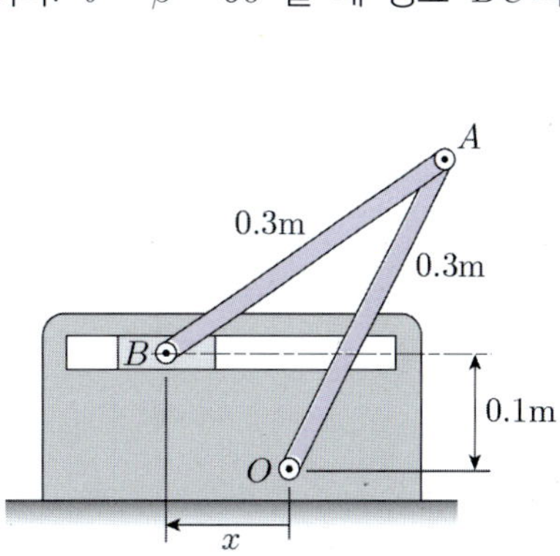

[문제 6.2.14]

14 $x = 75\text{mm}$ 인 위치에서 링크 OA의 각속도가 시계방향으로 2rad/s 일 때 슬라이더 B의 속도와 링크 AB의 각속도를 구하라. Hint: $\overline{BO} = 0.125\text{m}$ 이고 ΔABO는 이등변 삼각형이다. $[v_B \rightarrow] = [v_A \searrow \theta_1] + [v_{B/A} \nwarrow \theta_2]$.

15 그림에서 링크 OA는 10rad/s 의 각속도로 반시계 방향으로 회전한다. 링크 BC가 수직으로 섰을 때 점 A의 좌표는 $(-6\text{cm}, 8\text{cm})$이다. 상대속도식과 벡터대수를 이용하여 AB와 BC의 각속도를 구하라. Hint: $\mathbf{v}_A = \mathbf{v}_B + \mathbf{v}_{A/B}$, $\boldsymbol{\omega}_{BC} = \omega_{BC}\mathbf{k}$, $\boldsymbol{\omega}_{AB} = \omega_{AB}\mathbf{k}$.

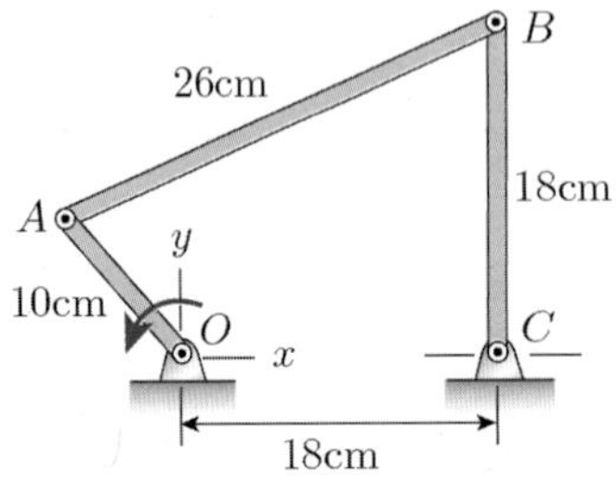

[문제 6.2.15]

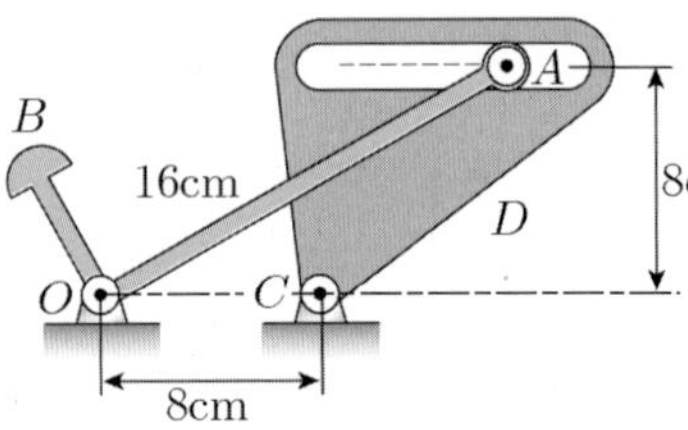

[문제 6.2.16]

16 그림에서 홈 링크 D에 있는 홈이 OC에 평행할 때 D의 각속도는 시계방향으로 1.5 rad/s 이다. 이때 링크 AOB의 각속도를 구하라. Hint: 핀 A와 일치하는 홈 링크 D 위의 한 점 E를 잡는다. E는 C점을 축으로 홈 링크의 각속도로 회전한다. $[v_A \searrow 60°] = [v_E \searrow \alpha] + [v_{A/E} \leftarrow]$.

17 그림과 같은 순간 막대 AB의 한 끝점 B는 $v_B = 2\text{m/s} \nearrow 45°$로 움직인다. 이때 막대 AB와 OA의 각속도 및 A점의 속도를 구하라. 그림에서 OA는 수직이고 AB는 수평이다. Hint: $[v_B \nearrow 45°] = [v_A \rightarrow] + [v_{B/A} \uparrow]$.

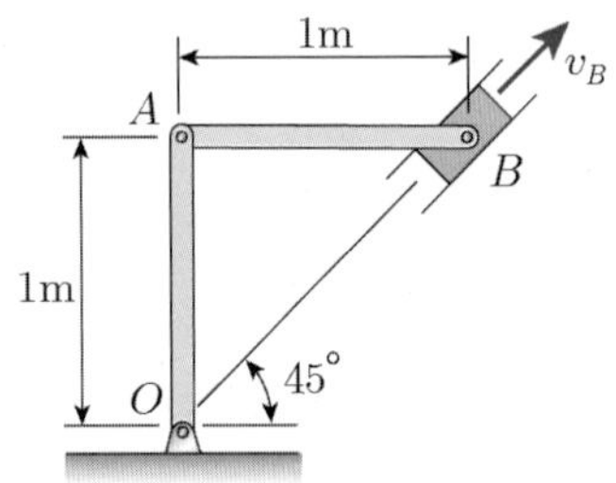

[문제 6.2.17]

18 그림과 같은 장치에서 블록 C는 수직 홈에서 움직이며 링크 AB는 A점을 축으로 회전할 수 있다. 블록 C가 $v_C = 0.4\text{m/s}$ 의 속도로 아래로 움직이고 있을 때 링크 AB가 수평을 이루는 순간 AB의 각속도를 구하라. Hint: $[v_C \downarrow] = [v_B \downarrow] + [v_{C/B} \searrow 60°]$.

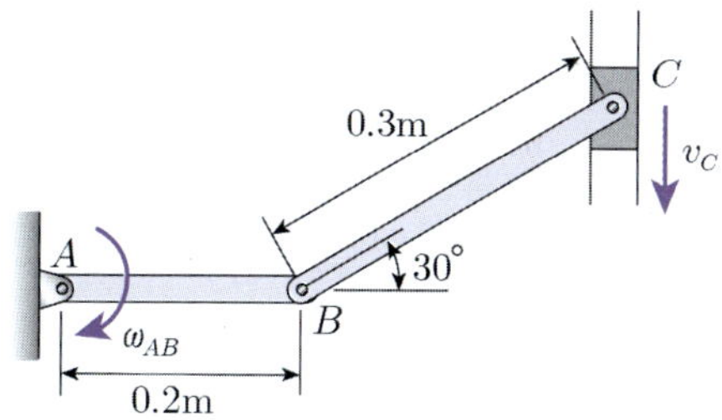

[문제 6.2.18]

19 블록 C는 수직 홈에서 움직이며 링크 AB는 A점을 축으로 회전할 수 있다. 그림과 같은 순간 블록 C가 $v_C = 1.2\text{m/s}$ 의 속도로 위로 움직이고 있을 때 링크 AB의 각속도를 구하라. Hint: $[v_C \uparrow] = [v_B \measuredangle 45°] + [v_{C/B} \measuredangle 60°]$.

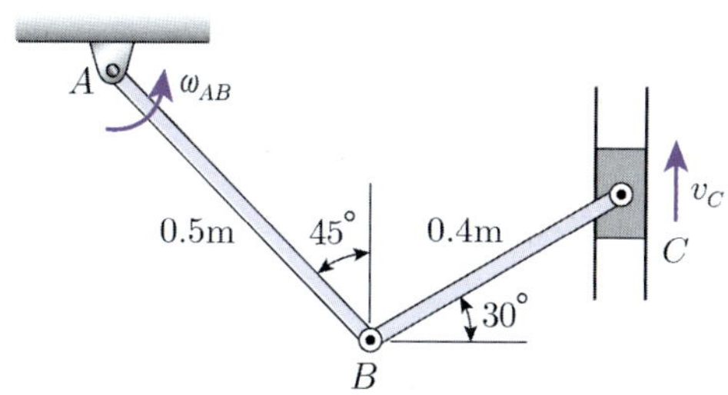

[문제 6.2.19]

20 그림과 같은 위치에서 링크 AB의 각속도 $\omega_{AB} = 20\text{rad/s}(\curvearrowleft)$일 때 링크 OA의 각속도와 점 D의 속도를 벡터 대수학으로 구하라. Hint: $\mathbf{v}_B = \mathbf{v}_A + \mathbf{v}_{B/A}$. 6.3 의 순간중심을 이용하면 간단하지만 여기에서 벡터대수를 연습하기 위해 방법을 제시하였다.

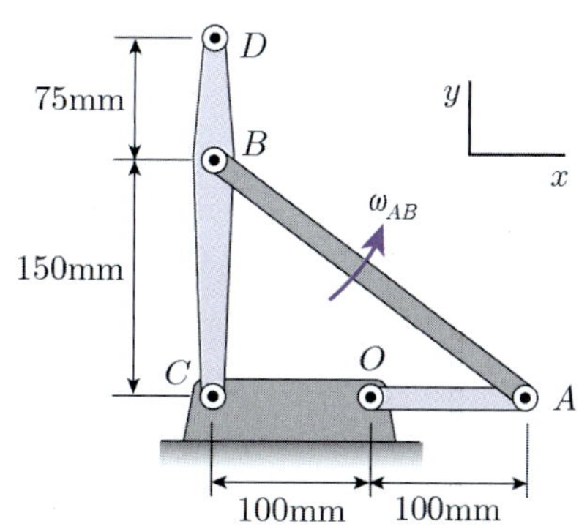

[문제 6.2.20]

21 링크 AB, CD, DE의 길이가 모두 100mm이고, B점과 C점을 연결하는 블록은 수평으로 움직이도록 구속되어 있다. 그림과 같은 위치에서 링크 CD와 DE가 직각을 이루고 있으며, 수직방향으로 움직이는 블록 A는 1m/s의 속도로 위로 움직이고 있다. 다음 물음에 답하시오. [국가공무원 5급(기술) 제2차시험]

(1) 그림과 같은 위치에서 B점의 속도를 구하시오.

(2) 위 (1)의 경우, 링크 DE의 각속도를 구하시오.

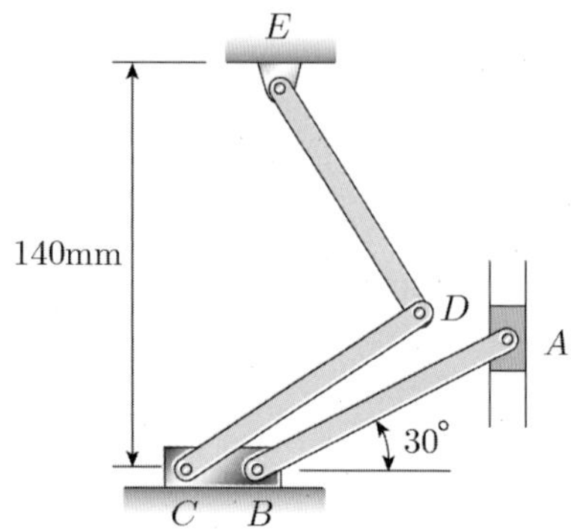

[문제 6.2.21]

6.3 순간중심

강체의 평면운동에서 어떤 순간 속도가 0이 되는 점을 기준점 C로 선택할 수 있으면 ($\mathrm{v}_C = 0$) 강체 내 임의의 점 A의 속도를 쉽게 구할 수 있다. 즉, 이 경우에는

$$\mathrm{v}_A = \mathrm{v}_C + \omega \times \mathrm{r}_{A/C} = \omega \times \mathrm{r} \quad (\mathrm{r} = \mathrm{r}_{A/C})$$

가 된다. 속도만 고려하면 강체는 어떤 순간 이 기준점(C)을 지나고 운동 평면에 수직인 축을 중심으로 회전운동을 하는 것으로 생각할 수 있다([그림 6.3.1]). 이 축을 순간회전축(순간축, 영속도순간축)이라 하고 이 축과 운동 평면의 교점(C)을 순간중심(영속도 순간중심)이라 한다.

> 영속도 순간중심은 순간적으로 정지해 있지만 '일반적으로 이 점의 가속도는 0이 아니다.'라는 것에 주의해야 한다.

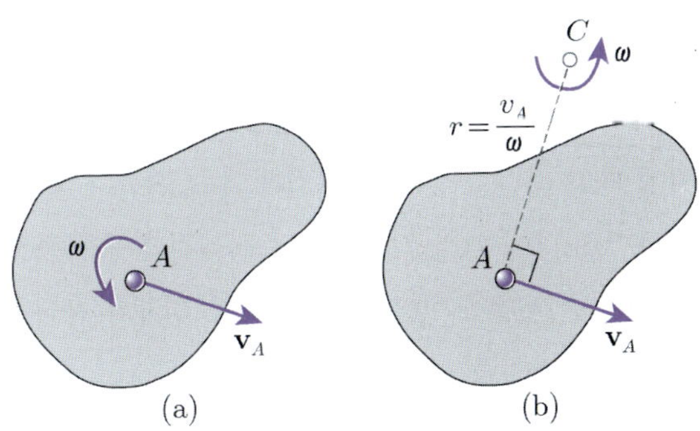

[그림 6.3.1] (a) 강체의 운동 (b) 순간중심

순간중심은 강체의 평면운동에서 속도를 해석하는 중요한 수단이 된다. 운동 평면을 xy 평면으로 선택하면 순간중심(C)에 대한 강체 내 점 A의 속도는 다음과 같이 간단하게 구할 수 있다.

$$\mathbf{v}_A = \omega \mathbf{k} \times \mathbf{r}_A \quad \cdots (6.3.1)$$

$$v_A = \omega r_A \quad \cdots (6.3.2)$$

여기에서 r_A는 순간중심 C로부터 A점까지의 거리이다.

어느 순간 점 A가 한 점 C를 중심으로 원운동을 한다면 점 C는 A를 지나고 v_A에 수직인

직선 위에 있어야 한다. 이 사실을 이용하여 순간중심의 위치를 구할 수 있다. 평면운동을 하는 물체의 순간중심은 강체 내부나 외부에 있다.

(1) 평행하지 않은 두 속도 $\mathbf{v}_A$와 $\mathbf{v}_B$의 작용선을 아는 경우([그림 6.3.2(a)]): 이 경우에는 점 A와 B에서 속도에 수직인 선을 각각 그렸을 때 두 수직선의 교점(C)이 순간중심이 된다.

(2) 평행한 두 속도 $\mathbf{v}_A$와 $\mathbf{v}_B$의 크기와 방향을 아는 경우([그림 6.3.2(b),(c)]): 이 경우에는 벡터 $\mathbf{v}_A$와 $\mathbf{v}_B$의 끝점을 연결하는 직선과 직선 AB의 교점(C)이 순간중심이 된다.

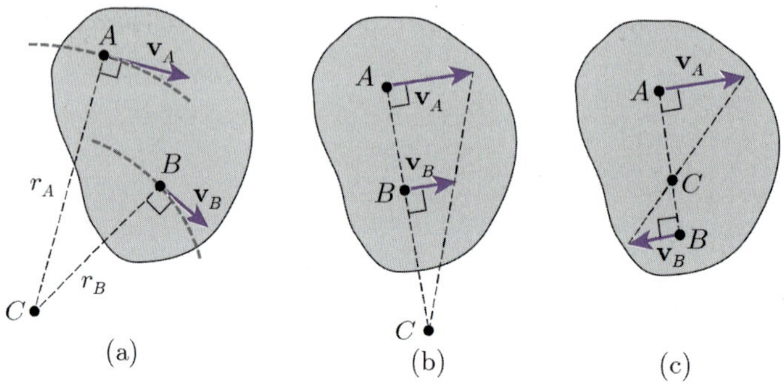

[그림 6.3.2] 순간중심 위치

강체가 운동을 계속함에 따라 순간중심(C)의 위치가 계속 변한다. 순간중심이 그리는 궤적은 공간이나 강체를 기준으로 하느냐에 따라 각각 공간중심궤적과 물체중심궤적(몸체중심궤적)이라 한다. 두 궤적 곡선은 어떤 순간 점 C에서 서로 접하며, 강체가 움직임에 따라 물체중심궤적은 공간중심궤적 위를 구르는 것처럼 보인다.

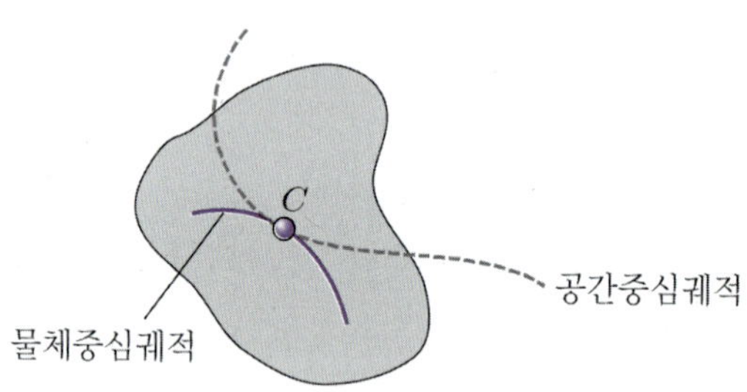

[그림 6.3.3] 공간중심궤적과 물체중심궤적

예제 6.3.1 그림에서 길이가 L인 막대 AB의 두 끝점 A와 B는 각각 수평 홈과 수직 홈을 따라 움직인다. A의 속도가 $v_A(\rightarrow)$일 때 막대의 각속도(ω)와 B의 속도(v_B)를 v_A, L, θ로 나타내라.

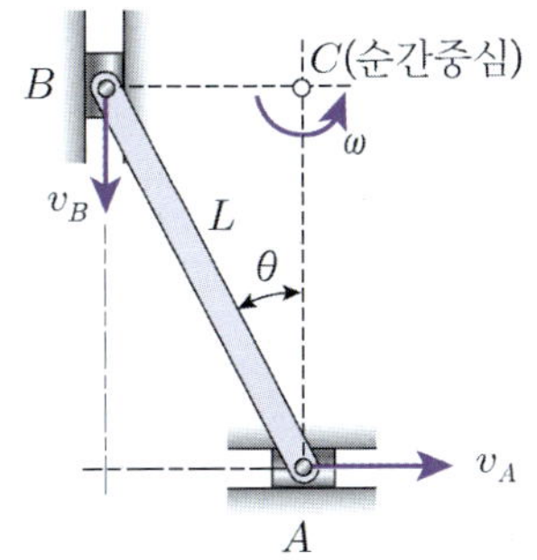

[그림 6.3.4] 미끄러지는 막대의 순간중심

풀이 A에서 $v_A(\rightarrow)$에 수직인 선을 그리고, B에서 $v_B(\downarrow)$에 수직인 선을 그려서 두 선의 교점을 찾으면 그림과 같이 순간중심 C가 얻어진다. 이때 막대상의 모든 질점의 속도는 막대가 C를 중심으로 회전할 때의 속도와 같다. 따라서 점 A의 속도 v_A $(\rightarrow)$로부터 막대의 각속도(ω)는

$$\omega = \frac{v_A}{\overline{AC}} = \frac{v_A}{L\cos\theta}(\curvearrowleft)$$

이고, B의 속도(v_B)는 다음과 같다.

$$v_B = \overline{BC}\,\omega = L\sin\theta \times \frac{v_A}{L\cos\theta} = v_A \tan\theta(\downarrow)$$

예제 6.3.2 그림의 (a)에서 막대 AP의 운동은 수평 홈과 수직 홈을 따라 움직이는 블록 A와 B의 움직임에 의해 제어된다. 각 $\theta = 45°$인 위치에서 막대의 각속도 $\omega = 2[\text{rad/s}](\curvearrowleft)$일 때 블록 A와 점 P의 속도 크기를 구하라. 그림에서 $\overline{AB} = 0.5\text{m}$, $\overline{BP} = 0.5\text{m}$이다.

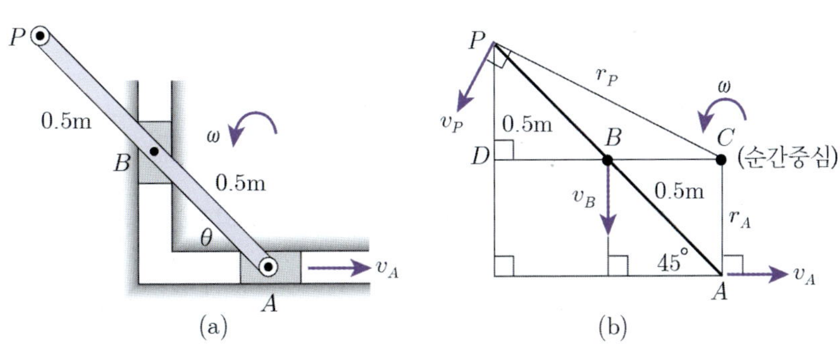

[그림 6.3.5] (a) 블록과 막대의 운동 (b) 순간중심과 속도

풀이 블록 A와 B가 각각 수평 홈과 수직 홈을 따라 움직이므로 A점과 B점의 속도는 각각 $\mathrm{v}_A = v_A(\rightarrow)$와 $\mathrm{v}_B = v_B(\downarrow)$이다. 그림의 (b)와 같이 점 A와 B에서 속도에 수직인 선을 각각 그리면 두 수직선의 교점 C가 순간중심이 된다.

(1) 블록 A의 속도 크기: (b)에서 순간중심 C로부터 A까지 거리는

$$r_A = \overline{CA} = 0.5\sin 45° = \frac{\sqrt{2}}{4}\,[\mathrm{m}]$$

이고, 블록 A의 속도 크기는 다음과 같다.

$$v_A = r_A\omega = \frac{\sqrt{2}}{4}\times 2 = \frac{\sqrt{2}}{2} = 0.7071\,[\mathrm{m/s}]$$

(2) 점 P의 속도: (b)에서 직각삼각형 CDP를 고려하면 순간중심 C로부터 P까지 거리는

$$r_P = \overline{CP} = \sqrt{(2\times 0.5\cos 45°)^2 + (0.5\sin 45°)^2} = \frac{\sqrt{10}}{4}\,[\mathrm{m}]$$

이고, 블록 P의 속도 크기는 다음과 같다.

$$v_P = r_P\omega = \frac{\sqrt{10}}{4}\times 2 = \frac{\sqrt{10}}{2} = 1.581\,[\mathrm{m/s}]$$

예제 6.3.3 크랭크 OA가 각속도 $\omega_{OA} = 5\mathrm{rad/s}(\curvearrowright)$로 회전하고, 막대 AB의 한 끝점 B는 수평선에 대해 45° 경사진 홈 속에서 움직인다. 그림과 같이 OA가 수직이고 AB가 수평을 이루는 순간 막대 AB의 각속도(ω_{AB})와 B점의 속도(v_B)를 구하라.

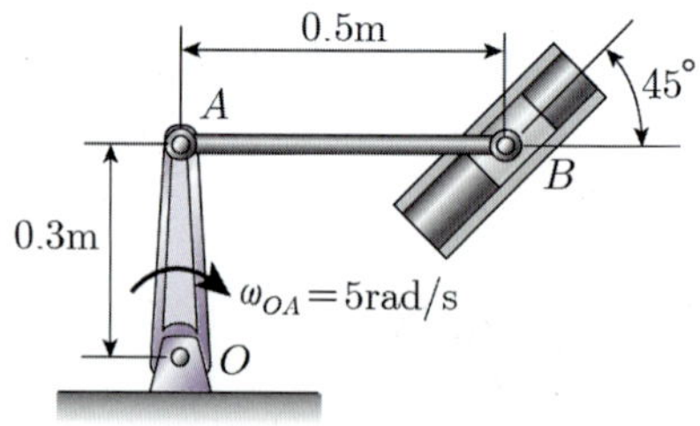

[그림 6.3.6] 회전하는 크랭크와 막대

풀이 크랭크 OA는 O점에 대해 회전한다. [그림 6.3.7]의 (a)에서 A점의 속도는 다음과 같다.

$$v_A = \overline{OA}\,\omega_{OA} = 0.3(5) = 1.5\,[\mathrm{m/s}](\rightarrow)$$

주어진 순간 $v_A(\rightarrow)$에 수직인 선과 $v_B \measuredangle 45°$에 수직인 선의 교점인 순간중심 C는 [그림 6.3.7]의 (b)와 같다. 여기에서 A점 속도로부터 막대 AB의 각속도는

$$\omega_{AB} = \frac{v_A}{\overline{CA}} = \frac{1.5}{0.5} = 3\,[\text{rad/s}](\curvearrowleft)$$

이고, B점의 속도는 다음과 같다.

$$v_B = \overline{CB}\,\omega_{AB} = (0.5\sqrt{2}\,)(3) = 1.5\sqrt{2} = 2.121\,[\text{m/s}] \measuredangle 45°$$

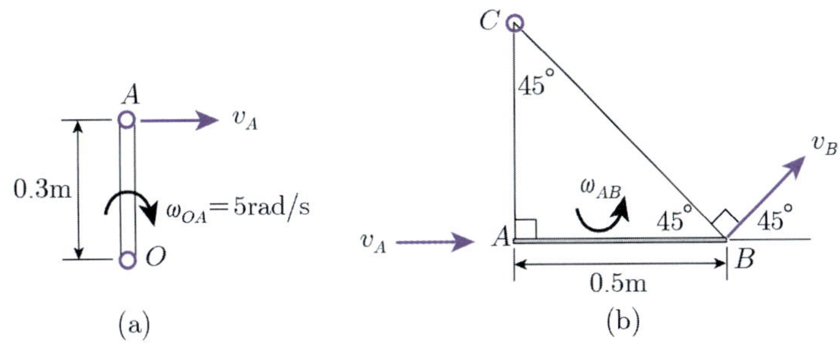

[그림 6.3.7] (a) A점 속도 (b) 순간중심(C)과 B점 속도

예제 6.3.4 그림의 (a)와 같이 이중기어가 하단에 수평으로 고정된 평면기어 위에서 굴러가고 있다. 이중기어의 중심점 A의 속도가 오른쪽으로 1.2m/s일 때 다음을 구하라.

(1) 기어의 각속도

(2) 상단에 위치한 직선기어 R의 속도

(3) 기어 위 점 D의 속도

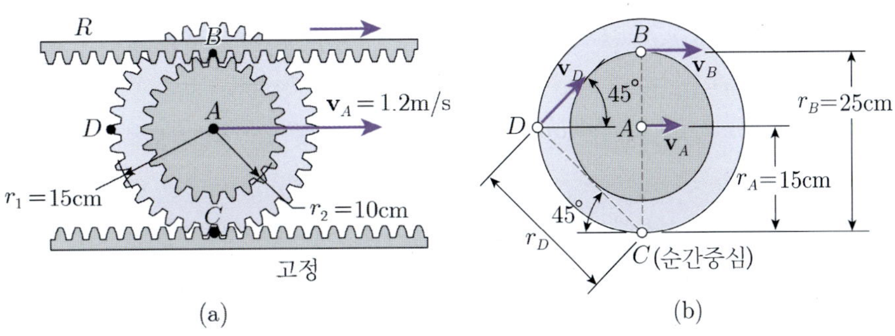

[그림 6.3.8] (a) 이중기어와 직선기어 (b) 순간중심과 속도

풀이 기어가 하단에 고정된 평면기어 위에서 굴러가므로 기어와 평면기어의 접촉점 C의 속도는 0이다. 따라서 C는 그림과 같은 순간의 순간중심이 된다.

(1) 그림의 (b)에서 A점의 속도로부터 기어의 각속도(ω)는 다음과 같다.

$$v_A = r_A \omega$$

$$\omega = \frac{v_A}{r_A} = \frac{1.2}{0.15} = 8\,[\text{rad/s}]$$

$$\boldsymbol{\omega} = 8\,[\text{rad/s}](\curvearrowright)$$

(2) 직선기어 R의 속도($\mathbf{v}_R$)는 기어 위 점 B의 속도와 같으므로 (b)에서

$$v_R = v_B = r_B \omega = 0.25(8) = 2\,[\text{m/s}]$$

$$\mathbf{v}_R = 2\,[\text{m/s}](\rightarrow)$$

이다.

(3) (b)에서 점 D의 속도($\mathbf{v}_D$)는 다음과 같다.

$$v_D = r_D \omega = \sqrt{2}\, r_A \omega = \sqrt{2}(0.15)(8) = 1.697\,[\text{m/s}]$$

$$\mathbf{v}_D = 1.697\,[\text{m/s}] \angle 45°$$

예제 6.3.5 그림의 (a)와 같이 두 개의 수평 평판 사이에 끼인 원판이 평판의 운동에 따라 미끄러지지 않고 굴러간다. 위 평판은 왼쪽으로 $v(\leftarrow)$의 속도로 움직이고, 아래 평판은 오른쪽으로 $2v(\rightarrow)$의 속도로 움직일 때 원판의 각속도 ω와 원주상의 점 P의 속도 크기 v_P를 구하라.

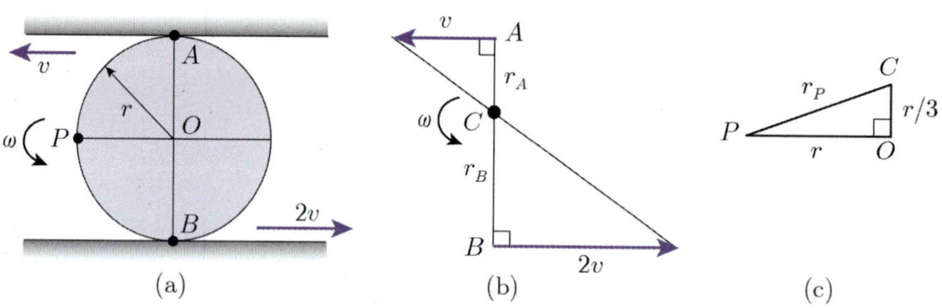

[그림 6.3.9] (a) 평판 사이 원판 운동 (b) 순간중심과 속도 (c) r_P

풀이 그림의 (b)와 같이 벡터 $\mathbf{v}_A$와 $\mathbf{v}_B$의 끝점을 연결하는 직선과 점 A와 B에서 속도에 수직인 직선의 교점 C가 순간중심이 된다. $\overline{CA} = r_A$, $\overline{CB} = r_B$라 하면

$$v_A = v = r_A \omega \qquad \cdots ①$$

$$v_B = 2v = r_B \omega \qquad \cdots ②$$

$$r_A + r_B = 2r \qquad \cdots ③$$

이다. ①+②를 하면 $3v = (r_A + r_B)\omega$이고, 이 식을 식 ③에 대입하면 원판의 각속도는

$$\omega = \frac{3v}{2r}$$

이다. 따라서 식 ①로부터 $r_A = \dfrac{2r}{3}$이고, 그림의 (c)에서 $\overline{OC} = r - r_A = \dfrac{r}{3}$이므로 C로부터 P점까지 거리는

$$r_P = \overline{CP} = \sqrt{r^2 + \left(\frac{r}{3}\right)^2} = \frac{\sqrt{10}}{3}r$$

이고, P점의 속도 크기 v_P는 다음과 같다.

$$v_P = r_P\omega = \frac{\sqrt{10}\,r}{3} \times \frac{3v}{2r} = \frac{\sqrt{10}}{2}v = 1.581v$$

연습문제 6.3

01 반지름 $r = 30\text{cm}$ 인 바퀴가 수평면에서 미끄러지지 않고 오른쪽으로 굴러가고 있다. 바퀴 중심속도 $v_O = 3\text{m/s}(\rightarrow)$일 때 그림과 같은 순간 바퀴 위 점 A의 속도 크기를 구하라. Hint: 바퀴가 미끄러지지 않고 굴러가면 바퀴와 지면과의 접점은 순간중심이 된다.

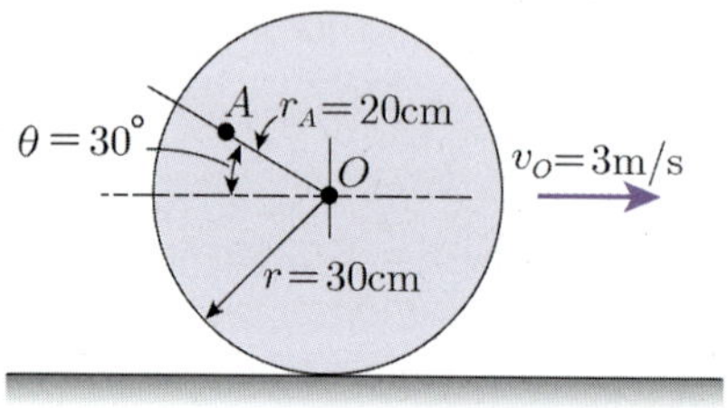

[문제 6.3.1]

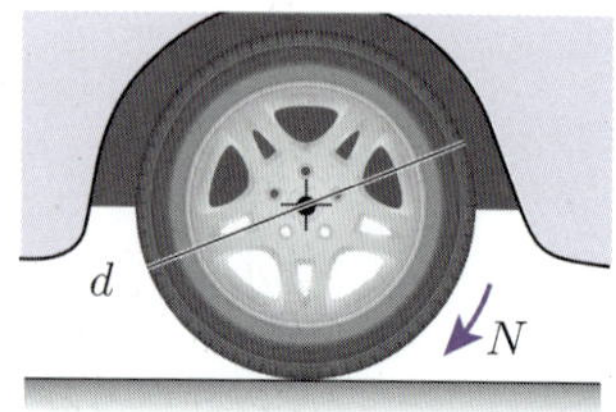

[문제 6.3.2]

02 자동차 바퀴 지름 $d = 650\text{mm}$ 이고, 빙판 위에서 200rpm 으로 회전하고 있다. 순간중심이 바퀴와 빙판의 접촉점으로부터 100mm 위에 있을 때 차의 속도[km/h]와 빙판 위에서 바퀴의 미끄럼 속도[m/s]를 구하라. Hint: 차의 속도는 바퀴 축의 속도와 같고, 바퀴의 미끄럼 속도는 바퀴와 빙판의 접촉점의 속도이다.

03 막대의 각속도 $\omega = 10\text{rad/s}(\curvearrowright)$이고 A점의 속도 $v_A = 20\text{m/s}(\uparrow)$이다. 막대의 순간중심 좌표와 B점의 속도를 구하라. Hint: $v_A = r\omega$로부터 순간중심의 x좌표를 구한다. 속도와 각속도의 방향에 주의.

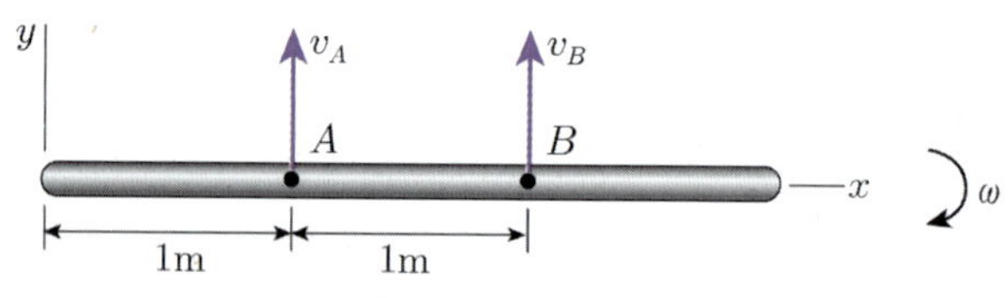

[문제 6.3.3/4]

04 위 문제(3 번) 그림에서 $v_A = 24\text{m/s}(\uparrow)$, $v_B = 36\text{m/s}(\uparrow)$일 때 막대의 순간중심 좌표와 막대의 각속도를 구하라.

05 막대 AB가 xy 평면에서 운동하고 있다. A점의 속도는 $\mathrm{v}_A = 8\mathrm{i}\,[\text{m/s}]$이고, B점은 막대에 평행한 방향으로 움직이고 있을 때 막대의 각속도와 B점의 속도를 구하라.

Hint: $v_A(\rightarrow)$, $v_B \measuredangle 30°$.

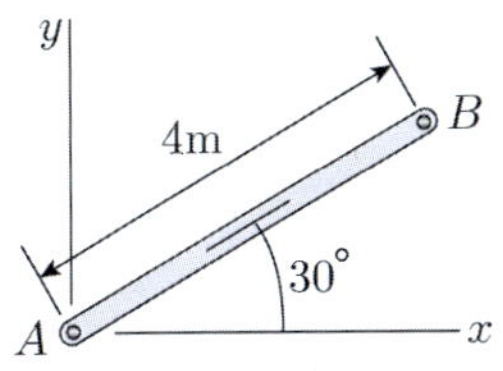

[문제 6.3.5]

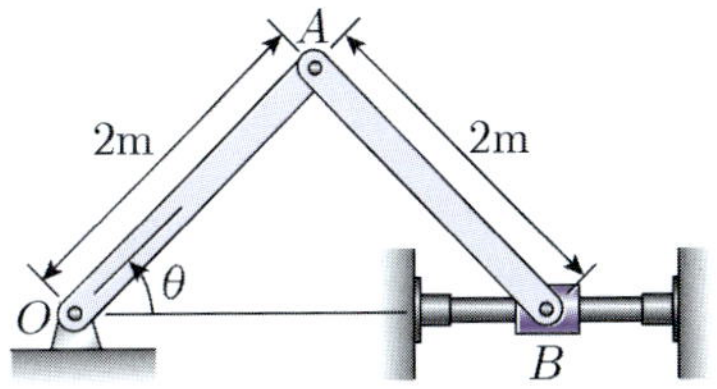

[문제 6.3.6]

06 각 $\theta = 45°$이고 막대 OA가 0.2rad/s의 각속도로 반시계 방향으로 회전하고 있다. 수평 방향으로 움직이는 슬리브 B의 속도를 구하라. Hint: A와 B점 속도 방향으로부터 순간중심을 찾는다.

07 막대 AB의 양 끝단이 마찰 없는 수평면과 경사면을 따라 미끄러진다. 그림에서 $\theta = 20°$, $\beta = 50°$, $L = 0.6\text{m}$이고 A점의 속도 $v_A = 2[\text{m/s}](\rightarrow)$일 때 막대의 각속도와 B점의 속도를 구하라. Hint: A, B점 속도 방향.

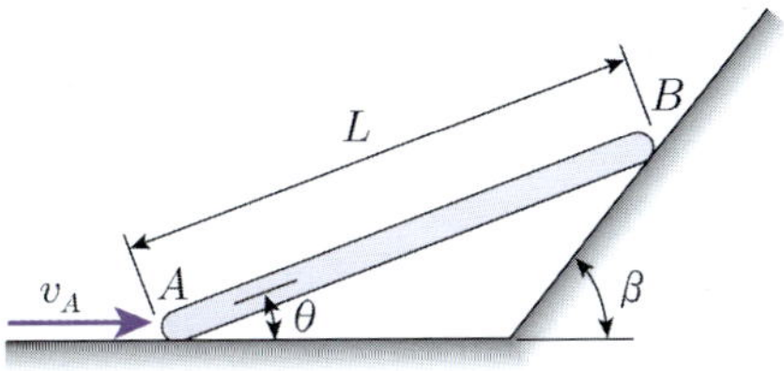

[문제 6.3.7/8]

08 위 문제(7번)의 그림에서 $\theta = 30°$, $\beta = 60°$, $L = 4\text{m}$이고 B점의 속도 $v_B = 2[\text{m/s}]$ $(\swarrow)$일 때 막대의 각속도와 A점의 속도를 구하라.

09 막대 AB가 $\omega = 6\text{rad/s}(\curvearrowleft)$로 회전하고, 원판은 수평면에서 미끄러짐이 없이 굴러간다. 막대 BD의 각속도를 구하라. 막대 BD는 수평이고 막대 AB의 회전축 A점과 원판과 지면과의 접점 F점은 동일 수평선상에 있다. Hint: v_D ↙ 45°, B와 D점 속도 방향으로부터 순간중심을 찾고, 닮은 삼각형의 성질을 이용하여 거리를 구한다.

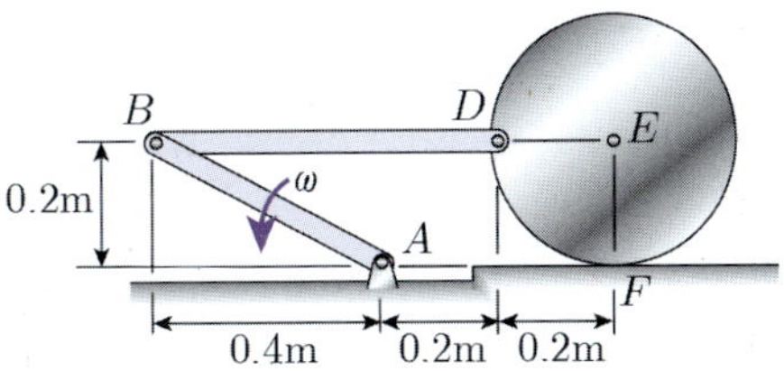

[문제 6.3.9]

10 그림과 같은 순간 $v_A = 2\text{m/s}(\rightarrow)$이고 OB는 수평일 때, OB의 각속도를 구하라. Hint: A, B점 속도 방향.

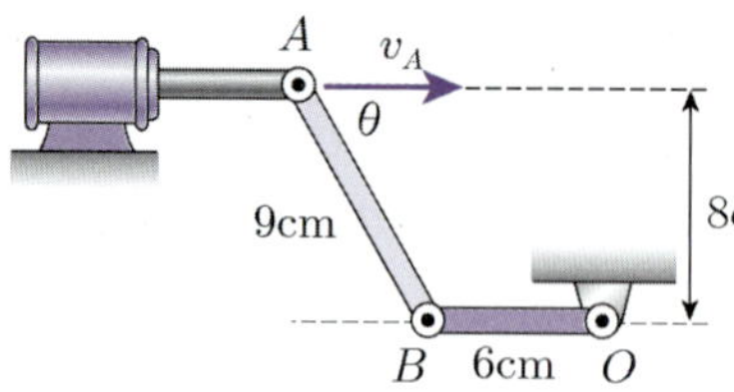

[문제 6.3.10]

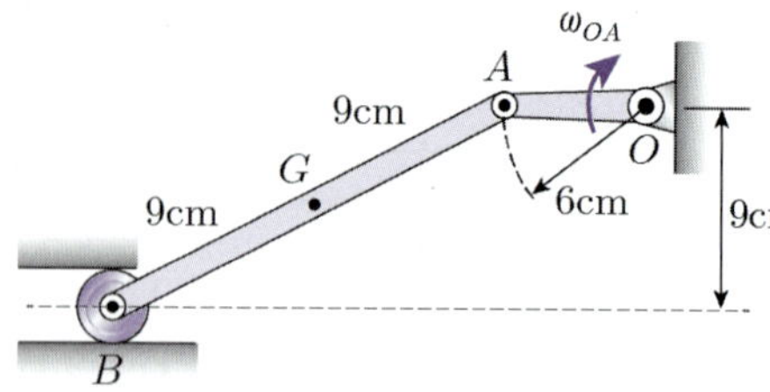

[문제 6.3.11]

11 크랭크 OA의 각속도 $\omega_{OA} = 8\text{rad/s}(\curvearrowright)$이다. 그림과 같이 OA가 수평 위치를 지나는 순간 링크 AB의 중심 G의 속도[cm/s]를 구하라. Hint: A, B점 속도 방향.

12 그림의 링크장치에서 $\theta = 45°$일 때 팔 OB의 각속도 $\omega_{OB} = 10\text{rad/s}(\curvearrowright)$이다. 이때 A점과 D점의 속도와 링크 AB의 각속도를 구하라. Hint: A, B점 속도 방향.

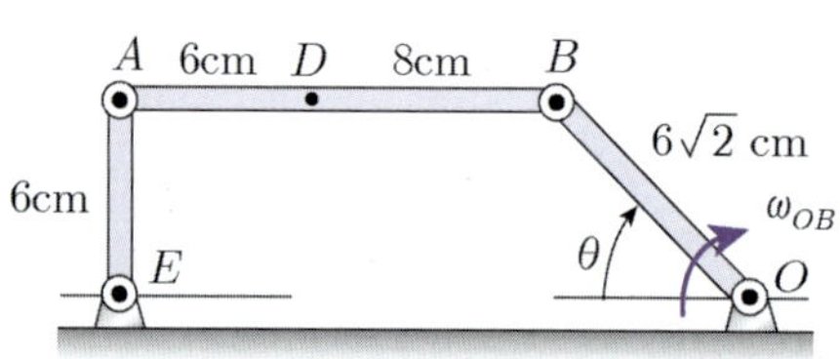

[문제 6.3.12]

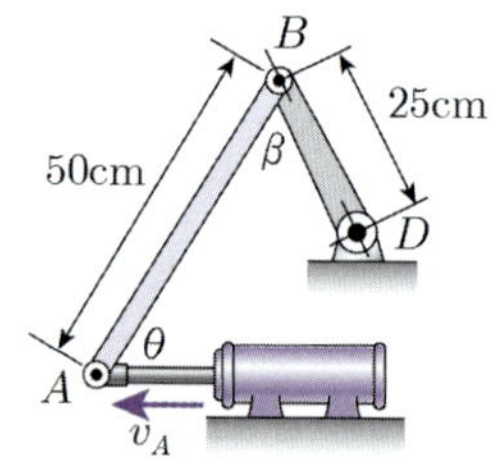

[문제 6.3.13]

13 유압실린더 피스톤 막대의 끝점 A가 $v_A = 120\text{cm/s}(\leftarrow)$로 움직인다고 할 때 링크 BD의 각속도를 구하라. 각 $\theta = \beta = 60°$이다. Hint: A, B점 속도 방향.

14 반지름 $r = 0.75\text{m}$인 원판이 미끄러지면서 굴러간다. 그림과 같은 순간에 원주 위 두 점 A와 B의 속도는 각각 $v_A = 5\text{m/s}(\rightarrow)$, $v_B = 10\text{m/s}(\leftarrow)$이다. 이때 원판 중심 O와 원주 위 세 점 D, E, F의 속도 크기를 구하라. Hint: $\overline{AB}$, $v_A(\rightarrow)$, $v_B(\leftarrow)$를 도시하고 닮은 삼각형의 성질로부터 순간중심을 찾는다.

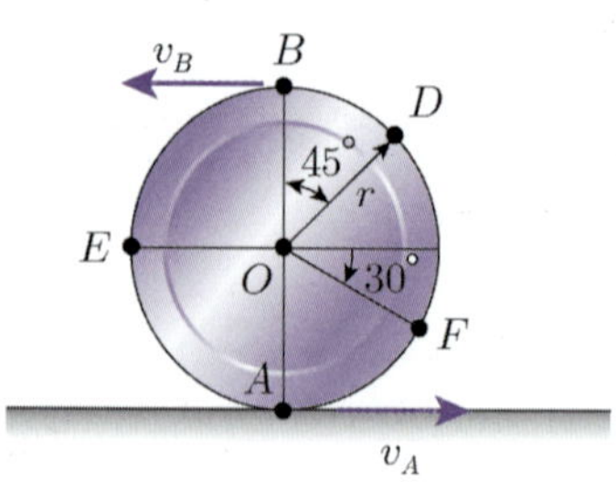

[문제 6.3.14]

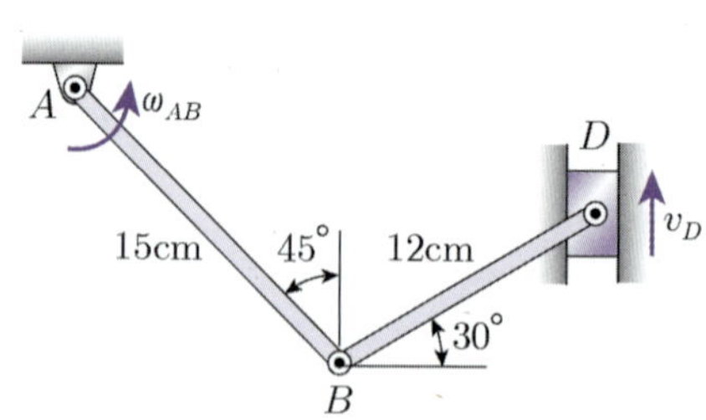

[문제 6.3.15]

15 블록 D가 $v_D = 12\text{cm/s}(\uparrow)$의 속도로 위로 올라가고 있다. 그림과 같은 순간 링크 AB의 각속도를 구하라. Hint: B, D점 속도 방향.

16 반지름 $r_1 = 60\text{mm}$ 인 드럼이 반지름 $r_2 = 100\text{mm}$ 인 드럼과 결합되어 있고, 드럼 중 하나가 그림과 같이 지면 혹은 철봉 위를 미끄러짐이 없이 구른다. 줄 E의 끝이 왼쪽으로 $v_E = 120\text{mm/s}$ 의 속도로 당겨질 때 (a), (b) 각 경우에 대해 다음을 구하라. Hint: 순간중심은 (a)에서는 지면, (b)에서는 막대에 있다. 순간중심을 지나는 수직선과 v_E를 도시한다. 줄이 감기거나 풀리는 속도는 $v_O - v_E$.

(1) 드럼의 각속도 (2) 드럼 중심의 속도 (3) 초당 감기거나 풀린 줄 길이

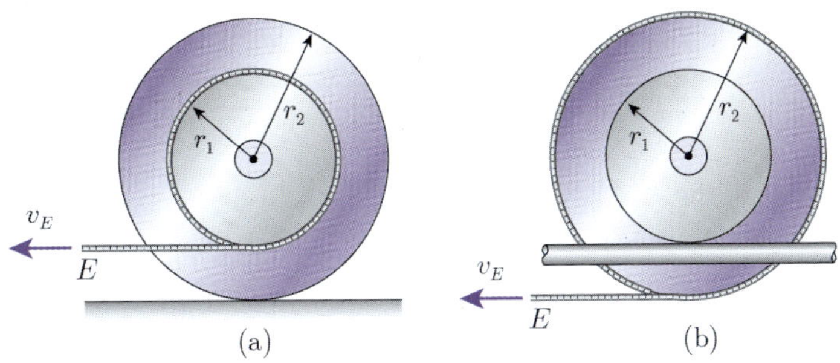

[문제 6.3.16]

17 그림과 같은 순간 막대 AB의 한 끝점 B는 $v_B = 2\text{m/s}\measuredangle 45°$로 움직인다. 순간중심을 이용하여 이때 막대 AB와 OA의 각속도 및 A점의 속도를 구하라. 그림에서 OA는 수직이고 AB는 수평이다. Hint: A, B점 속도 방향으로부터 순간중심을 찾는다(17~20번 문제).

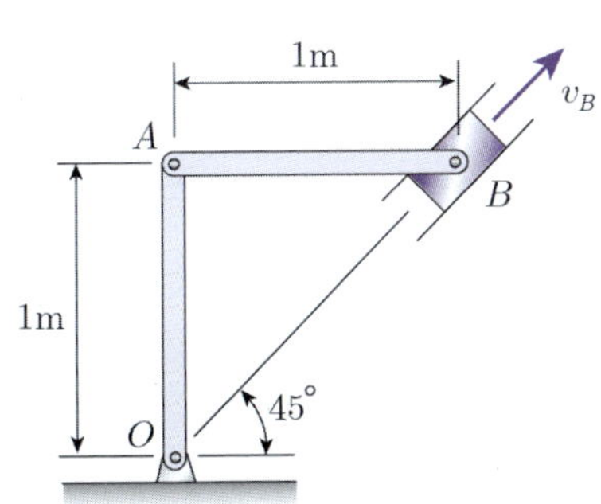

[문제 6.3.17]

18 그림과 같은 순간 크랭크 OA의 각속도가 $\omega_{OA} = 8\text{rad/s}(\curvearrowright)$일 때 막대 AB의 각속도(ω_{AB})와 B점의 속도(v_B)를 구하라. O점과 B점은 동일 수평선상에 있고 슬라이더 안에 있는 B점은 이 수평선을 따라 움직인다.

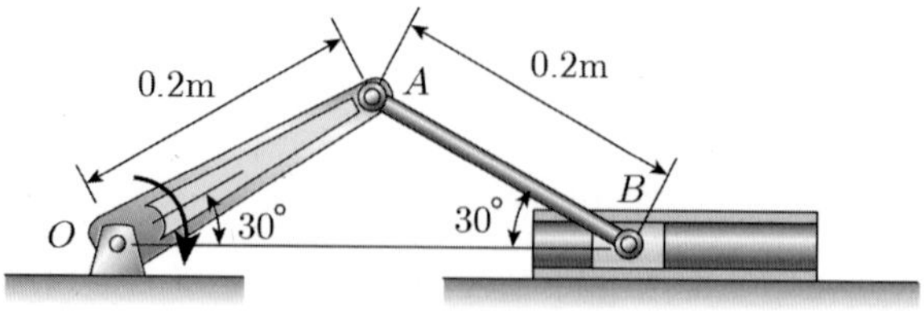

[문제 6.3.18]

19 그림과 같은 순간 연결 핀 B의 속도가 $v_B = 2\mathrm{m/s}(\leftarrow)$일 때 막대 AB의 각속도(ω_{AB})와 크랭크 OA의 각속도(ω_{OA})를 구하라.

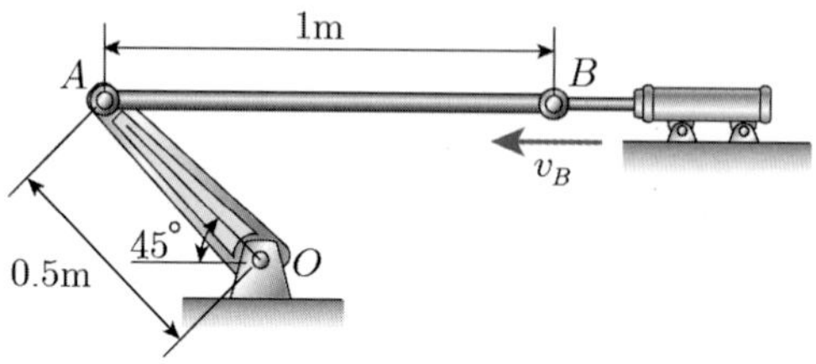

[문제 6.3.19]

20 그림과 같은 순간 크랭크 OA의 각속도가 $\omega_{OA} = 5\mathrm{rad/s}(\curvearrowright)$일 때 막대 AB의 각속도(ω_{AB})와 B점의 속도(v_B)를 구하라. 슬라이더 안에 있는 B점은 수평선을 따라 움직인다.

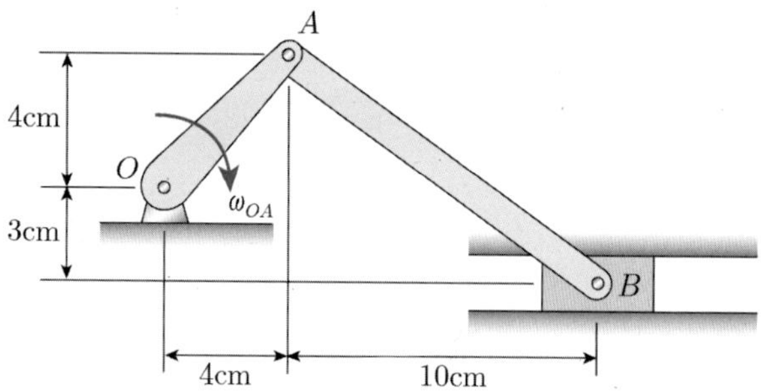

[문제 6.3.20]

21 $x = 75\mathrm{mm}$인 위치에서 링크 OA의 각속도가 시계방향으로 2rad/s일 때 순간중심을 이용하여 슬라이더 B의 속도와 링크 AB의 각속도를 구하라. Hint: 점 B에서 내린 수직선과 $\overline{AO}$의 연장선의 교점이 순간중심이 된다. $\overline{OB} = 125\mathrm{mm}$. 보조선을 그어서 각도를 구한다. ΔABO는 이등변삼각형.

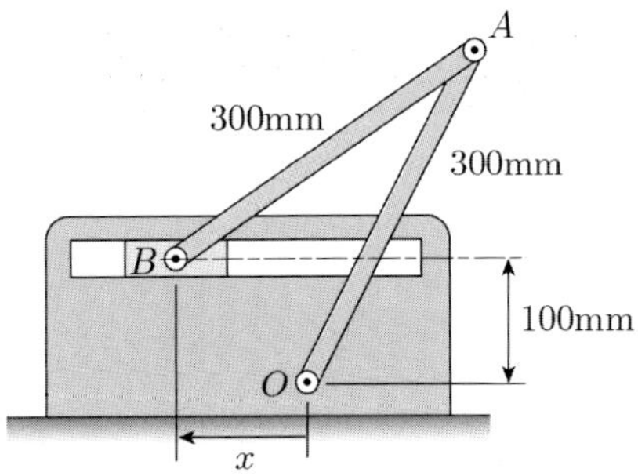

[문제 6.3.21]

6.4 절대가속도와 상대가속도

평면운동을 하는 강체 내 두 점의 속도 관계식 $\mathrm{v}_B = \mathrm{v}_A + \mathrm{v}_{B/A}$를 시간에 대해 미분하면 다음과 같은 상대가속도식을 얻는다.

$$\mathbf{a}_B = \mathbf{a}_A + \mathbf{a}_{B/A} \qquad \cdots(6.4.1)$$

여기에서 $\mathbf{a}_A = d\mathrm{v}_A/dt$와 $\mathbf{a}_B = d\mathrm{v}_B/dt$는 고정된 좌표계에서 정의되는 것으로 각각 점 A와 B의 절대가속도를 나타낸다. 식 (6.4.1)의 물리적 의미는 '점 A의 가속도'와 'A와 함께 움직이는 관찰자가 바라본 B의 가속도'의 합은 점 B의 가속도가 된다는 것이다. $\mathbf{a}_A$는 A를 포함하는 강체의 병진운동에 해당되며, 상대가속도 $\mathbf{a}_{B/A}$는 A에 대한 강체의 회전운동과 관련되고, 이것은 A를 중심으로 하는 고정된 방향을 갖는 축에 대해 구해진다.

상대가속도 $\mathbf{a}_{B/A}$는 선 AB에 수직인 접선성분 $(\mathbf{a}_{B/A})_t$와 A를 향하는 법선성분 $(\mathbf{a}_{B/A})_n$의 두 성분으로 분해된다.

$$\mathbf{a}_B = \mathbf{a}_A + (\mathbf{a}_{B/A})_t + (\mathbf{a}_{B/A})_n \qquad \cdots(6.4.2)$$

식 (6.4.2)에서 상대가속도 성분의 크기는 다음과 같다. 여기에서 r은 A로부터 B까지 거리 $(r = \overline{AB})$이고, α와 ω는 강체의 각가속도와 각속도의 크기이다.

$$\begin{aligned}(a_{B/A})_t &= r\alpha \\ (a_{B/A})_n &= r\omega^2\end{aligned} \qquad \cdots(6.4.3)$$

그리고 가속도 성분을 벡터로 나타내면 다음과 같다.

$$\begin{aligned}(\mathbf{a}_{B/A})_t &= \boldsymbol{\alpha}\times\mathbf{r} \\ (\mathbf{a}_{B/A})_n &= \boldsymbol{\omega}\times(\boldsymbol{\omega}\times\mathbf{r})\end{aligned} \qquad \cdots(6.4.4)$$

위 식에서 ω는 강체의 각속도이고, α는 강체의 각가속도이며, $\mathbf{r}$은 A에서 B로 향하는 벡터($\mathbf{r} = \mathbf{r}_{B/A}$, $\mathbf{r} = \overrightarrow{AB}$)이다. '$(\mathbf{a}_{B/A})_t$**의 방향은** $\mathbf{r}_{B/A}$**에 수직이고,** $(\mathbf{a}_{B/A})_n$**의 방향은** B**에서** A**로 향한다**.' 여기에서 상대가속도 항들이 모두 절대각속도와 절대각가속도에 따라 결정된다는 사실이 중요하다.

식 (6.4.2)에 식 (6.4.4)를 대입하면 다음과 같다.

$$\mathbf{a}_B = \mathbf{a}_A + \boldsymbol{\alpha} \times \mathbf{r}_{B/A} - \omega^2 \mathbf{r}_{B/A} \quad \cdots (6.4.5)$$

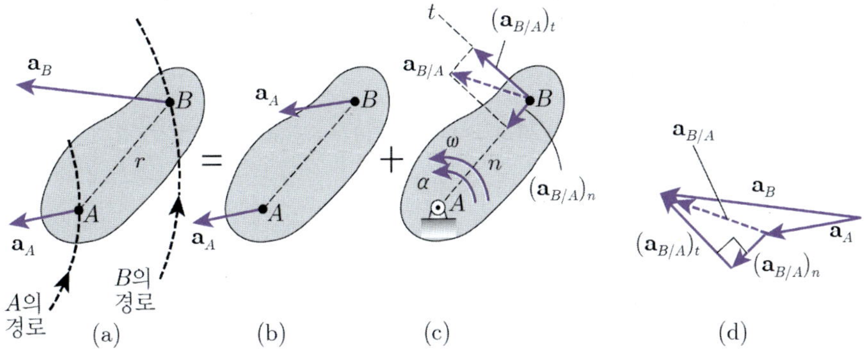

[그림 6.4.1] (a) 평면운동 (b) A와 함께 병진운동 (c) A에 대한 회전운동 (d) 벡터 합

[그림 6.4.1]에 식 (6.4.1)~(6.4.5)를 도시하였다. 이 그림에서 평면운동을 하는 강체는 서로 다른 곡선 경로를 따라 각각 $\mathbf{a}_A$와 $\mathbf{a}_B$로 움직이는 점 A와 B를 포함하고 있다. A와 B의 경로가 곡선일 때 가속도 $\mathbf{a}_A$와 $\mathbf{a}_B$의 방향은 일반적으로 속도와 달리 접선방향이 아니다. 그림에서 'B의 가속도'는 'A의 가속도'와 'A에 대한 B의 가속도' 두 부분으로 구성된다는 것을 알 수 있다. 기준점(A)을 고정점으로 표시한 그림은 상대가속도의 두 성분의 정확한 방향을 알게 하므로 유용하다. 상대속도식을 풀 때와 같이 식 (6.4.2)는 **'벡터 기하학(스칼라대수와 기하)'**이나 **'벡터 대수학'**을 이용하여 풀 수 있다.

예제 6.4.1 막대에 핀으로 부착된 칼라 A와 B가 고정된 막대 위에서 마찰 없이 미끄러진다. A가 일정한 속도로 오른쪽으로 움직이며, 그림과 같은 순간에 막대의 각속도가 반시계방향으로 3rad/s일 때 막대의 각가속도와 점 B의 가속도를 구하라.

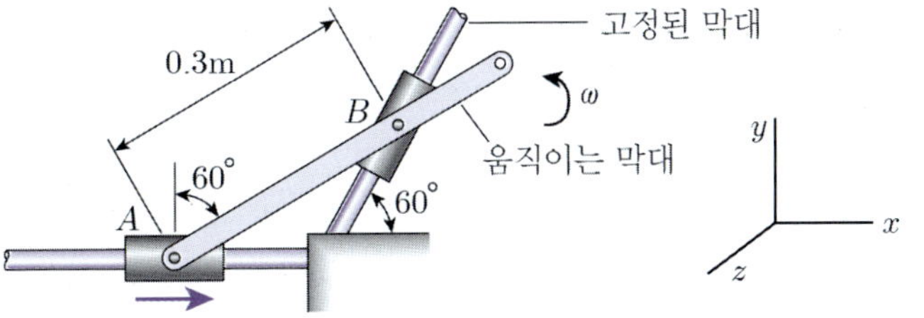

[그림 6.4.2] 고정 막대에서 미끄러지는 칼라

풀이 기준점을 A로 잡고 식 (6.4.5)를 사용한다.

$$\mathbf{a}_B = \mathbf{a}_A + \boldsymbol{\alpha} \times \mathbf{r}_{B/A} - \omega^2 \mathbf{r}_{B/A} \qquad \cdots ①$$

움직이는 막대의 각속도는 $\omega = 3$[rad/s]이고 A점의 가속도는 $\mathbf{a}_A = 0$이다. 점 B의 가속도는

$$\mathbf{a}_B = a_B(\cos 60°\mathbf{i} + \sin 60°\mathbf{j}) = 0.500a_B\mathbf{i} + 0.866a_B\mathbf{j} \qquad \cdots ②$$

이고, A로부터 B로 향하는 위치벡터는

$$\mathbf{r}_{B/A} = 0.3(\cos 30°\,\mathbf{i} + \sin 30°\,\mathbf{j}) = 0.260\mathbf{i} + 0.150\mathbf{j} \qquad \cdots ③$$

이다. 여기에서 막대의 각가속도를 $\boldsymbol{\alpha} = \alpha\mathbf{k}$ 라 하고 주어진 조건과 식 ②, ③을 식 ①에 대입한다.

$$0.5a_B\mathbf{i} + 0.866a_B\mathbf{j} = 0 + \alpha\mathbf{k} \times (0.26\mathbf{i} + 0.15\mathbf{j}) - 3^2(0.26\mathbf{i} + 0.15\mathbf{j})$$

이 식을 성분별로 정리하면

$$[\mathbf{i}]\ \ 0.5a_B = -0.15\alpha - 2.34 \qquad \cdots ④$$

$$[\mathbf{j}]\ \ 0.866a_B = 0.26\alpha - 1.35 \qquad \cdots ⑤$$

이고, 식 ④, ⑤를 풀면 $\alpha = -5.20[\mathrm{rad/s^2}]$, $a_B = -3.12[\mathrm{m/s^2}]$이 얻어진다. 따라서 막대의 각가속도와 점 B의 가속도는 다음과 같다.

$$\alpha = 5.20[\mathrm{rad/s^2}](\curvearrowright), \quad \mathbf{a}_B = 3.12[\mathrm{m/s^2}] \swarrow 60°$$

예제 6.4.2 그림의 (a)와 같이 반지름 R인 원판이 시계방향 각속도 ω와 시계방향 각가속도 α로 미끄러짐 없이 굴러가고 있다. 점 A의 가속도를 구하라.

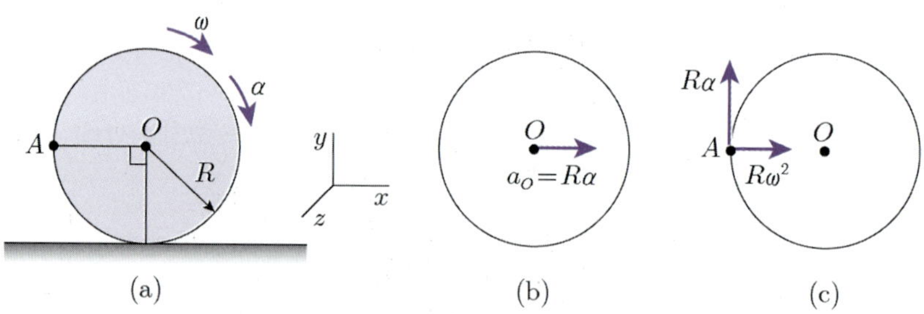

[그림 6.4.3] (a) 구르는 원판 (b) $\mathbf{a}_O$ (c) $\mathbf{a}_{A/O}$

풀이 두 가지 방법으로 이 문제를 풀어본다.

(1) 식 (6.4.1), (6.4.2) 사용: 그림의 (b)에서 원판 중심 O의 가속도는

$$\mathbf{a}_O = R\alpha\,\mathbf{i}$$

이다. 여기에서 점 A는 중심 O에 대해 반지름 R인 원형경로로 상대운동을 하므로 (c)와 같은 상대가속도의 접선방향 성분 $(a_{A/O})_t = R\alpha$이고 법선방향 성분 $(a_{A/O})_n = R\omega^2$이다. 즉,

$$\mathbf{a}_{A/O} = R\omega^2\mathbf{i} + R\alpha\,\mathbf{j}$$

이므로 A의 가속도는 다음과 같다.

$$\begin{aligned}\mathbf{a}_A &= \mathbf{a}_O + \mathbf{a}_{A/O} = R\alpha\,\mathbf{i} + (R\omega^2\mathbf{i} + R\alpha\,\mathbf{j}) \\ &= (R\alpha + R\omega^2)\mathbf{i} + R\alpha\,\mathbf{j}\end{aligned}$$

(2) 식 (6.4.5) 사용: 원판의 각가속도 벡터 $\boldsymbol{\alpha} = -\alpha\,\mathbf{k}$이고, O에 대한 점 A의 위치 벡터 $\mathbf{r}_{A/O} = -R\,\mathbf{i}$이다

$$\begin{aligned}\mathbf{a}_A &= \mathbf{a}_O + \boldsymbol{\alpha}\times\mathbf{r}_{A/O} - \omega^2\mathbf{r}_{A/O} \\ &= R\alpha\,\mathbf{i} - \alpha\mathbf{k}\times(-R\mathbf{i}) - \omega^2(-R\mathbf{i}) \\ &= (R\alpha + R\omega^2)\mathbf{i} + R\alpha\,\mathbf{j}\end{aligned}$$

[예제 6.4.2]에서 중심 O의 가속도를 원판의 각가속도로써 구할 수 있었기 때문에 굴러가는 원판 위 점 A의 가속도를 구할 수 있었다. 미끄러짐 없이 굴러가는 원형 물체 중심의 속도 크기는 반지름과 각속도의 곱과 같으며($v_O = r\omega$) 중심의 가속도 크기는 반지름과 각가속도의 곱과 같다($a_O = r\alpha$)는 것을 기억하면 유용하게 사용할 수 있다.

예제 6.4.3 가속도 $a_O = 8\mathrm{m/s^2}(\rightarrow)$로 움직이는 블록에 반지름 $r = 0.4\mathrm{m}$인 바퀴의 중심 O가 장착되어 있다. $\theta = 45°$인 순간 원판의 각속도 $\dot{\theta} = 3\mathrm{rad/s}$, 각가속도 $\ddot{\theta} = -8\mathrm{rad/s^2}$일 때 원둘레 위 점 A의 가속도 크기(a_A)를 구하라.

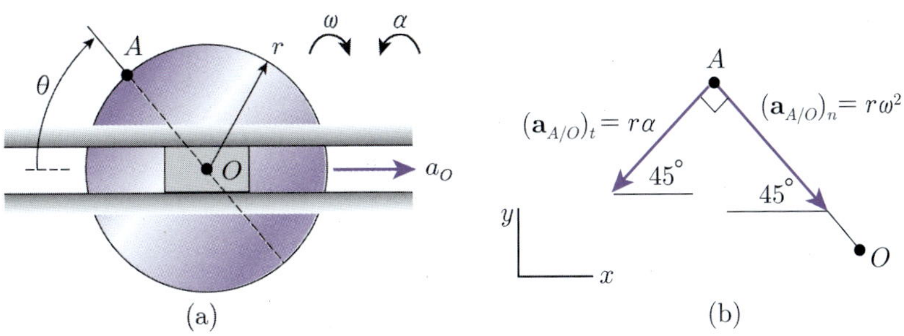

[그림 6.4.4] (a) 미끄럼 블록과 원판 (b) 상대가속도 $\mathbf{a}_{A/O}$의 성분

풀이 식 (6.4.2)와 (6.4.3)을 사용한다. 각속도와 각가속도의 크기는 각각 $\omega = \dot{\theta} = 3\text{rad/s}$, $\alpha = -\ddot{\theta} = 8\text{rad/s}^2$이다. 점 A의 가속도 크기는 다음과 같다.

$$\begin{aligned}\mathbf{a}_A &= \mathbf{a}_O + (\mathbf{a}_{A/O})_t + (\mathbf{a}_{A/O})_n \\ &= a_O\mathbf{i} + r\alpha(-\cos45°\mathbf{i} - \sin45°\mathbf{j}) + r\omega^2(\cos45°\mathbf{i} - \sin45°\mathbf{j}) \\ &= [a_O + r(-\alpha+\omega^2)\cos45°]\,\mathbf{i} - r(\alpha+\omega^2)\sin45°\,\mathbf{j} \\ &= [8 + 0.4(-8+3^2)\cos45°]\,\mathbf{i} - 0.4(8+3^2)\sin45°\,\mathbf{j} \\ &= 8.28\,\mathbf{i} - 4.81\,\mathbf{j}\,[\text{m/s}^2]\end{aligned}$$

$$a_A = \sqrt{8.28^2 + 4.81^2} = 9.58\,[\text{m/s}^2]$$

예제 6.4.4 그림의 (a)에서 링크의 끝점 A와 B는 각각 수직 홈과 수평 홈을 따라 움직이며, A는 일정한 속도 $v_A = 2\text{m/s}$로 내려간다. $\theta = 30°$일 때 링크의 중간점 G의 가속도를 구하라.

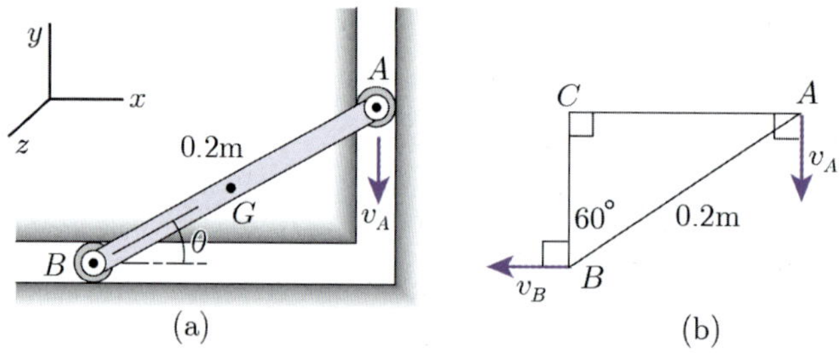

[그림 6.4.5] (a) 링크의 운동 (b) 순간중심(C)

풀이 순간중심은 (b)와 같고, 이 그림으로부터 링크의 각속도는

$$\omega = \frac{v_A}{\overline{CA}} = \frac{2}{0.2\sin60°} = \frac{20}{\sqrt{3}}\,[\text{rad/s}](\curvearrowright)$$

이다. 기준점을 A로 잡고 식 (6.4.5)를 사용한다.

$$\mathbf{a}_B = \mathbf{a}_A + \boldsymbol{\alpha}\times\mathbf{r}_{B/A} - \omega^2\mathbf{r}_{B/A} \qquad \cdots ①$$

여기에서 A점의 가속도는 $\mathbf{a}_A = 0$이다. 수평 홈에서 움직이는 B점의 가속도는

$$\mathbf{a}_B = a_B\mathbf{i} \qquad \cdots ②$$

이고, A로부터 B로 향하는 위치벡터는

$$\mathbf{r}_{B/A} = 0.2(-\cos30°\,\mathbf{i} - \sin30°\,\mathbf{j}) = -0.1\sqrt{3}\mathbf{i} - 0.1\mathbf{j} \qquad \cdots ③$$

이다. 링크의 각가속도를 $\boldsymbol{\alpha} = \alpha\mathbf{k}$ 라 하고 주어진 조건과 식 ②, ③을 식 ①에 대입한다.

$$a_B\mathbf{i} = 0 + \alpha\mathbf{k} \times (-0.1\sqrt{3}\mathbf{i} - 0.1\mathbf{j}) - \left(\frac{20}{\sqrt{3}}\right)^2 (-0.1\sqrt{3}\mathbf{i} - 0.1\mathbf{j})$$

이 식을 성분별로 정리하면

$$[\mathrm{i}] \ \ a_B = 0.1\alpha + \frac{40}{\sqrt{3}} \qquad \cdots ④$$

$$[\mathrm{j}] \ \ 0 = -0.1\sqrt{3}\alpha + \frac{40}{3} \qquad \cdots ⑤$$

이고, 식 ④, ⑤를 풀면 $\alpha = \frac{400}{3\sqrt{3}}[\mathrm{rad/s^2}]$, $a_B = \frac{160}{3\sqrt{3}}[\mathrm{m/s^2}]$이 얻어진다. 기준점을 A로 잡고 식 (6.4.5)를 다시 사용하여 링크 중간점 G의 가속도를 구한다.

$$\mathbf{r}_{G/A} = 0.1(-\cos30°\,\mathbf{i} - \sin30°\,\mathbf{j}) = -0.05\sqrt{3}\mathbf{i} - 0.05\mathbf{j}\,[\mathrm{m}]$$

$$\begin{aligned}\mathbf{a}_G &= \mathbf{a}_A + \boldsymbol{\alpha} \times \mathbf{r}_{G/A} - \omega^2 \mathbf{r}_{G/A} \\ &= \frac{400}{3\sqrt{3}}\mathbf{k} \times (-0.05\sqrt{3}\,\mathbf{i} - 0.05\,\mathbf{j}) - \left(\frac{20}{\sqrt{3}}\right)^2 (-0.05\sqrt{3}\,\mathbf{i} - 0.05\,\mathbf{j}) \\ &= \frac{80}{3\sqrt{3}}\mathbf{i} = 15.4\mathbf{i}\,[\mathrm{m/s^2}]\end{aligned}$$

[벡터 기하학]

기준점 가속도 $\mathbf{a}_A = 0$일 때 식 (6.4.2)로부터

$$\mathbf{a}_B = (\mathbf{a}_{B/A})_t + (\mathbf{a}_{B/A})_n$$

$$[a_B \rightarrow] = [(a_{B/A})_t \searrow 60°] + [(a_{B/A})_n \nearrow 30°]$$

이고, [그림 6.4.6]과 같은 벡터 삼각형을 작성할 수 있다. 여기에서

$$(a_{B/A})_t = r\alpha = \overline{AB}\alpha = 0.2\alpha$$

$$(a_{B/A})_n = r\omega^2 = \overline{AB}\omega^2 = 0.2\left(\frac{20}{\sqrt{3}}\right)^2 = \frac{80}{3}$$

이다. 벡터 삼각형으로부터

$$(a_{B/A})_t \sin60° = (a_{B/A})_n \sin30°$$

$$0.2\alpha\sin60° = \frac{80}{3}\sin30°$$

$$\alpha = \frac{1}{0.2} \times \frac{80}{3}\left(\frac{\sin30°}{\sin60°}\right) = \frac{400}{3\sqrt{3}}[\mathrm{rad/s^2}]$$

$$a_B = \frac{(a_{B/A})_n}{\cos 30°} = \frac{1}{\cos 30°} \times \frac{80}{3} = \frac{160}{3\sqrt{3}}\,[\mathrm{m/s^2}]$$

이 얻어지고, $(a_{G/A})_t = \frac{1}{2}(a_{B/A})_t$이므로. 링크 중간점 G의 가속도는 다음과 같다.

$$a_G = \frac{1}{2}a_B = \frac{80}{3\sqrt{3}}\,[\mathrm{m/s^2}]$$

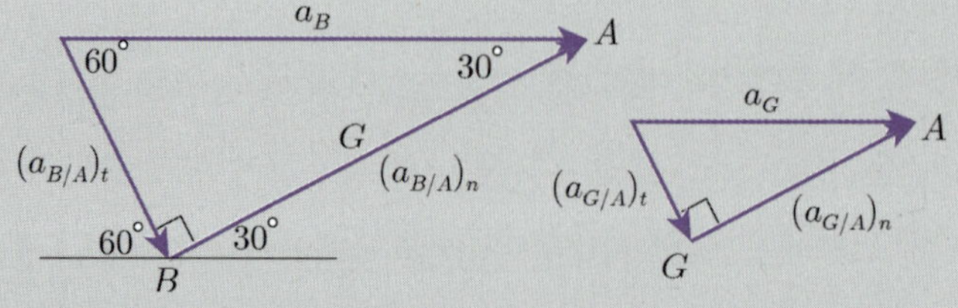

[그림 6.4.6] 벡터 삼각형

문제의 물리적인 구조를 파악하면 벡터 기하학을 이용하여 스칼라 식으로 편리하게 문제를 해석할 수 있다.

[예제 6.4.1]에서 $\mathbf{a}_A = 0$이므로 $\mathbf{a}_B = (\mathbf{a}_{B/A})_t + (\mathbf{a}_{B/A})_n$이다. 여기에서 $(\mathbf{a}_{B/A})_n$은 크기와 방향을 모두 알고, 기하학적 구조로부터 $\mathbf{a}_B$와 $(\mathbf{a}_{B/A})_t$의 작용선을 알고 있다. 이 사실로부터 [그림 6.4.7]의 벡터 삼각형을 작성할 수 있고, 여기에서 곧바로 다음 관계식을 얻을 수 있다.

$$0.3\alpha = 0.3(3)^2\tan 30°,\ \ a_B\cos 30° = 0.3(3)^2$$

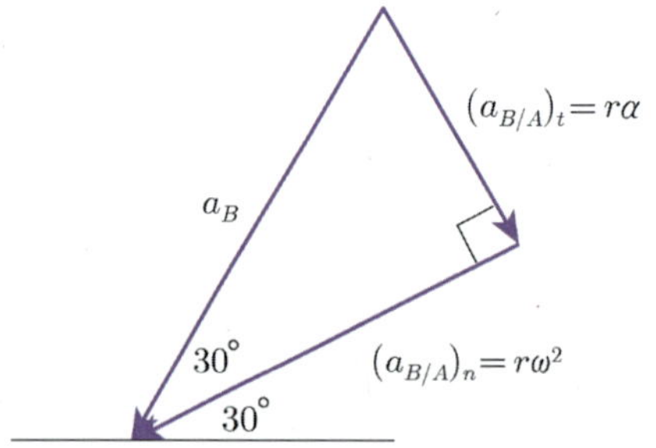

[그림 6.4.7] [예제 6.4.1]의 벡터 삼각형

[예제 6.4.4]의 풀이에서 계산기를 사용하지 않고 무리수 $\sqrt{3}$과 분수를 그대로 두고 계산했지만 계산기를 사용하여 $\omega = \dfrac{2}{0.2\sin 60°} = 11.55, \cdots$ 등으로 값을 구해도 된다. 그런데 공무원과 중등 교사 임용시험 등에서 계산기를 사용하지 못하므로 풀이와 같이 한번 풀어보도록 한다.

예제 6.4.5 그림의 (a)와 같은 위치에서 링크 OA가 일정한 각속도 $\omega(\curvearrowleft)$로 회전할 때 링크 AB의 각가속도를 구하라.

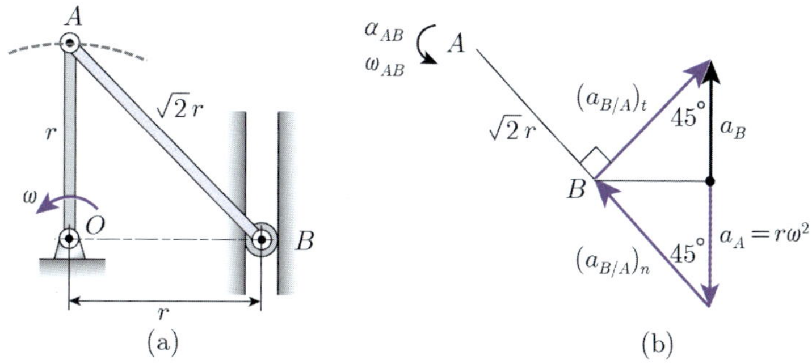

[그림 6.4.8] (a) 회전하는 링크와 수직 홈 (b) 벡터 삼각형

풀이 (a)의 위치에서 점 A의 속도는 $v_A = r\omega(\leftarrow)$이고 수직 홈에서 움직이는 B의 속도는 연직 위 방향($\uparrow$)이므로 점 O가 순간중심이 된다. 따라서 링크 AB의 각속도는

$$\omega_{AB} = \frac{v_A}{\overline{OA}} = \frac{r\omega}{r} = \omega(\curvearrowleft)$$

이다. 링크 OA가 일정한 각속도 $\omega_{OA} = \omega$로 회전하므로 점 A의 가속도는

$$(a_A)_t = r\alpha_{OA} = 0$$

$$(a_A)_n = r\omega_{OA}^2 = r\omega^2$$

$$\mathbf{a}_A = r\omega^2(\downarrow)$$

이다. 식 (6.4.2)와 벡터 기하학을 이용하여 AB의 각가속도를 구한다.

$$\mathbf{a}_B = \mathbf{a}_A + (\mathbf{a}_{B/A})_t + (\mathbf{a}_{B/A})_n$$

$$[a_B \uparrow] = [a_A \downarrow] + [(a_{B/A})_t \measuredangle 45°] + [(a_{B/A})_n \nwarrow 45°]$$

이고, 그림의 (b)와 같은 벡터 삼각형이 얻어진다. 여기에서

$$(a_{B/A})_n = \overline{AB}\,\omega_{AB}^2 = \sqrt{2}r\omega^2$$

이므로 $(a_{B/A})_t = (a_{B/A})_n$으로부터 링크 AB의 각가속도는 다음과 같다.

$$(a_{B/A})_t = \overline{AB}\alpha_{AB} = \sqrt{2}r\alpha_{AB} = \sqrt{2}r\omega^2$$

$$\alpha_{AB} = \omega^2(\curvearrowleft)$$

[벡터 대수학]

기준점을 A로 잡고 식 (6.4.5)를 사용한다.

$$\mathbf{a}_B = \mathbf{a}_A + \boldsymbol{\alpha}\times\mathbf{r}_{B/A} - \omega^2\mathbf{r}_{B/A} \quad \cdots ①$$

여기에서 링크 AB의 각속도와 점 A의 가속도는

$$\omega_{AB} = \omega(\curvearrowleft),\ \mathbf{a}_A = -r\omega^2\mathbf{j} \quad \cdots ②$$

이다. 수직 홈에서 움직이는 B점의 가속도는

$$\mathbf{a}_B = a_B\mathbf{j} \quad \cdots ③$$

이고, A로부터 B로 향하는 위치벡터는

$$\mathbf{r}_{B/A} = r(\mathbf{i}-\mathbf{j}) \quad \cdots ④$$

이다. 링크 AB의 각가속도를 $\boldsymbol{\alpha} = \alpha\mathbf{k}$ 라 하고 식 ②~④를 식 ①에 대입한다.

$$a_B\mathbf{j} = -r\omega^2\mathbf{j} + \alpha\mathbf{k}\times r(\mathbf{i}-\mathbf{j}) - (\omega^2)r(\mathbf{i}-\mathbf{j}) \quad \cdots ⑤$$

식 ⑤를 성분별로 정리하면

$$[\mathbf{i}]\ \ 0 = \alpha r - \omega^2 r \quad \cdots ⑥$$

$$[\mathbf{j}]\ \ a_B = -r\omega^2 + \alpha r + r\omega^2 \quad \cdots ⑦$$

이고, 식 ⑥, ⑦을 풀면 $\alpha_{AB} = \alpha = \omega^2(\curvearrowleft),\ a_B = r\omega^2(\uparrow)$이 얻어진다.

Note 벡터 대수학을 사용하면 기계적으로 각가속도를 구할 수 있으므로 어떤 사람에게는 이 방법이 단순하고 좋을 수 있다. 이 방법을 정리하면 다음과 같다.

$$\mathbf{a}_B = \mathbf{a}_A + \boldsymbol{\alpha}\times\mathbf{r}_{B/A} - \omega^2\mathbf{r}_{B/A} \quad \cdots ①$$

여기에서 각속도 ω는 속도로부터 구하고, 각가속도는 $\boldsymbol{\alpha} = \alpha\mathbf{k}$ 로 가정한다. 주어진 조건으로부터 $\mathbf{a}_A$와 $\mathbf{a}_B$ 및 $\mathbf{r}_{B/A}$를 단위벡터 $\mathbf{i}$, $\mathbf{j}$로 표현한 후 식 ①에 대입하여 정리하면 두 성분($\mathbf{i}$, $\mathbf{j}$)에 대한 두 개의 방정식이 얻어진다. 이 방정식으로부터 각가속도 α와 가속도 a_B를 구한다. 각속도 $\omega = \omega_{AB}$를 구할 때 순간중심을 이용할 수도 있고, 다음 식을 사용할 수도 있다.

$$\mathbf{v}_B = \mathbf{v}_A + \boldsymbol{\omega}_{AB}\times\mathbf{r}_{B/A} \quad \cdots ②$$

예제 6.4.6 반지름 r인 바퀴가 미끄러짐 없이 수평면에서 왼쪽으로 구르고 있다. 그림의 (a)와 같이 바퀴 중심 O의 속도와 가속도가 왼쪽으로 $v_O(\leftarrow)$와 $a_O(\leftarrow)$가 되는 순간을 고려한다.

이 순간 바퀴 위 점 A와 C의 가속도의 법선성분과 접선성분을 각각 구하라.

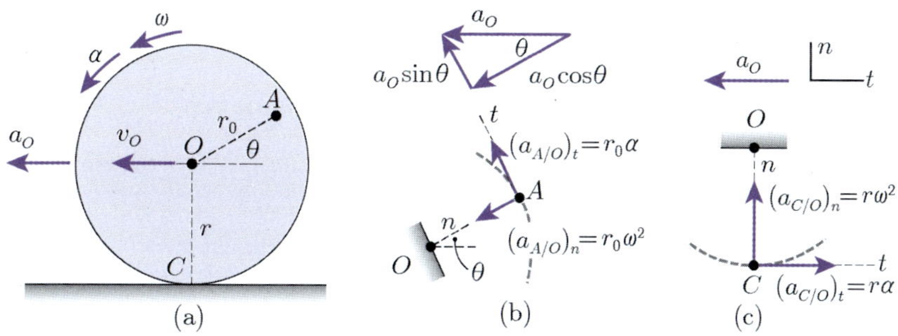

[그림 6.4.9] (a) 구르는 바퀴 (b) A점 상대가속도 (c) C점 상대가속도

풀이 바퀴 중심(O)의 속도와 가속도로부터 바퀴의 각속도와 각가속도는 다음과 같다.

$$\omega = \frac{v_O}{r}(\curvearrowleft),\ \alpha = \frac{a_O}{r}(\curvearrowleft) \qquad \cdots ①$$

상대가속도 식 (6.4.2)로부터 점 A의 가속도는 O점 가속도 항으로 다음과 같이 나타낼 수 있다.

$$\mathbf{a}_A = \mathbf{a}_O + (\mathbf{a}_{A/O})_t + (\mathbf{a}_{A/O})_n \qquad \cdots ②$$

그림의 (b)에서

$$\mathbf{a}_O = a_O\cos\theta\,\mathbf{e}_n + a_O\sin\theta\,\mathbf{e}_t = r\alpha\cos\theta\,\mathbf{e}_n + r\alpha\sin\theta\,\mathbf{e}_t$$

$$(\mathbf{a}_{A/O})_t = r_0\alpha\,\mathbf{e}_t$$

$$(\mathbf{a}_{A/O})_n = r_0\omega^2\mathbf{e}_n$$

이므로 식 ②로부터 점 A의 가속도의 법선성분과 접선성분은 다음과 같다.

$$(a_A)_n = r\alpha\cos\theta + r_0\omega^2 \qquad \cdots ③$$

$$(a_A)_t = r\alpha\sin\theta + r_0\alpha \qquad \cdots ④$$

같은 방법으로 점 C의 가속도는 다음 식으로 구한다.

$$\mathbf{a}_C = \mathbf{a}_O + (\mathbf{a}_{C/O})_t + (\mathbf{a}_{C/O})_n \qquad \cdots ⑤$$

바퀴 중심 O의 가속도 $a_O(\leftarrow)$는 방향이 변하지 않고 일정하다. 그림의 (c)에서

$$\mathbf{a}_O = (0)\,\mathbf{e}_n - a_O\,\mathbf{e}_t = -r\alpha\,\mathbf{e}_t$$

$$(\mathbf{a}_{C/O})_t = r\alpha\,\mathbf{e}_t$$

$$(\mathbf{a}_{C/O})_n = r\omega^2\mathbf{e}_n$$

이고, 위 식들을 식 ⑤에 대입하면 다음과 같이 점 C의 가속도의 법선성분과 접선성분이 구해진다.

$$(a_C)_n = r\omega^2 \qquad \cdots ⑥$$

$$(a_C)_t = -r\alpha + r\alpha = 0 \qquad \cdots ⑦$$

[예제 6.4.6]에서 특히 $\theta = 90°, 270°$일 때 점 A의 가속도의 접선성분은 다음과 같다. 이 경우 점 A는 바퀴 중심(O)을 지나는 수직선상에 있다.

$$[\theta = 90°] \quad (a_A)_t = (r + r_0)\alpha$$

$$[\theta = 270°] \quad (a_A)_t = (-r + r_0)\alpha$$

구르는 바퀴에 대한 문제에서 이상의 결과를 이용하면 편리한 경우가 있다.

Note 이 단원 6.4와 특히 다음 단원 6.5는 벡터를 많이 사용하여 풀이가 복잡해 보이므로 어렵게 보이는 면이 있다. 기초과정에서는 기본 개념만 이해해도 좋지 않을까 한다.

연습문제 6.4

01 그림과 같은 순간 직사각형 평판의 모서리 점 C의 가속도는 $a_C = 5\,\mathrm{m/s^2}(\downarrow)$이고, 평판의 각속도와 각가속도는 각각 $\omega = 4\mathrm{rad/s}(\curvearrowright)$와 $\alpha = 12\mathrm{rad/s^2}(\curvearrowleft)$이다. 이때 A점의 가속도 크기를 구하라. Hint: $\mathbf{a}_A = \mathbf{a}_C + \boldsymbol{\alpha} \times \mathbf{r}_{A/C} - \omega^2 \mathbf{r}_{A/C}$.

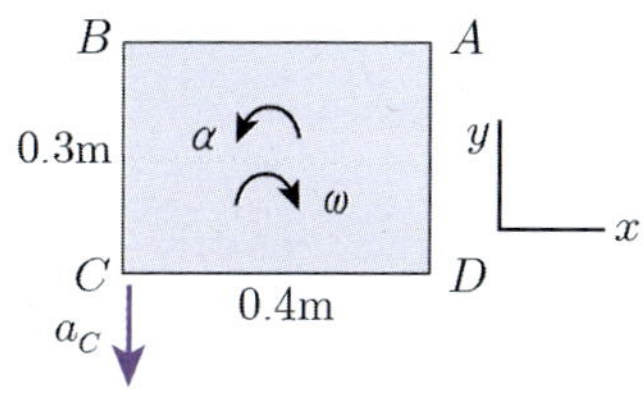

[문제 6.4.1]

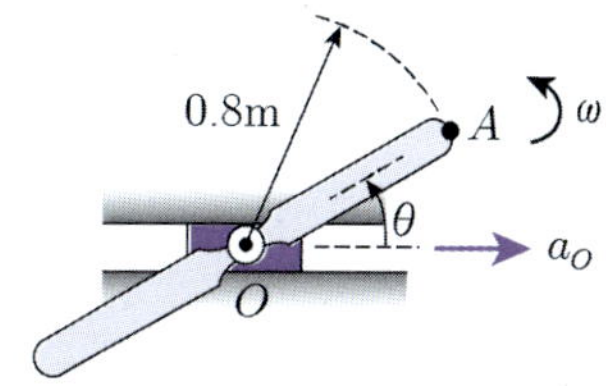

[문제 6.4.2]

02 반지름 $0.8\mathrm{m}$인 회전날개가 일정한 각속도 $\omega = 2\mathrm{rad/s}(\curvearrowleft)$로 회전하고 있다. 블록의 가속도는 $a_O = 3\,\mathrm{m/s^2}(\rightarrow)$이다. 다음 각 경우에 대해 날개 끝점 A의 가속도 크기를 구하라. Hint: $\mathbf{a}_A = \mathbf{a}_O + \mathbf{a}_{A/O}$, $(a_{A/O})_t = r\alpha$, $(a_{A/O})_n = r\omega^2$, 가속도 방향에 주의.

(1) $\theta = 0$ (2) $\theta = 90°$ (3) $\theta = 180°$

03 가속도 $a_O = 8\,\mathrm{m/s^2}(\rightarrow)$로 움직이는 블록에 반지름 $r = 0.4\mathrm{m}$인 바퀴의 중심 O가 장착되어 있다. $\theta = 45°$인 순간 원판의 각속도 $\dot{\theta} = 3\mathrm{rad/s}$, 각가속도 $\ddot{\theta} = -8\mathrm{rad/s^2}$일 때 원주 위 점 B의 가속도 크기를 구하라. Hint: $\mathbf{a}_B = \mathbf{a}_O + (\mathbf{a}_{B/O})_t + (\mathbf{a}_{B/O})_n$.

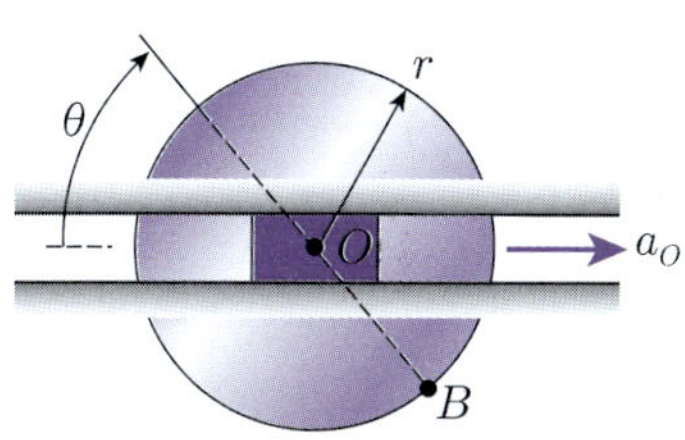

[문제 6.4.3]

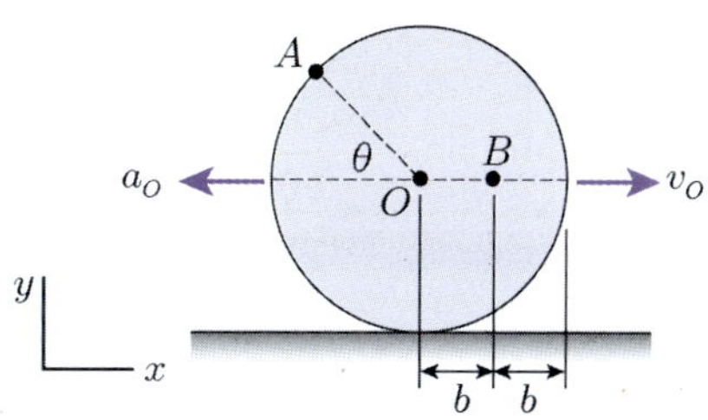

[문제 6.4.4]

04 원판 중심 O가 속도 $v_O = 3\mathrm{m/s}(\rightarrow)$, 가속도 $a_O = 5\,\mathrm{m/s^2}(\leftarrow)$로 미끄러짐이 없이 굴러간다. 그림과 같은 순간 점 A의 속도($\mathbf{v}_A$)와 B의 가속도($\mathbf{a}_B$)를 구하라. 원판의 반지름은 $0.4\mathrm{m}$이고 $b = 0.2\mathrm{m}$, $\theta = 45°$이다. Hint: $v_O = r\omega$, $a_O = r\alpha$.

05 반지름 R인 원판이 미끄러짐이 없이 오른쪽으로 굴러간다. 원판 중심 O로부터 r만큼 떨어진 점 P의 가속도가 0이 되는 각 θ를 구하라. Hint: 원판의 각가속도를 α로 가정하고 벡터 삼각형을 그려본다. $\mathbf{a}_P = \mathbf{a}_O + (\mathbf{a}_{P/O})_t + (\mathbf{a}_{P/O})_n = 0$.

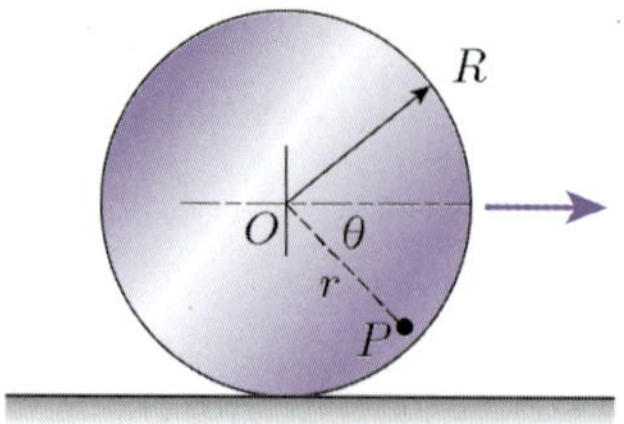

[문제 6.4.5]

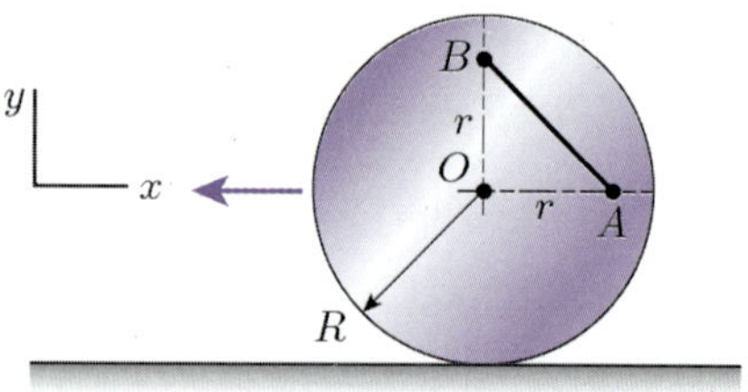

[문제 6.4.6]

06 원판이 미끄러짐이 없이 왼쪽으로 굴러간다. $\mathbf{a}_{B/A} = -2.7\mathbf{j}\,[\mathrm{m/s^2}]$일 때 원판 중심 O의 속도와 가속도를 구하라. 원판의 반지름 $R = 0.2\mathrm{m}$ 이고, O로부터 점 A와 B까지 거리 $r = 0.15\mathrm{m}$ 이다. xy좌표계 원점은 O이고 A와 B는 각각 x축과 y축상에 있다. Hint: 벡터 삼각형을 그려 $(a_{B/A})_n(\searrow)$과 $(a_{B/A})_t(\swarrow)$를 구한다.

07 A와 B점에 연결된 두 줄이 정지 상태에 있는 길이 $9\mathrm{m}$ 의 보를 수평 위치로부터 끌어 올리고 있다. 줄을 감고 있는 두 드럼의 각가속도가 각각 $\alpha_1 = 1\,\mathrm{rad/s^2}(\curvearrowleft)$, $\alpha_2 = 0.4\,\mathrm{rad/s^2}(\curvearrowright)$일 때, 보의 각가속도($\alpha$)와 C점의 가속도(a_C)를 구하라.
Hint: $a_A = a_B + a_{A/B}$, $a_{A/B} = 3\alpha$.

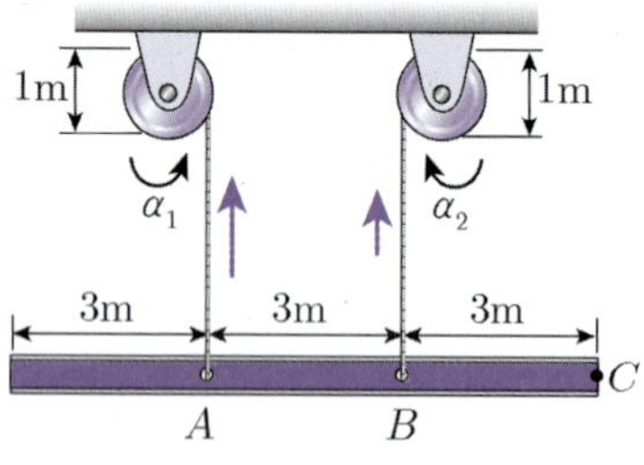

[문제 6.4.7]

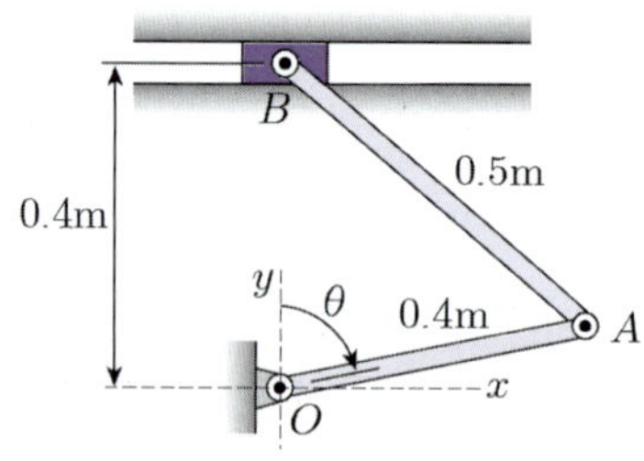

[문제 6.4.8]

08 각 $\theta = 90°$에서 $\dot{\theta} = 0$, $\ddot{\theta} = 3\,\mathrm{rad/s^2}$일 때, 막대 AB의 각가속도($\boldsymbol{\alpha}_{AB}$)와 점 B의 가속도($\mathbf{a}_B$)를 구하라. 막대 OA와 AB의 길이는 각각 $0.4\mathrm{m}$ 와 $0.5\mathrm{m}$ 이다. Hint: 막대 OA의 회전에서 점 A의 속도와 가속도를 구한다. v_A로부터 ω_{AB}를 구하고 벡터대수 사용: $\mathbf{a}_B = \mathbf{a}_A + \boldsymbol{\alpha} \times \mathbf{r}_{B/A} - \omega^2 \mathbf{r}_{B/A}$.

09 반지름이 0.4m 인 타이어를 장착한 차가 정지 상태로부터 일정하게 가속되어 50m 의 거리를 가는 동안 72km/h 의 속력에 도달한다. 타이어의 각가속도를 구하고, 가속 중 차의 속력이 5.58km/h 에 도달했을 때 타이어 꼭대기 점의 가속도 크기를 구하라. 타이어는 미끄러짐이 없이 굴러간다. Hint: 차의 속력과 가속도는 타이어 중심의 속력과 가속도이다. $v^2 - v_0^2 = 2as$, $\mathbf{a}_A = \mathbf{a}_O + (\mathbf{a}_{A/O})_t + (\mathbf{a}_{A/O})_n$.

10 슬라이더가 축을 따라 상하로 움직이면서 크랭크 OB가 왕복회전운동을 하게 된다. 그림과 같이 막대 AB가 수평이고 OB가 수직으로 섰을 때 A의 속도는 $v_A(\downarrow)$이고 가속도는 0이다. 이 위치에서 OB의 각가속도($\boldsymbol{\alpha}_{OB}$)를 구하라. Hint: B점이 순간중심이 된다. $\mathbf{a}_B = \mathbf{a}_A + \boldsymbol{\alpha}_{AB} \times \mathbf{r}_{B/A} - \omega_{AB}^2 \mathbf{r}_{B/A}$.

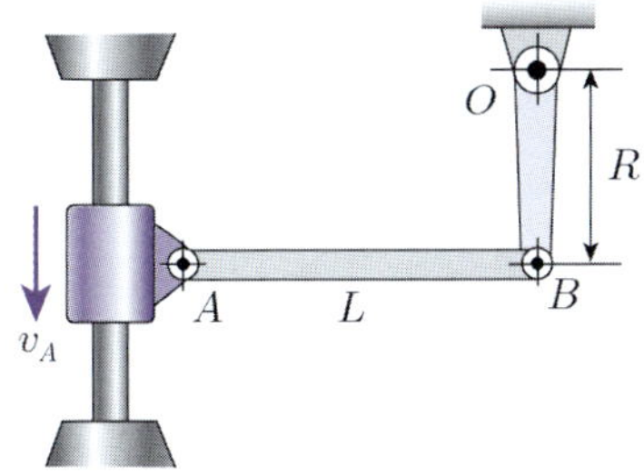

[문제 6.4.10]

11 크랭크 OA가 점선 위치 사이에서 각운동을 하고 링크 AB를 통해 크랭크 BC가 각운동을 하게 된다. AB가 수평이고 BC가 수직인 위치에서 OA의 각속도가 $\omega(\curvearrowright)$이고 각가속도는 0일 때, 이 위치에서 BC의 각가속도($\boldsymbol{\alpha}_{BC}$)를 구하라. Hint: B점이 순간중심이 된다. 10 번 문제와 같은데 여기에서 $\mathbf{a}_A = -L\omega^2 \mathbf{i}$이다.

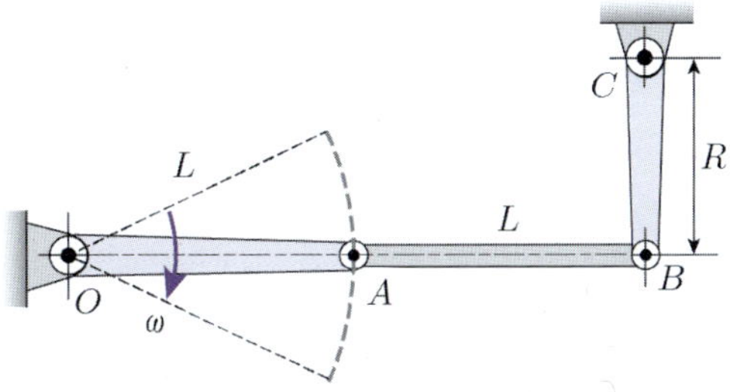

[문제 6.4.11]

12 막대 ABC에 핀으로 연결된 칼라 B와 C가 고정된 막대를 따라 미끄러진다. 그림과 같은 순간 막대 ABC의 각속도가 0이고 C점의 가속도가 오른쪽으로 $7\,\text{m/s}^2$일 때, (1) 막대 ABC의 각가속도 (2) B점의 가속도 (3) A점의 가속도를 구하라. Hint: 벡터 삼각형: $\mathbf{a}_B = \mathbf{a}_C + (\mathbf{a}_{B/C})_t + (\mathbf{a}_{B/C})_n$, 혹은 벡터대수.

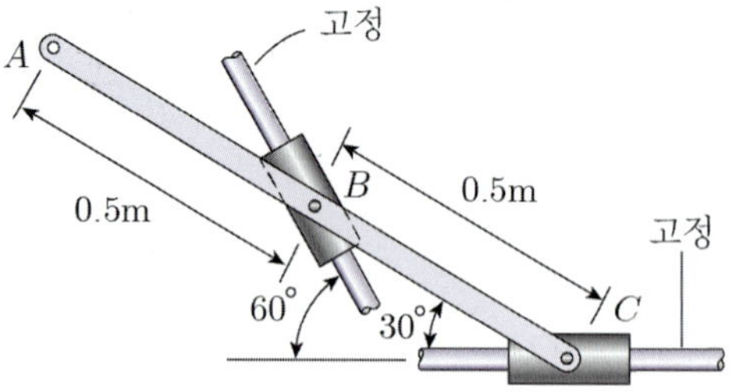

[문제 6.4.12]

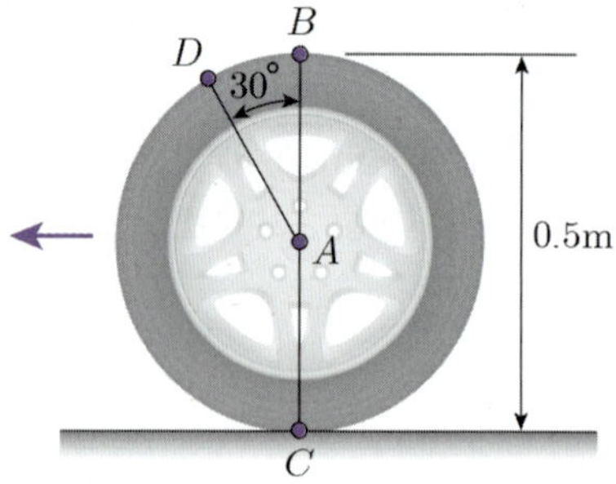

[문제 6.4.13]

13 자동차가 왼쪽으로 일정한 속도 72km/h(←)로 달리고 있다. 바퀴 지름이 0.5m 이고 미끄러짐이 없을 때, 바퀴 위 세 점 B, C, D의 가속도 크기와 방향을 구하라.
Hint: $\mathbf{a}_P = \mathbf{a}_A + (\mathbf{a}_{P/A})_t + (\mathbf{a}_{P/A})_n$, $a_A = r\alpha$, $v_A = r\omega$.

14 반지름 $r_1 = 75\text{mm}$ 인 드럼이 반지름 $r_2 = 125\text{mm}$ 인 드럼과 단단하게 결합되어 있고, 드럼 중 하나가 그림과 같이 지면 혹은 철봉 위를 미끄러짐이 없이 구른다. 한 드럼에 감겨있는 줄 D의 끝이 왼쪽으로 속도 $v_D = 200\text{mm/s}$ 와 가속도 $a_D = 750\,\text{mm/s}^2$로 당겨질 때 (a), (b) 각 경우에 대해 드럼 위 점 A, B, C의 가속도[mm/s^2]를 각각 구하라. Hint: (a)와 (b)에서 각각 B점과 A점이 순간중심. $\mathbf{a}_P = \mathbf{a}_O + (\mathbf{a}_{P/O})_t + (\mathbf{a}_{P/O})_n$, (a)에서 $v_A = v_D$, $a_A = a_D$, $a_O(\rightarrow)$.

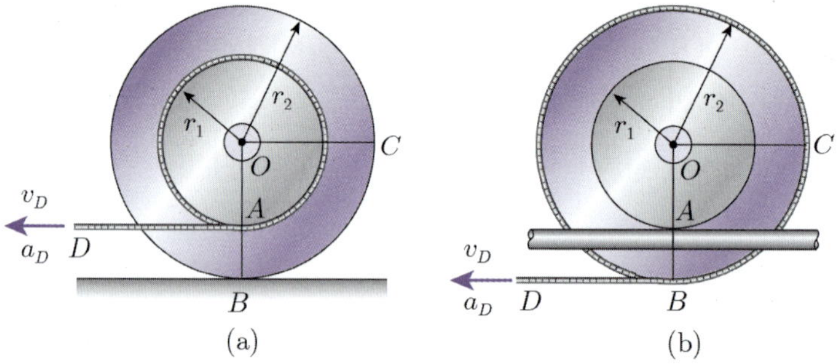

[문제 6.4.14]

15 세 개의 실린더를 사용하여 상자를 운반하고 있다. 그림과 같은 순간 상자의 속도와 가속도가 오른쪽으로 각각 0.2m/s 와 $0.4\,\text{m/s}^2$일 때 실린더의 각가속도와 실린더 위 A점의 가속도를 구하라. 실린더는 미끄러짐 없이 구른다. Hint: 실린더와 지면의 접점이 순간중심이 되고 실린더 중심(C)의 가속도는 수평 방향이다. $\mathbf{a}_A = \mathbf{a}_C + (\mathbf{a}_{A/C})_t + (\mathbf{a}_{A/C})_n$.

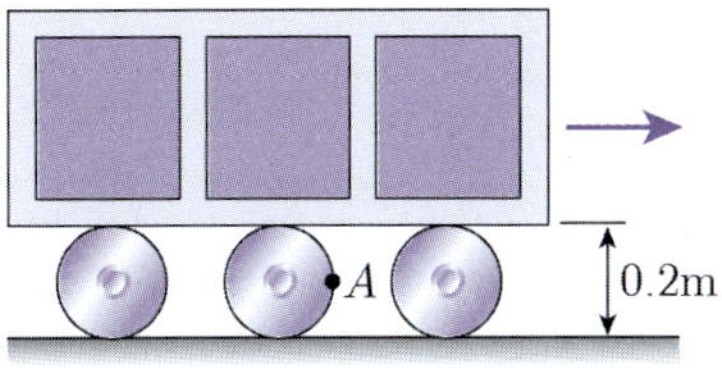

[문제 6.4.15]

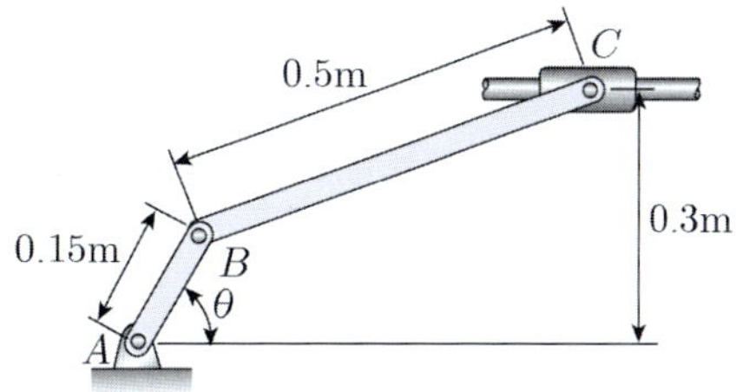

[문제 6.4.16]

16 막대 AB의 각속도는 16rad/s(↶)로 일정하고, 슬라이더 C는 수평봉에서 미끄러진다. $\theta = 90°$일 때 막대 BC의 각가속도와 C의 가속도를 구하라. Hint: $\theta = 90°$에서 $\mathbf{v}_B$와 $\mathbf{v}_C$의 방향이 평행하다. $\mathbf{a}_C = \mathbf{a}_B + (\mathbf{a}_{C/B})_t + (\mathbf{a}_{C/B})_n$: 벡터 삼각형, 또는 벡터대수: $\mathbf{a}_C = \mathbf{a}_B + \boldsymbol{\alpha} \times \mathbf{r}_{C/B} - \omega^2 \mathbf{r}_{C/B}$.

17 그림과 같은 순간에 길이 $L = 10\text{cm}$인 막대 AB의 한 끝점 A의 속도와 가속도는 각각 $v_A = 5\text{cm/s}(\downarrow)$, $a_A = 8\text{cm/s}^2(\downarrow)$이다. 이 순간 B점의 가속도와 막대의 각가속도를 구하라. Hint: 벡터대수 $\mathbf{a}_B = \mathbf{a}_A + \boldsymbol{\alpha} \times \mathbf{r}_{B/A} - \omega^2 \mathbf{r}_{B/A}$, 순간중심으로부터 각속도를 구한다. $\mathbf{a}_B = \mathbf{a}_A + (\mathbf{a}_{B/A})_t + (\mathbf{a}_{B/A})_n$으로부터 벡터 4각형을 그려서 구할 수도 있다.

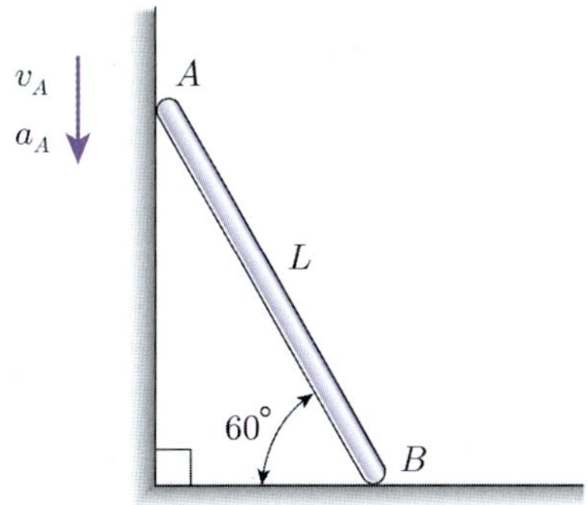

[문제 6.4.17]

18 그림에서 길이 $L = 0.3\text{m}$인 링크 AB의 두 끝점 A와 B는 각각 수평 홈과 수직 홈을 따라 움직인다. 그림과 같은 순간에 A점의 속도와 가속도가 각각 $v_A = 1.5\text{m/s}(\leftarrow)$, $a_A = 14\text{m/s}^2(\rightarrow)$이다. 이 순간 B점의 가속도와 링크의 각가속도를 구하라. Hint: 17번 문제와 같이 벡터대수 또는 벡터 4각형을 그려서 구할 수 있다.

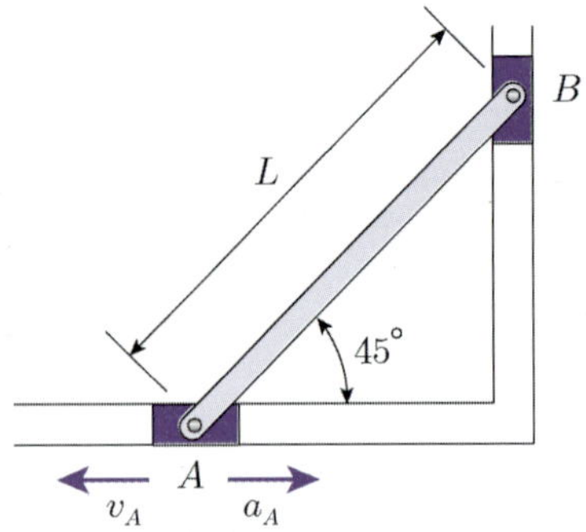

[문제 6.4.18]

19 그림에서 링크 OA 가 $\omega_{OA} = 10\text{rad/s}(\curvearrowleft)$의 일정한 각속도로 반시계방향으로 회전한다. 링크 BC 가 수직으로 섰을 때 점 A 의 좌표는 $(-6\text{cm}, 8\text{cm})$이다. 링크 AB 의 각가속도를 구하라. Hint: $\boldsymbol{\omega}_{AB} = 2.5\mathbf{k}\,[\text{rad/s}]$, $\boldsymbol{\omega}_{BC} = 5.83\mathbf{k}\,[\text{rad/s}]$: 연습문제 6.2 의 15 번 결과, 미지수는 α_{AB}, α_{BC}, 벡터대수.

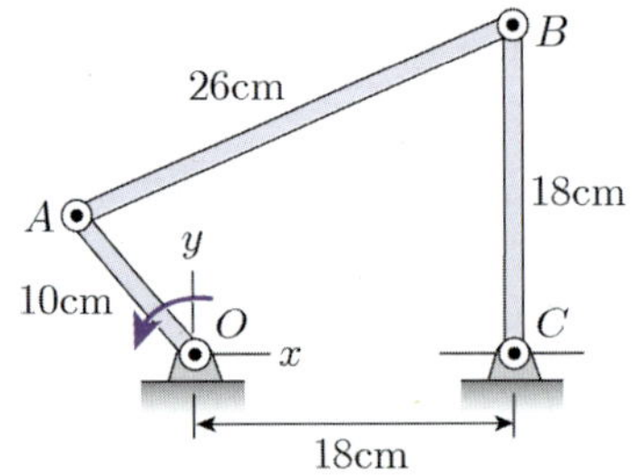

[문제 6.4.19]

20 반지름 r인 바퀴가 반지름 R인 원주곡면에서 미끄러짐 없이 구른다. 순간적으로 원주곡면에 접촉하는 바퀴 위 점 C의 가속도를 구하라. 바퀴의 각속도와 각가속도는 각각 ω $(\curvearrowright)$와 α $(\curvearrowright)$이다. Hint: $a_n = v^2/\rho$.

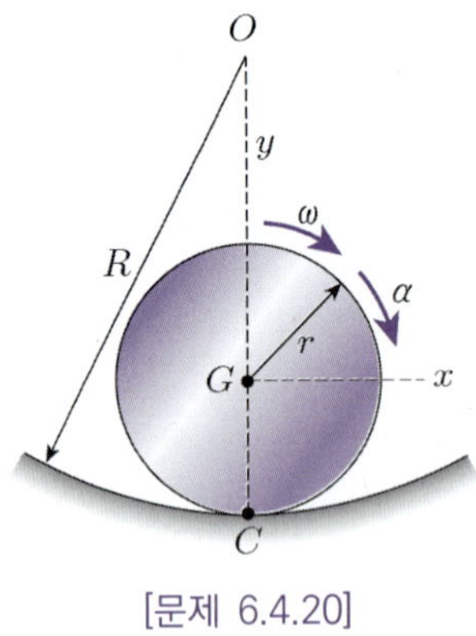

[문제 6.4.20]

21 링크 AB가 일정한 각속도 $\omega_{AB} = 40\text{rad/s}(\curvearrowleft)$로 회전할 때 그림과 같은 위치에서 링크 OA의 각가속도와 점 D의 가속도를 벡터 대수학으로 구하라. Hint: 링크 CD와 OA의 각속도는 순간중심 이용, $\mathbf{a}_B = \mathbf{a}_A + \mathbf{a}_{B/A}$.

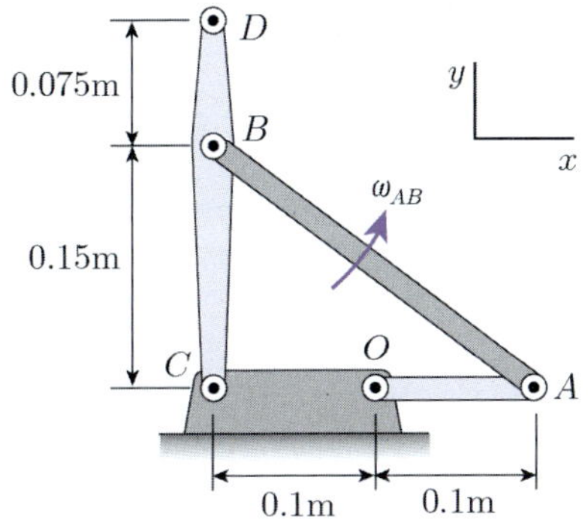

[문제 6.4.21]

22 유압실린더 C가 링크 AB의 끝점 A를 $-x$방향으로 일정한 속도 $v_0(\leftarrow)$로 움직이게 한다. 링크의 각속도 $\omega = \dot{\theta}$와 각가속도 $\alpha = \ddot{\theta}$를 x의 함수로 표현하라.[11]
Hint: $x = L\cos\theta$, $\dot{x} = -v_0$.

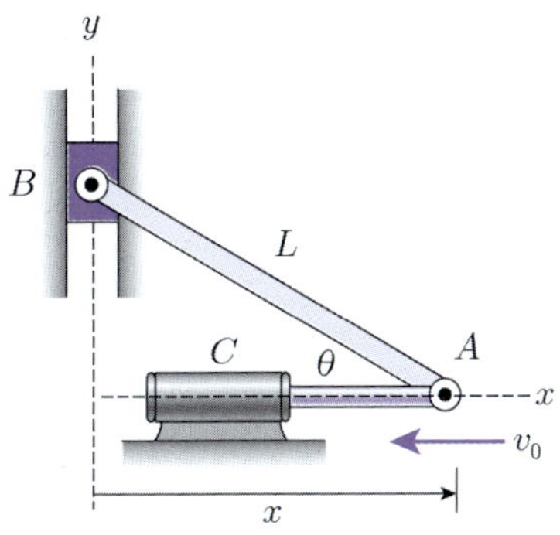

[문제 6.4.22]

23 높이 h인 블록이 수평면에서 일정한 속도 $v_0(\leftarrow)$로 움직인다. 막대의 각속도와 각가속도를 θ의 함수로 나타내라. Hint: $h = x\tan\theta$, $\dot{x} = -v_0$.

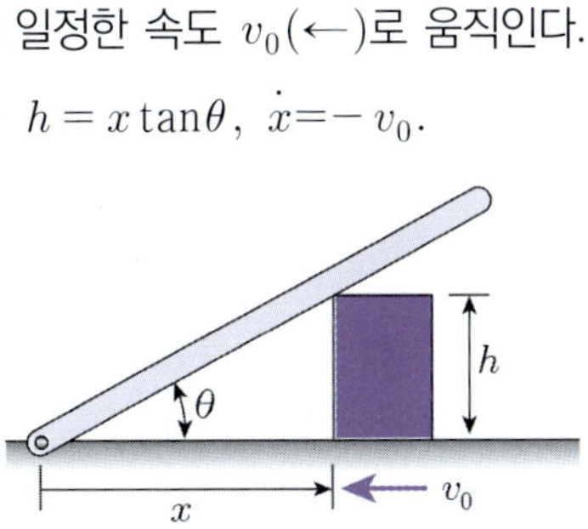

[문제 6.4.23]

11) 22~24번 문제는 수학적 표현식을 사용하여 절대운동을 해석하는 문제이다.

24 그림과 같이 반경 r인 고정된 반원통의 표면을 따라 막대가 미끄러지고 있다. 막대의 끝단 A가 왼쪽으로 일정한 속력 V_A로 미끄러질 때, 다음 물음에 답하시오. [국가공무원 5급(기술) 제2차시험]

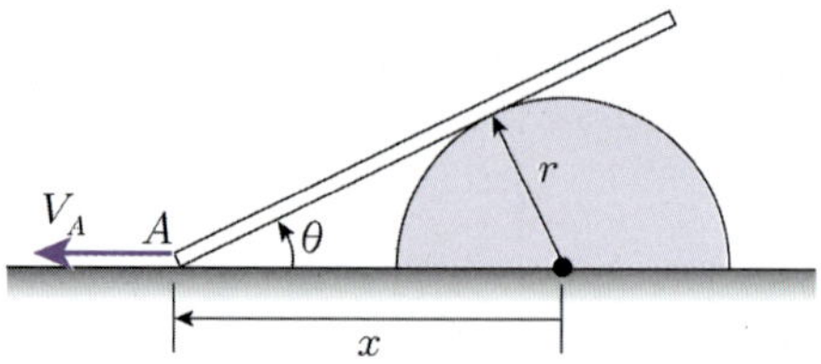

[문제 6.4.24]

(1) 막대의 각속도(ω)를 위치(x)의 함수로 나타내시오.

(2) 막대의 각가속도(α)를 위치(x)의 함수로 나타내시오.

6.5 회전좌표계를 이용한 상대운동 해석

이 절에서는 회전좌표계를 이용하여 상대운동을 해석하는 방법을 알아본다. 주어진 강체에 대해 상대적으로 움직이는 한 점의 운동을 기술하기 위해서는 강체와 함께 움직이는 기준좌표계(강체-고정 기준좌표계)를 사용하는 것이 편리한 경우가 많다.

1 평면운동

[그림 6.5.1]과 같이 고정된 XY 평면상의 두 점 A와 B의 평면운동을 고려한다. 여기에서 원점이 B이고 각속도 $\omega = \dot{\theta}$로 회전하는 회전좌표계 xy에서 질점 A의 운동을 고려한다. xy 좌표계는 강체 위 점 B가 원점인 강체-고정 기준좌표계이다. 점 A의 절대 위치벡터는 다음과 같이 나타낼 수 있다.

$$\mathbf{r}_A = \mathbf{r}_B + \mathbf{r}_{A/B} = \mathbf{r}_B + (x\mathbf{i} + y\mathbf{j}) \qquad \cdots(6.5.1)$$

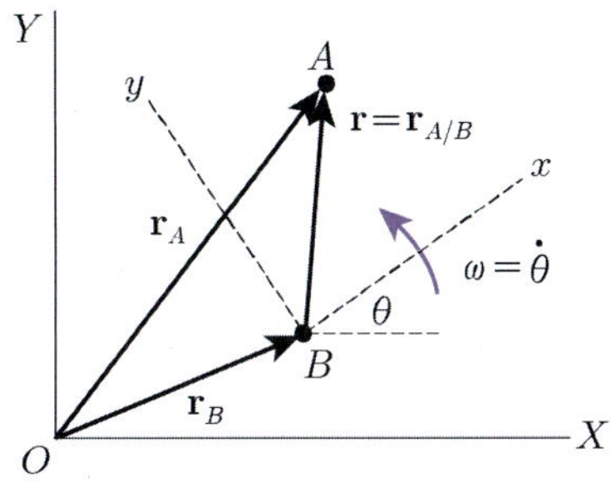

[그림 6.5.1] 고정좌표계(XY)와 강체-고정 기준좌표계(xy)

식 (6.5.1)에서 $\mathbf{r} = x\mathbf{i} + y\mathbf{j}$는 질점 B에 대한 A의 위치벡터 $\mathbf{r}_{A/B}$이며, x와 y는 강체-고정 기준좌표계에 표시된 A의 좌표이다. A의 속도에 대한 식을 얻기 위해 식 (6.5.1)을 시간에 대해 미분한다. 이때 단위벡터 $\mathbf{i}$와 $\mathbf{j}$는 강체-고정 기준좌표계와 함께 회전하므로 더 이상 일정한 벡터가 아니다.

6.2 절에서 $\mathbf{r}_{P/B}$가 동일한 강체 위 두 점 P와 B의 상대위치벡터이면

$$\dot{\mathbf{r}}_{P/B} = \mathbf{v}_{P/B} = \boldsymbol{\omega} \times \mathbf{r}_{P/B}$$

이다. 여기에서 단위벡터 $\mathbf{i}$를 강체 위 한 점 P의 B에 대한 상대위치벡터($\mathbf{r}_{P/B} = \mathbf{i}$)로 생각할 수 있으므로 $\mathbf{i}$의 시간 미분은 $\dot{\mathbf{i}} = \boldsymbol{\omega} \times \mathbf{i}$이고 마찬가지로 $\dot{\mathbf{j}} = \boldsymbol{\omega} \times \mathbf{j}$이다.

$$\dot{\mathrm{i}} = \omega \times \mathrm{i}, \quad \dot{\mathrm{j}} = \omega \times \mathrm{j}$$

식 (6.5.1)을 시간에 대해 미분하면

$$\dot{\mathrm{r}}_A = \dot{\mathrm{r}}_B + (x\dot{\mathrm{i}} + y\dot{\mathrm{j}}) + (\dot{x}\mathrm{i} + \dot{y}\mathrm{j})$$

이다. 위 식에서 $x\dot{\mathrm{i}} + y\dot{\mathrm{j}} = \omega \times x\mathrm{i} + \omega \times y\mathrm{j} = \omega \times (x\mathrm{i} + y\mathrm{j}) = \omega \times \mathrm{r}$ 이다. 그리고 xy좌표계에 있는 관찰자는 속도 성분 $\dot{x}$와 $\dot{y}$를 측정하므로 $\dot{x}\mathrm{i} + \dot{y}\mathrm{j} = \mathrm{v}_{A/rel}$는 xy좌표계에 대한 질점 A의 속도를 나타낸다. 따라서 다음과 같은 상대속도식이 얻어진다.

$$\mathrm{v}_A = \mathrm{v}_B + \omega \times \mathrm{r} + \mathrm{v}_{A/rel} \qquad \cdots (6.5.2)$$

여기에서

v_A: A의 절대속도

v_B: 회전좌표계 원점 B의 절대속도

$\mathrm{v}_{A/rel}$: 회전좌표계에서 측정한 A의 속도

ω: 회전축(회전좌표계)의 각속도

$\mathrm{r} = \mathrm{r}_{A/B}$: 회전좌표계 원점 B에 대한 A의 상대위치($\mathrm{r} = x\mathrm{i} + y\mathrm{j}$)

를 나타낸다. 특히 $\mathrm{v}_{A/rel}$는 xy좌표계(강체-고정 기준좌표계)에 대한 A의 속도이고, r은 xy좌표계에서 A의 위치벡터라는 것에 유념하도록 한다.

식 (6.5.2)를 시간에 대해 한 번 더 미분하면 A의 가속도에 대한 다음 식이 얻어진다.[12)]

$$\mathrm{a}_A = \mathrm{a}_B + \dot{\omega} \times \mathrm{r} + \omega \times (\omega \times \mathrm{r}) + 2\omega \times \mathrm{v}_{A/rel} + \mathrm{a}_{A/rel} \qquad \cdots (6.5.3a)$$

$$\mathrm{a}_A = \mathrm{a}_B + \alpha \times \mathrm{r} + \omega \times (\omega \times \mathrm{r}) + 2\omega \times \mathrm{v}_{A/rel} + \mathrm{a}_{A/rel} \qquad \cdots (6.5.3b)$$

a_A: A의 절대가속도

a_B: 회전좌표계 원점 B의 절대가속도

$\mathrm{a}_{A/rel}$, $\mathrm{v}_{A/rel}$: 회전좌표계에서 측정한 A의 가속도와 속도

$\dot{\omega} = \alpha$, ω: 회전축(회전좌표계)의 각가속도와 각속도

$\mathrm{r} = \mathrm{r}_{A/B}$: 회전좌표계 원점 B에 대한 A의 상대위치($\mathrm{r} = x\mathrm{i} + y\mathrm{j}$)

회전좌표계를 선택하여 식 (6.5.2)와 (6.5.3)을 적용할 때는 각 항이 나타내는 물리량이 무엇을 의미하는지 알아야 한다.

12) 공식 유도과정은 별 의미가 없으므로 생략한다. 식 (6.5.3)을 사용할 줄 알면 된다.

평면운동인 경우에는 각가속도 $\dot{\omega} = \alpha\mathbf{k}$, 각속도 $\omega = \omega\mathbf{k}$로 쓸 수 있으므로 식 (6.5.3)은 다음과 같이 더 간단한 형태로 나타낼 수 있다.

$$\mathbf{a}_A = \mathbf{a}_B + \alpha\mathbf{k}\times\mathbf{r} - \omega^2\mathbf{r} + 2\omega\times\mathbf{v}_{A/rel} + \mathbf{a}_{A/rel} \quad \cdots(6.5.4)$$

한편 가속도식에서 나타나는 항 $\mathbf{a}_{Cor} = 2\omega\times\mathbf{v}_{A/rel}$를 코리올리 가속도라 한다. 이 항은 xy좌표계의 회전으로 인해 발생하는 가속도 성분이다.

2 3차원 운동

식 (6.5.1)~(6.5.3)을 3차원 좌표계(xyz)로 확장하여 다음과 같이 쓸 수 있다.

$$\mathbf{r}_A = \mathbf{r}_B + \mathbf{r}_{A/B} = \mathbf{r}_B + (x\mathbf{i} + y\mathbf{j} + z\mathbf{k}) \quad \cdots(6.5.5)$$

$$\mathbf{v}_A = \mathbf{v}_B + \omega\times\mathbf{r} + \mathbf{v}_{A/xyz} \quad \cdots(6.5.6)$$

$\mathbf{v}_A$: A의 절대속도

$\mathbf{v}_B$: 회전좌표계 원점 B의 절대속도

$\mathbf{v}_{A/xyz} = \mathbf{v}_{A/rel}$: xyz좌표계에 대한 A의 속도

ω: 회전좌표계의 각속도

$\mathbf{r} = \mathbf{r}_{A/B}$: xyz좌표계의 원점 B에 대한 A의 상대위치($\mathbf{r} = x\mathbf{i} + y\mathbf{j} + z\mathbf{k}$)

$$\mathbf{a}_A = \mathbf{a}_B + \dot{\omega}\times\mathbf{r} + \omega\times(\omega\times\mathbf{r}) + 2\omega\times\mathbf{v}_{A/xyz} + \mathbf{a}_{A/xyz} \quad \cdots(6.5.7a)$$

$$\mathbf{a}_A = \mathbf{a}_B + \alpha\times\mathbf{r} + \omega\times(\omega\times\mathbf{r}) + 2\omega\times\mathbf{v}_{A/xyz} + \mathbf{a}_{A/xyz} \quad \cdots(6.5.7b)$$

$\mathbf{a}_A$: A의 절대가속도

$\mathbf{a}_B$: 회전좌표계 원점 B의 절대가속도

$\mathbf{a}_{A/xyz} = \mathbf{a}_{A/rel}$: xyz좌표계에 대한 A의 가속도

$\mathbf{v}_{A/xyz} = \mathbf{v}_{A/rel}$: xyz좌표계에 대한 A의 속도

$\dot{\omega} = \alpha$, ω: 회전좌표계의 각가속도와 각속도

$\mathbf{r} = \mathbf{r}_{A/B}$: xyz좌표계의 원점 B에 대한 A의 상대위치($\mathbf{r} = x\mathbf{i} + y\mathbf{j} + z\mathbf{k}$)

예제 6.5.1 막대 AB에서 미끄러지는 칼라 C가 막대에 대해 $2\mathrm{m/s}$의 속도와 $1\mathrm{m/s^2}$의 가속도로 B에서 A쪽으로 움직이고 있다. 이와 동시에 BD를 축으로 하여 각속도 $\omega = 6\mathrm{rad/s}$와 각가속도 $\alpha = 2\mathrm{rad/s^2}$으로 막대가 회전할 때, 그림과 같은 위치에서 C의 속도와 가속도를 구하라. $\overline{AB}$와 $\overline{BD}$가 이루는 각은 $90°$이고 막대는 수평면에서 회전한다.

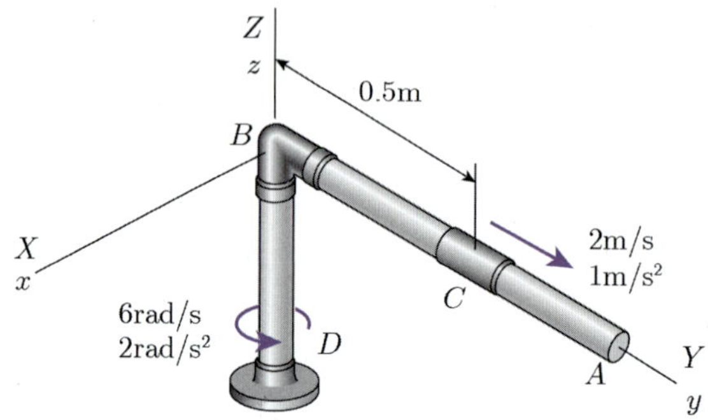

[그림 6.5.2] 회전하는 막대에서 미끄러지는 칼라

풀이 막대는 수평면에서 평면운동을 하므로 그림과 같이 막대에 부착된 회전좌표계 xyz를 잡는다. 여기에서 강체-고정 기준좌표계 xyz는 고정좌표계 XYZ와 일치한다. 막대가 BD를 축으로 회전하므로 회전좌표계 원점 B의 속도와 가속도는

$$\mathbf{v}_B = \mathbf{a}_B = 0$$

이고, 회전좌표계의 각속도와 각가속도는 막대의 각속도와 각가속도와 같다.

$$\boldsymbol{\omega} = 6\mathbf{k}\,[\mathrm{rad/s}],\ \boldsymbol{\alpha} = 2\mathbf{k}\,[\mathrm{rad/s^2}]$$

그림과 같이 직선 BA와 일치하게 y축을 잡으면 xyz좌표계에 대한 칼라 C의 위치와 속도 및 가속도는

$$\mathbf{r} = \mathbf{r}_{C/B} = 0.5\mathbf{j}\,[\mathrm{m}],\ \mathbf{v}_{C/rel} = 2\mathbf{j}\,[\mathrm{m/s}],\ \mathbf{a}_{C/rel} = 1\mathbf{j}\,[\mathrm{m/s^2}]$$

가 된다. 상대속도 식 (6.5.2)를 적용하면 C의 속도는

$$\begin{aligned}\mathbf{v}_C &= \mathbf{v}_B + \boldsymbol{\omega}\times\mathbf{r} + \mathbf{v}_{C/rel} \\ &= 0 + (6\mathbf{k}\times 0.5\mathbf{j}) + 2\mathbf{j} \\ &= -3\mathbf{i} + 2\mathbf{j}\,[\mathrm{m/s}]\end{aligned}$$

이고, 상대가속도 식 (6.5.4)를 적용하면 C의 가속도는 다음과 같다.

$$\begin{aligned}\mathbf{a}_C &= \mathbf{a}_B + \alpha\mathbf{k}\times\mathbf{r} - \omega^2\mathbf{r} + 2\boldsymbol{\omega}\times\mathbf{v}_{C/rel} + \mathbf{a}_{C/rel} \\ &= 0 + (2\mathbf{k}\times 0.5\mathbf{j}) - (6^2)(0.5\mathbf{j}) + 2(6\mathbf{k}\times 2\mathbf{j}) + 1\mathbf{j} \\ &= -25\mathbf{i} - 17\mathbf{j}\,[\mathrm{m/s^2}]\end{aligned}$$

예제 6.5.2 그림과 같이 홈이 설치된 원판이 중심 O를 축으로 회전하고 홈에서 물체 A가 미끄러지고 있다. 원판의 각속도와 각가속도는 각각 $\omega = 4\text{rad/s}(\curvearrowleft)$, $\alpha = 10\text{rad/s}^2(\curvearrowright)$이다. 원판 중심 O로부터 A까지 거리는 r이고, 그림과 같은 순간에 $r = 150\text{mm}$, $\dot{r} = 125\text{mm/s}$, $\ddot{r} = 2\text{m/s}^2$일 때, 이 위치에서 A의 속도[mm/s]와 가속도[m/s²]의 크기를 구하라.

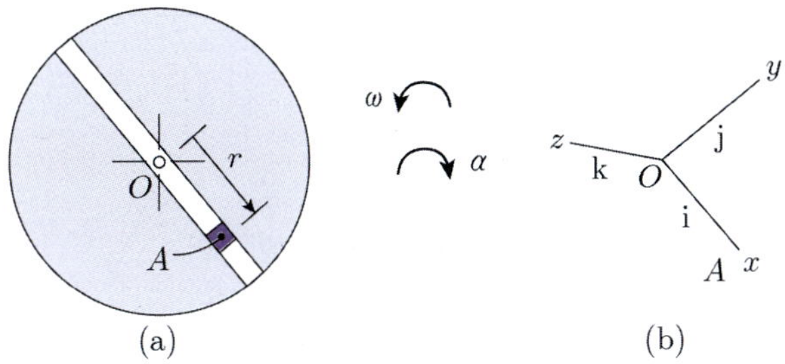

[그림 6.5.3] (a) 회전 원판 홈에서 미끄러지는 물체 (b) 회전좌표계

풀이 원점이 O이고 원판과 함께 회전하는 회전좌표계 xyz를 잡으면 회전좌표계의 각속도와 각가속도는 원판의 각속도와 각가속도와 같으므로

$$\boldsymbol{\omega} = 4\mathbf{k}\,[\text{rad/s}],\ \ \boldsymbol{\alpha} = -10\mathbf{k}\,[\text{rad/s}^2]$$

이고, 회전축 O의 속도와 가속도는

$$\mathbf{v}_O = \mathbf{a}_O = 0$$

이다. 그림의 (b)와 같이 회전좌표계의 x축을 직선 OA와 일치시키면 회전좌표계에서 A의 위치와 상대속도 및 상대가속도는

$$\mathbf{r} = \mathbf{r}_{A/O} = 150\mathbf{i}\,[\text{mm}]$$

$$\mathbf{v}_{A/rel} = \dot{r}\mathbf{i} = 125\mathbf{i}\,[\text{mm/s}],\ \ \mathbf{a}_{A/rel} = \ddot{r}\mathbf{i} = 2000\mathbf{i}\,[\text{mm/s}^2]$$

가 된다. 상대속도 식으로부터 A의 속도 크기는

$$\begin{aligned}\mathbf{v}_A &= \mathbf{v}_O + \boldsymbol{\omega}\times\mathbf{r} + \mathbf{v}_{A/rel} = 0 + (4\mathbf{k})\times(150\mathbf{i}) + 125\mathbf{i} \\ &= 125\mathbf{i} + 600\mathbf{j}\,[\text{mm/s}]\end{aligned}$$

$$v_A = \sqrt{125^2 + 600^2} = 613\,[\text{mm/s}]$$

이고, 상대가속도 식으로부터 A의 가속도 크기는 다음과 같다.

$$\begin{aligned}\mathbf{a}_A &= \mathbf{a}_O + \alpha\mathbf{k}\times\mathbf{r} - \omega^2\mathbf{r} + 2\boldsymbol{\omega}\times\mathbf{v}_{A/rel} + \mathbf{a}_{A/rel} \\ &= 0 + (-10\mathbf{k}\times150\mathbf{i}) - (4^2)(150\mathbf{i}) + 2(4\mathbf{k}\times125\mathbf{i}) + 2000\mathbf{i}\end{aligned}$$

$$= -400\mathbf{i} - 500\mathbf{j}\,[\mathrm{mm/s^2}]$$

$$a_A = \sqrt{(-0.4)^2 + (-0.5)^2} = 0.640\,[\mathrm{m/s^2}]$$

예제 6.5.3 그림의 (a)와 같은 캔 압축기에서 A점을 중심으로 일정한 각속도로 회전하는 막대 AB의 길이는 750mm이고 P점에서 마찰 없는 핀으로 플런저 C에 연결되어 있다. 플런저 C는 상하(↕)로 움직이며, 그림과 같은 순간 막대 끝점 B의 속도(v_B)는 막대에 수직인 방향으로 1200mm/s이다. 이때 플런저 C의 속도와 가속도를 구하라.

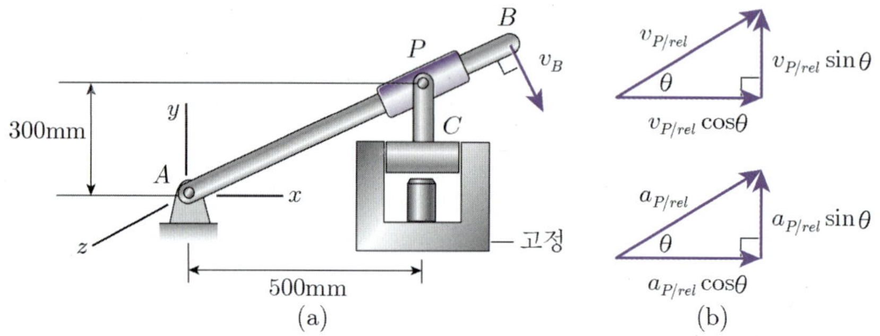

[그림 6.5.4] (a) 캔 압축기 (b) 속도와 가속도 성분

풀이 점 A를 원점으로 하고 막대 AB와 함께 회전하는 회전좌표계 xyz를 선정한다. AB가 고정축 A에 대해 회전운동을 하므로 AB의 각속도는

$$\omega_{AB} = \frac{v_B}{\overline{AB}} = \frac{1200}{750} = 1.6\,[\mathrm{rad/s}]\,(\curvearrowright)$$

이다. 따라서 일정한 각속도로 회전하는 회전좌표계의 각속도와 각가속도는

$$\boldsymbol{\omega} = \boldsymbol{\omega}_{AB} = -1.6\mathbf{k}\,[\mathrm{rad/s}],\ \ \boldsymbol{\alpha} = \boldsymbol{\alpha}_{AB} = 0$$

이다. 그림의 (a)에서 플런저가 상하로 병진운동(↕)을 하므로 C와 P점은 동일한 속도와 가속도를 가지며

$$\mathbf{v}_C = \mathbf{v}_P = v_P\mathbf{j},\quad \mathbf{a}_C = \mathbf{a}_P = a_P\mathbf{j}$$

이고, 회전축(A)의 속도와 가속도는 다음과 같다.

$$\mathbf{v}_A = \mathbf{a}_A = 0$$

그림의 (b)에서 막대의 경사각 $\theta = \tan^{-1}\left(\dfrac{300}{500}\right) = 30.96°$이고 회전좌표계에서 P점의 위치벡터 $\mathbf{r}$과 상대속도 $\mathbf{v}_{P/rel}$및 상대가속도 $\mathbf{a}_{P/rel}$는 다음과 같다.

$$\mathbf{r} = \mathbf{r}_{P/A} = 500\mathbf{i} + 300\mathbf{j}\ [\text{mm}]$$

$$\cos\theta = \cos 30.96° = 0.8575,\ \sin\theta = \sin 30.96° = 0.5144$$

$$\mathbf{v}_{P/rel} = v_{P/rel}(\cos\theta\mathbf{i} + \sin\theta\mathbf{j}) = v_{P/rel}(0.8575\mathbf{i} + 0.5144\mathbf{j})$$

$$\mathbf{a}_{P/rel} = a_{P/rel}(\cos\theta\mathbf{i} + \sin\theta\mathbf{j}) = a_{P/rel}(0.8575\mathbf{i} + 0.5144\mathbf{j})$$

먼저 상대속도 식으로부터 P점의 속도를 구한다.

$$\mathbf{v}_P = \mathbf{v}_A + \boldsymbol{\omega} \times \mathbf{r} + \mathbf{v}_{P/rel} \qquad \cdots ①$$

$$\begin{aligned} v_P\mathbf{j} &= 0 + (-1.6\mathbf{k}) \times (500\mathbf{i} + 300\mathbf{j}) + v_{P/rel}(0.8575\mathbf{i} + 0.5144\mathbf{j}) \\ &= (0.8575 v_{P/rel} + 480)\mathbf{i} + (0.5144 v_{P/rel} - 800)\mathbf{j} \end{aligned}$$

위 식에서 각 성분을 비교하면

$$[\mathbf{i}]\ 0 = 0.8575 v_{P/rel} + 480$$

$$[\mathbf{j}]\ v_P = 0.5144 v_{P/rel} - 800$$

이고, $v_{P/rel} = -559.8\,[\text{mm/s}]$, $v_P = -1088\,[\text{mm/s}]$가 구해진다. 따라서 플런저 C의 속도는 다음과 같다.

$$\mathbf{v}_C = \mathbf{v}_P = -1088\mathbf{j}\,[\text{mm/s}] \text{ 또는 } \mathbf{v}_C = 1088\,[\text{mm/s}](\downarrow)$$

다음에 상대가속도 식으로부터 플런저 C의 가속도를 구한다

$$\mathbf{a}_P = \mathbf{a}_A + \alpha\mathbf{k} \times \mathbf{r} - \omega^2\mathbf{r} + 2\boldsymbol{\omega} \times \mathbf{v}_{P/rel} + \mathbf{a}_{P/rel} \qquad \cdots ②$$

$$\begin{aligned} a_P\mathbf{j} &= 0 + 0 - (1.6)^2(500\mathbf{i} + 300\mathbf{j}) \\ &\quad + 2(-1.6\mathbf{k}) \times 559.8(-0.8575\mathbf{i} - 0.5144\mathbf{j}) \\ &\quad + a_{P/rel}(0.8575\mathbf{i} + 0.5144\mathbf{j}) \\ &= (0.8575 a_{P/rel} - 2201)\mathbf{i} + (0.5144 a_{P/rel} + 768.1)\mathbf{j} \end{aligned}$$

위 식에서 각 성분을 비교하면

$$[\mathbf{i}]\ 0 = 0.8575 a_{P/rel} - 2201$$

$$[\mathbf{j}]\ a_P = 0.5144 a_{P/rel} + 768.1$$

이고, $a_{P/rel} = 2567\,[\text{mm/s}^2]$, $a_P = 2089\,[\text{mm/s}^2]$가 구해진다. 따라서 플런저 C의 가속도는 다음과 같다.

$$\mathbf{a}_C = \mathbf{a}_P = 2089\mathbf{j}\,[\text{mm/s}^2] \text{ 또는 } \mathbf{a}_C = 2089\,[\text{mm/s}^2](\uparrow)$$

예제 6.5.4 막대 CD에 마찰 없는 핀으로 결합된 블록 D가 AB 위에서 미끄러진다. 그림과 같은 위치에서 CD의 각속도 $\omega_{CD} = 4\text{rad/s}(\curvearrowright)$, 각가속도 $\alpha_{CD} = 10\text{rad/s}^2(\curvearrowright)$일 때 구조물 OAB의 각가속도($\boldsymbol{\alpha}_{OAB}$)를 구하라.

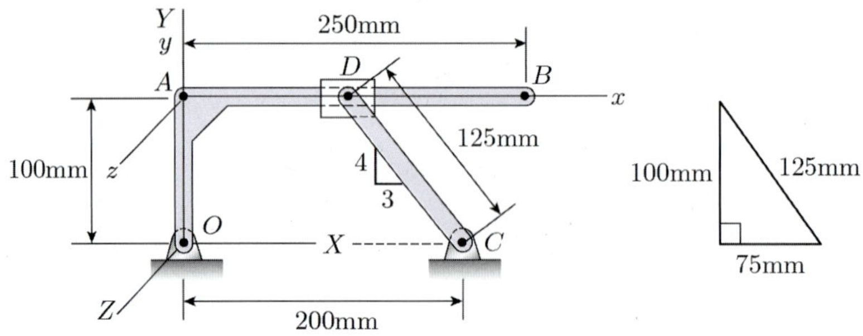

[그림 6.5.5] 회전하는 구조물에서 움직이는 블록

풀이 원점이 A이고 OAB와 함께 회전하는 회전좌표계 xyz를 잡는다. 고정좌표계 XYZ의 원점은 O이다.

$$\mathbf{R}_{A/O} = 100\mathbf{j}\,[\text{mm}],\ \mathbf{r} = \mathbf{r}_{D/A} = (200-75)\mathbf{i} = 125\mathbf{i}\,[\text{mm}]$$

주어진 CD의 각속도와 각가속도는 다음과 같다.

$$\boldsymbol{\omega}_{CD} = -4\mathbf{k}\,[\text{rad/s}],\ \boldsymbol{\alpha}_{CD} = -10\mathbf{k}\,[\text{rad/s}^2]$$

상대가속도 식을 사용하기 위해서는 상대속도 $\mathbf{v}_{D/rel}$와 회전좌표계의 각속도 $\boldsymbol{\omega} = \boldsymbol{\omega}_{OAB}$를 알아야 한다. 이 값은 상대속도 식으로부터 구한다.

$$\mathbf{v}_D = \mathbf{v}_A + \boldsymbol{\omega}\times\mathbf{r} + \mathbf{v}_{D/rel} \qquad \cdots ①$$

여기에서 식 (6.2.5)로부터 C점을 축($\mathbf{v}_C = 0$)으로 회전하는 CD로부터 D점의 속도는

$$\mathbf{v}_D = \boldsymbol{\omega}_{CD}\times\mathbf{r}_{D/C} = (-4\mathbf{k})\times(-75\mathbf{i}+100\mathbf{j}) = 400\mathbf{i}+300\mathbf{j}$$

이고, O점을 축($\mathbf{v}_O = 0$)으로 회전하는 A점의 속도는

$$\mathbf{v}_A = \boldsymbol{\omega}\times\mathbf{R}_{A/O} = (\omega\mathbf{k})\times(100\mathbf{j}) = -100\omega\,\mathbf{i}$$

이다. 그리고

$$\boldsymbol{\omega}\times\mathbf{r} = \omega\mathbf{k}\times125\mathbf{i} = 125\omega\,\mathbf{j}$$
$$\mathbf{v}_{D/rel} = v_{D/rel}\,\mathbf{i}$$

이다. 위 값을 식 ①에 대입하여 정리하면

$$400\mathbf{i}+300\mathbf{j}=(v_{D/rel}-100\omega)\mathbf{i}+125\omega\mathbf{j} \qquad \cdots ②$$

가 얻어진다. 식 ②에서 각 성분을 비교하면

$$[\mathbf{i}]\ 400=v_{D/rel}-100\omega$$

$$[\mathbf{j}]\ 300=125\omega$$

이고, $\omega=2.4[\text{rad/s}]$, $v_{D/rel}=640[\text{mm/s}]$가 구해진다. 따라서

$$\boldsymbol{\omega}=2.4\mathbf{k}\,[\text{rad/s}],\ \mathbf{v}_{D/rel}=640\mathbf{i}\,[\text{mm/s}] \qquad \cdots ③$$

이다. 다음에 D점에 대한 상대가속도 식은

$$\mathbf{a}_D=\mathbf{a}_A+\alpha\mathbf{k}\times\mathbf{r}-\omega^2\mathbf{r}+2\boldsymbol{\omega}\times\mathbf{v}_{D/rel}+\mathbf{a}_{D/rel} \qquad \cdots ④$$

이다. 여기에서 식 (6.4.5)로부터 C점을 축($\mathbf{a}_C=0$)으로 회전하는 CD로부터 D점의 가속도는

$$\begin{aligned}\mathbf{a}_D&=\alpha_{CD}\mathbf{k}\times\mathbf{r}_{D/C}-\omega_{CD}^2\mathbf{r}_{D/C}\\&=(-10\mathbf{k})\times(-75\mathbf{i}+100\mathbf{j})-(4)^2(-75\mathbf{i}+100\mathbf{j})\\&=2200\mathbf{i}-850\mathbf{j}\end{aligned}$$

이며, O점을 축($\mathbf{a}_O=0$)으로 회전하는 A점의 가속도는

$$\begin{aligned}\mathbf{a}_A&=\alpha\mathbf{k}\times\mathbf{R}_{A/O}-\omega^2\mathbf{R}_{A/O}=\alpha\mathbf{k}\times(100\mathbf{j})-(2.4)^2(100\mathbf{j})\\&=-100\alpha\mathbf{i}-576\mathbf{j}\end{aligned}$$

이다. 그리고

$$\alpha\mathbf{k}\times\mathbf{r}=\alpha\mathbf{k}\times125\mathbf{i}=125\alpha\mathbf{j}$$

$$\omega^2\mathbf{r}=(2.4)^2(125)\mathbf{i}=720\mathbf{i}$$

$$2\boldsymbol{\omega}\times\mathbf{v}_{D/rel}=2(2.4\mathbf{k})\times(640\mathbf{i})=3072\mathbf{j}$$

$$\mathbf{a}_{D/rel}=a_{D/rel}\mathbf{i}$$

이다. 위 값들을 식 ④에 대입하여 정리하면

$$2200\mathbf{i}-850\mathbf{j}=(a_{D/rel}-100\alpha-720)\mathbf{i}+(125\alpha+2496)\mathbf{j} \cdots ⑤$$

가 얻어진다. 식 ⑤에서 각 성분을 비교하면

$$[\mathbf{i}]\ 2200=a_{D/rel}-100\alpha-720$$

$$[\mathbf{j}]\ -850=125\alpha+2496$$

이고, $\alpha=-26.77[\text{rad/s}^2]$, $a_{D/rel}=243.0[\text{mm/s}]$가 구해진다. 따라서 구조물 OAB의 각가속도는

$$\boldsymbol{\alpha} = \boldsymbol{\alpha}_{OAB} = -26.77\mathbf{k}\,[\text{rad/s}^2]$$

이다. 또는 $\boldsymbol{\alpha}_{OAB} = 26.77[\text{rad/s}^2](\curvearrowright)$

예제 6.5.5 블록 D와 E가 핀으로 결합되어 있다. 블록 D는 OA에 설치된 홈에서 움직이는 반면 E는 고정된 수직 홈에서 상하로(↕) 움직인다. OA의 각속도는 $\omega(\curvearrowleft)$이고 각가속도는 $\alpha(\curvearrowleft)$일 때 블록 E의 가속도를 구하라.

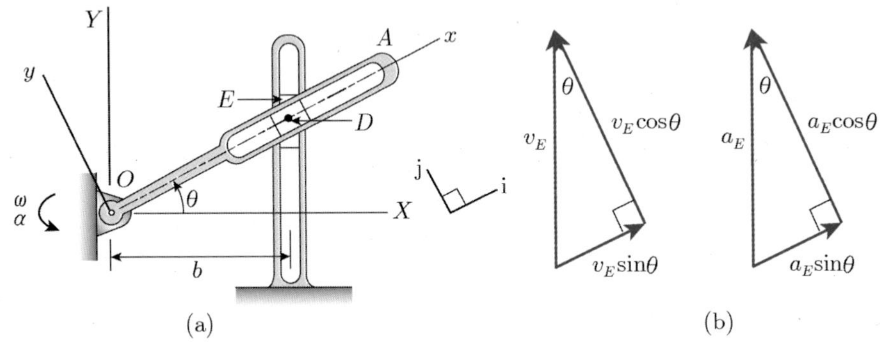

[그림 6.5.6] (a) 블록과 홈 (b) 속도와 가속도 성분

풀이 아래 문제 풀이에서 블록에 있는 E점과 홈에 있는 D점은 두 물체를 결합하는 핀의 위치이고 두 점은 일치한다.

원점을 O로 하고 x축이 OA와 일치하고 OA와 함께 회전하는 좌표계 xy를 잡는다. 회전좌표계의 각속도와 각가속도 및 O점의 속도와 가속도는

$$\boldsymbol{\omega} = \boldsymbol{\omega}_{OA} = \omega\mathbf{k}, \quad \boldsymbol{\alpha} = \boldsymbol{\alpha}_{OA} = \alpha\mathbf{k}, \quad \mathbf{v}_O = 0, \ \mathbf{a}_O = 0$$

이고, 회전좌표계에서 E점의 위치벡터는

$$\mathbf{r} = \mathbf{r}_{E/O} = \overline{OD}\,\mathbf{i} = b\sec\theta\,\mathbf{i}$$

이다. 수직 홈에서 상하로 움직이는 E점의 절대속도는

$$\mathbf{v}_E = v_E(\uparrow) = v_E(\sin\theta\,\mathbf{i} + \cos\theta\,\mathbf{j}) \qquad \cdots①$$

이고, 상대속도 식으로부터

$$\begin{aligned}\mathbf{v}_E &= \mathbf{v}_O + \boldsymbol{\omega}\times\mathbf{r} + \mathbf{v}_{E/rel} \\ &= 0 + \omega\mathbf{k}\times(b\sec\theta)\mathbf{i} + \mathbf{v}_{E/rel} = \omega b\sec\theta\,\mathbf{j} + v_{E/rel}\mathbf{i} \qquad \cdots②\end{aligned}$$

이다. 식 ①과 ②의 각 성분을 비교하면

$$[\mathbf{i}] \quad v_E\sin\theta = v_{E/rel}$$

$$[\mathbf{j}]\quad v_E\cos\theta = \omega b\sec\theta$$

이고, 위 식을 풀면

$$v_E = \frac{\omega b\sec\theta}{\cos\theta}$$

$$v_{E/rel} = v_E\sin\theta = \left(\frac{\omega b\sec\theta}{\cos\theta}\right)\sin\theta = \omega b\sec\theta\tan\theta$$

가 구해진다. 다음에 상대가속도 식으로부터 블록 E의 가속도를 구한다.

$$\begin{aligned}\mathbf{a}_E &= \mathbf{a}_O + \alpha\mathbf{k}\times\mathbf{r} - \omega^2\mathbf{r} + 2\boldsymbol{\omega}\times\mathbf{v}_{E/rel} + \mathbf{a}_{E/rel}\\ &= 0 + \alpha\mathbf{k}\times(b\sec\theta)\mathbf{i} - \omega^2(b\sec\theta)\mathbf{i}\\ &\quad + 2\omega\mathbf{k}\times(\omega b\sec\theta\tan\theta\,\mathbf{i}) + a_{E/rel}\mathbf{i}\\ &= (a_{E/rel} - \omega^2 b\sec\theta)\mathbf{i} + (\alpha b\sec\theta + 2\omega^2 b\sec\theta\tan\theta)\mathbf{j} \quad \cdots ③\end{aligned}$$

$$\mathbf{a}_E = a_E(\uparrow) = a_E(\sin\theta\,\mathbf{i} + \cos\theta\,\mathbf{j}) \quad \cdots ④$$

식 ③과 ④의 $\mathbf{j}$성분을 비교하면 다음과 같이 블록 E의 가속도가 얻어진다.

$$a_E\cos\theta = \alpha b\sec\theta + 2\omega^2 b\sec\theta\tan\theta$$

$$a_E = \frac{1}{\cos\theta}(\alpha b\sec\theta + 2\omega^2 b\sec\theta\tan\theta) = b\sec^2\theta(\alpha + 2\omega^2\tan\theta)$$

$$\mathbf{a}_E = b\sec^2\theta(\alpha + 2\omega^2\tan\theta)(\uparrow)$$

연습문제 6.5

01 그림과 같은 순간 수평 원판에 반경방향으로 설치된 홈에서 공 A가 원판에 대해 600 mm/s 의 속도와 150mm/s^2의 가속도로 O에서 바깥쪽으로 움직이고 있다. 이와 동시에 원판의 중심을 지나는 수직축에 대해 회전하는 원판의 각속도는 $\omega = 6\mathbf{k}\,[\text{rad/s}]$이고, 각가속도는 $\alpha = 3\mathbf{k}\,[\text{rad/s}^2]$이다. 이때 O로부터 $b = 400\text{mm}$인 위치에 있는 A의 속도와 가속도를 구하라. Hint: 주어진 A의 속도와 가속도는 원판에 대한 상대속도($\mathbf{v}_{A/rel}$)와 상대가속도($\mathbf{a}_{A/rel}$)이다.

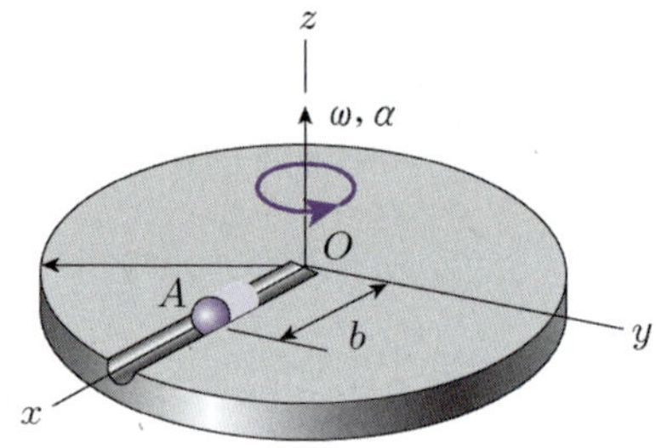

[문제 6.5.1]

02 그림과 같은 순간에 중심 O를 축으로 하여 각속도 $\omega = 5\text{rad/s}(\curvearrowleft)$와 각가속도 $\alpha = 3\ \text{rad/s}^2(\curvearrowright)$으로 원판이 회전하고 있다. 원판에 x축과 평행한 홈이 설치되었고 블록 A가 홈을 따라 움직인다. x축으로부터 홈까지 거리 $b = 25\text{mm}$이고 $x = 35\text{mm}$, $\dot{x} = -100\ \text{mm/s}$, $\ddot{x} = 150\text{mm/s}^2$일 때 A의 속도와 가속도를 구하라. Hint: O를 원점으로 하는 회전좌표계를 설정한다. $\mathbf{v}_{A/rel} = \dot{x}\mathbf{i}$, $\mathbf{a}_{A/rel} = \ddot{x}\mathbf{i}$.

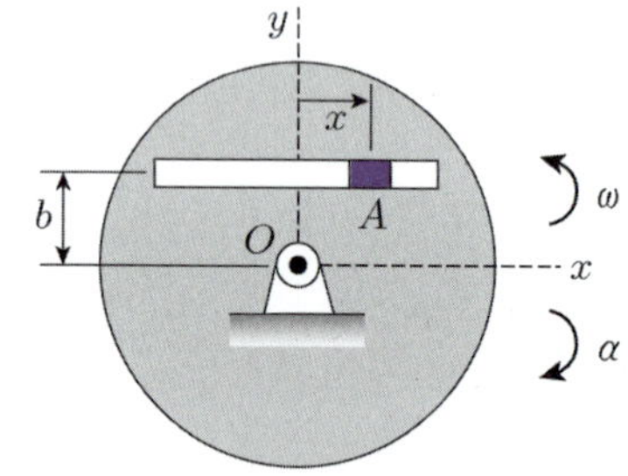

[문제 6.5.2]

03 공 C가 수평 원판에 대해 3m/s 의 속도와 2m/s^2의 가속도로 A에서 B쪽으로 움직이고 있다. 이와 동시에 원판의 중심을 지나는 수직축에 대해 회전하는 원판의 각속도는 6rad/s 이며 2rad/s^2의 비율로 감속되고 있다. 이때 그림과 같은 위치에서 C의 속도와 가속도를

구하라. Hint: $\mathbf{v}_{C/rel} = -3/\sqrt{2}(\mathbf{i}+\mathbf{j})$, $\mathbf{a}_{C/rel} = -2/\sqrt{2}(\mathbf{i}+\mathbf{j})$.

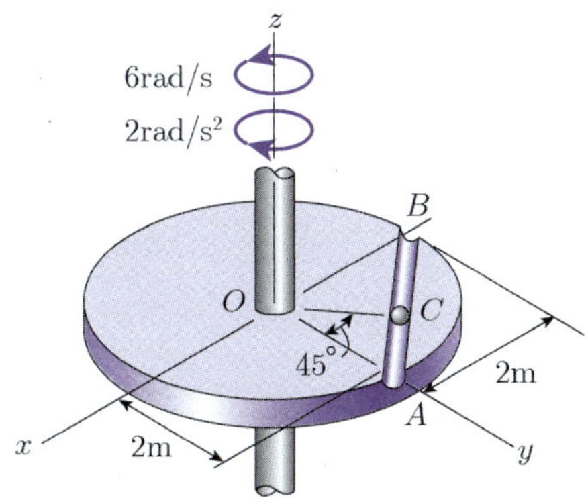

[문제 6.5.3]

04 수평 원판에 설치된 반지름 $R = 0.3\text{m}$ 인 원형 홈에서 공 C 가 원판에 대해 3m/s 의 속도와 1.5m/s^2의 가속도로 그림과 같은 방향으로 움직이고 있다. 이와 동시에 원판의 중심을 지나는 수직축에 대해 회전하는 원판의 각속도는 $\omega = 8\mathbf{k}$ [rad/s]이고, 각가속도는 $\boldsymbol{\alpha} = 5\mathbf{k}$ [rad/s^2]이다. 이때 그림과 같은 위치에서 C의 속도와 가속도를 구하라. Hint: 원운동, $\mathbf{a}_{C/rel} = (a_{C/rel})_t\mathbf{i} - (a_{C/rel})_n\mathbf{j}$. 3 번 문제는 원판 위에서 직선운동.

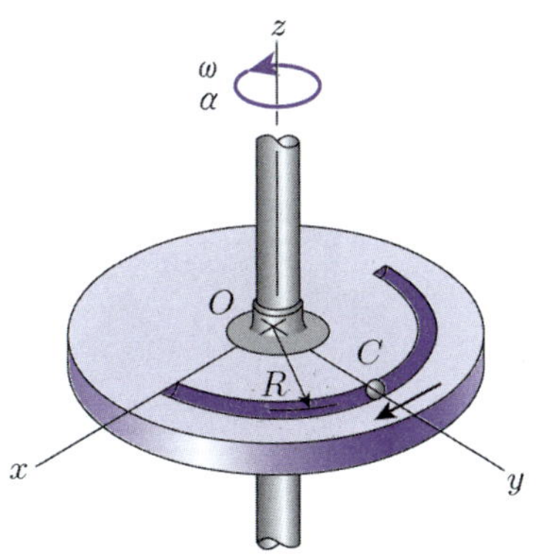

[문제 6.5.4]

05 작은 원판 D가 큰 원판 C와 A점에서 핀으로 결합되어 있다. 원판 C는 O를 중심으로 절대 각속도 5rad/s(↶)로 회전하고, D의 절대각속도는 8rad/s(↶)이다. 다음에 제시된 방법을 사용하여 D 위의 점 P의 속도를 구하라.

(1) 원점이 A인 비회전 좌표계

(2) 원점이 A이고 D와 함께 회전하는 회전좌표계

(3) 원점이 A이고 C와 함께 회전하는 회전좌표계

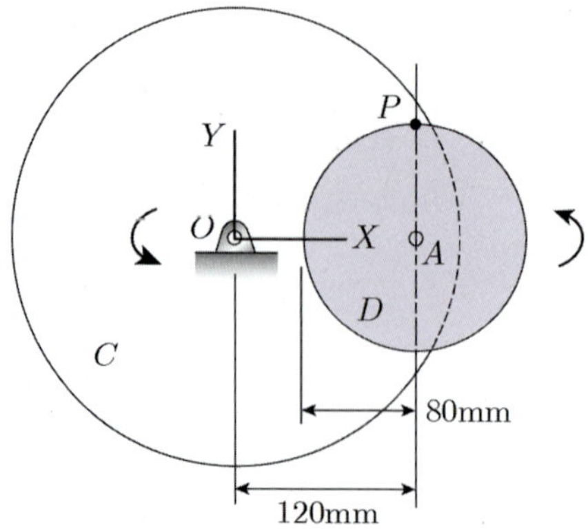

[문제 6.5.5]

06 그림과 같은 순간 트럭의 속도와 가속도는 각각 $v_A = 0.4\,\text{m/s}(\rightarrow)$, $a_A = 0.1\,\text{m/s}^2(\leftarrow)$이다. 트럭에 설치된 붐 AB의 길이는 일정한 속력 0.2m/s로 줄어들고 있으며, AB의 각속도와 각가속도는 각각 $0.1\,\text{rad/s}(\curvearrowright)$와 $0.02\,\text{rad/s}^2(\curvearrowright)$이다. AB의 길이 $L = 6\text{m}$이고, AB가 수평선과 이루는 각 $\theta = 30°$일 때 B점의 속도와 가속도를 구하라. Hint: $\mathbf{v}_{B/rel} = -0.2(\cos\theta\mathbf{i} + \sin\theta\mathbf{j})[\text{m/s}]$, $\mathbf{a}_{B/rel} = 0$.

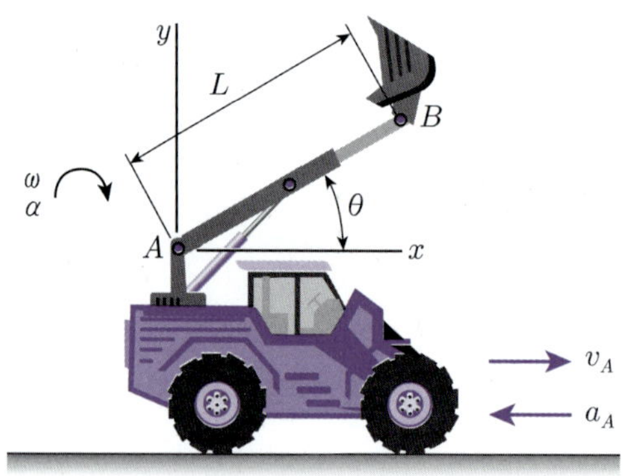

[문제 6.5.6]

07 자동차 A가 일정한 속력 72km/h로 교차로에 있는 자동차 B에 접근하고 있으며, 자동차 B는 일정한 속력 54km/h로 반지름 $R = 100\text{m}$인 곡선도로에서 달리고 있다. 이때 자동차 B에 있는 관측자가 본 A의 속도($\mathbf{v}_{A/rel}$)를 구하라. 그림과 같은 순간 두 자동차 사이의 거리는 40m이다. Hint: 회전좌표계 $\omega = v_B/R$.

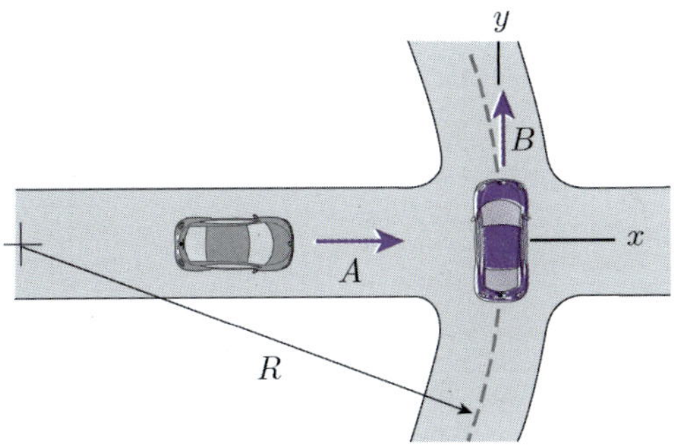

[문제 6.5.7]

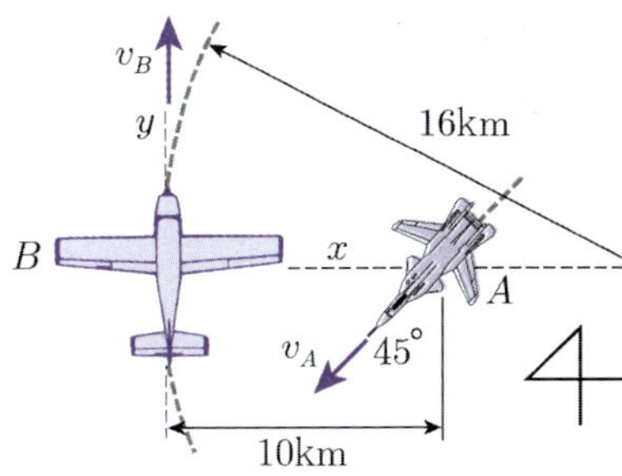

[문제 6.5.8]

08 비행기 B는 반지름이 16km 인 원호를 따라 일정한 속력 835km/h 로 비행하고 있다. B가 그림과 같은 위치에 도달했을 때 612km/h 의 일정한 속력으로 남서쪽을 향해 가던 비행기 A가 곡률중심 O와 B를 연결하는 선을 가로질러 날아간다. 이때 B에 있는 관측자가 측정한 A의 속도($\mathbf{v}_{A/rel}$)를 B에 부착된 xy좌표계를 사용하여 벡터로 나타내라. 두 비행기는 모두 동일 수평면상에서 날아가고 있다.

09 점 O를 중심으로 회전하는 막대에 슬리브 A가 장착되어 있고, 직선 OA를 x축으로 하는 강체-고정기준좌표계 xy를 설정하였다. 막대가 수평선과 이루는 각은 $\theta = 0.3 + 0.04t^2$ [rad]이고 A의 x좌표는 $x = 1 + 0.03t^3$[m]로서 모두 시간 t[s]에 따라 변화한다. $t = 4$[s]일 때 A의 속도를 구하라. Hint: $\omega = \dot{\theta}$, $v_{A/rel} = \dot{x}$.

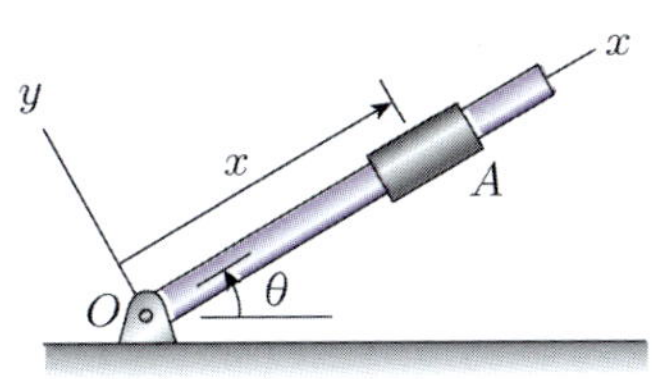

[문제 6.5.9]

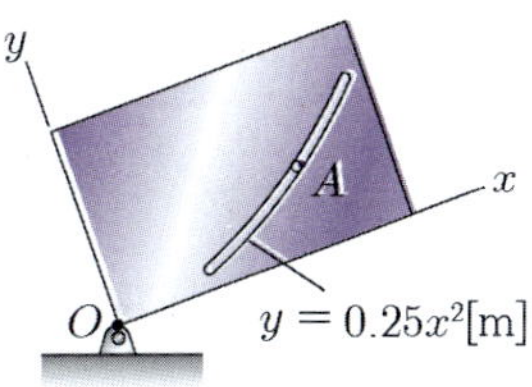

[문제 6.5.10/11]

10 점 O를 중심으로 회전하는 금속판에 설치된 홈에서 핀 A가 미끄러진다. 그림과 같은 순간에 $x_A = 1\text{m}$, $\dot{x}_A = 2\text{m/s}$, $\ddot{x}_A = 0$이고, 판의 각속도와 각가속도는 각각 $\omega = 2\text{rad/s}$ (↶)와 $\alpha = 0$이다. 이때 A의 속도와 가속도를 구하라. Hint: 회전좌표계에서 $\mathbf{v}_{A/rel} = \dot{x}\mathbf{i} + \dot{y}\mathbf{j}$, $\mathbf{a}_{A/rel} = \ddot{x}\mathbf{i} + \ddot{y}\mathbf{j}$, $\dot{y} = 0.5x\dot{x}$, $\ddot{y} = 0.5(\dot{x})^2 + 0.5x\ddot{x}$.

11 위 문제(10 번)에서 $x_A = 1\text{m}$, $\dot{x}_A = -3\text{m/s}$, $\ddot{x}_A = 4\text{m/s}^2$이고, 판의 각속도와 각가속도가 각각 $\boldsymbol{\omega} = -4\mathbf{j} + 2\mathbf{k}$ [rad/s], $\boldsymbol{\alpha} = 3\mathbf{i} - 6\mathbf{j}$ [rad/s^2]일 때, A의 속도와 가속도를 구하라. Hint: $\mathbf{a}_A = \mathbf{a}_O + \boldsymbol{\alpha} \times \mathbf{r} + \boldsymbol{\omega} \times (\boldsymbol{\omega} \times \mathbf{r}) + 2\boldsymbol{\omega} \times \mathbf{v}_{A/rel} + \mathbf{a}_{A/rel}$.

12 링크 OB는 일정한 각속도 $\omega = 2\text{rad/s}(\curvearrowright)$로 회전하며, 링크 CA의 핀 A는 OB의 홈을 따라 움직인다. CA가 수평이고 OB가 수평선과 이루는 각 $\theta = 45°$일 때 핀 A의 속도와 OB의 홈에 대한 A의 속도를 구하라.

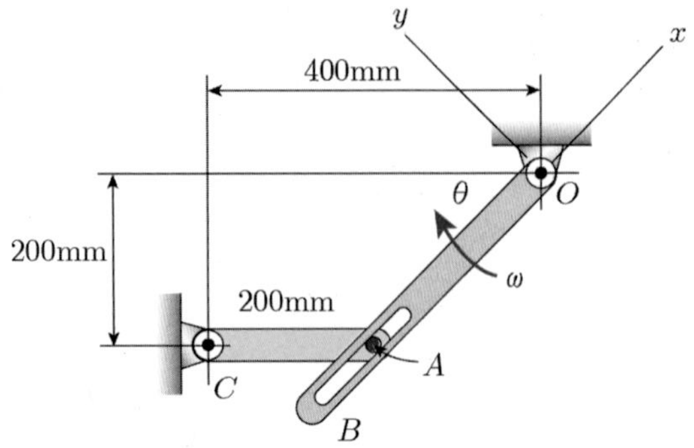

[문제 6.5.12/13]

13 위 문제(12 번)에서 CA의 각가속도와 OB의 홈에 대한 A의 가속도를 구하라.

14 그림에서 칼라 C는 핀으로 막대 DC에 연결되었으며 막대 AB를 따라 자유롭게 움직일 수 있다. $\theta = 45°$일 때 DC의 각속도는 $\omega_{DC} = 4\text{rad/s}(\curvearrowright)$이고 각가속도는 $\alpha_{DC} = 2\ \text{rad/s}^2(\curvearrowright)$이다. 이때 막대 AB의 각속도와 각가속도를 구하라. A와 D로부터 C까지의 거리는 $\overline{AC} = L = 3\text{m}$, $\overline{DC} = b = 2\text{m}$ 이다.

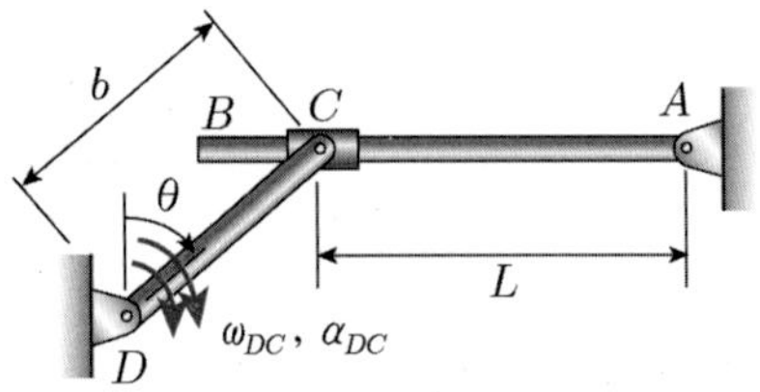

[문제 6.5.14]

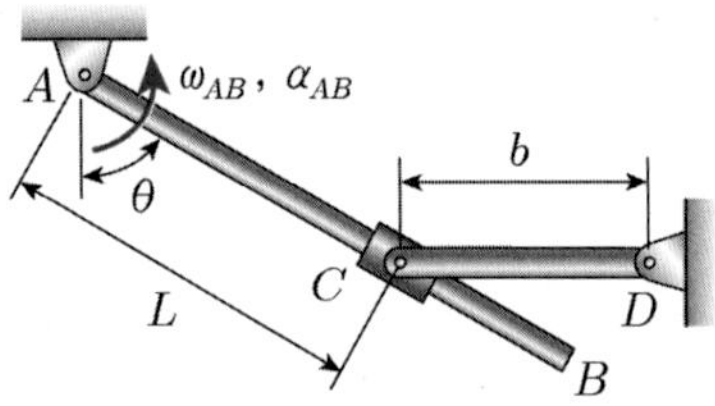

[문제 6.5.15]

15 그림에서 칼라 C는 핀으로 막대 CD에 연결되었으며 막대 AB를 따라 자유롭게 움직일 수 있다. $\theta = 60°$일 때 AB의 각속도는 $\omega_{AB} = 4\text{rad/s}(\curvearrowleft)$이고 각가속도는 $\alpha_{AB} = 2\ \text{rad/s}^2(\curvearrowleft)$이다. 이때 막대 CD의 각속도와 각가속도를 구하라. A와 D로부터 C까지의 거리는 $\overline{AC} = L = 0.75\text{m}$, $\overline{DC} = b = 0.5\text{m}$ 이다.

16 크랭크 OA가 반지름 $R = 200\text{mm}$ 인 원호 안에서 일정한 각속도 $10\text{rad/s}(\curvearrowright)$로 회전하고 점 A가 링크 BC에 설치된 홈에서 움직인다. $\theta = 30°$인 위치에서 BC의 각속도와 BC의 홈에 대해 측정한 A의 가속도를 구하라.

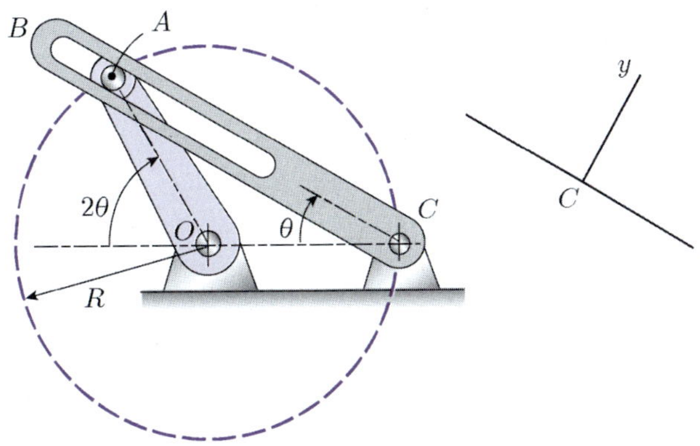

[문제 6.5.16]

17 줄에 연결된 블록 A가 수평면에 놓인 막대의 홈을 따라 움직인다. 그림과 같은 순간에 줄은 O점에 있는 구멍을 통해 아래쪽으로 2m/s^2의 가속도와 3m/s의 속도로 당겨진다. 이 순간 블록의 속도($\mathbf{v}_A$)와 가속도($\mathbf{a}_A$)를 구하라. 막대는 O점에 대해 일정한 각속도 $\omega = 4\text{rad/s}(\curvearrowleft)$로 회전한다. (그림에서 수평면은 xy 면이다.)

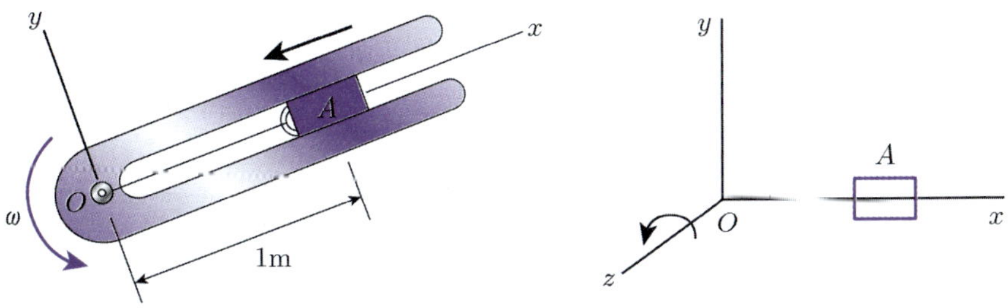

[문제 6.5.17]

18 그림과 같이 막대 OA가 회전운동을 하고 있다. 주어진 순간에 OA의 각속도와 각가속도는 각각 $\omega_{OA} = 5\text{rad/s}(\curvearrowright)$와 $\alpha_{OA} = 12\text{rad/s}^2(\curvearrowright)$이다. 이 순간 막대 BC의 각속도(ω_{BC})와 각가속도(α_{BC})를 구하라. 막대 BC의 길이는 2m이고, 두 막대를 연결하는 C점의 칼라는 막대 OA에서 미끄러진다.

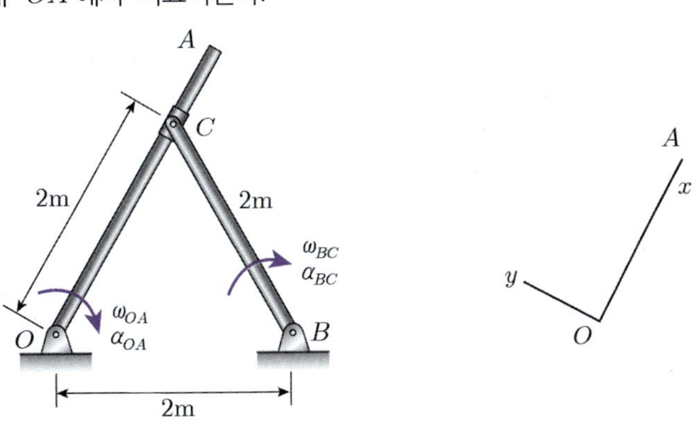

[문제 6.5.18]

19 고정축 A와 B에 대해 회전하는 두 막대가 칼라 P에 의해 서로 연결되어 있고, A에 연결된 막대는 일정한 각속도 ω_A로 회전한다. 그림과 같은 순간 다음을 구하라.

(a) $\omega_A = 6\text{rad/s}$ (↷)일 때 B에 연결된 막대 BC의 각속도와 BC에 대한 칼라 P의 상대속도. P점의 칼라는 막대 BC에서 미끄러진다.

(b) $\omega_A = 10\text{rad/s}$ (↷)일 때 B에 연결된 막대 BC의 각속도와 막대 AC에 대한 칼라 P의 상대속도. P점의 칼라는 막대 AC에서 미끄러진다.

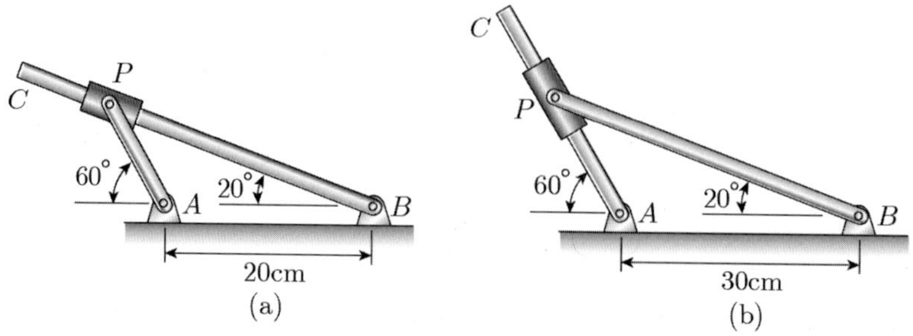

[문제 6.5.19]

20 그림과 같은 순간 막대 AP의 각속도는 반시계방향으로 5rad/s(↶)이고 각가속도는 시계방향으로 2rad/s^2 (↷)이다. 이때 막대 BC의 각속도(ω_{BC})와 각가속도(α_{BC})를 구하라. 두 막대를 연결하는 P점의 칼라는 막대 BC에서 미끄러진다.

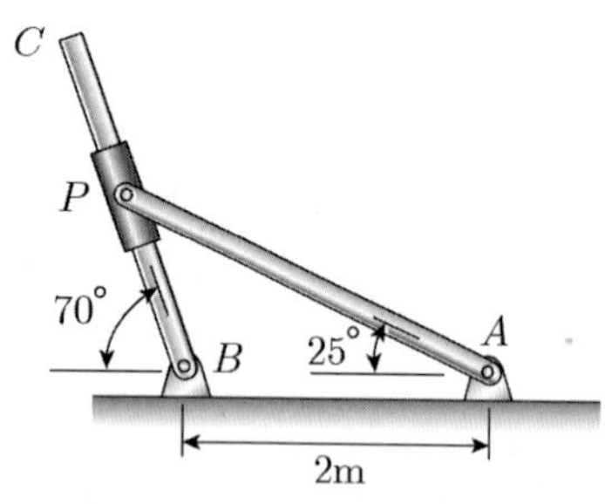

[문제 6.5.20]

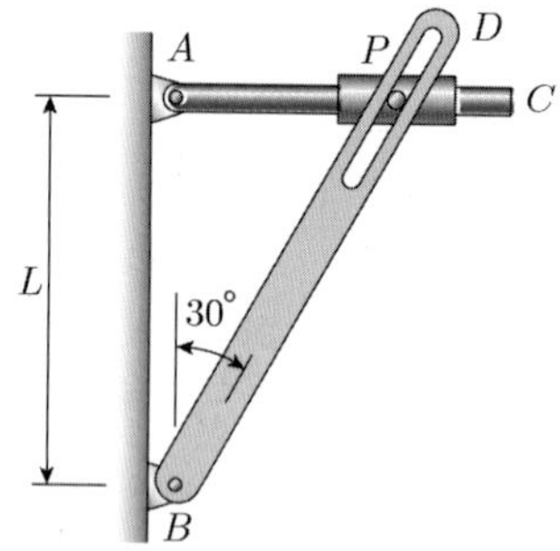

[문제 6.5.21]

21 그림과 같이 핀 P가 칼라에 붙어 있고, 이 핀의 움직임은 막대 AC에서 미끄러지는 칼라와 막대 BD의 홈에 의해 구속된다. 막대들이 $\omega_{AC} = 8\text{rad/s}$와 $\omega_{BD} = 5\text{rad/s}$의 일정한 각속도로 시계방향으로 회전할 때 그림과 같은 순간 핀 P의 속도를 구하라. $L = 400\sqrt{3}$ mm이고, $\angle BAC = 90°$이다. Hint: 핀 P는 어느 막대에도 고정되어 있지 않다. AC를 x축으로 하는 회전좌표계와 BD를 x'축으로 하는 회전좌표계를 설정하여 P점의 속도를 각각 구한 후 두 좌표계의 단위벡터 관계식을 사용한다.

22 그림과 같이 블록 B는 링크 CD의 슬롯 안에서 움직이도록 되어 있다. 링크 AB가 일정한 각속도 $\omega_{AB} = 2\text{rad/s}$로 시계방향으로 회전하고 있다. 링크 AB가 수평인 순간 링크 CD의 각속도와 각가속도를 각각 구하시오. [국가공무원 5급(기술) 제2차시험]

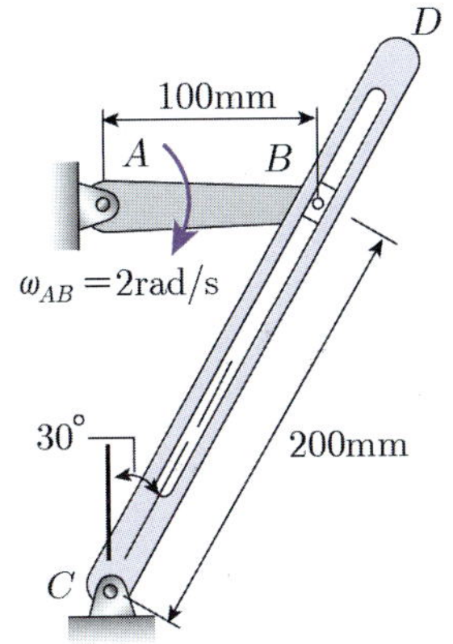

[문제 6.5.22]

23 막대 AB는 z축에 대하여 일정한 각속도 $\omega_1 = 2\text{rad/s}$로 회전한다. 길이 2m인 막대 BC는 yz평면에 위치하고 있으며 x축에 대하여 일정한 각속도 $\omega_2 = 3\text{rad/s}$로 회전하며 y축과의 각도는 $60°$이다. 다음 물음에 답하시오. (단, $\vec{i}$, $\vec{j}$, $\vec{k}$는 직교좌표 x, y, z 방향의 단위벡터이다) [국가공무원 5급(기술) 제2차시험]

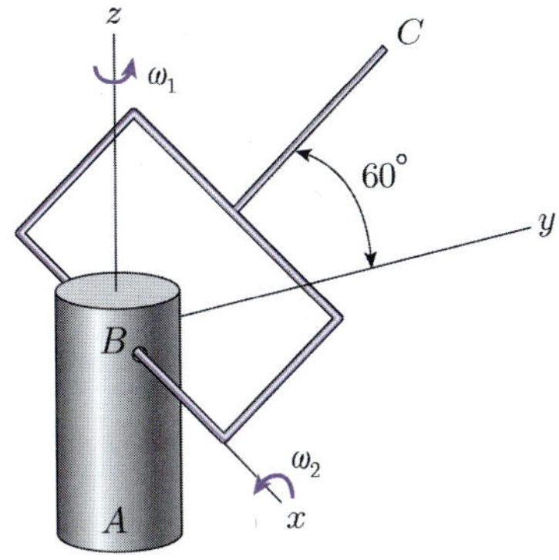

[문제 6.5.23]

(1) 점 C의 속도를 구하시오.

(2) 막대 BC의 각가속도를 구하시오.

(3) 점 C의 가속도를 구하시오.

24 그림과 같이 고정된 슬라이더 안쪽에서 우측 수평 방향으로 가속하며 움직이는 피스톤 A의 속도 $v_A = 3\mathrm{m/s}$이며, 가속도 $a_A = 1.5\,\mathrm{m/s^2}$이다. 링크 AB는 고정된 핀 C 위에서 홈을 따라 자유롭게 미끄러질 수 있다. 다음 물음에 답하시오. (단, 슬라이더와 피스톤 사이의 마찰력과 모든 물체의 질량은 무시한다) [국가공무원 5급(기술) 제2차시험(2021)]

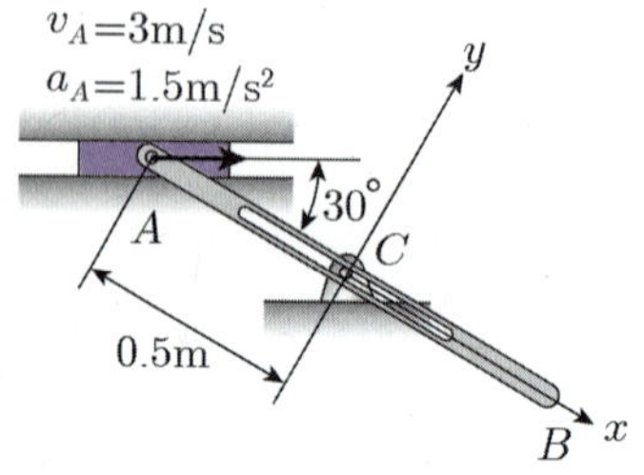

[문제 6.5.24]

(1) 링크 AB의 각속도의 크기와 방향을 구하시오.

(2) 링크 AB의 각가속도의 크기와 방향을 구하시오.

제7장 강체의 평면운동역학

7.1 운동방정식과 병진운동
7.2 고정축에 대한 회전운동
7.3 일반평면운동

7.1 운동방정식과 병진운동

1 일반적인 운동방정식

강체의 운동을 지배하는 운동방정식은 뉴턴의 제 2 법칙(힘방정식)과 이 법칙으로부터 유도되는 모멘트방정식(각운동방정식)이다(3.1 절, 5.3 절).

[그림 7.1.1]의 (a)와 같이 강체에 여러 외력들(F_1, F_2, F_3, …)이 작용할 때 외력의 합력 $\sum F$은 강체의 질량 m과 강체 질량중심 G의 가속도 $\bar{a}$를 곱한 것과 같다.

$$\sum F = m\bar{a} \qquad \cdots(7.1.1)$$

그리고 강체가 회전하면 질량중심에 대한 모멘트방정식(각운동방정식)은 다음과 같다.

$$\sum M_G = \dot{H}_G \qquad \cdots(7.1.2)$$

식 (7.1.2)는 강체에 작용하는 외력의 질량중심에 대한 모멘트 합이 질량중심에 대한 강체의 각운동량의 시간변화율과 같다는 것을 나타낸다.

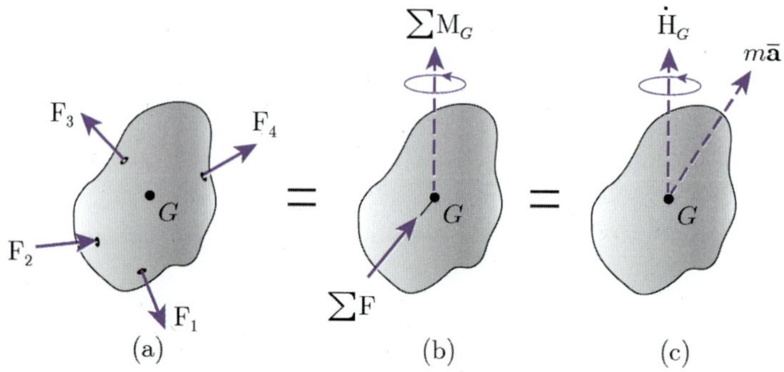

[그림 7.1.1] (a) 자유물체도 (b) 등가의 힘-짝힘계 (c) 운동역학선도

강체에 여러 힘들이 작용할 때 그 힘들은 '하나의 합력과 하나의 짝힘'으로 대체할 수 있다. 따라서 질량중심을 통과하는 합력을 이용하여 외력들을 등가의 힘-짝힘계로 대체하여 힘의 작용과 강체의 동적 거동을 [그림 7.1.1]과 같이 보여줄 수 있다. 그림의 (a)는 힘을 나타낸 자유물체도이고 (b)는 합력이 질량중심을 지나는 등가의 힘-짝힘계이다. 즉, (c)는 외력을 받고 있는 계가 G에 작용하는 벡터 $m\bar{a}$와 우력모멘트 $\dot{H}_G(I_G\alpha)$로 이루어진 계와 동등함을 나타내는데 이를 운동역학선도라 한다.

2 강체의 평면운동방정식

[그림 7.1.2]와 같이 xy평면에서 작용하는 여러 외력들(F_1, F_2, F_3, ⋯)에 의해 움직이는 강체의 운동방정식은 다음과 같다.13)

$$\sum \mathrm{F} = m\bar{\mathrm{a}} \qquad \cdots (7.1.3)$$

$$\sum M_G = \bar{I}\alpha \qquad \cdots (7.1.4)$$

위 두 식은 평면운동을 하는 강체의 일반운동방정식이다. 식 (7.1.3)을 xy좌표계에서 스칼라 형태로 나타내면

$$\sum F_x = m\bar{a}_x, \quad \sum F_y = m\bar{a}_y \qquad \cdots (7.1.5)$$

이다. 여기에서 $\sum \mathrm{F} = (\sum F_x)\mathrm{i} + (\sum F_y)\mathrm{j}$ 이며, $\bar{\mathrm{a}} = \bar{a}_x\mathrm{i} + \bar{a}_y\mathrm{j}$ 는 강체 질량중심(G)의 가속도이고 $\bar{I}$ 는 질량중심(G)에 대한 질량관성모멘트($\bar{I} = I_G$)이다.

강체의 평면운동을 해석할 때는 일반적으로 스칼라 형태로 쓴 식 (7.1.5)를 주로 이용한다. 그러나 $n-t$좌표계와 $r-\theta$좌표계를 사용하는 것이 편리할 때도 있다.

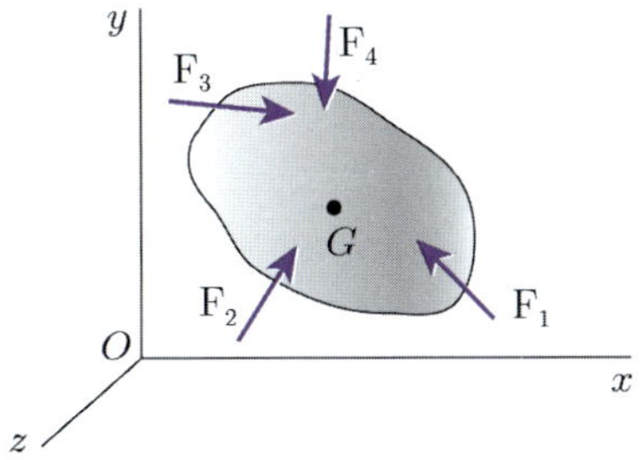

[그림 7.1.2] xy평면에서 여러 힘을 받는 강체

가속도가 강체 질량중심(G)의 가속도라는 것을 나타내기 위해 많은 책에서 다음과 같은 기호를 사용한다.

$$\mathrm{a}_G = (a_G)_x\mathrm{i} + (a_G)_y\mathrm{j}, \quad \bar{\mathrm{a}} = \bar{a}_x\mathrm{i} + \bar{a}_y\mathrm{j} \qquad \cdots (7.1.6)$$

그리고 질량관성모멘트가 질량중심에 대한 관성모멘트라는 것을 나타내기 위해 I_G 또는 $\bar{I}$로 표기한다. 이 책에서는 주로 $\bar{\mathrm{a}} = \bar{a}_x\mathrm{i} + \bar{a}_y\mathrm{j}$ 와 $\bar{I}$를 사용하지만 때로는 a_G와 I_G로 표기하기도 한다.

13) 회전운동에 대한 공식 유도과정은 좀 복잡하고 큰 의미가 없으므로 참고란에 기술하였다.

3 대체 모멘트방정식

임의의 점 P에 대한 일반적인 모멘트방정식(각운동방정식)은 다음과 같다.[14)]

$$\sum \mathbf{M}_P = \dot{\mathbf{H}}_G + \boldsymbol{\rho} \times m\bar{\mathbf{a}} \quad \cdots (7.1.7)$$

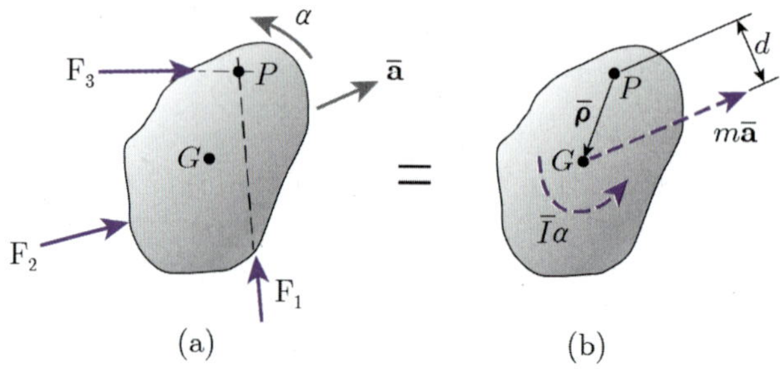

[그림 7.1.3] (a) 자유물체도 (b) 운동역학선도

식 (7.1.7)에서 $\bar{\boldsymbol{\rho}}$는 점 P에 대한 질량중심 G의 위치벡터($\bar{\boldsymbol{\rho}} = \boldsymbol{\rho}_{G/P}$)이고 $\bar{\mathbf{a}}$는 질량중심의 가속도이다. 평면운동을 하는 강체에서 $\dot{\mathbf{H}}_G$의 크기는 $\bar{I}\alpha$이고, 외적 $\bar{\boldsymbol{\rho}} \times m\bar{\mathbf{a}}$는 P점에 대한 $m\bar{\mathbf{a}}$의 모멘트인데 그 크기는 $m\bar{a}d$이다. 따라서 [그림 7.1.3]과 같은 자유물체도와 운동역학선도로 표시한 강체의 평면운동인 경우 식 (7.1.7)은 운동 평면에 수직인 성분만 남아 다음과 같이 간단하게 쓸 수 있다.

$$\sum M_P = \bar{I}\alpha + m\bar{a}d \quad \cdots (7.1.8)$$

$\sum M_P$: 임의의 점 P에 대한 모멘트 합
$\bar{I}$: 강체의 질량중심(G)에 대한 질량관성모멘트
m: 강체의 질량
α: 강체의 각가속도
$\bar{a}$: 강체 질량중심(G)의 가속도
d: 점 P로부터 질량중심(G)을 지나는 벡터 $m\bar{\mathbf{a}}$까지 거리

14) 증명은 큰 의미가 없으므로 생략한다. 식 (7.1.8)을 사용할 줄 알면 된다.

4 병진운동 방정식

강체가 병진운동하면 각운동이 일어나지 않으므로 $\omega = \alpha = 0$이다. 따라서 식 (7.1.3), (7.1.4), (7.1.8)로부터 병진운동하는 강체에 대한 평면운동방정식은 다음과 같다.

$$\sum \mathrm{F} = m\bar{\mathrm{a}} \quad \cdots (7.1.9)$$

$$\sum M_G = 0 \quad \cdots (7.1.10)$$

$$\sum M_P = m\bar{a}d \quad \cdots (7.1.11)$$

식 (7.1.9)를 xy좌표계와 $n-t$좌표계에서 스칼라 식으로 나타내면

$$\sum F_x = m\bar{a}_x, \quad \sum F_y = m\bar{a}_y \quad \cdots (7.1.12)$$

$$\sum F_n = m\bar{a}_n, \quad \sum F_t = m\bar{a}_t \quad \cdots (7.1.13)$$

가 된다. 강체가 직선운동을 하는 경우 가속도 방향으로 x축을 잡으면 $\bar{a}_x = \bar{a}$, $\bar{a}_y = 0$이므로 $\sum F_x = m\bar{a}$, $\sum F_y = 0$이 된다.

[참고] 강체의 일반 평면운동에 대한 각운동방정식 유도

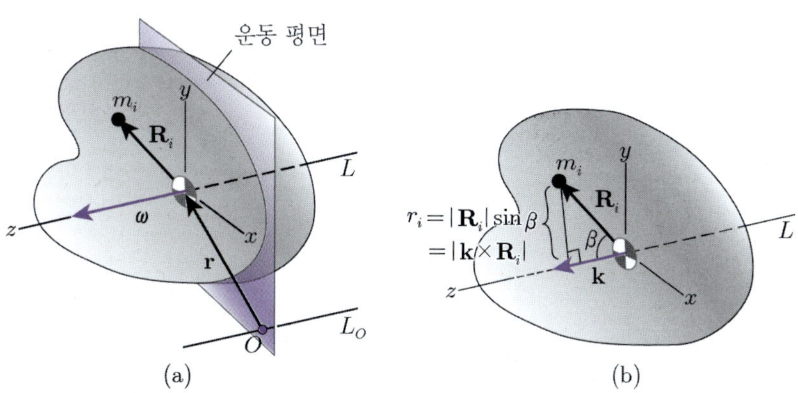

[그림 7.1.4] (a) 좌표계 (b) $|\mathrm{k} \times \mathrm{R}_i|$은 L에서 m_i까지 수직거리

[그림 7.1.4]의 (a)는 일반적인 평면운동을 하는 강체의 운동 평면을 보여준다. 여기에서 점 O는 평면에 포함된 고정점이며, L_O는 평면에 수직이면서 고정점 O를 통과하는 축이고,

L은 L_O에 평행하고 강체의 질량중심을 통과하는 직선이다. 그림의 좌표계에서 강체의 각속도를 $\boldsymbol{\omega}=\omega\mathbf{k}$ 라 하면 질량중심에 대한 강체의 i번째 질점의 속도를

$$\frac{d\mathrm{R}_i}{dt}=\boldsymbol{\omega}\times\mathrm{R}_i=\omega\mathbf{k}\times\mathrm{R}_i$$

로 나타낼 수 있다. $\sum\mathrm{M}_O=\frac{d}{dt}(\mathrm{r}\times m\mathrm{v}+\mathrm{H})$와 $\mathbf{k}$의 내적을 취하면

$$\sum M_O=\frac{d}{dt}[(\mathrm{r}\times m\mathrm{v})\cdot\mathbf{k}+H] \qquad \cdots ①$$

이고, 여기에서

$$H=\mathrm{H}\cdot\mathbf{k}=\sum_i[\mathrm{R}_i\times m_i(\omega\mathbf{k}\times\mathrm{R}_i)]\cdot\mathbf{k} \qquad \cdots ②$$

는 L에 대한 각운동량이다. 항등식 $\mathrm{U}\cdot(\mathrm{V}\times\mathrm{W})=(\mathrm{U}\times\mathrm{V})\cdot\mathrm{W}$를 이용하여 H에 대한 위 식을 다음과 같이 쓸 수 있다.

$$H=\sum_i[m_i(\mathbf{k}\times\mathrm{R}_i)\cdot(\mathbf{k}\times\mathrm{R}_i)\omega=\sum_i[m_i|\mathbf{k}\times\mathrm{R}_i|^2\omega=\sum_i(m_ir_i^2)\omega \qquad \cdots ③$$

이 식에서 $|\mathbf{k}\times\mathrm{R}_i|=r_i$는 L에서 i번째 질점까지 수직거리이다. L에 대한 강체의 질량관성모멘트는

$$I=\sum m_ir_i^2 \qquad \cdots ④$$

이므로 식 ③에서 L에 대한 강체의 각운동량은

$$H=I\omega \qquad \cdots ⑤$$

가 된다. 식 ④를 식 ①에 대입하면 다음 식이 얻어진다.

$$\sum M_O=\frac{d}{dt}[(\mathrm{r}\times m\mathrm{v})\cdot\mathbf{k}+I\omega]=(\mathrm{r}\times m\mathrm{a})\cdot\mathbf{k}+I\alpha \qquad \cdots ⑥$$

여기에서 $\mathrm{a}=\frac{d\mathrm{v}}{dt}$, $\alpha=\frac{d\omega}{dt}$이다. 이 식으로부터 L에 대한 모멘트 합 $\sum M$과 각가속도 사이의 관계를 얻을 수 있다. 고정축 L_O를 L과 일치시키면 $\sum M_O=\sum M$, $\mathrm{r}=0$이며, 식 ⑥으로부터 일반평면운동을 하는 강체에 대한 다음과 같은 각운동방정식을 얻을 수 있다.

$$\sum M=I\alpha \qquad \cdots ⑦$$

질량중심에 대한 모멘트 합은 질량중심에 대한 질량관성모멘트와 각가속도의 곱과 같다.

예제 7.1.1 그림과 같이 짐을 실은 트레일러의 총 질량 $m = 200\,\mathrm{kg}$이고 질량중심 위치는 G이다. 이 트레일러에 $P = 800\,\mathrm{N}(\rightarrow)$의 힘이 가해질 때 트레일러의 가속도와 지면으로부터 바퀴 A와 B에 작용하는 수직 반력을 구하라. 바퀴는 자유롭게 구르고 바퀴 질량은 무시한다.

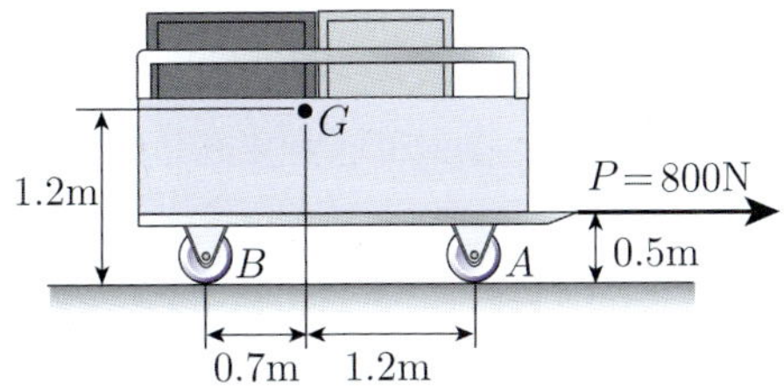

[그림 7.1.5] 트레일러

풀이 트레일러에 대한 자유물체도는 [그림 7.1.6]과 같다. 그림과 같이 좌표계를 잡으면 트레일러의 가속도 성분 $\bar{a}_x = \bar{a}$, $\bar{a}_y = 0$이고, 각가속도 $\alpha = 0$이다.

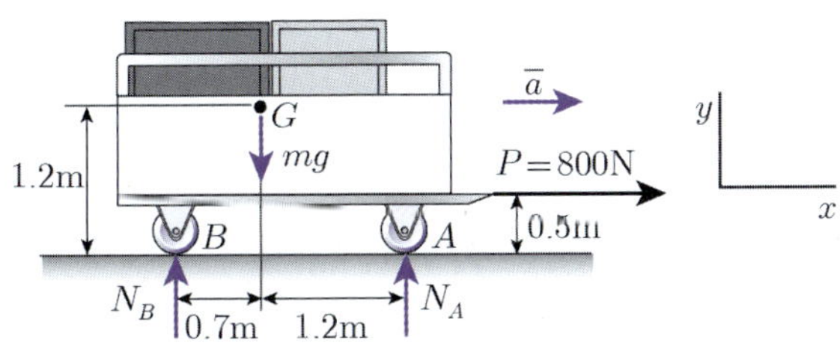

[그림 7.1.6] 트레일러 자유물체도

자유물체도에서 뉴턴의 제2법칙을 적용하면

$$(+\rightarrow)\sum F_x = m\bar{a}_x:\ P = m\bar{a} \qquad \cdots ①$$

$$(+\uparrow)\sum F_y = 0:\ N_A + N_B - mg = 0 \qquad \cdots ②$$

이고, 질량중심(G)에 대한 모멘트방정식은 다음과 같다.

$$(+\curvearrowleft)\sum M_G = 0:\ P(1.2 - 0.5) + N_A(1.2) - N_B(0.7) = 0 \qquad \cdots ③$$

식 ①로부터 트레일러의 가속도는

$$\bar{a} = \frac{P}{m} = \frac{800}{200} = 4[\mathrm{m/s^2}](\rightarrow)$$

이다. 그리고 ②×0.7+③을 하면 A에서 수직반력은

$$N_A = \frac{1}{1.9}(0.7mg - 0.7P)$$

$$= \frac{1}{1.9}[0.7(200)(9.8) - 0.7(800)] = 427.4[\text{N}](\uparrow)$$

이고, 식 ②로부터 B에서 수직 반력은 다음과 같다.

$$N_B = mg - N_A$$
$$= 200 \times 9.8 - 427.4 = 1533[\text{N}](\uparrow)$$

예제 7.1.2 그림의 후륜구동 자동차는 질량이 2000kg이고 질량중심이 G이다. 뒤의 구동바퀴는 항상 미끄러지고 앞바퀴는 마찰저항 없이 회전할 때 자동차의 가속도를 구하라. 바퀴의 질량은 무시하고 바퀴와 지면 사이 운동마찰계수 $\mu_k = 0.25$이며, 자동차는 오른쪽으로 가속된다.

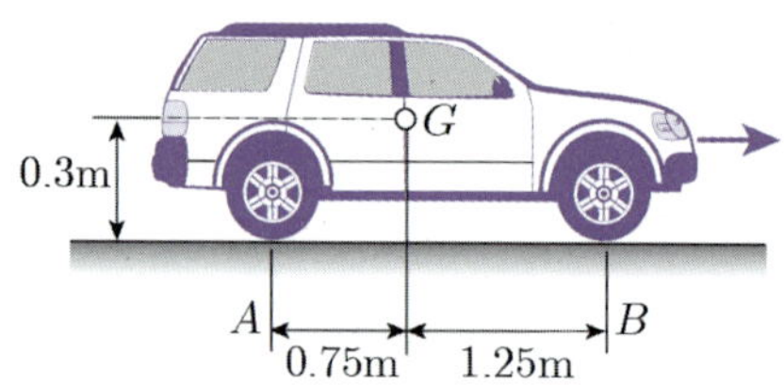

[그림 7.1.7] 후륜구동 자동차

풀이 [그림 7.1.8]의 (a)와 같이 뒷바퀴 마찰력 $F_B(\rightarrow)$가 자동차를 앞으로 밀고 바퀴와 지면 사이에 미끄러짐이 일어나므로 마찰력의 크기는

$$F_B = \mu_k N_B = 0.25 N_B$$

가 된다. 앞바퀴에 작용하는 마찰력은 0이고, 자동차 무게 W는

$$W = mg = 2000(9.8) = 19{,}600[\text{N}]$$

이다. 그림의 (a)에서 운동방정식을 적용하여 수직반력 N_A, N_B와 자동차의 가속도 $\bar{a}$를 구한다. 자동차는 (b)와 같이 오른쪽($+x$방향)으로 가속된다. 자동차는 지면에서 움직이고 병진운동을 하므로 $\bar{a}_y = 0$, $\alpha = 0$이고, 자동차의 가속도 크기 $\bar{a} = \bar{a}_x$이다.

$$(+\rightarrow) \sum F_x = m\bar{a}_x \ : \ 0.25N_B = 2000\bar{a} \quad \cdots ①$$
$$(+\uparrow) \sum F_y = 0 \ : \ N_B + N_A - 19600 = 0 \quad \cdots ②$$
$$(+\curvearrowleft) \sum M_G = 0 \ : \ 0.25N_B(0.3) - N_B(0.75) + N_A(1.25) = 0 \quad \cdots ③$$

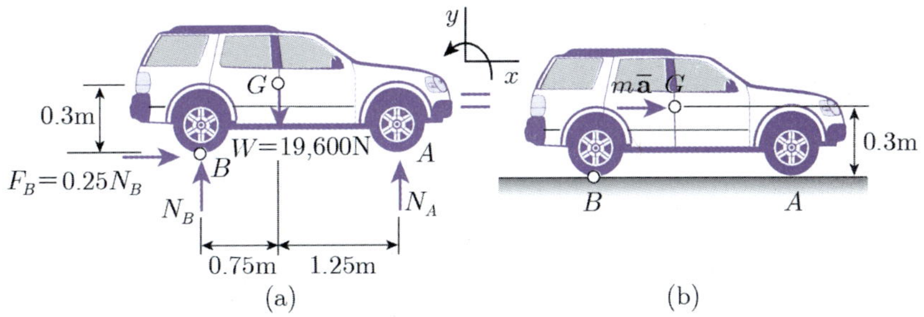

[그림 7.1.8] (a) 자유물체도 (b) 운동역학선도

식 ②와 ③으로부터 N_A와 N_B를 구하고, 이 값을 식 ①에 대입하여 $\bar{a}$를 구하면 다음 결과를 얻는다.

$$\bar{a}=1.59[\mathrm{m/s^2}],\ N_A=6870[\mathrm{N}],\ N_B=12700[\mathrm{N}]$$

$\bar{a}$가 양의 값을 가지므로 가정한 것과 같이 자동차는 오른쪽(→)으로 가속된다. 즉, 자동차의 가속도 $\bar{\mathbf{a}}=1.59[\mathrm{m/s^2}](\rightarrow)$이다.

Note 이 문제는 [그림 7.1.9]의 (b)와 같이 A를 지나는 수직선과 질량중심을 지나는 가속도 방향 직선의 교점 C에 대한 모멘트 식을 적용하면 연립방정식을 풀지 않고 곧바로 반력 N_B를 구할 수 있다.

$$(+\curvearrowleft)\sum M_C=0\ :\ 0.25N_B(0.3)-N_B(0.75+1.25)+19,600(1.25)=0 \qquad ④$$

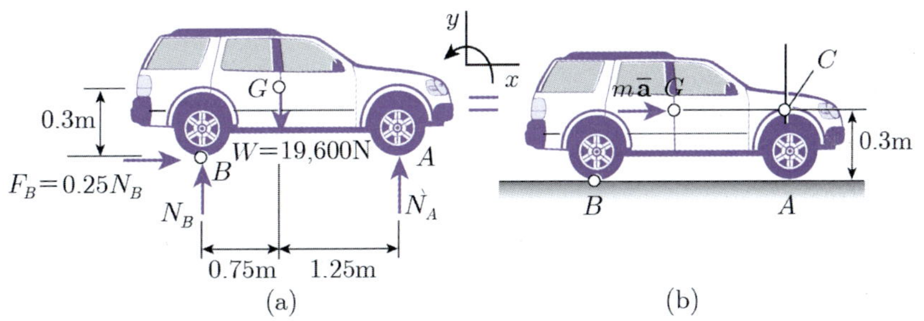

[그림 7.1.9] (a) 자유물체도 (b) 운동역학선도

병진운동을 할 때 모멘트 기준점이 질량중심 G일 때 모멘트 합 $\sum M_G=0$이다. 정역학처럼 [그림 7.1.6]과 [그림 7.1.9(a)]에서 $\sum M_B=0$ 또는 $\sum M_A=0$을 적용하면 안 된다. 물체가 가속도를 가지고 병진운동을 하면 관성 항 $F=m\bar{a}$가 있다는 것이 정역학과 다르다. [그림 7.1.9(a)]에서 식 (7.1.11)로부터 A점에 대한 모멘트 식은 다음과 같다.

$$(+\curvearrowright)\sum M_A = m\bar{a}d: \ N_B(0.75+1.25)-19600(1.25) = m\bar{a}(0.3) \cdots ⑤$$

식 ④, ⑤를 사용하여 [예제 7.1.2]를 풀어보고, 같은 방법으로 [예제 7.1.1]도 풀어보도록 한다.

예제 7.1.3 [대체 모멘트방정식] [그림 7.1.10(a)]와 같이 마찰 없는 수평면 위에 놓인 직사각형 프레임 안에 질량이 m인 가늘고 균일한 막대 AB가 설치되었다. AB가 그림과 같은 각도를 유지하게 하는 프레임의 가속도 a와 롤러 A, B에 작용하는 반력을 구하라. 롤러 A, B와 프레임 사이에 마찰이 없으며 롤러의 질량은 무시하고 중력가속도는 g이다.

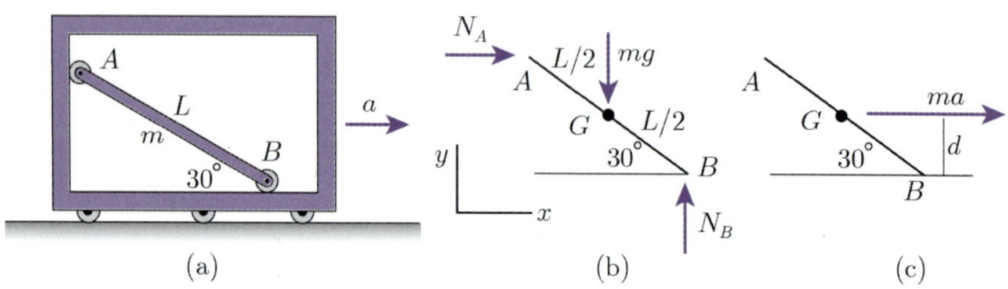

[그림 7.1.10] (a) 프레임과 막대 (b) 자유물체도 (c) 운동역학선도

풀이 막대 AB의 자유물체도는 (b)와 같고, 여기에서 운동방정식을 적용하여 프레임의 가속도 a와 반력 N_A, N_B를 구한다. 프레임은 수평면에서 움직이고 병진운동을 하므로 $a_y = 0$, $\alpha = 0$이다.

$$(+\rightarrow) \ \sum F_x = ma \ : \ N_A = ma \quad \cdots ①$$

$$(+\uparrow) \ \sum F_y = 0 \ : \ N_B - mg = 0 \quad \cdots ②$$

$$(+\curvearrowright)\sum M_B = mad: \ N_A L\sin 30° - mg \times \frac{L}{2}\cos 30° = ma \times \frac{L}{2}\sin 30°$$

$$N_A - \frac{\sqrt{3}\,mg}{2} = \frac{ma}{2} \quad \cdots ③$$

식 ①에서 $N_A = ma$를 식 ③에 대입하여 정리하면

$$ma - \frac{\sqrt{3}\,mg}{2} = \frac{ma}{2}$$

$$a = \sqrt{3}\,g$$

이고, 식 ①, ②로부터 $N_A = \sqrt{3}\,mg$, $N_B = mg$가 얻어진다.

한편 질량중심에 대한 모멘트방정식을 적용하면

$$(+\curvearrowright)\ \sum M_G = 0:\ N_A \times \frac{L}{2}\sin 30° - N_B \times \frac{L}{2}\cos 30° = 0$$

$$N_A - \sqrt{3}\,N_B = 0 \quad \cdots ④$$

이고, 식 ①, ②, ④를 풀면 동일한 결과를 얻을 수 있다.

Note $\sum M_B = mad$(a는 질량중심 가속도)에서 d는 그림의 (c)와 같이 모멘트 기준점 B로부터 질량중심 G를 지나는 벡터 $m\mathbf{a}$ ($\mathbf{a}$는 질량중심 가속도)까지 거리이다. 여기에서는 정석대로 운동역학 선도를 보이기 위해 (c)를 도시했지만 실제 문제를 풀 때는 (b)의 자유물체도에 G를 지나는 벡터 $m\mathbf{a}$를 표시하는 게 훨씬 편리하다. 이 책의 연습문제 풀이에서는 대부분 이 방법을 사용하였다.

[예제 7.1.3]에서 $\bar{a}$로 표기하지 않고 a로 표기하였다. 강체가 병진운동하면 강체의 모든 질점들이 동일한 속도($\mathbf{v}$)와 가속도($\mathbf{a}$)로 움직이므로($\mathbf{a} = \bar{\mathbf{a}}$) 굳이 질량중심 가속도라고 할 필요가 없고 그냥 '강체의 가속도' 혹은 '물체의 가속도'라 하면 된다. 그러나 회전운동을 할 때는 강체 내 각 점에서 속도와 가속도가 서로 다르기 때문에 분명하게 구분해야 한다.

예제 7.1.4 [그림 7.1.11(a)]와 같이 질량 m인 균일한 막대의 한쪽 끝에 질량 m인 추가 부착되어 있고 다른 한쪽 끝은 수평 안내면을 따라 움직이는 이음 고리에 마찰 없는 핀(O)으로 연결되어 있다. 그림과 같이 막대가 수직선으로부터 각 $\theta = 15°$만큼 기울어지도록 하는 이음 고리의 가속도 a를 구하라. 막대의 길이는 L이며 추의 크기는 무시하고 추를 질점으로 가정한다.

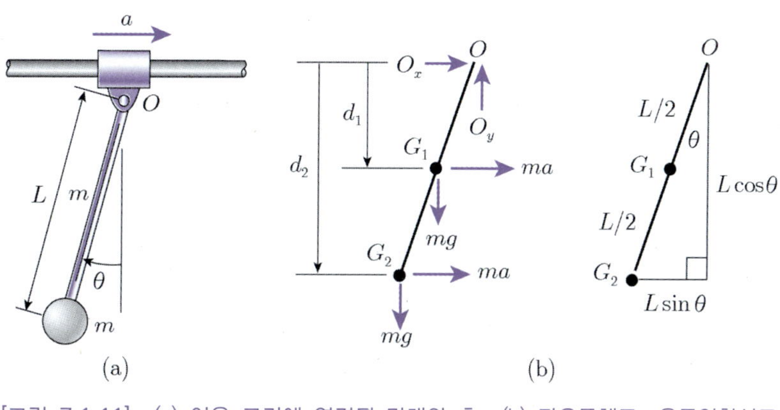

[그림 7.1.11] (a) 이음 고리에 연결된 막대와 추 (b) 자유물체도+운동역학선도

풀이 막대와 추를 각각 첨자 1, 2로 표시하고, 그림의 (b)에 막대와 추의 복합물체에 대한 자유물체도와 운동역학선도를 함께 도시하였다. 막대와 추의 질량 중심 위치 G_1과 G_2는 (b)와 같고 O점으로부터 질량중심 가속도의 작용선까지 거리는 각각

$$d_1 = \frac{L}{2}\cos\theta,\ d_2 = L\cos\theta$$

이다. (b)에서 O점에 대해 대체모멘트방정식을 다음과 같이 적용한다. 막대와 추는 수평면에서 병진운동을 하므로 각가속도 $\alpha = 0$이다.

$$(+\curvearrowleft)\sum M_O = mad_1 + mad_2$$

$$mg \times \frac{L}{2}\sin\theta + mg \times L\sin\theta = ma \times \frac{L}{2}\cos\theta + ma \times L\cos\theta$$

$$\frac{3}{2}mgL\sin\theta = \frac{3}{2}maL\cos\theta$$

$$a = g\tan\theta$$

$\theta = 15°$일 때 가속도 $a = g\tan\theta = 9.8\tan 15° = 2.63[\text{m/s}^2]$이다.

Note [예제 7.1.4]에서 복합물체의 질량중심에 대해 운동방정식 $\sum F_x = 2ma$, $\sum F_y = 0$을 적용하면 O점 반력 $O_x = 2ma$, $O_y = 2mg$이고, 복합물체의 질량중심 위치는 O로부터 $L_G = 3L/4$이이다. 여기에서 질량중심에 대해 $\sum M_G = 0$을 적용하면 $O_x(L_G\cos\theta) - O_y(L_G\sin\theta) = 0$가 되어 가속도 $a = g\tan\theta$가 구해진다.

예제 7.1.5 그림과 같이 질량 $m = 10\text{kg}$인 얇은 직사각형 평판 $ABCD$가 강선 BH와 링크 AE, DF에 의해 수평으로 매달려 정지해 있다. 강선 BH가 끊어진 직후 (1) 평판의 가속도와 (2) 링크 AE와 DF에 걸리는 힘을 구하라. 링크와 강선의 질량은 무시하며, 연결점 A, D, E, F는 마찰 없는 핀이다.

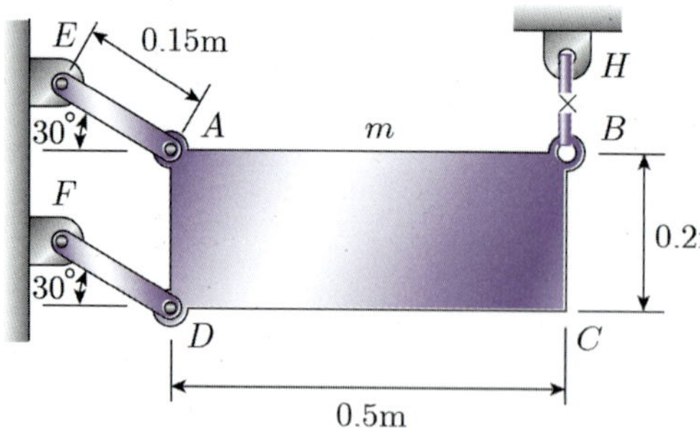

[그림 7.1.12] 얇은 직사각형 평판

풀이 강선 BH가 끊어진 직후 평판의 모서리 A와 D는 각각 점 E와 F를 중심으로 하여 반지름 0.15m인 원운동을 한다. 따라서 평판상의 모든 점들은 반지름 0.15m인 평행한 원을 그리므로 평판의 운동은 곡선병진운동이다.

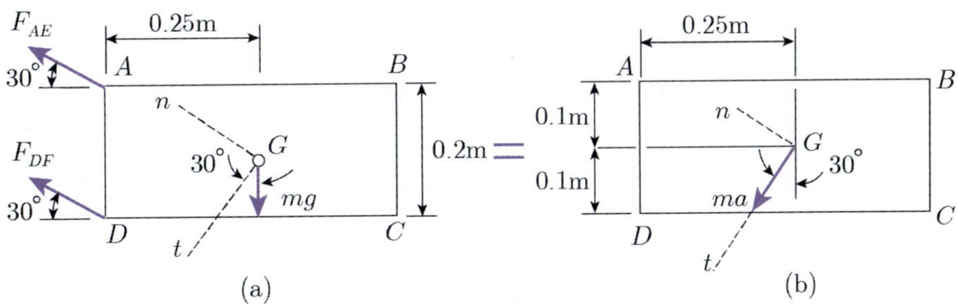

[그림 7.1.13] (a) 자유물체도 (b) 운동역학선도

평판이 초기에 정지해 있으므로 BH가 끊어지는 순간 평판의 질량 중심 속도 $v=0$이다. 따라서 평판의 법선 방향 가속도 $a_n = v^2/r = 0$이고, 평판은 접선방향 가속도 a_t를 가진다. 이에 따라 평판의 가속도 $a = a_t$이고 평판의 자유물체도와 운동역학선도는 [그림 7.1.13]과 같다.

(1) 평판의 가속도 **a**: 접선방향으로 뉴턴의 제2법칙을 적용한다. 평판의 접선방향 가속도 $a_t = a$이다.

$$(+\swarrow)\ \sum F_t = ma_t:\ mg\cos 30° = ma$$

$$\therefore\ a = g\cos 30° = 9.8\cos 30° = 8.5[\text{m/s}^2]$$

$$\mathbf{a} = 8.5[\text{m/s}^2]\ \swarrow 60°$$

(2) 링크 AE와 DF에 걸리는 힘: 평판의 법선방향 가속도 $a_n = 0$이고, 병진운동을 하는 평판의 각가속도 $\alpha = 0$이다. 법선방향으로 뉴턴의 제2법칙을 적용하고, 질량중심에 대한 모멘트방정식을 적용한다.

$$(+\nwarrow)\ \sum F_n = 0:\ F_{AE} + F_{DF} - mg\sin 30° = 0$$

$$\therefore\ F_{AE} + F_{DF} = mg\sin 30° = 10(9.8)\sin 30° = 49[\text{N}] \quad \cdots ①$$

$$(+\curvearrowright)\sum M_G = 0:\ F_{AE}\sin 30°(0.25) - F_{AE}\cos 30°(0.1) + F_{DF}\sin 30°(0.25) + F_{DF}\cos 30°(0.1) = 0$$

$$0.0384F_{AE} + 0.2116F_{DF} = 0$$

$$\therefore\ F_{AE} = -5.510F_{DF} \quad \cdots ②$$

식 ②를 ①에 대입하면

$$-5.51F_{DF} + F_{DF} = 49[\text{N}]$$

$$\therefore \quad F_{DF} = -10.86[\mathrm{N}]$$

$$F_{AE} = -5.51 F_{DF} = -5.51(-10.86) = 59.84[\mathrm{N}]$$

이 얻어진다. 즉, 링크 AE에는 59.84[N]의 인장력이 작용하고, DF에는 10.86[N]의 압축력이 작용한다.

Note (1) 링크는 회전운동을 하고 평판은 곡선병진운동을 한다. 병진운동을 하는 강체의 모든 점에서 가속도가 같으므로 A점과 D점의 가속도는 $\mathbf{a} = 8.5[\mathrm{m/s^2}]$ ↙ $60°$이고, 링크 AE와 DF의 각가속도는 $\alpha = 8.5/0.15 = 56.7[\mathrm{rad/s^2}]$ (↷)이 된다.

(2) AE와 DF가 강선이면 평판은 곡선병진운동을 할 수 없고 일반 평면운동을 하게 된다. 강선에는 압축력이 작용할 수 없기 때문이다.

연습문제 7.1

01 질량 $m=2\mathrm{kg}$, 길이 $L=3\mathrm{m}$ 인 가는 막대 AB가 A점에서 카트에 핀으로 연결되었고 B점에서 카트의 수직 벽면에 접촉하고 있다. (1) 카트의 가속도 $a=20\mathrm{m/s^2}(\rightarrow)$일 때 B점에서 막대에 수직 방향으로 작용하는 힘을 구하라. (2) 막대가 B점에서 카트 벽면과 접촉을 유지할 수 있는 가속도 a의 최댓값을 구하라. 모든 마찰은 무시한다. Hint: 가속도가 너무 크면 막대의 B점이 벽에서 떨어진다.

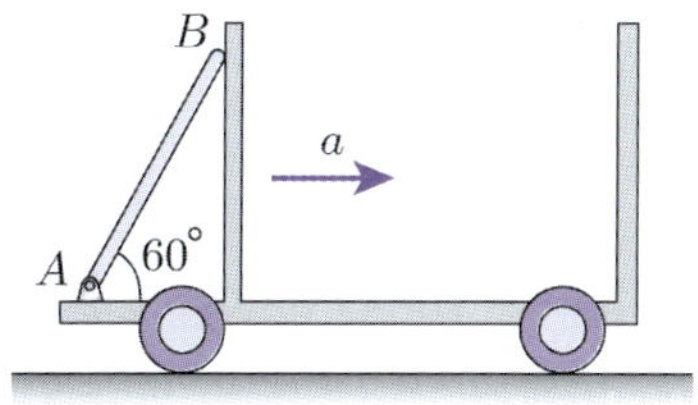

[문제 7.1.1]

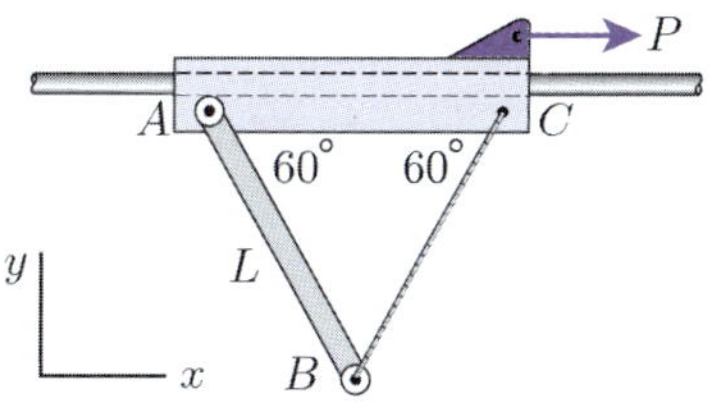

[문제 7.1.2]

02 길이가 L이고 질량이 4kg 인 가늘고 균일한 막대 AB가 A점에서 마찰 없는 핀으로 프레임 AC와 결합되어 있다. AC의 질량은 6kg 이고 오른쪽으로 $P=80\mathrm{N}$ 의 힘을 받아 수평 막대에서 마찰 없이 미끄러진다. 이때 줄 BC에 걸리는 장력과 핀 A가 막대에 가하는 힘의 x, y 성분을 구하라. xy평면은 수직 평면이다.

03 질량이 40kg 인 균일한 막대 OB는 수평면에 놓인 프레임에 O점의 힌지와 A점의 롤러에 의해 고정되어 수평선에 대해 30° 각도를 유지하고 있다. 프레임의 가속도가 오른쪽으로 $a=20\mathrm{m/s^2}$일 때 롤러에 작용하는 힘과 O점에 작용하는 힘의 x, y 성분을 구하라.

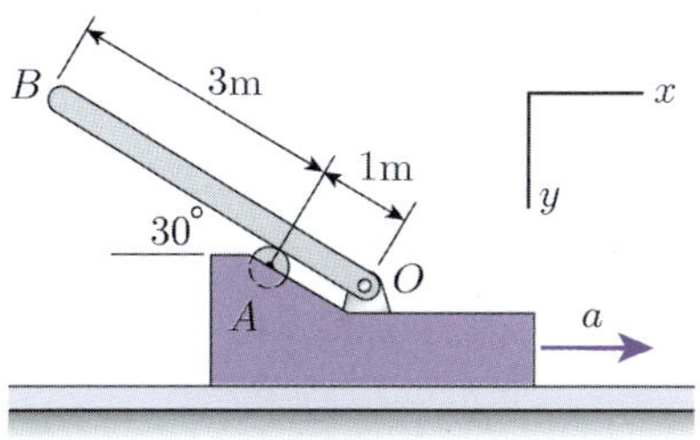

[문제 7.1.3]

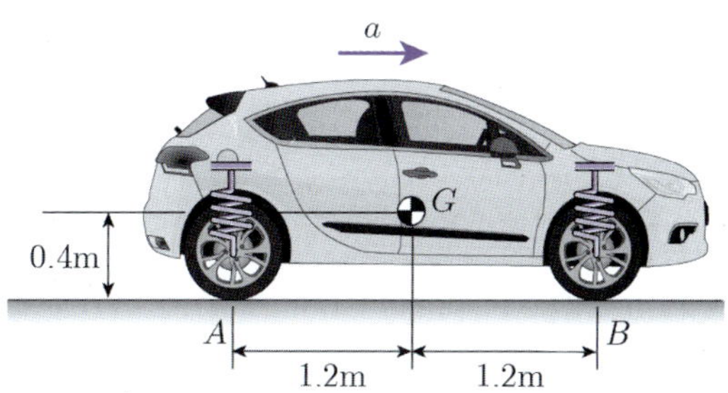

[문제 7.1.4]

04 질량이 1700kg 인 후륜구동 자동차의 최대 가속도 조건에서 바퀴에 작용하는 수직반력을 구하라. 자동차 질량중심(G)의 위치는 그림과 같고, 바퀴 질량은 무시하며, 도로와 바퀴 사이의 정지마찰계수는 0.8이다.

05 12m/s 의 속도로 앞으로 달리고 있는 무게 W의 자동차에 브레이크를 작동하여 네 바퀴의 회전을 멈추고 9m 거리를 미끄러진 후 자동차가 정지하였다. 자동차가 미끄러지고 있을 때 운동마찰계수와 바퀴에 작용하는 수직반력의 크기를 구하라. 자동차는 일정한 비율로 감속된다.

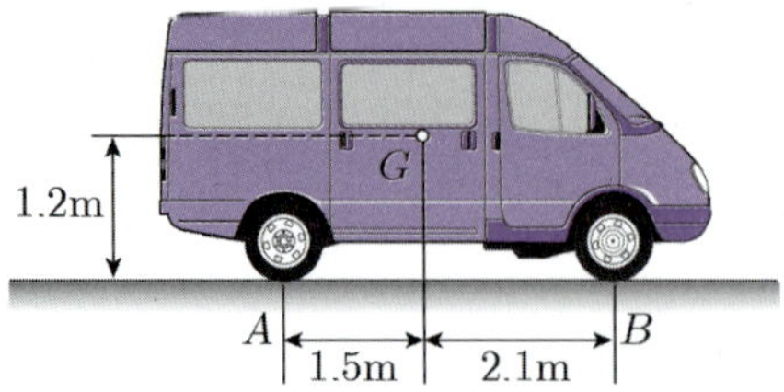

[문제 7.1.5]

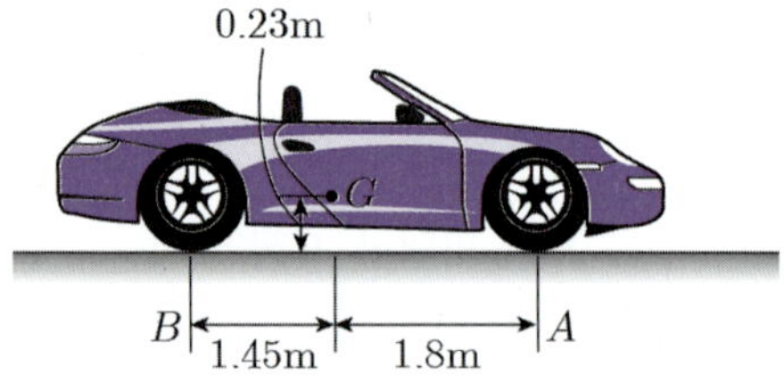

[문제 7.1.6]

06 경주가 시작될 때 뒷바퀴 B가 트랙에서 미끄러지면서 질량이 700kg 인 자동차를 가속시킨다. 자동차의 가속도와 앞바퀴 두 개와 뒷바퀴 두 개에 작용하는 수직반력을 구하라. 자동차의 질량중심은 G이고 바퀴와 트랙 사이의 운동마찰계수 $\mu_k = 0.7$이다. 바퀴의 질량은 무시할 수 있고 앞바퀴는 마찰 없이 회전한다.

07 길이 3m, 질량 500kg 의 철봉 AC가 0.6m 의 체인 AB에 의해 트럭 뒤에 매달려 있다. 철봉이 수평도로와 이루는 각이 $10°$일 때 트럭의 가속도를 구하라. 철봉 끝점 C에서 운동마찰계수 $\mu_k = 0.4$이다.

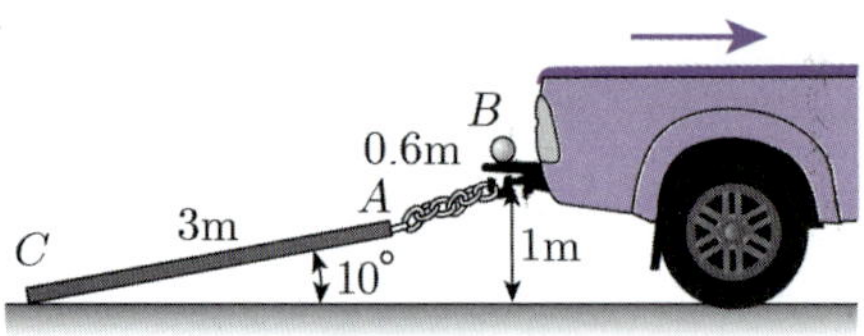

[문제 7.1.7]

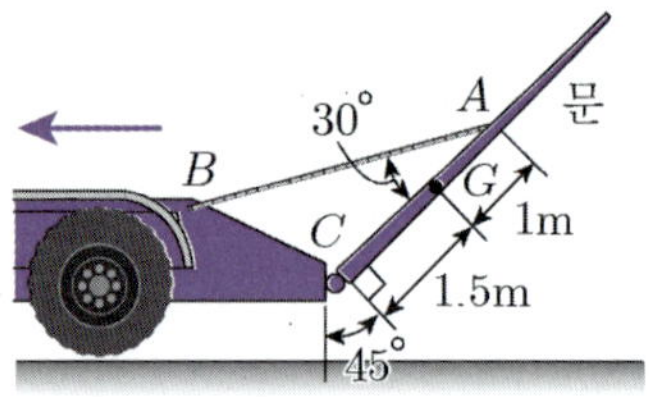

[문제 7.1.8]

08 질량이 1250kg 인 문이 케이블 AB와 힌지 C에 의해 트럭에 장착되어 있다. 트럭이 $5\text{m/s}^2(\leftarrow)$의 가속도로 출발할 때 케이블에 작용하는 장력과 C점에서 반력을 구하라. 문의 질량중심 G의 위치는 그림과 같다.

09 질량 m, 길이 L인 균일 봉이 매끄러운 수평봉을 따라 움직이는 칼라에 마찰 없는 핀(A)으로 연결되었다. 칼라가 일정한 가속도 $a(\rightarrow)$로 움직일 때 봉이 수직선과 이루는 각 θ를 구하라. 중력가속도는 g이다.

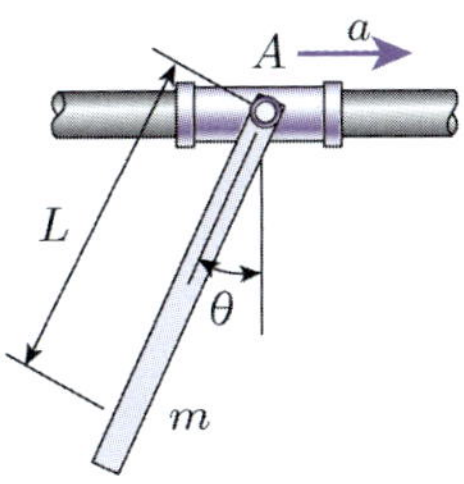

[문제 7.1.9]

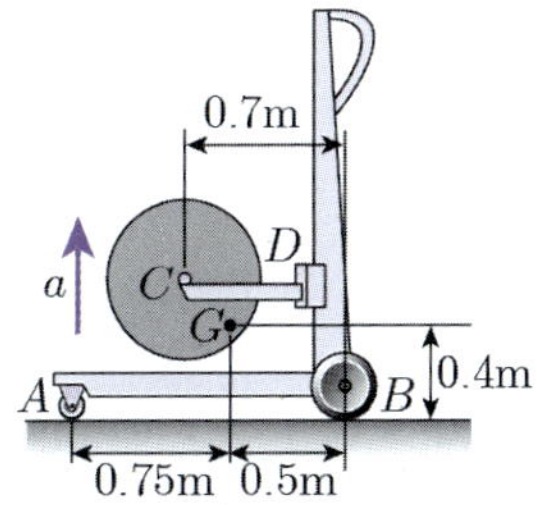

[문제 7.1.10]

10 질량이 70kg 인 리프트 트럭이 $a = 3\,\text{m/s}^2(\uparrow)$의 가속도로 120kg 의 원판을 들어 올릴 때 지면의 네 바퀴에 작용하는 반력을 구하라. 트럭의 질량중심 G의 위치는 그림과 같고, 하중은 대칭적으로 작용하며, 원판과 트럭을 연결하는 CD의 질량은 무시할 수 있다. Hint: 원판과 트럭을 분리하여 자유물체도를 그리고, 원판에서 C_y를 구한다. 원판의 가속도는 a이고 트럭은 고정되어 있다.

11 수평면에 놓인 수레에 오른쪽 방향으로 힘 P를 가하여 줄 AB가 막 느슨하게 될 때 힘 P를 구하라. 수레의 질량은 30kg 이고 균일한 봉 BC의 질량은 15kg 이다.

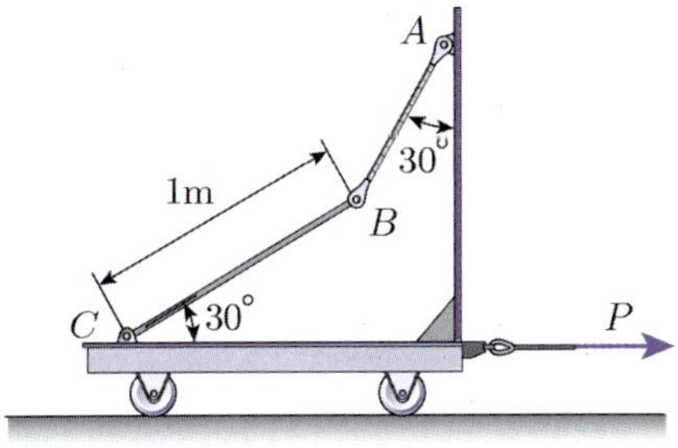

[문제 7.1.11]

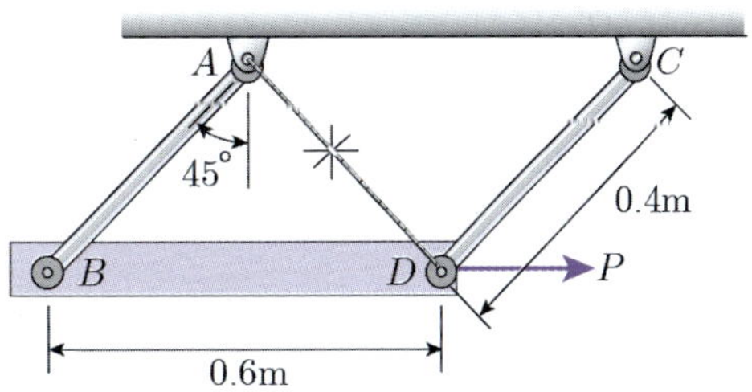

[문제 7.1.12]

12 질량이 20kg 인 균일한 보 BD에 오른쪽으로 $P = 50\,\text{N}$ 의 힘이 작용한다. 정지 상태에서 줄 AD가 끊어지는 순간 링크 AB에 발생하는 힘과 BD의 질량중심의 가속도를 구하라. 링크 AB와 CD의 질량은 무시한다. Hint: 줄이 끊어지는 순간 A점을 중심으로 회전하게 되고 B점의 가속도 방향은 ↖ 45°가 된다. BD는 곡선병진운동을 하고 병진운동에서 강체의 모든 지점에서 가속도가 같다.

13 질량이 60kg 인 균일한 기둥 AB가 트럭 뒤편 A점에서 회전할 수 있고 C점에 줄로 고정되어 있다. 트럭이 정지 상태에서 $5\,\text{m/s}^2(\rightarrow)$의 가속도로 출발할 때 연결점 A에 작용하는 힘의 크기를 구하라.

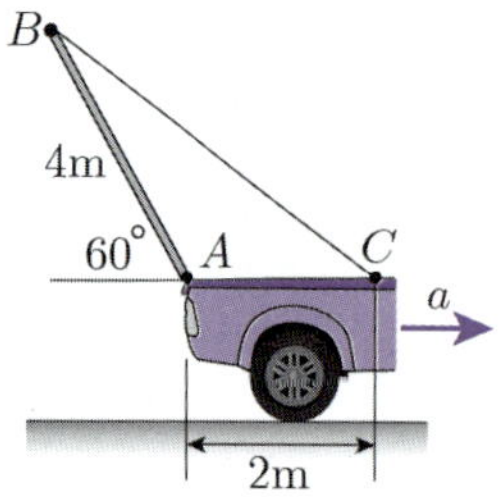

[문제 7.1.13]

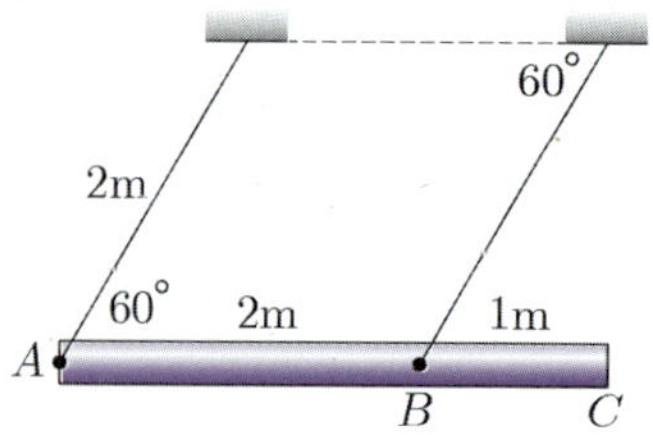

[문제 7.1.14]

14 질량이 100kg 인 균일한 통나무가 두 개의 줄에 매달려 있다. 그림과 같은 위치에서 정지 상태의 통나무를 놓는 순간 각 줄에 걸리는 장력과 줄의 각가속도 α_1을 구하라. Hint: 통나무는 곡선병진운동을 한다. 12 번과 유사한 상황.

15 소형 비행기가 이륙하기 위해 활주로를 주행한다. 비행기의 질량은 450kg 이고 엔진의 수평방향 추진력 $T = 1350\text{N}$ 일 때 다음을 구하라. 비행기 질량중심 G로부터 T의 작용선까지 거리는 0.15m 이다. 타이어에서 지면에 수직인 반력만 고려하고 수평방향 힘은 무시한다.

(1) 앞바퀴에 작용하는 수직 방향 힘

(2) 비행기 가속도가 일정하게 유지될 때 비행기 속도가 162km/h에 도달할 때까지 걸리는 시간

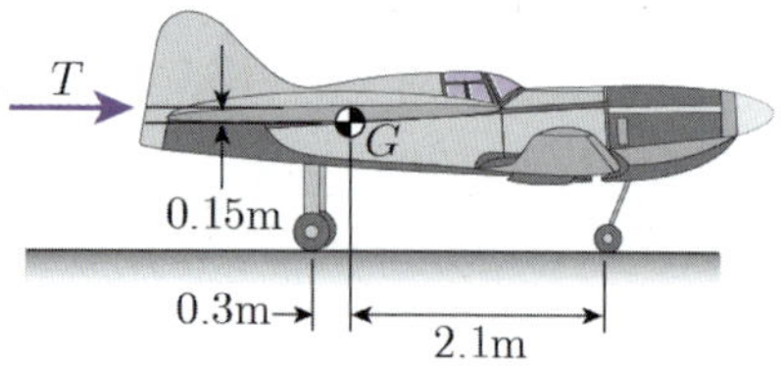

[문제 7.1.15]

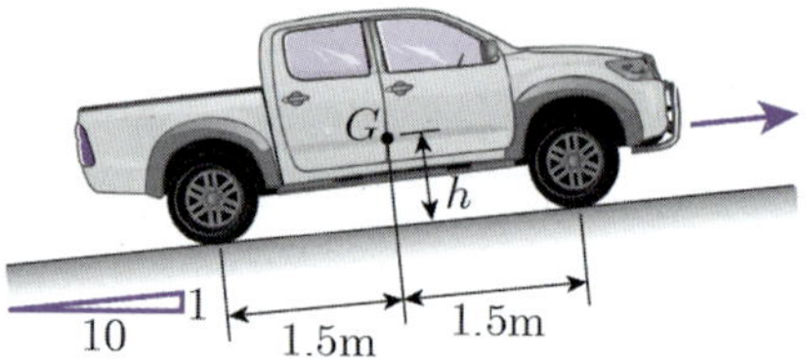

[문제 7.1.16]

16 질량이 1500kg 인 후륜구동 트럭이 정지 상태에서 출발하여 일정한 가속도로 10% 경사진 도로를 100m 올라갔을 때 72km/h 의 속력에 도달하였다. 트럭의 앞바퀴와 뒷바퀴에 작용하는 수직 방향 힘과 구동바퀴인 뒷바퀴에 작용하는 마찰력을 구하라. 지면으로부터 트럭 질량중심 G까지 높이 $h = 0.6\text{m}$ 이다.

17 질량 $m = 2\text{kg}$ 의 상자가 질량중심으로부터 높이 h에 $P = 40\text{N}(\rightarrow)$의 힘을 받고 있다. 상자와 바닥 사이의 마찰을 무시하고 다음을 구하라. Hint: 바닥에서 떨어지는 지점에서 반력은 0이다.

(1) 상자가 넘어지지 않고 바닥과 계속 접촉하고 있을 때 상자의 가속도

(2) 힘이 가해질 때 상자가 넘어지지 않고 바닥 위에 서 있기 위한 h의 범위

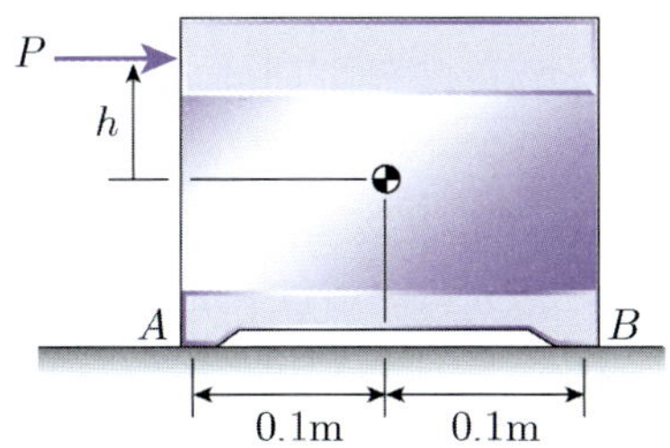

[문제 7.1.17]

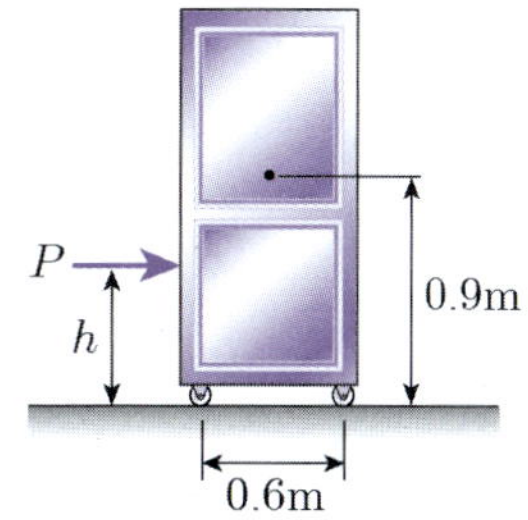

[문제 7.1.18/19]

18 질량 $m = 20\text{kg}$ 의 옷장이 마찰이 없는 수평면($\mu = 0$) 위에 놓여 있다. 그림과 같이 지면으로부터 높이 h에 $P = 100\text{N}(\rightarrow)$의 힘을 받을 때 (1) 옷장이 넘어지지 않는 경우 옷장의 가속도와 (2) 옷장이 넘어지지 않기 위한 h의 범위를 구하라. 지면으로부터 옷장의 질량중심까지 높이는 0.9m 이다.

19 옷장 바퀴가 잠겨 있어서 옷장이 바닥에서 미끄러진다고 할 때 위 문제(18 번 문제)를 다시 풀어라. 옷장과 바닥 사이의 운동마찰계수 $\mu_k = 0.25$ 이다.

20 질량 m, 가로 b, 높이 c인 균일한 상자가 수평면에서 작은 바퀴 위에 설치되었다. h는 수평방향으로 상자에 작용하는 힘 P의 높이이다. 다음 각 경우에 대해 상자가 넘어지지 않도록 가할 수 있는 최대 힘 P를 구하라. (1) $h = c$ (2) $h = 0$

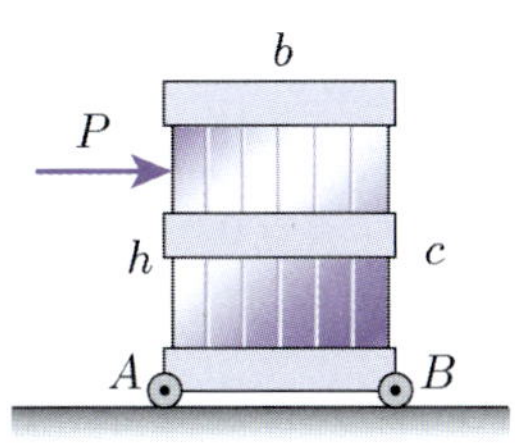

[문제 7.1.20]

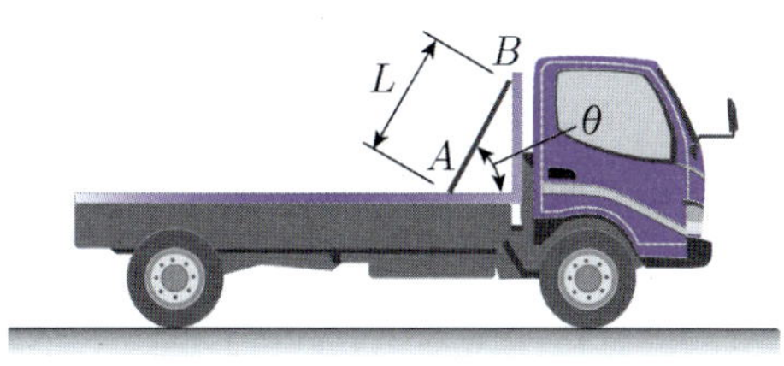

[문제 7.1.21/22]

21 트럭 위에 질량 $m = 30\text{kg}$, 길이 $L = 1.5\text{m}$ 인 균일한 막대가 한쪽 끝점 A는 거친 수평면에 놓이고, 다른 쪽 끝점 B는 매끄러운 수직면에 $\theta = 60°$ 각도로 기대어져 있다. 트럭이 $a = 4\text{m/s}^2(\leftarrow)$로 감속될 때 (1) A점과 B점에 작용하는 힘의 크기와 (2) A점에서 최소 정지마찰계수를 구하라.

22 위 문제(21 번)와 동일한 상황의 막대가 그림의 위치를 유지하려 한다. 이때 (1) 트럭의 허용 최대 가속도와 (2) 이에 상응하는 A점의 최소 정지마찰계수를 구하라.

23 크레인이 일정한 수평 방향 가속도 $a(\rightarrow)$로 $m = 800\text{kg}$ 인 균일한 직사각형 평판을 오른쪽으로 흔들림 없이 이동시키고 있다. 그림과 같이 크레인과 평판을 연결하는 케이블이 수직선에 대하여 $\theta = 5°$ 각도를 이루고 있을 때, 크레인과 평판의 가속도(a) 및 A와 B에 연결된 케이블에 걸리는 장력을 구하라. 두 케이블의 길이는 같고 평판은 수평으로 놓여있다. Hint: 크레인과 평판의 가속도가 같으므로 평판의 자유물체도에서 미지수는 T_A, T_B, a의 세 개가 된다.

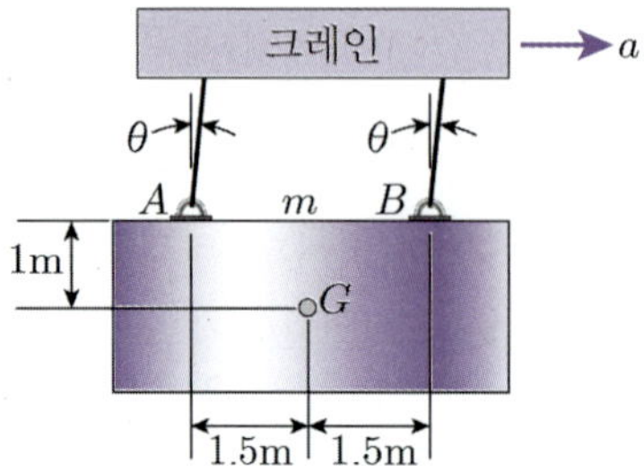

[문제 7.1.23]

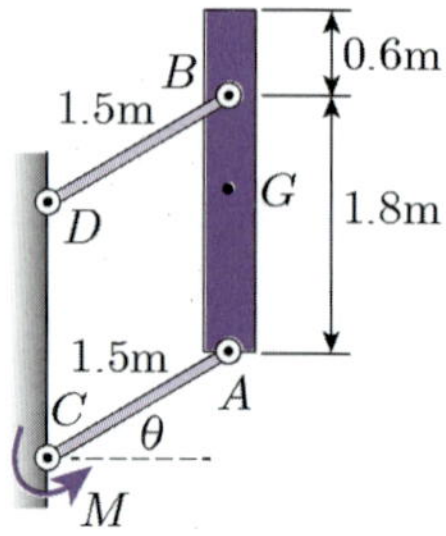

[문제 7.1.24]

24 균일한 수직 막대 AB의 질량 $m = 200\text{kg}$ 이고, 평행한 두 링크 AC와 BD의 질량은 무시할 수 있다. 막대가 아래 쪽 링크의 연결점 C에 작용하는 일정한 짝힘 $M = 4500\text{N} \cdot \text{m}$ (↶)에 의해 $\theta = 0$인 정지 위치로부터 들어 올려진다. 링크의 각가속도 α(↶)를 θ의 함수로 나타내고 $\theta = 30°$가 되는 순간 링크 BD에 작용하는 힘 F를 구하라. B점에 작용하는 힘 F는 BD 방향으로 작용하고(BD는 축하중부재이고), θ는 수평선과 링크가 이루는 각이다. Hint: 막대 AB와 링크 AC를 고려한다. 링크는 회전운동을 하고 막대는 곡선병진운동을 하므로 G점의 가속도는 A점의 가속도 $\overline{CA}\,\alpha(\nwarrow)$ 와 같다.

7.2 고정축에 대한 회전운동

[그림 7.2.1]의 (a)와 같이 점 O를 지나고 지면에 수직인 고정축에 대하여 수직인 평면 내에서 회전하는 강체를 고려한다. 이 운동에서 강체의 모든 점은 회전축 주위로 원운동을 하고 운동 평면 내에 있는 강체의 모든 점(혹은 직선)은 동일한 각속도(ω)와 각가속도(α)를 갖는다.

원운동에서 질량중심(G)의 가속도 성분은 $n-t$ 좌표계로 간단하게 나타낼 수 있다. [그림 7.2.1]의 (a)와 같이 O점을 지나는 고정축 주위로 회전하는 강체의 경우

$$a_n = \bar{r}\omega^2, \quad a_t = \bar{r}\alpha \qquad \cdots(7.2.1)$$

가 된다. 그림의 (b)는 자유물체도이고 (c)는 자유물체도와 등가인 운동역학선도이다.

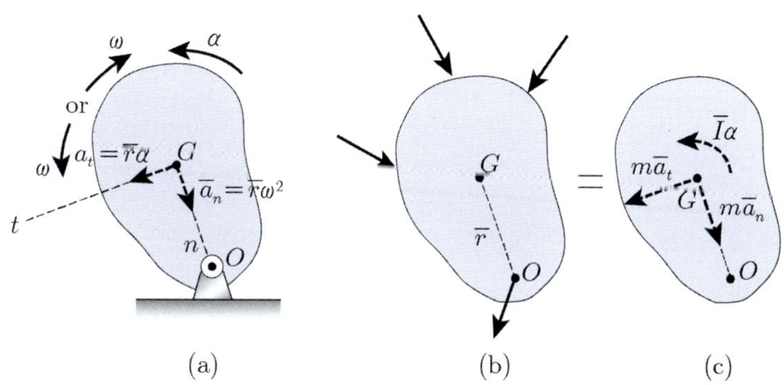

[그림 7.2.1] (a) 고정축에 대한 회전 (b) 자유물체도 (c) 운동역학선도

일반적인 평면운동방정식 (7.1.3)과 (7.1.4)를 [그림 7.2.1]에 곧바로 적용할 수 있다.

$$\sum \mathbf{F} = m\bar{\mathbf{a}} \qquad \cdots(7.2.2)$$

$$\sum M_G = \bar{I}\alpha \qquad \cdots(7.2.3)$$

여기에서 $\bar{\mathbf{a}}$는 질량중심(G)의 가속도이고, $\bar{I}$는 질량중심에 대한 질량관성모멘트이다. 식 (7.2.2)에 대한 두 스칼라 성분 식은 다음과 같다.

$$\sum F_n = m\bar{r}\omega^2 \qquad \cdots(7.2.4)$$

$$\sum F_t = m\bar{r}\alpha \qquad \cdots(7.2.5)$$

이 식에서 $\bar{r}$는 고정축으로부터 질량중심까지 거리이다. 고정축에 대한 회전에서는 질량중심(G)보다는 회전축(O)에 대해 모멘트방정식을 적용하는 것이 O에 작용하는 반력을 제외할 수 있어 편리하다. 이때 모멘트방정식은 다음과 같다.

$$\sum M_O = I_O\alpha \qquad \cdots(7.2.6)$$

M_O: 회전축(O)에 대한 외력의 모멘트

I_O : 회전축(O)에 대한 강체의 질량관성모멘트

병진운동($\sum F = ma$)에서 질량에 대응되는 것이 회전운동($\sum M_O = I_O\alpha$)에서 질량관성모멘트이다. 질량관성모멘트가 I인 축에 대한 질량 m의 회전반경(radius of gyration, 자이로반경) k는 다음과 같이 정의된다.

$$I = mk^2, \quad k = \sqrt{\frac{I}{m}} \qquad \cdots(7.2.7)$$

예제 7.2.1 질량 $m = 8\text{kg}$인 진자의 회전중심(O)에 대한 회전반경 $k_O = 0.3\text{m}$이다. 진자의 무게에 의해 O점에 $M_O = 9\text{N} \cdot \text{m}\,(\curvearrowright)$의 모멘트가 작용할 때 진자의 각가속도($\alpha$)를 구하라. 회전축에서 마찰은 무시한다.

풀이 회전중심(O)에 대한 진자의 질량관성모멘트는

$$I_O = mk_O^2 = 8(0.3)^2 = 0.72[\text{kg} \cdot \text{m}^2]$$

이고, 진자의 각가속도는 다음과 같다.

$$M_O = I_O\alpha$$

$$\therefore \ \alpha = \frac{M_O}{I_O} = \frac{9}{0.72} = 12.5\ [\text{rad/s}^2]\,(\curvearrowright)$$

예제 7.2.2 정지해 있는 플라이휠(fly wheel)에 100 [N • m]의 일정한 토크를 작용시켰더니 회전하기 시작하여 2분 후에 300rpm의 회전속도에 도달하였다. 회전축에 대한 플라이휠의 질량관성모멘트[$\text{kg} \cdot \text{m}^2$]를 구하라. 회전축에서 마찰은 무시한다.

풀이 먼저 플라이휠의 각가속도를 구한다. 처음 각속도 $\omega_1 = 0$, 2분 후 각속도는

$$\omega_2 = \frac{2\pi N}{60} = \frac{2\pi(300)}{60} = 31.42\,[\text{rad/s}]$$

이므로 각가속도는

$$\alpha = \frac{\Delta\omega}{\Delta t} = \frac{\omega_2 - \omega_1}{\Delta t} = \frac{31.42 - 0}{2(60)} = 0.2618\,[\text{rad/s}^2]$$

이고, 플라이휠의 질량관성모멘트(I)는 다음과 같다.

$$M = I\alpha$$

$$\therefore\ I = \frac{M}{\alpha} = \frac{100}{0.2618} = 382.0\ [\text{kg}\cdot\text{m}^2]$$

여기에서 $\left[\dfrac{M}{\alpha}\right] = \dfrac{\text{N}\cdot\text{m}}{1/\text{s}^2} = \dfrac{(\text{kg}\cdot\text{m/s}^2)\cdot\text{m}}{1/\text{s}^2} = \text{kg}\cdot\text{m}^2$이다.

예제 7.2.3 [그림 7.2.2(a)]와 같이 질량 $M = 4\text{kg}$, 반지름 $R = 10\text{cm}$인 균일한 원판에 질량 $m = 2\text{kg}$인 물체가 원판의 테두리에 감긴 줄로 연결되어 있다. m의 무게에 의해 원판의 중심(O)을 지나는 지면에 수직한 축에 대하여 원판이 회전할 때 원판의 각가속도(α)와 줄에 걸리는 장력(T)을 구하라. 줄은 원판에서 미끄러지지 않으며 회전축과 원판 사이에 마찰은 없다.

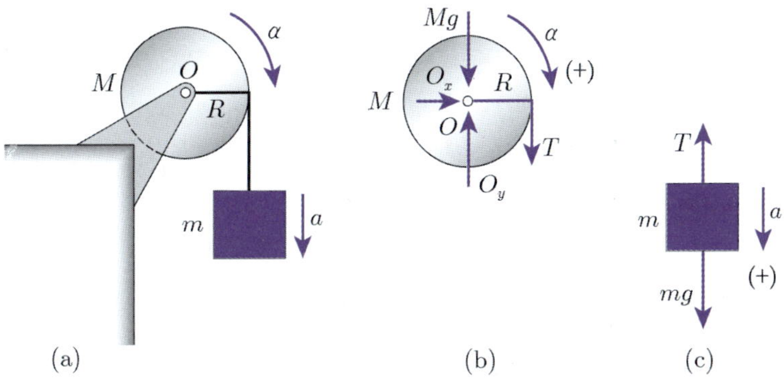

[그림 7.2.2] (a) 원판과 물체 (b) 원판의 자유물체도 (c) 물체의 자유물체도

풀이 그림의 (a)와 같이 물체가 연직 아래 방향(↓)으로 낙하하면 원판은 시계방향(↷)으로 회전하게 되므로, 가속도 a는 연직 아래 방향을 (+), 각가속도 α는 시계방향을 (+)로 잡는다. 줄이 원판에서 미끄러지지 않으므로 물체의 가속도 $a = R\alpha$(↓)이다. 줄에 걸리는 장력 T는 원판에서는 아래 방향, 물체에서는 위 방향으로 작용한다.

그림의 (b)에서 원판 중심 O에 대한 질량관성모멘트 $I_O = \frac{1}{2}MR^2$이고 O에 대한 모멘트 $M_O = TR(\curvearrowright)$이므로 원판에 대하여 모멘트방정식을 적용하면

$$(+\curvearrowright)\sum M_O = I_O\alpha:\ TR = \left(\frac{1}{2}MR^2\right)\alpha$$

$$T = \frac{1}{2}MR\alpha \qquad \cdots①$$

이다. 그리고 (c)에서 물체(m)에 대해 뉴턴의 제2법칙을 적용하면

$$(+\downarrow)\sum F = ma:\ mg - T = mR\alpha \qquad \cdots②$$

이다. ①+②를 하면 원판의 각가속도(α)는

$$mg = \frac{1}{2}MR\alpha + mR\alpha$$

$$\alpha = \frac{2mg}{R(M+2m)} = \frac{2(2)(9.8)}{0.1[4+2(2)]} = 49\,[\text{rad/s}^2](\curvearrowright)$$

이고, 식 ①로부터 줄에 걸리는 장력(T)은 다음과 같다.

$$T = \frac{1}{2}MR\alpha = \frac{1}{2}(4)(0.1)(49) = 9.8\,[\text{N}]$$

예제 7.2.4 풀리 B의 반지름 $R = 0.1\text{m}$, 질량관성모멘트 $I = 0.1\text{kg}\cdot\text{m}^2$이며, 물체 A의 질량 $m = 5\text{kg}$이고, 스프링상수 $k = 135\text{N/m}$이다. 스프링이 변형되지 않은 상태에서 시스템이 정지 상태에 있고 물체 A를 가만히 놓으면 물체 무게에 의해 A가 아래로 내려간다. A가 0.2m 내려갔을 때 풀리의 각가속도(α)와 A를 매달고 있는 줄에 걸리는 장력(T)을 구하라. 줄은 풀리에서 미끄러지지 않으며 회전축과 풀리 사이에 마찰은 없다.

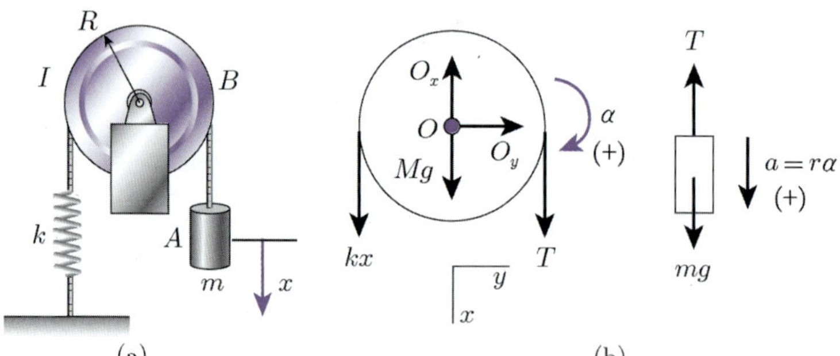

[그림 7.2.3] (a) 스프링과 풀리 (b) 풀리와 물체의 자유물체도

풀이 풀리와 A에 대한 자유물체도는 그림의 (b)와 같다. A가 x만큼 내려갔을 때 스프링이 늘어난 길이는 x이고 이때 스프링 힘 $F=kx$이며, 풀리의 각가속도를 $\alpha(\curvearrowright)$라 하면 A의 가속도 $a=R\alpha(\downarrow)$이다. (b)에서 운동방정식을 적용한다.

$$[A]\ (+\downarrow)\sum F_x = ma\ :\ mg-T=mR\alpha \qquad \cdots①$$

$$[B]\ (+\curvearrowright)\sum M_O = I_O\alpha:\ TR-kxR=I\alpha \qquad \cdots②$$

식 ①× R+②를 하면 풀리의 각가속도는

$$mgR-kxR=mR^2\alpha+I\alpha$$

$$\alpha=\frac{(mg-kx)R}{mR^2+I}=\frac{[5(9.8)-135(0.2)](0.1)}{5(0.1)^2+0.1}=14.7[\text{rad/s}^2](\curvearrowright)$$

이고, 식 ①로부터 줄에 걸리는 장력은 다음과 같다.

$$T=m(g-R\alpha)=5[9.8-0.1(14.7)]=41.7[\text{N}]$$

예제 7.2.5 [그림 7.2.4(a)]와 같은 순간에 모멘트 $M_1=60\text{N}\cdot\text{m}(\curvearrowright)$를 받고 있는 가는 막대의 각속도 $\omega=5\text{rad/s}(\curvearrowright)$이다. 이때 막대의 각가속도와 회전 중심 O점에 작용하는 반력의 수평성분과 수직성분을 구하라. 막대의 질량 $m=20\text{kg}$이고 길이 $L=3\text{m}$이다.

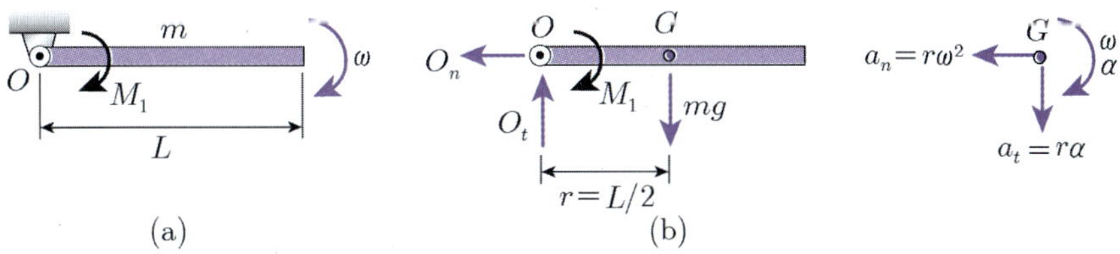

[그림 7.2.4] (a) 회전하는 막대 (b) 막대의 자유물체도

풀이 회전중심 O로부터 거리 $r=L/2=1.5[\text{m}]$에 있는 질량중심 G는 원형경로를 따라 움직이므로 가속도의 두 성분을 갖는다. 막대의 각가속도를 $\alpha(\curvearrowright)$라 하면 가속도의 접선방향 성분은 $a_t=r\alpha(\downarrow)$이고 법선방향 성분은 $a_n=r\omega^2(\leftarrow)$이다. 그림의 (b)에서 운동방정식을 적용하면

$$(+\leftarrow)\sum F_n = mr\omega^2:\ O_n=mr\omega^2$$

$$O_n=20(1.5)(5)^2 \qquad \cdots①$$

$$(+\downarrow)\sum F_t = mr\alpha\ :\ -O_t+mg=mr\alpha$$

$$-O_t+20(9.8)=20(1.5)\alpha \qquad \cdots②$$

$$(+\curvearrowright)\sum M_O = I_O\alpha\ :\ M_1+mgr=\left(\frac{1}{3}mL^2\right)\alpha$$

$$60+20(9.8)(1.5)=\frac{1}{3}(20)(3)^2\alpha \quad \cdots ③$$

이다. 식 ①~③을 풀면 막대의 각가속도(α)와 회전 중심(O)에 작용하는 반력의 수평성분(O_n)과 수직성분(O_t)은 다음과 같다.

$$\alpha=5.9[\text{rad/s}^2](\curvearrowright),\ \ O_n=750[\text{N}],\ \ O_t=19[\text{N}]$$

예제 7.2.6 [그림 7.2.5(a)]에서 질량 m, 길이 L인 가늘고 균일한 막대 AB는 수평 위치($\theta=0$)에서 정지 상태에 있고, 이 위치에서 막대를 가만히 놓으면 막대 무게에 의해 핀 A를 중심으로 회전하게 된다. $\theta=90°$일 때 막대의 각속도와 핀 A에 작용하는 힘을 구하라.

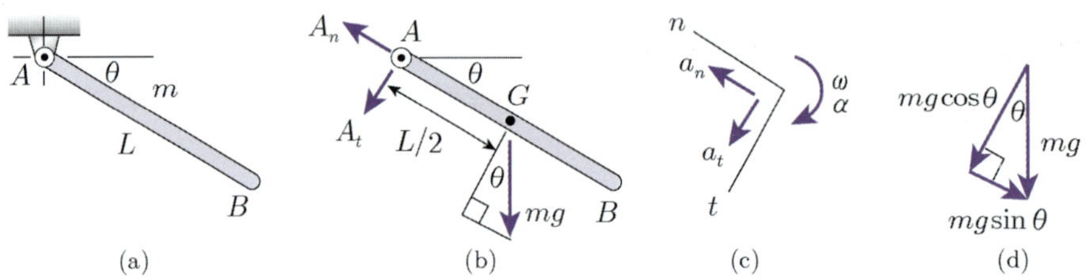

[그림 7.2.5] (a) 회전하는 막대 (b) 막대의 자유물체도 (c) $n-t$좌표계

풀이 임의 각 θ에서 막대의 자유물체도는 (b)와 같다. 여기에서 (c)와 같이 $n-t$좌표계를 정의하고 핀 A에 작용하는 힘의 두 성분을 A_n과 A_t로 한다. (d)에서 막대 무게의 n과 t방향 성분은 각각 $-mg\sin\theta$, $mg\cos\theta$이다.

회전중심 A로부터 질량중심 G까지 거리 $r=L/2$이다. 질량중심 G의 가속도의 접선방향 성분은 $a_t=r\alpha$이고 법선방향 성분은 $a_n=r\omega^2$이다. 그림의 (b)에서 운동방정식을 적용한다.

$$(+\nwarrow)\sum F_n=mr\omega^2:\ A_n-mg\sin\theta=m(L/2)\omega^2 \quad \cdots ①$$

$$(+\swarrow)\sum F_t=mr\alpha\ :\ A_t+mg\cos\theta=m(L/2)\alpha \quad \cdots ②$$

$$(+\curvearrowright)\sum M_A=I_A\alpha\ :\ mg\cos\theta\times\frac{L}{2}=\left(\frac{1}{3}mL^2\right)\alpha \quad \cdots ③$$

식 ③으로부터 막대의 각가속도 α는

$$\alpha=\frac{3g}{2L}\cos\theta \quad \cdots ④$$

이며, 각 θ에 따라 변화한다. 여기에서 각가속도의 정의 $\alpha=\dfrac{d\omega}{dt}=\omega\dfrac{d\omega}{d\theta}$ 로부터

$$\alpha d\theta=\omega d\omega \quad \cdots ⑤$$

이다. 주어진 조건에서 $\theta = 0$에서 $\omega = 0$이고, 식 ④를 식 ⑤에 대입하여 적분하면 다음과 같이 $\theta = 90° = \pi/2$에서 각속도가 얻어진다.

$$\frac{3g}{2L}\int_0^{\pi/2}\cos\theta\, d\theta = \int_0^{\omega}\omega d\omega$$

$$\frac{3g}{2L}[\sin\theta]_0^{\pi/2} = \frac{1}{2}\left[\omega^2\right]_0^{\omega}$$

$$\frac{3g}{2L} = \frac{1}{2}\omega^2$$

$$\omega = \sqrt{\frac{3g}{L}} \qquad \cdots ⑥$$

식 ④와 ⑥을 식 ①과 ②에 대입하면 $\theta = 90°$에서 핀 A에 작용하는 힘이 구해진다. $\theta = 90°$일 때 $\cos\theta = 0$이므로 식 ④와 ②로부터 접선방향 힘은

$$A_t = 0$$

이고, 식 ⑥과 ①로부터 법선방향 힘은 다음과 같다.

$$A_n = mg\sin 90° + m(L/2)\omega^2 = mg + m\frac{L}{2}\times\frac{3g}{L} = \frac{5}{2}mg$$

연습문제 7.2

01 질량관성모멘트가 0.2[kg • m²]인 강체에 12[N • m]의 토크가 일정하게 작용할 때 강체의 각가속도를 구하라. 질량관성모멘트와 토크의 기준 축은 같다.

02 질량 50kg, 반지름 20cm인 균일한 원판이 중심을 지나고 원판에 수직인 직선을 축으로 하여 회전할 수 있게 설치되었다. 원판의 바깥쪽에 40N의 힘을 원주방향으로 가했을 때 원판의 각가속도를 구하라. 회전축에서 마찰은 무시한다.

03 정지해 있는 플라이휠에 80[N • m]의 토크를 가하였더니 회전하기 시작하였다. 플라이휠의 질량관성모멘트가 200[kg • m²]일 때 3분 후 플라이휠의 분당 회전수[rpm]를 구하라. 회전축에서 마찰은 무시한다.

04 질량 m, 길이 L의 가늘고 균일한 막대가 그림과 같은 수평 위치에서 정지 상태에 있다. 막대를 가만히 놓는 순간 막대의 각가속도와 마찰 없는 핀 A가 막대에 가하는 힘을 구하라.

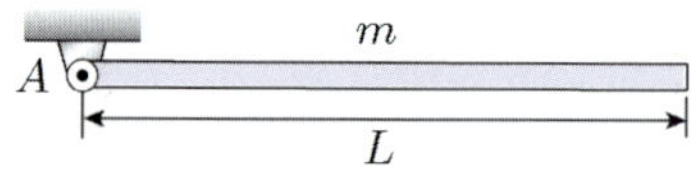

[문제 7.2.4]

05 점 A를 중심으로 자유롭게 회전할 수 있는 질량 100kg의 보 AB가 처음에($t=0$) 수직 위치($\theta=0$)에서 정지해 있다. 보에 부착된 줄에 $P=300\text{N}$의 힘을 가할 때 $t=0$에서 보의 각가속도와 핀 A가 지지하는 힘의 크기를 구하라.

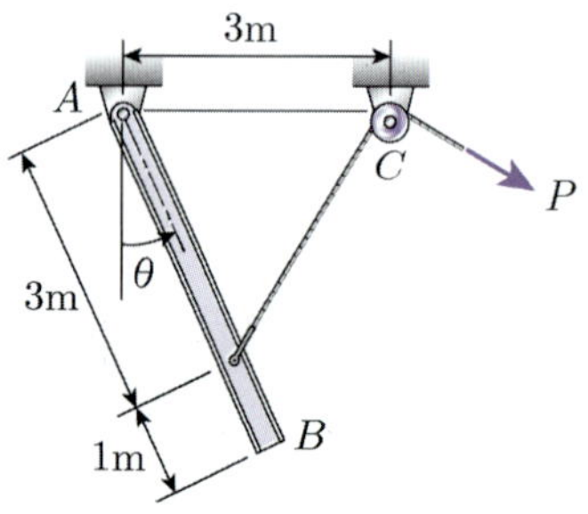

[문제 7.2.5]

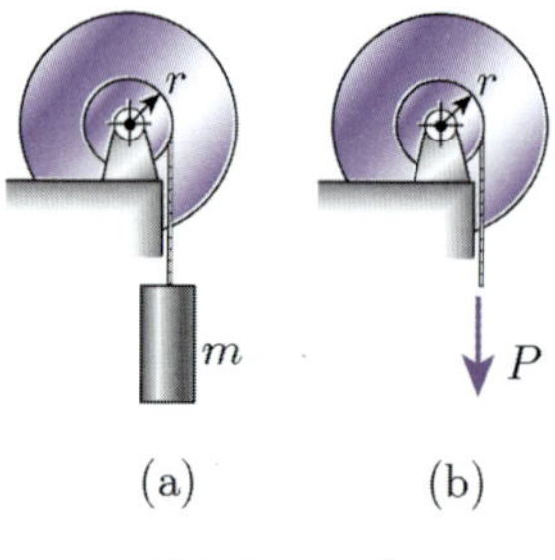

[문제 7.2.6]

06 반지름 $r=250\text{mm}$의 허브에 원판이 견고하게 부착되어 있다. 허브와 원판의 총 질량은 100kg이고 중심에 대한 회전반경은 400mm이다. (a)에는 질량 $m=20\text{kg}$인 추가 매달려 있고 (b)에는 $P=20(9.8)\text{N}$의 힘으로 줄을 아래로(↓) 끌어당긴다. 각 경우에 대해 원판의 각가속도를 구하라. 줄은 허브에서 미끄러짐이 없고 회전축에서 마찰은 무시한다.

07 질량이 15kg 인 균일한 원판의 원주에 감긴 줄에 8kg 과 10kg 의 물체가 매달려 있다. 원판의 반지름은 0.25m 이며, 줄은 원판에서 미끄러짐이 없고 중심에서 마찰은 무시한다. 아래로 내려가는 질량 10kg 인 물체의 가속도를 구하라.

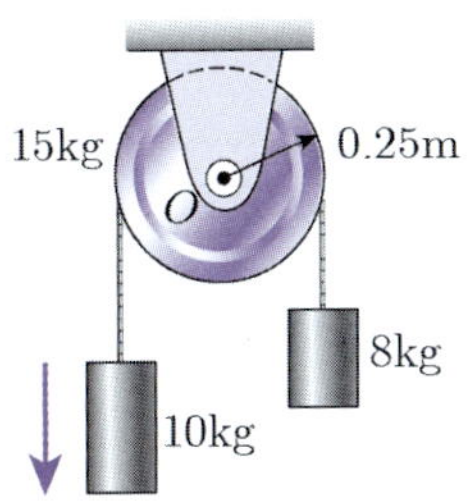

[문제 7.2.7]

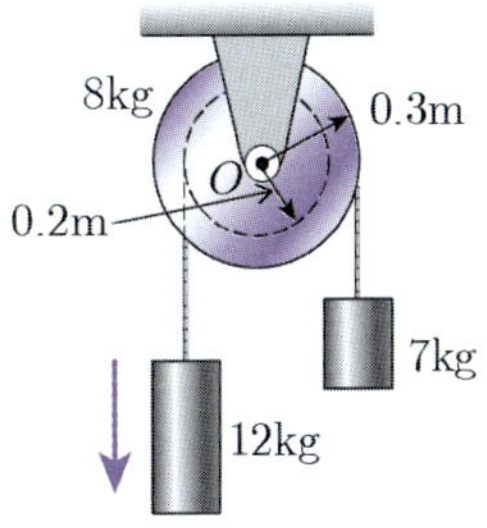

[문제 7.2.8]

08 회전중심(O)에 마찰모멘트 $2[\mathrm{N \cdot m}]$가 발생할 때 홈이 파인 드럼의 각가속도를 구하라. 드럼의 질량은 8kg 이고 회전반경 $k_O = 225\mathrm{mm}$ 이다.

09 원판 중심 O에 대한 원판의 질량관성모멘트는 $20[\mathrm{kg \cdot m^2}]$이다. $t=0$에서 정지 상태의 원판이 일정한 모멘트 $M_O = 50[\mathrm{N \cdot m}]$를 받고 회전한다. 원판 중심에서 마찰을 무시할 때 원판의 각가속도[$\mathrm{rad/s^2}$]와 $t=4$초에서 원판의 분당회전수[rpm]를 구하라.

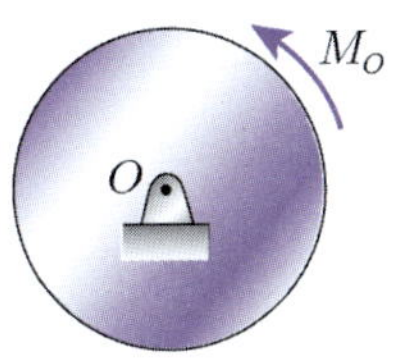

[문제 7.2.9]

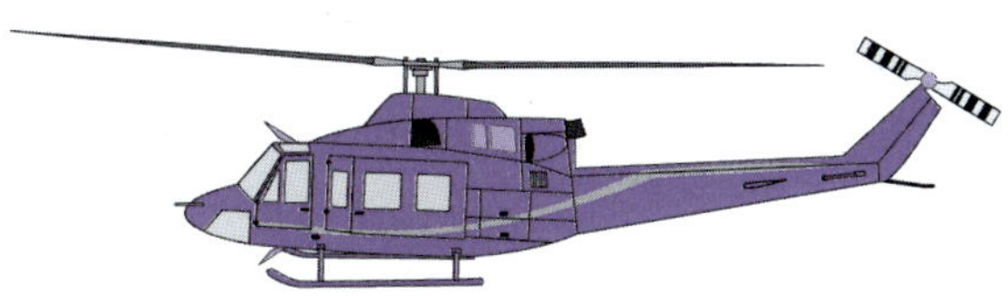

[문제 7.2.10]

10 헬리콥터 회전날개의 질량관성모멘트는 $400[\mathrm{N \cdot m \cdot s^2}]$이다. 회전날개가 $t=0$에서 정지 상태에서 회전하기 시작하며, 엔진이 회전날개에 가하는 토크는 시간의 함수로서 $T = 300t[\mathrm{N \cdot m}]$($t$의 단위는 초)이다. 회전날개가 10회전할 때까지 걸린 시간과 10회전 했을 때 회전날개의 분당회전수[rpm]를 구하라.

11 풀리 A, B, C의 회전중심에 대한 질량관성모멘트는 다음과 같다.

$I_A = 0.0025\mathrm{kg \cdot m^2}$, $I_B = 0.045\mathrm{kg \cdot m^2}$, $I_C = 0.036\mathrm{kg \cdot m^2}$

풀리 A에 $5\mathrm{N \cdot m}$(↶)의 짝힘 모멘트를 가할 때 세 풀리의 각가속도를 구하라. 벨트와 풀리 사이에 미끄러짐은 없다. Hint: A와 B를 감고 있는 벨트에서 위와 아래 부분의 장력 차이를 ΔT_{AB}, B와 C를 감고 있는 벨트에서 위와 아래 부분의 장력 차이를 ΔT_{BC}라 하고 A, B, C에 대해 모멘트방정식을 각각 적용한다. 각가속도 관계식은 $0.1\alpha_A = 0.2\alpha_B$, $0.1\alpha_B = 0.2\alpha_C$이다. 미지수 5개, 방정식 5개.

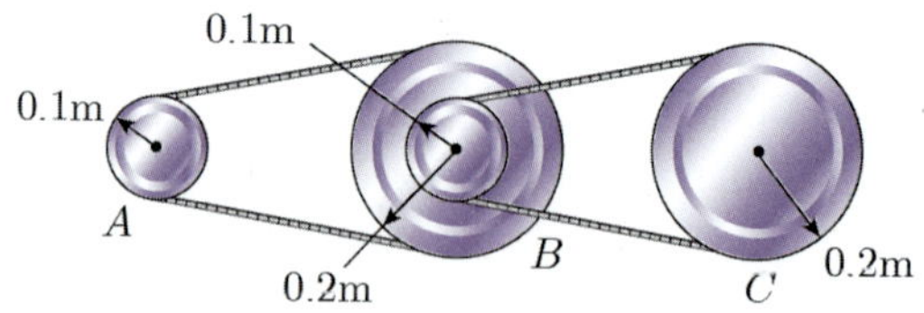

[문제 7.2.11]

12 풀리의 반지름은 0.15m, 중심에 대한 질량관성모멘트는 $0.54\text{kg}\cdot\text{m}^2$이고, 수평면과 2kg 블록 사이의 운동마찰계수는 $\mu_k = 0.2$이다. (a)와 (b) 각 경우에 대해 블록의 가속도를 구하라.

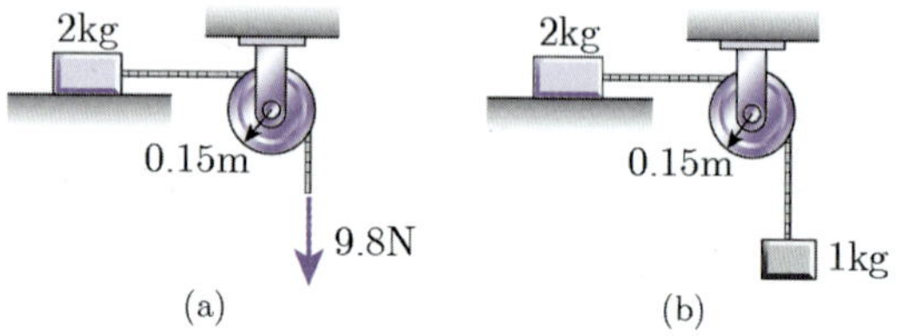

[문제 7.2.12]

13 그림의 T 자형 물체는 2kg 의 가는 막대 ABC를 3kg 의 가는 막대 BDE에 용접한 것이다. 다음을 구하라.

(1) D점에 대한 물체의 질량관성모멘트

(2) 그림의 위치에서 정지 상태의 물체를 가만히 놓는 순간 물체의 각가속도

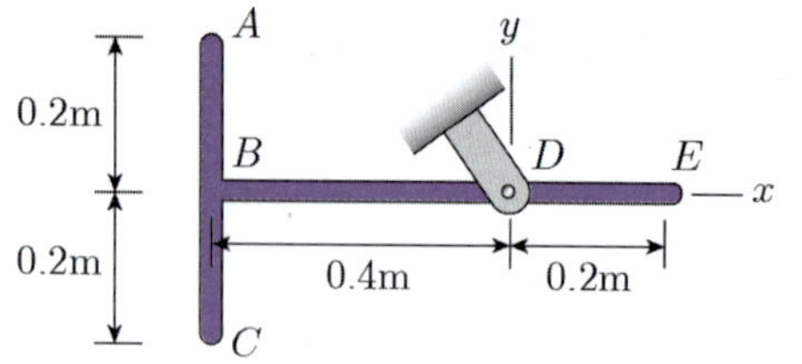

[문제 7.2.13/14]

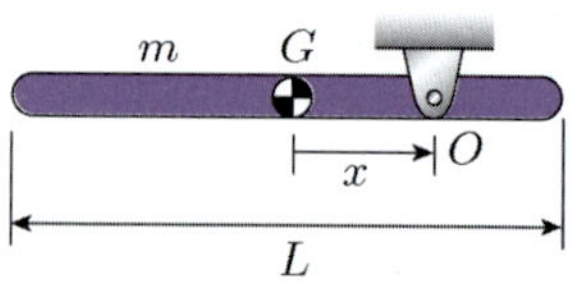

[문제 7.2.15]

14 위 문제(13 번)의 그림과 같은 순간 물체의 각속도가 5rad/s 일 때 D점에서 핀이 물체에 작용하는 힘의 x, y성분을 구하라.

15 가는 막대의 길이 $L = 4\text{m}$ 이고 질량 $m = 30\text{kg}$ 이다. 지금과 같은 수평 위치에서 정지 상태인 막대를 가만히 놓을 때 다음을 구하라. 그림에서 x는 고정점 O로부터 막대 질량중심 G까지 거리이다.

(1) $x = 0.5\text{m}$일 때 막대를 놓는 순간 막대의 각가속도

(2) 막대의 각가속도가 최대가 되는 x값과 그때의 각가속도

16 기어 A와 B의 질량은 9kg 이고 회전반경은 200mm 이며, 기어 C의 질량은 3kg 이고 회전반경은 75mm 이다. 우력모멘트 $\mathrm{M} = 5[\mathrm{N} \cdot \mathrm{m}](\curvearrowright)$가 기어 C에 작용할 때, 기어 A의 각가속도와 기어 C가 기어 A에 가하는 접선방향 힘을 구하라. Hint: A와 C의 접촉점에서 접선방향 힘의 크기와 B와 C의 접촉점에서 접선방향 힘의 크기가 같다.

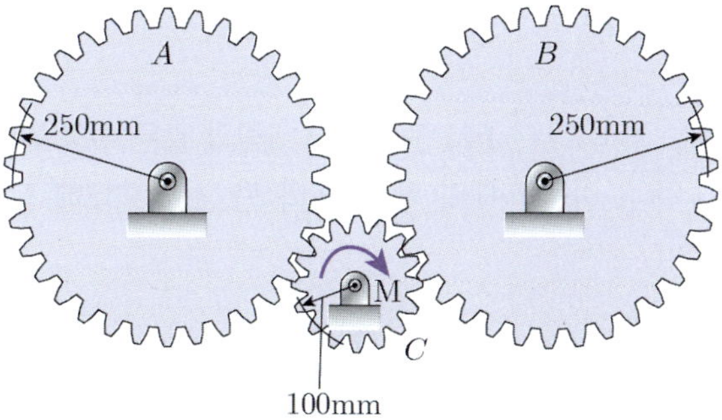

[문제 7.2.16]

17 정지 상태에서 평형을 이루고 있는 질량이 11.3kg 인 이중 풀리(double pulley)에 우력모멘트 $\mathrm{M} = 4.75[\mathrm{N} \cdot \mathrm{m}](\curvearrowleft)$가 작용한다. 마찰을 무시할 수 있고 이중 풀리의 회전반경이 152mm 일 때 이중풀리의 각가속도와 줄에 걸리는 장력을 구하라. 작은 풀리와 큰 풀리의 반지름은 각각 $r_1 = 0.1\text{m}$, $r_2 = 0.2\text{m}$ 이며 두 풀리는 견고하게 결합되어 있다.

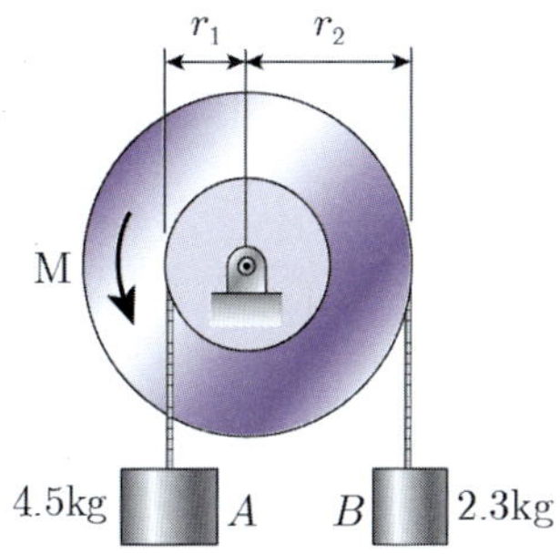

[문제 7.2.17]

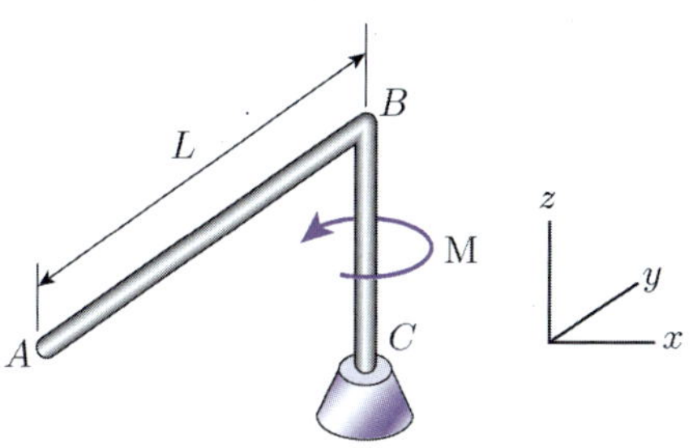

[문제 7.2.18]

18 직각으로 굽어진 막대 ABC에서 BC에 $\mathrm{M} = 0.45\sqrt{t}\,\mathbf{k}[\mathrm{N} \cdot \mathrm{m}]$($t$의 단위는 초)의 모멘트가 작용한다. 봉 AB의 길이 $L = 0.3\text{m}$, 질량 $m = 3\text{kg}$ 일 때 AB가 정지 상태에서 회전을 시작한 후 $t = 4$초에서 AB의 각속도를 구하라. BC의 질량은 무시한다.

19 질량 m, 길이 L인 균일 봉 AC가 그림과 같이 설치되었다. AC가 수평선과 이루는 각 $\theta = 0$일 때 정지 상태에 있는 봉을 가만히 놓으면 봉은 그림과 같이 회전하게 된다. 각 θ에서 각가속도(α)와 각속도(ω)를 구하고, $\theta = 90°$일 때 핀 B가 봉에 가하는 반력을 구하라. Hint: 본문 예제와 같은 과정으로 푼다.

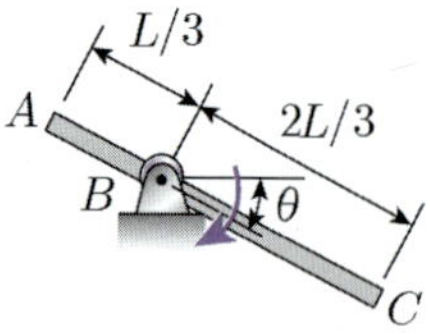

[문제 7.2.19]

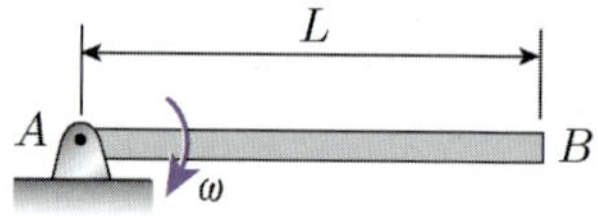

[문제 7.2.20]

20 질량 $m = 12\text{kg}$, 길이 $L = 0.6\text{m}$ 인 막대가 그림과 같은 수평 위치에 왔을 때 막대의 각속도 $\omega = 5\text{rad/s}$ 이다. 이때 막대의 각가속도와 핀 A가 막대에 작용하는 반력의 크기를 구하라.

21 반지름 $r_1 = 0.6\text{m}$, $r_2 = 0.3\text{m}$ 인 두 풀리가 견고하게 결합되어 있다. 케이블이 각 풀리를 단단하게 감고 있고 A의 구동장치에 의해 $P = 1800\text{N}$ 의 장력을 가하여 질량이 300kg 인 물체 B를 끌어 올린다. 질량중심 O를 축으로 회전하는 두 풀리의 총 질량은 150kg 이고 O점에 대한 회전반경은 0.45m 이다. 이때 풀리의 각가속도와 O점에 작용하는 반력의 크기를 구하라.

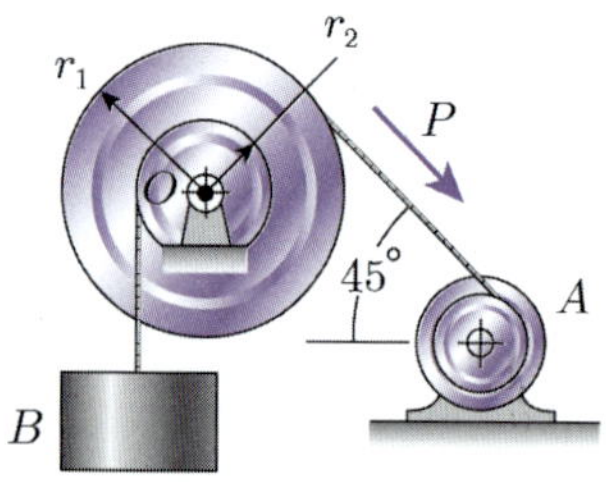

[문제 7.2.21]

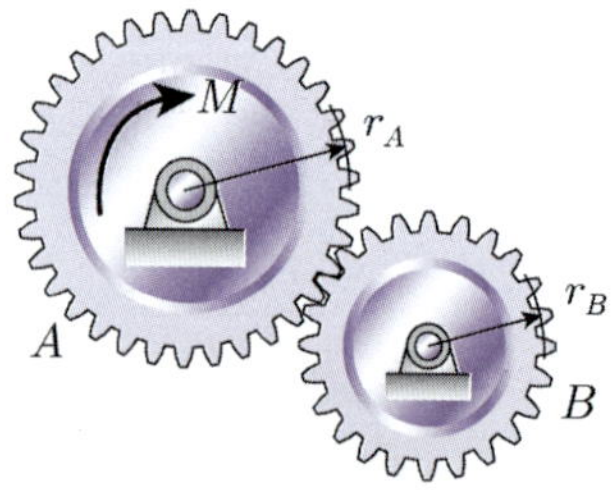

[문제 7.2.22]

22 기어 A의 질량은 20kg 이고 중심에 대한 회전반경은 0.15m 이다. 기어 B의 질량은 10kg 이고 중심에 대한 회전반경은 0.1m 이다. 기어 A에 $M = 12\text{N} \cdot \text{m}$ (↷)의 토크가 가해졌을 때 기어 B의 각가속도를 구하라. A와 B의 피치원 반지름은 각각 $r_A = 0.24\text{m}$, $r_B = 0.18\text{m}$ 이고, 마찰은 무시한다.

23 질량 $m = 80\text{kg}$, 반지름 $r = 1.5\text{m}$ 인 원판이 A에서 핀으로 지지되어 있다. 그림과 같은 위치에서 정지 상태의 원판을 가만히 놓았을 때 핀에 작용하는 반력을 구하라.

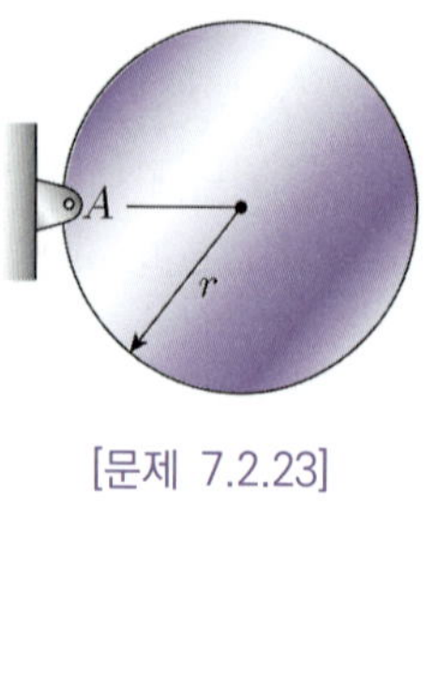

[문제 7.2.23]

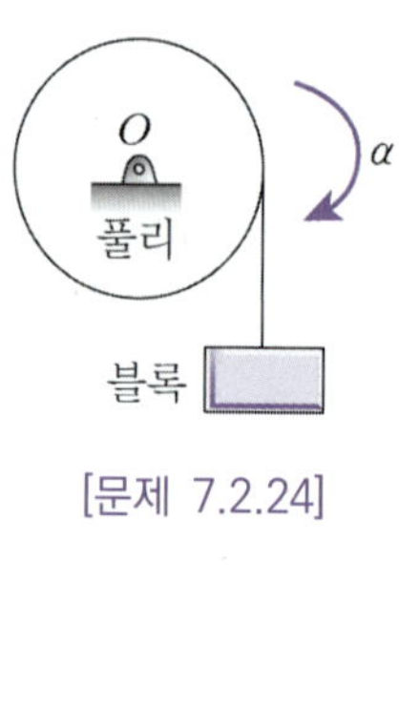

[문제 7.2.24]

24 풀리(원판) 주위에 감겨 있는 줄에 질량 m의 블록이 연결되어 있다. 블록이 아래쪽으로 운동할 때 풀리의 각가속도 α는? (단, 줄은 늘어나지 않으며 줄의 질량은 무시한다. 점 O에 대한 풀리의 회전 관성모멘트는 I, 반지름은 r, 중력가속도는 g로 가정한다) [공무원 임용시험]

25 질량 m_1, m_2의 두 물체가 미끄러짐이 없는 도르래를 지나는 줄로 연결되어 있다. 도르래는 속이 찬 원판(disk)형이며 도르래와 회전축 사이에 마찰이 없고, m_2와 바닥 사이에도 마찰이 없다. m_1의 무게에 의해 가속도 $a = g/2$의 등가속도 운동을 할 때 아래쪽 줄에 걸리는 장력 $T_1 = 40\,\mathrm{N}$이고 위쪽 줄에 걸리는 장력 $T_2 = 20\,\mathrm{N}$이다. 두 물체와 도르래의 질량(m_1, m_2, M)을 구하라. [공무원 임용시험]

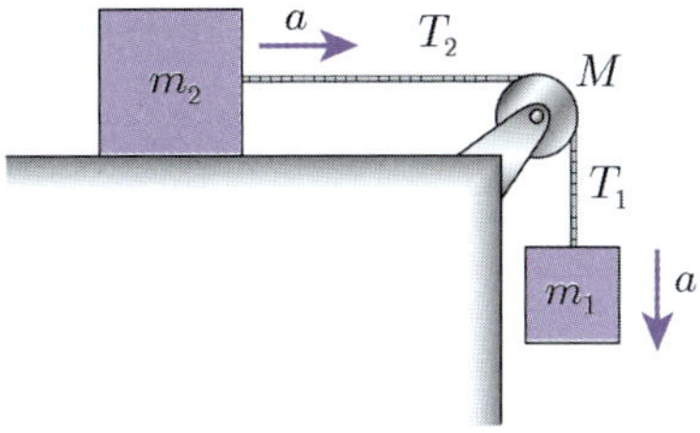

[문제 7.2.25]

26 그림과 같이 질량이 m, $3m$인 추들이 질량 $2m$, 반지름 R인 원판형 도르래를 통해 줄로 연결되어 있다. 추들이 등가속도로 움직이고 있을 때, 각 추를 연결하는 줄에 작용하는 장력의 차이 $T_1 - T_2$는? (중력가속도는 g이다. 단, 도르래의 관성모멘트는 mR^2이고, 도르래는 줄과 미끄러짐 없이 회전하며, 줄의 질량, 도르래 회전축에서의 마찰 및 공기저항은 무시한다) [공무원 임용시험]

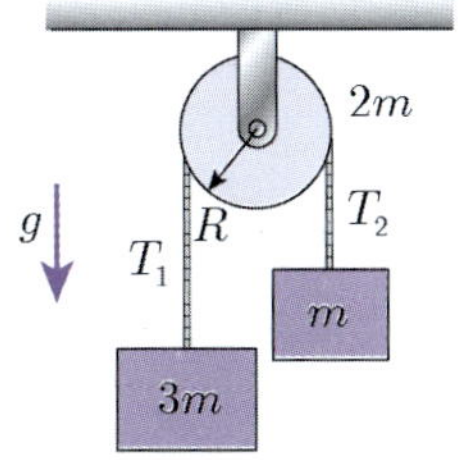

[문제 7.2.26]

27 그림과 같이 질량 $1[\mathrm{kg}]$인 물체를 반지름 $10[\mathrm{cm}]$, 질량 $2[\mathrm{kg}]$의 원판형 도르래에 감긴 실 끝에 매달아 가만히 놓았다. 이때 도르래가 회전하면서 물체가 일정한 가속도로 낙하하였다면, 실에 걸리는 장력[N]은? (단, 중력가속도 $g = 10[\mathrm{m/s^2}]$이고 실의 질량은 무시한다) [공무원 임용시험]

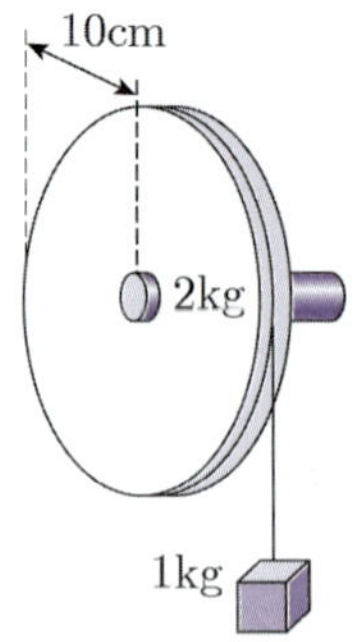

[문제 7.2.27]

① 2 ② 3 ③ 4 ④ 5

28 질량이 m이고 길이가 L인 가느다란 막대가 그림과 같이 점 A에서 핀으로 지지되며, 점 B에서 줄에 의하여 매달려 있다. 점 B의 줄이 갑자기 끊어질 때 막대는 점 A를 중심으로 회전하게 된다. 막대가 각도 θ만큼 회전하였을 때 점 A에서의 반력을 구하시오. [국가공무원 5급(기술) 제2차시험]

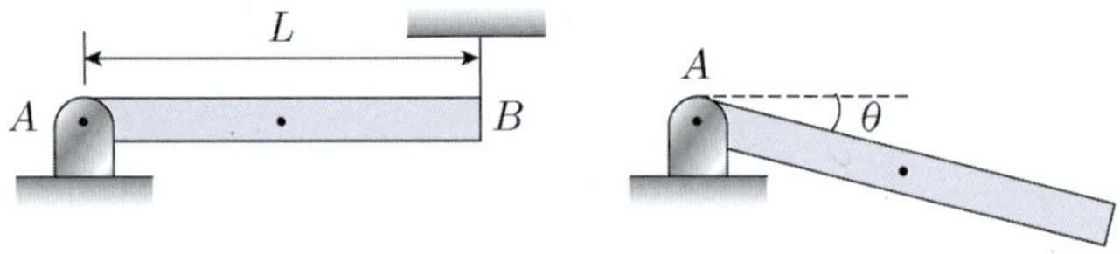

[문제 7.2.28]

29 수평면에서 위성기어가 막대 OA에 주어진 토크에 의해 고정기어 주위를 회전한다. 위성기어의 질량은 4kg이고 원판으로 취급한다. 막대 OA의 질량은 2kg이고, 회전중심 O에서의 질량회전반경(radius of gyration)은 150mm이다. 정지 상태로부터 일정한 토크 T를 가하여 3초 후에 막대 OA의 각속도가 20rad/s가 되었다. [국가공무원 5급(기술) 제2차시험]

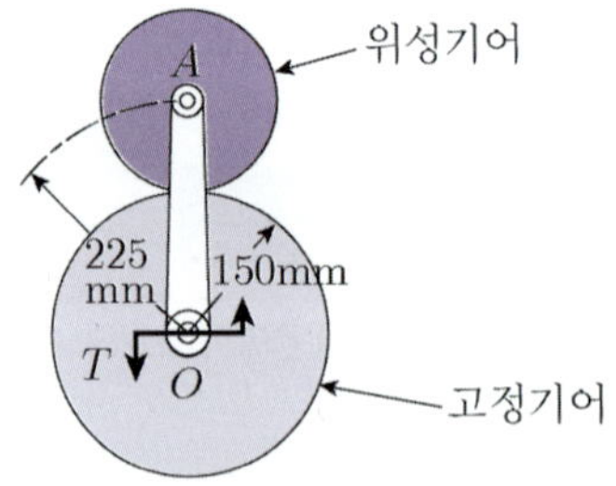

[문제 7.2.29]

(1) 이 때 위성기어의 각속도와 각가속도를 구하시오.

(2) 두 기어 사이의 접촉력을 구하시오.

(3) 일정 토크 T의 값을 구하시오.

30 다음 그림에서 가늘고 균일한 봉의 질량은 3kg 이고, 길이는 $l = 2\text{m}$ 이다. $\theta = 0°$일 때 각속도는 2rad/s 이다. $\theta = 45°$에 도달할 때 다음 물음에 답하시오. (단, 중력가속도는 $g = 9.81\text{m/s}^2$이다) [국가공무원 5급(기술) 제2차시험]

(1) 봉의 각가속도를 구하시오.

(2) 봉의 각속도를 구하시오.

(3) 핀 A에서의 반력을 한 개의 벡터로 표현할 때 크기와 방향을 구하시오. (단, 방향은 수평면을 기준으로 각도로 표시한다)

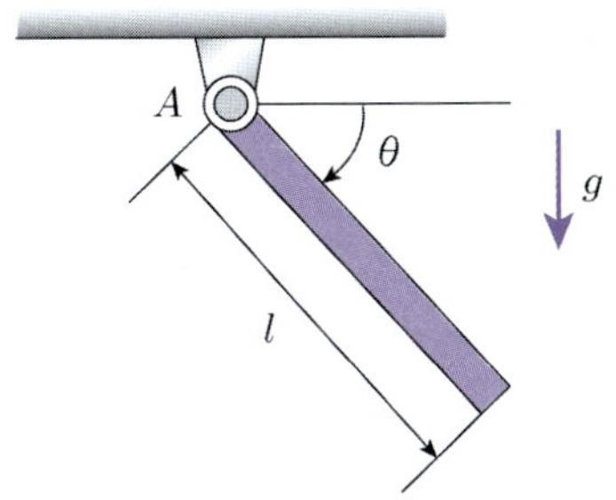

[문제 7.2.30]

7.3 일반평면운동

일반적인 평면운동은 [그림 7.3.1]의 (a)와 같은 병진운동($\bar{\mathbf{a}}$)과 회전운동(α)의 조합이며, 그림의 (b)는 이와 같은 강체의 운동을 나타낸 운동역학 선도이다. 이와 같은 일반적인 평면운동에 적용되는 방정식은 7.1 절에서 이미 나타낸 것과 같다.

$$\sum \mathbf{F} = m\bar{\mathbf{a}} \quad \cdots (7.3.1)$$

$$\sum M_G = \bar{I}\alpha \quad \cdots (7.3.2)$$

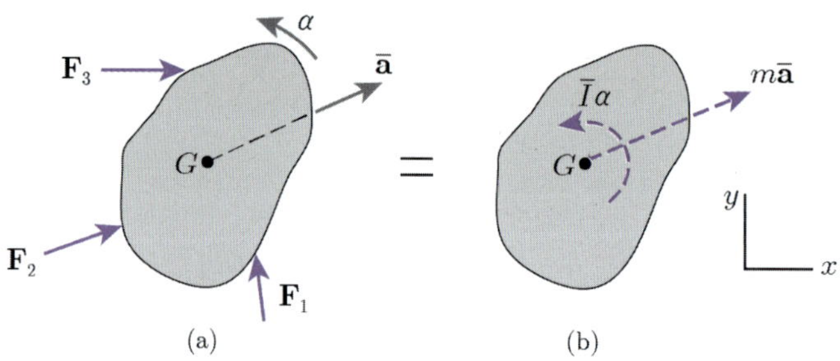

[그림 7.3.1] (a) 자유물체도 (b) 운동역학선도

직각좌표계(xy 좌표계)를 그림과 같이 설정하면 강체의 평면운동을 지배하는 3 개의 운동방정식은 다음과 같이 표현된다.

$$\sum F_x = m\bar{a}_x \quad \cdots (7.3.3)$$

$$\sum F_y = m\bar{a}_y \quad \cdots (7.3.4)$$

$$\sum M_G = \bar{I}\alpha \quad \cdots (7.3.5)$$

$\sum F_x$: 강체에 작용하는 모든 x방향 외력의 합

$\sum F_y$: 강체에 작용하는 모든 y방향 외력의 합

$\bar{a}_x$: 질량중심(G)의 x방향 가속도 성분

$\bar{a}_y$: 질량중심(G)의 y방향 가속도 성분

$\bar{I}$: 질량중심(G)에 대한 강체의 질량관성모멘트

α: 강체의 각가속도

회전운동이 일어날 때 어떤 문제들은 질량중심(G)이 아닌 특정 점 P에 대한 모멘트를 계산하는 것이 편리하다([그림 7.3.2]). 이와 같은 경우 모멘트방정식은 다음과 같다.

$$\sum M_P = \bar{I}\alpha + m\bar{a}d \qquad \cdots(7.3.6)$$

이 식에서 d는 점 P로부터 질량중심(G)을 지나는 벡터 $m\bar{\mathbf{a}}$까지 거리이다.

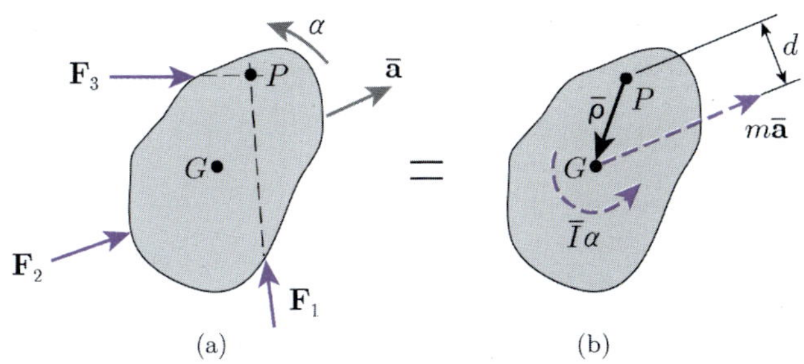

[그림 7.3.2] (a) 자유물체도 (b) 운동역학선도

특별한 경우로 강체 위에서 가속도가 0 인 점 O에 대한 다음 모멘트방정식은 또 다른 하나의 대체 모멘트방정식이며 때로는 유용하게 사용될 수 있다.

$$\sum M_O = I_O\alpha \qquad \cdots(7.3.7)$$

병진운동과 회전운동이 모두 일어나는 일반평면운동에서 조금 주의를 요하는 문제에는 거친 평면 위를 구르는 바퀴나 실린더 또는 이와 유사한 강체를 취급하는 문제가 있다. 이때는 강체에 작용하는 힘에 의해 강체가 '**미끄러짐이 없이 구르는 것**'인지 또는 '**미끄러지면서 구르는 것**'인지 알 수 없기 때문이다. 예를 들어 [그림 7.3.3(a)]와 같이 수평면에 놓인 질량이 m인 실린더가 수평 방향으로 힘 P를 받고 있는 경우를 살펴보자.

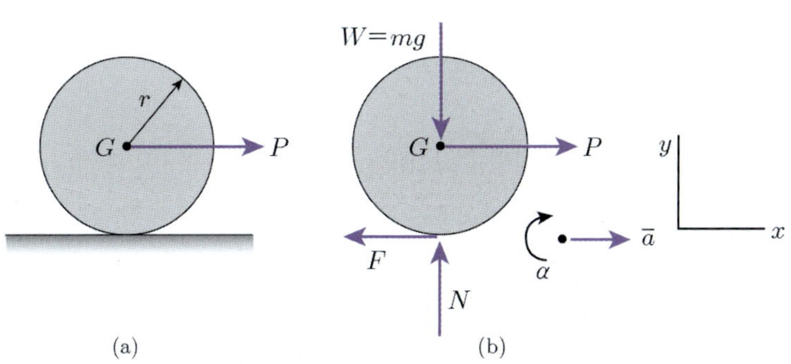

[그림 7.3.3] (a) 구르는 원판 (b) 자유물체도

(a)에 대한 자유물체도는 (b)와 같다. 여기에서 질량중심 가속도 $\bar{a}$는 오른쪽 방향(→)이므로 $\bar{a}_x = \bar{a}$, $\bar{a}_y = 0$이고 각가속도 α는 시계방향(↷)이다. 이때 (b)에서 운동방정식 (7.3.3) ~ (7.3.5)를 적용하면 다음과 같다.

$$(+\rightarrow)\sum F_x = m\bar{a}_x: \ P - F = m\bar{a} \qquad \cdots ①$$

$$(+\uparrow)\sum F_y = m\bar{a}_y: \ N - mg = 0 \qquad \cdots ②$$

$$(+\curvearrowright)\sum M_G = \bar{I}\alpha: \ Fr = \bar{I}\alpha \qquad \cdots ③$$

식 ①~③은 4 개의 미지수(마찰력 F, 수직 반력 N, 가속도 $\bar{a}$, 각가속도 α)를 포함하고 있으므로 이들을 결정하기 위해서는 하나의 식이 더 필요하다.

여기에서 만일 원판이 미끄러짐이 없이 구른다고 가정하면 $\bar{a}$는 운동학으로부터 다음과 같이 쓸 수 있다.

$$\bar{a} = r\alpha \qquad \cdots ④$$

식 ①~④로부터 4 개의 미지수를 결정할 수 있다. 그런데 이때는 일단 해를 구한 후 미끄러짐이 없다고 한 가정을 확인해야 한다. 즉, 마찰력 F는 최대 정지마찰력 $\mu_s N$을 넘지 못하므로 $F \le \mu_s N$을 만족하는가를 반드시 확인해야 한다. 여기에서 μ_s는 원판과 지면 사이의 정지마찰계수이다.

만약 $F > \mu_s N$이면 원판이 미끄러지면서 굴러가는 것이므로 $\bar{a}$와 α는 서로 독립적이고 식 ④를 적용하지 못한다. 물체가 미끄러지면 마찰력 F의 크기가 운동마찰계수 μ_k와 수직 반력 N의 크기에 의해 다음과 같이 결정된다.

$$F = \mu_k N \qquad \cdots ⑤$$

이때는 즉, 원판이 미끄러지면서 굴러갈 때는 식 ①~③과 ⑤로부터 4 개의 미지수를 구할 수 있다. 식 ④와 ⑤를 사용할 때는 가속도와 각가속도 및 마찰력의 방향에 주의할 필요가 있다.

예제 7.3.1 [그림 7.3.4(a)]와 같이 질량 $m = 10\text{kg}$, 반지름 $r = 0.5\text{m}$인 균일한 원판 주위에 줄이 감겨 있다. 이 줄을 $T = 120\text{N}$의 힘으로 위로 잡아당길 때 원판 중심의 가속도와 원판의 각가속도 및 줄의 가속도를 각각 구하라.

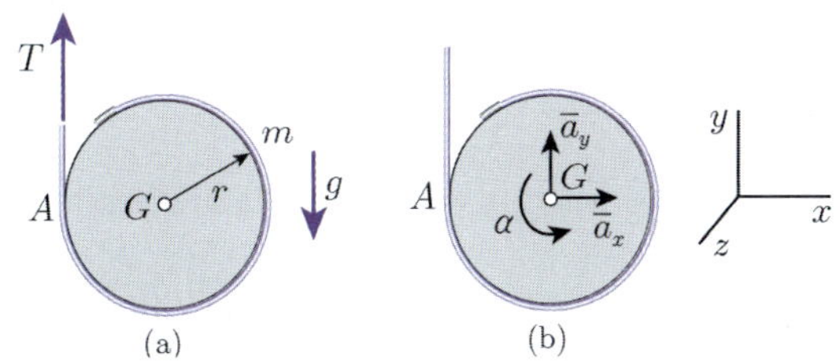

[그림 7.3.4] (a) 위로 당겨지는 원판 (b) 가정한 각가속도 방향과 질량중심 가속도

풀이 [그림 7.3.4(b)]와 같이 원판 중심의 가속도를 $\bar{\mathbf{a}} = \bar{a}_x\mathbf{i} + \bar{a}_y\mathbf{j}$로 하고 각가속도 $\boldsymbol{\alpha}$의 방향을 반시계방향(↶)이라고 가정한다.

원판에 작용하는 외력은 원판 무게 mg(↓)와 T(↑)이고 자유물체도는 [그림 7.3.5(a)]와 같다. 여기에서 뉴턴의 제2법칙을 적용하면

$$(+\rightarrow)\sum F_x = m\bar{a}_x:\ 0 = m\bar{a}_x \qquad \cdots ①$$

$$(+\uparrow)\sum F_y = m\bar{a}_y:\ T - mg = m\bar{a}_y \qquad \cdots ②$$

이다. 식 ①로부터 x방향 가속도는

$$\bar{a}_x = 0$$

이고, 식 ②로부터 y방향 가속도는 다음과 같다.

$$\bar{a}_y = \frac{T - mg}{m} = \frac{120 - 10(9.8)}{10} = 2.2[\text{m/s}^2](\uparrow)$$

다음에 질량중심(G)에 대한 모멘트방정식을 적용하면

$$(+\curvearrowleft)\sum M_G = \bar{I}\alpha:\ -Tr = \bar{I}\alpha \qquad \cdots ③$$

이고, 이 식으로부터

$$\alpha = -\frac{Tr}{\bar{I}} = -\frac{Tr}{(mr^2/2)} = -\frac{2T}{mr} = -\frac{2(120)}{10(0.5)} = -48[\text{rad/s}^2]$$

가 얻어진다. α의 부호가 음(−)이므로 가정한 방향(↶)과 반대방향이 된다. 따라서 원판의 각가속도는 $\boldsymbol{\alpha} = 48[\text{rad/s}^2]$(↷)이다.

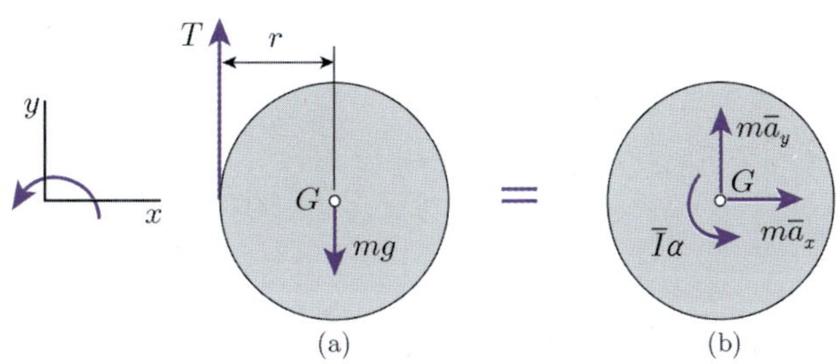

[그림 7.3.5] (a) 자유물체도 (b) 운동역학선도

줄의 가속도는 [그림 7.3.4(a)]에서 원판에 있는 점 A의 가속도의 접선방향 성분과 같다. $\mathbf{a}_A = \mathbf{a}_G + \mathbf{a}_{A/G}$이므로 줄의 가속도는 다음과 같다.

$$\mathbf{a}_{줄} = (\mathbf{a}_A)_t = \overline{\mathbf{a}} + (\mathbf{a}_{A/G})_t = \overline{\mathbf{a}} + \boldsymbol{\alpha} \times \mathbf{r}_{A/G}$$
$$= 2.2(\uparrow) + 48(0.5)(\uparrow) = 26.2[\mathrm{m/s^2}](\uparrow)$$

예제 7.3.2 [그림 7.3.6(a)]와 같이 수평면에 놓여 있는 질량 $m = 25\mathrm{kg}$, 회전반경 $k_G = 0.2\mathrm{m}$인 바퀴에 우력모멘트 $M = 50\mathrm{N \cdot m}(\curvearrowright)$가 작용할 때 질량중심 G의 가속도를 구하라. 바퀴의 반지름 $r = 0.36\mathrm{m}$이며, 바퀴와 지면 사이 정지마찰계수 $\mu_s = 0.3$, 운동마찰계수 $\mu_k = 0.25$이다.

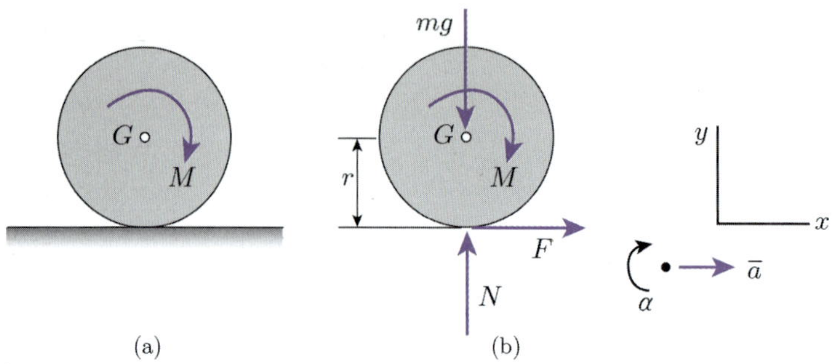

[그림 7.3.6] (a) 우력모멘트를 받고 구르는 바퀴 (b) 자유물체도

풀이 바퀴의 자유물체도는 [그림 7.3.6(b)]와 같다. 시계방향으로 작용하는 우력모멘트로 인해 바퀴는 시계방향의 각가속도 α를 갖게 되고, 이에 따라 바퀴는 오른쪽으로 구르므로 질량중심 가속도 $\overline{a}$는 오른쪽 방향이 된다.

질량중심에 대한 바퀴의 질량관성모멘트는

$$\overline{I} = mk_G^2 = 25(0.2)^2 = 1.0[\mathrm{kg \cdot m^2}]$$

이고, (b)에서 미지수는 수직반력 N, 마찰력 F, 각가속도 α, 질량중심 가속도 $\overline{a}$이다. 여기에서 $\overline{a}_x = \overline{a}$, $\overline{a}_y = 0$이므로 식 (7.3.3)~ (7.3.5)를 적용하면

$$(+\rightarrow) \sum F_x = m\overline{a}_x: \ F = m\overline{a}$$
$$F = 25\overline{a} \quad \cdots ①$$
$$(+\uparrow) \sum F_y = m\overline{a}_y: \ N - mg = 0$$
$$N - 25(9.8) = 0 \quad \cdots ②$$
$$(+\curvearrowright) \sum M_G = \overline{I}\alpha: \ M - Fr = \overline{I}\alpha$$
$$50 - F(0.36) = 1(\alpha) \quad \cdots ③$$

의 세 관계식이 얻어진다. 먼저 미끄러짐이 없다고 가정하면 각가속도 α와 질량중심 가속도 $\bar{a}$는 다음 관계를 갖는다.

$$\bar{a} = r\alpha = 0.36\alpha \quad \cdots ④$$

식 ①~④를 풀면 다음 결과를 얻는다.

$$\alpha = 11.79[\mathrm{rad/s^2}](\curvearrowright), \quad \bar{a} = 4.244[\mathrm{m/s^2}](\rightarrow)$$
$$F = 106.1[\mathrm{N}], \ N = 245[\mathrm{N}]$$

이상에서 미끄러짐이 없다고 가정하였으므로 마찰력 $F \le \mu_s N$을 만족해야 한다. 그런데 $\mu_s N = 0.3(245) = 73.5[\mathrm{N}]$이므로 $F = 106.1\mathrm{N} > 73.5\mathrm{N}$이 되어 $F \le \mu_s N$이라는 조건을 만족하지 못한다. 따라서 미끄러짐이 없다는 가정은 옳지 않고 바퀴는 미끄러지면서 구르게 된다.
바퀴가 지면에서 미끄러지면 마찰력 F는

$$F = \mu_k N = 0.25N \quad \cdots ⑤$$

이다. 식 ①~③과 ⑤를 풀면 최종적으로 다음 결과를 얻는다.

$$\alpha = 27.95[\mathrm{rad/s^2}](\curvearrowright), \quad \bar{a} = 2.45[\mathrm{m/s^2}](\rightarrow)$$
$$F = 61.25[\mathrm{N}], \ N = 245[\mathrm{N}]$$

예제 7.3.3 [그림 7.3.7(a)]와 같이 줄 AC와 BD에 매달린 질량 $m = 50\mathrm{kg}$, 길이 $L = 3\mathrm{m}$인 균일한 봉 AB가 수평으로 놓여 평형 상태에 있다. 줄 AC가 끊어지는 순간 BD에 걸리는 장력과 봉의 각가속도를 구하라. 줄의 무게는 무시한다.

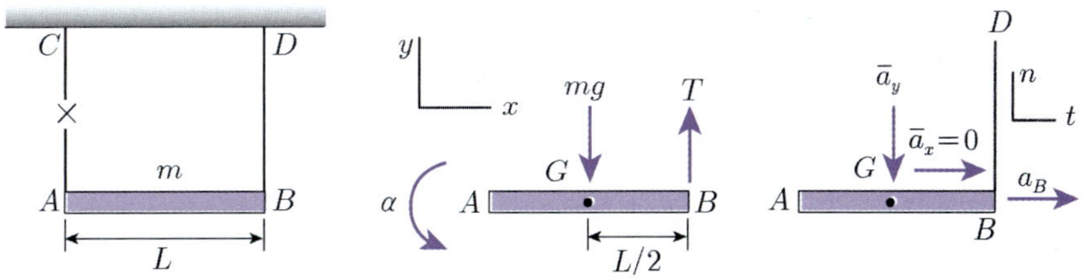

[그림 7.3.7] (a) 매달려 있는 봉 (b) 자유물체도 (c) 가속도 방향

풀이 질량중심에 대한 질량관성모멘트는

$$\bar{I} = \frac{1}{12}mL^2 = \frac{1}{12}(50)(3^2) = 37.5[\mathrm{kg \cdot m^2}]$$

이고, 봉의 자유물체도는 (b)와 같다. 여기에서 줄 AC가 끊어지면 봉 AB는 반시계방향($\curvearrowleft$)으로 회전하게 되므로 봉의 각가속도와 질량중심의 가속도 방향을 (b), (c)와 같이 가정한다. (b)에서 운동방정식을 적용하면

$$(+\rightarrow)\sum F_x = m\bar{a}_x:\ 0 = m\bar{a}_x$$

$$\bar{a}_x = 0 \qquad \cdots ①$$

$$(+\uparrow)\sum F_y = m\bar{a}_y:\ T - mg = m(-\bar{a}_y)$$

$$T - 50(9.8) = -50\bar{a}_y \qquad \cdots ②$$

$$(+\curvearrowleft)\sum M_G = \bar{I}\alpha:\ T\times\frac{L}{2} = \bar{I}\alpha$$

$$1.5T = 37.5\alpha \qquad \cdots ③$$

이다. 식 ①~③은 4개의 미지수(α, $\bar{a}_x$, $\bar{a}_y$, T)를 포함하고 있으므로 하나의 식이 더 필요하다. 추가로 필요한 하나의 식은 운동학으로부터 구한다.

봉이 초기에 정지해 있었으므로 줄이 끊어지는 순간 봉의 속도와 각속도는 0이다. 따라서 줄 BD에 매달린 B점 가속도의 법선방향 성분은 $(a_B)_n = v_B^2/\rho = 0$이고 그림의 (c)와 같이 x축 방향인 접선방향 성분만 남게 된다. 점 B와 G에 대해 상대가속도 식을 적용하면

$$\mathbf{a}_G = \mathbf{a}_B + \boldsymbol{\alpha}\times\mathbf{r}_{G/B} - \omega^2\mathbf{r}_{G/B}$$

$$-\bar{a}_y\mathbf{j} = a_B\mathbf{i} + \alpha\mathbf{k}\times(-1.5\mathbf{i}) - 0\ :\ r_{G/B} = L/2 = 1.5[\mathrm{m}]$$

$$-\bar{a}_y\mathbf{j} = a_B\mathbf{i} - 1.5\alpha\mathbf{j}$$

이고, 이 식에서 각 성분을 비교하면

$$[\mathbf{i}]\ a_B = 0$$

$$[\mathbf{j}]\ \bar{a}_y = 1.5\alpha \qquad \cdots ④$$

이다. 식 ③에서 $T = 25\alpha$이고 이 식과 식 ④를 식 ②에 대입하면 α가 구해지고, 나머지 값도 모두 결정된다. 결과는 다음과 같다.

$$\alpha = 4.9[\mathrm{rad/s^2}](\curvearrowleft),\quad \bar{a}_y = 7.35[\mathrm{m/s^2}](\downarrow)$$

$$T = 122.5[\mathrm{N}]$$

Note 위에서 상대가속도 식을 사용함으로써 설명을 조금 어렵게 한 면이 있다. 수식으로 보여주기 위해 그런 것이지만 이 문제는 물리적인 상황을 파악하면 쉽게 관계식을 얻을 수 있다.

줄이 끊어지는 순간 (a)의 그림을 보면 봉 AB는 B점을 중심으로 하여 회전한다는 것을 알 수 있다. 따라서 AB의 각가속도를 $\alpha(\curvearrowleft)$라 하면 (b)에서 A점의 가속도는 $\alpha L(\downarrow)$이고 질량중심 G의 가속도는 $\bar{a} = \alpha\times(L/2)(\downarrow)$이 된다.

그리고 B점은 순간중심(IC)이며 이 점에 대해 모멘트방정식

$$\sum M_{IC} = I_{IC}\alpha$$

를 적용하면

$$(+\curvearrowleft)\sum M_B = I_B\alpha:\ mg\times\frac{L}{2} = \left(\frac{1}{3}mL^2\right)\alpha$$

$$\alpha = \frac{3g}{2L} = \frac{3(9.8)}{2(3)} = 4.9[\text{rad/s}^2](\curvearrowleft)$$

이 곧바로 구해진다. 또한 대체 모멘트방정식 (7.3.6)

$$\sum M_P = \bar{I}\alpha + m\bar{a}d$$

를 사용해도 동일한 결과가 얻어진다.

$$(+\curvearrowleft)\sum M_B = \bar{I}\alpha + m\bar{a}d:\ mg\left(\frac{L}{2}\right) = \left(\frac{1}{12}mL^2\right)\alpha + m\left(\frac{L}{2}\alpha\right)\left(\frac{L}{2}\right)$$

$$\frac{g}{2} = \left(\frac{1}{12}+\frac{1}{4}\right)L\alpha = \frac{1}{3}L\alpha$$

예제 7.3.4 [그림 7.3.8]에서 질량 $m = 3\text{kg}$, 길이 $L = 4\text{m}$의 균일하고 가는 막대 AB의 양끝은 매끄러운 수평 홈과 수직 홈에서 움직인다. $\theta = 30°$인 위치에서 정지해 있던 막대가 A점에서 $P = 15\text{N}(\rightarrow)$의 힘을 받을 때 막대의 각가속도와 롤러 A, B에 작용하는 힘을 구하라.

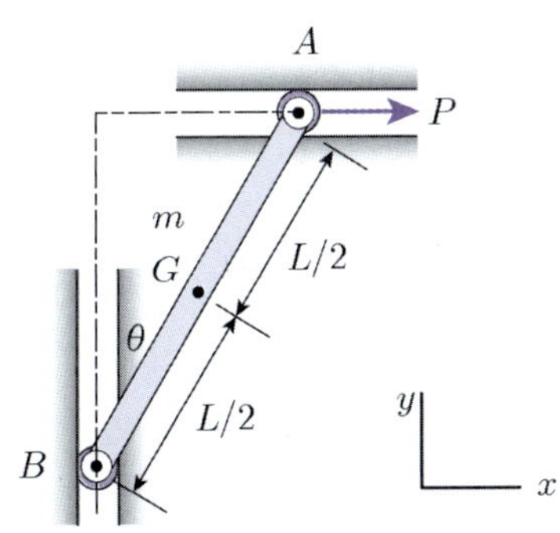

[그림 7.3.8] 양 끝이 수평 홈과 수직 홈에서 움직이는 막대

풀이 롤러 A와 B가 각각 수평방향($\rightarrow$)과 수직방향($\uparrow$)으로 구속되어 움직이므로 순간 중심의 위치는 [그림 7.3.9(a)]와 같이 A에서 아래로 내린 수직선과 B에서 오른쪽으로 그린 수평선의 교점 C가 된다. C를 중심으로 회전할 때 막대가 초기에 정지해 있었으므로 각속도 $\omega = 0$이고 G의 법선방향 가속도는 0이다. 따라서 막대의 각가속도를 $\alpha(\curvearrowright)$라 하면 G의 가속도 크기는

$$\bar{a} = \overline{CG}\alpha = 2\alpha$$

이고 방향각은

$$\beta = \angle DGE = 90° - \angle EGF = 90° - 60° = 30°$$

가 된다. 즉, 그림과 같이 $\bar{a} = 2\alpha \measuredangle 30°$이고, x, y성분은 다음과 같다.

$$\bar{a}_x = \bar{a}\cos 30° = \sqrt{3}\alpha(\rightarrow)$$
$$\bar{a}_y = \bar{a}\sin 30° = \alpha(\uparrow)$$

그림의 (b)에서 운동방정식을 적용한다. $\bar{I} = \dfrac{mL^2}{12} = \dfrac{3(4)^2}{12} = 4[\text{kg} \cdot \text{m}^2]$이다.

$$(+\rightarrow)\sum F_x = m\bar{a}_x: \; P - N_B = m\bar{a}_x$$
$$15 - N_B = 3\sqrt{3}\alpha \qquad \cdots ①$$

$$(+\uparrow)\sum F_y = m\bar{a}_y: \; N_A - mg = m\bar{a}_y$$
$$N_A - 3(9.8) = 3\alpha \qquad \cdots ②$$

$$(+\curvearrowright)\sum M_G = \bar{I}\alpha: \; 15 \times 2\cos 30° + N_B \times 2\cos 30° - N_A \times 2\sin 30° = 4\alpha$$
$$15\sqrt{3} + \sqrt{3}N_B - N_A = 4\alpha \qquad \cdots ③$$

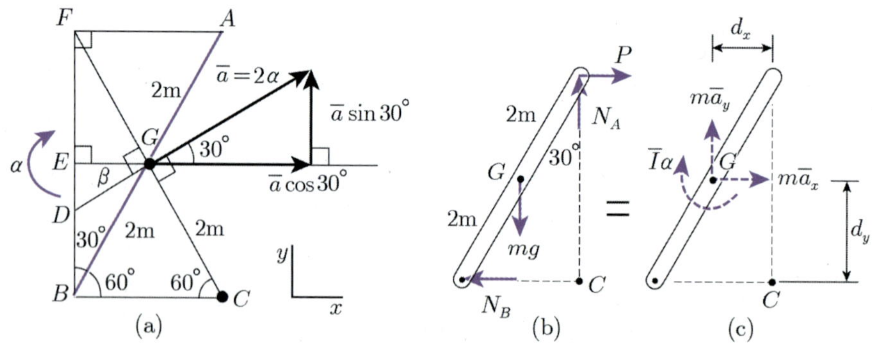

[그림 7.3.9] (a) 질량중심 가속도 (b) 자유물체도 (c) 운동역학선도

식 ①과 ②에서 $N_B = 15 - 3\sqrt{3}\alpha$, $N_A = 3\alpha + 29.4$를 식 ③에 대입하면 각가속도는

$$15\sqrt{3} + \sqrt{3}(15 - 3\sqrt{3}\alpha) - (3\alpha + 29.4) = 4\alpha$$
$$16\alpha = 30\sqrt{3} - 29.4$$
$$\alpha = 1.410[\text{rad/s}^2](\curvearrowright)$$

이고, 롤러 A, B에 작용하는 힘은 다음과 같다.

$$N_A = 3\alpha + 29.4 = 33.63\,[\mathrm{N}]$$
$$N_B = 15 - 3\sqrt{3}\,\alpha = 7.673\,[\mathrm{N}]$$

한편 그림의 (b), (c)에서 C점에 대해 대체 모멘트방정식을 적용하면

$$(+\curvearrowright)\sum M_C = \bar{I}\alpha + \sum m\bar{a}d$$
$$P \times 4\cos 30° - mg \times 2\sin 30° = \bar{I}\,\alpha + m\bar{a}_x d_y + m\bar{a}_y d_x$$
$$15 \times 4\cos 30° - 3(9.8) \times 2\sin 30°$$
$$= 4\alpha + (3\sqrt{3}\,\alpha)(2\cos 30°) + (3\alpha) \times 2\sin 30°$$
$$30\sqrt{3} - 29.4 = 16\alpha$$

로서 곧바로 α를 구할 수 있다.

Note 질량중심 가속도: [예제 7.3.4]와 같이 각속도가 0이고 순간중심을 쉽게 구할 수 있는 경우에는 [그림 7.3.9(a)]와 같이 도식적으로 질량중심 가속도를 쉽게 구할 수 있다. 일반적으로는 다음과 같이 상대가속도 식을 사용하여 벡터 기하학적 방법과 벡터 대수학적 방법을 사용하여 질량중심 가속도를 구한다.

(1) 벡터 기하학

A점에서 $P = 15\,\mathrm{N}(\rightarrow)$의 힘이 작용하므로 각가속도 α를 시계방향 $(\curvearrowright)$으로 가정한다. 먼저 B에 대한 A의 상대가속도 크기는 $a_{A/B} = L\alpha = 4\alpha$이고

$$\mathbf{a}_A = \mathbf{a}_B + \mathbf{a}_{A/B}$$
$$[a_A \rightarrow] = [a_B \uparrow] + [4\alpha \searrow 30°] \qquad \cdots ①$$

이다. 식 ①의 벡터 삼각형을 도시하면 [그림 7.3.10(a)]와 같다. 다음에 B에 대한 질량중심 G의 상대가속도 크기는 $a_{G/B} = \frac{1}{2}L\alpha = 2\alpha$이고

$$\bar{\mathbf{a}} = \mathbf{a}_G = \mathbf{a}_B + \mathbf{a}_{G/B}$$
$$= [a_B \uparrow] + [2\alpha \searrow 30°] \qquad \cdots ②$$

이다. 식 ②의 벡터 삼각형을 도시하면 [그림 7.3.10(b)]와 같다. 여기에서 질량중심의 가속도 크기 $\bar{a} = 2\alpha$이고, 다음과 같이 x, y 성분이 얻어진다.

$$\bar{a}_x = \bar{a}\cos 30° = \sqrt{3}\,\alpha(\rightarrow),\ \ \bar{a}_y = \bar{a}\sin 30° = \alpha(\uparrow) \qquad \cdots ③$$

식 ③은 [그림 7.3.9(a)]에서 구한 것과 일치한다.

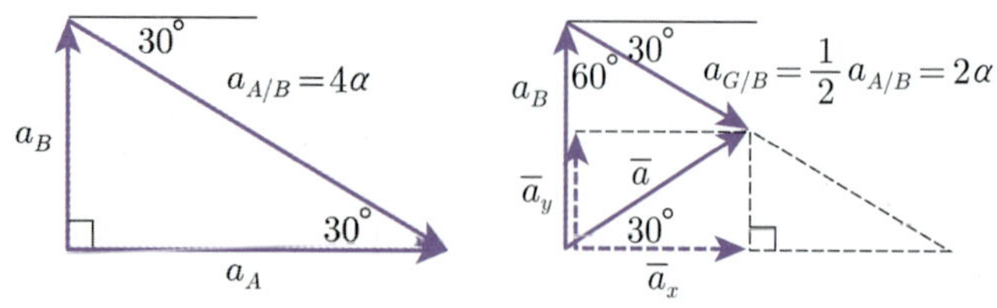

[그림 7.3.10] (a) B점의 가속도 (b) G점(질량중심)의 가속도

(2) 벡터 대수학

[예제 7.3.4]에서 막대의 끝점 A와 B가 각각 수평방향(→)과 수직방향(↑)으로 구속되어 움직이므로

$$\mathbf{a}_A = a_A\mathbf{i},\ \mathbf{a}_B = a_B\mathbf{j} \qquad \cdots ①$$

이다. 이 구속 조건을 사용하여 질량중심의 가속도와 각가속도 사이의 관계를 구한다. 막대가 초기에 정지해 있었으므로 막대의 각속도 $\omega = 0$이다. 여기에서 막대가 시계방향(↷)으로 회전할 것으로 예상되므로 막대의 각가속도를

$$\boldsymbol{\alpha} = -\alpha\boldsymbol{k} \qquad \cdots ②$$

로 둔다. 먼저 A에 대해 상대가속도 식을 적용하면

$$\mathbf{a}_A = \mathbf{a}_B + \mathbf{a}_{A/B} = \mathbf{a}_B + \boldsymbol{\alpha}\times\mathbf{r}_{A/B} \qquad \cdots ③$$

$$a_A\mathbf{i} = a_B\mathbf{j} + (-\alpha\mathbf{k})\times(2\mathbf{i} + 2\sqrt{3}\mathbf{j})$$

$$a_A\mathbf{i} = (a_B - 2\alpha)\mathbf{j} + 2\sqrt{3}\alpha\mathbf{i}$$

$$a_A = 2\sqrt{3}\alpha,\ a_B = 2\alpha \qquad \cdots ④$$

이고, 질량중심 G에 대해 상대가속도 식을 적용하면

$$\bar{\mathbf{a}} = \mathbf{a}_G = \mathbf{a}_B + \mathbf{a}_{G/B} = \mathbf{a}_B + \boldsymbol{\alpha}\times\mathbf{r}_{G/B}$$

$$= (2\alpha)\mathbf{j} + (-\alpha\mathbf{k})\times(\mathbf{i} + \sqrt{3}\mathbf{j}) = \alpha\mathbf{j} + \sqrt{3}\alpha\mathbf{i}$$

$$\bar{a}_x = \sqrt{3}\alpha,\quad \bar{a}_y = \alpha \qquad \cdots ⑤$$

가 얻어진다. 이상에서 위치벡터는 [그림 7.3.9(a)]에서

$$\mathbf{r}_{A/B} = 4(\sin 30°\mathbf{i} + \cos 30°\mathbf{j}) = 2\mathbf{i} + 2\sqrt{3}\mathbf{j}\,[\mathrm{m}],\ \mathbf{r}_{G/B} = \frac{1}{2}\mathbf{r}_{A/B}$$

이다. 식 ⑤는 [그림 7.3.9(a)]에서 구한 것과 일치한다.

이상에서 두 가지 방법으로 질량중심 가속도를 구했는데 벡터 기하학적 방법이 벡터 대수학적 방법보다 더 편리한 것 같다. 삼각형의 내각의 합이 180°이고 사인법칙만 알면 금방 질량중심 가속도($\bar{\mathrm{a}}$) 성분을 구할 수 있다. 이에 반해 벡터 대수학적 방법은 기계적으로 $\bar{\mathrm{a}}$를 구할 수 있게 하지만 벡터를 계산하는 데 시간이 더 걸린다.

예제 7.3.5 [그림 7.3.11(a)]와 같이 질량 m, 반지름 r인 균일한 구가 회전하지 않는 상태에서 $\bar{v}_0$(→)의 속도로 거친 수평면 위로 발사되었다. 구와 바닥 사이 운동마찰계수가 μ_k일 때 구가 미끄러짐 없이 구르기 시작하는 시간 t_1과 이때의 구의 질량중심의 속도와 구의 각속도를 구하라.

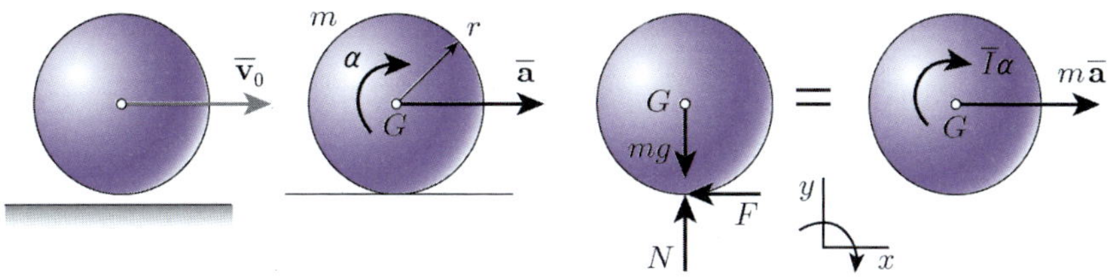

[그림 7.3.11] (a) 수평면 위로 발사된 구 (b) 가속도와 각가속도 방향: 가정
(c) 자유물체도와 운동역학선도

풀이 구의 각가속도와 가속도 방향을 그림의 (b)와 같이 가정한다. 자유물체도와 운동역학 선도는 (c)에 도시하였다. 지면과 접하는 구의 점이 오른쪽(→)으로 미끄러지므로 마찰력 F는 왼쪽(←)으로 작용한다. 구가 미끄러지는 동안 마찰력의 크기는

$$F = \mu_k N \qquad \cdots ①$$

이다. 자유물체도에서 뉴턴의 제2법칙을 적용한다. $\bar{a}_y = 0$, $\bar{a} = \bar{a}_x$이다.

$$(+\uparrow)\sum F_y = m\bar{a}_y:\ N - mg = 0$$

$$N = mg$$

$$F = \mu_k N = \mu_k mg \qquad \cdots ②$$

$$(+\rightarrow)\sum F_x = m\bar{a}_x:\ -F = m\bar{a}$$

$$-\mu_k mg = m\bar{a}$$

$$\bar{a} = -\mu_k g \qquad \cdots ③$$

질량중심에 대해 모멘트방정식을 적용하면

$$(+\curvearrowright)\sum M_G = \bar{I}\alpha:\ Fr = \left(\frac{2}{5}mr^2\right)\alpha$$

$$(\mu_k mg)r = \left(\frac{2}{5}mr^2\right)\alpha$$

$$\alpha = \frac{5\mu_k g}{2r} \qquad \cdots ④$$

가 얻어진다. 구가 미끄러지면서 구르는 동안은 구의 병진운동과 회전운동은 일정한 크기의 가속상태에 있다. 여기에서 $t=0$에서 구의 질량중심의 속도는 $\bar{v}_0$이고 각속도는 $\omega_0=0$이므로 시간 t에서 구의 질량중심의 속도($\bar{v}$)와 각속도(ω)는 다음과 같다.

$$\bar{v} = \bar{v}_0 + \bar{a}t = \bar{v}_0 - \mu_k gt \qquad \cdots ⑤$$

$$\omega = \omega_0 + \alpha t = 0 + \left(\frac{5\mu_k g}{2r}\right)t \qquad \cdots ⑥$$

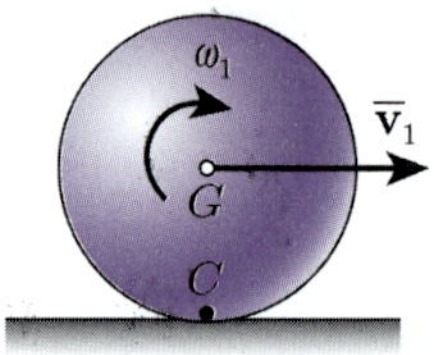

[그림 7.3.12] 구가 구르기 시작할 때: 접촉점 속도 $v_C=0$

[그림 7.3.12]에서 지면과 구의 접촉점 C의 속도 $v_C=0$일 때 구가 미끄러짐 없이 구르기 시작한다. 이때, 즉 $t=t_1$에서 점 C는 순간중심이 되므로 다음 식을 얻을 수 있다.

$$\bar{v}_1 = r\omega_1 \qquad \cdots ⑦$$

식 ⑤에서 $\bar{v}_1 = \bar{v}_0 - \mu_k gt_1$과 ⑥에서 $\omega_1 = \left(\frac{5\mu_k g}{2r}\right)t_1$을 식 ⑦에 대입하면 구가 미끄러짐 없이 구르기 시작하는 시간 t_1은

$$\bar{v}_0 - \mu_k gt_1 = r\left(\frac{5\mu_k g}{2r}\right)t_1$$

$$t_1 = \frac{2}{7}\left(\frac{\bar{v}_0}{\mu_k g}\right) \qquad \cdots ⑧$$

이고, 이 식을 식 ⑤와 ⑥에 대입하면 t_1에서 구의 질량중심의 속도($\bar{v}_1$)와 구의 각속도(ω_1)는 다음과 같다.

$$\bar{v}_1 = \bar{v}_0 - \mu_k g\left(\frac{2\bar{v}_0}{7\mu_k g}\right) = \frac{5}{7}\bar{v}_0 \qquad \cdots ⑨$$

$$\omega_1 = \left(\frac{5\mu_k g}{2r}\right) \times \left(\frac{2v_0}{7\mu_k g}\right) = \frac{5}{7}\left(\frac{\bar{v}_0}{r}\right) \qquad \cdots ⑩$$

혹은 $\bar{v}_1 = r\omega_1 = 5\bar{v}_0/7$으로부터 $\omega_1 = \bar{v}_1/r = 5\bar{v}_0/7r$.

연습문제 7.3

01 수평면에 놓인 질량 $m=100\text{kg}$, 반지름 $r=0.3\text{m}$ 의 균일한 실린더가 오른쪽 방향으로 $P=200\text{N}$ 의 힘을 받고 미끄러짐이 없이 굴러갈 때 실린더의 각가속도와 질량중심의 가속도를 구하라.

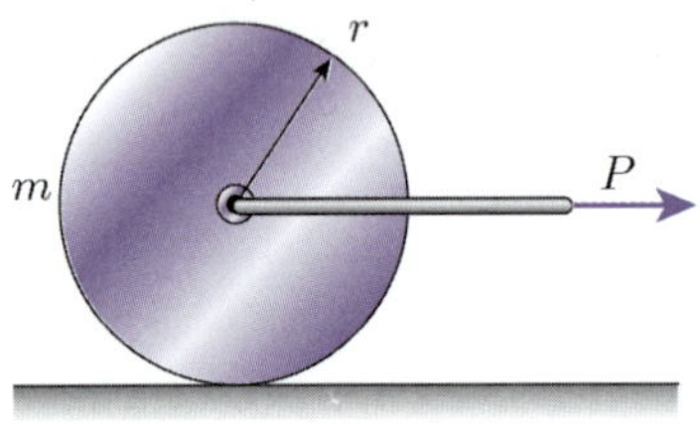

[문제 7.3.1]

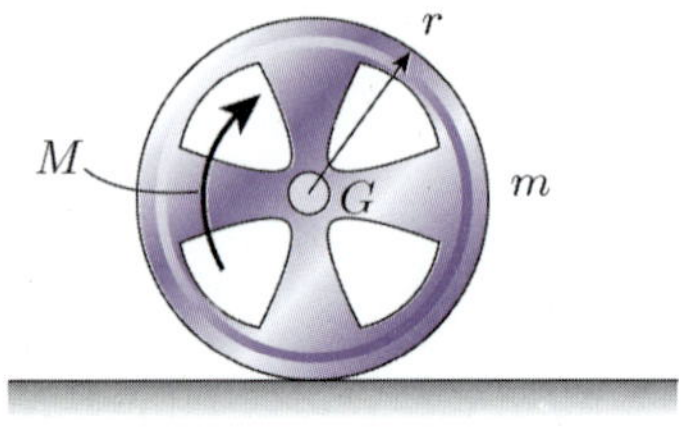

[문제 7.3.2]

02 질량 $m=20\text{kg}$, 반지름 $r=0.4\text{m}$ 인 바퀴가 우력모멘트 $M=100\text{N}\cdot\text{m}(\curvearrowright)$를 받고 수평면에서 미끄러지면서 굴러간다. 바퀴의 회전반경 $k_G=0.3\text{m}$ 이고 바퀴와 수평면 사이 운동마찰계수 $\mu_k=0.5$ 일 때 바퀴의 각가속도와 질량중심 G의 가속도를 구하라.

03 20N(↓)과 80N(↑)의 힘이 가해질 때 질량 $m=60\text{kg}$, 길이 $L=3\text{m}$ 인 가늘고 균일한 봉은 매끄러운 수평면 위에서 초기에 정지 상태로 놓여 있다. 그림과 같은 순간 봉의 각가속도와 질량중심의 가속도를 구하라.

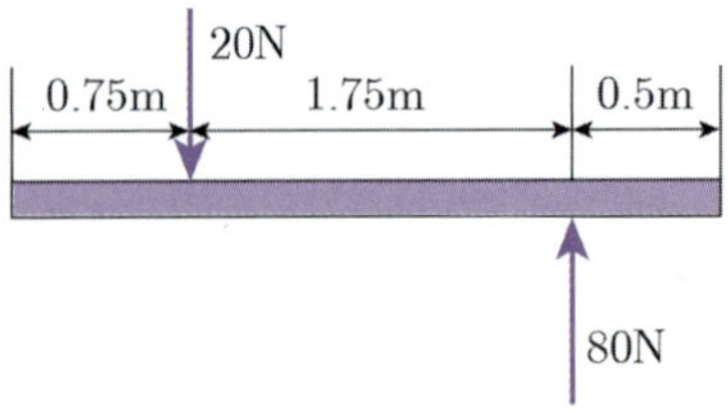

[문제 7.3.3]

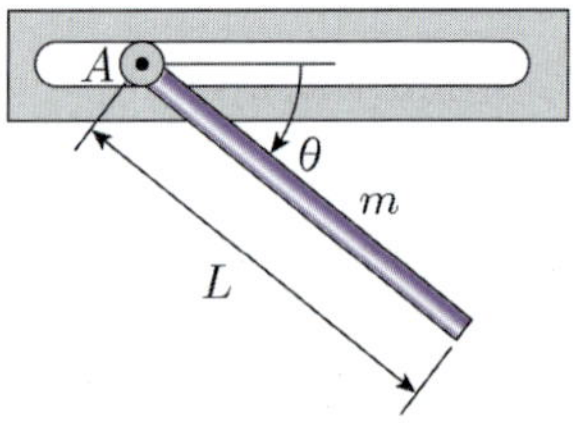

[문제 7.3.4]

04 매끄러운 수평 홈에서 자유롭게 미끄러지는 롤러 A에 질량 $m=12\text{kg}$, 길이 $L=0.6\text{m}$ 의 가는 봉이 핀으로 결합되었다. $\theta=0$에서 정지 상태의 봉을 놓는 순간 (1) 봉의 각가속도 (2) 롤러의 가속도 (3) 롤러가 홈으로부터 받는 수직반력을 구하라.

Hint: $\mathbf{a}_G=\mathbf{a}_A+\boldsymbol{\alpha}\times\mathbf{r}_{G/A}-\omega^2\mathbf{r}_{G/A}$. $\omega=0$, $\mathbf{a}_A=a_A\mathbf{i}$.

05 반지름 $r_1=0.2\text{m}$, $r_2=0.5\text{m}$ 인 두 원판이 단단하게 결합되어 있다. 두 원판의 총 질량 $m=8\text{kg}$, 회전반경 $k_G=0.35\text{m}$ 이고, 질량을 무시할 수 있는 두 줄이 두 원판의 원주에 감겨 있다. 그림과 같이 안쪽 원판을 감고 있는 줄에 $T=100\text{N}$ 의 힘을 연직 위 방향으로 가할 때 원판의 각가속도를 구하라.

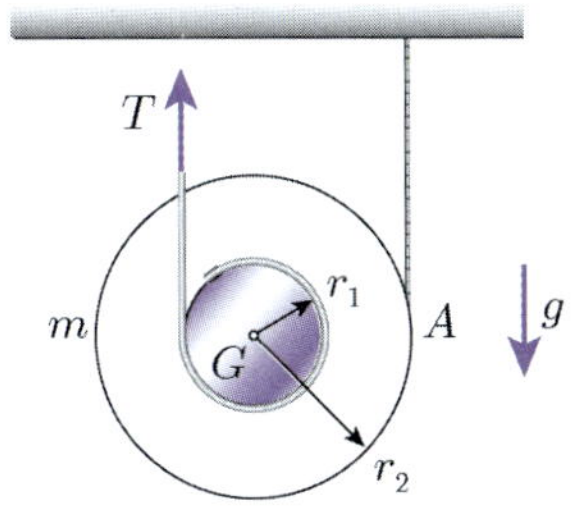

[문제 7.3.5]

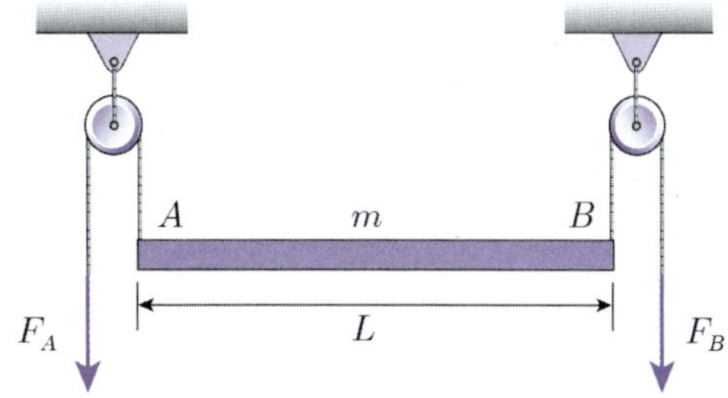

[문제 7.3.6]

06 질량 $m=20\text{kg}$, 길이 $L=3\text{m}$인 가늘고 균일한 봉 AB가 마찰 없는 도르래를 감고 있는 줄에 의해 수평으로 매달려 있다. 이 줄에 $F_A=130\text{N}$과 $F_B=200\text{N}$의 힘을 연직 아래 방향으로 가할 때 봉 중심의 초기 가속도와 봉의 각가속도를 구하라.

07 줄 BC에 질량 $m=2\text{kg}$, 길이 $L=0.3\text{m}$인 가는 봉 AB가 매달려 있다. BC가 수평선과 이루는 각 $\theta=30°$이고 수평으로 놓인 정지 상태의 봉 AB를 가만히 놓는 순간 봉의 각가속도와 BC에 걸리는 장력을 구하라. Hint: 줄 BC가 순간적으로 C점을 중심으로 회전한다. $\mathbf{a}_B=a_B \searrow 60°$, $\mathbf{a}_B=\mathbf{a}_G+\mathbf{a}_{B/G}$.

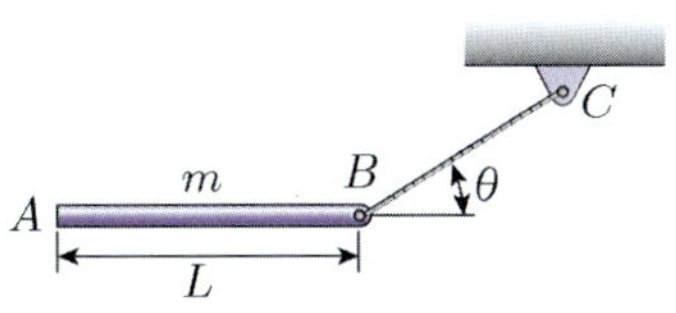

[문제 7.3.7]

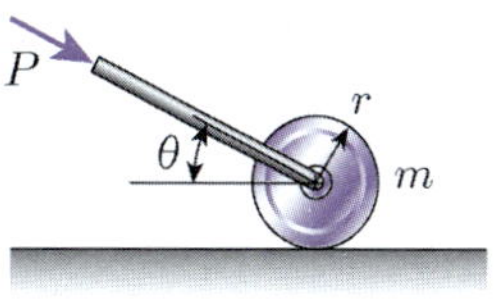

[문제 7.3.8/9]

08 $P=130\text{N}$일 때 반지름 $r=0.45\text{m}$, 질량 $m=20\text{kg}$인 롤러의 각가속도를 구하라. 각 $\theta=30°$이고, 롤러는 균일한 실린더이며 미끄러짐이 없다고 가정한다. Hint: 질량중심 가속도 $\bar{a}=r\alpha(\rightarrow)$.

09 위 문제(8번)에서 지면과 롤러 사이 정지마찰계수 $\mu_s=0.25$일 때 롤러가 미끄러짐이 없이 굴러갈 수 있는 최대 힘 P와 이때의 각가속도를 구하라. Hint: 질량중심 가속도 $\bar{a}=r\alpha(\rightarrow)$, 미끄러지는 순간 마찰력 $F=\mu_s N$.

10 질량이 m이고 반지름이 r인 균일한 원판을 각속도 ω_0로 수평 평판에 놓는다. 원판과 평판 사이의 운동마찰계수가 μ_k일 때 다음을 구하라. Hint: 원판은 처음에는 미끄러지면서 굴러가다가 나중에는 미끄러짐이 없이 굴러간다. 미끄러질 때 $F=\mu_k N$, 미끄러지지 않고 굴러갈 때 $v_G=r\omega$.

(1) 원판의 초기 각가속도와 질량중심의 가속도

(2) 원판이 미끄러짐 없이 구르기 시작하는 시간 t_1과 이때 원판의 각속도

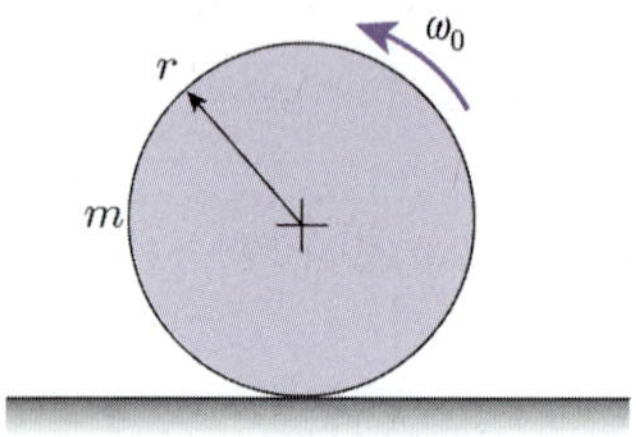

[문제 7.3.10]

11 질량 m, 길이 L의 균일한 막대가 두 줄에 매달려 수평으로 놓여 정지해 있다. 줄 BC가 끊어지는 순간 줄 AD에 걸리는 장력을 구하라. Hint: 줄이 끊어지는 순간 막대는 A점을 중심으로 회전한다. $a_G = L\alpha/4(\downarrow)$.

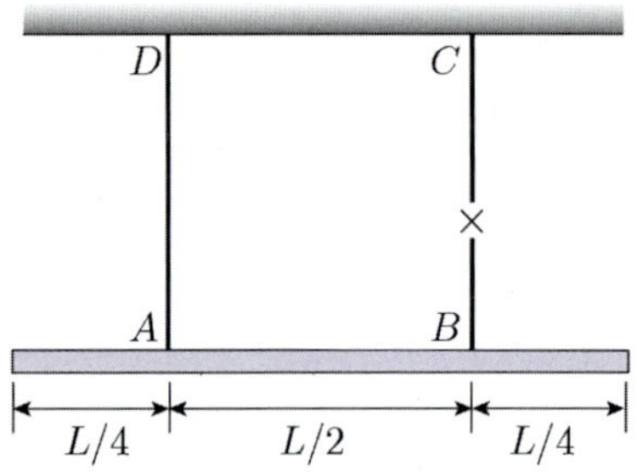

[문제 7.3.11]

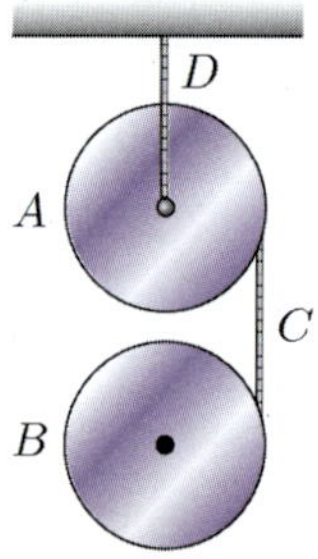

[문제 7.3.12]

12 줄 C가 질량 $m = 10\text{kg}$, 반지름 $r = 90\text{mm}$인 동일한 두 원판 A와 B에 감겨 있다. 정지 상태의 원판을 가만히 놓았을 때 줄 C에 걸리는 장력을 구하라. 줄의 질량은 무시하고 초기에 줄은 팽팽히 당겨져 있다. Hint: $\bar{a}_B = a_C + r_B\alpha_B$.

13 질량 $m = 3.6\text{kg}$, 반지름 $r = 0.15\text{m}$인 정지상태의 균일한 실린더를 경사각 $\theta = 40°$인 경사면 위에 가만히 놓는다. 경사면과 실린더 사이 운동마찰계수 $\mu_k = 0.2$, 정지마찰계수 $\mu_s = 0.4$일 때 질량중심 G의 가속도와 경사면이 실린더에 가하는 마찰력을 구하라. Hint: 미끄러짐 없이 구른다고 가정하면 $a = r\alpha$.

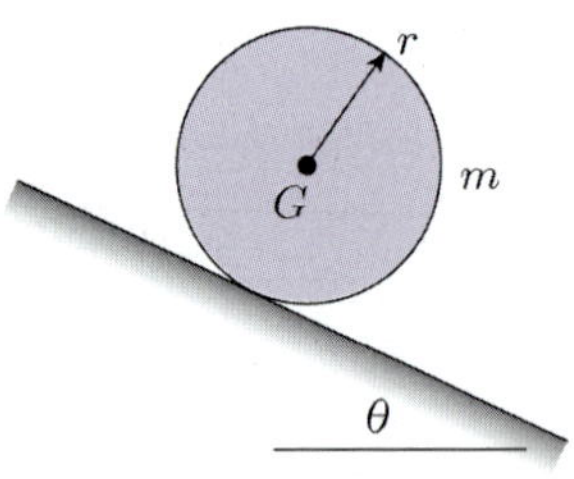

[문제 7.3.13/14]

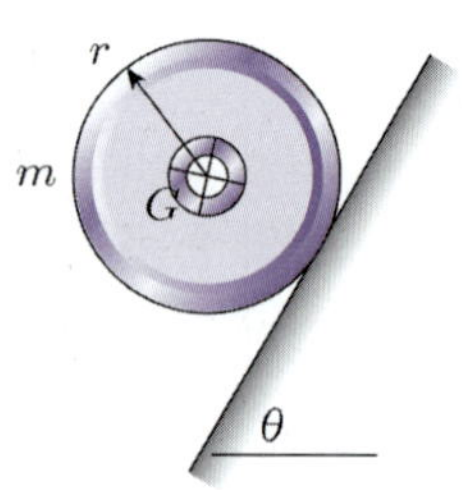

[문제 7.3.15]

14 위 문제(13 번)에서 $\theta = 30°$, 운동마찰계수 $\mu_k = 0.1$, 정지마찰계수 $\mu_s = 0.15$일 때 질량중심 G의 가속도와 경사면이 실린더에 가하는 마찰력을 구하라.

15 질량 $m = 10\text{kg}$, 반지름 $r = 0.2\text{m}$인 정지상태의 바퀴를 경사각 $\theta = 60°$인 경사면 위에 놓으면 바퀴가 미끄러지면서 구르게 된다. 경사면과 바퀴 사이의 운동마찰계수 $\mu_k = 0.3$일 때 바퀴의 각가속도와 질량중심 G의 가속도를 구하라. 바퀴의 질량중심에 대한 회전반경 $k_G = 0.18\text{m}$이다. Hint: 미끄러질 때 $F = \mu_k N$.

16 수평면에 놓여 있는 질량 $m_A = 15\text{kg}$인 블록 A가 원판 모양의 풀리 원주 둘레를 지나가는 가벼운 줄로 질량 $m_B = 20\text{kg}$인 실린더 B에 연결되었다. 풀리의 질량 $m_C = 5\text{kg}$이고 반지름 $r = 0.1\text{m}$이다. 시스템이 정지 상태에 있을 때 실린더를 가만히 놓는다. 실린더가 2m 아래로 내려갔을 때 실린더의 속도를 구하라. 초기에 줄은 팽팽하게 당겨져 있으며, 모든 마찰을 무시할 수 있고 줄은 풀리 위에서 미끄러지지 않는다. Hint: A와 B의 가속도는 같고(a), 풀리의 각가속도 $\alpha = a/r$.

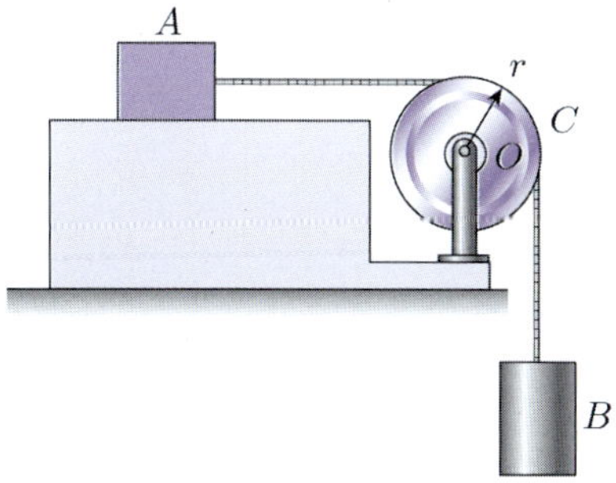

[문제 7.3.16/17]

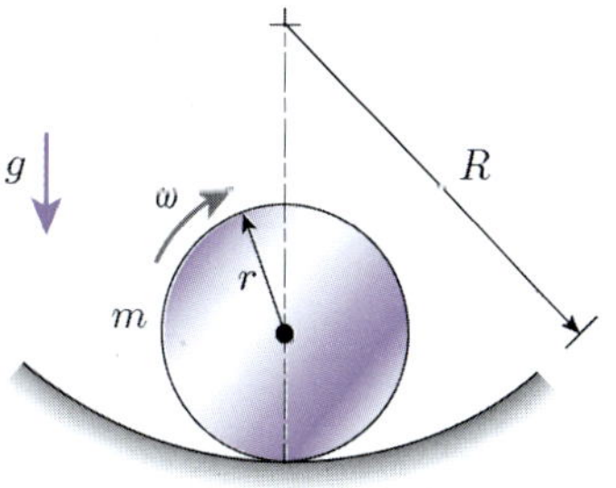

[문제 7.3.18]

17 위 문제(16 번)에서 블록과 수평면 사이 운동마찰계수 $\mu_k = 0.3$일 때 실린더가 2m 아래로 내려가는 순간 실린더의 속도를 구하라.

18 반지름 R인 원호 위에서 미끄러짐이 없이 굴러가는 질량 m, 반지름 r인 원판이 원호의 바닥을 지나가는 순간 원판의 각속도가 ω일 때 바닥이 원판에 가하는 수직 반력을 구하라. 중력가속도는 g이다. Hint: $a_n = v^2/\rho$, 질량중심의 가속도.

19 질량 $m = 5\text{kg}$, 길이 $L = 0.8\text{m}$인 균일한 막대의 끝 A는 수평으로 고정된 축을 따라 $a = 4\text{m/s}^2(\rightarrow)$의 가속도로 움직이는 고리에 핀으로 연결되어 있고 자유롭게 회전할 수 있다. 그림과 같이 막대가 수직인 위치를 통과할 때 막대의 각속도 $\omega = 2\text{rad/s}(\curvearrowright)$이다. 이때 A에서 막대에 작용하는 힘을 구하라.
Hint: 막대의 각가속도 $\alpha(\curvearrowright)$, $(a_G)_x = (a_A)_x + (a_{G/A})_x = a - r\alpha(\rightarrow)$,

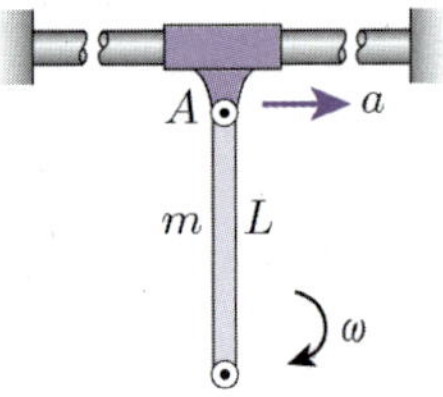

[문제 7.3.19]

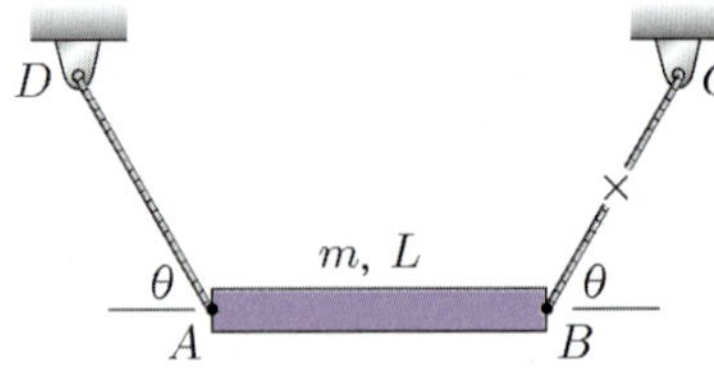

[문제 7.3.20]

20 질량 m, 길이 L의 균일한 막대가 두 케이블에 수평으로 매달려 있고, 케이블이 수평선과 이루는 각 $\theta = 60°$이다. 케이블 BC를 끊는 순간 AD에 걸리는 장력을 구하라. 중력가속도는 g이다. Hint: $\mathbf{a}_G = \mathbf{a}_A + \mathbf{a}_{G/A} = a_A \swarrow 30° + \frac{L}{2}\alpha(\downarrow)$.

21 질량 m, 길이 L인 가늘고 균일한 막대의 한 끝에 롤러 A가 핀으로 연결되었고, 롤러는 수평선에 대해 θ의 경사각을 가지는 매끄러운 경사면에서 움직일 수 있다. 그림과 같이 정지 상태의 수직 위치에서 막대를 가만히 놓았을 때 A점의 가속도를 구하라. 중력가속도는 g이다. Hint: $\mathbf{a}_G = \mathbf{a}_A + \mathbf{a}_{G/A} = a_A \swarrow \theta + \frac{L}{2}\alpha(\rightarrow)$.

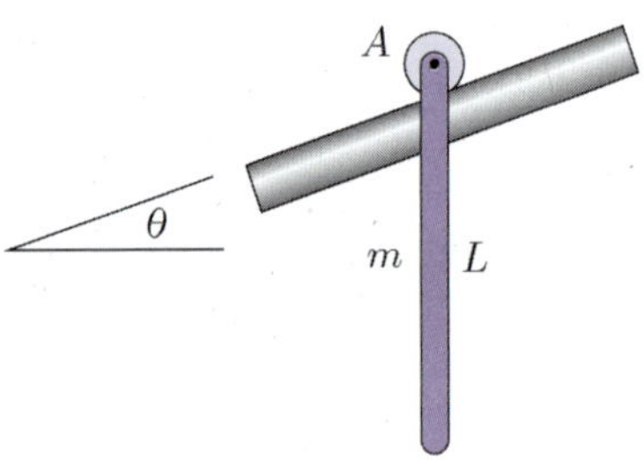

[문제 7.3.21]

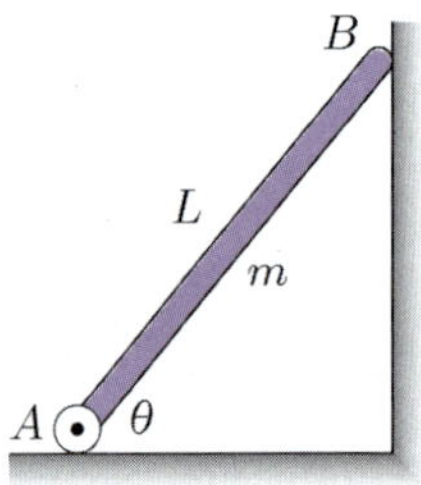

[문제 7.3.22]

22 질량 $m = 15\text{kg}$, 길이 $L = 2.4\text{m}$인 막대의 한쪽 끝 점 A에 질량을 무시할 수 있는 작은 롤러가 핀으로 연결되었다. 롤러 A는 마찰 없는 수평면에서 움직이고 막대의 다른 쪽 끝 점 B는 수직 벽면에서 움직인다. B점과 수직 벽면 사이 운동마찰계수 $\mu_k = 0.3$이다. 막대가 수평면과 이루는 각 $\theta = 50°$인 위치에서 정지 상태의 막대를 가만히 놓았을 때 A점의 가속도를 구하라. Hint: 순간중심 C를 찾는다. $\boldsymbol{\alpha} = \alpha(\curvearrowright)$, $(a_G)_n = 0$, $(a_G)_t = \frac{L}{2}\alpha \swarrow 40°$.

23 질량 m, 길이 L인 균일한 막대가 그림과 같이 핀 A와 줄 BC에 의해 수평으로 유지되고 있다. 줄 BC를 끊는 순간 B점의 가속도와 A점에 작용하는 반력을 구하라. 중력가속도는 g이다. Hint: $\sum M_A = I_A\alpha$, $\sum F_y = m\bar{a}_y$.

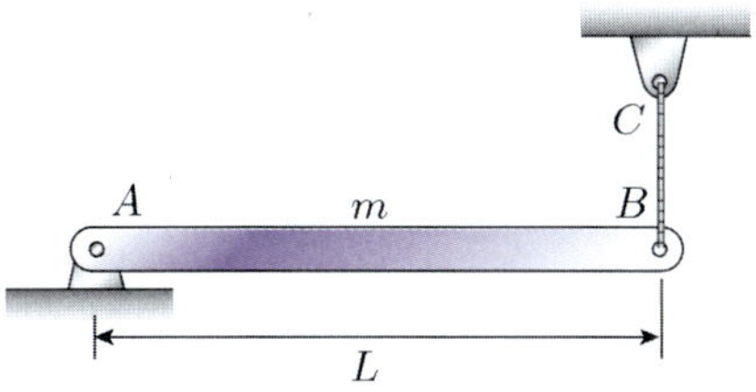

[문제 7.3.23]

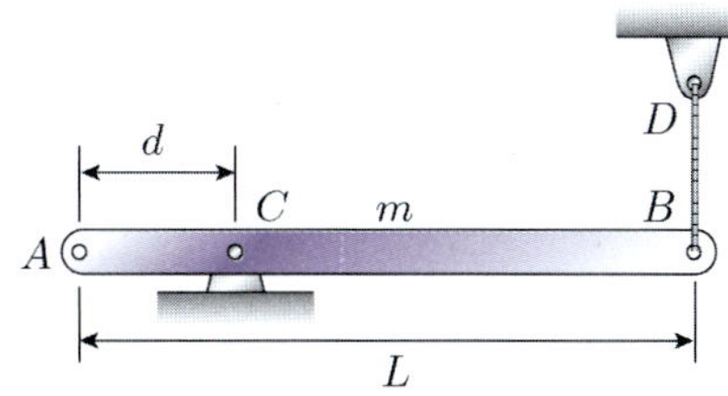

[문제 7.3.24]

24 질량 m, 길이 L인 균일한 막대가 그림과 같이 핀 C와 줄 BD에 의해 수평으로 유지되고 있다. 줄 BD를 끊는 순간 B점의 가속도와 C점에 작용하는 반력을 구하라. 중력가속도는 g이다. Hint: $\sum M_C = I_C\alpha$, $\sum F_y = m\bar{a}_y$.

25 반지름 r, 회전반경 k_G인 바퀴가 경사각 θ인 경사면에서 정지 상태에서 시작해 미끄러짐 없이 굴러내려 간다. 바퀴 중심의 가속도를 r, k_G, θ 및 중력가속도 g로 나타내라. Hint: 미끄러짐이 없으므로 바퀴와 경사면의 접점이 순간중심(C)이 된다. $\sum M_C = I_C\alpha$, $a = r\alpha$.

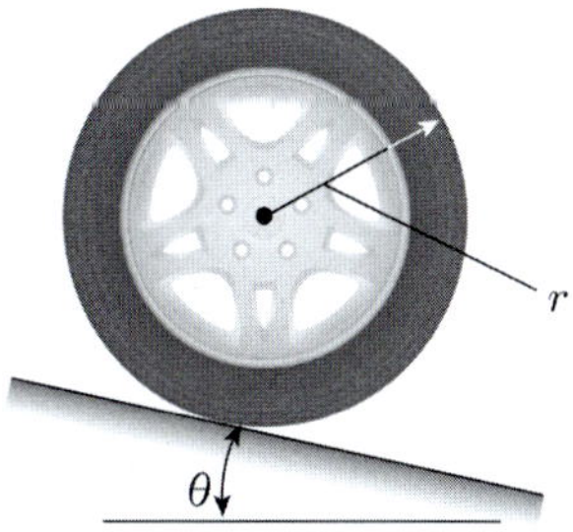

[문제 7.3.25]

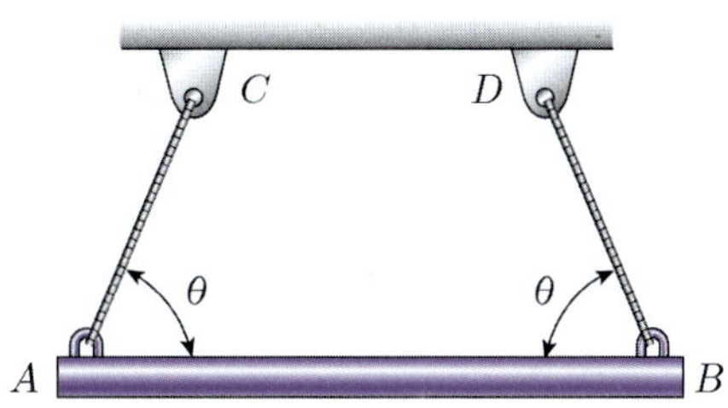

[문제 7.3.26]

26 질량 m, 길이 L인 균일한 봉 AB가 그림과 같이 수평으로 매달려 정지해 있다. 줄 BD가 끊어지는 순간 줄 AC에 걸리는 장력을 m, θ 및 중력가속도 g로 나타내라. Hint: $\boldsymbol{\alpha} = \alpha$ $(\curvearrowright)$, $\mathbf{a}_G = \mathbf{a}_A + \mathbf{a}_{G/A} = a_A \angle(90° - \theta) + \frac{L}{2}\alpha(\downarrow)$.

27 줄 BC에 의해 지지되는 질량 2kg의 가는 균일봉을 수평으로 유지하도록 A점에서 잡고 있다가 놓는 순간, 봉의 각가속도와 줄 BC에 걸리는 장력을 구하시오. (단, 중력가속도는 g이다) [국가공무원 5급(기술) 제2차시험]

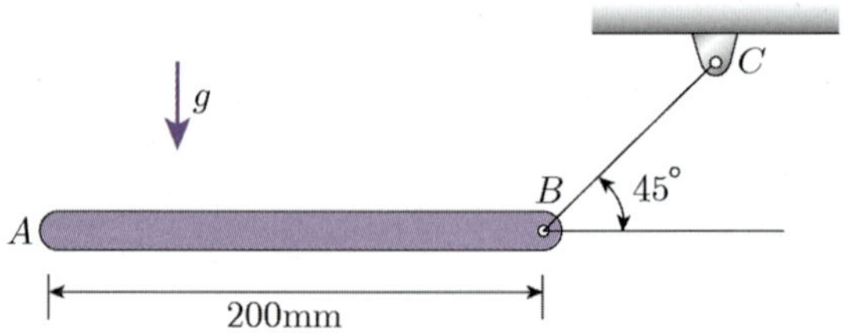

[문제 7.3.27]

28 다음 그림과 같이 케이블 C는 각각의 질량 20kg, 반경 100mm 인 균일한 원판 A, B에 감겨 있다. 케이블 D는 한쪽 끝이 위 원판 A의 중심에 연결되어 있고 다른 쪽 끝은 천정에 부착되어 있다. 만약 아래쪽 원판 B를 잡고 있다 놓을 때, 다음 물음에 답하시오. (단 케이블의 질량은 무시하고 케이블 C는 원판 둘레에서 미끄러지지 않으며, 중력가속도는 $9.8\mathrm{m/s^2}$이다) [국가공무원 5 급(기술) 제 2 차시험]

(1) 원판 B의 중심의 가속도 a_B를 원판 A와 B의 각가속도 α_A와 α_B로 표현하시오.

(2) 위 원판을 지지하는 케이블 D에 작용하는 힘 T_D를 구하시오.

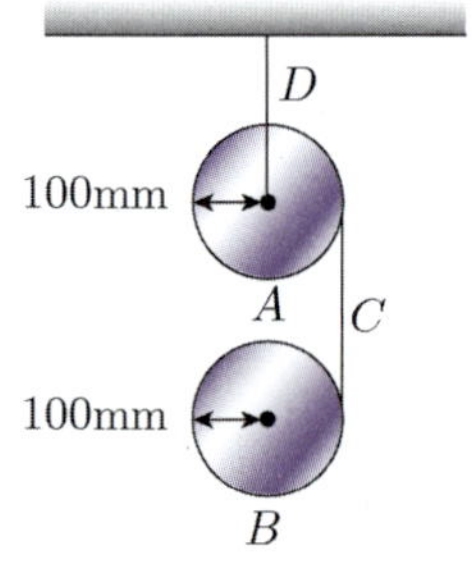

[문제 7.3.28]

29 질량 50kg, 반경 25cm 인 균일한 원통이 놓여 있다. 여기에 $M = 75\mathrm{N \cdot m}$의 토크가 작용할 때 원통의 각가속도와 질량중심 G의 가속도를 구하시오. (단, 정지마찰계수 $\mu_s = 0.3$, 동마찰계수 $\mu_k = 0.25$이다) [국가공무원 5 급(기술) 제 2 차시험]

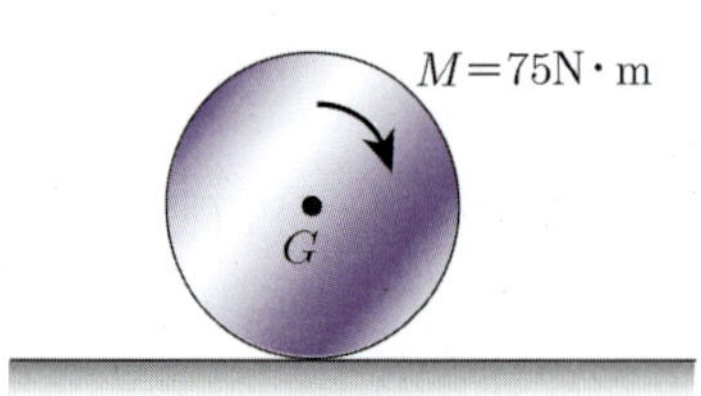

[문제 7.3.29]

[문제 7.3.30]

30 반경이 r이고 질량이 m인 구가 선형속도 없이 시계방향 각속도 ω_0로 수평면 위에 놓여진다. 구와 바닥면 사이의 동마찰계수를 μ_k라 할 때, 구가 미끄러짐 없이 구르기 시작하는 순간의 각속도를 구하시오. 단, 구의 질량 중심에 대한 질량관성모멘트는 $\frac{2}{5}mr^2$이다. [국가공무원 5급(기술) 제2차시험]

앞의 원판에 대한 문제와 같은 문제이다. 각속도와 마찰력 및 각가속도의 방향에 주의해서 풀어보도록 한다. 한편 8.2절의 운동량 방법을 사용하면 조금 더 간단하게 각속도를 구할 수 있다.

31 그림과 같이 질량이 m, 반지름이 R인 균일한 구가 경사각이 θ인 경사면 위에 놓여 있다. 이 구가 미끄러짐 없이 경사면을 내려가기 위한 최소 마찰계수 μ를 구하시오. [국가공무원 5급(기술) 제2차시험]

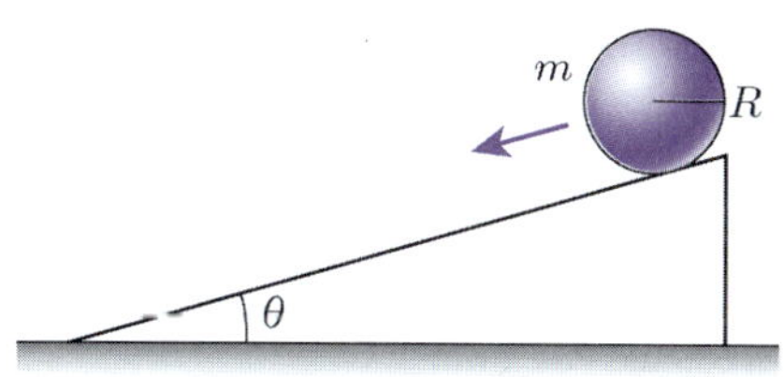

[문제 7.3.31]

32 질량 $m(=100\text{kg})$이고 길이가 3m인 균일한 강체막대가 그림과 같이 평면 위에 정지하고 있다. 막대의 A지점에 힘 $F(=400\text{N})$가 오른쪽 수평방향으로 작용할 때, 다음 물음에 답하시오. (단, 평면과 막대 접촉면의 운동마찰 계수는 $\mu_k=0.25$, 정지마찰계수는 $\mu_s=0.3$이며, G점은 무게중심이고, GA의 길이는 그림과 같다) [국가공무원 5급(기술) 제2차시험]

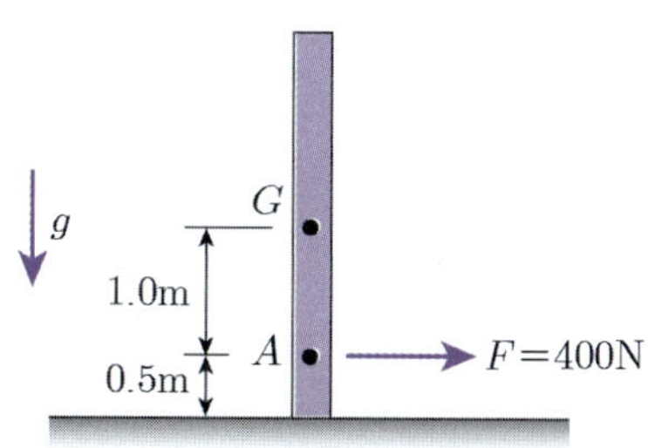

[문제 7.3.32]

(1) 막대의 직선운동과 회전운동에 대한 방정식을 각각 구하시오.

(2) 운동이 일어나는 동안 막대와 바닥면의 접촉이 유지된다고 가정할 때, 막대와 바닥면 사이의 상대운동(미끄러짐) 존재 여부를 증명하고, 막대의 회전 각가속도를 구하시오.

제8장 강체운동의 에너지와 운동량

8.1 일과 에너지 원리

8.2 충격량과 운동량 원리

8.1 일과 에너지 원리

이 절에서는 일과 에너지 원리를 강체의 평면운동에 적용하여 해석한다. 4 장에서 보았듯이 일과 에너지 방법은 특히 속도와 각속도 및 변위가 관련된 문제를 해석할 때 유용하게 사용된다. 이 방법의 주된 장점은 스칼라량인 일과 운동에너지를 다룬다는 것이다.

1 일과 에너지 원리

4.2 절의 식 (4.2.4)를 다시 쓰면 강체에 대한 일과 에너지 원리는 다음과 같다.

$$T_1 + U_{1\to2} = T_2 \quad \cdots(8.1.1)$$

여기에서 T_1과 T_2는 각각 강체를 이루고 있는 질점들의 처음과 마지막 전체 운동에너지이고, $U_{1\to2}$는 질점에 작용하는 모든 힘이 한 일이다.

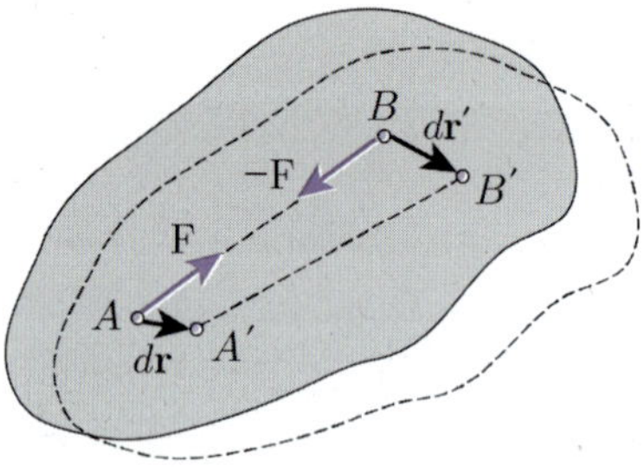

[그림 8.1.1] 내력이 한 전체 일은 0이다.

식 (8.1.1)에서 $U_{1\to2}$는 강체의 여러 질점에 외부와 내부에서 작용하는 모든 힘이 한 일을 나타낸다. 그런데 강체의 질점에 상호작용하는 내부 힘이 한 전체 일은 0 이다. [그림 8.1.1]과 같이 강체의 두 질점 A와 B, 그리고 이 두 질점에 각각 작용하는 크기가 같고 방향이 반대인 힘 $\mathbf{F}$와 $-\mathbf{F}$를 고려한다. 일반적으로 두 질점의 미소변위 $d\mathbf{r}$과 $d\mathbf{r}'$은 서로 다르지만 AB 선상의 이 변위의 성분들은 같아야 한다. 그렇지 않으면 질점들이 서로 같은 거리에 있지 않으므로 강체가 될 수 없기 때문이다. 따라서 힘 $\mathbf{F}$가 한 일은 $-\mathbf{F}$가 한 일과 크기가 같고 부호는 반대이므로 두 힘이 한 일의 합은 0 이다. 그러므로 어떤 강체의 질점에 작용하는 내부 힘(내력)이 한 일은 0 이고, 식 (8.1.1)에서 $U_{1\to2}$는 변위가 일어나는 동안 강체에 작용하는 외부 힘(외력)이 한 일이 된다.

2 강체에 작용하는 힘이 한 일

힘 F가 한 일은 4.1절에서 취급한 바 있다. 어떤 점 A_1에서 A_2로 변위가 일어나는 동안 힘 F가 한 일은 다음과 같다.

$$U_{1\rightarrow 2} = \int_{A_1}^{A_2} \mathbf{F} \cdot d\mathbf{r} \quad \cdots(8.1.2)$$

$$U_{1\rightarrow 2} = \int_{s_1}^{s_2} F\cos\theta ds \quad \cdots(8.1.3)$$

여기에서 F는 힘의 크기이고, θ는 그 힘이 A의 운동방향과 이루는 각이며, s는 A가 움직인 거리를 측정하는 적분변수이다.

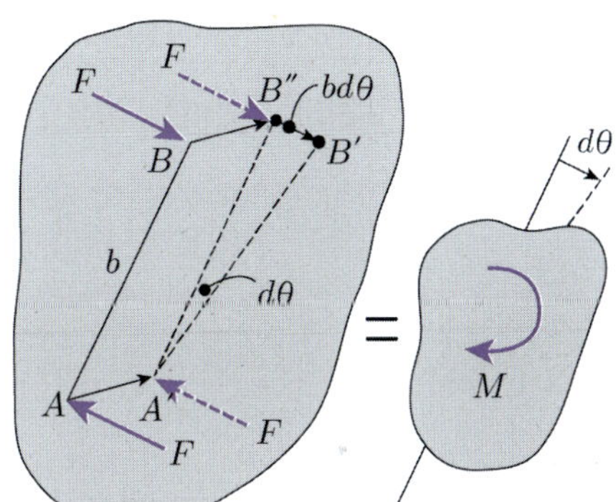

[그림 8.1.2] 짝힘(우력모멘트 M)이 하는 일

강체에 작용하는 우력모멘트(짝힘, 우력) M이 하는 일을 계산할 경우가 있는데 이때는 짝힘을 이루는 두 힘이 한 일을 따로따로 취급하지 않고 짝힘이 한 일을 직접 구하는 것이 편리하다. [그림 8.1.2]는 평면 내에서 운동하고 있는 강체에 작용하는 짝힘 $M = Fb$를 보여준다. 시간 dt 동안 강체는 각도 $d\theta$만큼 회전하고 선분 AB는 $A'B'$으로 이동한다. 이 운동을 두 부분으로 나누어 고려하면 먼저 $A'B''$까지 병진과 A' 주위로 $d\theta$만큼 회전으로 나눌 수 있다. 병진하는 동안 하나의 힘이 한 일은 다른 힘이 한 일과 상쇄되므로 순 일은 회전 부분에 의한 $dU = F(bd\theta) = Md\theta$라는 것을 알 수 있다. 짝힘이 회전 방향과 반대로 작용하면 짝힘이 한 일은 음(−)이 된다.

$$dU = Md\theta \quad \cdots(8.1.4)$$

여기에서 $d\theta$는 강체가 회전한 미소각이며 단위는 rad이다. 강체가 한정된 각도를 회전하는 동안 짝힘이 한 일은 식 (8.1.4)의 양변을 θ의 초깃값 θ_1에서 최종 값 θ_2까지 적분함으로써 얻어진다.

$$U_{1\to 2} = \int_{\theta_1}^{\theta_2} M d\theta \qquad \cdots(8.1.5)$$

우력모멘트 M이 상수일 때 식 (8.1.5)는 다음과 같이 된다.

$$U_{1\to 2} = M(\theta_2 - \theta_1) = M\Delta\theta \qquad \cdots(8.1.6)$$

우력모멘트 M은 보존우력(conservative couple)이다. 보존우력에 의한 일은 우력의 위치에너지로 나타낼 수 있다. 비틀림(torsion) 스프링에서 우력모멘트(비틀림 모멘트) M[N • m]와 비틀림각 θ[rad]의 관계는

$$M = k_t\theta \ \ [\mathrm{N \cdot m}] \qquad \cdots(8.1.7)$$

이고, 식 (8.1.5)로부터 비틀림 스프링의 위치에너지는 다음과 같다.

$$V = \frac{1}{2}k_t\theta^2 \qquad \cdots(8.1.8)$$

여기에서 k_t는 비틀림 스프링상수라고 하며, 단위는 [N • m/rad]이다.

고정된 점에 작용하는 힘과 작용점의 변위에 수직인 방향으로 작용하는 힘은 일을 하지 않는다. 이와 같이 일을 하지 않는 힘에는 지지된 물체가 핀을 중심으로 회전할 때 마찰이 없는 핀에서 발생하는 반력, 물체가 표면에 밀착되어 움직일 때 마찰이 없는 표면에서 반력, 물체 무게중심이 수평 방향으로 움직일 때 물체의 중력 등이 있다. 특히 주목할 것은

'강체가 고정된 표면을 미끄러짐 없이 구를 때 표면과 접촉점에서 마찰력은 일을 하지 않는다.'

라는 것이다. 미끄러짐 없이 구를 때 순간중심인 접촉점 C의 속도 $v_C = 0$이므로 강체의 미소 변위 동안 마찰력 F가 한 일은 $dU = Fds_C = F(v_C dt) = 0$이다.

3 평면운동을 하는 강체의 운동에너지

(1) 병진운동

[그림 8.1.3(a)]와 같은 병진운동에서 강체의 모든 질점들은 동일한 속도 v로 움직이므로 질량이 m인 강체의 운동에너지는 다음과 같다.

$$T = \frac{1}{2}mv^2 \qquad \cdots(8.1.9)$$

이 식은 직선병진운동과 곡선병진운동에 대해 모두 성립한다.

(2) 고정축에 대한 회전운동

[그림 8.1.3(b)]의 강체는 '점 O를 지나는 고정축' 주위를 각속도 ω로 회전하고 있다. 이때 질점 m_i의 운동에너지는 $T_i = \frac{1}{2}m_i(r_i\omega)^2$이므로 강체 전체의 운동에너지는 $T = \frac{1}{2}\omega^2\sum m_i r_i^2$이 된다. 여기에서 O점에 대한 강체의 관성모멘트(질량관성모멘트)는 $I_O = \sum m_i r_i^2$이므로 강체의 운동에너지는 다음과 같다.

$$T = \frac{1}{2}I_O\omega^2 \qquad \cdots(8.1.10)$$

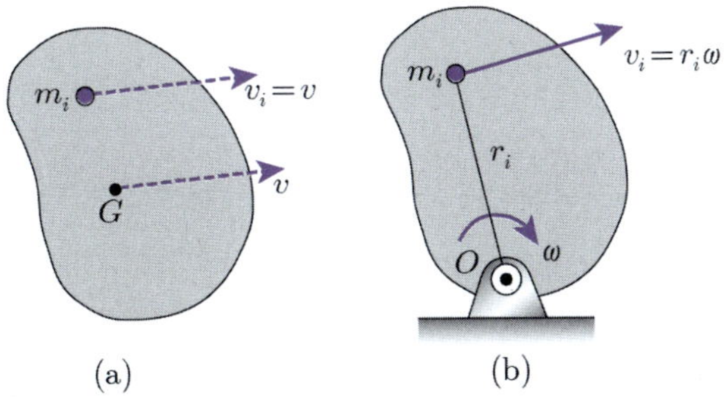

[그림 8.1.3] (a) 병진운동 (b) 고정축에 대한 회전운동

(3) 일반평면운동

식 (8.1.9)와 (8.1.10)으로부터 강체가 병진운동과 회전운동을 함께 할 때 강체의 운동에너지는 다음과 같다.

$$T = \frac{1}{2}m\bar{v}^2 + \frac{1}{2}\bar{I}\omega^2 \qquad \cdots(8.1.11)$$

m: 강체의 질량

$\overline{v}$: 강체 질량중심의 속도

$\overline{I}$: 강체 질량중심에 대한 강체의 질량관성모멘트

ω: 강체의 각속도

식 (8.1.11)은 '질량중심의 병진속도($\overline{v}$)에 의한 운동에너지'와 '질량중심을 중심으로 한 물체의 회전(ω)에 관한 운동에너지'를 분명하게 구분하여 보여준다.

평면운동의 운동에너지는 영속도 순간중심 C 주위의 회전속도로도 표현할 수 있다. 즉, C점의 속도는 순간적으로 0 이므로 고정점 O에 대한 식 (8.1.10)이 C점에 대해서도 그대로 적용된다. 따라서 평면운동을 하는 강체의 운동에너지를 다음과 같이 쓸 수 있다. 여기에서 I_C는 C점에 대한 강체의 질량관성모멘트이다.

$$T = \frac{1}{2} I_C \omega^2 \qquad \cdots (8.1.12)$$

4 강체 계

문제가 여러 개의 강체들과 관련 있을 때는 각 강체들을 분리하여 생각하지 않고 하나의 계로 생각할 수 있다. 모든 강체들의 운동에너지를 합하고 관련된 모든 힘들이 하는 일을 고려하여 전체 계에 대한 일과 에너지 방정식을 사용할 수 있다.

$$T_1 + U_{1\to 2} = T_2 \qquad \cdots (8.1.13)$$

여기에서 T는 계를 구성하는 강체들의 운동에너지를 산술적으로 합한 것이고, $U_{1\to 2}$는 물체에 작용하는 모든 힘들이 한 일이다.

일과 에너지 방법은 '핀으로 연결된 부분', '늘어나지 않는 끈으로 연결된 된 블록과 풀리', '맞물린 톱니바퀴들이 관련된 문제' 등을 풀 때 특히 유용하다. 이와 같은 경우에 내부 힘들은 크기가 같고 서로 반대 방향으로 작용하며 이러한 힘들이 작용하는 점은 그 계의 미소변위가 일어나는 동안 똑같은 거리를 움직인다. 결과적으로 내부 힘들이 하는 일은 0 이고 $U_{1\to 2}$는 외부에서 계에 작용하는 힘이 한 일이 된다.

5 에너지 보존법칙

4 장에서 중력이나 스프링 힘과 같은 보존력이 하는 일은 위치에너지 변화로 나타낼 수 있다는 것을 보았다. 식 $U_{1\to2} = V_1 - V_2$를 식 (8.1.1)에 대입하면

$$T_1 + V_1 = T_2 + V_2 \quad \cdots(8.1.14)$$

이고, 이 식을 중력 위치에너지(V_g)와 탄성 위치에너지(V_e)로 표현하면 다음과 같다.

$$T_1 + V_{g1} + V_{e1} = T_2 + V_{g2} + V_{e2} \quad \cdots(8.1.15)$$

식 (8.1.14)와 (8.1.15)는 하나의 강체나 강체 계가 보존력에 의해 움직일 때 계의 운동에너지와 위치에너지의 합은 일정하다는 것을 나타낸다. 여기에서 강체가 평면운동을 할 때 운동에너지는 병진 항 $m\overline{v}^2/2$과 회전 항 $\overline{I}\omega^2/2$이 모두 포함된다는 것에 주의해야 한다.

시스템이 보존력과 비보존력(non-conservative force)을 동시에 받는다면 에너지 보존법칙을 다음과 같이 수정된 형태로 쓸 수 있다.

$$T_1 + V_1 + U_{1\to2}^{NC} = T_2 + V_2 \quad \cdots(8.1.16)$$

$$T_1 + V_{g1} + V_{e1} + U_{1\to2}^{NC} = T_2 + V_{g2} + V_{e2} \quad \cdots(8.1.17)$$

위 식에서 $U_{1\to2}^{NC}$ 는 시스템이 위치 1 에서 2 로 움직이는 동안 시스템에 가해지는 모든 비보존력들이 한 일을 합한 것이다. 식 (8.1.16)에서 좌변은 '위치 1 에서 계의 운동에너지와 위치에너지 및 위치 1 에서 2 로 움직이는 동안 계에 한 일을 모두 합한 총 에너지'이고 우변은 '위치 2 에서 운동에너지와 위치에너지의 합'이다.

강체의 무게와 스프링 힘은 보존력이지만 **'마찰력은 비보존력'**이다. 마찰력은 운동방향과 반대 방향으로 작용하므로 마찰력이 한 일은 항상 음의 값을 갖는다.

6 동력(일률)

동력(power)은 단위 시간당 한 일이다. 힘 F 가 작용하여 v 의 속도로 움직이는 물체의 동력은 다음과 같다.

$$(\text{동력}) = \frac{dU}{dt} = \mathbf{F} \cdot \mathbf{v} \quad \cdots (8.1.18)$$

각속도 ω로 회전하고 회전축에 평행하게 우력모멘트(짝힘) M이 작용하는 강체의 동력은 식 (8.1.4)에 의해 다음과 같이 표현된다.

$$(\text{동력}) = \frac{dU}{dt} = \frac{Md\theta}{dt} = M\omega \quad \cdots (8.1.19)$$

동력의 단위로는 와트(W)와 마력(PS) 등을 사용한다.

예제 8.1.1 [그림 8.1.4(a)]에서 질량 m, 길이 L의 균일하고 가는 막대 AB의 양끝이 매끄러운 수평 홈과 수직 홈에서 움직이는 블록에 마찰 없는 핀으로 연결되어 있다. (a)와 같이 막대가 수평인 위치에 있을 때 막대는 정지해 있고, 막대를 가만히 놓으면 막대 무게에 의해 막대가 회전하게 된다. (b)와 같이 막대가 수평선에 대해 θ만큼 회전했을 때 막대의 각속도를 구하라. 막대 양 끝 블록의 질량은 무시한다.

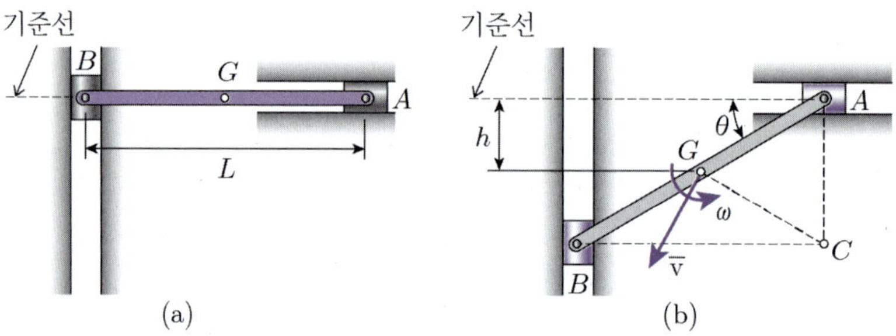

[그림 8.1.4] (a) 기준선 상태의 막대 (b) 각 θ만큼 회전한 막대

풀이 처음에 막대가 정지해 있으므로 막대의 운동에너지 $T_1 = 0$이고, 위치에너지 기준선을 그림의 (a)와 같이 막대의 초기 위치와 일치하는 수평선으로 잡으면 막대의 위치에너지 $V_1 = 0$이다. 막대가 θ만큼 회전했을 때 막대의 질량중심 G는 기준선으로부터 $h = \frac{1}{2}L\sin\theta$ 아래에 있으므로 위치에너지는

$$V_2 = -mgh = -mg \times \frac{1}{2}L\sin\theta = -\frac{1}{2}mgL\sin\theta$$

이다. (b)의 위치에서 막대의 순간중심은 C이고 $\overline{CG} = \frac{1}{2}L$이므로 질량중심의 속도 $\bar{v}_2 = \frac{1}{2}L\omega$가 된다. 따라서 운동에너지는

$$T_2 = \frac{1}{2}m\bar{v}_2^2 + \frac{1}{2}\bar{I}\omega_2^2 = \frac{1}{2}m\left(\frac{1}{2}L\omega\right)^2 + \frac{1}{2}\left(\frac{1}{12}mL^2\right)\omega^2$$
$$= \frac{1}{6}mL^2\omega^2$$

이다. 여기에서 에너지 보존법칙을 적용하면 다음과 같이 막대의 각속도 ω가 구해진다.

$$T_1 + V_1 = T_2 + V_2$$
$$0 + 0 = \frac{1}{6}mL^2\omega^2 - \frac{1}{2}mgL\sin\theta$$
$$\omega = \sqrt{\frac{3g}{L}\sin\theta}$$

예제 8.1.2 수평면에 놓인 그림의 카트는 4개의 동일한 바퀴를 가지고 있고, 바퀴 하나의 질량 $m = 1\text{kg}$, 질량관성모멘트 $\bar{I} = 0.02\text{kg} \cdot \text{m}^2$, 반지름 $r = 5\text{cm}$이다. 바퀴를 포함하지 않은 카트의 질량 $M = 8\text{kg}$이고, 정지 상태의 카트에 오른쪽으로 $F = 40\text{N}(\rightarrow)$의 힘을 계속 가하였다. 카트가 오른쪽($\rightarrow$)으로 $d = 2\text{m}$ 이동했을 때 카트의 속도를 구하라. 바퀴는 미끄러짐 없이 굴러간다.

[그림 8.1.5] 수평면에서 힘을 받고 움직이는 카트

풀이 카트의 속도를 v라 하면 바퀴가 미끄러짐 없이 굴러가므로 바퀴의 각속도는

$$\omega = \frac{v}{r} \qquad \cdots ①$$

이고, 카트가 초기에 정지해 있었으므로

$$T_1 = 0 \qquad \cdots ②$$

이다. 그리고 외력 F가 한 일은

$$U_{1\rightarrow 2} = Fd \qquad \cdots ③$$

이고, 카트와 바퀴 4개의 총 운동에너지는

$$T_2 = \frac{1}{2}Mv^2 + 4\left[\frac{1}{2}mv^2 + \frac{1}{2}\bar{I}\omega^2\right] \qquad \cdots ④$$

이 된다. 식 ①~④를 일-에너지방정식에 대입하면 다음과 같이 카트의 속도 v가 구해진다.

$$T_1 + U_{1\to 2} = T_2$$

$$0 + 40(2) = \frac{1}{2}(8)v^2 + 4\left[\frac{1}{2}(1)v^2 + \frac{1}{2}(0.02)\left(\frac{v}{0.05}\right)^2\right]$$

$$v = 1.91\,[\mathrm{m/s}]$$

예제 8.1.3 [그림 8.1.6]과 같이 중앙부에 반지름 $r_1 = 0.1\mathrm{m}$인 홈이 있는 원판의 질량 $m = 18\mathrm{kg}$, 반지름 $r_2 = 0.2\mathrm{m}$, 질량관성모멘트 $\bar{I} = 0.28\mathrm{kg \cdot m^2}$이다. 정지 상태의 원판을 가만히 놓으면 원판 무게에 의해 원판이 아래로 떨어진다. 원판 중심이 9.2m 아래로 내려갔을 때 원판의 각속도를 구하라. 줄의 질량은 무시한다.

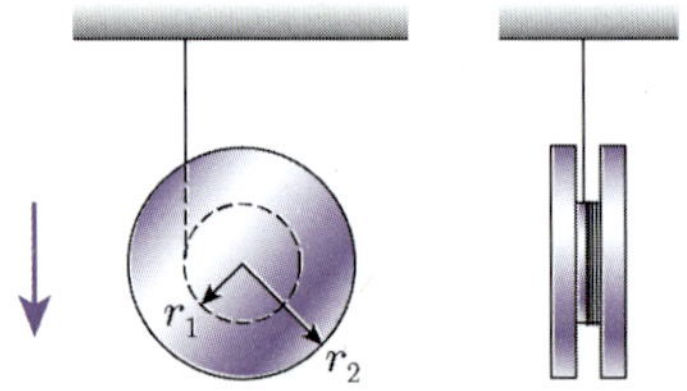

[그림 8.1.6] 홈이 있는 원판

풀이 원판 질량중심의 낙하 거리는

$$h = 9.2\mathrm{m}$$

이고, 원판의 각속도를 ω라 하면 원판 질량중심의 속도는

$$\bar{v} = r_1\omega$$

이다. 그리고 원판의 운동에너지는

$$T_1 = 0,\ \ T_2 = \frac{1}{2}m\bar{v}^2 + \frac{1}{2}\bar{I}\omega^2$$

이고, 중력 위치에너지 기준면을 초기 정지 상태 원판중심을 지나는 수평면으로 하면 위치에너지는

$$V_1 = 0,\ \ V_2 = V_{g2} = -mgh$$

이다. 여기에서 에너지 보존법칙을 적용하면 다음과 같이 낙하 후 원판의 각속도가 구해진다.

$$T_1 + V_1 = T_2 + V_2$$

$$0 + 0 = \frac{1}{2}m(r_1\omega)^2 + \frac{1}{2}\bar{I}\omega^2 - mgh$$

$$\omega = \sqrt{\frac{2mgh}{mr_1^2 + \bar{I}}} = \sqrt{\frac{2(18)(9.8)(9.2)}{18(0.1)^2 + 0.28}} = 84[\text{rad/s}]$$

예제 8.1.4 스프링 변형이 없는 상태에서 질량 $m = 20\text{kg}$, 반지름 $r = 0.3\text{m}$인 원판에 $\omega = 2\text{rad/s}$ (↷)의 각속도가 주어진다. 만일 원판이 미끄러짐 없이 굴러간다면 원판 중심이 얼마나 오른쪽으로 이동할 수 있는가? 스프링상수 $k = 30\text{N/m}$이다.

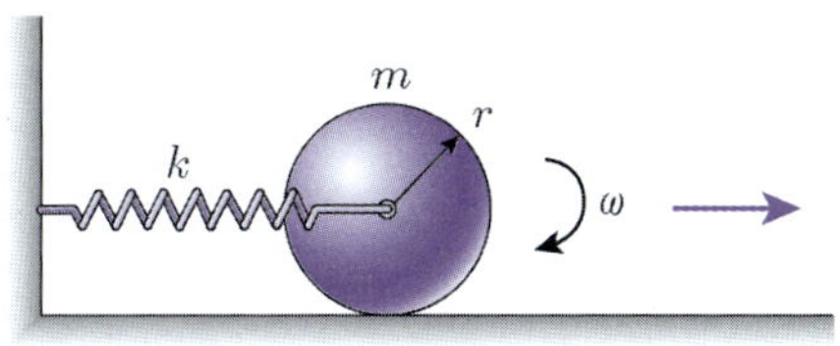

[그림 8.1.7] 스프링과 원판

풀이 원판 중심이 오른쪽으로 이동하는 거리는 스프링이 늘어난 길이와 같다. 초기 상태 원판 질량중심의 속도는

$$\bar{v} = r\omega$$

이고, 탄성 위치에너지와 운동에너지는

$$V_{e1} = 0, \quad T_1 = \frac{1}{2}m\bar{v}^2 + \frac{1}{2}\bar{I}\omega^2$$

이다. 원판 중심이 오른쪽으로 이동할 수 있는 최대 거리($x_{\max}$)는 원판이 운동을 멈출 때 일어난다. 따라서 이때 원판의 탄성 위치에너지와 운동에너지는

$$V_{e2} = \frac{1}{2}kx_{\max}^2, \quad T_2 = 0$$

이 된다. 여기에서 에너지 보존법칙을 적용하면 다음과 같이 원판 중심이 오른쪽으로 이동할 수 있는 최대 거리 $x_{\max}$가 구해진다.

$$T_1 + V_{e1} = T_2 + V_{e2}$$

$$\frac{1}{2}m(r\omega)^2 + \frac{1}{2}\left(\frac{1}{2}mr^2\right)\omega^2 + 0 = 0 + \frac{1}{2}kx_{\max}^2$$

$$x_{\max} = \sqrt{\frac{3mr^2\omega^2}{2k}} = \sqrt{\frac{3(20)(0.3)^2(2)^2}{2(30)}} = 0.6[\text{m}]$$

예제 8.1.5 질량 $m = 8\text{kg}$, 길이 $L = 2\text{m}$인 가늘고 균일한 봉이 A점에서 마찰 없는 핀으로 고정되어 있다. 수평 위치 1에서 정지 상태에 있는 봉을 가만히 놓으면 봉의 무게에 의해 A점을 축으로 봉이 회전하게 된다. 봉이 수직 위치 2까지 회전하였을 때 다음을 구하라.

(1) 봉이 위치 1에서 2로 오는 동안 봉의 무게가 한 일

(2) 봉이 위치 1에서 2로 오는 동안 A의 핀에 작용하는 힘이 한 일

(3) 위치 2에서 봉의 각속도

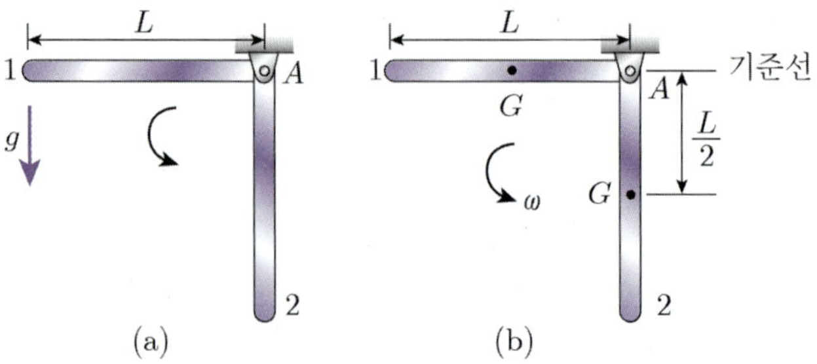

[그림 8.1.8] (a) 회전하는 봉 (b) 중력 위치에너지 기준선과 봉의 질량중심의 낙하 거리

풀이 (1) 그림의 (b)와 같이 봉의 질량중심 G는 $h = L/2$ 낙하하므로 봉의 무게가 한 일은 다음과 같다.

$$U_{1\to2} = mgh = mg \times \frac{L}{2}$$

$$= 8(9.8) \times \frac{2}{2} = 78.4[\text{N} \cdot \text{m}]$$

(2) 고정된 핀은 움직이지 않는다. 따라서 핀에 작용하는 힘이 한 일은

$$W = 0$$

이다.

(3) 그림의 (b)와 같이 A점을 지나는 수평선을 중력 위치에너지 기준선으로 하고 위치 1과 2 사이에 에너지 보존법칙을 적용한다.

$$T_1 + V_{g1} = T_2 + V_{g2}$$

$$0 + 0 = \frac{1}{2}\left(\frac{1}{3}mL^2\right)\omega^2 - mg \times \frac{L}{2}$$

$$\omega = \sqrt{\frac{3g}{L}} = \sqrt{\frac{3(9.8)}{2}} = 3.83[\text{rad/s}]$$

여기에서 봉은 A를 지나는 고정축을 회전축으로 하여 회전운동을 하므로 2에서 봉의 운동에너지는 $T_2 = \frac{1}{2}I_A\omega^2$이다.

[예제 8.1.5]에서 봉의 무게가 한 일 $U_{1\to2} = mgL/2$이므로 다음과 같이 일-에너지 원리를 적용할 수 있다.

$$T_1 + U_{1\to2} = T_2$$
$$0 + mg \times \frac{L}{2} = \frac{1}{2} I_A \omega^2$$

예제 8.1.6 [그림 8.1.9(a)]에서 정지 상태에 있는 질량 m, 반지름 R인 균일한 원판을 경사면에 가만히 놓으면 원판의 무게에 의해 원판이 경사면에서 굴러 내려가게 된다. 원판이 경사면을 따라 거리 d만큼 움직였을 때 원판 질량중심의 속도를 구하라. 원판은 미끄러짐 없이 굴러 내려간다고 가정한다.

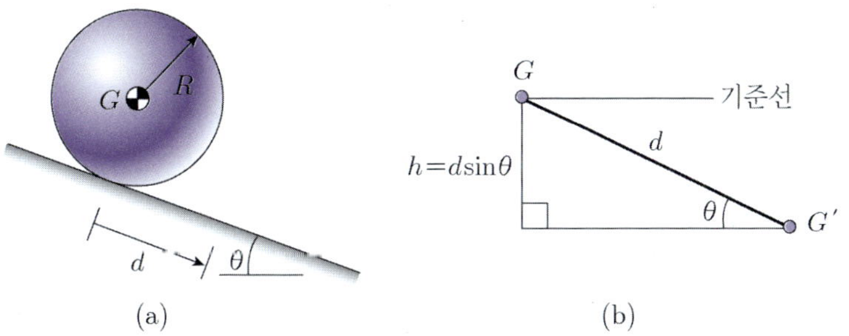

[그림 8.1.9] (a) 구르는 원판 (b) 질량중심 이동 수직거리

풀이 초기에 정지해 있는 원판의 질량중심을 지나는 수평선을 중력 위치에너지 기준선으로 하면 초기 상태의 원판의 운동에너지와 중력 위치에너지는

$$T_1 = 0, \ \ V_{g1} = 0 \qquad \cdots ①$$

이다. 그림의 (b)에서 원판이 경사면을 따라 거리 d만큼 움직이면 원판 질량중심 G가 내려간 수직거리는 $h = d\sin\theta$이므로 이때의 원판의 운동에너지와 중력 위치에너지는

$$T_2 = \frac{1}{2} m\bar{v}^2 + \frac{1}{2}\bar{I}\omega^2, \ \ V_{g2} = -mgh = -mgd\sin\theta \qquad \cdots ②$$

가 된다. 여기에서 원판이 미끄러짐 없이 굴러가면 마찰력이 한 일은 0이고, 원판의 각속도는

$$\omega = \frac{\bar{v}}{R} \qquad \cdots ③$$

이다. 식 ①~③을 에너지 보존법칙에 대입하면 다음과 같이 원판 질량중심의 속도 $\bar{v}$가 구해진다.

$$T_1 + V_{g1} = T_2 + V_{g2}$$

$$0 + 0 = \frac{1}{2}m\bar{v}^2 + \frac{1}{2}\left(\frac{1}{2}mR^2\right)\left(\frac{\bar{v}}{R}\right)^2 - mgd\sin\theta$$

$$\bar{v} = \sqrt{\frac{4gd\sin\theta}{3}}$$

또는, 원판의 무게가 한 일 $U_{1\to2} = mgh$이므로 다음과 같이 일-에너지 원리를 적용할 수 있다.

$$T_1 + U_{1\to2} = T_2$$

$$0 + mgd\sin\theta = \frac{1}{2}m\bar{v}^2 + \frac{1}{2}\bar{I}\omega^2$$

Note [예제 8.1.6]에서 원판에 작용하는 힘은 원판 무게(W)와 지면으로부터 받는 수직반력(N) 및 마찰력(f)이다. 이 중 무게만 일을 한다. 먼저 수직반력의 방향은 이동 방향과 직각을 이루므로 수직반력은 일을 하지 않는다. 마찰력이 일을 하지 않는 이유를 설명하기 위해 힘 F에 의한 일을 다음과 같이 쓸 수 있다.

$$\int_{(\mathbf{r}_P)_1}^{(\mathbf{r}_P)_2} \mathbf{F} \cdot d\mathbf{r}_P = \int_{t_1}^{t_2} \mathbf{F} \cdot \frac{d\mathbf{r}_P}{dt}dt = \int_{t_1}^{t_2} \mathbf{F} \cdot \mathbf{v}_P dt$$

여기에서 $\mathbf{v}_P$는 힘 F의 작용점의 속도이다. 원판이 미끄러짐 없이 굴러가는 동안 마찰력 f가 작용하는 점의 속도가 0이므로 f에 의한 일은 0이 된다.

예제 8.1.7 [예제 8.1.6]에서 경사면이 매끄러워서 원판이 구르지 않고 미끄러져 내려갈 때 원판의 속도를 구하라. 경사면과 원판 사이의 마찰력은 0이다.

풀이 원판이 구르지 않으므로 원판의 각속도 $\omega = 0$이다. 따라서 원판의 운동에너지는

$$T_2 = \frac{1}{2}m\bar{v}^2$$

이고, 에너지 보존법칙에 대입하면 원판의 속도는 다음과 같다.

$$0 = \frac{1}{2}m\bar{v}^2 - mgd\sin\theta$$

$$\bar{v} = \sqrt{2gd\sin\theta}$$

Note [예제 8.1.6]과 [예제 8.1.7]에서 원판이 미끄러질 때 속도가 더 크다는 것을 알 수 있다. 일과 에너지에 대한 두 경우의 식을 비교해보면 그 이유를 알 수 있다. 원판의 무게가 한 일은 같다. 원판이 굴러갈 때는 일의 일부가 원판의 병진운동에너지를 증가시키고 나머지는 원판의 회전운동에너지를 증가시키는 데 소모된다. 그런데 원판이 미끄러지는 경우에는 일의 전부가 원판의 병진운동에너지($mv^2/2$)를 증가시킨다. 따라서 미끄러질 때 속도가 더 크다.

연습문제 8.1

01 원심분리기 회전자의 질량관성모멘트 $I=0.2\mathrm{kg}\cdot\mathrm{m}^2$이다. 정지상태의 회전자에 모터가 일정한 우력모멘트 $M=0.8\mathrm{N}\cdot\mathrm{m}$을 가할 때 다음을 구하라.

(1) 회전자가 4바퀴를 회전했을 때 모터가 회전자에 한 일

(2) 회전자가 4바퀴를 회전했을 때 회전자의 회전속도[rpm]

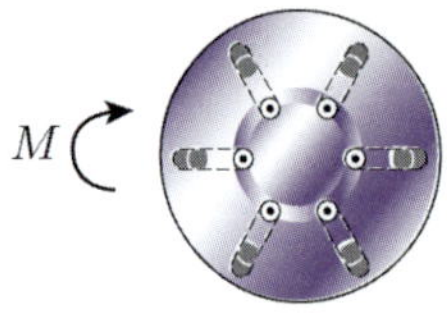

[문제 8.1.1]

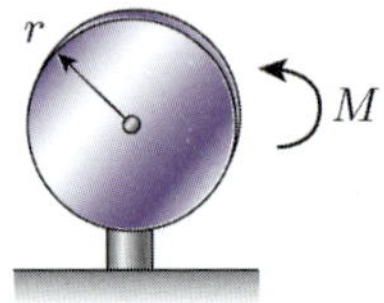

[문제 8.1.2]

02 정지 상태에 있는 질량 $m=20\mathrm{kg}$, 반지름 $r=0.25\mathrm{m}$ 인 균일한 원판에 일정한 크기의 우력모멘트 $M=10\mathrm{N}\cdot\mathrm{m}$를 가한다. 원판이 4 바퀴 회전했을 때 원판의 회전속도[rpm]를 구하라.

03 질량 $m=2\mathrm{kg}$, 길이 $L=4\mathrm{m}$ 인 가늘고 균일한 봉이 수평 위치 1 에서 정지 상태에 있다. 봉의 무게 외에 우력모멘트 $M=30\mathrm{N}\cdot\mathrm{m}$ (↶)가 가해질 때 $\theta=40°$인 위치 2 에서 봉의 각속도를 구하라.

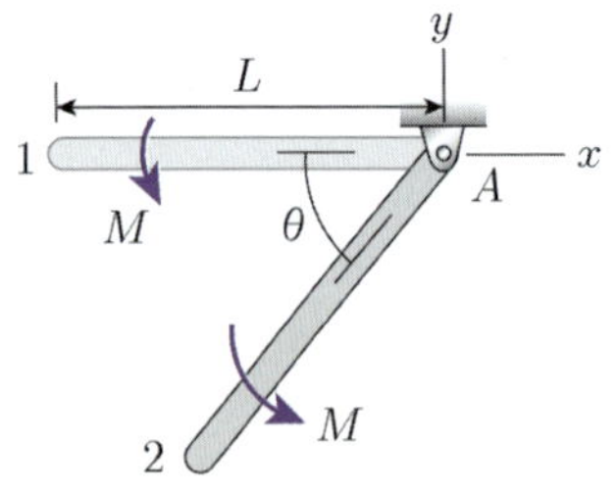

[문제 8.1.3]

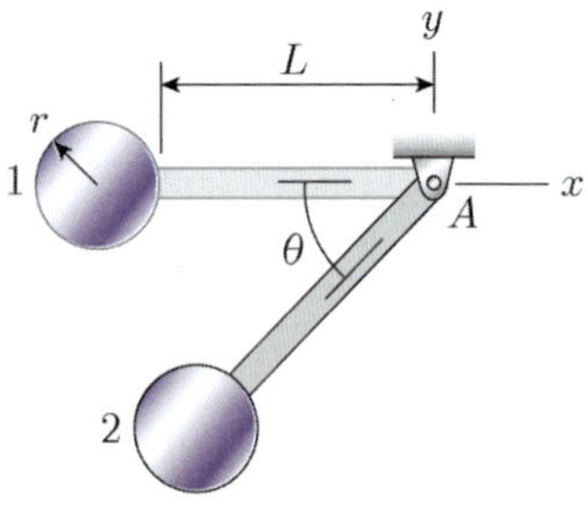

[문제 8.1.4]

04 길이 $L=0.56\mathrm{m}$, 질량 $m=3.6\mathrm{kg}$ 인 가늘고 균일한 봉의 한쪽 끝에 반지름 $r=0.13\mathrm{m}$ 인 균일한 원판이 부착되어 있다. 정지 상태의 수평 위치 1 에서 물체를 가만히 놓았을 때 $\theta=45°$인 위치 2 에서 봉의 각속도가 $\omega=4.6\mathrm{rad/s}$ 로 측정되었다. 원판의 질량(M)을 구하라.

05 헬리콥터 날개가 엔진으로부터 $M=1630\mathrm{N}\cdot\mathrm{m}$ 의 우력모멘트를 받아 정지 상태로부터 움직이기 시작한다. 날개의 질량관성모멘트 $I=540\mathrm{kg}\cdot\mathrm{m}^2$일 때 다음을 구하라. 공기역학적 항력은 무시한다.

(1) 날개가 5바퀴 회전했을 때 날개의 각속도
(2) 날개가 5바퀴 회전할 때까지 날개에 전달된 평균동력

06 헬리콥터 날개가 엔진으로부터 우력모멘트 M을 받아 정지 상태로부터 움직이기 시작한다. 우력모멘트는 회전각의 함수로 $M = 6500 - 20\theta$[N • m](θ의 단위는 rad)이고, 날개의 질량관성모멘트 $I = 540\text{kg} \cdot \text{m}^2$이다. 날개가 10바퀴 회전했을 때 날개의 각속도를 구하라. 공기역학적 항력은 무시한다.

07 그림의 시스템에서 각 블록의 질량 $m = 4\text{kg}$, 풀리의 반지름 $r = 0.12\text{m}$, 질량관성모멘트 $I = 0.032\text{kg} \cdot \text{m}^2$이고, 블록이 놓여있는 표면은 매끄럽다. 시스템이 정지 상태에서 풀려나 블록의 무게에 의해 움직이기 시작한다. 왼쪽 수평면에 놓인 블록이 오른쪽으로 0.5m 이동했을 때 블록의 속도를 구하라.

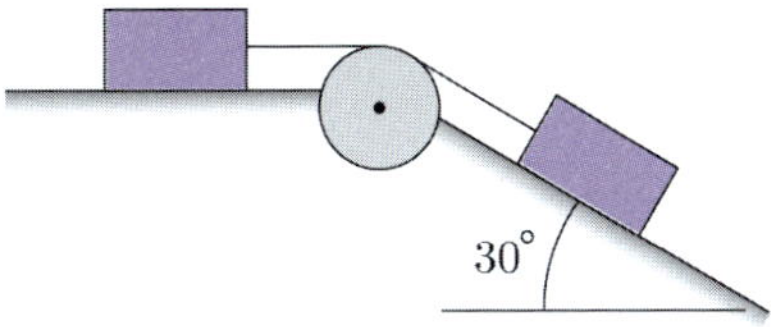

[문제 8.1.7/8]

08 위 문제(7 번)에서 블록과 표면 사이 운동마찰계수 $\mu_k = 0.12$ 일 때 블록의 속도를 구하라.

09 질량 $m = 4\text{kg}$ 인 균일한 봉이 수평위치 1 의 정지 상태로부터 풀려나 봉의 무게에 의해 2 의 위치까지 떨어진다. 변형되지 않은 스프링의 길이는 0.4m 이고 스프링상수 $k = 20\text{N/m}$ 이다. 2 의 위치에서 봉의 각속도를 구하라. (처음 상태 1 에서 스프링의 늘어난 길이는 0.2m 이다.)

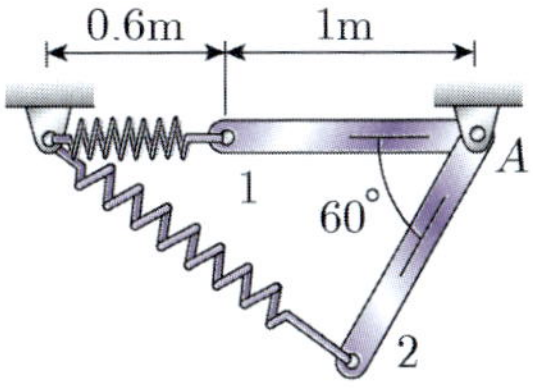

[문제 8.1.9]

10 그림의 두 기어의 질량관성모멘트는 $I_1 = 0.002\text{kg} \cdot \text{m}^2$, $I_2 = 0.006\text{kg} \cdot \text{m}^2$이고, 피치원 반지름은 $R_1 = 60\text{mm}$, $R_2 = 90\text{mm}$이다. 두 기어가 정지 상태에 있을 때 일정한 크기의 우력 모멘트 $M = 2\text{N} \cdot \text{m}$ (↶)가 기어 2 에 가해진다. 마찰을 무시하고 기어 1 이 100 회전 했을 때 두 기어의 각속도를 구하라.

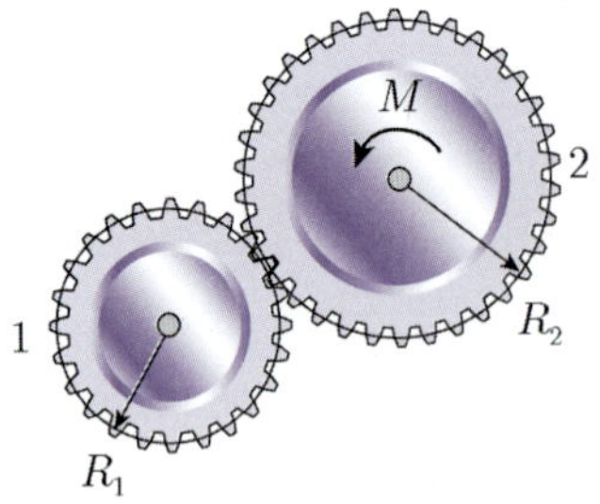

[문제 8.1.10]

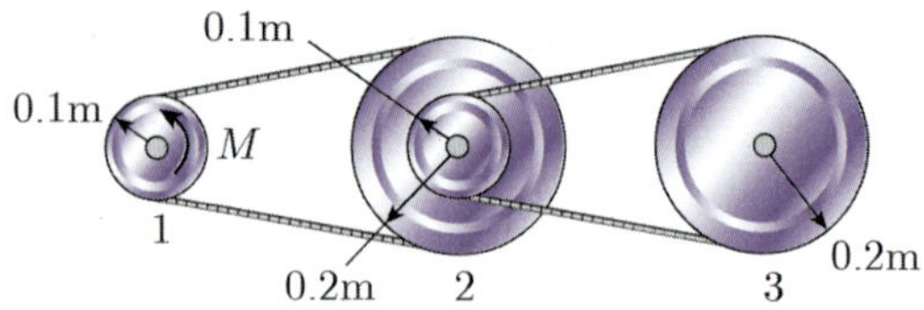

[문제 8.1.11]

11 그림과 같이 미끄러짐이 없는 벨트로 연결된 세 개의 풀리가 있다. 세 풀리의 질량관성모멘트는 $I_1 = 0.002\text{kg} \cdot \text{m}^2$, $I_2 = 0.036\text{kg} \cdot \text{m}^2$, $I_3 = 0.032\text{kg} \cdot \text{m}^2$이다. 세 풀리가 정지 상태에 있을 때 일정한 크기의 우력 모멘트 $M = 2\text{N} \cdot \text{m}(\curvearrowleft)$가 풀리 1에 가해진다. 마찰을 무시하고 풀리 1이 10회전 했을 때 풀리 1의 각속도를 구하라.

12 수평면에 놓인 질량 $m = 5\text{kg}$, 반지름 $r = 0.2\text{m}$인 균일한 원판이 정지 상태에서 우력모멘트 $M = 10\text{N} \cdot \text{m}(\curvearrowright)$를 받는다. 원판이 거리 $d = 0.4\text{m}$만큼 미끄러짐 없이 굴러갔을 때 다음을 구하라.

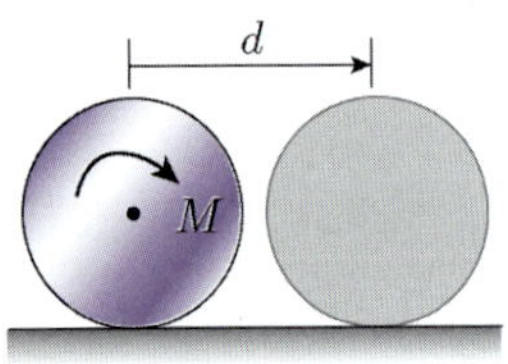

[문제 8.1.12]

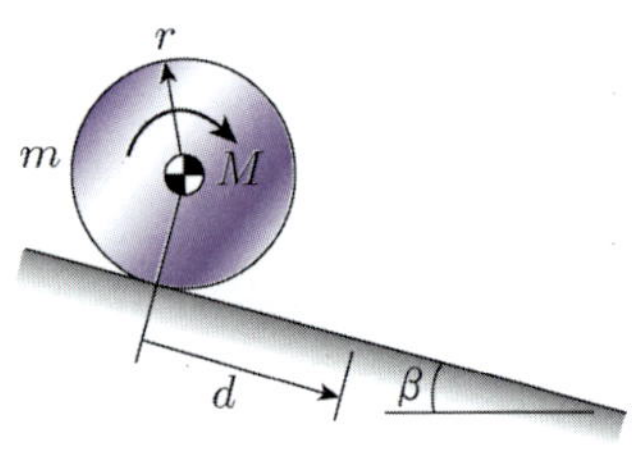

[문제 8.1.13]

(1) 우력모멘트 M이 원판에 한 일
(2) 수평면과 원판 접촉점에서 마찰력이 원판에 한 일
(3) 원판 질량중심의 속도

13 경사각 $\beta = 15°$인 경사면에 놓인 질량 $m = 5\text{kg}$, 반지름 $r = 0.2\text{m}$인 균일한 원판이 정지 상태에서 우력모멘트 $M = 10\text{N} \cdot \text{m}(\curvearrowright)$를 받는다. 원판이 거리 $d = 0.4\text{m}$만큼 미끄러짐 없이 굴러갔을 때 원판 중심의 속도를 구하라.

14 질량 $m = 0.5\text{kg}$인 물체 A가 풀리 C의 원주를 지나는 줄에 의해 질량 $M = 1\text{kg}$인 물체 B에 연결되었다. 정지 상태의 계를 가만히 놓으면 B의 무게에 의해 B가 아래로 내려간다. B가 2m 낙하했을 때 B의 속도를 구하라. 경사면은 매끄럽고 경사각 $\theta = 20°$이며, 풀리의 질량관성모멘트 $\overline{I}_C = 0.04\text{kg} \cdot \text{m}^2$, 반지름 $r = 6\text{cm}$이고 풀리 위에서 줄은 미끄러지지 않는다.

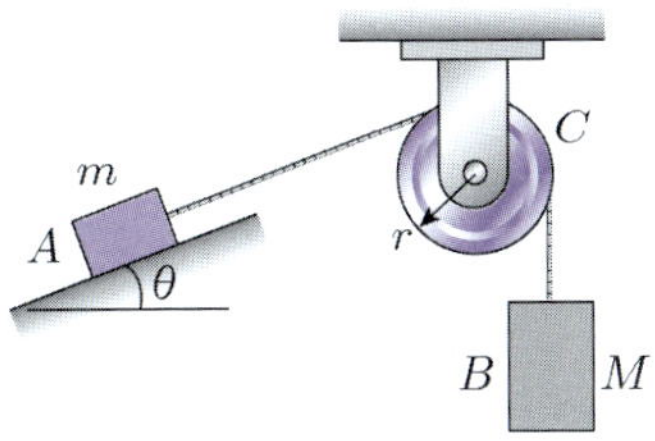

[문제 8.1.14/15]

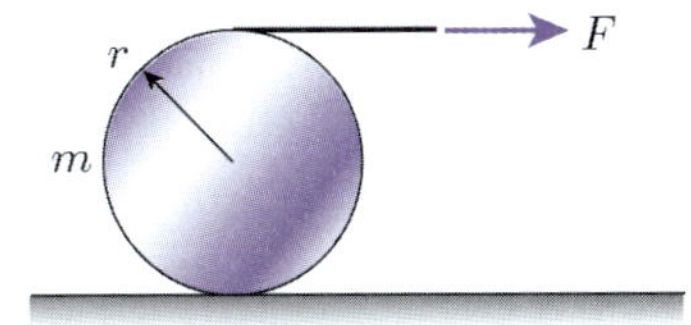

[문제 8.1.16]

15 위 문제(14 번)에서 A와 경사면 사이 운동마찰계수 $\mu_k = 0.3$일 때 B의 속도를 구하라.

16 수평면에 놓인 질량 $m = 100\text{kg}$, 반지름 $r = 0.3\text{m}$ 인 균일한 원판이 정지 상태에서 원판 둘레에 감긴 줄을 통해 $F = 500\text{N}(\rightarrow)$의 힘을 받으면서 미끄러짐 없이 굴러간다. 원판이 한 바퀴 굴렀을 때 원판의 각속도를 구하라.

17 질량 $m = 1200\text{kg}$, 축에 대한 회전반경 $k_G = 0.4\text{m}$ 인 플라이휠의 속력이 2분 사이에 $5,000\text{rpm}$ 에서 $3,000\text{rpm}$ 으로 감소하였다. 플라이휠이 공급한 평균동력을 구하라.

18 질량 $m = 50\text{kg}$, 축에 대한 회전반경 $k_G = 0.4\text{m}$ 인 플라이휠이 회전각에 따라 변화하는 우력모멘드 $M - 2(1 \quad c^{-0.1\theta})[\text{N} \cdot \text{m}]$($\theta$의 단위는 rad)을 받고 있다. $\theta = 0$에서 정지해 있던 플라이휠이 5 회전한 후 플라이휠의 각속도 ω를 구하라.

19 동일한 두 막대의 끝에 질량 $M = 9\text{kg}$ 인 직사각형 평판이 매달려 있다. 이 시스템이 그림과 같은 위치의 정지 상태로부터 풀려나 막대가 수직인 위치에 도달했을 때 평판의 속도를 구하라. 막대의 길이 $L = 0.6\text{m}$, 질량 $m = 1.8\text{kg}$ 이고, 모든 마찰은 무시한다. Hint: 막대는 회전운동, 평판은 곡선병진운동.

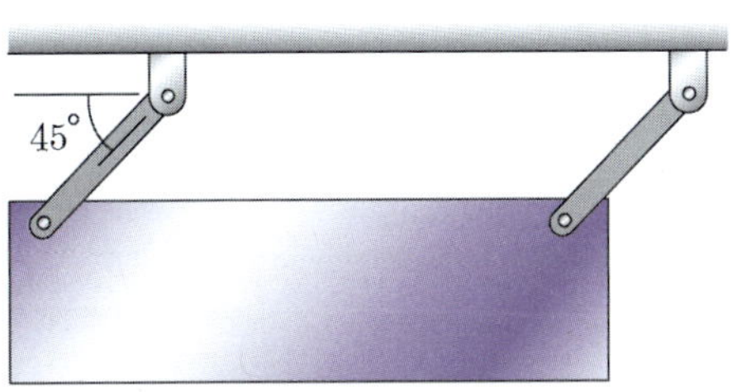

[문제 8.1.19]

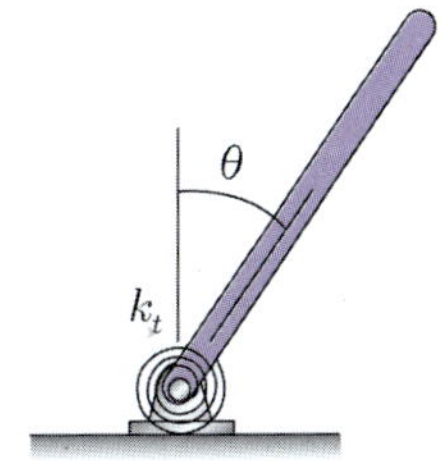

[문제 8.1.20]

20 질량 $m = 8\text{kg}$, 길이 $L = 2\text{m}$ 인 가늘고 균일한 막대의 한 쪽 끝에 설치한 비틀림 스프링에 의해 $M = k_t\theta$(θ의 단위는 rad)(↶)의 우력모멘트가 막대에 작용한다. 막대가 $\theta = 5°$의 정지 상태로부터 풀려 회전했을 때 $\theta = 60°$가 되는 순간 막대의 각속도를 구하라. 비틀림 스프링상수 $k_t = 40\text{N} \cdot \text{m/rad}$이다.

21 풀리에 매달린 물체 A의 질량 $M = 8\text{kg}$이고, 풀리의 질량 $m = 5\text{kg}$, 반지름 $r = 0.12\text{m}$, 질량관성모멘트 $I = 0.036\text{kg} \cdot \text{m}^2$이다. 정지해 있는 시스템에 $T = 70\text{N}(\uparrow)$의 힘을 가한다. A가 0.2m 위로 올라갔을 때 A의 속도를 구하라. 풀리와 줄 사이에 미끄러짐은 없다. Hint: $h_T = 2h_A$, $\omega = v/r$.

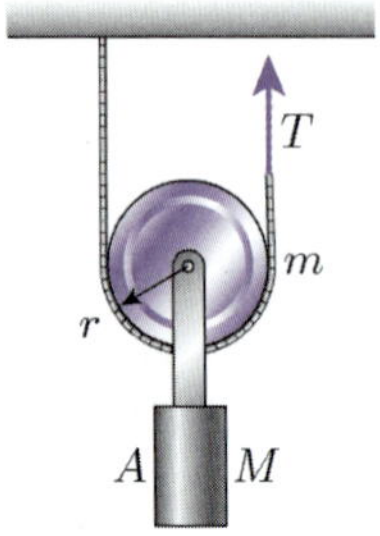

[문제 8.1.21]

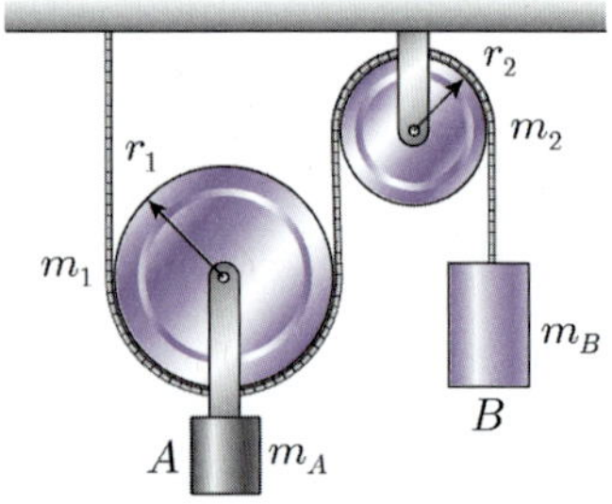

[문제 8.1.22]

22 왼쪽 풀리의 질량 $m_1 = 7\text{kg}$, 반지름 $r_1 = 0.3\text{m}$, 질량중심에 대한 질량관성모멘트 $I_1 = 0.33\text{kg} \cdot \text{m}^2$이고, 오른쪽 풀리의 질량 $m_2 = 3\text{kg}$, 반지름 $r_2 = 0.2\text{m}$, 질량중심에 대한 질량관성모멘트 $I_2 = 0.054\text{kg} \cdot \text{m}^2$이며, 블록 A의 질량 $m_A = 9\text{kg}$, 블록 B의 질량 $m_B = 18\text{kg}$이다. 시스템이 정지 상태로부터 풀릴 때 B가 0.1m 아래로 내려가는 순간 B의 속도를 구하라. 풀리와 줄 사이에 미끄러짐은 없다. Hint: $h_B = 2h_A$.

23 질량 m, 길이 $L = 4\text{m}$인 가는 막대를 $\theta = 10°$의 정지 상태에서 가만히 놓으면 막대 무게에 의해 막대의 두 끝은 각각 마찰 없는 수직면과 수평면에서 움직이게 된다. $\theta = 40°$가 되는 순간 막대의 각속도를 구하라. Hint: 순간중심으로부터 질량중심의 속도를 구한다.

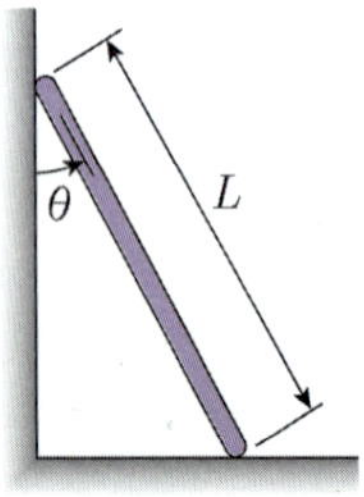

[문제 8.1.23]

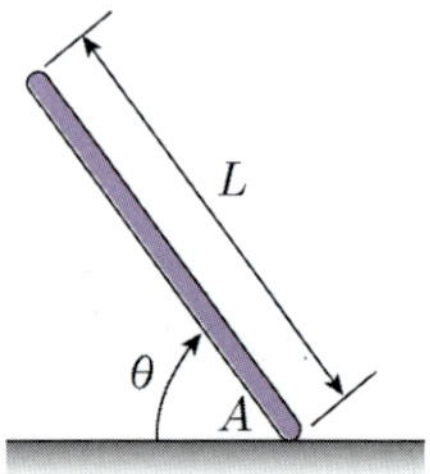

[문제 8.1.24]

24 질량 m, 길이 $L = 2\text{m}$인 가는 막대를 $\theta = 60°$의 정지 상태에서 가만히 놓는다. 막대의 한 끝 A는 마찰 없는 수평면에서 움직인다. 막대 무게에 의해 막대가 미끄러져 $\theta = 30°$가 되는 순간 막대의 각속도를 구하라. Hint: $v_{G,x} = 0$.

25 길이가 L이고 질량이 m인 동일한 두 링크 AB와 OB를 가늘고 균일한 막대로 간주한다. 한쪽 끝 A가 마찰 없는 수직 홈에서 움직이는 링크를 그림과 같은 위치의 정지 상태에서 가만히 놓으면 중력에 의해 링크가 아래로 내려가면서 회전하게 된다.

(1) 임의의 순간에 링크 AB와 OB의 각속도 크기가 같음을 보여라.

(2) $\theta \approx 0$이 되면서 A점이 O점에 도달하는 순간 A점의 속도를 구하여 g, L, θ로 나타내라. g는 중력가속도. Hint: $\theta \approx 0$에서 $v(\downarrow)$, $v_A = 2v_B(\downarrow)$. 조금 어렵게 보이는데 물리적인 상황과 기본 개념을 알아야 하는 문제이다.

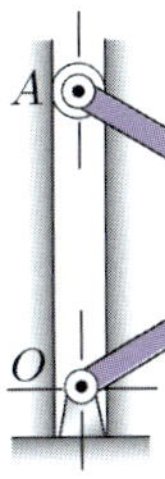

[문제 8.1.25]

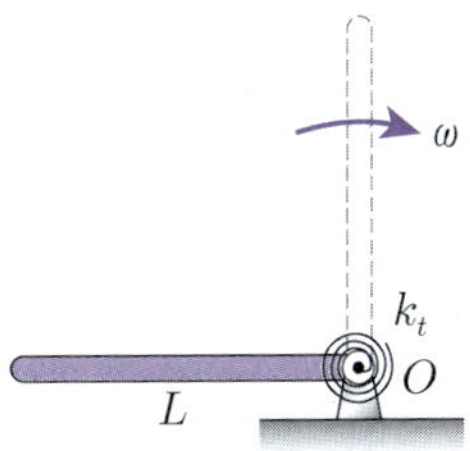

[문제 8.1.26]

26 질량 $m = 6\text{kg}$, 길이 $L = 0.8\text{m}$인 가는 막대가 수직으로 서 있을 때 비틀림 스프링상수 $k_t = 30\text{N} \cdot \text{m/rad}$인 비틀림 스프링이 변형되지 않은 상태이다. 그림과 같은 수평 위치에서 정지 상태의 막대를 가만히 놓을 때 막대가 수직 위치를 지나는 순간 막대의 각속도 ω를 구하라.

27 질량 $m = 15\text{kg}$, 길이 $L = 2.5\text{m}$인 가늘고 균일한 막대 AB는 한쪽 끝점 B로부터 $d = 0.5\text{m}$ 거리에 있는 점 O를 중심으로 회전할 수 있다. 초기에 다른 끝점 A는 스프링 상수 $k = 300\text{kN/m}$인 스프링에 접촉하고 있으며 이 순간 스프링은 40mm 만큼 압축되어 있다. 막대를 이 위치에서 가만히 놓으면 스프링 힘에 의해 막대가 튕겨 나가 회전하게 된다. 막대가 수직이 되었을 때 막대의 각속도와 O점에 작용하는 반력을 구하라. 초기에 막대는 수평으로 놓여있고 모든 마찰은 무시한다.

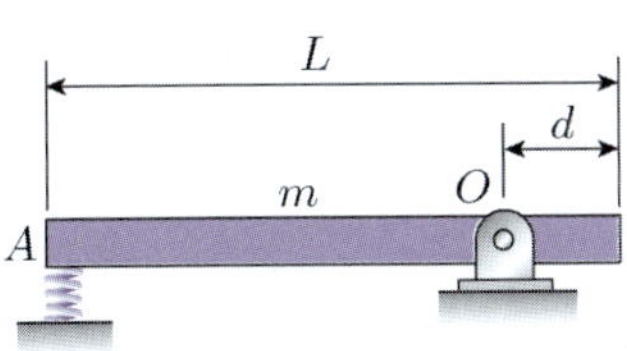

[문제 8.1.27]

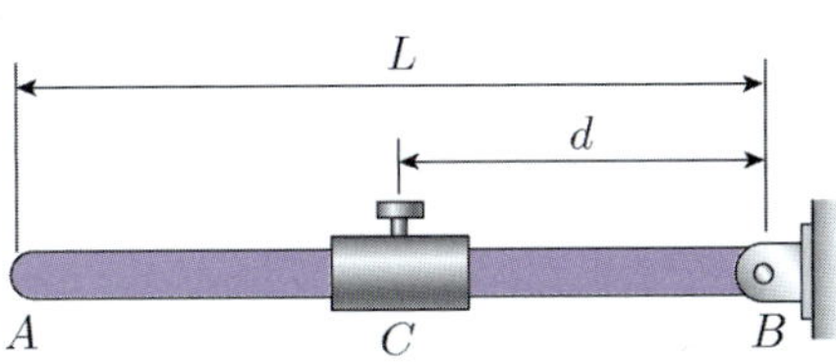

[문제 8.1.28/29]

28 질량 $m=3\text{kg}$, 길이 $L=0.6\text{m}$인 가늘고 균일한 막대 AB에 칼라 C가 부착되어 있고, 막대는 B점을 중심으로 회전할 수 있다. B점으로부터 칼라 C의 질량중심까지 거리 $d=0.3\text{m}$이고, C의 질량 $m_C=1\text{kg}$이다. 그림과 같은 수평 위치에서 막대를 가만히 놓으면 막대는 무게에 의해 회전하게 된다. 막대가 $90°$만큼 회전했을 때 막대의 각속도를 구하라. 칼라는 막대에 고정되어 있고 모든 마찰은 무시한다.

29 위 문제(28번)와 동일한 막대와 칼라 및 동일한 초기 조건에서 막대를 가만히 놓는다. 막대가 $90°$만큼 회전했을 때 최대 각속도가 발생하는 거리 d를 구하라. Hint: 중력 위치에너지 기준-초기 위치, $v_C=x\omega(d=x)$, $-m_Cgx$.

30 동일한 두 개의 가는 막대 AB와 BC를 용접하여 L자 모양의 구조물을 만들었다. D에서 스프링을 누르고 있는 구조물을 그림과 같은 위치에서 가만히 놓으면 구조물은 B점을 축으로 회전하게 된다. 그 이후 이 구조물의 최대 회전각은 반시계 방향으로 $90°$라고 알려져 있다. 구조물이 회전하기 시작하여 막대 AB가 수평선에 대해 $30°$를 이루는 순간 구조물의 각속도를 구하라. 초기에 AB는 수평이며 모든 마찰은 무시한다. Hint: 구조물의 초기 역학적 에너지는 반시계 방향으로 $90°$ 회전해 정지해 있을 때의 에너지와 같다.

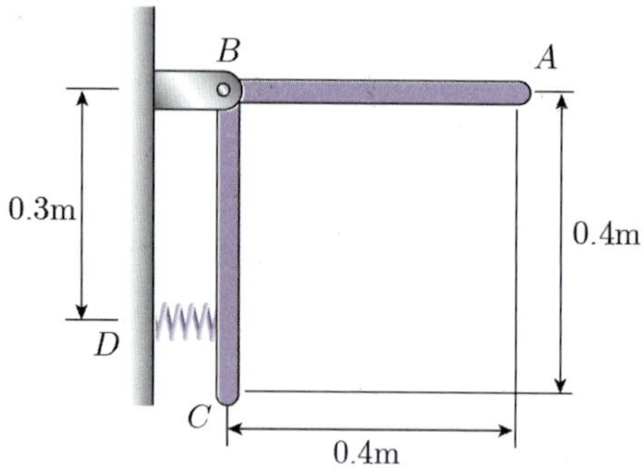

[문제 8.1.30]

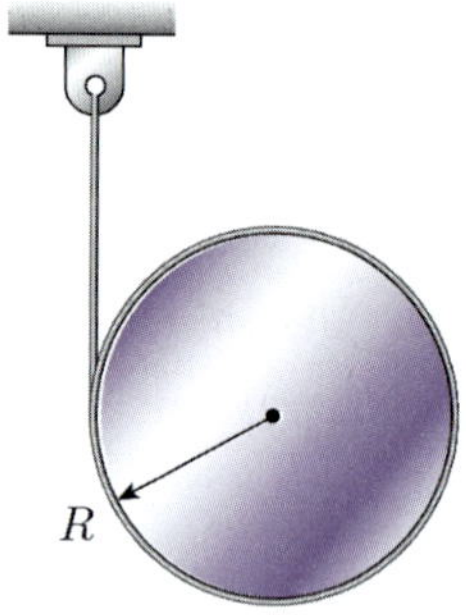

[문제 8.1.31/32]

31 질량 m, 반지름 R인 균일한 실린더에 로프가 감겨있다. 정지 상태의 실린더를 가만히 놓았을 때 실린더가 거리 h만큼 아래로 내려가는 순간 실린더 중심의 속도를 구하라. 중력가속도는 g이다. Hint: $\omega=v_G/R$.

32 위 문제(31번)에서 실린더를 질량 m, 반지름 R인 얇은 벽의 파이프로 대체했을 때 파이프 중심의 속도를 구하라.

33 질량이 20kg이고 길이가 3m인 균일한 막대 AB가 힌지점 A를 중심으로 수직 위치에서 정지했다가 회전하여 범퍼 C에 충돌한 후 다시 튀어 오른다. 충돌의 반발계수가 0.5일 때, 다음 물음에 답하시오. (단, 운동 시 발생하는 마찰은 무시한다) [국가공무원 5급(기술) 제2차시험]

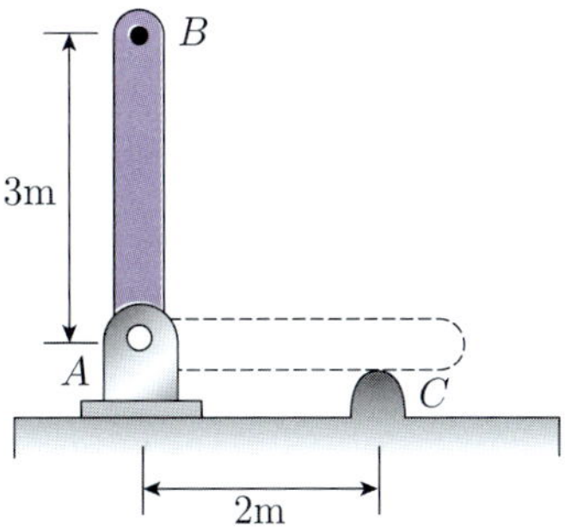

[문제 8.1.33]

(1) 질량 m, 길이 L인 막대 AB에 대하여 점 A를 회전중심으로 한 질량관성모멘트를 유도하시오.
(2) 충돌 직후 막대의 각속도를 구하시오.
(3) 충돌 후 막대가 반발 상승하여 수평면과 이루는 최대 각을 구하시오.
(4) 충돌과정에서 소멸되는 역학적 에너지를 구하시오.

34 그림과 같이 질량이 m이고 반경이 r인 공이 수평면 위를 v의 속력으로 구르다가 경사면을 따라 올라간다. 이때 공과 바닥면 사이의 미끄럼은 없으며 경사면으로 올라갈 때 충격은 없다. 공이 도달할 최대 높이 h를 구하시오. (단, 공의 질량중심에 대한 질량관성모멘트는 $\frac{mr^2}{3}$이고, 중력가속도는 g이다)[15] [국가공무원 5급(기술) 제2차시험]

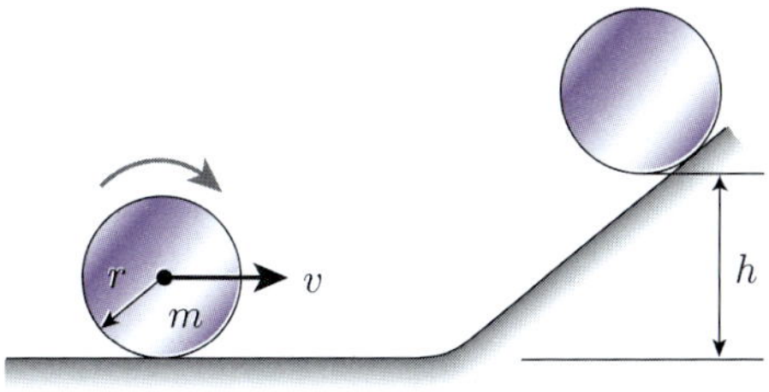

[문제 8.1.34]

35 질량 m, 반경 R인 균일하게 속이 꽉 찬 원판이 그림과 같이 높이 h의 경사면 위에서 미끄러지지 않고 굴러서 내려가고 있다. 경사면 바닥에서 원판 무게중심의 속력은? (단, g는 중력가속도이며 공기 저항은 무시한다) [공무원 임용시험]

15) 5급 문제로는 쉬워서 수험생은 "웬 횡재"라고 했을 듯. 동역학은 선택과목.

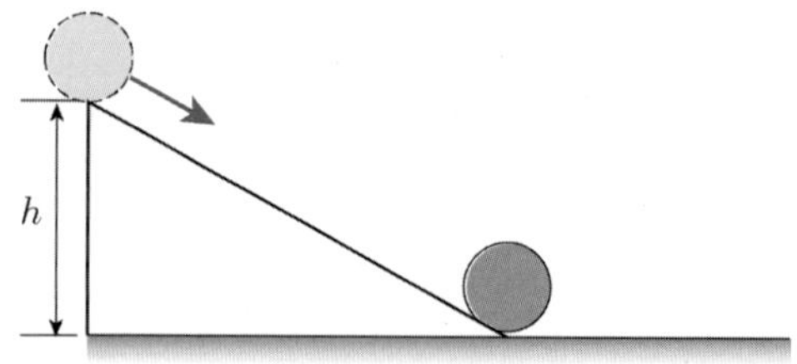

[문제 8.1.35]

① $\sqrt{\dfrac{4gh}{3}}$ ② $\sqrt{\dfrac{2gh}{3}}$ ③ $\sqrt{2gh}$ ④ $\sqrt{gh}$

36 아래 그림과 같이 길이가 4m 이고 질량이 23kg 인 가늘고 균일한 강체 막대가 수직 평면 상에서 지면과 각도 $\theta = 80°$ 인 상태로 고정되어 있다. 어느 순간 고정이 풀려 막대가 중력에 의하여 운동하여 지면과의 각도 $\theta = 45°$가 되는 순간 막대의 회전 각속도 크기와 방향을 구하시오. (단, 막대와 지면 사이의 마찰은 무시하며, 중력가속도 $g = 10\text{m/s}^2$이다) [국가공무원 5급(기술) 제2차시험]

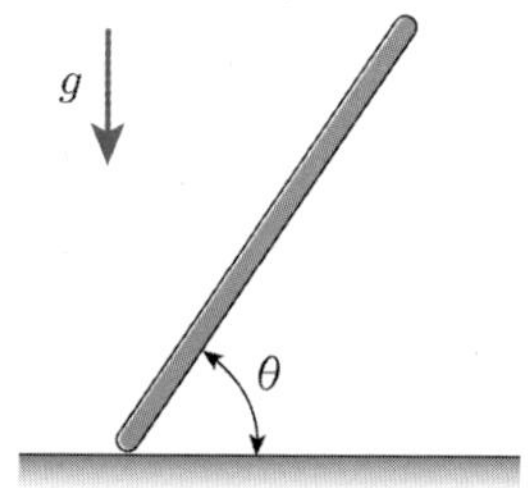

[문제 8.1.36]

37 그림과 같이 질량중심이 G에 있는 7.5kg 의 물체가 지지점 O에 놓여있고, 물체와 지지점 사이의 정지마찰계수는 μ_s이다. 지지점 O에 대한 이 물체의 회전반경(radius of gyration) k는 300mm 이다. 이 물체를 수평 상태($\theta = 0$)에서 잡고 있다가 놓았을 때 다음 물음에 답하시오. [국가공무원 5급(기술) 제2차시험]

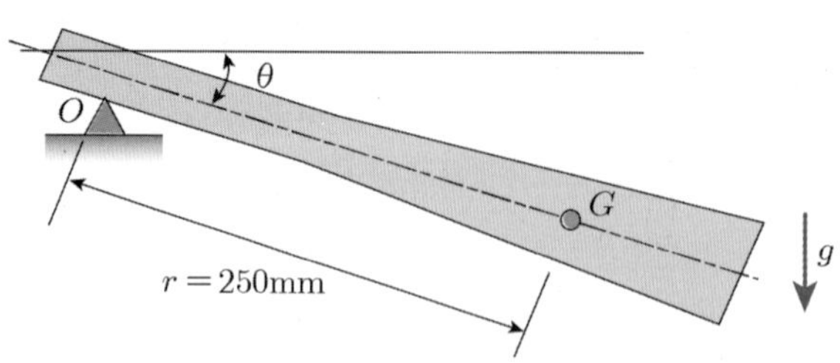

[문제 8.1.37]

(1) 물체가 지지점에서 미끄러지기 전 임의 각도 θ에서 물체의 각속도를 구하시오.

(2) μ_s가 0.60일 때, O점에서 미끄러짐이 일어나기 시작하는 각도를 구하시오.

38 그림과 같이 5kg 의 집중 질량이 수직면상에서 회전하는 10kg 질량의 가늘고 균일한 막대 끝에 부착되어 있다. 막대의 길이는 2m 이고, 수직한 상태에서 시계방향으로 4rad/s 의 초기 각속도를 갖는다. 변형하기 전 스프링의 길이는 0.25m 이다. 다음 물음에 답하시오. (단, 중력가속도 g는 수직 아래 방향으로 9.81m/s^2이다) [국가공무원 5 급(기술) 제 2 차 시험(2022)]

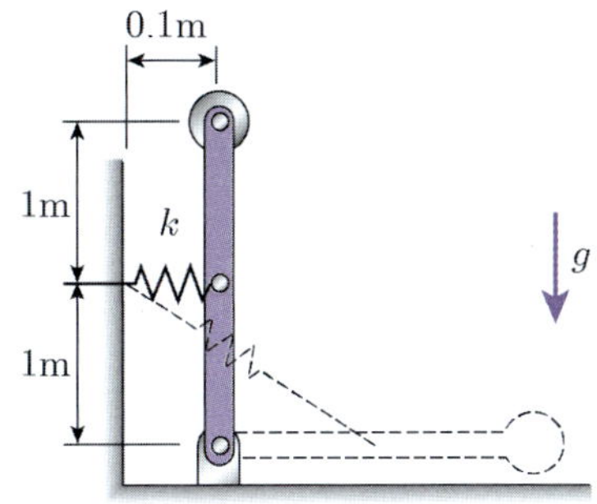

[문제 8.1.38]

(1) 막대의 초기 운동에너지를 구하시오.

(2) 막대기 수평일 때, 막대의 각속도가 '0'이 되기 위해서 요구되는 스프링 계수 k를 구하시오.

8.2 ○● 충격량과 운동량 원리

이 절에서는 강체에 대한 선형충격량과 선형운동량 원리와 각충격량과 각운동량 원리를 공부한다. 이 두 원리는 강체에 작용하는 힘과 우력(우력모멘트, 짝힘)의 시간 적분을 강체의 질량중심 속도($\overline{\mathrm{v}}$)와 각속도(ω) 변화량에 연관시킨다.

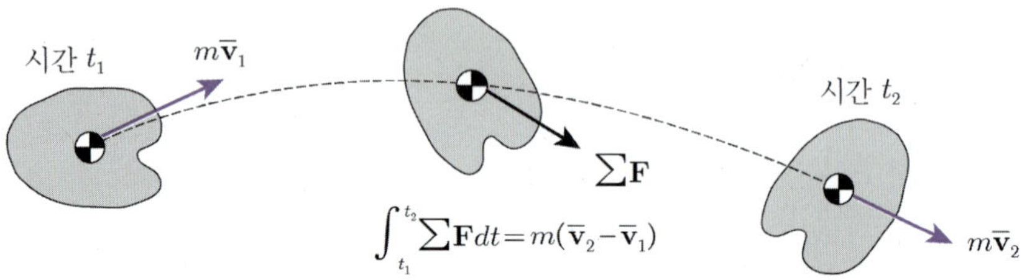

[그림 8.2.1] 선형충격량과 선형운동량 원리

1 선형충격량과 선형운동량

뉴턴의 제 2 법칙을 시간에 대해 적분하면 다음과 같이 강체에 대한 선형충격량과 선형운동량 원리(선형 충격량-운동량 원리)가 얻어진다.

$$\int_{t_1}^{t_2}\sum \mathrm{F}\,dt = m(\overline{\mathrm{v}}_2 - \overline{\mathrm{v}}_1) \qquad \cdots(8.2.1)$$

여기에서 $\overline{\mathrm{v}}_1$과 $\overline{\mathrm{v}}_2$는 각각 시간 t_1과 t_2에서 질량중심의 속도이다[그림 8.2.1]. 강체에 작용하는 외력들이 시간(t)의 함수로 주어지면 이 식으로부터 어떤 시간 구간 동안 강체의 질량중심의 속도 변화량을 구할 수 있다.

시간 t_1에서 t_2까지 합력의 평균은

$$\sum \mathrm{F}_{av} = \frac{1}{t_2 - t_1}\int_{t_1}^{t_2}\sum \mathrm{F}\,dt \qquad \cdots(8.2.2)$$

이며, 이 힘을 사용하면 식 (8.2.1)을 다음과 같이 쓸 수 있다.

$$\begin{aligned}(t_2 - t_1)\sum \mathrm{F}_{av} &= m(\overline{\mathrm{v}}_2 - \overline{\mathrm{v}}_1)\\ \Delta t\sum \mathrm{F}_{av} &= m(\overline{\mathrm{v}}_2 - \overline{\mathrm{v}}_1)\end{aligned} \qquad \cdots(8.2.3)$$

이 형태의 선형충격량과 선형운동량 원리는 강체가 충격력(impulsive force)을 받을 때 유용하게 사용할 수 있다.

두 강체 A와 B에 작용하는 힘이 강체 상호 간에 작용하는 힘뿐이거나 다른 외력들을 무시할 수 있으면 A와 B의 총 선형운동량은 보존된다.

$$m_A\overline{\mathbf{v}}_A + m_B\overline{\mathbf{v}}_B = (\text{일정})$$
$$m_A\overline{\mathbf{v}}_A + m_B\overline{\mathbf{v}}_B = m_A\overline{\mathbf{v}}_A{}' + m_B\overline{\mathbf{v}}_B{}' \qquad \cdots (8.2.4)$$

2 각충격량과 각운동량

평면운동을 하는 강체의 질량중심(G)에 대한 전체 모멘트($\sum M_G$)는 질량중심에 대한 질량관성모멘트($\overline{I}$)와 각가속도(α)의 곱과 같다.

$$\sum M_G = \overline{I}\alpha = \overline{I}\dot{\omega} \qquad \cdots (8.2.5)$$

이 식은 다음 형태로 쓸 수 있다.

$$\sum M_G = \frac{dH_G}{dt} \qquad \cdots (8.2.6)$$

여기에서

$$H_G = \overline{I}\omega \qquad \cdots (8.2.7)$$

는 강체의 질량중심에 대한 각운동량이다. 식 (8.2.6)은 물체에 작용하는 모든 힘의 질량중심에 대한 모멘트 합은 질량중심에 대한 각운동량의 시간 변화율과 같다는 것을 말하고 있다.

식 (8.2.6)을 시간에 대해 적분하면 다음과 같은 각충격량과 각운동량 원리(각충격량-각운동량 원리)를 얻을 수 있다.

$$\int_{t_1}^{t_2} \sum M_G\, dt = H_{G2} - H_{G1} \qquad \cdots (8.2.8)$$

여기에서 H_{G1}과 H_{G2}는 각각 시간 t_1과 t_2에서 강체 질량중심(G)에 대한 각운동량 값이다. 식 (8.2.8)은 시간 간격 t_1~t_2 동안 물체에 작용하는 모든 힘들의 질량중심(G)에 대한 각충격량은 G점에 대한 각운동량의 변화량과 같다는 것을 말하고 있다.

질량중심에 대한 전체 모멘트가 시간의 함수로 주어진다면 식 (8.2.8)을 사용하여 t_1에서 t_2까지의 각속도 변화를 구할 수 있다.

시간 t_1에서 t_2까지의 질량중심에 대한 모멘트 평균은

$$\sum M_{G,\,av} = \frac{1}{t_2 - t_1}\int_{t_1}^{t_2} \sum M_G dt \qquad \cdots (8.2.9)$$

이고, 이 식을 사용하여 식 (8.2.8)을 다음과 같이 쓸 수 있다.

$$\begin{aligned}(t_2 - t_1)\sum M_{G,\,av} &= H_{G2} - H_{G1} \\ \Delta t \sum M_{G,\,av} &= H_{G2} - H_{G1}\end{aligned} \qquad \cdots (8.2.10)$$

모멘트 평균값과 지속시간을 알면 식 (8.2.10)을 사용하여 각운동량 변화를 알 수 있다. 이 식은 강체가 충격력(impulsive force)과 충격우력(impulsive couple)을 받을 때 유용하게 사용된다.

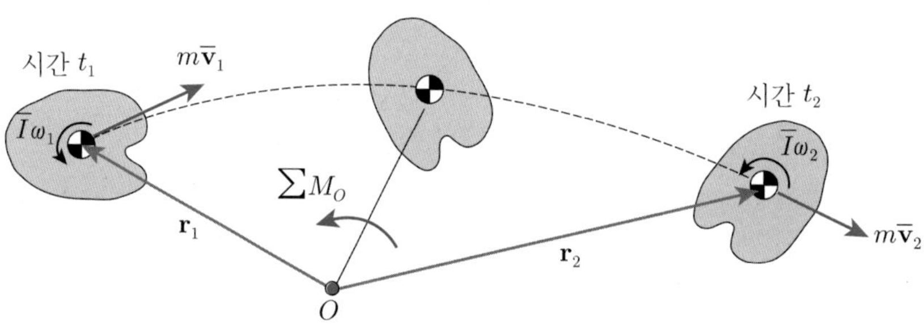

[그림 8.2.2] 각충격량과 각운동량 원리

이상에서 언급한 각충격량과 각운동량의 원리를 다음과 같이 임의의 고정점 O에 대해 유용한 식으로 쓸 수 있다.[16] 고정점(O)에 대한 모멘트 합($\sum M_O$)은 고정점에 대한 관성모멘트(I_O)와 각가속도(α)의 곱과 같고, t_1에서 t_2까지의 시간 구간 동안 고정점 O에 대한 각충격량은 O에 대한 강체의 각운동량 변화와 같다[그림 8.2.2].

$$H_O = I_O \omega \qquad \cdots (8.2.11)$$

$$\sum M_O = \frac{dH_O}{dt} \qquad \cdots (8.2.12)$$

16) 증명과정은 큰 의미 없으므로 생략한다. 식을 이해하고 사용할 줄 알면 된다.

$$\sum M_O = I_O\alpha = I_O\dot{\omega} \qquad \cdots(8.2.13)$$

$$\int_{t_1}^{t_2}\sum M_O dt = H_{O2} - H_{O1} \qquad \cdots(8.2.14)$$

$$\sum M_{O,\,av} = \frac{1}{t_2 - t_1}\int_{t_1}^{t_2}\sum M_O dt \qquad \cdots(8.2.15)$$

$$\begin{aligned}(t_2 - t_1)\sum M_{O,\,av} &= H_{O2} - H_{O1} \\ \Delta t\sum M_{O,\,av} &= H_{O2} - H_{O1}\end{aligned} \qquad \cdots(8.2.16)$$

여기에서 H_{O1}과 H_{O2}는 각각 시간 t_1과 t_2에서 고정점 O에 대한 각운동량 값이다.

강체에 작용하는 외력의 합이 0 이면 선형운동량이 보존된다. 이와 마찬가지로 하나의 강체나 서로 연결된 강체 계에 대하여 특정 시간 간격 동안 어떤 고정점(O) 또는 질량중심(G)에 대한 모멘트 합이 0 이면 각운동량이 보존된다.

$$\Delta H_O = 0 \quad \text{또는} \quad \Delta H_G = 0 \qquad \cdots(8.2.17)$$

식 (8.2.17)을 각운동량 보존법칙이라 한다. 고정점 O에 대한 외력과 우력으로 인한 총 모멘트가 0 이면 강체가 상당한 크기의 외력과 우력을 받는 경우에도 식 (8.2.17)은 유효하다. 때로는 점 O를 적절하게 선택하여 이와 같은 상태를 만족시킬 수 있는 경우가 있다. 이 결과는 여러 개의 강체들에 대해서도 적용할 수 있다. 즉, 만약 O에 대한 외력과 우력의 총 모멘트가 0 이면 O에 대한 강체들의 총 각운동량은 보존된다. 일반적으로 서로 연결된 시스템을 해석할 때는 시스템의 질량중심을 사용하는 것이 불편하다.

3 평면운동에서 스칼라 방정식

이상에서 여러 개의 수식을 보여서 어떻게 보면 조금 복잡해 보이는 면이 있다. 그런데 사실상 xy 평면에서 일어나는 평면운동에 대한 다음 세 개의 스칼라 방정식이 유용하게 사용된다.[17]

$$\int_{t_1}^{t_2}\sum F_x dt = m(\bar{v}_{2x} - \bar{v}_{1x}) \qquad \cdots(8.2.18)$$

17) 식 (8.2.18)~(8.2.21)로써 해결되는 문제가 많으므로 이 식들의 의미를 잘 알아두도록 한다.

$$\int_{t_1}^{t_2} \sum F_y dt = m(\bar{v}_{2y} - \bar{v}_{1y}) \quad \cdots (8.2.19)$$

$$\int_{t_1}^{t_2} \sum M_G dt = \bar{I}(\omega_2 - \omega_1) \quad \cdots (8.2.20)$$

$\bar{v}_{1x}$, $\bar{v}_{1y}$: t_1에서 강체 질량중심 속도의 x, y성분

$\bar{v}_{2x}$, $\bar{v}_{2y}$: t_2에서 강체 질량중심 속도의 x, y성분

ω_1, ω_2 : t_1과 t_2에서 강체의 각속도

F_x, F_y : 강체에 작용하는 외력의 x, y성분

M_G: 강체 질량중심(G)에 대한 모멘트

$\bar{I}$: 강체 질량중심(G)에 대한 질량관성모멘트

식 (8.2.20)은 식 (8.2.14)로 대체할 수 있다.

$$\int_{t_1}^{t_2} \sum M_O dt = I_O(\omega_2 - \omega_1) \quad \cdots (8.2.21)$$

M_O: 고정점 O에 대한 모멘트

I_O: 고정점 O에 대한 질량관성모멘트

예제 8.2.1 고정점 O에 대한 원판의 질량관성모멘트 $I_O = 20\text{kg} \cdot \text{m}^2$이다. $t = 0$에서 정지 상태에 있는 원판이 일정한 우력모멘트 $M = 50\text{N} \cdot \text{m}$ (↶)를 받을 때 다음을 구하라.

(1) $t = 0$에서 $t = 5\text{s}$까지 원판에 가해진 각충격량

(2) $t = 5\text{s}$에서 원판의 각속도(ω)

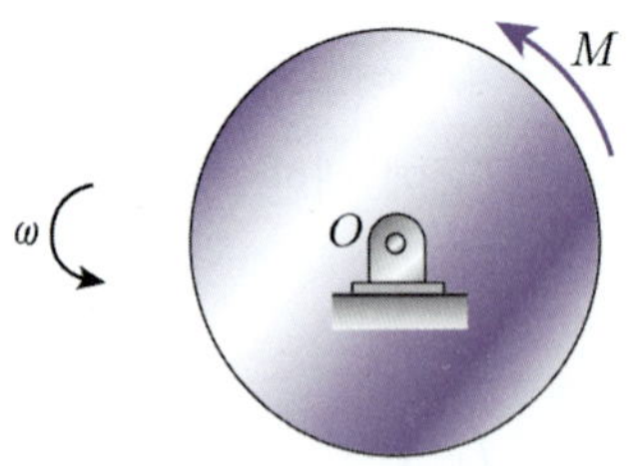

[그림 8.2.3] 우력모멘트를 받고 회전하는 원판

풀이 $t_1 = 0$, $t_2 = 5s$이고, 원판의 초기 각속도 $\omega_1 = 0$이다.

(1) 각충격량

$$\int_{t_1}^{t_2} \sum M_O dt = \int_0^5 \sum M dt = \int_0^5 (50) dt = 50(5) = 250 [\mathrm{N \cdot m \cdot s}] (\curvearrowleft)$$

(2) 각충격량과 각운동량 원리를 적용한다.

$$\int_{t_1}^{t_2} \sum M_O dt = I_O (\omega_2 - \omega_1)$$

$$250 = 20(\omega_2 - 0)$$

$$\omega = \omega_2 = 12.5 [\mathrm{rad/s}] (\curvearrowleft)$$

예제 8.2.2 질량 $m = 10\mathrm{kg}$, 반지름 $r = 0.2\mathrm{m}$인 균일한 원판이 원판의 중심(O)을 축으로 하여 회전할 수 있도록 설치되었다. 원판은 일정한 크기의 우력모멘트 $M = 6\mathrm{N \cdot m}$ ($\curvearrowright$)와 원주를 따라 감겨있는 줄에 작용하는 힘 $P = 50\mathrm{N}$($\downarrow$)에 의해 회전한다. 정지 상태로부터 2초 후 원판의 각속도와 O점에 작용하는 반력을 구하라.

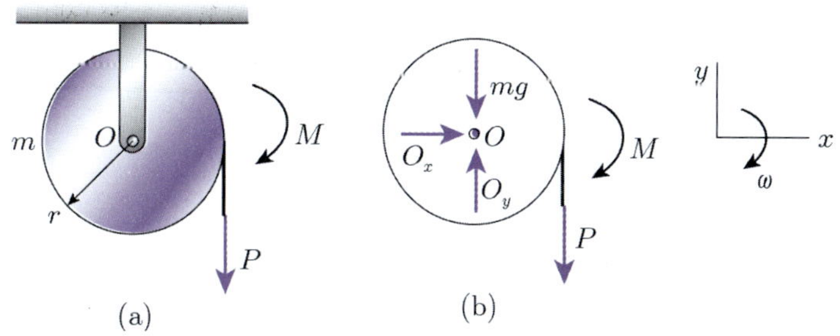

[그림 8.2.4] (a) 우력모멘트와 힘을 받고 회전하는 원판 (b) 자유물체도

풀이 원판은 고정된 축에 대한 회전운동을 하고, 회전축(O)에 대한 원판의 질량관성모멘트는 다음과 같다.

$$I_O = \frac{1}{2} m r^2 = \frac{1}{2}(10)(0.2)^2 = 0.2 [\mathrm{kg \cdot m^2}]$$

$t_1 = 0$, $t_2 = 2s$이고, 원판의 초기 각속도는

$$\omega_1 = 0$$

이다. 그리고 원판의 질량중심은 움직이지 않으므로 $\bar{v} = 0$이다.

$$\bar{v}_{1x} = 0, \ \bar{v}_{2x} = 0 \ ; \ \bar{v}_{1y} = 0, \ \bar{v}_{2y} = 0$$

원판의 자유물체도는 (b)와 같다. 원판이 시계방향으로 회전할 것이므로 원판의 각속도를 시계방향(↷)으로 놓는다. 여기에서 x, y 성분으로 나누어 식 (8.2.18)~(8.2.21)의 스칼라 방정식을 사용한다.

○ x성분(+→): $\int_{t_1}^{t_2} \sum F_x dt = m(\bar{v}_{2x} - \bar{v}_{1x})$

$$\int_0^2 (O_x) dt = m(0-0)$$

$$2O_x = 0$$

$$O_x = 0$$

○ y성분(+↑): $\int_{t_1}^{t_2} \sum F_y dt = m(\bar{v}_{2y} - \bar{v}_{1y})$

$$\int_0^2 (O_y - mg - P) dt = m(0-0)$$

$$2(O_y - mg - P) = 0$$

$$O_y = mg + P = 10(9.8) + 50 = 148[\text{N}]$$

○ M_O(+↷): $\int_{t_1}^{t_2} \sum M_O dt = I_O(\omega_2 - \omega_1)$

$$\int_0^2 (M + Pr) dt = I_O(\omega_2 - 0)$$

$$2(M + Pr) = I_O \omega_2$$

$$\omega_2 = \frac{2}{I_O}(M + Pr) = \frac{2}{0.2}[6 + 50(0.2)] = 160[\text{rad/s}]$$

이상의 결과로부터 정지 상태로부터 2초 후 원판의 각속도 ω와 O점에 작용하는 반력 R_O는 다음과 같다.

$$\omega = \omega_2 = 160[\text{rad/s}](\curvearrowright)$$

$$R_O = O_y = 148[\text{N}](\uparrow)$$

예제 8.2.3 중앙 원통 반지름 $r_1 = 0.4\text{m}$, 바깥쪽 반지름 $r_2 = 0.75\text{m}$인 스풀의 중앙 원통에 감긴 줄에 시간에 따라 변화하는 힘 $P = (t+10)[\text{N}](\rightarrow)$($t$의 단위는 초)이 작용한다. 스풀의 질량 $m = 100\text{kg}$, 회전반경 $k_G = 0.35\text{m}$이다. 스풀이 정지 상태에서 움직이기 시작할 때 5초 후 스풀의 각속도(ω)를 구하라. 스풀은 미끄러짐 없이 굴러간다고 가정한다.

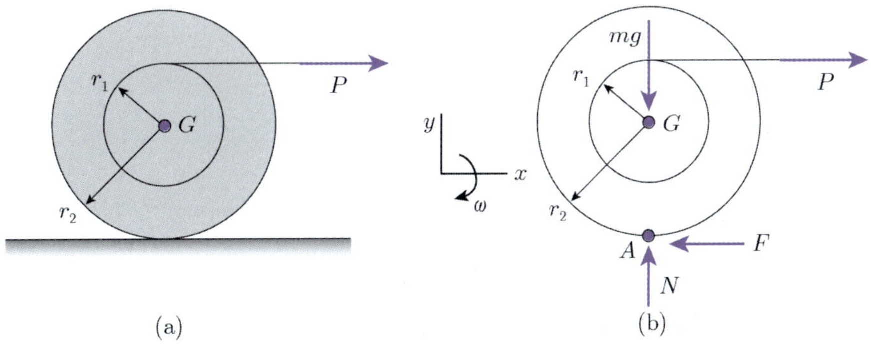

[그림 8.2.5] (a) 힘 P를 받고 굴러가는 스풀 (b) 자유물체도

풀이 $t_1 = 0$, $t_2 = 5\text{s}$이고, 스풀의 초기 각속도는

$$\omega_1 = 0$$

이다. 스풀이 시계방향으로 회전할 것이므로 5초 후 스풀의 각속도를 시계방향(↷)으로 놓는다. 스풀의 자유물체도는 (b)와 같다. 여기에서 N과 F는 스풀과 지면의 접촉점 A에서 수직반력과 마찰력이다. A점에 대한 스풀의 질량관성모멘트는

$$I_A = mk_G^2 + mr_2^2 = 100(0.35^2 + 0.75^2) = 68.5[\text{kg} \cdot \text{m}^2]$$

이고, (b)에서 A점에 대해 각충격량과 각운동량 원리를 적용한다.

$$(+\curvearrowright):\ \int_{t_1}^{t_2} \sum M_A\, dt = I_A(\omega_2 - \omega_1)$$

$$\int_0^5 P(r_1 + r_2)\, dt = I_A(\omega_2 - 0)$$

$$\int_0^5 (t + 10)(0.4 + 0.75)\, dt = 68.5\omega_2$$

$$1.15\left[\frac{1}{2}t^2 + 10t\right]_0^5 = 68.5\omega_2$$

$$1.15 \times \frac{125}{2} = 68.5\omega_2$$

$$\omega_2 = 1.05[\text{rad/s}]$$

즉, 5초 후 스풀의 각속도 $\omega = \omega_2 = 1.05[\text{rad/s}]$(↷)이다.
여기에서 수직반력 N과 마찰력 F를 구하려면 x방향과 y방향에 대해 선형 충격량-운동량 원리를 적용하면 된다.

$$\int_{t_1}^{t_2} \sum F_x dt = m(\bar{v}_{2x} - \bar{v}_{1x});\quad \int_0^5 (P - F)dt = m(\bar{v}_{2x} - 0)$$

$$\int_{t_1}^{t_2}\sum F_y dt = m(\bar{v}_{2y} - \bar{v}_{1y}); \quad \int_0^5 (N - mg)dt = m(0-0)$$

이때 질량중심 G의 속도 $\bar{v}_{2x} = r_2\omega_2$이다.

예제 8.2.4 질량 m, 반지름 r인 균일한 구가 회전하지 않고 $t=0$에서 수평면에 평행한 방향으로 속도 $\overline{\mathbf{v}_1}(\rightarrow)$로 거친 수평면 위로 던져진다. 구와 수평면 사이의 운동마찰계수가 μ_k일 때 (1) 구가 미끄러짐 없이 구르기 시작하는 시간과 (2) 이때 구의 질량중심 속도와 각속도를 구하라.

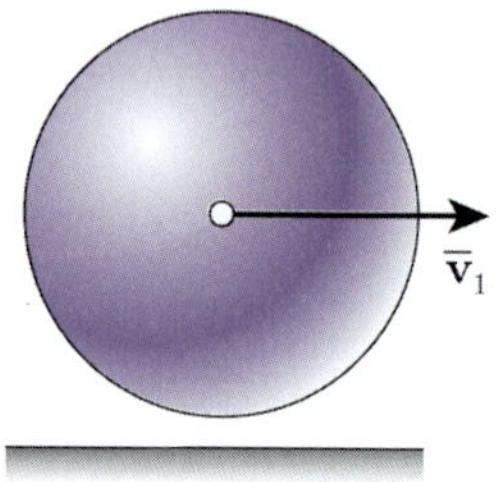

[그림 8.2.6] 수평면에 쏘아진 공: $t=0$

풀이 구가 수평면에 던져지는 순간과 미끄러짐 없이 구르기 시작하는 순간을 각각 첨자 1, 2로 나타낸다. 시간 $t_1 = 0$와 t_2에서 구의 질량중심 속도와 각속도는

$$\overline{\mathbf{v}_1} = \bar{v}_1(\rightarrow), \ \omega_1 = 0$$
$$\overline{\mathbf{v}_2} = \bar{v}_2(\rightarrow) = ?, \ \omega_2 = ?$$

이다. 그리고 구에 작용하는 힘은 무게 $W = mg$와 구가 수평면에서 미끄러지는 동안 구와 수평면의 접촉점에서 발생하는 수직반력 N과 마찰력 F이다. 이와 같은 조건으로부터 구에 대한 충격량-운동량 선도는 [그림 8.2.7]과 같다. 여기에서 시간 t_2에서 구가 시계방향(↷)으로 굴러간다고 가정한다.

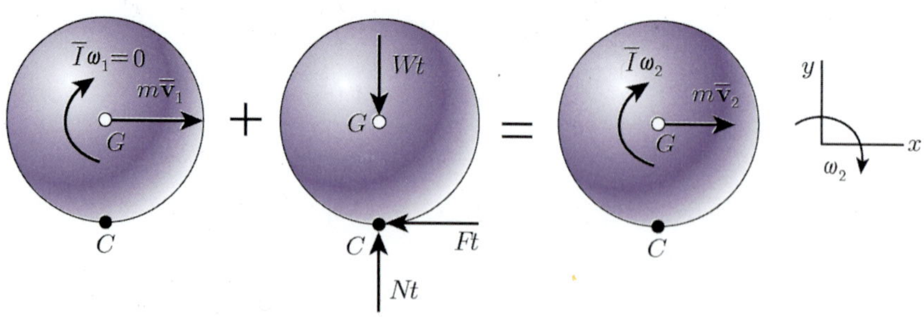

[그림 8.2.7] 구의 충격량-운동량 선도

시간 $t_1 = 0$와 t_2 사이에 대해 충격량-운동량 원리를 적용한다.

○ x성분($+\rightarrow$): $\int_{t_1}^{t_2} \sum F_x dt = m(\bar{v}_{2x} - \bar{v}_{1x})$

$$\int_0^{t_2} (-F) dt = m(\bar{v}_2 - \bar{v}_1)$$

$$-Ft_2 = m(\bar{v}_2 - \bar{v}_1) \quad \cdots ①$$

○ y성분($+\uparrow$): $\int_{t_1}^{t_2} \sum F_y dt = m(\bar{v}_{2y} - \bar{v}_{1y})$

$$\int_0^{t_2} (N - W) dt = m(0 - 0)$$

$$(N - W)t_2 = 0 \quad \cdots ②$$

○ M_G($+\curvearrowright$): $\int_{t_1}^{t_2} \sum M_G dt = \bar{I}(\omega_2 - \omega_1)$

$$\int_0^{t_2} (Fr) dt = \bar{I}(\omega_2 - 0)$$

$$Frt_2 = \bar{I}\omega_2$$

$$Frt_2 = \left(\frac{2}{5}mr^2\right)\omega_2$$

$$Ft_2 = \left(\frac{2}{5}mr\right)\omega_2 \quad \cdots ③$$

식 ①~③에서 미지수가 5개(N, F, $\bar{v}_2$, ω_2, t_2)이므로 추가적인 2개의 조건이 필요하다. 여기에서 구가 미끄러지는 동안 구가 받는 마찰력은

$$F = \mu_k N \quad \cdots ④$$

이고, 시간 t_2에서 구가 미끄러짐 없이 굴러가므로 구 질량중심 속도는

$$\bar{v}_2 = r\omega_2 \quad \cdots ⑤$$

이다. 식 ①~⑤로부터 5개의 미지수를 결정할 수 있다.

먼저 식 ①과 ③에서 Ft_2를 소거하고 식 ⑤를 대입하면

$$Ft_2 = -m(\bar{v}_2 - \bar{v}_1) = \frac{2m}{5}(r\omega_2) = \frac{2m}{5}(\bar{v}_2)$$

$$-(\bar{v}_2 - \bar{v}_1) = \frac{2}{5}\bar{v}_2$$

$$\therefore \quad \bar{v}_2 = \frac{5}{7}\bar{v}_1(\rightarrow) \qquad \cdots ⑥$$

$$\omega_2 = \frac{\bar{v}_2}{r} = \frac{5}{7}\left(\frac{\bar{v}_1}{r}\right)(\curvearrowright) \qquad \cdots ⑦$$

이 얻어지고, 식 ②에서 $N = W = mg$이므로 $F = \mu_k N = \mu_k mg$이고 이 식을 식 ③에 대입하면

$$(\mu_k mg)t_2 = \left(\frac{2}{5}mr\right)\omega_2 = \left(\frac{2}{5}mr\right)\times\frac{5}{7}\left(\frac{\bar{v}_1}{r}\right)$$

$$\therefore \quad t_2 = \frac{2}{7}\left(\frac{\bar{v}_1}{\mu_k g}\right) \qquad \cdots ⑧$$

이다. 이상에서 ω_2가 양(+)이므로 가정한 것과 같이 시계방향으로 구가 굴러간다. 이상의 결과는 [예제 7.3.5]의 결과와 일치한다.

예제 8.2.5 풀리를 지나는 줄로 연결된 두 물체의 질량 $m_A = 5\text{kg}$, $m_B = 10\text{kg}$이고, 풀리의 질량중심에 대한 질량관성모멘트 $I = 0.2\,\text{kg}\cdot\text{m}^2$, 반지름 $r = 0.15\,\text{m}$이다. 시스템이 정지 상태에 있을 때 A와 B를 가만히 놓으면 물체 무게에 의해 물체가 움직이게 된다. 운동량 원리를 이용하여 물체를 놓은 후 1초[s]가 지나는 순간 B의 속도를 구하라. 풀리에서 줄의 미끄러짐이 없고, 줄의 질량은 무시할 수 있다.

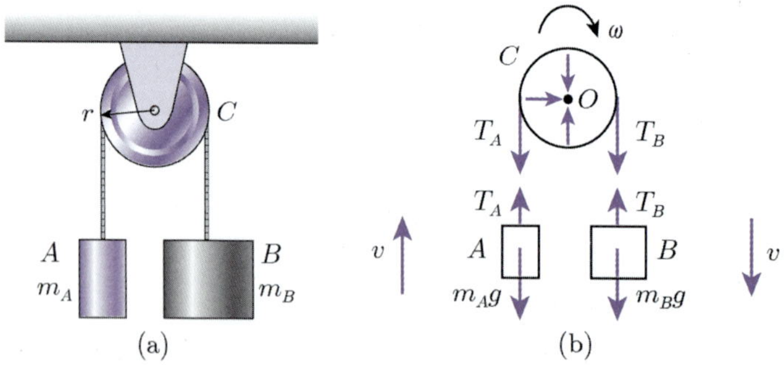

[그림 8.2.8] (a) 풀리와 두 물체 (b) 자유물체도

풀이 풀리와 물체에 대한 자유물체도는 (b)와 같다. 무거운 물체 B가 아래로(↓) 내려갈 것이므로 물체의 속도와 풀리의 각속도 방향을 (b)와 같이 잡는다. 두 물체(A, B)의 초기속도와 풀리(C)의 초기 각속도는

$$v_{A1} = 0,\ v_{B1} = 0,\ \omega_1 = 0$$

이다. (b)에서 물체 A에 대해 선형 충격량-운동량 원리를 적용하면

$$(+\uparrow):\ \int_0^1 (T_A - m_A g)dt = m_A(v_{A2} - v_{A1})$$

$$T_A - m_A g = m_A v_{A2} \qquad \cdots ①$$

이고, B에 대해 선형 충격량-운동량 원리를 적용하면

$$(+\downarrow):\ \int_0^1 (m_B g - T_B)dt = m_B(v_{B2} - v_{B1})$$

$$m_B g - T_B = m_B v_{B2} \qquad \cdots ②$$

이다. 다음에 풀리 C에 대해 각충격량과 각운동량 원리를 적용하면

$$(+\curvearrowright):\ \int_{t_1}^{t_2} \sum M_O dt = I_O(\omega_2 - \omega_1)$$

$$\int_0^1 (T_B - T_A) r\, dt = I(\omega_2 - \omega_1)$$

$$(T_B - T_A) r = I\omega_2 \qquad \cdots ③$$

의 관계식이 얻어진다. 식 ①~③에서 미지수는 5개(T_A, T_B, ω_2, v_{A2}, v_{B2})이다. 여기에서 A와 B는 같은 줄에 연결되어 있으므로

$$v_{A2} = v_{B2} \qquad \cdots ④$$

이고, 풀리와 줄 사이에 미끄러짐이 없으므로 풀리의 각속도는

$$\omega_2 = \frac{v_{B2}}{r}(\curvearrowright) \qquad \cdots ⑤$$

이다. 식 ④를 식 ①에 대입하고 ①+②를 하면

$$T_A - T_B - (m_A - m_B)g = (m_A + m_B)v_{B2}$$

$$T_B - T_A = -(m_A + m_B)v_{B2} - (m_A - m_B)g$$

이고, 이 식과 식 ⑤를 식 ③에 대입하면 다음과 같이 B의 속도 v_{B2}가 구해진다.

$$[-(m_A + m_B)v_{B2} - (m_A - m_B)g]r = I\left(\frac{v_{B2}}{r}\right)$$

$$(m_B - m_A)g = \left(\frac{I}{r^2} + m_A + m_B\right)v_{B2}$$

$$v_{B2} = \frac{(m_B - m_A)g}{I/r^2 + m_A + m_B} = \frac{(10-5)(9.8)}{0.2/0.15^2 + 5 + 10} = 2.05[\text{m/s}](\downarrow)$$

v_{B2}가 양의 값을 가지므로 가정한 것과 같이 아래 방향이다. 한편 블록의 속도를 알면 줄에 작용하는 장력은 식 ①, ②로써 곧바로 구할 수 있다.

그림의 (b)에서 자리가 좁아서 O점에 작용하는 힘 O_x, O_y, $m_C g$는 표기하지 않았는데 이 힘들의 O점에 대한 모멘트는 모두 0이다.

위 예제 풀이에서 $\Delta t = 1\text{s}$만 수치를 대입하고 문자식으로 표현된 답을 구한 후 최종적으로 수치를 대입하였다. 이게 조금 복잡해 보인다면 다음과 같이 문제 풀이 중간 과정에서 수치를 대입해도 무방하다.

$$T_A - 5(9.8) = 5v_{A2} \qquad \cdots ①$$

$$10(9.8) - T_B = 10v_{B2} \qquad \cdots ②$$

$$(T_B - T_A)(0.15) = 0.2(v_{B2}/0.15) \qquad \cdots ③$$

①+②에서 $T_A - T_B = -5(9.8) + 15v_{B2}$를 식 ③에 대입

$$[5(9.8) - 15v_{B2}](0.15) = 0.2(v_{B2}/0.15)$$

$$v_{B2} = \frac{5(9.8)}{0.2/0.15^2 + 15} = 2.05\,[\text{m/s}](\downarrow)$$

Note [예제 8.2.5]의 풀이에서 물체를 분리한 후 각 물체에 대해 충격량과 운동량 원리를 적용하였다. 이 방법이 줄에 작용하는 장력과 풀리의 각속도를 모두 구할 수 있는 표준적인 방법이라고 할 수 있다. 그런데 이 문제는 두 물체와 풀리로 구성된 하나의 계를 고려하여 이 계에 대해 충격량과 운동량 원리를 적용하면 다음과 같이 곧바로 풀리의 각속도와 그에 따른 블록의 속도를 구할 수 있다.

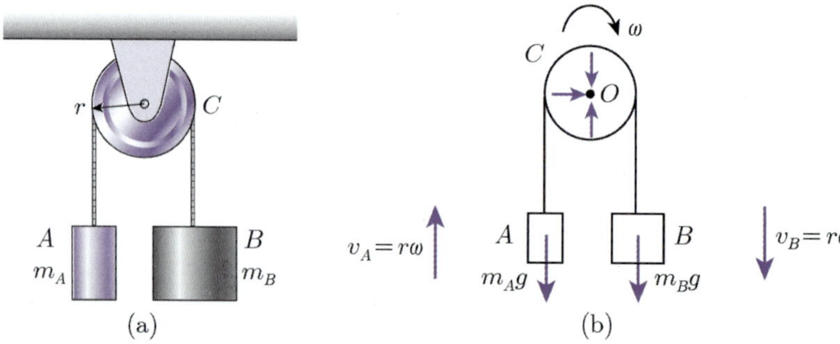

[그림 8.2.9] (a) 풀리와 두 물체 (b) 자유물체도

물체 A와 B 및 풀리 C로 구성된 계에 대한 자유물체도는 (b)와 같다. 여기에서 점 O에 대한 각충격량과 각운동량 원리[식 (8.2.14)]를 적용한다.

풀리의 각속도를 $\omega(\curvearrowright)$라 하면 두 블록의 속도는 $v_A = r\omega(\uparrow)$, $v_B = r\omega(\downarrow)$이다. $t_1 = 0$와 $t_2 = 1\,\text{s}$에서 점 O에 대한 계의 총 각운동량을 각각 H_{O1}, H_{O2}라 한다.

$$(+\curvearrowright):\ \int_{t_1}^{t_2}\sum M_O dt = H_{O2} - H_{O1}$$

$$\int_0^1 (m_B gr - m_A gr)\,dt = (H_{O2})_{풀리} + (H_{O2})_A + (H_{O2})_B - 0$$

$$(m_B - m_A)gr = I\omega + r(m_A v_A) + r(m_B v_B)$$
$$= I\omega + r[m_A(r\omega)] + r[m_B(r\omega)]$$
$$= (I + r^2 m_A + r^2 m_B)\omega$$

$$\omega = \frac{(m_B - m_A)gr}{I + r^2(m_A + m_B)}$$

$$v_B = r\omega = \frac{(m_B - m_A)gr^2}{I + r^2(m_A + m_B)} = \frac{(m_B - m_A)g}{I/r^2 + (m_A + m_B)}$$

여기에서 각운동량 $(H_{O2})_A$와 $(H_{O2})_B$는 각각 A와 B의 선운동량(mv)의 점 O에 대한 모멘트이다[식 (5.3.5)].

다음 [예제 8.2.6]~[예제 8.2.8]에서 공은 하나의 질점으로 간주하고 막대는 강체이다. 따라서 공의 각운동량은 '**질점에 대한 각운동량 식 (5.3.5)**'를 사용하고, 막대의 각운동량은 '**강체의 각운동량 식 (8.2.11)**'을 사용한다. O점으로부터 공의 운동 방향의 연장선까지 거리가 d이면 O점에 대한 공의 각운동량의 크기는 mvd이다.

예제 8.2.6 질량 $m_B = 2\text{kg}$인 공 B가 $v_{B1} = 4\text{m/s}$의 속도로 오른쪽(→)으로 날아가 질량 $m = 5\text{kg}$, 길이 $L = 1\text{m}$인 정지 상태의 막대 A의 끝에 충돌한다. 막대 A는 O점에 마찰 없는 핀으로 연결되어 있다. 충돌 직후 B가 오른쪽(→)으로 $v_{B2} = 1\text{m/s}$의 속도로 움직였을 때 충돌 직후 막대 A의 각속도(ω)를 구하라. 공 B는 질점으로 간주한다.

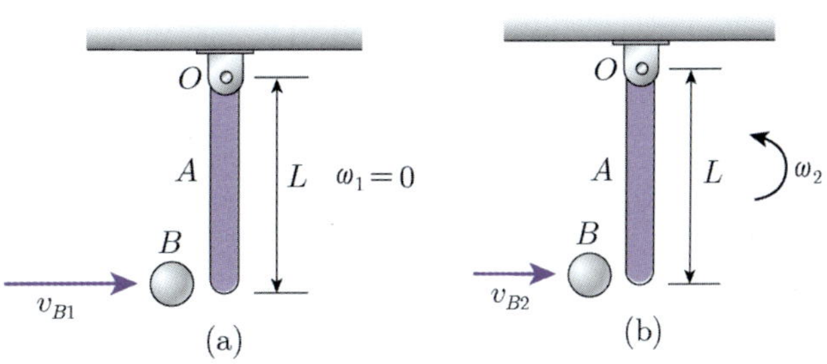

[그림 8.2.10] (a) 충돌 직전 (b) 충돌 직후

풀이 A와 B 전체에 대해 고정점 O에 대한 각운동량 보존식을 적용한다. 충돌 전과 후를 각각 첨자 1과 2로 나타낸다.

$$H_{O1} = H_{O2}$$
$$(+\curvearrowleft):\ m_B v_{B1} L + I_O \omega_1 = m_B v_{B2} L + I_O \omega_2$$
$$m_B v_{B1} L + 0 = m_B v_{B2} L + \left(\frac{1}{3} m L^2\right)\omega_2$$
$$\omega = \omega_2 = \frac{3m_B(v_{B1} - v_{B2})}{mL}$$
$$= \frac{3(2)(4-1)}{5(1)} = 3.6\,[\text{rad/s}](\curvearrowleft)$$

예제 8.2.7 질량 $m_B = 2\text{kg}$인 공 B가 $v_{B1} = 5\text{m/s}$의 속도로 오른쪽(→)으로 날아가 질량 $m = 8$ kg, 길이 $L = 1.2\text{m}$인 정지 상태의 막대 OA의 끝에 충돌한다. 막대 OA는 O점에 마찰 없는 핀으로 연결되어 있다. 막대와 공 사이 반발계수 $e = 0.8$일 때 충돌 직후 막대의 각속도(ω)와 공의 속도를 구하라. 공 B는 질점으로 간주한다.

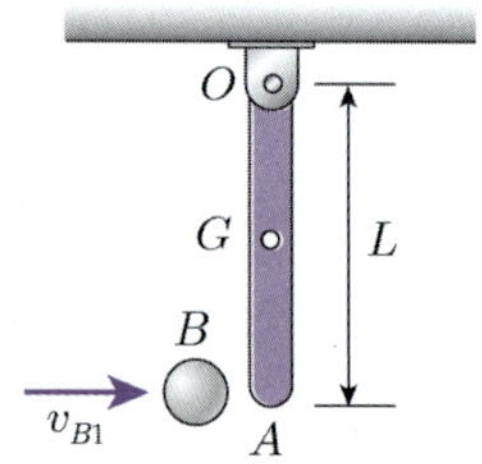

[그림 8.2.11] 막대에 충돌하는 공

풀이 공(ball)을 첨자 B로 나타내고, 충돌 직전과 직후를 각각 1과 2로 나타낸다.

$$v_{B1} = 5\text{m/s}(\rightarrow),\ v_{B2} = ?$$

충돌지점 A에서 막대의 속도를 첨자 A로 나타내고, 충돌 직후 막대의 각속도를 ω ($\curvearrowleft$)로 가정한다. 막대는 O점을 중심으로 회전한다.

$$v_{A1} = 0,\ v_{A2} = L\omega = 1.2\omega(\rightarrow) = ?$$

오른쪽 방향(→)을 양의 방향으로 하면 반발계수의 정의로부터

$$e = 0.8 = \frac{v_{A2} - v_{B2}}{v_{B1} - v_{A1}} = \frac{1.2\omega - v_{B2}}{5 - 0}$$
$$0.8(5) = 1.2\omega - v_{B2} \qquad \cdots ①$$

공과 막대 전체에 대한 충격량-운동량 선도는 [8.2.12]와 같다. 이 계에 대한 유일한 충격력은 O점에서 충격반력이다. 따라서 $\int_{t_1}^{t_2}\sum M_O dt = 0$이므로 O점에 대한 각운동량이 보존된다.

$$(+\curvearrowleft)\, H_{O1} = H_{O2}:\ m_B v_{B1} L + 0 = m_B v_{B2} L + \left(\frac{1}{3} m L^2\right)\omega$$

$$2(5)(1.2) = 2 v_{B2}(1.2) + \left[\frac{1}{3}(8)(1.2)^2\right]\omega \quad \cdots ②$$

식 ①에서 $v_{B2} = 1.2\omega - 4$를 식 ②에 대입하면 막대의 각속도 ω는

$$12 = 2.4(1.2\omega - 4) + 3.84\omega$$
$$\omega = 3.21\,[\text{rad/s}]$$

이고, 이 값을 식 ①에 대입하면

$$v_{B2} = 1.2\omega - 4 = 1.2(3.21) - 4 = -0.148\,[\text{m/s}]$$

가 얻어진다. 여기에서 ω가 양의 값을 가지므로 가정한 것과 같이 반시계방향($\curvearrowleft$)이다. 따라서 충돌 직후 막대의 각속도($\boldsymbol{\omega}$)와 공의 속도($\mathbf{v}_{B2}$)는 다음과 같다.

$$\boldsymbol{\omega} = 3.21\,[\text{rad/s}](\curvearrowleft)$$
$$\mathbf{v}_{B2} = 0.148\,[\text{m/s}](\leftarrow)$$

즉, 충돌 후 막대는 반시계방향으로 회전하고 공은 왼쪽으로 튕겨 나간다.

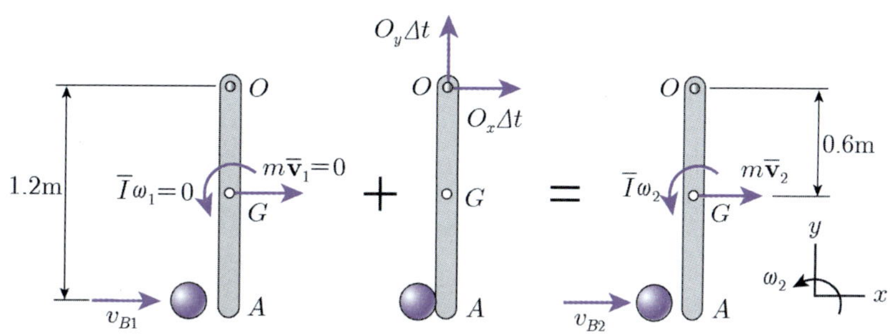

[그림 8.2.12] 계의 충격량-운동량 선도

예제 8.2.8 질량이 m인 공 B가 v의 속도로 날아가 질량 m, 길이 L인 정지 상태의 막대 AC의 한 끝(A)에 충돌한다. 막대 AC는 마찰 없는 O점을 중심으로 수평면상에서 회전할 수 있다. 막대와 공 사이의 반발계수 $e = 1$일 때 충돌 직후 막대의 각속도(ω)를 구하여 v와 L로 나타내라. 공 B는 질점으로 간주한다.

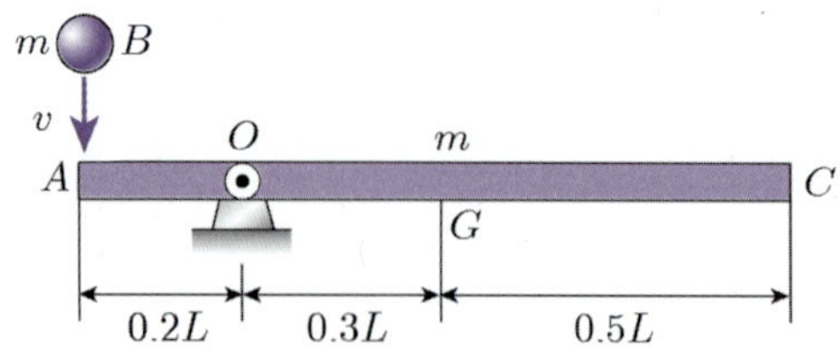

[그림 8.2.13] 힌지된 막대에 충돌하는 공

풀이 공(ball)을 첨자 B로 나타내고, 충돌 직전과 직후를 각각 1과 2로 나타낸다.

$$v_{B1} = v(\downarrow),\ v_{B2} = ?$$

충돌지점 A에서 막대의 속도를 첨자 A로 나타내고, 충돌 직후 막대의 각속도를 ω ($\curvearrowleft$)로 가정한다. 막대는 O점을 중심으로 회전한다.

$$v_{A1} = 0,\ v_{A2} = 0.2L\omega(\downarrow) = ?$$

아래 방향($\downarrow$)을 양의 방향으로 하면 반발계수의 정의로부터

$$e = 1 = \frac{v_{A2} - v_{B2}}{v_{B1} - v_{A1}} = \frac{0.2L\omega - v_{B2}}{v - 0}$$

$$v = 0.2L\omega - v_{B2} \qquad \cdots ①$$

공과 막대 전체에 대해 $\int_{t_1}^{t_2} \sum M_O dt = 0$이므로 O점에 대한 각운동량이 보존된다. 평행축정리에 의해

$$I_O = \bar{I} + m(0.3L)^2 = \frac{m}{12}L^2 + m(0.3L)^2 = 0.173mL^2$$

이므로

$$(+\curvearrowleft)\ H_{O1} = H_{O2}:\ mv(0.2L) + 0 = mv_{B2}(0.2L) + I_O\omega$$

$$mv(0.2L) = mv_{B2}(0.2L) + 0.173mL^2\omega$$

$$v = v_{B2} + 0.865L\omega \qquad \cdots ②$$

식 ①+②를 하면 다음과 같이 막대의 각속도 ω가 구해진다.

$$2v = 0.2L\omega + 0.865L\omega$$

$$\therefore\ \omega = \frac{1.878v}{L}(\curvearrowleft)$$

이 문제 그림은 막대가 마찰 없는 수평면에 놓여 있는 것을 위에서 내려 본 것이다.

연습문제 8.2

01 질량 $m = 80\text{kg}$, 회전반경 $k_G = 0.4\text{m}$ 인 바퀴에 우력모멘트 $M = 3t^2[\text{N} \cdot \text{m}](\curvearrowright)$($t$의 단위는 초)가 작용한다. $t = 0$의 정지 상태에서 출발하여 $t = 4$초가 되는 순간 바퀴의 각속도(ω)를 구하라. Hint: $\int_{t_1}^{t_2} \sum M_O dt = I_O(\omega_2 - \omega_1)$.

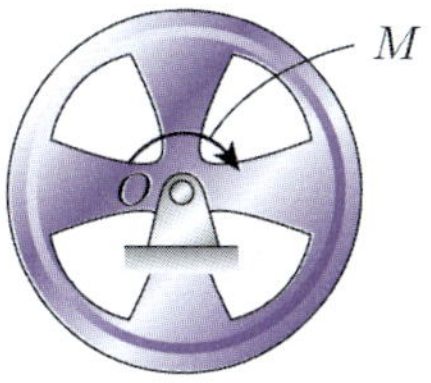

[문제 8.2.1]

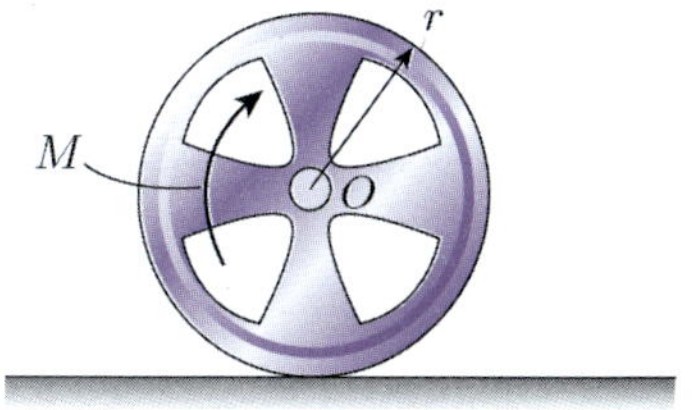

[문제 8.2.2]

02 질량 $m = 300\text{kg}$, 반지름 $r = 0.6\text{m}$, 회전반경 $k_G = 0.4\text{m}$ 인 바퀴에 우력모멘트 $M = 260[\text{N} \cdot \text{m}](\curvearrowright)$가 작용한다. $t = 0$의 정지 상태에서 출발하여 $t = 6$초가 되는 순간 바퀴의 각속도(ω)와 바퀴와 지면 사이 마찰력(F)을 구하라. 바퀴는 미끄러짐 없이 굴러간다.

03 제트 엔진 회전 장치의 질량 중심에 대한 질량관성모멘트는 $400\text{kg} \cdot \text{m}^2$이다. 회전 장치가 $t = 0$의 정지 상태에서 움직이기 시작하고 엔진이 회전 장치에 $M = 6500 - 125t$ $[\text{N} \cdot \text{m}]$($t$의 단위는 초)의 우력모멘트를 가한다.

(1) $t = 0$에서 $t = 20$초까지 회전 장치에 가해진 각충격량의 크기는 얼마인가?

(2) $t = 20$초에서 회전 장치의 각속도는 몇 rpm인가?

04 전기모터에 부착된 플라이휠이 정지 상태에 있다. $t = 0$에서 모터가 플라이휠에 우력 모멘트 $M = 200e^{-0.1t}[\text{N} \cdot \text{m}]$($t$의 단위는 초)를 가한다. 플라이휠의 질량 중심에 대한 질량관성모멘트 $I = 10\text{kg} \cdot \text{m}^2$일 때 다음을 구하라.

(1) $t = 10$초에서 플라이휠의 각속도

(2) 플라이휠이 얻을 수 있는 최대 각속도

05 비행기 착륙장치의 바퀴 반지름 $r = 0.62\text{m}$ 이고 질량 중심에 대한 질량관성모멘트 $I = 24\text{kg} \cdot \text{m}^2$이다. 비행기가 $v = 75\text{m/s}$ 의 속도로 착륙한 후 바퀴의 미끄럼 자국 길이가 $s = 18\text{m}$ 로 측정되었다. 미끄러지는 동안 활주로에 의해 바퀴에 가해진 평균 마찰력 [kN]을 구하라. 착륙하는 순간 바퀴는 회전하지 않고, 활주로에서 바퀴가 미끄러지는 동안 비행기 속도는 일정하다고 가정한다. Hint: 바퀴는 회전하지 않고 미끄러지다가 미끄러짐을 멈추고 굴러간다. 굴러가는 바퀴 각속도 $\omega = v/r$.

06 질량 $m = 50\text{kg}$, 회전반경 $k_G = 175\text{mm}$, 중앙 원통 반지름 $r_1 = 0.2\text{m}$, 바깥쪽 반지름 $r_2 = 0.3\text{m}$ 인 스풀의 중앙 원통에 감긴 줄에 $P = 150\text{N}(\rightarrow)$의 힘이 작용한다. 스풀이 정지 상태에서 움직이기 시작한 후 3초가 되는 순간 스풀의 각속도(ω)를 구하라. 스풀은 미끄러짐 없이 굴러간다고 가정한다.

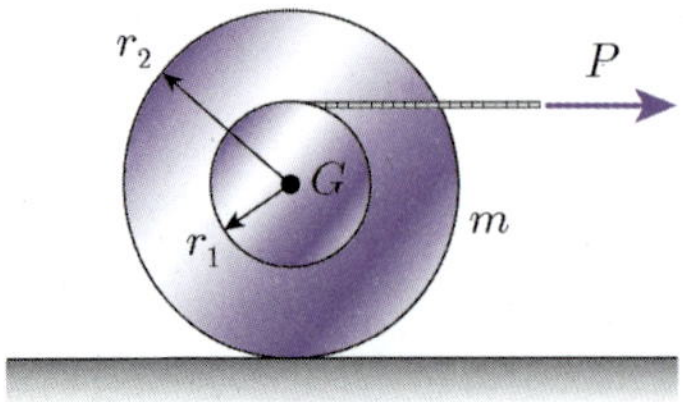

[문제 8.2.6]

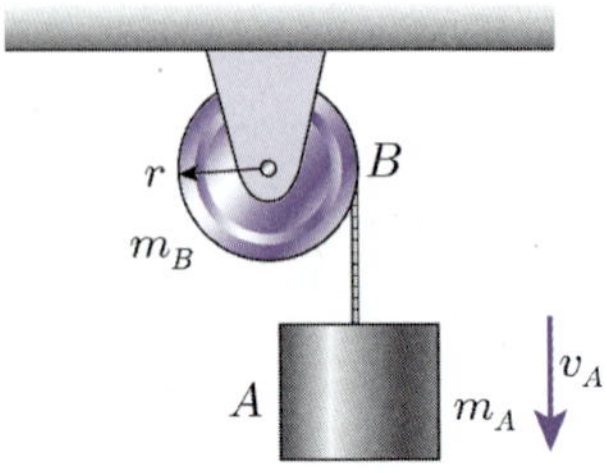

[문제 8.2.7]

07 풀리를 감고 있는 줄에 매달린 물체 A의 질량 $m_A = 6\text{kg}$ 이고, 풀리 B의 질량 중심에 대한 질량관성모멘트 $I = 0.4\text{kg} \cdot \text{m}^2$, 질량 $m_B = 20\text{kg}$, 반지름 $r = 0.2\text{m}$ 이다. A가 $v_A = 2\text{m/s}$ 의 초기속도로 아래로 움직일 때 3초 후 A의 속도를 구하라. 풀리에서 줄의 미끄러짐이 없고, 줄의 질량은 무시할 수 있다.

08 수평인 지면에 놓인 질량 $m = 150\text{kg}$, 회전반경 $k_G = 1.25\text{m}$ 인 정지 상태의 릴이 있다. 릴에 일정한 우력모멘트 $M = 250\text{N} \cdot \text{m}(\curvearrowright)$을 가할 때 출발 후 3초가 되는 순간 릴의 각속도를 구하라. 안쪽 반지름 $r_1 = 1\text{m}$, 바깥쪽 반지름 $r_2 = 1.5\text{m}$ 이고 릴과 지면 사이의 운동마찰계수 $\mu_k = 0.15$이다. 릴은 미끄러지면서 굴러간다. Hint: 줄에 걸리는 장력이 있다. 모멘트 기준점-줄과 r_1인 원통의 접점.

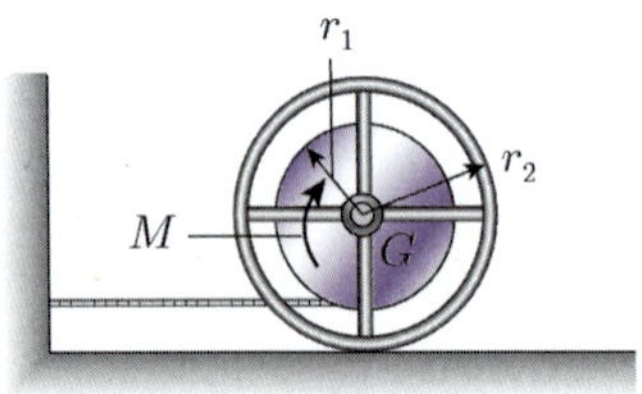

[문제 8.2.8]

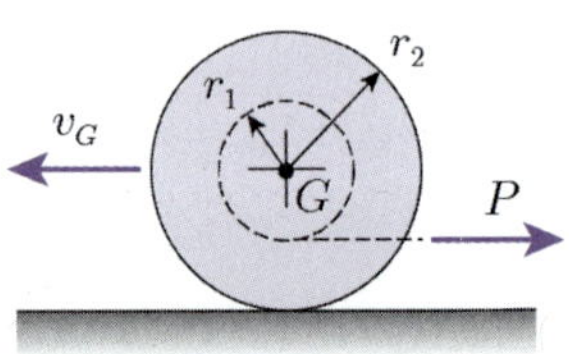

[문제 8.2.9]

09 반지름 $r_1 = 225\text{mm}$ 인 중앙 허브에 감긴 줄에 $P = 6.5t[\text{N}](\rightarrow)$($t$의 단위는 초)가 작용한다. $t = 0$에서 바퀴 질량중심이 $v_G = 0.9[\text{m/s}](\leftarrow)$로 굴러가고 있다. 힘 P가 작용한 후 $t = 10$초가 되는 순간 바퀴의 각속도를 구하라. 바퀴의 질량 $m = 60\text{kg}$, 회전반경 $k_G = 250\text{mm}$, $r_2 = 450\text{mm}$ 이며, 바퀴는 미끄러짐 없이 굴러간다. Hint: 바퀴와 지면의 접점-모멘트 기준점, 회전 방향에 주의.

10 래크 기어가 수평면에서 정지해 있고 줄에 걸리는 장력 $P = 122\text{N}(\rightarrow)$일 때 정지 상태에서 출발하여 4초 후 기어의 각속도를 구하라. 기어의 질량 $m = 50\text{kg}$, 회전반경 $k_G = 125\text{mm}$ 이며, 안쪽 반지름 $r_1 = 75\text{mm}$, 바깥쪽 반지름 $r_2 = 150\text{mm}$ 이다. Hint: 모멘트 기준점-기어와 래크기어의 접점.

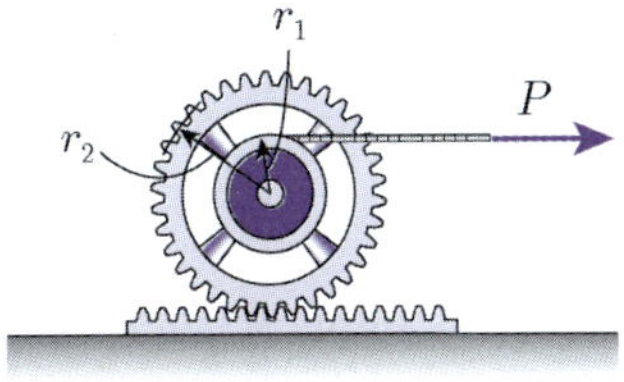

[문제 8.2.10]

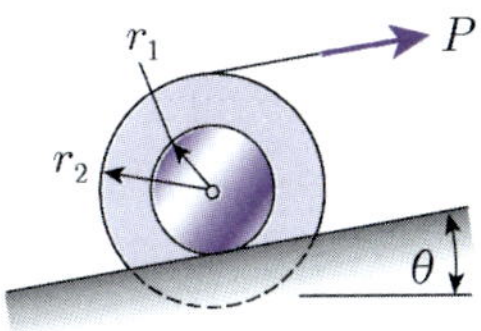

[문제 8.2.11]

11 질량 $m = 36\text{kg}$, 회전반경 $k_G = 200\text{mm}$ 인 원통이 $P = 40\text{N}$ 의 힘을 받는다. 원통이 각 $\theta = 10°$인 경사면에서 미끄러짐 없이 굴러갈 때 정지 상태에서 출발하여 5초 후 원통의 각속도를 구하라. 그림에서 안쪽 반지름 $r_1 = 150\text{mm}$, 바깥쪽 반지름 $r_2 = 250\text{mm}$ 이다. Hint: 모멘트 기준점-반지름 r_1인 바퀴와 지면의 접점.

12 그림과 같은 두 장치 (a)와 (b)의 홈이 파인 드럼은 동일하고, 반지름 $r_1 = 215\text{mm}$ 인 홈에 줄이 감겨있다. 두 장치는 모두 $t = 0$에서 정지해 있었다. $t = 4$초일 때 드럼의 각속도를 각각 구하라. 드럼 질량 $m = 14\text{kg}$, 회전반경 $k_G = 225\text{mm}$, 반지름 $r_2 = 325\text{mm}$ 이다. 회전축에서 마찰은 무시한다. Hint: $P = m_A g$이지만 (b)에서는 물체 A의 운동량도 있다. $v = r\omega$.

(a) $P = 98\text{N}$의 장력을 가하는 경우 (b) 물체 A의 질량 $m_A = 10\text{kg}$인 경우

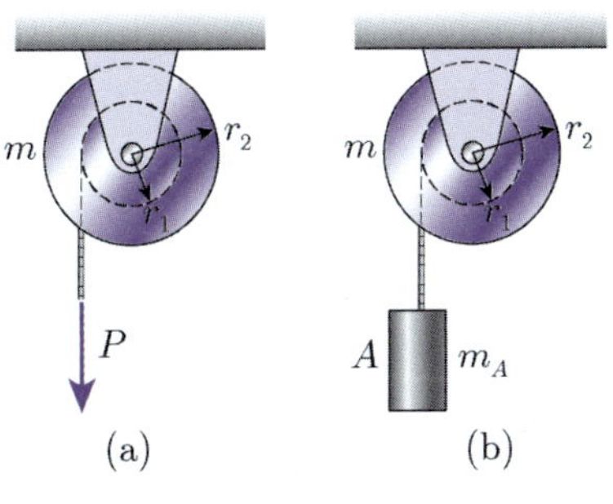

[문제 8.2.12]

[문제 8.2.13]

13 질량 $m = 75\text{kg}$, 회전반경 $k_G = 0.5\text{m}$ 인 플라이휠이 시간에 따라 변하는 우력모멘트 $M = 10(1 - e^{-t})[\text{N} \cdot \text{m}]$($t$의 단위는 초)를 받고 있다. $t = 0$에서 플라이휠이 정지해 있었다면 $t = 3$초에서 플라이휠의 각속도는 얼마인가?

14 질량 $m = 30\text{g}$ 의 총알이 $v = 500\text{m/s}(\leftarrow)$의 속도로 날아와 O점에 매달려 정지해 있는 질량 $M = 10\text{kg}$, 길이 $L = 0.8\text{m}$ 의 가는 막대 OA에 충돌한다. 충돌 직후 총알이 박힌 막대의 각속도를 구하라. Hint: O점에 대한 각운동량 보존.

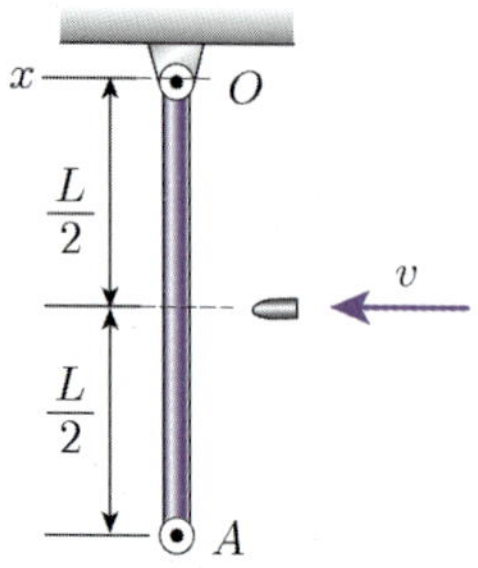

[문제 8.2.14/15]

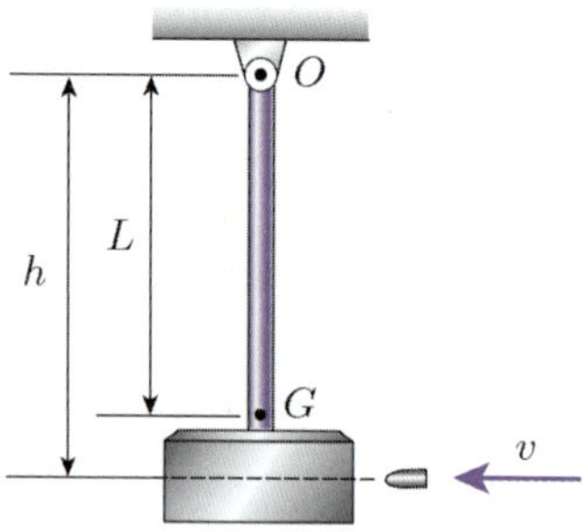

[문제 8.2.16]

15 위 문제(14 번)에서 총알이 막대에 박히는 데 걸린 시간이 0.001초일 때 총알과 막대가 상호 작용을 하는 동안 핀 O가 막대에 가하는 수평방향 힘 O_x의 시간 평균값을 구하라. Hint: 막대 질량중심에 대한 각충격량-각운동량 원리.

16 질량 $m = 28\text{g}$ 의 총알이 $v = 500\text{m/s}(\leftarrow)$의 속도로 날아와 O점에 매달려 정지해 있는 질량 $M = 25\text{kg}$ 인 복합진자에 충돌한다. 질량중심이 G에 있는 복합진자의 회전중심 O에 대한 회전반경은 $k_O = 925\text{mm}$ 이다. 충돌 직후 총알이 박힌 진자의 각속도를 구하라. 그림에서 $L = 875\text{mm}$, $h = 1{,}075\text{mm}$ 이다. Hint: O점에 대한 각운동량 보존.

17 골프 클럽이 질량 $m = 0.045\text{kg}$ 인 골프공에 그림과 같이 힘 F를 가한다. 골프공의 반지름 $r = 21\text{mm}$ 이고 균일한 구로 가정한다. 골프 클럽이 골프공과 접촉하는 시간은 $\Delta t = 6 \times 10^{-4}\text{s}$ 이고 타격 직후 골프공의 질량중심 속도 크기 $v = 36\text{m/s}$ 이다. 이때 평균 충격력(F)과 타격 직후 골프공의 각속도(ω)를 구하라. 그림에서 골프공 질량중심으로부터 힘 F의 작용선까지 거리 $b = 2.5\text{mm}$ 이다. Hint: F-충격량과 운동량 원리, ω-각충격량과 각운동량 원리.

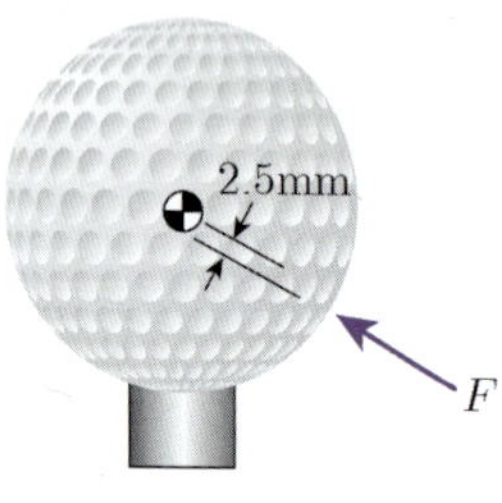

[문제 8.2.17]

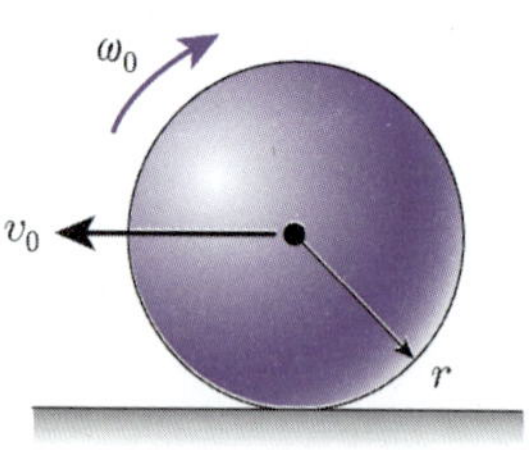

[문제 8.2.18]

18 질량 m, 반지름 r인 균일한 구가 수평면에 평행한 방향으로 속도 $v_0(\leftarrow)$로 거친 수평면 위로 던져진다고 할 때, 구의 전방 속도가 0인 순간 구가 회전을 멈추게 하는 초기 역회전(back spin) 속도 ω_0를 구하여 r과 v_0로 나타내라. Hint: 최종상태에서 질량중심 속도와 각속도는 모두 0이다.

19 질량 $m = 2\text{kg}$, 길이 $L = 1.5\text{m}$ 인 막대의 양 끝에 질량 $M = 4\text{kg}$ 인 동일한 두 원판 A와 B가 부착되어 있다. 두 원판의 각속도가 $\omega_{A1} = \omega_{B1} = 5\text{rad/s}(\curvearrowright)$이 될때 막대는 정지 상태에서 풀리며, 막대와 A, B의 연결점에서 마찰력으로 인해 막대도 회전하게 된다. 두 원판과 막대의 각속도가 같아질 때 막대의 각속도를 구하라. 핀 C에는 마찰력이 없고 이 운동은 수평면에서 일어나고 있다. Hint: 원판의 C점에 대한 각운동량은 $I_G\omega + mv_G \times \dfrac{L}{2}$, $H_{C1} = H_{C2}$. (이 문제 그림은 위에서 내려다본 것임)

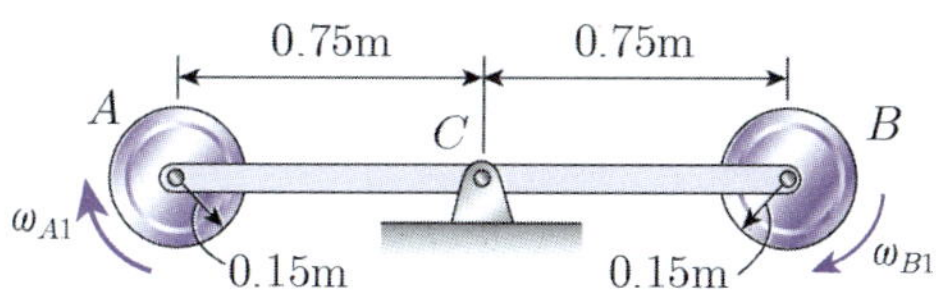

[문제 8.2.19]

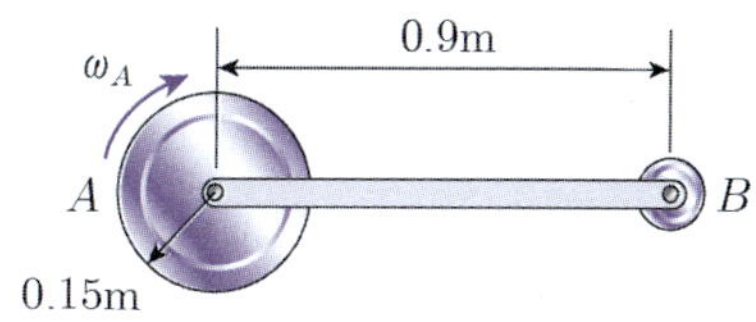

[문제 8.2.20]

20 질량 $M = 0.45\text{kg}$ 인 막대의 끝에 질량 $m = 0.3\text{kg}$ 인 원판(A)이 부착되어 있고, 막대는 B점을 축으로 회전할 수 있게 설치되었다. 원판의 각속도가 $\omega_A = 8\text{rad/s}(\curvearrowright)$이 될 때 막대는 정지 상태에서 풀리며, 막대와 원판의 연결점에서 마찰력으로 인해 막대도 회전하게 된다. 원판과 막대와 각속도가 같아질 때 막대의 각속도를 구하라. 고정된 베어링 B에는 마찰력이 없고 이 운동은 수평면에서 일어나고 있다. (이 문제 그림은 위에서 내려다본 것임) Hint: $H_{B1} = H_{B2}$.

21 길이 $L = 0.9\text{m}$, 질량 $M = 2.7\text{kg}$ 인 가는 막대 AD가 정지 상태에서 수직으로 A점에 매달려 있다. 질량 $m = 0.45\text{kg}$ 의 공이 $v_0 = 15\text{m/s}$ 의 속도로 $h = 0.6\text{m}$ 지점 C에서 막대에 충돌한다. 반발계수 $e = 0.7$일 때 충돌 직후 막대의 각속도를 구하라. A점은 마찰 없는 핀이다.

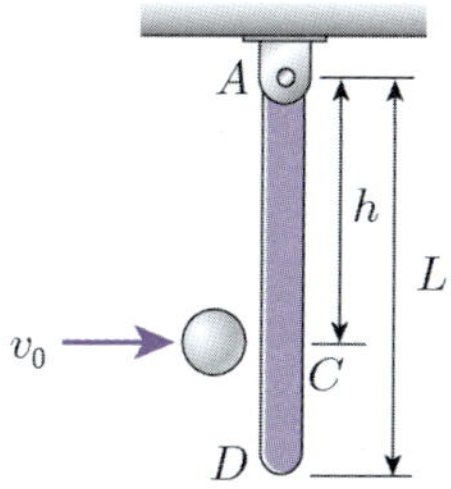

[문제 8.2.21]

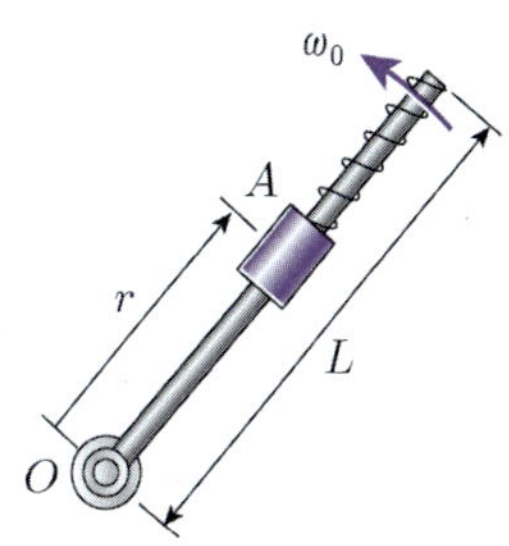

[문제 8.2.22]

22 질량 $m=2\mathrm{kg}$, 길이 $L=3\mathrm{m}$ 의 균일한 막대가 매끄러운 핀(O)을 중심으로 수평면상에서 회전한다. 질량 $M=6\mathrm{kg}$ 의 고리 A가 막대를 따라 미끄러진다. 고리를 질점으로 취급하고 고리 A의 자체 질량중심에 대한 질량관성모멘트는 무시한다. 그림의 순간에 막대의 각속도 $\omega_0=60\mathrm{rpm}$ 이며, 핀에서 고리까지 거리 $r=1.8\mathrm{m}$ 이다. $r=2.4\mathrm{m}$ 일 때 막대의 각속도 [rpm]를 구하라. (이 문제 그림은 위에서 내려다본 것임) Hint: $H_{O1}=H_{O2}$.

23 질량이 $0.17\mathrm{kg}$ 인 물체가 중심이 수직축에 고정된 수평 원판의 가장자리를 따라 반시계방향(↶)으로 움직이고 있다. 원판의 반지름은 $15\mathrm{cm}$ 이고 회전축에 대한 질량관성모멘트는 $5\times10^{-3}\mathrm{kg\cdot m^2}$이며, 회전축에서 마찰은 무시된다. 초기에 지면에 대한 물체의 속도는 $2\mathrm{m/s}$ 이고, 원판은 $2.8\mathrm{rad/s}$ 의 각속도로 시계방향 (↷)으로 회전하고 있다. 물체가 원판 위에서 정지했을 때 원판의 각속도를 구하라. Hint: 원판에서 정지-원판과 일체, 방향 주의.

24 어떤 사람이 초당 1.2회전의 각속도로 마찰 없이 회전하는 수평 판 위에 팔을 벌리고 양손에 벽돌을 잡고 서 있다. 이 자세에서 판과 사람 및 벽돌로 이루어지는 계의 회전축에 대한 질량관성모멘트는 $6\mathrm{kg\cdot m^2}$이다. 사람이 벽돌을 안쪽으로 당겨서 계의 질량관성모멘트가 $2\mathrm{kg\cdot m^2}$으로 줄어들었을 때 판의 각속도[rad/s]를 구하라.

25 길이 $L=0.6\mathrm{m}$ 인 불균일한 막대 끝에 붙어 있는 질량 $M=0.5\mathrm{kg}$ 의 블록을 향해 질량 $m=1\mathrm{g}$ 의 총알이 발사되어 블록에 박힌다. 막대-블록-총알로 이루어지는 계는 고정축 O에 대하여 수평면에서 회전한다. O점에 대한 막대의 질량관성모멘트는 $I=0.06\mathrm{kg\cdot m^2}$이다. 블록과 총알을 질점으로 가정하고 다음을 구하라.

(1) 점 O에 대한 막대-블록-총알로 이루어지는 계의 질량관성모멘트

(2) 충돌 직후 점 O에 대한 계의 각속도가 $4.5\mathrm{rad/s}$(↶)일 때 충돌 직전 총알의 속도

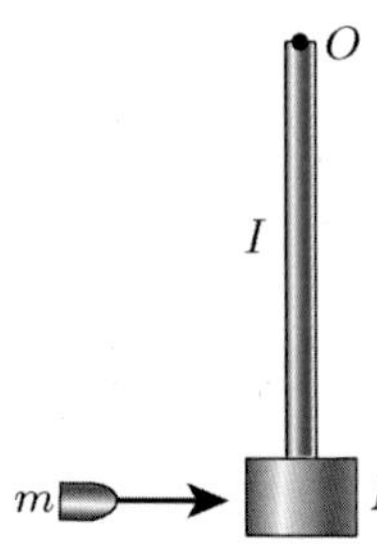

[문제 8.2.25]

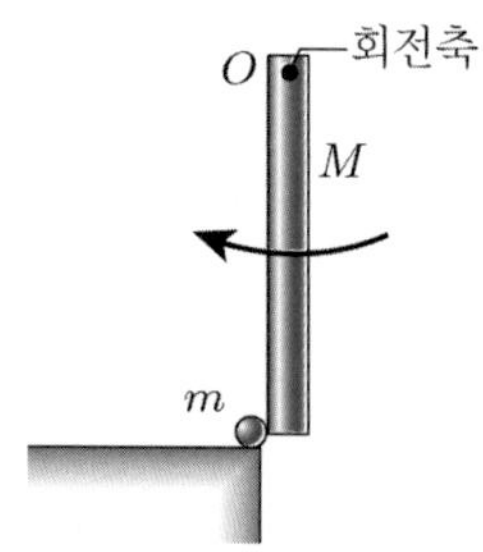

[문제 8.2.26]

26 길이 $L=0.6\mathrm{m}$, 질량 $M=1\mathrm{kg}$ 인 균일한 막대가 막대 끝에 위치한 점 O를 회전축으로 하여 평면 내에서 회전한다. 막대가 가장 낮은 지점을 지날 때 질량 $m=0.2\mathrm{kg}$ 의 접착제 덩어리와 충돌하여 접착제 덩어리는 막대 끝에 달라붙는다. 충돌 직전 막대의 각속도가 $2.4\mathrm{rad/s}$(↷)이면 충돌 직후 막대-접착제 덩어리로 이루어진 계의 각속도는 얼마인가?

27 그림은 질량 m, 길이 $L = 0.8\text{m}$ 인 가늘고 균일한 막대가 중심을 지나는 축(O)에 대하여 수평면에서 $20\text{rad/s}(\curvearrowleft)$의 각속도로 회전하는 것을 위에서 본 모습이다. 질량이 $m/3$인 입자가 초기에 막대 끝에 붙어 있다가 막대에 수직인 방향으로 방출되었다. 방출 직후 입자의 속도(v_P)가 막대 끝의 속도보다 6m/s 크다면 v_P의 값은 얼마인가?

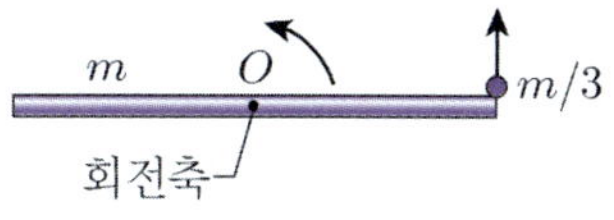

[문제 8.2.27]

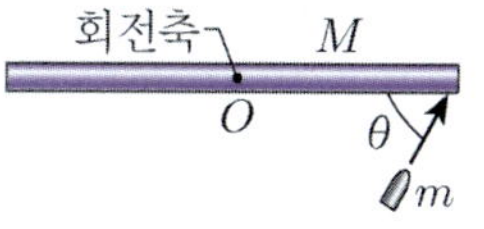

[문제 8.2.28]

28 질량 $M = 4\text{kg}$, 길이 $L = 0.5\text{m}$ 인 균일한 막대가 수평면에서 중심을 지나는 수직축에 대하여 회전할 수 있다. 질량 $m = 3\text{g}$의 총알이 정지해 있는 막대의 한쪽 끝을 향해 $\theta = 60°$ 각도로 발사되었다. 총알이 막대에 박히고 충돌 직후 막대의 각속도가 $10\text{rad/s}(\curvearrowleft)$라면 충돌 직전 총알의 속도는 얼마인가?

29 질량 $m = 5\text{kg}$, 반지름 $R = 0.1\text{m}$ 인 구가 역회전 각속도 $\omega_0 = 10\text{rad/s}(\curvearrowleft)$와 질량중심 속도 $v_0 = 5\text{m/s}(\rightarrow)$로 수평면에 던져졌다. 구가 역회전을 멈추는 시간과 이때 구의 질량중심 속도를 구하라. 구와 수평면 사이의 운동마찰계수 $\mu_k = 0.08$이다. Hint: 역회전을 멈출 때 $\omega = 0$이고 이때까지 구는 미끄러지면서 굴러간다.

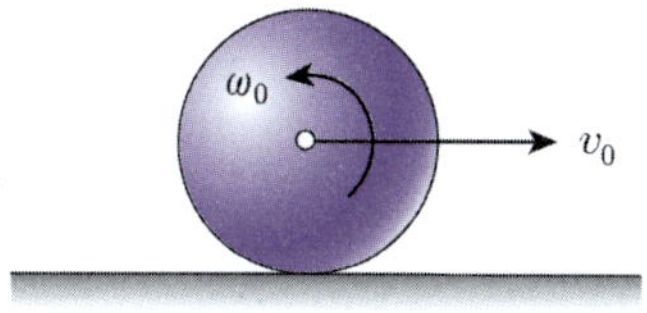

[문제 8.2.29/30]

30 질량 m, 반지름 R인 구가 그림과 같은 초기속도 v_0로 거친 수평면에 던져졌다. 중력가속도는 g이고 운동마찰계수는 μ_k이다.

(1) 구가 완전히 정지하기 위해 필요한 각속도 ω_0를 v_0와 R로 나타내라.

(2) 구가 정지할 때까지 걸리는 시간을 v_0, μ_k, g로 나타내라.

Hint: 구는 미끄러지면서 굴러가고, 완전히 정지할 때 $\omega = 0$, $v_G = 0$.

31 반지름 3m 인 균일한 원판의 중심을 수직하게 지나는 회전축으로부터 2m 거리에 질량 50kg 인 사람이 서 있고, 원판과 사람은 각속력 4rad/s 로 함께 회전하고 있다. 원판이 회전하는 동안 이 사람이 회전축으로부터 1m 거리인 곳에 도달했을 때, 원판의 각속력[rad/s]은? (단, 회전축에 대한 원판의 관성모멘트는 $550\text{kg} \cdot \text{m}^2$이다) [공무원 임용시험]

① 5 ② 6 ③ 8 ④ 9

32 고정된 핀을 축으로 자유롭게 회전할 수 있는 막대가 수직 방향으로 정지한 상태로 있다. 질량 m인 점입자가 수평 방향의 속력 v로 날아와 점 P에 달라붙은 직후 막대의 각속력은? (단, 핀에 대한 막대의 관성모멘트는 I이다) [공무원 임용시험]

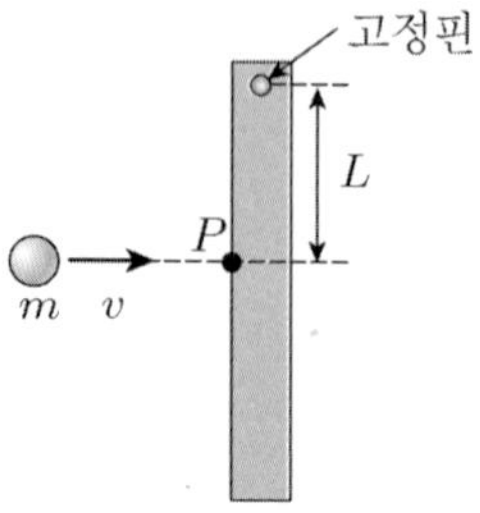

[문제 8.2.32]

① $\dfrac{mvL}{I}$ ② $\dfrac{mv}{I+mL}$ ③ $\dfrac{mv}{I+mL^2}$ ④ $\dfrac{mvL}{I+mL^2}$

33 반지름 $R=2.0\text{m}$, 관성 모멘트 $I=300\text{kg}\cdot\text{m}^2$인 원판형 회전목마가 10rev/min 의 각속력으로 연직방향의 회전축을 중심으로 마찰 없이 회전하고 있다. 회전축을 향하여 25kg 의 어린이가 회전목마 위로 살짝 뛰어올라 가장자리에 앉는다. 이때, 회전목마의 각속력의 값 [rad/s]은? [공무원 임용시험]

① $\dfrac{1}{8}$ ② $\dfrac{1}{4}$ ③ $\dfrac{\pi}{4}$ ④ $\dfrac{\pi}{2}$

34 그림의 (가)와 같이 외력의 작용 없이 일정한 각속도 ω로 회전하고 있는 반지름 R의 원판이 있다. (나)와 같이 질량이 m인 물체를 원판의 중심에서 거리 $R/2$만큼 떨어진 곳에 원판 위에서 미끄러지지 않고 함께 회전하도록 살며시 올려놓았더니 각속도가 $\omega/2$로 변하였다. (다)와 같이 이 물체를 중심에서 거리 R만큼 떨어진 곳에 원판 위에서 미끄러지지 않고 함께 회전하도록 살며시 올려놓았다면 이때의 각속도는? (단, 물체를 올려놓는 과정에서 원판과 물체를 포함하는 계에 돌림힘은 작용하지 않는다) [공무원 임용시험]

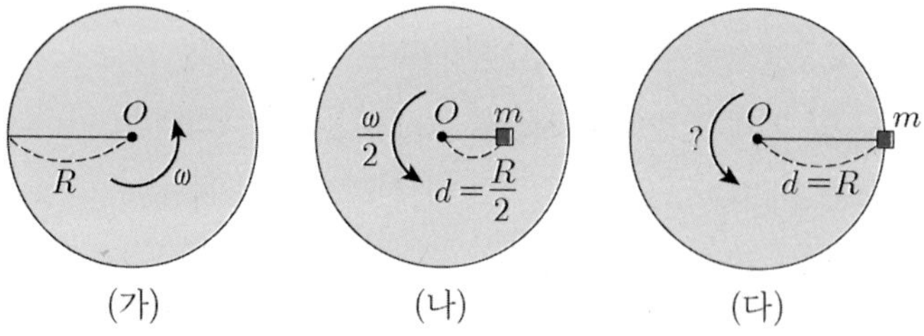

① $\omega/5$ ② $\omega/4$ ③ $\omega/3$ ④ $\omega/2$

35 마찰이 없는 평면상에서 당구공이 구르기 위해서는 어느 지점(높이 h)에 수평 방향 충격이 가해져야 하는가? [국가공무원 5 급(기술) 제 2 차시험]

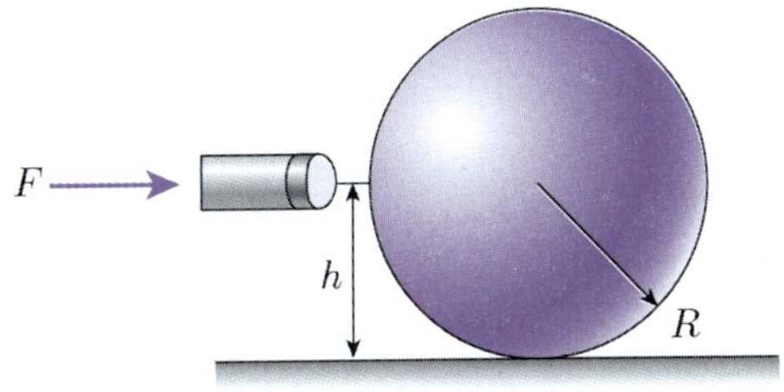

[문제 8.2.35]

36 그림과 같이 균일한 재질로 만들어진 질량 m, 반경 r인 구가 수평면을 구르며 우측으로 속력 V_C로 구르다가 경사면(수평면과의 각도는 α)과 만나 경사면을 굴러 오르게 된다. 구가 처음으로 경사면을 올랐을 때의 경사면 방향의 속력을 구하시오. (단, 구의 미끄럼은 없으며 구가 면과 만날 때 튀지 않는다고 가정한다) [국가공무원 5 급(기술) 제 2 차시험]

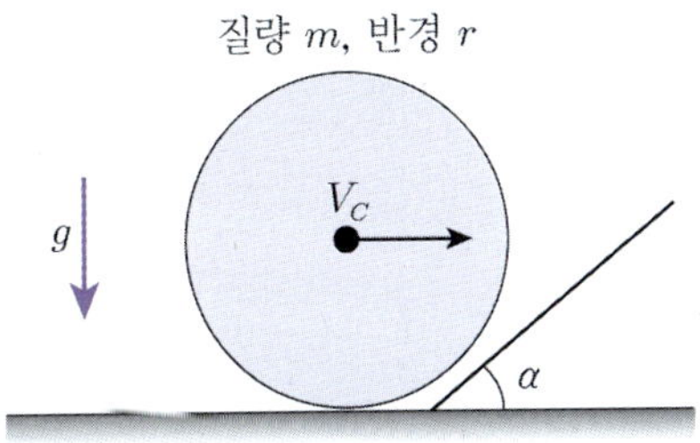

[문제 8.2.36]

37 다음 그림과 같이 질량이 m이고 반경이 r인 균일한 당구공을 각속도 ω_0로 회전시킨 상태에서 수평 당구대 평면에 가만히 놓았다. 다음 물음에 답하시오. (단, 당구공의 질량중심에 대한 질량관성모멘트는 $I_G = \frac{2}{5}mr^2$이고, 당구대와 당구공 사이의 동마찰계수는 μ이며 중력가속도는 g이다) [국가공무원 5 급(기술) 제 2 차시험]

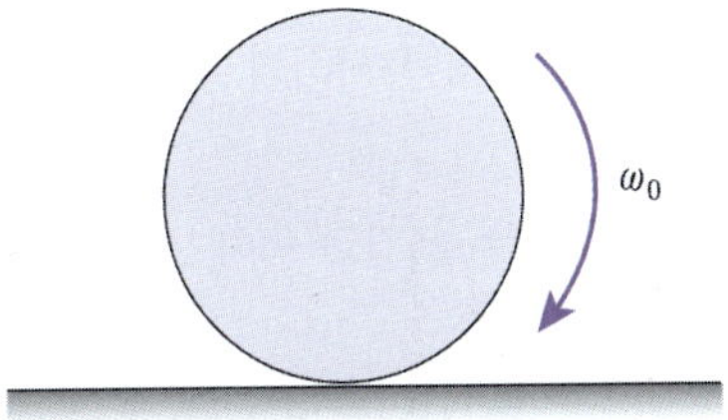

[문제 8.2.37]

(1) 당구공이 미끄러지지 않고 구르기 시작하는 순간의 각속도 ω'를 초기 각속도 ω_0로 나타내시오.

(2) 당구공을 당구대에 놓은 순간부터 당구공이 미끄러지지 않고 구르기 시작하는 시점까지 걸리는 시간을 r, ω_0, μ와 g로 나타내시오.

(3) 당구공을 당구대에 놓는 순간부터 당구공이 미끄러지지 않고 구르기 시작하는 시점 사이에 발생하는 당구공의 운동에너지 손실을 m, r과 ω_0로 나타내시오.

> [연습문제 7.3]의 원판에 대한 문제와 같다. 여기에서는 충격량과 운동량 원리를 적용하여 풀어 보도록 한다.

38 아래 그림과 같이 균일하고 가는 봉(길이 $L=0.75\text{m}$, 질량 $m=2\text{kg}$)이 수평면을 향해 $\theta=70°$의 각으로 정지 상태에서 떨어진다. 봉의 초기 높이 $h=1.5\text{m}$ 이며, 충돌계수 e는 0.7일 때 (1) 충돌 직후 봉의 각속도 (2) 충돌 직후 봉의 질량중심의 속도를 구하시오. [국가공무원 5급(기술) 제2차시험]

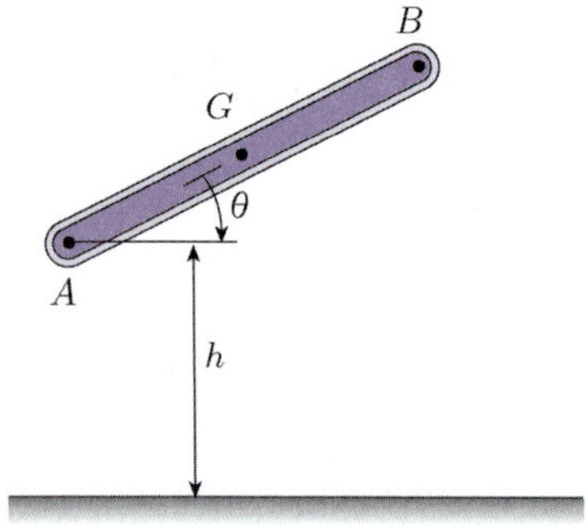

[문제 8.2.38]

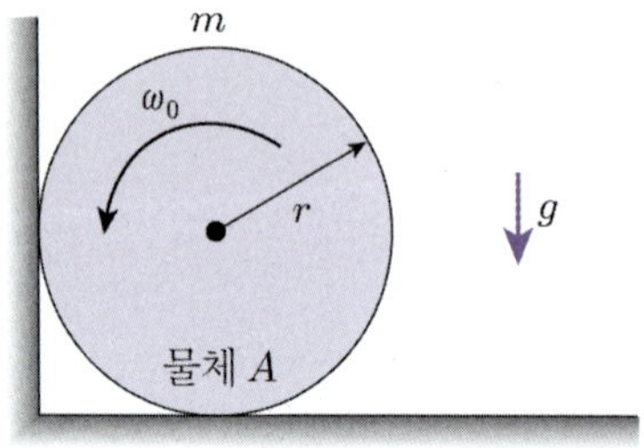

[문제 8.2.39]

39 반지름 r, 질량 m인 물체 A가 반시계 방향으로 초기 회전속도 ω_0로 벽면과 바닥면에 닿아 회전하고 있다. 물체 A와 벽면 사이의 운동마찰계수와 물체 A와 바닥면 사이의 운동마찰계수는 모두 μ_k이다. 물체 A가 원통형일 때와 구형일 때 질량과 반지름은 같다. 다음 물음에 답하시오. (단, 중력가속도 g는 수직 아래 방향으로 작용한다) [국가공무원 5급(기술) 제2차시험(2022)]

(1) 물체 A와 벽면, 물체 A와 바닥면 사이의 수직력과 마찰력을 m, g, μ_k의 함수로 각각 나타내시오.

(2) 물체 A가 원통형일 때 멈추는 시간과 물체 A가 구형일 때 멈추는 시간의 차이를 m, g, r, μ_k의 함수로 나타내시오.

Hint: 충격량과 운동량 원리를 사용하여 풀 수도 있고, 운동방정식으로 α를 구한 후 α와 ω의 관계식을 사용하여 풀 수도 있다. $\bar{\text{v}}=\bar{\text{a}}=0$.

> 외력이 물체에 가해졌을 때, 시간과 속도(혹은 각속도)가 관련된 문제에서는 충격량과 운동량 원리가 편리한 경우가 많다. 37번 문제를 운동방정식으로 풀어보라.

연습문제 해답

연습문제 1

01 $[토크] = [FL] = ML^2T^{-2}$

02 동력의 차원 $[P] = \dfrac{[W]}{[t]} = \dfrac{ML^2}{T^3}$

03 $40\,[\mathrm{g/cm^3}] = 40 \times 10^3\,[\mathrm{kg/m^3}]$

04 $20\,\mathrm{kgf/cm^2} = 1960\,[\mathrm{kPa}]$

05 $F = ma = 8\mathrm{N}$

06 $N = \dfrac{l}{d} = 10^9$ [개]

07 $700\,[\mathrm{m/s}] = 2520\,[\mathrm{km/h}]$

08 [정답: ③] **09** [정답: ④] **10** [정답: ④]

11 [정답: ④] $(\vec{a}+\vec{b}) \cdot (\vec{a}-\vec{b}) = a^2 - b^2 = 0$

12 (a) $\vec{F} = 8.66\vec{i} + 5\vec{j}$ [N] (b) $\vec{F} = -6.43\vec{i} + 7.66\vec{j}$ [N]

13 (a) $\vec{F} = -12\vec{i} - 16\vec{j}$ [N] (b) $\vec{F} = -16\vec{i} + 12\vec{j}$ [N]

14 (a) $\alpha = \tan^{-1}\left(\dfrac{3}{2}\right) = 56.31°$ (b) $\alpha = 180° + \tan^{-1}\left(\dfrac{8}{-12}\right) = 146.31°$

15 (1) $\vec{P} \cdot \vec{Q} = -7$ (2) $\vec{P} \times \vec{Q} = 26\vec{k}$

16 $\vec{H} = \vec{r} \times m\vec{v} = -24\vec{k}\,[\mathrm{kg \cdot m^2/s}]$

17 (1) $\vec{P} + \vec{Q} = 10\vec{i} + 22.4\vec{j}$ (2) $\vec{P} - \vec{Q} = -22\vec{i} - 1.6\vec{j}$
(3) $\vec{P} \cdot \vec{Q} = 28.8$ (4) $\vec{P} \times \vec{Q} = -72\vec{k} - 124.8\vec{k} = -196.8\vec{k}$

18 (1) $\vec{r}_{B/A} = 2\vec{i} + 2\vec{j}$ (2) $\vec{r}_{C/A} = -3\vec{i} + \vec{j}$
(3) $\vec{v_B} = = -\vec{i} - \vec{j}$ (4) $\vec{v_C} = \vec{i} - 11\vec{j}$

19 $\theta = 45°$

20 (1) $\overrightarrow{M_O} = -14\vec{k} - 28\vec{i}$ [N • m] (2) $\overrightarrow{M_O} = -23\vec{i} - 6\vec{j} - 16\vec{k}$ [N • m]
(3) $\overrightarrow{M_O} = -7\vec{i} + 22\vec{j} + 13\vec{k}$ [N • m]

21 $M_O = \sum Fr\sin\theta = 13.4$ [N • m] (↶)

22 $M_O = 378.56$ [N • m] (↶)

23 $I = I_G + mh^2 = \frac{1}{3}mL^2$

24 $I = \int_0^R r^2 dm = \int_0^R 2\pi\rho t(r^3)dr = \frac{\pi\rho t R^4}{2} = \frac{1}{2}MR^2;\ k = \sqrt{\frac{I}{M}} = \frac{R}{\sqrt{2}}$

25 $I = \int dI = 2 \times \frac{\pi\rho}{2}\int_0^r (r^2 - x^2)^2 dx = \frac{8}{15}\pi\rho r^5 = \frac{2}{5}\left(\frac{4\pi\rho r^3}{3}\right)r^2 = \frac{2}{5}mr^2$

$k = \sqrt{\frac{I}{m}} = \sqrt{\frac{2}{5}}r$

26 $(I_O)_{OAB} = (I_O)_{OA} + (I_O)_{AB} = \frac{5}{3}mL^2$

27 [정답: ③] : $T = I\alpha$

연습문제 2.1

01 $t = 2$초일 때: 속도 $v = 25$ [m/s], 가속도 $a = 18$ [m/s^2]

02 위치 $s = v_0 t + \frac{1}{2}at^2 = 20$ [m], 속도 $v = v_0 + at = 4$ [m/s]

03 이동 거리 $s = \int_0^2 (4-2t)dt - \int_2^3 (4-2t)dt = 5$ [m]

04 (1) $t = 2$초일 때 $v = 18$ m/s (2) $t = 3$초일 때 $s = 42$ [m]

05 걸린 시간 $t = 5\,[\mathrm{s}]$, 이동 거리 $s = \int_0^5 (10 - 2t)dt = 25\ [\mathrm{m}]$

06 (1) $s = \int v dt = \int (6t - 3t^2)\, dt = 3t^2 - t^3 + C$; $t = 3$초일 때 $s = 0$

(2) 이동 거리 $s = \int_0^2 (6t - 3t^2)dt - \int_2^3 (6t - 3t^2)dt = 8\,[\mathrm{m}]$

07 가속도 $a = 10\,\mathrm{m/s^2}$, 10초 후 속도 $v = v_0 + at = 100\,[\mathrm{m/s}]$

08 가속도 $a = \dfrac{v_1 - v_0}{\Delta t} = -10\,[\mathrm{m/s^2}]$; $v_1^2 - v_0^2 = 2as$, 이동 거리 $s = 20\,[\mathrm{m}]$

09 (1) 가속도 $a = \dfrac{12}{4} = 3\,[\mathrm{m/s^2}]$ (2) 평균 가속도 $a = \dfrac{12}{8} = \dfrac{3}{2}\,[\mathrm{m/s^2}]$

(3) 평균속도$= \dfrac{72}{8} = 9\,[\mathrm{m/s}]$ (4) 변위 $\Delta s = s_1 - s_2 = 108 - 4 = 104\,[\mathrm{m}]$

(5) 이동 거리 $s = s_1 + s_2 = 108 + 4 = 112\,[\mathrm{m}]$

10 $v^2 = (v_0 + at)^2 = v_0^2 + 2av_0t + a^2t^2 = v_0^2 + 2a\left(v_0 t + \dfrac{1}{2}at^2\right) = v_0^2 + 2as$

11 집에서 시청까지 거리 $x = 2.4\,[\mathrm{km}]$

12 뛰어간 거리 $x = 12\,[\mathrm{km}]$, 걸어간 거리 $y = 4\,[\mathrm{km}]$

13 [정답: ④] **14** [정답: ④] **15** [정답: ④]

16 [정답: ④] **17** [정답: ④]

18 자동차 속력 $v_0 = 20\,[\mathrm{m/s}]$, 멈추는 데 걸리는 시간 $t = 5\,[\mathrm{s}]$

19 (1) $a_{BC} = -2.7\,[\mathrm{m/s^2}]$ (2) $t = t_{AB} + t_{BC} = 2.623\,[\mathrm{s}]$

20 (1) $\Delta x = 1\,[\mathrm{m}]$ (2) $\Delta x = 3\,[\mathrm{m}]$ (3) $t = 0.75\,[\mathrm{s}]$

21 $s = \int_0^{10} v dt = 320\,[\mathrm{m}]$; $a = \dfrac{dv}{dt} = 1.8t + 0.4$, $t = 10$일 때 $a = 18.4\,[\mathrm{m/s^2}]$

22 속도 $v(2) = 12\,[\mathrm{m/s}]$, 위치 $s(2) = 11\,[\mathrm{m}]$
이동 거리 $d = s(2) - s_0 = 10\,[\mathrm{m}]$

23 $k = 400[1/s^2]$

24 $v = \dfrac{1}{\sqrt{0.8t + 0.01}}$; $t = 2$[s]일 때 $v = 0.788$[m/s]

$s = \int_0^t v dt = = 2.5(\sqrt{0.8t + 0.01} - 0.1)$; $t = 2$[s]일 때 $s = 2.922$[m]

25 $L = -\dfrac{1}{4}\ln\left(\dfrac{1}{1 + 2v_0^2}\right) = \dfrac{1}{4}\ln\left(1 + 2v_0^2\right)$

26 $v_B = \sqrt{\dfrac{1 - 0.00248}{0.015}} = 8.15[m/s]$

27 $v = \sqrt{2(10^2 - 0.1 \times 10^2) + 5^2} = 14.3[m/s]$

28 $a = v\dfrac{dv}{dx} = (20 - 0.05x^2)(-0.1x)$; $x = 10$, $a = -15[m/s^2] = 15[m/s^2](\leftarrow)$

29 $s = \dfrac{1}{2}(5)(100) + \dfrac{1}{2}(15 - 5)(100) = 750[m]$

30 (1) $k = 3000[s^{-1}]$

(2) $a = v\dfrac{dv}{dx} = k(kx - v_0)$; $t = 0$, $x = 0$; $a_0 = k(0 - v_0) = -9 \times 10^5[m/s^2]$

(3) $t = \int_0^x \dfrac{dx}{v_0 - kx} = \dfrac{1}{k}\ln\left(\dfrac{1}{1 - kx/v_0}\right)$; $x = 0.09$m, $t = 7.68 \times 10^{-4}$[s]

31 $t = \int_0^s \dfrac{ds}{\sqrt{v_0^2 - (ks)^2}} = \dfrac{1}{k}\sin^{-1}\left(\dfrac{ks}{v_0}\right)$; $s = \dfrac{v_0}{k}\sin kt$, $v = \dfrac{ds}{dt} = v_0 \cos kt$

연습문제 2.2

01 평균속도 $\mathbf{v}_{avg} = \dfrac{\mathbf{r}_2 - \mathbf{r}_1}{t_2 - t_1} = -\mathbf{i} - 5\mathbf{j}$ [m/s]

02 (1) $\mathbf{r} = 3\mathbf{i} - 2\mathbf{j}$ [m]

(2) $\mathbf{v} = 2\mathbf{i} - \mathbf{j}$ [m/s], $\theta = \tan^{-1}\left(\dfrac{v_y}{v_x}\right) = -26.6°$

(3) $\mathbf{a} = -2\mathbf{i} + 2\mathbf{j}\,[\mathrm{m/s^2}]$, $a = 2\sqrt{2}\,[\mathrm{m/s^2}]$

03 $\mathbf{v} = -(r\omega \sin\omega t)\mathbf{i} + (r\omega \cos\omega t)\mathbf{j}\,[\mathrm{m/s}]$; $|\mathbf{v}| = \sqrt{v_x^2 + v_y^2} = r\omega\ [\mathrm{m/s}]$

$\mathbf{a} = -(r\omega^2 \cos\omega t)\mathbf{i} - (r\omega^2 \sin\omega t)\mathbf{j}\,[\mathrm{m/s^2}]$; $|\mathbf{a}| = \sqrt{a_x^2 + a_y^2} = r\omega^2\,[\mathrm{m/s^2}]$

04 (1) $\mathbf{v} = -\mathbf{j}\,[\mathrm{m/s}]$, $|\mathbf{v}| = 1\,[\mathrm{m/s}]$ (2) $\mathbf{a} = -\mathbf{i}\,[\mathrm{m/s^2}]$, $|\mathbf{a}| = 1\,[\mathrm{m/s^2}]$

05 평균 가속도 $\mathbf{a}_{avg} = \dfrac{\mathbf{v}_2 - \mathbf{v}_1}{t_2 - t_1} = 5\mathbf{i} - 3\mathbf{j}\,[\mathrm{m/s^2}]$

06 $\mathbf{v}_1 = \mathbf{v}_2 - \Delta t\mathbf{a} = (5\mathbf{i} - 6\mathbf{j}) - 4 \times (2\mathbf{i} + 3\mathbf{j}) = -3\mathbf{i} - 18\mathbf{j}\,[\mathrm{m/s}]$

07 $\mathbf{a}_{avg} = \dfrac{\mathbf{v}_2 - \mathbf{v}_1}{t_2 - t_1} = -6\mathbf{i} + 3\mathbf{j}\,[\mathrm{m/s^2}]$; 가속도 크기 $a_{avg} = \sqrt{a_x^2 + a_y^2} = 6.71\,[\mathrm{m/s^2}]$

08 $\mathbf{v} = (-8\sin 2t)\mathbf{i} + (6\cos 2t)\mathbf{j}\,[\mathrm{m/s}]$, $\mathbf{a} = -(16\cos 2t)\mathbf{i} - (12\sin 2t)\mathbf{j}\,[\mathrm{m/s^2}]$

질점의 궤적은 $x = 4\cos 2t$, $y = 3\sin 2t$이므로 다음과 같이 타원이다.

$\cos^2 2t + \sin^2 2t = \left(\dfrac{x}{4}\right)^2 + \left(\dfrac{y}{3}\right)^2 = 1$

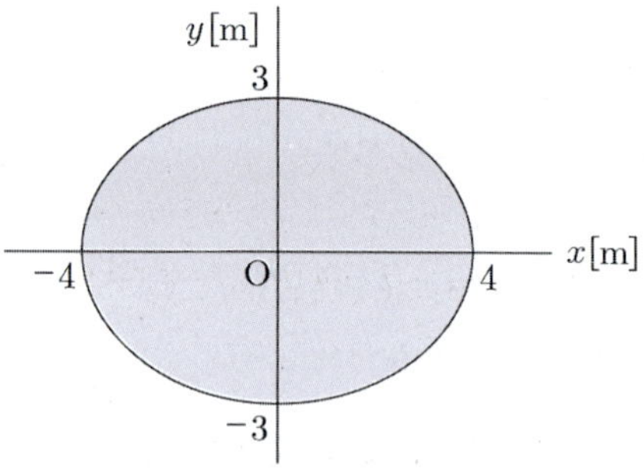

[연습문제 2.2.8] 질점의 궤적

연습문제 2.3

01 $h = \dfrac{1}{2}gt^2 = 78.4\ [\mathrm{m}]$

02 $t = \sqrt{\dfrac{2h}{g}} = 9.04\,[\mathrm{s}]$, $v = gt = 88.59\,[\mathrm{m/s}]$ $(= \sqrt{2gh})$

03 처음 3초 동안 $h = 44.1\,[\mathrm{m}]$, 그 이후 2초 동안 $h = 122.5 - 44.1 = 78.4\,[\mathrm{m}]$

04 최고점 높이 $h_{\max} = \dfrac{1}{2} \times 5 \times 49 = 122.5\,[\mathrm{m}]$, 걸린 시간 $= 5$초

05 $v_0 = \sqrt{2gh_{\max}} = 19.8\,[\mathrm{m/s}]$

06 $h_{\max} = \dfrac{v_0^2}{2g} = 183.7\,[\mathrm{m}]$, $t = \dfrac{v_0}{g} = 6.12\,[\mathrm{s}]$

07 $v_0 = h\sqrt{\dfrac{g}{2h_1}} = 80 \times \sqrt{\dfrac{9.8}{2 \times 50}} = 25.04\,[\mathrm{m/s}]$

08 $4.9t^2 - 20t - 40 = 0;\ t = 5.55\,[\mathrm{s}]$

09 $v_0 = \dfrac{H}{2t} = 25\,[\mathrm{m/s}]$

10 (1) $v = \sqrt{v_0^2 + 2gH} = 49.68\,[\mathrm{m/s}]$ (2) 이동 거리$= 2h_{\max} + H = 171.84\,[\mathrm{m}]$

11 $H = \dfrac{1}{2}gt^2 = 176.4\,[\mathrm{m}];\ R = v_0 t = 240\,[\mathrm{m}]$

12 걸리는 시간 $t = \sqrt{\dfrac{2h}{g}} = 16.9\,[\mathrm{s}]$, 수평 방향 이동 거리 $R = v_0 t = 2347\,[\mathrm{m}]$

13 $v = \sqrt{v_x^2 + v_y^2} = \sqrt{30^2 + 39.2^2} = 49.36\,[\mathrm{m/s}]$, $\theta = \tan^{-1}\left(\dfrac{v_y}{v_x}\right) = 52.57°$

14 (1) $h = v_{0y}t - \dfrac{1}{2}gt^2 = 63.54\,[\mathrm{m}];\ v_x = 24\,[\mathrm{m/s}],\ v_y = v_{0y} - gt = 21.97\,[\mathrm{m/s}]$

(2) $h = 73.02\,[\mathrm{m}];\ v_x = 24\,[\mathrm{m/s}],\ v_y = -17.23\,[\mathrm{m/s}]$

† 2초 후에는 $v_y > 0$이므로 위로 올라가고, 6초 후에는 $v_y < 0$이므로 아래로 떨어진다.

15 최고점 높이 $H = \dfrac{v_0^2 \sin^2\alpha}{2g} = 81.63\,[\mathrm{m}]$, 수평 거리 $R = \dfrac{v_0^2 \sin 2\alpha}{g} = 565.6\,[\mathrm{m}]$

16 $v_0 = \sqrt{\dfrac{gR}{\sin 2\alpha}} = 46.2\,[\mathrm{m/s}]$; (처음속도) $\geq 46.2\,[\mathrm{m/s}]$가 되게 타격.

17 $\alpha = \sin^{-1}\left(\dfrac{gt}{v_0}\right) = 37.77°$

18 포신을 수평선으로부터 위로 12.91° 또는 77.09° 각도로 조준해야 한다.

19 두 물체는 모두 연직방향으로는 자유낙하 하므로 임의 시간에서 두 물체의 고도는 항상 같다. 따라서 시간이 지나면 A가 점점 B로 다가와서 결국은 만나게 된다. (처음 두 물체 사이 거리를 R이라 하면 만나는 시간 $t = R/v_0$)

20 [정답: ④] 21 [정답: ③]

22 걸린 시간 $t = \dfrac{R}{v_0} = \dfrac{40}{10} = 4\,[\mathrm{s}]$, 건물 높이 $H = \dfrac{1}{2}gt^2 = 78.4\,[\mathrm{m}]$

23 $t = 2[\mathrm{s}]$; $v = 15\sqrt{2}\,[\mathrm{m/s}]$

24 [정답: ②] 25 [정답: ④]

26 (1) $t_1 = \dfrac{2v_0 \sin\alpha}{g} = 5.1\,[\mathrm{s}]$ (2) $R = \dfrac{v_0^2 \sin 2\alpha}{g} = 221\,[\mathrm{m}]$

(3) $y_{\max} = \dfrac{(v_0 \sin\alpha)^2}{2g} = 31.9\,[\mathrm{m}]$

27 (1) $t = \dfrac{100}{9.8} = 10.2\,[\mathrm{s}]$, $y_{\max} = 100t - 4.9t^2 = 510.2\,[\mathrm{m}]$

(2) $100t - 4.9t^2 = -100$; $t = 21.36\,[\mathrm{s}]$, $R = v_{0x}t = 3699.6\,[\mathrm{m}]$

28 (1) $v_0 = \sqrt{v_{0x}^2 + v_{0y}^2} = \sqrt{15^2 + 20^2} = 25\,[\mathrm{m/s}]$ (2) $R = v_{0x}t = 60\,[\mathrm{m}]$

29 $v_{B,avg} = \dfrac{s_B}{t_1} = \dfrac{1}{2}(g\sin\theta)t_1 = \dfrac{1}{2}(g\sin\theta) \times \dfrac{20}{g\sin\theta} = 10\,[\mathrm{m/s}]$

30 $h_{\max} = \dfrac{v_0^2}{2g} + h_0 = 367\,[\mathrm{m}]$, $v = \sqrt{v_0^2 + 2gh_0} = 84.8\,[\mathrm{m/s}]$

31 $\Delta s_B = 10\sqrt{3}\cos 45° \times t = 15\,[\mathrm{m}]$

32 $v_{0x}v_{0y} = \dfrac{gR}{2}$, $v_{\min} = \sqrt{gR}$

33 최대 수평 거리 $R = 35.1\,[\mathrm{m}]$, 발사각 $\theta = 29.7°$

34 최소 각 $\theta_{\min} = \tan^{-1}(0.373) = 20.5°$

35 $v_0 = 1.799[\mathrm{m/s}]$

36 $V_0 = 32.72[\mathrm{m/s}],\ t = 5.646[\mathrm{s}]$

연습문제 2.4

01 $t = 1:\ r = 0.23[\mathrm{m}],\ \dot{r} = 0.06[\mathrm{m/s}],\ \ddot{r} = 0.06[\mathrm{m/s^2}]$

$\theta = 0.12[\mathrm{rad}],\ \dot{\theta} = 0.14[\mathrm{rad/s}],\ \ddot{\theta} = 0.04[\mathrm{rad/s^2}]$

(1) $v = \sqrt{v_r^2 + v_\theta^2} = \sqrt{(0.06)^2 + 0.0322^2} = 0.0681[\mathrm{m/s}]$

(2) $a = \sqrt{a_r^2 + a_\theta^2} = \sqrt{(0.0551)^2 + (0.2468)^2} = 0.2529[\mathrm{m/s^2}]$

02 $r = 2[\mathrm{m}],\ \dot{r} = 0[\mathrm{m/s}],\ \ddot{r} = 0[\mathrm{m/s^2}]$

$t = 2:\ \theta = 0.8[\mathrm{rad}],\ \dot{\theta} = 2[\mathrm{rad/s}],\ \ddot{\theta} = 2.4[\mathrm{rad/s^2}]$

(1) $v = \sqrt{v_r^2 + v_\theta^2} = \sqrt{(4)^2 + 0} = 4[\mathrm{m/s}]$

(2) $a = \sqrt{a_r^2 + a_\theta^2} = \sqrt{(-8)^2 + (4.8)^2} = 9.33[\mathrm{m/s^2}]$

03 [A점] $a_A = \sqrt{a_{n,A}^2 + a_{t,A}^2} = \sqrt{180^2 + 70^2} = 193.1[\mathrm{m/s^2}]$

[B점] $a_B = \sqrt{a_{n,B}^2 + a_{t,B}^2} = \sqrt{120^2 + 70^2} = 138.9[\mathrm{m/s^2}]$

04 최대속력 $v_{\max} = \sqrt{\rho a_n} = \sqrt{16 \times 25} = 20[\mathrm{m/s}]$

05 고도 $H = R\sin\theta = 1000[\mathrm{m}]$, 속력 $v = \dfrac{R\dot{\theta}}{\sin\theta} = 80[\mathrm{m/s}]$

06 최소 반경 $R_{\min} = \dfrac{v^2}{|a_r|} = \dfrac{10^2}{0.5} = 200[\mathrm{m}]$

07 (1) $a_\theta = \sqrt{a^2 - a_r^2} = \sqrt{2^2 - (-0.8)^2} = 1.833[\mathrm{m/s^2}]$

(2) $v^2 - v_0^2 = 2as$; 이동 거리 $s = 109.11[\mathrm{m}]$

(3) 이동 시간 $t = \dfrac{v}{a_\theta} = 10.91[\mathrm{s}]$

08 원주방향 속도 $v=\sqrt{Ra_n}=\sqrt{4\times 36}=12[\mathrm{m/s^2}]$

09 가속도 크기 $a=\sqrt{a_r^2+a_\theta^2}=\sqrt{(-5)^2+12^2}=13[\mathrm{mm/s^2}]$

10 (1) $v_B=\sqrt{v_A^2+\pi Ra_\theta}=\sqrt{0+\pi\times 100\times 0.921}=17.01[\mathrm{m/s}]$

(2) $a=\sqrt{a_r^2+a_\theta^2}=\sqrt{(-0.848)^2+0.921^2}=1.252[\mathrm{m/s^2}]$

11 속력 $v=\sqrt{3^2+0.01\times 10^2}=\sqrt{10}=3.16[\mathrm{m/s}]$

가속도 크기 $a=\sqrt{a_n^2+a_t^2}=\sqrt{0.2^2+0.1^2}=\dfrac{\sqrt{5}}{10}=0.224[\mathrm{m/s^2}]$

12 속도 $v=\dfrac{v_\theta}{\cos\theta}=\dfrac{r\dot{\theta}}{\cos\theta}=\dfrac{8000\times 0.03}{\cos 60°}=480[\mathrm{m/s}]$

가속도 크기 $a=\dfrac{a_r}{\sin\theta}=\dfrac{\ddot{r}-r\dot{\theta}^2}{\sin\theta}=\dfrac{20-8000\times(0.03)^2}{\sin 60°}=14.78[\mathrm{m/s^2}]$

13 (1) $v_r=0$; 속도 크기 $v=v_\theta=3.35[\mathrm{m/s}]$ (2) $a_\theta=0$, $a_r=-140[\mathrm{m/s^2}]$

14 (1) 회전속도 $N=1730[\mathrm{rpm}]$ (2) 각가속도 $\alpha=3.02[\mathrm{rad/s^2}]$

15 $a=\sqrt{a_\theta^2+a_r^2}=\sqrt{0.9^2+(-2.7)^2}=2.85[\mathrm{m/s^2}]$

16 $a=|a_r|=58.3[\mathrm{m/s^2}]$

17 (1) $v=v_\theta=16[\mathrm{m/s}]$, $a=65.97[\mathrm{m/s^2}]$

(2) $\Delta s=8[\mathrm{m}]$

(3) $v=v_\theta=16\sqrt{\pi}[\mathrm{m/s}]$, $a=\sqrt{(-64\pi)^2+16^2}=201.7[\mathrm{m/s^2}]$

18 $v_n=0$, $v_t=18.28[\mathrm{m/s}]$; $a_n=6.683[\mathrm{m/s^2}]$, $a_t=0.6[\mathrm{m/s^2}]$

19 $v_n=0$, $v_t=12.05[\mathrm{m/s}]$; $a_n=2.904[\mathrm{m/s^2}]$, $a_t=0.1215[\mathrm{m/s^2}]$

20 (1) $s=133[\mathrm{m}]$ (2) $a_r=2.25[\mathrm{m/s^2}]$, $a=4.59[\mathrm{m/s^2}]$

21 $\mathbf{e}_r=\cos\theta\mathbf{i}+\sin\theta\mathbf{j}$, $\mathbf{e}_\theta=-\sin\theta\mathbf{i}+\cos\theta\mathbf{j}$

$\dfrac{d\mathbf{e}_r}{d\theta}=-\sin\theta\mathbf{i}+\cos\theta\mathbf{j}=\mathbf{e}_\theta$, $\dfrac{d\mathbf{e}_\theta}{d\theta}=-\cos\theta\mathbf{i}-\sin\theta\mathbf{j}=-(\cos\theta\mathbf{i}+\sin\theta\mathbf{j})=-\mathbf{e}_r$

22 $\mathbf{i}=\cos\theta\mathbf{e}_r-\sin\theta\mathbf{e}_\theta$, $\mathbf{j}=\sin\theta\mathbf{e}_r+\cos\theta\mathbf{e}_\theta$

23 $\omega = 0.5[\text{rad/s}](\curvearrowleft),\ \alpha = 0.5[\text{rad/s}^2]\ (\curvearrowright)$

24 [정답: ③]

25 (1) $v = 133.3\ [\text{m/s}]$ (2) $\dfrac{d^2r}{dt^2} = 1.154\ [\text{m/s}^2]$ (3) $\dfrac{d^2\theta}{dt^2} = 1.155 \times 10^{-4}\ [\text{rad/s}^2]$

26 (1) $v = 100\sqrt{2} = 141.4\ [\text{m/s}]$

(2) $\ddot{r} = -3.905\ [\text{m/s}^2],\ \ddot{\theta} = -0.001050\ [\text{rad/s}^2]$

(3) $|\Delta\vec{r}| = \sqrt{14.94^2 + 14.90^2} = 21.10\ [\text{m}]$

연습문제 2.5

01 $0.4t^2 = 60 - 6t;\ t = 6.861[\text{s}],\ x_A = x_B = 18.83[\text{m}]$

02 $0.4t^2 - 10t - 60 = 0;\ t = 30[\text{s}],\ x_A = 10t + \dfrac{1}{2} \times 0.5t^2 = 525[\text{m}]$

03 (a) $v_A + 2v_B = 0$ (b) $v_A + 3v_B = 0$

04 (a) $\Delta s_A = \displaystyle\int_0^1 v_A dt = -1.96[\text{m}]$: 오른쪽으로 1.96m 이동한다.

(b) $\Delta s_A = \displaystyle\int_0^1 v_A dt = -2.94[\text{m}]$: 왼쪽으로 2.94m 이동한다.

05 (a) $v_A + 2v_B + v_C = 0$ (b) $v_A + 2v_B = 0$

06 (a) $v_{A/B} = v_A - v_B = -(2v_B + v_C) - v_B = 12[\text{m/s}](\uparrow)$

(b) $v_{A/B} = v_A - v_B = -2v_B - v_B = 9[\text{m/s}](\uparrow)$

07 $v_B = -2v_D = -2 \times 0.4 = -0.8 = 0.8[\text{m/s}](\rightarrow)$

08 $v_M = 12[\text{cm/s}](\downarrow);\ v_B = -\dfrac{1}{3}v_M = -4[\text{cm/s}];\ v_A = \dfrac{1}{2}v_B = -2[\text{cm/s}]$

$v_{B/A} = v_B - v_A = -4 - (-2) = -2[\text{cm/s}] = 2[\text{cm/s}](\uparrow)$

09 (1) $v_B = -\frac{1}{3}v_A = -3[\text{cm/s}] = 3[\text{cm/s}](\uparrow)$

(2) $v_D = -v_B = 3[\text{cm/s}](\downarrow)$

(3) $v_C = -v_A = -9[\text{cm/s}] = 9[\text{cm/s}](\uparrow)$

$v_{C/D} = v_C - v_D = (-9) - (3) = -12[\text{cm/s}] = 12[\text{cm/s}](\uparrow)$

10 (1) $v_C = -2(v_A + v_B) = -2(3+5) = -16[\text{cm/s}] = 16[\text{cm/s}](\uparrow)$

(2) $v_D = \frac{1}{2}(v_A + v_B) = \frac{1}{2} \times (3+5) = 4[\text{cm/s}](\downarrow)$

(3) $v_{D/C} = v_D - v_C = 4 - (-16) = 20[\text{cm/s}](\downarrow)$

11 $v_C = -v_A - 2v_B = -a_A t - 2v_B = -8t - 2 \times (-4) = -8t + 8[\text{cm/s}]$

$v_C = 0$일 때 $t = 1$초, C의 변위 $\Delta x_C = \int_0^1 v_C dt = 4[\text{cm}](\downarrow)$

12 (1) $v_A = \dot{x}_A = \frac{2}{3}\dot{x}_B = 4[\text{cm/s}](\rightarrow)$

(2) $v_C = \dot{x}_C = 2\dot{x}_B = 12[\text{cm/s}](\rightarrow)$

(3) $v_D = \dot{x}_D = 2\dot{x}_A - \dot{x}_C = -4[\text{cm/s}] = 4[\text{cm/s}](\leftarrow)$

(4) $v_{C/A} = v_C - v_A = 8[\text{cm/s}](\rightarrow)$

13 $v_B = 6[\text{m/s}](\uparrow)$

14 $4x_B + x_A =$ 일정; $t = 100[\text{s}]$

15 $v_A = 0.3[\text{m/s}][\text{m/s}](\nearrow)$, $a_A = 0.75[\text{m/s}^2](\swarrow)$

16 (1) $v_{B/A} = 0.1[\text{m/s}](\nearrow)$, $a_{B/A} = 0.2[\text{m/s}^2](\nearrow)$ (2) $v_C = 0.4[\text{m/s}](\nearrow)$

17 $y + \sqrt{x^2 + 4^2} = 8[\text{m}]$; $v_C = 1.2\text{m/s}(\uparrow)$, $a_C = 0.512\,\text{m/s}^2(\uparrow)$

18 $v_B = -v_A\sqrt{1+(h/x)^2}$, $a_B = -a_A\sqrt{1+(h/x)^2} - (v_A h)^2/x^3$

19 $v_A = \dot{y} = \dfrac{x v_B}{2\sqrt{x^2 + H^2}}$

20 $v_A = \sqrt{v_{A,x}^2 + v_{A,y}^2} = \sqrt{v_B^2 + \left(\frac{x}{l}\right)v_B^2} = v_B\sqrt{1 + \frac{x^2}{l^2}} = v_B\sqrt{\frac{2x^2 + H^2}{x^2 + H^2}}$

연습문제 2.6

01 $\mathbf{v}_{B/A} = 1044[\text{km/h}] \searrow 35.5°$

02 $v_{B/A} = \sqrt{5^2 + 3^2 - 2(5)(3)\cos 75°} = 5.12[\text{m/s}];\ \Delta t = \dfrac{s}{v_{B/A}} = \dfrac{200}{5.12} = 39.06[\text{s}]$

03 $\mathbf{v}_{B/A} = \mathbf{v}_B - \mathbf{v}_A = -18.98\mathbf{i} + 9.56\mathbf{j}\,[\text{m/s}] = 21.25[\text{m/s}] \nwarrow 26.73°$

$\mathbf{a}_{B/A} = \mathbf{a}_B - \mathbf{a}_A = -2\mathbf{i} - 2\sqrt{3}\mathbf{j}\,[\text{m/s}^2] = 4[\text{m/s}^2] \swarrow 60°$

04 $\mathbf{a}_{A/B} = 6.81[\text{m/s}^2] \nearrow 21.5°$

05 $\mathbf{a}_B = \mathbf{a}_A + \mathbf{a}_{B/A} = -12.99\mathbf{i} + (-30 + 7.5)\mathbf{j} = -12.99\mathbf{i} - 22.5\mathbf{j}\,[\text{cm/s}^2]$

$\mathbf{a}_B = 25.98[\text{cm/s}^2] \swarrow 60.0°$

06 $\mathbf{a}_B = 1.34[\text{mm/s}^2] \nwarrow 70°,\ \mathbf{v}_B = 13.4[\text{mm/s}] \nwarrow 70°$

07 $\mathbf{v}_{B/A} = 18.03[\text{m/s}] \searrow 46.1°,\ \mathbf{a}_{B/A} = 1.135[\text{m/s}^2] \nearrow 82.4°$

08 $v_B = 71.7[\text{km/h}]$

09 $\mathbf{v}_B = v_B(\cos 45°\mathbf{i} + \sin 45°\mathbf{j}),\ \mathbf{v}_{B/A} = v_{B/A}(-\cos 60°\mathbf{i} + \sin 60°\mathbf{j})$로 놓고 상대속도식 $\mathbf{v}_B = \mathbf{v}_A + \mathbf{v}_{B/A}$에 대입한 후 양변의 i, i성분을 비교하여 v_B를 구한다.

$v_B = 71.7[\text{km/h}]$

10 (보트 운행 방향) $= 41.7° \searrow\quad v_B = 9.59[\text{m/s}];\ t = \dfrac{\overline{CD}}{v_B} = 75.2[\text{s}]$

11 $\theta = \tan^{-1}\left(\dfrac{600}{400}\right) = 56.3°$; 보트의 최소 속력 $v_{B/A} = 2\cos\theta = 1.11[\text{m/s}]$

$v_B = 2\sin\theta = 1.66[\text{m/s}]$; 강을 건너는 데 걸리는 시간 $t = \dfrac{\overline{CD}}{v_B} = 434.4[\text{s}]$

12 (a) $\mathbf{v}_{B/A} = \mathbf{v}_B - \mathbf{v}_A = 22\mathbf{i} - 2\sqrt{3}\mathbf{j} = 22.3[\text{m/s}] \searrow 8.95°$

(b) 비의 낙하 속도 $v_B = 23.1[\text{km/h}](\downarrow)$: 자동차와 운전자는 A, 비는 B

13 $\alpha = \sin^{-1}\left(\dfrac{V_A}{V_{B/A}}\right) = 7.18°$: 목적지인 동쪽을 기준으로 하여 북동쪽으로 7.18°의 방향으로 비행해야 한다.

비행기의 속력 $V_B = \sqrt{V_{B/A}^2 - V_A^2} = 793.7\ [\text{km/h}]$; $t = \dfrac{s}{V_B} = 1.26\ [\text{h}]$

14 $|\mathbf{v}_{B/A}| = 5.18 [\text{m/s}]$

15 (1) 상대속도 크기 $|\mathbf{v}_{B/A}| = 20\sqrt{2} [\text{m/s}]$, 상대속도 방향 ↙ 45°

(2) 상대가속도 크기 $|\mathbf{a}_{B/A}| = 200\sqrt{2} [\text{m/s}^2]$, 상대가속도 방향 ↘ 45°

16 (1) $\mathbf{v}_A = \mathbf{v}_B + \mathbf{v}_{A/B} = -199\mathbf{i} + 328\mathbf{j} = 384 [\text{m/s}]$ ↖ 58.8°

(2) $\mathbf{v}_W = \mathbf{v}_A - \mathbf{v}_{A/W} = 51\mathbf{i} - 105\mathbf{j} = 117 [\text{m/s}]$ ↘ 64.1°

17 $v_A = 125 [\text{mm/s}](\uparrow)$, $v_B = 75 [\text{mm/s}](\downarrow)$, $v_C = 175 [\text{mm/s}](\downarrow)$

18 바람의 속도 $\mathbf{v}_W = 22.4 [\text{km/h}]$ ↖ 38.5°: 북쪽에서 서쪽으로 51.5° 방향

19 [정답: ③]　　**20** [정답: ④]

연습문제 3.1

01 $a = 2\ [\text{cm/s}^2]$: $1\text{dyne} = 1\text{g} \cdot \text{cm/s}^2$

02 $m = 56\ [\text{kg}]$: $1\text{N} = 1\text{kg} \cdot \text{m/s}^2$

03 (1) $N = 49.6\ [\text{N}]\ (\uparrow)$　(2) $a = a_x = 10\ [\text{m/s}^2]\ (\rightarrow)$　(3) $\Delta x = 80\ [\text{m}]$

04 $a = 4\ [\text{m/s}^2]$, $T = 12\ [\text{N}]$

05 $a = 5\ [\text{m/s}^2]$, $F = 5\ [\text{kN}]$

06 $F = -50\ [\text{N}]$: 물체의 운동 방향과 반대 방향으로 50N의 힘을 가해야 한다.

07 $T = mg - ma = 700\ [\text{N}]$

08 $a = 10.83\,[\mathrm{m/s^2}]\ (\rightarrow)$

09 (1) $N = 49.2\,[\mathrm{N}]\,(\uparrow)$ (2) $a = a_x = 3.03\,[\mathrm{m/s^2}]\ (\rightarrow)$ (3) $\Delta x = 6.06\,[\mathrm{m}]$

10 $\phi = \tan^{-1}\mu_s = 14.04°$

11 $\mu_k = \tan\theta = \tan 10° = 0.176$

12 $a = (\sin\theta - \mu_k\cos\theta)g = 2.35\,[\mathrm{m/s^2}]$

13 $a = \dfrac{Mg - mg - P}{M+m} = 2.06\,[\mathrm{m/s^2}],\ T = M(g-a) = 77.4\,[\mathrm{N}]$

14 (1) $a = 3.92\,[\mathrm{m/s^2}],\ T = 11.76\,[\mathrm{N}]$ (2) $\mu_k = \dfrac{T}{Mg} = \dfrac{mg}{Mg} = 0.375$

(3) $a = \dfrac{(m - \mu_k M)g}{M+m} = 2.744\,[\mathrm{m/s^2}]$ (4) $\mu_k = \dfrac{m}{M} - \dfrac{a}{g}\left(1 + \dfrac{m}{M}\right) = 0.301$

15 $a = \dfrac{(m_A\sin\theta - \mu_k m_A\cos\theta - m_B)g}{m_A + m_B} = 1.878\,[\mathrm{m/s^2}],\ T = 23.36\,[\mathrm{N}]$

16 $T = \dfrac{\mu_k mg}{\cos\alpha + \mu_k\sin\alpha} = 42.79\,[\mathrm{N}]$

17 $a = \dfrac{(m_A\sin\theta - \mu_k m_B)g}{m_A + m_B} = 2.287\,[\mathrm{m/s^2}]$

18 $F_B = 12\,[\mathrm{N}]$

19 $a = 5\sqrt{3} - 1\,[\mathrm{m/s^2}]$

20 $a = 1.31\,[\mathrm{m/s^2}]$; 속도 $v = 5.24\,[\mathrm{m/s}]$, 상승 높이 $h = 10.48\,[\mathrm{m}]$

21 $\theta = \tan^{-1}(\mu_s)$

22 (1) $P = 53.2\,[\mathrm{N}]$ (2) $P = 60.6\,[\mathrm{N}]$

23 (1) $a = 1.47\,[\mathrm{m/s^2}](\swarrow)$; $v = at = 2.94\,[\mathrm{m/s}]$

(2) $a = 0.483\,[\mathrm{m/s^2}](\swarrow)$; $v = at = 0.966\,[\mathrm{m/s}]$

24 $a = 4.9[\text{m/s}^2]$; $v = 4.9[\text{m/s}]$, $s = 2.45[\text{m}]$

25 $t = 1.28[\text{s}]$, 이동 거리 $\Delta x = 3.19[\text{m}]$

26 (1) $a_x = -1.25[\text{m/s}^2]$; $t = 4[\text{s}]$, 이동 거리 $\Delta x = 10[\text{m}]$

(2) $a_x = +1.51[\text{m/s}^2]$; $a_x > 0$이므로 계속 가속되어 내려간다. 즉, 멈추지 않는다.

27 (a) $a = \dfrac{M-m}{M+m}g = 5[\text{m/s}^2]$ (b) $a = \dfrac{P-mg}{m} = 20[\text{m/s}^2]$

28 $a = -9[\text{m/s}^2]$; 제동력 $f = 1000 \times 9[\text{N}] = 9[\text{kN}]$

29 (1) $a_A = 1.777[\text{m/s}^2]$, $T_{AC} = 1003[\text{N}]$ (2) $v = 4.215[\text{m/s}]$

30 (1) $a = -\dfrac{k}{m}x = -5[\text{m/s}^2] = 5[\text{m/s}^2](\leftarrow)$

(2) $v = \pm\sqrt{\dfrac{k}{m}} = \pm 2.24[\text{m/s}]$

31 (1) $a = 1.4[\text{m/s}^2]$ (2) $R = 67.2[\text{N}]$ (3) $v = 5.6[\text{m/s}]$

32 $a_B = 6.54[\text{m/s}^2](\uparrow)$; $v_B = v_0 + a_B t = 19.62[\text{m/s}](\uparrow)$

33 $a_A = 5.22[\text{m/s}^2]$; $v_A = \sqrt{v_0^2 + 2as} = 3.04[\text{m/s}]$

34 $a = 4.2[\text{m/s}^2]$; 상승 높이 $s = s_0 + v_0 t + \dfrac{1}{2}at^2 = 18.9[\text{m}]$

35 $a = 2.25[\text{m/s}^2](\uparrow)$; $P = 60.25[\text{N}]$

36 $a_A = 1.545[\text{m/s}^2](\swarrow)$, $a_B = 1.03[\text{m/s}^2](\uparrow)$

37 $a_A = 1.45[\text{m/s}^2](\swarrow)$, $a_B = 0.725[\text{m/s}^2](\uparrow)$; $T = 105.3[\text{N}]$

38 $a = \dfrac{g}{3\tan 60°} = 1.89[\text{m/s}^2]$

39 $\beta = \tan^{-1}\left(\dfrac{a + g\sin\theta}{g\cos\theta}\right)$

40 $\theta = \tan^{-1}\left(\dfrac{a}{g}\right)$, $P = (M+m)a$

41 $\theta = -21.3°$, 74.5

$\theta = -21.3°$는 수평선에 대해 아래 방향으로 21.3°로 당긴다는 것이다.

42 $a_A = 3.43[\mathrm{m/s^2}]$, $a_B = 9.81[\mathrm{m/s^2}]$

43 $a_A = 3.14[\mathrm{m/s^2}]$, $a_B = 0.49[\mathrm{m/s^2}]$

44 $\Delta s = \dfrac{m}{2c_2}\ln\left(1 + \dfrac{c_2}{c_1}v_0^2\right)$

45 $a_A = \dfrac{(m_A + m_B)g\sin\theta}{m_A + m_B\sin^2\theta} = 7[\mathrm{m/s^2}]$, $T = m_B g - m_B a_A \sin\theta = 126[\mathrm{N}]$

46 $v_A = \sqrt{2a_2 R} = v_0\sqrt{\dfrac{\sin\theta - \mu_k\cos\theta}{\sin\theta + \mu_k\cos\theta}} = 8.39\ [\mathrm{m/s}]$

47 (1) $m_B > 2\mu_s m_A$ (2) 자유물체도는 그림과 같다.

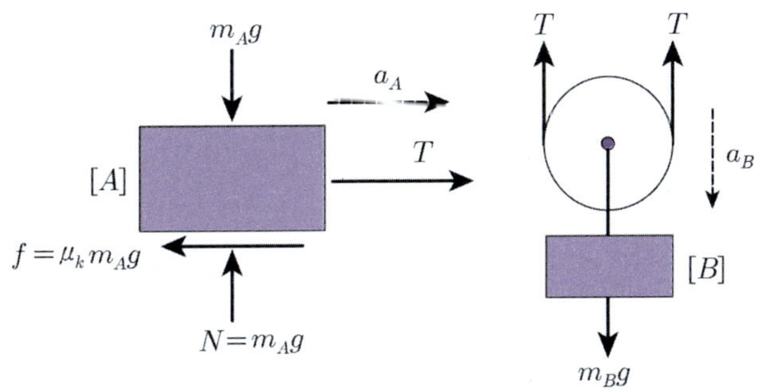

[연습문제 3.1.47] 운동할 때 자유물체도

(3) $a_B = \dfrac{(m_B - 2\mu_k m_A)g}{m_B + 4m_A}$ (4) $t = \sqrt{\dfrac{2h}{a_B}} = \sqrt{\dfrac{2(m_B + 4m_A)h}{(m_B - 2\mu_k m_A)g}}$

48 (1), (2)에 대한 자세한 과정은 생략함. 예제를 참조하여 증명해 볼 것.

(1) $F = 200\ [\mathrm{N}] > f_{A,\max}$이므로 상자 A가 미끄러져야 한다.

(2) 상자 B가 상자 A 위에서 미끄러진다.

(3) $a_B = \mu_k g = 1.962\ [\mathrm{m/s^2}]$

$$a_A = \frac{1}{m_A}\left[F - \mu_k(m_A + m_B)g - \mu_k m_B g\right] = 6.076\ [\mathrm{m/s^2}]$$

연습문제 3.2

01 $\mu_s = \dfrac{R\omega^2}{g} = 0.411$

02 $v_{\max} = \sqrt{\mu_s Rg} = 15.34[\mathrm{m/s}] = 55.2[\mathrm{km/h}]$

03 $R_{\min} = \dfrac{v^2}{\mu_s g} = 14.17[\mathrm{m}]$

04 $|a_r| = \dfrac{v^2}{R} = 9.2g$

05 $N_B = mg + m\dfrac{v^2}{R} = mg + (mg - N_T) = 800[\mathrm{N}]$

06 $F_{net} = \sqrt{(mg)^2 + (mv^2/R)^2} = 593.4[\mathrm{N}]$

07 $\theta = \tan^{-1}\left(\dfrac{v^2}{gR}\right) = 14.3°$

08 $N_A = mg + m\dfrac{v_A^2}{r} = 16.32[\mathrm{N}],\ N_B = mg\cos\theta + m\dfrac{v_B^2}{r} = 12.44[\mathrm{N}]$

09 (1) $N_B = mg - m\dfrac{v_B^2}{r} = 12.4[\mathrm{N}]$ (2) $v_{\max} = \sqrt{gr\cos\theta} = 4.61[\mathrm{m/s}]$

10 (1) $N = m\dfrac{v^2}{r} - mg\cos\theta = 5.86[\mathrm{N}]$ (2) $a_t = -g\sin\theta = -4.9[\mathrm{m/s}]$

11 (1) $R = N_y = mg = 0.98[\mathrm{N}]$ (2) $R = \sqrt{N_n^2 + N_y^2} = 1.06[\mathrm{N}]$

12 $N = 0.129[\mathrm{N}]$

13 $\mu_s = \tan\theta - \dfrac{r\omega^2}{g\cos\theta} = 0.62$

14 $\beta = \theta = \cos^{-1}\left(\dfrac{v_0^2}{3gR} + \dfrac{2}{3}\right)$

15 (1) $\omega^2 = \sqrt{\left(\dfrac{\mu_s g}{r}\right)^2 - \alpha^2}$ (2) $N = \dfrac{\omega^2}{4\pi\alpha} = \dfrac{1}{4\pi}\sqrt{\left(\dfrac{\mu_s g}{r\alpha}\right)^2 - 1}$

16 계곡 $F_r = m\dfrac{v^2}{r} + mg = 2mg = 1372[\mathrm{N}]$

17 $R = \dfrac{v^2}{g\tan\theta} = 2736[\mathrm{m}]$

18 $v = \sqrt{\dfrac{Mgr}{m}} = 1.81[\mathrm{m/s}]$

19 $v_{\max} = \sqrt{gR} = 44.3[\mathrm{m/s}] = 159.5[\mathrm{km/h}]$

20 도로 경사각 $\theta = \tan^{-1}\left(\dfrac{v_0^2}{gR}\right) = 8.1°$; $\mu_{\min} = \dfrac{g\sin\theta - v^2\cos\theta/R}{g\cos\theta + v^2\sin\theta/R} = 0.091$

21 마찰력 $f = m\dfrac{v^2}{R} = 300[\mathrm{N}]$, 알짜 힘 $F_{net} = \sqrt{f^2 + N^2} = 931.6[\mathrm{N}]$

22 $T_{AC} = 94.4[\mathrm{N}]$, $T_{BC} = 46.3[\mathrm{N}]$

23 $v = \sqrt{\dfrac{gR}{\tan 60°}} = 2.38[\mathrm{m/s}]$

24 $v = \sqrt{\dfrac{gL\cos\theta}{\tan\theta}} = 3[\mathrm{m/s}]$

25 $a_r = \ddot{r} - r\dot{\theta}^2 = 25[\mathrm{m/s^2}]$, $a_\theta = r\ddot{\theta} + 2\dot{r}\dot{\theta} = -8[\mathrm{m/s^2}]$

$F_x = ma_x = m(a_r\cos\theta - a_\theta\sin\theta) = 1984[\mathrm{N}]$

$F_y = m(g + a_r\sin\theta + a_\theta\cos\theta) = 1473[\mathrm{N}]$

26 [A점] $F_A = \sqrt{F_{n,A}^2 + F_t^2} = \sqrt{3375^2 + 3000^2} = 4516[\mathrm{N}]$

[B점] $F_B = F_t = 3000[\mathrm{N}]$

[C점] $F_C = \sqrt{F_{n,C}^2 + F_t^2} = \sqrt{1500^2 + 3000^2} = 3354[\mathrm{N}]$

27 $\theta = \tan^{-1}1 = 45°$; $v = \sqrt{gR\tan\theta} = 3.13[\mathrm{m/s}]$, $N = \dfrac{mg}{\cos\theta} = 27.7[\mathrm{N}]$

28 $\theta = \tan^{-1}1 = 45°$; $v_{\max} = \sqrt{\dfrac{gR(\sin\theta + \mu\cos\theta)}{\cos\theta - \mu\sin\theta}} = 6.76$ [m/s]

29 $[B]$ $T = 50(9.8)\cos 30° = 424.4$[N] $[A]$ $T = 50\left(9.8 + \dfrac{7^2}{10}\right) = 735$[N]

30 (1) $\rho = \dfrac{v^2}{g} = 255.1$[m] (2) $N = m\left(g - \dfrac{v^2}{\rho}\right) = 439$[m]

31 $\mu = \dfrac{g\cos 30° - v^2/L}{g\sin 30°} = 0.566$

32 (1) $t = 0$: $F_r = -17.8$[N], $F_\theta = 1.255$[N]
(2) $t = 0.5$[s]: $F_r = -7.39$[N], $F_\theta = 1.86$[N]

33 (1) $N = m(g - a_n) = 2.4$[N] (2) $\theta = 13.4°$

34 (1) $\theta = \tan^{-1}\left(\dfrac{v^2}{gR}\right) = 32.5°$ (2) $\mu = 0.488$ (3) $v_{\min} = 76$[km/h]

35 $v = \sqrt{\dfrac{9.8(2)(\sin 30° + \sin 45°)}{\cos 30° + \cos 45°}} = 3.88$ [m/s]

36 $T_{AB} = 24.6$[N], $T_{AC} = 39.2$[N]

37 $T = m\dfrac{v^2}{R} - mg = 4$[N]

38 $v = \sqrt{RF_R/m} = \sqrt{1.2(15)/2} = 3$[m/s]

39 $T = 2\pi\sqrt{\dfrac{H}{g}} = 2\pi\sqrt{\dfrac{R}{g\tan\theta}}$

40 $T_{\max} = mg + m\dfrac{v^2}{r} = m\left(g + \dfrac{2gh}{r}\right) = 14$[N]

41 $v = \sqrt{gr\tan 30°} = 20$[m/s]

42 [정답: ④] **43** [정답: ②]

44 (1) $r(t) = \dfrac{v_0}{\omega}\sinh\omega t$ (2) $F_t = 2mv_0\omega\cosh\omega t$, $F_z = mg$, $F_r = 0$

45 $v = \sqrt{\dfrac{rg(\mu\cos\theta - \sin\theta)}{\mu}} = 0.974[\mathrm{m/s}]$

46 (1) $v_{\max} = \sqrt{gR\left(\dfrac{\sin\theta + \mu\cos\theta}{\cos\theta - \mu\sin\theta}\right)} = 23.95\,[\mathrm{m/s}]$

(2) $v_{\max} = \sqrt{gR\left(\dfrac{-\sin\theta + \mu\cos\theta}{\cos\theta + \mu\sin\theta}\right)} = 14.72\,[\mathrm{m/s}]$

47 (1) $a_{n,A} = 1.929\,[\mathrm{m/s^2}]$, $a_{n,B} = 0\,[\mathrm{m/s^2}]$, $a_{n,C} = 2.412\,[\mathrm{m/s^2}]$

(2) $a_t = -1.447\,[\mathrm{m/s^2}]$; $F_A = 3617\,[\mathrm{N}]$, $F_B = 2171\,[\mathrm{N}]$, $F_C = 4219\,[\mathrm{N}]$

48 (1) $a_\theta = 0.6[\mathrm{m/s^2}]$, $a_r = -1.8t^2[\mathrm{m/s^2}]$ (2) $\mu_s = 0.271$

연습문제 4.1

01 $U_{1\to 2} = \mathrm{F} \cdot \mathrm{d} = 4500[\mathrm{J}]$

02 $U_{1\to 2} = F_x\Delta x + F_y\Delta y = 17.1[\mathrm{J}]$

03 (1) $F = 160[\mathrm{N}]$ (2) $\Delta x = 400[\mathrm{m}]$ (3) $U_{1\to 2} = -64\times 10^3[\mathrm{J}]$

04 (1) $U_F = 11{,}319[\mathrm{J}]$ (2) $U_W = -10{,}290[\mathrm{J}]$

05 $U_{\text{올릴 때}} = 392[\mathrm{J}]$, $U_{\text{내릴 때}} = -392[\mathrm{J}]$

06 (1) $F = \dfrac{3}{4}mg$; $U_F = -\dfrac{3}{4}mgd$ (2) $U_W = mgd$

07 $U_{1\to 2} = \displaystyle\int_{x_1}^{x_2} F dx = 0$

08 $F = \sqrt{F_x^2 + F_y^2} = \sqrt{2.13^2 + 3.16^2} = 3.81[\mathrm{N}]$; $W = Fd = 3.81(5) = 19.1[\mathrm{J}]$

09 $U_{net} = 15 - 13.5 + 0 = 1.5[\mathrm{J}]$

10 $U = Fd\cos 180° = 50(0.4)(-1) = -20[\mathrm{J}]$

11 $U = mgh = 4(9.8)(0.2) = 7.84[\mathrm{J}]$

12 (1) $x = \dfrac{2F}{k} = 0.12[\text{m}]$ (2) $U_F = Fx = 0.36[\text{J}]$

(3) $U_S = \dfrac{k}{2}(x_1^2 - x_2^2) = -0.36[\text{J}]$

13 (1) 15.6[J] (2) 15.6[J] (3) 0[J] (4) −14.4[J]

14 $U_{1\to2} = \displaystyle\int_{x_1}^{x_2} F dx = \int_0^2 50x dx = 100[\text{J}]$

15 (1) $U_F = 282[\text{J}]$ (2) $U_W = 0$ (3) $U_N = 0$

16 $U = Td = 10{,}803(2.4) = 25{,}927[\text{J}]$

17 $U_{1\to2} = Td = 20(1.67) = 33.4[\text{J}]$

18 $U_{1\to2} = F_x \Delta x + F_y \Delta y + F_z \Delta z = 68[\text{J}]$

19 $U = Fs = (ma)\left(\dfrac{1}{2}at^2\right) = \dfrac{20}{3} \times 15 = 100[\text{J}]$

20 $U_{1\to2} = \displaystyle\int_2^{-4} 2x dx + \int_3^{-3} 3 dy = 30[\text{J}]$

21 (1) $U_1 = -0.1[\text{J}]$ (2) $U_2 = -0.3[\text{J}]$

22 [중력 힘] $U_W = mgd = 0.196[\text{J}]$, [스프링 힘] $U_S = -\dfrac{1}{2}kd^2 = -1.25[\text{J}]$

23 (1) $F = \dfrac{mg}{2} = 98[\text{N}]$ (2) $d_1 = 2d = 4[\text{cm}]$

(3) $U_F = Fd_1 = 3.92[\text{J}]$, $U_W = -mgd = -3.92[\text{J}]$

24 (1) $P = 6[\text{N}]$ (2) $P = 0$ (3) $P = 30[\text{N}]$

25 $U_{1\to2} = F_x \Delta x + F_y \Delta y + F_z \Delta z = 35[\text{J}]$

26 $U_{1\to2} = \displaystyle\int_{x_1}^{x_2} F dx = 12.6[\text{J}]$

27 [정답: ②] **28** [정답: ④]

연습문제 4.2

01 $v = \sqrt{\dfrac{2U_{1\to2}}{m}} = 0.544[\text{m/s}]$; [예제 4.1.3]

02 $v_2 = \sqrt{\dfrac{2U_{1\to2}}{m} + v_1^2} = 3.27[\text{m/s}]$; [연습문제 4.1]-17 번

03 $v_1 = \sqrt{\dfrac{(-2)(+U_W + U_S)}{m}} = 3.25[\text{m/s}]$

04 $v = 2[\text{m/s}]$ **05** $v = 3.41[\text{m/s}]$ **06** $v_2 = \sqrt{\dfrac{2U}{m} + v_1^2} = 5[\text{m/s}]$

07 $v_{\max} = \sqrt{\dfrac{2U_{\max}}{m}} = 3[\text{m/s}]$, 정지하는 위치: $U = 0 \rightarrow x = 4[\text{m}]$

08 $v = 10.7[\text{m/s}]$ **09** $v = 0.04[\text{m/s}]$ **10** $v = 3.79[\text{m/s}]$

11 $v = 2.71[\text{m/s}]$ **12** $v = 3.78[\text{m/s}]$ **13** $x = 2.39[\text{m}]$

14 $v = 2.59[\text{m/s}]$ **15** $v = 1.42[\text{m/s}]$ **16** $v = 1.12[\text{m/s}]$

17 $P = 217[\text{N}]$ **18** $v = 5[\text{m/s}]$ **19** $v_B = 2.32[\text{m/s}]$

20 $k = 125\text{kN/m}$

21 (1) $v = 2.8[\text{m/s}]$: 속도의 방향은 다르지만 속력은 같다. 즉, 엄밀하게 말하면 (a)와 (b)의 속력은 같지만 속도는 다르다. 고등학교 물리에서 이런 식의 객관식 문제를 낼 수도 있지만 출제된 문제는 본 적이 없다.

(2) $T = 88.2[\text{N}]$

22 $v = 4.17[\text{m/s}]$ **23** $v_C = 1.72[\text{m/s}]$

24 블록 B의 속도 $v_B = 1.36[\text{m/s}]$, 줄에 걸리는 장력 $F = 74.7[\text{N}]$

25 (1) $v_B = 2.14[\text{m/s}]$ (2) 처음 위치에서 왼쪽으로 거리 $x = 0.196[\text{m}]$인 위치

26 (a) $v = 3.61[\text{m/s}]$ (b) $v = 4.04[\text{m/s}]$

27 $v = 3.88[\text{m/s}]$

28 $v_A = 3.72[\text{m/s}]$: A가 수평 유도로를 치는 순간 $x_A = 0$, $x_B = L$ $\therefore$ $\dot{x}_B = 0$.

29 (1) $x = 5[\text{m}]$ (2) $x = 2.5[\text{m}]$에서 $v_{\max} = \sqrt{\dfrac{2g \times 25}{W}} = 3.5[\text{m/s}]$

30 $P_{\text{모터}} = \dfrac{P_{out}}{\eta} = \dfrac{21}{0.7} = 30[\text{kW}]$

31 $v_2 = \left(\dfrac{3PL}{m} + v_1^3\right)^{1/3}$: $Pds = mv^2 dv$

연습문제 4.3

01 $v_2 = \sqrt{2g(h_1 - h_2)} = 7.67[\text{m/s}]$

02 $v = \sqrt{\dfrac{2(m_B - m_A \sin\theta)gh}{m_A + m_B}} = 1.57[\text{m/s}]$

03 $h = \dfrac{(v\sin\theta)^2}{2g} = \dfrac{2gH\sin^2\theta}{2g} = 4.4[\text{m}]$

04 (1) $v_A = 8.74[\text{m/s}]$ (2) $v_B = \sqrt{2gR(1-\cos\theta)} = 4.86[\text{m/s}]$

05 스프링상수 $k = \dfrac{mg}{x} = 784[\text{N/m}]$; $h = \dfrac{kx_1^2}{2mg} = 0.8[\text{m}]$

06 $x_{\max} = \dfrac{mg + \sqrt{(mg)^2 + 2mghk}}{k} = 0.1[\text{m}]$

07 [미끄러져 내려간 거리] $d = 0.348[\text{m}]$, $v = 1.69[\text{m/s}]$

08 $v = \sqrt{2gd\sin\theta - \dfrac{k}{m}d^2} = 0.812[\text{m/s}]$, $L = \dfrac{2mg\sin\theta}{k} = 0.21[\text{m}]$

09 (1) $v_A = \sqrt{4g} = 6.26[\text{m/s}]$ (2)$v_A = \sqrt{6g} = 7.67[\text{m/s}]$

10 (1) $N = m(g + v_B^2) = m(7g) = 686[\mathrm{N}]$

(2) $N = m(g + v_B^2) = m(9g) = 882[\mathrm{N}]$

11 $v_B = 2.48[\mathrm{m/s}]$, $v_C = 1.73[\mathrm{m/s}]$

12 $v_B = 0.851[\mathrm{m/s}]$

13 $v_B = 3.43[\mathrm{m/s}]$, $x_{\max} = 0.0485[\mathrm{m}] = 48.5[\mathrm{mm}]$

14 $m = 39.5[\mathrm{kg}]$

15 $v = 1.16[\mathrm{m/s}]$, $x_{\max} = 0.012[\mathrm{m}] = 12[\mathrm{mm}]$

16 $v_B = 6.82[\mathrm{m/s}]$

17 $v_A = 0.615[\mathrm{m/s}]$, $v_B = 0.923[\mathrm{m/s}]$

18 $v_2 = \sqrt{2gL\sin\theta} = 3.55[\mathrm{m/s}]$, $T = mg\sin\theta + m\dfrac{v_2^2}{L} = 56.7[\mathrm{N}]$

19 (1) $\theta_{\min} = 60°$

(2) [직전] $T = mg(3 - 2\cos\theta) = 58.8[\mathrm{N}]$

[직후] $T = mg(5 - 4\cos\theta) = 88.2[\mathrm{N}]$

20 $v_2 = \sqrt{2g\Delta y} = 1.91[\mathrm{m/s}]$

21 $\theta = \cos^{-1}\left(\dfrac{2}{3}\cos 20°\right) = 51.2°$

22 $v_B = \sqrt{2gR + \dfrac{k}{m}(x_A^2 - x_B^2)} = 7.34[\mathrm{m/s}]$

23 $k = \dfrac{m(v_B^2 - v_A^2 - 2gR)}{x_A^2 - x_B^2} = 2438[\mathrm{N/m}]$

24 (1) $v_{0,\min} = \sqrt{5gR}$ (2) $N = m\dfrac{v_B^2}{R} = m\left(\dfrac{3gR}{R}\right) = 3mg$

25 $d_{\min} = \dfrac{3}{5}L$

26 $v=\sqrt{\dfrac{2W}{m}}=3\,[\mathrm{m/s}]$

27 [정답: ④] **28** [정답: ④] **29** [정답: ③]

30 [정답: ①] **31** [정답: ③]

32 (1) $gr\cos\theta=v_A^2+2gr(1-\cos\theta);\ \theta=13.47°$

(2) $v_B=\sqrt{gr\cos\theta}=3.089\,[\mathrm{m/s}]$ (3) $x=1.617\,[\mathrm{m}]$

33 (1) $v_1=10.55\,[\mathrm{m/s}]$ (2) $\delta_{\max}=0.5228\,[\mathrm{m}]$

34 (1) $T=\dfrac{mv_0^2}{2}\cos^2\theta,\ V=\dfrac{mv_0^2}{2}\sin^2\theta$ (2) $\theta=\dfrac{\pi}{3}$ (3) $T_f=\dfrac{mv_0^2}{2}$

연습문제 5.1

01 $v_2=\dfrac{g(m_B-\mu_k m_A)\Delta t}{m_A+m_B}=5.23\,[\mathrm{m/s}]$

02 $\sum \mathbf{F}_{av}=2550\sqrt{3}\,\mathbf{i}+2500\mathbf{j}\,[\mathrm{N}];\ \sum F_{av}=5000\,[\mathrm{N}]$

03 (1) $v_2=22\,[\mathrm{m/s}]$ (2) $\sum F_{t,av}=110\,[\mathrm{N}]$

04 $v=\dfrac{(F-mg)\Delta t}{m}=12.1\,[\mathrm{m/s}]$

05 $v_2=4.72\,[\mathrm{m/s}]$

06 (1) $I=\int_{t_1}^{t_2}Fdt=84\,[\mathrm{N\cdot s}]$ (2) $mv_1+I=mv_2;\ v_2=8.4\,[\mathrm{m/s}]$

07 (1) $(+\searrow)\ I=\int_{t_1}^{t_2}Fdt=\int_0^2(mg\sin\theta-\mu_k N)dt=64.1\,[\mathrm{N\cdot s}]$

(2) $mv_1+I=mv_2;\ 0+64.1=10v_2;\ v_2=6.41\,[\mathrm{m/s}]$

08 $F\Delta t=mv;\ \mu_k N\Delta t=mv;\ 0.6(700)(2)=140v;\ v=6\,[\mathrm{m/s}]$

09 $600(10) = 200(v-0);\ v = 30[\mathrm{m/s}]$

10 $\int_0^{10}(400+3t^2)dt = 200(v-0);\ v = 25[\mathrm{m/s}]$

11 $\sum\int_{t_1}^{t_2} F_t\,dt = m(v_2 - v_1);\ -830(t-0.04t^2) = -3780;\quad t = 6[\mathrm{s}]$

12 $m\mathbf{v}_1 + \int_{t_1}^{t_2}\sum\mathbf{F}\,dt = m\mathbf{v}_2;\ \mathbf{v}_2 = 5.6\mathbf{i} + 7\mathbf{j} - 3.8\mathbf{k}\,[\mathrm{m/s}]$

13 $\Delta t\sum\mathbf{F}_{av} = m\mathbf{v}_2 - m\mathbf{v}_1;\ \sum\mathbf{F}_{av} = 3.6\mathbf{i} + 4\mathbf{j} + 3.2\mathbf{k}\,[\mathrm{N}];\ \left|\sum\mathbf{F}_{av}\right| = 6.26[\mathrm{N}]$

14 $v_{2y} = 0;\ \int_0^2\left(\frac{3}{2}t^2\right)dt = 10(v_{2x} - 0),\ v_{2x} = 0.4[\mathrm{m/s}];\ \mathbf{v}_2 = 0.4\mathbf{i}\,[\mathrm{m/s}]$

15 $\sum\int_{t_1}^{t_2} F\,dt = m(v_2 - v_1);\ v_2 = 20[\mathrm{m/s}]$

16 $v_2 = 9[\mathrm{m/s}]$

17 $v_2 = \frac{T\Delta t}{m} - g(\sin 30° + \mu_k\cos 30°)\Delta t = 2.86[\mathrm{m/s}]$

18 $v_2 = 3.86[\mathrm{m/s}]$

19 $v = \frac{9.8\sin 20°(80-20)}{80+20} = 2.01[\mathrm{m/s}]$

20 $v = \frac{9.8\sin 20°(80-20) - 0.1(2\times 184 + 921)}{80+20} = 0.722[\mathrm{m/s}]$

21 $F_{av} = \frac{m(v_2 - v_1)}{\Delta t} = 8163[\mathrm{N}]$

22 $(mg\sin 5° - F)\Delta t = m(v_2 - v_1);\ \Delta t = 9.15[\mathrm{s}]$

23 $v_{A,2} = -\frac{1}{2}v_{B,2};\ v_{B,2} = 35.8[\mathrm{m/s}](\downarrow)$

24 (1) $\Delta t = \frac{(m_B + 4m_A)v}{P - 2m_A g} = 0.548[\mathrm{s}]$ (2) $T = m_A g + \frac{2m_A v}{\Delta t} = 56.8[\mathrm{N}]$

25 도로 경사각 $\theta = \tan^{-1}(1/10) = 5.71°$; $F = 3546$[N]

26 $(+\searrow)\sum F_x \Delta t = m(v_2 - v_1)$; $\Delta t = 8.36$[s]

27 $F_x = 87.96$[N], $F_y = 15.53$[N]; $F_{av} = \sqrt{F_x^2 + F_y^2} = 89.32$[N]

28 $(+\swarrow)\sum F_x \Delta t = m(v_2 - v_1)$; $D = 45,276$[N]

29 $\mathbf{I} = m(\mathbf{v}_2 - \mathbf{v}_1) = 2.95\mathbf{i} + 5.06\mathbf{j}$[N · s]; $I = \sqrt{2.95^2 + 5.06^2} = 5.86$[N · s]

$$F_{av} = \frac{I}{\Delta t} = \frac{5.86}{2 \times 10^{-3}} = 2.93 \times 10^3 \text{[N]}$$

30 $\mathbf{v} = -8\mathbf{i} + 8\mathbf{j} = 8\sqrt{2}$[m/s] ↖ 45°

31 $\mathbf{L} = m\mathbf{v} = 16\mathbf{i} + 12\mathbf{j} + 8\mathbf{k}$[N · s], $\sum \mathbf{F} = \dot{\mathbf{L}} = m\dot{\mathbf{v}} = 16\mathbf{i} + 6\mathbf{j}$[N]

32 $T = 13.96$[N]; $(v_A)_2 = 3.368$[m/s](→)

33 $T = 15.36$[N]; $(v_A)_2 = 1.545$(→)

34 [정답: ②] **35** [정답: ②]

연습문제 5.2

01 $v' = \dfrac{v}{1+k}$, $a_A = \dfrac{v' - v}{\Delta t} = \dfrac{-kv}{\Delta t(1+k)}$, $a_B = \dfrac{v' - 0}{\Delta t} = \dfrac{v}{\Delta t(1+k)}$

02 $20(42) = (400 + 20)v$; $v = 2$[km/h]

03 $10(v - 21) + 200v = 0$; $v = 1$[km/h](→)

04 $\cos\theta = 1 - \dfrac{v^2}{2gL} = 1 - \dfrac{1.496^2}{2(9.8)(2)} = 0.943$; $\theta = \cos^{-1}(0.943) = 19.4°$

05 (1) 충돌 직후 파일의 속도 $v_P{}' = 2.55$[m/s](↓)

(2) $e = \dfrac{v_P{}' - v_H{}'}{v_H - v_P} = \dfrac{2.55 - (-1.4)}{6.26 - 0} = 0.631$

(3) $\Delta E = m_H gh - \frac{1}{2} m_H (v_H')^2 - \frac{1}{2} m_P (v_P')^2 = 7093[\text{J}]$

06 $v_1' = 6.5[\text{m/s}](\leftarrow),\ v_2' = 0.5[\text{m/s}](\leftarrow)$

07 $\frac{m_1}{m_2} = \frac{v_2'}{v_1} = e$

08 $v_3 = \frac{u}{4}(1+e)^2$

09 $\frac{\Delta T}{T} = \frac{\Delta T}{m_A u^2/2} = \frac{m_B}{m_A + m_B}$

10 $e = \frac{v_1}{v} = \frac{\sqrt{v v_2}}{v} = \sqrt{\frac{v_2}{v}} = \sqrt{\frac{\sqrt{2gh_2}}{\sqrt{2gh}}} = \left(\frac{h_2}{h}\right)^{1/4}$

11 $\theta = \tan^{-1}(e \tan 60°) = 54.2°,\ v = \frac{v_0 \cos 60°}{\cos\theta} = 20.5[\text{m/s}]$

12 $e = \frac{v'}{v} = \sqrt{\frac{h'}{h}} = 0.829$; 손실된 에너지 비율 $\eta = \frac{mgh - mgh'}{mgh} = 31.3[\%]$

13 $v_0 = \sqrt{2gh\left(\frac{1}{e^2} - 1\right)} = 4.2[\text{m/s}]$

14 $h = 273.4[\text{mm}],\ h_2 = 185.8[\text{mm}]$

15 $v_n = \left(\frac{1+e}{2}\right)^{n-1} v_1$

16 $\mathbf{v}_A' = 6.83[\text{m/s}](\leftarrow),\ \mathbf{v}_B' = 6.51[\text{m/s}]\ 50.2°$

17 $\mathbf{v}_A' = 2.35[\text{m/s}]\ 44.6°,\ \mathbf{v}_B' = 7.97[\text{m/s}]\ 28.8°$

18 $\mathbf{v} = 17.6\mathbf{i} + 5.9\mathbf{j}\,[\text{m/s}]$

19 $v = 3.87[\text{m/s}](\downarrow)$

20 충돌 후 공의 속도 $\mathbf{v}_A' = ev(\uparrow)$

21 $v_A' = 14.4$[m/s], $\theta' = \tan^{-1}\left(\dfrac{4}{8\sqrt{3}}\right) = 16.1°$

22 $m_A \mathbf{v}_A + m_B \mathbf{v}_B = m\mathbf{v}_0$; $v_A = 103.5$[m/s], $v_B = 36.6$[m/s]

23 (1) $v_0 = \dfrac{(m_A + m_B)v_1}{m_A} = 743$[m/s]

(2) $0 + \int F dt = m_B v_1$; $\int F dt = 1(4.43) = 4.43$[N • s]

(3) $T - Mg = M\dfrac{v_1^2}{L}$; $T = 19.7$[N]

24 $\theta = \cos^{-1}\left(1 - \dfrac{v_1^2}{2gL}\right) = 23.3°$

25 $v_A = 6$[m/s](↖), $v_B = 10$[m/s](↘)

26 $v_A = 0.99$[m/s](←), $v_B = 1.485$[m/s](→)

27 (1) $H = \dfrac{(v_A')^2}{2g} = 0.294$[m] (2) $L = \dfrac{(v_B')^2}{2\mu_k g} = 0.163$[m]

28 (1) $v_A' = 1.372$[m/s](↓), $v_C' = 0$ (2) $\int T dt = 6.86$[N • s](↑)

29 $e = \sqrt{\dfrac{h_1}{h_0}}$

30 $\mathbf{v}_A' = 4.51$[m/s] $\angle$ 57.47°, $\mathbf{v}_B' = 4.85$[m/s] $\angle$ 60°

31 [정답: ③] **32** [정답: ④] **33** [정답: ②]

34 [정답: ③] **35** [정답: ④] **36** [정답: ③]

37 [정답: ②] **38** [정답: ④]

39 $v_A = \sqrt{\dfrac{gL}{15}}$ (→), $v_B = 5\sqrt{\dfrac{gL}{15}}$ (←)

40 $v_{B,2} = \pm 1.095$ [m/s], $v_{A,2} = \mp 1.643$ [m/s]: 블록 A가 오른쪽으로 1.643[m/s]로, 블록 B가 왼쪽으로 1.095[m/s]로 움직이거나, 그 반대로 블록 A가 왼쪽으로 1.643[m/s]로, 블록 B가 오른쪽으로 1.095[m/s]로 움직인다.

연습문제 5.3

01 $H_O = 25\sqrt{2}\,[\mathrm{kg \cdot m^2/s}]$

02 (1) $\mathbf{L} = m\mathbf{v} = 6\sqrt{2}(\mathbf{i}-\mathbf{j})\,[\mathrm{kg \cdot m/s}]$ (2) $\mathbf{H}_O = \mathbf{r} \times m\mathbf{v} = -23.2\mathbf{k}\,[\mathrm{kg \cdot m^2/s}]$

03 $H_{O1} = H_{O2};\ \omega_2 = \dfrac{5v}{3L}$

04 $\mathbf{H}_{O1} + \displaystyle\int_{t_1}^{t_2} \sum \mathbf{M}_O dt = \mathbf{H}_{O2};\ t = 20.1\,[\mathrm{s}]$

05 $\mathbf{H}_O = \mathbf{r} \times \mathbf{L} = 26\mathbf{i} + 3\mathbf{j} - 18\mathbf{k}\,[\mathrm{kg \cdot m^2/s}];\ H_O = 31.8\,[\mathrm{kg \cdot m^2/s}]$

06 $\mathbf{H}_O = 12(-3\mathbf{j} + 2\mathbf{k});\ H_O = 43.3\,[\mathrm{N \cdot m \cdot s}]$

$\mathbf{M}_O = 24(-3\mathbf{j} + 2\mathbf{k})\,[\mathrm{N \cdot m}];\ M_O = 86.5\,[\mathrm{N \cdot m}]$

07 $\dot{\mathbf{H}}_B = \mathbf{M}_B = (N - mg)r = mv_C^2 = 0.1(15.76) = 1.576\,[\mathrm{N \cdot m}]$ (↶)

08 $\omega = 0.172\,[\mathrm{rad/s}]$

09 $\omega = 9\,[\mathrm{rad/s}],\ U_{1\to 2} = \Delta T + \Delta V_g = 2.33\,[\mathrm{J}]$

10 ○ $H_{O1} = H_{O2};\ \omega' = 2.77\,[\mathrm{rad/s}]$ (↶)

○ $T' + V' = V;\ \theta = 52°$

11 $\omega_2 = \left(\dfrac{r_1}{r_2}\right)^2 \omega_1 = 2.79\,[\mathrm{rad/s}]$

$U_{1\to 2} = \Delta T + \Delta V_g = 2\left(\dfrac{1}{2}m\right)[(r_2\omega_2)^2 - (r_1\omega_1)^2] + 2mg\Delta h = 0.901\,[\mathrm{J}]$

12 (1) $T = m\dfrac{v_0^2}{r_0} = 4\,[\mathrm{N}]$ (2) $T = m\dfrac{v^2}{r} = 1 \times \dfrac{(2/r)^2}{r} = \dfrac{4}{r^3}\,[\mathrm{N}]$

13 $\mathbf{H}_{O1} + \displaystyle\int_{t_1}^{t_2} \mathbf{M}_O dt = \mathbf{H}_{O2};\ v = 1\,[\mathrm{m/s}]$

14 $m(r_1\omega_1)r_1 = m(r_2\omega_2)r_2;\ \omega_2 = \left(\dfrac{r_1}{r_2}\right)^2 \omega_1 = 3.84\,[\mathrm{rad/s}]$

15 앞 문제 결과에서 막대의 각속도 $\omega_2 = 3.84[\text{rad/s}]$
반경방향 속도 $v_{r2} = \pm 0.262[\text{m/s}]$

16 (1) $\mathbf{v} = \frac{t^2}{2}\mathbf{i} + 2t\mathbf{j}[\text{m/s}]$; $\mathbf{r} = \frac{t^3}{6}\mathbf{i} + t^2\mathbf{j}[\text{m}]$

(2) 각충격량$= \int_{t_1}^{t_2} \mathbf{M}_O dt = \int_0^6 \mathbf{r} \times \mathbf{F}\, dt = -432\mathbf{k}$ [N • m • s]

(3) $\Delta \mathbf{H}_O = \int_{t_1}^{t_2} \sum \mathbf{M}_O dt = -432\mathbf{k}$ [N • m • s]

17 $\mathbf{H}_O = \sum(\mathbf{r} \times m\mathbf{v}) = 5.55\mathbf{k}[\text{kg} \cdot \text{m}^2/\text{s}]$

18 ○크기: $H_O = 9.798[\text{kg} \cdot \text{m}^2/\text{s}]$ ○방향: $+z$방향(↶)

19 (1) 공이 최고 높이에 있을 때 $v = 0$; $H_A = 0$

(2) $v = \frac{v_0}{\sqrt{2}} = 20\sqrt{2}[\text{m/s}](\downarrow)$; $H_A = mvd = 16\sqrt{2}[\text{kg} \cdot \text{m}^2/\text{s}]$(↷)

20 (1) $M_A = mg \times d = 7.84[\text{N} \cdot \text{m}]$(↷) (2) $M_A = 7.84[\text{N} \cdot \text{m}]$(↷)

21 $v_2 = v_1 + \frac{3P}{m} = 5[\text{m/s}]$

22 (1) $v_2 = 16[\text{m/s}]$ (2) $v_2 = 8[\text{m/s}]$

23 $v_2 = v_1 = 2\text{m/s}$

24 $(H_O)_1 = (H_O)_2$; $\omega_2 = 4[\text{rad/s}]$(↷)

25 $\mathbf{H}_O = \mathbf{r} \times m\mathbf{v} = (x\mathbf{i} + y\mathbf{j}) \times m(u\mathbf{i} - gt\mathbf{j}) = -\frac{1}{2}mgut^2\mathbf{k} = \frac{1}{2}mgut^2$(↷)

26 $\mathbf{v} = (v_2)_r \mathbf{e}_r + (v_2)_\theta \mathbf{e}_\theta = -v_0 \mathbf{e}_r + \frac{Ft(2r_0 - v_0 t)}{2m(r_0 - v_0 t)} \mathbf{e}_\theta$

27 [정답: ②]

연습문제 6.1

01 $\omega = \dfrac{2\pi N}{60} = 314.16\,[\mathrm{rad/s}]$; $v = r\omega = 62.83\,[\mathrm{m/s}]$

02 rpm 으로 바로 계산: 회전수 $\theta = \omega_{avg} t = \dfrac{1}{2}(\omega_f + \omega_0)t = 500\,[\mathrm{rev}]$

03 $a_n = r\omega^2 = 80\,[\mathrm{m/s^2}]$

04 $a_t = r\alpha = -0.12\,[\mathrm{m/s^2}]$(감속), $\omega_0 = \sqrt{-2\alpha\Delta\theta} = 7.09\,[\mathrm{rad/s}]$

05 $v = r\omega = 5[\mathrm{m/s}]$; $a_t = 0$, $a = a_n = r\omega^2 = 50[\mathrm{m/s^2}]$

06 $\mathbf{v}_A = 1.2\mathbf{e}_t[\mathrm{m/s}]$, $\mathbf{a}_A = -4\mathbf{e}_t + 3.6\mathbf{e}_n[\mathrm{m/s^2}]$

$\mathbf{v}_B = 1.2\mathbf{e}_t + 0.3\mathbf{e}_n[\mathrm{m/s}]$, $\mathbf{a}_B = -4.9\mathbf{e}_t + 2.6\mathbf{e}_n[\mathrm{m/s^2}]$

07 $N = 33.33[\mathrm{rev}]$

08 $\Delta\theta = \theta(t=6) - \theta(t=4) = 244[\mathrm{rad}]$

09 $\omega = 4[\mathrm{rad/s}]$, $\alpha = 6[\mathrm{rad/s^2}]$

10 $\boldsymbol{\omega} = -2\sqrt{2}\mathbf{k}\,[\mathrm{rad/s}]$, $\boldsymbol{\alpha} = 6\mathbf{k}\,[\mathrm{rad/s^2}]$

11 $N = \dfrac{60\omega}{2\pi} = 271.6[\mathrm{rpm}]$

12 $\mathbf{v}_P = \boldsymbol{\omega}\times\mathbf{r}_P = -0.4\mathbf{i} + \mathbf{j}\,[\mathrm{m/s}]$, $\mathbf{a}_P = \boldsymbol{\alpha}\times\mathbf{r}_P - \omega^2\mathbf{r}_P = -1.4\mathbf{i} - 2.3\mathbf{j}\,[\mathrm{m/s^2}]$

13 $\mathbf{v}_A = \boldsymbol{\omega}\times\mathbf{r}_A = 1.68\mathbf{i} - 1.8\mathbf{j}\,[\mathrm{m/s}]$

$\mathbf{a}_A = \boldsymbol{\alpha}\times\mathbf{r}_A - \omega^2\mathbf{r}_A = -10.8\mathbf{i} - 10.08\mathbf{j}\,[\mathrm{m/s^2}]$

14 (1) $\omega_A = \dfrac{v_P}{r_A} = 20[\mathrm{rad/s}](\curvearrowleft)$, $\omega_B = \dfrac{v_P}{r_B} = 10[\mathrm{rad/s}](\curvearrowright)$

(2) $a_A = r_A\omega_A^2 = 40[\mathrm{m/s^2}](\uparrow)$, $a_B = r_B\omega_B^2 = 20[\mathrm{m/s^2}](\downarrow)$

15 (1) $\alpha = \dfrac{a_t}{r} = 4[\mathrm{rad/s^2}](\curvearrowleft)$ (2) $\omega = \omega_0 + \alpha t = 12[\mathrm{rad/s}](\curvearrowleft)$

16 (1) $N_B = \left(\dfrac{r_A}{r_{B1}}\right)N_A = 150[\text{rpm}],\ N_C = \left(\dfrac{r_{B2}}{r_C}\right)N_B = 50[\text{rpm}]$

(2) $a_B = r_{B2}\omega_B^2 = 12.3[\text{m/s}^2](\leftarrow),\ a_C = r_C\omega_C^2 = 4.11[\text{m/s}^2](\rightarrow)$

17 (1) $a_t = a;\ \alpha_B = \dfrac{a_t}{r_B} = 0.5[\text{rad/s}^2](\curvearrowright)$

(2) $\Delta\theta_B = \dfrac{\omega_1^2 - \omega_0^2}{2\alpha_B} = \dfrac{4^2 - 2^2}{2(0.5)} = 12[\text{rad}] = \dfrac{12}{2\pi}[\text{rev}] = 1.91[\text{rev}]$

18 (1) $\alpha = -\dfrac{\omega_0}{t} = -1500[\text{rev/min}^2] = -2.62[\text{rad/s}^2]$

(2) $\theta = \omega_0 t + \dfrac{1}{2}\alpha t^2 = 12{,}000[\text{rev}]$

19 (1) $k = 4[\text{s}^{-2}]$ (2) $\omega = 4\sqrt{3}[\text{rad/s}]$

20 $N = 8.544[\text{rev/s}] = 513[\text{rev/min}]$

21 $\omega_{B2} = \left(\dfrac{r_A}{r_B}\right)\omega_{A2} = \left(\dfrac{0.1}{0.3}\right)(6\pi) = 2\pi[\text{rad/s}]$

22 $\omega_{B2} = \left(\dfrac{r_A}{r_B}\right)\omega_{A2} = \left(\dfrac{0.1}{0.3}\right)(18) = 6[\text{rad/s}]$

23 (1) $\omega = \dfrac{v_B}{r_B} = 2[\text{rad/s}](\curvearrowleft),\ \alpha = \dfrac{(a_t)_B}{r_B} = 1.5[\text{rad/s}^2](\curvearrowright)$

(2) $a_B = \sqrt{(a_B)_n^2 + (a_B)_t^2} = 427[\text{mm/s}^2]$

24 $\boldsymbol{\alpha}_B = 3[\text{rad/s}^2](\curvearrowright)$ 혹은$(\curvearrowleft)$

25 $\omega = \dot{\theta} = -\dfrac{\dot{x}\tan\theta}{x\sec^2\theta} = -\dfrac{(-v_A)(h/x)}{x(\sqrt{x^2+h^2}/x)^2} = \dfrac{hr\omega_0}{x^2+h^2}$

26 $\omega = \dot{\theta} = -\dfrac{\dot{x}\sin\theta}{x\cos\theta} = -\dfrac{(-v)}{x}\tan\theta = \dfrac{vr}{x\sqrt{x^2-r^2}}$

27 $\omega_{AB} = \dfrac{\sqrt{2ax}}{\sqrt{4L^2-x^2}}\ (\curvearrowright)$

연습문제 6.2

01 (1) $\omega = 4[\text{rad/s}](\circlearrowleft)$ (2) $\omega = 2[\text{rad/s}](\circlearrowleft)$ (3) $\omega = 2[\text{rad/s}](\circlearrowright)$

02 $v_A = 5.89[\text{m/s}]$

03 $\omega = \dfrac{v_A}{\sqrt{2}\,r} = 20\sqrt{2}[\text{rad/s}](\circlearrowright),\ v_O = \dfrac{v_A}{\sqrt{2}} = 6\sqrt{2}[\text{m/s}](\rightarrow)$

04 $\mathbf{v}_{A/B} = \boldsymbol{\omega}\times\mathbf{r}_{A/B} = -3\mathbf{k}\times\mathbf{r}_{A/B} = 47.4\mathbf{i} - 62.1\mathbf{j}\ [\text{cm/s}]$

05 $\omega_{ABC} = \dfrac{v_{B/A}}{0.3} = 4[\text{rad/s}](\circlearrowleft),\ \mathbf{v}_C = \mathbf{v}_A + \boldsymbol{\omega}\times\mathbf{r}_{C/A} = 1.2\sqrt{3}\mathbf{j}\ [\text{m/s}]$

06 $v_B = 2.6[\text{m/s}]\ \swarrow\ 67.4^\circ,\ \omega = \dfrac{v_{B/A}}{0.5} = 6[\text{rad/s}](\circlearrowright)$

07 $v_A = 1.867[\text{m/s}](\rightarrow),\ v_B = 1.732[\text{m/s}]\ \nearrow\ 67.4^\circ$

08 (1) $v_P = v_C = 0,\ \omega_{BC} = \dfrac{r\omega_{AB}}{L} = \left(\dfrac{60}{160}\right)(104.7) = 39.3[\text{rad/s}](\circlearrowleft)$

(2) $\omega_{BC} = 0,\ v_P = v_C = v_B = r\omega_{AB} = 0.06(104.7) = 6.28[\text{m/s}](\rightarrow)$

09 $v_P = v_C = 6.52[\text{m/s}](\rightarrow),\ \omega_{BC} = \dfrac{v_{C/B}}{L} = 20.75[\text{rad/s}](\circlearrowleft)$

10 $v_B = 0.214[\text{m/s}](\downarrow),\ \omega_{AB} = 0.504[\text{rad/s}](\circlearrowleft)$

11 $\omega_{AC} = \dfrac{v_{C/A}}{\overline{AC}} = 1.176[\text{rad/s}](\circlearrowleft),\ \mathbf{v}_B = 0.449[\text{m/s}]\ \nearrow\ 59.0^\circ$

12 $\omega_{BC} = \dfrac{v_{B/C}}{0.2} = 2.5[\text{rad/s}](\circlearrowleft),\ \omega_{CD} = \dfrac{v_C}{\overline{CD}} = 6.67[\text{rad/s}](\circlearrowright)$

13 $\omega_{BC} = \dfrac{v_B}{\overline{BC}} = 4.62[\text{rad/s}](\circlearrowleft)$

14 $v_B = 0.269[\text{m/s}](\rightarrow),\ \omega_{AB} = 1.45[\text{rad/s}]\ (\circlearrowright)$

15 $\boldsymbol{\omega}_{AB} = 2.5\mathbf{k}\,[\text{rad/s}](\curvearrowleft)$, $\boldsymbol{\omega}_{BC} = 5.83\mathbf{k}\,[\text{rad/s}](\curvearrowleft)$

16 $\omega_{AOB} = \dfrac{v_A}{16} = 0.638[\text{rad/s}](\curvearrowright)$

17 $v_A = \sqrt{2}\,[\text{m/s}](\rightarrow)$, $\omega_{OA} = \sqrt{2}\,[\text{rad/s}]\ (\curvearrowright)$, $\omega_{AB} = \sqrt{2}\,[\text{rad/s}](\curvearrowleft)$

18 $\omega_{AB} = 2[\text{rad/s}]\ (\curvearrowright)$

19 $\omega_{AB} = 1.24[\text{rad/s}](\curvearrowleft)$

20 $\boldsymbol{\omega}_{OA} = 40\mathbf{k}\,[\text{rad/s}] = 40[\text{rad/s}](\curvearrowleft)$, $\mathbf{v}_D = -4.5\mathbf{i}\,[\text{m/s}] = 4.5[\text{m/s}](\leftarrow)$

21 (1) $v_B = \dfrac{1}{\sqrt{3}}[\text{m/s}](\rightarrow)$ (2) $\omega_{DE} = 4.62[\text{rad/s}]\ (\curvearrowleft)$

연습문제 6.3

01 $v_A = \overline{AC}\,\omega = 436[\text{cm/s}] = 4.36[\text{m/s}]$

02 [차의 속도] $v_O = 4.7[\text{m/s}] = 16.9[\text{km/h}]$, [미끄럼 속도] $v_S = 2.09[\text{m/s}]$

03 [순간중심 좌표] $(3\text{m}, 0)$, [B점 속도] $v_B = (x-2)\omega = 10[\text{m/s}](\uparrow)$

04 [순간중심 좌표] $(-1\text{m}, 0)$, [막대 각속도] $\omega = 12[\text{rad/s}](\curvearrowleft)$

05 $\omega = 1[\text{rad/s}](\curvearrowleft)$, $v_B = 4\sqrt{2}\,[\text{m/s}]\measuredangle\,30^\circ$

06 $v_B = 0.4\sqrt{2} = 0.566[\text{m/s}](\leftarrow)$

07 $\omega = \dfrac{v_A}{\overline{CA}} = 2.95[\text{rad/s}](\curvearrowleft)$, $v_B = \overline{BC}\,\omega = 2.17\,[\text{m/s}]\measuredangle\,50^\circ$

08 $\omega = \dfrac{v_B}{\overline{CB}} = 0.5[\text{rad/s}](\curvearrowright)$, $v_A = 2[\text{m/s}](\leftarrow)$

09 $\omega_{BD} = 2[\text{rad/s}](\curvearrowleft)$

10 $\omega_{OB} = \dfrac{v_B}{\overline{OB}} = 17.18\,[\text{rad/s}](\curvearrowleft)$

11 $v_G = 16\sqrt{3} = 27.7\,[\text{cm/s}]$

12 $\omega_{AB} = \dfrac{30}{7} = 4.29\,[\text{rad/s}](\curvearrowleft)$, $v_A = 0.6\,[\text{m/s}]$, $v_D = 0.653\,[\text{m/s}]$

13 $\omega_{BD} = \dfrac{v_B}{\overline{BD}} = \dfrac{8\sqrt{3}}{5} = 2.77\,[\text{rad/s}](\curvearrowleft)$

14 $\omega_C = \dfrac{v_B}{x} = 10\,[\text{rad/s}](\curvearrowleft)$; $v_O = 2.5\,[\text{m/s}]$, $v_D = 9.43\,[\text{m/s}]$

$v_E = \dfrac{5\sqrt{10}}{2} = 7.91\,[\text{m/s}]$, $v_F = \dfrac{5\sqrt{7}}{2} = 6.61\,[\text{m/s}]$

15 $\omega_{AB} = \dfrac{v_B}{\overline{AB}} = \dfrac{6.21}{15} = 0.414\,[\text{rad/s}]$

16 (a) (1) $\omega = 3\,[\text{rad/s}](\curvearrowleft)$ (2) $v_O = 300\,[\text{mm/s}](\leftarrow)$

(3) 초당 180mm가 감긴다.

(b) (1) $\omega = 3\,[\text{rad/s}](\curvearrowright)$ (2) $v_O = 180\,[\text{mm/s}](\rightarrow)$

(3) 초당 300mm가 풀린다.

17 $\omega_{AB} = \sqrt{2}\,[\text{rad/s}](\curvearrowleft)$, $\omega_{OA} = \sqrt{2}\,[\text{rad/s}]\ (\curvearrowright)$, $v_A = \sqrt{2}\,[\text{m/s}](\rightarrow)$

18 $\omega_{AB} = 8\,[\text{rad/s}](\curvearrowleft)$, $v_B = 1.6\,[\text{m/s}](\rightarrow)$

19 $\omega_{AB} = 2\,[\text{rad/s}](\curvearrowleft)$, $\omega_{OA} = 4\sqrt{2}\,[\text{rad/s}](\curvearrowleft)$

20 $\omega_{AB} = 2\,[\text{rad/s}](\curvearrowleft)$, $v_B = 34\,[\text{cm/s}](\rightarrow)$

21 $\omega_{AB} = 1.45\,[\text{rad/s}]\ (\curvearrowright)$, $v_B = 269\,[\text{mm/s}](\rightarrow)$

연습문제 6.4

01 $\mathbf{a}_A = \mathbf{a}_C + \boldsymbol{\alpha} \times \mathbf{r}_{A/C} - \omega^2 \mathbf{r}_{A/C} = -10\mathbf{i} - 5\mathbf{j}\,[\text{m/s}^2]$; $a_A = 5\sqrt{5} = 11.18\,[\text{m/s}^2]$

02 $\mathbf{a}_A = \mathbf{a}_O + \mathbf{a}_{A/O}$; $(a_{A/O})_t = r\alpha = 0$; $(a_{A/O})_n = r\omega^2 = 0.8(2)^2 = 3.2[\text{m/s}^2]$

(1) $a_A = (a_{A/O})_n - a_O = 0.2[\text{m/s}^2](\leftarrow)$

(2) $a_A = \sqrt{(a_{A/O})_n^2 + a_O^2} = \sqrt{3.2^2 + 3^2} = 4.39[\text{m/s}^2](\searrow)$

(3) $a_A = (a_{A/O})_n + a_O = 6.2[\text{m/s}^2](\rightarrow)$

03 $\mathbf{a}_B = 7.72\,\mathbf{i} + 4.81\,\mathbf{j}\,[\text{m/s}^2]$; $a_B = \sqrt{7.72^2 + 4.81^2} = 9.1\,[\text{m/s}^2]$

04 $\mathbf{v}_A = \mathbf{v}_O + \mathbf{v}_{A/O} = \mathbf{v}_O + \boldsymbol{\omega} \times \mathbf{r}_{A/O} = 5.12\mathbf{i} + 2.12\mathbf{j}\,[\text{m/s}]$

$\mathbf{a}_B = \mathbf{a}_O + \boldsymbol{\alpha} \times \mathbf{r}_{B/O} - \omega^2 \mathbf{r}_{B/O} = -16.25\mathbf{i} + 2.5\mathbf{j}\,[\text{m/s}^2]$

05 $\theta = \sin^{-1}\left(\dfrac{r}{R}\right)$

06 $v_O = R\omega = 0.6[\text{m/s}](\leftarrow)$, $a_O = R\alpha = 1.8[\text{m/s}^2](\leftarrow)$

07 $\alpha = \dfrac{a_A - a_B}{3} = 0.1[\text{rad/s}^2](\curvearrowright)$, $a_C = 0.1[\text{m/s}^2](\downarrow)$

08 $\boldsymbol{\alpha}_{AB} = -4\mathbf{k}\,[\text{rad/s}^2]$, $\mathbf{a}_B = 1.6\mathbf{i}\,[\text{m/s}^2]$

09 $\alpha = \dfrac{a_O}{r} = 10[\text{rad/s}^2]$, $a_A = \sqrt{[a_O + (a_{A/O})_t]^2 + [(a_{A/O})_n]^2} = 10[\text{m/s}^2]$

10 $\boldsymbol{\alpha}_{OB} = \dfrac{v_A^2}{RL}(\curvearrowright)$

11 $\boldsymbol{\alpha}_{BC} = \dfrac{2L\omega^2}{R}(\curvearrowright)$

12 (1) $\boldsymbol{\alpha}_{ABC} = 14[\text{rad/s}^2](\curvearrowleft)$ (2) $\mathbf{a}_B = 7[\text{m/s}^2]$ ↘ 60°

(3) $\mathbf{a}_A = 7\sqrt{3}\,[\text{m/s}^2](\downarrow)$

13 (1) $\mathbf{a}_B = \mathbf{a}_A + (\mathbf{a}_{B/A})_t + (\mathbf{a}_{B/A})_n = (\mathbf{a}_{B/A})_n = 1600[\text{m/s}^2](\downarrow)$

(2) $\mathbf{a}_C = (\mathbf{a}_{C/A})_n = 1600[\text{m/s}^2](\uparrow)$

(3) $\mathbf{a}_D = (\mathbf{a}_{D/A})_n = 1600[\text{m/s}^2]$ ↘ 60°

14 (a) (1) $\mathbf{a}_B = \mathbf{a}_O + (\mathbf{a}_{B/O})_t + (\mathbf{a}_{B/O})_n = 2000[\text{mm/s}^2](\uparrow)$

(2) $\mathbf{a}_A = \mathbf{a}_O + (\mathbf{a}_{A/O})_t + (\mathbf{a}_{A/O})_n = 1415[\text{mm/s}^2]$ ↖ 58°

(3) $\mathbf{a}_C = \mathbf{a}_O + (\mathbf{a}_{C/O})_t + (\mathbf{a}_{C/O})_n = 4305[\text{mm/s}^2]$ ↖ 25.8°

(b) (1) $\mathbf{a}_A = \mathbf{a}_O + (\mathbf{a}_{A/O})_t + (\mathbf{a}_{A/O})_n = 1200[\text{mm/s}^2](\uparrow)$

(2) $\mathbf{a}_B = \mathbf{a}_O + (\mathbf{a}_{B/O})_t + (\mathbf{a}_{B/O})_n = 2136[\text{mm/s}^2]$ ↖ 69.4°

(3) $\mathbf{a}_C = \mathbf{a}_O + (\mathbf{a}_{C/O})_t + (\mathbf{a}_{C/O})_n = 2069[\text{mm/s}^2]$ ↙ 65.0°

15 $a_C = 0.2\text{m/s}^2;\ \alpha = \dfrac{a_C}{r} = \dfrac{0.2}{0.1} = 2[\text{rad/s}^2](\curvearrowright)$

$\mathbf{a}_A = \mathbf{a}_C + (\mathbf{a}_{A/C})_t + (\mathbf{a}_{A/C})_n = 0.1\sqrt{5}[\text{m/s}^2]$ ↘ 63.4°

16 $\alpha_{BC} = 80.5[\text{rad/s}^2](\curvearrowleft),\ a_C = 12.1[\text{m/s}^2](\leftarrow)$

17 $a_B = 6.14[\text{cm/s}^2](\leftarrow),\ \alpha_{AB} = 0.132[\text{rad/s}^2](\curvearrowright)$

18 $a_B = 7.21[\text{m/s}^2](\downarrow),\ \alpha_{AB} = 16.0[\text{rad/s}^2](\curvearrowleft)$

19 $\alpha_{AB} = 10.5[\text{rad/s}^2](\curvearrowleft)$

20 $\mathbf{a}_C = \mathbf{a}_G + (\mathbf{a}_{C/G})_t + (\mathbf{a}_{C/G})_n = \left(\dfrac{Rr\omega^2}{R-r}\right)\mathbf{j}$

21 $\alpha_{OA} = 0,\ \mathbf{a}_D = -480\,\mathbf{i} - 360\,\mathbf{j}\,[\text{m/s}^2]$

22 $\omega = -\dfrac{\dot{x}}{L\sin\theta} = \dfrac{v_0}{\sqrt{L^2 - x^2}},\ \alpha = \dfrac{d}{dt}\left(\dfrac{v_0}{\sqrt{L^2-x^2}}\right) = \dfrac{-xv_0^2}{(L^2-x^2)^{3/2}}$

23 $\omega = \dfrac{v_0}{h}\sin^2\theta,\ \alpha = \left(\dfrac{v_0}{h}\right)^2(\sin 2\theta \sin^2\theta)$

24 (1) $\omega = \dot{\theta} = -\dfrac{V_A}{x}\left(\dfrac{r}{\sqrt{x^2 - r^2}}\right)$ (2) $\alpha = \ddot{\theta} = \dfrac{V_A^2 r(2x^2 - r^2)}{x^2(x^2-r^2)^{3/2}}$

연습문제 6.5

01 $\mathbf{v}_A = 600\mathbf{i} + 2400\mathbf{j}\,[\text{mm/s}],\ \mathbf{a}_A = -14250\mathbf{i} + 8400\mathbf{j}\,[\text{mm/s}^2]$

02 $\mathbf{v}_A = -225\mathbf{i} + 175\mathbf{j}\,[\text{mm/s}],\ \mathbf{a}_A = -650\mathbf{i} - 1730\mathbf{j}\,[\text{mm/s}^2]$

03 $\mathbf{v}_C = -8.12\mathbf{i} - 8.12\mathbf{j}$ [m/s], $\mathbf{a}_C = 58.03\mathbf{i} - 64.85\mathbf{j}$ [m/s²]

04 $\mathbf{v}_C = 0.6\mathbf{i}$ [m/s], $\mathbf{a}_C = -1.2\mathbf{j}$ [m/s²]

05 $\mathbf{v}_A = 5\mathbf{k} \times 120\mathbf{i} = 600\mathbf{j}$ [mm/s]

(1) $\mathbf{v}_P = \mathbf{v}_A + \boldsymbol{\omega} \times \mathbf{r} + \mathbf{v}_{P/rel} = 600\mathbf{j} + 0 + (8\mathbf{k} \times 80\mathbf{j}) = 600\mathbf{j} - 640\mathbf{i}$ [mm/s]

좌표계가 회전하지 않으므로 $\omega = 0$: $\mathbf{v}_P = \mathbf{v}_A + \mathbf{v}_{P/A}$.

(2) $\mathbf{v}_P = \mathbf{v}_A + \boldsymbol{\omega}_D \times \mathbf{r} + \mathbf{v}_{P/rel} = 600\mathbf{j} + (8\mathbf{k} \times 80\mathbf{j}) + 0 = 600\mathbf{j} - 640\mathbf{i}$ [mm/s]

P점이 회전좌표계에서 고정되어 있으므로 $\mathbf{v}_{P/rel} = 0$.

(3) $\mathbf{v}_P = \mathbf{v}_A + \boldsymbol{\omega}_C \times \mathbf{r} + \mathbf{v}_{P/rel} = 600\mathbf{j} + (5\mathbf{k} \times 80\mathbf{j}) + (8-5)\mathbf{k} \times (80\mathbf{j})$

$= 600\mathbf{j} - 640\mathbf{i}$ [mm/s]

ω_C로 회전하는 좌표계에 대한 D의 상대각속도는 $\omega_D - \omega_C$.

06 $\mathbf{v}_B = 0.527\mathbf{i} - 0.620\mathbf{j}$ [m/s], $\mathbf{a}_B = -0.112\mathbf{i} - 0.0993\mathbf{j}$ [m/s²]

07 $\mathbf{v}_{A/rel} = \mathbf{v}_A - 9\mathbf{j} = 20\mathbf{i} - 9\mathbf{j}$ [m/s]

08 $\mathbf{v}_{A/rel} = \mathbf{v}_A - 87\mathbf{j} = 170(-\cos 45°\mathbf{i} - \sin 45°\mathbf{j}) - 87\mathbf{j} = -120\mathbf{i} - 207\mathbf{j}$ [m/s]

09 $\mathbf{v}_A = \mathbf{v}_O + \boldsymbol{\omega} \times \mathbf{r} + \mathbf{v}_{A/rel} = 0 + 0.32\mathbf{k} \times (2.92\mathbf{i}) + 1.44\mathbf{i} = 1.44\mathbf{i} + 0.934\mathbf{j}$ [m/s]

10 $\mathbf{v}_A = 1.5\mathbf{i} + 3\mathbf{j}$ [m/s], $\mathbf{a}_A = -8\mathbf{i} + 9\mathbf{j}$ [m/s²]

11 $\mathbf{v}_A = -3.5\mathbf{i} + 0.5\mathbf{j} + 4\mathbf{k}$ [m/s], $\mathbf{a}_A = -10\mathbf{i} - 6.5\mathbf{j} - 19.25\mathbf{k}$ [m/s²]

12 $\omega_{CA} = 4$ [rad/s] (↺); [A의 속도] $v_A = \omega_{CA}\overline{CA} = 4(200) = 800$ [mm/s] (↑)

[OB의 홈에 대한 A의 속도] $v_{A/rel} = 400\sqrt{2}$ [mm/s] ↗ 45°

13 [CA의 각가속도] $\alpha_{CA} = 32$ [rad/s²] (↻)

[OB의 홈에 대한 A의 가속도] $\mathbf{a}_{A/rel} = 5600\sqrt{2}$ [mm/s²] ↙ 45°

14 $\omega_{AB} = \dfrac{4\sqrt{2}}{3} = 1.89$ [rad/s] (↺), $\alpha_{AB} = 15.6$ [rad/s²] (↺)

15 $\omega_{CD} = 4\sqrt{3}$ [rad/s] (↻), $\alpha_{CD} = 32 + 14\sqrt{3} = 56.2$ [rad/s²] (↺)

16 $\omega_{BC} = 5$ [rad/s] (↻), $a_{A/rel} = 8660$ [mm/s²] ↘ 30°

17 $\mathbf{v}_A = \mathbf{v}_O + \omega \times \mathbf{r} + \mathbf{v}_{A/rel} = -3\mathbf{i} + 4\mathbf{j}\,[\mathrm{m/s}]$

$\mathbf{a}_A = \mathbf{a}_O + \alpha\mathbf{k} \times \mathbf{r} - \omega^2\mathbf{r} + 2\omega \times \mathbf{v}_{A/rel} + \mathbf{a}_{A/rel} = -18\mathbf{i} - 24\mathbf{j}\,[\mathrm{m/s^2}]$

18 $\omega_{BC} = 10[\mathrm{rad/s}]$(↷), $\alpha_{BC} = 24[\mathrm{rad/s^2}]$(↷)

19 (a) $\omega_{BC} = 1.815[\mathrm{rad/s}]$ (↷), $v_{P/BC} = 41.03[\mathrm{cm/s}]$ ↘ 20°

(b) $\omega_{BC} = 5.155[\mathrm{rad/s}]$ (↷), $v_{P/AC} = 133.9[\mathrm{cm/s}]$ ↖ 60°

20 $\omega_{BC} = 7.862[\mathrm{rad/s}]$(↶), $\alpha_{BC} = 81.15[\mathrm{rad/s^2}]$(↶)

21 $\mathbf{v}_P = 4233[\mathrm{mm/s}]$ ↘ 49.11°

22 $\omega_{CD} = 0.5[\mathrm{rad/s}]$ (↷), $\alpha_{CD} = 0.5\sqrt{3} = 0.8660[\mathrm{rad/s^2}]$(↶)

23 (1) $\overrightarrow{v_C} = -2\vec{i} - 3\sqrt{3}\vec{j} + 3\vec{k}\,[\mathrm{m/s}]$

(2) 막대 BC가 각속도 $\vec{\omega}_1$로 세차운동을 하고 있으므로 BC의 각가속도는 다음과 같다.

† 3차원 동역학에 나오는 내용이다.

$\vec{\alpha} = \vec{\omega}_1 \times \vec{\omega}_2 = 2\vec{k} \times 3\vec{i} = 6\vec{j}\,[\mathrm{rad/s^2}]$

(3) $\overrightarrow{a_C} = 12\sqrt{3}\vec{i} - 21\vec{j} - 9\sqrt{3}\vec{k}\,[\mathrm{m/s^2}]$

24 (1) $\omega_{AB} = 3[\mathrm{rad/s}]$ (↷) (2) $\alpha_{AB} = 32.68[\mathrm{rad/s^2}]$ (↷)

연습문제 7.1

01 (1) 막대는 B에서 떨어진다. 막대에 수직 방향으로 작용하는 힘$=0$

(2) $a_{\max} = g\cot 60° = \dfrac{g}{\sqrt{3}} = 5.66[\mathrm{m/s^2}]$

02 $T = 27.32[\mathrm{N}]$, $A_x = 18.34[\mathrm{N}]$, $A_y = -15.54[\mathrm{N}]$

03 $F_A = 1479[\mathrm{N}]$, $O_x = 60.5[\mathrm{N}]$, $O_y = -889[\mathrm{N}]$

04 $N_A = 9612[\mathrm{N}]$, $N_B = 7048[\mathrm{N}]$

05 $\mu_k = \dfrac{8}{g} = \dfrac{8}{9.8} = 0.816$, $N_A = 0.311\,W$, $N_B = 0.689\,W$

06 $a = 3.997[\mathrm{m/s^2}]$, $N_A = 2863[\mathrm{N}]$, $N_B = 3997[\mathrm{N}]$

07 $T = 3392[\mathrm{N}]$, $N_C = 2192[\mathrm{N}]$; $a = 2.332[\mathrm{m/s^2}]$

08 $T = 15{,}698[\mathrm{N}]$, $C_x = 8{,}913[\mathrm{N}]$, $C_y = 16{,}313[\mathrm{N}]$

09 $\theta = \tan^{-1}\left(\dfrac{a}{g}\right)$

10 $N_A = 567[\mathrm{N}]$, $N_B = 544[\mathrm{N}]$

11 $a = 16.97[\mathrm{m/s^2}]$; $P = (15+30)a = 764[\mathrm{N}]$

12 $T_{AB} = T_{CD} = 51.6[\mathrm{N}]$, $a = 8.697[\mathrm{m/s^2}]$ ↘ $45°$

13 $T = 846\mathrm{N}$; $A_x = 339\mathrm{N}$, $A_y = 1142\mathrm{N}$, 힘의 크기 $A = \sqrt{A_x^2 + A_y^2} = 1191[\mathrm{N}]$

14 $a_t = 4.9\,\mathrm{m/s^2}$, $\alpha_1 = \dfrac{a_t}{r} = 2.45[\mathrm{rad/s^2}]$, $T_A = 212\mathrm{N}$, $T_B = 637\mathrm{N}$

15 (1) $N_B = 636\mathrm{N}$(앞바퀴), $N_A = 3774\mathrm{N}$(뒷바퀴) (2) $t = 15[\mathrm{s}]$

16 앞바퀴 $N_A = 6421\mathrm{N}$, 뒷바퀴 $N_B = 8206\mathrm{N}$, 마찰력 $F = 4463\mathrm{N}$

17 (1) $a = \dfrac{P}{m} = 20\,[\mathrm{m/s^2}](\rightarrow)$ (2) $h \le 0.049\mathrm{m}$

18 (1) $a = \dfrac{P}{m} = 5\,[\mathrm{m/s^2}](\rightarrow)$ (2) $0.312\mathrm{m} \le h \le 1.488\mathrm{m}$

19 (1) $a = \dfrac{P}{m} - \mu_k g = 2.55\,[\mathrm{m/s^2}](\rightarrow)$ (2) $h \le 1.047[\mathrm{m}]$

20 (1) $P_{\max} = \left(\dfrac{b}{c}\right)mg$ (2) $P_{\max} = \left(\dfrac{b}{c}\right)mg$

21 (1) [A점] $R_A = 295[\mathrm{N}]$ ↗ $85.2°$, [B점] $N_B = 144.9[\mathrm{N}](\leftarrow)$
(2) $(\mu_s)_{\min} = 0.0847$

22 (1) $a_{\max} = g\cot 60° = 5.66[\mathrm{m/s^2}]$ (2) $(\mu_s)_{\min} = \dfrac{1}{\sqrt{3}}$

23 $a = 0.8573[\mathrm{m/s^2}]$, $T_A = 3705[\mathrm{N}]$, $T_B = 4164[\mathrm{N}]$

24 $\alpha = 10 - 6.53\cos\theta[\mathrm{rad/s^2}](\curvearrowleft)$, $F = 1290[\mathrm{N}]$

연습문제 7.2

01 $\alpha = \dfrac{M}{I} = 60\,[\mathrm{rad/s^2}]$

02 $\alpha = \dfrac{2F}{mR} = 8\,[\mathrm{rad/s^2}]$

03 $N_2 = \dfrac{60\,\omega_2}{2\pi} = 687.5\,[\mathrm{rpm}]$

04 $\alpha = \dfrac{3g}{2L}\cos 0 = \dfrac{3g}{2L}$, $A_n = 0$, $A = A_t = \dfrac{1}{4}mg(\uparrow)$

05 $\alpha = 1.194[\mathrm{rad/s^2}](\curvearrowleft)$, $A = \sqrt{767.9^2 + 26.7^2} = 768.4[\mathrm{N}]$

06 (a) $\alpha = 2.84[\mathrm{rad/s^2}](\curvearrowright)$ (b) $\alpha = 3.06[\mathrm{rad/s^2}](\curvearrowright)$

07 $\alpha = 3.07[\mathrm{rad/s^2}]$; 물체의 가속도 $a = r\alpha = 0.25(3.07) = 0.768[\mathrm{m/s^2}]$

08 $\alpha = 0.62[\mathrm{rad/s^2}]$

09 $\alpha = \dfrac{M_O}{I_O} = 2.5[\mathrm{rad/s^2}]$, $\omega = \alpha t = 10[\mathrm{rad/s}]$, $N = \dfrac{60\omega}{2\pi} = 95.5[\mathrm{rpm}]$

10 $t = 7.95[\mathrm{s}]$, $N = \dfrac{60\omega}{2\pi} = \dfrac{60(23.7)}{2\pi} = 226.3[\mathrm{rpm}]$

11 $\alpha_A = 312.5[\mathrm{rad/s^2}]$, $\alpha_B = 156.25[\mathrm{rad/s^2}]$, $\alpha_C = 78.125[\mathrm{rad/s^2}]$

12 (a) $\alpha = 1.51[\mathrm{rad/s^2}](\curvearrowright)$; 블록의 가속도 $a = 0.15\alpha = 0.227[\mathrm{m/s^2}]$
(b) $\alpha = 1.45[\mathrm{rad/s^2}](\curvearrowright)$; 블록의 가속도 $a = 0.15\alpha = 0.218[\mathrm{m/s^2}]$

13 (1) $I_D = 0.467[\text{kg} \cdot \text{m}^2]$ (2) $\alpha = 23.1[\text{rad/s}^2]$

14 $D_x = 27.5\text{N},\ D_y = 23.6\text{N}$

15 (1) $\alpha = \dfrac{12gx}{L^2 + 12x^2} = 3.09[\text{rad/s}^2]$

(2) $x = \dfrac{L}{\sqrt{12}} = 1.15[\text{m}],\ \alpha_{\max} = \dfrac{12gx}{L^2 + 12x^2} = 4.24[\text{rad/s}^2]$

16 $\alpha_A = 15.14[\text{rad/s}^2],\ F = 21.8[\text{N}]$

17 $\alpha = 11.69[\text{rad/s}^2],\ T_A = 38.84[\text{N}],\ T_B = 27.92[\text{N}]$

18 $\omega = \int_0^t \alpha dt = \dfrac{10}{3} t^{3/2}$; $t = 4$에서 $\omega = \dfrac{10}{3}(4)^{3/2} = 26.7[\text{rad/s}]$

19 $\alpha = \dfrac{3g}{2L}\cos\theta,\ \omega = \sqrt{\dfrac{3g}{L}\sin\theta},\ B_t = 0,\ R_B = B_n = \dfrac{3}{2}mg$

20 $\alpha = 24.5[\text{rad/s}^2],\ A_n = 90[\text{N}],\ A_t = 29.4[\text{N}]$

반력의 크기 $A = \sqrt{A_n^2 + A_t^2} = 94.7[\text{N}]$

21 $\alpha = 3.45[\text{rad/s}^2],\ O_x = 1273[\text{N}],\ O_y = 5994[\text{N}],\ R_O = 6128[\text{N}]$

22 $\alpha_A = 19.12[\text{rad/s}^2](\curvearrowright)$; $\alpha_B = 25.5[\text{rad/s}^2](\curvearrowleft)$

23 $A_n = 0,\ R_A = A_t = 261[\text{N}]$

24 $\alpha = \dfrac{mgr}{(I + mr^2)}$

25 $m_1 = 8.16\,[\text{kg}],\ m_2 = 4.08\,[\text{kg}],\ M = 8.16\,[\text{kg}]$

26 $(T_2 - T_1) = \dfrac{2}{5}mg = 0.4mg$

27 [정답: ④]

28 $A = \sqrt{\left(\dfrac{5}{2}mg\sin\theta\right)^2 + \left(\dfrac{1}{4}mg\cos\theta\right)^2} = \dfrac{mg}{4}\sqrt{99\sin^2\theta + 1}$

29 (1) $\omega_1 = 60\,[\text{rad/s}]$(↶), $\alpha_1 = 20\,[\text{rad/s}^2]$(↶)

(2) $F = \dfrac{1}{2} m_1 R_1 \alpha_1 = 3\,[\text{N}]$

(3) $T = P_A L + I_{OA}\alpha_{OA} = P_A L + (m_{OA} k_{OA}^2)\alpha_{OA} = 2.325\,[\text{N} \cdot \text{m}]$

30 (1) $\alpha = \dfrac{mgl\cos\theta}{2I_A} = 5.20\,[\text{rad/s}^2]$

(2) $\omega_1 = \sqrt{\dfrac{mgl\sin 45°}{I_A} + \omega_0^2} = 3.80\,[\text{rad/s}]$

(3) $A_n = 64.0\,[\text{N}]$, $A_t = 5.21\,[\text{N}]$; $A = \sqrt{A_n^2 + A_t^2} = 64.2\,[\text{N}]$, $\theta =$ ↖ $49.7°$

연습문제 7.3

01 $\alpha = 4.44[\text{rad/s}^2]$(↷), $\bar{a} = 0.3\alpha = 1.33[\text{m/s}^2](\rightarrow)$

02 $\alpha = 33.8[\text{rad/s}^2]$(↷), $\bar{a} = 4.9[\text{m/s}^2](\rightarrow)$

03 $\bar{a} = 1[\text{m/s}^2](\uparrow)$, $\alpha = 2.11[\text{rad/s}^2]$(↶)

04 (1) $\alpha = 24.5[\text{rad/s}^2]$(↷) (2) $\mathbf{a}_A = 0$ (3) $N = 29.4[\text{N}](\uparrow)$

05 $\alpha = 10.3[\text{rad/s}^2]$(↷)

06 $\bar{a} = 6.7[\text{m/s}^2](\uparrow)$, $\alpha = 7.0[\text{rad/s}^2]$(↶)

07 $\alpha = 28.3[\text{rad/s}^2]$, $T = 5.66[\text{N}]$

08 $\alpha = 8.34[\text{rad/s}^2]$(↷)

09 $P_{\max} = 299[\text{N}]$, $\alpha = 19.2[\text{rad/s}^2]$(↷)

10 (1) $\bar{a} = \mu_k g(\leftarrow)$, $\alpha = \dfrac{2\mu_k g}{r}$(↷) (2) $\omega = \dfrac{1}{3}\omega_0$, $t_1 = \dfrac{r\omega_0}{3\mu_k g}$

11 $T_{AD} = mg - m\bar{a} = \dfrac{4mg}{7}$

12 $T_C = 19.6[\text{N}]$

13 $\bar{a} = 4.2\,\text{m/s}^2$, $F = 7.56\text{N}$: 미끄러지지 않고 굴러간다.

14 $F = \mu_k N = 3.06[\text{N}]$, $\bar{a} = 4.05\,\text{m/s}^2$: 미끄러진다.

15 $\alpha = 9.07\,\text{rad/s}^2$, $\bar{a} = 7.02\,\text{m/s}^2$

16 $a = 5.23\,\text{m/s}^2$, $v^2 - v_0^2 = 2as$; $v = \sqrt{2(5.23)(2)} = 4.57[\text{m/s}]$

17 $a = 4.05\,\text{m/s}^2$, $v^2 - v_0^2 = 2as$; $v = \sqrt{2(4.05)(2)} = 4.02[\text{m/s}]$

18 $N = m\left(g + \dfrac{r^2\omega^2}{R-r}\right)$

19 $A_x = 5\text{N}$, $A_y = 57\text{N}$

20 $T_{AD} = \dfrac{2\sqrt{3}\,mg}{13}$

21 $a_A = \dfrac{4g\sin\theta}{4 - 3\cos^2\theta}$

22 $\alpha = 3.22\,\text{rad/s}^2$ $(\curvearrowright)$; $a_A = \alpha \times L\cos 40° = 5.92[\text{m/s}^2](\leftarrow)$

23 $a_B = \dfrac{3g}{2}(\downarrow)$, $A_y = \dfrac{1}{4}mg(\uparrow)$

24 $a_B = \dfrac{9g}{7}(\downarrow)$, $C_y = \dfrac{4}{7}mg(\uparrow)$

25 $\alpha = \dfrac{gr\sin\theta}{k_G^2 + r^2}(\curvearrowright)$; $\bar{a} = r\alpha = \dfrac{gr^2\sin\theta}{k_G^2 + r^2}$

26 $T_{AC} = \dfrac{mg\sin\theta}{1 + 3\sin^2\theta}$

27 $T_{BC} = \dfrac{2\sqrt{2}\,g}{5} = \dfrac{2\sqrt{2} \times 9.81}{5} = 5.55\,[\text{N}]$, $\alpha = 6g = 6 \times 9.81 = 58.9\,[\text{rad/s}^2]$

28 (1) $a_B = r(\alpha_A + \alpha_B)$ (2) $T_D = \dfrac{6}{5}mg = 235.2[\text{N}]$

29 $a_G = 2.46\,[\mathrm{m/s^2}],\ \alpha = 28.4\,[\mathrm{rad/s^2}]$

30 $\omega_f = \dfrac{2}{7}\omega_0$

31 $\mu_{\min} = \dfrac{2}{7}\tan\theta$

32 (1) ○ 직선운동: $\sum F_x = ma_{G,x}\ :\ F - F_C = ma_{G,x}\ \cdots①$

$\sum F_y = ma_{G,y}\ :\ F_N - mg = ma_{G,y} = 0$

$\therefore\ F_N = mg = (100)(9.81) = 981\,[\mathrm{N}]\ \cdots②$

○ 회전운동: $\sum M_G = I_G\alpha\ :\ (1)F - (1.5)F_C = I_G\alpha$

$\therefore\ F - 1.5F_C = I_G\alpha\ \cdots③$

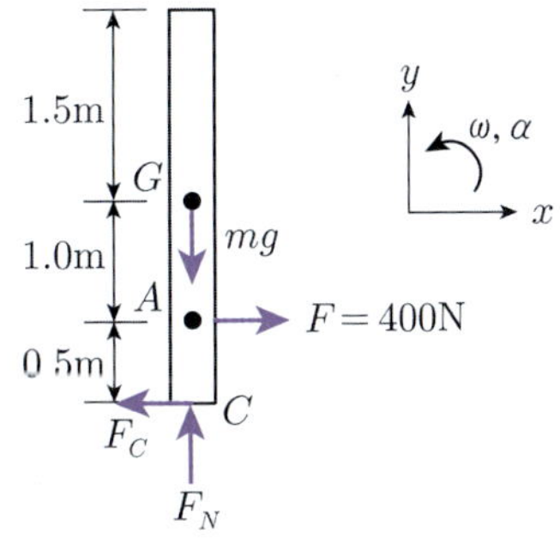

[연습문제 7.3.32] 자유물체도

(2) $\alpha = 0.4273\,[\mathrm{rad/s^2}]$(↶)

막대가 미끄러지지 않는다고 가정하면 $a_{G,x} = -1.5\alpha$이고 식 ①, ③에서 $F_C = 300\,[\mathrm{N}]$이 얻어지는데 이 값은 최대정지마찰력 $\mu_s F_N = 294.3\,[\mathrm{N}]$보다 크다. 따라서 막대가 미끄러지지 않는다는 가정은 맞지 않고, 막대는 미끄러지면서 회전한다.

연습문제 8.1

01 (1) $U_{1\to2} = M\Delta\theta = 20.1\,[\mathrm{N \cdot m}]$

(2) $\omega = \sqrt{\dfrac{2U_{1\to2}}{I}} = 14.2\,[\mathrm{rad/s}] = 135.6\,[\mathrm{rpm}]$

02 $\omega = \sqrt{\dfrac{2M\Delta\theta}{I}} = 28.4\,[\mathrm{rad/s}] = 271.2\,[\mathrm{rpm}]$

03 $\omega = \sqrt{\dfrac{6M\theta}{mL^2} + \dfrac{3g\sin\theta}{L}} = 2.94[\text{rad/s}]$

04 $M = 8.71[\text{kg}]$

05 (1) $\omega = 13.8[\text{rad/s}]$ (2) $(\text{평균동력}) = \dfrac{M\Delta\theta}{t} = 11{,}205[\text{N} \cdot \text{m/s}] = 11.2[\text{kW}]$

06 $\omega = 36.96[\text{rad/s}]$

07 $v = 1.38[\text{m/s}]$

08 $v = 1.03[\text{m/s}]$

09 $\omega = 3.33[\text{rad/s}]$

10 $\omega_1 = 599.3[\text{rad/s}](\curvearrowright)$, $\omega_2 = 399.5[\text{rad/s}](\curvearrowleft)$

11 $\omega_1 = 139.0[\text{rad/s}]$

12 (1) $U_{1\to 2} = M\theta = 20[\text{N} \cdot \text{m}]$

(2) 원판이 미끄러짐 없이 굴러갈 때 마찰력이 한 일은 0이다.

(3) $v = 2.31[\text{m/s}]$

13 $v = 2\sqrt{\dfrac{d}{3}\left(\dfrac{M}{mr} + g\sin\beta\right)} = 2.59[\text{m/s}^2]$

14 $v = 1.61[\text{m/s}]$

15 $v = 1.46[\text{m/s}]$

16 $\omega = 16.71[\text{rad/s}](\curvearrowright)$

17 $P = \dfrac{\Delta E}{t} = 140.3[\text{kW}]$

18 $\omega = 3.31[\text{rad/s}]$

19 $\omega = 3.18[\text{rad/s}]$; $v = L\omega = 0.6(3.18) = 1.91[\text{m/s}]$

20 $\omega = 1.79[\text{rad/s}]$

21 $v_A = 0.57[\text{m/s}]$

22 $v_B = 0.899[\text{m/s}];\ v_1 = v_A = v_B/2$

23 $\omega = \sqrt{\dfrac{3g(\cos 10° - \cos 40°)}{L}} = 1.268[\text{rad/s}]$

24 $\omega = \sqrt{\dfrac{12g(\sin 60° - \sin 30°)}{L(1+3\cos^2 30°)}} = 2.573[\text{rad/s}](\curvearrowleft)$

25 (1) O점과 B점에서 수평선을 긋고 각도를 정의해보면 쉽게 알 수 있다. 평행선에 한 직선이 교차할 때 엇각은 같다. $\omega = d\phi/dt$.

(2) $v = \sqrt{6gL\sin\dfrac{\theta}{2}}$

26 $\omega = 4.59[\text{rad/s}](\curvearrowright)$

27 $\omega = 3.996[\text{rad/s}]\ (\curvearrowright)$, $\text{R} = 32.6[\text{N}](\downarrow)$

28 $\omega = 7.23[\text{rad/s}](\curvearrowleft)$

29 $d = 0.1817[\text{m}]$

30 $\omega = \sqrt{\dfrac{3g}{2L}\left(\dfrac{1+\sqrt{3}}{2}\right)} = 7.085[\text{rad/s}](\curvearrowleft)$

31 $v_G = \sqrt{\dfrac{4gh}{3}}\ (\downarrow)$

32 $v_G = \sqrt{gh}\ (\downarrow)$

33 (1) 풀이: 1 장. 서론 [예제]

(2) $\omega_2 = e \times \omega_1 = e\sqrt{\dfrac{3g}{L}} = 0.5\sqrt{\dfrac{3\times 9.8}{3}} = 1.57[\text{rad/s}]$

(3) $\theta_{\max} = \sin^{-1}(e^2) = \sin^{-1}(0.5^2) = 14.5°$

(4) $\Delta E_k = \dfrac{1}{2}mgL(1-e^2) = \dfrac{1}{2}\times 20 \times 9.8 \times 3 \times (1-0.5^2)[\text{J}] = 220.5[\text{J}]$

34 $h = \dfrac{2v^2}{3g}$

35 [정답: ①]

36 $\omega = \sqrt{\dfrac{12g(\sin 80° - \sin 45°)}{L(1+3\cos^2 45°)}} = 1.825[\text{rad/s}](\curvearrowright)$: $g = 10\text{m/s}^2$로 주어짐.

37 (1) $\omega = \sqrt{\dfrac{2mgr\sin\theta}{I_O}} = 7.379\sqrt{\sin\theta}\ [\text{rad/s}]$

(2) $\theta = \tan^{-1}(0.07667) = 4.384°$

38 (1) $T_{막대,1} = \dfrac{1}{2}I_G\omega^2 + \dfrac{1}{2}mv_G^2 = \dfrac{1}{6}mL^2\omega^2 = 106.7[\text{J}]$

(2) $k = 614.1[\text{N/m}]$

연습문제 8.2

01 $\omega = 5[\text{rad/s}](\curvearrowright)$

02 $\omega = 10[\text{rad/s}](\curvearrowright)$, $F = 300[\text{N}](\rightarrow)$

03 (1) 각충격량 $= \int_0^{20} \sum M dt = 105 \times 10^3 [\text{N} \cdot \text{m} \cdot \text{s}]$

(2) $\omega = 262.5[\text{rad/s}] = 2507[\text{rpm}]$

04 (1) $\omega = 126.4[\text{rad/s}]$ (2) $\omega_{max} = 200[\text{rad/s}]$

05 $F_{av} = \dfrac{I\omega}{r\Delta t} = 19{,}516[\text{N}] = 19.5[\text{kN}]$

06 $\omega = 37.3[\text{rad/s}](\curvearrowright)$

07 $v_{A2} = 13.0[\text{m/s}](\downarrow)$

08 $\omega = 1.09[\text{rad/s}](\curvearrowright)$

09 $\omega_2 = 2.60[\text{rad/s}](\curvearrowright)$: P의 방향과 바퀴의 회전 방향에 주의

10 $\omega_2 = 57.6[\text{rad/s}](\curvearrowright)$

11 $\omega_2 = 15.1[\text{rad/s}](\curvearrowright)$

12 (a) $\omega_2 = 118.9[\text{rad/s}]$(↺) (b) $\omega_2 = 71.97[\text{rad/s}]$(↺)

13 $\omega_2 = 1.093[\text{rad/s}]$

14 $\omega = \dfrac{mv/2}{L(M/3+m/4)} = 2.81[\text{rad/s}]$(↻)

15 $O_{x,av} = \dfrac{ML\omega}{6\Delta t} = 3.75\times10^3[\text{N}] = 3.75[\text{kN}]$

16 $\omega = \dfrac{mvh}{I_O + mh^2} = 0.703[\text{rad/s}]$(↻)

17 $F = \dfrac{mv}{\Delta t} = 2700[\text{N}],\ \omega = \dfrac{(F\Delta t)b}{I_G} = 510.2[\text{rad/s}]$

18 $\omega_0 = \dfrac{5}{2}\left(\dfrac{v_0}{r}\right)$

19 $\omega = 0.0906[\text{rad/s}]$(↻)

20 $\omega = 0.0734[\text{rad/s}]$(↻)

21 $\omega = 7.73[\text{rad/s}]$(↺)

22 $\omega = \dfrac{[(I_{O,\text{막대}}) + Mr_1^2]\omega_0}{(I_{O,\text{막대}}) + Mr_2^2} = \dfrac{[6+6(1.8)^2](60)}{6+6(2.4)^2} = 37.6[\text{rpm}]$(↺)

23 $\omega = 4.19[\text{rad/s}]$(↺): 회전 방향에 주의

24 $\omega_2 = 22.6[\text{rad/s}]$

25 (1) $I_A = 0.24036[\text{kg}\cdot\text{m}^2]$ (2) $v = 1802.7[\text{m/s}](\rightarrow)$

26 $\omega = 1.5[\text{rad/s}]$(↻)

27 $\omega = 12.5[\text{rad/s}]$(↺); $v_P = \dfrac{L}{2}\omega + 6 = 11[\text{m/s}]$

28 $v = 1286[\text{m/s}]$

29 $\bar{v}_{2x} = 4.6[\text{m/s}](\rightarrow),\ t = 0.51[\text{s}]$

30 (1) $\omega_0 = \dfrac{5v_0}{2R}$ (2) $t = \dfrac{v_0}{\mu_k g}$

31 [정답: ①] **32** [정답: ④] **33** [정답: ④]

34 [정답: ①]

35 $h = \dfrac{7}{5}R$

36 $V_C' = \dfrac{(5\cos\alpha + 2)V_C}{7}$

37 (1) $\omega' = \dfrac{2}{7}\omega_0$ (2) $\Delta t = \dfrac{2}{7}\left(\dfrac{r\omega_0}{\mu g}\right)$ (3) $T_{loss} = \dfrac{m(r\omega_0)^2}{7}$

38 (1) $\omega' = \dfrac{6v_G(1+e)\cos\theta}{L(1+3\cos^2\theta)} = 18.7\,[\text{rad/s}]\ (\curvearrowright)$

(2) $v_G' = -ev_G + \dfrac{\omega' L}{2}\cos\theta = -1.40\,[\text{m/s}]$

충돌 직후 봉의 질량중심 속도는 위 방향(↑)으로 1.40 [m/s]이다.

39 (1) ○물체 A와 바닥면 사이: 수직력 $N_1 = \dfrac{mg}{1+\mu_k^2}$, 마찰력 $f_1 = \dfrac{\mu_k mg}{1+\mu_k^2}$

○물체 A와 벽면 사이: 수직력 $N_2 = \dfrac{\mu_k mg}{1+\mu_k^2}$, 마찰력 $f_2 = \dfrac{\mu_k^2 mg}{1+\mu_k^2}$

(2) ○멈추는 시간 $t = \bar{I}\omega_0\left[\dfrac{1+\mu_k^2}{\mu_k(1+\mu_k)mgr}\right]$, $\Delta t = (\bar{I}_{원통} - \bar{I}_{구})k$

○멈추는 시간 차이 $\Delta t = \dfrac{1}{10}r\omega_0\left[\dfrac{1+\mu_k^2}{\mu_k(1+\mu_k)g}\right]$

부록

A.1 질량관성모멘트
A.2 평면도형의 성질
A.3 입체도형
A.4 대수식
A.5 삼각함수
A.6 기하
A.7 미분공식
A.8 적분공식

A.1 질량관성모멘트

가는 막대	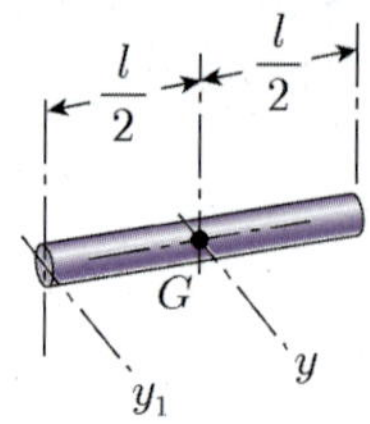	$I_{yy} = \frac{1}{12}ml^2$ $I_{y_1y_1} = \frac{1}{3}ml^2$
얇은 원판	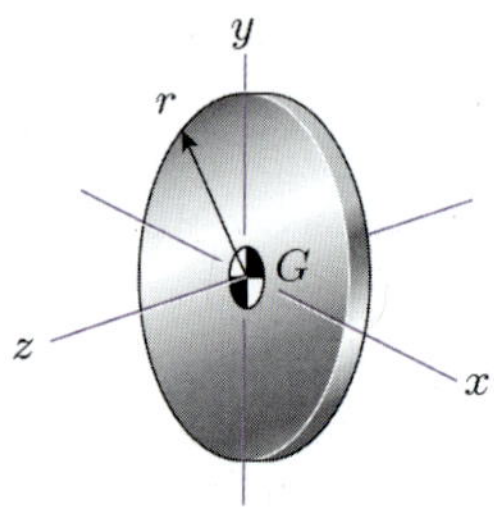	$I_{xx} = I_{yy} = \frac{1}{4}mr^2$ $I_{zz} = \frac{1}{2}mr^2$
속이 찬 원기둥	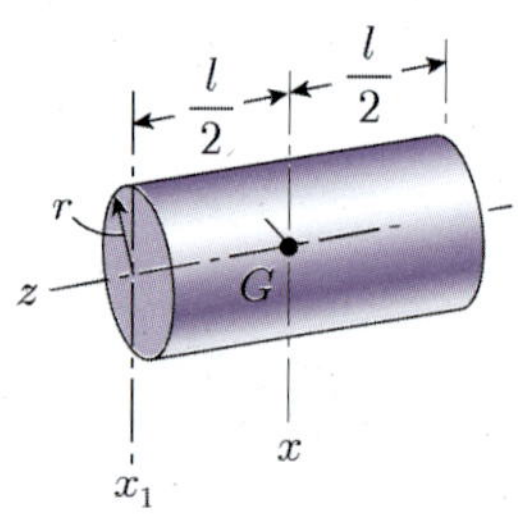	$I_{xx} = \frac{1}{4}mr^2 + \frac{1}{12}ml^2$ $I_{x_1x_1} = \frac{1}{4}mr^2 + \frac{1}{3}ml^2$ $I_{zz} = \frac{1}{2}mr^2$
속이 빈 원기둥	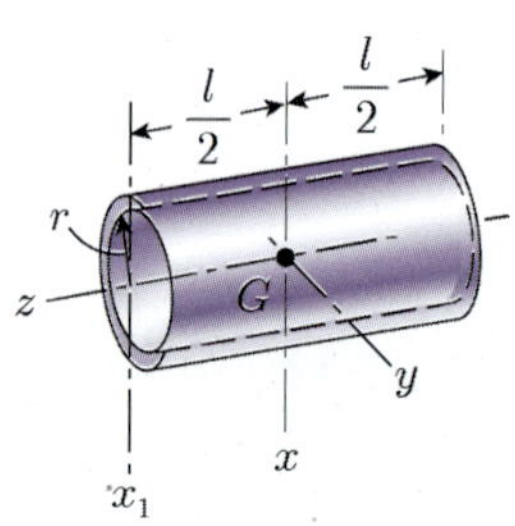	$I_{xx} = \frac{1}{2}mr^2 + \frac{1}{12}ml^2$ $I_{x_1x_1} = \frac{1}{2}mr^2 + \frac{1}{3}ml^2$ $I_{zz} = mr^2$
속이 찬 구	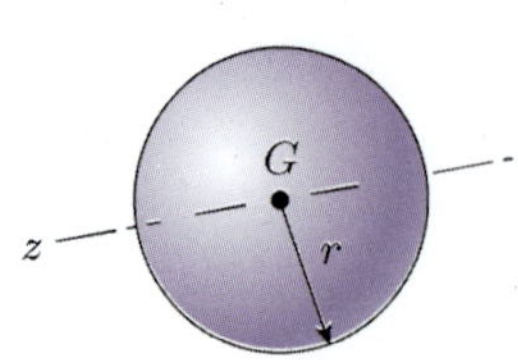	$I_{zz} = \frac{2}{5}mr^2$

속이 빈 구	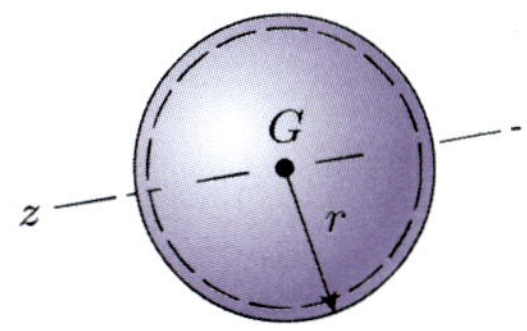	$I_{zz} = \frac{2}{3}mr^2$
직육면체	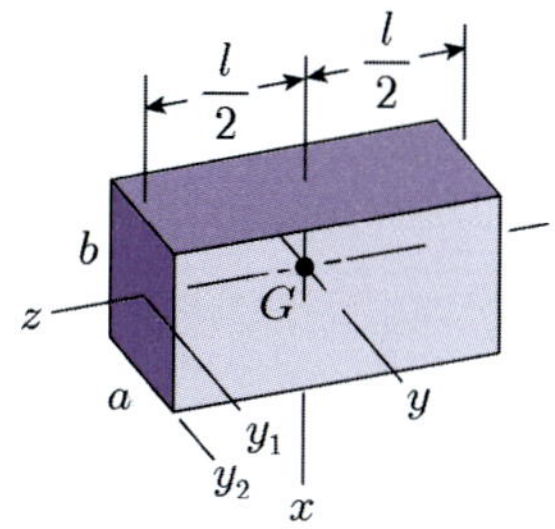	$I_{xx} = \frac{1}{12}m(a^2+l^2)$ $I_{yy} = \frac{1}{12}m(b^2+l^2)$ $I_{zz} = \frac{1}{12}m(a^2+b^2)$ $I_{y_1y_1} = \frac{1}{12}mb^2 + \frac{1}{3}ml^2$ $I_{y_2y_2} = \frac{1}{3}m(b^2+l^2)$
원뿔	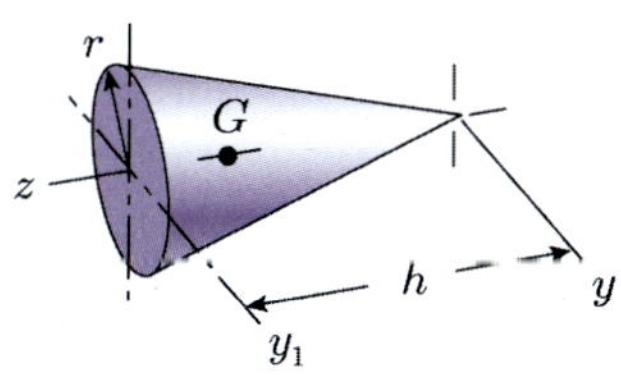	$I_{yy} = \frac{3}{20}mr^2 + \frac{3}{5}mh^2$ $I_{y_1y_1} = \frac{3}{20}mr^2 + \frac{1}{10}mh^2$ $I_{zz} = \frac{3}{10}mr^2$ $\bar{I}_{yy} = \frac{3}{20}mr^2 + \frac{3}{80}mh^2$

A.2 평면도형의 성질

- A : 면적
- $\bar{x}, \bar{y}$: 도심(C)까지 거리
- I_x, I_y : x축과 y축에 대한 면적관성모멘트
- I_p : x축과 y축의 원점에 대한 극관성모멘트, $I_p = I_x + I_y$
- I_{x1} : $x1$축에 대한 면적관성모멘트

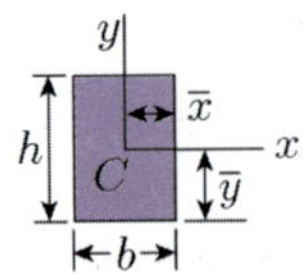	[직사각형] $A = bh$; $\bar{x} = \frac{b}{2}$; $\bar{y} = \frac{h}{2}$ $I_x = \frac{bh^3}{12}$; $I_y = \frac{hb^3}{12}$ $I_p = \frac{bh}{12}(b^2 + h^2)$
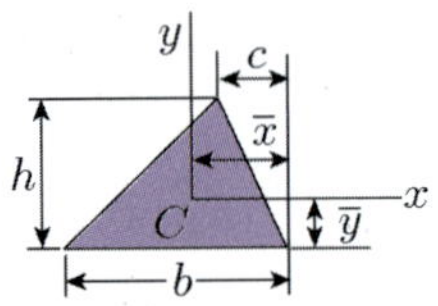	[삼각형] $A = \frac{bh}{2}$; $\bar{x} = \frac{b+c}{3}$; $\bar{y} = \frac{h}{3}$ $I_x = \frac{bh^3}{36}$; $I_y = \frac{bh}{36}(b^2 - bc + c^2)$ $I_p = \frac{bh}{36}(b^2 + h^2 - bc + c^2)$
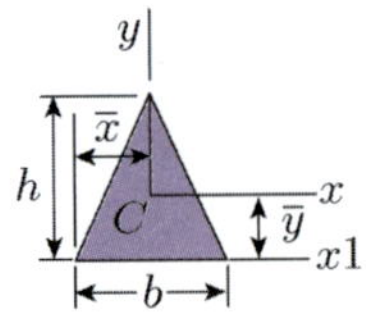	[이등변 삼각형] $A = \frac{bh}{2}$; $\bar{x} = \frac{b}{2}$; $\bar{y} = \frac{h}{3}$ $I_x = \frac{bh^3}{36}$; $I_y = \frac{hb^3}{48}$ $I_p = \frac{bh}{144}(3b^2 + 4h^2)$; $I_{x1} = \frac{bh^3}{12}$
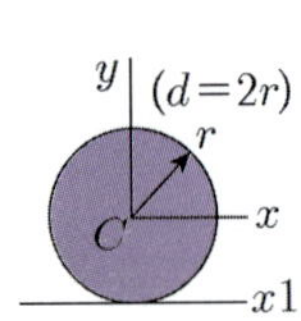	[원] $A = \pi r^2 = \frac{\pi d^2}{4}$ $I_x = I_y = \frac{\pi r^4}{4} = \frac{\pi d^4}{64}$ $I_p = \frac{\pi r^4}{2} = \frac{\pi d^4}{32}$; $I_{x1} = \frac{5\pi r^4}{4} = \frac{5\pi d^4}{64}$

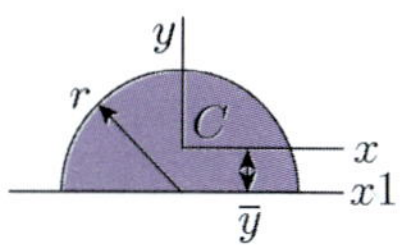	[반원] $A = \dfrac{\pi r^2}{2} = \dfrac{\pi d^2}{8}$; $\bar{y} = \dfrac{4r}{3\pi}$ $I_x = \dfrac{(9\pi^2 - 64)r^4}{72\pi}$; $I_y = \dfrac{\pi r^4}{8}$ $I_{x1} = \dfrac{\pi r^4}{8} = \dfrac{\pi d^4}{128}$
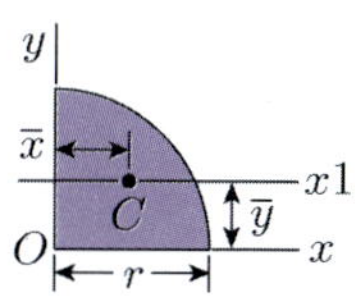	[$\dfrac{1}{4}$ 원] $A = \dfrac{\pi r^2}{4} = \dfrac{\pi d^2}{16}$; $\bar{x} = \bar{y} = \dfrac{4r}{3\pi}$ $I_x = I_y = \dfrac{\pi r^4}{16} = \dfrac{\pi d^4}{256}$ $I_{x1} = \dfrac{(9\pi^2 - 64)r^4}{144\pi}$
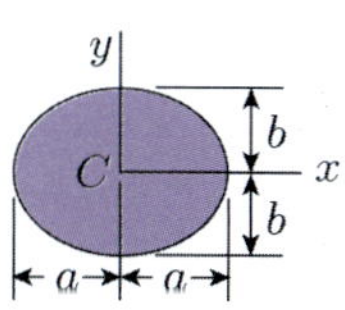	[타원] $A = \pi ab$ $I_x = \dfrac{\pi ab^3}{4}$; $I_y = \dfrac{\pi ba^3}{4}$ $I_p = \dfrac{\pi ab}{4}(a^2 + b^2)$

A.3 입체도형

구

○ 부피 $V = \frac{4}{3}\pi r^3$

○ 표면적 $S = 4\pi r^2$

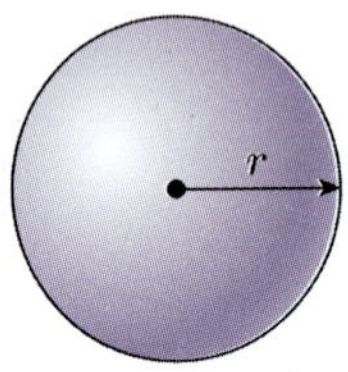

구형 쐐기

○ 부피 $V = \frac{2}{3}r^3\theta$

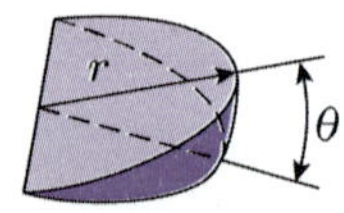

직각 원뿔(원추)

○ 부피 $V = \frac{1}{3}\pi r^2 h$

○ 측면적 $S = \pi r L;\ L = \sqrt{r^2 + h^2}$

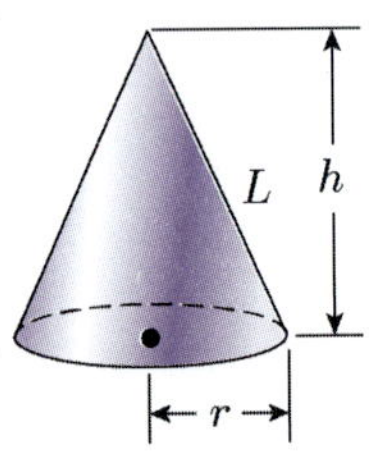

일반적인 각기둥과 원뿔

○ 부피 $V = \frac{1}{3}Bh$

B는 밑면적, h는 높이

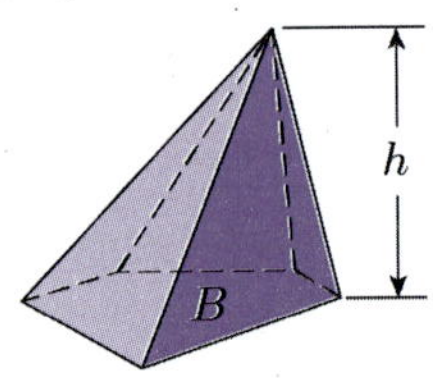

A.4 대수식

1 이차방정식

$$ax^2+bx+c=0\ (a\neq 0):\ x=\frac{-b\pm\sqrt{b^2-4ac}}{2a}\ ;\ b^2-4ac\geq 0\text{일 때 실근}$$

$$Ax^2+2Bx+C=0\ (A\neq 0):\ x=\frac{-B\pm\sqrt{B^2-AC}}{A}\ ;\ B^2-AC\geq 0\text{일 때 실근}$$

2 지수와 로그

1. 로그의 정의: $a>0,\ a\neq 1,\ N>0$ 일 때 $a^x=N \Leftrightarrow x=\log_a N$
2. 로그의 기본 성질: $a>0,\ a\neq 1$ 이고 $x>0,\ y>0$ 일 때
   (1) $\log_a a=1,\ \log_a 1=0$
   (2) $\log_a xy=\log_a x+\log_a y$
   (3) $\log_a \dfrac{x}{y}=\log_a x-\log_a y$
   (4) $\log_a x^m=m\log_a x$ (m 은 실수)
3. 로그의 밑 변환공식: $a>0,\ a\neq 1,\ b>0,\ b\neq 1,\ x>0$ 일 때
   (1) $\log_a x=\dfrac{\log_b x}{\log_b a}$
   (2) $\log_a b=\dfrac{1}{\log_b a}$
4. 자연로그: 밑이 e 인 $\log_e x$ 를 자연로그라 하고 $\ln x$ 으로 나타낸다.

   $\ln x=\log_e x$; 여기에서 $e=\lim\limits_{h\to 0}(1+h)^{\frac{1}{h}}=2.718281\cdots$ 로 정의되는 무리수

3 행렬식

1. (2×2)행렬식

$$D=\det(A)=\begin{vmatrix} a & b \\ c & d \end{vmatrix}=ad-bc$$

2. (3×3)행렬식

$$D=\det(A)=\begin{vmatrix} x & y & z \\ P_x & P_y & P_z \\ Q_x & Q_y & Q_z \end{vmatrix}$$
$$=(P_yQ_z-P_zQ_y)x-(P_xQ_z-P_zQ_x)y+(P_xQ_y-P_yQ_x)z$$

A.5 삼각함수

1 삼각비와 피타고라스 정리

1. 삼각비: $\angle C = 90°$ 인 직각삼각형 ABC에서 세 변의 길이 사이의 비의 값을 다음과 같이 정의한다. A는 $\angle A$의 크기를 나타낸다[그림 A-1].

$$\sin A = \frac{a}{c}, \quad \cos A = \frac{b}{c}, \quad \tan A = \frac{a}{b}$$

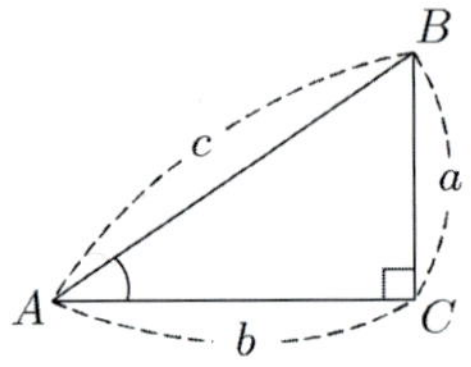

[그림 A-1]

2. 피타고라스 정리: 빗변의 길이가 c이고 나머지 두 변의 길이가 a, b일 때 a, b, c 사이에는 다음 관계식이 성립한다.

$$a^2 + b^2 = c^2$$

2 코시컨트함수, 시컨트함수, 코탄젠트함수

1. 코시컨트함수($\csc\theta$), 시컨트함수($\sec\theta$), 코탄젠트함수($\cot\theta$)의 정의

$$\csc\theta = \frac{1}{\sin\theta}, \quad \sec\theta = \frac{1}{\cos\theta}, \quad \cot\theta = \frac{1}{\tan\theta}$$

2. 사인함수, 코사인함수와 탄젠트함수, 코탄젠트함수의 관계식

$$\tan\theta = \frac{\sin\theta}{\cos\theta}, \quad \cot\theta = \frac{\cos\theta}{\sin\theta}$$

3 기본 공식

1. $\sin^2\theta + \cos^2\theta = 1, \quad 1 + \tan^2\theta = \sec^2\theta, \quad 1 + \cot^2\theta = \csc^2\theta$

2. $\sin(\alpha+\beta)=\sin\alpha\cos\beta+\cos\alpha\sin\beta$

   $\sin(\alpha-\beta)=\sin\alpha\cos\beta-\cos\alpha\sin\beta$

3. $\cos(\alpha+\beta)=\cos\alpha\cos\beta-\sin\alpha\sin\beta$

   $\cos(\alpha-\beta)=\cos\alpha\cos\beta+\sin\alpha\sin\beta$

4. $\tan(\alpha+\beta)=\dfrac{\tan\alpha+\tan\beta}{1-\tan\alpha\tan\beta}$, $\tan(\alpha-\beta)=\dfrac{\tan\alpha-\tan\beta}{1+\tan\alpha\tan\beta}$

5. $\sin 2\alpha=2\sin\alpha\cos\alpha$

   $\cos 2\alpha=\cos^2\alpha-\sin^2\alpha=1-2\sin^2\alpha=2\cos^2\alpha-1$

6. $\sin^2\dfrac{\alpha}{2}=\dfrac{1-\cos\alpha}{2}$, $\cos^2\dfrac{\alpha}{2}=\dfrac{1+\cos\alpha}{2}$, $\tan^2\dfrac{\alpha}{2}=\dfrac{1-\cos\alpha}{1+\cos\alpha}$

4 역삼각함수

1. 역사인함수: $y=\sin x$일 때 $x=\sin^{-1}y$ 로 나타낸다.
2. 역코사인함수: $y=\cos x$일 때 $x=\cos^{-1}y$로 나타낸다.
3. 역탄젠트함수: $y=\tan x$일 때 $x=\tan^{-1}y$로 나타낸다.

5 사인법칙

세 각의 크기가 A, B, C인 $\triangle ABC$에서 세 각의 대변의 길이를 각각 a, b, c라 하고 $\triangle ABC$의 외접원의 반지름을 R이라고 하면 다음 관계가 성립한다[그림 A-2].

$$\frac{a}{\sin A}=\frac{b}{\sin B}=\frac{c}{\sin C}=2R$$

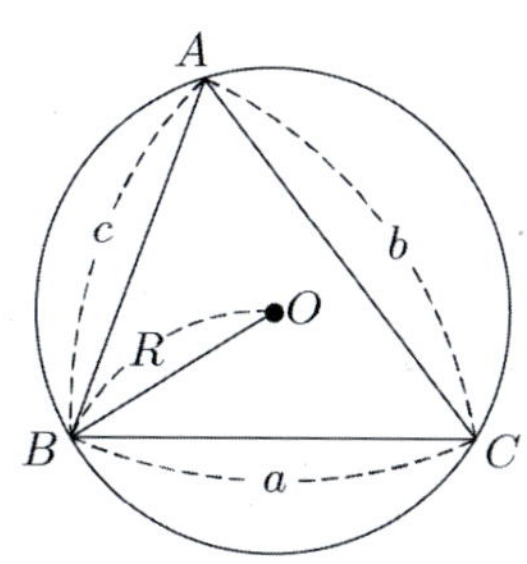

[그림 A-2]

6 코사인법칙

$\triangle ABC$의 세 각의 크기 A, B, C와 세 각의 대변의 길이 a, b, c 사이에 다음 관계가 성립한다[그림 A-3].

1. 제일코사인법칙

(1) $a = b\cos C + c\cos B$ (2) $b = c\cos A + a\cos C$ (3) $c = a\cos B + b\cos A$

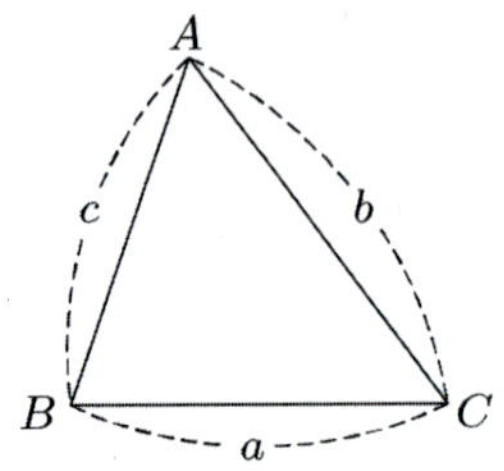

[그림 A-3]

2. 제이코사인법칙

(1) $a^2 = b^2 + c^2 - 2bc\cos A$ (2) $b^2 = c^2 + a^2 - 2ca\cos B$

(3) $c^2 = a^2 + b^2 - 2ab\cos C$

7 삼각함수 합성

1. $a\sin\theta + b\cos\theta = \sqrt{a^2+b^2}\sin(\theta + \alpha)$

$$\cos\alpha = \frac{a}{\sqrt{a^2+b^2}},\ \sin\alpha = \frac{b}{\sqrt{a^2+b^2}},\ \tan\alpha = \frac{b}{a}$$

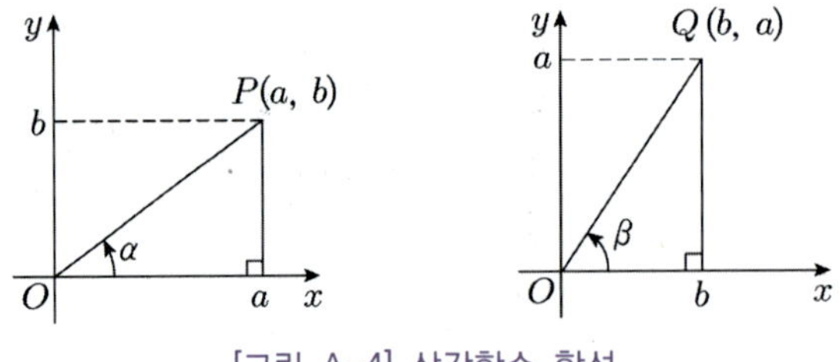

[그림 A-4] 삼각함수 합성

2. $a\sin\theta + b\cos\theta = \sqrt{a^2+b^2}\cos(\theta - \beta)$

$$\cos\beta = \frac{b}{\sqrt{a^2+b^2}},\ \sin\beta = \frac{a}{\sqrt{a^2+b^2}},\ \tan\beta = \frac{a}{b}$$

A.6 기하

1 동위각과 엇각, 법선과 경사각

[그림 A-5]에서 두 개의 평행선과 이들을 가로지르는 선 사이의 각 θ는 같다. (동위각과 엇각은 같다.)

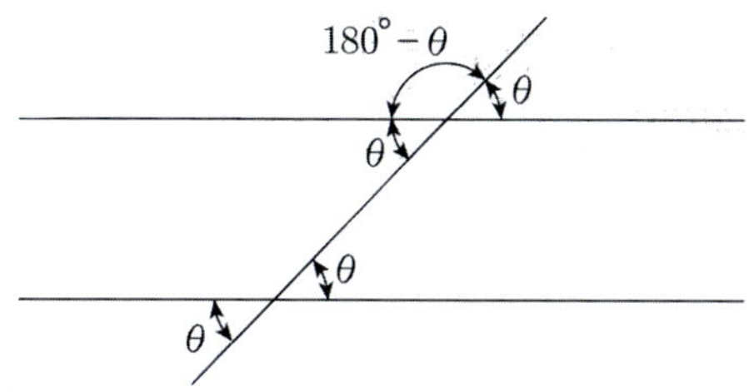

[그림 A-5] 동위각과 엇각

경사각 θ와 법선이 이루는 각 사이의 관계는 [그림 A-6]과 같다.

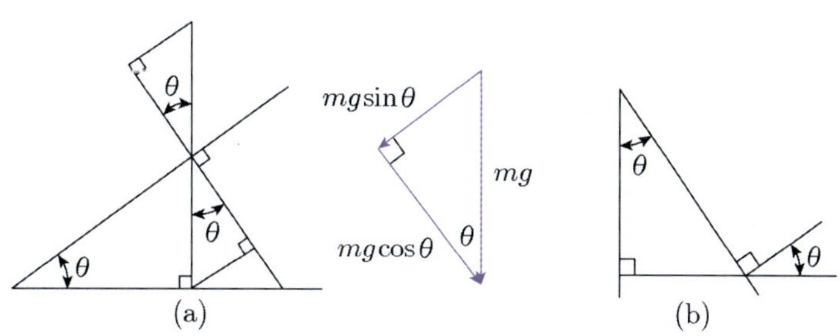

[그림 A-6]

[그림 A-6(a)]는 특히 경사면에 놓인 물체의 운동을 해석할 때 많이 사용된다. 즉, 연직 아래 방향인 물체 무게 $mg(\downarrow)$의 경사면 방향 성분(접선성분)은 $mg\sin\theta(\swarrow)$이고 경사면에 수직인 성분(법선성분)은 $mg\cos\theta(\searrow)$이다.

2 삼각형

1. 삼각형의 내각의 합은 180°이다[그림 A-7(a)].

$$\alpha+\beta+\gamma=180°$$

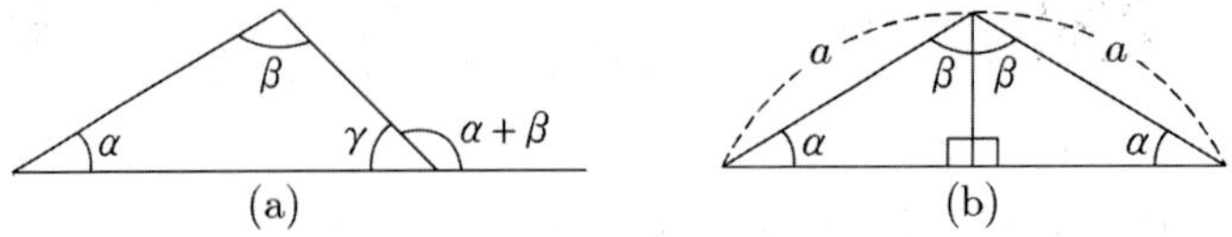

[그림 A-7] (a) 삼각형의 내각 (b) 이등변삼각형의 내각

2. 이등변삼각형[그림 A-7(b)]의 두 내각은 같다.

$$\alpha + \beta = 90°$$

3. 닮은 삼각형[그림 A-8]의 변 길이 사이에는 다음 관계가 성립한다.

$$\frac{a}{A} = \frac{b}{B} = \frac{c}{C}$$

[그림 A-8]에서 $a : h = x : (h-y)$ 또는 $\frac{x}{a} = \frac{h-y}{h}$, $x = \frac{a}{h}(h-y)$이다.

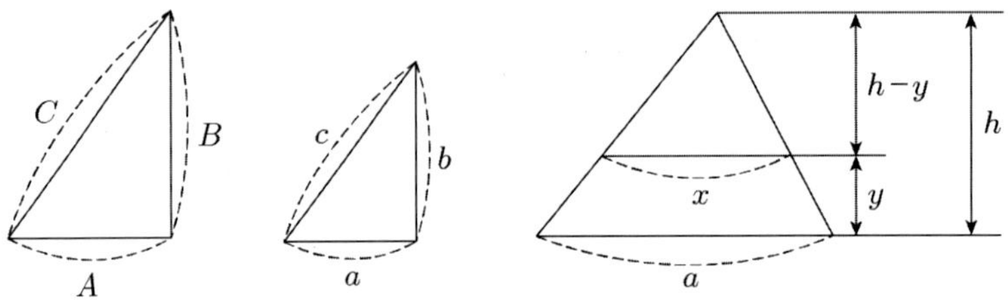

[그림 A-8] 닮은 삼각형

A.7 미분공식

1 일반 공식

1. $\frac{d}{dx}(C) = 0$ (C는 상수)

2. $\frac{d}{dx}(x^n) = nx^{n-1}$ (n은 실수)

3. $\frac{d}{dx}[Cf(x)] = Cf'(x)$

4. $\frac{d}{dx}[f(x) \pm g(x)] = f'(x) \pm g'(x)$(복호동순)

5. $\frac{d}{dx}[f(x)g(x)] = f'(x)g(x) + f(x)g'(x)$

6. $\frac{d}{dx}\left[\frac{f(x)}{g(x)}\right] = \frac{f'(x)g(x) - f(x)g'(x)}{[g(x)]^2}$

7. $\frac{du}{dx} = \frac{du}{dy} \cdot \frac{dy}{dx}$ (Chain rule)

2 지수함수, 로그함수

1. $\frac{d}{dx}(e^x) = e^x$

2. $\frac{d}{dx}(a^x) = a^x \ln a$

3. $\frac{d}{dx}(\ln x) = \frac{1}{x}$

4. $\frac{d}{dx}(\log_a x) = \frac{1}{x \ln a}$

3 삼각함수

1. $\frac{d}{dx}(\sin x) = \cos x$

2. $\frac{d}{dx}(\cos x) = -\sin x$

3. $\frac{d}{dx}(\tan x) = \sec^2 x$

4. $\frac{d}{dx}(\cot x) = -\csc^2 x$

5. $\frac{d}{dx}(\sec x) = \sec x \tan x$

6. $\frac{d}{dx}(\csc x) = -\csc x \cot x$

4 쌍곡선함수

1. $\frac{d}{dx}(\sinh x) = \cosh x$
2. $\frac{d}{dx}(\cosh x) = \sinh x$
3. $\frac{d}{dx}(\tanh x) = \text{sech}^2 x$
4. $\frac{d}{dx}(\coth x) = -\text{csch}^2 x$
5. $\frac{d}{dx}(\text{sech} x) = -\text{sech} x \tanh x$
6. $\frac{d}{dx}(\text{csch} x) = -\text{csch} x \coth x$

A.8 적분공식

1 일반 공식

1. $\int (u \pm v)dx = \int u dx \pm \int v dx$
2. $\int k u dx = k \int u dx$ (k는 상수)
3. $\int u' v dx = uv - \int uv' dx$ 또는 $\int v du = uv - \int u dv$
4. $\int F[u(x)]dx = \int F(w)\frac{dw}{w'}$, $w = u(x)$, $w' = \frac{dw}{dx}$

2 기본공식

1. $\int k dx = kx + C$ (k, C는 상수)
2. $\int x^n dx = \frac{1}{n+1}x^{n+1} + C$ $(n \neq -1)$
3. $\int \frac{1}{x}dx = \ln|x| + C$
4. $\int a^x dx = \frac{a^x}{\ln a} + C$ $(a > 0,\ a \neq 1)$
5. $\int e^x dx = e^x + C$
6. $\int \sin x dx = -\cos x + C$
7. $\int \cos x dx = \sin x + C$
8. $\int \sec x\, dx = \ln|\sec x + \tan x| + C$
9. $\int \tan x dx = -\ln|\cos x| + C$
10. $\int \csc x\, dx = \ln|\csc x - \cot x| + C$
11. $\int \cot x dx = \ln|\sin x| + C$
12. $\int \sec^2 x dx = \tan x + C$
13. $\int \csc^2 x dx = -\cot x + C$
14. $\int \sec x \tan x dx = \sec x + C$
15. $\int \csc x \cot x dx = -\csc x + C$
16. $\int \frac{1}{\sqrt{a^2 - x^2}}dx = \sin^{-1}\left(\frac{x}{a}\right) + C$
17. $\int \frac{1}{a^2 + x^2}dx = \frac{1}{a}\tan^{-1}\left(\frac{x}{a}\right) + C$
18. $\int \frac{1}{x\sqrt{x^2 - a^2}}dx = \frac{1}{a}\sec^{-1}\left(\frac{x}{a}\right) + C$
19. $\int \frac{1}{x^2 - a^2}dx = \frac{1}{2a}\ln\left|\frac{x-a}{x+a}\right| + C$
20. $\int \frac{1}{\sqrt{x^2 - a^2}}dx = \ln(x + \sqrt{x^2 - a^2}) + C' = \cosh^{-1}\left(\frac{x}{a}\right) + C$

21. $\int \frac{1}{\sqrt{x^2+a^2}}dx = \ln(x+\sqrt{x^2+a^2})+C' = \sinh^{-1}\left(\frac{x}{a}\right)+C$

3 지수함수, 로그함수

1. $\int \ln x\, dx = x\ln x - x + C$

2. $\int \frac{1}{x\ln x}dx = \ln|\ln x| + C$

3. $\int (\ln x)^2 dx = x(\ln x)^2 - 2x\ln x + 2x + C$

4. $\int x\ln x\, dx = \frac{1}{2}x^2\ln x - \frac{x^2}{4} + C$

5. $\int xe^x dx = e^x(x-1) + C$

6. $\int x^2e^x dx = e^x(x^2-2x+2) + C$

7. $\int e^{ax}\sin bx\, dx = \frac{e^{ax}}{a^2+b^2}(a\sin bx - b\cos bx) + C$

8. $\int e^{ax}\cos bx\, dx = \frac{e^{ax}}{a^2+b^2}(a\cos bx + b\sin bx) + C$

4 삼각함수

1. $\int \sin^2 x\, dx = \frac{1}{2}x - \frac{1}{4}\sin 2x + C$

2. $\int \tan^2 x\, dx = \tan x - x + C$

3. $\int \cos^2 x\, dx = \frac{1}{2}x + \frac{1}{4}\sin 2x + C$

4. $\int \cot^2 x\, dx = -\cot x - x + C$

5. $\int \sin^n x\, dx = -\frac{1}{n}\sin^{n-1}x\cos x + \frac{n-1}{n}\int \sin^{n-2}x\, dx$

6. $\int \cos^n x\, dx = \frac{1}{n}\cos^{n-1}x\sin x + \frac{n-1}{n}\int \cos^{n-2}x\, dx$

7. $\int x^n\sin x\, dx = -x^n\cos x + n\int x^{n-1}\cos x\, dx$

8. $\int x^n\cos x\, dx = x^n\sin x - n\int x^{n-1}\sin x\, dx$

5 쌍곡선함수

1. $\int \sinh x\, dx = \cosh x + C$

2. $\int \cosh x\, dx = \sinh x + C$

3. $\int \tanh x\, dx = \ln(\cosh x) + C$

4. $\int \coth x\, dx = \ln|\sinh x| + C$

단위변환

- 길이: $1mm = 0.0394\,inch$; $1m = 3.281\,ft$; $1\,km = 0.622\,mile$; $1\,mile = 5280\,ft$
  $1\,inch = 2.54\,cm$; $1\,ft = 12\,inch = 0.3048\,m$; $1\,yard = 0.9144\,m$
- 면적: $1m^2 = 10.76\,ft^2$; $1mm^2 = 0.00155\,inch^2$
- 체적: $1m^3 = 10^3\,\ell = 35.31\,ft^3$; $1\,\ell = 10^3\,cm^3 = 10^{-3}\,m^3$
- 질량: $1kg = 0.0685\,slug$; $1\,slug = 14.59\,kg$; $1\,ton = 1000\,kg$
- 중력가속도: $g = 9.80665\,m/s^2 = 32.174\,ft/s^2$
- 힘: $1N = 10^5\,dyne$; $1\,N = 0.2248\,lb$; $1kgf = 9.80665\,N$; $1\,lb = 4.448\,N$
- 점성계수: $1\,Pa \cdot s = 1\,N \cdot s/m^2 = 10\,poise = 0.02089\,lb \cdot s/ft^2$
  $1\,poise = 1g/cm \cdot s = 1\,dyne \cdot s/cm^2 = 0.1\,kg/m \cdot s$
  $1\,poise = 0.1\,N \cdot s/m^2 = 0.1\,Pa \cdot s = 100\,cP$
- 밀도: $1\,kg/m^3 = 0.00194\,slug/ft^3$
- 에너지: $1J = 1N \cdot m = 0.7375\,ft \cdot lb$; $1J = 10^7\,erg$; $1cal = 4.1860\,J$ (exactly)
- 유량: $1\,m^3/s = 10^6 cm^3/s = 1000\,\ell/s = 35.31\,ft^3/s$; $1\,\ell/s = 10^{-3}\,m^3/s$
- 동점성계수: $1\,m^2/s = 10^4\,stoke = 10.76\,ft^2/s$
  $1\,stoke = 1cm^2/s = 10^{-4}\,m^2/s = 100\,cSt$
- 동력: $1W = 1J/s = 0.7375\,ft \cdot lb/s$; $1kW = 1.341\,hp = 737.5\,ft \cdot lb/s$
  $1\,PS = 75\,kgf \cdot m/s = 735.5\,W$; $1\,hp = 746\,W$; $1hp = 550\,lb \cdot ft/s$
- 압력: $1\,bar = 10^5\,Pa = 100kPa = 0.987\,atm$; $1kN/m^2 = 1\,kPa = 0.145\,psi$
  $1mm\,H_2O = 9.807\,Pa$; $1mmHg = 0.0394\,inch\,Hg = 133.3\,Pa$
  $1\,atm = 760\,mmHg = 101.325\,kPa = 1.01325\,bar = 14.70\,psi$
- 비열, 기체상수: $1\,J/kg \cdot K = 5.98\,ft \cdot lb/slug \cdot R$
- 비체적: $1\,m^3/kg = 515.5\,ft^3/slug$
- 비중량: $1\,N/m^3 = 0.006365\,lb/ft^3$
- 온도차(ΔT): $1\,℃ = 1\,K = 1.8\,°F = 1.8\,R$
- 속도: $1\,m/s = 3.281\,ft/s = 3.60\,km/h = 2.28\,mile/h$; $1knot = 0.5155\,m/s$

[ℓ = liter = 1000 cc = 1000 cm^3; ft = foot; lb = pound force ; psi = $lb/inch^2$]

참고문헌

[1] 강연준 외 공역, F. P. Beer, E. R. Johnston, Jr., P. J. Cornwell, B. P. Self, S. Sanghi 저, 공학도를 위한 동역학, 맥그로힐에듀케이션코리아, 2020
[2] 강연준 외 공역, J. L. Meriam, L. G. Kraige 저, 공업역학: 동역학, ㈜시그마프레스, 2018
[3] 경상대학교 외 공역, D. Halliday, R. Resnick, J. Walker 저, 일반물리학, John Willey & Sons, Inc., 2013
[4] 교육부, 공업역학, 대한교과서 주식회사, 1999.
[5] 양협 외 공역, A. Pytel, J. Kiusalaas 저, 동역학, ㈜한티에듀, 2020.
[6] 유주식, 쉽게 배우는 기계공학개론, 교육과학사, 2021.
[7] 유주식, 고형종, 고급 동역학 문제연습, 교육과학사, 2022.
[8] 윤종호 외 공역, R. C. Hibbeler, Kai Beng Yap 저, 공업역학: 동역학, 프로텍미디어, 2015
[9] 황철호 역, A. Bedford, W. Fowler 저, 공업역학: 동역학, Prentice- Hall, Inc., 2005
[10] A. Higdon, W. B. Stiles, A. W. Davis, C. R. Evces, J. A. Weese, Engineering mechanics, vol. II: Dynamics, Prentice-Hall, Inc., 1979.
[11] 사이버국가고시센터 (www.gosi.go.kr)
[12] 서울특별시 인재개발원 (hrd.seoul.go.kr)
[13] 한국교육과정평가원 (www.kice.re.kr)

찾아보기

ㄱ

가속도 34, 54
가속도의 법칙 5
가속도 성분 346
각가속도 301
각속도 301
각운동량 284
각운동량(또는 운동량의 모멘트) 283
각운동량 보존법칙 286
각운동방정식 388
각충격량(각역적, angular impulse) 286
각충격량과 각운동량 원리 286
각충격량과 각운동량 원리(각충격량-각운동량 원리) 469
강체-고정 기준좌표계 365
강체에 작용하는 힘이 한 일 445
강체의 각운동량 변화 470
강체의 운동에너지 447
강체의 질량중심에 대한 각운동량 469
강체의 평면운동 420
강체의 평면운동방정식 387
경사 중심충돌 258, 261
고정축에 대한 회전운동 302, 405, 447
곡선운동 52
곡선운동과 일 197
곡선운동 방정식 159
관성의 법칙 5
구심 가속도 160
구심력 160
극좌표계 160
극좌표에서 속도와 가속도 79
기계효율 199
기본단위 6

ㄴ

뉴턴의 제2법칙 130
뉴턴의 제3법칙 132

ㄷ

단위(unit) 6
단위벡터 13
대체 모멘트방정식 388, 421
동력(power) 449
동력(일률, power) 199
등가속도 직선운동 37
등각가속도운동 302
등속 직선운동 36
등속원운동 160

ㅁ

마찰각 133
마찰력 133
모멘트방정식 406, 421

ㅂ

반발계수 260
법선과 접선 좌표에서 속도와 가속도 82
법선-접선 좌표계 159
법선성분 346
벡터 3
벡터성분 12
벡터의 내적 14
벡터의 외적 15
변위(displacement) 52
변위벡터 52
변화하는 힘에 의한 일 185
병진운동 300, 447
병진운동 방정식 389
보조단위 6
비틀림(torsion) 스프링 446
비틀림 스프링의 위치에너지 446

ㅅ

삼각형법 11
상대가속도 99, 114
상대가속도식 346
상대속도 99, 114
상대속도 공식 316
상대속도식 366

상대위치 113
상대위치좌표 99
선운동량 보존법칙 257
선운동량(mv)의 모멘트 284
선운동량(linear momentum, 선형운동량) 240
선형충격량(linear impulse) 240
선형충격량과 선형운동량 원리 240
선형충격량과 선형운동량 원리(선형 충격량-운동량 원리) 468
속도 34, 53
속도의 평균변화율 34
순간 가속도 55
순간속도 53
순간중심(영속도 순간중심) 333
순간회전축(순간축, 영속도순간축) 333
스칼라 3
스칼라성분 12
스프링의 탄성 위치에너지 217
스프링 힘에 의한 일 187

ㅇ

에너지 보존법칙 219, 449
여러 질점에 대한 운동량과 충격량 257
역학적 에너지 219
역학적 에너지 보존법칙 219
완전소성충돌 260
완전탄성충돌 260
운동 마찰력 133
운동 제1법칙 5
운동 제2법칙 5, 130
운동 제3법칙 6
운동량 240
운동마찰계수 133
원뿔진자 168
원심력 160
원운동 81
위치벡터 52
위치에너지 변화 217
일과 에너지 원리 198, 444
일반적인 운동방정식 386
일반적인 평면운동 420
일반평면운동 447
일의 정의 184

ㅈ

자유낙하운동 60
자유도계 100
작용 반작용의 법칙 6
장력(tension) 136
절대가속도와 상대가속도 346
절대속도와 상대속도 316
접선성분 346
정면 중심충돌 258
정지 마찰력 133
정지마찰계수 133
중력 단위계 9
중력 위치에너지 216
중력이 하는 일 186
직각좌표계 159
직각좌표계에서 가속도 55
직각좌표계에서 속도 54
직각좌표계의 단위벡터 16
직선운동 34, 52
직선운동에서 일정한 힘이 하는 일 185
질량관성모멘트 23
질점계에 대한 각운동량 보존법칙 287
질점의 각운동량의 시간 변화율 285
질점의 상대운동 99
질점의 운동에너지 198
질점의 위치에너지 218
질점의 종속운동 99
짝힘이 한 일 446

ㅊ

차원(dimension) 6
최대 정지 마찰력 133
충격량(impulse) 240
충격량과 운동량 원리 240
충격력(impulse force) 242
충격-운동량 선도 241
충격우력(impulsive couple) 470
충돌 258

ㅋ

코리올리 가속도 367

ㅌ

탄성 위치에너지 217
토크(torque) 17

ㅍ

평균 가속도 55
평균속도 34, 53
평면운동 367
평면운동방정식 405
평면운동에서 스칼라 방정식 471
평면운동을 하는 강체의 일반운동방정식 387
평행사변형법 11
평행축 정리 25
포물선운동 62

ㅎ

회전반경 25
회전반경(radius of gyration, 자이로반경) 406
회전운동 301
회전운동에너지 23
회전좌표계 365, 366
훅의 법칙 136
힘의 모멘트(moment) 17
힘의 3요소 4

기타

CGS 단위계 9
MKS 단위계 9
SI 단위 6

Memo 메모

Memo 메모

알기 쉬운 동역학

지은이 유주식
펴낸이 조경희
펴낸곳 경문사

펴낸날 2023년 5월 12일 1판 1쇄
등 록 1979년 11월 9일 제1979-000023호
주 소 04057, 서울특별시 마포구 와우산로 174
전 화 (02)332-2004 팩스 (02)336-5193
이메일 kyungmoon@kyungmoon.com

값 28,000원

ISBN 979-11-6073-591-8